中国地质调查成果 CGS 2022－020
DD20179403 和 DD20190364 项目资助

中国西北部及邻区大地构造演化

ZHONGGUO XIBEIBU JI LINQU DADI GOUZAO YANHUA

孟 勇 陈奋宁 余吉远 计文化 冯益民 张 欣
辜平阳 李向民 王 凯 朱小辉 王静雅 陈守建 等编著

图书在版编目(CIP)数据

中国西北部及邻区大地构造演化/孟勇等编著. —武汉：中国地质大学出版社，2023.11
ISBN 978-7-5625-5690-9

Ⅰ. ①中…　Ⅱ. ①孟…　Ⅲ. ①大地构造-研究-西北地区　Ⅳ. ①P548.24

中国国家版本馆 CIP 数据核字(2023)第 207618 号

中国西北部及邻区大地构造演化　孟　勇　陈奋宁　余吉远　计文化　冯益民　张　欣　辜平阳　李向民　王　凯　朱小辉　王静雅　陈守建　**等编著**

责任编辑:周　旭　　选题策划:易　帆　　责任校对:徐蕾蕾

出版发行:中国地质大学出版社(武汉市洪山区鲁磨路 388 号)　　邮编:430074
电　话:(027)67883511　　传　真:(027)67883580　　E-mail:cbb@cug.edu.cn
经　销:全国新华书店　　http://cugp.cug.edu.cn

开本:880 毫米×1230 毫米　1/16　　字数:832 千字　印张:26.25　插页:10
版次:2023 年 11 月第 1 版　　印次:2023 年 11 月第 1 次印刷
印刷:武汉中远印务有限公司

ISBN 978-7-5625-5690-9　　定价:328.00 元

序

《中国西北部及邻区大地构造演化》是中国地质调查局西安地质调查中心完成的一项重要成果。中国西北部及邻区包括西伯利亚克拉通之南、东欧克拉通之东、四川-鄂尔多斯盆地之西、龙木错-双湖断裂带之北的广大区域，涉及古亚洲洋构造域西段和特提斯构造域北部。这里是亚洲古生代造山带和早中生代造山带最重要的研究基地。由孟勇先生牵头、西安地质调查中心主要业务骨干分工撰写的这部著作，系统论述了区内的地层系统、岩浆活动、蛇绿岩套、断裂系统、构造单元和大地构造演化过程，其表述的内容代表西安地质调查中心的专家们对这一地区大地构造的基本看法。

该书作者对中国，也可以说是对亚洲大地构造存在的一些重大问题明确表达了自己的认识：

(1)作为中亚造山带(今已划分为萨彦-额尔古纳和乌拉尔-天山-兴安两大造山系)前身的古亚洲洋并不是一个结构简单的大洋，而是一个含有众多陆块的洋盆，是由众多微陆块和小洋盆组合而成的结构复杂的构造体系。

(2)中亚地区的古亚洲洋，其主体在早古生代晚期就已经封闭，晚泥盆世—早石炭世有一些以巴音沟为代表的红海式小洋盆。广布于该区的石炭纪—二叠纪火山岩系是在伸展、拉张环境下形成的，并不是岛弧火山岩系。

(3)再次确认秦岭造山带的商丹缝合带并不是三叠纪晚期洋盆消失、陆-陆碰撞的印支期形成的缝合带，而是一条加里东期形成的缝合带。秦岭并不是一个印支碰撞造山带。

我衷心祝贺西安地质调查中心这一重要著作的出版，相信它定会成为研究中国大地构造的重要参考。书中丰富的地质构造信息，将会服务于地质行业产学研各方面的工作。

任纪舜

2023年10月26日

前　言

本书是中国地质调查局“中国及邻区海陆大地构造研究和相关图件编制”(2017—2018)项目(项目编号 DD20179403)和“中国大地构造演化和国际亚洲大地构造图编制”(2019—2020)项目(项目编号 DD20190364)的成果之一，是任纪舜院士“1∶500 万中国及邻区海陆大地构造图编图”项目的组成部分。

本书瞄准于古亚洲构造域西段和特提斯构造域北部，立足于跨国家、跨构造域综合研究工作，对地质调查中取得的海量信息资料、数据和新成果，进行总结和提升，从全球视野对古亚洲构造域西段和特提斯构造域北部大地构造和资源环境的成矿地质背景、地质作用与成矿关系进行整体的分析、解释，并从实际出发，不再简单套用世界其他地方建立的规律、模式，通过认真的调查研究和科学的探索，以事实为依据，编制“古亚洲构造域西段和特提斯构造域北部 1∶250 万大地构造图”。

本书以任纪舜院士的全球构造动力学体系、大陆地壳演化的多旋回性和多旋回造山所形成的构造层理念为指导思想，建立不同构造单元构造层划分方案，探讨古亚洲构造域西段和特提斯构造域北部的总体构造演化历史，主要成果体现在以下 6 个方面：

(1)较全面、系统地建立了中亚地区、南亚地区、西伯利亚克拉通南缘和萨彦-额尔古纳造山系西段的地层时空格架与岩浆演化序列，对西北地区地层系统与岩浆序列进行了补充和完善。

(2)着眼于全球构造体系，利用地质学、地球化学、地球物理等多学科手段，以实际资料为基础，结合国内外主要地质单元，建立和完善了适用于古亚洲构造域西段和特提斯构造域北部的三级构造单元划分体系。

(3)尝试从地球系统多圈层构造观的角度阐述中国西北部及邻区构造演化历程。立足于地球多圈层协同作用(转化)、非线性、多旋回叠合的演化观点，尝试从地层、火成岩、构造运动、断裂系统、蛇绿岩及蛇绿构造混杂岩带和深部构造等多方面寻找地质事实，构建中国西北部及邻区构造动力演化历程。

(4)对古亚洲构造域西段新元古代晚期以来的造山作用进行了梳理，自老而新依次为贝加尔运动、萨拉伊尔(兴凯)运动、哈萨克斯坦运动、加里东运动、天山运动、海西运动和印支运动。其中，哈萨克斯坦运动是指发生在中(晚)奥陶世末的一次造山运动，其结果是使乌拉尔-天山-兴蒙洋西段的诸多小地块拼合在一起，构成哈萨克斯坦联合陆块(李春昱先生以前称哈萨克斯坦板块)；天山运动是指发生在中泥盆世末的一次造山运动，其结果是使天山洋盆转化成造山带(此前任纪舜院士曾称为早海西运动)。

(5)依据重力异常图，对中国大陆岩石圈深部结构进行了初步解译和探索，认为其深部结构同地表构造格局有一定的联系，经分析认为二者之间有一定的制约关系。

(6)在系统的资料收集和综合研究的基础上，开展了中国西北和中亚邻区地质背景对比研究，探讨了研究区大地构造演化历史，将研究区大地构造演化历史划分为大陆地壳早期演化(太古宙—新元古代早中期)、新元古代晚期—早寒武世(兴凯旋回)构造演化、中寒武世—中泥盆世构造演化、晚泥盆世—中三叠世构造演化、晚三叠世—早白垩世构造演化和晚白垩世以来的构造演化 6 个阶段，为深入研究成矿地质背景提供了较系统的基础地质背景资料。

本书以中国地质调查局“中国及邻区海陆大地构造研究和相关图件编制(中国地质调查局西安地质调查中心)”和“中国大地构造演化和国际亚洲大地构造图编制(中国地质调查局西安地质调查中心)”两个预算单列项目成果报告为基础，结合“西北重要成矿带基础地质综合研究”“青藏高原北部空白区基础地质综合研究”“西北重大岩浆事件及其成矿作用和构造背景综合研究”和“中国新疆及邻区地质矿产研究”及区域上最新研究成果综合成稿。其中，第一章由冯益民执笔，第二章由陈奋宁、陈守建、王静雅执笔，第三章由孟勇、张欣、朱小辉执笔，第四章由李向民、余吉远、王凯执笔，第五章由冯益民执笔，第六章由孟勇、辜平阳执笔，第七章由冯益民、计文化执笔。全书最后由孟勇、陈奋宁、张欣进行文字编纂、修改、定稿。

由于专业知识水平有限，对海量地质资料的掌握和理解还不够充分，加之对首席科学家任纪舜院士的学术思想学习得不够深入，因此，在本书撰写过程中或多或少还存在着一些问题，希望各位读者批评指正！

项目运行过程中，得到了任纪舜院士、牛宝贵研究员、赵磊研究员、张允平研究员、耿全如研究员、徐芹芹副研究员、李佐臣教授等的亲切指导和诚恳帮助，使我们受益匪浅。中国地质调查局西安地质调查中心李荣社教授级高级工程师、王永和教授级高级工程师、校培喜教授级高级工程师、陈隽璐研究员、李智佩研究员、何世平研究员、马中平研究员、高晓峰研究员、白建科教授级高级工程师、陈博教授级高级工程师、王国强高级工程师、李平高级工程师等在项目运行过程中提供了强有力的支撑、指导和帮助。在此，向上述各位专家、学者及所有提供帮助的同行表示最诚挚的感谢！

目　录

第一章 绪 言

本书是在"古亚洲构造域西叚和特提斯构造域北部 1：250 万大地构造图"的基础上总结编撰而成的，研究范围包括西伯利亚克拉通南部、中亚造山区西部、特提斯构造域班公-双湖-怒江构造带以北地域及阿富汗和伊朗东部。

第一节 指导思想和原则

本书以首席科学家任纪舜院士的全球构造动力学体系、大陆地壳演化的多旋回性和多旋回造山所形成的构造层理念为指导思想。因此，本书编图的基本单元就是构造层。

一、全球构造动力学体系

全球构造动力学体系是一种张弛与挤压相伴的全球动力学体系，如当前大西洋所在的西半球伸展扩张，而太平洋所在的东半球挤压收缩。从石炭纪开始的冈瓦纳大陆裂离和欧亚大陆汇聚仍在继续，与西半球伸展扩张和东半球挤压收缩在全球范围内构成一个波澜壮阔、相互交织、极其复杂多变的全球大地构造格局。

二、地壳发展演化的旋回性

早在 20 世纪 40 年代黄汲清先生就提出地壳发展演化的旋回性是地块发展演化的普遍规律。板块构造问世以后，地壳发展演化的旋回性仍然表现得十分明显，除了造山运动的多旋回以外，大陆地壳的裂离和重组也表现为多旋回性，地质历史时期曾经出现过多次超大陆裂离和重组。现今地学研究表明，地球上可以较为明确地辨别出 Columbia（哥伦比亚）超大陆（1900～1500Ma）、Rodinia（罗迪尼亚）超大陆（1100～800Ma）、Gongwana（冈瓦纳）次超大陆（600～500Ma）、Laurasia（劳亚）次超大陆（与 Gondwana 次超大陆并存的次超大陆）以及 Pangea（盘古）超大陆（250Ma 形成）。Pangea 超大陆裂解之后出现大西洋、太平洋及现代的全球洋陆格局。

中国华北陆块的研究表明，在 2500Ma 左右曾经出现华北东部陆块和西部陆块的拼合事件，这次事件是否对应着全球某个超大陆，尚未有成熟的定论；1800Ma 的中条造山运动对应着全球的哥伦比亚造山运动，出现了 Columbia 超大陆，华北陆块可能是这一超大陆的组成部分，并从此开始了稳定的盖层沉积，一直持续到侏罗纪前。而中国大陆造山带则经历了多次造山运动，如扬子运动、加里东运动、海西运动、印支运动、燕山运动和喜马拉雅运动。目前正在进行的西太平洋和印度洋爪哇—苏门答腊一带的造山运动属于新生代以来的喜马拉雅造山运动的延续。

三、构造层划分的原则和标志

造山运动形成区域性角度不整合，因此，区域性不整合面成为划分构造层底界和顶界的主要标志。一般来说，两个区域性不整合面之间的岩石地层单元就构成了一个构造层。而构造亚层的划分主要是依据物质组成上的差异，物质组成上的差异反映形成环境的异同，如祁连造山带的弧后地带可以划分出弧后盆地和弧后前陆盆地，虽然同处于一个构造层内，但是可以划成两个不同的构造亚层。

四、全球构造动力学体系对研究区内大地构造格局的影响和对构造演化的制约

从新元古代中晚期至早古生代末，研究区主要受古亚洲构造域动力学体系支配，其波及范围以现今的地理位置来看，北到西伯利亚克拉通，南到昆仑-祁连-秦岭造山系。从晚古生代开始一直到现今，研究区南部受特提斯构造域动力学体系支配，其影响范围南部波及印度克拉通、阿富汗陆块及伊朗陆块，北部波及昆仑-祁连-秦岭造山系，形成一个两大构造域动力学体系叠加的地域。自侏罗纪以来，太平洋构造域动力学体系也波及研究区东部的鄂尔多斯陆块西缘和阿拉善陆块东缘一带。三大全球动力学体系的影响和相互交织，构成了现今研究区内波澜壮阔的构造格局。

五、增生造山和碰撞造山

在动力学体系波及的地域内，呈现出多旋回的造山作用，以古亚洲构造域内的古亚洲洋为例，其构造演化大致经历了 3 次增生造山事件（其间有一次小陆块的拼贴聚合事件）。第一次造山事件出现在新元古代末，暂称作早萨拉伊尔造山运动，该事件使图瓦陆块拼贴在西伯利亚陆块南缘，形成西伯利亚陆块南缘增生造山带。第二次造山事件为发生在始寒武世末的晚萨拉伊尔造山运动，该事件使阿尔泰、内蒙古、额尔古纳和兴凯等陆块拼贴在扩大了的西伯利亚陆块南缘。由于这两次增生造山事件在时间上相距不大，因此，将西伯利亚陆块南缘增生造山带归并到萨彦-额尔古纳增生造山系，作为其中的一个造山带。这次增生造山事件之后是小陆块的拼贴聚合事件，大致出现在中奥陶世末—晚奥陶世，该事件使中亚地区的科克切塔夫、克孜尔库姆、伊塞克、斋桑、巴尔喀什-伊犁、中天山和准噶尔地块之间的洋盆基本上消失，形成哈萨克斯坦联合陆块，其上发育含图瓦贝的志留纪碎屑沉积（李春昱等，1982）。第三次增生造山事件几乎和碰撞造山事件同时，出现在泥盆纪末的早海西造山运动，该事件使哈萨克斯坦联合陆块和锡林浩特地块等拼贴在扩大了的西伯利亚陆块南缘，形成乌拉尔-天山-兴蒙造山系，这是一个集增生造山和碰撞造山为一体的造山系。这一期碰撞造山事件标志着古亚洲洋的终结。此后，在石炭纪—二叠纪期间出现了以裂谷岩浆作用为主的演化阶段，形成一系列裂谷，间杂有红海式小洋盆，在广阔的中亚地区形成大火成岩省（夏林圻等，2004，2007）。在古亚洲洋演化时期还存在着一个蒙古-鄂霍茨克洋，对于该洋盆，不同的学者有不同的见解。黄始琪等（2016）认为该洋盆自志留纪打开，直到中侏罗世才关闭，具有碰撞造山作用的特征，造成大规模拆离和逆掩推覆构造；李江海等（2014）认为古亚洲洋的关闭经历了漫长的地质历史时期，西段于早石炭世末关闭，而东段的鄂霍茨克洋在石炭纪—侏罗纪仍然为泛大洋残留的海湾；张允平（面授，2019）认为蒙古-鄂霍茨克洋西段在志留纪—泥盆纪存在洋壳，

可能在泥盆纪末关闭，石炭纪—二叠纪沉积并无残余，东段的洋盆扩张和关闭则与西太平洋的俯冲作用相关。

六、大陆地壳上基本的构造单元

大陆地壳上基本的构造单元是造山带和陆块。造山带是多岛洋经历洋陆转化（增生造山和碰撞造山）形成的构造变形和变质作用的长条状延伸地带，同一次造山运动中形成的数个造山带构成一个造山系。多岛洋中大型陆块在洋陆转化过程中，除了周缘之外，其内部则以稳定的克拉通盆地沉积形式保留下来。到了全面完成洋陆转化以后的陆内盆山构造演化阶段，由于重力均衡调整，在稳定的克拉通上接受了大型内陆盆地沉积。克拉通上又可以根据物质组成和构造特征的差异划分出一些次级单元。此外，在大型克拉通周缘还发育有上叠造山带以及断隆和断褶带等次级构造单元。

根据上述指导思想和原则，在研究区内共划分出 12 个一级构造单元、39 个二级构造单元和 73 个三级构造单元。

第二节 几个关键地质问题的讨论

一、格伦威尔运动及晋宁运动（或扬子运动）

国际上所划的格伦威尔运动时期为 1300～1000Ma（陆松年等，2006），它造就的格伦威尔造山带，被看作是众多陆块聚合焊接的标志。然而，在中国无论是在华北克拉通、扬子克拉通还是在塔里木克拉通上，青白口纪沉积同下伏的蓟县纪沉积并未见明显的角度不整合，即使在昆仑-祁连-秦岭造山系或者天山-兴蒙造山系中，也未曾见到青白口纪沉积同下伏地质体之间的角度不整合。目前，国内大量地质资料表明，青白口纪早期存在板块构造体制（张克信等，2018）。青白口纪末的造山运动是一次碰撞造山运动，它造就了 Rodinia 超大陆。实际上，中国的这次拼合事件相对滞后，中国的晋宁运动（或扬子运动）可能相当于格伦威尔运动。郝杰和翟明国（2004）认为，晋宁运动指的是发生在中元古代晚期的一次区域性造山运动，其大地构造性质和时代完全可以与国际上格伦威尔造山运动进行对比。

如果说 1000Ma 左右在中国确实存在着格伦威尔运动，那么，无论在克拉通还是在造山系中都应该有所表现，而在中国青白口纪晚期（820Ma 左右）的晋宁运动（或扬子运动）才是一次规模宏大的造山运动，这次运动结束了自 1650Ma 以来的裂谷-洋盆演化的历史，使中国成为 Rodinia 超大陆的组成部分。

Rodinia 超大陆形成之后，到了 820Ma 左右开始裂解。大量侵入岩和火山岩的测年资料显示，在中国境内，特别是扬子陆块及华夏陆块存在着大量 820～720Ma（或 750Ma）的双峰式岩浆岩（侵入岩和火山岩），这一时期的构造岩浆活动是 Rodinia 超大陆裂离在中国境内的反映。

二、多陆块小洋盆构造格局及类似现今的洋陆格局在地质历史时期是否存在

对造山系中一些造山带的研究似乎说明，这些造山带基本上都是由多陆块小洋盆通过增生造山作用完成洋陆转换，使裂离的小陆块拼贴在克拉通边缘。而且，这些小洋盆基本上不具有生物的隔绝作

用，在蛇绿岩记录上甚至没有保留下典型的 MORS 蛇绿岩。这种蛇绿岩中含有二辉橄榄岩和由橄长岩及长橄岩组成的火成堆晶岩。

然而，一个不容忽视的现象是，由多岛弧盆系转化而成的造山系实际上具有生物地理区的隔绝作用。例如，古亚洲洋经过数次增生造山作用和最后的碰撞造山作用最终转化成中亚造山区[国际上称作中亚造山带(CAOB)]，这个造山区以北是西伯利亚生物地理区，以南是华北生物地理区，而造山区内的乌拉尔-天山-兴蒙造山系中的洋盆残迹所构成的俯冲增生杂岩带则被视为两大生物地理区的分界线，该分界线在中国境内西段是南天山-洗肠井缝合带，东段是贺根山-黑河缝合带。

地质历史时期数次的超大陆裂解作用造就了多陆块洋盆的复杂洋陆构造格局。不同历史时期的超大陆复原图都记录了多陆块小洋盆和大型陆块及广阔大洋盆地共存的洋陆构造格局(李江海等，2014)。以现今的全球洋陆格局来看，在西太平洋和印度洋北缘靠近欧亚大陆一带存在着多陆块小洋盆，同样也存在着广阔浩瀚的大洋盆地和大型的陆块，诸如欧亚大陆、非洲大陆、北美和南美大陆、南极洲大陆以及澳大利亚大陆，构成了极其复杂的全球洋陆格局。

三、天山-兴蒙造山系的范围和构造演化

从构造旋回或增生造山作用的观点来讲，阿尔泰陆块应该是萨彦-额尔古纳造山系的组成部分。在萨拉伊尔造山运动中，随着蒙古湖区洋盆的关闭，阿尔泰陆块与额尔古纳地块一起拼贴在图瓦陆块南缘，从而形成萨彦-额尔古纳造山系，潘桂棠等(2016，2017)将阿尔泰陆块划归阿尔泰-兴蒙造山带显然不太恰当。因此，天山-兴蒙造山系或乌拉尔-天山-兴蒙造山系不应包含阿尔泰陆块在内。天山-兴蒙造山系在研究区内的北界应该是斋桑-额尔齐斯俯冲增生杂岩带(含该俯冲增生杂岩带)，其南界应该是乌拉尔-南天山-洗肠井俯冲增生杂岩带(含该俯冲增生杂岩带)。该造山系以西及以南地域自西而东分别是东欧克拉通、卡拉库姆陆块、塔里木陆块、敦煌陆块和阿拉善陆块。

对于天山-兴蒙造山系的构造演化，不同学者同样存在争议。对于该造山系前身天山-兴蒙洋的开启时间，学术界基本上无大的异议，均认为是全球 Rodinia 超大陆裂解事件所致。夏林圻等(2002)认为库鲁克塔格南华纪—震旦纪双峰式火山岩是天山-兴蒙洋开启的前兆，而这一时期，也正对应着 Rodinia 超大陆裂解的时期。然而，在该洋盆关闭的时间上，学术界却存在着相当大的异议。潘桂棠等(2016，2017)认为天山-兴蒙洋盆西段在泥盆纪末关闭，东段兴蒙一带则延续到二叠纪关闭；张允平等(2010)认为晚志留世西别河组具有与欧洲红色砂岩类似的区域构造学意义，是加里东造山运动在兴蒙地区的表征，标志着兴蒙洋盆的终结；陈隽璐(面授，2019)的研究团队基于对新疆北部地区的地质构造调查研究，认为石炭纪—二叠纪岩浆岩普遍存在着 Nd 元素异常，这有别于弧岩浆作用形成的岩浆岩，代表后造山阶段以裂谷作用为主形成的岩浆岩组合，其结论是石炭纪—二叠纪是新疆北部裂谷和小洋盆并存的地质时期；本书作者认为，新疆北部小洋盆和裂谷并存的构造咯局与南天山洋盆的俯冲和滞后俯冲作用相关，此类俯冲作用导致广阔的弧后地区伸展，沿地壳薄弱地带形成裂谷，拉伸强烈地带则出现所谓“红海式洋盆”。这一时期的整个天山-兴蒙造山系岩浆岩有待更深入的岩石学和岩石地球化学研究。

四、关于昆仑-祁连-秦岭造山系的南部边界

昆仑-祁连-秦岭造山系在以往的地质文献中被称作“秦祁昆造山系”或“中亚造山带”，其北部边界基本上无大的争议，主体为塔里木陆块-敦煌陆块-阿拉善陆块-华北陆块的南界，也就是黄汲清先生一再强调的“槽台分界线”。任纪舜院士将敦煌陆块划归北山造山带，而北山造山带属于乌拉尔-天山-兴蒙造山系的一部分(图 1-1)。因此，昆仑-祁连-秦岭造山系在这一地域与乌拉尔-天山-兴蒙造山系直接

相邻，二者的分界线在此可能是红柳沟-拉配泉俯冲增生杂岩带。对昆仑-祁连-秦岭造山系南界的划分有3种方案：①西段是沿库地-其曼于特俯冲增生杂岩带，中段沿昆中断裂带或东昆仑早古生代俯冲增生杂岩带，东段被西秦岭晚古生代—三叠纪沉积所掩覆；②西段沿康西瓦-苏巴什俯冲增生杂岩带，中段沿东昆仑晚古生代俯冲增生杂岩带，东段沿阿尼玛卿-勉略俯冲增生杂岩带（潘桂棠等，2016，2017）；③中、西段与第②种方案基本上一致，东段则沿哇洪山断裂，然后沿宗务隆山造山带南缘，再绕到该造山带北缘（将整个宗务隆山造山带包括在内），向东与西秦岭造山带北缘的青海湖南山-土门关-天水-商丹断裂带（俯冲增生杂岩带）相连，构成昆仑-祁连-秦岭造山系的南部边界（任纪舜等，2019）。本书作者认为，昆仑-祁连-秦岭造山系就其完成造山作用的时间而言，属于加里东造山运动形成的造山系，不应包含晚古生代—印支期造山运动形成的造山系，所以昆仑-祁连-秦岭造山系的南部边界在西段与第①种方案的边界一致，中段与任纪舜等（2019）在“东亚和南亚大地构造分区简图”中所标绘的一致（南昆仑和西秦岭属松潘-甘孜印支期造山系），东段则以北秦岭商丹俯冲增生杂岩带南部边界为界。

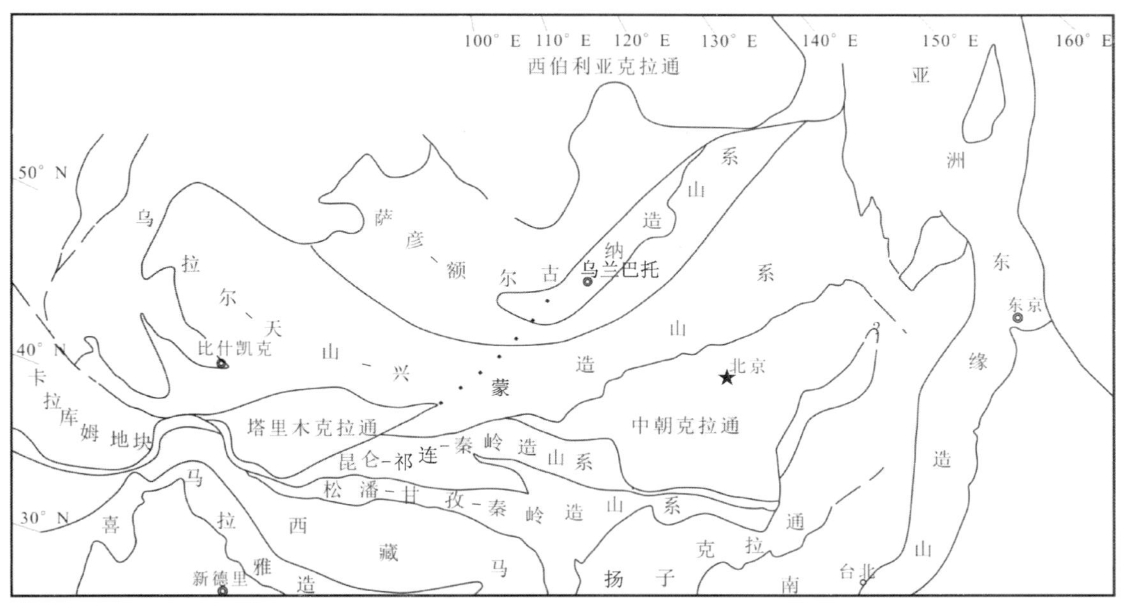

图1-1　编图区三大造山系：萨彦-额尔古纳造山系、乌拉尔-天山-兴蒙造山系和昆仑-祁连-秦岭造山系
（据任纪舜等，2019）

五、昆仑-秦岭印支造山带的归属问题

上述关于昆仑-祁连-秦岭造山系南部边界的划分方案必然涉及昆仑-秦岭印支造山带的归属问题，也就是说昆仑-秦岭印支造山带究竟是属于昆仑-祁连-秦岭造山系，还是属于松潘-甘孜-秦岭造山系。显然，按照造山旋回理应属于松潘-甘孜-秦岭印支造山系的组成部分。

六、关于晚二叠世—早三叠世格曲组和晚二叠世—早三叠世汉台山群的构造属性

这个问题涉及造山作用终结的判别标志，应该说区域性不整合是造山作用终结的判别标志。但从沉积旋回而言，前陆盆地的关闭才是造山运动终结的标志，这一标志较区域性角度不整合更为确切。因

为前陆盆地沉积之上的不整合面和不整合面之上的磨拉石沉积，常常和前陆盆地关闭有一个相当长的时间间隔，有时可以达到一个世。例如，一般将中晚泥盆世老君山组底部的不整合面作为北祁连加里东造山作用终结的标志。而实际上，造山作用在此前志留纪末前陆盆地关闭时早已结束，此后遭受隆起剥蚀，到中泥盆世初期才开始接受伸展磨拉石沉积(有别于前陆磨拉石)。在北祁连志留纪前陆盆地沉积的底部有时也出现不整合，但那只是局部现象，而且，此类不整合面上下的变质程度和变形特征基本上一致，因此，有别于区域性角度不整合。

此外，还有一种不整合面，就是楔顶盆地沉积底部的不整合面和弧背盆地底部的不整合面，也常常被视为造山不整合。例如，在昆仑-秦岭印支造山带东昆仑东段的晚二叠世—早三叠世格曲组和西金乌兰-玉树印支期造山带中段的汉台山群。格曲组不整合覆盖在由马尔争组构成的弧后盆地沉积之上，构成了该单元内的弧背盆地建造，李荣社等(2008)认为该组属于典型的磨拉石建造，标志着东昆仑晚古生代洋盆的终结，实际上，在西秦岭还存在着与晚古生代—中三叠世东昆仑洋盆俯冲作用相关的弧后前陆盆地沉积。汉台山群不整合在宁多岩群、西金乌兰群及西金乌兰-玉树蛇绿混杂岩带之上，王立全等(2013)认为这种不整合实际上是俯冲消减过程中俯冲增生杂岩之上的局部不整合，真正的区域性造山不整合则出现在中侏罗世沉积底部，因此，该群形成于楔顶盆地环境。况且，由西金乌兰-玉树洋俯冲作用所引起的三叠纪弧后前陆盆地和晚三叠世陆缘弧尚未结束，直到弧后前陆盆地关闭和陆缘弧结束之后，中侏罗世沉积底部的不整合面才可视作一般所称的造山磨拉石。

七、不同造山旋回之间的相互影响

一般来讲，前一个造山旋回结束之后，形成一个造山系，如萨彦-额尔古纳萨拉伊尔造山系、乌拉尔-天山-兴蒙早海西造山系、昆仑-祁连-秦岭加里东造山系以及羌塘-三江印支造山系，都分别形成于萨拉伊尔、早海西、加里东和印支造山运动。然而，后期的造山运动对前期造山运动形成的造山系边缘地带具有强烈的影响和叠加，以萨拉伊尔造山运动形成的萨彦-额尔古纳萨拉伊尔造山系为例，其南部边缘地带的阿尔泰陆块则受到晚海西造山运动的强烈影响，在其上叠加有早古生代—泥盆纪的弧后盆地和岩浆弧(火山弧+侵入岩浆弧)建造。同样，在昆仑-祁连-秦岭加里东造山系南缘地带的西、东昆仑，叠加有晚古生代—三叠纪的岛弧、弧后盆地及侵入岩浆弧等建造类型，这些建造类型实际上为加里东旋回以后的地质作用所形成的，是后期旋回对前期旋回形成的造山系边缘的影响所致。对于此类现象，我们通常以俯冲增生杂岩带为界，将这些后期旋回对前期旋回形成的造山系边缘的影响所形成的建造划归前一个造山系，而不是划归后一个造山系。

八、关于祁连加里东造山带中巴龙贡噶尔组解体的问题

近年来，从中祁连造山亚带的巴龙贡噶尔组(S*b*)中解体出一部分新元古代地层，将其分别定名为中新元古代“哈尔达乌片岩($Pt_{2\text{-}3}H^{sch}$)”和“拐杖山群($Pt_{2\text{-}3}G$)”(赵生贵等，1996；王国华等，2016；计波等，2018)。甘肃省地质调查院(1：20万月牙湖幅区域地质调查，1975)在靠近当金山口一带的巴龙贡噶尔组的英安质凝灰岩中获得LA-ICP-MS碎屑锆石峰值年龄为1662～960Ma，最年轻年龄为(595±7)Ma。李猛等(2018)在沙柳河、多斯贡和阳康等地区原巴龙贡噶尔组中获得石英片岩LA-ICP-MS碎屑锆石峰值年龄为1366～707Ma，最年轻年龄为(558±7)Ma；在党河南山一带获得玄武安山岩LA-ICP-MS锆石年龄为(734±8.5)Ma，另外还有5粒锆石数据为414～301Ma，其中3粒锆石具有明显的岩浆岩震荡环带，年龄分别为(414±8)Ma、(412±6)Ma和(414±5)Ma，其时代都为早泥盆世，这几粒锆石的测年数据可能代表真正的巴龙贡噶尔组的时代——顶志留世—早泥盆世早期，而其余的可能是岩浆上升过

程中或在岩浆房中捕获的锆石，似乎不能代表巴龙贡噶尔组的真实年龄。此外，在靠近阿尔金断裂带附近，断裂带中可能卷入有古老的岩层，应不属于巴龙贡噶尔组。在这次研究中考虑到下列因素：①巴龙贡噶尔组建组剖面中含有早志留世笔石化石 *Pseudoclimacograptus* sp.，*Pristiograptus* cf. *acinaces* (Tormguist)，*Pristiograptus* sp.，*Climacograptus reetan gularis* M′coy 等；②碎屑锆石年龄仅代表物源区不同时代岩石的年龄，碎屑锆石中最新年龄为(595±7)Ma 和(558±7)Ma，仅说明该地层不会老于晚震旦世，而玄武岩中具有震荡环带的最新的锆石年龄都落在早泥盆世；③至今尚未有区域地质图展示从巴龙贡噶尔组中解体的古老地层分布范围。因此，本书仍然按照原有资料进行划分。

九、关于造山系、造山带和造山亚带

对于该类构造国际上尚未有明确的细分，无论规模大小，统称作"造山带"，如中亚造山带(CAOB)、特提斯造山带(TOB)等。任纪舜院士提出了造山区、造山系和造山带的划分方案，而本次研究最终只划分了造山系、造山带和造山亚带。现将划分的理由陈述于下：

(1)造山系就其形成的造山作用方式，可以划分成增生造山系和碰撞造山系。增生造山系指多岛弧盆系大洋盆地中通过增生造山作用，使洋盆中部分裂离地块(陆块)拼贴到克拉通边缘而形成强烈变形和变质的呈带状延伸的地带。碰撞造山系则指由碰撞造山作用造成洋盆两侧大型陆块和数次增生了的克拉通发生碰撞形成的强烈变形和变质的带状地域。

(2)造山带的前身是相对独立的一组弧盆系组合，在增生造山作用过程中和同时代的其他弧盆系组合一起增生到大型陆块边缘，包括裂离地块在内的强变形地带，如昆仑-祁连-秦岭造山系中的祁连造山带和秦岭造山带。

(3)造山亚带是根据物质组成的差异对造山带的进一步划分，如祁连造山带可以划分成北祁连造山亚带、中祁连造山亚带、南祁连造山亚带和柴北缘造山亚带等。

第二章　地　层

第一节　年代地层格架与地层区划

一、年代地层格架

本书采用全国地层委员会 2014 年发布的中国年代地层表(王泽九等,2014)和国际地层委员会(2019)发布的新国际年代地层表所提供的地质年代格架(表 2-1)。本书中地质年代术语和各地质时期的底界年龄值均采用了中国年代地层表(王泽九等,2014)的表述。表 2-1 中列出了国际年代地层表(国际地层委员会,2019)所提供的年龄值,作为中国年代地层与国际年代地层对比的依据。

二、地层区划相关概念与区划原则

地层区划是指依据地层记录特征和属性在空间上的差异性和在时间上的阶段性所进行的空间划分。

中国系统的地层区划始于 1959 年的第一届全国地层会议。黄汲清(1962)首次比较全面地论述了中国地层区划的目的、意义和一至三级地层区划,并将中国划分为 10 个地层区(或称地层大区,一级)、59 个地层分区(二级)和 118 个地层小区(三级)。王鸿祯(1978)在总结第一届全国地层会议以来地层和地质工作成果的基础上,对中国进行了系统的地层区划,将中国划分为 15 个地层区(或称地层大区,一级)和 80 个地层分区(二级),并将 15 个地层区归纳为 3 类大区(大陆区、陆间区和陆缘区)。一些学者在全国地层多重划分对比和《中国地层典》等综合性岩石地层研究工作中也对中国地层区划提出了不同的划分意见(高振家等,2000;程裕祺等,2009)。任纪舜和肖藜薇(2001)从全球构造角度,基于中国的构造发展阶段,分阶段(南华纪—震旦纪、寒武纪—志留纪、泥盆纪—二叠纪、三叠纪—白垩纪早期、白垩纪中期—新近纪)对中国进行了地层区划。汪啸风等(2005)主要从地层发育序列与生物群面貌角度,从南华纪至第四纪分纪对中国进行了系统的地层区划与地层划分对比。

根据研究对象和目的不同,地层区划可分为综合地层区划和断代地层区划。综合地层区划是指通过对一个国家或地区整个地质历史时期形成的地层记录进行综合分析对比后所进行的地层空间划分。断代地层区划是指对一个国家或地区某一地质发展阶段(如晚古生代、泥盆纪、加里东构造阶段等)内形成的地层记录进行综合分析对比后所进行的地层空间划分。综合地层区划涉及的时空范围更广,往往是跨板块、跨区域、跨代甚至跨宙,关注的地层特征和属性更综合、更多样;地层区划工作的目的更具有全局性和战略性;地层区划的级别通常为一至四级,包括地层大区、地层区、地层分区和地层小区(黄汲清,1962;王鸿祯,1978,1999;任纪舜和肖藜薇,2001;龚一鸣等,2016;张克信等,2015)。

表 2-1 地质年代格架及地质代号简表

地质年代代号：纪	世[①②]	底界年龄/Ma：中国[①]	底界年龄/Ma：国际[②]
第四系 Q	全新世 Qh	0.01	0.01
	晚更新世 Qp_3		0.78
	中更新世 Qp_2		1.81
	早更新世 Qp_1		2.58
新近纪 N	上新世 N_2	5.3	5.3
	中新世 N_1	23	23
古近纪 E	渐新世 E_3	34	34
	始新世 E_2	56	56
	古新世 E_1	65	65
白垩纪 K	晚白垩世 K_2	96	100
	早白垩世 K_1	145	145
侏罗纪 J	晚侏罗世 J_3		163
	中侏罗世 J_2		174
	早侏罗世 J_1	205	201
三叠纪 T	晚三叠世 T_3	227	238
	中三叠世 T_2	241	247
	早三叠世 T_1	250	252
二叠纪 P	晚二叠世 P_3	257	260
	中二叠世 P_2	277	272
	早二叠世 P_1	295	299
石炭纪 C	晚石炭世 C_2	320	323
	早石炭世 C_1	354	359
泥盆纪 D	晚泥盆世 D_3	372	383
	中泥盆世 D_2	386	393
	早泥盆世 D_1	410	419
志留纪 S	顶志留世 S_4		423
	晚志留世 S_3		427
	中志留世 S_2		433
	早志留世 S_1	438	444

地质年代代号 中国[①]：纪	世	底界年龄/Ma
奥陶纪 O	晚奥陶世 O_3	
	中奥陶世 O_2	
	早奥陶世 O_1	490
寒武纪 ∈	晚寒武世 $∈_4$	499
	中寒武世 $∈_3$	510
	早寒武世 $∈_2$	
	底寒武世 $∈_1$	542
震旦纪 Z	晚震旦世 Z_2	570
	早震旦世 Z_1	635
南华纪 Nh	晚南华世 Nh_3	660
	中南华世 Nh_2	725
	早南华世 Nh_1	780
青白口纪 Qb	Qb_4	820
	Qb_3	870
	Qb_2	930
	Qb_1	1000
中元古代 Pt_2	Pt_2^4	1200
	Pt_2^3	1400
	Pt_2^2	1600
	Pt_2^1	1800
古元古代 Pt_1	Pt_1^3	2200
	Pt_1^2	2200
	Pt_1^1	2200
新太古代 Ar_3		2800
中太古代 Ar_2		3200
古太古代 Ar_1		3600
始太古代 Ar_0		4000
冥古宙(宇)		4600

地质年代代号 国际[②]：代	纪	世	底界年龄/Ma
古生代 Pz	奥陶纪 O	晚奥陶世 O_3	458
		中奥陶世 O_2	470
		早奥陶世 O_1	485
	寒武纪 ∈	芙蓉世	497
		第三世	509
		第二世	521
		纽芬兰世	541
新元古代 Pt_3	埃迪卡拉纪 Pt_3^3		635
	成冰纪 Pt_3^2		720
	拉伸纪 Pt_3^1		1000
中元古代 Pt_2	狭带纪 Pt_2^3		1200
	延展纪 Pt_2^2		1400
	盖层纪 Pt_2^1		1600
古元古代 Pt_1	固结纪 Pt_1^4		1800
	造山纪 Pt_1^3		2050
	层侵纪 Pt_1^2		2300
	成铁纪 Pt_1^1		2500
新太古代 Ar_3			2800
中太古代 Ar_2			3200
古太古代 Ar_1			3600
始太古代 Ar_0			4000
冥古宙(宇)			4600

注:①王泽九等,2014;②国际地层委员会,2019。

本次地层区划主要与“古亚洲构造域西段和特提斯构造域北部 1∶250 万大地构造图”编制项目相结合。该图属基础性地质图件,服务面广,要求在现有研究程度的基础上,对地质体的划分在比例尺尺度的范围内尽可能做到详细、客观、准确,在地层方面体现本区域地层的最新研究程度,客观反映区域地层的组成、时空结构,总结区域地层的时空变化规律和特点,便于不同使用单位、不同学派和观点的地学人员应用。遵循这一指导思想,本次地层区划采用“综合地层区划”。

综合地层区划一般要求大区域的地层区划要以构造为主导，与构造单元的划分相结合，认为一、二级地层区与一、二级构造单元相一致，比较强调同一个一级地层区内"系"级地层单位可以对比，同一个二级地层区内"统"级地层单位可以对比，但对一、二级的尺度不够明确，且不同大地构造观的学者对同一区域构造单元的划分也不尽相同。

三、地层区划

依据上述区划原则，综合前人的区划方案（黄汲清，1962；王鸿祯，1978；高振家等，2000；潘桂棠等，2009，2013），本书作者将古亚洲构造域西段和特提斯构造域北部地层划分为12个地层区、39个地层分区和73个地层小区（表2-2）。

表2-2 地层分区表

地层区	地层分区	地层小区
Ⅰ东欧地层区		
Ⅱ西西伯利亚地层区	Ⅱ-1 西西伯利亚盆地地层分区	
	Ⅱ-2 东西伯利亚地层分区	
Ⅲ萨彦-额尔古纳地层区	Ⅲ-1 东西伯利亚南缘地层分区	
	Ⅲ-2 萨彦-湖区地层分区	
	Ⅲ-3 西萨彦地层分区	
	Ⅲ-4 阿巴坎地层分区	
	Ⅲ-5 图瓦地层分区	
	Ⅲ-6 鄂霍茨克地层分区	
	Ⅲ-7 阿尔泰地层分区	
Ⅳ乌拉尔-天山-兴蒙地层区	Ⅳ-1 斋桑-额尔齐斯-南蒙古地层分区	Ⅳ-1-1 斋桑-额尔齐斯地层小区
		Ⅳ-1-2 南蒙古地层小区
		Ⅳ-1-3 索伦山-西拉木伦地层小区
	Ⅳ-2 成吉斯—塔尔巴哈台-阿尔曼泰地层分区（含科克切塔夫地块）	Ⅳ-2-1 成吉斯—塔尔巴哈台地层小区
		Ⅳ-2-2 阿尔曼泰地层小区
		Ⅳ-2-3 科克切塔夫地层小区
	Ⅳ-3 托克拉玛-准噶尔地层分区（含塔城地块）	Ⅳ-3-1 托克拉玛地层小区
		Ⅳ-3-2 西准噶尔地层小区
		Ⅳ-3-3 东准噶尔地层小区
	Ⅳ-4 准噶尔盆地地层分区	
	Ⅳ-5 北天山-甘蒙北山地层分区	Ⅳ-5-1 依连哈比尔尕山地层小区
		Ⅳ-5-2 博格达哈尔里克地层小区
		Ⅳ-5-3 雀儿山地层小区
		Ⅳ-5-4 雅满苏-黑鹰山地层小区
		Ⅳ-5-5 吐哈地层小区

续表 2-2

地层区	地层分区	地层小区
Ⅳ乌拉尔-天山-兴蒙地层区	Ⅳ-6 巴尔喀什-伊利-中天山地层分区(含巴尔喀什地块、伊犁地块、中天山地块、明水旱山地块)	Ⅳ-6-1 巴尔喀什地层小区
		Ⅳ-6-2 纳曼-贾拉伊尔地层小区
		Ⅳ-6-3 博罗科努地层小区
		Ⅳ-6-4 中天山地层小区
		Ⅳ-6-5 明水-旱山地层小区
		Ⅳ-6-6 巴尔喀什地层小区
	Ⅳ-7 伊塞克地层分区	Ⅳ-7-1 阿尔卡雷克地层小区
		Ⅳ-7-2 塔拉兹-伊塞克湖地层小区
		Ⅳ-7-3 卡姆卡雷地层小区
		Ⅳ-7-4 伊塞克地层小区
		Ⅳ-7-5 纳林地层小区
	Ⅳ-8 吉尔吉斯地层分区	
	Ⅳ-9 克孜勒库木地层分区	
	Ⅳ-10 乌拉尔-阿赖-南天山-红柳河-洗肠井地层分区	Ⅳ-10-1 乌拉尔地层小区
		Ⅳ-10-2 阿赖地层小区
		Ⅳ-10-3 费尔干纳地层小区
		Ⅳ-10-4 南天山地层小区
		Ⅳ-10-5 额济纳旗地层小区
Ⅴ卡拉库姆地层区		
Ⅵ塔里木地层区	Ⅵ-1 柯坪地层分区	
	Ⅵ-2 库鲁克塔格地层分区	
	Ⅵ-3 铁克里克地层分区	
	Ⅵ-4 塔里木盆地地层分区	
Ⅶ敦煌地层区	Ⅶ-1 罗雅楚山地层分区	
	Ⅶ-2 敦煌地块地层分区	
Ⅷ中朝地层区	Ⅷ-1 阿拉善地层分区	
	Ⅷ-2 华北地层分区	Ⅷ-2-1 鄂尔多斯地层小区
		Ⅷ-2-2 贺兰山地层小区
		Ⅷ-2-3 洛南-滦川地层小区
Ⅸ昆仑-祁连-秦岭地层区	Ⅸ-1 西昆仑地层分区	Ⅸ-1-1 塔西南地层小区
		Ⅸ-1-2 喀拉塔什-库亚克地层小区
		Ⅸ-1-3 库地-其曼于特地层小区
		Ⅸ-1-4 康西瓦-苏巴什地层小区
	Ⅸ-2 东昆仑地层分区	Ⅸ-2-1 东昆仑北地层小区
		Ⅸ-2-2 东昆仑南地层小区
		Ⅸ-2-3 阿尼玛卿地层小区

续表 2-2

地层区	地层分区	地层小区
Ⅸ昆仑-祁连-秦岭地层区	Ⅸ-3 阿尔金地层分区	Ⅸ-3-1 红柳沟-拉配泉地层小区
		Ⅸ-3-2 阿中地层小区
		Ⅸ-3-3 阿帕-茫崖地层小区
	Ⅸ-4 祁连地层分区	Ⅸ-4-1 走廊地层小区
		Ⅸ-4-2 北祁连地层小区
		Ⅸ-4-3 中祁连地层小区
		Ⅸ-4-4 党河南山地层小区
		Ⅸ-4-5 南祁连地层小区
		Ⅸ-4-6 宗务隆山地层小区
		Ⅸ-4-7 全吉地层小区
		Ⅸ-4-8 柴北缘地层小区
	Ⅸ-5 柴达木地层分区	
	Ⅸ-6 秦岭地层分区	Ⅸ-6-1 贵德-礼县地层小区
		Ⅸ-6-2 河南-岷县地层小区
		Ⅸ-6-3 白龙江地层小区
		Ⅸ-6-4 北秦岭地层小区
		Ⅸ-6-5 中-南秦岭地层小区
		Ⅸ-6-6 勉略带地层小区
	Ⅸ-7 西巴达赫尚地层分区	
Ⅹ松潘-甘孜地层区	Ⅹ-1 巴颜喀拉-金沙江地层分区	Ⅹ-1-1 甜水海地层小区
		Ⅹ-1-2 吉赛尔地层小区
		Ⅹ-1-3 巴颜喀拉-松潘地层小区
		Ⅹ-1-4 碧口地层小区
		Ⅹ-1-5 雅江地层小区
		Ⅹ-1-6 西金乌兰-玉树-理塘地层小区
	Ⅹ-2 兴都库什地层分区	Ⅹ-2-1 兴都库什地层小区
		Ⅹ-2-2 霍罗格地层小区
Ⅺ西藏-马来地层区	Ⅺ-1 北羌塘-澜沧江地层分区	Ⅺ-1-1 昌都-兰坪地层小区
		Ⅺ-1-2 雁石坪地层小区
		Ⅺ-1-3 那底岗日-各拉丹冬地层小区
		Ⅺ-1-4 澜沧江地层小区
	Ⅺ-2 伊朗-阿富汗地层分区	Ⅺ-2-1 阿富汗地层小区
		Ⅺ-2-2 莫兰克地层小区
		Ⅺ-2-3 加尼兹-迈丹地层小区
		Ⅺ-2-4 比尔詹德-扎黑丹地层小区
Ⅻ苏莱曼-喜马拉雅地层区	Ⅻ-1 苏莱曼山地层分区	

第二节 各地层区基本特征

一、东欧地层区

该地层区属于欧洲克拉通上古生代陆棚海相克拉通盆地沉积，以及中新生代内陆盆地碎屑沉积范围。寒武系、奥陶系、志留系呈连续沉积。下泥盆统不整合在志留系之上，中泥盆统超覆不整合在下泥盆统及志留系之上。石炭系与下二叠统呈连续沉积，中二叠统及中—上二叠统超覆不整合在下二叠统及下—中二叠统之上。三叠系与其下伏的中—上二叠统呈连续沉积。侏罗系—白垩系呈连续沉积，可能属于陆相内陆盆地碎屑沉积。古新统、始新统、渐新统和白垩系呈连续沉积。部分地段出现中新统—渐新统，一般中新统—上新统不整合在下伏地层之上。

该地层区在构造形态上呈现一种稳定克拉通基底之上特有的宽缓的复式向斜和背斜，以及复式的短轴穹隆。下泥盆统之下的角度不整合与西欧及英伦三岛这一时期的加里东造山运动相关。而中二叠统之下的超覆不整合可能与乌拉尔洋盆的关闭相关。

二、西西伯利亚地层区

（一）太古宇—古元古界

西伯利亚克拉通是欧亚大陆北部主要的前寒武纪构造地质体，于古元古代完成了它的拼合（Khain et al.，2000；Rosen，2003；Gladkochub et al.，2005；Mazukabzov et al.，2006；Smelov and Timofeev，2007；Glebovitsky et al.，2008；Donskaya，2020）。西伯利亚克拉通古老基底主要出露在阿尔丹（Aldan）和阿纳巴尔（Anabar）地盾中，以及克拉通西南部的 Kan、Sayan 和 Sharyzhalgay，南部的贝加尔和托诺德，东南部的 Stanovoy 和北部的 Olenek（Donskaya，2020）。

太古宙通古斯超地体由 Tungus、Taseev 和 Angara-Lena 地体组成，该超地体几乎完全被埃迪卡拉纪—显生宙沉积物覆盖。通古斯超地体前寒武纪基底仅出露在 Sharyzhalgay 隆起的南部 Angara-Lena 地体中。Angara-Lena 地体包括两个麻粒片麻岩（Irkut 和 Kitoy）和两个花岗岩-绿岩（Onot 和 Bulun）地块（Donskaya，2020）。

Irkut 地块主要由火成岩和沉积岩变质而来的角闪岩或麻粒岩相的岩石组成（Petrova and Leviski，1984；Nozkhin and Turkina，1993；Belichenko et al.，1988）。Kitoy 地块由高温角闪岩、麻粒岩、变质碳酸盐岩和片麻岩组成（Galimva et al.，2012）。Irkut 地块和 Kitoy 地块岩石的原岩主要为太古宙岩石（Belichenko et al.，1988；Poller et al.，2005；Turkina et al.，2009b，2012），太古宙变质岩的可用 Nd 模型年龄为 3.9～2.9Ga（Turkina et al.，2010a；Gladkochub et al.，2005），古元古代变质沉积物的可用 Nd 模型年龄为 3.1～2.4Ga（Turkina et al.，2010a）。目前，已获得 Irkut 和 Kitoy 地块中两次变质和相关岩浆作用事件的可靠地质年代学约束为 2.65～2.48Ga、新太古代和 1.88～1.85Ga 或古元古代（表 2-2）（Aftalion et al.，1991；Leviskii et al.，2004，2010；Poller，2004，2005；Gladkochub et al.，2005；Sal′nikova et al.，2007；Turkina et al.，2009b；Glebovitski et al.，2011；Levchenkov et al.，2012）。

Onot 和 Bulun 花岗岩-绿岩块体由交替的英云闪长岩-奥长花岗岩-花岗闪长岩（TTG）和绿岩带变

质沉积火山岩组成(Nozhkin et al.，2001；Turkina and Nozhkin，2008；Turkina et al.，2010a)。Onot 地块 TTG 岩石的年代为 3.4Ga 和 3.3Ga(Bibikova et al.，1982，2006)(表 2-3)，而 Bulun 地块的绿岩岩石起源于 3.30Ga 和 3.25Ga，并在 3.2Ga 经历了变质和混合岩化作用(Turkina et al.，2009b)。Onot 和 Bulun 绿岩带的变质沉积火山岩可追溯到中新太古代，Nd 模型年龄为 3.6～3.0Ga(Turkina et al.，2010a；Turkina et al.，2014a，2014b)。因此，Onot 绿岩带的长英质火山岩形成于 2.88Ga(Turkina et al.，2020a)，并在 1.88Ga 变质(Turkina and Nozhkin，2008)。

表 2-3　Sharyzhalgay 隆起代表性年龄数据

地块	年龄/Ma	测年方法	锆石类型	岩性	文献来源
Irkut 地块	3390±35	U-Pb SHRIMP	锆石，核心	二辉麻粒岩	Poller et al.，2005
	2649±6	U-Pb CONV.	变质锆石	变质辉长岩	Sal'nikova et al.，2007
	2562±20	U-Pb CONV.	变质锆石	过麻粒花岗岩	Sal'nikova et al.，2007
	2557±28	U-Pb CONV.	变质锆石	伟晶花岗岩	Sal'nikova et al.，2007
	1876±47	U-Pb SHRIMP	锆石边	二辉石	Poller et al.，2005
	1866±10	U-Pb CONV.	麻粒岩锆石	铁绿泥石	Sal'nikova et al.，2007
	1855±5	U-Pb CONV.	岩浆锆石	正长岩	Sal'nikova et al.，2007
	1853±1	U-Pb CONV.	岩浆锆石	伟晶花岗岩	Sal'nikova et al.，2007
Onot 地块	3386±14	U-Pb SHRIMP	岩浆锆石	奥长花岗片麻岩	Bibikova et al.，2006
	3415±6	U-Pb SHRIMP	锆石，核心	奥长花岗片麻岩	Bibikova et al.，2006
	3351±84	U-Pb CONV.	岩浆锆石	奥长花岗片麻岩	Bibikova et al.，2006
	3287±10	U-Pb CONV.	岩浆锆石	英云闪长岩	Bibikova et al.，2006
	～2476	U-Pb CONV. ($^{207}Pb/^{206}Pb$)	岩浆锆石	变质流纹岩	Turkina et al.，2009b，2010a，2014a，2014b

(二)中元古界—新元古界

1. 里菲系

西西伯利亚盆地地层分区位于安加拉-叶尼塞坳陷和通古斯坳陷内，里菲纪地层已划分出中里菲统苏霍皮特层系和上里菲统奥斯良层系与通古西克层系。苏霍皮特层系上部为灰色和杂色白云岩、泥质灰岩、杂色泥板岩，厚度为 130～1300m；下部为页岩、粉砂岩和砂岩，厚度为 4000～5000m。奥斯良层系下部为褐色、红色铁质泥灰岩和砂岩，厚度为 50～400m；上部为深灰色、黑色泥质灰岩和碳质泥灰岩，厚度近 2000m。通古西克层系下部主要为红色页岩、砂岩，上部为灰色、深灰色、杂色、红色灰岩和白云岩，该层系厚度达 2000m。

2. 文德系

文德系与下伏里菲系呈角度不整合接触。现有资料对西伯利亚地台文德系顶界存在争议。引起争论的原因是文德系与寒武纪含有化石的地层之间存在一段迄今为止没有发现化石的亚层，本书暂且把该部分地层归属为文德-寒武系(Ulmishek et al.，2000)。

在通古斯坳陷内，文德系称为奥斯特洛夫层系(其上部为普拉托诺夫组)。该组在图鲁汉斯克地区，直接覆盖于里菲纪地层之上，呈角度不整合接触。岩性主要由白云岩、泥质白云岩组成，具泥岩状，夹硬石膏薄层和透镜体，厚250m。文德-寒武系为阿扬层系，其上部为碳酸盐岩层，下部主要为陆源碎屑岩层，厚165～960m。

在安加拉-叶尼塞坳陷内，文德系自下而上可划分为塔拉赫层系、宾萨彦层系、尤多姆层系及奥斯特洛夫层系。塔拉赫层系分为两层，上层为泥板岩，夹粉砂岩；下层主要由砂岩组成。宾萨彦层系、尤多姆层系和奥斯特洛夫层系岩性主要为泥岩、泥板岩、粉砂岩互层。安加拉-叶尼塞坳陷内文德-寒武系为阿扬层系，阿扬层系可分为下、中、上3个亚层系。阿扬层系下部岩性为灰色、深灰色、咖啡色砂岩和含黄铁矿泥质岩。阿扬层系中部包括季尔组、乔纳组和下伊克捷赫亚组。季尔组为陆源碎屑岩，乔纳组为红色、深褐色、灰色泥质岩，粉砂岩，棕黄色、灰色砂岩，下伊克捷赫亚组为陆源碎屑岩。阿扬层系上部包括达尼洛沃组和中-上伊克捷赫亚组，岩性为深灰色、灰色白云岩和含藻类白云岩及盐岩层。

在涅帕-鲍图奥巴隆起内，文德系为塔拉赫层系(Khomentovsky，2007)。塔拉赫层系包括涅帕亚组和库尔索夫组。塔拉赫层系分为两层，上层为泥板岩，夹粉砂岩，下层主要由砂岩组成，该层系厚0～490m。在涅帕-鲍图奥巴隆起内，文德-寒武系为阿扬层系。阿扬层系下部为泥板岩、粉砂岩、砂岩。阿扬层系中部为季尔组、乔纳组和下伊克捷赫亚组。季尔组分布在该隆起的南部，在隆起的北部，与其对应的是下伊克捷赫亚组。季尔组及下伊克捷赫亚组与下伏地层呈不整合接触。阿扬层系中部岩性主要为白云岩、泥质白云岩、硬石膏、泥板岩和白云质粉砂岩。阿扬层系上部为达尼洛沃组和中伊克捷赫亚组，岩性为白云岩、硬石膏化泥质白云岩，局部为含藻类白云岩，夹硬石膏，顶部见厚20～130m的盐岩和泥质白云岩。

(三)寒武系

中寒武统下部，在通古斯坳陷内与伊尔库茨克地区，相当于阿尔丹阶的地层为莫蒂组，岩性为红色砂岩，局部为白云岩、硬石膏，厚340～500m。下寒武统上部，含有较多的三叶虫化石。在通古斯坳陷内与伊尔库茨克地区下寒武统中部为乌索里耶组，由白云岩、岩盐、硬石膏组成，厚600～1000m。其上部为别里斯克组，由白云岩、灰岩、硬石膏组成，厚275～450m；再上部为布莱组，由块状白云岩组成，厚100～150m；顶部为安加拉组，由白云岩组成。

中寒武统分布面积较小，但在地台北部及南部出露较广，剖面完整，主要为海相灰岩、白云岩。中寒武统可分为阿姆加阶和马亚阶。阿姆加阶归属于中寒武统下部，在通古斯坳陷内与伊尔库茨克地区，该阶相当于安加拉组上部，岩性为斑状白云质灰岩、白云岩、灰岩、泥灰岩、砂岩。马亚阶归属于中寒武统上部，在通古斯坳陷内与伊尔库茨克地区，该阶相当于利特文采夫组，岩性为含硬石膏、泥灰岩和泥岩夹层的灰岩及白云岩，厚110～290m。

在通古斯坳陷内与伊尔库次克地区，上寒武统相当于上勒拿组，岩性为夹红褐色石膏的泥灰岩、粉砂岩、砂岩，厚560～1130m。

(四)奥陶系

在西西伯利亚盆地内，苏霍通古斯区块的通古斯基准井、阿纳基特井、诺金井、下通古斯井、图通昌井和乌恰明井等钻井中可见奥陶纪地层。奥陶系剖面分成了乌斯季-蒙杜伊组、巴布金组、拜基特组、科里沃鲁茨组和涅鲁昌德组等。

乌斯季-蒙杜伊组整合地覆于上寒武统乌斯季-佩利亚德金组之上，岩性为白云岩夹泥灰岩。

巴布金组在通古斯东部(乌恰明井)被保存下来，该组岩性为灰色、浅灰色白云岩，厚52m。

拜基特组为浅灰色、灰色石英细砂岩，该组底部为砂岩，含细砾岩、碳酸盐岩。该组厚度各地不同，在通古斯基准井中为23m，往东至诺金井中厚度增加到45m，在图通昌井中增加到75m，在乌恰明井中增加到100m。

科里沃鲁茨组岩性为含磷酸盐的杂色粉砂岩和泥岩，厚16～20m。

涅鲁昌德组岩性为深灰色、灰色泥岩。该组的厚度在苏霍通古斯区块为24m，在通古斯基准井、诺金井中为45～54m，到乌恰明井中增加到110m。

（五）志留系

志留纪地层在通古斯的分布范围大致与奥陶系相同，在图鲁汉-诺里尔岭、库列伊台向斜的南部等地的钻井资料中可见。

在西西伯利亚盆地，志留系与下伏的奥陶系呈角度不整合接触。志留系剖面分成兰德维里阶、文罗克阶和罗德洛阶等，在通古斯区内的罗德洛阶之上又划分出普里多利阶。

兰德维里阶在诺里尔区、图鲁汉区的剖面上是从黑色、深灰色的含大量笔石化石的石灰质含煤泥岩地层开始的，底部是黑色沥青质灰岩夹层，以前黑色泥岩地层还进一步划分出笔石页岩，即兰德维里阶第一段、恰姆宾组下段。在油气地质中，特别是在地球化学研究中，这套地层是一个重要的研究目标。根据这套地层明显的测井特征、岩性成分与上覆和下伏地层的急剧相变等特点，单独把它划为笔石组。该组的时代为早-中兰德维里期。笔石组最厚和最典型的剖面见于诺里尔区内的南皮亚西纳、福金-乌博伊宁的区块和图鲁汉区的苏霍通古斯区块的井中。它与中奥陶统之间为不整合接触，被莫戈克金组覆盖。该组的厚度在诺里尔区钻井中为15～36m，到图鲁汉区内钻井中为4～17m。

在西西伯利亚盆地的中部，志留系底部为灰岩。前人将这套灰岩划分为恰尔贝舍瓦组。恰尔贝舍瓦组的厚度在图林区和苏林格塔孔区的东部剖面上为15～17m，在苏林格塔孔区的西部和巴赫金区块上达到50～65m。

莫戈克金组为灰色、深灰色、绿灰色泥灰岩夹灰岩，在南皮亚西纳和苏霍通古斯区块内该组具有最明显的测井特征和最完整的剖面。该组在这些区块间的地层对比的精度已达几米，因此南皮亚西纳、福金-乌博伊宁和苏霍通古斯区块的剖面可以作为莫戈克金组的标准剖面。在诺里尔区、库列伊区和图鲁汉区莫戈克金组位于笔石组之上，在图林区和苏林格塔孔区的东部则位于恰尔贝舍瓦组之上。在苏林格塔孔区的西部没有划分出莫戈克金组，这里该组相变为恰尔贝舍瓦组。莫戈克金组的厚度在诺里尔区内为150～225m，到图鲁汉区和图林区内为55～80m，在苏林格塔孔区内为35～40m。根据化石资料，莫戈克金组的时代定为中兰德维里期。

兰德维里阶的上部和文罗克阶的下部为瓦列克组，该组岩性为绿灰色、深灰色泥灰岩，泥质灰岩和灰岩互层。瓦列克组的厚度从诺里尔区的120～170m变化到图鲁汉区和苏林格塔孔区的55～90m。

季亚沃里组的下伏地层为瓦列克组，上覆地层为罗德洛阶的泥质碳酸盐岩。季亚沃里组岩性为灰岩、白云岩，其厚度在诺里尔区内为60～70m，到图鲁汉区和苏林格塔孔区为80～84m。季亚沃里组时代为中-晚文罗克期。文罗克阶和罗德洛阶的界线位于季亚沃里组的顶部。该组的典型剖面在苏霍通古斯河的季亚沃里河口区。

西西伯利亚盆地志留系罗德洛阶的岩性主要为白云岩。在诺里尔区，该阶的下部还划出了独立的伊曼格金组。伊曼格金组岩性为灰色白云质灰岩，厚30～45m。

西西伯利亚盆地罗德洛阶白云岩地层见于通古斯地区的苏霍通古斯区块、锡戈夫-波德卡缅区块和诺里尔地区的福金-乌博伊宁区块、南皮亚西纳区块以及苏林格塔孔地区的上尼姆金区块的浅井中。但是仅在上尼姆金区块，该套地层的岩芯和测井资料与上覆的泥盆系有明确的分界。因此上尼姆金区块的浅井剖面被作为标准剖面，泥质白云岩地层称为尼姆金组，该组的厚度在图鲁汉区为134～140m，在诺里尔区为170～305m，在苏林格塔孔区为77～114m。

在西西伯利亚盆地内尼姆金组之上为杂色含泥质和含硫酸盐白云岩、白云质泥灰岩、白云岩-硬石膏层。这套地层最初划为米洛什金组，地层中未发现动物化石，米洛什金组在图林井中的厚度约90m。该组位于上志留统罗德洛阶的尼姆金组和下泥盆统尼姆组之间，可能属于上志留统的普里多利阶。

(六)泥盆系—下石炭统

西西伯利亚盆地泥盆纪地层分布在通古斯台向斜上的大部分地区，地层学研究主要利用了一系列前人钻井资料和天然露头资料，泥盆系与下伏志留系基本上是整合接触。

西西伯利亚泥盆系自下而上分为尼姆组、特涅普组、尤克金组、纳卡霍兹组、卡拉尔贡组等。

尼姆组为杂色的碳酸盐岩和泥岩。根据岩芯判断，该组的下部界线(泥盆系的底界)是位于志留系灰色地层之上的杂色白云质泥灰岩和泥质白云岩段的底面。尼姆组的总厚度在西部剖面上为67～80m，中部为11～58m，东部为40～92m。完整的剖面位于图林基准井和锡戈夫-波德卡缅区。

特涅普组在通古斯台向斜的中部区分成3个段。特涅普组下段通常开始于厚度为2～6m的硬石膏-白云岩层。在许多井中，该层下部存在不等粒细砾岩夹层。该段的上半部分为红色泥岩、绿色粉砂岩夹泥质碳酸盐岩。特涅普组中段为砖红色白云质和石灰质粉砂岩和泥岩，厚度为53～67m，在图林井中为97m。特涅普组上段为红色砂质粉砂岩，厚度为20～34m。特涅普组的厚度在西部剖面上为105～140m，中部剖面上为92～115m，东部剖面上为105～130m。

尤克金组的岩性主要为灰岩，中部含泥质灰岩夹层，上部灰岩是有机成因的，常含沥青质。尤克金组在西部厚度不超过10～14m，在东部增加到30m。尤克金组厚度的变化证明了在前纳卡霍兹期曾发生强度不大的冲刷和侵蚀作用。

纳卡霍兹组为杂色粉砂岩和泥岩，有时含碳酸盐杂质，厚度在西部地区达40m，在东部地区达10m。

卡拉尔贡组主要为灰色灰质和白云质泥灰岩，厚度在西部达80m，在东部达30m。只在西部地区分布的扎尔图林组属于下石炭统，底部是砂质灰岩层，其余部分是灰质粉砂岩和泥质灰岩，厚度为55～60m。在南部地区，主要由不等粒石英砂岩组成的孔德罗明组属于下石炭统，它与上覆和下伏地层的接触关系还不清楚，推测该组形成于韦宪期—纳缪尔期，可见厚度为10～60m。

(七)上石炭统—二叠系

在西西伯利亚盆地内上古生界具有厚度小、岩层旋回多、砂岩含量高、碳酸盐岩含量低及含煤量低等特点。上石炭统—二叠系自下而上分为图沙姆组、阿纳基特组、布尔古克林组、诺金组、恰普克克金组、杰加林组。

图沙姆组分布局限，为含少量粉砂岩和含煤泥岩夹层的灰色和绿灰色细砂岩。根据少量植物化石推测这套地层属于韦宪期—纳缪尔期，厚度不小于80m。

阿纳基特组为细砂岩、粉砂岩与少量泥岩韵律性互层。根据植物化石推测该组属于上石炭统，厚度为50～80m。

布尔古克林组底部主要为厚度不超过40m的石英砂岩段，向上是韵律性互层的粉砂岩、泥岩、砂岩、泥灰岩和煤。根据植物化石推测该组时代为早二叠世，厚度为90～170m。

诺金组为复成分中、细砂岩，含少量薄粉砂岩夹层，厚度为20～100m。

恰普克克金组为砂岩、粉砂岩、泥岩和煤韵律性旋回层，砂岩通常为复成分中、细砂岩，单层厚度为2～20m。该组中含5～8个厚达10m的煤层，厚度为170m。根据植物化石推测该组时代为晚二叠世。

杰加林组为本区上古生界最上部的地层，由砂岩、粉砂岩和煤组成，煤层的厚度达12～15m，该组厚度为120～180m。该组的上部是名为“加加里岛层”的凝灰-沉积岩段。根据植物化石推测该组形成于晚古生代末期。

在泰姆拉河流域和上尼姆金区，上二叠统根据成分和沉积特征可以分成两层，上部层完全可与杰加林组对比，下部层与恰普克克金组和诺金组相当。

（八）三叠系

西西伯利亚盆地内广泛分布三叠纪基性成分的火山岩，可以划分成与下三叠统的印德斯克阶和奥列尼奥克阶相对应的一系列区域性地层单位。

印德斯克阶的岩性为玄武岩、凝灰岩和凝灰-沉积岩，形成于火山作用的第一阶段，当时喷发的是分异作用相对较强的熔岩。

在北部的构造-岩相带内划分出了西部和东部两个亚带。西部亚带内主要为玄武岩，东部亚带内为凝灰岩和凝灰-沉积岩。在西部亚带内确定了带有下列区域性地层单位的诺里尔-哈拉耶拉赫、拉姆-深湖和赫特-汉泰的剖面类型。

诺里尔-哈拉耶拉赫型剖面中诺里尔组岩性为安山玄武岩和拉斑玄武岩。安山玄武岩段厚60～70m，位于上古生界的冲刷面之上，在横向上分布比较局限，在诺里尔高原的南部和西部发生尖灭。拉斑玄武岩段厚100～120m，整个西部亚带都有分布。该组总厚160～190m。托姆拉赫组为斑状玄武岩和白云石玄武岩。斑状玄武岩构成该组的下部，厚达85～100m，整合地覆盖在拉斑玄武岩之上。白云石玄武岩厚60～70m，覆盖在斑状玄武岩之上，在其底部偶见凝灰-沉积岩夹层。该组总厚145～170m。图克龙组为拉斑玄武岩和凝灰-沉积岩，分布于诺里尔高原区和哈拉耶拉赫高原的西部，拉斑玄武岩厚30～50m，凝灰-沉积岩厚25～30m。纳杰日金组为斑状玄武岩，厚500m。在该组顶部凝灰-沉积岩夹层之下发育一套聚斑晶结构的玄武岩，该岩体可以作为北部构造-岩相带西部亚带内不同类型剖面对比的标志层。

拉姆-深湖型剖面主要分布于拉姆和深湖盆地以及哈拉耶拉赫高原的东部和东北部地区。在该剖面的下部划分出了深湖层系，岩性主要是拉斑玄武岩，是与诺里尔组和图克龙组时代相当的地层单元。这里斑状玄武岩、白云石玄武岩以及与托姆拉赫组相当的火成岩体在厚度上大大减小，经常与拉斑玄武岩体互层。在剖面上缺失安山岩-玄武岩体，凝灰-沉积岩夹层的厚度增加。深湖层的总厚度估计为350～400m。纳杰日金组的岩石组分基本未发生变化，但厚度减小。

赫特-汉泰型剖面在赫特河、汉泰湖和库留姆布河地区发现。该剖面中诺里尔组是拉斑玄武岩体，含少量的凝灰-沉积岩夹层，厚100～120m。哈坎昌组是粗、细和微细碎屑的凝灰岩和凝灰-沉积岩，还发现厚层的角砾状熔岩，厚100～250m。图克龙组是厚100m的拉斑玄武岩。纳杰日金组是厚度为250～300m的斑状玄武岩。普拉沃博亚尔组是火山角砾岩、凝灰角砾岩、沉凝灰岩、凝灰砂岩、凝灰粉砂岩，该组的总厚度小于250m。

中部构造-岩相带包括通古斯省的中央区。这里图通昌组为沉凝灰岩、凝灰砂岩、凝灰粉砂岩和凝灰泥岩，含许多植物化石，属于印德斯克阶，该组的总厚小于120m。

南部构造-岩相带包括通古斯省的南部地区。这里在印德斯克阶中划分出了南琼斯克组，该组岩性为层凝灰岩、凝灰砂岩、凝灰粉砂岩，厚100m。

奥列尼奥克阶构成了与火山作用相关的第二阶段的火山岩地层。在北部构造-岩相带，它整合地覆盖在第一阶段火山岩层（即印德斯克阶）之上，而在中部区和南部区，它与下伏地层之间存在强烈的侵蚀间断。这一阶段与前一阶段的区别在于该阶段是以非分异熔岩为主的喷发。

在北部构造-岩相带内奥列尼奥克阶组分稳定。除了诺里尔区外，在该阶底部的莫龙戈夫组中发现厚层（约400m）凝灰-沉积岩—玄武岩旋回层。其余地区最为典型的剖面见于科图伊河和久普昆湖（库列伊河）流域，这套地层被称为库塔拉马坎组。库塔拉马坎组岩性主要是偏粗面玄武岩和嵌晶状玄武岩。在西部亚带库塔拉马坎组覆于纳杰日金组的玄武岩之上，而在东部亚带则覆于普拉沃博亚尔组的火山-沉积岩之上，库塔拉马坎组厚450～600m。沿剖面向上为洪纳-马基特组，该组底部为纳达扬标志性岩体（聚斑晶玄武岩）覆盖的含植物化石的火山-沉积岩段。该组主要是嵌晶状玄武岩体，但是在其中部发育了偏粗面玄武岩。该组总厚度介于550～600m之间。上覆的涅拉卡尔组主要岩性为嵌晶状玄武岩，在该组底部，偏粗面玄武岩的亚克塔里标志性岩体之下广泛发育了含植物化石的火山-沉积岩夹层。在该组中部还发现了斑状玄武岩的卡尔塔明标志性岩体。该组的厚度约500m。

北部岩相带的火山岩层剖面顶部为涅古伊孔组，该组底部为被亚姆布坎聚斑晶玄武岩标志性岩体覆盖的火山-沉积岩。在该标志性岩体之上是嵌晶状玄武岩段。该组总厚度不超过200m。

在库列伊河和谢韦尔河流域的过渡型剖面上，德乌洛金组的火山-沉积岩与库塔拉马坎组时代相当。在谢韦尔地区，特梅尔层组的上部与库塔拉马坎组时代相当，它们的岩性都是含植物化石的凝灰细砾岩、凝灰砂岩和凝灰质粉砂岩。上述两套地层被上覆的洪纳-马基特组(库列伊地区)和尼德姆组(谢韦尔地区)覆盖，并且在洪纳-马基特组剖面中缺失纳达扬标志性岩体及部分上覆的嵌晶状玄武岩。

中部岩相带火山岩层的下部是厚层(500～600m)粗、细和微细碎屑科尔文昌岩系凝灰岩和凝灰-沉积岩，该岩系角度不整合覆盖于图通昌组或中、上古生界之上。在该岩系的底部发现了含有少量凝灰砂岩夹层的粗碎屑火山角砾岩和细砾岩段，该段被划为乌恰姆组，其厚度为200～550m。向上为布加里克金组，该组岩性为凝灰-沉积岩，见硬石膏和石膏夹层，见植物化石和淡水动物化石，厚30～150m。科尔文昌岩系被玄武岩层覆盖。玄武岩层的下部为尼德姆组，该组主要由嵌晶状玄武岩体构成，在其中部发现亚克塔里标志性岩体，而靠近底部则发现捷洛钦标志性岩体，该组的总厚度小于600m。再向上为科切丘姆组，岩性为嵌晶状玄武岩，该组的厚度为200～250m。

中部岩相带三叠系剖面的最上部为亚姆布坎组，该组底部发现了亚姆布坎聚斑晶玄武岩标志性岩体，而向上则为嵌晶状玄武岩段。亚姆布坎组总厚度不超过200m。

南部岩相带与科尔文昌岩系时代相当的凝灰-沉积岩地层的情况相符，其中划分出了以粗碎屑岩为主的奇奇坎组和以层状细碎屑岩为主的列普泰孔组。科尔文昌岩系的总厚度在南部相带内为400～450m。

(九)侏罗系

根据发现的菊石和双壳类化石组合推测早侏罗世海相地层只在勒拿-阿纳巴尔巨型坳陷的东部地区奥列尼奥克河口及其支流布乌尔河分布。巨型坳陷的其余地区为陆相地层。勒拿-阿纳巴尔坳陷一带的济姆组属于赫塘-辛涅缪尔阶和下普林斯巴赫阶，岩性为浅灰色砂岩夹粉砂岩、深灰色含砾泥岩，厚度不超过350m，偶见有孔虫化石。

中侏罗世主要是海相和潟湖相沉积，阿林阶下部通常是泥岩-粉砂岩，上部为砂岩。在勒拿-阿纳巴尔巨型坳陷的西部，巴柔阶为尤留恩格组—图木斯组的下部，岩性为泥岩、粉砂岩，含有孔虫化石。在勒拿-阿纳巴尔巨型坳陷的东部，巴柔阶为含双壳类和少量菊石化石的克里米亚尔组中部。在勒拿-阿纳巴尔巨型坳陷的东部，巴通阶包括克里米亚尔组的上部及由砂岩和粉砂岩段组成的切库洛夫组。

晚侏罗世，在勒拿-阿纳巴尔坳陷的东部，早卡洛期地层在这里为切库洛夫组上部的砂岩以及泥岩、粉砂岩和砂岩和含铁砂岩。牛津阶在勒拿-阿纳巴尔坳陷，都是海相沉积物。在奥列尼奥克流域和勒拿近河口区，提塘阶部分缺失，但是在奥列尼奥克河的左岸划分出了布奥尔卡拉赫组，该组与下伏的巴柔阶—巴通阶以冲刷面相接触。勒拿河下游的提塘阶为含菊石和双壳类的灰质粉砂岩段。

(十)白垩系

在西西伯利亚盆地白垩系分布范围与侏罗系相同，岩性为灰色陆源碎屑岩，厚约3.5km，主要为含植物化石的陆相沉积物，含煤较多。海相沉积主要分布在下白垩统，在勒拿-阿纳巴尔坳陷中为贝里阿斯-凡兰吟阶。

早白垩世贝里阿斯阶在哈坦加鞍部内的局部地层单位是帕克辛组(牛津-贝里阿斯阶)，岩性为深灰色泥岩(厚约50m)。贝里阿斯阶在勒拿河下游局部地层单位是哈伊尔加斯组，岩性为滨海相砂岩、粉砂岩和泥岩，含贝里阿斯阶上部3个菊石带。凡兰吟阶在勒拿-阿纳巴尔巨型坳陷内的局部性地层单位为哈拉贝尔组(厚 240m)和伊埃代斯组(厚 50m)。前者岩性为绿灰色粉砂岩和泥岩,含大量动物化石,包括下凡兰吟阶各带和上亚阶的菊石;后者岩性为灰色和浅灰色粉砂岩和砂岩,含少数下凡兰吟阶动物化石。凡兰吟阶在坳陷的东部(勒拿河近河口)和前维尔霍扬边缘坳陷最北部的局部性地层单位是基吉利亚赫组(厚 100～400m),岩性为滨海相和陆相边缘的砂岩、粉砂岩、细砾岩、泥岩,夹煤层,在最北部含海相动物化石和植物化石,在南部仅在该组的最下部含植物化石和动物化石。凡兰吟阶在勒拿地区的局部性地层单位为陆相恩格尔组的上部,含淡水软体动物化石、阔叶植物化石和孢粉化石。凡兰吟阶在前维尔霍扬边缘坳陷南部和维柳伊的局部性地层单位是含煤的布卡德伊组中部(厚约 300m),特征是含凡兰吟阶的植物化石和孢粉。

在勒拿-阿纳巴尔坳陷的西南部(诺尔德维克半岛、大别吉切夫岛、波皮盖和阿纳巴尔河)和东泰梅尔区的吉吉扬组的底部为滨海相砂岩,含植物碎屑和少量的海相动物化石,包括下欧特里夫阶的菊石化石,仅在阿纳巴尔流域见上凡兰吟阶的菊石化石。该套地层被划分为巴拉加昌组,其厚度为 30～150m。往东直至奥列尼奥克河,欧特里夫阶是陆相萨尔金组(欧特里夫-阿尔比阶)的下部。该组岩性为浅色粉砂岩、泥岩和砂岩,夹煤层,下部含凡兰吟-欧特里夫阶和欧特里夫-巴列姆阶的植物化石和孢粉化石。

欧特里夫阶在勒拿-阿纳巴尔巨型坳陷的东部和前维尔霍扬边缘坳陷北部的局部性地层单位是厚度为 45～200m 的陆相丘休尔组及其上覆的琼科戈尔组下部(欧特里决-巴列姆阶)。丘休尔组为粉砂岩、泥岩、砂岩,夹煤层,含植物化石和孢粉化石,局部有淡水软体动物化石;琼科戈尔组几乎全部由砂岩组成。

在科图伊流域和勒拿-阿纳巴尔巨型坳陷,巴列姆阶的局部性地层单位是吉吉扬组上部;而在巨型坳陷的东部和前维尔霍扬边缘坳陷的最北部,该阶的局部性地层单位是萨尔金组中部和琼科戈尔组上部。

在前维尔霍扬边缘坳陷北部巴列姆阶的局部性地层单位是西克佳赫组下部(巴列姆-阿普特阶),总厚度不超过 400m,岩性为含植物化石的致密砂岩。

从科图伊河流域以及勒拿-阿纳巴尔巨型坳陷的西部,直至阿纳巴尔,阿普特阶的局部性地层单位是桑加-萨林组(厚度小于 25m)及其上覆的拉斯索辛组(厚 30～70m)。其中桑加-萨林组为泥岩、砂岩和粉砂岩互层,夹煤层;拉斯索辛组为含粉砂岩、泥岩和煤层透镜体的砂岩。岩石中含巴列姆-阿普特阶和阿普特-阿尔比阶的孢粉化石。

在勒拿-阿纳巴尔巨型坳陷的东部,阿普特阶的局部性地层单位为萨尔金组上部,该组含阿普特-阿尔比阶的孢粉化石。在勒拿河近河口部分和前维尔霍扬边缘坳陷北部阿普特阶的局部性地层单位是布龙斯克组以及上覆的巴赫组。布龙斯克组主要是含植物化石的粉砂岩和砂岩,夹煤层;巴赫组为含植物化石的砂岩,厚 80～120m。在前维尔霍扬坳陷北部,阿普特阶的局部性地层单位是西克佳赫组上部。而在南部和维柳伊半台向斜内该阶的局部性地层单位为埃克谢尼亚赫组。该组主要是浅灰色砂岩、泥岩和粉砂岩,夹煤层,含东西伯利亚阿普特阶特有的植物化石和孢粉化石,厚 100～1300m。

在前维尔霍扬边缘坳陷和维柳伊半台向斜内晚白垩世则只有陆相地层,在勒拿-阿纳巴尔巨型坳陷内该套地层大部分被冲刷和侵蚀。

(十一)新生界—第四系

西西伯利亚盆地古新统发育砂岩-粉砂岩-黏土岩组合,始新统发育砂岩-黏土岩组合,渐新统发育砂岩-黏土岩-粉砂岩组合。新近系—第四系为坳陷盆地沉积,中新统发育砂岩＋黏土岩组合,上新统发育黏土岩-砂岩-砾岩组合。第四系缺失更新统,全新统为冲积、冲洪积及湖积等松散沉积物。

三、萨彦-额尔古纳地层区

萨彦-额尔古纳地层区在早前寒武纪、晚前寒武纪、早古生代、中古生代、晚古生代、中生代和新生代地层中均有发育，但由于构造运动的影响，区内地层分布比较复杂，其中老地层主要遭受了不同程度的变质作用(Khosbayar，1996)。

(一)太古宇

萨彦-额尔古纳地层区太古宇主要发育于东萨彦岭及哈马尔山脉，分为两支。一是滨萨彦岭分支，位于西北部，自贝加尔沿东萨彦岭东坡至奥卡河左岸；二是童金-哈马尔分支，分布于哈马尔山脉北坡，东萨彦岭南部及童金盆地。该地层区太古宇自下而上分为两层。

沙雷扎勒盖层，分布于沙雷孔勒盂隆起及加尔干地块。从总体来看，其岩性较单一，主要为片麻岩，总厚5000～6300m。根据岩性特征又分为叶列明组、舒米欣组、日多伊组3个组。

叶列明组由厚达数百米的浅灰色、绿灰色微斜长石片麻岩、石榴黑云片麻岩、角闪片麻岩、辉石片麻岩、角闪岩和角闪结晶片岩组成，花岗片麻岩及各种类型的混合岩分布相当广泛，可见厚度2000～2500m。

舒米欣组与下伏叶列明组为渐变接触关系。区分两个组的界线主要依据是暗色含角闪石岩石的突然增加及浅色片麻岩的减少。舒米欣组主要为角闪片麻岩、结晶片岩、角闪岩和石榴角闪岩，其次为辉石片麻岩、黑云片麻岩、二云片麻岩、其他浅色片麻岩、矽线白云结晶片岩和黑云石英岩，厚1000～1300m。

日多伊组下部为黑云片麻岩、石榴黑云片麻岩、角闪黑云片麻岩、浅色微斜长石片麻岩和紫苏辉石片麻岩，上部为黑云角闪辉石片麻岩、角闪片麻岩、其他暗色片麻岩和角闪岩层，顶部为黑云片麻岩、石榴黑云片麻岩和角闪黑云片麻岩，厚2000～2500m。

斯柳江层与沙雷扎勒盖层的区别在于它广泛发育碳酸盐岩，岩石特征亦有所不同。

学术界对斯柳江层的划分有不同意见，但目前多采用二分法，即下部为基托伊组，上部为佩列瓦利组。斯柳江层总厚3500～4500m。

基托伊组主要为黑云片麻岩、辉石片麻岩、含碳酸盐辉石片麻岩、辉石角闪片麻岩，黑云角闪片麻岩和其他片麻岩，夹大理岩和斑花大理岩，其次为矽线石结晶片岩、黑云矽线石结晶片岩、角闪石结晶片岩、角闪岩和麻粒岩，总厚2000～2500m。

佩列瓦利组与下伏基托伊组为整合接触，岩性为大理岩、斑花大理岩、石英碳酸盐透辉石结晶片岩、透辉方柱石结晶片岩和石英岩，夹各种片麻岩。在尼洛夫地块及哈马尔山脉北侧，该组之上又分出了奥布卢布组。奥布卢布组由薄层石英岩、透辉石石英岩、大理岩，斑花大理岩与含磷灰石透辉碳酸盐石英岩互层组成，有些层中磷灰石含量达75%。佩列瓦利组厚1500～2000m。

沙雷扎勒盖层原岩为沉积岩夹基性和中性火山岩厚层及透镜体；斯柳江层原岩为沉积岩，碎屑岩-碳酸盐岩建造，上部含磷灰石。

(二)元古宇

萨彦-额尔古纳地层区元古宇发育极为广泛，在许多地区内均有分布，如戈尔诺-阿尔泰、西萨彦岭、西图瓦、库兹涅茨阿拉陶山脉、萨拉伊尔、东图瓦和东萨彦岭等地区。各地区岩石成分及变质程度均有所不同，现分4个地区叙述。

1. 西部地区

西部地区包括戈尔诺-阿尔泰、西萨彦岭、西图瓦、库兹涅茨阿拉陶山脉和萨拉伊尔等地区。该地区元古宇出露面积不大，与古生界往往难以区分，层序研究得还很不够，时代的确定具一定的推测性。根据时代及岩石成分，可分为上、下两个杂岩。下杂岩主要为片岩，上杂岩主要为碳酸盐岩。

1）下杂岩

在西部地区下杂岩成分较复杂，主要为各种中低级区域变质副片岩，夹大理岩、石英岩段。

下杂岩在戈尔诺-阿尔泰中部为捷列克京组，主要为石英云母绿泥石副片岩，有时见石英岩及石墨质片岩夹层，厚5500m，正片岩仅分布于捷列克京高地东部，位于该组下部，捷列克京组被早-中寒武世火山沉积岩不整合覆盖，K-Ar法测定该花岗岩体同位素年龄值为616～560Ma。

在戈尔诺-阿尔泰东部，捷列克京组仅分布于捷列茨隆起及丘利钦隆起。在捷列茨隆起，捷列克京组为石英白云绿泥石正片岩夹大理岩，厚3500m。该隆起的东部下-中寒武统（?）不整合覆于捷列克京组之上。在丘利钦隆起，捷列克京组为石英岩与副片岩互层，有时与正片岩互层。

下杂岩在西萨彦岭北坡为杰巴什群，由正片岩、副片岩及大理岩组成。在杰巴什隆起东部为阿梅利组，相当于杰巴什群。杰巴什群和阿梅利组下部主要为石英白云钠长绿泥石片岩，上部主要为阳起绿帘钠长绿泥石正片岩、石英岩及大理岩。在早寒武世砾岩中见到杰巴什群片岩及大理岩砾石。K-Ar法测得杰巴什群片岩同位素年龄值仅表明岩石变质作用时代，为古生代，其中有几个数值，如933Ma、583Ma、557Ma，表明该群属元古宙。

在西萨彦岭南坡及西图瓦地区，阿克科利群相当于杰巴什群上部，岩性为阳起绿帘绿泥石正片岩、副片岩和石英岩，见奥萨季型核形石（*Osagia*），阿克科利群被下寒武统的钦金群所覆盖，未见不整合。

西图瓦的休特霍利组也属下杂岩，被中-上寒武统覆盖，一般为整合接触，局部为构造不整合。从岩石成分及地层位置上看，休特霍利组相当于东阿尔泰的捷列克京组上部，有些人将其归属于寒武系，但用K-Ar法测定休特霍利组片岩同位素年龄值为1116Ma及565Ma，故排除了将其归属于寒武纪的可能性。在西萨彦岭休特霍利组位于阿梅利组之上，因此也就位于杰巴什群之上。休特霍利组、巴什卡乌组及捷列克京组上部层位相当，均属下杂岩上部。捷列克京组下亚组与杰巴什群上部相当，东图瓦的哈拉利组、阿伊雷格组、比林组及东萨彦岭的库瓦伊群相当于该杂岩。

下杂岩在阿尔泰-萨彦地区西部分布零星，在库兹涅茨阿拉陶山脉及绍里亚山区为科任组和捷尔辛组。科任组为各种角闪片岩、云母片岩和石墨云母片岩，夹少量大理岩，厚3000m。捷尔辛组整合覆于科任组之上，为结晶片岩、石英片岩与大理岩、白云岩、石墨片岩、角闪片岩、铁质石英岩互层，厚4000m。这类变质较深的地层老于上述的杰巴什群及捷列克京组，根据1965年地层会议决议，将其归属于中、古元古代。

下杂岩的时代尚未确定，有两种意见，一种认为属中元古代，另一种认为属新元古代。

2）上杂岩

在阿尔泰-萨彦区西部，上杂岩为元古宇的最上部，具生物遗迹。从构造、沉积建造及变质程度来看，上杂岩与寒武系关系密切，与下杂岩之间具区域不整合及沉积间断。

上杂岩在戈尔诺-阿尔泰地区自下而上为巴拉塔利群和曼热罗克群。

巴拉塔利群为灰色大理岩化灰岩及硅质岩，夹火山岩及碎屑岩。在灰岩中含藻类 *Trachyoligotriletum*，*Bofhroligotrileium* 等，厚3000m。

曼热罗克群主要为火山岩，覆于巴拉塔利群之上，二者具剥蚀痕迹，上被含古杯类的中寒武统下部巴扎伊赫杂岩所覆盖。

在萨拉伊尔上杂岩为基夫金组，岩性为硅质碳酸盐岩，含前寒武纪叠层石。

在库兹涅茨阿拉陶山脉及绍里亚山区为叶尼塞群，岩性为暗色及浅色灰岩、白云岩及硅质岩，局部含少量基性火山岩及凝灰岩。在碳酸盐岩中含丰富的藻类 *Osagia*，*Collenia*，*Saralinskia*，*Kabyrsinia*，

Palaeomicrocystis 等，厚 3500～4000m。

2. 东图瓦

前寒武系在东图瓦地区分布于桑基连高原、小叶尼塞河流域、大叶尼塞河中游及上游。根据化石证据，并考虑到在东图瓦中部前寒武系与寒武系联系较紧密等情况，将前寒武系上部归属于新元古界，而位于其下的地层则暂归古、中元古界。东图瓦的前寒武系，下部，即古、中元古界，在桑基连山脉及东北部比较相似；上部，即新元古界，成分及厚度各地均有所区别。这些地区前寒武系的特点是层序完整，没有沉积间断或不整合。东图瓦中部元古宇与上述地区有所区别，其中有较大的沉积间断，缺失元古宇下杂岩的上部及中部。

1）古、中元古界

在桑基连山脉古、中元古界分为两部分。下部为厚达 3000m 的岩层，由捷斯赫姆组及穆古尔组组成。捷斯赫姆组为片麻岩、结晶片岩、绢云母片岩、砂岩及粉砂岩；穆古尔组为石英岩、片岩、角闪岩、大理岩、云母片岩及石墨片岩，夹磁铁矿石英岩。中上部为巴雷克蒂格赫姆组和恰尔蒂斯组。巴雷克蒂格赫姆组为石墨质大理岩，夹薄层片麻岩、云母片岩及角闪片岩，厚 3000m。恰尔蒂斯组整合覆于巴雷克蒂格赫姆组之上，东部及东南部为碳酸盐岩，北部及西部为碎屑岩-碳酸盐岩，中部含藻类，厚 2500m。

在图瓦东北部托伊马斯河、奥杜鲁姆河及阿伊雷格河流域，元古宇连续沉积，与桑基连高原类似。底部舒特胡莱组为云母片麻岩、石英大理岩及角闪片岩，厚度不小于 4000m。其上整合沉积为石墨质大理岩组，厚约 3000m，相当于桑基连高原的巴雷克蒂格赫姆组。在图瓦东北部，下杂岩的上部为比林组，由大理岩、角闪片岩、石英片岩、云母片岩及片麻岩组成，厚 2000m，此处古、中元古界总厚度约 9000m。在东图瓦中部，下杂岩为片麻岩、结晶片岩、石英岩、角闪岩，最上部为厚达数百米的大理岩段。它相当于桑基连高原的捷斯赫姆组、穆古尔组，还可能包括巴雷克蒂格赫姆组最下部，厚 5000m。这里缺失恰尔蒂斯组及巴雷克蒂格赫姆组大部分，因此认为在新元古界沉积之前图瓦地区存在大的沉积间断。

2）新元古界

在桑基连高原新元古界为纳雷组，该组整合沉积于恰尔蒂斯组之上，岩性为黑色及灰色灰岩，含 *Osagia* 及海绵骨针（?），夹云母硅质片岩、黑云片岩、角闪片岩及碳质石英片岩，厚度大于 2000m。在桑基连东部阿加什河流域，恰赫尔托伊组沉积于纳雷组之上，二者间具剥蚀面，但未见角度不整合。该组由绿色片岩、火山岩、石英岩及灰岩组成，厚 1000m。

在图瓦东北地区，新元古界为艾雷格组、哈拉利组及奥赫姆组，总厚度大于 11 500m。艾雷格组整合沉积于下杂岩比林组之上，为灰色薄片灰岩，含 *Osagia*，灰岩中夹灰色黑云角闪片岩、碳质云母片岩及其他片岩，厚 3000m。哈拉利组整合沉积于艾雷格组之上，岩性为阳起石片岩、绿泥石片岩、绢云母片岩、硅质片岩、碳质石英片岩，夹灰岩透镜体，哈拉利组在大、小叶尼塞河之间最为发育，其上部有较多白云碳酸盐片岩、绿泥碳酸盐片岩、绿泥石英片岩、千枚岩及变质砂岩，厚 6000m。在哈拉利组之上渐变为奥赫姆组，奥赫姆组为碳酸盐绿泥石片岩、碳酸盐白云片岩、绢云碳酸盐片岩、千枚岩、灰质砂岩及砂质灰岩，厚约 3000m。在布兰-阿日克-赫姆河流域，奥赫姆组被下寒武统所覆盖，二者具侵蚀面但未见角度不整合。

在小叶尼塞河流域，新元古界与下寒武统有较紧密的构造联系，这里新元古界为比伊赫姆群，该群岩性为阳起石片岩、钠长绿泥绿帘石片岩、绿色喷出岩、绢云绿泥石片岩、碳酸盐绿泥石片岩及片理化砂岩。有人认为比伊赫姆群相当于大、小叶尼塞河之间的哈拉利组及奥赫姆组。

3. 东萨彦岭

元古宇广泛分布于东萨彦岭所有构造-岩相带中。关于元古宇的规模、划分方案，以及与太古宇的界线等问题，均未完全搞清。这是由于比柳萨群层位未确定，根据各种间接证据，有人将该群的时代归属于太古宙，有人归属于古元古代，本书将比柳萨群暂归古元古代，其上的杰尔宾群归于古、中元古代。

1)古元古界(?)

在东萨彦岭西部及中部为比柳萨群。根据岩性可分为下、中、上3部分,下部为云母片麻岩、角闪片麻岩、长石片麻岩、结晶片岩,夹角闪岩及石英岩;中部为黑云片岩、角闪片岩与片麻岩互层,夹蓝晶片岩、堇青矽线石片麻岩、其他泥质片麻岩、大理岩、斑花大理岩及石英岩;上部为大理岩、角闪岩、黑云片岩、角闪片岩及石英岩。比柳萨群总厚度大于6000m。

在滨萨彦带奥卡河流域,曼加特戈利组相当于比柳萨群,为黑云片麻岩、石榴黑云片麻岩、角闪片麻岩、矽线石片麻岩及石英岩,厚度大于2000m。

东萨彦岭南部古元古界为汉加鲁利层,为黑云片麻岩、石榴黑云片麻岩及高泥质片麻岩,夹角闪片岩及二云片岩,偶夹大理岩。

比柳萨群及其相应地层的区域变质程度为角闪岩相,承受多次区域变质作用、混合岩化作用及石英交代作用,K-Ar法测定比柳萨群同位素年龄值相当于新元古代及古生代变质时代,仅个别数值为2800~2000Ma,相当于区域变质时代。

比柳萨群与西伯利亚地台及叶尼塞山梁太古宇的区别在于,它没有含紫苏辉石的岩石及麻粒岩,且其再结晶程度也较差。但根据岩石成分及变质作用,比柳萨群与东萨彦岭南部的太古宇很近似。另外,地垒的内部褶皱构造呈近南北向,在这一点上比柳萨群与太古宇也极相似。

2)古、中元古界

比柳萨群沉积之后,产生北西向深大断裂。早期形成的太古宙及古元古代结晶杂岩沿该断裂被切割为地块,并形成东萨彦岭的北西向构造,中太古代及新太古代东萨彦岭分成两个构造-岩相带,即外带或滨萨彦带,内带或中萨彦带。

滨萨彦带位于西伯利亚地台的西南缘,中-新元古界主要为碎屑岩,少量火山岩。

中萨彦带中-新元古界在这个地区又分为乌德斯克-杰尔宾构造-岩相带及伊尔库特-奥金构造-岩相带。

乌德斯克-杰尔宾构造-岩相带中元古界为杰尔宾群,该群与比柳萨群为不整合接触,厚7900~10 500m,下部主要为云母片麻岩、角闪斜长片麻岩、石英岩,夹大理岩层,上部主要为大理岩、斑花大理岩,夹片岩及石英岩。

伊尔库特-奥金构造-岩相带中元古界为基托伊群,该群主要为大理岩、结晶片岩、片麻岩及石英岩等,总厚度达7600~8500m。

滨萨彦带中元古界(也可能是古元古界)自下而上分为卡姆恰达利组和索斯诺巴伊茨组。

卡姆恰达利组为白云岩化大理岩、石榴黑云十字角闪岩、角闪片岩、石英岩,厚约1000m,K-Ar法测定该组中云母同位素年龄值为1880Ma。

索斯诺巴伊茨组为角闪岩、角闪片岩、黑云片岩、石榴黑云十字石片岩、铁质石英岩,夹赤铁矿磁铁矿层,厚1000~2000m,与卡姆恰达利组为整合接触。

在滨萨彦带,中元古界为别洛列钦组,由黑云片岩及石榴黑云片岩组成,厚约3000m,其上沉积达勒达尔明组,二者间未见明显不整合。达勒达尔明组为石英绿泥绢云母片岩、变质砂岩、变质粉砂岩和千枚状片岩,具韵律结构,含基性、酸性喷出岩及其凝灰岩,厚度大于2000m。该组喷出岩及凝灰岩自东南向西北有所增加。在乌里斯克-伊亚地堑中火山岩占很大比重。

3)新元古界

新元古界在东萨彦岭分为2个或3个杂岩,其间为大的不整合。

(1)下杂岩。下杂岩在中萨彦带的乌德斯克-杰尔宾构造-岩相带为库瓦伊群,与下伏的杰尔宾群具剥蚀面,但无明显的角度不整合。自下而上分为乌尔曼组、曼纳组和巴赫京组。

乌尔曼组为千枚状泥质片岩、碳酸盐质石英长石砂岩、变质砂岩,含少量酸性、基性喷出岩及其凝灰岩,下部砾岩及细砾岩夹层中含下伏的杰尔宾群上部的灰岩及花岗岩砾石,厚2800~3200m。

曼纳组为暗色及淡灰色大理岩化灰岩,夹少量泥质片岩、微晶石英岩及凝灰岩,在灰岩中含核形石

Osagia nuilamellata, *O. columnata*，厚 800～2000m。

巴赫京组上部及下部主要为辉绿岩成分的熔岩、辉石玢岩及凝灰岩，中部主要为大理岩化灰岩，夹喷出岩及石英岩，厚 4100m。

下杂岩在中萨彦带的伊尔库特-奥金构造-岩相带为奥尔利克群，自下而上分为奥金组和蒙戈申组。

奥金组为绿泥绢云母片岩、石英绿泥石片岩、变质砂岩、砂质碎屑凝灰岩及强变质喷出岩，厚 3500～4300m。

蒙戈申组为大理岩化灰岩、白云岩，夹片岩、变砂岩、微晶石英岩及喷出岩。在灰岩中含叠层石 *Conophyto cylindricus*, *C. garganicus*, *Columnacollenia giga*, *Collenia ilimica*，厚 500m。

下杂岩在滨萨彦构造-岩相带自下而上为乌里克组、伊尔瑟姆组和叶尔马索欣组。

乌里克组为砾岩与砂岩、石英绢云绿泥石千枚状片岩互层，夹灰岩，厚 2000～2500m。

伊尔瑟姆组下部为白云岩，上部为杂色泥质片岩、粉砂岩、砂岩、泥灰岩，厚 600m。

叶尔马索欣组为砾岩、砂岩，夹千枚状泥质板岩，厚 500～1500m。

(2)上杂岩。上杂岩在中萨彦带的伊尔库特-奥金构造-岩相带为伊兹克群。伊兹克群分为马斯梁组和蒂赫京组。

马斯梁组底部为绿灰色硬砂岩与千枚状泥质片岩互层，厚 300～350m；上部为灰岩含燧石板岩及微晶石英岩，厚 500～600m。

蒂赫京组分为碎屑岩及碳酸盐岩两部分，下部为绿灰色中粗粒硬砂岩及长石砂岩，夹千枚岩化泥质片岩及粉砂岩，偶夹灰岩及细砾岩，厚 1200m；上部为暗灰色块状、角砾状灰岩，白云岩与灰岩、灰质片岩、泥灰质片岩互层，厚 1000m。

上杂岩在中萨彦带的乌德斯克-杰尔宾构造-岩相带自下而上为萨尔霍伊组和戈尔杭组。

萨尔霍伊组为杂色砾岩、砂岩、凝灰岩、石英斑岩及玢岩，厚 1500～3000m。

戈尔杭组为灰岩及白云岩，厚 700～800m，灰岩中含 *Conophyton lituus* var. *circularis*, *C. iriangulatus*, *Sacculia ovata*, *Conophytonmefula*, *C. hemis phaericus*。

在滨萨彦带上杂岩属地台型沉积，自下而上分为卡拉加斯组和奥谢洛奇组。

卡拉加斯组下部为砾岩、砂岩，上部为碳酸盐岩、粉砂岩、砾岩，厚 875～1325m。

奥谢洛奇组下部为砾岩、粉砂岩、砂岩，厚 100～150m；上部为粉砂岩、砂岩、泥板岩及灰岩，厚 400～900m；顶部为杂色砂岩及粉砂岩，厚 400m。

4. 哈马尔山脉

元古宇在哈马尔山脉发育广泛，分为古、中、新元古界。

1)古元古界

汉加鲁利层下部为黑云片麻岩及石榴黑云片麻岩，夹少量其他片麻岩；上部为黑云片麻岩，夹黑云角闪片麻岩、角闪片麻岩、十字云母片麻岩。该层与太古宇大部分为构造接触，偶见正常沉积接触，有人认为与下部的斯柳江群是整合接触，也有人认为是假整合接触，厚 3000～4000m。岩石的区域变质作用相当于角闪岩相。

伊尔库次克组主要为大理岩，其次为灰质石英岩，夹片岩及结晶片岩，厚 2000～2500m。

2)中元古界

中元古界广泛发育于哈马尔山脉，为比图一吉金群。比图一吉金群为片理化石英变砂岩、变粉砂岩、变质片岩、石英绿泥绢云母片岩、黑云绿泥石英片岩、云母片岩、碳酸盐石英云母片岩、碳质片岩及千枚状片岩，厚 5000～6000m。

3)新元古界

在哈马尔山脉，新元古界为察一穆林组。察一穆林组整合于比图一吉金群之上，为灰色、白色、黑色、灰色碳质大理岩化灰岩及云母碳酸盐片岩。

哈马尔山脉的元古宇可与东萨彦岭同期地层对比，汉加鲁利层相当于比柳萨群。比图一吉金群，无论是在成分上还是在变质程度上，都与东萨彦岭南部的奥金组相似。察一穆林组相当于东萨彦岭的蒙戈申组。

（三）寒武系

寒武系广泛分布于戈尔诺-阿尔泰、萨拉伊尔、库兹涅茨阿拉陶山脉、绍里亚山区、西萨彦岭、图瓦、东萨彦岭等地区。下寒武统最为发育，中寒武统仅在少数地区分布，主要见于库兹涅茨阿拉陶、萨拉伊尔及东萨彦岭西北部。在西萨彦岭及图瓦西北部，寒武系仅在个别点上有所分布。有化石依据的上寒武统分布于库兹涅茨阿拉陶山脉、绍里亚山区和萨拉伊尔地区。在西萨彦岭、图瓦西北部上寒武统的划分是推测的，在其他地区上寒武统全部缺失。

1. 戈尔诺-阿尔泰

寒武系在戈尔诺-阿尔泰发育十分广泛，在东北部卡童复向斜层序齐全，在西北部及南部主要发育中寒武统及上寒武统特马豆克阶。在阿尔泰最东部缺失寒武系。

1）下寒武统

下寒武统下部为曼热罗克组，发育于戈尔诺-阿尔泰东半部，主要为辉绿岩、辉石玢岩，绿色、暗绿色及紫色细碧岩，其次为凝灰角砾岩、熔结角砾岩、凝灰砾岩、熔结砾岩、沉凝灰岩、凝灰砂岩、页岩和一定量的大理岩化灰岩及白云岩，厚达3500m，与下伏震旦系具沉积间断及角度不整合。下寒武统上部为卡扬钦组，分布于戈尔诺-阿尔泰东北部的卡童复向斜，不整合于震旦系之上。该组总厚度达2000m，分为下、中、上3个亚组。

下亚组下部为砾岩，厚260m。上部为层状灰岩夹泥灰质、砂质硅板岩状灰岩及灰质页岩，厚310m，含化石 *Serrodiscus sibiricu*，*Ladadiscus* sp.，*Volodinocyathus* sp. nov.。

中亚组为块状灰岩，局部为片理化灰岩，含古杯类及三叶虫化石，厚400m。中亚组下部含三叶虫化石 *Solontzella* sp.，*Onchoce phalina* sp.，*Kootenia* sp.，*Bergeroniaspis* sp.；上部含三叶虫化石 *Granularia obrutcheoi*，*Bonnia* sp.，*Binodaspis laboriosa*，*Bergeroniella certus*，*Erbiagranulosa*，*Weymouthia minor*，*W. tchernyshevae*，*Pagetina catunia*。该亚组归属勒拿阶上部。

上亚组为层状泥灰岩，暗灰色薄层砂质、粉砂质泥灰岩及灰质页岩，上部变为灰岩，厚160m。

2）中寒武统

阿姆加阶为卡伊姆组，火山岩建造，厚5000m，在卡童地区为凝灰砾岩-角砾岩，夹泥灰岩、砂岩，不整合于卡扬钦组上亚组之上，含三叶虫化石 *Pachyaspis* sp.，*Chondragraulos* sp.，*Taxioura* sp.，*Ptarmigania*(?)sp.，*Kootenia* sp.，*Paulsenia* cf. *granosa*，时代为中寒武世。

马亚阶为叶兰金组，分布于卡童复向斜东部。该组下部为砾岩，向上为灰岩，泥质页岩与泥灰岩互层；上部为砂岩及泥质页岩，厚300m。该组分为两个化石层，下部含三叶虫化石 *Olenoides convesus* var. *altaica*，*Anomocaregravis*，*Solenopleura djainensis*，*Clavagnostus* sp.；上部含马亚阶三叶虫化石 *Peronopsis fallax* var. *similis*，*Orloviella primaeoa*，*O. elandensis*，*Prohedinia attenuata*，*P. senkouae*，*Liostracus* sp.，*Diplagontus* sp.。

3）上寒武统

上寒武统为库利比奇组，该组下部为烟黄色泥质粉砂质页岩、鲕状灰岩、灰质细砾岩；上部为杂色砾岩及硬砂岩，厚400～500m。该组含三叶虫化石 *Agnostus pisiformis*（L.），*Coosela altaica*，*Glyptagnostus* sp.，*Aphelaspis* sp.，*Dikeloce phalidae lllaendae*，*Leiostegiidae* 及腕足类化石 *Billingsella* sp.。

2. 萨拉伊尔

萨拉伊尔的寒武系较其他地区发育广泛，主要为喷出岩、凝灰岩及碳酸盐岩。寒武系强片理化，大部分地区变质，总厚7000m。

1）下寒武统

基夫金组为暗灰色含藻灰岩及细粒石英岩，其上部发现了典型早寒武世化石，故其上部可能相当于寒武纪早期或晚前寒纪末期。它仅分布于萨拉伊尔最南部，厚1500m。

佐洛托乌霍夫组为细碧角斑岩及其凝灰岩，具相当数量的正常沉积岩，其中包括灰岩，含古杯类化石 *Ajacicyathus* aff. *robustus*，*Ajacicyathus* sp. nov. ，*Ajacicyathus* sp. ，*Archaeol ynthus pelaris*，*Coelocyathus* sp. ，*Protopharetra* sp. ，Coscinocyathus sp. nov. ，厚2000～3500m。

卢科夫组为砾岩及砂岩，局部地方厚达400m。顶部出现砂岩、粉砂岩与泥板岩互层。

利斯特维扬组为暗灰色灰岩，含古杯类化石 *Ajacicyathus speranskii*，*A. subtilis*，*A. immanis*，*A. tenuis*，*A. Orbicyatus mongolicus* ，*Asterocyathus salaricus*，*A. densus*，*Archaeol ynthus unimurus*，*A. simples*，*A. bimurus*，*Bicyathus ertaschkaensis*，*Bicyathus* sp. ，*Coscinocyathus* sp. ，*Ethmophyllum ratum*，*Coelocyathus* sp. ，*Thalamocyathus* sp. ，*Rhaobdcyathus* sp. ，总厚1000～1500m。

2）中寒武统

比柳林组总厚度达2000～2500m，富含基性喷出岩及其凝灰岩，酸性火山岩几乎缺失。比柳林组自上而下分为巴恰特亚组和奥尔林诺格勒亚组。

巴恰特亚组为绿色及紫色粉砂岩及泥板岩、紫色玢岩，下部含 *Paradoxides* ex. gr. *oelandicus* Sjogren，属中寒武统下部。在巴恰特亚组最下部找到古杯类化石 *Retcyathus huzmini*，为阿尔泰萨彦地区下寒武统最上部层位，故其最下部可能属下寒武统。

奥尔林诺格勒亚组为暗浅绿灰色基性喷出岩、泥板岩、粉砂岩、砂岩、砾岩，主要为海相沉积，含三叶虫化石 *Peronopsis*，*Hypagnostus*，*Phoidagnostus*，*Phalacroma*，*Linguagnostus*，*Cotalagnostus*，*Anomocore*，*Acroce phalites*，*Orlouiella*，*Soleno pleuna*，*Koldinia*，*Pesaia*，*Belovia*。

3）上寒武统

阿里尼切夫组为碎屑岩及喷出凝灰岩。上寒武统下部的碎屑岩中含 *Acroce phalites militans*，*A. stenometopus*var. *salairica*，*A. arinichevi*，*Pseudagnostus cyclopyse*，*P.* aff. *angus tilobus*，*Agnostus* ex. gr. ，*Homagnostus obesus*，*Conoke phalina arinichevi*，*Proceratopyge fomitchevi*，*Onchonotellus ecineta* 及其他化石等，厚度大于500m。

托勒斯托奇欣组为灰岩，厚400～500m。下部为暗色层状灰岩，含三叶虫化石 *Kingstonia* sp. ，上部为白色层状灰岩，含 *Homagnostu ultraobesu*，*Pseudagnostus* cf. *obsoletus*，*Acroce phalina* sp. ，*Kingnostonia* sp. ，*Lonchoce phalus* sp. ，*Kazelia* sp. ，*Tsinania* sp. ，*Apatoke phalina bruta* ，*Eoacidaspis salairiea*。

3. 库兹涅茨阿拉陶山脉

寒武系为火山碎屑岩沉积及碳酸盐岩沉积，主要发育下寒武统，中寒武统发育较少，上寒武统极少，厚4000～11 000m。

下寒武统自下而上分为巴雷克辛组、乌辛组和瑟亚组。

巴雷克辛组为火山岩-碳酸盐岩沉积，乌辛组为碳酸盐岩沉积，瑟亚组为火山岩-碎屑岩沉积。其中乌辛组最为稳定，为碳酸盐岩；巴雷克辛组及瑟亚组岩相变化较大，巴雷克辛组有碳酸盐岩-硅质岩和火山岩-页岩两种沉积类型；瑟亚组有火山岩-碎屑岩和火山岩-碳酸盐岩两种沉积类型。下寒武统厚4000～7500m，3个组均产化石。

中寒武统分为两个组。下部卡拉苏克组，有碳酸盐岩和火山岩-碎屑岩-碳酸盐岩两种沉积类型；上部别里库利组为火山岩沉积。中寒武统厚度变化较大，为 400～4000m，表明组与组之间，以及与上部地层之间存在沉积间断及剥蚀。根据化石资料，将卡拉苏克组归于中寒武统阿姆加阶；别里库利组不整合沉积于卡拉苏克组之上，又被具化石证据的上寒武统所覆盖，故将其列为马亚阶。

上寒武统为基塔特组碎屑岩，厚 500～700m。

下寒武统各组之间均为构造不整合，中、下寒武统之间有区域性沉积间断，中寒武统以及中、上寒武统之间有构造不整合。

在基亚隆起，巴雷克辛组下亚组为暗色细带状灰岩夹沥青质灰岩、硅质岩、灰质砂岩，厚约 1400m，含藻类及海绵动物化石，其时代为早寒武世；上亚组为白云岩及白云质灰岩，厚度大于 1000m。乌辛组与巴雷克辛组上亚组为渐变关系，厚约 2000m，主要为浅色礁灰岩，与灰色碎片状及层状灰岩互层。该组下部具泥质及硅质灰岩，上部具灰质砂岩及凝灰岩物质，含古杯类化石，相当于巴扎伊赫组合，重要的古杯类化石有 *Ajacicyathus*，*Coseinocyatus*，*Nochoroic yathus*，*Loculocyatus*，*Dictyocyathus*，*Asterocyatus*，*Orbicyatus*，*Thalamoc yathus*，*Urcyathus*，*Szecyatus*，*Ethmophyllum*。在乌辛组上部，具萨纳什蒂克戈利组合，其中重要化石有 *Formosocyathus*，*Ethmophyllum*，*Carinocyathus*，*AIataucyathus*，*Annulocyathus*。瑟亚组，在基亚河地区与下伏乌辛组整合接触，下部为绿色、灰色凝灰岩、沉凝灰岩、凝灰砾岩、砾岩，夹黑色灰岩及硅质岩，上部为安山玢岩及钠长斑岩，与凝灰岩、凝灰砂岩、砾岩互层，厚 2500m。别里库利组为辉绿岩、斜长玢岩、辉长玢岩、含熔岩角砾岩、凝灰砂岩、凝灰角砾岩，厚 3000m。

向西，上部较复杂。在瑟亚组之上为卡拉苏克组。卡拉苏克组之上为基塔特组，不整合于别里库利组之上。

在伊尤斯科-瑟亚凹陷中，寒武系主要为火山岩及硅质岩-页岩-碎屑岩沉积。

4. 绍里亚山区

绍里亚山区寒武系分为 6 个组，即下寒武统别利辛组、康多姆组、乌辛组，中寒武统卡内姆组、塔伊顿组，上寒武统卡兹组。

5. 西萨彦岭

寒武系在西萨彦岭北坡及南坡发育广泛，中部分布有限。北坡层序完整，南坡层序不够完整，中部仅分出上寒武统。

在北坡下寒武统自下而上为钦金组、下莫诺克组、上莫诺克组。下寒武统之上为碎屑岩及凝灰岩组合，厚 5000～6000m，其下部恰兹雷克组属中寒武统，上部阿尔巴特组归属上寒武统。

6. 图瓦

寒武系在图瓦地区分布广泛，主要发育下寒武统，且广泛分布，分出了阿尔丹阶及勒拿阶，确切的中寒武统仅在一处分布。上寒武统在西北部分出露。

下寒武统构造复杂，岩相、厚度变化均较大，可分为 3 个大的组合：①下组合为页岩-火山岩-沉积岩建造，厚 3000～5000m。在很多地方可细分为两个组，下部为页岩，见极少量古杯类化石，保存不好；上部为火山-沉积岩，含古杯类及少量腕足类、三叶虫化石，相当于阿尔丹阶。②中组合为火山-沉积岩建造，相当于勒拿阶中-下部。在大部分地区，碳酸盐岩具一定层位，形成厚达千米的岩段或透镜体，含古杯类及三叶虫化石。在乌卢格-赫姆河及其东部、于卡-赫姆河，复矿砂岩及硬砂岩占优势，厚 3000～3500m。在西图瓦，它与阿尔丹阶之间具沉积间断。③上组合为凝灰页岩，属下寒武统最上部。分布于东唐努山中部及乌卢格-赫姆河右岸，厚 500～2500m。在图瓦的各构造带中，下寒武统总厚度为 4000～9000m，在东唐努山、乌卢格-赫姆河及卡赫姆河右岸厚度最大。

7. 东萨彦岭

在东萨彦岭寒武系分为两种类型:第一种类型分布于奥卡河上游,东北托德扎、卡兹尔河及基齐尔河流域、瑟达-西西姆复向斜、克拉斯诺亚尔斯克山脉的最西北部以及阿尔卡山;第二种类型分布于曼纳凹陷,雷宾盆地东南部推测的寒武系也归属这一类型。

东萨彦岭曼纳坳陷的寒武系分为两种沉积建造,一种为沉积火山碎屑岩建造,属下、中寒武统;另一种为复理石(碎屑岩)建造,属上寒武统。

在上述地区主要发育下寒武统,中寒武统发育较少。下、中寒武统在大部分地区可分为3部分,下部及上部主要为火山-碎屑岩,中部主要为碳酸盐岩,总厚度为4000～8000m。

(四)奥陶系

奥陶系在萨彦-额尔古纳地层区西南部分布广泛,其他地区分布较少,可分为西部及东部两部分,二者发育程度及岩相特点均有所不同。

1. 西部

戈尔诺-阿尔泰、库兹涅茨阿拉陶山脉西北部奥陶系分布广泛,萨拉伊尔及绍里亚山区次之。岩性以碎屑岩为主,碳酸盐岩次之,火山岩较少。火山岩仅在少数地区发育,特马豆克阶上部及兰代洛阶比较发育。下奥陶统各处均为杂色碎屑岩,中奥陶统为灰色砂泥质及灰泥质岩石,灰岩较少,上奥陶统主要为灰岩。

有化石依据的下奥陶统见于绍里亚山区、库兹炼茨阿拉陶山脉西北部、萨拉伊尔及戈尔诺-阿尔泰地区的威缅斯科-列别德复向斜。

下奥陶统包括多勃林层、阿勒加英层及下伊洛瓦特亚层。

多勃林层在库兹涅茨阿拉陶山脉西北部研究较好,为绿灰色粉砂岩、砂岩及泥灰岩,厚800m,含三叶虫化石 *Kitatella oulagri*,*Bilacunas pisangutus*,*Harpides ulumandensis*,*Euloma limata*;笔石化石 *Clonograptus* sp.。在威缅斯科-列别德复向斜东北边缘地带的乔伊组归属该层。

阿勒加英层的典型剖面在绍里亚山区,为棕色、绿灰色粉砂岩,砂岩夹灰质砾岩层,厚约700m。在库兹涅茨阿拉陶山脉西北部为泰缅组,为喷出-沉积岩。在萨拉伊尔为叶利佐夫组,为碎屑岩,含少量基性及酸性喷出岩,两组各厚1000m。较典型的化石有 *Ceratopyge forficula*,*Apatocephalus serratu*,*Aphaeoprthis vicina*,*Punctolira hondomiensi*,*Nanorthis shoriensis*。

下伊洛瓦特亚层,在萨拉伊尔地区超覆于上寒武统灰岩之上,为砾岩及粉砂岩,含 *Archaeorthis sibirica*,*Tritoechia orliniensis*,*Didymograptus extensus*,*Pliomerops* sp. 等化石。在威缅斯科-列别德复向斜为砂页岩,超覆于中寒武统之上,厚800m,含化石 *Tetragraptus bigsbyi*,*Expansograptus* aff.,上界不清。

中奥陶统分布于阿尔泰-萨彦岭西部,包括上伊洛瓦特亚层、布格雷希欣层及托金层;在萨拉伊尔,层序保持完整;在戈尔诺-阿尔泰,仅广泛发育布格雷希欣层及托金层;在库兹涅茨阿拉陶山脉及绍里亚山区,仅发育托金层。

上伊洛瓦特亚层,在萨拉伊尔为粉砂岩及泥质页岩,含化石 *Didymograptus bifidus*,*Trigonograptus ensiformis*,*Isograptus* sp.,厚约60m。其上为卡拉斯童组,二者间未见明显不整合,卡拉斯童组为灰黑色泥质页岩,夹凝灰岩及玢岩,含化石 *Glyptograptus teretiusculus*,*G. euglyphus*,*Climacograptus* aff. *minimus*,厚400～450m。戈尔诺组超覆于卡拉斯童组之上(>100m),为砾岩、粗砂岩及粉砂岩,含 *Mimellaextensa*,*Orthambonites* cf. *motellerense* 及 *Atelelasma* sp.。大多数人将上述两组归属上伊洛瓦特亚层,时代为兰代洛期—下喀拉多克期。

布格雷希欣层(厚约1200m),广泛发育于恰雷什斯科-伊尼亚复向斜和阿努伊斯科-楚亚复向斜,超覆沉积于戈尔诺-阿尔泰群之上,分为3部分。下部为砂岩、黑色粉砂岩及页岩,含化石 *Isophragma extensum*, *Atelelasma elegantis*, *Nilleus* aff. *tengriensis*, *Eorobergia insignis*, *Glyptograptus* ex. gr. *teretiusculus*;中部为灰质粉砂岩、砂岩,含化石 *Apatomrpha altaica*, *Orthambonites friendsvillensis*, *Cybele planifrons*, *Telephina* cf. *mobergi*, *Retiograptus geinitzianus*;上部为绿灰色砂岩、粉砂岩、黑色泥板岩,含化石 *Onniella chancharica*, *Pleclocamaratransvesrsa*, *Bimuria bugrishiohiensis*。

托金层(厚300~640m)各处均为绿色细粒灰质砂岩。在威缅斯科-列别德复向斜与下伏地层为渐变关系;在绍里亚山区、库兹涅茨阿拉陶山脉及萨拉伊尔等地,超覆于特马豆克阶的阿勒加英层之上。托金层较典型的化石有 *Chaulislomella amzassensis*, *Schizophorella altaica*, *Boreadorthis togaensis*, *Ceraurinus icarus*, *Calyptaulas bellatulus*, *Paracybeloides loueni*。

上奥陶统包括恰克尔层和季叶特肯层。

恰克尔层(厚170~500m)分布地区与托金层相同,与托金层为渐变关系,为灰色及暗灰色灰岩,含丰富的腕足类及珊瑚化石,最典型的有 *Dalmanella uxunaica*, *Leptesitiina magma*, *Anoptambonites* cf. *grayae*, *Fardenia* cf. *scalena*, *Spirigerina sublevis*, *Calapoecia anticostiensis* 及其他化石等。在萨拉伊尔与该层相当的为维别罗夫组(厚约400m),该组为砂岩及粉砂岩,夹薄层灰岩,其上部为砾岩及砂岩。灰岩中含腕足化石 *Spirigerinasublevis*, *Anoptambonites* cf. grayae 及三叶虫化石 *Illaenuoviformis*, *Holotrachelus punctillosus*, *Bumastus nudus*。

季叶特肯组(厚300~1000m),仅见于阿尔泰地区,在恰雷什斯科-伊尼亚复向斜层序最为完整,为浅灰色、暗灰色灰岩,夹黑色泥质页岩(奥尔洛夫组上部),灰岩中含 *Plectatry parediocris*, *Catazyga cartieri*, *Palaeofavosites legibilis*, *Catenipora bugryshiensis*, *Propora parvotubulata*。在典型剖面地区主要为碎屑岩夹灰岩,含 *Dalmanella dietkena*, *Cyrtophllum samyoshiensis*, *Mezofavosites shivertiensis*, *Plasmoporella* sp., *Propora* sp.。

在恰雷什斯科-伊尼亚复向斜及阿努伊斯科-楚亚复向斜的东南部奥陶系与志留系之间为渐变关系。

2. 东部

在西萨彦岭、东萨彦岭及图瓦地区奥陶系几乎全部为碎屑岩,碳酸盐岩极少。

在西萨彦岭暂将阿拉苏格组上部归属奥陶系下部,为哑地层,岩性为绿灰色及杂色复矿砂岩、粉砂岩、泥质页岩及砾岩(该组下部暂归上寒武统)。该组之上整合沉积有曼丘列克群和乔布拉林群,为绿灰色、杂色砂岩、泥质页岩及粉砂岩(厚5000~8000m),化石依据不足。在叶尼塞河左岸见 *Carinopyge* sp., *Cheirurus* sp., *Homotelus* sp., *Sphaeroxochus* sp.。在阿克-苏格河流域见 *Nicholsonella polaris*, *N. pulchra*, *Batostoma artyniea*。乔布拉林群被下志留统覆盖,二者为渐变关系。

在东萨彦岭,于卡兹尔及基齐尔河之间为切廖姆尚组(厚1500~2000m),该组为绿灰色砂岩、凝灰砂岩、砾岩和泥质页岩。在曼纳河流域为纳尔夫组(厚1000~2500m),该组为红色砾岩、砂岩及粉砂岩,不整合于下、中寒武统之上。

在图瓦,奥陶系分布于东北部、北部边缘、西部及西南部。各处奥陶系均与志留系组成一个厚度大的地层组合,具角度不整合覆于寒武系之上,仅在西南边缘,奥陶系内部及奥陶系与志留系之间具角度不整合。在图瓦东北部,奥陶系分为西斯季格赫姆组和塔斯克利组,二者为渐变关系。西斯季格赫姆组(厚1600~2500m),为红色砂岩、细砾岩及页岩,上部夹酸性喷出岩及凝灰岩,含 *Angarella* ex. gr. *lopatini*。塔斯克利组为红色细粒砂岩及粉砂岩,未见化石,厚2000m。在图瓦北部,奥陶系为马林诺夫群,分为3个组,总厚2000~3000m。下组和上组为红色砂岩及砾岩,中组塔尔雷克组为灰色砂岩及粉砂岩夹灰岩透镜体,含 *Orthambonite bellus*, *Paurorthis fasciculata*, *Glyptambonites glyptus*, *Bulbaspis ovulum*, *Symphysurus exactus*。在图瓦西部,奥陶系为合姆什达格群(厚2000~4000m),该群为红色及灰色砂岩，夹3段砾岩，下部见 *Ceratopea keithi*，*C. capuliformi*，上部见 *Calliops* sp.，*Erdoceras* sp.，*Batostoma* sp.。图瓦西南部的奥陶系与上述地区奥陶系有较大区别，为姆古拉克辛组和卡尔金组。姆古拉克辛组为酸性及基性喷出岩及其凝灰岩(厚2000m)。卡尔金组不整合于姆古拉克辛组之上，下部主要为砂泥质岩，含中奥陶世苔藓虫，上部为灰岩，含丰富的晚奥陶世化石 *Proheliolites* sp.，*Paliphyllum primarium*，*Triplesia mongolica*，*Illaenus angustifrons*，*Calyotaulax attalwenus*，*Ptilograptus pennatus*，*Tasmanoceras zeehanense*，厚800m。

(五)志留系

志留系在萨彦-额尔古纳地层区分布十分广泛。在阿尔泰及图瓦最为发育，在萨拉伊尔分布面积较大，在西萨彦岭也有所发育。

下-中志留统较上-顶志留统分布广。下-中志留统为海相沉积，上-顶志留统有海相和陆相两种沉积类型。

志留系下界不够清楚。在阿尔泰，奥陶系与志留系之间为角度不整合，但在很多地方奥陶系与志留系之间为渐变关系，如图瓦及萨拉伊尔。有人认为在西萨彦岭，奥陶系与志留系之间为渐变关系，也有人认为二者之间为角度不整合关系。

在图瓦，下-中志留统与上-顶志留统之间为连续沉积；在阿尔泰及西萨彦岭，志留系各统之间为角度不整合；在萨拉伊尔，上-顶志留统内部有不整合。

志留系与泥盆系之间关系较复杂，在阿尔泰、西萨彦岭及图瓦大部分地区，志留系被下泥盆统、中泥盆统或下-中泥盆统不整合覆盖。在萨拉伊尔及图瓦南部，志留系与泥盆系为渐变关系。

志留系厚度变化较大。在阿尔泰西北部，下-中志留统厚1200～1400m，向东变为300～700m，在阿努伊斯克-楚亚复向斜中，厚度由300～500m至2500～2700m变化。在阿尔泰上-顶志留统，厚度由100～400m至700～1500m变化。在西萨彦岭，志留系厚6000～7000m。在萨拉伊尔，下-中志留统厚1000～1500m，上-顶志留统厚1200m。在图瓦，厚度由300～500m至4000～6000m变化，在西图瓦中部厚度最大。

下-中志留统广泛分布于萨彦-额尔古纳地层区，为砂泥质及泥质碳酸盐岩沉积，向上碳酸盐岩成分增加。在阿尔泰、图瓦，特别是在萨拉伊尔发育厚层碳酸盐岩。上-顶志留统分布面积不大，有两种沉积类型：在阿尔泰、萨拉伊尔、西萨彦岭主要是灰色碳酸盐岩及碳酸盐岩-泥质岩；在图瓦及东南阿尔泰为红色砂泥质岩沉积。在阿尔泰大部分地区，上-顶志留统为灰岩及白云岩化灰岩，富含化石。在西萨彦岭，上-顶志留统为砂泥质岩沉积，夹灰岩、泥灰岩及红色砂岩。在图瓦，上-顶志留统为红色砂岩及粉砂岩。

1.阿尔泰及卡勒巴

志留系分为两部分，大部分地区下-中志留统为奇涅京层，上-顶志留统为恰格尔层。东部与其相对应的为切尔加克层和杭杰尔格伊层。在塔利茨带、科尔冈带及阿努伊斯克-楚亚带志留系发育最广泛，为厚层海相碎屑岩-碳酸盐岩沉积及碎屑岩沉积。在赫勒宗斯克-楚亚带为红色粗碎屑岩，为滨海相沉积，与寒武系—奥陶系为不整合接触。

下-中志留统较上志留统发育广泛，在塔利茨带及阿努伊斯克-楚亚带最为发育。在这两个地区下-中志留统为奇涅京层，为页岩、砂岩、粉砂岩，夹灰岩透镜体，有时底部见砾岩、细砾岩以及硅泥质页岩。在塔利茨带厚260～2100m，在阿努伊斯克-楚亚带厚250～2500m。

上-顶志留统为恰格尔层，为灰岩，厚度由700～800m至1100～1500m变化。

2. 萨拉伊尔

志留系分布广泛，主要分布于萨拉伊尔山东南部及西部边缘。

下部为尤尔曼群，自下而上分为奥谢勒金组（兰达夫里阶?）、巴斯库斯坎组（温洛克阶）、波塔波夫组（洛德洛阶下部）3 个组，故尤尔曼群包括下-中志留统及上-顶志留统下部。奥谢勒金组为砂页岩沉积，含砾岩，化石依据不足；巴斯库斯坎组为灰岩。

上-顶志留统中-下部为波塔波夫组和苏哈亚组，前者为苔藓虫灰岩，后者为碎屑岩；顶部托姆斯科扎沃德组为介形虫灰岩。

萨拉伊尔兰达夫里阶的地质发展史及沉积条件尚不清楚。在温洛克期及洛德洛初期，萨拉伊尔为开阔的海盆。陆地位于现在的库兹涅茨阿拉陶山脉及库兹涅茨盆地的东部和中部。在海盆的东南及东北沉积最为强烈。在温带浅水条件下沉积了碳酸盐岩，富含生物。在滨海地区沉积了砂页岩，局部地方富含铁质。

在洛德洛期有短期海退，后被海水浸漫的大部分地区上升为陆，成为强烈剥蚀区。但很快海水重新浸漫，并一直延续到洛德洛期末。在提维尔期，海水分布于库兹涅茨盆地西南部。在海盆东南部，形成厚度较大的碳酸盐岩，富含床板珊瑚、层孔虫、腕足类化石，局部地方含介形虫化石。志留系逐渐过渡为泥盆系。

3. 西萨彦岭

下-中志留统为灰色、绿灰色片理化细砂岩、粉砂岩，夹少量碳酸盐岩，鄂嫩河流域主要为碳酸盐岩，总厚 3000～4000m。

上-顶志留统在乌斯河中游为希什游克组，分为 3 层：下层下部为绿灰色、紫灰色砾岩，灰质砂岩，与粉砂岩互层，灰岩中含腕足类化石，厚 2000m；中层为红色砂岩、粉砂岩、泥板岩，厚 1000m 以上；上层主要为砂岩，有时见粉砂岩，含腕足类化石，厚约 800m。志留系总厚 4000m。

下-中志留统在西萨彦岭主要为灰色复理石沉积，仅在西部地区形成碳酸盐岩沉积。

早-中志留世末，晚志留世初沉积环境产生变化，中、上志留统间具角度不整合。顶志留世，西萨彦岭东部为沉积边缘，因其沉积具浅水特点并具一定红色沉积，向西碳酸盐岩增加，富含多种化石。顶志留世，西萨彦岭海盆、库兹涅茨盆地及阿尔泰地区均相连，因在这些地区找到了相同的化石。顶志留世，西萨彦岭为海盆，在南部图瓦地区则为广泛的潟湖带，沉积了红色碎屑岩。

4. 图瓦

志留系广泛分布于图瓦地区，尤其是其西部可分为两层，下部为切尔加克层，上部为杭杰尔格伊层。切尔加克层包括西图瓦及中图瓦的切尔加克组，东图瓦的阿特乔利组和杰尔齐格组。此外，还暂将东北图瓦的谢米勃拉京组归入该层。杭杰尔格伊层包括杭杰尔格伊组，并将东北图瓦的梅纳斯组暂归于该层。两层为渐变关系，切尔加克层相当于整个下-中志留统及上志留统，杭杰尔格伊层相当于顶志留统。

切尔加克层为厚层砂泥岩，泥质碳酸盐岩及碳酸盐岩沉积，富含化石，特别是腕足类及苔藓虫化石，其中较典型的是切尔加克组，分布较广，分为以下 6 种类型。

赫姆奇克型：分布于图瓦西部、赫姆奇克盆地中部及西部，延至赫姆奇克河上游及其右侧支流，为暗绿色砂泥岩沉积，夹少量薄层灰岩，化石较少，在西部出现珊瑚灰岩透镜体，厚 3000～4000m。

阿拉什型：分布于赫姆奇克盆地北部边缘及阿拉什河流域，其特点是碳酸盐岩成分增加，出现灰岩层，富含化石，厚 175～500m。

埃伊利格赫姆型：沿图瓦北部边缘、赫姆奇克河下游及上叶尼塞河右岸分布，为灰色薄片页岩，少量腕足类及苔藓虫化石，鹦鹉螺及三叶虫化石较重要，厚 1000～1500m。

埃列格斯特型：分布于中图瓦，为碳酸盐岩-泥质岩沉积，含数个珊瑚层。在上部出现红色砂岩，化石丰富多样。切尔加特组在此处厚度 700m 至 1500～2000m 变化。

卡德沃伊型：分布于唐努山南坡。红色岩层增多，缺失珊瑚灰岩，富含腕足类化石，厚度 100～300m 至 1500～1800m 变化。

祖鲍夫型：分布于东图瓦，为红色粗碎屑岩沉积，含较单一的腕足类化石。厚数十米至 2000m。

切尔加克组根据腕足类可分为两个亚组，即下切尔加克组和上切尔加克组。下切尔加克组具兰达夫里期化石组合，腕足类化石广泛分布的有 *Rhipidmella*，特别是新种 *Rhiidonella asiatica*；上切尔加克组较典型的腕足类化石为 *Twvaella*，属温洛克阶。切尔加克组总厚 200～250m 至 3000～4000m 变化。

上-顶志留统为杭杰尔格伊层，包括西图瓦及中图瓦的杭杰尔格伊组，东北图瓦的梅纳斯组暂归于该层。杭杰尔格伊层与下伏切尔加克组为渐变关系，在大部分地区泥盆系不整合于杭杰尔格伊组之上，但在唐努山南坡为渐变关系，为红色砂岩、粉砂岩及少量泥板岩，含 *Lingula*，厚数十米至 3000m，为内陆盆沉积环境。

志留系不整合于下寒武统或上寒武统之上，或不整合于奥陶系之上。志留系在大部分地区被早泥盆世沉积-火山岩不整合覆盖。在唐努山南坡志留系与泥盆系为渐变关系。

（六）泥盆系

萨彦-额尔古纳地层区泥盆系比较发育，主要见于西南阿尔泰、科雷凡-托姆斯克带、萨拉伊尔、库兹涅茨克阿拉陶、绍里亚山区、戈尔诺-阿尔泰、米努辛斯克盆地及图瓦盆地等地。

该区泥盆系化石独具特点，一方面其古生物面貌与乌拉尔及欧洲型相似，另一方面又具有阿尔泰-萨彦地区的一些属种。根据泥盆系沉积特点可分为两个亚区，即西部萨拉伊尔-阿尔泰亚区和东部米努辛斯克-萨彦亚区。

萨拉伊尔-阿尔泰亚区，泥盆纪主要为海相沉积，有时有较多火山岩沉积。该亚区包括西南阿尔泰、阿尔泰主背斜区、戈尔诺-阿尔泰、萨拉伊尔及科雷凡-托姆斯克带。

在西南阿尔泰，泥盆系始于艾菲尔阶，中泥盆统、上泥盆统连续沉积，中、上泥盆统为海相碎屑岩，常为复理石，有时为碳酸盐岩及火山岩沉积。科雷凡-托姆斯克带泥盆系始于中泥盆统，在新西伯利亚坳陷，吉维琴-弗拉斯阶为复理石黑色页岩，厚 2500～3000m；在扎鲁宾坳陷，中泥盆统为碳酸盐岩及喷出岩，上吉维琴阶、弗拉斯阶及下法门阶为灰岩及砂泥岩沉积，上法门阶为红色碎屑岩沉积。

在萨拉伊尔及戈尔诺-阿尔泰，泥盆纪沉积始于早泥盆世，在中萨拉伊尔及东北萨拉伊尔泥盆纪沉积一直延续到中吉维琴期。在戈尔诺-阿尔泰泥盆纪沉积延续至晚弗拉斯期之初，并于晚法门期开始海侵。在阿尔泰主背斜泥盆纪沉积始于艾菲尔期，并伴有强烈火山活动，而后于晚吉维琴期，也可能于早弗拉斯期结束沉积。

米努辛斯克-萨彦亚区，泥盆系分布于山间盆地之中，有威缅盆地、列别德盆地、丘梅什斯克-涅宁盆地、乌拉甘盆地、库兹涅茨坳陷东部及南部、图瓦盆地、米努辛斯克盆地，乌辛盆地及其他一些盆地等。该亚区广泛发育厚层红色碎屑岩，为陆相沉积环境，常含喷出岩，并与较薄层灰色及杂色潟湖相沉积呈互层，有时也与短期海侵形成的碳酸盐岩呈互层。该亚区泥盆系变质程度较低，构造较简单。

该地层区泥盆系分 5 个地区：库兹涅茨坳陷及与西西伯利亚相毗邻地区（萨拉伊尔、科雷凡-托姆斯克带、库兹涅茨阿拉陶、绍里亚山区）、西南阿尔泰、阿尔泰主背斜、戈尔诺-阿尔泰和阿尔泰-萨彦山间盆地。

1.库兹涅茨坳陷及与西西伯利亚相毗邻地区

在库兹涅茨盆地泥盆系沿下石炭统及含煤沉积呈广泛带状分布，有海相、陆相以及火山岩相沉积。

有化石证据的下泥盆统仅见于萨拉伊尔，为厚约千米的正常海相碳酸盐岩沉积。滨海陆相及喷出岩相沉积分布于库兹涅茨盆地的南部及东部边缘，分别为捷利别斯组和克拉斯诺戈尔组。在其西部、西北部及北部边缘下泥盆统未见。

中泥盆统分布较下泥盆统广，为海相、陆相及火山岩相。海相沉积发育于萨拉伊尔及科雷凡-托姆斯克。在萨拉伊尔层序最为完整，为各种碎屑岩及碳酸盐岩，属艾菲尔阶及吉维琴阶。红色陆相及喷出岩相沉积发育于库兹涅茨-阿拉陶构造-岩相带及库兹涅茨坳陷。

上泥盆统除萨拉伊尔构造-岩相带外，在库兹涅茨盆地均有分布。弗拉斯阶为海相沉积，有时为陆相红色沉积。法门阶在库兹涅茨盆地边缘为海相碳酸盐岩、砂泥岩沉积以及陆相红色碎屑岩沉积。

2. 西南阿尔泰

西南阿尔泰包括鲁德诺阿尔泰、南阿尔泰、卡勒巴山脉及萨乌尔山脉。泥盆纪，西南阿尔泰一般为厚度较大的沉积岩及火山岩，岩性主要为喷出岩、凝灰岩、砂岩、页岩和灰岩，有时见砾岩，沉积环境为开阔浅海沉积，具地方性化石。

3. 阿尔泰主背斜带

阿尔泰主背斜带主要发育中泥盆统，为火山-沉积岩。上泥盆统划分依据不足。在科尔冈坳陷，中泥盆统层序比较完整。艾菲尔阶为沉积-火山岩，在科尔冈坳陷中分为3种沉积类型，即海相及火山岩相沉积、浅海及潟湖沉积和陆相火山岩沉积。艾菲尔阶下部为基性—中性火山岩，上部为酸性火山岩。在科尔冈坳陷中，下、中吉维琴阶未见，上吉维琴阶为 *Euryspirifer cheehiel* 带和 *Mediospirifer martianofi* 带。

4. 戈尔诺-阿尔泰

泥盆系在戈尔诺-阿尔泰分布十分广泛，主要呈北西向。在北阿尔泰及中阿尔泰泥盆系下部层序最为完整，在中阿尔泰及东南阿尔泰泥盆系上部层序最为完整。在戈尔诺-阿尔泰北部泥盆系下部为正常海相碎屑岩及碳酸盐岩沉积，富含化石，其南部主要为红色碎屑岩及火山岩沉积，仅局部地方含动物及植物化石。泥盆系上部类似的分带现象不明显，下吉维琴阶各处均为火山岩，上吉维琴阶及上泥盆统一般为正常海相沉积，富含化石。

5. 阿尔泰-萨彦山间盆地

泥盆系广泛分布于阿尔泰-萨彦东部，沉积于一系列山间盆地之中，主要为厚层陆相红色碎屑岩，常含中性及基性火山岩，并常与灰色及杂色碎屑岩、碳酸盐岩互层。泥盆系厚3000～10 000m。

（七）石炭系

萨彦-额尔古纳地层区石炭系主要分布在库兹涅茨盆地及与其相邻的戈尔洛夫盆地，以及科雷凡-托姆斯克褶皱带。其中库兹湿茨盆地石炭系研究得最详细。

在库兹涅茨盆地下石炭统整合沉积于上泥盆统之上，发育完整。杜内阶自下而上分为阿贝舍夫层、泰顿层和福明层。

阿贝舍夫层岩性为灰岩和碎屑岩，含 *Cyrtospirifer juli*，*Plicatifera niger*，厚75～200m。泰顿层和福明层为灰岩，含 *Fusella ussiensis*，*Spirifer subgrandis*，厚250～550m。

下维宪亚阶为波德亚科夫层，下部主要为凝灰砂岩及粉砂岩，厚20～175m，含 *Tomiodendron primacoum* 及其他植物化石；上部为灰岩，厚13～80m，含 *Chonetes magna*，C. *ischimica*。其上为上托姆斯克层(厚150～450m)，也归属下维宪亚阶，岩性为碳酸盐岩及砂泥岩，含 *Pseudosyrinx plemus*，*Tomiodendron primaevm*，*Angarodendron tetragonum* 及其他植物化石。在库兹涅茨盆地，上托木斯克层之上为波德斯特列利宁层(厚 30～100m),岩性为粉砂岩及泥板岩,含藻类化石 *Staurofucus mirabilis*,属于中维宪亚阶。在上托姆斯克层之上为大切斯诺科夫层,岩性为砂岩及粉砂岩,厚 33～57m,含植物化石 *Tomiodendron ostrogianum*,*Lophiodendron tyrganense* 及大型石松纲树干化石,其时代很可能为晚维宪期。

纳缪尔阶(奥斯特罗格组下部),在盆地南部沉积于中维宪亚阶剥蚀面之上,在盆地的其他地区连续沉积于晚维宪期的大切斯诺科夫层之上。奥斯特罗格组下部(厚 150～350m),为砂岩夹粉砂岩及砾岩层,含 *Tomiodendron ostroginum*,*Siberiodendron elongatum*,*Chacassopteris concinna* 及其他植物化石,其上含 *Fenestella tenax*,*F. muromcevi*, *Fluctuaria undata Balachonia kokdcharensis*,*Neospirifer kumoani*。

纳缪尔阶上部依次为奥斯特罗格组上部、马祖洛夫组及阿雷卡也夫组下部。奥斯特洛格组上部为砂泥岩夹煤层,厚 150～300m。马祖洛夫组为云母砂岩及粉砂岩,含多层可采煤层,厚 575m。阿雷卡也夫组下部(厚 300m)为薄层粉砂岩及细砂岩。马祖洛夫组下部产植物化石组合 *Angarodendron obrnutschevi-Koretrophyllites mungaticus-Noeggerathiopsis tyrganica*,马祖洛夫组上部及阿雷卡也夫组下部见 *Angaridium*,*Gondwanidium*,*Angaropteridium*,*Ginkgo phyllum*,*Noeggerat hiopsis*。这些化石均为上石炭统较典型化石,故将奥斯特罗格组上部、马祖洛夫组及阿雷卡也夫组下部归属上石炭统。

在戈尔洛夫盆地及科雷凡-托姆斯克褶皱带,石炭纪地层层序类似,但岩性特征有所变化。

在米努辛斯克盆地及与其相邻的部分阿尔泰-萨彦地区石炭系主要为潟湖相及陆相沉积。

米努辛斯克盆地石炭系研究程度较高,层序完整。杜内阶为灰岩、白云岩、砂岩、粉砂岩与层凝灰岩互层,分为贝斯特梁组(250m)、阿尔泰组(130m)、纳德阿尔泰组(170m)3 个组。3 个组均含动物化石 *Schellwienella sibirica*,*Acanthoides lopatini*,*Strepsodus siberiacus* 及植物化石 *Lepidodendropsis theodori*,*L. scobiniformis*,*Cyclostigma kiltorkense*。

在图瓦盆地,杜内阶为苏格卢格赫姆组及赫尔别斯组。

维宪阶为砂岩、粉砂岩、沉凝灰岩,夹泥板岩及灰岩。根据岩性分为萨莫赫瓦利组、克里文组、索洛明组、科马尔科夫组、索格林组、巴伊诺夫组及波德辛组 7 个组,总厚度 700～1350m。萨莫赫瓦利组含丰富的植物化石 *Zalesskiodendron slternans*,*Tomiodendron primaevum*。克里文组及索洛明组含植物化石 *Abacodendron minutum*,*Zalesskiodendron sibiricum*。

在图瓦盆地,维宪阶为巴伊塔格组,该组为红色粗粒碎屑岩。陆相维宪阶还发育于克拉斯诺亚尔斯克城附近及雷宾盆地。

在米努辛斯克盆地,将含煤层的下部索克赫里组归属纳缪尔阶,为碎屑岩夹煤层。根据植物化石(*Abacodendron lutugini*,*Chacassopteris concinna*),其相当于库兹涅茨盆地的奥斯特洛格组下部。在图瓦盆地,纳缪尔阶为埃基奥图格组及阿克塔利组,岩性为杂色不等粒灰岩夹凝灰岩。

在米努辛斯克盆地上石炭统为萨尔组,主要由细砾岩、砂岩组成,夹煤层,含 *Angaroteridium askyzense*,*A. grandifoliolalum*。萨尔组之上为切尔诺戈尔组和波别列日组,前者为砂岩、粉砂岩、泥板岩,夹可采煤层,后者含丰富的植物化石 *Gondwanidium lopatini*,*Angaropteridium soloujevii*,*A. feleuticum*,时代归属晚石炭世晚期。

在图瓦盆地上石炭统为奥恩卡任组。

(八)二叠系

萨彦-额尔古纳地层区含煤的二叠系沉积于库兹涅茨盆地、米努辛斯克盆地、戈尔洛夫盆地及其他盆地中,故这些盆地被称为“含煤盆地”。

按储量来说,库兹涅茨盆地是苏联最大的含煤盆地。这里岩石主要为暗灰色碎屑岩,为陆相沉积环境,构成山间盆地,具丰富的淡水化石,主要为腹足类、介形类、昆虫及丰富的植物化石,属通古斯植物地理区。

库兹涅茨盆地二叠系层序最为完整，研究较好。其底部科拉伊层，为砂岩、粉砂岩及泥板岩，含薄煤层，含晚巴拉杭期植物化石先遣分子，现已将这部分归属上石炭统的阿雷卡也夫亚层。科拉伊层相当于下二叠统，其上为上巴拉杭组，岩性为砂岩、粉砂岩、泥板岩及煤层，相当于中二叠统，在上巴拉杭组顶部见大型的 *Procopievskia gigantea* 和 *Mrasiella gigantissima*。

库兹涅茨盆地上二叠统为科利丘金群，该群分为 4 个层，即库兹涅茨层、伊利英层、列宁斯克-戈拉莫捷英层和塔伊卢甘层。

库兹涅茨层不含煤，为暗绿色粉砂岩及细砂岩，厚 620～860m，在该层底部见微咸水腹足类，说明在库兹涅茨层早期与海域尚有一定联系，水域的完全淡化较晚。库兹涅茨层含较多的昆虫类，植物化石组合中除含晚巴拉杭期分子外，尚有科利丘金型植物分子 *Comia osink owuskensis*，*Callipteris zeilleri* Zal.。伊利英层特点是岩性各异，含煤程度各异，在盆地北部为暗灰色砂岩，未见煤层。该层含较典型的腹足类、介形虫、贝壳类及昆虫类化石。植物化石与库兹涅茨层相比，有较大的更新，主要为荷得狄纲。上述两个层合并为叶伦纳科夫组，厚 2500m。列宁斯克-戈拉莫捷英层下部还存在大量伊利英期分子，但已出现新的植物分子，上部伊利英期分子已不多。该层岩性为灰色砂岩、粉砂岩、菱铁矿、砾岩及细砾岩，与伊利英层区别在于其成分多样，可采煤层数量较多。塔伊卢甘层与下伏层的区别在于其各种岩石常呈互层出现，含灰岩及泥质灰岩，富含薄层煤，含大量 *Darwinula*，具大量中生代植物分子，荷得狄纲分子减少。

在米努辛斯克盆地发育科拉伊层及伊沙诺夫过渡层，局部地方含大量可采煤层。在戈尔洛夫盆地二叠系仅发育下二叠统及上二叠统库兹涅茨组。在戈尔诺-阿尔泰仅见二叠系最下部，在佩日河及阿巴根河流域上二叠统零星出露。

（九）三叠系

三叠系分布于库兹涅茨盆地中部及戈尔诺-阿尔泰。

在库兹涅茨盆地，沿托姆河及中捷尔斯河三叠系研究最好，为东西伯利亚陆相三叠系标准剖面，在库兹涅茨盆地三叠系整合沉积于上二叠统含煤地层之上，缺少上三叠统沉积记录。

下三叠统马利采夫组，厚 350m，为暗色凝灰岩、沉凝灰岩及含方解石脉、沸石脉。该组可分为 4 个亚组，其中的前 3 个亚组属于印度阶。马利采夫组第一亚组为泥板岩，粉砂岩夹砂岩。该亚组较典型的植物化石组合为 *Gamophyllites oligophyllus*，*Tomia radczenkoi*，*Tersiella serrat*，*Pseudoaraucarites tomiensis*；介形虫化石 *Dartoinuta detonsa*，*D. adleri* 及大量腹足类、叶肢介化石。上述植物化石见于滨额尔齐斯及西伯利亚地台。马利采夫组第二亚组巴尔苏奇层，为凝灰岩及沉凝灰岩，夹砾岩、砂岩、粉砂岩、泥板岩及泥质灰岩。该亚组典型的植物化石组合为 *Neokoretrophyllites linecris*，*Schizoneura altaica*，*Cladophlebis lobifera*，*Tungussopteris malzewskiana*，*Elatocladus linearis*；小型腹足类化石 *Turbo lukevitschi*，*Omphaloptycha* aff. *gracillima* 及介形虫化石 *Darimul alueida*，*D. minuta*，*D. recogita*。马利采夫组第三亚组克德洛夫层，岩性为凝灰岩及沉凝灰岩。该亚组较典型的化石为 *Cladophelebis lobifera*，*Voltzia chachlovii*，*Elatolcadus cylindrica*，*Ulmannia vassijeae*，*Darwinula tersiensis*，*D. spicula*，*D. Relongatissima*。马利采夫组第四亚组属于奥伦尼克阶，岩性为火山岩及沉积岩，上部夹辉绿岩。该亚组较典型的松柏科化石是 *Voltzia chachlovii*，*V. hetero phylla*，*Elatocladus cylindrica*；介形虫化石有 *Darwinula laciniosa*，*D. glohosaformi*。库兹涅茨盆地中三叠统的划分是推测的。中三叠统为索斯诺夫组，整合于马利采夫组之上，为杂色粉砂岩及砂岩。其下部含植物化石 *Thinnfeldia altaica*，*Lutuginia furcata*；叶肢介化石 *Pseudestheria tomiensis*，*P. breois* 及昆虫化石 *Tomia costalis*，*Ademosynoides asiaticus*。索斯诺夫组之上为亚明组，亚明组整合沉积于索斯诺夫组之上，岩性为粉砂岩，厚 620m，属于中三叠世。

在戈尔诺-阿尔泰、佩日河地区，下三叠统为粉砂岩及泥板岩，含 *Schizoneura altaica* 及 *Pecopteris* (?) *pseudotchichatchevii*，这套地层很可能相当于巴尔苏奇层。

（十）侏罗系

侏罗系在萨彦-额尔古纳地层区主要出露于图瓦南部的乌卢格赫姆、库兹涅茨盆地和绍里亚山区。

在图瓦南部，中部的乌卢格赫姆盆地侏罗系层序最为完整。此处侏罗系埃列格斯特组沉积于古生界之上，岩性为砂岩，含粉砂岩段及煤层，厚 120m。根据植物化石 *Clathropteris obcvata*，将其时代归属早侏罗世。中侏罗统由埃尔别克组和萨勒达姆组组成。埃尔别克组岩性为砾岩、砂岩，顶部为粉砂岩、泥板岩，夹煤层，厚 220～580m，沉积于古生界剥蚀面或埃列格斯特组之上。萨勒达姆组岩性为粉砂岩夹泥灰质灰岩及硅质灰岩，厚 280～740m，仅发育于乌卢格赫姆盆地，含淡水 *Obrutchewia* spp.。鲍姆组岩性为砂岩、粉砂岩，具底砾岩，厚 320m，不整合于萨勒达姆组之上，暂归于上侏罗统。

在库兹涅茨盆地，侏罗系沉积于 3 个主要的盆地及一系列小型盆地内，具韵律构造，底部为粗碎屑沉积，顶部为碳泥质岩。侏罗系自下而上分为拉斯帕德组、阿巴舍夫组、奥辛诺夫组和捷尔斯尤克组。

拉斯帕德组在区域的东南部为砾岩及砂岩，中部为砂岩-粉砂岩-碳质岩，厚 120m。阿巴舍夫组为砂岩及粉砂岩，夹可采褐煤层，厚 250m。根据植物化石 *Neocal amites pinitoiaes*，*Clathropteris obovata*，*Cladophlebis suluktensis*，*Sphenobaiera* sp.，将拉斯帕德组和阿巴舍夫组归属下侏罗统。奥辛诺夫组下部为砂砾岩，上部为砂岩、粉砂岩和碳质岩，厚 190～400m。根据植物化石将其定为下-中侏罗统，最典型的化石为 *Coniopteris maakiana*，*Anomozamites lindleyanus*。捷尔斯尤克组为砂岩-粉砂岩，含中侏罗世孢粉化石组合，厚 200m。

陆相侏罗系在绍里亚山区、戈尔诺-阿尔泰及鲁德诺阿尔泰也有分布，主要为砂岩、粉砂岩、碳质岩，夹砾岩，厚 300～400m。根据孢粉化石分析将其归属下-中侏罗统。

（十一）白垩系

萨彦-额尔古纳地层区白垩系比较发育，整体为一套陆相沉积地层，产大量腹足类、介形类、昆虫类及鱼类等化石。

（十二）新生界

在萨彦-额尔古纳地层区新生界主要为砾岩-砂岩-粉砂岩-黏土岩河湖相沉积，砂岩-黏土岩-石膏-粉砂岩湖相沉积，产三趾马等化石。

第四系在萨彦-额尔古纳地层区广泛发育，主要为冲积、洪积及湖积等沉积。

四、乌拉尔-天山-兴蒙地层区

(一)斋桑-额尔齐斯-西拉木伦地层分区

该地层分区最古老的地层记录是青白口系—南华系,称为捷列克京组。青白口系为灰岩;南华系下部为各种片岩,上部为砂岩、粉砂岩(图2-1)。

该地层分区缺失震旦系—中志留统记录。上、顶志留统为稳定的碳酸盐岩台地相沉积。

下、中泥盆统为一套灰岩-粉砂岩-石英黑云母片岩-石英绢云母绿泥片岩组合,泥盆系下部部分地区为中基性火山岩,上泥盆统为泥质页岩、碳泥质页岩和粉砂岩。

石炭系—二叠系在该地层分区发育较广泛。下石炭统为砂岩、泥质页岩、碳泥质页岩、粉砂岩,夹煤层,局部见少量玄武岩、辉绿岩和细碧岩。上石炭统为一套粗碎屑沉积,为砾岩、细砾岩、砂岩、粉砂岩、碳泥质页岩、粉砂岩,夹煤层,见少量灰岩和凝灰岩。下二叠统下部为粗面英安岩、粗面流纹岩、流纹熔岩、角砾熔岩、流纹岩、安山岩、安山玄武岩和凝灰岩,上部为泥质板岩、粉砂岩、砂岩、细砾岩和次生白云岩。中、上二叠统为细砾岩、粉砂岩、砂岩和白云岩,夹少量凝灰岩。中二叠统与上二叠统之间为不整合接触。

下三叠统为英安岩、流纹岩,与下伏地层之间为角度不整合接触。中、上三叠统为砾岩-砂岩-粉砂岩夹煤层组合。

中、下侏罗统为砂岩-粉砂岩组合,与下伏三叠系之间为角度不整合接触。缺失晚侏罗世—早白垩世沉积,上白垩统主要发育砂泥岩组合。

古新统—始新统发育砂岩-黏土岩组合,始新统发育砂岩-黏土岩-石膏-粉砂岩组合,渐新统发育黏土岩-石膏-砂岩组合。新近系—第四系为坳陷盆地沉积,中新统—上新统发育黏土岩-砂岩-卵石砾岩-砂岩组合。

第四系发育冲积、冲洪积及湖积等松散沉积物等。

地质年代			地方性地层单元	岩性柱	厚度/m
第四纪		全新世Qh			
		更新世Qp			
新生代	新近纪	上新世N_2	科奇科尔组 帕夫洛达尔组		
		中新世N_1	塔沃尔尔然组		
	古近纪	渐新世E_3	努林组		
		始新世E_2	布兰组 克孜勒卡因组		
		古新世E_1	基因克里什组		
中生代	白垩纪	晚白垩世K_2	朱万卡林组		
		早白垩世K_1			
	侏罗纪	晚侏罗世J_3			
		中侏罗世J_2			
		早侏罗世J_1			
	三叠纪	晚三叠世T_3	泰苏甘组		
		中三叠世T_2	阿克扎利组		
		早三叠世T_1	谢梅伊套组		
晚古生代	二叠纪	晚二叠世P_3			
		中二叠世P_2			
		早二叠世P_1	道拜组 肯杰尔雷克组		600~800
	石炭纪	晚石炭世C_2	卡尔古京组 陶宾组 凯根布拉克组		500 1800
		早石炭世C_1	科克佩克京组 奥帕洛夫组		4000 1000
	泥盆纪	晚泥盆世D_3	塔克尔组		1000
		中泥盆世D_2	科斯塔夫组 奥尔诺夫组		3000
		早泥盆世D_1	普加切夫组		5500
早古生代	志留纪	顶志留世S_4			
		晚志留世S_3			
		中志留世S_2			
		早志留世S_1			
	奥陶纪	晚奥陶世O_3			
		中奥陶世O_2			
		早奥陶世O_1			
	寒武纪	晚寒武世$\in_4$			
		中寒武世$\in_3$			
		早寒武世$\in_2$			
		始寒武世$\in_1$			
新元古代	震旦纪	晚震旦世Z_2			
		早震旦世Z_1			
	南华纪	晚南华世Pt_3^{2c}	捷列克京组		5500
		早南华世Pt_3^{2a}			
	青白口纪Pt_3^1				
中元古代	蓟县纪Pt_2^2				
	长城纪Pt_2^1				
古元古代Pt_1					
太古宙Ar					

图2-1　斋桑-额尔齐斯-西拉木伦地层分区地层综合柱状图

(二)成吉斯-塔尔巴哈台-阿尔曼泰地层分区
(含科克切塔夫地块)

1.成吉斯—塔尔巴哈台地区

成吉斯—塔尔巴哈台地区太古宇为结晶基底,岩性为各种片岩,上与古元古界奥沙甘金组为角度不整合接触。奥沙甘金组为变质砂岩、粉砂岩和黏土岩。缺失中元古界沉积。新元古界自下而上为博罗夫群、科克切塔夫组和沙雷克组。博罗夫群为石英岩、石英片岩、角闪片岩，与下伏地层呈角度不整合接触。科克切塔夫组下部为大理岩，中部为泥质页岩，上部为石英片岩。沙雷克组下部为泥页岩，上部为粉砂岩、砂岩(图 2-2)。

成吉思—塔尔巴哈台地区寒武系—下奥陶统发育玄武岩-安山岩-硅质岩-粉砂岩组合，与下伏地层呈不整合接触。中奥陶统发育砂岩-粉砂岩-灰岩-安山岩组合等；上奥陶统发育安山岩-玄武岩-砂岩-砾岩组合。

成吉斯—塔尔巴哈台地区奥陶系在塔尔巴哈台-阿尔曼泰很发育，下奥陶统见于西段，以远洋、深海沉积为主，夹薄层灰岩；中奥陶统在东段可可乃克—巴伦台一带为典型的细碧角斑岩组合；上奥陶统出露较少，为浅海相中厚层状碳酸盐岩组合夹硬砂岩。

志留系在成吉思—塔尔巴哈台地区发育岩浆弧相，主要发育陆源碎屑岩-火山碎屑岩组合。志留系不整合于奥陶系之上。下志留统为厚层—块状砂岩、碳质泥岩；中志留统为碳酸盐岩-陆源碎屑岩、火山碎屑岩；上志留统为类火山磨拉石组合，夹橄榄玄武岩、安山玢岩及碳酸盐岩；未见顶志留统。

成吉斯—塔尔巴哈台地区泥盆系为岩浆弧相。下泥盆统岩性为安山岩及玄武岩夹玄武质凝灰岩，与下伏呈不整合接触。中泥盆统岩性为凝灰质砾岩、页岩及砂岩，上泥盆统发育砂岩-灰岩组合。

成吉斯—塔尔巴哈台地区石炭系仅出露于滨成吉斯东南部，岩性为砂岩、粉砂岩、硅质粉砂岩、砾岩夹煤层及沉凝灰岩。

二叠系仅出露于滨成吉斯东南部，岩性为砂岩、安山玄武岩、凝灰岩、凝灰质熔岩、流纹质凝灰岩和安山质凝灰岩。

成吉斯—塔尔巴哈台地区三叠系整体为一套厚层砾岩，底部部分地区出露玄武岩，与下伏二叠系呈角度不整合接触。

下侏罗统与下伏上三叠统呈不整合接触，局部地区缺失中-上侏罗统。白垩系主要发育砂泥岩组合，下白垩统与下伏上侏罗统呈不整合接触。

成吉斯—塔尔巴哈台地区古新统—始新统发育砂岩-黏土岩组合，始新统发育砂岩-黏土岩-石膏-粉砂岩组合，渐新统发育黏土岩-石膏-砂岩组合。新近系—第四系为坳陷盆地沉积，中新统—上新统发育黏土岩-砂岩-卵石砾岩-砂岩组合。

第四系发育冲积、冲洪积及湖积等松散沉积物等。

地质年代			地方性地层单元	岩性图	厚度/m
第四纪		全新世Qh			
		更新世Qp			
新生代	新近纪	上新世N_2	科奇科尔组		
			帕夫洛达尔组		
		中新世N_1	捷尔谢克组		
	古近纪	渐新世E_3	凯达古利组		
		始新世E_2	切甘组		
		古新世E_1			
中生代	白垩纪	晚白垩世K_2	斯拉夫格罗德组		
		早白垩世K_1	基亚林组		
	侏罗纪	晚侏罗世J_3			
		中侏罗世J_2	白连科利组		
		早侏罗世J_1	塔尔德克利组		
	三叠纪	晚三叠世T_3	萨兰组		
		中三叠世T_2	图林群		
		早三叠世T_1			
晚古生代	二叠纪	晚二叠世P_3	绍普特库尔组		200～700
		中二叠世P_2	阿克托宾组		700～1150
		早二叠世P_1	凯拉克京组		700～1150
	石炭纪	晚石炭世C_2	弗拉基米洛夫组		180～225
			基列伊组		>360
		早石炭世C_1	卡拉干达组		>500
			阿克库杜克组		230～430
	泥盆纪	晚泥盆世D_3			
		中泥盆世D_2	恰德林组		1700～2500
			库尔托泽科组		<1400
		早泥盆世D_1	扎尔索尔组		1500～2500
早古生代	志留纪	顶志留世S_4			
		晚志留世S_3	秋利库林组		
		中志留世S_2	茹马克组		
		早志留世S_1	阿克乔利组		
	奥陶纪	晚奥陶世O_3	纳马斯组		1000～2800
		中奥陶世O_2	塔尔德博伊组		1000
			萨格组		2000～2500
		早奥陶世O_1	叶尔克比代克组		<2500
	寒武纪	晚寒武世$\in_4$	阿克德姆群		>1000
		中寒武世$\in_3$	克孜勒卡因金组		1200
		早寒武世$\in_2$	科克先吉尔组		
		始寒武世$\in_1$	叶列缅套组		600～3500
新元古代	震旦纪	晚震旦世Z_2			
		早震旦世Z_1	沙雷克组		
	南华纪	晚南华世Pt_3^{2c}	科克切塔夫组		800
		早南华世Pt_3^{2a}			
	青白口纪Pt_3^1		博罗夫群		3500～4000
中元古代	蓟县纪Pt_2^2				
	长城纪Pt_2^1				
古元古代Pt_1			奥沙甘金组		500～600
太古宙Ar			泽连金群		4000～5000

图 2-2　成吉斯—塔尔巴哈台地层分区地层综合柱状图

2. 阿尔曼泰地区

在阿尔曼泰地区主要出露古生界，未出露中生界。

阿尔曼泰地区早古生代加乌列盖组、波萨尔组、大柳沟组是构造卷入到蛇绿混杂岩带中的构造岩块，它们形成于岛弧环境。乌列盖组的岩石组合为火山碎屑岩-条带状大理岩-钙质粉砂岩；加波萨尔组是一套生物灰岩夹安山岩及凝灰砂岩组合；大柳沟组为一套玄武安山岩-安山岩-英安岩组合。从蛇绿岩测年数据和残留的晚奥陶世岛弧火山岩或洋岛火山岩的时代差异来看，该地区蛇绿岩和唐巴勒蛇绿岩有类似之处。

阿尔曼泰地区泥盆纪火山岩出露，零星分布有奥陶纪蛇绿岩组合。在科克赛尔盖山一带，可见侵入于奥陶纪火山岩中的志留纪花岗闪长岩体，被上志留统—下泥盆统的磨拉石不整合覆盖。在东准噶尔的莫钦乌拉地区，也发现有奥陶纪地层，为强变形，且变质达绿片岩相。中泥盆统下部为中基性火山岩，发育枕状玄武岩、细碧岩；中泥盆统上部为火山复理石。上泥盆统下部属安山岩组合；上泥盆统上部为中酸性火山岩，安山岩具枕状构造，其上整合覆盖的是早石炭世浅—滨海相碎屑岩-火山碎屑岩及陆相中酸性—酸性火山岩，局部含基性火山岩。下二叠统为陆相双峰式火山岩，上二叠统为陆相磨拉石组合，它们均属早古生代以后的上叠构造中的火山-沉积作用的产物。

阿尔曼泰地区新生界出露渐新统—中新统沙湾组。

（三）托克拉玛-准噶尔地层分区（含塔城地块）

1. 东、西准噶尔地层小区

东、西准噶尔地层小区主体由晚古生代以来地层组成，自二叠纪始全面转为陆相地层。前寒武系仅有少数中元古代高—中级变质岩呈断块出露。早古生代地层零散出露，以奥陶纪、志留纪地层为主，寒武系分布局限，未见与下伏地层之间的接触关系（图 2-3）。

晚古生代地层为东、西准噶尔地层分区主体，岩石组合、形成环境及时空结构相当复杂，其特点为：①由陆源碎屑岩、火山碎屑岩、火山岩，少数灰岩、硅质岩等岩石不同组合频繁交替出现；②火山岩发育，有基性、中性、酸性及其过渡类型，包含有熔岩、火山碎屑岩、凝灰质沉积岩等多种岩类；③岩石组合、沉积厚度纵横向变化大，地层单位名称繁多；④沉积环境有海相、海陆相、陆相交替变化，以滨海-浅海相为主；⑤以活动类型沉积为主；⑥地层序列的连续性差，各地层单位的接触关系变化大。

中生代地层与北天山构成同一沉积区，准噶尔盆地周边为剥蚀区，山前为山麓-河流相沉积，盆内为河流-湖泊相沉积。侏罗系由沼泽相含煤泥碎屑岩组成。新生代地层主要形成于河流-湖泊环境，新近纪准噶尔盆地进一步扩大。

前寒武系分布在东准噶尔地区南部道草沟一带，为 1∶25 万纸房幅区域地质调查中所建立的长城系—蓟县系道草沟岩群（$Pt_2^1D.$）及扎曼苏岩群（$Pt_2^1Z.$），主要由强糜棱岩化的中性—基性熔岩、中酸性火山碎屑岩、碳质页岩、大理岩及不等粒岩屑砂岩组成，原岩为碎屑岩-火山岩组合，夹碳酸盐岩，具有大陆边缘弧内盆地沉积特征，总体属浅海陆棚沉积环境。该岩群内未发现生物化石，在 1∶25 万区域地质调查中根据其被（1005±36）Ma 的中元古代石英闪长岩侵入，将其时代厘定为中元古代。其组成与北天山相同，说明本区存在元古宙变质基底。

寒武系分布局限，呈断块零星分布在东准噶尔地区南部卡拉麦里山北坡清水地区和卡姆斯特以北地区，两地均为硅质岩-火山岩建造，厚 3551m。《中国天山造山带遥感地质报告》（张雍等，2002，内部资料）将其命名为阿拉安道群（$\in_1A$）。清水地区下部为角斑岩，上部为火山角砾岩、中酸性火山碎屑岩、火山碎屑熔岩及硅质岩等；卡姆斯特地区下部为中性—基性熔岩及凝灰岩，上部为细粒火山碎屑岩夹硅质岩。含小壳化石，地质时代为早寒武世。

奥陶纪地层以活动类型火山岩、泥质碎屑岩夹硅质岩为主。东准噶尔地区南部早奥陶世地层为恰干布拉克组（张雍等，2002，内部资料），由玄武岩、安山岩、安山质凝灰岩及岩屑砂岩组成，为一套中性—基性火山岩-火山碎屑岩-碎屑岩建造，厚 426～1226m。该组与下伏及上覆紧邻时代地层均未见直接接触，含腕足类化石，根据侵入其中的二长花岗岩 Pb-Pb 法同位素年龄 423Ma，将其地质时代归属早奥陶世。该地段缺失中奥陶世沉积。晚奥陶世沉积以荒草坡群（O_3Hc）乌列盖组—大柳沟组（$O_3w\text{-}d$）为代表，在阿尔曼泰-北塔山蛇绿构造混杂岩带南、北两侧均有分布。乌列盖组主要岩性为钙质粉砂岩、砂岩、条带状大理岩及火山碎屑岩，含腕足类及珊瑚化石，厚 275～1959m；大柳沟组以杏仁状安山玢岩、火山角砾岩、枕状玄武安山岩、英安斑岩、石英斑岩及霏细岩为主，夹少量凝灰岩和粉砂岩，厚 882～2328m。东准噶尔地区北部主要发育早中奥陶世加波萨尔组—巴斯他乌组，以变碎屑岩为主，夹碳酸盐岩和酸性火山岩，未见顶底。西准噶尔地区奥陶纪地层有图龙果依组（$O_{1\text{-}2}t$）/拉巴组（$O_{1\text{-}2}l$）和科克沙依组（O_3kk）。图龙果依组以暗绿色绢云母绿泥石千枚岩、硅质千枚岩及变余粉砂质泥岩为主，不均匀夹

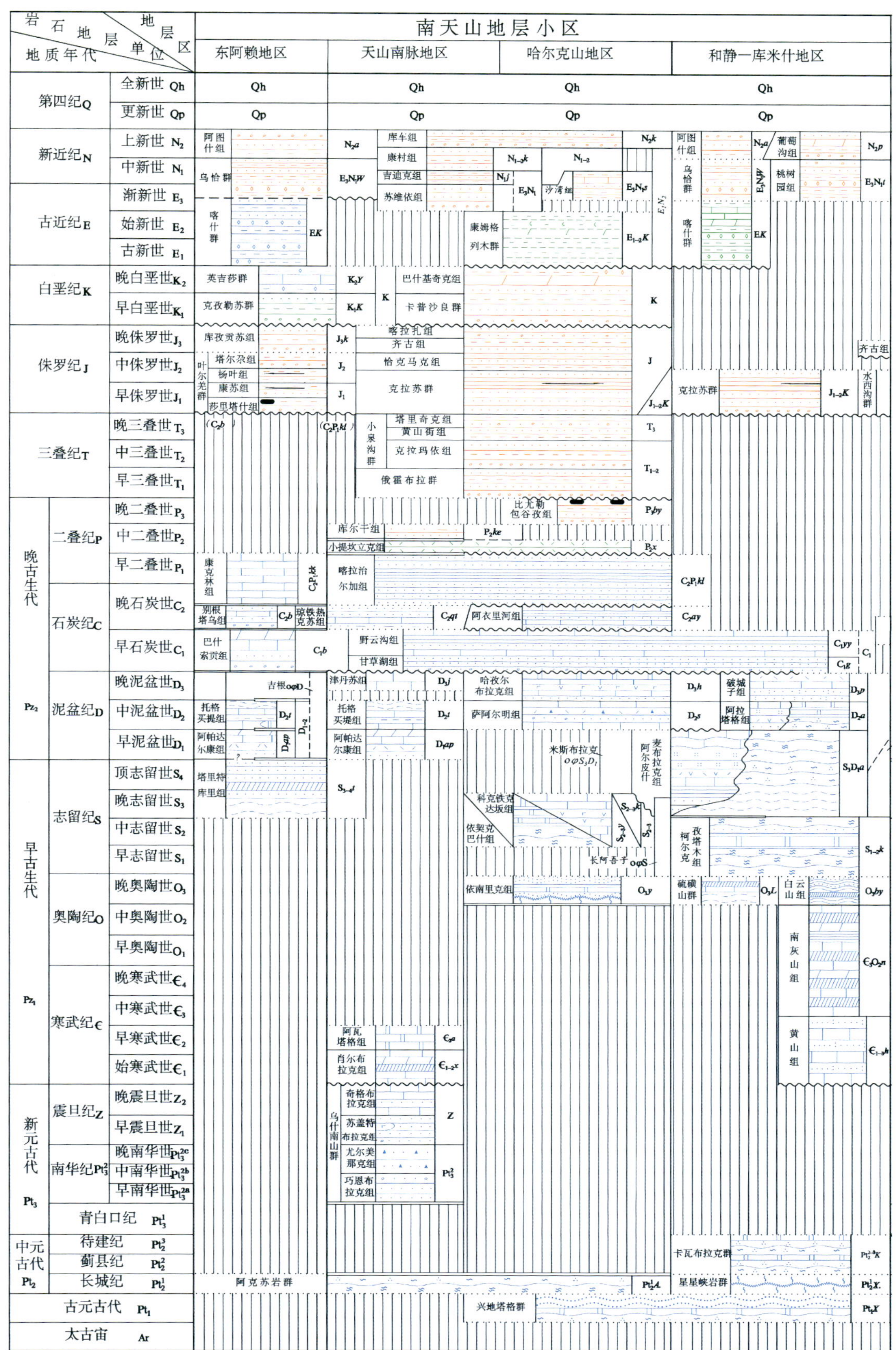

图 2-9 南天山区地层小区序列及结构表(据陈隽璐等,2022)

见夹硬锰矿层。哈孜尔布拉克组(D_2h)由碎屑岩、碳酸盐岩类复理石建造组成，夹少量凝灰岩和中基性熔岩、硅质岩等，含腕足类、珊瑚化石。阿拉塔格组(D_2a)由碎屑岩夹碳酸盐岩、基性—酸性火山岩等组成，含铁锰矿层，产珊瑚、腕足类化石。破城子组(D_3p)为酸性火山岩-碎屑岩建造，含腕足类、苔藓虫等化石。泥盆系总体为海退沉积序列。

石炭系普遍不整合于泥盆系之上，为稳定类型滨-浅海碎屑岩-碳酸盐岩组合。下石炭统甘草湖组(C_1g)为一套陆台型碎屑岩沉积，含珊瑚、菊石及腕足类、腹足类化石；野云沟组(C_1yy)为碳酸盐岩夹少量碎屑岩，含丰富的生物化石。东阿赖地区的巴什索贡组(C_1b)特征同柯坪区。晚石炭世—早二叠世地层的组成与早石炭世相近似，东阿赖地区由碎屑岩建造(琼铁热克苏组(C_2qt))→含丰富生物化石的碳酸盐岩建造(康克林组(C_2P_1kk))，组合与柯坪区相同。哈尔克山地区则由台地碳酸盐夹碎屑岩组合(阿衣里河组(C_2ay))→次深水盆地相细碎屑岩建造(喀拉治尔加组(C_2P_1kl))。阿衣里河组含丰富的蜓科化石及不稳定的铝土矿夹层。中、晚二叠世地层不整合于早二叠世地层之上，由海陆相中酸性火山岩、凝灰岩、凝灰质碎屑岩(小提坎立克组(P_2x))—杂色陆相碎屑岩夹碳质页岩(库尔干组(P_2ke)—比尤勒包谷孜组(P_3by))序列组成，主要分布于哈尔克山地区黑鹰山一带。

南天山晚古生代沉积总体大致可划分为两个阶段。泥盆纪可能属于南天山早古生代海洋盆地的残余海盆，西南缘可能为塔里木陆块的陆缘斜坡。石炭纪—二叠纪为上叠盆地，海盆中心在西南天山，盆地演化具自北东向南西迁移特点，总体构成塔里木陆块西北缘台地边缘-陆缘斜坡-盆地相沉积结构，中、晚二叠世海盆收缩形成陆相地层。

中、新生代地层已属塔里木盆地的组成部分，地层序列完整，大致可划分为库车-拜城和西南天山-托云(东阿赖)两个沉积区。

库车-拜城沉积区，三叠系为河流-湖泊相杂色(泥质)碎屑岩组合；侏罗系为河湖(沼泽)相含煤(泥质)碎屑岩组合；白垩系—新近系属于河湖-山麓河流相杂色(泥质)碎屑岩、湖沼相碳酸盐岩-含膏盐泥质碎屑岩组合。

西南天山-托云(东阿赖)沉积区，侏罗系为河湖-山麓河流相杂色(泥质)碎屑岩组合，白垩系—新近系属于河湖-山麓河流相杂色(泥质)碎屑岩组合、湖沼相含膏盐泥质碎屑岩组合。但在叶城海湾，上白垩统—古近系的英吉莎群(K_2Y)、喀什群(EK)为滨海-海湾相泥质碎屑岩-碳酸盐岩-含膏盐泥质碎屑岩(蒸发岩)组合，喀什群还包括喷发相火山岩-碎屑岩组合。这些海陆相—海相地层已属喀喇昆仑海盆的组成部分。

五、卡拉库姆地层区

卡拉库姆地层区前寒武系不清。

(一)下古生界

寒武系主要为被动大陆边缘沉积，发育砂岩-页岩-变质岩组合，与下伏地层呈不整合接触；在卡拉库姆中间地块下寒武统底部见有含磷硅质岩组合，平行不整合于含冰碛岩的震旦系之上，科克沙尔地块下寒武统为俯冲增生杂岩相。奥陶系主要为被动大陆边缘沉积，发育砂岩-页岩-变质岩组合，在科克沙尔地块奥陶系为陆缘岩浆弧相，中、上奥陶统卡拉多克阶发育砂岩及页岩等碎屑岩，与下伏地层呈不整合接触，上奥陶统发育砾岩-砂岩-火山碎屑岩组合。志留系为被动大陆边缘沉积，下志留统发育砾岩-砂岩-页岩+灰岩+硅质岩组合，与下伏地层呈不整合接触；中志留统发育灰岩-白云岩-砂岩-页岩组合；上志留统发育灰岩-白云岩-砂岩-页岩组合。在卡拉库姆北缘南天山、科克沙尔地块志留系为碰撞岩浆弧，发育砾岩-砂岩-灰岩-火山碎屑岩组合。

(二)上古生界

泥盆系主要为陆内裂谷相,发育流纹岩-英安岩-安山岩-火山碎屑岩-硅质岩组合。在扎拉夫尚河-吉尔吉斯地块下、中泥盆统为大陆边缘裂谷沉积,发育砾岩-砂岩-火山碎屑岩组合,上泥盆统法门阶发育灰岩及钙质角砾岩。石炭系主要为陆内裂谷沉积,下石炭统杜内阶发育灰岩组合,在科克沙尔地块与下伏地层呈不整合接触,上石炭统发育玄武岩-安山岩-英安岩-砂岩-火山碎屑岩组合。在科克沙尔地块上石炭统为裂谷边缘相,发育砂岩-页岩等组合,与下伏地层呈不整合接触。二叠系主要为内陆盆地沉积,下二叠统发育泥岩-灰岩组合,在扎拉夫尚河地块下二叠统发育安山岩-英安岩-砾岩-砂岩-火山碎屑岩组合,与下伏地层呈不整合接触。中二叠统发育火山碎屑岩+砂砾岩组合。上二叠统发育流纹岩-火山碎屑岩组合。

(三)中生界

三叠系主要为前陆盆地,在 Khaidarkan-Tyuyamuyun 地块为被动大陆边缘沉积,在北阿富汗地台为海相碎屑岩夹火山岩沉积,下三叠统发育红色致密块状砂岩组合,上三叠统发育砾岩-砂岩-黏土组合,与下伏地层呈不整合接触;科克沙尔地块缺失三叠系。侏罗系主要是继三叠系的前陆盆地沉积,下侏罗统为砂岩-粉砂岩-黏土岩组合,中侏罗统为砂岩、粉砂岩夹黏土岩;上侏罗统发育黏土岩-灰岩-砂岩组合。在科克沙尔地块侏罗系为走滑拉分盆地沉积,下侏罗统发育砂岩-粉砂岩组合,与下伏地层呈不整合接触,中、上侏罗统发育砂岩-粉砂岩-灰岩组合。白垩系在曼格什拉克-乌斯秋尔特、克拉斯诺夫斯、科克沙尔地块为浅海相沉积,其中下白垩统为砂岩、粉砂岩组合;上白垩统发育砂岩-灰岩-黏土岩组合。在卡拉库姆西部、科佩塔格、卡拉库姆东部、阿富汗塔吉克、卡拉库姆中间地块、扎拉夫尚河-吉尔吉斯、Khaidarkan-Tyuyamuyun 地块为走滑拉分盆地沉积,其中下白垩统发育砂岩-灰岩-黏土组合,上白垩统发育砂岩-粉砂岩-灰岩-石膏组合。

(四)新生界

古新统发育中酸性火山岩组合,始新统为灰岩-砂岩-黏土岩组合。而曼格什拉克-乌斯秋尔特、克拉斯诺夫斯、卡拉库姆西部扎拉夫尚河-吉尔吉斯、Khaidarkan-Tyuyamuyun、科克沙尔地块古新统—始新统为灰岩-砂岩-黏土岩组合,克拉斯诺夫斯地块缺失古近系,始新统与下伏地层呈不整合接触,曼格什拉克-乌斯秋尔特地块缺失古近系古新统。始新统为砂岩+灰岩组合。渐新统—中新统发育黏土岩-砂岩组合,在科佩塔格地块、阿富汗塔吉克山间盆地、卡拉库姆中间地块与下伏地层呈不整合接触。上新统发育砾岩-砂岩-灰岩-黏土岩组合,在科克沙尔地块与下伏地层呈不整合接触。第四系又转变为坳陷盆地沉积,上新统—更新统发育砂岩-石膏-黏土岩组合,全新统发育冲积、洪积及湖积等沉积。曼格什拉克-乌斯秋尔特、克拉斯诺夫斯、卡拉库姆西部地块、卡拉库姆东部陆块缺失更新统。

六、塔里木地层区

(一)前寒武纪地层

前寒武纪地层在库鲁克塔格区出露完整,研究程度较高,是西北乃至我国主要层型地之一。太古宙地层(达格拉格布拉克杂岩($Ar_{2-3}D^{c}$))下部为 TTG 片麻岩及表壳岩组合,上部为变质表壳岩。达高角闪岩相—麻粒岩相变质，特征变质矿物为蓝石英。灰色片麻岩中的斜长角闪岩 Sm-Nd 等时线年龄为(3260±129)Ma(胡霭琴，1992)、兴地塔格 TTG 质花岗岩单颗粒锆石 U-Pb 年龄为 2582Ma、尉犁县花岗岩单颗粒继承锆石 U-Pb 年龄为 2810Ma(《中国地层典(太古宇)》，1996)、斜长角闪岩全岩 Rb-Sr 等时线年龄 2778Ma。最近研究表明，库尔勒附近 TTG 质片麻岩形成于 2.65Ga，揭示该杂岩形成于中、新太古代。该 TTG 质片麻岩中锆石$\varepsilon_{Hf}(t)$值介于−5～1之间，两阶段模式年龄 T_{DM2} 主要集中在古、中太古代(3.0～3.3Ga)，这表明该区新太古代基底岩系主要来自古-中太古代的新生地壳物质的部分熔融(龙晓平等，2011)(图 2-10)。下元古界兴地塔格群($Pt_1X.$)是由石英岩、石英片岩、云母片岩和大理岩组成的多韵律重复出现的地层，为一套中—低级变质复陆屑浊积岩，与太古宇有沉积间断，构成褶皱基底。

柯坪-库鲁克塔格地层分区，中元古代地层不整合于下元古界之上，由低级变质泥质岩、碎屑岩-碳酸盐岩-火山岩序列组成(杨吉布拉克群(Pt_2^1Y)—爱尔基干群($Pt_2^{2\text{-}3}A$))，形成于陆棚浅海，属准稳定类型沉积。在陆缘外侧则由中—低级变质火山岩-碎屑岩组成(阿克苏岩群($Pt_2^1A.$))，属活动—准活动类型沉积。星星峡岩群($Pt_2^1X.$)特征同中天山区，为一套达角闪岩相变质的片麻岩、片岩和大理岩。

柯坪-库鲁克塔格地层分区，青白口纪为稳定类型碎屑岩-镁质碳酸盐岩组合(帕尔岗塔格群(Pt_3^1P))，富含叠层石，形成于陆棚浅海，与下伏地层为平行不整合接触。

南华纪—震旦纪地层在柯坪-库鲁克塔格地层分区(库鲁克塔格群(Pt_3^2ZK))发育完整，以冰成岩为特征，含丰富的微古植物化石 自下而上包括贝义西组($Pt_3^{2a}b$)、照壁山组($Pt_3^{2b}z$)、阿勒通沟组($Pt_3^{2b\text{-}c}a$)、特瑞爱肯组($Pt_3^{2c}t$)、扎摩克提组(Z_1z)、育肯沟组(Z_1y)、水泉组(Z_2s)、汉格尔乔克组(Z_2h)。贝义西组为一套以碎屑岩(砂板岩、细砂岩等)及火山岩为主，夹多层冰碛岩所组成的地层序列，个别地段火山岩较发育，火山岩以中酸性为主，基性熔岩少见，含微古植物化石。照壁山组以灰色泥质岩-碎屑岩为主，为间冰期沉积，含微古植物化石。阿勒通沟组以碎屑岩为主，夹泥灰岩、火山岩及冰碛岩，含微古植物化石，属冰川海相沉积。特瑞爱肯组以冰碛岩为主，夹砂岩及碳酸盐岩，是该区最主要的一次冰期沉积，碎屑岩中发育变形层理、正粒序层理、平行层理，为典型浊流沉积，含微古植物化石。扎摩克提组以绿色砂岩和粉砂岩为主，顶部常夹火山岩，底部有一层碳酸盐岩，发育不完整的鲍马序列，粒度分布概率图及 C-M 图显示浅水浊积岩特征。育肯沟组以碎屑岩沉积为主，或组成不均匀互层，中夹泥灰岩及透镜状砂岩，属浅海陆架环境。水泉组下部以碳酸盐岩为主，上部以碎屑岩为主，顶部有一套基性火山熔岩，砂岩中见“人”字形交错层理，含微古植物化石，属滨海潮坪相沉积。汉格尔乔克组为一套由以冰碛岩为主，夹砂岩、灰岩，顶底部为白云质纹泥岩所组成的岩石序列，具典型大陆冰川沉积特征，含微古植物化石。据高振家等(1993)研究，库鲁克塔格群由 3 个冰期和 2 个间冰期组成，包含有大陆冰川、冰海浊积等复杂沉积，其内有 4 个层位夹具双峰式特征的火山岩。夏林圻等(2002)认为火山岩具大陆拉伸-大陆裂谷地球化学特征，属陆缘盆地沉积。

同期沉积在柯坪地区的乌什南山群($Pt_3^{2\text{-}3}ZW$)，由陆地冰川-滨海碎屑岩-浅海碳酸盐岩组成，自下而上划分为巧恩布拉克组($Pt_3^{2a}q$)、尤尔美那克组($Pt_3^{2b}y$)、苏盖特布拉克组(Z_1s)、奇格布拉克组(Z_2q)。巧恩布拉克组砂岩及粉砂岩互层夹冰碛砾岩，具复理石韵律，正粒序递变层，为浊流沉积，含微古植物化石。尤尔美那克组由一套紫红色冰碛砾岩、砂岩及绿色粉砂质板岩组成，为典型大陆冰川堆积。苏盖特布拉克组根据岩性特征可分两段：下段以紫红、砖红色砂岩为主，夹灰绿色薄层砂岩、粉砂岩，中上部有基性火山岩，偶见赤铁矿薄层；上段主要为黄褐色砂岩，夹海绿石砂岩，下部为竹叶状灰岩，含丰富微古植物化石。奇格布拉克组以碳酸盐岩为主，偶夹砂岩、粉砂岩，属滨-浅海沉积，含微古植物及叠层石，其中微古植物化石。

总观柯坪-库鲁克塔格地层分区前寒武纪地层，大致可将其划分为 3 个沉积-构造阶段：①太古宙—古元古代为基底形成阶段；②中元古代在基底固结背景上产生分裂，陆缘外侧形成活动—准活动类型沉积，陆缘内侧形成准活动—稳定类型沉积；③新元古代早期陆壳趋于稳定，晚期在稳定背景上出现冰川交融、火山活动、海陆交替的复杂环境，揭示陆壳新一轮活动的开始。

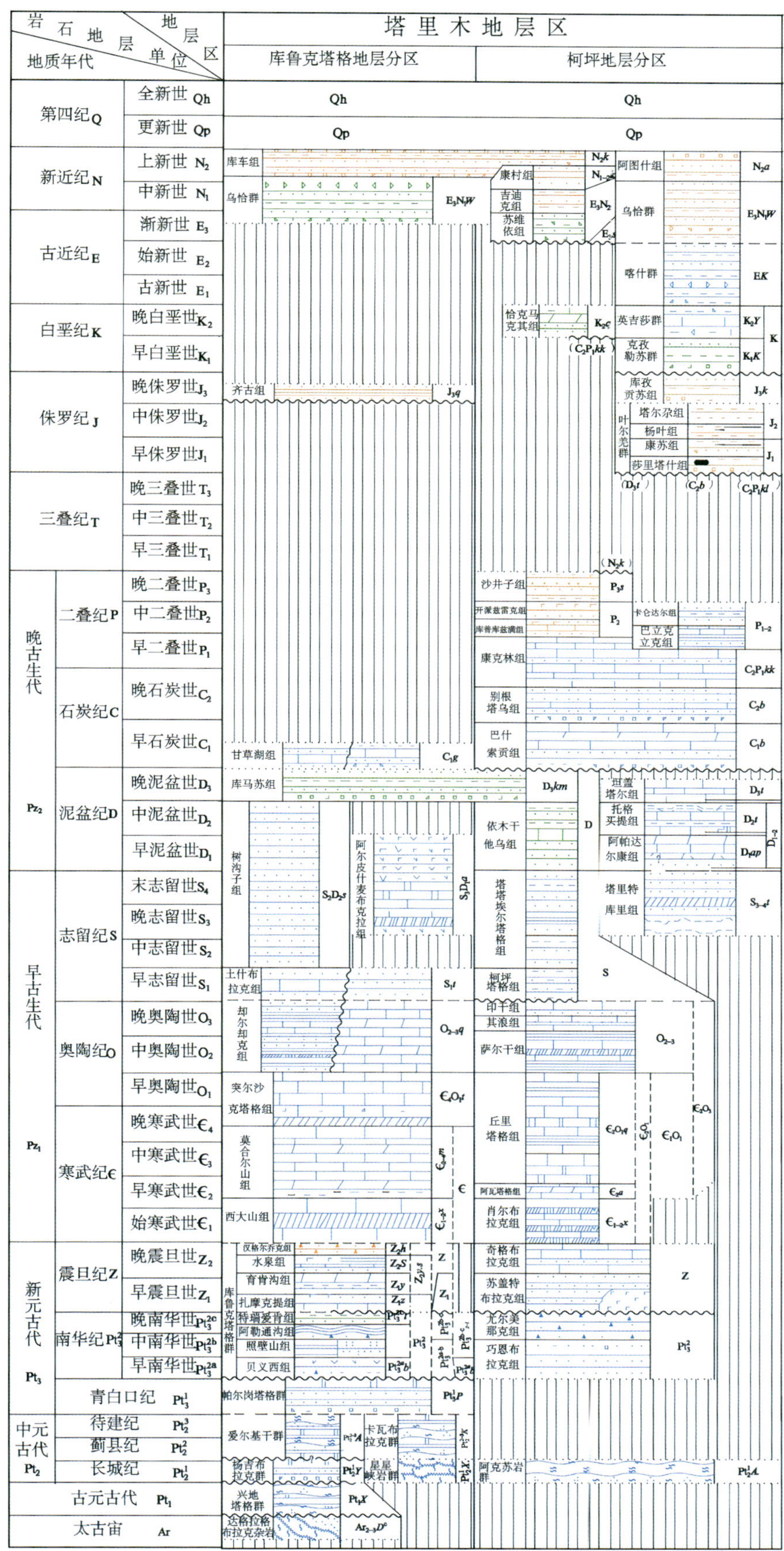

图 2-10 柯坪-库鲁克塔格地层分区地层序列及结构表(据陈隽璐等,2022)

铁克里克地层分区元古宙地层出露比较齐全。古元古代地层叶城以西称赫罗斯坦岩群,以东称埃连卡特岩群,两者关系不清。前者主要由黑云(角闪)斜(二)长片麻岩、黑云二长变粒岩夹变中、酸性火山岩,共生有花岗质片麻岩;后者以黑云(白云)石英片岩为主,夹浅粒岩、大理岩、片麻岩,均达角闪岩相变质,局部麻粒岩相,和不同程度混合岩化构成塔南古老基底。赫罗斯坦岩群中花岗质片麻岩 U-Pb 年龄:二长花岗片麻岩(2426±46)Ma、钾长花岗片麻岩(2358±10)Ma(张传林,2005;陆松年等,2008)、花岗闪长质片麻岩(2261+95/-76)Ma(许荣华,2000);角闪斜长片麻岩 U-Pb 年龄(2193±10)Ma、侵入其内辉长岩 U-Pb 年龄(1 943.5±9.8)Ma(李荣社,何世平,2008);变质 U-Pb 年龄(1900±12)Ma(张传林,2003)。埃连卡特岩群上被长城系不整合覆盖(?)。这两变质地层单位的原岩略有不同,赫罗斯坦岩群为火山岩一沉积岩组合,埃连卡特岩群以泥质杂砂岩为主(图 2-11)。

铁克里克地层分区中元古代地层发育较全,长城系为低级变质火山岩-碳酸盐岩、泥质岩组合,火山岩以基性为主,次为中酸性(赛拉加兹塔格群),属活动类型沉积。蓟县系不整合于长城系之上,为杂色碳酸盐岩-泥碎屑岩组合,下部偶夹中基性火山岩,碳酸盐岩含叠层石及磷矿(博查塔格组—苏玛兰组),形成于陆缘浅海,准稳定—稳定类型沉积。

近几年一些研究者对和田南玉龙喀什河—铁克里克塔格一带的变质地层做了些研究,对埃连卡特岩群和赛拉加兹塔格群的时代及相互关系存有不同的认识。张传林等(2007)在原归为喀拉喀什群(现厘定为埃连卡特岩群)绿片岩相变质的碎屑岩中获得碎屑锆石 3 组 U-Pb 年龄,即 2450～1300Ma、1000～900Ma 和 800Ma 左右,认为前一组为捕获锆石的年龄,后两组解释为变质事件的年龄,因此认为地层的形成时代在 1300～1000Ma 之间,即中元古代中、晚期。王超等(2009)在同一地区研究认为:该地区以绿片岩相变质的碎屑岩、碳酸盐岩、火山岩地层(即 1∶25 万区调所划分的埃连卡特岩群和赛拉加兹塔格群)可能为一套时代相近的岩层;在埃连卡特岩群碎屑锆石获得 3 组 U-Pb 年龄,即 1450Ma 左右、810～736Ma(峰值 780Ma)和 540～510Ma,认为前一组为捕获锆石年龄,后 2 组为变质事件年龄,地层时代应小于 780Ma 且大于 540Ma;在赛拉加兹塔格群凝灰岩中获得 2 组锆石年龄,即 1986Ma 左右和 792～704Ma(峰值 787Ma),认为 787Ma 为地层形成时代。以上资料均认为和田南铁克里克一带现厘定的古元古代和中元古代低级变质的地层时代有更新的趋势。但考虑到该地区还有一部分变质较深的变质岩,故本次编图及总结暂维持 1∶25 万区调的划分,留待以后进一步划分、研究。

铁克里克地层分区青白口系主要为杂色碎屑岩-泥质岩组合,夹含叠层石灰岩(苏库罗克组),与下伏蓟县系为平行不整合或不整合接触,形成于陆表海,属稳定类型沉积。南华系不整合于青白口系之上,为陆源碎屑岩-冰成岩组合(恰克马克力克组)。碎屑岩下粗上细,具浊积岩特征,含南华纪微古植物化石;冰成岩位于中上部,属陆缘深水冰海沉积。震旦系整合或平行不整合于南华系之上,为灰色、砖红色泥质碎屑岩-镁铁碳酸盐岩组合(库尔卡克组—克孜苏胡木组),含震旦纪微古植物化石,白云岩下夹石膏层,上含磷,自下而上形成于潮坪-潟湖-滨浅海环境,属稳定类型沉积。

塔南元古宙地层序列结构总体与塔北相近似,但沉积组合略有不同,似乎介于库鲁克塔格与柯坪两地区之间,如塔南长城系除火山岩外有较发育的碳酸盐岩,蓟县纪火山岩甚少,青白口系以碎屑岩为主,南华纪冰成岩不发育,大致相当于塔北特瑞爱肯组冰成岩层位,且以陆缘海槽冰水沉积为主,震旦系与柯坪地区近似,但碎屑较为发育,夹有石膏层,具近岸潮坪潟湖沉积特征。塔里木盆地未见震旦系出露,吴绍祖(2000)依据部分钻孔资料,认为塔中存在台地-潮坪相碳酸盐岩沉积,属内陆坳陷盆地。

总观塔里木盆地-塔南沉积区元古宙沉积格局,古元古代为变质基底形成,长城纪为以伸展为主活动类型的火山盆地,长城纪之后以内陆坳陷盆地为主,形成准稳定—稳定类型沉积,有两次较为明显的海侵—海退过程,早期发生于蓟县纪—青白口纪,晚期为南华纪—震旦纪。

(二)早古生代地层

寒武系与奥陶系为连续沉积,在柯坪-库鲁克塔格地层分区均有出露。寒武纪—奥陶纪地层在库鲁

从中生代地层的组成及沉积特征，大致显示出以塔里木盆地为中心陆内坳陷盆地经历两次互有联系的隆拗过程。三叠纪坳陷中心为湖泊相，塔南处于湖盆南部周缘，晚三叠世西段出现与走滑拉分有关的火山盆地。侏罗纪坳陷中心以中侏罗世沉积为主，塔南处于西昆仑山前山麓河流沉积环境。白垩纪沉积中心向塔西南迁移，塔中盆地内陆湖盆与塔西南海湾分离，晚白垩世塔西南已属新特提斯海洋盆地的海湾。

白垩纪—古近纪在塔里木盆地西南端与南天山构成海湾，除下白垩统为少量河湖相杂色碎屑岩组合（克孜勒苏群（K_1K））外，形成滨海（海陆交互）相泥质碎屑岩-碳酸盐岩-蒸发岩序列组合（英吉莎群（K_2Y）、喀什群（EK）、苏维依组（E_3s））。

新近纪海水退出，全区为内陆湖沼相含膏盐泥质碎屑岩组合（乌恰群（E_3N_1W））和内陆河-湖相杂色泥质碎屑岩组合（吉迪克组（N_1j）、康村组（$N_{1-2}k$）、库车组（N_2k）、阿图什组（N_2a））。

第四系为冲积、冲洪积及湖积等松散沉积物。

七、敦煌地层区

（一）罗雅楚山地层分区

太古宙—古元古代地层为北山杂岩（$Ar_2Pt_1B^c$），由片麻岩、斜长角闪岩、石英片岩及大理岩等无序组成，在斜长角闪岩中获 Sm-Nd 年龄（2839±163）Ma、（1981±116）Ma（甘肃省地质调查院，2001）（图2-12）。北山杂岩均为高级变质岩，并经后期改造和强混合岩化，构成基底岩系，它们是否为统一的原始陆壳有待研究。据 1∶25 万马鬃山镇幅区调资料（甘肃省地质调查院，2001），敦煌杂岩与北山杂岩较为相近，其原岩为陆源碎屑岩-火山岩-碳酸盐岩组合。

中元古代—青白口纪地层有两种序列组合：①蓟县纪—青白口纪由碳酸盐岩、碎屑岩不等厚互层组成（圆藻山群（$Pt_{2-3}Y$），自下而上划分为平头山组（Pt_2^2p）、野马街组（$Pt_{2-3}y$）、大豁落山组（$Pt_{2-3}d$）），形成于浅海—滨海环境，属准稳定—稳定类型沉积；②中元古代为活动类型沉积同中天山相同（星星峡岩群和卡瓦布拉克群）相同，青白口系由稳定类型碎屑岩-碳酸盐岩组成（大豁落山组），仅分布于西北侧，可能属中天山东段断块。南华纪—震旦纪地层由杂砾岩-泥质岩-碳酸盐岩组成（洗肠井群（$Pt_3^{2-3}X$）），早期形成于滨海冰川-陆坡冰海，具浊流沉积特征。

从本区前寒武纪地层的组成特征可划分为 3 个沉积-构造阶段，总体表现由活动→活动—稳定→稳定—准活动演化趋势。太古宙—古元古代为基底形成阶段，构成早期大陆地壳。长城纪在早期大陆地壳基础上产生裂陷（谷），形成活动类型火山岩-碎屑岩组合，说明存在规模不大的活动带。蓟县纪为活动向稳定转化期，在陆块内或其边缘形成滨浅海以碳酸盐岩为主的准稳定—稳定类型沉积；在陆块边缘—外侧形成浅海碎屑岩、碳酸盐岩组合，属准活动—准稳定类型沉积。青白口系由稳定类型滨浅海镁质碳酸盐岩组成。南华纪—震旦纪为稳定向活动转化过渡阶段，主体由冰成岩、浊积岩及火山岩组成。

早古生代地层的组成较为复杂，寒武系由碳硅质岩-泥碎屑岩-碳酸盐岩组成（双鹰山组（$\in_{1-2}s$）—西双鹰山组（$\in_{2-4}x$）），含磷、重晶石、钒、铀，形成于陆棚浅海—次深海非补偿性海盆。奥陶系由陆源碎屑岩-碳硅质岩-碳酸盐岩序列组成（罗雅楚山组（Ol）—锡林柯博组（O_3x）—白云山组（Q_3by）），碎屑岩具洰积特征，形成于陆缘斜坡—次深水环境，其后陆续出现具伸展型盆地沉积特征的火山岩-碎屑岩组合（花牛山群（OH））。志留纪地层由碎屑岩、碳硅质（板）岩、火山岩等组成，罗雅楚山地区主要由成熟度低陆源碎屑岩组成（黑尖山碎屑岩（SH^s）），形成于陆缘浅海—陆坡环境。黑尖山碎屑岩下部为黑色、灰褐色石英砂岩、钙质石英砂岩及少量砂质灰岩、硅质板岩；上部为石英砂岩、粉砂岩、凝灰岩及安山玢岩。下部含笔石化石，上部含珊瑚及双壳类化石。与下伏白云山组呈沉积间断，其地质时代为志留纪。

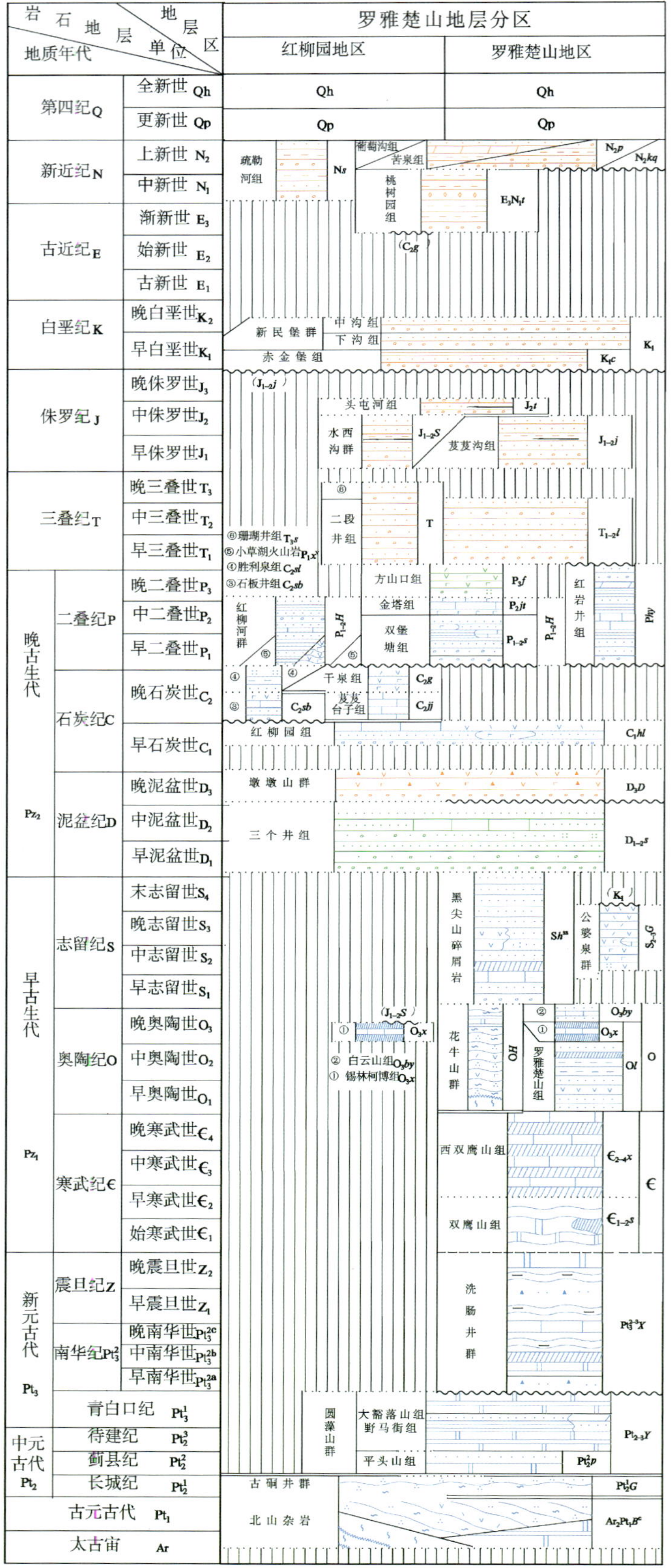

图 2-12　罗雅楚山地层分区地层序列及结构表(据陈隽璐等,2022)

晚古生代地层形成于早古生代晚期隆升基底上。下一中泥盆纪三个井组($D_{1-2}s$)为滨海—河湖相沉积，下部为杂色粗碎屑岩，上部为碎屑岩夹碳酸盐岩及中酸性火山岩，含腕足类、珊瑚及植物化石。墩墩山群(D_3d)底部为巨砾岩或凝灰质巨砾岩，下部为中基性火山熔岩和火山碎屑岩，火山间歇期沉积以陆源碎屑岩为主，上部为中酸性火山岩建造，凝灰岩中产植物化石碎片，不整合于下伏地层之上，属内陆山间磨拉石-火山盆地沉积。石炭纪地层主要由海相陆源碎屑岩、火山碎屑岩、火岩熔岩不等厚相间组成，地层序列发育较全(以红柳园组(C_1hl)—石板井组(C_2sb)—胜利泉组(C_2sl)、干泉组(C_2g)为代表)，早期碎屑岩成熟度低，火山岩为中酸性，部分为中基性，属裂谷型新生盆地，形成于浅海—斜坡次深水环境，晚期夹有碳酸盐岩，以浅海为主，局部为浅滩或台地(芨芨台子组(C_2jj))。

二叠纪地层主要由海相—海陆相碎屑岩、火山岩组成，早、中二叠世有两种互有关联的序列组合：①红柳河—笔架山一带为碎屑岩-火山岩夹硅质岩组合(红柳河群($P_{1-2}H$))，碎屑岩具水下重力流沉积特征，火山岩为中基性—中酸性岩，形成于陆缘斜坡—陆棚浅海环境，在陆岛边缘为滨浅海相碎屑岩-碳酸盐岩组合(红岩井组(Phy))；②红柳园一带为碎屑岩-碳酸盐岩-火山岩组合(双堡塘组($P_{1-2}s$)—金塔组(P_2jt))，火山岩以基性为主，内含二辉橄榄岩包体，以上两种组合均形成于裂谷型陆间海槽不同相带。上二叠统为海陆相碎屑岩-火山岩组合(方山口组(P_3f))，火山岩以中酸性为主，向东夹碳酸盐岩(红岩井组)。早、中二叠世海生动物群具北方和特提斯分子混生特点，晚二叠世植物群以安加拉植物群分子为主，混入华夏植物群分子(周志毅，1995)，这一特点与北天山极为相似。

中生界沿山间-走滑盆地分布。三叠系零星分布，为山麓相紫红色砂砾岩-河流沼泽相杂砂岩、粉砂岩组合(二段井组($T_{1-2}e$)、珊瑚井组(T_3s))。侏罗系零星分布于北山山间-走滑盆地，属于河湖相含煤碎屑岩组合(芨芨沟组($J_{1-2}j$)、水西沟群($J_{1-2}S$)、艾维尔沟群($J_{2-3}A$)的头屯河组(J_2t))和河湖相杂色碎屑岩组合，芨芨沟组和艾维尔沟群的头屯河组局部为火山-碎屑岩组合。白垩系包括山麓-河湖相碎屑岩组合(新民堡群(K_1K)，下部为下沟组，上部为中沟组)、含煤碎屑岩组合(赤金堡组(K_1c))。

新生代地层包含山麓、河流、湖泊等不同环境沉积普遍含膏盐的泥质碎屑岩(蒸发岩)组合(桃树园组(E_3N_1t)、疏勒河组(Ns)、葡萄沟组(N_2p)及苦泉组(N_2kq))。

第四系为冲积、冲洪积及湖积等松散沉积物。

(二)敦煌地块地层分区

该区域内地层发育不全，仅出露前中太古界—古元古界敦煌杂岩($Ar_2Pt_1D^c$)，长城系铅炉子沟群(ChQ)、侏罗系龙凤山群(JL)和大山口群(J_1ds)、新近系疏勒河组(Ns)和第四系酒泉组(Qjq)、玉门组(Qym)和南湖组(Qnh)，无其他时代地层出露(甘肃省地质矿产局，1989)。现将地层由老至新描述如下。

敦煌地区太古宙—古元古代地层称为敦煌杂岩，由片麻岩、石英片岩、铁英岩、大理岩、变火山岩等无序组成，斜长角闪片麻岩获得3组Sm-Nd等时年龄，分别为3487～3237Ma、2956～2935Ma和2059～1990Ma(李志琛，1994)，奥长花岗质片麻岩锆石U-Pb年龄为(2670±12)Ma(陆松年等，2002)。

敦煌杂岩总体为由变质较深、变形强烈的岩石组成的有层无序岩群，区域上可自下而上划分A、B、C、D 4个组：A组为斜长片麻岩、糜棱岩化眼球状混合岩、黑云石英片岩夹条带状混合岩，偶夹大理岩；B组为片麻岩、花岗片麻岩夹大理岩、二云石英片岩及少量石英岩透镜体，在红柳园地区岩石普遍糜棱岩化；C组为角闪斜长片岩、糜棱岩化条带状或均质混合岩夹石英片岩及少许石英岩；D组为流纹岩、中性火山岩、石英岩及云母石英片岩。1∶25玉门镇幅区调厘定为敦煌岩群，划分为长山子斜长角闪片麻岩岩组、潘家井变粒岩岩组、小西弓黑云石英片岩岩组、黄尖丘斜长角闪片岩岩组和华窑山蓝晶二云片岩岩组5个部分。长山子斜长角闪片麻岩岩组原岩较难恢复，推测主要为基性火山岩夹碎屑岩，不排除原岩有偏基性侵入岩的可能性。潘家井变粒岩岩组为一套沉积粗碎屑岩和酸性火山岩组合。小西弓黑云石英片岩岩组原岩总体为一套富硅变质泥质碎屑岩类夹少量变质粗碎屑岩及中基性火山岩、碳酸盐岩组合。黄尖丘斜长角闪片岩岩组原岩以基性火山岩为主，夹少量变质碎屑岩。华窑山蓝晶二云片岩岩组原岩以碳酸盐岩和富铝细碎屑岩、泥质岩为主。构造变形主要有韧性剪切带、流褶皱、叠加韧—脆性断裂带等。

对于敦煌杂岩时代的问题前人已做了大量的研究工作，已有大量的同位素测年资料。但众多的年龄资料多为 Sm-Nd 同位素年龄，且相差较大：角闪片岩有 2936Ma 和 3488Ma 年龄值，掉石沟铅锌矿区的斜长角闪岩年龄为 2947Ma，斜长角闪片麻岩（Sm-Nd）年龄为 2946～2935Ma，混合花岗岩年龄为 2800Ma，鸣沙山一带斜长角闪岩年龄为（1 710.4±58.8）Ma，红柳园一带斜长角闪岩年龄为 2203Ma，潘家井南斜长角闪岩年龄为（2060±74）Ma，古堡泉一带斜长角闪岩年龄为（2206±74）Ma，长山子斜长角闪片麻岩年龄为（1471±42）Ma（甘肃省地质调查院，2005）。变质岩系中见有新元古代深成侵入体（锆石 U-Pb 同位素年龄为 1311Ma、1229Ma），与之呈构造侵入接触关系。此外，尚有 Rb-Sr 全岩等时线年龄，黄尖丘斜长角闪片岩岩组斜长角闪岩、角闪岩中 Rb-Sr 全岩等时线年龄分别为 584.23Ma、446.84Ma，华窑山蓝晶二云片岩岩组白云母片岩及白云石英片岩 Rb-Sr 全岩等时线年龄为 381.82Ma。1∶25 万区调认为这些年龄数据均反映敦煌岩群后期变质年龄。

本次研究在敦煌东旱峡地区正变质斜长角闪岩中获得（3841±16）Ma 的岩浆锆石年龄信息，这是敦煌地块迄今发现的最早的地壳物质记录，也是目前世界上在变质基性火山岩中发现的极为罕见的地球早期物质。变质基性火山岩（SiO_2含量为 $47.94\times10^{-2}\sim49.32\times10^{-2}$）属亚碱性火山岩拉斑玄武岩系列。同时还发现有约 3.5Ga 和 3.3Ga 的变质年龄信息，与前人获得的 3487Ma 岩石 Sm-Nd 年龄较为一致，表明敦煌地块具有太古宙古老基底。这一新的发现对探索研究早期地壳的形成时代、性质、生长特点及开展敦煌地块与华北克拉通基底的异同性对比具有重要意义。

长城纪地层序列组合为低绿片岩相变质细碎屑岩-中基性火山岩（古硐井群（Pt_2^1G）—铅炉子沟群（Pt_2^1Q）），形成于大陆坡—浅海环境，属活动—准活动类型沉积。

该区侏罗纪地层为龙凤山群（JL）和大山口群（J_1ds），出露面积较小，总共不足 2km²。其中龙凤山群主要分布于瓜州南部双墩子梁地区、多坝沟地区，岩性主要为角砾岩、砂砾岩、泥质砂岩、杏仁状玄武岩、蚀变安山岩、碳质页岩夹粗砂岩及煤层。大山口群主要分布于党河水库西侧阳关地区，上部岩性为灰黑色粉砂质板岩夹粉砂岩，含植物化石 *Phaenicopsis* sp.，下部岩性为灰褐色砾岩夹砂岩。

敦煌地区新近纪地层主要为疏勒河组，主要出露在瓜州北侧的疏勒河一带，岩性主要为砖红色夹灰白色、浅绿色砾岩，含砾砂岩、泥质粉砂岩及粉砂质黏土。

第四系在区域内分布广泛，主要包括玉门组、酒泉组和南湖组。它们主要由冲积、洪积、风积等形成的砾石，砂砾石、细砂、砂土、黏土、黄土及砾岩，泥岩，砂砾岩组成。其中，南湖组有腹足类化石 *Radix* sp.，*Gyraulus* sp. 出露。

八、中朝地层区

（一）阿拉善地层分区

阿拉善仅在研究区东南部涉及该区的少部，南、北均以断裂为边界分别与北祁连、阿尔金和笔架山-双鹰山毗邻。地层出露极为局限，除中、新生代地层外，只有少部分的前寒武纪地层分布（图 2-13）。

前寒武纪地层主要为新太古界—古元古界龙首山岩群（$Ar_3Pt_1L.$），其次零星出露有长城纪—青白口纪地层。

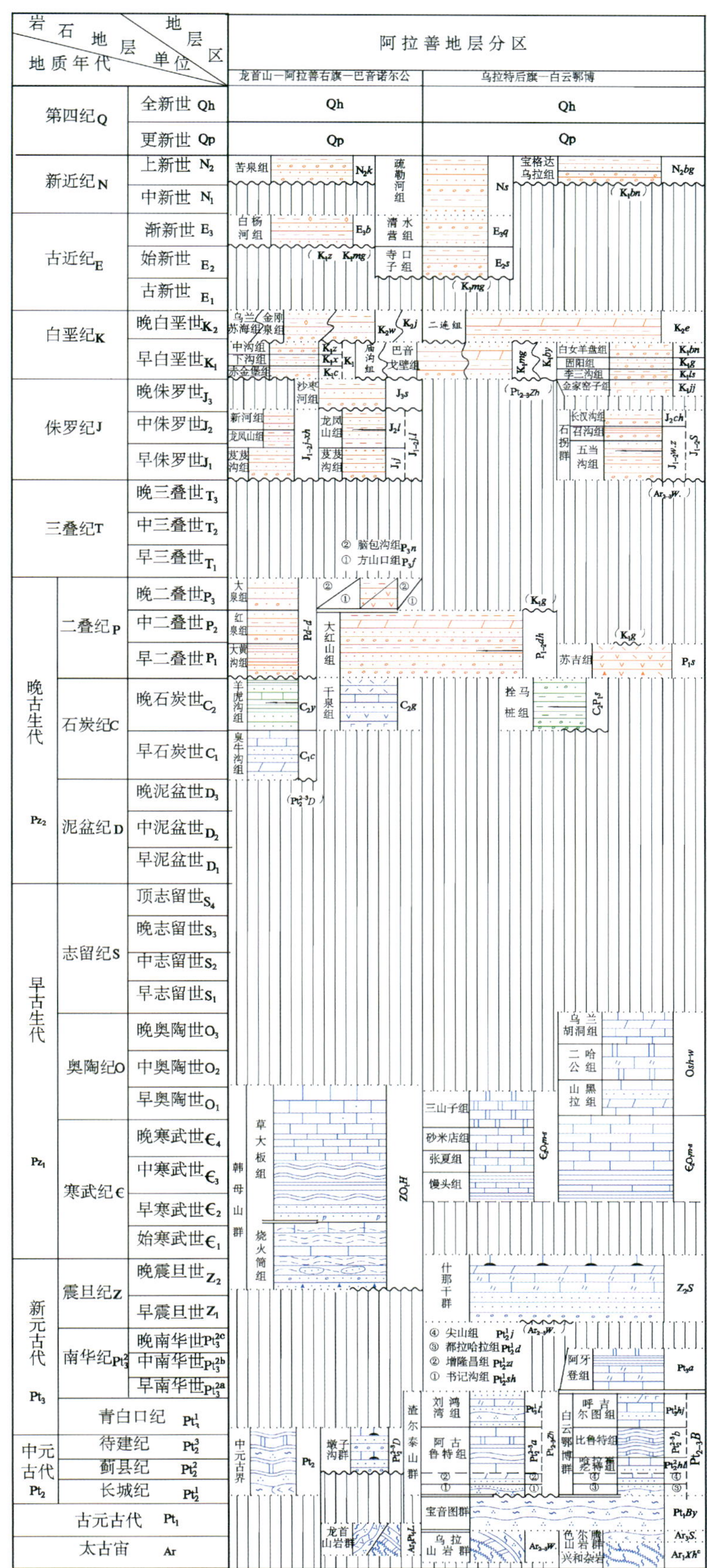

图 2-13 阿拉善地层分区地层序列及结构表(据陈隽璐等,2022)

新太古界—古元古界龙首山岩群，又称阿拉善岩群（$Ar_3Pt_1A.$），分布于华北陆块西南缘龙首山-阿拉善右旗，在研究区内未见顶、底，岩性为混合岩、片麻岩、大理岩、石英片岩、斜长角闪岩变粒岩、石英岩等。龙首山岩群遭受以低角闪岩相为主的区域动力热流变质及混合岩化，变形复杂，原岩为泥质、砂质碎屑岩、碳酸盐岩及火山岩，形成于浅海环境，已有同位素年龄为1949Ma、2695Ma和3056Ma（甘肃省地质矿产局，1997），陆松年等（2002）在斜长角闪岩中获U-Pb年龄（2034±16）Ma，其内钾长花岗片麻岩U-Pb年龄（1914±8.5）Ma，时代主体归为新太古代—古元古代。

长城系—青白口系由巨厚陆源碎屑岩、泥质岩、碳酸盐岩不等厚相间组成，夹火山岩，形成于陆缘滨浅海环境，包含有台地、台地边缘相沉积。

中生界主要由早白垩世和少量的早、中侏罗世地层组成。早、中侏罗世地层为一套含煤含油泥质岩-碎屑岩沉积组合（芨芨沟组（$J_{1-2}j$）、龙凤山组（J_2l）），局部可能为山间盆地，有火山岩发育（芨芨沟组局部发育玄武岩和安山玄武岩层）。

白垩纪仅有早期沉积，与下伏地层为不整合或断层接触，自下而上由河湖相含煤碎屑岩组合（赤金堡组（K_1c））向山麓残坡积-河湖相碎屑岩组合变化，夹泥灰岩、石膏、菱铁矿透镜体（下沟组（K_1x），中沟组（K_1z）），含腕足类、双壳类、介形虫、植物等化石，属热河动物群分子。

第四系为冲积、冲洪积及湖积等松散沉积物。

（二）华北地层分区

研究区仅涉及该区的西部，南、北均以断裂为边界分别与祁连、北秦岭和锡林浩特区毗邻。区内除缺失志留纪—早石炭世和晚白垩世—古近纪沉积外，各时代地层均有分布，自晚石炭世始由海陆相转为陆相沉积。阿拉善—大青山地区以发育前寒武纪地层为主要特征，鄂尔多斯及其西南缘两地区以显生宙地层为主，陕豫西部地区主要由前志留纪地层组成（图2-14）。

前寒武纪地层主要出露于本区南、北部地区，地层发育较全，层序基本清楚。太古宙由高级变质岩组成，原岩为火山岩、碎屑岩、碳酸盐岩等不同组合，达角闪岩相—麻粒岩相变质，并经强混合岩化，赋存有铁、金等矿产。阿拉善—大青山地区包含兴和杂岩（Ar_1Xh^c）、乌拉山岩群（$Ar_{2-3}W.$）和色尔腾山岩群（$Ar_3S.$）及若干太古宙、古元古代变质侵入体；在鄂尔多斯地区北缘为乌拉山岩群；在陕豫西部地区为太华群（ArT），总体为高级片麻岩和TTG组合，已发现最大年龄为（3323±44）Ma（兴和杂岩），多数年龄在2800～2500Ma及2400～2000Ma之间，这些地层单位之间的关系有待研究。

古元古代地层由低角闪岩相—低绿片岩相变质的陆源碎屑岩夹少数大理岩、火山岩组成。陕豫西部地区称铁铜沟组（Pt_1t），由石英岩、石英片岩组成，保存有波痕、斜层理等原生沉积构造，形成于滨浅海环境；阿拉善—大青山地区称宝音图岩群、鄂尔多斯北缘称美岱召岩群，由石英岩、石英片岩、绿片岩夹大理岩、含铁石英岩等组成，出现黑云母、石榴石、十字石等变质矿物，变质变形复杂，形成于活动性陆缘区；龙首山地区太古宇与古元古界不易划分，统称阿拉善岩群，上部变质碎屑岩相当于古元古代（年龄值2460～2300Ma），下部变质岩有3570～3000Ma的年龄数据，古元古代地层总体上代表初始陆壳形成后第一套海相沉积。

长城纪—青白口纪地层分布于华北区南、北侧，其地层组成序列和形成环境略有不同。南侧以小秦岭为代表，由火山岩（熊耳群（Pt_2^1xe））→碎屑岩（高山河群（Pt_2^1Gs））→碳酸盐岩（官道口群（$Pt_2^{2-3}G$））→碳硅质泥质岩（白术沟组（Pt_3^1b））序列组成，总厚达7000m，火山岩以中性为主，酸性和基性次之，形成于陆缘坳陷盆地滨浅海环境，早期为伸展裂谷。向西于贺兰山、桌子山出露不全，主要由碎屑岩组成（黄旗口组（Pt_2hq））。北侧阿拉善—大青山地区以白云鄂博群为代表，由巨厚（万米左右）陆源碎屑岩、泥质岩、碳酸盐岩不等厚相间组成，夹火山岩，赋存有铁、锰、金、铀、磷等矿产，形成于陆缘滨浅海环境，包含有台地、台地边缘相沉积，其南侧近陆由河流-滨岸碎屑岩→台地-潟湖相碎屑岩-碳酸盐岩组成（渣尔泰山群（$Pt_{2-3}Zh$））。

部夹大理岩，偶含石榴石、矽线石、堇青石、角闪石等变质矿物。下与白沙河岩群多数为断层接触，局部残留有不整合接触。原岩以硅质碎屑岩为主，达角闪岩相—高绿片岩相变质，原始层理多数已被置换，部分已为片麻岩，属无序地层单位，对其划分不甚统一。碎屑物成熟度不高，主体形成于陆缘滨浅海环境。狼牙山组由含叠层石灰岩、白云质灰岩、白云岩夹石英砂岩（局部含海绿石）、泥板岩、碳硅质岩（局部含磷）组成，下与小庙岩组整合或平行不整合。岩层内可见水平、波状层理和斜层理等原始沉积构造，形成于滨海台地相区，属准稳定—稳定类型沉积。丘吉东沟组由泥砂质板岩、硅质（板）岩、长石（岩屑）杂砂岩、长石石英砂岩、硅质白云岩组成，局部夹安山岩，下与狼牙山组呈平行不整合或不整合接触；碎屑物成熟度和分选度中等，具复理石沉积特征，形成于浅海—陆棚环境，属过渡类型沉积。万宝沟群据张雪亭等(2007)重新厘定，下部由玄武岩、安山岩夹变砂岩、板岩、大理岩组成，上部以白云岩、白云质大理岩、大理岩为主，夹千枚岩、变砂岩，与周边地层呈断层接触，属活动类型沉积。王国灿等(2004,2007)认为玄武岩为洋岛-洋脊型，碳酸盐岩-碎屑岩为海山沉积；张雪亭等(2007)认为玄武岩洋岛部分为岛弧型；潘裕生等(1996)认为火山岩具板内特征。

纵观东昆仑前寒武纪沉积构造格局，可初步归纳为古元古代陆块为中轴，北部为陆内坳陷盆地，南部为伸展型海洋盆地。古元古界由中—高级变质岩组成变质基底（白沙河岩群），中元古界沉积格局开始南、北分化。北部（东昆中、北）已属柴达木陆内坳陷盆地的南部盆缘区，早期形成滨浅海陆源碎屑岩（小庙岩组），晚期盆地处于相对稳定，形成以内源为主滨海台地-台地边缘相碳酸盐岩，部分具蒸发岩特征（狼牙山组），新元古代早期形成浅海陆棚泥质岩、碎屑岩为主组合（丘吉东沟组），层序地层表现为退积的海侵过程，揭示新一轮的坳陷开始，并已有伸展迹象。南部（东昆南）处于古元古代变质基底陆块的另一侧（南侧），中-新元古代形成以基性为主的火山岩-沉积岩组合（万宝沟群），火山岩特征揭示，为具一定规模的海洋盆地特征。东昆仑至今未识别出新元古代中、晚期地层，与新元古代早期沉积是一个连续过程，或为两个不同的演化阶段，有待进一步研究。

早古生代地层组成和结构复杂，划分精度偏低，总体为一套火山沉积岩系，共生有基性、超基性岩体，经历中—浅变质和复杂构造变形，各地层单位多数呈断片或断块产出，属海洋盆地活动类型沉积。东昆北主体为滩间山群（OST），下与元古宇为断层接触，上被牦牛山组(D_1m)或黑山沟组(D_3hs)不整合覆盖，由碎屑岩、火山岩和碳酸盐岩组成。碎屑岩以长石石英（岩屑）杂砂岩为主，次为石英砂岩、粉砂岩和泥、硅质板岩；火山岩包含玄武岩、安山岩、英安岩、流纹岩和熔结角砾岩、熔岩角砾岩及凝灰岩等；碳酸盐岩有白云（硅质）大理岩、结晶灰岩、白云岩等。火山岩有自西向东增多趋势，并有由喷溢相向爆发相的变化。在祁漫塔格山以北凝灰岩 Sm-Nd 等时年龄(469±54)Ma，与火山岩共生花岗闪长岩 U-Pb 年龄(445±0.9)Ma 和(439.3±1.2)Ma，侵入其中钾长花岗岩 U-Pb 年龄(381.9±5)Ma，地层时代为奥陶纪—志留纪。1∶25 万区域地质调查对祁漫塔格山以西的原滩间山群进行了部分解体，将具浊流沉积特征、含早志留世笔石的碎屑岩新建白干湖组(S_1b)，将以火山岩为主称鸭子泉火山岩(Sy^{v})；将具片状长石砂岩、凝灰质砂岩和碳酸盐岩分别称为阿达滩碎屑岩组($Oa.^{s}$)和阿特阿特坎灰岩组($Oa.^{Ca}$)，现统称为阿达滩岩组($Oa.$)。在东昆北白干湖西戛勒赛和东昆中阿牙克库木湖北缘及佰喀里克等地，在原滩间山群碎屑岩、火山岩内共生有镁铁质和超镁铁质堆晶岩，1∶25 万区域地质调查据其岩石组合及地球化学成分，认为这套呈构造岩块产出的岩石具蛇绿岩组合特征。

东昆南主体为纳赤台群（OSN），主要沿东昆中南缘构造混杂岩带南侧分布，除被中生界不整合覆盖外，顶、底不全，内部层序多数已被后期面理置换，与万宝沟群从宏观岩石有时亦难以明确划分，并有不断解体的趋势。阿成业等(2003)在纳赤台北，从原万宝沟群解体出一套呈构造岩片产出，含早寒武世小壳化石的长石石英（岩屑）砂岩夹千枚岩、灰岩及安山质凝灰岩（称沙松乌拉组($\in_1 s$)），说明东昆南有早寒武世沉积记录。现今的纳赤台群主要依据零散的生物化石和少数同位素侧年厘定，由泥质岩-碎屑岩、碳酸盐岩和火山岩三部分组成，在东昆中南缘构造混杂岩带内还有镁铁—超镁铁质岩及硅质岩。泥质岩-碎屑岩包含长石石英杂砂岩、粉砂岩、凝灰质砂岩、千枚岩、板岩；碳酸盐岩有结晶灰岩、生物碎屑灰岩、白云质灰，含晚奥陶世和志留纪的珊瑚、腹足和腕足类化石，晚奥陶世珊瑚化石有我国南方型

Agetolites 动物群；火成岩有玄武岩、安山岩、英安岩及火山碎屑岩，自西向东火山岩有增多趋势，U-Pb 年龄 469Ma 和 419±5Ma。西段木孜塔格北黑顶山等地，含中、晚志留世珊瑚化石的一套泥碎屑岩-碳酸盐岩组合，李荣社等(2008)将其与柴北缘志留纪赛什腾组(S*s*)对比。

总观东昆仑早古生代沉积构造格局，大致以东昆中元古宙陆块为界，南、北形成两个互有联系的伸展型海洋盆地，盆地内部组成包含滨浅海—次深海和深海泥碎屑岩组合，和以中基性为主及以中酸性为主南、北两类火山岩基本组合，以及海山碳酸盐岩台地。寒武纪和志留纪可能以碎屑岩组合为主，奥陶纪—早志留世以火山岩为主，据岩石组合及火山岩地球化学成分特征，东昆北火山岩以岛弧及弧后组合为主，东昆南火山岩可能以洋脊型和洋岛或火山弧为主。这些特征揭示了东昆仑早古生代海洋盆地形成过程和南、北差异。

晚古生代地层大致以东昆中为界，南、北有所不同，北部地层序列有晚泥盆世以陆相为主碎屑岩、火山岩组合和石炭纪—早二叠世海相碳酸盐岩、碎屑岩组合，缺失早、中泥盆世及中、晚二叠世沉积记录；南部地层序列较为完整，自早泥盆世至晚二叠世不同程度都有沉积记录，由海相、碎屑岩、碳酸盐岩及火山岩组成。

泥盆纪地层，北部东段为牦牛山组(D_3m)，西段为黑山沟组(D_3hs)—哈尔扎组(D_3h)，与早古生代地层为不整合接触。牦牛山组由陆相碎屑岩-火山岩组成，下部为砾岩、含砾砂岩、复成分砂岩，上部为安山岩、流纹岩及其凝灰岩，流纹岩 Rb-Sr 等时线年龄(396.68±18)Ma。黑山沟组由砾岩、岩屑长石砂岩、粉砂岩、生物灰岩及千枚岩、板岩等组成，含晚泥盆世腕足、腹足、双壳类化石，形成于滨浅海环境。哈尔扎组为由英安岩、流纹岩及其熔结浆(玻)屑火山碎屑岩、凝灰岩夹泥钙质粉砂岩、复成分砾岩等组成的钙碱性火山岩系。

南部泥盆纪地层分布于中西段，划分为早、中、晚期，以中泥盆世地层为主。早期由灰岩夹页岩组成(卡拉楚卡组(D_1k))，中期主要由砂岩和中酸性火山岩组成(布拉克巴什组(D_2b))，晚期由灰岩、硅质岩、砂岩组成。碎屑岩由早到晚成熟度降低；碳酸盐岩以生物灰岩为主，次为泥灰岩，晚期出现砾屑灰岩；火山岩以安山岩、英安岩为主，次为玄武岩。含丰富珊瑚、牙形刺、腕足、层孔虫等化石。

石炭纪地层，北部由陆源碎屑岩和碳酸盐岩组成，构成 3 个沉积旋回，自下而上为石拐子组(C_1s)、大干沟组(C_1dg)和缔敖苏组(C_2d)—打柴沟组(C_2P_1dc)。每个旋回底部为碎屑岩，中、上部以碳酸盐岩为主，总厚 1000～3700m，东薄西厚。碎屑岩有砾岩、长石(石英)砂岩、杂砂岩，发育正粒序层理；碳酸盐岩包含生物碎屑灰岩、内碎屑(或砂砾屑)灰岩和白云质灰岩、白云岩，含丰富珊瑚、腕足、䗴科和牙形刺等化石，最下部为杜内中晚期，最上部为早二叠世早期。沉积相研究显示主要形成于滨浅海潮下高能台地边缘。

南部石炭纪地层，由泥质岩、碎屑岩和火山岩、碳酸盐岩组成，以前两类岩石为主，有别于北部。泥质岩、碎屑岩有板岩、长石石英(或岩屑)砂岩、粉砂岩，东段有砂砾岩，发育斜层理、平行层理、透镜状层理，西段有硅质岩；火山岩以安山岩、英安岩、流纹岩为主，西段有玄武岩，属钙碱性高铝系列，轻稀土富集型；碳酸盐岩以生物碎屑灰岩为主，少量泥(微)晶灰岩，富含珊瑚、腕足和䗴科等化石，早者为杜内期—维宪期，晚者为晚石炭世—早二叠世。区域上地层组成略有不同，东段划分为哈拉郭勒组(C_1hl)和浩特洛哇组(C_2P_1h)两个地层单位，构成 2 个沉积旋回，每个旋回下部由粗碎屑岩组成，中、上部由碎屑岩、碳酸盐岩夹多层火山岩。西段划分为托库孜达坂组(C_1h)和哈拉米兰河组($C_{1\text{-}2}h$)，每个地层单位下、中部由碎屑岩和泥质岩、放射虫硅质岩夹火山岩组成，上部则以碳酸盐岩为主。

二叠纪地层仅分布于东昆南，由布青山群($P_{1\text{-}2}B$)和格曲组(P_3T_1g)两个地层单位组成。布青山群为由经低绿片岩相变质的碎屑岩、碳酸盐岩夹火山岩组成的地层单位，横向变化大，内部层序未明确建立，现今自上而下划分为树维门科组($P_{1\text{-}2}s$)和马尔争组(P_2m)，但缺乏明确的岩石地层定义，因此各研究者划分较混乱。碎屑岩有砂岩、粉砂岩、岩屑长石砂岩、粉砂质板岩及少数砂、砾岩；碳酸盐岩有灰岩、生物灰岩、礁灰岩、角砾状灰岩及白云岩；火山岩有玄武岩、安山玄武岩、安山岩及少数酸性火山岩、火山角砾岩、玄武粗安岩、霞石玄武岩等，部分具枕状和杏仁构造。东段据青海省地质矿产勘查开发局及

1∶25万区域地质调查资料将以碳酸盐岩为主的地层厘定为树维门科组，以碎屑岩、火山岩为主的地层厘定为马尔争组；西段据1∶25万区域地质调查资料，树维门科组则以碎屑岩为主夹火山岩和碳酸盐岩，反映了自东向西的可能变化。布青山群含有珊瑚、腕足、蜓科等化石，蜓科化石主要产于中二叠世栖霞期—茅口期，少数为早二叠世。在鲸鱼湖地区因发现冷水型单通道蜓类化石，因此1∶25万区域地质调查资料将其命名为鲸鱼湖组($P_{1\text{-}2}jy$)。布青山群形成环境较为复杂，包含有浅海、半深海—深海环境但纵横向变化大，属活动型海盆，盆地内还有礁相碳酸盐岩台地。格曲组零星出露于南部东段，不整合于布青山群之上，下部由复成分砾岩、长石石英杂砂岩、砂泥质板岩组成，上部由生物礁灰岩组成，可见厚度170～630m，含珊瑚、腕足、蜓及有孔虫等化石，时代为晚二叠世吴家坪期—长兴期。

综上所述，东昆仑晚古生代沉积构造格局是在早古生代造山背景上，南、北沉积格局进一步分化的结果。北部晚泥盆世经历由海陆相—陆相磨拉石沉积到后造山伸展沉积之后，处于相对稳定的滨浅海台地边缘环境，早二叠世晚期盆地收缩隆升成陆。南部总体处于具一定活动性陆缘裂陷海盆，沉积环境变化较大，包含滨浅海和次深海—深海多种环境，火山岩较为发育，碎屑岩成熟度较低。泥盆纪沉积具后造山伸展盆地性质，石炭纪—中二叠世处于木孜塔格-阿尼玛卿-玛沁海洋盆地结构复杂的陆缘区，中二叠世晚期盆地收缩隆升，多数地区缺失晚二叠世沉积记录。南部上三叠统具海相磨拉石特征，不整合于中二叠统之上，揭示了晚古生代造山事件自北向南由早到晚迁移变化。

中生代地层南、北略有不同，南部地层系统较全，包含海相、海陆相和陆相，北部仅有陆相晚三叠世和早、中侏罗世地层。

三叠纪地层，早、中三叠世为海相地层，分布于东昆南中、东段，由洪水川组($T_{1\text{-}2}h$)、闹仓坚沟组(T_2h)、希里可特组(T_2x)组成，但这3个地层单位在时、空上并非完全成叠置关系。这3个地层由长石石英砂岩、岩屑砂岩、粉砂岩、板岩和灰岩、角砾状灰岩、生物灰岩、核形石灰岩以及中酸性火山碎屑岩、安山岩、玄武安山岩、英安岩、流纹岩三大类岩石组成，横向变化大，总厚2000～3000m，下与晚古生代地层呈不整合接触。一般将以碎屑岩为主，夹较多火山岩和少量碳酸盐岩的归为洪水川组；以碳酸盐岩为主，夹凝灰岩和碎屑岩的归闹仓坚沟组；以碎屑岩为主，夹凝灰岩和碳酸盐岩的归为希里可特组。这3个地层富含双壳类和菊石化石，时代为奥伦尼克期—拉丁期，为早、中三叠世，形成于浅海—半深海环境，火山岩地球化学成分具大陆型消减带特征，可能属晚古生代造山过程弧后伸展型海盆。

晚三叠世地层由海陆-陆相火山岩-碎屑岩组成，不整合于中三叠世地层之上，北部称鄂拉山组(T_3e)，南部称八宝山组(T_3bb)，两地层单位在空间上存在互变关系。鄂拉山组由陆相火山岩组成，主要有流纹岩、英安岩、安山岩，次为玄武岩和中酸性熔岩角砾岩、角砾凝灰岩，少量岩屑长石(石英)砂岩。自东向西熔岩角砾岩增多，并出现粗面岩，为爆发-溢流相喷发，构成若干喷发旋回，厚度大于1000m。八宝山组主要由海陆相陆源碎屑岩组成，其次为火山岩，碎屑岩有复成分砾岩、岩屑长石(石英)砂岩、粉砂质页岩、粉砂岩、泥灰岩、碳质页岩及煤线，火山岩为流纹岩、安山岩及少量玄武岩和凝灰岩，厚1000～3500m。晚三叠世火山岩同位素年龄集中在晚三叠世，K-Ar年龄集中在226～203Ma，Rb-Sr年龄209～204Ma，U-Pb年龄204～197Ma。八宝山组碎屑岩中含大量植物化石和半淡水双壳类化石，时代为晚三叠世诺利克期，但孢粉化石已跨早侏罗世。火山岩地球化学成分显示基性岩为亚碱—碱性，中酸性岩以钙碱性为主，部分碱性以轻稀土富集型为主，主体为滞后俯冲所致。

侏罗纪地层，以早、中侏罗世地层为主，由陆相含煤碎屑岩组成，东段称羊曲组($J_{1\text{-}2}yq$)，中段称大煤沟组($J_{1\text{-}2}dm$)，西段为叶尔羌群($J_{1\text{-}2}Y$)。中、西段组成特征与前述柴北缘和阿尔金地层区相似。东段羊曲组，下部砾岩段由复成分砾岩、砂砾岩、含砾岩屑长石砂岩组成，上部砂页岩段由长石(石英)砂岩、粉砂岩夹碳质页岩及煤线组成，总厚700～3000m不等，下与晚三叠世地层呈平行不整合接触，属山间断陷湖-河相沉积。晚侏罗世地层仅在东昆南西段出露(库孜贡苏组(J_3k))，由山麓河-湖相红色碎屑岩组成，不整合于早、中侏罗世地层之上。

白垩纪地层仅见于东昆南西段，由湖相石英砂岩、粉砂岩、泥岩夹砾岩组成(克孜勒苏群(K_1K))，与侏罗纪地层未见直接接触关系。

从上述东昆仑中生代地层的组成及沉积相初步分析，东昆仑海陆全面转换沉积过程的基本轮廓为：在晚古生代晚期隆升的背景上，早、中三叠世北部已处于剥蚀环境，缺失沉积记录，南部形成伸展型海盆，自晚三叠世始，东昆仑全面隆升成陆，沿一些断裂构造活动带，形成一些规模不等的山间断陷盆地，早期形成具一定规模以陆相为主的火山盆地，中、晚期由河湖相含煤盆地演化为山麓-湖盆，晚白垩世全区处于剥蚀状态。

新生代东昆北地层已属柴达木盆地南缘地层系统（见柴北缘地层区）。东昆中以阿牙克木盆地为代表，由以褐红色和砖红色为主的砾岩、砂岩、粉砂岩及泥岩组成，划分为石马沟组（E_3s）、石壁梁组（N_1s）、红石梁组（N_2h），总厚4000～5000m。石马沟组上部夹含铜砂砾岩，红石梁组含石膏，沉积相包含冲积扇、河流相和湖相，反映自始新世隆升后，经渐新世至上新世沉积盆地由萌芽→生长发育→萎缩的发展过程。

东昆南新生代地层与巴颜喀拉山和羌塘两地层区基本相同，但分布较为局限，由陆内湖盆红色碎屑岩夹石膏层、泥灰岩（沱沱河组（$E_{1-2}t$）和雅西措组（$E_{1-2}t$））和陆相火山盆地组成（查保玛组（E_3N_1c）和雄鹰台组（N_1x）），火山岩以中酸性为主，有粗面岩、粗面英安岩、流纹岩及碱玄岩等，地球化学成分显示以钾玄岩系列为主。

东昆仑新生代的沉积构造格局总体上受青藏高原古近纪以来快速隆升过程内部差异升降所制约，新生代火山活动属高原后造山的构造效应。

第四系为冲积、冲洪积及湖积等松散沉积物。

（三）阿尔金地层分区

该地层分区呈北东-南西向横跨西北区中部，是西北地区最为复杂的地层区之一，各时代地层不同程度都有沉积记录，但物质组成及时空结构在区域上差别明显（图2-17）。

太古宙—古元古代地层有两个不同地层单位：①红柳沟—安南坝地区称米兰岩群（$ArPt_1M.$），有变粒岩、斜长角闪岩、片麻岩和二长花岗质、英云闪长质变质侵入体等组成，具TTG片麻岩特征，在花岗质片麻岩中获得6组锆石U-Pb年龄分别为（3605±43）Ma、（3096±37）Ma、（2604±102）Ma、（2567±32）Ma、（2374±10）Ma、（2140～1906）Ma，基性脉岩U-Pb年龄（2351±21）Ma（李惠民等，2001；陆松年等，2002；1∶25万石棉矿幅）；②阿中、阿南地区称阿尔金岩群（$Ar_3Pt_1A.$），由黑云斜长片麻岩、变粒岩、石英片岩、大理岩及斜长角闪岩组成，内有变质侵入体，斜长角闪岩Sm-Nd模式年龄2174Ma（1∶25万且末幅），花岗质片麻岩锆石U-Pb年龄（2679±142）Ma（崔军之等，1999）。这两个地层单位均为高级变质岩，以角闪岩相变质为主，局部达麻粒岩相，并经后期改造和强混合岩化，构成基底岩系，包含自太古宙至古元古代不同时期多元物质组成的复合体，它们是否为统一的原始陆壳有待研究。车自成等（2002）认为米兰岩群Nd同位素组成与敦煌杂岩不同，据1∶25万马鬃山镇幅区域地质调查资料（甘肃省地质调查院，2001），敦煌杂岩与北山杂岩较为相近，其原岩为陆源碎屑岩-火山岩-碳酸盐岩组合。

中元古代—青白口纪地层南部阿中—阿南地区，由巴什库尔干群（Pt_2^1B）—塔昔达坂群（Pt_2^2T）—索尔库里群（Pt_3^1S）序列组成，但其物质组成、序列结构及形成环境具有一定的相似性。长城纪地层主要由绿片岩相变质，以石英质为主的碎屑岩、泥质岩夹基性和中酸性火山岩组成，火山岩地球化学成分具伸展特征，形成于陆缘滨浅海环境，属活动—准活动类型沉积。蓟县纪地层以叠层石碳酸盐岩为主，夹碎屑岩，在阿尔金地区不整合于长城系之上，形成于浅海环境，属准稳定—稳定类型沉积。青白口纪地层主要由叠层石碳酸盐岩与碎屑岩不等厚互层，碳酸盐岩有白云岩、砾屑灰岩等，碎屑岩具紫红、灰绿等杂色调，总体上层序清楚，层位稳定，主体形成于滨浅海环境，属稳定类型沉积，但在阿尔金地区夹具板内特征基性火山岩，揭示青白口纪本地区开始出现板内拉张环境。

南华纪—震旦纪地层在该地层分区自下而上为索尔库里群和索拉克组（Pt_3^2s）。索尔库里群自下而上为以碎屑岩为主夹碳酸盐岩—以碳酸盐岩为主夹碎屑岩—碎屑岩增多的层序，是一个完整的海进至

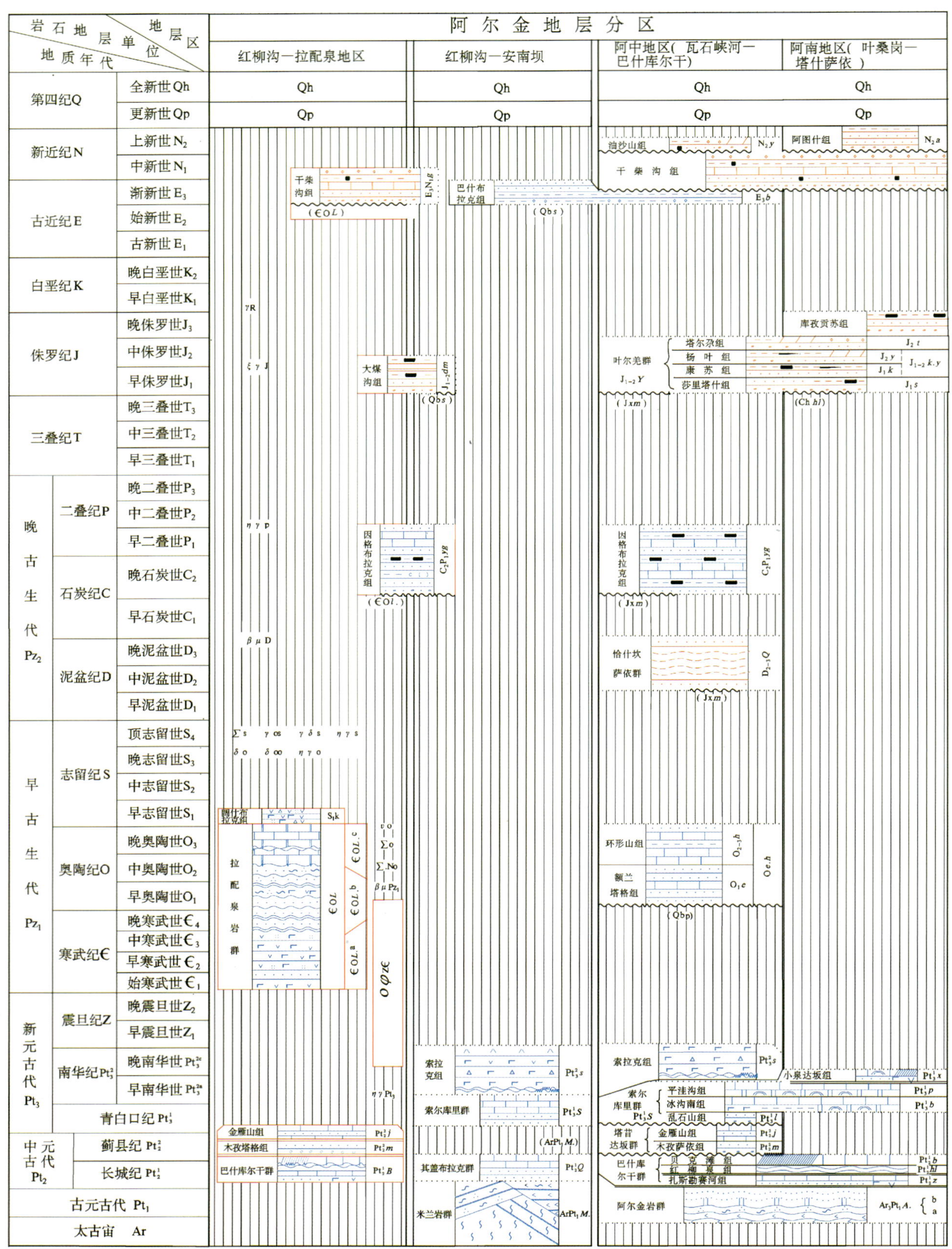

图 2-17 阿尔金地层分区地层时空格架表(据陈隽璐等,2022)

海退沉积旋回，沉积环境为稳定的浅海台地相。索拉克组由一套海相火山岩、火山碎屑岩组成，从火山岩中获得(763±17)Ma 和(754±17)Ma 锆石 U-Pb 年龄。

前寒武纪地层的组成特征可划分为 4 个沉积-构造阶段：①太古宙—古元古代为基底形成阶段，构成早期大陆地壳；②长城纪在早期大陆地壳基础上产生裂陷(谷)，形成活动—准活动类型火山岩-碎屑岩组合，说明存在规模不大的活动带；③蓟县纪为活动向稳定转化期，在陆块内或其边缘形成滨浅海以碳酸盐岩为主的准稳定—稳定类型沉积；在陆块边缘—外侧形成浅海碎屑岩、碳酸盐岩组合，属准活动—准稳定类型沉积；④新元古代由稳定向活动转化过渡，由滨浅海相镁质碳酸盐岩-碎屑岩-冰成岩、浊积岩及火山岩组成，陆壳出现拉张先兆。

早古生代地层组成较为复杂，红柳沟—拉配泉地区寒武纪—奥陶纪由复成分碎屑岩、碳硅质板岩、碳酸盐岩及火山岩组成(拉配泉岩群($\in OL$))，硅质岩含晚寒武世—中奥陶世海绵骨针及牙形刺化石(车自成等，2002)和超镁铁—镁铁质岩、浅色花岗岩等岩块及深海沉积岩组成蛇绿构造混杂岩(带)，带内部分变质碎屑岩、碳酸盐岩前人曾厘定为中—新元古代地层的构造岩片，揭示该带向多时代多元组成的复杂结构。另在阿中元古宙陆块上零星分布奥陶纪滨浅海相稳定类型碎屑岩-碳酸盐岩组合(额兰塔格组—环形山组($O_{2\text{-}3}h$))。

晚古生代地层形成于早古生代晚期隆升基底上，各地区的组成有所不同。在阿中和红柳沟-拉配泉地区仅残留有少量中、晚泥盆世陆相碎屑岩、泥质岩(恰什坎萨依群($D_{2\text{-}3}Q$))和晚石炭世—早二叠世浅海相碎屑岩、碳酸盐岩(因格布拉克组(C_2P_1yg))，分别不整合于元古宙地层之上。

中、新生代阿尔金地层分区为山间盆地沉积，以侏罗纪、白垩纪地层为主。侏罗纪地层由河湖相含煤碎屑岩组成。新生代地层包含有山麓、河流、湖泊等不同环境沉积，普遍含有膏盐，以新近系分布较广。

第四系为冲积、冲洪积及湖积等松散沉积物。

(四)祁连地层分区

祁连地层分区各时代地层较为发育，但变化较大，依地层特征进一步划分为 4 个次级地区，各次级地区的界线不同断代有所变化。酒泉—中宁地区(简称走廊地区)以显生宙地层为主，在奥陶纪和石炭纪与鄂尔多斯西南缘地区沉积过渡；北祁连地区以早古生代海洋盆地沉积为特征；中祁连地区主要由前震旦纪地层组成；南祁连地区以发育海相二叠纪—三叠纪地层为特点。按地层序列和结构可划分为 4 个沉积阶段：①前寒武纪为基底岩系沉积；②早古生代为伸展型海洋盆地沉积；③晚古生代—三叠纪北部由近海盆地海陆相—内陆盆地陆相沉积，南部以近海盆地海相沉积为主；④侏罗纪以来为山间盆地陆相沉积(图 2-18)。

太古宙—古元古代地层的组成复杂，内部序列关系不清，主要由片麻岩、变粒岩、石英片岩、大理岩、斜长角闪(片)岩等变质岩类组成，达角闪岩相—绿片岩相变质，原岩为火山岩-碎屑岩-碳酸盐岩组合(马衔山岩群($ArPt_1M.$)、化隆岩群($ArPt_1H.$))，混合岩化普遍，内有变质侵入体。中祁连地区湟源群(Pt_1H)主要由成熟度较低陆源碎屑岩-杂质碳酸盐岩组成，形成于近陆浅海环境。中—北祁连地区北大河岩群($Pt_1B.$)、托赖岩群($Pt_1T.$)、陇山岩群($Pt_1L.$)组成复杂，原岩为火山岩-碎屑岩-碳酸盐岩组合，并经强烈变质变形改造，碎屑岩具复理石沉积特征，局部夹条带状磁铁矿，火山岩以基性为主，次为中酸性，具裂谷(陷)盆地沉积组合特征，初步揭示古元古代地层形成于两种不同沉积环境。

中元古代地层主要分布于中、北祁连，层序基本清楚，可归纳为 3 种序列组合：①分布于中祁连由陆源碎屑岩(湟中群(Pt_2^1H))-叠层石碳酸盐岩(花石山群(Pt_2^2H))组成，碎屑岩成熟度高，保存有水平层理、交错层、波痕等原生沉积构造，局部含磷、铁，形成于浅海及台地环境。在中祁连北部中、北祁连过渡区的南白水河组(Pt_2^1n)—花儿地组(Pt_2^2h)的岩石组成与本序列基本相似，但碎屑岩以杂色调为主，碳酸盐岩呈夹层产出；②分布于北祁连以朱龙关群(Pt_2^1Z)为代表，由变质火山岩-泥碎屑岩组成，火山岩以基

性、中基性为主，夹大理岩、泥质岩、碎屑岩，呈不等厚互层夹凝灰岩，具复理石沉积特征，含铁、铜矿产，形成于陆缘斜坡，其与蓟县纪花儿地组未见直接接触关系，海原群（$Pt_2^1H.$）与本组合近似；③分布于祁连东端兰州以东，以兴隆山群（Pt_2^1X）—高家湾组（Pt_2^2g）为代表，由火山岩、碎屑岩-碳酸盐岩组成，火山岩为基性、酸性组合，碎屑岩为石英岩和凝灰质砂岩，本组合似乎介于①、②组合之间。这 3 种序列组合基本反映自陆块至陆缘沉积结构，在陆缘及其外侧火山岩发育，并具裂陷（谷）组合特征。

新元古代地层的分布与中元古代地层一致。青白口纪地层称龚岔群（Pt_3^1G），由陆源碎屑岩、泥质岩、碳酸盐岩夹互组成，构成两个沉积旋回，碎屑岩以紫红色、灰绿色为特征含凝灰质及菱铁矿，碳酸盐岩有内碎屑灰岩，局部含石膏等蒸发岩、含钾及叠层石，形成于陆棚滨浅海及局限台地，与中元古界有沉积间断，属稳定类型盖层沉积。南华纪—震旦纪地层称白杨沟群（Pt_3^2ZB），分布零星，不整合于青白口系之上，由杂砾岩-碳酸盐岩组成，前人曾认为早期属陆缘冰成岩，晚期为陆棚浅海。青海省地质调查院（2003）依 1∶5 万区域地质调查成果在西宁又划分出一套冰碛岩-碳酸盐岩地层，称龙口门组（Pt_3^2Zl），时代归为南华纪—震旦纪，说明新元古代中、北祁连陆壳已趋于稳定，与华北连为一体。

早古生代地层较为发育，仅中祁连零星出露，岩石组合和形成环境较为复杂。寒武纪有两种基本组合：①南北祁连地区由基性—中基性火山岩、泥硅质岩、细碎屑岩、碳酸盐岩不同岩类组成，依岩石组合特征及火山岩地球化学成分判别，形成于不同沉积-构造环境。北祁连下部以火山岩为主（黑茨沟组（$\in_{2\text{-}4}h$）），上部为正常沉积岩（香毛山组（$\in_{3\text{-}4}xm$））；南祁连由火山岩与正常沉积岩不等厚相间组成（深沟组（$\in_{1\text{-}3}s$）和六道沟组（$\in_{3\text{-}4}h$）），普遍认为形成于伸展型海洋盆地。其中所含古生物化石时代包含有早、中、晚寒武世，但火山岩同位素年龄为 678～545Ma（夏林圻等，2001），因此北祁连的寒武纪地层下界可能包含有晚震旦世。②祁连走廊地区由成熟度低杂色陆源碎屑岩、泥质岩不等厚互层组成（大黄山组（$\in d$）），具复理石沉积特征，形成于陆缘浅海-斜坡环境，向南与北祁连火山岩地层过渡。该地层尚缺时代依据，前人曾将其与香山群（$\in_3OX$）对比。

奥陶纪地层组成比寒武纪地层复杂，归纳为 4 种序列组合：①北祁连地区由火山岩夹硅质大理岩（阴沟群（$O_{1\text{-}2}y$））→泥质岩、碎屑岩夹钙碱性火山岩（中堡群（$O_{2\text{-}3}Z$）、大梁组（$O_{2\text{-}3}d$））→碳酸盐岩（妖魔山组（O_3y）、南石门子组（O_3n））→火山岩夹硅质岩（扣门子组（O_3k））序列组成，形成于海洋盆地，在空间上自南向北包含有洋盆、岛弧、弧后盆地等沉积构造环境（冯益民等，1996；夏林圻等，2001）；②祁连走廊地区由酸性火山岩（车轮沟群（$O_{1\text{-}2}C$））→碎屑岩、凝灰岩、灰岩（中堡群）→杂色泥质岩、碎屑岩夹含砾板岩、灰岩（天祝组（$O_{2\text{-}3}t$）—斯家沟组（$O_{2\text{-}3}s$）—斜壕组（O_3xh））序列组成，在区域上向东为具鲍马序列结构特征的米钵山组和斜坡滑塌沉积（香山群），形成于陆缘浅海—斜坡环境；③南祁连拉脊山由陆源碎屑岩（花抱山组（O_1h））-中酸性、中基性火山岩夹碎屑岩（阿夷山组（O_1a）和茶铺组（O_2c））-火山碎屑岩、陆源碎屑岩夹火山岩（药水泉组（O_3ys））组成，一般认为形成于伸展（裂谷）海盆；④南祁连中西段由基性和酸性火山岩（吾力沟组（$O_{1\text{-}2}w$））-碎屑岩（盐池湾组（$O_{2\text{-}3}y$））为主-中基性火山岩（多索曲组（O_3S_1d））为主序列组成，中祁连兰州一带雾宿山群（$O_{2\text{-}3}W$）与此组合相似，形成于伸展型裂谷（陷）环境。③、④序列组合总体比较相似，但③序列组合共生有超基性岩，揭示伸展规模略有不同。在祁连东段静宁—清水地区由绿片岩相变质基性、中酸性火山岩、碎屑岩等组成的地层（葫芦河岩群（$O_{2\text{-}3}H.$）、红土堡火山岩（$O_{2\text{-}3}h^v$）、陈家河组（$O_{2\text{-}3}c$）等地层单位），对其划分和时代虽有不同认识，但都认为形成于前志留纪，倾向于属北祁连东延。北祁连寒武纪—奥陶纪地层是祁连地区以铜为主多金属成矿带主要赋矿层位。

志留纪地层分布于南、北祁连，中祁连缺失，超覆于奥陶系之上，主要由陆源泥质岩、碎屑岩组成，夹少数火山岩、凝灰岩。北祁连及走廊地区（肮脏沟组（S_1a）—泉脑沟组（S_2q）—旱峡组（$S_{3\text{-}4}h$））下部局部含石膏，上部含铜砂岩，保存有波痕、交错层等原生沉积构造，形成于滨浅海环境。南祁连地区称巴龙贡噶尔组（Sb），具复理石沉积特征，形成于陆缘浅海环境。

晚古生代—三叠纪地层大致以中祁连为界，南、北有所不同。南部大部缺失泥盆纪—石炭纪沉积，二叠纪—三叠纪为海相—海陆相；北部发育较全，泥盆纪为陆相，石炭纪为海陆相，二叠纪始为陆相。泥

盆纪地层下部称老君山组($D_{2-3}l$)或石峡沟组(D_2sx),不整合于志留系之上,上部称沙流水组(D_3s)或中宁组(D_3z),上、下部之间有沉积间断,主要由杂色砾岩、砂岩、泥岩夹薄层火山岩组成,上部夹不稳定灰岩,含中—晚泥盆世植物及鱼化石,以山麓河湖相沉积为主,晚期在中宁、中卫一带为海陆相—海相沉积,一般认为北祁连泥盆纪地层代表祁连加里东造山后山间磨拉石沉积。石炭纪地层北部(北祁连和走廊地区)由陆源碎屑岩夹碳酸盐岩(前黑山组(C_1q)—臭牛沟组(C_1c))→含煤碎屑岩(羊虎沟组(C_2y/C_2P_1y))序列组成,早期碎屑岩含石膏,形成于滨海潟湖—滨浅海环境,晚期形成于海陆过渡带,向东与鄂尔多斯西缘土坡组—太原组沉积过渡。北部盆地西南缘即中、南祁连地层区西北缘早期由潟湖相含膏泥碎屑岩、白云岩、灰岩组成(党河南山群(C_1dh)),底部为砂岩、砾岩、灰岩(阿木尼克组(D_3C_1a)),与下伏不同时代地层均呈不整合接触,上部海陆相含煤碎屑岩(羊虎沟组(C_2y)),说明石炭纪祁连近海盆地主要分布于北祁连走廊地区,中、南祁连为隆起剥蚀区,因此大部缺失石炭纪沉积。二叠纪—三叠纪地层,北部为内陆盆地陆相沉积,二叠纪—三叠纪地层整合,由杂色泥质岩、碎屑岩不等厚相间组成,晚二叠世大泉组出现安加拉植物群与华夏植物群混生,三叠纪晚期南营儿组夹煤线,局部夹油页岩。南部(中、南祁连地区)以海相沉积为主(巴音河群(PB)—郡子河群($T_{1-2}J$)—默勒群(T_3M)),由杂色泥碎屑岩夹灰岩组成,构成两个大的海侵—海退沉积旋回,含丰富海相生物化石,晚三叠世海陆相含煤碎屑岩(默勒群)代表海水最终退出之后全面转入陆相沉积。南部二叠纪—三叠纪海盆向南与柴北缘、南秦岭海盆相连,此时本区已属特提斯海的近海盆地。

侏罗纪—白垩纪地层以山间湖盆沉积为主,除河西走廊外,多数为小型山间盆地。下侏罗统由灰绿色、灰白色碎屑岩夹煤线或不稳定煤层(大西沟组(J_1d))组成,河西走廊夹数层玄武岩(芨芨沟组(J_1j)),包含有山麓洪积、扇前沼泽和河湖相沉积。中侏罗世早期以含煤碎屑岩为主,局部夹泥灰岩、油页岩、石膏(窑街组($J_{1-2}y$)),晚期以不含煤杂色碎屑岩为特征(新河组(J_2xh)、红沟组(J_2h)),为河湖相、湖沼相沉积。走廊地区在中宁—固原一带中侏罗世地层与华北鄂尔多斯西南缘地层相同。上侏罗统由紫红色碎屑岩组成(以享堂组(J_3x)为代表),局部夹泥灰岩,形成于干旱炎热山麓河湖相环境。侏罗纪各盆地沉积厚度一般在1000～2000m之间。白垩纪地层分布基本继承侏罗纪盆地,但范围有所扩大,与侏罗系为不整合,多数缺失晚白垩世地层。下白垩统由山麓、河湖相杂色砾岩、砂砾岩、页岩、泥岩夹石膏,局部夹含油砂页岩等组成,陇东六盘山群以山麓-河流相为主,厚3000～4000m;兰州、西宁盆地河口群厚2000～3000m,盆地中心为湖相,边缘为山麓河流相;河西走廊、祁连山区中小型盆地赤金堡组(K_1c)—新民堡群(K_1X)多数厚1000m以上,河西走廊厚320m,为山麓-河湖相。晚白垩世地层仅在西宁盆地(民和组(K_2m))和河西走廊盆地(马莲沟组(K_2ml))零星分布,一般厚100～300m。白垩纪地层含热河动物群化石,形成于干旱炎热环境,从其沉积厚度反映山脉处于快速隆升状态。

古近纪—新近纪地层分布大致继承白垩纪地层,但范围有所扩大。普遍缺失古新世沉积,始新世—渐新世地层下部为紫红色砂砾岩,上部为紫红色砂岩、泥岩夹石膏层。卫宁盆地称固原群($E_{2-3}G$),厚600～1140m,河西走廊盆地称火烧沟组—白杨河组,一般厚500～800m,在玉门白杨河组(E_3b)含工业油层;兰州、西宁盆地分别称西柳沟组(E_2x)—野狐城组(E_3y)和西宁群(EX),厚近200～1000m。新近纪由棕黄色和棕红色砂岩、泥岩、砾岩不等厚互层,夹泥灰岩组成,一般厚400～1000m,西宁-民和盆地称贵德群,兰州、陇中盆地称甘肃群,河西走廊称疏勒河群(NS)。

第四系为冲积、冲洪积及湖积等松散沉积物。

(五)柴达木盆地分区

柴(达木盆地)北缘指柴达木新生代盆地以北,北以宗务隆山-贵德断裂为界与南祁连相邻,东部包含兴海-共和盆地,南邻东昆仑。该地层分区划分为两个次级地区,北部宗务隆山—兴海地区主要由石炭纪—三叠纪海相地层组成;南部为赛什腾山—都兰地区,由元古宙及古生代地层组成(图2-19)。

元古宙地层发育较全,层序基本清楚。古元古代地层即达肯达坂岩群($Pt_1D.$),由片麻岩、斜长角

闪(片)岩、变粒岩、石英片岩、大理岩等组成,其内有变质侵入体,达角闪岩相—麻粒岩相变质和不同程度混合岩化。在变质岩中获得如下年龄数据:斜长角闪(片麻)岩 U-Pb 年龄为 2205Ma 和 2412Ma,二长花岗质片麻岩 U-Pb(TIMS)年龄为 2366Ma,麻粒岩 Sm-Nd 等时线年龄为 1791Ma(青海省地质矿产局,1991;陆松年等,2002),在侵入于该岩群的深灰色变质英云闪长岩-花岗闪长岩中获单颗粒锆石近于谐和的 U-Pb 年龄为 2341Ma(1∶25 万都兰县幅,青海省地质调查院,2005),故其时代应为古元古代。另在变质侵入体中呈包体产出的麻粒岩获得 Sm-Nd 模式年龄为 2457~3456Ma(青海省地质调查院,2005),因此,不排除本区存在太古宙变质表壳岩的可能。

长城纪—青白口纪地层,原称万洞沟群($Pt_{2\text{-}3}W$),现统一采用柴南缘地层单位名称,由碎屑岩-泥质岩组合(小庙组($Pt_2^1x.$))→碳酸盐岩夹碎屑组合(狼牙山组(Pt_2^2l))→泥质岩、碎屑岩夹碳酸盐岩(丘吉东沟组(Pt_3^1q))序列组成,上、下组合夹变质岩、基性火山岩(斜长角闪片岩、绿片岩),在强应变带局部有混合岩化,与古元古代地层以断层接触,属陆缘海活动-过渡类型沉积。

南华纪—震旦纪地层分布于全吉山—欧龙布鲁克一带,称全吉群($Pt_3^2\in_1Q$),直接不整合于古元古代地层之上,下部为砾岩、含砾砂岩,中部为石英岩、砂岩夹薄层玄武岩,上部以含叠层石白云岩、灰岩为主,玄武岩 U-Pb 年龄为 738Ma(陆松年等,2002),碎屑岩发育斜层理、波痕、干裂纹等原生沉积构造,局部含磷、白云岩含食盐晶体等浅海-蒸发台地沉积特征,下部砾岩有冰碛和山麓-滨浅海不同认识,总体属稳定类型沉积,构成欧龙布鲁克古元古代地块上沉积盖层。

早古生代地层有两种序列组合:①稳定类型沉积,分布于全吉山—欧龙布鲁克一带,由白云岩、碳板岩、杂砾岩、砂岩(红铁沟组($Z\in_1ht$)—皱节山组($\in_1z$))→灰岩、白云岩、底含磷砂砾岩(欧龙布鲁克组($\in_{3\text{-}4}o$))→内碎屑灰岩夹互笔石页岩、砂岩(多泉山组(O_1d)—大头羊沟组(O_2dt))序列组成,主体形成于浅海环境,早期为海湾-潟湖与冰川(红铁沟组)相间。寒武纪—奥陶纪地层总厚大于 1300m,最厚达 4000m,下与全吉群平行不整合,其上缺失志留纪沉积,属欧龙布鲁克元古宙地块上盖层;②活动类型沉积,分布于欧龙布鲁克微地块周缘及外侧赛什腾山—都兰一带,由变质火山岩、火山碎屑岩及泥质岩、碎屑岩、碳酸盐岩(滩间山群($\in OT$))和复成分砾岩、变质碎屑岩夹火山岩组成(赛什腾组(Ss)),这些地层均呈构造岩片产出,内部层序不清,火山岩以玄武岩和安山岩为主,碎屑岩成熟度低,志留纪碎屑岩具复理石结构特征。多数认为滩间山群属蛇绿岩组成部分,近年来相继解体出洋脊、岛弧火山岩系(史仁灯等,2004),其内火山岩年龄(U-Pb)542~486Ma,碎屑岩中含奥陶纪—志留纪化石。上述早古生代地层组成大体说明,柴北缘早古生代为伸展型海洋盆地,欧龙布鲁克一带为海洋盆地中的小型陆块。

晚古生代地层以石炭系—二叠系分布较广。泥盆纪地层发育不全,分布零星,由陆相杂色砾岩、砂岩,基性、中酸性火山组成(牦牛山组(D_3m)),最厚近 5000m,不整合于下伏不同层位之上,在大柴旦一带鱼卡组(Dy)与牦牛山组近似,但缺失砾岩,夹有大理岩,在全吉山以南上部与早石炭世海相地层连续沉积(阿木尼克组(D_3C_1a))。以上特点说明,泥盆纪地层具造山后磨拉石性质,又具上叠伸展盆地初期双重序列组合特征。

石炭纪—二叠纪地层本区南、北序列组合有所不同。北部宗务隆山—兴海地区石炭纪、二叠纪地层不易具体划分,由低级变质泥质岩、碎屑岩、碳酸盐岩和火山岩组成,纵、横向不同岩石交替变化,多数呈岩片产出。中、西段称中吾农山群(含果可山组(CP_2g)/土尔根大坂组(CP_2t));东段称甘家组(CP_2gj)。果可山组主要由白云岩、灰岩夹火山岩组成,层位可能偏上,含石炭纪—早二叠世生物化石,火山岩以中基性拉斑玄武岩为主,厚达 3000m。土尔根大坂组由千枚岩、板岩夹石英砂岩、火山岩及灰岩组成,一般认为层位偏下。甘家组分布于兴海—共和一带,由低成熟度复成分碎屑岩、凝灰质碎屑岩、凝灰岩组成若干韵律,夹火山岩及少数灰岩等组成,具浊积岩特征,火山岩以中基性为主,含中二叠世(茅口期)生物化石,主体形成于浅海—次深海环境,属活动类型沉积。一般认为中吾农山群(CP_2Z)形成于裂陷海盆,甘家组形成于陆缘斜坡。

南部赛什腾山—都兰地区,缺失二叠纪沉积记录,石炭纪地层由砾岩、砂岩(阿木尼克组(D_3C_1a))→砂岩、生物灰岩、内碎屑灰岩(城墙沟组(C_1cq)—怀头他拉组(C_1h))→含煤砂页岩夹灰岩(克鲁克组

(C_2k))序列组成，下与牦牛山组或奥陶系不整合，自下而上含早石炭世(杜内期—维宪期)至晚石炭世生物化石，主体形成于滨浅海-海陆过渡环境，反映由海退到海进沉积演化过程。

总观柴北缘晚古生代沉积，是在加里东晚期造山基底背景上由磨拉石沉积转化为新一轮伸展裂陷盆地，在北部为次深水海盆，南部为陆缘近海盆地的古地理格局。北部裂陷盆地向东与中秦岭同期裂陷盆地可能相连。

三叠纪地层主要分布于宗务隆山—兴海地区，由复成分碎屑岩、含砾碎屑岩、泥质岩夹薄层灰岩，少数火山岩等组成(古浪提组($T_{1\text{-}2}g$)/隆务河组($T_{1\text{-}2}l$))，具滑塌和复理石沉积特征，含早、中三叠世生物化石，形成于浅海-陆缘斜坡-次深海环境，属活动类型沉积。向东、向南分别与西秦岭、巴颜喀拉海盆连相，属特提斯中生代海域的组成部分。晚三叠世地层形成于山间火山盆地，由陆相火山岩夹少数砂岩组成，最厚可达5000m，火山岩有安山岩、安山玄武岩、流纹岩等，伴有次火山岩和晚期酸性侵入岩，不整合于早、中三叠世及更老地层之上，主要分布于都兰—兴海一带，在区域上与东部同仁—多福屯一带遥相对应，虽然对其形成的构造环境有不同解释，但至少可反映印支晚期陆内造山过程壳下存在热构造活动。

侏罗纪地层零星沿断裂带分布，不整合于三叠纪地层之上，由陆相杂色含煤碎屑岩、泥质岩组成，在兴海含石膏(羊曲组($J_{1\text{-}2}yq$))，在赛什腾山-绿梁山夹油页岩、含菱铁矿(大煤沟组($J_{1\text{-}2}dm$)—采石岭组($J_{1\text{-}2}c$))，晚期以泥岩为主夹碎屑岩(红水沟组(J_3h))，厚近千米，属山间断陷河湖相沉积。白垩纪仅有早白垩世沉积，沿柴达木新生代盆地边缘出露，不整合于侏罗纪地层之上，由砖红色砾岩夹砂岩、泥岩组成，为山麓-河流相沉积。

古近纪—新近纪地层以柴达木盆地为主体，属新生代内陆盆地沉积。自下而上由砖红色、灰褐色粗碎屑岩夹泥岩(路乐河组($E_{1\text{-}2}l$))→黄绿色、灰绿色细碎屑岩、泥岩夹泥灰岩、含油砂岩(干柴沟组(E_3N_1q))→棕红色、棕黄色泥质岩、细碎屑岩夹含油砂岩、泥灰岩，局部含石膏(油砂山组(N_2y))→灰黄色、灰色粗碎屑岩、泥岩(狮子沟组(N_2s))序列组成，厚度巨大(2000～5000m)，早期为山麓-河流相，中期为湖滨相，晚期为三角洲-河流冲洪积沉积，反映了柴达木盆地新生代形成过程。在兴海一带仅有新近纪小型山间盆地，形成杂色碎屑岩，属山前冲-洪积堆积(贵德群(NG))。

第四系为冲积、冲洪积及湖积等松散沉积物。

(六)秦岭地层分区

1.北秦岭地区

北秦岭地区南、北均以断裂为边界分别与中南秦岭、华北地层区相毗邻，西以宝鸡-天水(新阳-元龙)韧性断裂与祁连地层区斜接，地层经历多期构造改造和大规模的位移，形成若干叠置构造岩片结构，致使各地层单位之间多数以断裂相接触，造成在具体划分对比上存在不同的认识。根据沉积序列特征等，将北秦岭地区划分为贵德-礼县地层小区、河南-岷县地层小区、白龙江地层小区和北秦岭地层小区。

北秦岭地区元古宙地层主要由两个基本地层单位组成(图2-20)。古元古代称秦岭岩群($Pt_1Q.$)，由泥质-长英质变质岩、基性变质岩和钙质变质岩3种基本变质岩石组成(片麻岩类、大理岩类、石英片岩类)，一般倾向于片麻岩类在下，大理岩类在上，原岩为陆源碎屑岩、泥质岩夹碳酸盐岩、基性火山岩和少量酸性火山岩，达角闪岩相变质，混合岩化强烈，以含矽线石、石榴石、石墨等变质矿物为特征，大量同位素测年结果在2300～1860Ma之间，认为主体时代为古元古代，最近陆松年(2006)测得秦岭岩群副变质岩碎屑锆石年龄介于1500～960Ma之间，前人也曾发现有大于2500Ma的年龄数据，不排除包含有更早或更晚地质体。中、新元古代地层称宽坪岩群($Pt_{2\text{-}3}K.$)，位于秦岭岩群北侧，由绿片岩、斜长角闪(片)岩、石英片岩、片麻岩、石英大理岩、黑云母片状大理岩组成，内部序列关系有不同认识，多数人倾向于自下而上为绿片岩夹石英大理岩(广东坪岩组($Pt_{2\text{-}3}g.$))→云母石英片岩(四岔口岩组($Pt_{2\text{-}3}s.$))→黑云母片状大理岩(谢湾组($Pt_{2\text{-}3}x$))，原岩为火山岩-陆源碎屑岩-碳酸盐岩组合，火山岩以基性为主，少量

为酸性，经历绿片岩相—角闪岩相变质，大量同位素测年资料显示，其主体形成时代为1800～1000Ma，但不排除其内卷入有更早或更晚地质体，陆松年等(2003)提出其形成时代介于800～500Ma之间。

在商南一带秦岭岩群南、北边缘，西安地质学院1∶5万区域地质调查从秦岭岩群及泥盆纪地层中解体出一套经角闪岩相变质的陆源泥质岩、碎屑岩-碳酸盐岩-基性火山岩组合，具火山复理石建造特征，北部称峡河岩群($Pt_{2\text{-}3}X.$)，火山岩具亚碱性玄武岩地球化学成分特征，年龄为1605Ma(Sm-Nd)(王志宏，2000)，并发现少数成分似科马提岩，认为形成于活动大陆边缘和大陆岛弧；南部称武关岩群($DW.$)，火山岩具板内大陆拉斑玄武岩地球化学成分特征(西安地质学院，1996；陆松年等，2003)，原岩为碳酸盐岩-陆源碎屑岩-基性火山岩组合，形成于活动性较大的陆缘带。

早古生代地层大致沿秦岭岩群南、北呈两个带断续分布，与秦岭岩群、宽坪岩群并列并置，前人做过较多工作，先后划分建立过许多地层单位(名称)，对其形成时代及形成构造环境至今仍有争论。总体由中—低级变质火山-沉积岩系组成，沿东西方向分段断续出露，各段具体特征不尽相同，由于多数均以断裂与相邻地层相接触，又经后期构造热事件强烈改造，地层层序难以具体建立。

北带指草滩沟群(OC)、二郎坪群(Pz_1E)(原云架山群(Pz_1Y)、斜峪关群(Pz_1X))，由低绿片岩相变质海相火山岩-泥质岩、碎屑岩-碳酸盐岩组合组成，一般下部以泥质碎屑岩为主夹凝灰岩、火山岩，中部以火山岩为主，上部为凝灰岩、碎屑岩及碳酸盐岩。火山岩东段以基性、中基性为主，中西段以中酸性为主，基性火山岩具拉斑玄武岩和钙碱性玄武岩地球化学成分特征，常共生有超基性岩、辉长岩-石英闪长岩，形成于伸展型海盆，晚期从其所含化石的生态环境显示为浅海。据本区及东邻豫西地区结晶灰岩及硅质岩所含化石为奥陶纪—志留纪，在眉户一带发现含泥盆纪化石灰岩覆于其上(关系有断层和平行不整合不同认识)。火山岩U-Pb年龄：东段豫西基性火山岩(SHRIMP)年龄为(466.6±7)Ma(陆松年，2003)，中段侵入其内的石英闪长岩(SHRIMP)年龄为(472±7)Ma(闫全人，2007a)，中段铜峪(红花铺岩体)(LA-ICP-MS)年龄为(450.4±1.8)Ma(王洪亮等，2006)，此外火山岩中还发现有950Ma左右及850～700Ma两组年龄数据。

南带西自天水关子镇，向东经唐藏—太白—厚畛子—丹凤—商南，再向东延入豫西，地层受北秦岭南缘主糜棱-构造岩带强烈改造和位移，呈近东西向分段以构造岩片产出。由火山岩-沉积岩组成，原岩火山岩以基性为主，沉积岩为陆源泥质岩、碎屑杂砂岩及少量碳酸盐岩，共生辉长岩、辉绿岩及超基性岩和花岗岩，主变质期为低角闪岩相—高绿片岩相变质，但各段具体组成不尽相同。东段以商州丹凤岩群为代表，由斜长角闪片岩、云母石英片岩夹变粒岩、薄层大理岩、硅质岩等组成，在硅质岩中含奥陶纪—志留纪化石(张国伟，1996)，基性火山岩的年龄为(447±41)Ma(Rb-Sr)(张国伟等，1988a)和(1054～825)Ma(Sm-Nd)(张宗清，1995；裴先治，1995)，辉长岩年龄为(403±17)Ma(Sm-Nd)，侵入岩中奥长花岗岩年龄为575Ma、487Ma(U-Pb)。中段太白—首阳山一带的丹凤岩群($Pt_3OD.$)(含1∶25万宝鸡市幅建立的岩湾、鹦鸽咀蛇绿构造混杂岩)，由斜长角闪岩(原岩为玄武岩)、玄武安山岩、火山碎屑岩夹石英斑岩、流纹岩、薄层硅质岩、大理岩，周至黑河基性火山岩年龄为(984±36)Ma和949Ma(Sm-Nd)(张宗清，1996，1997)；太白鹦鸽咀为(411±150)Ma(全岩Sm-Nd等时线)(1∶25万宝鸡市幅，2003)。西段天水一带由斜长角闪片岩、绿片岩、石英片岩呈不等厚互层，夹大理岩、硅质岩及钙质片岩，原岩为玄武岩、玄武安山岩、陆源碎屑岩、碳酸盐岩。

北秦岭早古生代南、北两带地层的时代依所含古生物化石推断主体时代为早古生代(寒武纪—奥陶纪)目前争议不大，但由于受后期构造-岩浆的强烈改造，其内不排除卷入有更新或更老的地层，加之内部地层层序关系在区域上还未厘定清楚，现今所发现化石及同位素测年还很难代表其整体，故将北带统归为早古生代，东段下限可能更早。南带比北带更为复杂，出现一批1000～800Ma的年龄数据，故将丹凤岩群统归为新元古代—奥陶纪，其含义有两种解释，其一认为该地层为一套连续沉积；其二认为属两个阶段的沉积，新元古代地层属后期卷入于早古生代地层内。关于北秦岭早古生代地层形成环境多数研究者认为包含伸展型海洋盆地的形成—发展—消亡的过程，但对其构造属性的认识众说纷纭，有洋脊、弧后、岛弧、洋岛、裂谷等。

北秦岭晚古生代地层多数沿断裂带零星分布，属内陆-山间盆地海陆相沉积。在商州不整合于二郎坪岩群之上的粉笔沟组(Pz_2f)由砾岩、砂岩夹大理组成，砂岩中黑云母年龄309Ma(K-Ar)；在户县涝峪"甘峪组(Pz_2g)"由碎屑岩、碳板岩、灰岩组成；在凤县草凉驿组(C_2c)为含煤碎屑岩；在周至黑河石盒子组($P_{2\text{-}3}s$)为砂岩、板岩；在天水大草滩组(D_3dc)由杂色砂砾岩夹板岩组成，与早古生代地层为断层接触。北秦岭晚古生代总体已上升成陆，北坡已属华北区内陆盆地山前边缘沉积，南坡为中南秦岭晚古生代海盆北缘。

北秦岭中—新生代地层分布零星，发育不全，地层单位基本采用祁连或中南秦岭区的名称。缺失早—中三叠世地层，晚三叠世在中、东段称五里川组(T_3wl)，在西段称南营儿组(T_3n)，由陆相砂岩、泥质板岩、碳质页岩等组成，含植物化石。侏罗纪地层仅在西段有晚侏罗世含煤碎屑岩(炭和里组($J_{1\text{-}2}th$))。白垩纪地层分布较三叠纪、侏罗纪地层广，由杂色砂岩、砾岩组成，早白垩世称东河群(K_1D)，晚白垩世称山阳组(K_2E_1s)。新生代地层主要分布于西段天水一带，与祁连构成同一内陆盆地。

第四系为冲积、冲洪积及湖积等松散沉积物。

2. 中南秦岭地区

中南秦岭地区北与祁连、北秦岭，南与勉略带均以断裂为界，向东延入豫、鄂、川三省，西段暂以同仁-玛沁北东向断裂与柴北缘地层区分界。中秦岭地区以晚古生代地层为主；南秦岭地区地层发育较全；北大巴山地区主要由新元古代—早古生代地层组成。

太古宙—古元古代地层主要出露于南秦岭中、东段，由高级变质片麻岩、片岩及不同时代变质侵入岩组成，达角闪岩相变质，不同程度混合岩化、糜棱岩化。佛坪、马道等地太古宙地层称佛坪岩群($Ar_3Pt_1F.$)，由二长、钾长、斜长片麻岩，混合岩偶夹金云母大理岩组成，含石榴石、方柱石、矽线石、刚玉及黑云母等变质矿物，局部达麻粒岩相变质。据1∶25万汉中市幅区域地质调查原岩为硬砂岩，其内龙草坪变质侵入体(花岗片麻岩)年龄2506Ma(U-Pb)。古元古代地层称长角坝岩群($Pt_1C.$)(含马道杂岩)，由变粒岩、石英岩、石英片岩、钙硅酸粒岩、大理岩及片麻岩等组成，含石榴石、矽线石、石墨、透辉石等变质矿物，变粒岩富铝、碳，原岩为钙泥质粉砂岩-碳酸盐岩组合，具孔兹岩套组合特征，其内变质侵入岩(二长花岗片麻岩)U-Pb年龄上交点1840～1751Ma，下交点551～488Ma，太白黄柏塬大箭沟变质侵入体(U-Pb)年龄为(2365±1)Ma(校培喜等，2000)。

在商南赵川一带古元古代地层称陡岭岩群($Pt_1Dl.$)，由斜长片麻岩、角闪斜长片麻岩、斜长角闪岩、斜长榴闪片岩及变粒岩、石墨片岩等组成，含矽线石、黑云母等变质矿物，原岩为杂砂岩、泥质岩和中基性火山岩。同位素年龄斜长角闪片(麻)岩为2518Ma(Sm-Nd)、变粒岩为2500Ma(Pb-Pb)，片麻岩锆石为2020～1840Ma(U-Pb)，主体时代为古元古代，在转路沟片麻岩发现有(3 112.46±157)Ma(Sm-Nd)(张宗清，1994；张本仁，1996；西安地质学院，1999)年龄数据，提示有太古宙信息。

以上太古宙—古元古代地层构成南秦岭前寒武纪早期基底岩系，在南秦岭中、东段具表壳岩(孔兹岩)和TTG组合。

长城纪—青白口纪地层分布较广。中元古代称武当岩群($Pt_1W.$)，由绿片岩相变质火山岩-沉积岩组成，与古元古代地层为断层接触，在武当山一带变形复杂，层理多数被新生面理转换，内部层序不清，划分不一，在陕南原岩特征基本保存，层序较为清楚。主要由钠长片岩、变粒岩、浅粒岩、石英片岩及少量绿片岩组成，在安康牛山、平利等地由角斑岩、石英角斑岩、流纹岩及同源凝灰岩、绢云千枚岩、石英片岩等岩石组成，由火山碎屑岩-火山熔岩-正常沉积岩构成若干韵律层；在安康牛山、商南赵川等地出现角砾熔岩、集块岩、角砾凝灰岩等喷发中心的岩石组合；在北大巴山以凝灰岩、千枚岩夹石英(片)岩为主。总体上本区武当岩群为火山岩-碎屑岩组合，火山岩以中酸性为主，为钙碱-偏碱岩系。武当岩群时代的确定，虽然同位素测年数据较多，但较为分散，火山岩年龄集中在1300～1000Ma，U-Pb一致线年龄为1304～1044Ma；Pb-Pb模式年龄为1269～1180Ma；Sm-Nd等时年龄为1263～1018Ma。此外，还发现有(1930±68)Ma、(1927±75)Ma(Sm-Nd)和(1967±3)Ma(湖北省地矿局，1987，1990；张宗清，

1994；西安地质学院，1999）的年龄数据，侵入其内石英闪长岩 U-Pb 年龄为 795Ma，又因为其伏于耀岭河组之下，因此主体形成时代为中元古代。

中元古代—青白口纪地层是一套由酸性-基性火山岩为主组成的序列组合，在区域上赋存有规模不等的铜、铅、锌、银等矿产，形成于扬子陆块西北缘伸展型火山盆地，与西邻碧口岩群（$Pt_3^1Bk.$）可能属同一沉积构造区，构成南秦岭南华纪—早古生代基底岩系。

南华系以耀岭河组（Pt_3^2y）为代表，与武当岩群相依分布，但两者常以隆滑断层相接触，在武当山周边局部残存平行不整合或不整合。由绿片岩相变质火山岩-正常沉积岩组成，火山岩以玄武岩、细碧岩为主，少量流纹岩、粗面岩、安山岩及同源火山碎屑岩；正常沉积变质岩为云母片岩、石英片岩、碳硅质岩及大理岩，火山岩与正常沉积岩横向上常出现互变，在牛山构成火山穹隆构造。于商南一带正常沉积岩中发现青白口纪微古植物化石，区域上火山岩同位素测年结果大部分在 1000～730Ma 之间。其中，U-Pb年龄 970～730Ma，Sm-Nd 年龄 1019～806Ma，Rb-Sr 年龄 805～711Ma（湖北省地矿局，1983，1990；陕西省地矿局，1989；张宗清，1994，2002；西安地质学院，1996；陆松年等，2003），故其主体时代为南华纪。

南华纪—早古生代地层在南秦岭由一套连续以海相正常沉积岩为主的岩石组成。南华纪地层见于北大巴山地区，由灰绿色、紫灰色含砾凝灰质砂岩、凝灰岩夹页岩，少量泥灰岩组成，与汉南地层区西乡等地同期地层构成同一沉积区，为冰水-滨海-河流相沉积。此外，在西段迭部—降扎等地也有少量出露，由中酸性火山岩、火山碎屑岩-正常沉积砂板岩组成，流纹岩同位素年龄 810～716Ma（U-Pb），说明南华纪在扬子北缘存在火山活动、山麓河流、水川沉积环境。震旦纪地层主要分布在南秦岭东段，由泥碎屑岩、碳硅质岩、碳酸盐岩不等厚互层（陡山沱组（Z_1d））-镁质碳酸盐岩（灯影组（$\in_1d$））序列组成，底部普遍含磷，紫阳、平利地区含重晶石及硫铁矿，下与南华系有沉积间断，上与寒武系连续过渡，早期形成于陆缘浅海—次深水盆地，晚期形成于滨浅海（台地）。

早古生代地层分布较广，地层发育完整，各系间为整合，下与震旦纪地层在盆地内为整合，盆缘局部为平行不整合。早寒武世早期普遍由黑色硅质岩、碳质板岩组成（鲁家坪组（$Z_2\in_2l$）、水沟口组（$\in_{1\text{-}3}s$）），形成于次深水—深水非补偿性滞流海盆。寒武纪中期—奥陶纪地层由 3 种序列组成：①碳酸盐岩-泥碎屑岩序列组合，分布于北大巴山地区，包含箭竹坝组（$\in_2j$）—权河口组（Oq）等 6 个地层单位，碳酸盐岩普遍含泥质及砾屑灰岩，形成于陆棚浅海。②碳硅质岩-泥碎屑岩夹灰岩、火山岩序列组合。东段夹灰岩较多，火山岩为基性和中酸性（箭竹坝组（$\in_2j$）—洞河组（Od））。西段碳、硅质岩较发育，火山岩以中酸性为主（太阳顶组（$\in Ot$）、大堡组（$O_{2\text{-}3}db$）），形成于陆棚深水盆地和浅海。③镁质碳酸盐岩-泥质岩序列组合，分布于南秦岭东段武当山元古宙隆起周边（岳家坪组（$\in_{1\text{-}3}y$）—两岔口组（Ol）等 4 个地层单位），岩石以灰绿色、紫红色为特征，泥质岩中保存有水平层理、波痕、干裂等沉积构造，形成于陆棚潮坪（碳酸盐台地）-局限盆地。

志留纪地层总体由泥质岩、碎屑岩组成，夹碳硅质岩、碳酸盐岩及火山岩。东段（斑鸠关组（O_3S_1bj）—水洞沟组（Ss））以泥碎屑岩为主，夹少数火山岩、碳硅质岩及灰岩，在北大巴山地区具典型鲍马序列结构。西段（白龙江群（SB））碳硅质岩夹层较多，仅有少量凝灰岩。早、中期盆地水体较深，以笔石相为主，北大巴山地区陡山沟组—五峡河组笔石化石带发育较全，已成我国建阶的层型剖面；中—晚期形成于陆棚浅海，以介壳相为主，晚期形成于滨浅海，东段水洞沟组出现具炎热气候特征灰绿色、紫红色碎屑岩。

总观南秦岭早古生代地层，主体形成于陆棚非补尝性滞流沉积盆地，自南向北，由东向西海盆逐渐加深，常以断裂为边界出现沉积相和沉积厚度的变化和火山岩的分布，火山岩南部（北大巴山）有超基性、基性和偏碱性以火山、次火山产出，北部以基性、中酸性为主，东段较西段发育，具裂谷-裂陷盆地特征，因此应属活动性较大的被动陆缘盆地，自晚志留世始海盆自南向北，由东向西迁移缩小。寒武纪—奥陶纪生物群具华北型与华南型混合色彩。以碳硅质岩为主体的地层单位中的 P、V、Mo、U、Cu、Ag 等元素含量普遍较高，部分富集地段已构成矿床。

晚古生代—三叠纪地层除北大巴地区缺失沉积记录外，广泛分布于中秦岭和南秦岭地区，主要由海相泥质岩、碎屑岩和碳酸盐岩组成，各纪地层间无明显沉积间断。由于基底结构和沉积盆地不同，各时代地层在区域上有明显的变化。

泥盆纪地层的形成与分布是在晚加里东—早海西挤压与伸展动力学转换的背景下，沉积盆地既继承早古生代基底的隆坳格局又具新生裂陷双重特征。依地层的组成及分布划分为3个沉积区：①中秦岭礼县-山阳沉积区，位于北秦岭南缘，南秦岭北侧，因后期构造破坏地层在东西方向呈“藕断丝连”分布，主要由长石石英砂岩、粉砂岩呈韵律互层，夹灰岩、少量凝灰质砂岩，具复理石沉积特征。东段指刘岭群($D_{2-3}L$)(含牛耳川组(D_2n)—桐峪寺组(D_3ty))，中—上部含菱铁矿、多金属、银等矿产，自东向西形成于陆棚浅海→陆坡次深海—深海环境，晚期为潮间-三角洲环境(杨志华等，1991)。西段以舒家坝组(D_2s)为代表，由巨厚陆源碎屑砂泥质浊积岩组成，其南侧在吴家山陆岛周边夹较多灰岩(西汉水群($D_{1-2}X$))，并构成以铅锌矿为主含矿层。北侧为大草滩组(D_3C_1dc)由海陆相杂色砂岩、砾岩、板岩组成，向上夹海相灰岩，自南向北形成于陆棚浅海(台地)—次深海环境，晚期为浅滩-河流环境。冯益民等(2002)认为中秦岭泥盆纪地层总体属扬子陆块北缘俯冲型前陆盆地沉积。②南秦岭东段旬阳沉积区，东邻武当山元古宙陆块，南为北大巴山加里东隆起，北、西有迷魂阵、赵川、陡岭、牛山、旬阳坝等中小型陆岛，西延被佛坪隆滑构造所截，再向西与迭部-武都沉积区基本相连。以公馆一带为代表划分为7个岩石地层单位，构成一个连续序列组合，自下而上为复成分砾岩砂岩(西岔河组(D_1x))—白云岩为主(公馆组(D_1g))—粒屑灰岩、生物灰岩(石家沟组(D_2sj))—砂板岩与泥灰岩不等相间(大枫沟组($D_{2-3}d$)—古道岭组($D_{2-3}g$)—星红铺组(D_3x))—泥砂质灰岩为主(铁山组(D_3C_1t))，下与志留系不整合—平行不整合，下部白云岩、灰岩为公馆一带汞、锑矿床主要赋矿层位，形成于陆棚浅海(包含潮坪、潟湖、台地)，早期为冲洪积—河口沉积。自旬阳向周边延伸这套序列组合有所变化，向西于乾佑河一带主要由生物灰岩、泥灰岩、粉砂质泥质千枚岩不等厚互层组成，具浊积岩组合特征，早、晚期为潮坪-陆棚浅海，主体形成于外陆棚次深海—深海环境(杨志华等，1991)。向北于镇安九里坪一带，在陆岛之间主要由巨厚砂岩、粉砂岩、板岩组成，具鲍马序列特征的复理石沉积(九里坪组(D_3C_1j))，主体形成于外陆棚深水—次深水环境，在陆岛边缘为潮坪、礁滩、台地沉积组合(杨志华等，1991)。上述反映旬阳沉积区泥盆纪地层组成受基底结构明显制约，自陆块(岛)向周边，依次为潮坪—陆棚浅海—次深海—深海沉积，形成稳定-过渡-活动类型序列组合和结构。③南秦岭西段迭部-武都沉积区，位于若尔盖半隐伏地块北部，地层以迭部—舟曲一带所厘定5个岩石地层单位为代表，其序列组合自下而上为灰绿色、灰紫色碎屑岩夹灰岩(普通沟组(D_1p))-白云岩夹灰岩(尕拉组(D_1gl))-砂岩、页岩夹灰岩(当多组($D_{1-2}d$))-灰岩夹砂、页岩(下吾拉组($D_{2-3}x$))-灰岩、白云岩(益哇沟组(D_3C_1yw))，下与志留系整合或平行不整合，当多组含磷及赤铁矿层，局部富集成矿。总体构成一个海侵沉积序列，形成于陆棚滨-浅海-次深海环境。冯益民等(2002)认为志留纪—早泥盆世地层属冲断型前陆盆地沉积，自当多组沉积开始属伸展型盆地海侵序列。

石炭纪—二叠纪地层分布与泥盆系基本一致，仍可划分为3个沉积区，但沉积格局与泥盆纪有所不同：①中秦岭礼县-山阳沉积区，东段仅有早石炭世沉积记录，见于黑山一带沿断裂带分布，由海陆相含煤泥质岩、碎屑岩组成(红岩寺组(C_1h)—二峪河组(C_1e))。西段分布于合作—礼县一带，由6个地层单位组成，自下而上为杂色砂岩、页岩夹砾屑灰岩及少量安山岩、英安岩(巴都组(C_1bd))—灰岩夹泥质岩、碎屑岩(下加岭组(C_2x))—砂岩、粉砂岩、砾岩互变夹薄煤层(东扎口组(C_2dz))—生物灰岩为主(大关山组(C_2P_2dg))—碎屑岩与生物灰岩夹互层(石关组(P_3sg))，向南二叠系由含碳酸盐岩砾石复成分细碎屑岩组成(十里墩组(Psl))，构成一个自南向北由盆地→斜坡→盆地边缘沉积区(冯益民等，2002)，与泥盆纪中秦岭沉积盆地结构相反，属中南秦岭石炭纪—二叠纪新生裂(断)陷盆地组成部分。中秦岭石炭纪—二叠纪裂陷盆地向西可能与柴北缘宗务隆裂陷盆地相连。②南秦岭西段迭部-武都沉积区，属上述新生裂陷盆地南部陆缘区，主要由碳酸盐岩组成，夹泥质岩、碎屑岩，在稳定地块上由巨厚(3000～7000m)灰岩组成(尕海群(CPG))，其外侧夹砂岩、页岩，依其层序划分为岷河组(C_2Pm)、大关山组(C_2P_2dg)和迭山组(P_2T_1d)，主体形成于陆棚碳酸盐岩台地-台地边缘环境。③南秦岭东段旬阳沉积区，主要由碳酸盐岩和泥质岩、碎屑岩组成，依其主次及序列关系将石炭纪和二叠纪地层划分为8个岩石地层单位，这些地层单位横向仍有变化，自公馆—鸡心岭一带向北于镇安等地表现出由陆棚碳酸盐岩台地向台地边缘碳酸盐岩碎屑流-浊流的沉积变化。向西于留坝—略阳一带台地南缘与勉略陆缘斜坡沉积相邻，但二叠纪盆地的范围已有明显收缩。

从上述中南秦岭石炭纪—二叠纪地层组成及形成环境分析，大体显示该时段裂陷盆地的中轴西段位于合作—宕昌一线南侧，中、东段位于两当—镇安一带。

三叠纪地层主要分布于中—西段，东段仅在镇安西口残留有早、中三叠世沉积记录，由杂色碳酸盐岩夹页岩、砂岩组成（金鸡岭组（T_1jj）—岭沟组（T_2lg）），形成于滨浅海（台地）环境，下与二叠系整合，属缓慢隆升背景上的坳陷盆地，处于相对稳定的构造环境。中—西段三叠纪地层已属特提斯海沉积的组成部分，南邻巴颜喀拉区，北与宗务隆-兴海沉积区相连。本区南部（迭部—武都一带）处于碧口-若尔盖-西倾山陆块边缘，向北为石炭纪—二叠纪裂陷盆地中轴。故早、中三叠世地层组成自南向北为碳酸盐岩-碳酸盐岩夹碎屑岩-低成熟度复陆屑泥质岩、碎屑岩夹灰岩（迭山组上部下三叠统浩斗杂阔尔组（T_1h）/隆务河群（$T_{1-2}L$）），构成由滨海碳酸盐岩台地-浅海-斜坡钙质碎屑流-斜坡深海泥碎屑流横向沉积结构。盆地北部（合作以北）残留有斜坡相碳酸盐岩碎屑流，中段（凤县以南留凤关一带）由细碎屑岩、泥质岩和碳酸盐岩砾块组成（留凤关组（T_1l））的斜坡复理石沉积，其西延（于合作一带）有一套滑塌沉积（相当原二叠系—三叠系毛毛隆组（PTm）），属三叠纪盆地北缘斜坡带。中三叠世晚期本区隆升成陆，晚三叠世在西段形成陆相山间火山盆地，火山岩以中酸性为主（鄂拉山组（T_3e））。

侏罗纪—白垩纪地层为山间盆地陆相沉积，揭示印支运动是南秦岭海陆转换的重大构造事件。侏罗纪地层多数沿断裂带分布，形成于山间断陷（拉分）盆地沉积，缺失晚侏罗世沉积，早、中侏罗世有两种沉积组合：①杂色含煤泥质岩、碎屑岩组合（勉县群（$J_{1-2}M$）、羊曲组（$J_{1-2}yq$）），在徽成盆地局部夹油页岩，以河流-湖沼相为主；②火山岩组合（郎木寺组（$J_{2-3}lm$）），分布于迭部—降扎一带，火山岩以中基性为主具钾玄岩类特征，晚期过渡为中酸性。白垩纪地层的分布基本同侏罗系，但出露范围较大，普遍缺失晚白垩世沉积，早白垩世地层也有两种沉积组合：①杂色泥质岩、碎屑岩组合（东河群（K_1D）/麦积山组（K_1mj）/万秀组（K_1wx）），以徽成盆地为代表，下部为巨厚砾岩，中部为泥岩、粉砂岩夹砾岩，上部偶夹煤线，其沉积相序由山麓→河湖→湖沼相，揭示经历一次隆升到夷平过程；②火山岩组合（多福屯组（K_1df）），分布于西部多福屯盆地，以基性火山岩为主夹紫红色砂砾岩，甘加盆地以中基性火山岩为主。

古近纪—新近纪地层主要分布于西秦岭徽（县）-成（县）、礼县、临潭甘加、同仁等小型山间盆地，由河湖相杂色砾岩、砂砾岩、砂泥质岩不等厚互层（固原群（EG）、甘肃群（NG）为代表），其中徽成、礼县盆地厚达2000m以上。

第四系为冲积、冲洪积及湖积等松散沉积物。

（七）西巴达赫尚地层分区

巴达赫尚南部出露太古宙地层。前人将西巴达赫尚南太古宙变质岩序列细分为3个单元，暂定为古太古界、中太古界和新太古界。较低的两个单元称为 Sare Sang 系列，而较高的单元被划分为 Kohe Lal 系列。

1. 古太古代

西巴达赫尚南变质层序的下部，厚300～600m，称为 Walij 组，沿 Darya-i-Panj 河左岸和瓦兹林河上游出露。岩石组合为灰色细晶黑云母片麻岩和石榴石黑云母斜长片麻岩，较不常见的成分是角闪石黑云母片麻岩、石榴石矽线石黑云母片麻岩和堇青石石榴石黑云母片麻岩。

2. 中太古代

中太古代巴达赫尚变质岩，称为 Sakhi 组，主要出露于 Darya-i-Kokcha、Darya-i-Sanglech、Darya-i-

Jurm、Darya-i-Zardew 和 Darya-i-Panj 流域等地。岩石组合为灰色和绿灰色黑云母角闪石片麻岩、石榴石黑云母片麻岩和角闪石黑云母片麻岩，含数层大理岩夹层，与 Walij 组相比，Sakhi 组包含许多大理岩层、钙质硅酸盐岩、角闪岩和石英岩。

Sakhi 组下段厚 600～1000m，由灰色和绿灰色黑云母片麻岩、角闪石片麻岩、石榴石黑云母片麻岩、角闪石黑云母片麻岩和角闪石片麻岩组成，夹钙质硅酸盐岩、大理岩、角闪岩和石英岩。Sakhi 组中段厚 850～1600m，由黑云母片麻岩、石榴石黑云母片麻岩和角闪石黑云母片麻岩以及角闪岩、石英岩、大理岩透镜状夹层组成。Sakhi 组上段由大理岩、黑云母片麻岩和角闪石片麻岩、钙质硅酸盐片麻岩、角闪岩及石英岩组成，大理岩层的厚度因地而异。

3. 新太古代

新太古代西巴达赫尚南包括 3 个组，即 Darnarah 组、Shekhran 组和 Tarashan 组。

Darnarah 组厚 2000～2500m，出露于 DaryaiKokcha、DaryaiWarduj 和 DaryaiZardew 流域。由灰色黑云母片麻岩、石榴石黑云母片麻岩和正片麻岩组成，含绿灰色黑云母角闪片麻岩、角闪岩和大理岩透镜体。完整剖面沿 DaryaiPanj 河左岸出露。

Shekhran 组厚 600m，主要出露在 KoliSewa 湖附近，岩性主要为角闪石片麻岩和石榴石角闪石片麻岩组成，夹黑云母片麻岩和石榴石黑云母片麻岩。

Tarashan 组由深灰色和黄灰色黑云母片麻岩、石榴石黑云母片麻岩和硅线石黑云母片麻岩组成，与浅灰色正片麻岩和角闪岩以及薄层大理岩层交替出现。在塔拉山一带厚 1500m。

4. 元古宙

西巴达赫尚地层分区古元古代地层广泛分布在 Jaway 和 Faydzabad 地区。该地层分区中部发现了一系列新元古代晚期沉积岩和火山岩。

1）Jaway 带

古元古代地层出现在宽缓穹隆状背斜隆起地带。岩石成分复杂，包括片麻岩、片岩、大理岩和石英岩，变质程度达角闪岩相。Moraliov 等在序列中划分了 3 个单元。下部单元由二云母片麻岩、黑云母片麻岩、角闪岩、黑云母角闪石片岩和云母片岩以及石英岩组成，厚 1500m。中间单元由二云母片麻岩和角闪石片麻岩组成，含大理岩夹层，厚 3000m。上部单元由十字石石榴石片麻岩、云母片麻岩、石榴石黑云母片麻岩和黑云母片麻岩组成，厚 4500m。古元古代地层下伏未知，上被奥陶系—泥盆系、早石炭世和晚石炭世—早二叠世火山沉积岩不整合覆盖。

2）Faydzabad 带

该带古元古代变质岩被细分为 3 个单元。下部单元由黑云母片麻岩、二云母片麻岩、石榴石二云母片麻岩、黑云母斜长片麻岩、斜长片麻岩、结晶片岩、石英岩和角闪岩组成，厚 2500～4000m。中部单元由大理岩、石英片麻岩、二云母斜长片麻岩和片岩组成，大理岩与钠长石石英片麻岩、二云母斜长片麻岩和片岩互层，厚 500～900m。上部单元由结晶片岩、片麻岩、角闪岩、石英岩和其他岩石组成，厚 1500～2500m。

5. 古生代

在西巴达赫尚地层分区寒武系分布尚不清楚。

奥陶纪时，该地层分区主要为 Syahdara 系列的岩石。该系列由灰色和绿灰色黑云母绢云母片岩、二云母石英片岩、绢云母阳起石片岩、二云母绿泥石石英片岩、绿泥石钠长石阳起石片岩组成，变质相为绿片岩相。该系列岩石的厚度为 2000～2500m，不整合覆于古元古代地层之上，上部与志留系整合接触。

西巴达赫尚地层分区志留系—泥盆系分布比较广泛。志留纪—泥盆纪碳酸盐岩广泛分布于该地层分区，被称为 Durumbak 系列。该系列由深灰色、浅灰色、褐红色灰岩和大理岩夹暗色千枚岩、粉砂岩及钠长石云母片岩组成。这些岩石与下伏奥陶纪 Syandara 岩系整合接触，与上覆石炭系不整合接触，厚 1200～1300m。在巴达赫尚西北部志留系—泥盆系以陆源碎屑岩为主，由各种片岩组成，厚 3000～

3500m，变质相为千枚岩相和绿片岩相。

西巴达赫尚地层分区石炭系主要分布在Jaway和Surkhah带。岩石组合为绿片岩、碱性火山岩夹陆源碎屑岩和碳酸盐岩透镜体，厚1500～2500m，与下伏奥陶系和志留系—泥盆系不整合接触。

Jaway带主要出露上石炭统，厚2500m，岩性以灰岩为主。

Surkhah带主要出露下石炭统，岩石组合主要为绿帘阳起石片岩、阳起石片岩、绿泥石绿帘阳起石片岩、阳起石黑云母钠长石片岩，厚1500m，这些岩石原岩可能为火山岩。

下、中二叠统自下而上包括Karachatyrian层和Uluk-Kubergandinian层。Karachatyrian层出露于Panj地区、Rode ChalNamakab为分水岭和Surkhab河的右支流。该层在Panj地区，岩性为灰岩，厚300～500m；在其他地区，岩性为灰岩夹陆源细碎屑岩，厚500～1300m。Uluk-Kubergandinian层出露于Surkhab带和Bamyan带，每个区域的沉积序列不同。在Surkhab带，Uluk-Kubergandinian层出露于Panj地区、Andarab河流域和Surkhab河右岸支流，由碳酸盐岩和陆源岩组成。

上二叠统由Murghabian层和Pamirian层组成。在Bamyan带和Maymana断块带分布比较广。Bamyan带上二叠统以灰岩为代表。上二叠统整合在Uluk-Kubergandinian层之上，上覆地层不清。在Maymana断块上，上二叠统以灰岩为主，厚700～800m，产蜓类化石 *Kahlerina* sp.，*Neoschwagerina haydeni*，*N.* cf. *margaritae*，*Afghanella* sp.，上被白垩系不整合覆盖。该套地层与Bamyan带的上二叠统层序相似，是Bamyan带的延伸。

6. 中生代

西巴达赫尚地层分区三叠系记录不清。

下、中侏罗统在西巴达赫尚地层分区比较发育，主要分布在Maymana断块东部和Surkhab带，在这些地区，下、中侏罗统由砂岩、粉砂岩、黏土、砾岩和煤层组成，煤层厚度因地区而异。中侏罗统内部存在一个区域可识别的侵蚀面，产丰富的植物化石。该分区下、中侏罗统不整合于下伏地层之上，并与上覆的上侏罗统整合接触，厚80～2168m。上侏罗统岩石序列可分为上巴通阶—牛津阶（由海相陆源碳酸盐沉积组成）和Kimmeridgian—Tithonian阶（由潟湖陆相化学陆源沉积组成）。碳酸盐岩中产珊瑚和有孔虫化石。

下白垩统在巴达赫尚地层分区主要为陆相沉积。在Hazrat-Sultan带，该层序可细分为3个部分：下部层序（厚400m）和上部层序（厚200m）由杂色粉砂岩和砂岩组成；中部层序（厚1000m）由红色砾岩组成，夹砂岩和粉砂岩，不整合于古生代地层上，上覆地层不清。上白垩统仅见于Surkhab带，以灰岩和石英砂岩为主，产 *Inoceramus* cf. *labiatus*，*Gryphaea*。

古近系出露比较普遍，古新世，岩石以灰岩和白云岩为主，产海星和牡蛎等化石。始新世，岩石以陆源碎屑岩为主，夹灰岩和白云岩，产牡蛎化石。渐新世，仅在该区局部地区出露，岩性为英安岩、英安岩、安山岩斑岩、粗面岩和玄武岩以及底砾岩、砂岩。新近纪，整体是一套陆相陆源碎屑岩沉积，岩性为砾岩、砂岩和黏土岩，产植物化石 *Artemisia*，*Tilia cordata*，*Juglans regia*，*Pinus excelsa*。

第四系主要为河流水系的冲洪积物。

十、松潘-甘孜地层区

（一）巴颜喀拉-金沙江地层分区

该地层分区位于东、西昆仑地层区之南，南分别以泉水沟断层（西）和西金乌兰-（歇武）-金沙江构造混杂岩带（东）为界，横亘于西北南部，东南延入四川省境内。

1. 雅江地层小区

晚三叠世雅江残余盆地东、西两侧分别由炉霍-道孚蛇绿混杂岩带和甘孜-理塘蛇绿混杂岩带所围限，一般认为是巴颜喀拉三叠纪海盆的重要组成部分，以发育晚三叠世巨厚复理石为特征。雅江残余盆地的基底在木里、锦屏一带出露，为古元古代的结晶基底变质岩系，其上的古生界为扬子陆块的被动大陆边缘盆地沉积，分布于紧邻扬子陆块的盆地东缘，而盆地内部的古生界犹如"可可西里-松潘前陆盆地"一样，存在"洋壳"与"地块"之争。三叠系被称作西康群(T*Xk*)，主要为一套巨厚以碎屑岩为主的复理石，发育典型退积式浊积扇沉积(1∶25 万甘孜县幅，2000)。

2. 碧口地层小区

该小区位于巴颜喀拉区的东北隅，夹于勉县-略阳蛇绿混杂岩带南界断裂与岷江-虎牙断裂之间，属扬子陆块西北缘。地层系统组成比较复杂，既有扬子系列，又有秦岭及巴颜喀拉系列，是一个混合型地层分布区。

碧口地层小区出露太古宙基底呈小的构造岩块出露，岩石地层为鱼洞子岩群，是一套角闪岩相变质的无层无序的表壳岩-片麻岩构造组合，原岩为碎屑岩-基性火山碎屑岩建造。其中斜长角闪片麻岩锆石 U-Pb 同位素上交点年龄为(2657±9)Ma(秦克令等，1992)；张宗清等(2006)从斜长角闪岩和片麻岩中测定的 Sm-Nd 等时线年龄(2688±100)Ma 及从奥长花岗岩中获得 TIMS/U-Pb 年龄(2693±9)Ma；磁铁石英岩(原岩为中酸性火山岩)测定的锆石 U-Pb 同位素加权平均年龄为(2645±24)Ma(王洪亮，2011)，鱼洞子岩群地层时代应为新太古代。鱼洞子岩群是重要的铁矿产出层位。

中—新元古界碧口岩群($Pt_3^1Bk.$)自下而上包括陈家坝岩组($Pt_3^1c.$)、大安岩组($Pt_3^1d.$)、秧田坝岩组($Pt_3^1yt.$)和阳坝岩组($Pt_3^1y.$)，为一套浅变质的沉积-火山岩系，主要与铜矿关系密切。文县尚德-康县豆坝以南至文县横丹-康县三河坝以北地带及武都洛塘、姚渡等地分布的长城系秧田坝组厚度最大可达 5000m 以上，与上覆关家沟组亦为角度不整合接触。本组为一套低级变质的陆屑复理石建造，其碎屑粒度自下而上由细变粗，其下部为由浅绿灰—浅灰绿色变质岩屑砂岩、变岩屑长石砂岩、变杂砂岩与变粉砂岩、砂砾质千枚岩、粉砂质千枚岩及绢云千枚岩等组成不同比例的薄互层，夹有变砾岩及变玄武岩和绿泥片岩透镜体，底部为一层底砾岩；上部为灰色—深灰色变质中细粒岩屑砂岩、粉砂质板岩、绢云千枚岩互层夹透镜状或不规则变砾岩。本组鲍马序列发育，总体属斜坡扇环境。

南华系—震旦系白依沟组(Pt_3^2Zby)为含砾凝灰岩、凝灰质砂岩、粉砂质板岩及冰碛砾岩。该套地层在北部可进一步分为下部关家沟组(Pt_3^2g)和上部蜈蚣口组，其中，南华系关家沟组(Pt_3^2g)或木座组(Pt_3^2m)上部和下部为冰碛砾岩、冰碛砂砾质板岩，中部为变粉砂与板岩，厚 600m。震旦系蜈蚣口组(Z_1w)为变质含砾砂岩、砂岩、千枚岩。震旦系水晶组(Z_2s)主要为白云岩、藻白云岩，含微古植物 *Trahcypharidium* 等化石。

古生代地层主要出露于分区的中西部，寒武系—奥陶系太阳顶组($\in Ot$)平行不整合于白依沟组之上，岩石组合主要为碳质板岩、含碳硅质岩及微晶白云岩，含海绵骨针、软舌螺、三叶虫及 *Pirea* sp.，*Cymatuogea* sp. 等化石。中、上奥陶统大堡组(O_3d)上部以含中性火山凝灰岩为特征，下部以碎屑岩为主，主要岩性为浅灰色—灰黑色变粉砂岩、碳质板岩、硅质岩及少量结晶灰岩，夹浅绿色中酸性火山熔岩、火山碎屑岩，含 *Paraorhogr typicus* 和 *Climacogr linanensis* 等笔石化石，厚大于 1000m。志留系白龙江群(*SB*)发育完整，生物化石丰富，自下而上分为迭部组(S_1d)、舟曲组(S_2z)和卓乌阔组($S_{3\text{-}4}zw$)3 个组，均为整合接触。下统迭部组以灰色—灰黑色含碳质板岩、硅质板岩、粉砂岩为主夹及硅质岩组合，含 *Apidograptus* sp.，*Streptograptus* sp.，*Glyptograptus* sp. 等笔石化石，时代属早志留世晚期，厚大于 5000m。中统舟曲组由基性火山岩、粉砂质板岩、变砂岩和千枚岩组成，夹钙质鲕状灰岩、生屑灰岩，含笔石 *Pritigraptus giganteus* 及腕足类 *Stegerhynchusnhus borealis* 等化石，厚 892～2105m。上统卓乌阔组主要为变石英砂岩、千枚岩及灰岩，上部礁灰岩明显增多，含腕足类 *Pratathyris* sp. 及珊瑚 *Dictyfavositos sp.* 等化石，厚 2900m。下泥盆统有普通沟组(D_1p)、石坊组(D_1s)和尕拉组(D_1gl)。普通沟组为灰绿色—紫红色泥砂质岩夹碳酸盐岩，厚 1100m。石坊组为灰黑色富有机质的砂质板岩夹变细砂岩、砾状硅质岩、变细砾岩，中下部常夹劣质无烟煤，上部含珊瑚 *Favsites* sp. 及腕足类 *Protathyris* sp.，*Stegerhynchus* sp. 等化石，厚大于 1700m。尕拉组白云岩显著增多，主要岩性为深灰色白云岩、角砾状白云岩夹页岩及粉砂岩，含珊瑚 *Fasites* sp.，*Sguameofavosites* sp. 及腕足类 *Protathyris* sp.，*Stegerhynchus* sp. 等化石，厚大于 1700m。中—下泥盆统当多组为褐黄色—紫红色铁质含砾粗砂岩、砂岩夹泥灰岩和铁质岩，含珊瑚 *Sguameofavosites* sp.，腕足类 *Acrospirifer* sp. 及三叶虫等化石，厚大于 180m。中—上泥盆统下吾那群(D_2X)包括古道岭组(D_2g)和星红铺组($D_{2-3}x$)、冷堡子组($D_{2-3}lb$)，岩性为介壳灰岩和生物礁-生屑灰岩，含珊瑚类 *Temmophyllum* sp. 及腕足类 *Spinatrypa* sp. 等化石，厚 400m。上泥盆统—下石炭统铁山组(D_3C_1t)，岩性为灰色—紫褐色变砂岩、石英岩夹砂板岩与赤铁矿。岷河组为灰岩、硅质条带灰岩和少量砂岩、千枚岩，含 *Fusulina* sp. 和珊瑚 *Conina* sp.，*Yuanoplylloides* sp. 等化石，厚大于 62m。上泥盆统—下石炭统益哇沟组(C_1yw)为中厚层碳酸盐岩夹硅质团块或条带，上部夹生屑灰岩，含䗴、有孔虫化石，厚 905m。石炭系岷河组(C*m*)与上覆大关山组、下伏益哇沟组均为整合接触，主要岩性为厚层灰岩、生物灰岩，夹粉砂质板岩及少量石英砂岩，含䗴类 *Fusulina* sp.，*Fusulinela* sp. 和珊瑚 *Conina* sp.，*Yuanoplylloides* sp. 等化石，厚 267m。二叠纪地层总体为一套浅海陆棚相碳酸盐岩沉积建造，其下部大关山组由灰白色块层状灰岩、砾屑灰岩及生物灰岩组成，富含珊瑚 *Liangshanophllum* sp.，*Wentgellopylluon* sp. 和䗴 *Nankinella* sp.，*Neofusulinella* sp. 等化石，厚大于 1347m。上部叠山组(P_2T_1d)主要岩性为灰岩及鲕状灰岩，夹钙质页岩，与大关山组呈平行不整合接触，含珊瑚 *Lophophylidium* sp. 及腕足类 *Chonetes* sp.，*Haydlenella* sp. 等化石，该套地层在区域上具有从晚二叠世到早三叠世的穿时性。

中生代地层出露于碧口小区的西部，缺失上三叠统、侏罗系和白垩系。下—中三叠统樟腊群($T_{1-2}Z$)为一套以碳酸盐岩为主的地层，包括罗让沟组(T_1x)(厚 224～674m)、红星岩组(T_2qr)(厚 400～1223m)和祁让沟组(厚 200～1900m)，含双壳类 *Pseudolaraia*，*Claraia* 及遗迹化石。

古近系、新近系和第四系多沿河谷地带分布。

3. 甜水海地层小区

甜水海地层小区位于阿尔金走滑断裂南段以西，泉水沟-郭扎错北岸断裂以南，是羌北地块在阿尔金断裂以西延伸部分，以石炭系—二叠系、三叠系大面积分布为特征。

基底为前寒武系，下元古界布伦阔勒岩群($Pt_1B.$)主要为一套富含石榴石、矽线石的高角闪岩相变质岩系，区域上还发育一套含铁建造，形成规模巨大的沉积-变质型磁铁矿床。长城系甜水海岩群($Pt_2^1T.$)主要为一套浅变质细碎屑岩夹泥质岩，岩石变形十分强烈；蓟县系岔路口岩组($Pt_2^2c.$)出露于甜水海东部，以黑—灰黑色块状石英岩、黑色含碳石英片岩为主。古—中元古代变质岩系构成了地块的变质基底，其上青白口纪肖尔克谷地岩组($Pt_3^1xr.$)为一套浅变质碎屑岩-碳酸盐岩建造，以含藻纹层为特征，构成了地块变质基底之上的初始沉积盖层。

古生代寒武系—石炭系为一套浅海相碳酸盐岩-碎屑岩沉积组合，代表稳定地块上陆表海盆地中的沉积序列。下—中二叠统神仙湾组($P_{1-2}Sx$)、中二叠统碧云山组(P_2by)或空喀山口组(P_2k)和上二叠统温泉山组(P_3w)主要为一套深水陆棚—斜坡相碎屑岩-碳酸盐岩夹硅质岩和玄武岩、火山角砾岩组合，属于被动边缘裂陷盆地中的沉积序列。

中生代三叠系—白垩系为一套滨浅海相碎屑岩-碳酸盐岩建造，代表稳定地块上陆表海盆地中的沉积序列。

新生界广泛分布于阿克赛饮湖—郭扎错和腾格湖—林济塘地区，主要以第四系为主及少量新近系，缺古近系沉积。

第四系主要为河流水系的洪冲积物。

4. 巴颜喀拉-松潘地层小区

巴颜喀拉-松潘地层小区主要由海相二叠纪—三叠纪地层及陆相侏罗纪—白垩纪地层和新生代地层组成(图2-21)。

巴颜喀拉小区二叠纪地层主体分布于西段,称黄羊岭群(PH),未见底,上与巴颜喀拉山群(TB)为整合接触,主要由陆源泥质岩、碎屑岩夹碳酸盐岩及少量火山岩组成,可见厚度在1000m左右。泥质岩以灰黑色、灰绿色页岩(板岩或泥岩)为主,次为粉砂质页(板)岩;碎屑岩主要为岩屑(长石)砂岩、长石石英杂砂岩,次为凝灰质(沉凝灰质)砂岩、粉砂岩、砂砾岩、砾岩;碳酸盐岩以灰岩、泥灰岩为主,次为白云岩、砾(生)屑灰岩;火山岩有英安岩、火山碎屑岩。西部火山岩夹层较多,中—东部碳酸盐岩较发育,中部出现硅质岩薄层或条带。泥质岩-碎屑岩普遍构成不同厚度的韵律层。灰岩含牙形刺、珊瑚、腕足等化石,中部䗴类和牙形刺化石为栖霞期—茅口期,上部页岩含长兴期孢粉化石。据沉积相分析,下部和上部形成于浅海陆棚,中部形成于次深海—深海。

三叠纪地层,为本地层区主体,由巴颜喀拉山群(TB)和西长沟组(T_1x)组成。西长沟组仅分布于本地层区北缘,由长石岩屑砂岩、粉砂岩、绢云板岩等组成,向西夹少数凝灰质砂岩、灰岩,南部碎屑岩减少,泥质岩增多,厚度大于400m,含早三叠世孢粉化石。本地层单位大致相当于巴颜喀拉山群下—中部。

巴颜喀拉山群主要由厚度巨大、成熟度较低的陆源碎屑岩、泥质岩组成,夹少量碳酸盐岩、火山岩。碎屑岩以灰色、灰绿色为主,有中—细粒岩屑长石杂砂岩、长石石英砂岩、砂岩、粉砂岩,偶含钙质和少数砂砾岩、凝灰质砂岩;泥质岩有灰绿色、深灰色、灰黑色及少量灰紫色粉砂质板岩、泥(钙)质板(页)岩、千枚岩及少量硅质页岩;碳酸盐岩有灰岩、泥灰岩,以及少量砾状灰岩和灰岩岩块;火山岩有安山岩、英安岩、粗安岩,碎屑岩-泥质岩常构成不同厚度的韵律层及鲍马序列结构。本群纵横向变化较大,仅达板岩-千枚岩级变质,但变形较为复杂,区域上内部缺少具体划分标志,因此地层序列至今尚难确切建立。不同研究者往往以其所研究地区,分别以碎屑岩或泥质岩为主,结合某些夹层特征划分为不同的岩石组合(岩段或岩组)。现依"青海省岩石地层"(1997)和"昆仑山及邻区地质"(2008)划分为下部碎屑岩-泥质岩组(TB^1),中部碎屑岩组(TB^2),上部泥质岩组(TB^3)和顶部碎屑岩-(泥质岩)组(TB^4)。下部出现有砂砾岩和含石炭纪—二叠纪化石的灰岩岩块,中—上部多数出现火山岩和碳酸盐岩夹层,顶部出现灰紫、紫红色调及煤线。本群含有菊石、双壳、牙形刺和植物、孢粉及遗迹等化石,动物化石主要分布于下部—上部,植物化石仅见于顶部。菊石化石有印度期、奥伦尼期及安尼期;双壳化石主要为奥伦期和安尼期,少量为诺利期;牙形石化石为拉丁期,主体为早、中三叠世,少量为晚三叠世。在本地层区南部羊湖一带,据贵州省地质调查院(2003)资料,于巴颜喀拉山群下部灰岩夹层中发现印度期牙形刺标准分子*Neospathodus* cf. *dieneri*,下与二叠系黄羊岭组上部含长兴期孢粉化石的页岩为整合,从而首次确定本区三叠系与二叠系为连续沉积。巴颜喀拉山群沉积环境按上述4个岩组的初步划分,下部主体形成于浅海,中—上部形成于次深海—深海,顶部以浅海为主,西段及北缘可能已为海陆交互沼泽-三角洲环境。本地层区海相三叠系与二叠系为连续沉积,上被陆相侏罗纪地层不整合,结合东邻三叠系西康群与下伏晚古生代地层亦无明显的沉积间断,揭示本地层区三叠纪沉积构造格局为继承晚古生代沉积古地理格局,晚三叠世晚期才隆升成陆,这与昆仑和芒康-思茅及北羌塘地层区的地层结构有所不同。

侏罗纪地层,主要分布于本地层区西段北部,由叶尔羌群($J_{1-2}Y$)和库孜贡苏组(J_3k)陆相碎屑岩组成半干湖-潮勃湖中型盆地。其次,在东端年宝刚玉峰周边还有少数由年宝组(J_1nb)陆相火山岩组成小型盆地。这些盆地现今都处于海拔5000m左右的高山地带,不整合于三叠纪地层之上。

叶尔羌群主要由岩屑砂岩、石英砂岩、粉砂岩组成,下部夹砾岩、砂砾岩,上部夹页岩、泥岩及泥晶灰岩,北部以浅灰、灰绿、紫红色调为主,南部以灰黑色调为主,夹煤线,含早、中侏罗世双壳及孢粉化石,主要形成于河湖-湖沼环境。库孜贡苏组有紫红色、灰绿色含砾岩屑砂岩、岩屑石英砂岩夹砾岩、黏土岩及

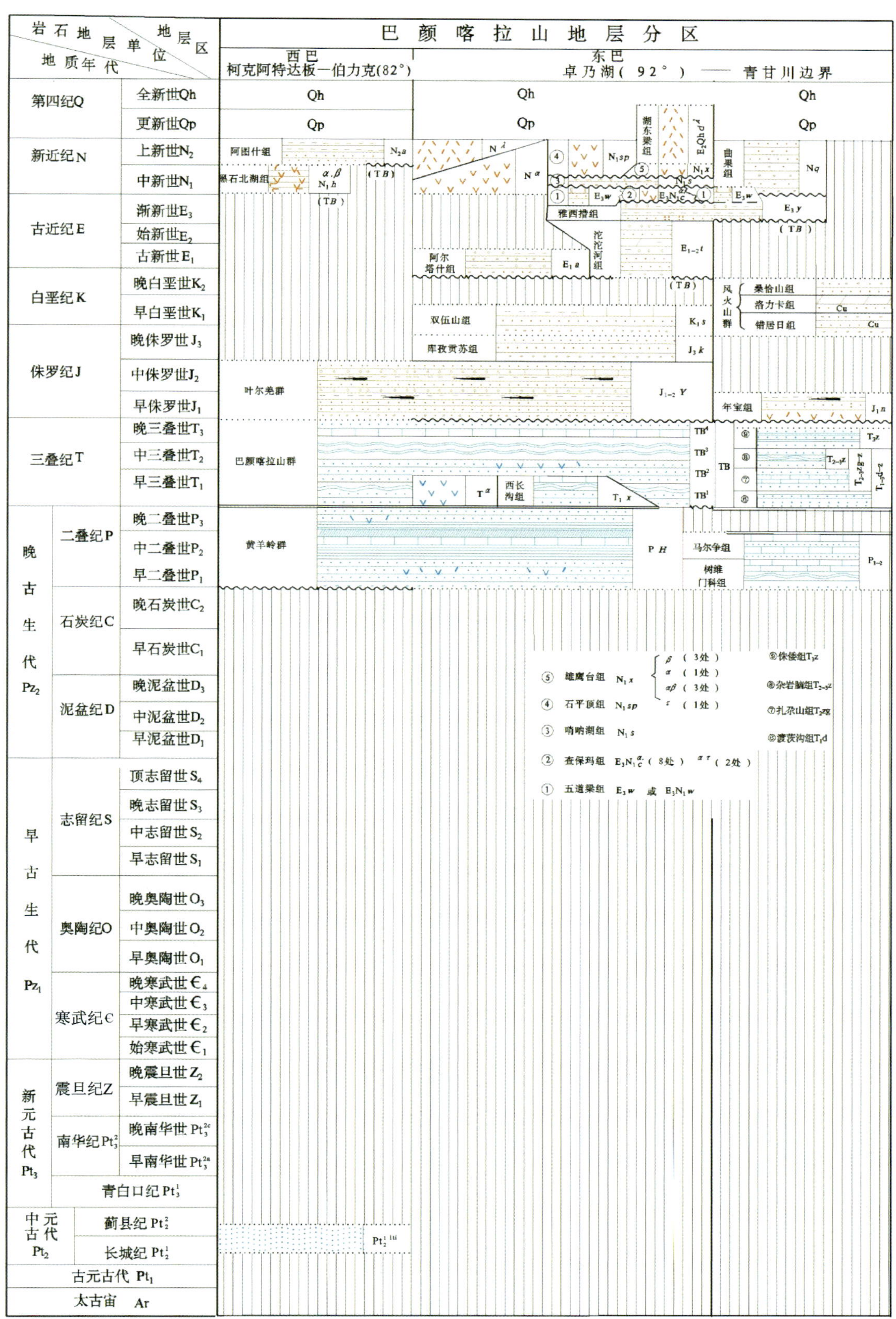

图 2-21 巴颜喀拉-金沙江地层分区地层时空结构表(据陈隽璐等,2022)

石膏层，与叶尔羌群为整合接触，形成于洪积-湖泊环境。年宝组由灰绿色、灰紫色安山岩、流纹岩及凝灰质碎屑岩夹含煤碎屑岩组成，含早侏罗世孢粉及植物化石。

白垩纪地层主要分布于本地层区西段，沿东昆仑南缘断裂带南侧出露，以下白垩统双伍山组(K_1s)为主，在本地层区中段南缘青藏铁路线以西也有零星的凤火山群(KF)分布。双伍山组由灰绿、紫红等杂色调岩屑(长石)石英砂岩、粉砂岩与粉砂质泥岩不等厚互层组成，部分碎屑岩含白云质、泥质岩，底部夹砂砾岩、砾岩，上部偶夹砂质微晶灰岩，厚度大于2000m，与周边地层为断层接触，主体为河流相沉积。

新生代地层主要分布于本地层区中段羊湖至青藏铁路线一带。古近纪地层由陆相碎屑岩组成，自下而上划分为沱沱河组($E_{1-2}t$)、雅西措组(E_3y)和五道梁组(E_3w)。

沱沱河组出露不多，与白垩纪地层未见直接接触关系，主要由砖红色、紫红色石英砂岩、粉砂岩，局部夹砾岩组成，区域上，下部由复成分砾岩夹岩屑石英砂岩组成，上部由石英砂岩、粉砂岩，局部夹石膏层组成。雅西措组整合于沱沱河组之上，由紫红色、灰绿色泥岩、砂岩、粉砂岩及石膏层组成，局部夹薄层状火山岩、晶(玻)屑凝灰岩，厚400m，含渐新世介形虫和轮藻化石。五道梁组平行不整合于雅西措组之上，下部由紫红色细粒长石石英砂岩、岩屑石英粉砂岩和泥岩组成，上部主要由灰白色粉砂质泥晶白云岩组成，厚近千米，所含孢粉和介形虫化石，时代自渐新世—中新世，因此，五道梁组的时代可能包含有中新世。西段阿尔塔什组(E_1a)零星沿断裂带呈线状分布，由含砾岩屑砂岩、粉砂岩夹黏土岩及少量石膏层组成。古近纪地层总体属陆内坳(断)陷盆地类型沉积，形成于干燥气候条件下蒸发湖盆环境。

新近纪地层，有陆相碎屑岩和陆相火山岩两种地层类型。陆相碎屑岩地层，东段称曲果组(Nq)，沿通天河流域北西向断裂带呈规模不等线状分布，由紫色、灰色复成分砾岩、砂砾岩与长石石英砂岩、长石岩屑砂岩不等厚互层组成，厚近千米，不整合于古近纪地层之上，区域上含上新世介形虫化石，属山麓河流相沉积。中—西段称哨呐湖组(N_1s)，由紫红色、砖红色砾岩、砂岩、粉砂岩夹黏土岩及石膏层组成，不整合于查保玛组之上，形成于河湖-蒸发盆地。

陆相火山岩地层，已命名地层单位自下而上划分查保玛组(E_3N_1c)、石平顶组(N_1sp)/雄鹰台组(N_1x)及湖东梁组(N_2Qhh)。查保玛组主体分布于羌塘地层区，本地层区仅见于可可西里一带，主要由灰绿色、紫红色粗面岩、安粗岩、响岩质碱玄岩、次粗安岩和火山角砾岩及少数白榴岩等组成，喷发不整合于雅西措组之上，火山岩Ar-Ar年龄22.66Ma，K-Ar年龄54Ma、25Ma和17Ma。石平顶组在西北地区甚少，主体分布于西藏北部，由粗面安山岩、粗面岩及粗面英安岩等组成，喷发不整合于哨呐湖组之上，K-Ar年龄14.5～5.4Ma。雄鹰台组主要分布于木孜塔格峰至鲸鱼湖一带，由粗安岩、粗面英安岩、粗面岩、玄武粗安岩、响岩质碱玄岩及少数流纹岩等组成，内有石榴石麻粒岩、二辉岩、辉石岩及变质岩等，喷发不整合于哨呐湖组之上，K-Ar年龄17.9～7.5Ma，集中于15～11Ma。湖东梁组分布于可可西里一带，由紫红色流纹英安岩、粗安岩、粗面安山岩、次流纹岩等组成，喷发不整合于查保玛组之上，U-Pb年龄2.2Ma，Ar-Ar年龄6.6Ma。未命名的火山岩在库赛湖一带呈次火山粗面岩(N^{α})产出，U-Pb年龄18～17Ma；银石山南次流纹岩(N^{λ})K-Ar年龄3.65Ma；另在木孜塔格字段南侧有金顶山火山岩，主要由安粗岩组成，覆盖于三叠纪西长沟组之上，K-Ar年龄1.93～1.08Ma和0.45Ma。这些新生代火山岩多数为中心式-裂隙式喷发，规模小者以中心式喷发为主，一般具多期次呈韵律式喷发，形成时代具南早、北晚的趋势，活动规模具南强、北弱的特点。关于火山岩的岩石学和地球化学成分特征、物源及形成构造环境，前人已做过许多研究和论述，总体上火山岩以钾质钙碱性和钾玄岩系列为主，部分为钾质碱钙性-碱性系列，原岩来自富集地幔，并不同程度受大陆地壳混杂，其形成和分布受青藏高原新生代强烈隆升及陆内伸展、剪切背景的控制。

第四系主要为河流水系的洪冲积物。

(二)兴都库什地层分区

古元古界主要分布在兴都库什山北部、巴达克山及其以南地区。兴都库什山中部少有出露。地层不连续延伸，均被走向断裂和大型断裂切割成不规则状断块集合体。其岩性组成均为深变质的片麻岩和片岩类。下部为云母、角闪、石榴石、矽线石、堇青石等片麻岩、片岩及混合岩、石英岩、大理岩和角闪岩；中部为大理岩、黑云片麻岩、片岩、石英岩和角闪岩；上部为黑云母片麻岩、片岩、石英岩、大理岩和角闪岩组成。被奥陶系、石炭系不整合覆盖(图 2-22)。

奥陶系主要分布在兴都库什山的北西部和南东部，分两片集中分布，呈构造岩片的集合体，主要由砂岩、粉砂岩组成，局部夹有灰岩、页岩。与志留系—泥盆系整合接触，为浅海相沉积。

志留系—泥盆系分布在北部、中部、南部 3 个块段。北段和南段多以菱形断块状分布，中段呈不规则状断块。南部见此层与奥陶系整合，中部见顶部与上覆下石炭统整合。区内的志留系—泥盆系以灰岩、白云岩为主，夹有砂岩和片岩。该岩层为浅海相沉积。

石炭系主要分布于兴都库什山的北西和南东两侧，分布范围较广。下与志留系—泥盆系整合接触，上与上覆二叠系整合接触。石炭系在兴都库什地区广布有火山岩，下部以酸性、基性火山岩为主，有少量灰岩、砂岩、页岩和砾岩；上部以灰岩为主，有少量中基性火山岩。石炭纪是兴都库什地区的主构造活动期，区内不仅有较广泛分布的岛弧及盆地火山、火山碎屑岩建造，且见有同期蛇绿混杂岩零星、断续分布，应属活动大陆边缘的弧盆系。

二叠系分布广而零星，下二叠统最为典型，而上二叠统则仅见于兴都库什山南西部。下与石炭系整合接触。下二叠统主要为砂岩、粉砂岩，有少量板岩、灰岩、砾岩；上二叠主要为粉砂岩、页岩夹有铝土矿。总体面貌为浅海相。

三叠系仅见中、上三叠统，未见划分出的下三叠统出露。区域的东北部见有三叠系—中侏罗统，无法界定早三叠世地层的存在。分布在兴都库什山中—南西部的中、上三叠统岩性组成为砂岩、粉砂岩、泥岩、碳质页岩、灰岩、泥灰岩，上三叠统除砂岩、泥岩外，尚有流纹岩、安山岩及玄武质火山岩。除总体反映浅海环境外，尚有拉张作用显示。

区内侏罗系出露十分局限，除东北部有未分的三叠系—中侏罗统外，仅在西南部有下、中侏罗统和上侏罗统。下、中侏罗统由砂岩、粉砂岩、黏土岩、砾岩和煤组成，这套地层向南渐夹有灰岩、泥灰岩；上侏罗统主要为砂岩、砾岩，少量粉砂岩、黏土岩、灰岩、石膏。总体是北陆南海格局，从时间上也是从早至晚海水逐渐退出、陆地渐扩大的过程。

本区划分出的早白垩世地层极少，仅见于兴都库什山西南，以红色砂岩、砾岩为主，含少量粉砂岩、石膏和黏土岩；晚白垩世地层主要分布在中、西段，由砂岩、粉砂岩和少量黏土岩、灰岩、泥灰岩、砾岩、石膏组成。全区除个别地区外均为陆相，局部由西向东海侵。

新生界零星分布在该区的西部，古近系下部为大面积分布、与白垩系连续沉积、未分的砂岩和粉砂岩，为河湖沉积；古近系上部分布极少，由黏土、页岩、粉砂岩等组成，为湖沼相沉积。新近系主要分布在本区的北部和西部，新近系下部分布极少，仅见于巴未杨东，由红色砂岩、砾岩、粉砂岩、黏土岩组成，为洪冲积物；新近系上部分布较广，零星散布于西部山间盆地中及北部，西部主要为砾岩、砂岩，少量粉砂岩、黏土岩，主要为洪冲积物，北部为砾岩、砂岩及粉砂岩、黏土、灰岩、泥灰岩、膏盐，还见有长英质-铁镁质火山岩，为河湖相及少量陆相火山岩。

第四系主要为河流水系的洪冲积物。本区为西部北阿富汗地区盆地河流汇集区的河流中、上游的源区，河流由东南向西北流，在河流流经区形成网状第四系砂、砾沉积物，分布面积局限。

十一、西藏-马来地层区

(一)北羌塘-澜沧江地层分区

北羌塘东北段主要由海相晚古生代—侏罗纪地层及陆相白垩纪—新近纪地层组成，另有少量中、新

地层（宇/界）	亚界	系	统	岩性	岩石组合	岩相
地域				阿富汗 兴都库什区		
新生界		第四系			砂砾	洪冲积
		新近系			砂砾岩，少量黏土、粉砂岩	冲积
		古近系			砂岩、粉砂岩、黏土岩、泥灰岩	湖沼
中生界		白垩系	上白垩统		砂岩、粉砂岩、泥灰岩、灰岩、石膏	泻湖
			下白垩统		砂砾岩、粉砂岩夹石膏	湖沼
		侏罗系	上侏罗统		砾岩、砂岩、少量泥岩、石膏	湖沼
			中侏罗统		砂岩、粉砂岩、泥岩、煤夹砾岩	浅海-湖沼
			下侏罗统			
		三叠系	上三叠统		酸性、中性、基性火山岩、砂岩、泥岩	浅海
			中三叠统		砂岩、粉砂岩、泥页岩、灰岩、泥灰岩	浅海
			下三叠统			
古生界	上古生界	二叠系	上二叠统		粉砂岩、页岩夹铝土矿	浅海
			下二叠统		砂岩、粉砂岩、少量板岩、灰岩、砾岩	浅海
		石炭系	上石炭统		灰岩、少量中-基性岩	弧盆
			中石炭统			
			下石炭统		酸性、基性火山岩，少量灰岩、砂岩、页岩、砾岩	弧盆
		泥盆系	上泥盆统		灰岩、白云岩，少量片岩、砂岩	浅海
			中泥盆统			
			下泥盆统			
	下古生界	志留系	上志留统			
			中志留统			
			下志留统			
		奥陶系	上奥陶统		砂岩、粉砂岩、页岩，局部燧石	浅海
			中奥陶统			
			下奥陶统			
		寒武系	上寒武统			
			中寒武统			
			下寒武统			
元古宇	新元古界	震旦系—南华系				
		青白口系				
	中元古界	蓟县系				
		长城系				
	古元古界				片岩、片麻岩、角闪岩、大理岩、石英岩	

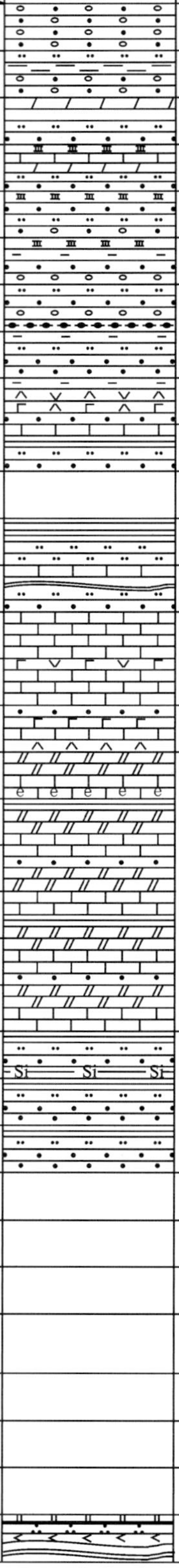

图 2-22　兴都库什地层分区综合柱状图

元古代和奥陶纪地层。北羌塘东段以侏罗纪及新生代地层出露面积最大，其次为石炭纪、二叠纪及三叠纪地层，前寒武纪地层极少，缺失早古生代地层记录(图 2-23)。

前寒武纪北羌塘东北段中、新元古代地层称宁多群($Pt_{2\text{-}3}N$)，仅见于玉树县南宁多及西金乌兰-玉树构造混杂岩带内，呈构造岩片产出。主要由云母(白云母、黑云母、绢云母)石英片岩、云母石英岩、大理岩夹浅粒岩、黑云母斜长片麻岩及少量钠长角闪片岩和绿片岩等组成，未见底，上被晚古生代地层不整合覆盖，原岩为成熟度较高的碎屑岩-碳酸盐岩夹中基性火山岩，以低角闪岩相变质为主。区域上U-Pb表面年龄为(1628±82)Ma、(1555±11)Ma 和(1426±77)Ma，黑云斜长片麻岩单颗粒锆石 U-Pb 年龄(709±66)Ma(1：25 万治多幅)，时代暂厘定为中、新元古代，属基底变质岩块。

北羌塘东段前寒武纪地层仅见于南羌塘地区青海囊谦县阿保-西藏巴青、布达一带，由石榴云英钠长片岩、二云(绢云)石英片岩、云母片岩、石英岩及少数黑云斜长片麻岩等组成，未见底，与石炭纪地层为断层接触或被三叠纪地层不整合覆盖。黑云斜长片麻岩(变质侵入体)U-Pb 年龄(1250±22)Ma(张雪亭等，2007)、Rb-Sr 等时线年龄 757.1Ma(雍永源，1987)。对这套高绿片岩相变质地层前人有不同的划分，李荣社等(2009)划分为温达岩组($Pt_1w.$)/西西岩组($Pty.$)，潘桂棠等(2009)归为吉塘群，张雪亭等(2007)归为宁多组(Pt_2n)。

下古生界在北羌塘东北段为下奥陶统青泥硐组(O_1q)，仅见于玉树县南贡窝弄-勒涌达，下部为灰白色石英砂岩夹石英砾岩，中部为石英砂岩、粉砂岩，上部为灰色石英砂岩与板岩互层，局部夹安山岩等，厚度大于 900m；仅达板岩-千枚岩级变质。未见底，上被泥盆纪地层不整合覆盖，板岩含早奥陶世笔石化石。

上古生界在北羌塘-澜沧江地层分区主要由石炭纪—中二叠世地层组成，晚二叠世及泥盆纪地层分布甚少，总体由以活动类型为主的海相碎屑岩-碳酸盐岩夹火山岩组成。

北羌塘东北段泥盆纪地层主要见于西段西金乌兰湖一带(拉竹笼组($D_{2\text{-}3}l$))和东段玉树县南巴曲南岸(桑知阿考组($D_{2\text{-}3}s$)—汹钦组($D_{2\text{-}3}x$))。拉竹笼组由灰—灰白色中厚层不等粒石英砂岩、长石石英砂岩夹碳质板岩、凝灰岩及硅质岩组成，与周边古生代地层为断层接触，含晚奥陶世—晚泥盆世放射虫化石，侵入其内的辉长-辉绿岩区域内 Ar-Ar 年龄(345.69±0.91)Ma。桑知阿考组由英安(流纹)质凝灰熔岩、安山质火山角砾岩、安山岩夹砂砾岩组成，出露厚 500m，与奥陶纪地层不整合。汹钦组由石英砂岩、泥(钙)质板岩夹灰岩组成，厚度大于 380m，与桑知阿考组整合，含中、晚泥盆世腕足类、珊瑚和牙形刺化石。此外，在中段直根尕卡南也有少量含中泥盆世植物化石呈断块产出的粉砂质板岩、中层状细粒石英砂岩、粉砂岩地层。以上泥盆纪地层主要由成熟度较高陆源碎屑岩-火山岩组成，碎屑岩发育平行层理、斜层理，火山岩以中酸性为主，主要形成于浅海环境，可能预示本区晚古生代伸展的先兆。

北羌塘-澜沧江地层分区石炭纪—中二叠世地层为本地区晚古生代地层的主体，由西金乌兰群(CP_2xj)、杂多群(C_1Z)和开心岭群(C_2P_2K)3 个地层单元组成。

西金乌兰群主要沿西金乌兰-玉树构造混杂岩带呈岩片产出，在通天河上游各布里山南坡也有分布。由粉砂岩、板岩夹石英砂岩，长石砂岩夹硅质岩和灰岩，生物碎屑灰岩、鲕粒灰岩夹砂岩，板岩，以及具枕状、杏仁构造玄武岩、苦橄岩、苦橄玄武岩等组成，可划分为砂岩-板岩、碳酸盐岩和火山岩 3 个岩性段，内有辉长-辉绿岩墙，Ar-Ar 年龄为(345.69±0.91)Ma，硅质岩中放射虫和牙形刺化石，时代为早石炭世—早二叠世，上被晚二叠世地层不整合。砂岩、板岩具复理石结构和鲍马序列，总体形成于次深海—深海浊流环境；碳酸盐岩可能为海山环境；火山岩及与其共生的基性—超基性岩具蛇绿岩组合特征。

杂多群分布于本地层区中—南部，沿杂多县扎曲两岸出露。下部碎屑岩组由灰—深灰色粉砂质板岩、石英砂岩、粉砂岩夹辉石安山岩、英安质凝灰岩组成，西部夹灰岩、碳质板岩等；上部碳酸盐岩组由生物灰岩、灰岩夹角砾状灰岩、鲕粒灰岩、泥灰岩及石英砂岩、泥岩等组成。总厚大于 2000m。未见底，上被中二叠世地层不整合覆盖，含早石炭世杜内期和维宪期腕足类、珊瑚及菊石化石。形成于滨浅海环境，属陆缘裂陷盆地。

开心岭群分布于本地层区中—南部，自下而上划分为扎日根组(C_2P_1z)、诺日巴尕日保组(P_2n)/尕迪考组(P_2g)和九十道班组(P_2j)，各组之间为整合接触，与下伏杂多群为断层(或不整合)接触。扎日根组由浅灰色泥(亮)晶生屑灰岩、泥灰岩和暗红色中—薄层微晶白云岩组成，灰岩部分含砂、砾屑，偶夹放射虫泥晶硅质岩，可见厚度350～700m。诺日巴尕日保组由长石石英砂岩、岩屑长石砂岩、粉砂岩、粉砂质板岩夹生物灰岩、中酸性及基性火山岩组成，局部出现石膏层，最厚达3000m左右。在直根尕卡以南火山岩较为发育，主要由玄武岩、玄武安山岩、粗面安山岩及火山集块(角砾)岩组成，夹泥质岩、碎屑岩及灰岩，最大厚度达2400m，故另建立尕迪考组。九十道班组由生物碎屑灰岩、砂(砾)屑灰岩、亮(泥)晶灰岩等组成，局部有礁灰岩夹长石石英(岩屑)砂岩、粉砂岩，厚度大于460m。开心岭群总体上是一套海相碎屑岩-碳酸盐岩夹火山岩地层，总厚达数千米，含蜓类、珊瑚、双壳及菊石等化石。根据所含化石时代，下部扎日根组为晚石炭世—中二叠世，中部诺日巴尕日保组/尕迪考组为中二叠世栖霞期，上部九十道班组为中二叠世茅口期。其主体形成于台地边缘-浅海，下部部分为深水，出现放射虫硅质岩，中部可能部分为潮间带滨海-潟湖，属羌塘-昌都陆块北部石炭纪—中二叠世裂解洋盆陆缘带的组成部分。

北羌塘东北段晚二叠世地层，仅见于中段通天河上游乌丽-达哈贡玛、西恰日升山南坡和东段杂多县北部当曲3处。中段乌丽群(P_3wl)为海相地层，自下而上划分为那益雄组(P_3n)和拉卜查日组(P_3l)两个地层单位。那益雄组下部由灰绿色、灰黄色长石石英砂岩、灰黑色粉砂岩、泥岩组成，上部由生物碎屑灰岩与碳质板岩不等厚互层组成，夹安山岩、玄武岩、凝灰岩及煤层，总厚大于1000m，下与开心岭群平行不整合。拉卜查日组由微晶生(砾)屑灰岩、海绵礁灰岩夹砂岩、粉砂质泥岩及煤层和沉凝灰岩组成，厚度大于900m，下与那益雄组整合接触，上被晚二叠世地层不整合覆盖。乌丽群含蜓类、腕足类及植物等化石，据蜓和腕足类化石判断其为晚二叠世长兴期。东段陆相火山岩组由灰绿色、灰紫色玄武岩、安山岩和火山角砾(凝灰)岩及少量流纹岩组成，底部为复成分砾岩，厚度大于1500m，下与开心岭群、上与结扎群均为不整合接触。晚二叠世地层总体形成于海陆交互-滨浅海及台地环境，属石炭纪—中二叠世洋盆闭合过程近陆坳陷盆地，火山岩的出现说明盆地仍处于较为活跃状态。

羌塘地区晚古生代沉积构造格局，在西北境内北羌塘主体处于乌兰乌拉和龙木错-双湖海洋盆地之间海陆过渡-滨浅海沉积区，石炭纪—二叠纪动物群化石以暖水型为主，少量为冷水型；南羌塘(研究区南部)处于班公-怒江洋盆之北，龙木错-双湖海洋盆地之南，沉积较为复杂，石炭纪—二叠纪地层由冰水沉积的含砾板岩、浊积岩、滨浅海相碎屑岩、硅质岩和碳酸盐岩及基性—酸性火山岩等组成，动物群化石以冷水型为主，少量为暖水型，因此，羌塘地层区总体上处于班公-怒江洋盆以北结构复杂的陆缘区。北羌塘可能包含有浅海沉积(碎屑岩-火山岩组合)和陆岛上沉积(滨浅海碎屑岩-碳酸盐岩组合)；南羌塘以浅海—次深海沉积为主(泥质岩-碎屑岩-火山岩组合)。区内石炭系—中二叠统基本为连续沉积，晚二叠世沉积可能为晚古生代晚期造山过程的局部坳陷。

北羌塘-澜沧江地层分区中中生界分布广，且以三叠纪地层为主体，三叠纪—侏罗纪地层为海相，白垩纪地层为陆相，地层序列和结构较为清楚，各纪地层之间均有沉积间断。

三叠纪地层约占本地层区面积的1/3，自北向南、由东向西由3套地层单位组成，北部为结隆群(T_2J)—巴塘群(T_3Bt)，东段中南部为结扎群(T_3J)，西段为苟鲁山克措组(T_3g)，普遍缺失早三叠世及晚三叠世晚期沉积记录。

结隆群由粉砂质板(千枚)岩、长石(石英)砂岩、砂泥质灰岩及生物灰岩组成，下部碎屑岩具复理石沉积特征，未见底，可见厚度大于1400m。巴塘群整合于结隆群之上，由长石石英砂岩、粉砂岩、泥钙质页岩、灰岩及火山岩组成，总厚度大于2000m，下部以碎屑岩-泥质岩为主，韵律结构明显，发育鲍马序列；中部主要由灰岩夹玄武粗安岩、玄武岩、安山岩、火山角砾岩、凝灰熔岩及少量流纹岩、英安岩组成；上部以紫红色碎屑岩、泥质岩为主。这两个地层单位含丰富双壳、菊石、腕足类化石。结隆群时代为中三叠世安尼期—拉丁期，以安尼期为主；巴塘群时代为晚三叠世卡尼期—诺利期。

结扎群不整合于晚二叠世地层之上，自下而上划分为甲丕拉组(T_3j)、波里拉组(T_3b)和巴贡组(T_3bg)，各组间为整合。甲丕拉组下部由杂色调中—细粒岩屑(长石)石英砂岩、粉砂岩、泥岩夹少量基

地质年代 \ 岩石地层单位		-吉曲	南羌塘地区 青海省东南角
第四纪Q		Qh	Qh
		Qp	Qp
新近纪N		Nq	
古近纪E		E_3w E_3y	$E_{1-2}t$
白垩纪K			
侏罗纪J		J_3x J_3s J_2x J_2b J_2q $J_{2-3}Y$	雁石坪群 $J_{2-3}Y$
三叠纪T		T_3bg T_3b T_3j T_3J	竹卡群 ② ① $T_{2-3}Z$ ② ①
			① 上兰组 T_2s ② 东达村组 T_3dd
晚古生代 Pz_2	二叠纪P	P_2j 考组 P_2g	
	石炭纪C	$C_2P_1J^2$ $C_2P_1J^1$ C_1Z^2 C_1Z^1	卡贡群 C_1K
	泥盆纪D		
早古生代 Pz_1	志留纪S		下古生界未分 Pz_1
	奥陶纪O		
	寒武纪∈		
新元古代 Pt_3	震旦纪Z		吉塘岩群 $Pt_{2-3}Jt.$
	南华纪Pt_3^2		
	青白		
中元古代 Pt_2	蓟县		
	长城		
古元古代			
太古宙			

岩性为片麻岩、结晶片岩、大理岩、石英岩和角闪岩。

努里斯坦地区到处可见元古宙地层。所有变质岩均属努里斯坦系列，主要由片麻岩、石英岩和片岩组成，该系列厚 8300～10 800m。

努里斯坦系列下部由 Nejrab 组、Cnebak 组和 Kamdesh 组组成，总厚度为 5800～2100m。

Nejrab 组位于 Panjsher 河、Tagao 河的左岸，Alisang 河、Alingar 河流域、Muhjan 河、Paron 河和 Kontiwa 河流域，由黑云母片麻岩、石榴石黑云母片麻岩、斜长片麻岩、混合岩、角闪片麻岩和生物角闪片麻岩及少量角闪岩和石英岩组成，厚 1800～2500m。Chebak 组由层间非晶质石英岩和黑云母片麻岩、石榴石硅镁石黑云母片麻岩、角闪片麻岩和其他片麻岩组成，偶见大理石层和透镜状角闪岩体，厚 1500～2100m。Kamdesh 组位于科纳尔河右岸、Paron 河、Kontiwa 河和 Darrahe Pech 河流域。岩性为黑云母片麻岩、石榴石黑云母片麻岩、石榴矽线黑云母片麻岩、角闪石片麻岩、斜长片麻岩和混合岩，偶见石英岩和大理石层(1～10m)，顶部为石榴石黑云母片岩和石榴石红柱石黑云母片岩，厚 2500m。

努里斯坦系列中部以 Waygal 组为代表，位于科纳尔河右岸和 Darrahe Pech 河流域，由大理岩、结晶片岩和石英岩交替组成，厚 1000～1500m。

努里斯坦系列上部以卡迈勒组为代表，该组与 Waygal 组呈整合接触关系，由深灰色黑云母片岩、石榴石黑云母片岩和石榴石金红石黑云母片岩组成，在某些地方呈片麻岩级变质，与石英岩、大理岩互层。

北阿富汗—北帕米尔地区 Jaway 带古元古界见于宽而缓的穹隆状背斜隆起的中心地点。岩石成分为片麻岩、片岩、大理岩和石英岩，局部变质相为角闪岩相。Moraliov 等将其划分为 3 个单元：下部单元由二云母片麻岩、黑云母片麻岩、角闪石片麻岩、云母片岩以及石英岩组成，厚 1500m；中部单元由二云母片麻岩和角闪石片麻岩组成，见大理石夹层和透镜体，厚 3000m；上部单元由红柱石石榴石片麻岩、云母片麻岩和石榴石黑云母片麻岩组成，厚 4500m。古元古界总厚度为 7000m，下伏单元未知，其上被奥陶系—泥盆系、下石炭统、晚石炭世—早二叠世火山岩不整合覆盖。

Faydzabad 地区古元古代变质岩占本地层分区的绝大部分，可细分为 3 个单元：下部单元由黑云母片麻岩、二云母片麻岩、石榴石二云母片麻岩、斜长片麻岩、结晶片岩、石英岩和角闪岩组成，厚 2500～4000m；中间单元由大理岩、石英岩和二云母斜长片岩组成，厚 500～900m；上部单元由结晶片岩、片麻岩、角闪岩、石英岩等组成，厚 1500～2500m。

阿富汗中部地区古元古界最具代表性的露头来自 Kohe Zawidge，共分为 2 个单元：下部单元由云母石英岩、角闪岩、云母片岩、大理石和石英岩组成，厚 1500～2000m；上部单元由粗晶黑云母片麻岩和二云母片麻岩组成，厚 3000～3500m。上覆、下伏地层不清。

该地层分区中元古界主要出露于伊朗地块和阿富汗地块部分地区，岩性以各类片岩、石英岩、大理岩和角闪岩为主，变质相为绿片岩相或低角闪岩相。

该分区新元古界层序下部主要由陆源碎屑岩、次火山岩、燧石、灰岩和白云岩组成。下伏地层不清，其上被前寒武系和较年轻的沉积地层不整合覆盖。

在阿甘达布带，新元古界出露于马拉赫隆起等地，上覆地层为文德系和泥盆系。该区新元古界为 Chaman 系列，由细砂岩、片岩和粉砂岩组成。细砂岩分选和磨圆都很差，粉砂岩主要由石英和长石颗粒组成。Chaman 系列的所有岩石均经历了轻微的区域变质作用，为绿片岩相。

在赫尔曼德地区，新元古界下部的岩石几乎构成了整个 Shekhristan 隆起，被称为 Barmanay 系列。该套岩石系列被下二叠统不整合覆盖，由 4 个序列构成。①由深灰色和紫色厚层泥质粉砂岩、砂岩和砾岩组成，厚 800～1000m。②由灰岩与云母片岩互层组成。在该单元的底部，发现了 5～6m 厚的浅灰色团块状白云岩床，厚 800～1000m。③由云母片岩组成，片岩有单层、多层、燧石透镜体、灰岩和白云岩，厚 2000～2500m。④由粉砂岩、片岩和砂岩交替组成，很少见到安山岩和玄武岩，厚 2000～2500m。

阿富汗中部地区新元古界序列的下部露头见于科赫卡夫塔汗、科赫巴巴、卡拉等山脊，岩性为黑色杂色砂岩、板岩、粉砂岩、火山岩、灰岩和白云岩，其上被寒武系不整合覆盖。

阿富汗-伊朗地层分区震旦系仅在伊朗地块有报道,伊朗地块震旦系主体为白云岩、灰岩和片岩组成。

伊朗-阿富汗地层分区古生界广泛发育,古生代地层大部分不整合覆于较老地层上,它们被中生代地层以整合的方式叠合。

寒武系主要由相对变质程度较低的陆源碎屑岩和海相碳酸盐岩组成。

奥陶系仅分布在阿富汗的南部和巴格兰市以南地区,局部被三叠系或白垩系不整合覆盖,或呈条状断块出现,岩性为片岩、砂岩、页岩、燧石岩,属浅海陆棚沉积。

志留系分布范围及面积很小,仅在北阿富汗南东边缘地区分布,为未分地层。多被断裂切割为断块,下与奥陶系整合。岩性以灰岩、白云岩为主,夹少量页岩、砂岩,属浅海相沉积。

缺失泥盆纪沉积记录。

石炭系多呈断块分布。下部主要为酸性、基性火山岩、灰岩、砂岩、页岩、砾岩,上部分布更少,由灰岩、板岩、砂岩、砾岩、粉砂岩及安山岩、玄武岩组成。石炭系总体为浅海相沉积,夹火山岩。石炭系与下伏志留系呈不整合接触。

二叠系主体为一套碳酸盐岩台地相沉积,岩性主要为灰岩、白云岩和泥灰岩,在加尼兹—迈丹一带以页岩和薄层灰岩互层为主,显示该区水体较深。

中生界在该地层分区分布比较广泛,三叠纪地层几乎遍布伊朗-阿富汗地层分区。该层序由碳酸盐岩陆源岩和部分海相火山岩组成。阿富汗南部地区,下三叠统沉积仅在赫尔曼德-阿甘达布隆起内形成一个单独的单元,该单元由薄层和中层灰岩、钙质白云岩和泥灰岩组成。在赫尔曼德地区,三叠系由薄层和中层灰岩、白云岩和泥灰岩组成,它们与灰岩、白云岩砾岩和角砾岩互层。底部含 *Claraia* cf. *aurita*(Hauer)等化石,厚 140m。在 Tirin 带,下三叠统称为 Ajar 组,由灰色、淡黄色薄层白云质黏土灰岩组成,厚 120~150m,产化石 *Claraia aurita* Hauer,*C.* cf. *subaurita* Krumb,*C.* cf. *griesbachi* Bitt.。在阿甘达布带,下三叠统称为纳罗齐组,由浅灰色、深灰色灰岩和泥灰岩,产化石 *Eumorphotics* cf. *tenuiststriata*,*Claraia* sp.,该套地层为下三叠统下部层位。

侏罗系在北阿富汗南部及伊朗均有分布,但无大面积出露,均零星散布。该层序不整合覆于三叠系或所有较老地层之上,上与白垩系既有整合接触,也有不整合接触。该区大部分侏罗系为海相沉积,但在阿富汗北部和北帕米尔地区下侏罗统—中侏罗统为陆相沉积。北阿富汗南部侏罗系中、下部由砂岩、粉砂岩、黏土岩、煤层和少量砾岩组成,上部由砾岩、砂岩、粉砂岩、黏土岩和石膏组成。伊朗地区为砂岩、粉砂岩及酸性火山岩。

白垩系在该地层分区中分布极广。区域上白垩系与下伏三叠系及上覆古近系,既能见到整合接触关系,又能见到不整合接触关系,说明自三叠纪—白垩纪沉积区有明显的变化。在南西塔吉克下部由砂岩、细砂岩、粉砂岩、红色黏土岩夹石膏组成,上部由灰岩、泥灰岩、介壳灰岩、泥岩组成,含石膏。北阿富汗下部由砾岩、砂岩、粉砂岩、石膏组成,上部由砂岩、粉砂岩、黏土、泥灰岩夹石膏组成。总体反映以陆相湖沼沉积为主,局部出现海水再度侵入。

新生界在本地层区出露很广,但古近系要比新近系分布面积小。古近系由灰岩、白云化灰岩、泥灰岩、黏土岩组成,夹石膏、油页岩和磷灰石。古近系在盆地中皆为浅海-潟湖环境,而新近系盆地内已全部变为河湖相砂、砾、粉砂、黏土,说明古近纪早期海水开始退出,古近纪晚期海水已从全区向西退出。

第四系均由洪冲积砂、砾组成。

十二、苏莱曼-喜马拉雅地层区

苏莱曼地层分区缺失前中生代地层,最古老的地层是阿拉寨(Alozai)群,该群仅出现在碰撞带(贝拉-瓦齐里斯坦蛇绿岩带)附近,岩性主要为海相灰岩和页岩。侏罗系—白垩系连续沉积,古新统分布在吉尔特尔省和苏莱曼地区。

下-中侏罗统为希尔瑞那博(Shlrinab)组[斯平瓦(Spingwar)段,劳拉赖(Loralai)段,安加拉(Anjira)段],岩性为灰色灰岩、页岩和砂岩,含化石。上侏罗统为塔卡图(Takatu)组,岩性为块状鲕粒灰岩。

下白垩统为赛姆巴(Sembar)组和高鲁(Goru)组(阿普特阶—阿尔布阶),下部为页岩,上部为页岩、含灰质砂岩,含海绿石和磷酸盐矿物;上白垩统自下而上为毛拉(Moro)组、帕赫(Parh)组、莫哈尔考特(Moghal Kot)组、福特蒙拉(Fort Munro)组和帕博组。毛拉(Moro)组岩性为灰色灰岩、页岩和砂质页岩;帕赫(Parh)组岩性为灰岩;莫哈尔考特(Moghal Kot)组岩性为灰色页岩;福特蒙拉(Fort Munro)组岩性为灰色灰岩;帕博(Pab)组岩性为石英砂岩和页岩。

古新统下部为拉尼克特(Ranikt)群,自下而上包括卡德拉(Khadro)组、巴拉(Bara)组和拉克哈(Lakhra)组,主要岩性为页岩、灰岩和含玄武岩夹层的砂岩,大部分是非海相的,不含化石;上部为当干(Dungan)组、拉克黑-加杰(Rakhi-Gaj)组和克哈道(Khadro)组,主要岩性为灰岩、页岩、灰色有孔虫灰岩和泥灰岩,含化石。

始新统主要为浅海相页岩和灰岩,下部吉哈日尔群(Ghazil)为白色或灰色灰岩,夹页岩,显示出重要的沉积相变化。在苏莱曼山的西部地区为套依(Toi)组,岩性为砂岩、含砾粉砂岩,含煤层。在苏莱曼山和卡沙(Kirthar)省北部为巴斯卡(Baska)组,岩性为绿色页岩和石膏。在Krthar省南部地区为拉克组,岩性为含化石灰岩和页岩,其时代与套优(Tiyou)组和吉哈日杰(Ghazij)群相当。在卡沙和苏莱曼山西部地区为Kirthar组,岩性为含化石的灰岩,夹页岩。在苏莱曼山东部和南部地区,与卡沙(Kirthar)组同时代的地层自下而上包括哈比博拉赫(Habib Rahi)组、道曼达(Domanda)组、皮克赫(Pirkoh)组和道拉因达(Drazinda)组。哈比博拉赫(Habib Rahi)组为灰色灰岩和泥灰岩,岩层中普通含黑色硅灰石结核;道曼达(Domanda)组岩性为深棕色、深褐色粉砂质页岩;皮克赫(Pirkoh)组岩性为浅灰色—白色灰岩,含少量泥页岩;道拉因达(Drazinda)组岩性为页岩和泥灰岩。

渐新统主要出露在卡沙(Kirthar)省,为纳瑞(Nari)组,下部为含化石灰岩和页岩,上部为砂岩和杂色页岩。

新近系主要为冲积磨拉石沉积建造。在优拉克(Urak)复向斜和奎达(Quetta)地区称为优拉克(Urak)群。在西碧(Sibi)外侧,苏莱曼山南部称为西碧(Sibi)群。在卡沙(Kirthar)省称为曼迟哈(Manchhar)组。在苏莱曼山东部称曹德万(Chaudhwan)组。

中新统在卡沙(Kirthar)省为噶杰(Gaj)组,主要为海相页岩和灰岩,顶部为砂岩和河口相页岩,该组含有大量的软体动物和脊椎动物化石。在苏莱曼山东部地区为维侯瓦(Vihowa)组和契塔瓦塔(Chitarwata)组,主要由冲积砂岩和红色粉砂岩组成,含砾岩透镜体,含脊椎哺乳动物群,时代为中新世早期和中期。

全新统为未固结的地表沉积,包括粉砂、砂和砾。

更新统为主要分布在该地层分区的西部,主要由砾石和灰色砂岩组成。

第三章 岩浆岩和岩浆活动序列

第一节 侵入岩浆作用时空分布规律

一、构造岩浆区划

(一)基本原则

区域构造岩浆岩带的划分,原则上与构造单元的划分基本一致,即根据不同的地质时代划分出不同断代的构造岩浆岩带,强调同一构造旋回内岩浆岩组合、特征及演化的对比。本书对古亚洲构造域西段和特提斯构造域北部地区构造岩浆岩带的划分,强调以全球构造演化的视角看待全区构造岩浆的区域分布和演化,其划分原则与板块构造对地质构造单元的划分基本一致。

(二)构造岩浆岩区划和命名

古亚洲构造域西段和特提斯构造域北部地区构造岩浆岩区划,与构造单元的划分相对应,分别使用构造岩浆岩域、构造岩浆岩区、构造岩浆岩带和构造岩浆岩亚带4个层次。

1. 构造岩浆岩域

构造岩浆岩域命名原则:构造域或克拉通所在区域的地理名称+构造岩浆岩域。古亚洲构造域西段和特提斯构造域北部地区可以划分出3个构造岩浆岩域,分别为:西伯利亚构造岩浆岩域、中轴陆块构造岩浆岩域和特提斯北部构造岩浆岩域,依次以大写罗马字母Ⅰ、Ⅱ、Ⅲ表示。

2. 构造岩浆岩区

岩浆岩区通常与一级构造单元相对应。在构造岩浆岩区的命名中,按照地理、造山系或克拉通名称+构造岩浆岩区,构造岩浆岩区的代号用大写英文字母A、B、C、D表示,如ⅢA代表昆仑-祁连-秦岭构造岩浆岩区,ⅢB代表巴颜喀拉-羌塘构造岩浆岩区。

由于编图区幅员辽阔,构造岩浆岩区的岩浆活动旋回复杂,暂时在其命名中不包括岩浆作用旋回。

3. 构造岩浆岩带

构造岩浆岩带的划分,一般对应于二级构造单元,部分是由几个基本构造单元组成。构造岩浆岩带强调构造岩浆活动的旋回性,命名方式是:造山带(二级构造单元)+地质时代+构造岩浆岩带。例如,东准噶尔志留纪—二叠纪构造岩浆岩带、博格达-哈尔里克山石炭纪—二叠纪构造岩浆岩带等。构造岩浆岩带的代号，一般是自上而下、从左到右依次编号，如ⅡB-1、ⅡB-2等。

鉴于图件比例尺和本次研究目的，在构造岩浆岩带的划分中，根据实际情况，在有些地区并没有划分构造岩浆岩带，有些地区则将数个二级、三级构造单元合并为一个构造岩浆岩带。

4. 构造岩浆岩亚带

构造岩浆岩亚带的划分，一般对应于一个或多个三级构造单元，主要是用来表示构造岩浆岩带中具有较为明显不同的构造岩浆岩旋回或者岩浆岩组合的地区。例如，北天山-北山北部-雅干构造岩浆岩带，南、北部具有明显不同的构造岩浆岩旋回和岩石组合，因此，将其分为博格达-哈尔里克山石炭纪—二叠纪构造岩浆岩亚带、觉罗塔格-黑鹰山志留纪—三叠纪构造岩浆岩亚带和雅干-北银根志留纪—三叠纪构造岩浆岩亚带。构造岩浆岩亚带的命名，以造山亚带的地理名称＋构造岩浆岩旋回表示，表示方法为在构造岩浆岩带的基础上，依次加次一级的编号，如博格达-哈尔里克山石炭纪—二叠纪构造岩浆岩亚带为北天山-北山北部-雅干构造岩浆岩带（编号为ⅠB-9）的亚带，编号为ⅠB-9-1。

研究区具有典型的盆山构造体制特征，对于一些大型盆地，尽管构造单元中划分出了二级或者三级构造单元，但是，在构造岩浆岩带的划分中，难以确定其侵入岩浆作用的旋回、类型、岩石组合等特征。因此，在编图和构造岩浆岩带的划分中，依然用地理名称＋盆地表示，并自上而下、从左到右依次编号，如B1、B2等。

（三）研究区构造岩浆岩带划分

本研究区构造岩浆岩带划分如表3-1所示。

表3-1　研究区构造岩浆岩带划分表

构造岩浆岩	构造岩浆岩区	构造岩浆岩带	构造岩浆岩亚带
Ⅰ西伯利亚构造岩浆岩域	ⅠA西伯利亚克拉通南缘构造岩浆岩区	ⅠA-1西伯利亚克拉通南缘构造岩浆岩带	
	ⅠB西伯利亚克拉通南缘构造岩浆岩增生区	ⅠB-1阿巴坎构造岩浆岩带	
		ⅠB-2萨彦-湖区构造岩浆岩带	
		ⅠB-3图瓦构造岩浆岩带	
		ⅠB-4鄂霍茨克构造岩浆岩带	
		ⅠB-5西萨彦构造岩浆岩带	
		ⅠB-6阿尔泰地块构造岩浆岩带	
		ⅠB-7阿尔泰地块南缘构造岩浆岩带	ⅠB-7-1斋桑-额尔齐斯泥盆纪—石炭纪构造岩浆岩亚带
			ⅠB-7-2成吉思-塔尔巴哈台-吉木乃泥盆纪—二叠纪构造岩浆岩亚带
			ⅠB-7-3北塔山-阿尔曼泰泥盆纪—二叠纪构造岩浆岩亚带

续表 3-1

<table>
<tr><th>构造岩浆岩</th><th>构造岩浆岩区</th><th>构造岩浆岩带</th><th>构造岩浆岩亚带</th></tr>
<tr><td rowspan="24">Ⅰ西伯利亚构造岩浆岩域</td><td rowspan="24">ⅠB西伯利亚克拉通南缘构造岩浆岩增生区</td><td rowspan="3">ⅠB-8 托克拉玛-准噶尔构造岩浆岩带</td><td>ⅠB-8-1 托克拉玛构造岩浆岩亚带</td></tr>
<tr><td>ⅠB-8-2 西准噶尔构造岩浆岩亚带</td></tr>
<tr><td>ⅠB-8-3 东准噶尔志留纪—二叠纪构造岩浆岩亚带</td></tr>
<tr><td rowspan="3">ⅠB-9 北天山-北山北部-雅干构造岩浆岩带</td><td>ⅠB-9-1 博格达-哈尔里克山石炭纪—二叠纪构造岩浆岩亚带</td></tr>
<tr><td>ⅠB-9-2 觉罗塔格-黑鹰山志留纪—三叠纪构造岩浆岩亚带</td></tr>
<tr><td>ⅠB-9-3 雅干-北银根志留纪—三叠纪构造岩浆岩亚带</td></tr>
<tr><td rowspan="7">ⅠB-10 巴尔喀什-伊犁-中天山-北山构造岩浆岩带</td><td>ⅠB-10-1 巴尔喀什构造岩浆岩亚带</td></tr>
<tr><td>ⅠB-10-2 博罗科努石炭纪—二叠纪构造岩浆岩亚带</td></tr>
<tr><td>ⅠB-10-3 乌孙山-阿吾拉勒石炭纪—二叠纪构造岩浆岩亚带</td></tr>
<tr><td>ⅠB-10-4 纳曼-贾拉伊尔志留纪—石炭纪构造岩浆岩亚带</td></tr>
<tr><td>ⅠB-10-5 中天山中段(巴仑台)奥陶纪—二叠纪构造岩浆岩亚带</td></tr>
<tr><td>ⅠB-10-6 中天山东段(卡瓦布拉克-明水)南华纪—三叠纪构造岩浆岩亚带</td></tr>
<tr><td>ⅠB-10-7 公婆泉-马鬃山南华纪—二叠纪构造岩浆岩亚带</td></tr>
<tr><td rowspan="4">ⅠB-11 伊塞克构造岩浆岩带</td><td>ⅠB-11-1 阿尔卡雷构造岩浆岩亚带</td></tr>
<tr><td>ⅠB-11-2 塔拉兹-伊塞克构造岩浆岩亚带</td></tr>
<tr><td>ⅠB-11-3 卡姆卡雷构造岩浆岩亚带</td></tr>
<tr><td>ⅠB-11-4 纳伦盆地周缘构造岩浆岩亚带</td></tr>
<tr><td>ⅠB-12 吉尔吉斯构造岩浆岩带</td><td></td></tr>
<tr><td rowspan="7">Ⅱ中轴陆块构造岩浆岩域</td><td rowspan="2">ⅡA卡拉库姆克拉通构造岩浆岩区</td><td>ⅡA-1 卡拉库姆克拉通构造岩浆岩带</td><td></td></tr>
<tr><td>ⅡA-2 乌拉尔-阿赖构造岩浆岩带</td><td></td></tr>
<tr><td rowspan="5">ⅡB塔里木克拉通构造岩浆岩区</td><td>ⅡB-1 柯坪陆块构造岩浆岩带</td><td></td></tr>
<tr><td>ⅡB-2 库鲁克塔格陆块构造岩浆岩带</td><td></td></tr>
<tr><td>ⅡB-3 塔里木西南构造岩浆岩带</td><td></td></tr>
<tr><td>ⅡB-4 铁克里克陆块构造岩浆岩带</td><td></td></tr>
<tr><td>ⅡB-5 喀什塔什-库亚克构造岩浆岩带</td><td></td></tr>
</table>

续表 3-1

构造岩浆岩	构造岩浆岩区	构造岩浆岩带	构造岩浆岩亚带
Ⅱ中轴陆块构造岩浆岩域	ⅡC 塔里木克拉通周缘构造岩浆岩增生区	ⅡC-1 南天山构造岩浆岩带	ⅡC-1-1 阿赖-南天山中段志留纪—二叠纪构造岩浆岩亚带
			ⅡC-1-2 南天山东段志留纪—二叠纪构造岩浆岩亚带
		ⅡC-2 敦煌陆块及边缘构造岩浆岩带	ⅡC-2-1 罗雅楚山-尖子山长城纪—二叠纪构造岩浆岩亚带
			ⅡC-2-2 笔架山-大红山长城纪—二叠纪构造岩浆岩亚带
			ⅡC-2-3 敦煌陆块构造岩浆岩亚带
	ⅡD 华北克拉通构造岩浆岩区	ⅡD-1 阿拉善陆块构造岩浆岩带	
		ⅡD-2 鄂尔多斯构造岩浆岩带	ⅡD-2-1 鄂尔多斯陆块北部太古宙—中生代构造岩浆岩亚带
			ⅡD-2-2 鄂尔多斯陆块南部元古代—中生代构造岩浆岩亚带
	ⅡE 华北克拉通周缘构造岩浆增生区	ⅡE-1 阿拉善陆块南缘(河西走廊-陇山)构造岩浆岩带	
Ⅲ特提斯北部构造岩浆岩域	ⅢA 昆仑-祁连-秦岭构造岩浆岩区	ⅢA-1 红柳沟-北祁连-北秦岭构造岩浆岩带	ⅢA-1-1 红柳沟-拉配泉寒武纪—志留纪构造岩浆岩亚带
			ⅢA-1-2 北祁连奥陶纪—志留纪构造岩浆岩亚带
			ⅢA-1-3 北秦岭元古代—中生代构造岩浆岩亚带
		ⅢA-2 中祁连地块构造岩浆岩带	
		ⅢA-3 南祁连地块构造岩浆岩带	
		ⅢA-4 阿中地块构造岩浆岩带	
		ⅢA-5 西秦岭-南秦岭构造岩浆岩带	ⅢA-5-1 西秦岭泥盆纪—侏罗纪构造岩浆岩亚带
			ⅢA-5-2 南秦岭志留纪—侏罗纪构造岩浆岩亚带
			ⅢA-5-3 北大巴山志留纪构造岩浆岩亚带
		ⅢA-6 柴达木地块构造岩浆岩带	ⅢA-6-1 柴达木北缘元古代—中生代构造岩浆岩亚带
			ⅢA-6-2 祁漫塔格元古代—中生代构造岩浆岩亚带
			ⅢA-6-3 东昆仑北部元古代—中生代构造岩浆岩亚带
		ⅢA-7 西昆仑构造岩浆岩带	
		ⅢA-8 西巴达赫尚构造岩浆岩带	

续表 3-1

构造岩浆岩	构造岩浆岩区	构造岩浆岩带	构造岩浆岩亚带
Ⅲ特提斯北部构造岩浆岩域	ⅢB 巴颜喀拉-羌塘构造岩浆岩区	ⅢB-1 巴颜喀拉-松潘地块构造岩浆岩带	ⅢB-1-1 东昆仑南部新元古代—新近纪构造岩浆岩亚带
			ⅢB-1-2 巴颜喀拉中新生代构造岩浆岩亚带
		ⅢB-2 塔什库尔干-甜水海构造岩浆岩带	
		ⅢB-3 碧口地块构造岩浆岩带	
		ⅢB-4 昌都地块构造岩浆岩带	
		ⅢB-5 北羌塘-澜沧江构造岩浆岩带	
		ⅢB-6 兴都库什构造岩浆岩带	
	ⅢC 阿富汗-加尼兹-迈丹构造岩浆岩区	ⅢC-1 阿富汗-加尼兹-迈丹构造岩浆岩带	

根据上述，共划分出 3 个构造岩浆岩域，10 个构造岩浆岩区，40 个构造岩浆岩带，38 个构造岩浆岩亚带（有些带没有划分亚带）以及 13 个内陆盆地（图 3-1）。

二、侵入岩浆作用分布规律

研究区侵入岩分布广泛，西伯利亚南缘至中轴陆块区、昆仑-阿尔金-祁连-秦岭至北羌塘都有广泛出露。根据前述构造岩浆岩带的划分，这些造山（亚）带分别属于 3 个构造岩浆岩域，且有不同的时空分布特征，代表着不同区域、不同地质构造演化阶段岩浆作用产物，并进一步分为西伯利亚克拉通南缘构造岩浆岩（带）区、西伯利亚克拉通南缘构造岩浆岩增生区、卡拉库姆克拉通构造岩浆岩区、塔里木克拉通构造岩浆岩区、塔里木克拉通周缘构造岩浆岩增生区、华北克拉通构造岩浆岩区、华北克拉通周缘构造岩浆增生区、昆仑-祁连-秦岭构造岩浆岩区、巴颜喀拉-羌塘构造岩浆岩区和阿富汗-加尼兹-迈丹构造岩浆岩区 10 个大区。根据构造岩浆岩带划分方案，结合不同岩浆岩（亚）带研究程度，主要分为以下十一部分，对研究区内侵入岩的时空分布及重要花岗岩的特征进行简要叙述。

（一）西伯利亚克拉通南缘构造岩浆岩带

西伯利亚克拉通南缘构造岩浆岩带侵入岩以太古庙—中元古代侵入岩为主，不同时期主要岩性组合有古太古代强烈变质的花岗岩（原岩为英云闪长岩、花岗闪长岩和花岗岩的侵入体）、中太古代—古元古代基性侵入岩、古元古代基性—超基性岩和中元古代发生变形和片理化的闪长岩。该地区侵入岩研究程度较低，缺乏精确的同位素定年资料和岩石地球化学数据。

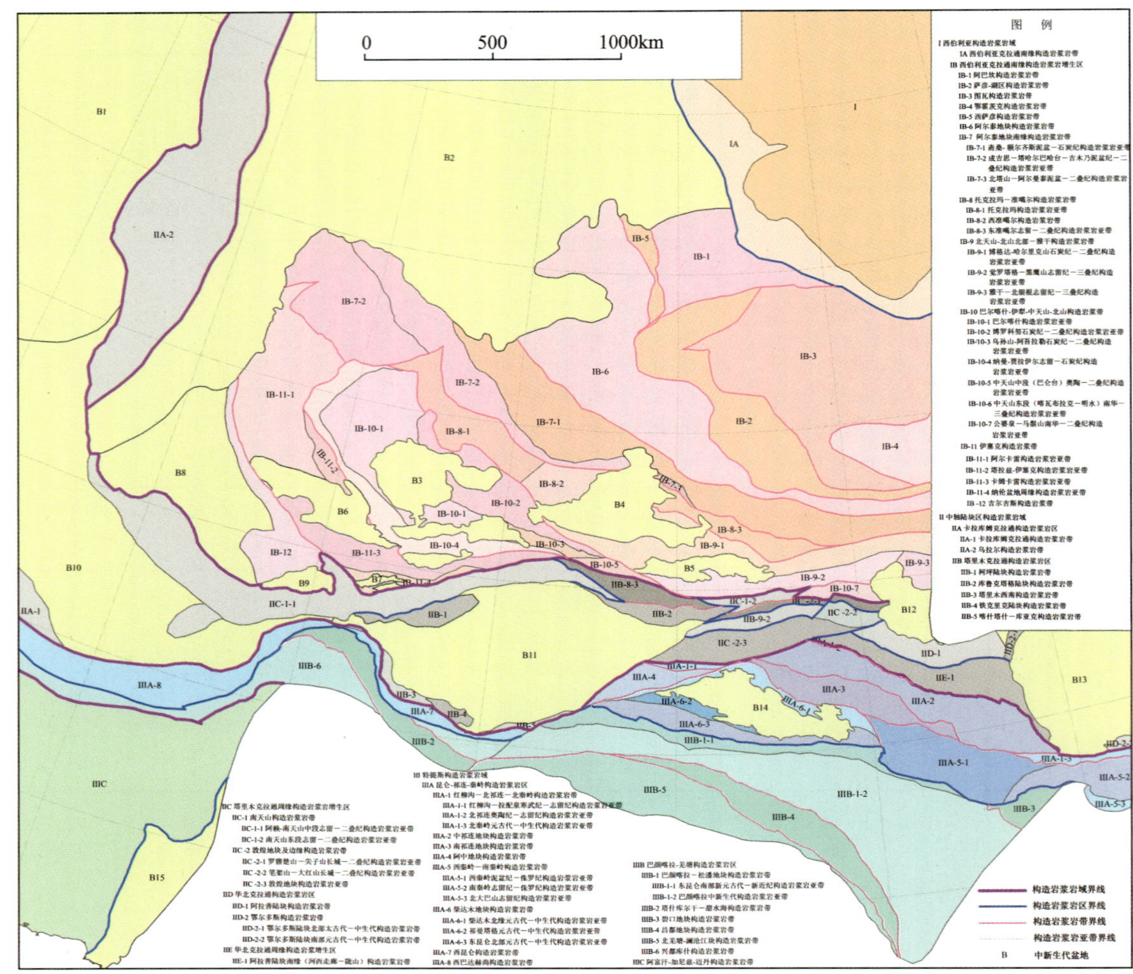

图 3-1　研究区构造岩浆岩带划分示意图

(二)西伯利亚克拉通南缘构造增生区北部

西伯利亚克拉通南缘构造岩浆岩增生区北部包括阿巴坎构造岩浆岩带、萨彦-湖区构造岩浆岩带、图瓦构造岩浆岩带、鄂霍茨克构造岩浆岩带、西萨彦构造岩浆岩带和阿尔泰地块构造岩浆岩带。该地区研究程度较低，出露新太古代至燕山期侵入岩，以元古宙—晚古生代侵入岩为主。新太古代强烈变质的花岗岩仅出露在萨彦-湖区构造岩浆岩带内。古元古代侵入岩分布在阿巴坎、图瓦和萨彦-湖区构造岩浆岩带，阿巴坎构造岩浆岩带仅出露少量基性侵入岩，图瓦构造岩浆岩带以基性和中性侵入岩为主，萨彦-湖区构造岩浆岩带内则以基性和酸性侵入岩为主。

(三)西伯利亚克拉通南缘构造岩浆岩增生区中部

西伯利亚克拉通南缘构造岩浆岩增生区岩域包括 6 个构造岩浆岩带，可以分为两种类型：第一类为具有微陆块特征构造岩浆岩带，如阿尔泰地块构造岩浆岩带、巴尔喀什-伊犁-中天山构造岩浆岩带；第二类为微陆块边缘的具有增生特征的构造岩浆岩带，如阿尔泰地块南缘构造岩浆岩带、托克拉玛-准噶尔构造岩浆岩带和北天山-北山北部-雅干构造岩浆岩带等。其中，准噶尔和天山地区具有不同的构造岩浆演化历史和侵入岩特征。

1. 阿尔泰-准噶尔地区侵入岩时空分布概述

阿尔泰-准噶尔地区侵入岩分布广泛，从阿尔泰地块到准噶尔造山带，侵入岩的构造-岩浆旋回基本上与王涛(2010)对阿尔泰造山带的构造-岩浆旋回描述一致，即3个构造-岩浆旋回和5个构造岩浆作用峰期。3个构造-岩浆旋回依次是中奥陶世—晚泥盆世洋陆演化旋回、石炭纪—早二叠世板块边缘造山后伸展与大陆裂谷演化旋回和中二叠世以来陆内演化旋回(图3-2～图3-4)。

(1)早古生代之前和寒武纪侵入岩缺乏精细的锆石年龄报道，中—晚奥陶世(470～440Ma)花岗岩全部分布在阿尔泰地块构造岩浆岩带内。

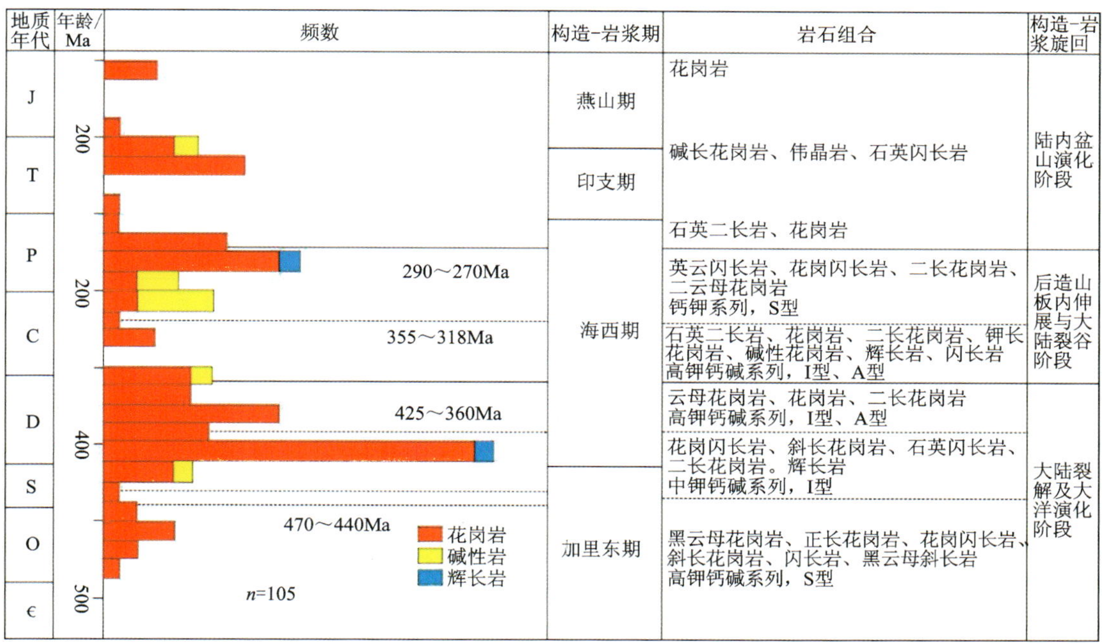

图3-2　阿尔泰地区花岗岩锆石同位素年龄频率图

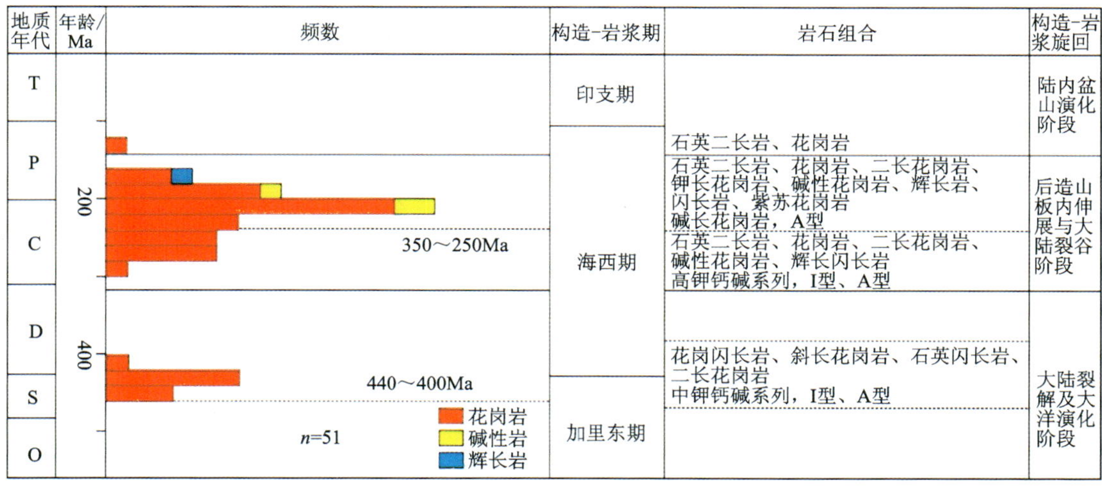

图3-3　西准噶尔地区花岗岩锆石同位素年龄频率图

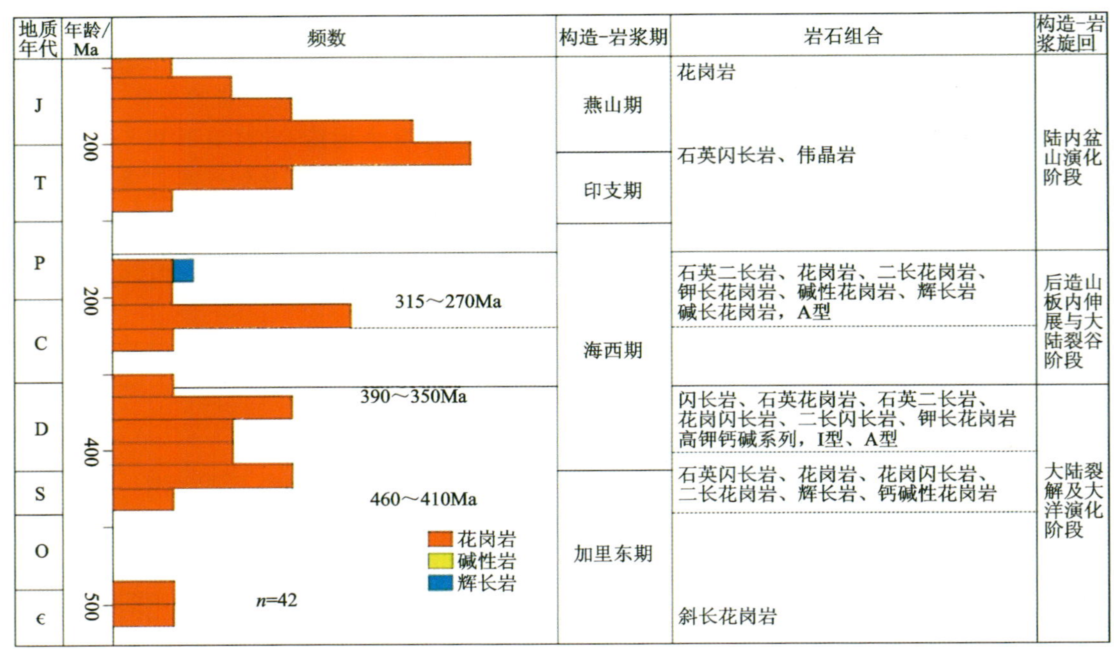

图 3-4　东准噶尔地区花岗岩锆石同位素年龄频率图

(2)志留纪—泥盆纪的侵入岩浆活动可以划分为两个阶段：志留纪—早泥盆世(430～390Ma)和中晚泥盆世(390～360Ma)。志留纪—早泥盆世岩体主要分布在成吉思-塔尔巴哈台-吉木乃构造岩浆岩亚带和斋桑-额尔齐斯构造岩浆岩亚带，中晚泥盆世岩体主要分布在北塔山-阿尔曼泰构造岩浆岩亚带和阿尔泰地块构造岩浆岩带。

(3)石炭纪—早二叠世的板块边缘造山后伸展与大陆裂谷演化旋回可以分为两个阶段：早石炭世(360～318Ma)和早二叠世(290～270Ma)。早石炭世侵入岩浆活动主要集中在成吉思-塔尔巴哈台-吉木乃、斋桑-额尔齐斯和托克拉玛 3 个构造岩浆岩亚带；早二叠世侵入岩浆活动主要集中在北塔山-阿尔曼泰、成吉思-塔尔巴哈台-吉木乃、斋桑-额尔齐斯、托克拉玛和东准噶尔南部等 5 个构造岩浆岩亚带，仅在阿尔泰地块未见报道。

(4)中二叠世之后，进入陆内构造演化阶段，侵入岩浆活动逐渐趋弱。从已经发表的锆石年龄可见，270～250Ma 的岩体主要分布在成吉思-塔尔巴哈台-吉木乃和斋桑-额尔齐斯构造岩浆岩亚带，220～190Ma 的岩体主要出现在阿尔泰地块构造岩浆岩带，160～150Ma 的岩体(仅一个)出现在斋桑-额尔齐斯构造岩浆岩亚带。

2. 阿尔泰地块构造岩浆岩带

阿尔泰造山带北邻西萨彦岭造山带，南与斋桑-额尔齐斯缝合带相邻。它以红山嘴-诺尔特断裂、康布铁堡-库尔提断裂和额尔齐斯断裂为界，可以划分成主要由晚古生代火山-沉积岩系构成的北阿尔泰构造单元、由古元古代末和古生代火山-沉积岩系构成的具有微陆块性质的中阿尔泰构造单元以及主要由古元古代克木齐岩群($Pt_1K.$)和中元古代苏普特岩群($Pt_2S.$)的南阿尔泰构造单元(何国琦等 1994；Xiao et al.,2004)。虽然阿尔泰造山带组成和结构相对复杂，但不同构造单元内出露的具有不同形成时代的花岗岩在时间和空间分布上应呈现出一定的规律性。王涛等(2010)曾在本地区做了大量工作，并给本书提供了丰富的研究成果(图 3-5)。

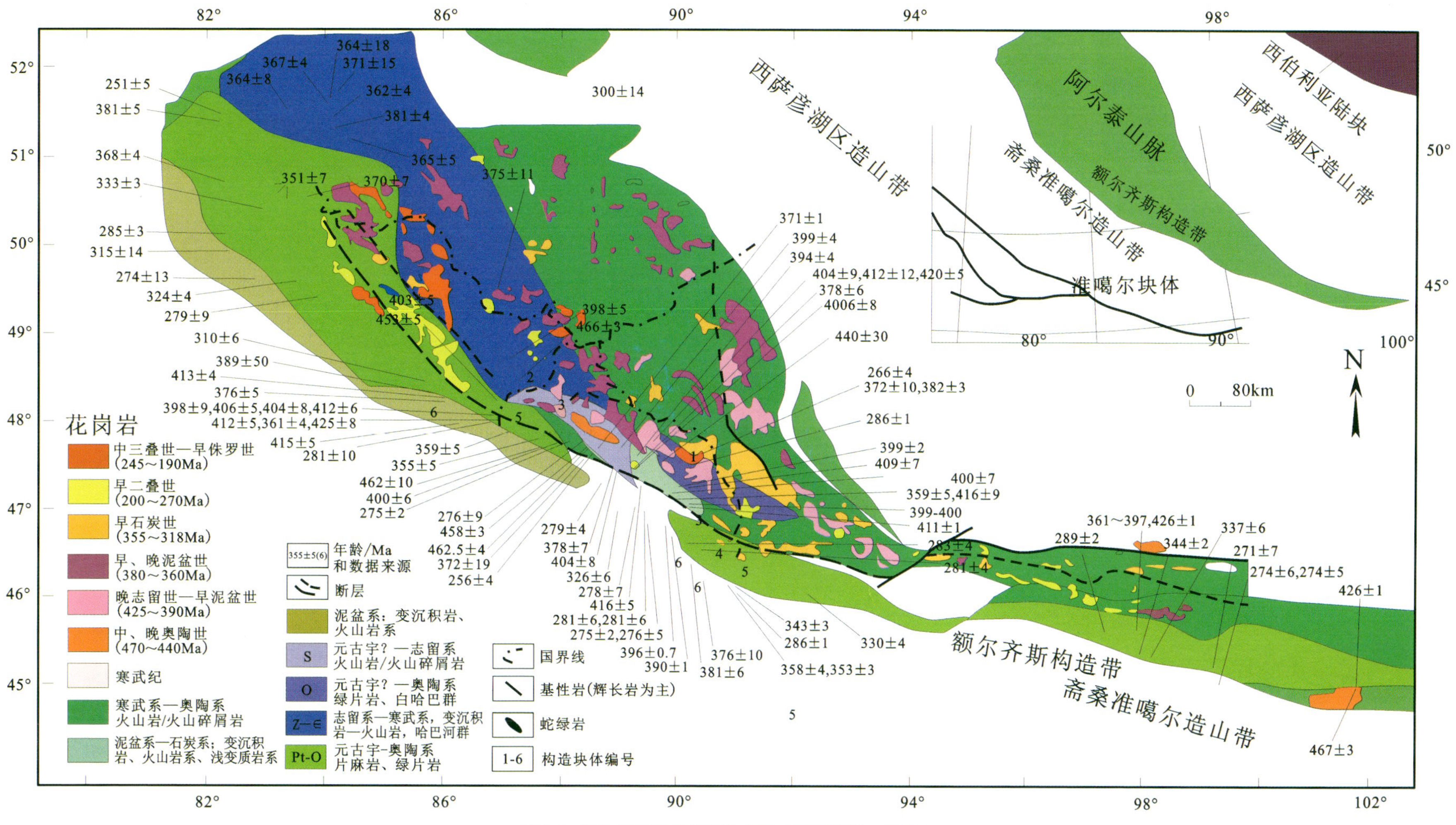

图3-5　阿尔泰地区花岗岩分布图（据王涛等，2010）

阿尔泰造山带侵入岩浆活动非常强烈，花岗岩出露面积约占该造山带总面积的40%。据花岗岩锆石同位素测年资料，阿尔泰构造岩浆岩带的构造岩浆作用开始于中奥陶世(Helo et al.，2006；Wang et al.，2006；刘峰等，2008；孙敏等，2009；王涛等，2010)，直到晚侏罗世(Chen and Jahn，2002)，并以志留纪—泥盆纪为主，早中二叠世次之(图3-2，图3-5)。阿尔泰造山带洋陆演化阶段可以分为两个阶段：中晚奥陶世的花岗岩，主要分布在阿尔泰地块构造岩浆岩带及其以南，代表性岩体有禾木和阿巴宫(Wang et al.，2006，2010)，岩体多呈长条状，发育透入性片理和片麻状构造，主要岩石类型为花岗闪长岩、闪长岩和黑云母斜长岩等，以低钾钙碱性和拉斑系列的Ⅰ型花岗岩为主[图3-6(a)、(b)]，多具有负$\varepsilon_{Nd}(t)$值和较大的T_{2DM}值；志留纪—泥盆纪花岗岩，分布较为广泛，代表性岩体有诺尔特(440～412Ma)(楼法生等，1997)、布尔津(425～412Ma)(Sun Min et al.，2008)、可可托海(411～396Ma)(Windley et al.，2002；Wang et al.，2006)、喀纳斯(398Ma)(童英等，2007)、喀拉苏铜矿(390～372Ma)等。其中，志留纪岩性以花岗闪长岩、斜长花岗岩和石英闪长岩为主，多属中钾钙碱性系列的Ⅰ型花岗岩[图3-6(a)、(b)]，为岛弧型花岗岩类；泥盆纪花岗岩的岩石类型则主要为黑云母花岗岩和花岗岩，多属高钾钙碱系列Ⅰ型花岗岩，少数为S型花岗岩[图3-6(a)、(b)]，为碰撞造山甚至碰撞后构造演化阶段岩浆作用的产物。石炭纪—早二叠世构造岩浆作用主要集中在该构造岩浆岩带的东段，为造山后伸展与大陆裂谷演化旋回阶段的产物(王涛等，2010)；中二叠世以来的花岗岩类主要岩石类型为花岗岩、二云母花岗岩和碱长花岗岩等，代表性岩体有可可托海伟晶岩(210～198Ma)(Wang et al.，2007)和尚可兰岩体(202Ma)(Wang et al.，2008)等，岩石组合以高钾钙碱系列和碱性系列为主[图3-6(c)、(d)]，花岗岩的$\varepsilon_{Nd}(t)$值为$-4.2\sim+0.5$，锆石同位素年龄分布在266～150Ma之间，属于陆内演化旋回阶段的产物(赵振华等，1993；Wang et al.，2009)。

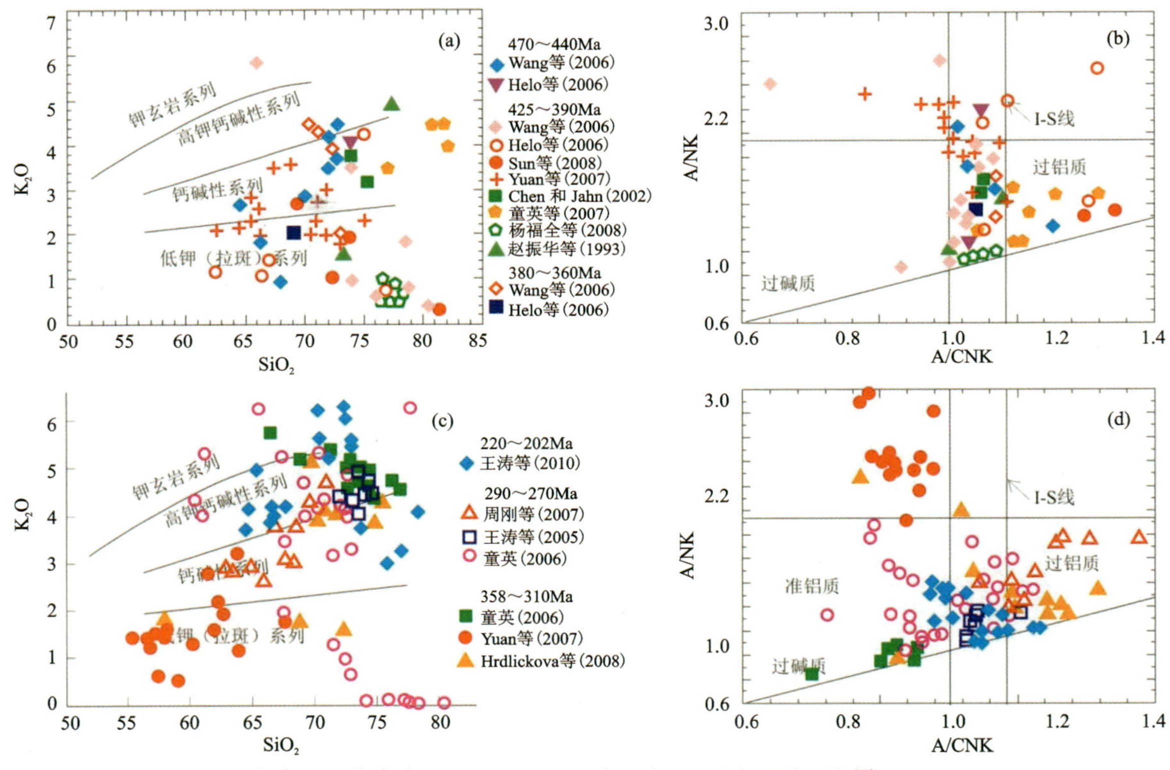

图3-6 阿尔泰地区花岗岩SiO_2-K_2O(a)(c)和A/CNK-A/NK(b)(d)图(据王涛等，2010)

3.斋桑-额尔齐斯构造岩浆岩亚带

该亚带位于额尔齐斯南缘和北缘断裂之间，主要发育泥盆纪—石炭纪侵入体。泥盆纪花岗岩主要岩性组合为片麻状黑云母二长花岗岩、花岗闪长岩、花岗岩和二云母花岗岩，代表性岩体有塔尔浪岩体（404～355Ma）（Yuan et al.，2007）、冲乎尔南岩体（415Ma）（孙敏等，2009）、富蕴岩体（416Ma）（Yuan et al.，2007）等，为以高钾钙碱系列为主的Ⅰ型花岗岩。

石炭纪—早二叠世板块边缘造山后伸展与大陆裂谷演化旋回的锆石同位素年龄集中在360～270Ma之间（王涛等，2010）。其中，早石炭世岩石组合为花岗闪长岩、二长花岗岩和正长花岗岩、碱性花岗岩和二云母花岗岩，代表性岩体有布尔根岩体（358～343Ma）（童英等，2006）和阿舍勒岩体（318Ma）（Yuan et al.，2007）等，以Ⅰ型和A型花岗岩为主，形成于造山后伸展阶段。早二叠世岩石类型有花岗闪长岩、花岗岩、二云母花岗岩和正长岩及伟晶岩，代表性岩体有塔克什肯口岸（286Ma；童英等，2006b）、玛因鄂博（283～281Ma；周刚等，2007a，2007b），布尔津南（276Ma，童英等，2006）、锡泊渡（279Ma，童英等，2006）等，形成于大陆裂谷阶段。此外，在早石炭世还发育有阿尔泰辉长岩（281Ma）（童英等，2006）等基性侵入岩。早石炭世岩石组合既有中酸性的高钾钙碱系列和碱性系列，也有基性岩，是大陆裂谷阶段最主要的岩石学特征。阿尔泰地区石炭纪—二叠纪花岗岩的$\varepsilon_{Nd}(t)$较高（+8.6～+1.3），模式年龄变化较大（1700～600Ma），反映花岗岩物质主要来源于新生地壳。

中二叠世以来的花岗岩类主要岩石类型为花岗岩、二云母花岗岩和碱长花岗岩等，锆石同位素年龄为266～150Ma，代表性岩体有哈腊苏铜矿区岩体（266～216Ma）（薛春纪等，2010）、哈拉苏岩体（256Ma）（童英等，2006）、可可托海伟晶岩（210～198Ma）（Wang et al.，2007）、尚可兰岩体（202Ma）（Wang et al.，2008）和将军山岩体（150Ma）（Chen and Jahn，2002）等，岩石组合以高钾钙碱系列[图3-6(c)、(d)]和碱性系列为主，岩体的$\varepsilon_{Nd}(t)$值多为正值（Wang et al.，2010），反映增生型地壳岩浆活动的特点，属陆内演化旋回阶段的产物。

此外，胡霭琴等（2006）认为青河片麻岩并非“前寒武纪”地质体，英安质片麻岩的SHRIMP锆石U-Pb年龄为281±3Ma，原岩形成于岛弧构造环境。

4. 成吉思-塔尔巴哈台-阿尔曼泰构造岩浆岩带

成吉思-塔尔巴哈台-阿尔曼泰构造岩浆岩亚带位于额尔齐斯南缘断裂以南、洪古勒楞-阿尔曼泰断裂以北地区，发育有泥盆纪—二叠纪花岗岩，按照不同构造演化阶段可进一步划分为4个阶段：早泥盆世、晚泥盆世、早石炭世和晚石炭世—中二叠世。早泥盆世花岗岩的岩石组合为正长花岗岩、碱长花岗岩、花岗闪长岩和闪长岩，代表性岩体为出露在谢米斯台山一带的谢米斯台、苏根萨拉、哈尔萨拉、查干库勒和布克赛尔等岩体，时代集中在422～405Ma之间（Chen et al.，2010），甚至跨到晚志留世，这些岩体被认为与晚志留世—早泥盆世阿尔泰造山带岛弧发展晚期到碰撞早期岩浆活动相关。

晚泥盆世花岗岩岩石组合为闪长斑岩、石英闪长斑岩、二长闪长岩和花岗闪长岩，包括结尔得嘎拉南花岗闪长岩、喀腊苏花岗闪长岩和喀腊萨依二长闪长岩。喀腊苏花岗闪长岩（381±6Ma）和喀腊萨依二长闪长岩（376±10Ma）岩体A/CNK值为0.80～1.29，为准铝质-过铝质碱性—钙碱性系列Ⅰ型花岗岩（图3-7），与典型岛弧花岗岩相似（张招崇等，2006）。喀腊苏花岗闪长岩的锶同位素初始比值（I_{Sr}）为0.703 833～0.704 104，$\varepsilon_{Nd}(t)$值为+7.3～+8.5，具有增生岛弧型花岗岩特征。

塔尔巴哈台地区早石炭世花岗岩代表性岩体有达因苏辉石闪长岩，沃肯萨拉石英二长岩，朱青山、布尔干花岗闪长岩，阿布都拉、萨吾尔、森塔斯二长花岗岩，以及拉斯特正长花岗岩等。岩体锆石同位素年龄为345～321Ma（韩宝福等，2006；Zhou et al.，2008；Chen et al.，2010），这些岩体的A/NCK值为0.86～1.03，Sr同位素初始比值（I_{Sr}）为0.704 08～0.709 12，$\varepsilon_{Nd}(t)$值为+6.09～+7.25，为中—高钾钙碱系列、准铝质Ⅰ型花岗岩，具有岛弧花岗岩特征（陈家富等，2010）。晚石炭世—中二叠世花岗岩代表性岩体有朱万托别、阔依塔斯和恰其海等正长花岗岩以及喀尔交和托洛盖花岗（斑）岩。岩体锆石同位素年龄为303～281Ma（韩宝福等，2006；Zhou et al.，2008；Chen et al.，2010），仅托洛盖岩体有一个263±6Ma年龄（Chen et al.，2010），A/NCK值为0.92～0.99，$\varepsilon_{Nd}(t)$值为+5.26～+7.26，为高钾钙碱系列、准铝质Ⅰ型花岗岩，但具有A型花岗岩特征（陈家富等，2010）。

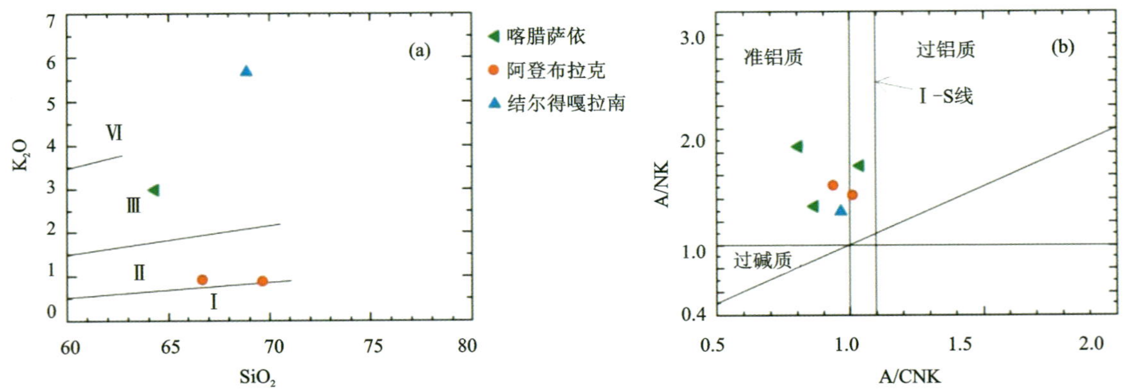

图 3-7　阿尔曼泰地区泥盆纪花岗岩 SiO_2-K_2O(a)和 A/CNK-A/NK(b)图(据张招崇等,2006)

北塔山-阿尔曼泰地区石炭纪侵入体有二台、布尔根河、恰恰贝尔提南和喀热干德西等岩体,岩石组合以正长花岗岩、二长花岗岩和花岗岩为主,有少量花岗闪长岩和斜长花岗岩。其中,二台岩体的锆石U-Pb 年龄为 319±7Ma(韩宝福等,2006),乌图布拉克岩体的全岩 Rb-Sr 等时线年龄为 334.1±9Ma。乌图布拉克和喀热干德西岩体的 A/CNK 值为 0.90～1.04,为准铝质高钾钙碱系列或 Shoshonite 系列(图 3-8)。乌图布拉克岩体的 I_{Sr}为 0.704 33,其源岩可能为早期形成的富含 Nb、Ta 的玄武岩,具有碰撞造山作用晚期花岗岩特征(周刚等,2006)。晚石炭世—早二叠世岩石组合以正长岩、二长花岗岩、石英正长岩和正长花岗岩等为主,发育有典型的碱性系列花岗岩。其中,塔克什肯口岸岩体锆石 U-Pb 年龄为 286±1Ma(童英等,2006),阿热勒托别和哈旦逊岩体的全岩 Rb-Sr 等时线年龄分别为 300±9Ma 和 280±12Ma,岩体以富钾的碱性花岗岩和高钾钙系列为主,A/CNK 值为 0.75～1.09,多呈准铝质和过铝质,具典型 A 型花岗岩特征,代表造山作用以后的大陆裂谷构造环境下岩浆作用的产物。

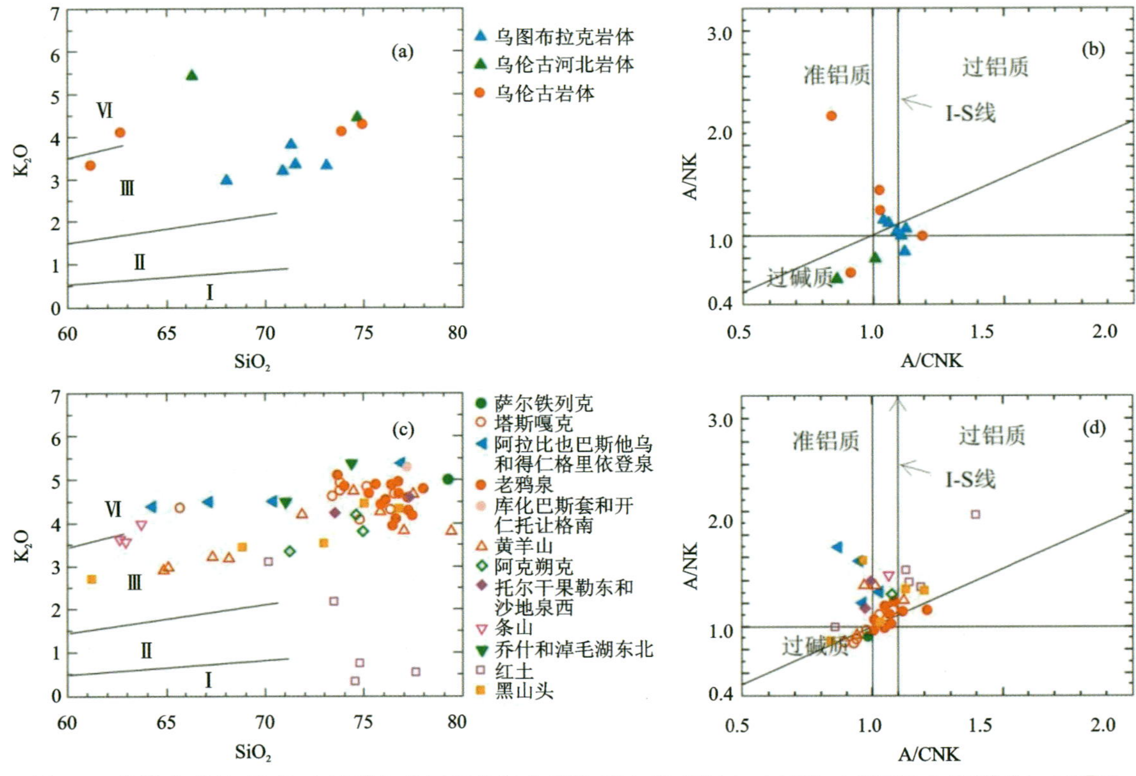

图 3-8　北塔山-阿尔曼泰-东准噶尔地区石炭纪花岗岩 SiO_2-K_2O[(a)、(c)]和 A/CNK-A/NK[(b)、(d)]图
(据周刚等,2006)

5. 托克拉玛构造岩浆岩亚带

该构造岩浆岩亚带侵入岩可划分为3个构造-岩浆旋回和5个构造岩浆作用峰期(王涛等,2010)。3个构造-岩浆旋回为泥盆纪洋陆演化旋回、石炭纪—早二叠世的板块边缘造山后伸展与大陆裂谷演化旋回以及三叠纪的陆内演化旋回。

6. 西准噶尔构造岩浆岩亚带

该岩浆岩亚带位于额尔齐斯-斋桑缝合带以南、北天山缝合带以北、准噶尔盆地以西地区。带内出露有寒武纪唐巴勒蛇绿岩和泥盆纪达拉布特蛇绿岩中的斜长花岗岩,在西准噶尔南部构造岩浆岩亚带主要发育石炭纪侵入体,包括著名的红山岩体、克拉玛依岩体、乌雪特岩体、阿克巴斯套岩体和庙沟岩体等共计30个岩体,同位素年龄为(321±7)～(296±4)Ma(Kwon et al.,1989;新疆第一区地质调查大队,1987;金成伟等,1993,1997;李宗怀等,2004;张立飞等,2004;高山林,2006;韩宝福等,2006;苏玉平,2006;张连昌等,2006),集中在晚石炭世。在铁厂沟一带发育有别鲁阿嘎希、玉依塔勒盆提和黄梁子等晚泥盆世岩体,其中,别鲁阿嘎希岩体的锆石U-Pb年龄为369±5.8Ma(金成伟等,1997)。二叠纪侵入体有塔尔根石英二长岩、加玛特正长花岗岩和庙沟西正长花岗岩等共计6个岩体,其中,塔尔根岩体的SHRIMP锆石U-Pb年龄为287±6Ma(韩宝福等,2006)。

晚泥盆世侵入岩的岩石组合为花岗闪长岩、石英闪长岩和闪长岩,属准铝质钙碱系列,与岛弧花岗岩特征相似(金成伟等,1997)。石炭纪花岗岩的岩石组合有正常系列的正长花岗岩、二长花岗岩、石英二长闪长岩、花岗闪长岩、斜长花岗岩和角闪黑云母花岗岩,也有碱性系列的碱长花岗岩、石英正长岩和紫苏花岗岩,在庙沟岩体中还有含碱性暗色矿物的钠铁闪石的碱性花岗岩。石炭纪花岗岩中大部分岩体属准铝质-过铝质的高钾钙系列和碱性系列(图3-9),具有A型花岗岩特征,表明其为碰撞后伸展环境下岩浆作用的产物。另外,紫苏花岗岩常与非造山花岗岩伴生,如典型的中元古代AMCG(斜长岩-纹长二长岩-紫苏花岗岩-环斑花岗岩)杂岩体和显生宙紫苏花岗岩与A型花岗岩的共生(Emslie et al.,1994;Landenberger et al.,1996;Duchesne et al.,1997)。

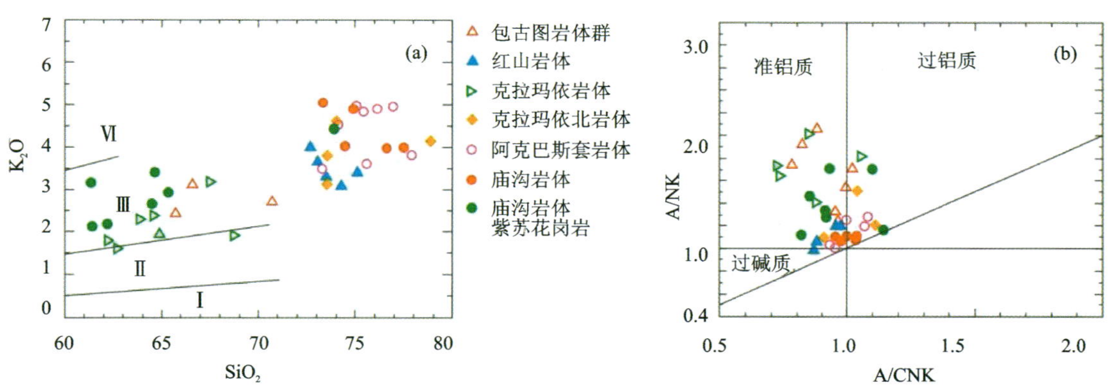

图3-9　西准噶尔南部石炭纪花岗岩 SiO_2-K_2O(a)和A/CNK-A/NK(b)图(徐学义等,2013)

寒武纪唐巴勒蛇绿岩和泥盆纪达拉布特蛇绿岩中斜长花岗岩的^{143}Nd/^{144}Nd值为0.512 862～0.512 866,$\varepsilon_{Nd}(t)$为+4.89～+7.81(赵振华等,1996),其^{143}Nd/^{144}Nd值变化范围小,但$\varepsilon_{Nd}(t)$却很大。石炭纪花岗岩的^{143}Nd/^{144}Nd值为0.512 752～0.512 879,$\varepsilon_{Nd}(t)$为+4.58～+7.41(Kwon et al.,1989;Sun Min et al.,1998;张立飞等,2004;苏玉平等,2006)(图3-10)。西准噶尔南部侵入岩Nd同位素的总体特征是:^{143}Nd/^{144}Nd值为0.512 752～0.512 879,$\varepsilon_{Nd}(t)$均为正值,其范围是+4.58～+7.81。唐巴勒和达拉布特蛇绿岩中斜长花岗岩的T_{2DM}值为503～825Ma。晚石炭世庙沟紫苏花岗岩的T_{2DM}值为705～614Ma,相对较老,其余碱长花岗岩的T_{2DM}值为540～454Ma,较为年轻。西准噶尔地区各类花岗岩的T_{2DM}值为825～454Ma。上述特征表明,西准噶尔南部花岗岩的形成,主要与新生地壳有关,而很

少有老基底的参与。

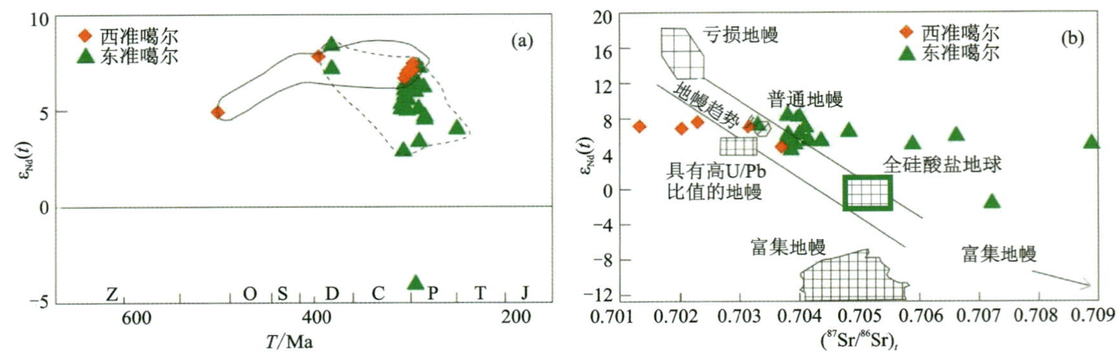

图 3-10 准噶尔地区花岗岩 $\varepsilon_{Nd}(t)$-T 相关图(a)和 $\varepsilon_{Nd}(t)$-($^{87}Sr/^{86}Sr$)$_t$ 图解(b)(据徐学义等,2013)

7. 东准噶尔构造岩浆岩亚带

该构造岩浆岩亚带位于阿尔曼泰断裂和卡拉麦里断裂之间,发育两个构造岩浆旋回,分别为志留纪—泥盆纪构造岩浆旋回和石炭纪—二叠纪构造岩浆旋回。志留纪—泥盆纪岩体有野马泉岩体、姜格尔库都克(或称野马泉西北)岩体、色克森巴依超单元、纸房超单元、淖毛湖东北岩体和结尔得嘎拉南岩体等,年龄为(423±1)~(376±10)Ma,岩石组合为斜长花岗岩、花岗岩、花岗闪长岩、石英闪长岩和二长花岗岩,以准铝质-过铝质的富钠钙碱系列-高钾钙碱系列为特征(图 3-11),稀土和微量元素特征具有岛弧-碰撞环境花岗岩特征。晚泥盆世希勒克特哈腊苏岩体花岗闪长岩的$^{143}Nd/^{144}Nd$值为 0.512 844~0.512 957,$\varepsilon_{Nd}(t)$为+7.23~+8.43,T_{DM2}值为 538~440Ma,应为新生地壳。

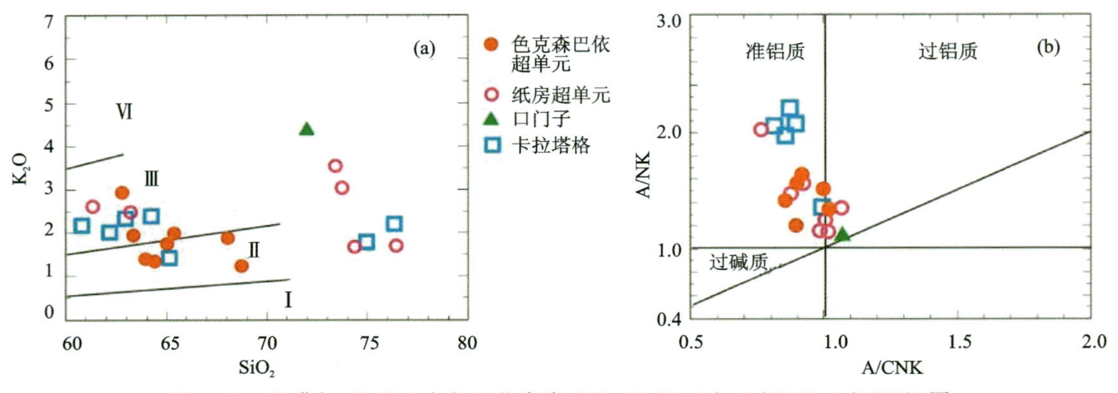

图 3-11 准噶尔-北天山志留纪花岗岩 SiO_2-K_2O(a)和 A/CNK-A/NK(b)图

阿尔曼泰蛇绿混杂岩带中辉长岩和斜长花岗岩的锆石 U-Pb 年龄分别为 508±4Ma 和 503±7Ma(1∶25 万滴水泉幅区域地质调查报告),托让格库都克岩体中英云闪长岩锆石 U-Pb 年龄为 484.6±5.9Ma,花岗闪长岩锆石 U-Pb 年龄为 485.6±7.80~486±5Ma,成岩时代为奥陶纪。

东准噶尔南部构造岩浆岩亚带中出露有 65 个石炭纪花岗质侵入体(包括浅成体),面积为 3548km²。准噶尔盆地东北部的卡拉麦里山和阿尔曼德山之间,石炭纪花岗岩岩石组合以钾质花岗岩和碱性花岗岩为主,有部分花岗闪长岩、石英闪长岩和闪长岩,局部还出现安山质浅成侵入体;三塘湖盆地南缘东段主要岩石组合为黑云母花岗岩和少量正长花岗岩及闪长岩;三溏湖盆地东北部的老爷庙至克孜勒塔格一带岩石组合以二长花岗岩、花岗闪长岩、钾质花岗岩、斜长花岗岩以及闪长岩等。该亚带花岗岩的形成年龄集中在 309~291Ma 之间(刘伟等,1990;王式洸等,1994;赵东林等,1999,2000;韩宝福等,2006;苏玉平等,2006),多为晚石炭世晚期—早二叠世。另外,大红山岩体 SHRIMP 锆石 U-Pb 年龄为 268±4Ma(韩宝福等,2006),二混子山超单元 SHRIMP 锆石 U-Pb 年龄为 315±6Ma(1∶25 万纸房幅区域地质调查报告)。岩石既有高钾钙碱系列的岩石组合,也有碱性系列的碱性角闪石花岗岩、黑云母花岗岩、碱长花岗岩和正长花岗岩组合。岩石地球化学上,里特曼指数为1.80～3.77,A/CNK值为0.75～1.32,为准铝质-过铝质岩石,以富钾的高钾钙碱系列、Shoshonite系列和碱性系列岩石为特征(图3-11),与板内或者碰撞花岗岩相似。稀土元素具轻稀土富集型式(标准化值据Boyton,1984),并具有大离子亲石元素富集的微量元素洋脊花岗岩标准化配分型式(标准化值据Pearce et al.,1984)。在$FeO_T/(FeO+MgO)$图(Frost,2001)中均为铁质花岗岩,且大部分花岗岩为A型花岗岩,少量为Ⅰ型花岗岩。上述特征表明,晚石炭世晚期—早二叠世花岗岩的形成环境为碰撞后伸展-大陆裂谷环境。石炭纪花岗岩的$^{143}Nd/^{144}Nd$值为0.512 737～0.512 884,$\varepsilon_{Nd}(t)$为+5.15～+6.68(许保良等,1998;苏玉平等,2006;苏玉平等,2008;郭芳放等,2008)。特别地,老鸦泉的$\varepsilon_{Nd}(t)$为+7～+9,萨乌德格尔岩体的$\varepsilon_{Nd}(t)$也为+7(Hopson et al.,1989)。二叠纪花岗岩的$^{143}Nd/^{144}Nd$值为0.512 555～0.512 906,$\varepsilon_{Nd}(t)$为+3.73～+8.52(赵振华等,1996;韩宝福等,1998;许保良,1998;洪大卫等,2000;童英等,2006)。该亚带中各类花岗岩的T_{DM2}值为461～970Ma,显示其源区以新生地壳为主,个别岩体如二台碱性正长岩的$^{143}Nd/^{144}Nd$值为0.512 323,$\varepsilon_{Nd}(t)$为-3.79(图3-9),其中一个样品的T_{DM2}值为1360Ma,反映该地区可能存在着较老基底(图3-9)。东准噶尔构造岩浆岩亚带的一些二叠纪碱性花岗岩(塔斯嘎克、萨尔铁列克、乌伦古等)和少量闪长岩、花岗闪长岩落在亏损地幔趋势线内或其附近,表明这些花岗岩的形成有地幔成分的加入。许保良等(1998)认为,这些花岗岩的物质来源至少不应该是典型的地壳物质,推测它或直接由地幔物质衍生而来,或者是由其衍生物转化而成。

(四)西伯利亚克拉通南缘构造岩浆岩增生区南部

天山中北部(北天山和中天山)和北山地区侵入岩分布十分广泛,出露于中新生代大、中型内陆盆地周边的造山带中,包括北天山-北山北部-雅干构造岩浆岩带。

1.天山中北部-北山北部侵入岩时空分布概述

以花岗岩锆石测年结果为主建立的本构造岩浆岩时序和年代学格架如图3-12所示。按照构造岩浆活动旋回,将本区的侵入岩可划分出前寒武纪、早古生代—晚古生代中期洋陆演化、晚古生代中晚期造山后伸展和大陆裂谷以及晚古生代晚期—中生代的陆内演化4个构造岩浆侵入阶段,以晚古生代中晚期侵入岩最为发育。不同构造侵入岩浆活动阶段、不同构造区域发育着不同的中酸性和基性—超基性以及碱性—偏碱性岩浆系列,构成了本区侵入岩带具有多期次、多类型、成因演化复杂以及部分岩体呈复式岩体的总体特征。天山中北部-北山地区侵入岩的时空分布总体特征如下。

(1)该区大陆地壳早期演化阶段四堡期和晋宁期的岩浆活动,大致可以分为3个阶段:①1500～1450Ma的侵入岩分布在中天山东段,以阿拉塔格构造岩浆岩亚带的众高山序列为代表;②1100～1050Ma的侵入岩分布在那拉提构造岩浆岩亚带,以塔勒木朔岩体为代表;③1000～800Ma的侵入岩分布在那拉提、巴仑台和阿拉塔格等构造岩浆岩亚带,以乌瓦门北、拉尔墩达坂、冰达坂和达根别里等岩体为代表。

(2)南华纪—震旦纪的侵入岩,以中天山西段博罗科努构造岩浆岩亚带的赛里木湖东片麻状花岗岩(798Ma)为早期岩浆作用的代表;震旦纪(650～550Ma)岩浆作用以中天山东段的马鬃山糜棱杂岩、梧桐井片麻岩套和东南石条序列为代表。

(3)早古生代—晚古生代中期洋陆演化阶段(530～360Ma)的侵入岩浆作用,还可进一步划分为早期(450～420Ma)、中期(490～450Ma)和晚期(420～360Ma)3个时期。其中,早期岩体主要分布在中天山南缘那拉提、巴仑台、阿拉塔格和公婆泉—马鬃山一带,中期和晚期的岩体在除了博罗科努亚带以外的全区广泛分布。

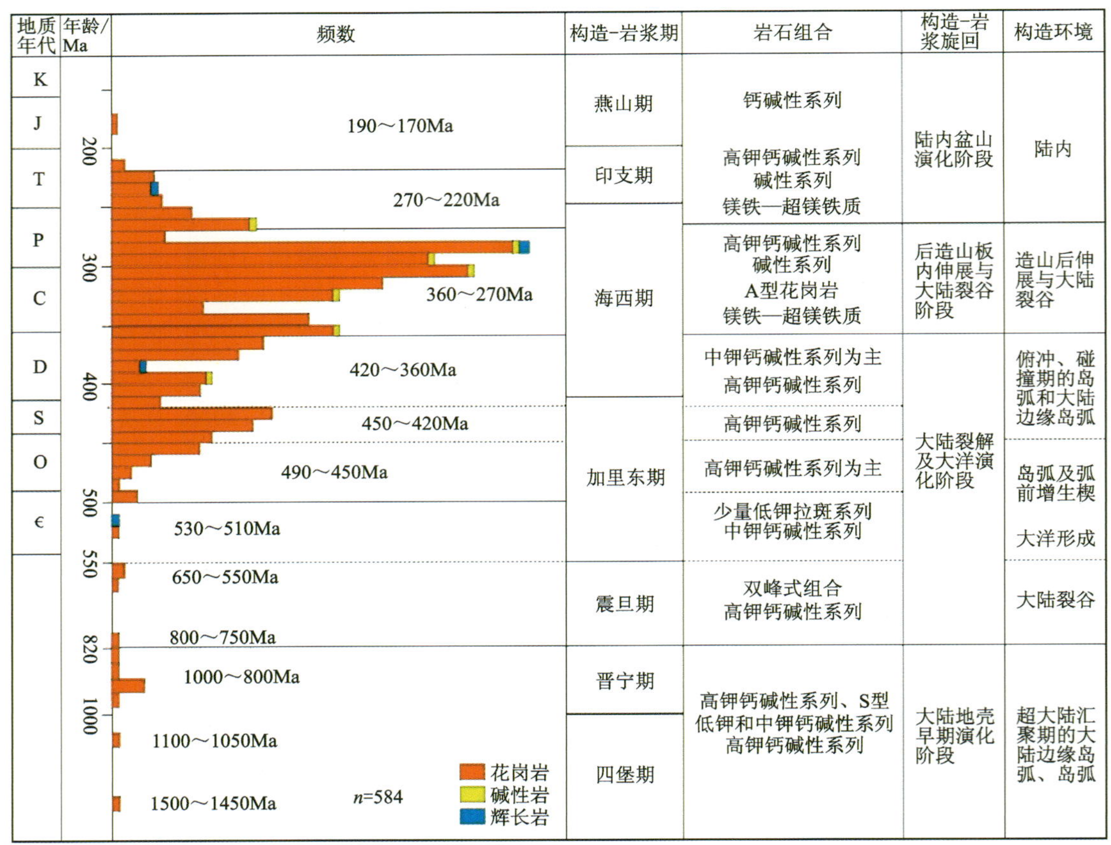

图 3-12　天山花岗岩锆石年龄、岩浆期次和特征以及构造环境演化示意图

(4)晚古生代中晚期造山后伸展和大陆裂谷阶段(360～270Ma)的侵入岩浆活动,大致以 310Ma 为界,形成大量的岩基和岩株,在全区普遍发育。

(5)晚古生代晚期—中生代的陆内演化阶段,该阶段岩浆活动逐渐趋弱,可划分为两个时期:早期(270～220Ma)的岩浆活动主要出现在觉罗塔格和中天山东段一带;晚期(190～170Ma)的岩浆活动则仅在觉罗塔格构造岩浆岩亚带出现。

以下分别叙述几个构造岩浆岩带的侵入岩特征。

2. 北天山-北山北部-雅干构造岩浆岩带

北天山-北山北部-雅干构造岩浆岩带西起艾比湖,东到阿拉善盟北部的北银根,北起将军庙一带,南到中天山北缘,主要包括 3 个构造岩浆岩亚带,依次为博格达-哈尔里克山石炭纪—二叠纪构造岩浆岩亚带、觉罗塔格-黑鹰山志留纪—三叠纪构造岩浆岩亚带和雅干-北银根志留纪—三叠纪构造岩浆岩亚带。该构造岩浆岩带中的侵入体数量达 360 多个,总面积在 19 000km^2 以上。其中,石炭纪—二叠纪岩体占总数的 70%以上。

奥陶纪岩体分布在哈尔里克山塔水河一带,是哈尔里克复合岛弧的组成部分(曹福根等,2006)。志留纪岩体分布在哈尔里克山的大加山、口门子、哈密以南的卡拉塔格以及额济纳旗以东地区。大加山花岗岩的锆石 LA-ICP-MS 年龄为 441.3±3.5Ma(张成立等,2010);口门子黑云母花岗岩的锆石 SHRIMP 年龄为 429.6±6.2Ma(郭华春等,2006)。志留纪侵入岩的岩石组合为英云闪长岩、花岗闪长岩、二长闪长岩、闪长岩和二长花岗岩,以准铝质-过铝质富钠的中-高钾钙碱系列为特征(图 3-11),A/CNK值为 0.80～1.30。稀土元素多呈轻稀土富集型,微量元素中 Rb、Ba、Th 富集,Nb、Zr、Hf 亏损,与岛弧-同碰撞花岗岩相似。

泥盆纪岩体主要分布在觉罗塔格-黑鹰山构造岩浆岩亚带，有克孜尔卡拉萨依南、沟权山东北、大草滩东南和大南湖等岩体，均呈复合岩基产出，锆石同位素年龄集中在(357.3±6.2)～(383.4±9)Ma(张志德等，1995；李文明等，2002；宋彪，2002)，均为晚泥盆世。岩石组合有正长花岗岩、二长花岗岩、花岗岩、花岗闪长岩、石英闪长岩、闪长岩和辉长岩，大南湖岩体还含暗色岩包体及二长闪长岩析离体，酸性—基性岩脉发育(李文明等，2002；宋彪，2002；徐学义等，2006)。泥盆纪岩体的 SiO_2 含量为 62.48%～77.15%，里特曼指数为 0.36～2.68，以低钾-高钾钙碱性系列为主；K_2O/Na_2O 值为 0.31～0.86，主要为富钠的花岗岩，A/CNK 值为 0.90～1.55，属准铝质-过铝质(图 3-13)。稀土元素球粒陨石标准化配分型式均呈轻稀土富集型，$(La/Yb)_N$ 值为 1.3～15.2，δEu 值为 0.13～1.31。在微量元素原始地幔标准化蛛网图中，Rb、Ba 和 Th 富集，Nb、Zr 和 Hf 相对亏损，主要与岛弧花岗岩和碰撞造山花岗岩相似。

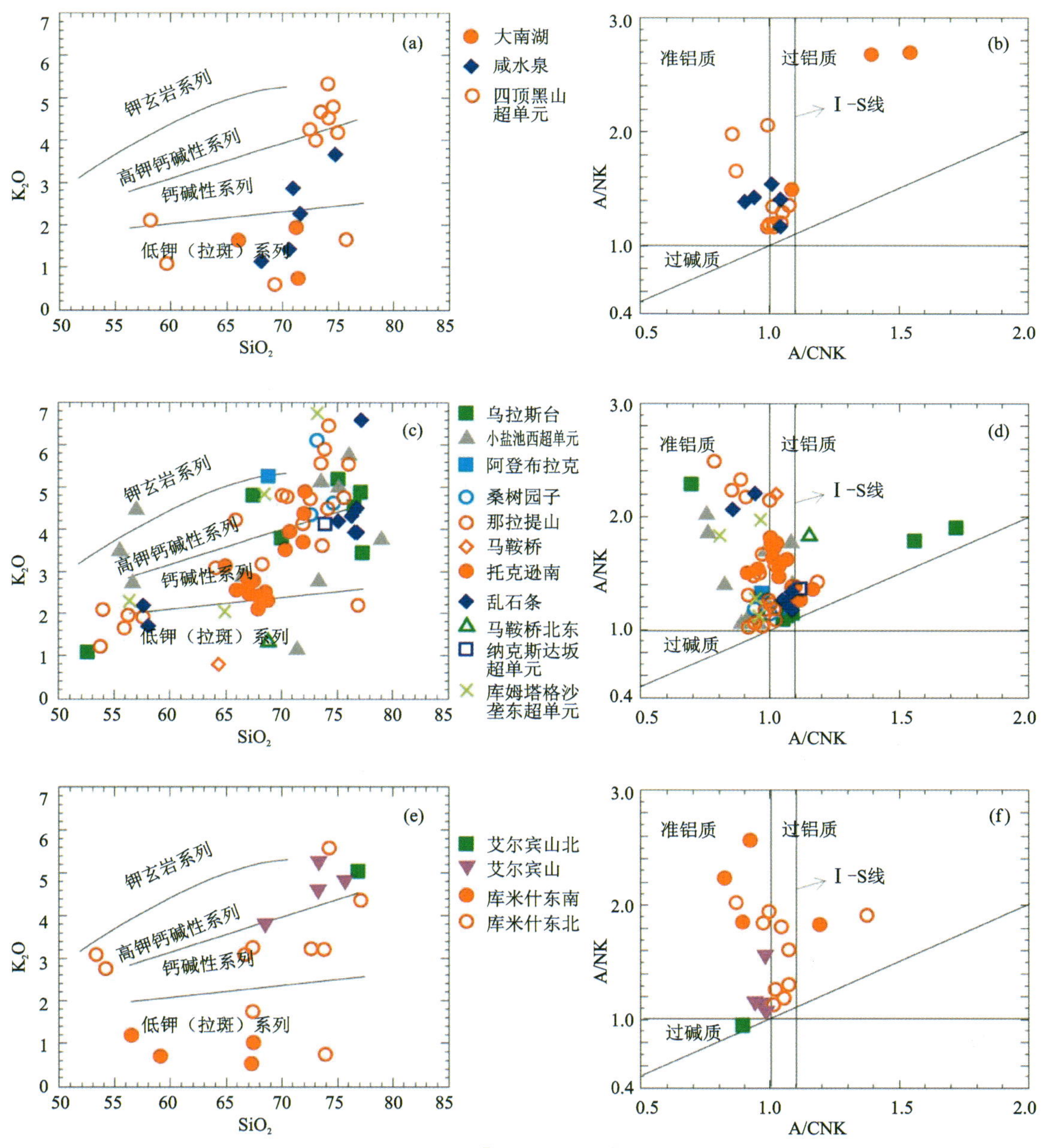

图 3-13　天山地区泥盆纪花岗岩 SiO_2-K_2O[(a)、(c)、(e)]和 A/CNK-A/NK[(b)、(d)、(f)]图解

早石炭世花岗岩主要沿康古尔-红石山断裂带分布，锆石同位素年龄范围为351.3～320Ma，且集中在334～328Ma。土屋—延东一带的花岗闪长岩和斜长花岗岩呈岩株产出，红云滩正长花岗岩呈岩基产出。这些岩体的SiO_2含量为57.96%～74.63%，里特曼指数为0.34～2.03，K_2O/Na_2O值为0.13～0.58，个别为2.96，A/CNK值为0.84～1.70，以准铝质-过铝质富钠的低-中钾钙碱系列为主(图3-14)。稀土元素配分型式为轻稀土富集型，稀土元素总量为16.6×10^{-6}～74.4×10^{-6}，具近平坦型或正Eu异常特征。微量元素原始地幔标准化蛛网图上，大离子亲石元素富集，Nb、Ta、Zr和Hf相对亏损，与岛弧花岗岩相似，这些岩体多被认为是与汇聚作用有关的岩浆作用产物(陈富文等，2005；吴昌志等，2006；吴华等，2006；朱增伍等，2006；周涛发等，2010)。

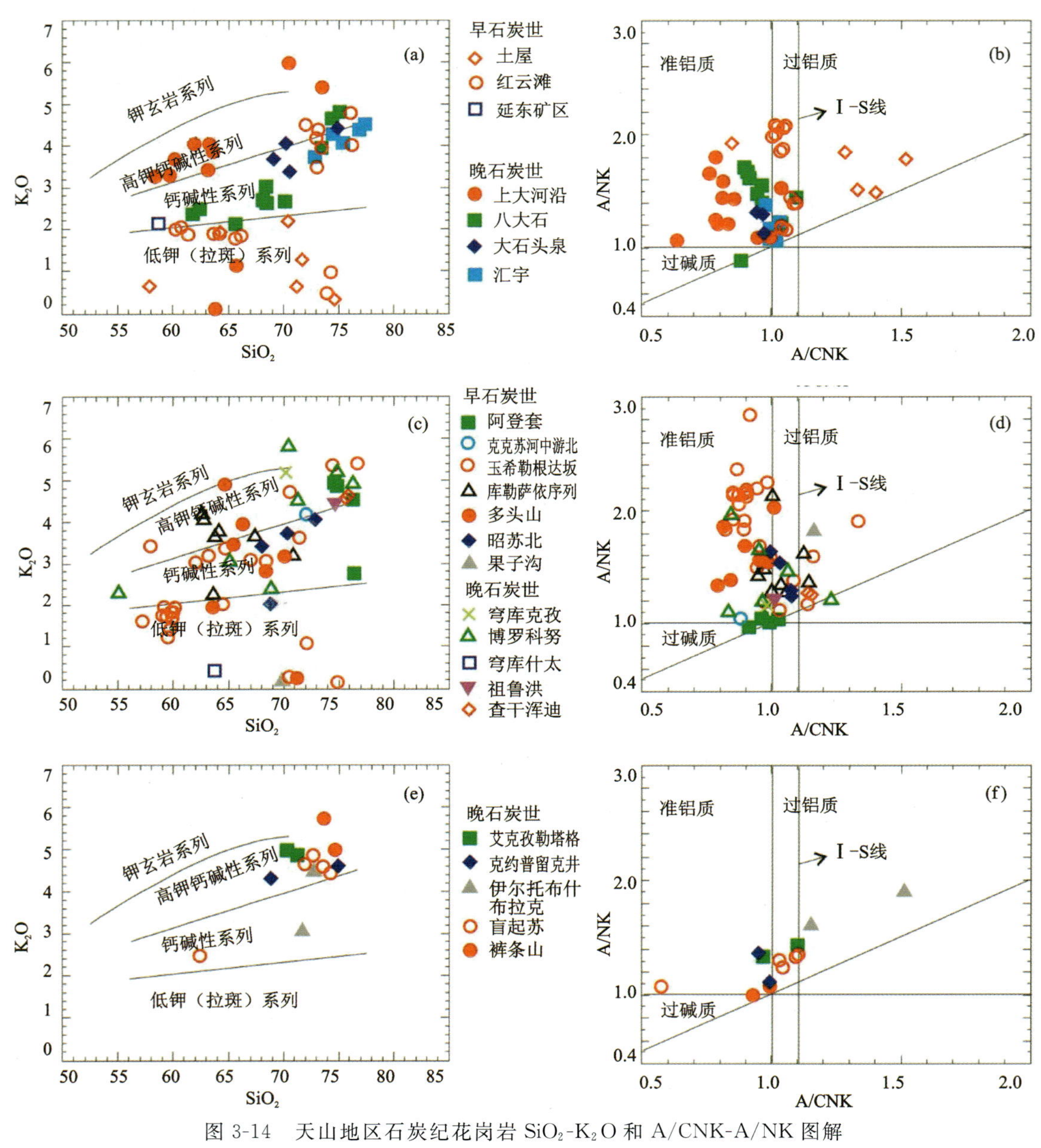

图3-14　天山地区石炭纪花岗岩SiO_2-K_2O和A/CNK-A/NK图解

(a)、(b)：北天山；(c)、(d)：中天山；(e)、(f)：南天山

北天山地区晚石炭世花岗岩在博格达山脉、哈尔里克山、康古尔-雅满苏、红石山和黑鹰山均有分布，向东一直到达额济纳旗的戈壁一带，锆石同位素年龄集中在317～298Ma。岩石类型有石英闪长岩、二长花岗岩、花岗闪长岩和正长花岗岩。这些岩体的SiO_2含量为58.53%～75.26%，里特曼指数为

1.69～3.65，K_2O/Na_2O 值为 0.02～1.76，平均值为 0.90，A/CNK 值为 0.63～1.09，总体上属富钠的准铝质高钾钙碱性系列[图 3-14(a)、(b)]。稀土元素均呈轻稀土富集型配分型式，多数具有 Eu 的负异常。微量元素原始地幔标准化配分型式上，大离子亲石元素富集，Ba 相对亏损，Ce 相对富集，与板内或者碰撞花岗岩相似，这些岩体多被认为是晚石炭世裂谷活动的产物(夏林圻等，2004；徐学义等，2006)，或是博格达裂谷陆内碰撞环境由挤压变为拉张的转折时期的产物(顾连兴等，2000；2001)，也有人认为是与扩大了的西伯利亚板块活动陆缘俯冲有关(李锦轶等，2006)。

二叠纪岩体主要有乌苏煤矿南岩体、巴里坤东岩体、大柳沟(墙墙沟)岩体、克孜尔塔格岩体、垄东岩体、黄山南岩体和骆驼峰等，碱性岩体有塔什巴斯他乌岩体、库木塔格西南碱长花岗岩和正长(斑)岩岩株。岩体的锆石同位素年龄为(298±2)～(252.4±2.9)Ma(李华芹等，1998，2004；秦克章等，2001；李文明等，2002；任秉琛等，2002；王瑜等，2002；赵明等，2002；韩宝福等，2004；顾连兴等，2006；李少贞等，2006；任燕等，2006；李永军等，2007；唐俊华等，2008；王居里等，2009；汪传胜等，2009；Yuan et al.，2010；周涛发等，2010；大黑山幅 1：25 万区域地质调查报告)，以早—中二叠世为主。岩石组合为正长花岗岩、二长花岗岩、二云母花岗岩、白云母花岗岩、花岗闪长岩、石英闪长岩以及碱性岩(英正长岩、正长岩、正长花岗岩和碱长花岗岩)。岩体的 SiO_2 含量为 60.31%～78.25%，里特曼指数为 1.05～3.17；(K_2O+Na_2O)含量为 5.63%～9.56%，K_2O/Na_2O 值为 0.34～2.97，A/CNK 值为 0.82～1.26，属准铝质-过铝质低钾-高钾钙碱系列岩石(图 3-15)。岩石大体可以分为 4 种类型：一是过铝质的二长花岗岩和正长花岗岩，A/CNK 值为 1.08～3.17；二是准铝质，但 A/NK 值特别高(2.00～2.14)的石英闪长岩，A/CNK 值为 0.90～0.91；三是准铝质，钠含量很高，具有碱性花岗岩特征的二长花岗岩，A/NK 值为 0.82～1.00；四是 A/NK 值为 1.01～1.43 的准铝质二长花岗岩，A/CNK 值为 0.82～0.94，岩体具近平坦型、轻稀土富集型和强烈轻稀土富集型配分型式，$(La/Yb)_N$ 值为 1.1～28.4，稀土元素总量和 Eu 异常变化大，ΣREE 值为$(18.2～477.4\times10^{-6})$，δEu 值为 0.01～0.99。微量元素变化大，微量元素原始地幔标准化蛛网图上的分析型式也不尽相同，但是多数具有大离子亲石元素富集特征，Ba 相对亏损，具有 Ta、Nb 槽和 Zr、Hf 槽。巴里坤东岩体、大柳沟(墙墙沟)岩体和塔什巴斯塔乌岩体为 A 型花岗岩，由于 K_2O+Na_2O 含量高，乌苏煤矿南岩体的部分样品在 K_2O-Na_2O 图解中亦显示 A 型花岗岩特征。

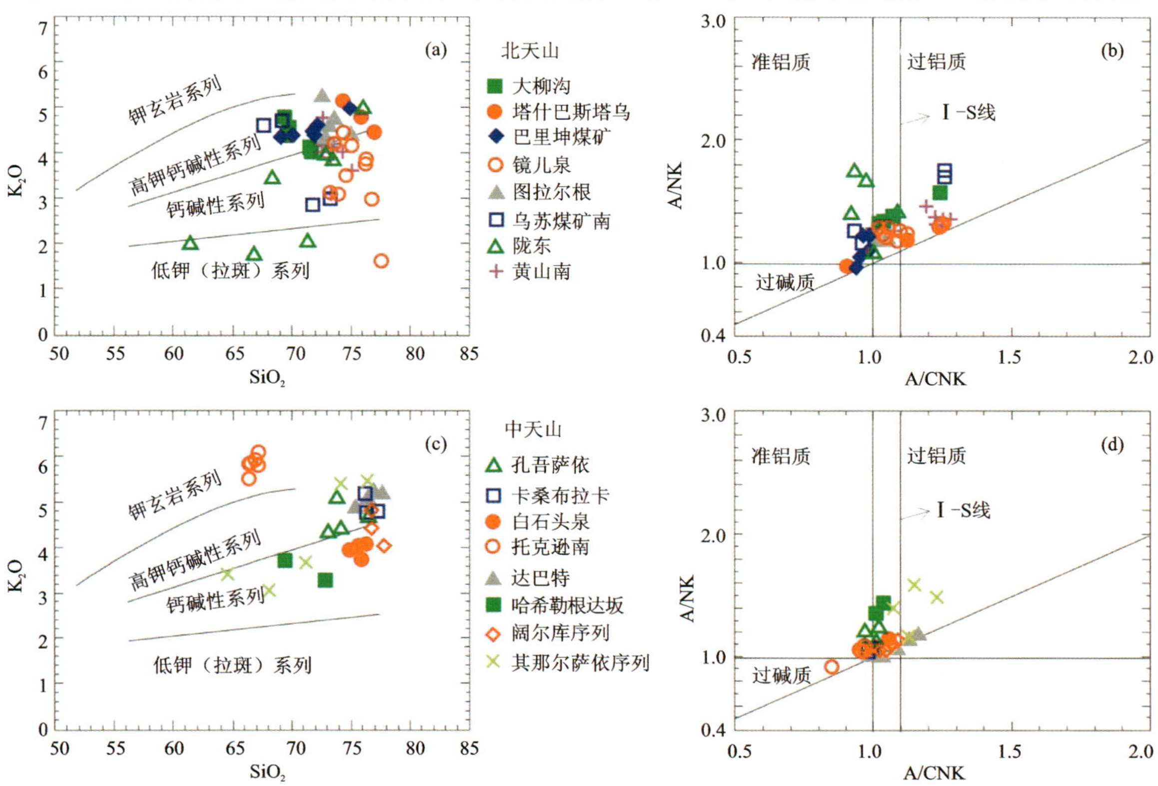

图 3-15 天山地区二叠纪花岗岩 SiO_2-K_2O[(a)、(c)]和 A/CNK-A/NK[(b)、(d)]图解

此外，该构造岩浆岩带三叠纪侵入体有小草湖超单元(白山东岩体)①和梧桐小泉岩体②，呈岩基产出。李文明等(2002)、周涛发等(2010)认为该岩体属海西晚期。李华芹等(2005)根据白山铼钼矿区黑云母斜长花岗岩 SHRIMP 锆石 U-Pb 年龄为 184～178Ma，与含矿石英脉石英 Rb-Sr 等时线 ^{40}Ar-^{39}Ar 坪年龄 194～180Ma 基本一致，认为成矿岩体属侏罗纪。李华芹等(2006)测得矿区南部斜长花岗斑岩的锆石 U-Pb 年龄为 235～245Ma，矿区东部黑云母正长花岗岩的 SHRIMP 锆石 U-Pb 年龄为 239±8Ma，矿石中辉钼矿的 Re-Os 等时线年龄为 229±2Ma，进而认为该岩体有两期成岩作用，分别为中三叠世和早侏罗世。梧桐小泉岩体 LA-ICP-MS 锆石 U-Pb 年龄为 237.5±2.4Ma，时代为三叠纪。岩石类型有花岗闪长岩、(似)斑状二长花岗岩、黑云母二长花岗岩和白云母二长花岗岩等(宋秉田，2007；1：25 万沁城幅区域地质调查报告，2016)。岩体的 SiO_2 含量为 68.00%～76.92%，里特曼指数为 1.28～2.02，(K_2O+Na_2O) 含量为 6.84%～14.53%，K_2O/Na_2O 值为 0.46～1.34，A/CNK 值为 0.09～1.13，为过铝质-准铝质高钾钙碱系列岩石组合(图 3-16)。稀土元素配分型式属呈轻稀土富集型，$(La/Yb)_N$ 值为 2.5～17.1，具弱—极强烈 Eu 亏损，δEu 值为 0.18～0.98。微量元素原始地幔标准化蛛网图中，大离子亲石元素富集，Ba 弱亏损，有弱的 Nb、Ta 槽和 Zr、Hf 槽。综合判别，该岩体为具有钙碱系列非造山 A 型花岗岩特征，是三叠纪陆内构造演化环境下岩浆作用产物。

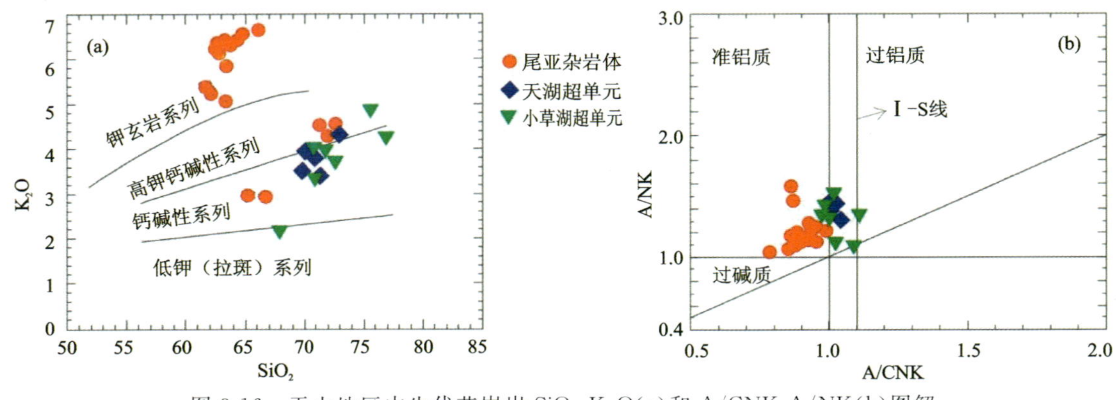

图 3-16　天山地区中生代花岗岩 SiO_2-K_2O(a)和 A/CNK-A/NK(b)图解

北天山早古生代岩体的 Nd 同位素资料缺乏。泥盆纪咸水泉岩体的花岗闪长岩的 $^{143}Nd/^{144}Nd$ 值为 0.512 695，$\varepsilon_{Nd}(t)$ 值为+3.86，T_{DM2} 值为 804Ma(唐俊华等，2007)。石炭纪—二叠纪花岗岩中，哈尔里克地区花岗岩的 $^{143}Nd/^{144}Nd$ 值为 0.512 680～0.512 724，$\varepsilon_{Nd}(t)$ 值为+1.92～+5.64(顾连兴等，2001；汪传胜等，2009；Yuan C，2010)，T_{DM2} 值为 696～810Ma，变化范围很小；觉罗塔格-黑鹰地区石炭纪—二叠纪花岗岩的 $^{143}Nd/^{144}Nd$ 值为 0.512 730～0.513 238，$\varepsilon_{Nd}(t)$ 值为+4.48～+14.16(李华芹等，1998；李文明等，2003；聂凤军等，2004；陈富文等，2005；刘明强等，2005；李锦轶等，2006；唐俊华等，2008)，T_{DM2} 值为 146～620Ma，相对比较年轻；黑鹰山地区的甜水井岩体和干河梁南超单元的 $^{143}Nd/^{144}Nd$ 值为 0.512 323～0.512 933，$\varepsilon_{Nd}(t)$ 值为−15.31～+8.24(江思宏等，2006)，岩体的 T_{DM2} 值为 400～2121Ma，平均值 1068Ma，比其他花岗岩要老许多。这些 Nd 同位素特征表明，花岗岩的源区在黑鹰山(北山)地区和天山地区之间存在着明显差异。此外，三叠纪的马鞍山超单元花岗岩的 $^{143}Nd/^{144}Nd$ 值为 0.512 706，$\varepsilon_{Nd}(t)$ 值为+4.08，T_{DM2} 值为 678Ma，也表现出源区较年轻的特征。

在天山及邻区花岗岩的 $\varepsilon_{Nd}(t)$-t 图(图 3-17)中，除个别花岗岩外，北天山地区的花岗岩主要形成于泥盆纪—二叠纪，均具有正的 $\varepsilon_{Nd}(t)$ 值，且分布相对集中。在 $\varepsilon_{Nd}(t)$-$(^{87}Sr/^{86}Sr)_t$ 相关图(图 3-18)中，觉罗塔格构造岩浆岩亚带的土屋—延东一带的早石炭世斜长花岗岩大部分落在地幔趋势线之内，位于 MORB-OIB 交互区，与同期火山岩分布范围一致(夏林圻等，2006)。石炭纪玄武岩浆来源于似洋岛玄

① 《红宝石幅(K47C002001)1：25 万区域地质调查报告》，甘肃省地质调查院，2004.

② 《沁城幅(K46C002004)1：25 万区域地质调查报告》，中国地质调查局西安地质调查中心，2016.

武岩源的地幔柱源，受地壳和岩石圈地幔的混染作用而复杂化，使微量元素具有岛弧型火山岩特征，可能与含有早古生代—泥盆纪弧盆建造的上地壳的混染有关（夏林圻等，2006）。

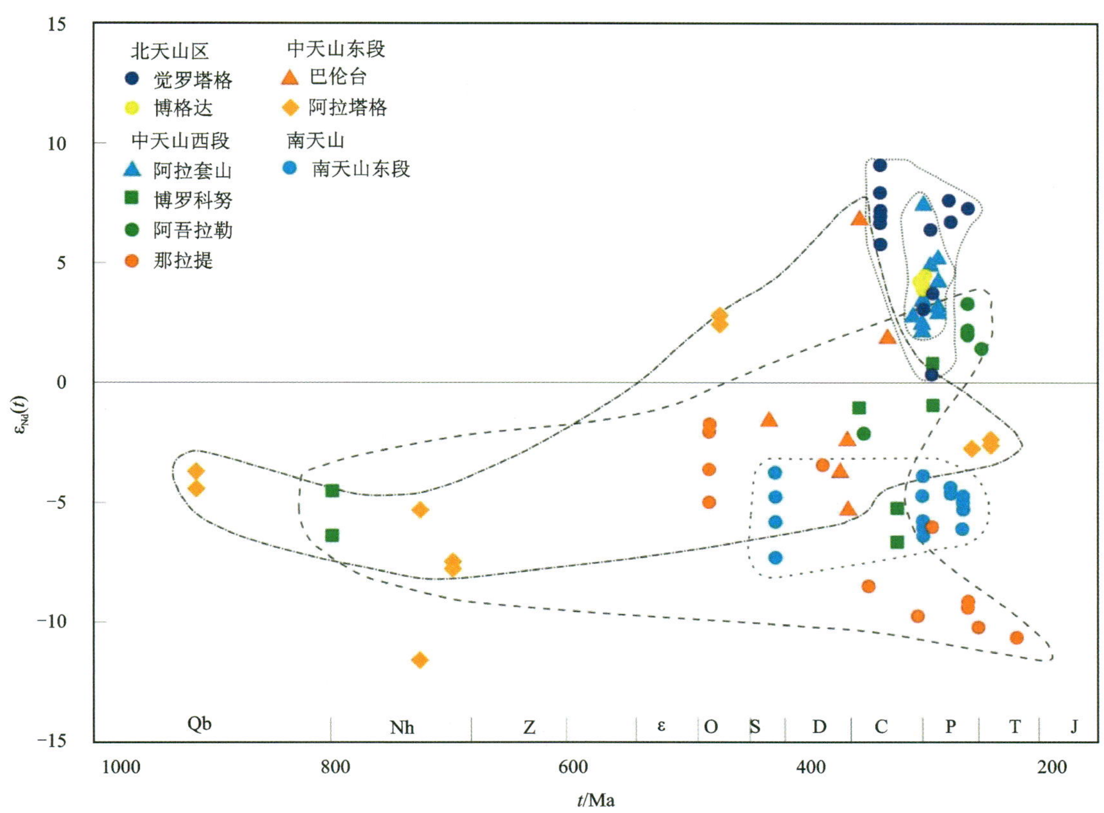

图 3-17 天山地区花岗岩 $\varepsilon_{Nd}(t)$-t 图解

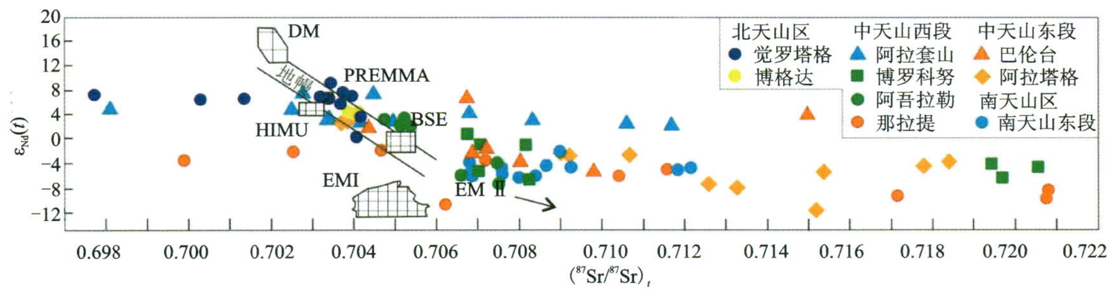

PREMA. 普通地幔；EMⅠ、EMⅡ. 富集地幔；BSE. 全硅酸盐地球；HIMU. 具有高 U/Pb 值的地幔；DM. 方损地幔

图 3-18 天山地区花岗岩 $\varepsilon_{Nd}(t)$-$(^{87}Sr/^{86}Sr)_t$ 图解

3. 博罗科努、乌孙山-阿吾拉勒构造岩浆岩亚带

博罗科努构造岩浆岩亚带和乌孙山-阿吾拉勒构造岩浆岩亚带位于西天山地区，地理上涵盖了几乎整个伊犁地区。该构造岩浆岩亚带的侵入岩浆活动可以划分为前南华纪、南华纪—中泥盆世和中泥盆世—中二叠世 3 个旋回。

前南华纪侵入岩包括蓟县纪和青白口纪岩体。蓟县纪花岗岩出露在伊犁地块南部，有塔勒木朔（单颗粒锆石 Pb-Pb 年龄 1096±16Ma）[①]、库克乌枕和达根别里山 3 个岩体，以过铝、富镁的低钾和中钾钙

① 《察汗萨拉幅 1∶5 万区域地质调查报告》，新疆地矿局第四地质调查所，2000.

碱系为主，有少量富钠奥长花岗岩，达根别里山岩体则为过铝、富镁质高钾钙碱系列花岗岩，形成环境为以挤压为主的同碰撞环境，并有少量岛弧和造山晚期扩张环境产物。青白口纪岩体有伊犁南部温泉地区眼球状片麻状花岗岩，其 SHRIMP 锆石 U-Pb 年龄为 919±6Ma，岩石类型主要为二长花岗岩，SiO_2 含量大于 70%、(K_2O+Na_2O)含量大于 7%，且 $K_2O>Na_2O$，属过铝质中—高钾钙碱系列(图 3-19)。微量元素蛛网图有明显的 Nb、Sr、Ti 和 P 负异常。$\varepsilon_{Nd}(t)$值为−3.2～−0.1，T_{DM2} 为 1.9～1.6Ga。该岩体被认为是大陆边缘构造环境(胡霭琴等，2010)。

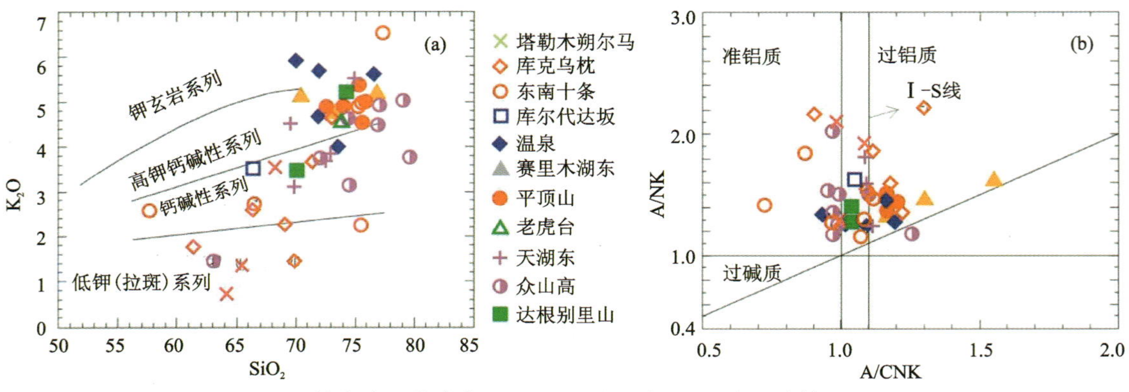

图 3-19　天山地区前寒武纪花岗岩 SiO_2-K_2O 和 A/CNK-A/NK 图解(据徐学义等，2013)

南华纪—中泥盆世侵入岩浆活动由弱到强逐渐增加，南华纪—震旦纪岩浆活动微弱，仅有赛里木湖东的天窗片麻状花岗岩，其锆石 U-Pb 年龄为 798Ma(陈义兵等，1999)。岩石地球化学上，这些岩体 SiO_2 含量为 70.44%～76.78%，(K_2O+Na_2O)含量大于 7%，属过铝质高钾钙碱系列，微量元素具有 Nb、Sr、Ti 和 P 负异常，$\varepsilon_{Nd}(t)$值为−6.35～−4.44，T_{DM} 为 2.0～1.8Ga。该岩体整体上与温泉岩体特征相似。

寒武纪侵入体有夏特闪长岩和森木塔斯混合岩化花岗岩，锆石 LA-ICP-MS 年龄分别为 523.5±5.7Ma和 494.2±5.8Ma(徐学义等)。奥陶纪仅有比开花岗岩和夏特二长花岗岩，前者的锆石 LA-ICP-MS 年龄为 478±1.8Ma(龙灵利等，2007)，后者的 SHRIMP 年龄为 470±12Ma(Qian et al.，2009)。寒武纪—奥陶纪花岗岩的岩石类型有正长花岗岩、二长花岗岩和花岗闪长岩等，SiO_2 含量为 67.98%～73.94%，K_2O/Na_2O 值为 0.65～1.15，A/CNK 值为 0.99～1.09，属富钠准铝质中钾钙碱系列(图 3-20)。稀土元素球粒陨石标准化配分型式呈轻稀土富集型，具中等 Eu 亏损，δEu 值为 0.59～0.77。微量元素原始地幔标准化蛛网图中，大离子亲石元素 Rb、Ba 和 Th 富集，呈 M 型，具有 Ta、Nb 槽和 Zr、Hf 横槽。构造环境判别显示为同碰撞和岛弧环境，表明中天山南缘在寒武纪末期很可能有一次俯冲事件。寒武纪花岗闪长岩的 $\varepsilon_{Nd}(t)$=−5.16～6.96(t=494.2Ma)，两阶段模式年龄变化于 1539～921Ma 之间，表明该岩体源区以地壳成分为主，并有幔源物质的加入。

志留纪—早中泥盆世岩体分布在中天山南缘那拉提地区，如阿登布拉克、比开花岗岩、比开河花岗岩、克克苏河中游花岗岩和辉石闪长岩、森木塔斯(阿克牙孜河)闪长岩、新源林场东(养鹿场)黑云母二长花岗岩、穹库什台二长花岗岩及青布拉克闪长岩等，其锆石同位素年龄为 437～419Ma(徐学义等，2006；朱志新等，2006；龙灵利等，2007；张作衡等，2007；Gao et al.，2009)和 412～382Ma(周泰禧等，2000；龙灵利等，2007；Gao et al.，2009)。这些岩体多呈条带状或者不规则形状产出，有一定程度的变形变质作用，岩石组合有角闪斜长花岗岩、石英闪长岩、花岗闪长岩、二长花岗岩和(正长)花岗岩等。岩石地球化学上，以准铝质-过铝质高钾钙碱系列为主，个别为 Shoshonite 系列，A/CNK 值为 0.91～1.65(图 3-21)。稀土元素呈轻稀土富集型标准化配分型式，微量元素具有 Rb、Ba、Th 的富集和 Nb、Zr 的亏损，高场强元素含量低，具有同碰撞、造山晚期或晚造山期花岗岩特征。这些花岗岩的形成，也许与尼古拉耶夫线东延至中国境内夏特一带的帖尔斯克依洋在大约 460Ma(Gao et al.，2009)形成的碰撞造山作用有关。

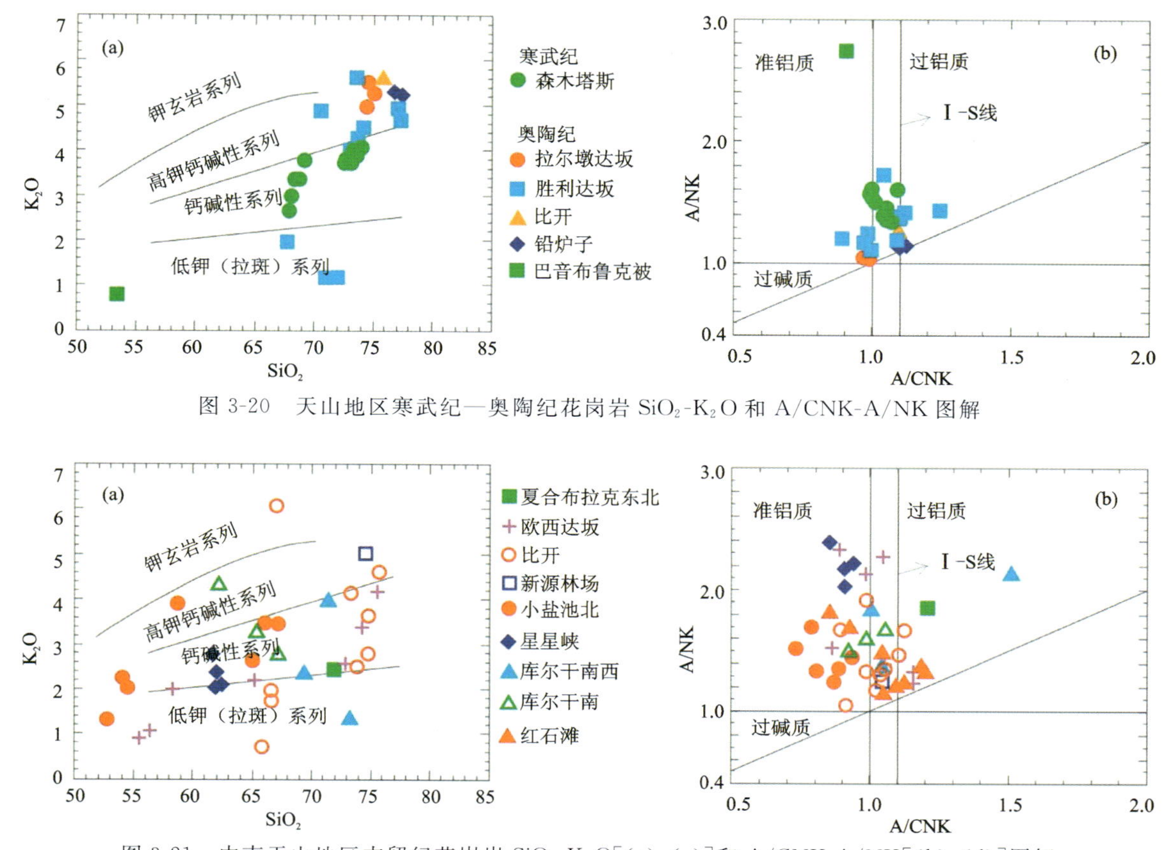

图 3-20 天山地区寒武纪—奥陶纪花岗岩 SiO_2-K_2O 和 A/CNK-A/NK 图解

图 3-21 中南天山地区志留纪花岗岩 SiO_2-K_2O[(a)、(c)]和 A/CNK-A/NK[(b)、(d)]图解

晚泥盆世—早中二叠世是伊犁地块构造岩浆岩带岩浆活动最强烈的时期。其中，晚泥盆世岩体集中在那拉提山主峰一带，岩石类型有花岗岩、花岗闪长岩、二长花岗岩和正长花岗岩等，锆石同位素年龄集中在 372～366Ma。早石炭世花岗岩集中分布在那拉提地区，包括十余个岩体，同位素年龄也相对集中(358～336)Ma，岩石类型有二长花岗岩、正长花岗岩、花岗岩和石英闪长岩以及少量闪长岩和石英辉长岩。博罗科努西段果子沟角闪花岗岩锆石年龄为 351.9±1.6Ma(徐学义等，2006)；昭苏地区阿登套正长花岗岩和昭苏北二长花岗岩，锆石年龄分别为 354.2±2.3Ma(李继磊等，2010)和 348.4±0.8Ma(徐学义等，2006)；阿吾拉勒西段玉希勒根大坂石英闪长岩锆石年龄为 331±6Ma(李永军等，2007)。晚石炭世花岗岩分布分散，一些岩体是复合岩基，面积可达数百平方千米到 $2000km^2$ 以上，同位素年龄为 299～318Ma，形成时代跨越了晚石炭世—早中二叠世。博罗科努岩基 SHRIMP 锆石 U-Pb 年龄为(308.2±5.4)～(266±6)Ma(朱志新等，2006；王博等，2007)，岩体东段乌苏南山黑云母花岗岩的全岩 Rb-Sr 等时线年龄为 292±15Ma(周汝洪等，1987)。晚泥盆世—早石炭世岩体的 SiO_2 含量为57.08%～76.46%，里特曼指数为 0.42～3.91，K_2O/Na_2O 值为 0.05～1.74，平均值为 0.74，A/CNK 值为 0.78～1.32，为富钠准铝质高钾钙碱系列(图 3-13、图 3-14)。稀土元素呈轻稀土富集型，$(La/Yb)_N$ 值为 2.89～8.75，δEu 值为 0.11～0.92，具 Eu 负异常。微量元素原始地幔标准化配分型式上，大离子亲石元素富集程度较低，具显著的 Th 富集和 Ta、Nb 槽，Hf、Zr 槽不显著，具有岛弧花岗岩的特征。然而，其形成环境却有岛弧(李卫东等，2008；杨高学等，2008；王新昆等，2009；朱志新等，2011)、石炭纪—二叠纪裂谷(夏祖春等，2005)、碰撞后(徐学义等，2006)和活动陆缘弧后拉张(李继磊等，2010)等不同认识。

晚石炭世岩体以正长花岗岩、花岗岩、二长花岗岩和石英闪长岩为主，且出现了富碱花岗岩。例如，阿拉套山的查干浑迪-喀孜别克岩体岩石组合为碱长花岗岩、二云母碱长花岗岩和正长花岗岩。晚石炭

世侵入岩 SiO_2 含量为 63.70%～76.14%，里特曼指数为 0.57～3.75，K_2O/Na_2O 值为 1.16～1.87，A/CNK值为 0.82～1.22，以过铝质为主，有较多准铝质的高钾钙碱系列- Shoshonite 系列岩石组合（图 3-14）。稀土元素配分型式为轻稀土富集型，$(La/Yb)_N$ 值为 1.6～8.6。在微量元素原始地幔标准化蛛网图上，大离子亲石元素富集程度较高，Ba 强烈亏损，具有 Ta、Nb 槽。阿登套、博罗科努和查干浑迪等岩体的碱性花岗岩、正长花岗岩和二长花岗岩，岩石地球化学显示 A 型花岗岩的特征，表明其形成于石炭纪—二叠纪裂谷（夏祖春等，2005；徐学义等，2006）或造山后花岗岩构造环境（周泰禧等，1995）。

二叠纪岩体主要分布在伊犁地块以北的阿拉套山一带，包括哈拉吐鲁克山、查干浑迪-喀孜别克、祖鲁洪岩体、乌拉斯坦（复合岩基）、察哈乌苏和卡桑布拉等岩体，其他地区有特克斯达坂岩体中的其那尔萨依序列和那拉提镇东北的阔尔库序列以及博罗科努南岩株达巴特岩体，锆石同位素年龄范围为（299.1±6）～（281±9）Ma（刘志强等，2005；陈必河等，2007；李永军等，2007；王博等，2007；唐功建等，2008；杨高学等，2008），均属早二叠世。阿拉套山一带二叠纪花岗岩的 SiO_2 含量为 71.50%～77.16%，里特曼指数为 1.87～2.71，(K_2O+Na_2O) 含量为 7.40%～9.25%，K_2O/Na_2O 值为 1.04～1.49，A/CNK值为 0.97～1.02（刘志强等，2005；陈必河等，2007），属准铝质富钾的高钾钙碱系列岩石组合（图 3-15），具较弱的轻稀土富集型稀土元素配分型式，$(La/Yb)_N$ 值为 2.7～5.2 和强烈的 Eu 亏损，δEu 值为 0.05～0.45。在微量元素原始地幔标准化蛛网图上，大离子亲石元素富集程度较高，但 Ba 的相对亏损很明显，并具有 Nb 槽和 Zr、Hf 槽。哈拉吐鲁克山岩体具有 A 型花岗岩特征的高钾钙碱系列岩石特征，形成于碰撞后构造伸展环境。该构造岩浆岩带中，其他地区二叠纪花岗岩类的 SiO_2 含量为 70.66%～77.83%，中性岩类（包括石英正长岩和闪长岩等）SiO_2 含量为 54.42%～66.24%，里特曼指数为 1.65～5.67，(K_2O+Na_2O) 含量为 5.21%～10.10%，K_2O/Na_2O 值为 0.48～3.75，既有碱性系列岩石也有高钾钙碱系列的岩石组合。A/CNK 值为 0.80～1.11，属准铝质-过铝质花岗岩（图 3-15）。稀土元素配分型式显示轻稀土富集型，$(La/Yb)_N$ 值为 2.2～11.9，呈强烈-中等 Eu 亏损，δEu 值为 0.01～0.83（李卫东等，2008；杨高学等，2008）。微量元素原始地幔标准化蛛网图上，大离子亲石元素富集程度中等，但 Ba、Th 略有相对亏损。构造环境判别显示既有 I 型也有 A 型花岗岩，形成于板块碰撞后的大陆裂谷环境。

中天山西段阿拉套山地区花岗岩的 $^{143}Nd/^{144}Nd$ 值为 0.512 656～0.512 931，$\varepsilon_{Nd}(t)$ 值为 +2.19～+7.51（图 3-17）（周泰禧等，1996；刘志强等，2005），T_{DM2} 值为 599～858Ma。博罗科努地区岩体的 $^{143}Nd/^{144}Nd$ 值为 0.512 021～0.512 514，$\varepsilon_{Nd}(t)$ 值为 −6.35～−0.96（陈义兵等，1999；徐学义等，2006），T_{DM2} 值为 986～1981Ma。乌孙山-阿吾拉勒地区花岗岩的 $^{143}Nd/^{144}Nd$ 值为 0.512 256～0.512 736，$\varepsilon_{Nd}(t)$ 值为 −2.12～+4.80（图 3-17），T_{DM2} 值为 683～1273Ma（车自成等，1996；李华芹等，1998；徐学义等，2006）。那拉提地区花岗岩的 $^{143}Nd/^{144}Nd$ 值为 0.511 990～0.512 300，$\varepsilon_{Nd}(t)$ 值为 −11.08～−1.79（图 3-17）（周泰禧等，2000；龙灵利等，2007），T_{DM2} 值为 1353～1923Ma。上述特征显示，阿拉套山、博罗科努山、乌孙山-阿吾拉勒和那拉提等地区花岗岩的源区性质差异明显。

4. 中天山中段、中天山东段和公婆泉-马鬃山构造岩浆岩亚带

该构造岩浆岩亚带包括中天山中段（巴仑台-马鞍桥）奥陶纪—二叠纪构造岩浆岩亚带、中天山东段（卡瓦布拉克-明水）南华纪—三叠纪构造岩浆岩亚带和甘肃北山的公婆泉-马鬃山南华纪—二叠纪构造岩浆岩亚带，侵入岩浆活动从长城纪以来持续发展，以晚古生代为主。

中元古代岩体较少，仅有发育在阿拉塔格一带的众高山花岗岩序列（锆石 SHRIMP 年龄为 1453±15Ma）和马鬃山—五峰山一带的牛角西山片麻岩套，主要岩性为片麻状花岗闪长岩和二长花岗岩，有少量中基性岩，具有低 CaO、MgO，富 K_2O、高 K_2O/Na_2O 值的特征，属准铝质高钾钙碱性系列岩石组合。牛角西山片麻岩套的 Sm-Nd 模式年龄为 1459±20Ma，主要岩性为二长花岗质、英云闪长质、石英闪长质、闪长质和辉长质片麻状岩石，里特曼指数为 1.13～3.02，A/NCK 值为 1.2～1.73，以过铝质高钾钙

碱系列为主，并含少量低钾和钾玄质成分(图 3-19)。辉长岩和闪长岩稀土配分曲线均为平坦型和不明显的右倾型，ΣREE 含量偏低($69.37\times10^{-6}\sim79.03\times10^{-6}$)。石英闪长岩、英云闪长岩和二长花岗岩稀土配分曲线为轻稀土富集型，ΣREE 含量中等($53.07\times10^{-6}\sim238.89\times10^{-6}$)，微量元素原始地幔标准化配分型式极其相似，均具有大离子亲石元素 M 型和相对较低的 Zr、Hf 含量特征，与同碰撞和后碰撞花岗岩相似。构造环境判别显示该套片麻岩形成于同碰撞环境。

青白口纪岩体有马鞍桥地区的拉尔墩达坂花岗片麻岩(948Ma)(陈新跃等，2009)(895.6±2.6Ma)(Long et al.，2014)、冰大坂岩体(926Ma)(陈新跃等，2009)和乌瓦门北(老巴仑台岩体)混合岩化花岗闪长岩(Rb-Sr 等时线年龄为 818Ma)(周汝洪，1987)，星星峡一带的平顶山眼球状混合花岗岩(960～849Ma)(顾连兴等，1990；胡霭琴等，1995，1997；孟勇等，2018)。岩石地球化学上，平顶山岩体的里特曼指数为 1.04～1.68，铝饱和指数为 0.97～1.17，多数为过铝质或强过铝质钙碱系列，具有 S 型花岗岩特征(图 3-19)。稀土元素球粒陨石标准配分型式均为轻稀土富集型，$(La/Yb)_N$值为 4.71～8.44，稀土元素总量较高($141.8\times10^{-6}\sim203.3\times10^{-6}$)，具有中等 Eu 负异常，$\delta Eu=0.35\sim0.77$。微量元素原始地幔标准化蛛网图上，平顶山岩体花岗岩具有典型碰撞花岗岩类配分型式，即大离子亲石元素 M 型和相对较低的 Ta、Nb、Zr、Hf 含量。岩体的锶同位素初始值为 0.717 7～0.718 4，$\varepsilon_{Nd}(t)$值为$-4.0\sim-3.7$，钕同位素模式年龄为 2050Ma，$\delta^{18}O$ 为 10.5‰(王银喜等，1991)，指示岩体源岩可能是古元古代地壳物质。冰大坂岩体除(TFeO+MgO)值偏高外，其余特征均与奥长花岗岩区相似，具富集轻稀土和大离子亲石元素、轻重稀土分馏程度较差、SiO_2含量较高的特征，与区域变质玄武安山岩的稀土含量和配分型式相似，具较低的$^{87}Sr/^{86}Sr$ 值(刘良等，1994)。构造环境综合判别显示，平顶山岩体形成于大陆碰撞造山后的伸展阶段，而冰大坂斜长花岗岩被认为是岛弧环境产物(刘良等，1994)。

南华纪岩体有阿拉塔格一带的天湖东黑云母二长花岗岩、选矿厂后黑云母花岗闪长岩和大红山正长花岗岩(顾连兴等，1990；张遵忠等，2004)，A/CNK 值为 1.08～1.11，属过铝质高钾钙碱系列(图 3-19)。天湖东岩体的稀土和微量元素具有岛弧花岗岩特征，锶同位素初始值为 0.712 6～0.715 3，$\varepsilon_{Nd(t)}=-7.8\sim-4.6$，钕同位素模式年龄为 1850～1810Ma，$\delta^{18}O$ 为 14.7‰～15.7‰，被认为是造山过程的挤压-拉张转折期形成的原地改造型花岗岩，继承了原岩(岛弧火山岩)的成分特征(王银喜等，1991；张遵忠等，2004)。

该构造岩浆岩带中，震旦纪岩体集中分布在阿拉塔格地区，包括东南石条闪长岩(SHRIMP 年龄为 644Ma)、小广场花岗闪长岩和石英二长岩、红星戈壁辉绿岩以及黄碱滩东南闪长岩等(1∶5 万黄碱滩等 4 幅区域地质调查报告)。此外，在马鬃山一带出露的梧桐井(红柳峡)片麻岩套，锆石 U-Pb 年龄为 558±13.7Ma(红宝石幅 1∶25 万区域地质调查报告)。震旦纪侵入岩的岩石地球化学类型复杂多样，有辉长岩、苏长岩、单辉苏长岩、闪长岩、石英二长岩、二长花岗岩、花岗闪长岩、正长花岗岩和碱性花岗岩等。其中，东南石条序列中的镁铁质岩和花岗质岩石的里特曼指数分别为 2.39～5.63 和 1.27～3.55，K_2O/Na_2O 分别为 0.10～0.90 和 0.51～3.29。镁铁质岩石属贫钾(K_2O=0.28%～2.73%)富钠(Na_2O=2.15%～3.80%)的偏碱性—钙碱性系列过渡类型，花岗质岩石属中—高钾(K_2O=2.27%～6.54%)的钙碱性系列花岗岩。花岗质岩石 A/CNK 值为 0.72～1.11，以过铝质为主(图 3-19)。镁铁质和花岗质岩石稀土元素相差较大，$(La/Yb)_N$值分别为 2.4～5.1 和 5.0～51.9，表明两者并非同源岩浆产物。从 δEu 值来看，镁铁质岩石为 0.93～4.26，有强烈的正 Eu 异常。花岗质岩石则可分为两类：其一为具有负 Eu 异常的花岗闪长岩和正长花岗岩，δEu 值为 0.39～0.58，稀土元素总量偏低($36.04\times10^{-6}\sim230.15\times10^{-6}$)；其二为具有正 Eu 异常的石英二长闪长岩和花岗岩，δEu 值为 1.15～2.37，稀土元素总量偏高($103.5\times10^{-6}\sim263.7\times10^{-6}$)。在微量元素原始地幔标准化蛛网图中，花岗岩类具有相对富集 K_2O、Rb、Ba、Th 等大离子不相容元素，亏损 Nb、Ta 的特征。从大离子亲石元素含量与 ORG 的比值及配分型式看，部分花岗岩应该与具有减薄大陆岩石圈的板内花岗岩(Pearce et al.，1984)类似，但个别样品也具有只有岛弧花岗岩才有的最富集的 Ba。上述稀土元素和微量元素特征表明，东南石条一带的镁铁质和花岗质岩石组成复杂，物质来源差异很大，尽管区域地质调查报告中将其视为双峰式侵入岩浆组合，但是还需要深入研究。马鬃山一带的梧桐井片麻岩套，里特曼指数为 1.50～2.10，K_2O/Na_2O 为 1.17～1.83，闪长岩为 0.65，A/CNK 值为 1.05～1.34，属过铝质高钾钙碱系列岩石。稀土元素的 $(La/Yb)_N$ 值变化大，闪长岩 $(La/Yb)_N$ 值为 10.1，花岗岩 $(La/Yb)_N$ 值为 42.1～54.4，表明两者的岩浆物质来源存在差异。花岗岩在 SiO_2-TFeO/(TFeO+MgO) 图中(Frost，2001)落入铁质花岗岩区，显示其与扩张环境有关。因此，梧桐井片麻岩可能代表着震旦纪 Rodinia 大陆裂解时岩浆作用产物。

寒武纪花岗岩出露在红柳井东北和马鬃山一带，红柳井东北的沙泉子东混合花岗岩年龄为 493.5Ma(新疆地质矿产局第一大队，1987)。马鬃山一带的马鬃山糜棱杂岩岩石类型有闪长岩、石英闪长岩和花岗闪长岩，石英闪长质糜棱岩的 Sm-Nd 全岩等时线年龄为 557.8±27Ma。岩石地球化学显示，花岗岩的里特曼指数为 1.44～2.08，A/CNK 值为 0.94～0.98，属准铝质高钾钙碱性系列(图 3-22)；辉长岩的里特曼指数为 3.64～3.87，属碱性系列。$(La/Yb)_N$ 值变化大，中酸性岩石为 11.0～22.2，基性岩为 3.3～12.1，多具 Eu 富集，δEu 值为 1.12～1.77，仅一个石英闪长岩的 δEu 值为 0.75，ΣREE 为 74.85×10^{-6}～201.07×10^{-6}。微量元素原始地幔标准化蛛网图中，大离子亲石元素富集程度较低，Ba 明显富集，Ta、Nb 槽明显，酸性岩的 Zr、Hf 槽也较明显。构造环境判别显示，马鬃山糜棱杂岩中的中酸性岩石为岛弧发展阶段产物。基性岩属碱性系列，CIPW 结果中含有 ol 分子，与酸性岩构造环境可能不同。

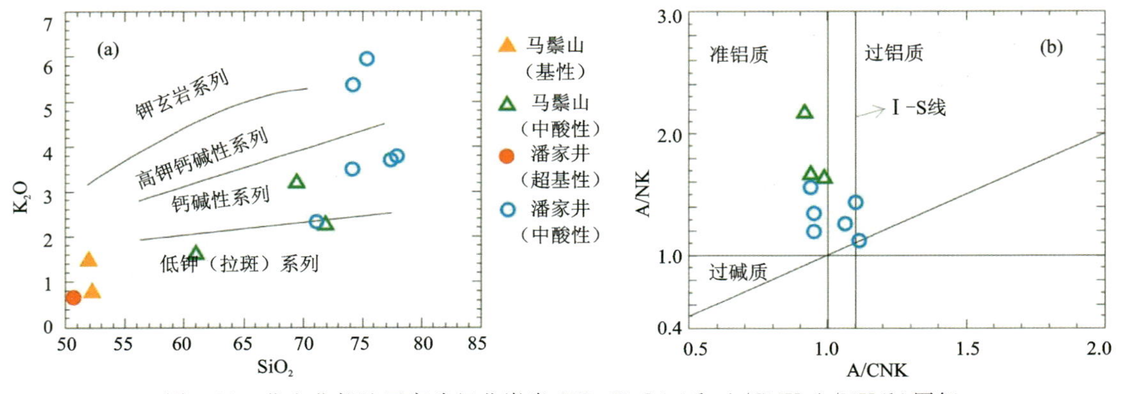

图 3-22　北山北部地区寒武纪花岗岩 SiO_2-K_2O(a)和 A/CNK-A/NK(b)图解

奥陶纪侵入体主要分布在巴仑台地区和星星峡一带。巴仑台地区有阿克塔西片麻状二长花岗岩、拉尔墩达坂正长花岗岩、老巴仑台黑云母花岗岩(韩宝福等，2004)以及巴音布鲁克北石英辉长岩和石英闪长岩岩体(徐学义等，2006)。冰达坂(胜利大坂)黑云母花岗岩岩体年龄数据有：Rb-Sr 等时线年龄为 464.8±71.4Ma(周汝洪，1987)，锆石 U-Pb 年龄为 435～439Ma(王居里，1995)，锆石 SHRIMP 年龄为 441.6±3.8Ma(朱永峰等，2006)，为奥陶纪—早志留世的大型复合岩基。在中天山东段星星峡一带有铅炉子二云母花岗岩、天湖东二长花岗岩和马庄山闪长岩、花岗闪长岩及正长花岗岩，铅炉子二云母花岗岩 LA-ICP-MS 锆石 U-Pb 年龄为 444.5±2.2Ma(毛启贵等，2010)，天湖东二长花岗岩 SHRIMP 锆石 U-Pb 测年为 466.5±9.8Ma(胡霭琴等，2007)，马庄山正长花岗岩 LA-ICP-MS 锆石 U-Pb 年龄为 447±18Ma(1∶25 万沁城幅区域地质调查报告)。此外，在哈密以南的沙垄东黑云母花岗岩、石燕超单元和平顶山北花岗岩时代也为奥陶纪(王银喜，1991；顾连兴等，2003)，其中，沙垄东岩体的 Rb-Sr 等时线年龄为 470.0±3.0Ma。在巴仑台地区奥陶纪花岗岩类的里特曼指数平均值为 1.84～2.51，K_2O/Na_2O 平均值分别为 1.45，A/CNK 值为 0.90～0.97，属准铝质高钾钙碱系列岩石(图 3-20)，ΣREE 为 129.0×10^{-6}～523.6×10^{-6}，$(La/Yb)_N$ 值为 3.5～8.9，δEu 值为 0.18～0.23。微量元素原始地幔标准化蛛网图中，Rb 富集，K_2O 和 Ba 相对亏损，被认为是典型的 A 型花岗岩(韩宝福等，2004)。据 CNK>A>NK、CNK<1(0.92～0.98)、TFeO/(FeO+MgO)=0.8～1.0 等特征判断(Barbarin，1999)，拉尔墩

达坂岩体属富钾钙碱性花岗岩类(KCG),形成于构造体制转换地带。冰大坂岩体的 K_2O/Na_2O 值为 0.48～2.71,A/CNK 值为 0.89～1.24,既有奥长系列花岗岩又有高钾钙碱系列岩石,属准铝质-过铝质系列。结合该岩体为复式岩体,既有镁质又有铁质花岗岩的特征,推测形成过程经历了从岛弧到碰撞乃至碰撞后延伸的整个演化过程。星星峡—马鬃山一带的铅炉子花岗岩,里特曼指数为 1.74～1.9,A/CNK>1.1,属过铝质高钾钙碱性花岗岩(图 3-20)。$\varepsilon_{Nd}(t)=-2.3\sim+1.6$,$T_{DM2}$ 为 1573～1329Ma,推测源岩由古老地壳物质和年轻的增生物质共同组成,是中天山岛弧带和公婆泉岛弧带的碰撞时间的上限,被认为是中天山岛弧带与公婆泉岛弧带碰撞造山作用的产物(毛启贵等,2010)。

志留纪岩体在 3 个构造岩浆岩亚带中均有分布。第一,在中天山中段主要岩体有托克逊南、老巴仑台和冰大坂等,以巨型岩基和岩株形式产出,同位素年龄为 439.5～424.5Ma(韩宝福等,2004;徐学义等,2006;杨天南等,2006),集中在早-中志留世。这些岩石类型有白云母花岗岩、斜长花岗岩、片麻状闪长岩、花岗岩、花岗闪长岩和黑云母花岗岩。岩石地球化学上,里特曼指数为 1.32～3.55,K_2O/Na_2O 集中在 1.20～1.89,A/CNK 值为 0.91～1.72,属准铝质-过铝质高钾钙碱系列岩石,有 Shoshonite 分子(图 3-20)。ΣREE 为 $101.5\times10^{-6}\sim332.6\times10^{-6}$,$(La/Yb)_N$ 值为 5.1～8.0,δEu 值为 0.46～0.95。微量元素原始地幔标准化蛛网图显示 Rb、Ba、Th 的富集和 Nb、Zr 的亏损,高场强元素含量低,与同碰撞和后碰撞花岗岩(Pearce et al.,1984)相似。因此,中天山中段的岩浆活动应为碰撞造山环境产物。第二,中天山东段有小盐池北超单元的闪长岩、二长闪长岩和花岗闪长岩以及星星峡地区的花岗闪长岩、石英闪长岩及英云闪长岩,两者的锆石 SHRIMP 测年结果分别为 426.5±7.6Ma① 和 424.9±5.8Ma(Lei et al.,2011),星星峡地区英云闪长岩 LA-ICP-MS 锆石 U-Pb 年龄为 420.6±7.7Ma 和 421.5±6.5Ma(1∶25 万沁城幅区域地质调查报告),且星星峡花岗闪长岩属准铝质钙碱系列(图 3-21)。第三,在公婆泉-马鬃山南华纪—二叠纪构造岩浆岩亚带中,志留纪岩体有野马街南构造杂岩、勒巴泉构造杂岩、苦里阿巴滩南序列、红柳河北、苦泉沟南和黑条山岩体等,这些岩体、杂岩或序列的锆石 U-Pb 年龄为 441.4～410Ma。野马街南构造杂岩和勒巴泉构造杂岩以闪长岩、石英闪长岩、花岗闪长岩、二长花岗岩和正长花岗岩为主;苦里阿巴滩南序列由辉长辉绿岩、闪长岩、石英闪长岩、花岗闪长岩、二长花岗岩和正长花岗岩等组成(甘肃省地质调查院,2001);其他岩性还有闪长岩(李伍平等,2001)和斜长花岗岩。岩石地球化学上,上述岩体的里特曼指数为 0.91～4.64,K_2O/Na_2O 值为 0.18～2.21,A/CNK 值为 0.80～1.30,属准铝质-过铝质,除勒巴泉构造杂岩为富钾的高钾钙碱系列外,其余岩体属富钠的中—高钾钙碱系列(图 3-23)。稀土元素特征显示,小盐池北超单元有两种类型:其一为与基性岩有关的闪长岩,$(La/Yb)_N$ 值为 1.7,∑REE 为 25.09×10^{-6};其二为二长闪长岩,$(La/Yb)_N$ 值为 40.9～46.9,δEu 值为 0.47～1.30,既有正 Eu 异常也有负 Eu 异常,∑REE 为 $153.1\times10^{-6}\sim224.8\times10^{-6}$,表明该超单元由不同源的岩浆混合而成,其微量元素原始地幔标准化蛛网图中具有 Rb、Ba、Th 富集和 Nb、Zr、Hf 亏损的特征,与同碰撞和后碰撞花岗岩(Pearce et al.,1984)相似。因此,小盐池超单元和南白山西南岩体应形成于碰撞造山环境。野马南街构造杂岩、勒巴泉构造杂岩和苦里阿巴滩南序列稀土元素特征基本相近,$(La/Yb)_N$ 值为 7.1～37.4,∑REE 为 $53.2\times10^{-6}\sim193.0\times10^{-6}$,δEu 值为 0.37～1.87,除勒巴泉构造杂岩具有负 Eu 异常外,其余两个岩体(序列)均既有正 Eu 异常也有负 Eu 异常,其微量元素原始地幔标准化蛛网图显示 K_2O、Rb、Nb 和 Zr 相对亏损的特征,与岛弧和碰撞花岗岩(Pearce et al.,1984)相似。因此,苦里阿巴滩南序列主要形成于岛弧环境,野马南街构造杂岩和勒巴泉构造杂岩则形成于碰撞造山阶段。此外,红柳河北闪长岩的特征(李伍平等,2001)与苦里阿巴滩南序列花岗岩相似,具有岛弧花岗岩特征。综上可以看出,公婆泉—马鬃山一带志留纪花岗岩经历了从岛弧到碰撞造山阶段的演化。

早中泥盆世是该构造岩浆岩带中最主要的岩浆活动时期,在中天山中段、东段和公婆泉—马鬃山一

① 《双庆铜矿南 1∶5 万区域地质调查报告》,新疆维吾尔自治区地质调查院等,2005.

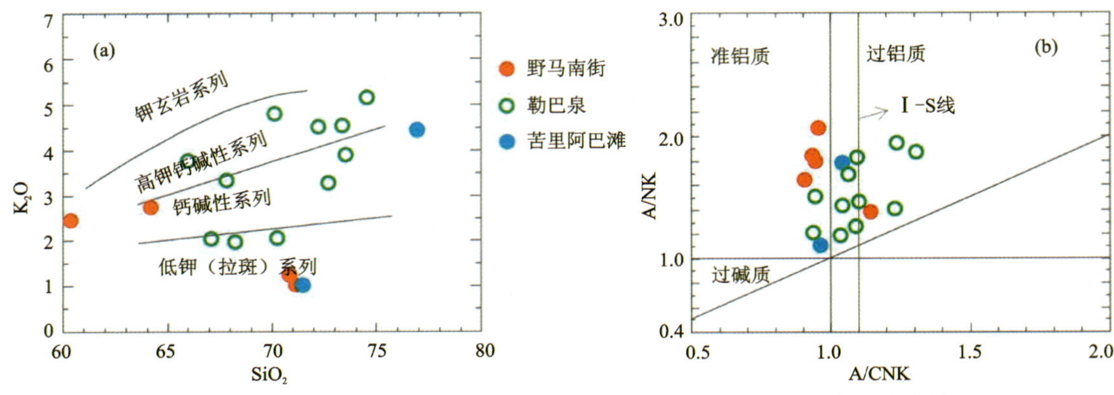

图 3-23　北山北部地区志留纪花岗岩 SiO_2-K_2O(a)和 A/CNK-A/NK(b)图解

带均有出露。在中天山中段马鞍桥一带早中泥盆世侵入体较多，岩石组合主要为闪长岩、花岗闪长岩、斜长花岗岩、花岗岩和正长花岗岩以及碱长花岗岩(徐学义等，2006)，锆石同位素年龄集中在 407～393Ma(徐学义等，2006；杨天南等，2006)，巴仑台北一个岩体的锆石 SHRIMP 年龄为 369.6±2.6Ma(王守敬等，2010)。中天山东段，1∶5 万区域地质调查建立了乱石条序列和大盐池基性岩群(新疆维吾尔自治区地质调查院等，2005)，乱石条序列岩石组合为正长花岗岩、花岗岩-花岗斑岩、花岗闪长岩和二长花岗岩等，锆石 SHRIMP 年龄为 408±20Ma。大盐池基性岩群岩石组合为辉长岩、辉长辉绿岩和超基性岩，锆石 SHRIMP 年龄为 389.1±6.3Ma。在公婆泉—马鬃山一带出露有白头山超单元、红柳沟西超单元和公婆泉铜矿南序列。白头山超单元中花岗闪长岩的 Rb-Sr 全岩等时线年龄为 403±22Ma，红柳沟西超单元中似斑状二长花岗岩的锆石 U-Pb 同位素年龄为 375.1±4.7Ma。岩石地球化学显示，中天山中段马鞍桥一带岩体里特曼指数为 1.13～2.82，K_2O/Na_2O 值集中在 1.14～1.96，个别岩体为 0.17～0.32，A/CNK 值为 0.94～1.15，属准铝质-过铝质高钾钙碱系列，有少量中钾钙碱系列(图 3-13)。稀土元素总量∑REE 为 $97.6\times10^{-6}\sim363.1\times10^{-6}$，δEu 值为 0.09～0.86，$(La/Yb)_N$ 值为 6.2～12.2。微量元素原始地幔标准化蛛网图具有 Rb、Ba、Th 富集和 Ta、Nb、Zr、Hf 相对亏损的特征。马鞍桥一带岩体以铁质花岗岩为主，其形成环境主要为造山晚期和同碰撞期。中天山东段的乱石条序列、白头山超单元、红柳沟西超单元和公婆泉铜矿南序列，里特曼指数为 1.06～3.24，K_2O/Na_2O 值变化很大(0.26～3.29)，A/CNK 值为 0.98～1.05，乱石条序列和白头山超单元以富钾为主，红柳沟西超单元和公婆泉铜矿南序列则以富钠为特征。因此，中天山东段岩体以准铝质-过铝质高钾钙碱系列为主，含有少量中钾钙碱系列分子(图 3-13)。稀土元素总量∑REE 为 $37.7\times10^{-6}\sim525.5\times10^{-6}$，δEu 值为 0.46～0.62，$(La/Yb)_N$ 值为 1.0～46.1，多具强烈的 Eu 亏损。微量元素原始地幔标准化蛛网图具有 Ba 相对于 Rb 和 Th 亏损以及 Ta、Nb、Zr、Hf 相对亏损的特征。构造环境综合判别显示，这些花岗岩以同碰撞花岗岩为主，少量为岛弧花岗岩。

中天山中东段构造岩浆岩带中，晚泥盆世岩体有中天山中段的 3384 高地、纳科斯达坂和八一公社 3 个岩体，在中天山东段有小盐池西超单元和库姆塔格沙垄超单元。纳科斯达坂岩体是一个巨型复合岩基。晚泥盆世岩体的主要岩石组合为黑云母花岗岩、二长花岗岩、花岗岩、花岗闪长岩和石英闪长岩。岩石地球化学上，小盐池西超单元中闪长岩的 SiO_2 含量为 55.45%～57.10%，里特曼指数为 3.65～4.90，K_2O/Na_2O 值为 0.93～1.16，相对富钾，具有偏碱性—碱性岩特征；花岗岩的 SiO_2 含量为 71.50%～79.18%，里特曼指数为 1.07～2.43，少量斜长花岗岩的 K_2O/Na_2O 值为 0.26～0.60，总体上富钾，且以高钾钙碱系列岩石为主。花岗质岩石的 A/CNK 值为 0.89～1.08，以准铝质-过铝质为主(图 3-13)。稀土元素总量∑REE 为 $41.6\times10^{-6}\sim447.1\times10^{-6}$，δEu 值为 0.31～0.99，$(La/Yb)_N$ 值为 3.60～89.7，稀土元素的各种数值变化均较大，表明其成因复杂。微量元素原始地幔标准化蛛网图中，具有 Ba 强烈亏损和 Rb、Th 相对富集以及高场强及稀土元素与原始地幔相当的特征，与板内花岗岩(Pearce et al.,1984)极其相近。在 SiO_2-TFeO/(TFeO+MgO)图中,该超单元岩体以铁质花岗岩为主,在 R_1-R_2 构造环境判别图中主要落入造山晚期和同碰撞 S 型花岗岩区,在(Zr+Nb+Ce+Y)-TFeO/MgO 岩石类型判别图(Whalen et al.,1987)中,花岗岩和二长花岗岩均落入 A 型花岗岩区。上述岩石地球化学特征表明,小盐池西超单元的岩石并非完全是同源岩浆,而且其岩浆的分异演化也各不相同,如果上述岩石组合均是在同时代形成,则该组合显示出双峰式岩浆组合特征,表明在晚泥盆世,中天山东段地区已经开始了具有大陆裂谷特征的侵入岩浆活动。库姆塔格沙垄超单元的 SiO_2 含量为 56.32%~73.26%,里特曼指数为 1.30~3.08,闪长岩和石英闪长岩的 K_2O/Na_2O 值为 0.54~0.58,相对富钠,也具有偏碱性岩特征;二长花岗岩的 K_2O/Na_2O 值为 1.40~2.47,以高钾 Shoshonite 系列岩石为特征(图 3-13)。稀土元素显示,$(La/Yb)_N$ 值为 7.7~24.7,δEu 值为 0.45~0.76,石英闪长岩、闪长岩和二长花岗岩的 ∑REE 分别为 14.6×10^{-6}、245.5×10^{-6} 和 109.7×10^{-6}。在微量元素原始地幔标准化蛛网图中,具有 Ba 相对亏损和 Rb、Th 相对富集以及高场强及稀土元素与原始地幔相当的特征,与小盐池西超单元相似,说明两者的形成环境相似。

中天山东段构造岩浆岩亚带中石炭纪岩体分布广泛,主要岩体包括黑山梁序列、宽沙沟序列、吉源铜矿南岩体群、大盐池(东)岩体、图兹雷克岩体、白尖山超单元、黄羊泉岩体和明水岩超单元等,多呈复合岩基产出,同位素年龄范围为 346~301Ma(李嵩龄等,1996;新疆维吾尔自治区地质调查院,2004,2005;聂凤军等,2005;新疆地质调查院,2005)。吉源铜矿南岩体群、宽沙沟序列和白尖山超单元岩石类型有橄榄辉长岩、辉长岩、闪长岩、石英闪长岩、花岗闪长岩、二长花岗岩和正长花岗岩,里特曼指数为 0.67~3.02,K_2O/Na_2O 值为 0.17~1.28,属中-高钾钙碱系列(图 3-24),基性端元富钠、酸性端元富钾。酸性岩 A/CNK 值为 0.80~1.08,为准铝质-过铝质岩石。稀土元素显示,宽吉源铜矿南岩体群、沙沟序列和白尖山超单元的 $(La/Yb)_N$ 值依次为 3.7~11.8、4.1~79.9 和 6.6~19.1,∑REE 依次为 111.2×10^{-6}~325.4×10^{-6}、25.4×10^{-6}~225.0×10^{-6} 和 119.8×10^{-6}~388.7×10^{-6},基性岩的 δEu 值为 1.02~1.08,中酸性岩的 δEu 值为 0.26~0.96。在微量元素原始地幔标准化蛛网图中显示,大离子亲石元素富集程度较高,具有 Ba 的相对亏损,Ta、Nb 槽和 Hf、Zr 槽均较明显的特征。由此可见,3 个岩体的物质构成均较复杂。在构造环境判别图上,宽沙沟序列酸性岩多数样品投在同碰撞花岗岩区,基性岩投在板内玄武岩区。综合来看,其形成环境为碰撞造山晚期伸展环境下岩浆作用产物,可能也包含岛弧阶段形成的岩体。其他石炭纪岩体的主要岩石组合为花岗闪长岩、二长花岗岩、正长花岗岩和白岗岩,里特曼指数为 1.79~2.54,K_2O/Na_2O 值为 1.16~2.13,A/CNK 值为 0.77~0.93,属准铝质富钾高钾钙碱系列(图 3-24)。∑REE 为 26.9×10^{-6}~137.4×10^{-6},δEu 值为 1.03~1.14,$(La/Yb)_N$ 值为 1.0~3.9,具弱正 Eu 异常。微量元素原始地幔标准化蛛网图上,大离子亲石元素富集程度较高,Ba 相对亏损较明显。在构造环境判别图中多投在碰撞后花岗岩区,在(Zr+Nb+Ce+Y)-TFeO/MgO(Whalen et al.,1987)中投在未分异花岗岩区。综合来看,该岩体应形成于以碰撞后板块伸展环境为主的构造环境。

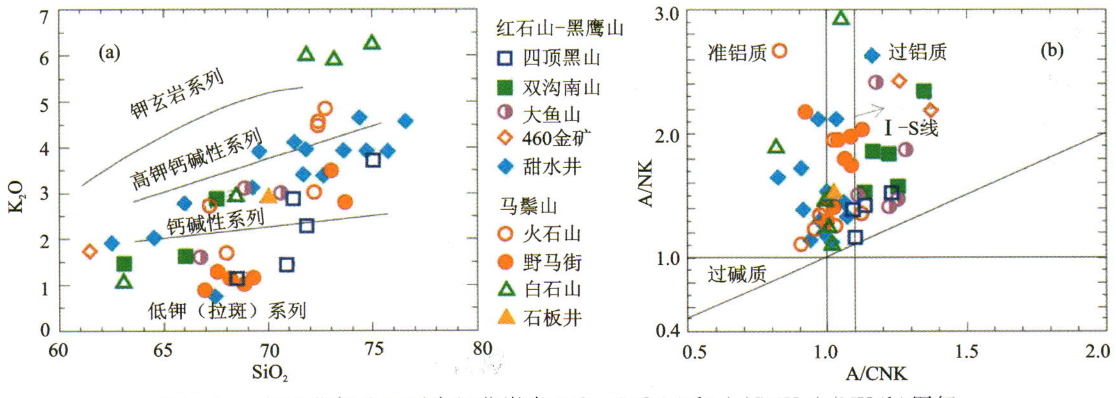

图 3-24 北山北部地区石炭纪花岗岩 SiO_2-K_2O(a)和 A/CNK-A/NK(b)图解

在公婆泉-马鬃山构造岩浆岩亚带中，石炭纪岩体呈岩株产出，以马鬃山幅 1∶25 万区域地质调查识别出的双井子北超单元、火石山序列和野马街构造杂岩等为代表。在尖山以东，岩体则主要呈巨型复合岩基产出，以白石山岩体、石板井岩体和风雷山岩体为代表，岩石组合为闪长岩、石英闪长岩、花岗闪长岩、英云闪长岩、二长花岗岩和正长花岗岩。其中，火石山序列中的细粒糜棱岩化二长花岗岩和野马街构造杂岩中糜棱岩化英云闪长岩的锆石 U-Pb 年龄分别为 329.9±2.3Ma 和 338±13Ma（甘肃省地质调查院等，2003），野马街构造杂岩中斜长花岗岩的 Rb-Sr 年龄为 350.73±15.3Ma（王彦斌等，1994）。岩石地球化学上，中基性岩和中酸性岩的 SiO_2 含量分别为 50.46%～59.15%和 64.30%～73.67%，里特曼指数为 1.07～3.90，K_2O/Na_2O 值则分为两个部分，即 0.14～0.94 和 1.26～1.48，显示有富钠和富钾两种组合，火石山序列以高钾钙碱系列为主，野马街构造杂岩以富钠中钾钙碱系列为主，A/CNK 值为 0.92～1.12，属准铝质-过铝质岩石。稀土元素总量∑REE 为 43.9×10^{-6}～252.6×10^{-6}，δEu 值为 0.32～1.62，变化极大，$(La/Yb)_N$值为 8.6～21.6。在微量元素原始地幔标准化蛛网图中，具有大离子亲石元素富集程度较高、Ba 相对亏损较明显，Ta、Nb 槽及 Hf、Zr 槽较为明显的特征。构造环境判别显示，两者均由不同源区、不同环境下形成的基性岩和中酸性岩组成，其中，辉长岩和部分英云闪长岩及石英闪长岩可能形成于岛弧环境，其他酸性岩可能形成于同碰撞构造环境。白石山和石板井岩体的主要岩性为斜长花岗岩、花岗岩、石英闪长岩和闪长岩等，SiO_2 含量为 58.42%～74.94%，里特曼指数为 0.74～2.72，K_2O/Na_2O 值为 0.40～2.16，A/CNK 值为 0.81～1.12，以准铝质-过铝质富钾 Shoshonite 系列为主，含有中钾-高钾钙碱系列分子，两个岩体主要形成于同碰撞和碰撞后伸展构造环境。

公婆泉-马鬃山构造岩浆岩亚带中二叠纪的岩体相对较少，以岩株产出为主，代表性岩体有河西岩体、红柳河岩体（李伍平等，2001）、河西站（上述 3 个岩体称为红柳河岩体群）及双井子北超单元。双井子北超单元主要岩性为石英闪长岩、英云闪长岩、花岗闪长岩、二长花岗岩、正长花岗岩及少量辉长岩和闪长岩。中酸性岩的 SiO_2 含量为 61.73%～76.36%，里特曼指数为 0.85～3.72，(K_2O+Na_2O) 含量为 4.00%～8.80%，K_2O/Na_2O 值为 0.43～1.74，A/CNK 值为 0.88～1.15，以准铝质-过铝质高钾钙碱系列为主，含有少量钾玄岩系列和中钾钙碱系列（图 3-25）。稀土元素总量∑REE 为 69.9×10^{-6}～299.8×10^{-6}，δEu 值为 0.09～0.68，$(La/Yb)_N$值为 7.8～31.5。在微量元素原始地幔标准化蛛网图上，具有大离子亲石元素富集程度偏低和 Ta、Nb 槽明显而 Hf、Zr 没有亏损的特征。在 K_2O-Na_2O 图解（Collins et al.，1982）中，主要投在 A 型和Ⅰ型花岗岩区。综合来看，双井子北超单元是以高钾钙碱系列岩石组合为主，部分岩石具有碱性花岗岩特征，为二叠纪陆内岩浆作用产物。红柳河岩体群的岩石组合为二长花岗岩、花岗闪长岩和斜长花岗岩（李伍平等，2001），SiO_2 含量为 64.94%～73.93%，里特曼指数为 0.93～2.28，(K_2O+Na_2O) 含量为 4.63%～7.80%，K_2O/Na_2O 值为 0.15～2.46，A/CNK 值为 1.05～1.57，属过铝质高钾钙碱系列，并含有中-低钾钙碱系列。稀土元素总量∑REE 为 208.3×10^{-6}～281.0×10^{-6}，δEu 值为 0.51～0.65 和 1.01～1.10，中基性具正 Eu 异常，$(La/Yb)_N$值为 7.9～52.8。在微量元素原始地幔标准化蛛网图上，具有大离子亲石元素富集程度较低和 Ta、Nb 槽明显的特征。综合显示，红柳河岩体群以高钾钙碱系列为主，含有低-中钾钙碱系列的岩石组合，均为强过铝质和镁质花岗岩，可能与碰撞造山后的叠复造山作用（挤压环境）有关。

中天山东段构造岩浆岩亚带中的中生代岩体比较少见，目前，多数意见将尾亚杂岩体和天湖超单元归于中生代，两个岩体均呈近等轴状复式岩株产于中天山东段前寒武纪地块中，并具有环形构造。尾亚杂岩体由尾亚超单元的碱性辉长岩、石英正长岩、碱长花岗岩和环形山超单元的石英闪长岩、花岗闪长岩、二长花岗岩及正长花岗岩组成，Rb-Sr 年龄分别为 270.67～267.3Ma 和 230～250Ma（李嵩龄等，2002），正长岩和细粒花岗岩的 SHRIMP 锆石 U-Pb 年龄分别为 246±6Ma 和 237±8Ma（Zhang et al.，2005），时代为三叠纪。尾亚超单元中基性岩 SiO_2 含量为 42.82%～51.61%，属碱性系列；中酸性岩 SiO_2 含量为 61.68%～72.67%，由碱性系列的石英正长岩、霞石正长岩和高钾钙碱系列的二长花岗岩和英云闪长岩组成；钙碱系列和碱性系列的里特曼指数分别为 1.98～2.62 和 5.05～8.08，(K_2O+Na_2O) 含量分别为 6.64%～8.62%和 9.83%～12.77%，A/CNK 值为 0.79～0.98（图 3-16）。稀土元素显示，

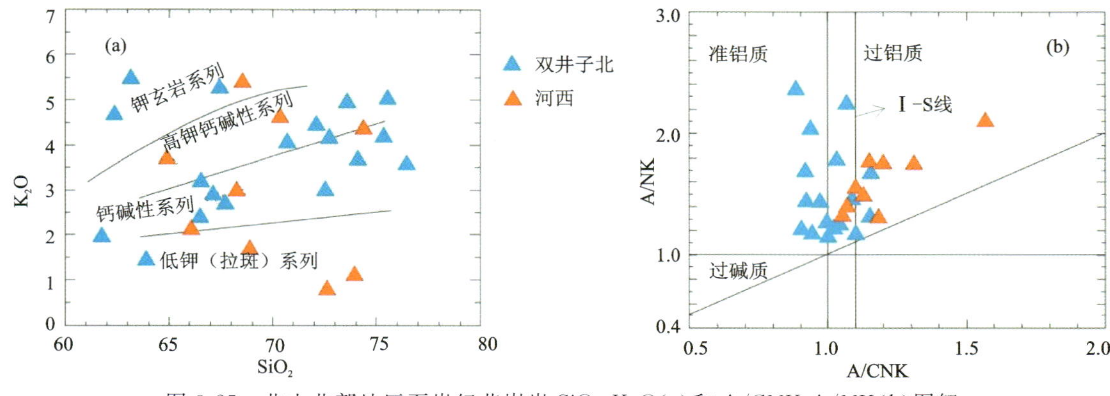

图 3-25　北山北部地区石炭纪花岗岩 SiO_2-K_2O(a)和 A/CNK-A/NK(b)图解

$(La/Yb)_N$值为 2.1～10.1，碱性岩多呈正 Eu 异常，δEu 值为 0.91～2.61；高钾钙碱系列岩石为强烈负 Eu 异常，δEu 值为 0.20～0.67。在微量元素原始地幔标准化蛛网图上，具有大离子亲石元素富集程度高和 Ta、Nb 槽明显及 Zr 显著富集的特点。李嵩龄等(2002)认为，尾亚超单元及环形山超单元由同一通道就位，但形成时代不同，属于两个完全不同的岩浆演化序列，是由早二叠世热点作用在新陆壳板内生成的具深源碱性类型的尾亚超单元和晚二叠世类似造山花岗岩的壳-幔混合源型的环形山超单元。张遵忠等(2006)认为尾亚石英正长岩不是幔源岩浆分异产物，而是直接来自于壳源，尾亚石英正长岩是在 950～1100℃、15～20kbar① 条件下，由陆内长英质麻粒岩在加厚陆壳底部发生增温和减压熔融的产物。尾亚杂岩体中的碱性系列岩石均为铁质花岗岩，钙碱系列岩石均为镁质花岗岩，在相关构造环境环境判别图中，碱性系列岩石为造山晚期或晚造山期花岗岩，钙碱系列岩石为同碰撞-造山晚期花岗岩和碰撞后花岗岩。根据 K_2O-Na_2O 图解(Collins et al.，1982)显示，除英云闪长岩为 I 型花岗岩外，其余均为 A 型花岗岩；在(Zr＋Nb＋Ce＋Y)-TFeO/MgO 图解(Whalen et al.，1987)中，石英闪长岩类均投在 A 型花岗岩区。综合来看，尾亚超单元存在着两个系列的岩石，形成环境和物质来源均有差异，但是，该杂岩体总体上应为二叠纪—三叠纪早期板内岩浆作用产物。

天湖超单元的锆石 U-Pb 年龄为 221.6～265.5Ma(胡霭琴等，1986)，SiO_2 含量为 69.70%～72.87%，里特曼指数为 1.79～2.15，(K_2O＋Na_2O)含量为 7.09%～8.02%，K_2O/Na_2O 值为 0.92～1.17，属高钾钙碱系列(图 3-16)。稀土元素显示，轻稀土富集程度高，$(La/Yb)_N$值为 13.0～22.4，δEu 值为 0.56～0.81。在微量元素原始地幔标准化蛛网图上，大离子亲石元素富集程度中等，具有 Ba、Nb 亏损明显和弱的 Hf、Zr 槽(李伍平等，1999)的特征。与尾亚杂岩体一样，天湖岩体为高钾钙碱系列 A 型花岗，是陆内岩浆作用产物。

在天山花岗岩的 $\varepsilon_{Nd}(t)$-t 图(图 3-17)中，中天山花岗岩的形成时代从青白口纪到二叠纪，时间跨度大，而且花岗岩的 $\varepsilon_{Nd}(t)$变化也大，$\varepsilon_{Nd}(t)$具有两个特征：第一，产于具有古老地壳上的花岗岩多具有负 $\varepsilon_{Nd}(t)$值，如中天山西段地区博罗科努、那拉提地区和中天山东段的巴仑台、阿拉塔格地区；第二，在尚未有古老基底的地区，花岗岩的 $\varepsilon_{Nd}(t)$值多为正值，如中天山西段的阿吾拉勒地区和阿拉套地区。

5. 巴尔喀什构造岩浆岩亚带

古元古代的花岗闪长岩和斜长花岗岩零星分布，侵入到古元古界绿片岩相—角闪岩相变质的碎屑岩组合中；早—中寒武世发育二长花岗岩和斜长花岗岩；奥陶纪的侵入岩主要为闪长岩和石英闪长岩系列，局部出现辉长岩和闪长岩组合；志留纪的侵入岩分布较为局限，以闪长岩和二长花岗岩为主；早奥陶世发育橄榄岩、辉橄岩和辉石岩岩石组合。该地区广泛发育晚古生代岩浆作用，其中，早中泥盆世发育

① 1kbar＝100MPa。

花岗斑岩和石英斑岩岩石组合；中泥盆世以流纹斑岩和英安斑岩为主；晚泥盆世岩石组合为花岗岩、斜长花岗岩、花岗闪长岩和石英闪长岩等；早石炭世发育花岗岩、闪长岩、花岗闪长岩和石英二长岩岩石组合；晚石炭世以碱性花岗岩和花岗闪长岩为主；二叠纪岩石组合为花岗闪长岩、花岗正长岩和石英闪长岩。巴尔喀什地区还出露有早三叠世正长岩、花岗正长岩、花岗斑岩和正长斑岩等。缺少同位素年代学和地球化学资料。

6. 伊塞克构造岩浆岩带

新元古代发育超基性岩-基性岩岩石组合，包括纯橄岩、方辉橄榄岩、辉石岩、辉长岩和苏长岩等，该岩浆岩带还发育震旦纪的二长岩和闪长岩组合。在伊塞克湖地区，中元古代(蓟县纪)发育花岗闪长岩和片麻状花岗岩，新元古代(青白口纪)发育闪长岩和石英闪长岩组合。

在科克舍套地区，早—中泥盆世以正长花岗岩和白岗岩为主。在卡拉套-伊塞克陆块，早石炭世岩石组合为闪长岩、正长岩和花岗闪长岩，早—中二叠世出露花岗闪长岩和二长花岗岩，晚二叠世为正长岩和闪长岩岩石组合。在科克舍套被动陆缘还发育早三叠世正长花岗岩和正长岩岩石组合。

7. 吉尔吉斯构造岩浆岩带

古元古代花岗岩、花岗闪长岩零星分布，另有少量新元古代花岗岩，以石炭纪—二叠纪中酸性花岗岩为主，中志留世和中泥盆世花岗岩少量出露，缺少精确的同位素资料和岩石地球化学资料。

(五)卡拉库姆克拉通构造岩浆岩区

1. 卡拉库姆克拉通构造岩浆岩带

在卡拉库姆构造岩浆岩带北缘，中元古代发育花岗岩、花岗闪长岩和斜长花岗岩岩石组合。晚元古代出露有辉长岩，围岩为古中元古界砂岩、大理岩和变质火山岩。早古生代—晚古生代构造-岩浆作用发育，其中，中晚奥陶世以辉长岩、闪长岩和石英闪长岩岩石组合为主，晚奥陶世则以花岗岩和花岗正长岩为主，志留纪岩石组合为花岗岩、花岗闪长岩和花岗斑岩。晚古生代以石炭纪和二叠纪构造-岩浆活动为主，石炭纪以斜长花岗岩和花岗闪长岩岩石组合为主，二叠纪发育花岗斑岩、石英斑岩和英安斑岩。在卡拉库姆北缘还出露有晚石炭世闪长岩和石英闪长岩以及二叠纪的淡色花岗岩、碱性花岗岩、正长岩及霞石正长岩岩石组合。

2. 乌拉尔构造岩浆岩带

在东乌拉尔，主要发育新元古代石英闪长岩和花岗闪长岩岩石组合，该岩石组合侵入到以页岩-火山碎屑岩为主的中元古界褶皱基底中。该构造岩浆岩带晚古生代岩浆作用主要发育在马格尼托格尔斯克岩浆弧区和东乌拉尔岩浆弧区。马格尼托格尔斯克岩浆弧区发育中泥盆世斜长花岗岩、辉长岩和苏长岩岩石组合，石炭纪发育石英闪长岩和花岗闪长岩岩石组合。在东乌拉尔岩浆弧区，早泥盆世出露有辉长岩，石炭纪岩石组合为石英闪长岩、闪长岩、正长岩和花岗闪长岩。

(六)塔里木构造岩浆岩区

塔里木构造岩浆岩区可分为两部分，即塔里木克拉通构造岩浆岩区和塔里木克拉通周缘构造岩浆增生区。其中，塔里木克拉通构造岩浆岩区包括柯坪陆块构造岩浆岩带、库鲁克塔格陆块构造岩浆岩带、塔里木西南构造岩浆岩带、铁克里克陆块构造岩浆岩带和喀什塔什-库亚克构造岩浆岩带；塔里木克拉通周缘构造岩浆增生区包括南天山构造岩浆岩带和敦煌陆块及边缘构造岩浆岩带。

1.塔里木构造岩浆岩区侵入岩时空分布概述

塔里木构造岩浆岩区侵入岩的时空分布总体特征是：

(1)塔里木构造岩浆岩区的侵入岩浆活动总体上可以分为太古宙—古元古代地壳形成期、晋宁晚期、加里东期—海西早期和海西中期—印支期4个主要时期(图3-26)。其中,显生宙以来的岩浆活动可以划分为530～470Ma、460～370Ma、350～320Ma和310～200Ma 4个主要阶段。

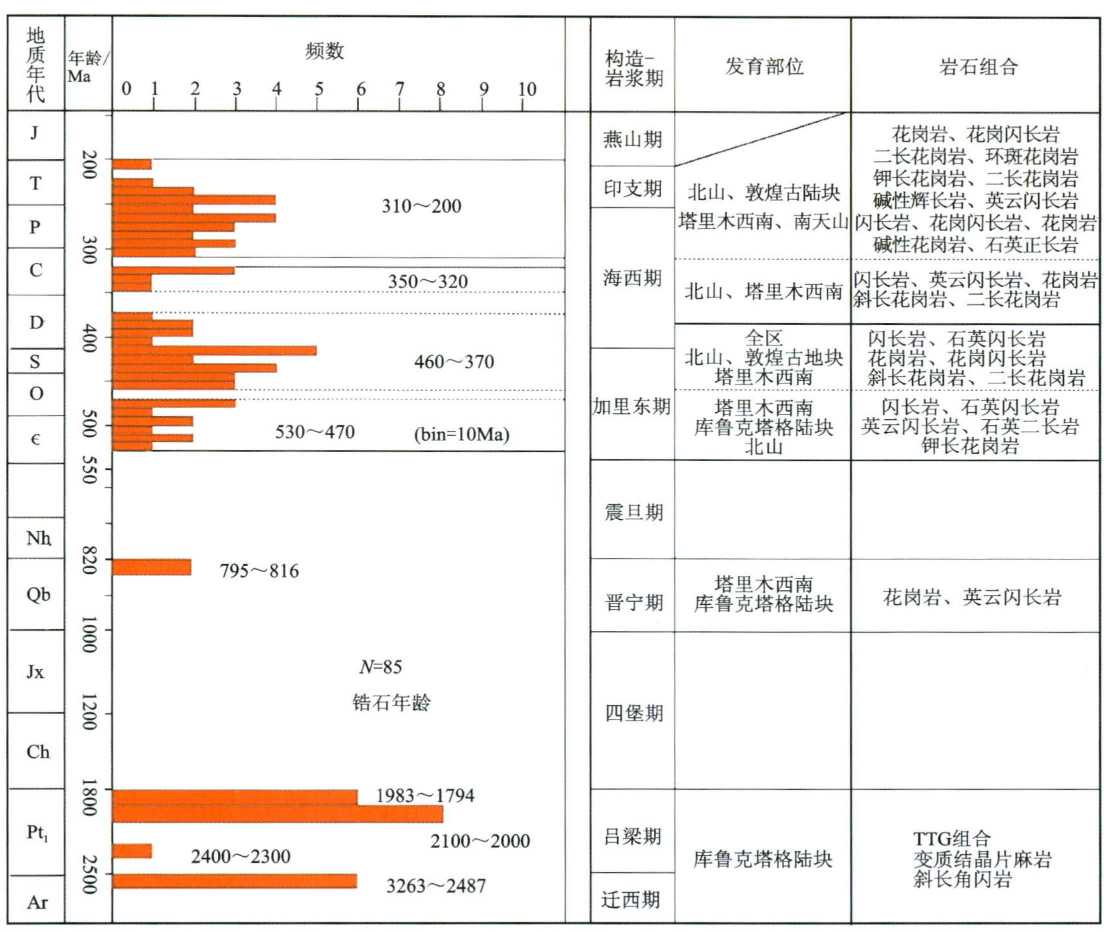

图3-26 塔里木构造岩浆岩区侵入岩锆石年龄与时空分布图

(2)地壳演化早期太古宙—古元古代形成的各种片麻岩主要分布在库鲁克塔格地块,其岩石组合主要为TTG组合、闪长岩和花岗岩等,大致可进一步分为太古宙(3263～2487Ma)、古元古代(2400～2300Ma)和2100～1794Ma 3个阶段。

(3)晋宁运动晚期(795～816Ma)形成的片麻状花岗岩和英云闪长岩主要发育在塔里木西南地块和库鲁克塔格地块。

(4)加里东早期(530～470Ma)的岩浆活动主要发生在塔里木西南地区,库鲁克塔格和北山地区活动较弱。加里东中期—海西早期(460～370Ma)是区内岩浆活动最为强烈的时期,在全区均有发育,且以北山、敦煌古陆块和塔里木西南等地区最为强烈。海西中期(350～320Ma)的岩浆活动主要集中在北山地区和塔里木西南。海西中晚期—印支期(310～200Ma)岩浆活动较为强烈,主要发育地段为北山、敦煌古陆块、塔里木西南和南天山等地区(图3-27)。

塔里木克拉通构造岩浆岩区包括塔里木克拉通周边5个构造岩浆岩带。其中,柯坪陆块和塔里木西南两个构造岩浆岩带中,岩浆活动最弱。柯坪陆块中,仅有2个寒武纪辉长岩和3个二叠纪花岗(斑)

岩和 1 个二叠纪基性岩体。铁克里克陆块构造岩浆岩带中仅有 1 个元古宙二长花岗岩、1 个寒武纪英云闪长岩、1 个志留纪碱性花岗岩和 2 个奥陶纪花岗岩。其中，冬巴克英云闪长岩的 SHRIMP 锆石 U-Pb年龄为 502.3±9.1Ma，属晚寒武世（崔建堂等，2007）；布雅花岗岩被认为是广义的环斑花岗岩，SHRIMP 锆石 U-Pb 年龄为 459±23Ma（李玮等，2007）和 430Ma（Ye et al.，2008），为晚奥陶世—早志留世，并认为布雅后造山 A 型花岗岩的侵位可能暗示了原特提斯洋的闭合是由北向南迁移的。喀什塔什-库亚克构造岩浆岩带中，西段主要出露志留纪花岗岩，东段主要为石炭纪花岗岩。西段志留纪花岗岩的岩石组合为英云闪长岩、花岗闪长岩、正长花岗岩和二长花岗岩。其中，英云闪长岩和二长花岗岩的锆石 U-Pb 年龄分别为 437±1.5Ma 和 410±34Ma（王炬川等，2003）。正长花岗岩和二长花岗岩的 SiO_2 含量为 71.59%～74.01%，里特曼指数为 1.83～2.41，A/CNK 值为 0.85～1.02，碱度率为 3.06～3.98，属准铝质高钾钙碱系列。稀土元素总量∑REE 为 81.50×10^{-6}～738.70×10^{-6}，δEu 值为 0.49～0.76，$(La/Yb)_N$值为 4.20～16.01。微量元素特征和岩石地球化学综合判断，岩体具有 A 型花岗岩特征。英云闪长岩和花岗岩闪长岩的 SiO_2 含量为 57.51%～72.89%，Na_2O+K_2O 为 3.63%～5.56%，A/CNK 值为 0.78～0.91，里特曼指数为 0.91～1.31，属准铝钙碱系列Ⅰ型花岗岩。稀土元素总量∑REE为 65.43×10^{-6}～260.14×10^{-6}，δEu 值为 0.86～1.38，多为正 Eu 异常，$(La/Yb)_N$值变化较大，为 2.10～15.22，轻稀土强富集。上述花岗岩被认为是造山后伸展环境下岩浆作用产物（王炬川等，2003）。

以下分别对塔里木克拉通构造岩浆岩区的库鲁克塔格陆块构造岩浆岩带和塔里木西南构造岩浆岩带、塔里木克拉通周缘构造岩浆增生区的南天山构造岩浆岩带（包括东阿赖地区）及敦煌陆块及边缘构造岩浆岩带的侵入岩特征进行叙述。

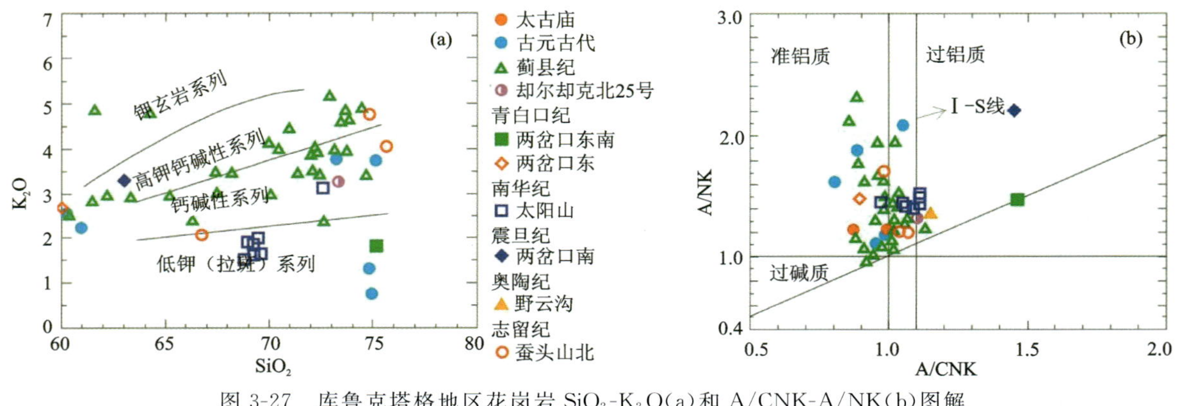

图 3-27　库鲁克塔格地区花岗岩 SiO_2-K_2O(a)和 A/CNK-A/NK(b)图解

2. 库鲁克塔格陆块构造岩浆岩带

库鲁克塔格陆块构造岩浆岩带的侵入岩浆作用几乎贯穿每个构造-岩浆旋回，从太古宙一直持续到石炭纪，但以长城纪侵入体分布最为广泛。

新太古代侵入体主要出露在辛格尔以南，以含蓝石英花岗岩和片麻状花岗岩为特征，多呈岩基产出，锆石 U-Pb 年龄为 2810～2487Ma（胡霭琴等，1997）。蓝石英花岗岩和辛格尔花岗岩的里特曼指数分别为 1.62～2.01 和 1.60～2.16，A/CNK 分别为 1.06～1.12 和 0.98～1.12，均属弱过铝质钙碱系列，一般认为属 TTG 花岗岩组合。深沟片麻杂岩是由新太古代表壳岩组合、灰色片麻岩及古元古代红色片麻岩组成的杂岩体（董富荣等，1999）。其中，灰色片麻岩为太古宙 TTG 岩浆岩组合，原岩为英云闪长岩、奥长花岗岩和花岗闪长岩；红色片麻岩岩性为正长花岗质片麻岩和二长花岗质片麻岩，原岩为侵入到灰色片麻岩之中的二长花岗岩和正长花岗岩。灰色片麻岩、表壳岩组合的 Sm-Nd 全岩等时线年龄为 2 830.2±79.7Ma，红色片麻岩锆石 U-Pb 年龄为 2059±14Ma（董富荣等，1999）。岩石地球化学上，灰色片麻岩 SiO_2 含量为 74%～75%，A/CNK 值为 1.04～1.05，为弱过铝质二长花岗岩（图 3-27）。赛马山一带达格拉格布拉克群片麻岩的花岗质岩体，全岩 Sm-Nd 等时线年龄值为 2 548.1±95.4Ma（李伟，2000）。其 A/CNK 值为 1.3～1.7，属过铝质钙碱系列的 S 型造山花岗岩。胡霭琴等（2006）获得辛格尔南托格拉克布拉克杂岩中灰色片麻岩的 TIMS 锆石 U-Pb 年龄为 2565±18Ma，认为辛格尔地区的灰色片麻岩和库鲁克塔格中部的蓝石英花岗岩等均为新太古代晚期的 TTG 组分岩浆岩。在综合辛格尔地区灰色片麻岩中以残留包体形式存在的斜长角闪岩的 Sm-Nd 等时线年龄 3263±126Ma，$\varepsilon_{Nd}(t)$ 为+3.2～±0.7（Hu et al.，1992），塔里木北缘各类片麻岩、片岩和花岗岩的 Nd 模式年龄（T_{DM}）集中在 3200～2600Ma（冯新昌等，1998；董富荣等，1999；Hu et al.，2000），胡霭琴等（2006）认为塔里木盆地北缘普遍存在中—新太古代基底。辛格尔灰色片麻岩中约 2300Ma、约 2000Ma 和片麻状花岗岩约 2000Ma 的锆石 U-Pb 年龄（高振家等，1993；郭召杰等，2003）以及铁门关斜长角闪岩约 1800Ma 的锆石 U-Pb 年龄（郭召杰等，2003）等，记录了这些岩体遭受的后期重要构造热事件。

古元古代侵入体主要分布在库尔勒-阿勒塔格以东的库鲁克塔格西段，在兴地塔格一带也有分布，总数约 14 个，出露总面积愈 700km²。岩石类型有闪长岩、石英闪长岩、斜长花岗岩、花岗闪长岩和花岗岩，同位素测年数据有 1800Ma、1920Ma（周汝洪，1987），1895Ma、1794Ma（新疆地矿局第一区调大队，1987），锆石 U-Pb 年龄 2071Ma、Rb-Sr 全岩等时线年龄 2028Ma（胡霭琴等，1997）。岩石地球化学上，里特曼指数为 1.66～3.25，K_2O/Na_2O 值介于 0.61～1.06，A/NCK 值为 0.88～1.05，均属准铝质富钠钙碱性系列（图 3-27）。古元古代末的岩浆活动、地壳收缩和推覆造山等，是古陆核发展的重要阶段。托格拉克布拉克片麻杂岩 Rb-Sr 全岩等时线年龄 1983Ma，红卫庄片麻杂岩的锆石 U-Pb 一致线年龄 2071Ma，Rb-Sr 全岩等时线年龄 2028Ma，深沟片麻杂岩和红色花岗片麻岩的锆石 U-Pb 年龄为 2059Ma（董富荣 1998），这些数据显示了约 2000Ma 辛格尔地区重大构造岩浆事件。

长城纪—青白口纪是库鲁克塔格陆块构造岩浆岩带最重要的岩浆活动期。其中，蓟县纪和青白口纪岩体大量分布。该带中共有大小蓟县纪岩体 28 个，锆石 U-Pb 年龄和 Rb-Sr 等时线年龄范围为 1190～1008Ma，主要岩性有斜长花岗岩、花岗岩、石英闪长岩、正长岩和似斑状二长花岗岩。岩石地球化学上，以高钾钙碱系列为主，少数碱性系列，属准铝质-过铝质花岗岩（图 3-27）。蓟县纪花岗岩多形成于岛弧和同碰撞环境，是该区地壳早期形成演化过程的产物。

青白口纪岩体有大墩子北、阔克塔格南、却尔却克北和兴地塔格等 12 个。大墩子北花岗岩的锆石 U-Pb 年龄为 957Ma，阔克塔格南 17 号黑云母花岗岩和石英闪长岩的锆石 U-Pb 年龄为 834Ma。岩石组合为二长花岗岩、花岗岩、黑云母花岗闪长岩和辉石闪长岩。岩石地球化学上，里特曼指数为 1.21～3.63，多属准铝质-过铝质中钾-高钾钙碱系列（图 3-27），但兴地塔格 11 号的辉长岩里特曼指数为8.57，属钠质碱性岩系。铁质花岗岩与碱性辉长岩组合的出现，表明库鲁克塔格地区在青白口纪主要处于碰撞造山后的伸展环境。

总之，库鲁克塔格地区长城纪—青白口纪花岗质岩浆活动，主要集中在蓟县纪的 1190～1008Ma 和青白口纪的 960～818Ma。蓟县纪的花岗质岩浆活动与格林威尔造山运动大体相当，格林威尔造山运动是 Rodinia 超大陆形成的主要造山运动时期。青白口纪岩浆活动大致可以分为两个阶段：第一阶段是以墩子北岩体为代表的早期阶段，以高钾钙碱系列花岗岩为特征，是典型的碰撞造山后伸展阶段产物；第二阶段是以阔克塔格南 17 号为代表的晚期阶段，构成了以铁质为主的碰撞造山后期伸展运动岩浆组合。阔克苏地区的镁铁质侵入体同位素年龄约为 820Ma，其形成可能与广泛的塔里木运动有关（张志诚等，1998）。

南华纪之后，库鲁克塔格地区岩浆活动趋弱，震旦纪有太阳岛岩体和两岔口南二长花岗岩体。太阳岛岩体锆石 SHRMP 年龄为 795±9.5Ma，由英云闪长岩、奥长花岗岩和正长花岗岩组成（罗新荣等，2007），里特曼指数为 1.61～1.93，A/CNK 值为 0.97～1.11，属过铝质富钠奥长花岗岩系列，含钙碱系列分子的组合（图 3-27）。稀土元素总量∑REE 为 68.27×10^{-6}～163.87×10^{-6}，δEu 值为 0.88～1.37，大部分具有弱正 Eu 异常，$(La/Yb)_N$值为 25.6～43.9，表明该套岩石组合为同源岩浆产物，且与英云闪长岩(Cullers et al.,1984)相似。微量元素原始地幔标准化蛛网图中具有 K_2O、Rb、Ba、Th 等大离子不相容元素相对富集和 Nb、Ta 相对亏损的特征，特别是 Ba 的富集与现有各类构造环境下的花岗岩(Pearce et al.,1984)相比具有独特性。综合判断，太阳岛花岗岩应是岛弧发展的成熟阶段至碰撞造山阶段岩浆活动产物。两岔口南二长花岗岩体里特曼指数为 1.60，K_2O/Na_2O 值为 1.45，A/CNK 值为 1.45，属强过铝质高钾钙碱性系列(图 3-27)，代表塔里木板块在 Rodinia 大陆造山作用晚期伸展阶段岩浆活动产物。

奥陶纪花岗岩有野云沟正长花岗岩，锆石 U-Pb 年龄为 490±13Ma(韩宝福等，2004)，里特曼指数为 1.78，K_2O/Na_2O 值为 1.84，A/CNK 值为 1.16，属过铝质高钾钙碱系列(图 3-27)。稀土元素总量∑REE为 115.2×10^{-6}，δEu 值为 0.50，$(La/Yb)_N$ 值为 8.0。微量元素原始地幔标准化蛛网图中，Rb、Ba 相对富集而 K_2O 相对亏损，属碰撞型花岗岩。

志留纪侵入体主要分布在东部，有帕尔冈塔格东南、帕尔干布拉克东南、1114 高地南和蚕头山北等岩体。其中，蚕头山北岩体的单颗粒锆石 U-Pb 年龄为 430.6±1.6Ma(校培喜等，2006)，里特曼指数为 1.72～2.07，K_2O/Na_2O 平均值为 1.05，A/CNK 值为 0.84～1.12，属准铝质-过铝质的高钾钙碱系列(图 3-27)。稀土元素总量∑REE 为 117.1×10^{-6}～158.8×10^{-6}，δEu 值为 0.40～0.90，$(La/Yb)_N$ 值为 11.3～23.8。微量元素原始地幔标准化蛛网图中，具有 Rb、Ba、Th 富集和 Ta、Nb、Zr、Hf 亏损的特征，与岛弧和碰撞花岗岩(Pearce et al.,1984)地球化学特征相似。因此，志留纪岩体的形成环境以岛弧为主，少数为同碰撞构造环境。石炭纪岩体有 4 个，主要分布在该构造岩浆岩带的北部。由于缺乏相关资料，不做讨论。

3. 塔里木西南构造岩浆岩带

该构造岩浆岩带中，古元古代—中元古代侵入体分布较少，古元古代岩体出露在南部喀拉曼杂以北地区，岩石组合主要为二长花岗岩和英云闪长岩。中元古代岩体主要出露在塔什库祖克山的北段，主要岩石类型有 TTG 岩套、二长闪长岩和正长岩。新元古代片麻状花岗岩的 SHRIMP 年龄为 815±5.7Ma，被认为是反映了塔里木板块作为 Rodinia 超大陆一员发生裂解的时间(张传林等，2003)。

早古生代岩浆活动是塔里木西南构造岩浆岩带最主要的岩浆作用时期，且以奥陶纪最为强烈。寒武纪岩体有阿瓦勒克、柯岗、128km 岩体和他龙北岩体等。其中，阿瓦勒克岩体石英闪长岩中角闪石 K-Ar法年龄为 519.9Ma(Wang et al.,1987)；柯岗岩体石英二长岩 K-Ar 法年龄为 528Ma(新疆第一区调队，1985)；128km 岩体的角闪石 K-Ar 法年龄为 517.2～475.5Ma(新疆第一区调队，1985；许荣华，1994)，锆石 Pb-Pb 蒸发年龄为 495±18Ma(李永安等，1995)，主要形成于寒武纪。寒武纪岩体岩石组合为石英闪长岩、石英二长岩和花岗闪长岩，SiO_2 含量为 52.46%～63.05%，里特曼指数为 1.68～3.47，属钙碱性系列。稀土元素总量∑REE 为 191.70×10^{-6}～399.70×10^{-6}，$(La/Yb)_N$值为 10.67～24.68，且大部分大于 20，轻重稀土分馏强烈，δEu 值为 0.55～0.96(姜耀辉等，1999)。微量元素原始地幔标准化蛛网图中，大离子亲石元素(LILE)显著富集，高场强元素(HFSE)相对亏损，Nb、Ti 显著亏损，构造环境判别显示为岛弧花岗岩。

奥陶纪岩体有大同西侧、库地北和雀普河等岩体，呈巨型岩基产出。其中，大同西侧岩体中锆石 U-Pb年龄为 480.4～478.8Ma(方锡廉等，1990；许荣华等，1994)。库地北岩体中黑云母 K-Ar 年龄为 445.0Ma(汪玉珍等，1987)，锆石 U-Pb 年龄为 394Ma(许荣华等，1994)，表明后者可能为奥陶纪—志留纪的复合岩基。岩石组合为闪长岩、石英闪长岩、石英二长岩、花岗岩、二长花岗岩和石英正长岩，SiO_2 含量为 52.77%～73.60%，全碱(K_2O+Na_2O)含量为 6.04%～10.04%，里特曼指数为 2.07～5.45，属高钾碱钙系列和碱性系列。稀土元素总量∑REE 为 273.28×10^{-6}～307.16×10^{-6}，$(La/Yb)_N$ 值为 10.70～16.33，δEu 值为 0.08～0.92。微量元素及构造环境综合判别显示，奥陶纪岩体为碰撞-碰撞后岩浆作用产物。

晚古生代之后，塔里木西南构造岩浆岩带的岩浆作用相对较弱，以石炭纪—二叠纪为主，主要分布在有该带的北部。岩石组合为二长花岗岩、花岗闪长岩、英云闪长岩、石英闪长岩和闪长岩，还有碱性的正长岩和石英正长岩。其中，石炭纪乌依塔格-库塔缝合带中乌依塔格蛇绿岩套中的早石炭世斜长花岗岩SHRIMP锆石U-Pb年龄为(327.7±4.9)～(337.5±4.1)Ma。岩石具有低K_2O、高Sr和Y特征。稀土元素总量∑REE相对较低，且具有LREE亏损、HREE富集的特征；$^{87}Sr/^{86}Sr$初始值为0.704 8～0.706 8，$\varepsilon_{Nd}(t)$值为6.2～7.6；石炭纪岩体被认为形成于大洋岛弧环境，由拉斑玄武岩分异而成(Jiang et al.，2008)。晚二叠世的喀依孜岩体的锆石LA-ICP-MS年龄为250.7±4.7Ma(刘建平等，2010)，岩石组合为花岗闪长岩和石英闪长岩，SiO_2含量为56.02%～74.03%，全碱(Na_2O+K_2O)含量6.77%～8.61%，属高钾钙碱系列，微量元素富集大离子亲石元素(LILE)，亏损高场强元素(HFSE)和重稀土元素，Nb和Ta负异常，与俯冲带岩浆地球化学相似，形成于古特斯洋向塔里木板块俯冲的塔里木大陆边缘弧。三叠纪之后，主要岩石类型为二长花岗岩和正长花岗岩，科岗岩体的SHRIMP锆石U-Pb年龄为228.2±1.5Ma，形成于碰撞造山后的伸展背景(张传林等，2005)。

4. 南天山构造岩浆岩带

南天山构造岩浆岩带西起中吉边境，东到北山西部，北自中天山南缘，南与柯枰地块、库鲁克塔格相接。该带的侵入岩时空分布特征是：①前寒武纪仅有青白口纪的老虎台岩体和霍拉山岩体；②早古生代志留纪岩株出露在库尔干以南，较大的红石滩序列出露在东段；③大量的晚古生代岩体，包括岩基和岩株，广泛出露在东经84°以东的额尔宾山-克孜勒塔格-觉罗塔格以南地区，而西南天山-哈尔克山仅有少量岩株产出，且以二叠纪为主。

南天山志留纪岩体中，库尔干南岩体群和红石滩序列，绝大多数属钙碱系列岩石(图3-21)，个别落在碱性岩区，里特曼指数为0.70～4.05，K_2O/Na_2O值集中在0.5～1.6，个别最低值为0.11，最高达16.0。库尔干南岩体群相对富钠，其余岩体均相对富钾，A/CNK值为0.72～1.20，表明以准铝质-过铝质的高钾钙碱系列为主，个别样品属Shoshonite和中钾钙碱系列(图3-21)。稀土元素总量∑REE为70.7×10^{-6}～266.7×10^{-6}，δEu值为0.47～0.90，$(La/Yb)_N$值为1.8～56.0，稀土元素参数变化较大，表明不同岩体的岩浆源不尽相同。微量元素原始地幔标准化蛛网图具有Rb、Ba、Th富集和Ta、Nb、Zr、Hf相对亏损的特征，与岛弧和碰撞花岗岩(Pearce et al.，1984)相似。但红石滩序列中有的岩体具有Zr正异常，与同碰撞或板内花岗岩相似。综合分析，花岗岩的形成经历了岛弧到碰撞造山阶段。

南天山早泥盆世岩体有库米什东北岩体和库米什东南岩体。库米什东北岩体岩石组合为花岗岩、斜长花岗岩和石英闪长岩，锆石SHRIMP年龄为396±4Ma(杨天南等，2006)，库米什东南岩体为产于蛇绿岩带中的幔源型花岗岩(郭继春等，1992)。库米什东北岩体里特曼指数为1.14～2.30，K_2O/Na_2O值为0.19～1.93，A/CNK值为0.97～1.37，属过铝质高钾钙碱系列，且含有中钾和低钾钙碱系列分子[图3-13(e)、(f)]。稀土元素总量∑REE为72.8×10^{-6}～206.3×10^{-6}，δEu值为0.35～0.85，$(La/Yb)_N$值为2.1～7.9。微量元素特征显示该花岗岩以碰撞花岗岩为主，少数为岛弧花岗岩，其形成经历了从岛弧到碰撞造山的构造环境。此外，在库米什东北岩体内部含大量小型基性团块，以碱性系列的辉长质为特征，里特曼指数为1.7～29.8，形成于活动陆缘环境(杨天南等，2006)。库米什东南岩体为准铝质低-中钾钙碱系列，A/CNK平均值为0.96[图3-13(e)、(f)]，稀土元素配分型式呈近平坦型和轻稀土富集型，$(La/Yb)_N$值为2.1～18.7，∑REE为11.2×10^{-6}～71.3×10^{-6}，均具有正Eu异常，δEu值为1.05～7.50，为消减带和幔源花岗岩(郭继春等，1992)。

南天山东段晚泥盆世花岗岩岩基出露面积总和超过2800km²，代表性岩体有额尔宾山、南希达坂、克尔古堤乌什塔拉等岩体，岩石组合为闪长岩、石英闪长岩、花岗闪长岩、花岗岩、黑云母花岗岩和斜长花岗岩。其中，额尔宾山岩体的SiO_2含量为68.43%～76.87%，里特曼指数为1.98～2.59，K_2O/Na_2O值为1.13～1.46，A/CNK值为0.89～0.98，属准铝质高钾钙碱性系列[图3-13(e)、(f)]，形成于碰撞造山后伸展环境。

南天山地区的额尔宾山—克孜勒塔格一带出露大量的石炭纪花岗岩，主要岩体有伊尔托布什布拉克岩体、群条山超单元、克孜勒塔格岩体、克约普留克井岩体、哈孜尔南-詹加尔布拉克岩体和盲起苏岩体等。除了盲起苏岩体的同位素年龄为 304.2±11.6Ma 和 296.9±5.4Ma(朱志新等，2008)、群条山超单元中二长花岗岩锆石 U-Pb 年龄为 292.9±2.6Ma① 外，其余岩体时代大多依据地质特征确定为晚石炭世。岩石组合为正长花岗岩、二长花岗岩和花岗闪长岩，群条山超单元中还有碱长花岗岩、花岗岩、石英闪长岩和闪长岩。岩石地球化学上，SiO_2 含量为 70.95%～76.27%，里特曼指数为 1.08～3.49，K_2O/Na_2O 值为0.6～2.21，A/CNK 值为 1.11～1.50，以高钾钙碱系列为主，既有准铝质也有过铝质[图 3-14(e)、(f)]。群条山超单元的稀土元素配分型式呈轻稀土富集型，$(La/Yb)_N$值为 10.5～36.3，δEu 值为 0.40～0.87，具有中等-强烈 Eu 亏损。在微量元素原始地幔标准化蛛网图上，大离子亲石元素富集程度较高，具有 Ba 显著亏损和 Ta、Nb 槽及 Hf、Zr 槽显著的特征。综合分析表明，南天山地区石炭纪花岗岩形成于塔里木板块与哈萨克斯坦板块碰撞后的伸展环境。

南天山地区二叠纪岩体较发育，岩石组合有正长花岗岩、二长花岗岩、闪长岩、碱性花岗岩、钠闪石霓石碱性花岗岩、石英正长岩、正长岩、二长岩以及辉长岩、闪长岩、辉长闪长岩和黑云石英闪长岩等。岩石地球化学上，既有高钾钙碱系列，也有碱性系列(姜常义等，1999；黄河等，2010)。以川乌鲁杂岩体为例，岩石具有轻稀土富集型的稀土元素配分型式，微量元素上具有大离子亲石元素(LIL)相对于高场强元素(LFS)富集，Ba、Rb、Pb、Sr 等大离子亲石元素(LIL)和高场强元素(LFS)Th、U、Pb 相对富集以及 Nb、Ta、P、Ti 相对亏损的特征。

大部分学者对早—中二叠世花岗岩形成构造环境的认识比较一致，主要为大陆伸展(姜常义等，1999)、大陆裂谷(夏林圻等，2004；夏祖春等，2005；徐学义等，2006)、后碰撞作用晚期(黄河等，2010)或后碰撞构造阶段(朱志新等，2009)；也有部分学者认为南天山洋盆闭合和陆-陆碰撞造山发生于二叠纪末，从而认为这些岩体的形成多与俯冲作用相关。李永军等(2007)认为，垄东早期具有典型 O 型 Adakite 特征，晚期具有火山弧后碰撞地球化学特征。根据前述早古生代到晚古生代侵入岩的时空分布、岩石组合和岩石地球化学的综合分析，本书认为南天山洋应在晚泥盆世闭合，而早石炭世杜内阶及维宪阶早期应该为塔里木板块与中天山地块(哈萨克斯坦板块)的碰撞时期，这一时期形成的花岗岩，既具有岛弧花岗岩的特征，又有碰撞和碰撞后花岗岩的特征。晚石炭世形成的花岗岩，多数为陆-陆碰撞后大陆伸展环境(或者称大陆裂谷)下岩浆活动的产物，而在石炭纪末期和早二叠世，这种伸展环境下的岩浆作用达到高潮，构成了天山地区最主要的、也是最具有特色的岩浆活动时期。至晚二叠世，大陆裂谷作用结束并转入陆内盆山构造演化阶段(夏林圻等，2002，2004；徐学义等，2006)。

5. 敦煌陆块及边缘构造岩浆岩带

该构造岩浆岩带位于塔里木板块东北缘，涵盖了甘肃的北山地区和敦煌陆块的主要部分，包括罗雅楚山-尖子山长城纪—二叠纪构造岩浆岩亚带、笔架山-大红山长城纪—二叠纪构造岩浆岩亚带和敦煌陆块构造岩浆岩亚带。其中，黑山岭-罗雅楚山-尖子山长城纪—二叠纪构造岩浆岩亚带。它主要发育2 期构造-岩浆旋回侵入体，即奥陶纪—中泥盆世和石炭纪—二叠纪。前者主要产于笔架山北和花牛山—平头山一带，后者是最主要的岩浆活动期，岩体分布广泛。此外，该亚带还有少量太古宙片麻岩和中生代侵入体产出。笔架山-大红山长城纪—二叠纪构造岩浆岩亚带主要发育 3 期构造-岩浆旋回侵入体，即长城纪—青白口纪、寒武纪—中泥盆世和石炭纪—二叠纪。长城纪—青白口纪以片麻岩套形式产出，如牛角西山片麻岩和新场片麻岩套；寒武纪—中泥盆世多以各种岩套被识别出来，如五峰山糜棱岩套、潘家井片麻岩套等；石炭纪—二叠纪是最主要的岩浆活动期，该期岩体分布广泛。此外，该亚带还发育有新元古代基性岩群和少量中生代侵入体。敦煌陆块构造岩浆岩亚带主要发育 2 期构造岩浆旋回侵

① 《长白山南幅 1∶5 万区域地质调查报告》，新疆维吾尔自治区地质调查院，2003.

入体，即志留纪—泥盆纪和石炭纪—二叠纪，前者侵入体主要分布在桥湾—豁路山一带；后者侵入体主要沿着小宛南山山前断裂分布，在赤金峡一带分布着二叠纪石英闪长岩。此外，该亚带内还有个别三叠纪二长花岗岩和花岗岩及古元古代花岗岩分布。

罗雅楚山-尖子山构造岩浆岩亚带中，奥陶纪将军台超单元由7个单元59个岩体组成，岩石组合为闪长岩、石英闪长岩、英云闪长岩、花岗闪长岩、二长花岗岩和正长花岗岩。其中，英云闪长岩全岩Rb-Sr等时线年龄为479.9Ma，细粒花岗闪长岩的锆石U-Pb年龄为453.3±0.9Ma。岩石地球化学上，里特曼指数为1.13～3.65，K_2O/Na_2O值为0.37～1.60，A/CNK值为0.68～1.12，以准铝质-过铝质高钾钙碱系列岩石为主，含低钾钙碱性花岗岩（图3-28）。稀土元素总量$\sum REE$为77.9×10^{-6}～321.8×10^{-6}，$(La/Yb)_N$值为1.4～27.6，δEu值为0.14～0.97。综合来看，该超单元岩石组合多样，成因复杂，需要深入研究。笔架山-大红山构造岩浆岩亚带中，奥陶纪五峰山序列的主要岩性为石英闪长岩、花岗闪长岩和二长花岗岩，其中，花岗闪长岩的单矿物K-Ar法测年值为457Ma。岩石地球化学中，里特曼指数为1.42～2.74，K_2O/Na_2O值多集中在1.24～2.30，两个石英闪长岩样品K_2O/Na_2O值为0.28～0.30，A/CNK值集中在0.80～1.39，以高钾钙碱系列岩石为主，含低钾的奥长花岗岩系列分子（图3-28）。稀土元素总量$\sum REE$为132.1×10^{-6}～436.9×10^{-6}，$(La/Yb)_N$值为8.2～60.3，δEu值为0.39～0.76。微量元素原始地幔标准化蛛网图中，具有Rb、Ba、Th富集和K_2O、Nb、Ta相对亏损的特征，与弧花岗岩相似。综合分析表明，该序列花岗岩主要形成于岛弧到碰撞环境。

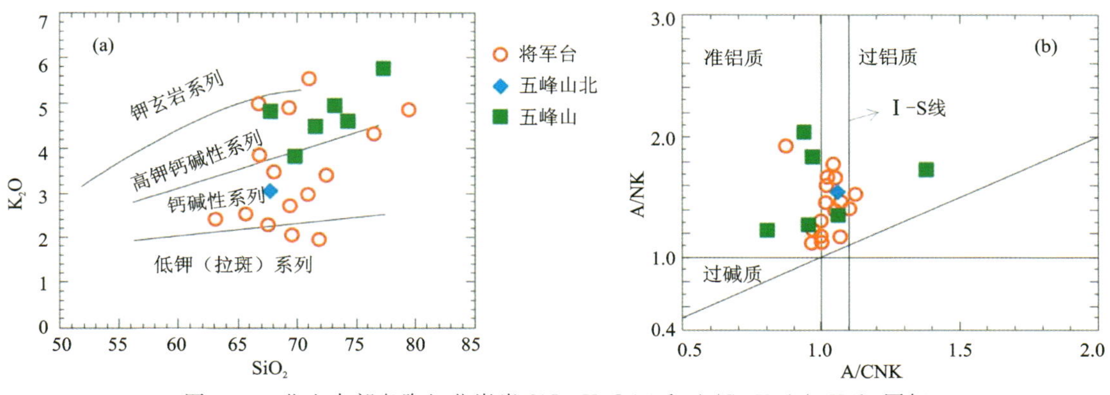

图3-28 北山南部奥陶纪花岗岩SiO_2-K_2O(a)和A/CNK-A/NK(b)图解

甘肃北山地区的志留纪岩体有头道沟—沙河湾一带的沙河湾序列、红柳河以南的前进岩体、三个井—东大泉一带志留纪中基性岩体和老君庙一带的黄尖丘片麻岩套。沙河湾序列岩石组合为辉长岩、闪长岩、花岗闪长岩和二长花岗岩；前进岩体岩石组合为英云闪长岩、二长花岗岩和石英闪长岩，锆石$^{206}Pb/^{238}U$年龄为440.9±3.0Ma（李伍平等，2001）；三个井—东大泉一带志留纪中基性岩体岩石组合为辉长岩、闪长岩和石英闪长岩；黄尖丘片麻岩套岩石组合为石英闪长岩、英云闪长岩、花岗闪长岩和二长花岗岩，锆石U-Pb年龄420.2±0.9Ma。沙河湾序列和黄尖丘片麻岩套主要属准铝质-过铝质的高钾钙碱系列岩石，里特曼指数分别为1.14～2.09和0.17～1.14，K_2O/Na_2O值集中分布在0.5～1.6，相对富钾，A/CNK值为0.72～1.20（图3-29）。稀土元素总量$\sum REE$分别为148.8×10^{-6}～226.4×10^{-6}和73.3×10^{-6}～99.9×10^{-6}，$(La/Yb)_N$值分别为15.5～27.4和13.3～56.0，δEu值为0.47～0.90。微量元素原始地幔标准化蛛网图中，具有Rb、Ba、Th富集和Ta、Nb、Zr、Hf相对亏损的特征，与岛弧和碰撞花岗岩（Pearce et al.，1984）相似。综合分析表明，该期花岗岩主要为岛弧到碰撞造山阶段岩浆作用产物。

敦煌古陆的志留纪岩体有大口子山混合岩浆组合、豁路山序列、小宛南山构造杂岩和旱峡构造杂岩以及敦煌党河水库岩体等。其中，大口子山混合岩浆组合由44个侵入体组成5个浆混单元，主要岩石组合为石英闪长岩、石英二长闪长岩、英云闪长岩、花岗闪长岩和二长花岗岩，花岗闪长岩锆石U-Pb年

0.12～0.93。微量元素原始地幔标准化蛛网图上，大离子亲石元素富集，多具有 Rb、Ba 亏损，Ta、Nb 槽和 Hf、Zr 槽也较明显。该构造岩浆岩亚带中石炭纪花岗岩既有镁质花岗岩，也有铁质花岗岩，既有 I 型花岗岩，也有具有 A 型特征的花岗岩。综合判别表明，这些花岗岩是以碰撞后伸展构造环境为主，不排除含有部分早期（或者非石炭纪）岛弧花岗岩的可能。

敦煌陆块构造岩浆岩亚带中，石炭纪花岗岩有旱峡构造杂岩，其由 10 个侵入体组成 3 个单元，岩石类型为花岗闪长岩和英云闪长岩，岩体中发育二长花岗岩质伟晶岩脉和石英脉。岩石地球化学上，SiO_2 含量为 66.32%～71.33%，里特曼指数为 0.85～1.68，K_2O/Na_2O 值为 0.24～0.92，A/CNK 值为 0.95～1.09，属富钠的准铝质-过铝质中—高钾钙碱系列（图 3-30）。稀土元素总量 ∑REE 为 83.4×10^{-6}～161.3×10^{-6}，$(La/Yb)_N$ 值为 19.9～30.4，δEu 值为 0.81～1.07。在微量元素原始地幔标准化蛛网图上，大离子亲石元素富集程度较低，Ta、Nb 槽较明显，旱峡构造杂岩具有岛弧花岗岩特征。

二叠纪岩体在北山地区和敦煌陆块分布广泛。在北山地区侵入体就有 270 个以上，以小岩株为主，岩基仅有 3 个。小岩株包括磁海岩株群、大红山超单元、音凹峡超单元、旧井构造杂岩和热水泉超单元等，岩基仅有分布在北山东部的大口子井岩体、文革山和红旗泉岩体等。东大泉石英闪长岩体 K-Ar 年龄为 233.5Ma，深井北西细粒花岗闪长岩体 K-Ar 年龄为 205.4Ma，深井西细粒二长花岗岩体 Rb-Sr 全岩等时线年龄为 276±3Ma，长杆子二长花岗岩单颗粒锆石 U-Pb 年龄为 266.6±6.34Ma 和 251.0±0.6Ma（1∶25 万笔架山幅区域地质调查报告），音凹峡超单元的 Rb-Sr 全岩等时线年龄为 295±16Ma 和 248±39Ma，红柳河细粒正长花岗岩体锆石 U-Pb 年龄为 249.5±3.2Ma，旧井构造杂岩中二长花岗岩和石英闪长岩的锆石 U-Pb 年龄为 281Ma 和 272Ma（1∶25 万马鬃山幅区域地质调查报告），热水泉超单元中二长花岗岩的锆石 U-Pb 年龄为 266.6±4.9Ma 和 260±0.3Ma（1∶25 万玉门镇幅区域地质调查报告）。岩石类型有正长花岗岩、白云母花岗岩、二长花岗岩、碱性花岗岩、英云闪长岩、花岗闪长岩、石英闪长岩、闪长岩、辉长岩和石英正长岩。岩石地球化学上，SiO_2 含量为 53.19%～77.48%，里特曼指数为1.40～2.99，碱性花岗岩可达 4.41，K_2O/Na_2O 值为 0.43～1.86，由高钾钙碱系列和碱性系列岩石组成（图 3-30），旧井构造杂岩还具有双峰式岩浆组合特征；中酸性岩的 A/CNK 值为 0.77～1.31，为过铝质；碱性花岗岩、石英正长岩和多数二长花岗岩为 A 型花岗岩。稀土元素总量 ∑REE 为 57.8×10^{-6}～312.0×10^{-6}，δEu 值为 0.04～0.89，$(La/Yb)_N$ 值为 0.6～39.4。微量元素原始地幔标准化蛛网图上，大离子亲石元素富集程度较高，Ba 亏损明显，而 Nb、Ta 槽和 Hf、Zr 槽既有不明显的，也有显著的。综合分析表明，二叠纪花岗岩为非造山环境下岩浆作用产物，尽管其中含有具有岛弧花岗岩特征的闪长岩和英云闪长岩等，多反映了其岩浆源区的特征。

敦煌陆块构造岩浆岩亚带二叠纪岩体数量达 110 多个，包括西部卡拉塔什塔格至阿克塞县一带的大量岩体和敦煌以东的桥湾序列及赤金峡构造杂岩。桥湾序列由 40 个岩体组成 5 个单元，岩石组合为二长花岗岩、角闪花岗闪长岩、英云闪长岩和石英二长闪长岩，各种岩脉非常发育，二长花岗岩的锆石 U-Pb 年龄为 271.4±3Ma，K-Ar 等时线年龄为 283Ma。赤金峡构造杂岩由 54 个岩体组成 7 个单元，主要岩性为二长花岗岩、正长花岗岩、花岗闪长岩、英云闪长岩、石英闪长岩和闪长岩，石英闪长岩和二长花岗岩的锆石 U-Pb 年龄分别为 264.2±3.6Ma 和 238.4±2.6Ma。岩石地球化学显示，桥湾序列的 SiO_2 含量为 63.00%～74.30%，里特曼指数为 1.21～1.91，(K_2O+Na_2O) 含量为 4.93%～7.73%，K_2O/Na_2O 值为 0.67～2.73，A/CNK 值为 0.97～1.23，以准铝质-过铝质高钾钙碱系列为主（图 3-31）。赤金峡构造杂岩的 SiO_2 含量为 59.98%～77.11%，里特曼指数为 1.28～3.00，(K_2O+Na_2O) 含量为 5.60%～9.63%，K_2O/Na_2O 值为 0.42～2.36，A/CNK 值为 0.81～1.05，以准铝质高钾钙碱系列为主（图 3-31）。稀土元素总量 ∑REE 为 34.0×10^{-6}～138.7×10^{-6}，δEu 值为 0.44～0.96，$(La/Yb)_N$ 值为 5.2～79.9。微量元素原始地幔标准化蛛网图上，大离子亲石元素富集程度中等，Ba 的亏损较弱，具有明显 Ta、Nb 槽和 Hf、Zr 槽。桥湾序列均为镁质花岗岩，晚期岩石具 A 型花岗岩特点。赤金峡构造杂岩既有铁质花岗岩，也有镁质花岗岩，少量岛弧花岗岩和非造山 A 型花岗岩。总体上，敦煌陆块的二叠纪花岗岩应是陆内非造山环境下岩浆作用产物，但形成于具有挤压特征的构造环境。

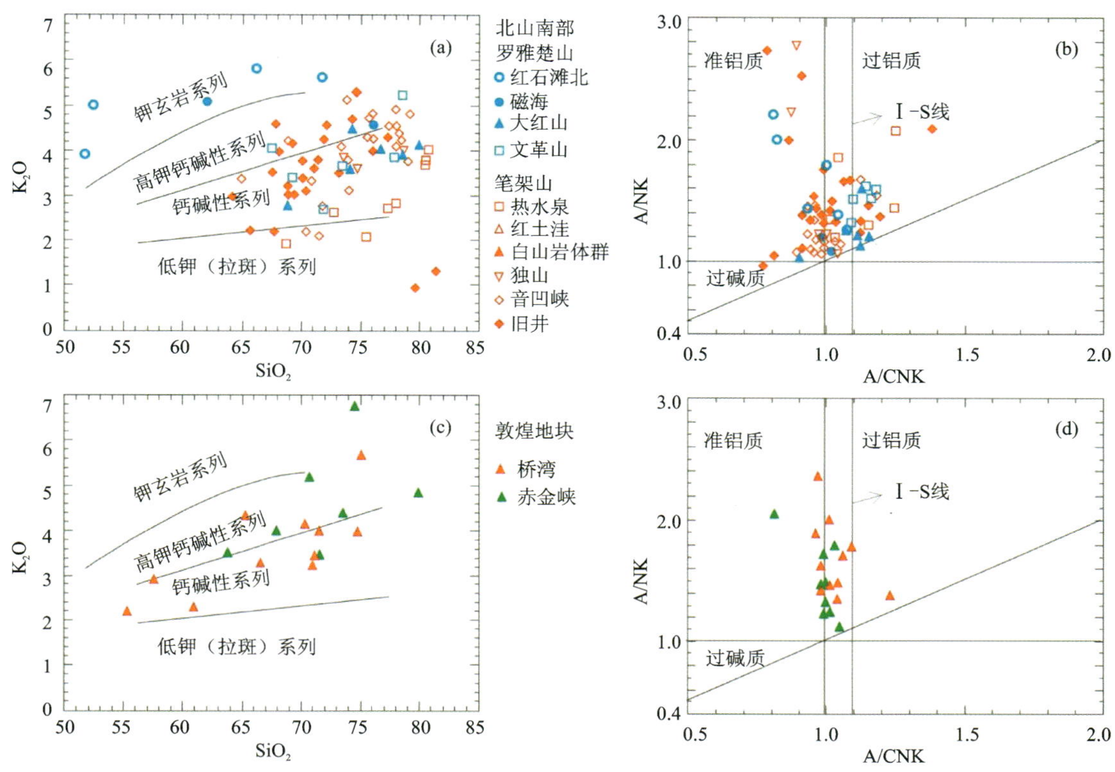

图 3-31 北山南部和敦煌地区二叠纪花岗岩 SiO_2-K_2O[(a)、(c)]和 A/CNK-A/NK[(b)、(d)]图解

中生代侵入岩数量少、规模小，零星分布在北山南部和敦煌陆块。三叠纪侵入体有四道梁、七一山、嘎顺呼都格、甘草泉、一条山南和赤金堡等岩体，主要岩性为二长花岗岩、正长花岗岩和花岗岩等。侏罗纪侵入体有音凹峡、红柳大泉和阿木乌南等岩体。白垩纪侵入体有风雷山、盘陀山、洗肠井东南和大树岭西等岩体。这些岩体均呈岩株产出，岩性以花岗岩居多。

（七）华北克拉通及周缘构造岩浆岩区

研究区内的华北克拉通及周缘构造岩浆岩区可分为两部分，即华北克拉通构造岩浆岩区和华北克拉通周缘构造岩浆增生区（图 3-1）。

1. 华北克拉通及周缘构造岩浆岩区侵入岩时空分布概述

本区基于锆石同位素测年为主的花岗岩年龄时空分布图如图 3-32 所示（华北地块南缘构造岩浆岩带放入秦岭-祁连区）。总体上，本区侵入岩浆活动的时空分布具有以下几个特征。

（1）代表地壳早期形成演化阶段的变质侵入岩，其时代为新太古代—古元古代，年龄为 2435～2676Ma，岩石组合为英云闪长岩、斜长花岗岩、石英闪长岩和闪长岩，还有超基性岩（辉石岩、橄榄岩）等产出，这些岩体集中分布在鄂尔多斯-华北陆块北缘的阴山—大青山一带。

（2）晋宁期和震旦期的变质或者片麻状花岗岩，其同位素年龄零星分布在 904～926Ma、774Ma 和 553～592Ma，岩石组合为眼球状片麻岩、花岗片麻岩、角闪片麻岩、石英闪长岩、英云闪长岩和花岗闪长岩等，岩浆活动相对较弱，主要分布在阿拉善陆块的南北缘。

（3）早古生代的岩浆活动较为强烈，集中分布在阿拉善陆块南缘和鄂尔多斯-华北陆块北缘两个构造岩浆岩带，其同位素年龄主要为 490～400Ma，岩石组合为闪长岩、石英闪长岩、英云闪长岩和花岗闪长岩。

（4）晚古生代的侵入岩浆活动可以分为两个阶段：第一，泥盆纪—石炭纪（390～310Ma）的相对平静

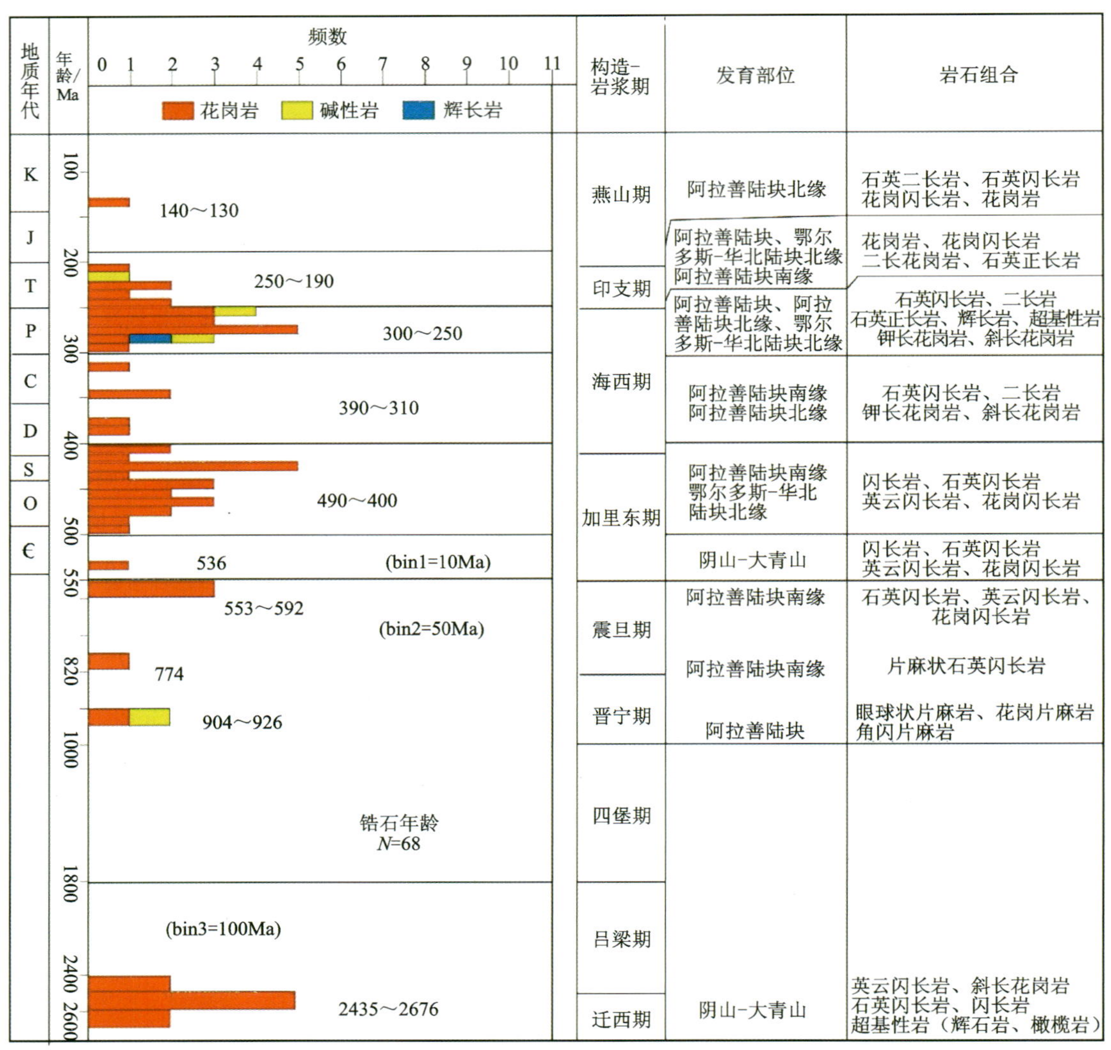

图 3-32　华北板块构造岩浆岩域侵入岩锆石年龄与时空分布图

期，岩体主要分布在阿拉善陆块南缘和阿拉善陆块北缘两个构造岩浆岩带内，岩石组合为正长花岗岩、斜长花岗岩、石英闪长岩和二长岩等；第二，二叠纪（300～250Ma）的强烈活动期，在阿拉善陆块、阿拉善陆块北缘和鄂尔多斯-华北陆块北缘等构造岩浆岩带均有分布，岩石组合既有高钾钙碱系列的正长花岗岩、斜长花岗岩、石英闪长岩和二长岩，也有碱性系列的石英正长岩和辉长岩。

（5）中生代侵入岩浆活动最弱，仅有少数岩体分布在阿拉善陆块北缘等地区。华北克拉通构造岩浆岩区包括阿拉善和鄂尔多斯两个陆块构造岩浆岩带，它们属于华北克拉通西部的重要组成部分。鄂尔多斯构造岩浆岩带可进一步划分为鄂尔多斯陆块北部和南部两个构造岩浆岩亚带，包括基底隆起、克拉通盆地和陆缘裂谷等。其中，鄂尔多斯陆块北部构造岩浆岩亚带主要发育两个阶段的侵入岩体：其一为地壳形成早期的太古宙—中元古代的变质侵入体，主要岩石组合为英云闪长岩、花岗闪长岩、花岗岩、正长花岗岩、斜长花岗岩、石英闪长岩和闪长岩等；其二为中生代早期三叠纪侵入体，岩石组合为正长花岗岩、二长花岗岩、花岗闪长岩和花岗岩等，代表着造山晚期或者造山后期岩浆作用产物。此外，还零星分布着石炭纪—二叠纪的花岗岩，岩石组合有二长花岗岩、花岗岩、石炭闪长岩和闪长岩等，代表着造山阶段的岩石组合。由于鄂尔多斯陆块南部构造岩浆岩亚带（或者称为华北地块南缘）侵入岩浆活动强烈，且与北秦岭相邻，为了便于叙述，故将鄂尔多斯陆块南部构造岩浆岩亚带的侵入岩浆作用放在秦岭-祁连大区中论述，本节简要叙述阿拉善陆块和阿拉善陆块南缘 2 个构造岩浆岩带的侵入岩特征。

2. 阿拉善陆块构造岩浆岩带

阿拉善陆块构造岩浆岩带中，主要发育4期构造旋回的花岗岩：第一期为中元古代的花岗闪长岩、花岗岩和闪长岩组合，同时还发育有基性和超基性岩体，代表着华北克拉通形成过程岩浆作用产物。第二期为早古生代的二长花岗岩、花岗岩、斜长花岗岩和花岗闪长岩组合，形成时代以志留纪为主，与祁连洋盆向阿拉善陆块南缘俯冲碰撞时期岩浆作用有关。第三期为晚古生代的侵入岩，主要发育时期为石炭纪，岩石组合为花岗岩、花岗闪长岩、斜长花岗岩、石英正长岩和闪长岩，代表着南天山-牛圈子-洗肠井-西拉木伦洋盆向阿拉善-华北陆块之下俯冲碰撞岩浆活动，如苇坑泉北、碱泉子和罗城岩体群等。在阿拉善北大山一带出露的基性—超基性岩、石英闪长岩、石英二长岩、石英正长岩和正长花岗岩等岩石组合中，嘎顺塔塔勒石英闪长岩和石英二长岩的^{40}Ar-^{39}Ar年龄分别为277.0±3.8Ma和275.0±4Ma，为早二叠世。岩石地球化学上，SiO_2含量为59.34%～67.69%，(Na_2O+K_2O)含量为4.58%～10.47%，里特曼指数为1.15～5.45，A/CNK值为0.87～1.00，Na_2O/K_2O值为0.49～1.81，属准铝质中—高钾钙碱系列至Shoshonite系列(图3-33)。稀土元素总量∑REE为76.18×10^{-6}～432.6×10^{-6}，$(La/Yb)_N$值为5.08～69.28，δEu值为0.72～1.36，反映物质来源差异较大。该岩体被认为形成于二叠纪活动大陆边缘构造环境(赖新荣等，2007)。晚二叠世赛里超单元属于同碰撞二长花岗岩，锆石U-Pb年龄为245±6Ma，被认为是华北克拉通北缘洋盆关闭碰撞缝合时所形成(张永清等，2003)。第四期为中生代陆内岩浆作用时期形成的花岗岩，主要为碱性花岗岩与高钾钙碱系列花岗岩。巴音诺日公中三叠世花岗岩锆石U-Pb年龄为234±8Ma和235±4Ma，以S型花岗岩和A型花岗岩组合为特征(张永清等，2002)。苏亥图和温都尔浩富碱侵入岩体的Rb-Sr年龄分别为250±18Ma和213.0±9.8Ma。其中，苏亥图岩体岩性为角闪石英正长岩，温都尔浩岩体岩性为黑云石英正长岩。岩石地球化学上SiO_2含量为62.01%～67.28%、Al_2O_3含量为12.20%～16.83%，Na_2O+K_2O含量为11.14%～14.18%，里特曼指数为6.40～8.65，K_2O/Na_2O值为1.01～1.79，属高钾钙碱系列和碱性系列(图3-33)。微量元素强烈富集LILE和LREE，相对亏损Nb、Ta、Ti和P，$\varepsilon_{Nd}(t)=-9.4\sim-7.3$，$\varepsilon_{Sr}(t)=+53.9\sim+99.9$，反映物质来源主要与富集型上地幔有关，但受到不同程度壳源物质的混染作用(任康绪等，2005a，2005b)。

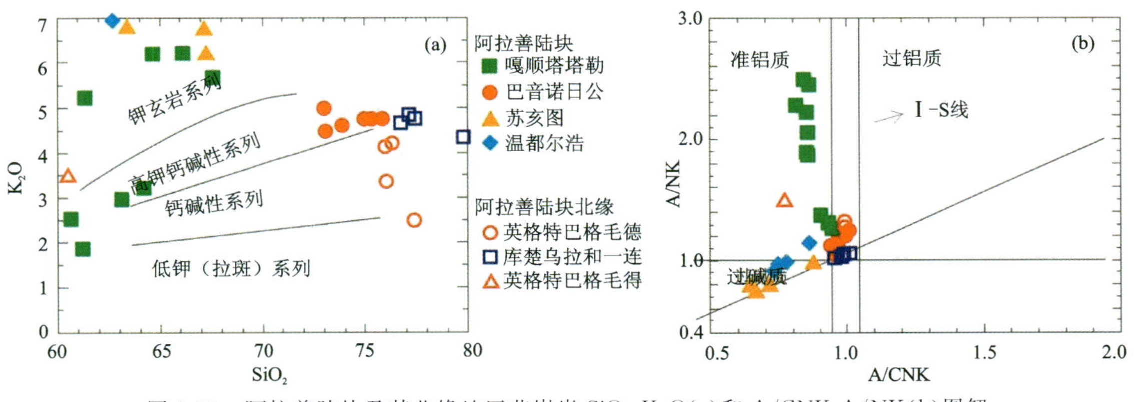

图3-33 阿拉善陆块及其北缘地区花岗岩SiO_2-K_2O(a)和A/CNK-A/NK(b)图解

该构造岩浆岩带中，新元古代早期花岗岩锆石LA-ICP-MS年龄为926±15Ma和904±7Ma(耿元生等，2010)，具有高硅、富碱、高钾和贫铝、钙、镁为特点，与A型花岗岩相似，可能形成于拉张环境。锆石$\varepsilon_{Nd}(t)$值在零值附近，与同时期亏损地幔的$\varepsilon_{Hf}(t)$有较大的差距。锆石Hf两阶段的模式年龄峰值在1.56Ga，与岩石的形成时间9.04～9.26Ga有较长的时间间隔(耿元生等，2011)。

3. 阿拉善陆块南缘构造岩浆岩带

阿拉善陆块南缘构造岩浆岩带包括河西走廊和北祁连山的大部分地区，西起昌马以西的鹰咀山，东到宝鸡以西的陇山，侵入岩主要发育在北祁连山的中段永昌到冷龙岭和陇山两个地段，其他地区呈零星出露。岩浆活动主要时期为加里东中晚期，其次为海西期，印支期—燕山期和四堡期（长城纪—蓟县纪）很弱。雷公山片麻状石英闪长岩的SHRIMP锆石年龄为774±23Ma，代表北祁连地区在新元古代的岩浆活动，可能与Rodinia超大陆裂解有关（曾建元等，2006）。

早古生代花岗岩属于寒武纪—奥陶纪岛弧或者活动大陆边缘岩浆活动产物。其中，巴个峡-黑大坂花岗闪长岩锆石U-Pb年龄为481.6±3.3Ma（宋忠宝等，2004）；韩家峡石英闪长岩、角闪花岗闪长岩和中牌黑云花岗闪长岩Rb-Sr全岩等时线年龄分别为592±82Ma和577±59Ma（方同辉等，1997）；窑沟花岗闪长岩SHRIMP锆石年龄为463.2±4.7Ma。窑沟岩体主要岩性为花岗闪长岩，SiO_2含量为67%～68.6%，全碱含量为4.37%～4.13%，Na_2O/K_2O值为0.75～0.57，里特曼指数为0.75～1.10，A/NCK值为1.12～1.50，属强过铝质钙碱性系列（图3-34）。稀土元素总量∑REE为144.3×10^{-6}～255.7×10^{-6}，$(La/Yb)_N$值为11.4～25.8，δEu值为0.62～0.69。原始地幔标准化模式图上，Ba、Nb、Sr、P出现了相对弱的负异常，显示活动大陆边缘岩浆作用的特点（吴才来等，2006）。在老虎山一带的雷公山、直沟、北岭沟、黑马圈、松山村和井子川等岩体，均呈小岩墙状或岩枝状产出。其中，井子川岩体的SHRIMP锆石年龄为464±15Ma（吴才来等，2004），岩石组合为石英闪长岩、石英二长闪长岩和英云闪长岩，SiO_2含量为57.06%～61.72%，全碱含量为4.62%～5.59%，里特曼指数为1.52～1.69，A/CNK值为0.89，属准铝质钙碱性系列（图3-34）。稀土元素总量∑REE为90×10^{-6}～106×10^{-6}（吴才来等，2004）。在北祁连山的东段，还分布有早古生代花岗岩。其中，闫家店闪长岩和草川铺花岗岩的SHRIMP锆石U-Pb年龄分别为441±10Ma和434±10Ma。闫家店闪长岩的SiO_2含量为53.04%～57.32%，K_2O/Na_2O值为0.81～0.90，介于高钾钙碱系列和Shoshonite系列之间（图3-34）。稀土元素中$(La/Yb)_N$值为10.98～13.07，δEu值为0.82～0.89，$(^{87}Sr/^{86}Sr)_{441Ma}=0.7060$～0.7064，$\varepsilon_{Nd(441Ma)}=-2.9$～$-3.6$，$T_{DM}=1.38$～1.48Ga；$(^{206}Pb/^{204}Pb)_t=18.146$～18.224，$(^{207}Pb/^{204}Pb)_t=15.633$～15.643，$(^{208}Pb/^{204}Pb)_t=38.134$～38.296。草川铺花岗岩的$SiO_2$含量为71.92%～73.32%，$K_2O/Na_2O$值为0.76～0.90，A/CNK值为1.06～1.10，属过铝质钙碱-高钾钙碱系列（图3-34）。稀土元素中$(La/Yb)_N$值为34.81～80.03，δEu值为0.74～0.91，$(^{87}Sr/^{86}Sr)_{434Ma}=0.7040$～0.7059，$\varepsilon_{Nd(441Ma)}=-3.2$～$-0.3$，$T_{DM}=1.07$～1.30Ga，$(^{206}Pb/^{204}Pb)_t=18.351$～18.753，$(^{207}Pb/^{204}Pb)_t=15.645$～15.696，$(^{208}Pb/^{204}Pb)_t=37.892$～38.317。两个岩体的形成均与祁连洋盆向北俯冲所导致的弧岩浆作用有关（Zhang et al.，2006）。

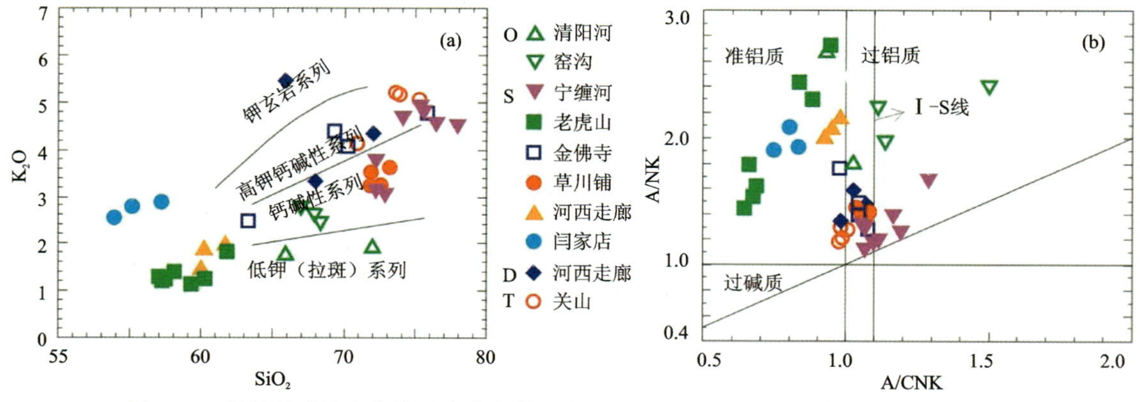

图3-34　阿拉善陆块南缘构造岩浆岩带花岗岩SiO_2-K_2O(a)和A/CNK-A/NK(b)图解

夏林圻等(2001)将北祁连山西段的花岗岩分为3个带，其中，走廊南山北坡-走廊过渡带基本上属于阿拉善陆块南缘构造岩浆岩带，主要岩体包括青石峡、照壁山东、黑下老、金佛寺和马良沟岩体等，是一套碰撞型岩浆组合。该带中的岩体基本上属志留纪—早泥盆世，如车路沟山花岗斑岩的锆石U-Pb年龄为427.7±4.5Ma(夏林圻等,2001)；金佛寺岩体由花岗闪长岩、石英二长岩和大草滩二长花岗岩及干巴口二云母花岗岩3个侵入阶段的岩体组成，前两个阶段岩体的全岩Rb-Sr等时线年龄为419.87±0.4Ma和403.7±0.08Ma(张德全等,1995)；二长花岗岩SHRIMP锆石年龄为424.1±3.3Ma(吴才来等,2010)。另外，该岩浆岩带还有早石炭世的锆石U-Pb年龄(345±7.5Ma)(赵文军,2008)。金佛寺岩体的SiO_2含量为63.29%～75.83%，全碱含量为6.71%～7.69%，除石英闪长岩外，K_2O/Na_2O值为1.15～1.78，里特曼指数为1.69～2.25，属镁质岩石，A/CNK值为1.00～1.09，属弱过铝质钙碱性系列(图3-34)。稀土元素总量∑REE为149×10^{-6}～221×10^{-6}，正长花岗岩可达302×10^{-6}，$(La/Yb)_N$值为7.5～14.4，δEu值为0.74～0.36。微量元素标准化蛛网图上，Ba、Nb、Sr、P、Ti具有明显的负异常，$(^{87}Sr/^{86}Sr)_t$、$(^{143}Nd/^{144}Nd)_t$、$\varepsilon_{Nd}(t)$和T_{DM2}依次为0.708 8、0.511 948、−2.8和1392Ma。该花岗岩被认为是北祁连洋盆闭合，导致陆-陆碰撞，因造山带根部的岩石圈发生折沉作用导致造山带上不同块体的伸展、滑塌形成的造山后花岗岩(吴才来等,2010)。在河西走廊的中东段，老虎山闪长岩年龄为423.5±2.8Ma，其SiO_2含量为57%～62%，属钙碱性系列，具有岛弧或活动陆缘或板块碰撞环境特征，但被认为形成于碰撞后或造山后环境(钱青等,1998)。在河西堡花岗岩体中，杨前大山花岗闪长岩年龄为427±14Ma，孟家大湾二长花岗岩年龄为403±18Ma(方同辉等,1997)，同样也是形成于造山后环境。该带中部冷龙岭地区宁缠河志留纪花岗岩体的SiO_2含量为72.02%～76.48%(除一个石英闪长岩外)，Na_2O+K_2O含量值为5.64%～8.20%，A/CNK值为1.03～1.17(陈化奇等,2007)，属过铝质高钾钙碱系列花岗岩(图3-34)，形成于同碰撞造山阶段。

中晚泥盆世之后，河西走廊地区的岩体有青石峡、黑下老和黄羊河等岩体。黄羊河花岗岩的锆石LA-ICP-MS年龄为383±6Ma，SiO_2含量为68.01%，全碱含量为6.69%，Na_2O/K_2O值为1.01，A/CNK值为1.03(吴才来等,2004)，属弱过铝质高钾钙碱系列(图3-34)。青石峡岩体的锆石U-Pb年龄为372±6Ma(夏林圻等,2001)，属碰撞造山后花岗岩。黑下老岩体的锆石U-Pb年龄为345.5±37Ma(张德全等,1995)，SiO_2含量为71.82%～74.95%，全碱含量为8.2%～9.2%，里特曼指数为2.21～2.80，A/CNK值为0.81～1.084，属准铝质-过铝质高钾钙碱系列。稀土元素总量∑REE为172.72×10^{-6}～366.74×10^{-6}，∑Ce/∑Y值为2.77～6.37，δEu值为0.34～0.64，Eu亏损明显(徐卫东等,2007)，属造山后花岗岩。

在北祁连山东端陇山一带，产出有大量印支期—燕山期岩体，其岩石组合主要为二长花岗岩和正长花岗岩，侏罗纪还有石英正长岩。其中，关山花岗岩可作为印支期花岗岩的代表，其SHRIMP锆石U-Pb年龄为229±7Ma，SiO_2含量为70.98%～73.88%，Al_2O_3含量为12.29%～14.49%，K_2O含量为4.12%～5.20%，Na_2O含量为3%～4.11%，K_2O/Na_2O值为1～1.64，A/CNK值为0.99～1.03，属准铝质高钾钙碱系列(图3-34)。稀土元素中，$(La/Yb)_N$值为17.48～42.43，δEu值为0.58～0.93，$(^{87}Sr/^{86}Sr)_{229Ma}$=0.705 8～0.706 5，$\varepsilon_{Nd(229Ma)}$=−7.0～−10.9，Nd的$T_{DM}$=1.29～1.49Ga，$(^{206}Pb/^{204}Pb)_t$=17.794～18.117，$(^{207}Pb/^{204}Pb)_t$=15.515～15.557，$(^{208}Pb/^{204}Pb)_t$=37.774～38.022。综合分析表明，该期岩体具有碰撞花岗岩特征，被认为是由华北板块与华南板块碰撞时期南秦岭-西秦岭陆壳俯冲导致的部分熔融的岩浆形成(Zhang et al.,2006)。

(八)昆仑-祁连-秦岭构造岩浆岩区

本区基于以锆石同位素测年为主的花岗岩年龄时空分布图如图3-35所示。

1.昆仑-祁连-秦岭构造岩浆岩区侵入岩时空分布概述

昆仑-祁连-秦岭构造岩浆岩区包括红柳沟-北祁连-北秦岭、阿中地块、中祁连地块、南祁连地块、西

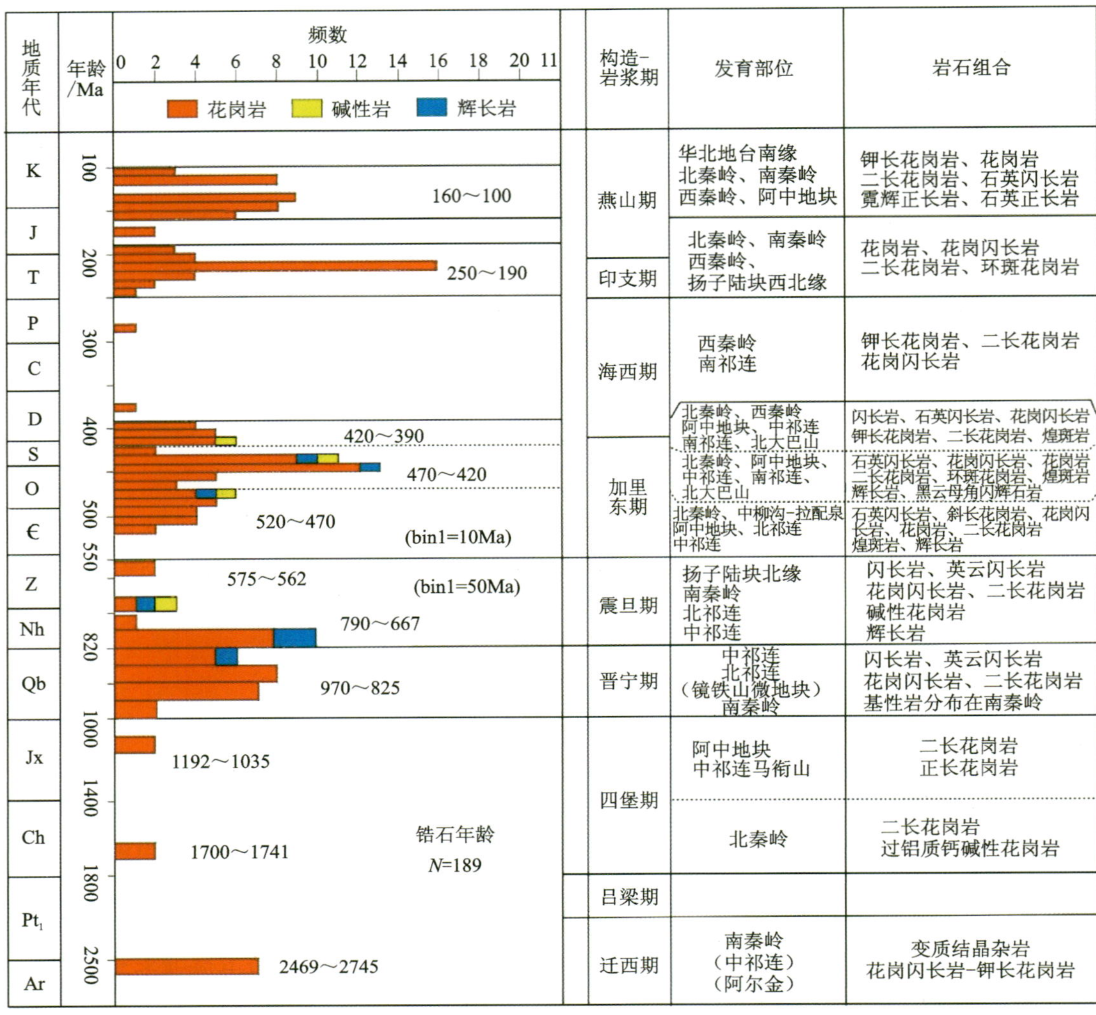

图 3-35　华北板块构造岩浆岩域侵入岩锆石年龄与时空分布图

秦岭-南秦岭、柴达木地块、西昆仑和西巴达赫尚 8 个构造岩浆岩带以及鄂尔多斯陆块南部元古宙—中生代构造岩浆岩亚带(或称华北陆块南缘)等地区。该地区不完全的侵入岩锆石年龄与侵入岩空间分布的总体特征是岩浆作用强烈、时间长。该区的侵入岩浆活动大致可以划分为 5 个主要的岩浆作用期:新太古代迁西期(2469～2745Ma)、新元古代晋宁期—震旦期(970～562Ma)、加里东期—海西早期(520～390Ma)、印支期(250～190Ma)和燕山期(160～100Ma)。这些时期的侵入岩分布和岩石组合特征如下。

(1)新太古代中晚期—古元古代早期(2469～2745Ma)的岩浆活动,主要分布在南秦岭地区,主要为变质结晶杂岩;在中祁连和阿尔金地区也有少量这一时期的片麻岩,其主要岩石组合为花岗闪长岩-正长花岗岩。

(2)四堡期的侵入岩浆活动,北秦岭地区长城纪岩浆活动的锆石年龄为 1700～1741Ma,岩石组合以二长花岗岩为主,属过铝质钙碱系列;蓟县纪花岗岩主要分布在阿中地块和中祁连地块的马衔山一带,锆石年龄范围是 1192～1035Ma,岩石组合为二长花岗岩和正长花岗岩。

(3)晋宁期侵入岩浆活动的锆石年龄范围为 970～825Ma,岩体主要分布在中祁连,主要岩性为各类片麻岩,岩石组合为英云闪长岩、花岗闪长岩、花岗岩和二长花岗岩;其次为南秦岭,岩石组合为闪长岩、石英闪长岩、二长闪长岩和蚀变角闪辉绿(辉长)岩;再次为扬子陆块西北缘和北祁连,其岩石组合主要为花岗闪长岩、二长花岗岩和基性的辉长岩(苏长岩)等;最后在北秦岭还有岩体分布,岩石组合为花岗闪长岩和二长花岗岩组合。

(4)震旦期的侵入岩浆活动主要集中在790～750Ma，主要分布在扬子陆块西北缘、中祁连和北祁连，岩石组合主要为钾质花岗岩、花岗岩、石英闪长岩和辉长岩及苏长岩等；750～562Ma的侵入岩主要分布在南秦岭，主要岩石组合为辉长岩、闪长岩和碱性花岗岩；在北祁连、阿中地块和扬子陆块西北缘也有分布，岩石组合为闪长岩-英云闪长岩、花岗闪长岩和正长花岗岩等。

(5)加里东期—海西早期的侵入岩浆活动集中在520～390Ma，岩体遍布全区，但主要分布在北秦岭、阿中地块和中祁连等构造岩浆岩带。根据岩浆作用特征，大体上还可以划分出512～470Ma、467～422Ma和414～396Ma 3个阶段，分别与王涛等(2009)划分的北秦岭早古生代岩浆作用阶段大致相当，代表着岛弧岩浆作用阶段、碰撞作用与抬升阶段和碰撞晚期阶段。第一阶段的岩体主要分布在北秦岭、红柳沟-拉配泉、阿中地块、北祁连和中祁连等地，其岩石组合为石英闪长岩、斜长花岗岩、花岗闪长岩、花岗岩和二长花岗岩，辉长岩和碱性的煌斑岩主要分布在北大巴山一带；第二阶段岩体主要分布在北秦岭、阿中地块、中祁连、南祁连和北大巴山等地，主要岩石组合为石英闪长岩、花岗闪长岩、花岗岩、二长花岗岩、环斑花岗岩和基性—超基性的煌斑岩、辉长岩及黑云母角闪辉石岩等；第三阶段岩体主要分布在北秦岭，其他地段如西秦岭、阿中地块、中祁连、南祁连和北大巴山也有分布，岩石组合以闪长岩、石英闪长岩、花岗闪长岩、正长花岗岩和二长花岗岩为主，煌斑岩类依然出现在北大巴山地区。

(6)印支期的侵入岩浆活动集中在250～190Ma，主要分布在北秦岭、南秦岭、西秦岭和扬子陆块西北缘，岩石组合为花岗岩、花岗闪长岩、二长花岗岩和环斑花岗岩。

(7)燕山期侵入岩浆活动范围为160～100Ma，岩石组合为正长花岗岩、花岗岩、二长花岗岩和石英闪长岩，碱性花岗岩类以霓辉正长岩和石英正长岩为主。

以下按照不同的构造岩浆岩带分别叙述其侵入岩的简要特征。

2.红柳沟-北祁连-北秦岭构造岩浆岩带

该构造岩浆岩带是划分华北板块与华南板块的重要地带，所包括的红柳沟-拉配泉构造岩浆岩亚带、北祁连构造岩浆岩亚带和北秦岭构造岩浆岩亚带，各自代表着不同时期重要的大陆边缘增生带，其岩浆作用也各有特色，简要叙述如下。

红柳沟-拉配泉构造岩浆岩亚带主要分布着加里东中—晚期岩体，其中以奥陶纪二长花岗岩、花岗岩、斜长花岗岩、石英闪长岩、闪长岩和各种基性岩为主，还包括该时期的蛇绿岩。志留纪的岩石组合为花岗闪长岩、斜长花岗岩和英云闪长岩。此外，还有少量石炭纪、二叠纪和三叠纪的侵入体。米兰红柳沟蛇绿岩带中辉长岩SHRIMP锆石U-Pb年龄为479.4±8.5Ma，代表着蛇绿岩形成的时代(杨经绥等，2008)。同时，该带中还存在着岛弧型花岗岩类，包括南带的石英闪长岩(481Ma)、斜长花岗岩(474Ma)和北带的花岗闪长岩(481Ma)(杨经绥等，2008)。目前，比较一致的认识是，红柳沟-北祁连蛇绿混杂岩带曾经是一个连续的造山带，其洋盆的闭合发生在奥陶纪末(宋述光等，2004；杨经绥等，2008)。阔什布拉克斑状花岗岩的单颗粒锆石U-Pb年龄为443±5Ma(陈宣华等，2003)，该岩体形成于碰撞后构造环境。

北祁连构造岩浆岩亚带中，中元古代侵入岩出露于陇山微地块和镜铁山微地块中，以二长花岗岩为主。镜铁山微地块中还有青白口纪(953～971Ma)花岗闪长岩-二长花岗岩组合的变质侵入体和震旦纪(562Ma)的闪长岩-英云闪长岩侵入体(徐学义等，2004)。然而，该带中侵入岩浆活动最强烈的时期为奥陶纪—志留纪。其中，奥陶纪的岩石组合主要为闪长岩、石英闪长岩和基性—超基性岩；志留纪的岩石组合为二长花岗岩、花岗闪长岩、闪长岩和基性超基性岩。柴达诺和牛心山岩体锆石U-Pb年龄分别为515.6～508.2Ma(吴才来等，2010；张立涛等，2018)和476.7±6.6Ma(吴才来等，2006)。柴达诺岩体的岩石组合为花岗岩和花岗闪长岩(夏林圻等，2001)，SiO_2含量为69.58%～72.08%，全碱含量为6.52%～7.41%，且$Na_2O<K_2O$，Na_2O/K_2O值为0.47～0.74，里特曼指数为1.58～2.07，A/CNK值为1.13～1.20，属过铝质高钾钙碱系列(图3-36)；Fe^*为0.36～0.60，个别为0.75，总体上属镁质岩石，

形成于挤压构造环境。稀土元素总量∑REE 为 $228\times10^{-6}\sim341\times10^{-6}$，$(La/Yb)_N$ 值为 9.5～13.3，δEu 值为 0.21～0.37。微量元素原始地幔标准化蛛网图上，Ba、Nb、Sr、P、Ti 具有明显的负异常，具有活动大陆边缘花岗岩特征；$(^{87}Sr/^{86}Sr)_i$、$(^{143}Nd/^{144}Nd)_i$、$\varepsilon_{Nd}(t)$、T_{DM2} 分别为 0.737 2～0.747 3、0.511 692～0.511 641、−6.7～−5.7和 1774～1694Ma。综合分析表明，柴达诺岩体可能是中祁连古陆边缘的变泥质沉积岩部分熔融形成，是北祁连板块向南俯冲引发的第一期（512～501Ma）岩浆作用产物（吴才来等，2010）。牛心山岩体的岩石组合为花岗岩、石英闪长岩和闪长岩，分别被认为是加里东中期和晚期侵入（夏林圻等，2001）。岩石地球化学上，SiO_2 含量为 60.76%～72.74%，全碱含量为 7.73%～9.46%，花岗岩和石英闪长岩的里特曼指数分别为 2.29～3.23 和 3.60～3.70，A/CNK 值分别为 1～1.05和0.80～0.83，属准铝质-过铝质高钾钙碱系列（图 3-36）。稀土元素总量∑REE 为 $109.8\times10^{-6}\sim455.6\times10^{-6}$，$(La/Yb)_N$值为 16.4～41.5，个别石英闪长岩为 1.2，δEu 值为 0.57～0.73。原始地幔标准化蛛网图解中，花岗岩的 Ba、Nb、Sr、P、Ti 负异常比石英闪长岩的更明显，具有 S 型花岗岩的特征（吴才来等，2006）。稀土元素配分型式的差异，说明该岩体的物质来源复杂，应形成于岛弧环境或活动大陆边缘环境（夏林圻等，2001；吴才来等，2006）。

北秦岭构造岩浆岩亚带花岗岩分布广泛，有关冥古宙到古元古代的同位素年龄已经有所识别（王洪亮等，2007；第五春荣等，2012），与秦岭岩群、宽坪岩群相关的火山岩浆活动也有报道（张宗清等，1994；董云鹏等，2003），尚缺少该时期的侵入岩体。中元古代长城纪—蓟县纪岩体有胡店片麻状二长花岗岩和太白岩基巩坚沟变形侵入体，LA-ICP-MS 锆石 U-Pb 年龄分别为 1770±13Ma（王洪亮等，2007）和 1741±12Ma（王洪亮等，2006），岩石类型主要为片麻状二长花岗岩，里特曼指数为 2.49～2.90，A/CNK 值为 1.08～1.10，属过铝质钙碱性系列。稀土元素总量∑REE 为 $291.38\times10^{-6}\sim642.77\times10^{-6}$，$(La/Yb)_N$值为 19.46，δEu 值为 0.51～0.85，形成于板块边缘的俯冲-碰撞构造环境，可能与 Columbia 超大陆的形成有密切联系（王洪亮等，2006，2007）。新元古代的蔡凹岩体和黄柏峪岩体的 Rb-Sr 同位素等时线年龄分别为 659±50Ma 和 670±40Ma，蔡凹花岗岩体 LA-ICP-MS 锆石 U-Pb 年龄为 889±10Ma（张成立等，2004）。岩石地球化学上，这些岩体的 SiO_2 含量为 65.87%～66.85%，A/CNK 值为 0.90～0.99，里特曼指数为 2.24～2.63，K_2O 含量为 3.14%～3.70%，属高钾钙碱系列（图 3-36）。稀土元素总量∑REE 为 $177.68\times10^{-6}\sim410.02\times10^{-6}$，$(La/Yb)_N$值为 39.78～66.32，δEu 值为 0.79～0.82。综合分析显示，该期岩体形成环境为与古秦岭洋板块向北秦岭俯冲消减作用有关的岛弧或活动陆缘（张宏飞等，1993）。由于该岩体锆石 U-Pb 年龄远大于 Rb-Sr 年龄，结合岩石地球化学特征，蔡凹岩体被认为是碰撞造山过程地壳增厚背景下，在后碰撞拉张阶段由卷入有消减带物质的下部地壳部分熔融所形成，指示了秦岭在新元古代早期已进入由主碰撞挤压转向后碰撞伸展演化阶段，成为北秦岭新元古代陆块汇聚碰撞造山过程的依据（张成立等，2004）。此外，北秦岭西段的两河口岩体主要岩性为片麻状二长花岗岩，其主量元素 SiO_2 含量为 68.48%～72.45%，K_2O/Na_2O 值为 1.35～2.07，里特曼指数为 1.17～2.12，A/CNK 值为 1.03～1.31，属过铝质高钾钙碱系列（图 3-36）。该岩体与北秦岭东部的碰撞型德河、寨根和牛角山等岩体的 PB-Sr-Nd 同位素组成和特征相似，被认为形成于同碰撞末期-后碰撞初期的构造转换时期（陈隽璐等，2008）。

北秦岭构造岩浆岩亚带奥陶纪—泥盆纪岩浆活动最为发育，北秦岭花岗岩浆作用在古生代经历了 3 个阶段（王涛等，2009）：第一阶段，寒武纪—早奥陶世（505～470Ma），侵入岩主要发育于北秦岭东段，以 I 型花岗岩为主，伴有 S 型花岗岩，形成于板块俯冲背景，其中 S 型花岗岩形成于超高压岩石地体抬升过程中的陆缘熔融，以漂池岩体为代表。漂池岩体及其东南岩枝（安吉坪岩体）的二云母花岗岩全岩 Rb-Sr 等时线年龄分别为 486±15Ma 和 452±2Ma（张宏飞等，1996），锆石 TIMS 年龄为 495±6Ma，$\varepsilon_{Nd}(t)=-8.8\sim-8.2$，锆石 $\varepsilon_{Hf}(t)=-6\sim-39$，$I_{Sr}=0.727\ 0\sim0.724\ 8$，岩浆主要源自类似秦岭岩群的古老地壳。该阶段岩体还有甘肃天水关子镇、陕西丹凤桃花铺岩体和黑河岩体。关子镇岩体的单颗粒锆石 U-Pb 年龄为 507±3Ma（陆松年等，2003），桃花铺奥长花岗岩的单颗粒锆石 Pb-Pb 年龄为 487±1.1Ma（Xue et al.，1996），黑河花岗闪长岩的单颗粒锆石 Pb-Pb 年龄为 470±9Ma。唐藏石英闪长岩体

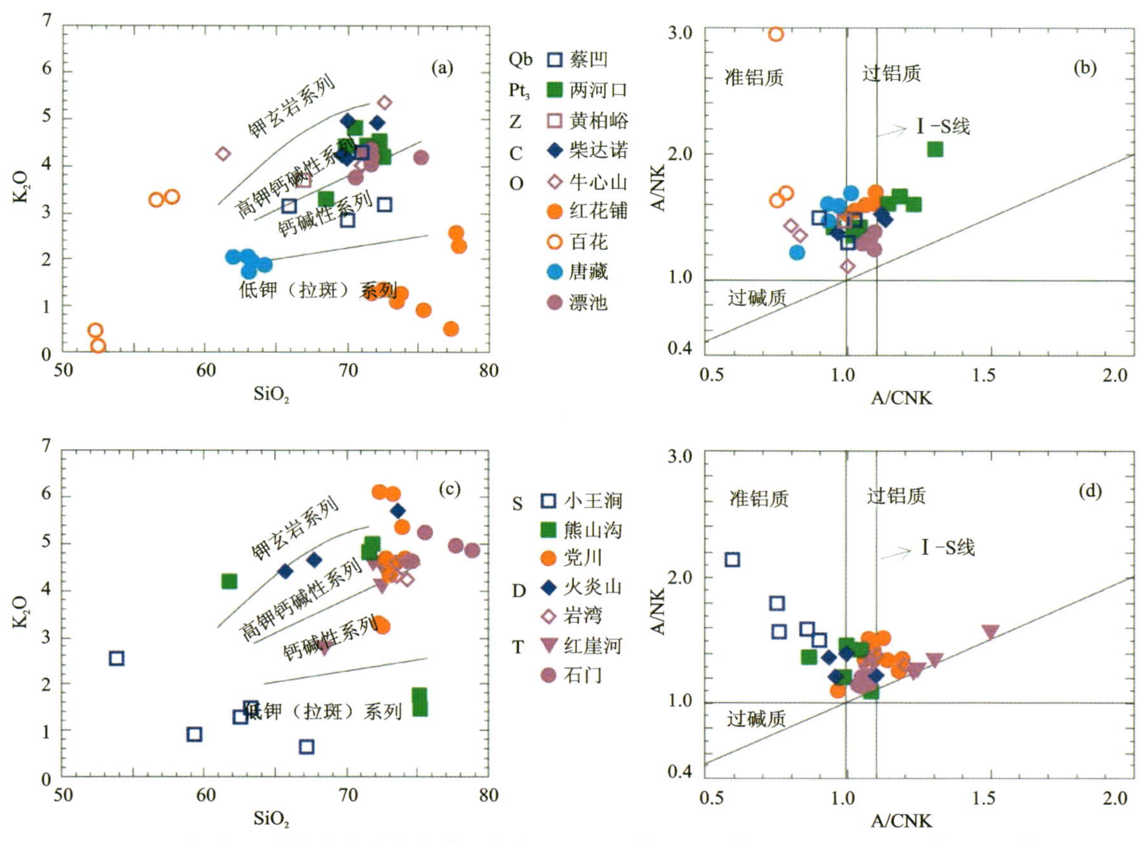

图 3-36　北祁连-北秦岭构造岩浆岩带花岗岩 SiO_2-K_2O[(a)、(c)]和 A/CNK-A/NK[(b)、(d)]图解

的 LA-ICP-MS 锆石 U-Pb 年龄为 454.0±1.7Ma(陈隽璐等,2008)。红花铺英云闪长岩的 LA-ICP-MS 锆石 U-Pb 年龄为 450.5±1.8Ma,SiO_2 含量为 71.62%～77.33%,Al_2O_3 含量为 12.21%～14.91%,K_2O/Na_2O 值为 0.12～0.69,里特曼指数为 0.85～1.19,A/CNK 值为 1.00～1.16,属过铝质低钾拉斑-中钾钙碱系列Ⅰ型花岗岩(图 3-36)。稀土元素总量∑REE 为 29.53×10^{-6}～87.10×10^{-6},$(La/Yb)_N$ 值为 2.63～7.9,δEu 值为 0.67～1.67。微量元素原始地幔标准化蛛网图中,具有 Nb、Ta、Y 亏损和 Ba、Th、La 等的相对富集的特征,应形成于俯冲消减带环境(董增产等,2009)。百花岩浆杂岩中辉长(闪长)岩的 LA-ICP-MS 锆石 U-Pb 年龄为 449.7±3.1Ma(裴先治等,2007),岩石组合为辉长岩和闪长岩,SiO_2 含量为 52.37%～56.65%,A/CNK 值为 0.74～0.78,里特曼指数为 1.45～3.70,闪长岩属高钾钙碱系列(图 3-36)。稀土元素总量∑REE 为 107.31×10^{-6}～191.13×10^{-6},$(La/Yb)_N$ 值为 5.2～11.8,δEu 值为 0.68～0.72。微量元素原始地幔标准化蛛网图与岛弧花岗岩相似(温志亮等,2008)。熊山沟岩体的 Rb-Sr 年龄为 430±15Ma,岩石组合为斜长花岗岩、花岗岩和二长花岗岩。岩石地球化学上,A/CNK值为 0.86～1.07,里特曼指数为 1.05～3.69;稀土元素总量∑REE 为 107.71×10^{-6}～482.30×10^{-6},$(La/Yb)_N$ 值为 4.6～75.3,δEu 值为 0.44～0.89,说明物质来源复杂。微量元素原始地幔标准化蛛网图中,具有大离子亲石元素明显富集和高场强元素 Nb、Zr 明显亏损的特征(温志亮等,2008)。产于小王涧枕状熔岩中的淡色侵入岩 SHRIMP 年龄为 442±7Ma,原岩为闪长质岩石,SiO_2 含量为 53.85%～67.20%,里特曼指数为 0.66～3.88,其中,基性岩为碱性玄武岩系列,中酸性岩为低钾拉斑系列(图 3-36)。稀土元素总量∑REE 为 131.37×10^{-6}～207.27×10^{-6},$(La/Yb)_N$ 值为 12.26～19.41;微量元素原始地幔标准化蛛网图中,具有高场强元素 Ta、Nb、Hf、Ti 显著亏损的特征,显示与俯冲作用相关的地球化学特征;$\varepsilon_{Nd}(t)$=+7.45～+13.14,多介于+8.41～+9.23,与 MORB 的 ε_{Nd} 值(+8.8～+9.7)接近,说明岩浆源区为亏损地幔(闫全人等,2007)。由上述同位素年代学资料可以看出,与俯冲有关的岛弧花岗岩可能持续到晚奥陶世(440Ma)。

第二阶段为碰撞环境，主要发育Ⅰ型花岗岩，一些具有高 Sr、低 Y 特征的花岗岩形成于块体碰撞挤出略后的抬升环境。灰池子Ⅰ型花岗岩体 LA-ICP-MS 锆石年龄为 421±27Ma，TIMS 年龄为 434±7Ma(王涛等，2009)。崂峪黑云母花岗岩单颗粒锆石 Pb-Pb 年龄为 434±5.5Ma(陆松年等，2003)，商南岩体闪长岩的单颗粒锆石 Pb-Pb 年龄为 4.28±6.7Ma(陆松年等，2003)。党川岩体的 Rb-Sr 年龄为 391±21Ma(温志亮等，2008)，LA-ICP-MS 锆石 U-Pb 年龄为 438±3Ma(王婧等，2008)，其 SiO_2 含量为 72.29%～73.40%，K_2O/Na_2O 值为 0.86～2.01，里特曼指数为 2.08～3.34，A/CNK 值为 1.05～1.20，属过铝质钾玄岩系列(图 3-36)。稀土元素总量 ∑REE 为 308.30×10^{-6}～314.55×10^{-6}，$(La/Yb)_N$ 值为 12.1～32.5，δEu 值为 0.36～0.47(温志亮等，2008)，$\varepsilon_{Nd}(t)=-4.48\sim-2.24$(王婧等，2008)。

第三阶段为碰撞晚期环境，岩体仅发育于北秦岭中段，以Ⅰ型花岗岩为主，形成于碰撞造山的晚期阶段。陕西黑河和丹凤红花铺岩体的岩石类型有闪长岩、石英闪长岩、花岗闪长岩和二长花岗岩，以高钾钙碱系列-钾玄岩系列为主，SiO_2 含量为 53.24%～73.39%，A/CNK 值为 0.77～1.1，属准铝到过铝质岩石(图 3-36)。与第二阶段花岗岩相比，这些岩体具有较低的 I_{sr}(0.704 9～0.706 0)、较高的 $\varepsilon_{Nd}(t)$(-2.3～5.1，多数大于 1)和较小的 T_{DM}(0.91～1.36Ga)的特征。岩湾含石榴石二长花岗岩的 LA-ICP-MS 锆石 U-Pb 年龄为 414.3±1.9Ma，SiO_2 含量为 73.39%～74.4%，Na_2O/K_2O 值小于 1，A/CNK值为 1.07～1.18，里特曼指数为 2.02～2.15，属强过铝质高钾钙碱性系列 S 型花岗岩。稀土元素总量 ∑REE 为 121×10^{-6}～151×10^{-6}，$(La/Yb)_N$ 值为 14.91～21，δEu 值为 0.55～0.74。洋脊花岗岩标准化蛛网图及各类构造环境判别图解显示岩湾岩体形成于同碰撞环境(王洪亮等，2009)。火炎山岩体的 Rb-Sr 年龄为 399±15Ma 和 375±6Ma，K_2O/Na_2O 值为 1.14～1.88，里特曼指数为 2.42～2.99，A/CNK 值为 0.93～1.10，属准铝质-过铝质钾玄质系列(图 3-36)。稀土元素中 $(La/Yb)_N$ 值为 10.1～30.2，δEu 值为 0.36～0.61；锶初始值 $(^{87}Sr/^{86}Sr)_i$ 为 0.707 3～0.707 8，$\delta^{18}O_{SMOW}$ 值为 +8.89‰～+11.08‰。

中生代的岩浆活动产物主要有印支期由宝鸡岩体群构成的不规则大岩基、石门、沙河湾等岩体和燕山期的太白岩基、丰峪岩体。宝鸡岩体的锆石 U-Pb 年龄为 213Ma(卢欣祥等，2008)，主要由二长花岗岩组成。在宝鸡岩体的东端还有朱厂沟、秦岭梁和老君山等环斑花岗岩(王晓霞等，2003)，老君山环斑花岗岩锆石 U-Pb 年龄为 217±3Ma 和 214±3Ma(卢欣祥等，1999)，主要岩性为黑云角闪石英二长岩和黑云角闪石英正长岩，两个岩体 SiO_2 含量为 64%～65%，A/CNK 值为 0.72～0.95，属准铝质，K_2O/Na_2O 值为 0.85～1.02(除一个样品为 0.48 外)，稍低于 A 型花岗岩和典型的环斑花岗岩(K_2O/Na_2O 多大于 l)，K_2O+Na_2O 含量较高，为 6.8%～8.5%，属中—高钾钙碱系列。稀土元素中 $(La/Yb)_N$ 值为 14.77～19.44，δEu 值为 0.8～0.9。两个岩体岩石地球化学特征具有环斑花岗岩且与 I-A 型过渡花岗岩相似的特征(王晓霞等，2003)。石门花岗岩的 Rb-Sr 法同位素年龄为 225±17Ma(温志亮等，2008)，LA-ICP-MS 锆石 U-Pb 年龄为 220±2Ma(王婧等，2008)，花岗岩的 SiO_2 含量为 74.45%～78.83%，K_2O 含量为 4.60%～5.23%，Na_2O 含量为 2.70%～3.95%，K_2O/Na_2O 值为 1.16～1.79，A/CNK 值为 1.04～1.08(王婧等，2008)，属强过铝质高钾钙碱系列(图 3-36)。I_{Sr}、$\varepsilon_{Nd}(t)$、$^{206}Pb/^{204}Pb$、$^{207}Pb/^{204}Pb$ 和 $^{208}Pb/^{204}Pb$ 值分别为 0.705 81～0.708 04、-3.73～-4.72、17.989～18.189、15.560～15.567 和 37.982～38(王婧等，2008)，表明岩浆来源于地壳物质。沙河湾岩体为秦岭造山带中未变形的造山后二长岩-云煌岩杂岩体，由钾质二长岩和镁铁质云煌岩组成，两者为同期侵入体，花岗岩体的 LA-ICP-MS 锆石 U-Pb 年龄为(209.5±1.4)～(195.9±2.5)Ma(张成立等，2009)，二长岩的锆石 U-Pb 年龄为 211±2Ma，云煌岩的 ^{40}Ar-^{39}Ar 年龄为 209.0±1.4Ma(Wang et al.，2007)。早期锆石的 $^{176}Hf/^{177}Hf$ 值为 0.282 591～0.282 721，$\varepsilon_{Hf(210Ma)}$ 值为 -2～+2.67；晚期锆石的 $^{176}Hf/^{177}Hf$ 值为 0.282 592～0.282 700，$\varepsilon_{Hf(197Ma)}$ 值为 -2.13～+1.56，Hf 同位素的 T_{DM2} 为 1149～906Ma(张成立等，2009)。全岩的 $\varepsilon_{Nd(211Ma)}$ 值为 -3.6～-0.5，$(^{87}Sr/^{86}Sr)_i$ 值为 0.705 13～0.706 46(Wang et al.，2008)。综合分析表明，

沙河湾岩体应主要由较长地壳滞留时间的新元古代早期陆壳物质部分熔融所形成(张成立等,2009)。沙河湾岩体中的云煌岩属超钾质岩石,具有高 MgO($Mg^{\#}$ 可达 80)、低 TiO_2(0.38%～0.62%)、低 FeO(2.52%～3.42%)、富集 LILE 和 LREE 以及亏损 HFSE 等地球化学特征,结合其 $^{87}Sr/^{86}Sr$ 初始值(0.704 44～0.705 62)和负的 $\varepsilon_{Nd}(t)$(－3.4～－2.5),表明沙河湾岩体中的云煌岩应由富集分异的岩石圈地幔形成。总之,北秦岭印支期花岗岩以准铝到过铝质中钾-高钾钙碱性岩为主,岩石类型主要为石英闪长岩、花岗闪长岩和二长花岗岩,矿物组合与后碰撞富钾花岗岩类(KCG)的组合基本一致,较早(245～215Ma)的岩浆作用代表了中国南北两大陆块碰撞造山进入到后碰撞阶段陆壳增厚过程大陆岩石圈发生拆沉作用的产物,而较晚(225～210Ma)的岩浆作用则说明秦岭已演化至后碰撞拆沉作用发生的地壳减薄伸展阶段,最后的高分异富钾花岗岩和环斑结构花岗岩(217～200Ma)标志着秦岭开始步入后碰撞晚期的伸展拉张环境(张成立等,2009)。燕山期太白岩基中红崖河超单元的燕子崖单元黑云二长花岗岩锆石 U-Pb 年龄为 216.4±14Ma(校培喜等,2000),里特曼指数为 2.16～2.90,A/CNK 值为 1.24～1.50,属强过铝质高钾钙碱系列(图 3-36)。稀土元素总量 ∑REE 为 203.1×10^{-6}～271.6×10^{-6},$(La/Yb)_N$值为 24.8～59.9,δEu 值为 0.53～0.93。综合分析表明,太白岩基与北秦岭在早白垩世中晚期花岗岩的总体特征(王晓霞等,2011)基本一致,是秦岭造山带在伸展环境下岩浆作用产物。此外,北秦岭构造岩浆岩亚带东段,是我国最重要的斑岩型钼矿产出区,产于马河钼矿区的桃官坪二长花岗岩和西沟斑状二长花岗岩的 LA-ICP-MS 锆石 U-Pb 年龄分别为 157±1Ma 和 153±1Ma(柯昌辉等,2012),形成于燕山中期,属准铝质-弱过铝质高钾钙碱系列花岗岩。

3. 鄂尔多斯陆块南部构造岩浆岩带

在鄂尔多斯陆块南部构造岩浆岩带中,吕梁期(2.0～1.7Ga)和四堡期(1.4～1.0Ga)的花岗岩主要为二长花岗岩、花岗岩和花岗闪长岩,主要代表华北板块克拉通化过程中所发育的侵入岩体。晋宁期(0.8～0.68Ga)—震旦期(0.68～0.54Ga),该地区主要发育碱性系列花岗岩(A 型花岗岩),并伴有同期的双峰式火山岩与碱性火山岩(卢欣祥,1999),代表着华北板块边缘裂谷岩浆作用。之后的岩浆作用主要发育于中生代中晚期的晚三叠世—侏罗纪,少量为白垩纪,主要岩体有蓝田、牧护关、老牛山、华山、金堆城、黄龙铺、石家湾和黑山等岩体,小岩体多为花岗斑岩和正长花岗斑岩,如金堆城、石家湾、黄龙铺、南泥湖、上房沟、雷门沟等岩体。西起陕西洛南,东至河南方城一带,有数百个之多,构成了一个北西向的斑岩带(安三元和卢欣祥,1984),每个岩体的出露面积小于 $1km^2$。其中,蓝田岩体的 LA-ICP-MS 锆石年龄为 133±2Ma(王晓霞等,2011),黑云母 ^{40}Ar-^{39}Ar 年龄为 135±4Ma(转引自王晓霞等,2011)。牧护关岩体 LA-ICP-MS 锆石年龄为 150±1Ma(王晓霞等,2011),全岩 K-Ar 年龄为 160～105Ma(严阵,1985),全岩 Rb-Sr 年龄为 198±28Ma,黑云母 ^{40}Ar-^{39}Ar 年龄为(115±5)～(99.6±0.6)Ma(王晓霞等,2011),因此,150±1Ma 可能代表岩体的形成年龄。蟒岭岩体 SHRIMP 锆石年龄为 149±2Ma,单颗粒锆石 U-Pb 等时线年龄为 150±13Ma,黑云母 ^{40}Ar-^{39}Ar 年龄为 145±4.5Ma(王晓霞等,2011)。华山岩体的锆石 LA-ICP-MS 年龄为 134±1Ma(郭波等,2009),老牛山岩体的锆石 LA-ICP-MS 年龄为 146±1Ma(朱赖民等,2008),金堆城岩体的锆石 LA-ICP-MS 年龄为 141±1Ma(朱赖民等,2008),石家湾岩体的锆石 LA-ICP-MS 年龄为 141±2Ma(赵海杰等,2010),黄龙铺岩体的锆石 SHRIMP 年龄为 131±1Ma(Mao et al.,2010)。这些中生代岩体的主要岩性为二长花岗岩,蟒岭岩体的早期可见石英闪长岩(王晓霞等,2011)。岩石地球化学上,SiO_2 含量为 70.18%～75.07%(除石英闪长岩外),Na_2O+K_2O 含量为 7.23%～9.55%,A/CNK 值为 0.8～3.46,属准铝质到过铝质高钾钙碱系列。稀土元素$(La/Yb)_N$ 值为7～22,δEu 值为 0.65～0.99。微量元素蛛网图中,显示 Ba、P_2O_5 和 TiO_2 的负异常。同位素 I_{Sr}＝0.705 73～0.708 15,$\varepsilon_{Nd}(t)$＝－18.3～－3.8,具 I_{Sr} 较低和 $\varepsilon_{Nd}(t)$ 变化较大的特征。T_{DM}＝0.99～1.57Ga,锆石的 $\varepsilon_{Nd}(t)$＝－23.4～－5.7,Hf 的 T_{DM2}＝2.7～1.6Ga(王晓霞等,2011;向君峰等,2010;郭波等,2009;戴宝章等,2009)。这些特征说明源岩是多源的,以古老的壳源物质为主,如太华群和熊耳群。由北向南,花岗岩的 $\varepsilon_{Nd}(t)$ 逐渐变大,表明新生地壳成分逐渐增加。

4. 阿中地块构造岩浆岩带

阿中地块构造岩浆岩带呈三角状展布,西与塔里木盆地相接,东为阿尔金东缘断裂,北为阿帕-茫崖俯冲增生杂岩带南界断裂。侵入岩浆活动自太古宙开始,早古生代最为强烈,中新生代略有发育。

新太古代—古元古代侵入岩主要分布在阿尔金南缘主断裂与卡尔恰尔-阔实复合构造带之间,崔军文等(1999)曾在岫夏拉依档一带盖里克片麻岩中获得单颗粒锆石 U-Pb 年龄 2679±142Ma,主要岩石为眼球状片麻岩,原岩为英云闪长岩、花岗闪长岩和二长花岗岩组合。其中,亚干布阳片麻岩具有低钾、高钠等类似于 TTG 岩套的特点,喀拉乔喀片麻岩和盖里克片麻岩属准铝质-过铝质钙-钙碱系列,与 S 型花岗岩相似(李荣社等,2008)。蓟县纪侵入体主要分布在苏拉木塔格一带,岩石组合为二长花岗岩和正长花岗岩等。硝鲁克布拉克一带的岩石地球化学特征显示,SiO_2 含量为 66.52%～74.43%,K_2O+Na_2O 含量为 6.01%～7.65%,K_2O 含量为 3.23%～5.45%,里特曼指数为 1.31～1.82,A/CNK 值为 0.95～1.02,个别为 1.15,属准铝质高钾钙碱系列和钾玄岩系列(图 3-37)。稀土元素总量∑REE 为 144.9×10^{-6}～274.2×10^{-6},$(La/Yb)_N$值为 4.0～13.7,δEu 值为 0.38～0.62(覃小锋等,2008)。库如克萨依岩体的 SiO_2 含量为 71.74%～75.10%,K_2O+Na_2O 含量为 7.07%～7.35%,K_2O 含量为 4.16%～4.75%,里特曼指数为 1.57～1.74,A/CNK 值为 0.96～1.11,属准铝质-过铝质高钾钙碱系列(图 3-37)。稀土元素总量∑REE 为 204.7×10^{-6}～244.6×10^{-6},$(La/Yb)_N$值为 5.6～8.5,δEu 值为 0.20～0.32。此外,硝鲁克布拉克一带片麻状花岗岩的 Rb-Sr 全岩等时线年龄为 1035±77Ma,被认为是格林威尔期碰撞造山作用的岩浆活动产物(覃小锋等,2008)。新元古代侵入体主要分布在该构造岩浆岩带的西南部,包括塔特勒克苏、艾沙汗托海和哈底勒克萨依等 10 个岩体,主要岩石类型有石英闪长岩、英云闪长岩、花岗闪长岩和二长花岗岩等,花岗闪长岩全岩 Rb-Sr 等时线年龄为 575Ma,被认为是活动大陆边缘岩浆作用产物(马铁球等,2002)。岩体的 SiO_2 含量为 60.51%～74.81%,K_2O+Na_2O 含量为5.24%～7.78%,K_2O 含量为 1.36%～5.55%,里特曼指数为 1.15～2.58,A/CNK 值为 0.91～1.11,属准铝质中钾钙碱系列(图 3-37)。稀土元素总量∑REE 为 55.1×10^{-6}～321.0×10^{-6},$(La/Yb)_N$值为 6.0～28.8,δEu 值为 0.29～1.48,表明其来源复杂,并非同源岩浆作用产物。

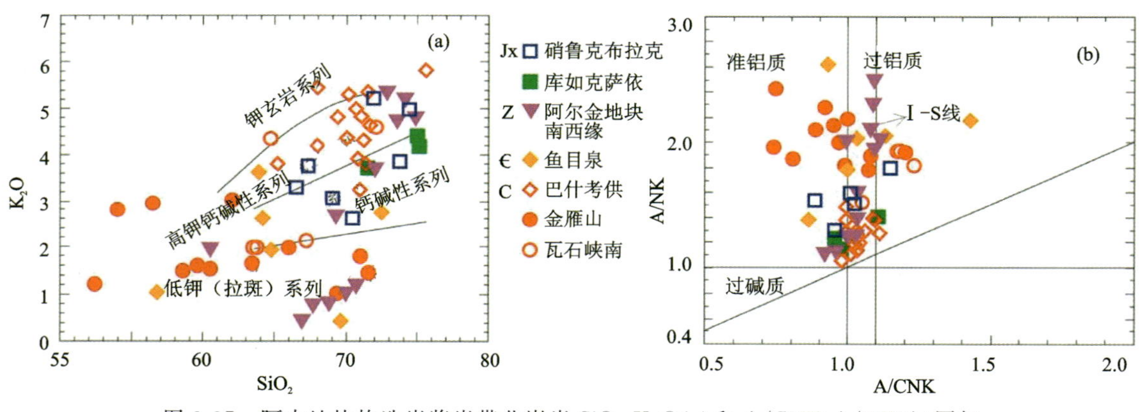

图 3-37　阿中地块构造岩浆岩带花岗岩 SiO_2-K_2O(a)和 A/CNK-A/NK(b)图解

早古生代岩体分布在该构造岩浆岩带的中部,呈北东向展布的大岩基和少量岩株,主要岩体有苏吾什杰、其昂里克、帕夏拉依档、塔特勒克布拉克等岩体与哈底勒克和艾沙汗托海岩体两个序列。其中,苏吾什杰岩体为复式岩体,岩石组合为辉长岩-辉绿岩、闪长岩、花岗闪长岩和二长花岗岩等,二长花岗岩的^{40}Ar-^{39}Ar 年龄为 413.8±8Ma(Edwar et al.,1999),Rb-Sr 等时线年龄为 491.3±4.8Ma(崔军文等,1999),形成于寒武纪末—奥陶纪初。帕夏拉依档岩体(群)主要岩石类型有英云闪长岩和二长花岗岩,二长花岗^{40}Ar-^{39}Ar 年龄为 453.8±8.7Ma(Edwar et al.,1999),单颗粒锆石 U-Pb 年龄为 465.0±2.9Ma(1∶25 万苏吾什杰幅区调报告)。塔特勒克布拉克岩体呈巨大岩基侵入于长城纪巴什库尔干岩群中，由大小 9 个侵入体组成，岩石组合为石英闪长岩、二长花岗岩和正长花岗岩，石英闪长岩仅在早期单元侵入体边部少量出现。LA-ICP-MS 锆石 U-Pb 年龄为 462±2Ma（曹玉亭等，2010），岩体的 SiO_2 含量为 63.62%～72.06%，ALK 为 6.39～7.83，里特曼指数为 1.69～2.82，A/CNK 值为 1.27～1.43，属强过铝质高钾钙碱系列。稀土元素总量∑REE 为 299.4×10^{-6}～499.8×10^{-6}，$(La/Yb)_N$ 值为 9.5～50.0，δEu 值为 0.25～0.54。微量元素原始地幔标准化蛛网图上，Rb、Th、U 等大离子亲石元素富集，Nb、Ta、Sr、P、Ti 等高场强元素亏损，指示其为壳源型的强过铝质 S 型花岗岩。锆石 Hf 同位素中，$\varepsilon_{Hf}(t)$ 为 −9.1～−10.5，T_{DM2} 为 1457～1553Ma，表明源岩主要来自地壳物质的重熔。综合研究表明，塔特勒克布拉克岩体中二长花岗岩形成于阿尔金造山带俯冲碰撞造山后应力释放的初级阶段（曹玉亭等，2010）。

在阿中地块构造岩浆岩带的北部，红柳沟-拉配泉蛇绿混杂岩带南部，还发育一些早古生代侵入体，包括巴什考供盆地南缘花岗杂岩体、鱼目泉和金雁山岩体等。巴什考供盆地南缘花岗杂岩体主要由巨斑花岗岩、花岗岩和似斑状花岗岩组成。其中，巨斑花岗岩、中细粒花岗岩及灰白色和粉红色似斑状花岗岩的年龄分别为 474.3±6.5Ma、446.6±5.2Ma、434.5±3.5Ma 和 431.1±3.5Ma，表明该杂岩体形成于奥陶纪—志留纪（吴才来等，2005）。北阿尔金巴什考供盆地南缘花岗杂岩体的 SiO_2 含量为 65.14%～75.66%，全碱含量为 7.49%～8.0%，K_2O/Na_2O 值为 1.12～2.68，里特曼指数为 1.83～2.81，A/CNK 值为 1.05～1.30，属高钾钙碱性系列（图 3-37）。稀土元素总量∑REE 为 89.44×10^{-6}～335.28×10^{-6}，δEu 值为 0.28～0.70，$(La/Yb)_N$ 值为 12.19～41.66，个别为 3.41～4.65，显示物质来源的差异较大（吴才来等，2005）。鱼目泉花岗岩的 LA-ICP-MS 锆石 U-Pb 年龄为 496.9±1.9Ma，SiO_2 含量为 64.71%～72.42%，K_2O+Na_2O 含量为 4.42%～7.81%，K_2O/Na_2O 值为 0.28～3.09，里特曼指数为 0.66～2.93，A/CNK 值为 0.87～1.64，属准铝质-弱过铝质中—高钾钙碱系列（图 3-37）。稀土元素上，$(La/Yb)_N$ 值为 15.6～37.4（孙吉明等，2012）。金雁山花岗闪长岩体的单颗粒锆石 U-Pb 年龄为 467.1±6Ma，SiO_2 含量为 52.46%～71.53%，K_2O+Na_2O 含量为 5.65%～6.67%，K_2O 含量为1.89%～3.58%，里特曼指数为 1.23～3.80，A/CNK 值为 0.97～1.04，以准铝质中钾钙碱系列为主，含有高钾钙碱系列分子（图 3-37）。稀土元素总量∑REE 为 120×10^{-6}～450×10^{-6}，$(La/Yb)_N$ 值为 9.0～19.9，δEu 值为 0.26～0.88（郝杰等，2006）。综合分析显示，鱼目泉岩体形成于晚寒武世，形成环境为与洋壳俯冲有关的大陆边缘岛弧，而巴什考供盆地南缘花岗杂岩体和金雁山岩体主要形成于晚奥陶世—早志留世，其构造环境多为同碰撞到碰撞后。

中生代岩体很少，仅在瓦石峡一带分布有尧勒萨依岩体群，其中，黑云二长花岗岩锆石 U-Pb 年龄为 237.3±2Ma（何鹏等，2020），闪长岩的 K-Ar 年龄为 172Ma（李荣社等，2008）。侏罗纪岩石类型为闪长岩、二长闪长岩、二长岩、二长花岗岩、正长花岗岩和正长岩等，属高钾钙碱系列和碱性系列，部分岩体为 A 型花岗岩，形成于陆内构造环境。

5. 中祁连地块构造岩浆岩带

中祁连地块构造岩浆岩带西起阿尔金断裂，东到甘肃的陇西—渭源一带，北自托勒山至白银市一带，南与南祁连相接。该带中的侵入岩浆活动，自古元古代一直持续到中生代，以早古生代最为强烈。古元古代（2469Ma）中酸性侵入岩仅见于中祁连微地块中，为一套变质古侵入体，原岩岩性为花岗闪长岩-正长花岗岩组合（1∶25 万西宁幅区域地质调查报告）。蓟县纪有甘肃马衔山侵入杂岩体，主要岩石类型为片麻状二长花岗岩和正长花岗岩，LA-ICP-MS 单颗粒锆石 U-Pb 年龄为 1192±38Ma，可能与 Rodinia 超大陆形成有关（王洪亮等，2009）。青白口纪英云闪长岩、花岗闪长岩和二长花岗岩组合的变质侵入体，锆石 U-Pb 年龄为 938～917Ma（1∶25 万西宁幅区域地质调查报告）；吊大坂花岗片麻岩的锆石 U-Pb 年龄为 751Ma（苏建平等，2004），五间房、响河和五峰村等岩体的 LA-ICP-MS 锆石 U-Pb 年龄依次为 853±2.3Ma、888±2.5Ma和 846±2Ma（雍拥等，2008）；中祁连地块北缘野牛沟—托勒地区原划分的古元古代托赖（岩）群中也识别并划分出了晋宁期片麻状花岗岩，单颗粒锆石 U-Pb 同位素年龄为

(837.8±58)～(842±37)Ma(薛宁等,2009)。岩体的 SiO_2 含量为 65.4%～75.64%,A/CNK 值多为 1.05～1.11,以准铝质-过铝质高钾钙碱系列为主(图 3-38)。稀土元素总量∑REE 为 101.38×10^{-6}～138.86×10^{-6},δEu 值为 0.12～0.72,$(La/Yb)_N$值为 10.48～11.32。洋中脊花岗岩原始地幔标准化蛛网图上,大离子亲石元素 Rb、Th 强烈富集,Ba 有中等负异常,高场强元素 Hf、Ta、Nb 和 Zr 呈弱亏损,具有同碰撞花岗岩特征(薛宁等,2009)。

中祁连早古生代岩体的分布主要集中在 3 个地段:

(1)肃北蒙古族自治县的野马南山,岩性组合为志留纪二长花岗岩、花岗闪长岩和石英闪长岩,如扎子沟、野人达坂、盐池达坂、野马滩、大青沟等。以野马南山岩体为例,锆石 U-Pb 同位素年龄为 444Ma(苏建平等,2004),SiO_2 含量为 52.85%～69.60%,里特曼指数为 1.15～2.48,A/CNK 值为 0.79～1.18,属准铝-过铝质钙碱系列(图 3-38)。稀土元素总量∑REE 为 54.82×10^{-6}～192.21×10^{-6},$(La/Yb)_N$ 值为 2.49～20.13,δEu 值为 0.79～1.11。微量元素洋中脊花岗岩标准化配分型式类似于岛弧型花岗岩。扎子沟岩体的全岩 Rb-Sr 年龄为 510.8±14Ma(刘志武等,2006),主要岩性有石英闪长岩、石英二长闪长岩、花岗闪长岩和二长花岗岩,SiO_2 含量为 62.86%～64.21%,(K_2O+Na_2O) 含量为 6.81%～6.43%,K_2O/Na_2O 值为 0.59%～0.86%,里特曼指数为 1.98～2.34,A/CNK 值为 0.91～1.01,属中—高钾钙碱系列。稀土元素总量∑REE 为 90.34×10^{-6}～176.35×10^{-6},$(La/Yb)_N$ 值为 8.5～20.17,$(Gd/Lu)_N$ 值为 1.38～2.54,δEu 值为 1.0～1.53。

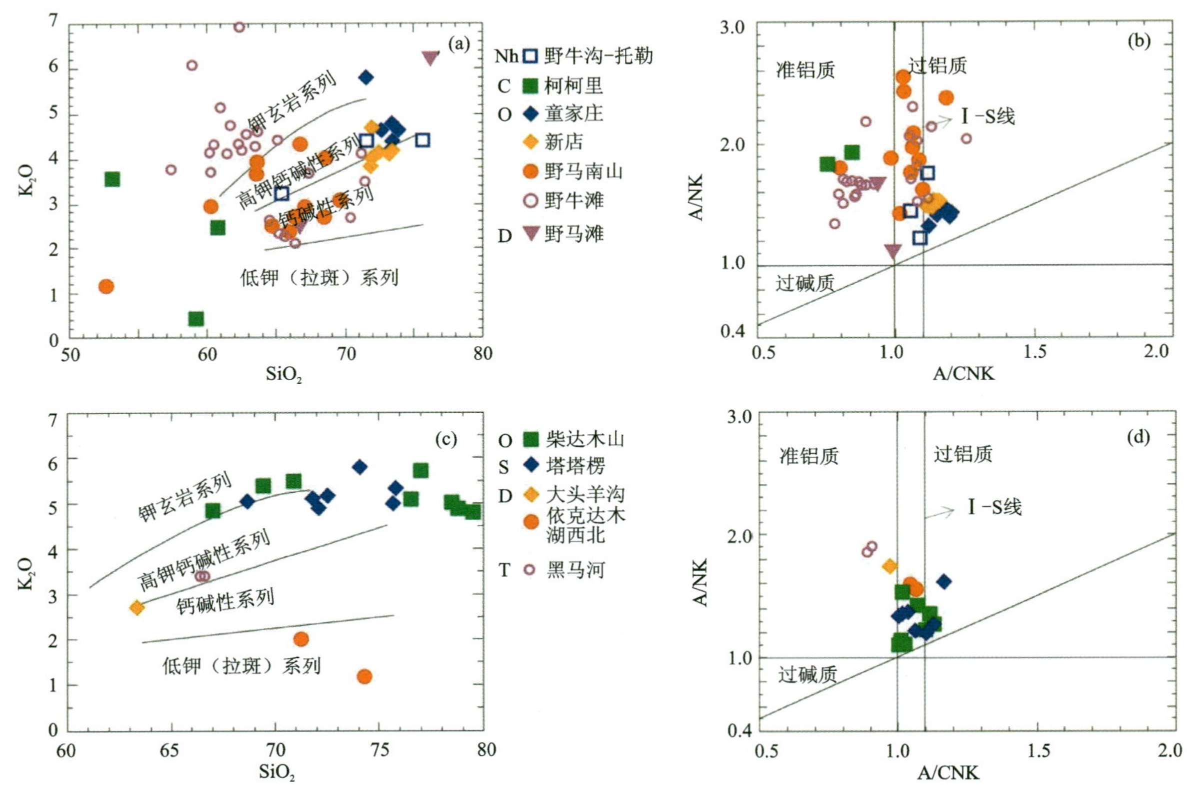

图 3-38　中祁连-南祁连构造岩浆岩带花岗岩 SiO_2-K_2O[(a)、(c)]和 A/CNK-A/NK[(b)、(d)]图解

(2)沿着托勒南山北坡分布的寒武纪—志留纪石英闪长岩、二长花岗岩、正长花岗岩、花岗闪长岩及碱性花岗岩和石英正长岩等,如野牛台(滩)、仞岗沟、五林沟、白水泉和柯柯里等。野牛滩岩体的锆石 U-Pb 年龄为 459.6±2.5Ma(毛景文等,2000a),SiO_2 含量为 57.33%～71.48%,里特曼指数为 1.01～3.26,A/CNK 值为 0.77～1.32,属过铝花岗岩钙碱系列(图 3-38)。稀土元素总量∑REE 为 141.02×10^{-6}～240×10^{-6},$(La/Yb)_N$值为 10.33～36.17,δEu 值为 0.51～0.93。该岩体被认为是 S 型与 I 型之间的典型过渡型花岗岩(毛景文等,2000b),形成于俯冲构造环境(夏林圻等,1991,2001;左国朝等,1997)。

柯柯里斜长花岗岩和石英闪长岩的SHRIMP锆石U-Pb年龄分别为512.4±1.8Ma和500.7±4.6Ma，表明其由两期花岗质岩浆作用形成（吴才来等，2006；Wu et al.，2011）。柯柯里岩体主要由闪长岩、石英闪长岩和斜长花岗岩组成，SiO_2含量为53.24%～60.76%，全碱含量为3.10%～6.46%，Na_2O/K_2O值为1.42～6.38，个别为0.83，A/CNK值为0.60～1.01，表明为准铝质钙碱系列（图3-38）。稀土元素总量∑REE为325×10^{-6}～499×10^{-6}，轻重稀土比值为13.7～15.2，但斜长花岗岩类的∑REE仅为27.9$\times10^{-6}$，轻重稀土比值为2.8，反映了石英闪长岩类岩石及其包体的轻稀土分馏明显，斜长花岗岩的稀土分馏不明显，δEu值为0.66～0.86；石英闪长岩和斜长花岗岩的$(^{87}Sr/^{86}Sr)_t$、$(^{143}Nd/^{144}Nd)_t$、$\varepsilon_{Nd}(t)$、T_{DM2}分别为0.708 1～0.705 4、0.511 955～0.512 292、-0.7～6.2和1288～738Ma。该岩体形成于俯冲构造环境（吴才来等，2010）。白水泉和五林沟等碱性花岗岩岩体，主要岩性为碱性花岗岩、碱长花岗岩及正长岩和石英正长岩等，被认为是形成于奥陶纪裂谷构造环境（孙桂英等，1995），而区域地质调查将其归为志留纪，属同碰撞构造环境。

(3)在中祁连中东段分别集中分布于湟源-海晏岩体群、乐都东北岩体群和兰州岩体群，其岩石组合为闪长岩、石英闪长岩、花岗闪长岩、花岗岩和二长花岗岩，一些地区还有基性—超基性岩体，时代为奥陶纪—志留纪。湟源—海晏一带的童家庄和新店岩体的锆石LA-ICP-MS年龄分别为446±1Ma和454±5Ma，SiO_2含量为71.59%～73.92%，K_2O含量为3.81%～5.80%，里特曼指数为1.63～2.73，A/NCK值为1.11～1.19，属过铝质高钾钙碱系列（图3-38）。稀土元素总量∑REE为107×10^{-6}～230×10^{-6}，$(La/Yb)_N$值为7.55～17.31，$(Gd/Yb)_N$值为1.41～2.35，δEu值为0.37～0.59；$(^{87}Sr/^{86}Sr)_i$值为0.710 6～0.712 9，$\varepsilon_{Nd}(t)$值为-6.6～-5.2，T_{DM2}值为1.61～1.71Ga。综合研究表明，它们为同碰撞的强过铝S型花岗岩，源岩为变杂砂岩（雍拥等，2008）。晚古生代和中新生代侵入岩体很少，岩石组合为二长花岗岩、花岗岩和少量闪长岩，形成于板内环境。

中祁连构造岩浆岩带中，野马滩花岗岩多被认为是志留纪岩体，该岩体主要由花岗闪长岩、二长花岗岩和黑云母花岗岩组成，其中的花岗闪长岩锆石SHRIMP年龄为397±3Ma，为早泥盆世（吴才来等，2004）。岩体的SiO_2含量为66.65%～76.19%，K_2O含量为2.48%～6.19%，里特曼指数为1.70～2.41，A/NCK值为0.93～1.08，属准铝质-过铝质中—高钾钙碱系列（图3-38）。稀土元素总量∑REE为61.90×10^{-6}～111.10×10^{-6}，$(La/Yb)_N$值为3.0～10.0，δEu值为0.36～0.96（吴才来等，2004）。综合研究表明，该岩体既具有Ⅰ型又具有S型花岗岩特征，属同碰撞花岗岩。

6.南祁连地块构造岩浆岩带

南祁连地块构造岩浆岩带西起阿尔金山的西北缘，东到青海的循化县一带。侵入岩浆活动从新元古代持续到侏罗纪，以早古生代和晚古生代中后期为主，中新生代以来的岩体较少。新元古代岩体零星分布在该构造岩浆岩带的南北两侧及西端，主要岩石组合为正长花岗岩、英云闪长岩和闪长岩。其中，南华纪日月亭岩体的LA-ICP-MS锆石U-Pb年龄为756.4±2.2Ma，含有的继承锆石年龄约为2.6Ga，表明其熔融的源岩中有太古宙古老陆壳物质，花岗岩的形成可能与活动大陆边缘的岩浆作用有关（雍拥等，2008）。

早古生代奥陶纪岩体主要出露在西端安南坝山一带，岩石组合为花岗岩闪长岩、英云闪长岩、石英闪长岩和闪长岩等，其他地区则零星分布。该构造岩浆岩带南部柴达木山花岗岩的锆石SHRIMP年龄为446.3±3.9Ma（吴才来等，2001，2007），SiO_2含量为66.96%～79.42%，K_2O含量为4.80%～5.70%，里特曼指数为1.37～2.52，A/CNK值为1.00～1.13（吴才来等，2001，2007），属过铝质高钾钙碱系列（图3-38），为与俯冲有关的岩浆活动产物。志留纪岩体分布广泛，有塔塔楞、野牛脊山、拜兴沟和青海湖西的大型岩基群以及大量岩株。志留纪侵入岩石组合为正长花岗岩、二长花岗岩、花岗闪长岩、英云闪长岩、石英闪长岩和闪长岩等，并有基性和超基性岩体产出。塔塔楞环斑花岗岩体长期被认为是印支期—燕山期岩浆活动的产物（青海省地质志，1991；孙桂英等，1995；崔军文，1999），其SHRIMP锆石U-Pb年龄为440±14Ma，晚于柴北缘高压—超高压榴辉岩、岛弧火山岩及俯冲型花岗岩的时代30～

50Ma，形成于造山运动由挤压造山向后碰撞拉张体制的转换构造环境，代表了加里东运动的终结（卢欣祥等，2007）。岩体的 SiO_2 含量为 68.57%～75.72%，K_2O+Na_2O 含量为 6.96%～8.15%，K_2O/Na_2O 值为 1.93～2.63，里特曼指数为 1.71～2.14，A/CNK 值为 1～1.16（胡能高等，2008），属过铝质钾玄岩系列和高钾钙碱系列（图 3-38）。稀土元素总量 ∑REE 为 279.1×10^{-6}～300.3×10^{-6}，$(La/Lu)_N$ 值为 11.32～13.14，δEu 值为 0.28～0.38。岩石地球化学特征表明，塔塔楞环斑花岗岩属 A 型花岗岩。

晚古生代岩体分布零星，以二叠纪花岗岩为主。泥盆纪岩体有依克达木湖东、湖西岩体和大头羊沟岩体。其中，依克达木湖东和大头羊沟岩体的 SHRIMP 锆石 U-Pb 年龄分别为 402±3Ma 和 372.0±2.7Ma（吴才来等，2007）。岩体的 SiO_2 含量为 63.35%～74.22%，K_2O+Na_2O 含量为 6.02%～6.68%，K_2O 含量为 1.20%～2.72%，里特曼指数为 1.16～2.19，A/CNK 值为 0.97～1.04，属准铝质中钾钙碱系列（图 3-38）。稀土元素总量 ∑REE 为 25.8×10^{-6}～217.2×10^{-6}，$(La/Yb)_N$ 值为 6.5～30.2，δEu 值为0.8～1.3。二叠纪岩体主要分布在安南坝山和柴达木一带，在青海湖以南有个别岩体。

中生代岩体分布在西端安南坝山和东段的青海湖一带，安南坝山地区主要呈岩株产出，东段则主要呈岩基产出，岩石组合为正长花岗岩、二长花岗岩、花岗闪长岩、英云闪长岩、石英闪长岩和闪长岩等。其中，东部的黑马河岩体的 LA-ICP-MS 锆石 U-Pb 年龄为 235±2Ma，岩体 SiO_2 含量为 66.31%～66.51%，K_2O+Na_2O 含量为 5.90%～5.99%，K_2O 含量为 3.39%～3.40%，里特曼指数为 1.49～1.53，A/CNK 值为 0.89～0.91，属准铝质高钾钙碱系列（图 3-38）。稀土元素总量 ∑REE 为 135.08×10^{-6}～143.75×10^{-6}，$(La/Yb)_N$ 值为 10.0～10.7，δEu 值为 0.66～0.71，被认为是形成于印支早期俯冲陆壳断离、幔源岩浆底侵的地球动力学背景（张宏飞等，2006）。

7. 西秦岭-南秦岭构造岩浆岩带

西秦岭-南秦岭构造岩浆岩带，包括了西秦岭、南秦岭和北大巴山 3 个构造岩浆岩亚带，西起青海省共和盆地西缘，东至豫陕鄂交界处，北与祁连-北秦岭相接，南达扬子陆块北缘。区内侵入岩浆活动持续时间长、强度大，在不同的地质构造演化阶段形成了不同的侵入岩浆组合。

1）西秦岭构造岩浆岩亚带

西秦岭构造岩浆岩亚带主要发育中生代印支期侵入岩体，古生代和前寒武纪岩体零星出露。中生代岩体的分布主要集中在 3 个地段：一是青海省共和盆地西缘，二是共和盆地东缘至甘肃省合作市以东，三是甘肃省礼县—两当地区。

共和盆地西缘的代表性岩体有温泉、大河坝岩体和同仁岩体。温泉岩体的 LA-ICP-MS 锆石 U-Pb 年龄为218±2Ma（张宏飞等，2006），岩体 SiO_2 含量为 63.61%～68.06%，K_2O+Na_2O 含量为 5.72%～6.54%，K_2O 含量为 2.57%～3.11%，里特曼指数为 1.46～1.71，A/CNK 值为 0.96～1.00，属准铝质中钾钙碱系列（图 3-39）。稀土元素总量 ∑REE 为 111.7×10^{-6}～154.1×10^{-6}，$(La/Yb)_N$ 值为 10.0～13.8，δEu 值为 0.74～0.81。大河坝岩体的 SiO_2 含量为 63.36%～67.65%，K_2O+Na_2O 含量为6.22%～6.87%，K_2O 含量为 3.50%～3.72%，里特曼指数为 1.63～2.02，A/CNK 值为 0.91～0.99，准铝质高钾钙碱系列（图 3-39）。稀土元素总量 ∑REE 为 85.0×10^{-6}～162.9×10^{-6}，$(La/Yb)_N$ 值为 15.3～22.0，δEu 值为 0.70～0.78。同仁岩体 SiO_2 含量为 63.34%～66.13%，K_2O+Na_2O 含量为 5.77%～5.91%，K_2O 含量为 3.27%～3.61%，里特曼指数为 1.51～1.71，A/CNK 值为 0.85～0.89，属准铝质中钾钙碱系列（图 3-39）。稀土元素总量 ∑REE 为 139.7×10^{-6}～174.8×10^{-6}，$(La/Yb)_N$ 值为 10.3～13.3，δEu 值为 0.55～0.59。上述岩体的 Sr 同位素比值 I_{Sr}=0.707 01～0.709 52，$\varepsilon_{Nd}(t)$=－3.8～－8.4，并以高放射成因 Pb 同位素组成为特征，全岩初始 Pb 同位素比值 $(^{206}Pb/^{204}Pb)_t$=18.068～18.748，$(^{207}Pb/^{204}Pb)_t$=15.591～15.649，$(^{208}Pb/^{204}Pb)_t$=38.167～38.554。综合分析表明，这些岩体的岩浆物质主要来自地壳物质的部分熔融，形成于秦岭造山带在地壳加厚作用后岩石圈拆沉作用的地球动力学背景（张宏飞等，2006）。冶力关和夏河东的岩石组合主要为二长花岗岩和花岗闪长岩，有部分

石英闪长岩，两个岩体中石英闪长岩的 SHRIMP 锆石 U-Pb 年龄分别为 245±6Ma 和 238±4Ma（金维浚等，2005），时代为早—中三叠世。石英闪长岩的 SiO_2 含量为 60.08%～61.83%，K_2O+Na_2O 含量为 5.17%～5.72%，K_2O 含量为 2.32%～2.72%，里特曼指数为 1.42～1.92，A/CNK 值为 0.87～1.01，属高钾钙碱系列（图 3-39）。稀土元素总量∑REE 为 138.0×10^{-6}～141.2×10^{-6}，$(La/Yb)_N$ 值为 11.4～11.8，δEu 值为 0.68～0.71。综合分析表明，石英闪长岩形成环境应为活动大陆边缘岛弧。

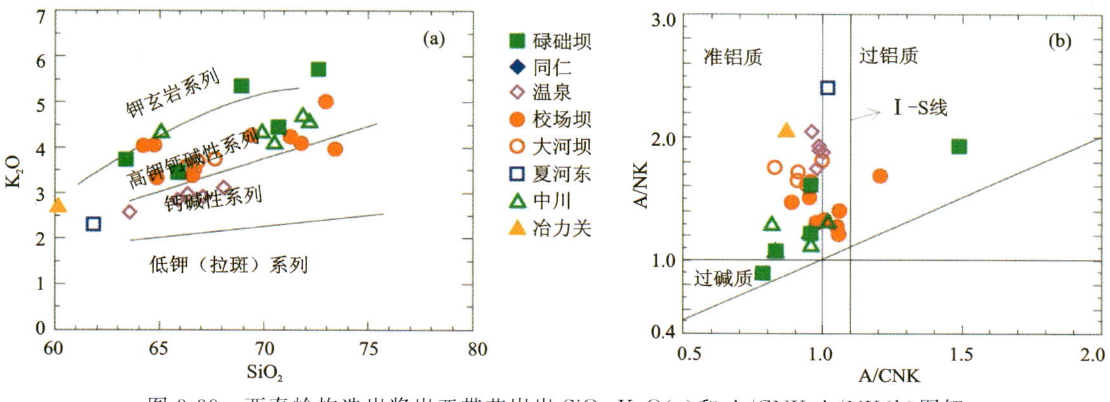

图 3-39 西秦岭构造岩浆岩亚带花岗岩 SiO_2-K_2O(a) 和 A/CNK-A/NK(b) 图解

甘肃省礼县-两当地区最著名当属柏家庄岩体群，被称为“五朵金花”，研究程度高。该岩体群由柏家庄、中川、校场坝、闾井和碌础坝 5 个复式岩体组成，侵入期次 3～5(期)次，是以二长花岗岩为主的二长花岗岩+花岗闪长岩组合。柏家庄、中川、闾井和碌础坝等岩体的 K-Ar 年龄依次为 196～218Ma、181.5～219Ma、179～212 和 179～185Ma（许亚玲等，2006）。碌础坝岩体的 SiO_2 含量为 63.4%～72.61%，K_2O 含量为 3.44%～5.73%，里特曼指数为 1.81～3.65，A/CNK 值为 0.79～1.49（欧春生等，2010），属高钾钙碱系列和碱性系列（图 3-39），具有 A 型花岗岩特征。校场坝岩体的 Rb-Sr 等时线年龄为 201±3Ma，SiO_2 含量为 64.23%～73.39%，K_2O+Na_2O 含量为 6.93%～8.39%，K_2O/Na_2O 值为 0.91～1.43，K_2O 含量为 3.32%～4.96%，A/CNK 值为 0.80～1.13 和 1.97～2.83，属高钾钙碱系列和碱性系列，具有 A 型花岗岩特征。稀土元素总量∑REE 为 200.5×10^{-6}～297.8×10^{-6}，$(La/Yb)_N$ 值为 18.5～28.5，δEu 值为 0.29～0.67。二长花岗岩和花岗闪长岩分属 S 型和 I 型（温志亮，2008）。中川岩体 Rb-Sr 等时线法所获徐家坝单元的年龄为 232.9±14Ma（宋忠宝等，1997），SiO_2 含量为 69.24%～75.85%，K_2O 含量为 3.30%～5.54%，里特曼指数为 2.31～2.48，A/CNK 值为 1.42～1.47，属强过铝质高钾钙碱系列（图 3-39）。稀土元素总量∑REE 为 153.6×10^{-6}～197.6×10^{-6}，$(La/Yb)_N$ 值为 12.6～17.0，δEu 值为 0.44～0.55。综合分析表明，“五朵金花”岩体形成的时间跨度从中三叠世到早侏罗世，构造环境上跨越了俯冲、碰撞造山和后造山板内构造演化阶段（张国伟等，2001）。此外，在该构造岩浆岩带的东端还分布有署岭岩群，由草关石英闪长岩、董河辉石闪长岩、挖泉山辉长岩、黄渚关二长岩-闪长岩组合及糜署岭二长岩-闪长岩组合组成，其形成年龄为 237～184Ma（李永军等，2004）。

2）南秦岭构造岩浆岩亚带

南秦岭构造岩浆岩亚带的侵入岩浆活动始于新太古代（张寿广等，2004；张宗清等，2005），古生代有所加强，最强烈活动时期为印支期，燕山期衰弱。不同时期的侵入体分布和特征各有不同。

佛坪地区龙草坪结晶杂岩的锆石 U-Pb 年龄为(2503±40)～(2506±24)Ma，代表了具有 TTG 岩套性质的英云闪长岩、奥长花岗岩和花岗闪长岩石组合，是南秦岭已知的新太古代侵入岩浆活动。其他地区的新太古代—古元古代的侵入岩浆活动是由古老变质岩系中锆石同位素年龄信息所反映，如西峡瓦屋场原划陡岭岩群上部层位瓦屋场组中存在年龄为太古宇物质的岩块（张宗清等，2005），由透辉变粒岩组成，Nd 模式年龄 T_{DM} 为 2829～2538Ma，大量 SHRIMP 锆石 $^{207}Pb/^{206}Pb$ 年龄平均为 2652±3Ma（张宗清等，2002，2004）。佛坪变质结晶岩系中也发现有 SHRIMP 锆石$^{207}Pb/^{206}Pb$ 年龄 2745±20Ma（张宗清等，2004），商南县湘河楼房沟古变质结晶岩也存在着$^{207}Pb/^{206}Pb$ 年龄≥2488±8Ma 的年龄信息（张宗清等，2005）。

南秦岭地区广泛分布中生代花岗岩的 Nd 同位素特征研究表明，在 11 亿年左右，南秦岭曾经有一次强烈而又广泛的地壳增生事件，它们并不代表真实的地壳增生时代，而是代表不同时代地壳物质的加权平均年龄（张宏飞等，1997）。

南秦岭新元古代岩体可以分为早期和中晚期两个阶段。新元古代早期岩体以柞水小茅岭复式岩体为代表，由宋家屋场蚀变角闪辉绿（辉长）岩体、迷魂阵蚀变闪长岩体、磨沟峡蚀变石英闪长岩体和叶家湾蚀变二长闪长岩体组成，LA-ICP-MS 锆石 U-Pb 年龄分别为 864.4±1.7Ma、846.7±2.7Ma、859.4±1.7Ma和 861.1±1.8Ma（刘仁燕，2011）。宋家屋场岩体主要岩性为蚀变角闪辉绿（辉长）岩，SiO_2 含量为 46.74%～47.96%，Na_2O+K_2O 含量为 3.04%～4.70%，K_2O/Na_2O 值为 0.17～0.68。迷魂阵蚀变闪长岩的主体岩性为闪长岩和石英闪长岩，SiO_2 含量为 52.80%～57.29%，Na_2O+K_2O 含量为 5.15%～8.30%，K_2O/Na_2O 值为 0.43～0.60。磨沟峡蚀变石英闪长岩 SiO_2 含量为 56.14%～59.17%，Na_2O+K_2O 含量为 6.96%～7.79%，K_2O/Na_2O 值为 0.42～1.05。叶家湾蚀变二长闪长岩的 SiO_2 含量为 61.72%～64.63%，Na_2O+K_2O 含量为 6.05%～7.92%，K_2O/Na_2O 值为 0.60～0.83。该期岩体的形成时代与北秦岭造山事件（1000～848Ma）相一致，被认为是新元古代早期地壳增生过程中侵入岩浆活动的代表。新元古代中晚期岩体主要分布在商丹断裂带以南的商南一带，在柞水附近也有分布，主要岩石组合为二长花岗岩、花岗闪长岩、花岗岩和斜长花岗岩。柞水-镇安-山阳之间的磨沟峡闪长岩、黑沟碱性花岗岩和冷水沟辉长岩等岩体的锆石 U-Pb 年龄依次为 743±12Ma、686±10Ma 和 680±9Ma（牛宝贵等，2006）。磨沟峡闪长岩的 SiO_2 含量为 53.53%～56.16%，Na_2O+K_2O 含量为 6.36%～7.96%，K_2O/Na_2O 值为 0.5～0.42，稀土元素总量∑REE 为 219.70×10^{-6}～125.76×10^{-6}，$(La/Yb)_N$值为 29.24～8.93，δEu 值为 0.88～0.79。黑沟岩体为一复式岩体，由基性—超基性辉长岩-苦橄岩和偏碱性二长花岗岩组成，碱性花岗岩的 SiO_2 含量为 73.56%，Na_2O+K_2O 含量为 8.75%，K_2O/Na_2O 值为 0.8，属偏碱性花岗岩，稀土元素总量∑REE 为 130.74×10^{-6}，$(La/Yb)_N$值为 12.86，δEu 值为 0.67；超基性岩的 SiO_2 含量为 40.76%，Na_2O+K_2O 含量为 0.89%，K_2O/Na_2O 值为 0.35，属苦橄岩类，稀土元素总量∑REE 为 201.82×10^{-6}，$(La/Yb)_N$值为 22.04，δEu 值为 0.82，与碱性花岗岩稀土配分曲线基本一致。冷水沟辉长岩的 SiO_2 含量为 47.76%，Na_2O+K_2O 含量为 2.70%，K_2O/Na_2O值为 0.015，稀土元素总量∑REE 为 37.5×10^{-6}，$(La/Yb)_N$值为 1.05，δEu 值为 1.14。综合分析表明，磨沟峡闪长岩具板内花岗岩的特征，冷水沟和黑沟岩体是由超基性—基性岩和偏碱性花岗岩组成的非造山双模式岩浆岩组合（牛宝贵等，2006），代表着新元古代与大陆裂解环境有关的侵入岩浆活动。

南秦岭构造岩浆岩亚带早古生代岩体主要分布在安康及其以南的汉阴-平利、红椿坝断裂以北的地区，时代上以志留纪为主，岩性上主要为钙碱系列的花岗岩、石英闪长岩和闪长岩，以牛山岩体为代表，还包括碱性系列的碱性花岗岩和正长岩以及同时期的基性岩，多呈岩株、岩脉、岩墙等产出。这些岩体的形成与北大巴山地区早志留世岩浆活动所处的构造环境相同，即被动陆缘大陆裂谷。晚古生代岩浆活动的研究资料较少，岩体的形成时代主要为二叠纪，主要岩性为石英闪长岩、闪长岩、二长闪长岩、二长花岗岩、花岗闪长岩、英云闪长岩和正长岩，还发育基性的辉绿岩等。

中生代之后的岩浆活动，主要形成大量的三叠纪岩体，包括面积巨大的岩基和岩基群，自西向东依次有迷坝、新院、姜家坪、张家坝、光头山、留坝、西坝、华阳、五龙、佛坪、老城、胭脂坝、东江口和柞水等岩体。

迷坝岩体由三方沟、高楼子和西淮坝 3 个单元构成，以二长花岗岩为主，边部有花岗闪长岩，锆石 U-Pb 年龄为 220±2Ma 和 211±2Ma，分别代表岩体两期岩浆侵位的事件（孙卫东等，2000）。SiO_2含量为 58.19%～68.85%，K_2O+Na_2O 含量为 6.36%～8.03%，K_2O/Na_2O 值为 1.01～1.81，里特曼指数为 2.08～3.05，钙碱指数为 0.56～4.73，铁指数为 0.56～0.75，A/NCK 值为 0.86～1.08（图 3-40），为较富镁质的钙碱性准铝质-过铝质花岗岩（张成立等，2005）。新院岩体主要岩石组合为花岗闪长岩和石英闪长岩，张家坝岩体主要为石英闪长岩，锆石 U-Pb 年龄分别为 214±2Ma 和 216±1Ma（孙卫东等，2000）。两个岩体的 SiO_2 含量为 58.92%～66.56%，K_2O+Na_2O 含量为 5.41%～7.18%、K_2O/Na_2O 值为 1.18～1.59，里特曼指数为 1.65～2.38，钙碱指数为 −0.40～4.00，铁指数为 0.53～0.69，A/NCK 值为 0.86～1.06，属富镁钙碱性准铝质花岗岩（张成立等，2005）。姜家坪岩体由中部庞家庄和边部揪树娅两个单元构成，主要岩性为二云二长花岗岩，锆石 U-Pb 年龄为 206±2Ma（孙卫东等，2000）。岩体的 SiO_2 含量为 74.11%～74.63%，K_2O+Na_2O 含量为 8.50%～8.74%，K_2O/Na_2O 值为 0.63～0.79，里特曼指数为 2.28～2.46，钙碱指数为 7.78～7.99，铁指数为 0.78～0.80，A/NCK 值为 1.11～1.20，属高钾钙碱性过铝质花岗岩（张成立等，2005）（图 3-40）。光头山岩体由牵马湾、庙坪、南天门、庞家庄、揪树娅和林口子 6 个单元组成，以庙坪、牵马湾和南天门等单元的黑云母花岗闪长岩为主，个别单元有少量黑云母二长花岗岩（张成立等，2005），锆石 U-Pb 年龄为 216±2Ma（孙卫东等，2000），英云闪长岩和二长花岗岩的 LA-ICP-MS 锆石 U-Pb 年龄分别为 221±6Ma 和 199±4Ma（吴峰辉等，2009）。岩体的 SiO_2 含量为 69.47%～72.56%，K_2O+Na_2O 含量为 6.66%～7.54%，Na_2O/K_2O 值为 1.25～2.31，里特曼指数为 1.60～2.15，A/NCK 值为 1.05～1.12，具中等改进的钙碱指数（4.16～5.23）和低的铁指数（0.76～0.80），为相对富镁的钙碱性过铝质花岗岩（图 3-40）（张成立等，2005）。留坝岩体以石英闪长岩为主，其全岩 Sm-Nd 法年龄为 303±11Ma（1∶25 万汉中市幅区域地质调查报告）。西坝岩体主要由花岗闪长岩、二长花岗岩和英云闪长岩组成，二长花岗岩和花岗闪长岩 LA-ICP-MS 锆石 U-Pb 年龄分别为 219±1Ma 和 218±1Ma（张帆等，2009）。胭脂坝和老城岩体的全岩 Rb-Sr 等时线年龄分别为 183±2Ma 和 182±51Ma（张宗清，1996）。东江口岩体是一个 4 次岩浆侵入形成的复式岩体，主要岩性为二长花岗岩、花岗闪长岩、石英二长岩，二长花岗岩的锆石 U-Pb 年龄为 211±2Ma（孙卫东等，2000），LA-ICP-MS 锆石 U-Pb 年龄为 219±2Ma 和209±2Ma，分别代表第 1、第 2 两个阶段的成岩年龄，同时还有 862±15Ma 和 2332±18Ma 的源区年龄，反映了源区中存在古元古代到中元古代的地质记录（杨恺等，2009）。作水岩体主要为黑云母二长花岗岩和花岗闪长岩，LA-ICP-MS 锆石 U-Pb 年龄为 209±2Ma 和 199±2Ma，分别代表了该岩体第 2 个阶段的岩浆结晶年龄（杨恺等，2009）。

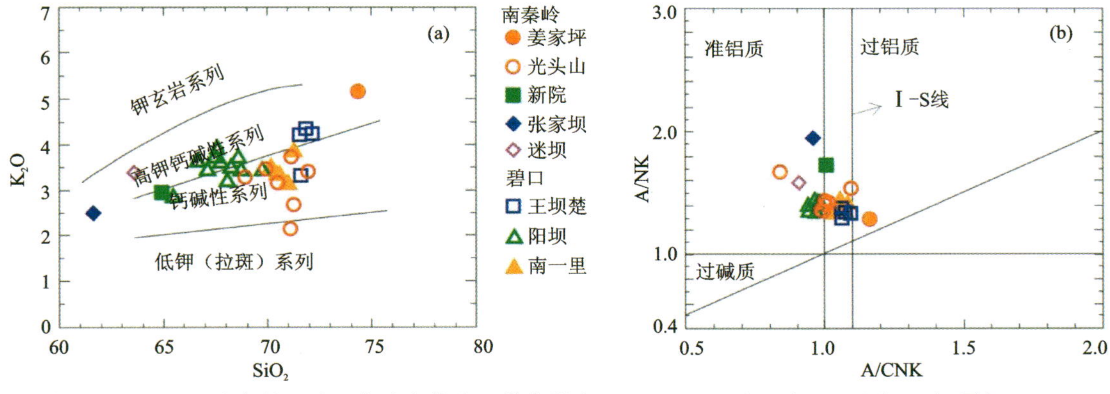

图 3-40　南秦岭和碧口构造岩浆岩亚带花岗岩 SiO_2-K_2O(a)和 A/CNK-A/NK(b)图解

上述岩体的稀土元素特征分为两种类型：第一类是主体特征，其稀土元素总量中等、变化范围大（$\sum REE=80.19\times10^{-6}\sim212.38\times10^{-6}$），轻重稀土分馏中等，$(La/Yb)_N$ 值为 7.35～29.29，Eu 异常弱（$\delta Eu=0.60\sim1.07$）；另一类以姜家坪岩体为代表，稀土元素总量中等、变化范围大（$\sum REE=58.12\times10^{-6}\sim174.77\times10^{-6}$），轻重稀土强烈分馏，$(La/Yb)_N$ 值为 20.23～35.14，Eu 负异常强（$\delta Eu=0.30\sim0.37$）。岩体的微量元素均显示活动陆缘火山弧花岗岩相对富集 LILE、贫化 HFSE 的特征，在 PM 标准化图谱上，显示 Nb、Ta 明显亏损成谷的特征（张成立等，2005）。由于勉略洋盆的闭合时间在 242～

221Ma(李曙光等,1996),上述岩体的岩浆侵入发生在220～205Ma,与其他造山带主碰撞之后的短时期内有大量后动力(post-kinematic)花岗岩的形成(Nironen et al.,2000)相类似,显然,它们是在秦岭微板块与扬子板块最终碰撞勉略主缝合带形成之后,于主碰撞晚期应力松弛阶段所形成。姜家坪高碱花岗岩体的出现则预示着在200Ma左右南秦岭区已转入到伸展构造体制演化阶段,但还不属于碰撞造山之后板内阶段富碱花岗岩的造山后花岗岩(张成立等,2005)。上述宁陕岩体群中8个花岗岩类岩体的Pb、Sr、Nd同位素组成特征是:初始$(^{87}Sr/^{86}Sr)_t$值为0.704 95～0.709 08,$\varepsilon_{Nd}(t)$值为－8.55～－2.41,Nd同位素模式年龄(T_{DM})为1.20～1.71Ga。自东向西,$\varepsilon_{Nd}(t)$逐渐降低而T_{DM}逐渐增高,表明宁陕岩体群的岩浆源区主要来自南秦岭的深部地壳,且古老地壳物质参与比例逐渐增高(张宏飞等,1997)。

冷水沟正长闪长斑岩的SHRIMP锆石年龄为141.7±1.4Ma(牛宝贵等,2006),属白垩纪,其SiO_2含量为62.57%,Na_2O+K_2O含量为8.45%,K_2O/Na_2O值为0.79;稀土元素总量∑REE为152.09×10^{-6},$(La/Yb)_N$值为14.85,δEu值为0.80。微量元素中富集Rb、Ba、K、La、Ce等元素,亏损Ti等元素,具Ta、Nb和Y负异常,为后造山花岗岩,代表秦岭多旋回造山最终完成的时代(牛宝贵等,2006)。

3)北大巴山构造岩浆岩亚带

该构造岩浆岩亚带中仅发育志留纪岩体,岩石组合为花岗岩、闪长岩、正长岩和基性的辉长岩、辉绿岩等。在紫阳—岚皋—平利—镇坪一带,主要出露粗面岩及碱性超基性岩和基性岩构成的碱性杂岩带,岩体呈宽几米到十余米,长数十米到百余米的一系列岩脉群沿北西向展布,形成年龄介于431～471Ma之间(黄月华等,1992;夏林圻等,1994)。杂岩体的岩石类型主要为辉石玢岩、金云透辉煌斑岩、橄榄辉石岩、辉长辉绿岩、钠闪粗面岩和黑云粗面岩等。金伯利岩亚类、白榴金云透辉煌斑岩亚类和辉石玢岩亚类的SiO_2含量依次为27.02%～31.21%、31.13%～41.15%和42.52%～48.20%,TiO_2含量为2.75%～5.90%,含量较高,与岩石中发育高钛单斜辉石、云母相一致;Na_2O+K_2O含量为0.11%～6.13%,属弱碱质-碱质岩石;MgO含量为4.70%～11.90%,Al_2O_3含量为7.12%～16.36%,低于正常煌斑岩的MgO及Al_2O_3含量,挥发分含量(H_2O+CO_2)多大于5%。稀土元素上,除金伯利岩的∑REE为90.40×10^{-6}外,其他岩石的∑REE为150.61×10^{-6}～571.21×10^{-6},$(La/Yb)_N$值为9.92～23.43,δEu值为0.79～1.26。综合分析表明,碱性杂岩属高钛富铁的碱基性岩类,形成于早古生代的大陆伸展拉张环境(徐学义等,1999,2003)。Sr-Nd-Pb同位素结果显示,煌斑岩浆源区的地幔主要为HIMU端元组分,地幔柱的活动与煌斑岩浆的起源密切相关,并制约了其源区的地幔交代作用(徐学义等,2001)。镇坪地区辉绿岩SHRIMP锆石U-Pb年龄为439±6Ma,岩石的SiO_2含量为44.64%～62.64%,Na_2O含量为3.29%～5.65%,K_2O含量为1.21%～3.38%,Na_2O/K_2O值为1.67～2.98,(Na_2O+K_2O)含量为4.70%～9.03%。稀土元素总量∑REE为169.8×10^{-6}～397.4×10^{-6},$(La/Yb)_N$值为11.18～15.67,δEu值为1.01～1.17(邹先武等,2011),球粒陨石标准化配分模式与大陆板内拉斑玄武岩类似(董云鹏等,1998;王存智等,2009)。这些镁铁质岩脉及玄武岩的$\varepsilon_{Nd}(t)$=＋3.28～＋5.02,$(^{87}Sr/^{86}Sr)_i$=0.703 41～0.705 55,$(^{206}Pb/^{204}Pb)_i$=17.256～18.993,$(^{207}Pb/^{204}Pb)_i$=15.505～15.642,$(^{208}Pb/^{204}Pb)_i$=37.125～38.968,Δ8/4=21.18～77.43,Δ7/4=8.11～18.82,基本与南秦岭区新元古代中期以来的幔源岩石特征一致,显示了HIMU、EMII和少量EMI富集地幔端元组分混合而成的Sr-Nd-Pb同位素组成特征,是新元古代早期扬子北缘大洋地壳俯冲消减及其携带的陆源沉积物再循环进入亏损软流圈地幔的结果(张成立等,2007)。

(九)柴达木地块和西昆仑构造岩浆岩带

研究区的柴达木地块和西昆仑构造岩浆岩带主要包括柴达木盆地及其周围和昆仑山脉,侵入岩浆活动主要集中在东、西昆仑山脉等。

1. 柴达木地块和西昆仑构造岩浆岩带侵入岩时空分布概述

柴达木地块和西昆仑构造岩浆岩带侵入岩浆活动自古元古代开始持续至新近纪，侵入岩时空分布的总体特征如图 3-41 所示，具有以下几个特征。

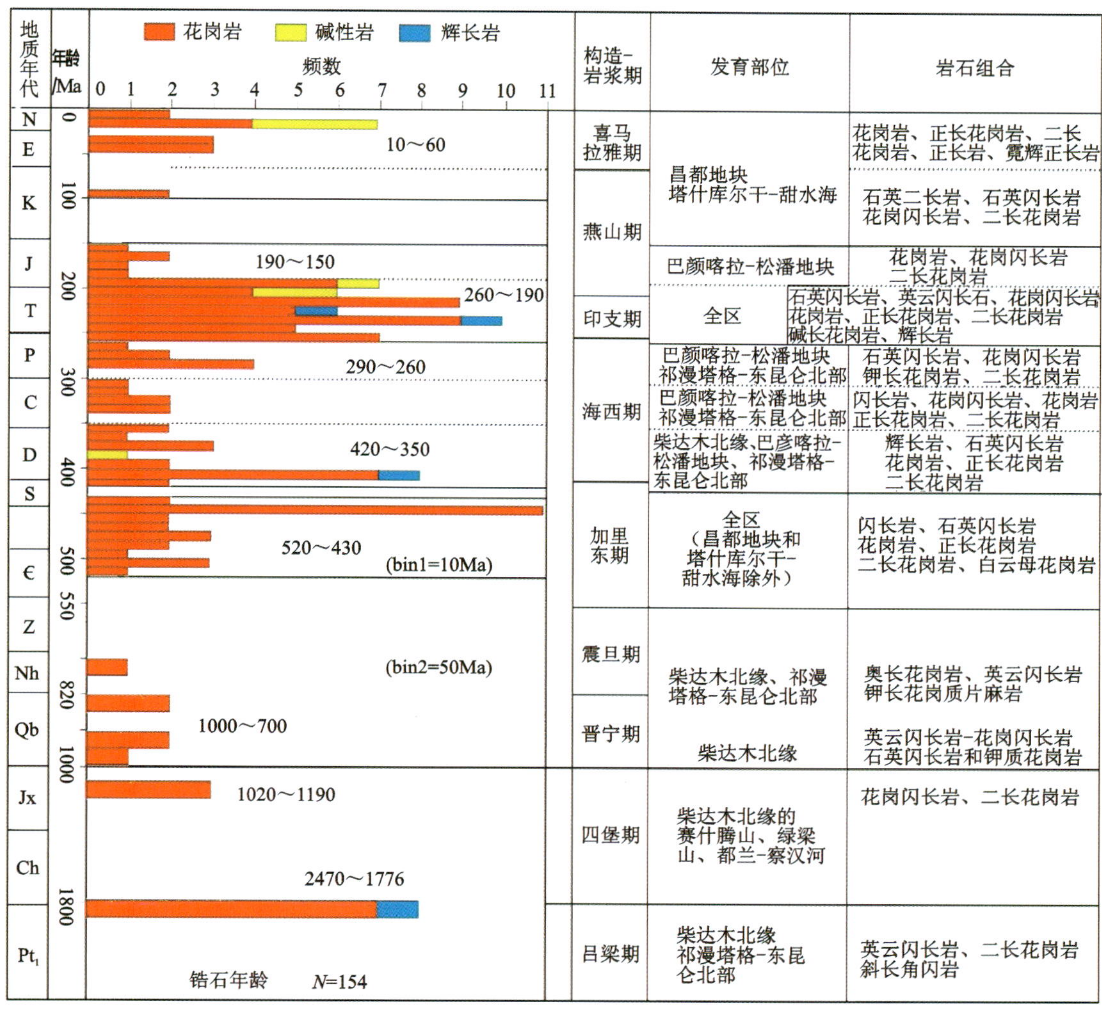

图 3-41 柴达木地块和西昆仑构造岩浆岩带侵入岩锆石年龄与时空分布图

(1)柴达木地块和西昆仑构造岩浆岩带侵入岩浆活动，总体上可以分为元古宙(2470～700Ma)、早古生代(520～430Ma)、晚古生代(420～260Ma)、晚古生代晚期—中生代中期(260～150Ma)和中生代晚期—新生代(100～10Ma)5 个主要时期，且以 520～430Ma 和 260～150Ma 两个时期最为强烈(图 3-41)。

(2)元古宙的侵入岩浆活动可以划分为 2470～1776Ma、1020～1190Ma 和 1000～700Ma 3 个阶段。古元古代(2470～1776Ma)侵入岩主要分布在柴达木北缘和祁漫塔格-东昆仑北部构造岩浆岩亚带，以英云闪长岩、二长花岗岩和斜长角闪岩等组合为特征，反映地壳早期形成阶段的岩浆组合。蓟县纪(1020～1190Ma)和青白口纪早期(1000～900Ma)的侵入岩均分布在柴达木盆地北缘的赛什腾山、绿梁山和都兰-察汉河地区，岩石组合为英云闪长岩-花岗闪长岩和石英闪长岩-钾质花岗岩-二长花岗岩。青白口纪晚期(800～850Ma)和南华纪晚期(750～700Ma)同样分布在柴达木盆地北缘和祁漫塔格-东昆仑北部构造岩浆岩带，岩石组合为奥长花岗岩、英云闪长岩和正长花岗岩。

(3)早古生代(520～430Ma)侵入岩浆活动在全区均有分布，且在 450～440Ma 进入高潮，早期(>450Ma)主要的岩石组合为石英闪长岩、花岗闪长岩、花岗岩和二长花岗岩，晚期则主要为花岗岩、二长花岗岩、白云母花岗岩和正长花岗岩等，多反映加里东期的构造-岩浆活动。

(4)晚古生代(420～260Ma)的侵入岩浆活动可以划分为3个阶段并有两个主要峰期：第一阶段为413～351Ma，峰期为410～400Ma，分布在柴达木盆地北缘和祁漫塔格-东昆仑北部等地区，其岩石组合主要为石英闪长岩、花岗岩、正长花岗岩和二长花岗岩，在祁漫塔格-东昆仑还出现了石榴堇青花岗岩和辉长岩；第二阶段为338～306Ma，主要分布在祁漫塔格-东昆仑北部，岩石组合复杂多样，包括闪长岩、花岗闪长岩、花岗岩、正长花岗岩和二长花岗岩等；第三阶段为289～260Ma，且在280～290Ma有一个小的高潮(峰期)，分布范围与第二阶段相同，主要岩性为正长花岗岩、二长花岗岩、石英闪长岩和花岗闪长岩等。

(5)晚古生代晚期—中生代中期(260～150Ma)的侵入岩浆活动，以260～190Ma为本区侵入岩浆活动的最高潮期，所形成的侵入岩体在全区都有分布，且岩石类型繁多、组合复杂多样。岩石类型既有钙碱系列的石英闪长岩、英云闪长岩、花岗闪长岩、花岗岩、正长花岗岩和二长花岗岩，也有碱性系列的碱长花岗岩，还有基性的辉长岩等，代表着本区最主要的构造-岩浆活动期。

以下分别叙述不同构造岩浆岩带的侵入岩特征。

2. 柴达木地块构造岩浆岩带

柴达木地块构造岩浆岩带包括柴达木北缘、祁漫塔格和东昆仑北部3个构造岩浆岩亚带，地理位置上包括了柴达木盆地及其南北缘、祁漫塔格山和东昆仑山的北部地区。除了柴达木盆地为第四纪碎屑岩覆盖外，该带是侵入岩浆活动最强烈的地区之一。侵入岩浆活动自新太古代开始，持续到白垩纪结束，在不同的构造岩浆岩带中形成了新元古代、早古生代、古生代和中生代4次岩浆活动高潮，形成了大量的侵入体。在空间上，3个构造岩浆岩亚带的岩体分布也各不相同，下面将分别叙述。

1)柴达木北缘构造岩浆岩亚带

古元古代侵入体主要分布于构造岩浆岩亚带东部的欧龙布鲁克微陆块，为一套变质古侵入体，均呈花岗片麻岩产出，原岩主要为英云闪长岩和二长花岗岩，代表性岩体有德令哈杂岩和莫河片麻岩。德令哈杂岩由斜长角闪岩、二长花岗片麻岩和混合岩组成，以大面积分布的紫红色二长花岗片麻岩为主。二长花岗岩的TIMS单颗粒锆石U-Pb年龄为2366±10Ma(陆松年等，2002)和2202±26Ma(1∶25万都兰县幅区域地质调查报告)。莫河片麻岩分布于都兰幅内呼德生纳仁沟口，为中深变质的片麻岩，原岩主要为英云闪长岩，单颗粒锆石TIMS年龄为2348±43Ma(1∶25万都兰县幅区域地质调查报告)，LA-ICP-MS锆石U-Pb年龄为2470+19/−18Ma(李晓彦等，2007)。岩石的SiO_2含量为63.3%～74.59%，里特曼指数为1.14～3.19，A/CNK值为1.09～1.28，属过铝质钙碱性系列，具S型花岗岩特点。花岗岩原始地幔标准化蛛网图上，K强烈富集，Rb、Ba、Th等中等富集，高场强元素Ta、Nb、Hf、Zr相对亏损，Yb强烈亏损。稀土元素总量∑REE为150×10^{-6}～258×10^{-6}，δEu值为0.57～0.79，$(La/Yb)_N$值为3.45～5.07，轻稀土分馏明显，重稀土分馏相对较小，兼具有Ⅰ型和S型花岗岩特征。锆石的$Hf_{(2470Ma)}$为0.281 29～0.281 40，ε_{Hf}值为2.94～6.95，长英质地壳存留年龄T_{CDM}=2.75～2.54Ga，指示欧龙布鲁克微陆块在约2.5Ga的地壳增生事件。上述岩体的形成与古元古代的汇聚事件或汇聚后基底的克拉通化有关。

中元古代片麻状花岗岩零星分布于赛什腾山、绿梁山和都兰-察汉河地区，原岩类型以花岗闪长岩和二长花岗岩为主，主要岩体有滩间山北和阿尔托茨山岩体，两者的单颗粒锆石TIMS年龄分别为1176Ma和1190Ma(1∶100万青海省地质图，青海地质调查院，2008)。鹰峰环斑花岗岩的锆石TIMS年龄为1776±33Ma，被认为代表了中国西部大陆地壳基底的克拉通化及其在中元古代发生过裂解事件(肖庆辉等，2003)。

新元古代岩体分布于柴达木北缘南带，从沙柳河向西南经锡铁山和绿梁山，断续延伸至阿尔金断裂附近(陆松年等，2002)，其组成几乎包括了所有类型的花岗岩。其中，英云闪长岩和奥长花岗岩分布面积较小，花岗闪长岩、石英闪长岩和钾质花岗岩分布较广。鱼卡河和绿梁山岩体的TIMS单颗粒锆石

U-Pb 年龄分别为 1020±41Ma(奥长花岗岩)和 803±7Ma(英云闪长岩)(李怀坤等,1999)。锡铁山一带英云闪长岩-花岗闪长岩的年龄为 994Ma(青海省地质调查院,2008)。沙柳河片麻岩的 TIMS 年龄为 942.2±1.6Ma,SHRIMP 年龄为 942Ma(1∶25 万都兰县幅区域地质调查报告)。沙柳河花岗片麻岩的 SiO_2 含量为 66.57%～70.22%,Na_2O/K_2O 值为 1.27～1.53,A/CNK 值为 1.15～1.32,里特曼指数为 1.62～2.01,属强过铝质钙碱性系列。微量元素具有碰撞型花岗岩类特征。稀土元素总量∑REE 为 144×10^{-6}～364×10^{-6},$(La/Yb)_N$ 值为 6.12～26.34,且具轻稀土分馏明显、重稀土相对平坦的特征,δEu 值为 0.37～0.62。同位素上,$(^{87}Sr/^{86}Sr)_i$ 值为 0.715～0.721。综合分析表明,沙柳河花岗片麻岩的物质来源于地壳,为 S 型花岗岩。

古生代主要岩体有赛什腾山、嗷唠山、团鱼山、绿梁山、鱼卡河、大柴旦、锡铁山和都兰野马滩等,大多呈小岩株产出,都兰野马滩呈岩基产出。其中,赛什腾山岩体的 SHRIMP 锆石 U-Pb 年龄为 465.4±3.5Ma(吴才来等,2008)。嗷唠山岩体的 SHRIMP 锆石 U-Pb 年龄为 473±15Ma(Wu et al.,2006)。团鱼山岩体早期岩体的 SHRIMP 锆石 U-Pb 年龄为 469.7±4.6Ma(吴才来等,2008)。绿梁山岩体的锆石 U-Pb 年龄为 496±6Ma(袁桂邦等,2002),两个岩体主体形成于晚寒武世—早奥陶世,为闪长岩、石英二长闪长岩、花岗闪长岩和二长花岗岩组合,岩体 SiO_2 含量为 52.94%～73.36%,全碱含量为 4.70%～7.72%,里特曼指数为 1.48～3.08,A/CNK 值为 0.73～1.03,形成于岛弧环境或活动大陆边缘(图 3-42)。此外,绿梁山岩体还有泥盆纪的年龄数据,其锆石 SHRIMP 年龄为(403.3±3.8)～(408.6±4.4)Ma(吴才来等,2007)。团鱼山晚期侵入岩的 SHRIMP 锆石 U-Pb 年龄为 443.5±3.6Ma(吴才来等,2008)。鱼卡河南白云母花岗岩的 Rb-Sr 法年龄为 447Ma,大柴旦正长花岗岩 SHRIMP 锆石 U-Pb 年龄为 446.3±3.9Ma(Wu et al.,2006;吴才来等,2007),乌日嘎二长花岗岩体的 TIMS 单颗粒锆石 U-Pb 年龄为 445Ma(徐学义等,2006),形成时代为晚奥陶世,以二长花岗岩、二云母花岗岩、白云母花岗岩和正长花岗岩为主要岩石组合,形成于同碰撞构造环境,其 SiO_2 含量为 73.05%～79.42%,全碱含量为 6.29%～8.38%,$Na_2O/K_2O<1$,里特曼指数为 1.20～2.26,A/CNK 值为 1.00～1.21。赛什腾山岩体中,石英闪长岩的稀土总量∑REE 为 391.53×10^{-6},δEu 值为 0.68,$(^{87}Sr/^{86}Sr)_i$、$(^{143}Nd/^{144}Nd)_i$、$\varepsilon_{Nd}(t)$ 和 T_{DM2} 依次为 0.705 73、0.512 068、0.6 和 1.15Ga。团鱼山岩体的稀土总量∑REE 为 48.53×10^{-6},δEu 值为 0.98,$(^{87}Sr/^{86}Sr)_i$ 为 0.704 81～0.705 54,$(^{143}Nd/^{144}Nd)_i$ 值为 0.512 142～0.512 143,$\varepsilon_{Nd}(t)$ 为 1.5～2.2,T_{DM2} 为 1.03～1.03Ga。其他形成于志留纪—早泥盆世的花岗岩有小赛什腾花岗闪长岩、锡铁山二长花岗岩、野马滩花岗闪长岩、乌日滩石英闪长岩和斯塔格乌花岗闪长岩等岩体,同位素年龄范围在 440～396Ma(吴才来等,2001a,2001b,2004;孟繁聪等,2005;1∶25 万都兰县幅区域地质调查报告),嗷唠河岩体石英闪长岩 SHRIMP 锆石 U-Pb 年龄为 372.1±2.6Ma(吴才来等,2008),其岩石组合为正长花岗岩、二长花岗岩、花岗闪长岩、石英闪长岩和正长岩等,形成于碰撞后伸展环境,该组合岩石的 SiO_2 含量为 63.13%～76.19%,全碱含量为 6.08%～8.81%,Na_2O/K_2O 值为 0.42～2.65,里特曼指数为 1.67～2.34,A/CNK 值为 0.87～1.03。

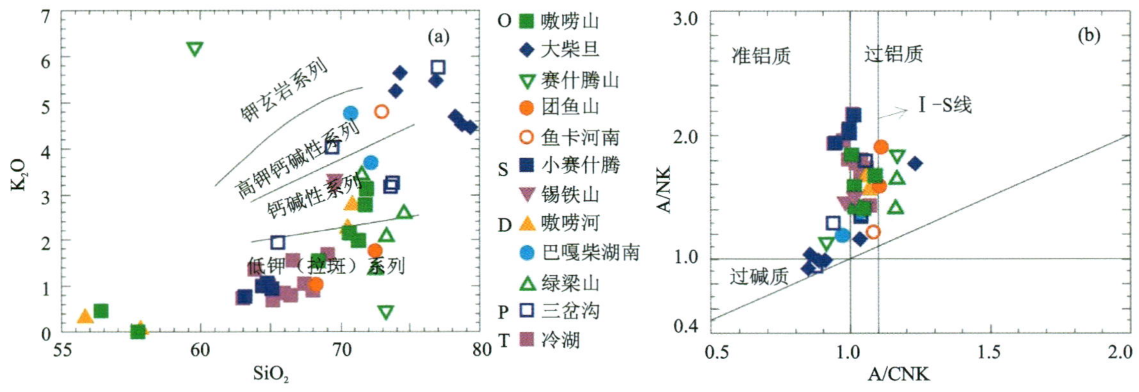

图 3-42　柴达木北缘构造岩浆岩亚带花岗岩 SiO_2-K_2O(a)和 A/CNK-A/NK(b)图解

晚古生代岩体在该构造岩浆岩亚带中断续分布，有嗷唠山、嗷唠河岩体、三岔沟岩体和巴嘎柴达木湖东南小岩体等。吴才来等(2007)指出，嗷唠山和嗷唠河岩体实为一个岩体，是由先后不同时期岩浆侵位形成的复式岩体。三岔沟岩体由两期侵入岩组成，SHRIMP 锆石 U-Pb 年龄分别为 271.2±1.5Ma 和 260.4±2.3Ma(吴才来等，2008)，早期为二长花岗岩和花岗闪长岩，晚期为正长花岗岩。岩石地球化学上，SiO_2含量为 65.67%～77.08%，全碱含量为 7.06%～8.22%，K_2O/Na_2O 值为 0.61～2.21，里特曼指数为 1.86～2.54，A/CNK 值为 0.87～1.05，属准铝质-过铝质中钾-高钾钙碱系列(图 3-42)。早期花岗岩稀土元素总量∑REE 为 201×10^{-6}～254×10^{-6}，比晚期花岗岩稀土元素总量(∑REE=78×10^{-6}～159×10^{-6})高，两期花岗岩具有相似的稀土配分模式和弱的负 Eu 异常，δEu 值为 0.6～0.7。$(^{87}Sr/^{86}Sr)_i$ 为 0.707 27～0.707 79，$(^{143}Nd/^{144}Nd)_i$ 为 0.512 173～0.512 210，$\varepsilon_{Nd}(t)$ 为 -2.3～-1.8，T_{DM2} 为 1.23～1.18Ga(吴才来等，2008)。巴嘎柴达木湖东南小岩体的 SHRIMP 锆石 U-Pb 年龄为 374.5±1.6Ma，属晚泥盆世。

三叠纪花岗岩主要分布在东南部鄂拉山-都兰-察汉河地区，1∶25 万都兰县幅中，年龄为 250～220Ma 的花岗岩岩体约占全图区花岗岩岩体总面积的 80%以上。早三叠世典型岩体有下拉木苏岩体(K-Ar 年龄为 232±11Ma；锆石 TIMS 年龄为 239Ma)、鄂拉山岩体(全岩 Rb-Sr 年龄为 228±21Ma)、琅玛岩体(K-Ar 年龄为 225～205Ma；锆石 TIMS 年龄为 232.9Ma)、南陇达瓦岩体(K-Ar 年龄为 215.8±7.8Ma)、鄂拉山石英闪长岩体(锆石 TIMS 年龄为 230.1±2Ma；花岗闪长岩体锆石 TIMS 年龄为 228.5±1Ma)、哈尔郭勒岩体(锆石 TIMS 年龄为 210Ma)和乌龙山南滩岩体(锆石 TIMS 年龄为 232±5Ma)(徐学义等，2008)。中—晚三叠世岩体主要分布在拉木苏、桃斯托、枪口、查查香卡、尔日格、玛日格、尕录、鄂拉山和巴硬格莉山一带，在 1∶25 万都兰县幅东北角的同普东也有分布。主要的岩体有鄂拉山花岗闪长岩岩基、尔日格花岗闪长岩-二长花岗岩杂岩基，玛日格似斑状二长花岗岩岩基和下拉木苏-桃斯托中粒二长花岗岩-似斑状二长花岗岩杂岩岩基。石英闪长岩和正长花岗岩单元均呈岩株状分布在上述岩基的内部或周围。冷湖岩体岩石组合为花岗闪长岩和二长花岗岩(吴才来等，2001；杨明慧等，2002)，被认为属海西期(青海省地质矿产局，1991)，其锆石 U-Pb 年龄为 242.6±3.2Ma(杨明慧等，2002)，将其归为燕山期。该岩体的 SiO_2 含量为 66.01%～68.19%，K_2O 含量为 3.81%～5.80%，里特曼指数为 1.72～2.54，A/NCK 值为 0.95～1.07，属准铝质-过铝质低钾拉斑系列，少量中钾钙碱系列(图 3-42)。稀土元素总量∑REE 为 89.77×10^{-6}～161.37×10^{-6}，$(La/Yb)_N$ 值为 6.37～7.06，δEu 值为 0.80～1.03，被认为属同碰撞花岗岩(吴才来等，2001，杨明慧等，2002)。

柴达木北缘燕山期岩浆活动较弱，数量少且呈孤立岩体分布，代表性岩体有高蒙碱长花岗岩体群、扎玛日正长花岗岩体群和大海滩正长花岗岩体群。高蒙碱长花岗岩体群 K-Ar 年龄为 200.1±0.9Ma，被认为属早侏罗世(1∶5 万哈莉哈德山幅区域地质调查报告)；扎玛日正长花岗岩体群和大海滩正长花岗岩体群归为燕山期(1∶25 万都兰县幅区域地质调查报告)。早侏罗世花岗质的岩石地球化学中，SiO_2 含量为 75.95%～70.25%，里特曼指数为 3.06～3.34，A/CNK 值为 0.94～1.1，属准铝质-过铝质碱性花岗岩，部分属钙碱性系列。稀土元素总量∑REE 为 159×10^{-6}～570×10^{-6}，$(La/Yb)_N$ 值为 9.63～16.15，轻稀土富集而重稀土亏损，轻稀土总量 LREE 为 139×10^{-6}～433×10^{-6}，重稀土总量 HREE 为 17.8×10^{-6}～137.3×10^{-6}，δEu 值为 1.69～0.51，有正异常花岗岩产出。综合分析表明，燕山期花岗质岩形成于后造山阶段。

2)祁漫塔格和东昆仑北部构造岩浆岩亚带

祁漫塔格构造岩浆岩亚带位于东昆仑北部构造岩浆岩亚带的西北，两者在地质构造演化和岩浆作用方面极其相似，因此一并叙述。该区西起阿尔金断裂，东至共和盆地西缘，北自柴达木盆地南缘向南大致止于昆仑山南北分水岭一带。该区是我国西部地区岩浆活动最为强烈的地区之一，岩体面积在 5 万 km² 以上，是一条国内罕见的巨型岩浆岩带，长期以来受地质学家关注的重点地区之一。侵入岩浆活动最早起于新太古代，在不同地区分别有 4 次大规模的岩浆作用期，分别为晋宁期、加里东期、印支期和燕山期，结束于白垩纪。这些岩浆活动大致可以划分为以下几个构造-岩浆作用旋回。

新太古代到古元古代的侵入体分布较少，且多呈古老变质岩系产出。如东昆仑的金水口岩群，主要为角闪岩相片麻岩与英云闪长岩-奥长花岗岩（TT）组合（邓晋福等，1995）或 TTG 组合，变质基性辉长岩的锆石 U-Pb 年龄为 2468±46Ma（陆松年等，2002），片麻状花岗岩的 Rb-Sr 等时年龄为 1846Ma（青海省区域地质志，1991），堇青石花岗岩单颗粒锆石 U-Pb 年龄为 1955±6Ma（陆松年等，2002）。

新元古代变质侵入体主要分布在格尔木以南地区，其他地区也有零星分布，主要岩体有阿喀、滩北山、义龙和阿克却哈等岩体（群）。阿喀岩体呈条带状、眼球状斜长片麻岩产出，原岩为花岗闪长岩；滩北山岩体呈条带状、眼球状钾长片麻岩产出，原岩为正长花岗岩，锆石 U-Pb 年龄为 831±51Ma。两个岩体均具有同碰撞花岗岩特征（李荣社等，2008）。义龙岩体为斜长片麻岩和二云二长片麻岩，原岩为奥长花岗岩和英云闪长岩，北沟里奥长花岗岩的锆石同位素年龄为 703±15Ma，显示同碰撞和碰撞后花岗岩特征（李荣社等，2008）。

早古生代构造-岩浆作用旋回，被认为持续到泥盆纪结束。其中，与岛弧或者俯冲作用有关的花岗岩主要形成于晚寒武世—晚奥陶世。如德拉托郭勒岩体的 Rb-Sr 年龄为 476Ma，万宝沟岩体角闪石 ^{40}Ar-^{39}Ar 年龄为 450Ma，石灰沟花岗岩锆石 U-Pb 年龄为 471Ma 和 485Ma，阿拉克湖岩体的 Rb-Sr 年龄为 508Ma（1∶25 万阿拉克湖幅，中国地质大学（武汉），2003）。与碰撞作用相关的花岗岩以含云母花岗岩为特征。祁漫塔格构造岩浆岩亚带西段，伊涅克阿干花岗岩为含白云母过铝质花岗岩，由二长花岗岩和正长花岗岩分 3 次侵入组成的复式岩体，Rb-Sr 全岩等时线年龄为 435.7Ma，SiO_2 含量为 67.93%～74.39%，K_2O/Na_2O 值为 1.46～2.27，全碱含量为 6.46%～8.34%，A/CNK 值为 0.88～1.26，里特曼指数为 1.74～2.39，属准铝质高钾钙碱系列，少量为强过铝质。稀土元素总量∑REE 为 60.78×10^{-6}～424.90×10^{-6}，$(La/Yb)_N$ 值为 9.64～26.66，δEu 值为 0.26～0.72，表明为同源岩浆演化的产物（陆济璞等，2005）。东昆仑金水口岩体主要由含石榴子石花岗岩、二长花岗岩和花岗闪长岩等组成，石榴堇青花岗岩的 LA-ICP-MS 锆石 U-Pb 年龄为 411±17Ma，黑云母花岗闪长岩 SHRIMP 锆石年龄为 396±18Ma，属 S 型花岗岩（龙晓平等，2006）。万宝沟沟头岩体的锆石 U-Pb 年龄为 412.6Ma（许荣华等，1990），额尔滚西岩体的 Rb-Sr 年龄为 379.6Ma（1∶25 万布喀达坂峰幅，青海省地质调查院，2003）。水草沟粗粒正长花岗岩的锆石 U-Pb 年龄为 432.3±0.8Ma，A/CNK 值为 0.94～1.10，K_2O/Na_2O 值绝大多数介于 1.28～2.23 之间，属准铝质-过铝质高钾钙碱系列（图 3-43）。稀土元素总量∑REE 为 135×10^{-6}～357×10^{-6}，δEu 值为 0.11～0.7（包亚范等，2008）。在祁漫塔格构造带西端，吐拉花岗岩的 SHRIMP 锆石 U-Pb 年龄为 385.2±8.1Ma，岩体 SiO_2 含量为 74.41%～76.69%，全碱含量为 8.10%～9.12%，K_2O/Na_2O 值为 0.98～1.37，里特曼指数为 1.96～2.50，A/CNK 值为 0.918～0.969，属高钾钙碱系列（图 3-42）。稀土元素总量∑REE 为 159×10^{-6}～187×10^{-6}，LREE/HREE 值为 8.26～14.34，δEu 值为 0.73～0.89。综合分析表明，吐拉花岗岩具有 A 型花岗岩特征，形成于造山后拉张环境（吴锁平等，2007）。祁漫塔格东南部的喀雅克登塔格杂岩体由辉长岩、闪长岩、石英闪长岩、花岗闪长岩、二长花岗岩和正长花岗岩等组成，其中的辉长岩和二长花岗岩 SHRIMP 锆石年龄分别为 403.3±7.2Ma 和 394±13Ma（谌宏伟等，2006），石英闪长岩的年龄为 407.7±7.5Ma，似斑状二长花岗岩年龄为 408.3±5.3Ma，东沟黑云母二长花岗岩单颗粒锆石 U-Pb 年龄为 410.2±1.9Ma（赵振明等，2008）。这些岩体的里特曼指数为 2.1～3.0，A/CNK 值为 0.82～1.10，属高钾钙碱系列（图 3-43）的Ⅰ型和 A 型花岗岩。

晚泥盆世—三叠纪构造岩浆旋回中，修沟-玛沁洋可能从晚泥盆世—早石炭世开始打开，晚石炭世开始了板块俯冲，中晚二叠世—早三叠世（260～240Ma）为主要俯冲造山期。这个时期的花岗岩体分布非常广泛、规模宏大，构成该构造岩浆岩带的主体，主要分布在昆中断裂以北地区，具有自北向南逐渐减少的趋势，多呈大型复式岩基产出（莫宣学等，2007）。晚泥盆世岩体以宽沟岩体群为代表，岩石组合为闪长岩、石英闪长岩和二长花岗岩，二长花岗岩单颗粒锆石 U-Pb 年龄为 357±91Ma，Rb-Sr 等时线年龄为 366±9.2Ma。该区石炭纪侵入体分布零星，以祁漫塔格山的希热茫崖岩体为代表，由 3 次脉动侵位形成，主体岩性为斑状正长花岗岩，全岩 Rb-Sr 等时线年龄为 306.3Ma，SiO_2 含量为 73.64%～

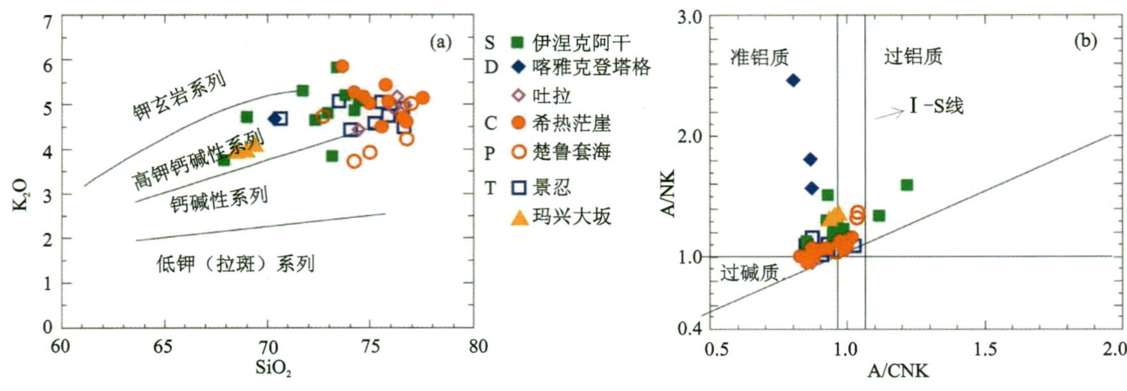

图 3-43　祁漫塔格和东昆仑北部构造岩浆岩亚带花岗岩 SiO_2-K_2O 和 A/CNK-A/NK 图解

77.51%，全碱含量为 7.17%～8.91%，K_2O/Na_2O 值为 1.13～1.89，里特曼指数为 1.70～2.59，A/CNK值为 0.96～1.17，属高钾钙碱系列，个别可能达到钾玄岩系列(图 3-43)。稀土元素总量∑REE 为 162.0×10^{-6}～526.9×10^{-6}，$(La/Yb)_N$值为 2.3～9.2，个别为 0.6，δEu 值为 0.03～0.22(陆济璞等，2006)。综合分析表明，该岩体具有板内 A 型花岗岩特征，形成的构造环境应为裂谷作用，因此，其时代还应该进一步研究。二叠纪岩体大量产出，且多呈较大的岩基，集中出露在祁漫塔格构造岩浆岩亚带的中段、东昆仑北部构造岩浆岩亚带的中段和东段 3 个地区。祁漫塔格山中段的阿喀岩体和滩北雪峰岩体，岩石组合为石英闪长岩、花岗闪长岩和二长花岗岩。滩北雪峰石英闪长岩的单颗粒锆石 U-Pb 年龄为 284.3±1.2Ma(王秉璋等，2009)，为早二叠世。该亚带东段的楚鲁套海岩体的 LA-ICP-MS 锆石 U-Pb年龄为 256.0±9.6Ma，为晚二叠世，岩石类型主要为花岗斑岩和花岗闪长斑岩，SiO_2 含量为72.74%～76.92%，K_2O/Na_2O 值为 1.07～1.91，全碱含量为 6.99%～8.85%，K_2O 含量为 3.71%～5.81%，里特曼指数为 1.6～2.6，A/NCK 值为 0.99～1.11，属准铝质-过铝质高钾钙碱系列(图 3-43)。稀土元素总量∑REE 为 151.9×10^{-6}～405.7×10^{-6}，$(La/Yb)_N$值为 4.84～12.1，$(La/Sm)_N$值为 2.98～5.16，$(Dy/Yb)_N$值为 0.78～1.35，表明轻重稀土分馏差异明显，δEu 值为 0.03～0.11，Eu 强烈亏损，为强烈分异型花岗岩(过磊等，2010)。东昆仑北部构造岩浆岩亚带的岩体有石垃峰、阿达滩北、群峰北、景忍、楚拉克阿干、天台山、道班沟和蛇头山等岩体，主要岩石组合为花岗岩、花岗闪长岩、石英二长岩、二长花岗岩和正长花岗岩等。其中，石垃峰岩体二长花岗岩的单颗粒锆石 U-Pb 年龄为 270.9±0.9Ma，阿达滩北石英二长岩的单颗粒锆石 U-Pb 年龄为 251.1±0.7Ma，楚拉克阿干岩体的^{40}Ar-^{39}Ar 年龄为(240.6±1.6)～(254.1±1.5)Ma，单颗粒锆石 U-Pb 年龄为 237±2Ma(王秉璋等，2009)。

中—晚三叠世之后，东昆仑北部地区进入到碰撞后演化阶段，形成的侵入岩石组合主要为正长花岗岩、二长花岗岩、花岗闪长岩、英云闪长岩、石英闪长岩和闪长岩，还有基性—超基性杂岩体。肯德可克铁矿区二长花岗岩的 LA-ICP-MS 锆石 U-Pb 年龄为 230.5±4.2Ma(奚仁刚等，2010)。石灰沟外滩辉长岩-辉石岩-橄榄岩杂岩体，岩石类型包括蛇纹石化橄榄岩、伟晶状角闪辉长岩、辉石岩、中细粒角闪辉长岩、闪长岩和花岗闪长岩等，其角闪辉长岩^{40}Ar-^{39}Ar 坪年龄为 226.4±0.4Ma，千瓦大桥北角闪辉长岩体的 SHRIMP 锆石年龄为 239±6Ma(莫宣学等，2007)。祁漫塔格的野马泉地区，景忍正长花岗岩形成年龄为 204.1±2.6Ma，属高钾钙碱系列(张德全等，2000)，SiO_2 含量为 70.63%～76.64%，K_2O/Na_2O值为 1.0～1.53，全碱含量为 8.35%～8.80%，A/CNK 值为 0.89～1.12，属准铝质高钾钙碱系列，个别为过铝质(图 3-43)，且具有 A 型花岗岩特征。稀土元素总量∑REE 为 135.56×10^{-6}～237.83×10^{-6}，$(La/Yb)_N$值为 1.5～3.7，δEu 值为 0.04～0.13(刘云华等，2006)，为强烈分异型花岗岩。玛兴大坂岩体的主要岩石类型为二长花岗岩，LA-ICP-MS 锆石 U-Pb 年龄为 218±2Ma，SiO_2 含量为 68.61%～69.37%，K_2O 含量为 3.95%～4.08%，A/CNK 值为 0.96～0.99，属准铝质高钾钙碱系列 I 型花岗岩(图 3-43)。稀土元素总量∑REE 为 136.4×10^{-6}～219.7×10^{-6}，$(La/Yb)_N$值为 9.25～15.52，δEu 值为 0.51～0.65，$^{143}Nd/^{144}Nd$ 值为 0.512 326～0.512 340，$\varepsilon_{Nd}(t)$ 为－3.2～－2.5，表明为壳幔混合型。Nd 同位素 T_{DM2} 为 1.25～1.20Ga，Hf 同位素 T_{DM2} 为 1.28～1.08Ga，两者基本一致(吴祥何等，2011)。

3. 西昆仑构造岩浆岩带

西昆仑构造岩浆岩带包括西昆仑北缘库地-其曼于特早古生代俯冲增生杂岩及蛇绿混杂岩带、喀什塔什古生代岛弧和康西瓦-苏巴什石炭纪—二叠纪俯冲增生杂岩及蛇绿混杂岩带。该带中的侵入岩浆活动自中元古代开始，到第三纪结束，以古生代最为强烈。中新元古代的岩体零星出露，以库地南岩体为代表，该岩体与塔里木西缘构造岩浆岩带的新元古代岩体相近，原岩类型以二长花岗岩和花岗闪长岩为主，属过铝质钙碱系列，具有 S 型花岗岩特征，反映了新元古代古塔里木板块作为 Rodinia 超大陆组成端元发生裂解的时间(张传林等，2003)。

早古生代岩体在该构造岩浆岩带中分布广泛，时代主要为奥陶纪。寒武纪岩体以康西瓦北部库尔良岩体为代表，黑云母角闪闪长岩和花岗闪长岩的 SHRIMP 锆石 U-Pb 年龄分别为 506.8±9.8Ma 和 500.2±1.2Ma，岩体 SiO_2 含量为 54.0%～65.2%，Na_2O 含量为 2.79%～3.91%，K_2O 含量为 0.90%～5.17%，K_2O/Na_2O 值为 0.24～1.82，A/NCK 值为 0.90～0.96，Na_2O+K_2O 含量为 3.89%～8.00%，里特曼指数为 1.38～3.01，属钙碱系列到高钾钙碱系列(图 3-44)，是库地-其曼于特早古生代裂解的证据(张占武等，2007)。奥陶纪岩体西段以蒙古包、无依别克、塔玛尔特和三十里营房等岩体为代表，其 SHRIMP 锆石 U-Pb 年龄范围为(440.5±4.6)～(447±7)Ma(崔建堂等，2006a，2006b)，岩体 SiO_2 含量为 48.50%～61.20%，Na_2O 含量为 2.19%～3.20%，K_2O 含量为 0.48%～3.48%，K_2O/Na_2O 值变化很大，A/NCK 值为 0.80～0.97，里特曼指数为 0.94～3.10，部分基性岩为碱性系列，中酸性岩为钙碱系列(图 3-44)。稀土元素总量∑REE 为 96.11×10^{-6}～332.8×10^{-6}，$(La/Yb)_N$ 值为 5.28～21.0，δEu 值为 0.73～1.05，表明并非同源岩浆演化产物。上述岩体特征表明，其形成环境应为岛弧。在该构造岩浆岩带东段，以阿拉玛斯、皮什盖、卡也地、阿克塞因和阿羌脑等岩体为代表，岩石组合为石英闪长岩、石英二长岩和二长花岗岩等。阿拉玛斯岩体和皮什盖岩体石英闪长岩的锆石 U-Pb 年龄分别为 481±3.6Ma 和 452.6±5.9Ma，阿克塞因岩体二长花岗岩的锆石 U-Pb 年龄为 442.3±4.8Ma。石英闪长岩-石英二长岩的 SiO_2 含量为 57.42%～62.09%，Na_2O+K_2O 含量为 2.41%～8.30%，里特曼指数为 1.51～3.35，个别为 4.36，A/CNK 值为 0.81～0.95，属准铝质的钙碱性岩，个别为碱性系列(图 3-44)。稀土元素总量∑REE 为 147.2×10^{-6}～606.0×10^{-6}，δEu 值为 0.66～1.04，$(La/Yb)_N$ 值为 2.47～10.56(王炬川等，2003)。微量元素和上述岩石地球化学特征表明，石英闪长岩-石英二长岩应形成于岛弧构造环境。二长花岗岩的 SiO_2 含量为 67.37%～74.03%，Na_2O+K_2O 含量为 6.64%～8.46%，里特曼指数为 1.81～2.31，A/CNK 值为 0.94～1.06，属准铝质中—高钾钙碱系列(图 3-44)。稀土元素总量∑REE 为 181.8×10^{-6}～373.4×10^{-6}，δEu 值为 0.21～0.67，$(La/Yb)_N$ 值为 5.89～53.88(王炬川等，2003)。综合分析表明，二长花岗岩形成于同碰撞构造环境。

晚古生代岩体分布较少，岩石组合主要为二长花岗岩、花岗闪长岩、英云闪长岩、石英闪长岩、闪长岩和少量辉长岩，以麻扎弧和库地西岩体为代表。麻扎弧岩体的 SHRIMP 锆石 U-Pb 年龄为 338±10Ma，岩石组合和岩石地球化学特征表明其为火山岛弧的组成部分(李博秦等，2006)。库地西岩体的岩石组合为二长花岗岩、花岗闪长岩和石英二长闪长岩，SiO_2 含量为 62.43%～71.04%，Na_2O+K_2O 含量为 6.50%～7.21%，里特曼指数为 1.84～2.21，A/CNK 值为 0.94～0.99，属准铝质钙碱系列(图 3-44)。稀土元素总量∑REE 为 179.3×10^{-6}～230.0×10^{-6}，δEu 值为 0.64～1.01，$(La/Yb)_N$ 值为 8.3～17.0。这些形成于早二叠世的 I 型花岗岩，与同时期岛弧火山岩伴生，综合判别其构造环境为岛弧构造环境(姜耀辉等，2000)。

中生代时期侵入岩浆活动强烈，尤其是三叠纪岩浆活动最为强烈，包括岩基和岩株，主要分布在该构造岩浆岩带西段，代表性岩体有慕士塔格、安大力塔克和阿克阿孜山等。阿克阿孜山岩体的黑云母 ^{40}Ar-^{39}Ar 年龄为 213±1Ma(袁超等，2003)，单颗粒锆石 U-Pb 年龄为 214±1Ma(Yuan et al.，2002)。

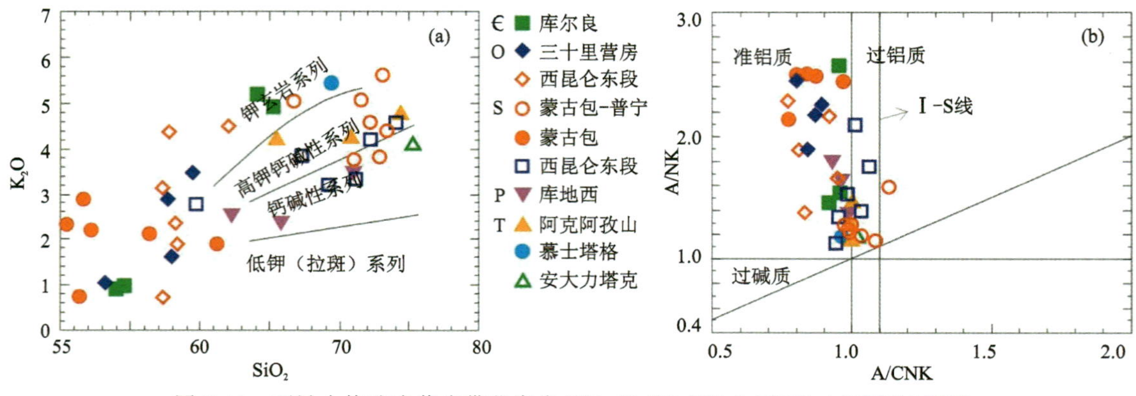

图 3-44　西昆仑构造岩浆岩带花岗岩 SiO_2-K_2O(a)和 A/CNK-A/NK(b)图解

这些岩体的岩石组合为二长花岗岩、花岗岩、花岗闪长岩和石英二长岩，以二长花岗岩为主，SiO_2 含量为 65.48%～77.12%，Na_2O+K_2O 含量为 7.27%～9.34%，K_2O/Na_2O 值为 1.08～1.45，里特曼指数为 1.64～3.30，A/CNK 值为 1.17～1.48，属过铝质高钾钙碱系列（图 3-44）。稀土元素总量∑REE 为 194.4×10^{-6}～377.5×10^{-6}，δEu 值为 0.32～0.75，$(La/Yb)_N$值为 7.56～32.89。综合分析表明，这些花岗岩具有 A 型花岗岩特征，属 A2 型花岗岩，形成于造山晚期相对稳定的拉张环境，是在岩石圈拆沉过程中侵位的（姜耀辉等，2000）。花岗闪长岩具有相对低的 Sr 同位素组成，$(^{87}Sr/^{86}Sr)_i$ 为 0.708 7～0.710 0，具有相对高的 O 同位素比值，$\delta^{18}O$ 为+7.2～+8.5；二长花岗岩则具有相对高的 Sr 同位素组成，$(^{87}Sr/^{86}Sr)_i$ 为 0.708 3～0.711 0，具有相对低的 O 同位素组成，$\delta^{18}O$ 为+5.1～+7.7，表明二长花岗岩与花岗闪长岩并非同源岩浆演化产物（袁超等，2003）。

4. 西巴达赫尚构造岩浆岩带

该带以石炭纪—二叠纪侵入岩为主，岩性组合以花岗闪长岩和花岗岩为主，少量三叠纪花岗岩、白垩纪花岗闪长岩-花岗岩和新近纪二长花岗岩。

（十）巴颜喀拉-羌塘构造岩浆岩区

研究区的巴颜喀拉-羌塘构造岩浆岩区主要包括巴颜喀拉山脉、松潘地块、昌都、塔什库尔干-甜水海和碧口地区。

1. 巴颜喀拉-羌塘构造岩浆岩区时空分布概述

巴颜喀拉-羌塘构造岩浆岩区包括巴颜喀拉-松潘地块、塔什库尔干-甜水海、碧口地块、昌都地块、北羌塘-澜沧江和兴都库什 6 个构造岩浆岩带，侵入岩浆活动自古元古代开始持续至新近纪，其侵入岩时空分布的总体特征如图 3-41 所示，具有以下几个特征。

(1)巴颜喀拉-羌塘构造岩浆岩区的侵入岩浆活动，总体上可以分为元古宙（2470～700Ma）、早古生代（520～430Ma）、晚古生代（420～260Ma）、晚古生代晚期—中生代中期（260～150Ma）和中生代晚期—新生代（100～10Ma）5 个主要时期，且以 520～430Ma 和 260～150Ma 两个时期最为强烈。

(2)元古宙的侵入岩浆活动主要分布在碧口地块和塔什库尔干-甜水海地块构造岩浆岩带，以闪长岩、英云闪长岩、二长花岗岩和基性岩组合为特征，巴颜喀拉玉树县小苏莽一带宁多岩群黑云斜长片麻岩（副变质岩）的蚀源区年龄为 1044±30Ma，侵入宁多岩群的片麻状黑云母花岗岩（古侵入体）的形成年龄为 991±4Ma（何世平等，2013）。

(3)早古生代（520～430Ma）侵入岩浆活动在全区均有分布，且在 450～440Ma 进入高潮，早期

(>450Ma)主要的岩石组合为石英闪长岩、花岗闪长岩、花岗岩和二长花岗岩,晚期则主要为花岗岩、二长花岗岩、白云母花岗岩和正长花岗岩等,多反映加里东期的构造-岩浆活动。龙木错-双湖构造带近些年发现较多早古生代花岗岩。

(4)晚古生代(420~260Ma)的侵入岩浆活动可以划分为3个阶段并有2个主要峰期:第一阶段为413~351Ma,峰期为410~400Ma,主要分布在巴颜喀拉-松潘地块、碧口地块、塔什库尔干-甜水海地块和北羌塘-澜沧江等地区,其岩石组合主要为石英闪长岩、花岗岩、正长花岗岩和二长花岗岩;第二阶段为338~306Ma,岩石组合复杂多样,包括闪长岩、花岗闪长岩、花岗岩、正长花岗岩和二长花岗岩等;第三阶段为289~260Ma,且在280~290Ma有一个小的高潮(峰期),分布范围与第二阶段相同,主要岩性为正长花岗岩、二长花岗岩、石英闪长岩和花岗闪长岩等。

(5)晚古生代晚期—中生代中期(260~150Ma)的侵入岩浆活动可以划分为两个阶段:第一阶段为260~190Ma,为本区侵入岩浆活动的最高潮期,所形成的侵入岩体不仅在全区都有分布,且岩石类型繁多、组合复杂多样。岩石类型既有钙碱系列的石英闪长岩、英云闪长岩、花岗闪长岩、花岗岩、正长花岗岩和二长花岗岩,也有碱性系列的碱长花岗岩,还有基性的辉长岩等,代表着本区最主要的构造-岩浆活动期;第二阶段为190~150Ma,侵入岩浆活动骤然减弱,集中分布在巴颜喀拉-松潘地块构造岩浆岩带,岩石类型主要有花岗岩、花岗闪长岩和二长花岗岩等。

(6)中生代晚期—新生代(100~10Ma)的侵入岩浆活动较弱,集中在研究区最南部的昌都地块和塔什库尔干-甜水海两个构造岩浆岩带,岩石类型有石英二长岩、石英闪长岩、花岗闪长岩、二长花岗岩、花岗岩和正长花岗岩,同时有较多的碱性系列花岗岩,如正长岩和霓辉正长岩。

以下分别叙述不同构造岩浆岩带的侵入岩特征。

2. 巴颜喀拉-松潘地块构造岩浆岩带

该构造岩浆岩带包括东昆仑南部和巴颜喀拉两个构造岩浆岩亚带。东昆仑南部与北部构造岩浆岩亚带的地质演化极其相似,在岩浆作用的旋回上也基本一致。尽管在侵入岩体的分布上和岩浆作用强度上,南部较北部要弱很多,但是该带的岩浆作用在时间上一直持续到新生代,发育新近纪花岗岩。东昆仑南部构造岩浆岩亚带的前寒武纪岩体主要包括长城纪—蓟县纪的中基性—超基性岩体、新元古代的中酸性岩体,新元古代岩体的岩石组合为正长花岗岩、花岗闪长岩和英云闪长岩。

早古生代侵入体数量少,主要分布在东段哈图河至卡可特河一带,其他地区零星分布,主要岩石组合为闪长岩、石英闪长岩、英云闪长岩、花岗闪长岩和二长花岗岩,还有辉绿岩和超基性岩等,时代主要为寒武纪—奥陶纪,部分为志留纪。香日德南部变质闪长岩体的锆石U-Pb年龄为446.5±9.1Ma(陈能松等,2000),片麻状石英闪长岩的TIMS锆石U-Pb年龄为443.4±3Ma(殷鸿福等,2000),白石岭岩体群石英闪长岩单颗锆石U-Pb年龄为445~446Ma(李荣社等,2008),都兰可可沙石英闪长岩的LA-ICP-MS锆石U-Pb年龄为515.2±4.4Ma(张亚峰等,2010a)。都兰可可沙地区中酸性岩体的SiO_2含量为53.53%~74.76%,Na_2O含量为2.60%~4.77%,K_2O含量为0.62%~3.97%,K_2O+Na_2O含量为1.86%~8.58%,A/CNK值为0.73~1.14(张亚峰等,2010b),为准铝质-过铝质中钾钙碱系列Ⅰ型花岗岩,形成于岛弧构造环境。

晚古生代岩体相对较多,自西向东,泥盆纪岩体断续分布,代表性岩体有阿尔格山北、茶德尔塔格西和塔鹤托坂日等以及昆中断裂以南的岩体。阿尔格山北和茶德尔塔格西均为石英闪长岩,锆石U-Pb年龄分别为403±3Ma和413±14Ma;塔鹤托坂日岩体由花岗闪长岩和二长花岗岩组成,二长花岗岩黑云母^{40}Ar-^{39}Ar单矿物黑云母的坪年龄为406.2±2.6Ma,等时线年龄为407±3.1Ma(赵振明等,2008)。上述岩体的SiO_2含量为55.39%~70.37%,Na_2O含量为2.62%~3.94%,K_2O含量为1.13%~4.64%,Na_2O/K_2O值为0.62~2.96,里特曼指数为1.1~2.0,A/CNK值为0.85~1.23,以低钾钙碱系列为主,少量属高钾钙碱系列(图3-45),以Ⅰ型花岗岩为主,个别为S型花岗岩,应形成于岛弧环境。石炭纪—二叠纪岩体在该构造岩浆岩带中分段集中分布。在阿其克库勒湖以西,石炭纪代表性岩体有奥依亚依拉克四岔雪峰岩体和笔石山岩体等。奥依亚依拉克四岔雪峰岩体岩性复杂，由闪长岩-花岗闪长岩系列和斑状二长岩-花岗岩系列组成，属准铝质-过铝质钙碱系列。笔石山岩体的岩石组合为石英闪长岩、英云闪长岩、花岗闪长岩和二长花岗岩，闪长岩的锆石 U-Pb 年龄为 336～326Ma(李荣社等，2008)。岩体 SiO_2 含量为 56.42%～73.70%，K_2O 含量为 1.70%～3.56%，K_2O/Na_2O 值为 0.5～0.99，属准铝质-弱过铝质钙碱系列花岗岩(图 3-45)。稀土元素总量 ΣREE 平均为 105×10^{-6}，$(La/Yb)_N$ 平均值为 13.91，δEu平均值为 0.85，被认为是形成于岛弧环境(柏道远等，2006)。二叠纪代表性岩体有秦布拉克岩体群和箭峡山岩体群。秦布拉克岩体群紧邻阿尔金南缘断裂分布，花岗闪长岩的锆石 U-Pb 年龄为 285±0.6Ma，属早二叠世，主要岩性为闪长岩、石英闪长岩、英云闪长岩和花岗闪长岩等，属准铝质钙碱系列岩石，为岛弧花岗岩(李荣社等，2008)。箭峡山岩体群位于群嘎勒赛-朝阳沟超镁铁质岩带以南，呈巨大岩基产出，英云闪长岩锆石 U-Pb 年龄为 253±4Ma，为晚二叠世，主要岩性为英云闪长岩、花岗闪长岩和二长花岗岩，属过铝质钙碱系列，为岛弧花岗岩(李荣社等，2008)。在昆中断裂以南，东经 90°～94°一带以石炭纪岩体为主，岩石组合为花岗闪长岩、二长花岗岩和正长花岗岩，单颗粒锆石 U-Pb 年龄为 316±12Ma(李荣社等，2008)。在昆中断裂以南、阿拉克湖以北出露的岩体有早石炭世特里喝姿岩体群和晚石炭世海德郭勒岩体群，特里喝姿岩体群的单颗粒锆石 U-Pb 年龄为 351～325Ma(李荣社等，2008)。二叠纪有布尔汗而达山岩体群岩石组合为闪长岩、英云闪长岩、花岗闪长岩和二长花岗岩，属钙碱系列，二长花岗岩和花岗闪长岩的锆石 U-Pb 年龄为 280～289Ma，属早二叠世(李荣社等，2008)。拉尕吐花岗闪长岩的 LA-ICP-MS 锆石 U-Pb 年龄为 255.3±3.6Ma，岩体中暗色包体形成年龄为 252.9±2.5Ma(孙雨等，2009)。

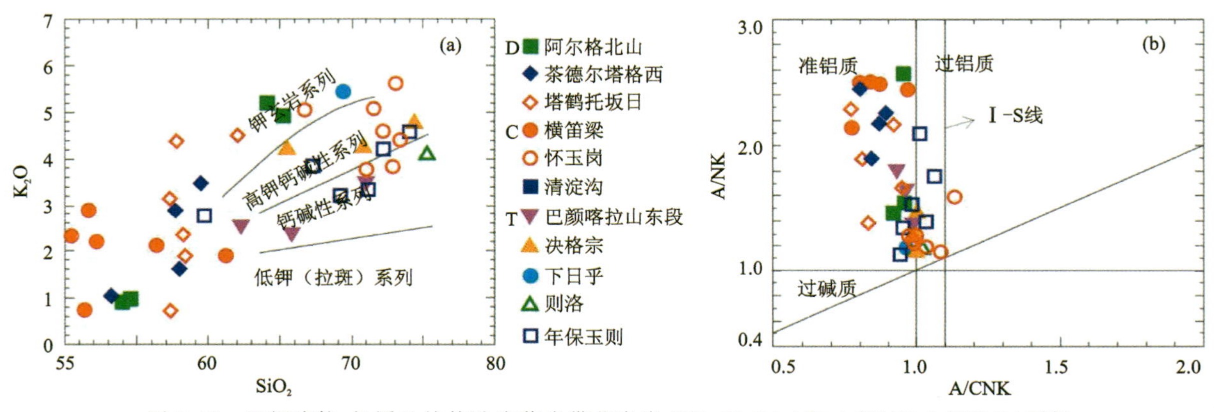

图 3-45　巴颜喀拉-松潘地块构造岩浆岩带花岗岩 SiO_2-K_2O(a)和 A/CNK-A/NK(b)图解

中生代以来的岩体以三叠纪和侏罗纪分布较多，少量白垩纪和新近纪。其中，三叠纪岩体主要分布在西部的五瓣湖到阿其克库勒湖一带、五道梁地区和冬给措纳湖一带，代表性岩体有早三叠世波罗郭勒岩体群、中三叠世八宝和西马尕压岩体群以及阿拉克湖一带的喜马尕压超单元等。冬给措纳湖一带岩体的锆石 U-Pb 年龄为(231±19)～(247±11)Ma，八宝、西马尕压岩体群的锆石 U-Pb 年龄为 233～245Ma(李荣社等，2008)，以早中三叠世为主。岩石类型复杂多样，包括正长花岗岩、二长花岗岩、花岗岩、花岗闪长岩、英云闪长岩、斜长花岗岩、石英闪长岩、二长岩和石英二长闪长岩等，多属高钾钙碱系列，形成于岛弧-碰撞造山环境。巴颜喀拉山东段则洛、年保玉则、决格宗和下日乎等岩体的 SHRIMP 锆石 U-Pb 年龄为 218～197Ma(沙淑清等，2007)，属晚三叠世，岩石类型主要为花岗闪长岩、二长花岗岩和正长花岗岩；里特曼指数为 1.97～3.01，A/CNK 值为 1.00～1.22，属高钾钙碱性岩石系列(图 3-45)；稀土元素总量ΣREE 为 146.17×10^{-6}～283.83×10^{-6}，$(La/Yb)_N$ 值为 1.61～16.35，δEu 值为0.03～0.81。这些岩体被认为属 CPG 型花岗岩类，形成于巴颜喀拉山造山带陆内碰撞造山阶段的晚期(沙淑清等，2007)。侏罗纪岩体分布也相当广泛，岩石类型既有钙碱系列的组合，也有碱性系列组合，包括正长花岗岩、二长花岗岩、花岗闪长岩、英云闪长岩、石英闪长岩、二长岩和石英正长岩等，代表性岩体有冬给措纳湖乌妥岩体、阿拉克湖北岩体、布喀达坂峰的阿尔喀岩体及巍雪山岩体群、银石山岩体、阿拉克湖扎日加岩体群、布克达坂峰南的巍雪山岩体、可可西里湖北的五雪峰岩体和布喀达坂峰岩体以及鲸鱼湖、木孜塔格峰一带的浅成岩、银石山南部的中侏罗世黑山岩体等。冬给措纳湖妥乌岩体正长花岗岩的K-Ar年龄为199.6±4.7Ma；阿拉克湖北二长花岗岩的K-Ar年龄为197.4±6.9Ma；阿尔喀岩体K-Ar年龄为199.9±1.8Ma；银石山花岗闪长岩的K-Ar年龄为162±2Ma；扎日加岩体群中花岗闪长岩的锆石U-Pb年龄为187～191Ma；巍雪山、五雪峰和布达坂峰岩体中花岗闪长岩与二长花岗岩的单颗粒锆石U-Pb年龄分别为159.5±2Ma和166Ma；黑山花岗斑岩的K-Ar年龄为179Ma(李荣社等，2008)。白垩纪和新近纪岩体很少，以始新世银石山关水沟花岗岩为代表，呈小岩株产出，岩性为二长花岗岩，锆石U-Pb年龄为38±7Ma(李荣社等，2008)。

3. 塔什库尔干-甜水海构造岩浆岩带

塔什库尔干-甜水海构造岩浆岩带位于西北地区的西南部，以喀拉昆仑山为主体。大地构造位置上位于塔什库尔干-康西瓦结合带以南的广大地区。该区侵入岩浆活动主要时期为新古生代—新近纪，以中生代最为强烈，偶有中元古代和寒武纪岩体出露。长城纪—蓟县纪的岩体呈巨型岩基出露于塔什库祖克山以西的马尔洋到塔萨拉一带，主要岩石组合为二长花岗岩和花岗闪长岩。寒武纪岩体出露在康西瓦以南，岩石类型为二长花岗岩。晚古生代岩体集中分布在喀拉昆仑山西北端的吐鲁布拉克到布伦口一带，以泥盆纪和二叠纪侵入岩为主，其中，泥盆纪侵入岩浆组合主要为英云闪长岩和石英闪长岩，二叠纪的侵入岩浆组合为二长花岗岩、花岗闪长岩、英云闪长岩、石英闪长岩和闪长岩。

三叠纪岩体在该构造岩浆岩带中分布广泛，主要岩石类型为二长花岗岩、正长花岗岩、花岗闪长岩、英云闪长岩和石英闪长岩，代表性岩体有公格尔、库库郎达坂岩体、麻扎岩体和奇台达坂岩体等。公格尔岩体的锆石U-Pb年龄为240.5±1.8Ma(张传林等，2005)，岩石组合为二长花岗岩、花岗岩和高硅花岗岩，SiO_2含量为66.69%～77.12%，Na_2O+K_2O含量为7.52%～8.24%，K_2O/Na_2O值为1.15～1.45，里特曼指数为1.66～2.87，A/CNK值为1.20～1.44，属强过铝质高钾钙碱系列(图3-46)；稀土元素总量$\sum$REE为209.7×10^{-6}～288.6×10^{-6}，δEu值为0.05～0.75，$(La/Yb)_N$值为2.55～2.82。综合分析表明，公格尔岩体具有A型花岗岩特征(姜耀辉等，2000)。库库郎达坂岩体和麻扎岩体的岩石组合有石英闪长岩、花岗闪长岩、二长花岗岩和二长白岗岩等，以闪长岩类为主体，黑云母花岗闪长岩单颗粒锆石U-Pb年龄为228.9Ma和223.6Ma(1∶25万塔吐鲁沟幅)，二长花岗岩单颗粒锆石U-Pb年龄为208Ma(1∶25万麻扎幅)，Rb-Sr等时线年龄为199.9Ma(汪玉珍等，1987)。闪长岩类为准铝质钙碱性系列，属Ⅰ型花岗岩；花岗岩类为过铝钙碱性岩石系列，S型花岗岩。闪长岩类稀土元素总量$\sum$REE为159.1×10^{-6}～314.1×10^{-6}，轻稀土强富集，δEu值为0.49～0.81(李荣社等，2008)。奇台达坂花岗岩的TIMS U-Pb年龄为202.2±3.4Ma，岩石组合为石英闪长岩和花岗闪长岩，SiO_2含量为63.54%～67.99%，K_2O含量为3.40%～4.08%，K_2O/Na_2O值为1.0～1.2，里特曼指数为1.82～1.94，A/CNK值为0.97～1.44，属强过铝质高钾钙碱系列岩石；稀土元素总量$\sum$REE为94.83×10^{-6}～132.2×10^{-6}，δEu值为0.63～0.79，$(La/Lu)_N$值为3.9～12.5；$(^{87}Sr/^{86}Sr)_i$值为0.707 31±0.000 08，为壳幔混合源区，形成于俯冲-碰撞构造环境(黎敦朋等，2007)。

侏罗纪岩体主要出露在康西瓦到阿克苏卡子以南一带，代表性岩体有卡拉塔格、509道班和昆仑山等，岩石组合为二长花岗岩、花岗岩和英云闪长岩。白垩纪岩体广泛出露于神仙湾、塔吐鲁沟和塔什库尔干等地，主要岩体有神仙湾-塔吐鲁沟的乔戈里峰岩体、阿格勒岩体、格林阿勒、阿然保泰岩体以及晚期的穷陶木太克、小热斯卡木、瓦我基里和布依阿勒岩体等，以晚期的岩体最为发育(李荣社等，2008)。阿格勒大坂黑云母二长花岗岩和四湖沟黑云母花岗闪长岩K-Ar全岩年龄分别为93Ma和74Ma(汪玉珍等，1987)，穷陶木太克岩体花岗闪长岩中黑云母K-Ar年龄为75.11Ma和95.61Ma(新疆维吾尔自治区地质矿产局，1985)。这些岩体的岩石类型以英云闪长岩、石英闪长岩和二长花岗岩为特征，主要为准铝质钙碱性系列的Ⅰ型花岗岩。稀土元素总量$\sum$REE为148×10^{-6}～398.2×10^{-6}，δEu值为0.37～

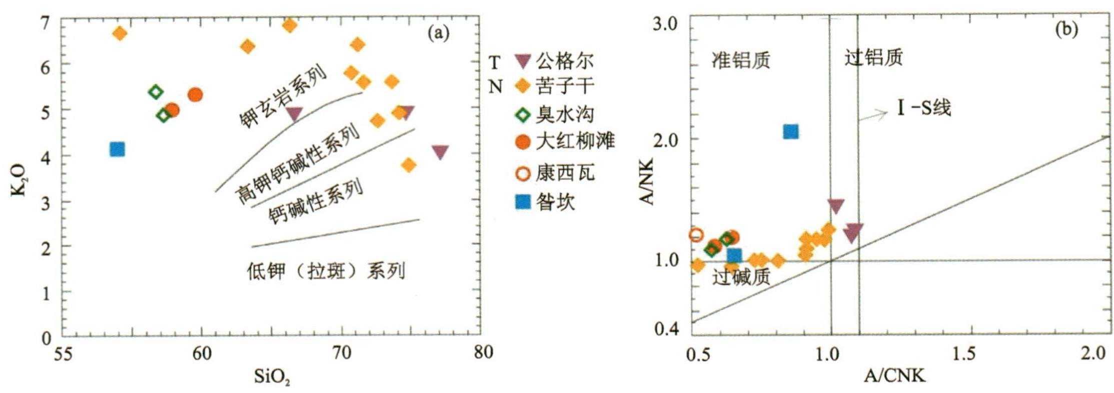

图 3-46　塔什库尔干-甜水海构造岩浆岩带花岗岩 SiO_2-K_2O(a)和 A/CNK-A/NK(b)图解

0.87，形成于岛弧构造环境(李荣社等，2008)。

新生代岩体主要出露于塔什库尔干县地区，代表性岩体有卡英代、卡日巴生、赞坎和苦子干等，主要岩石类型为二长花岗岩、花岗岩、正长花岗岩、正长岩和石英正长岩等。卡英代岩体以二长花岗岩为主，黑云母单矿物 K-Ar 年龄为 17.2Ma 和 9.76Ma(1∶25 万塔什库尔干县幅)，稀土元素总量∑REE 为 $218.00\times10^{-6}\sim658.87\times10^{-6}$，轻稀土强烈富集，δEu 值为 0.63～0.85，配分模式为向右中等倾斜的平滑曲线(李荣社等，2008)。卡日巴生花岗岩体的黑云母 K-Ar 年龄为 9.795Ma(汪玉珍等，1987)和 17.2Ma(姜春发等，1992)。赞坎岩体主要由透辉石正长岩组成，岩体边部黑榴石较多，^{40}Ar-^{39}Ar 坪年龄为 12.1±0.2Ma；SiO_2 含量为 54.03%～59.46%，Na_2O+K_2O 含量为 6.92%～12.46%，K_2O/Na_2O 值为 1.50～1.99，里特曼指数为 4.34～16.77，为典型碱性岩类(林清茶等，2006)。苦子干岩体的黑云母 K-Ar 年龄为 18.04Ma(汪玉珍等，1987)和 33.6Ma(姜春发等，1992)，石英正长岩全岩 K-Ar 年龄为 33.6±0.7Ma，霓辉正长岩中长石单矿物 K-Ar 年龄为 18.045Ma(河南省地质调查院，2005)，正长岩和正长花岗岩的 SHRIMP 锆石年龄分别为 11.1±0.3Ma 和 11.3±0.6Ma(柯珊等，2006)。正长岩类的 SiO_2 含量为 54.18%～66.35%，Na_2O+K_2O 含量为 7.29%～11.94%，K_2O/Na_2O 值为 1.15～11.57，里特曼指数为 4.75～8.50，A/CNK 值为 0.28～0.75，属碱性系列(图 3-46)；稀土元素总量∑REE 为 $1010\times10^{-6}\sim1894\times10^{-6}$，δEu 值为 0.71～0.83，$(La/Yb)_N$ 值为 4～7；同位素上，$^{87}Sr/^{86}Sr$ 为 0.708 143～0.711 045，$^{143}Nd/^{144}Nd$ 为 0.511 909～512 204，ε_{Sr} 为 131.29～156.62，$\varepsilon_{Nd}(t)$ 为－14.03～－8.47，T_{DM} 为 1.26～1.69。正长花岗岩的 SiO_2 含量为 71.12%～74.81%，Na_2O+K_2O 含量为 8.72%～9.45%，K_2O/Na_2O 值为 1.15～1.48，个别为 0.73，里特曼指数为 2.46～3.04，A/CNK 值为 0.90～0.99，属过铝质高钾钙碱系列(图 3-46)；稀土元素总量∑REE 为 $120\times10^{-6}\sim747\times10^{-6}$，δEu 值为 0.64～0.88，$(La/Yb)_N$ 值为 7～10；同位素上，$^{87}Sr/^{86}Sr$ 为 0.709 368～0.710 064，$^{143}Nd/^{144}Nd$ 为 0.512 116～512 133，ε_{Sr} 为 148.81～1 558.77，$\varepsilon_{Nd}(t)$ 为－10.18～－9.85，T_{DM} 为 1.25～1.39。根据斜长石、石榴石和金红石实验岩石学的约束，结合 Sr、Nd、Pb 同位素的特征，苦子干岩体来源于源区为榴辉岩相的加厚镁铁质下地壳，地壳厚度至少大于 50km，且源区可能受到了来自俯冲带流体的影响(柯珊等，2006)。

4. 碧口地块构造岩浆岩带

碧口地块构造岩浆岩带位于勉县、略阳、宁强三角地带到甘肃的康县和文县一带，地质上处于玛沁-略阳断裂和龙门山断裂之间。该带的侵入岩主要分布在上述三角地带和四川与甘肃的交界地带。岩浆活动自中元古代始，断续延伸到三叠纪结束，且以三叠纪岩浆活动最为强烈。元古宙岩体主要分布在勉略宁三角地带和碧口一带，主要岩石组合为二长花岗岩、英云闪长岩、闪长岩和基性岩。早古生代岩体分布在摩天岭东段，且均为志留纪岩体，岩石组合为花岗闪长岩和石英闪长岩。晚古生代中酸性岩体分布在略阳断裂之南，仅有两个岩体，分别为泥盆纪闪长岩和石炭纪花岗岩；晚古生代基性岩体分布在勉略宁三角地带靠近龙门山断裂一侧，岩性主要为辉绿岩。

中生代岩体均为三叠纪，主要岩体有阳坝、鹰咀山、穿心岩窝和南一里（部分）等。岩体的主要岩性为花岗闪长岩，LA-ICP-MS锆石年龄为215.4±8.3Ma，花岗闪长岩的SiO_2含量为67.26%～69.08%，Na_2O含量为4.53%～4.98%，K_2O含量为3.22%～3.84%，Na_2O/K_2O值为1.18～1.40，A/NCK值为0.948～1.005，Na_2O+K_2O含量为8.09%～8.69%，里特曼指数为2.55～2.93，属准铝质高钾钙碱性系列（图3-40）（秦江锋等，2005；张宏飞等，2007）；岩石富集大离子亲石元素（LILE）Rb、Sr、Ba、K等和轻稀土元素（LREE），亏损高场强元素（HFSE）Nb、Ta、P等、重稀土元素（HREE）和Y，Sr>900×10^{-6}，具有高Sr/Y值（65.12～95.21）；稀土含量中等偏低，∑REE为125.62×10^{-6}～181.62×10^{-6}，轻重稀土高度分异，$(La/Yb)_N$值为22.15～29.51，Yb值为0.74×10^{-6}～1.20×10^{-6}，稀土配分模式呈重稀土（HREE）相对平坦，δEu值为0.84～0.89。南一里岩体花岗闪长岩LA-ICP-MS锆石U-Pb年龄为223±2.1Ma（李佐臣等，2007），黑云母花岗岩SHRIMP锆石U-Pb年龄为224±5Ma（张宏飞等，2007），SiO_2含量为69.82%～73.41%，为强过铝质岩石，A/CNK值为1.07～1.14，属中钾到高钾钙碱性系列（图3-40），K_2O/Na_2O值为0.63～0.94；稀土元素球粒陨石标准化图上，以富集轻稀土和亏损重稀土为特征，δEu值为0.74～0.9，$(La/Yb)_N$值为17.0～25.0；以220Ma计算的南一里岩体同位素特征是，$(^{87}Sr/^{86}Sr)_t$值为0.706 15～0.707 52，$\varepsilon_{Nd}(t)$值为−7.2～−4.7，T_{DM}为1.50～1.27Ga，表明岩浆源区应主要来自于陆壳物质，应为存留于下地壳的元古宙玄武质岩类（张宏飞等，2007）。中、西秦岭地区沿勉略带发生碰撞峰期时间至少在242±2lMa（李曙光等，1996），可能代表碰撞年龄的绿片岩的峰期变质年龄为240Ma（Yin et al.，1991）。西秦岭地区老君山、秦岭梁岩体的锆石U-Pb年龄为214～217Ma（卢欣祥等，1999），前述的宁陕岩群等锆石同位素年龄在221～199Ma之间的花岗岩，形成的环境为后碰撞（王晓霞等，2003）或主碰撞晚期应力松弛阶段（张成立等，2005）。综上所述，阳坝花岗闪长岩和南一里黑云母花岗岩形成环境应为碰撞晚期。

5.昌都地块构造岩浆岩带

区内昌都地块构造岩浆岩带的岩浆活动，始于泥盆纪，三叠纪加强，侏罗纪鼎盛，古近纪和新近纪依然有活动。岩体主要沿着歇武-西金乌兰和双湖-龙木错两条大断裂带分布。歇武-西金乌兰断裂带南侧的岩体主要分布在治多县—玉树一带，代表性岩体有三叠纪日阿日曲、緬切、拉地贡玛等岩体以及侏罗纪果哇陇仁岩体和三叠纪岗包达岩体等，其中，三叠纪岩体的岩石组合为石英闪长岩、英云闪长岩和花岗闪长岩。日阿日曲石英闪长岩的单颗粒锆石U-Pb年龄为215.5±0.8Ma（王秉璋等，2008）。这些岩石的SiO_2含量为53.78%～76.53%，K_2O/Na_2O值为0.17～0.73，里特曼指数为0.31～0.97，个别达2.19，A/CNK值主要为0.73～1.14，属准铝质-过铝质低钾拉斑-中钾钙碱系列（图3-47）。稀土元素上，石英闪长岩的∑REE为46.53×10^{-6}～58.06×10^{-6}，$(La/Yb)_N$值为4.05～4.12，δEu值为0.62～0.91；英云闪长岩的∑REE为94.25×10^{-6}～130.60×10^{-6}，$(La/Yb)_N$值为8.66～10.11；花岗闪长岩的∑REE为75.66×10^{-6}～126.29×10^{-6}，$(La/Yb)_N$值为3.07～10.02，δEu值为0.58～0.74（王秉璋等，2008）。三者稀土元素特征不尽相同，但总体上属于碰撞后构造环境。

双湖-龙木错两条大断裂带北侧，西段主要为侏罗纪岩体，如龙亚拉、玛日儿真和木乃等；中东段主要为三叠纪和白垩纪岩体，代表性岩体有扎那日根、苏鲁、新荣、尕羊和尕日阿若果等。尕羊正长花岗岩和新荣二长花岗岩为晚二叠世—早三叠世岩体，正长花岗岩单颗粒锆石TIMS U-Pb年龄为251.4±0.6Ma。岩体SiO_2含量为72.92%～76.16%、K_2O含量为5.01%～5.86%，K_2O+Na_2O含量为5.85%～8.66%，K_2O/Na_2O值为1.72～15.03，里特曼指数为1.17～2.41，A/CNK值为1.02～1.43，属过铝质高钾钙碱性系列（图3-47）；稀土元素总量∑REE为466.55×10^{-6}～682.80×10^{-6}，LREE/HREE值为3～7.68，δEu值为0.03～0.14，$(La/Yb)_N$值为4.29～5.27，Sm/Nd值为0.21～0.22，具“V”字形谷的典型S型花岗岩，与冈底斯碰撞型花岗岩相似（祁生胜等，2009）。扎那日根岩体主要由早

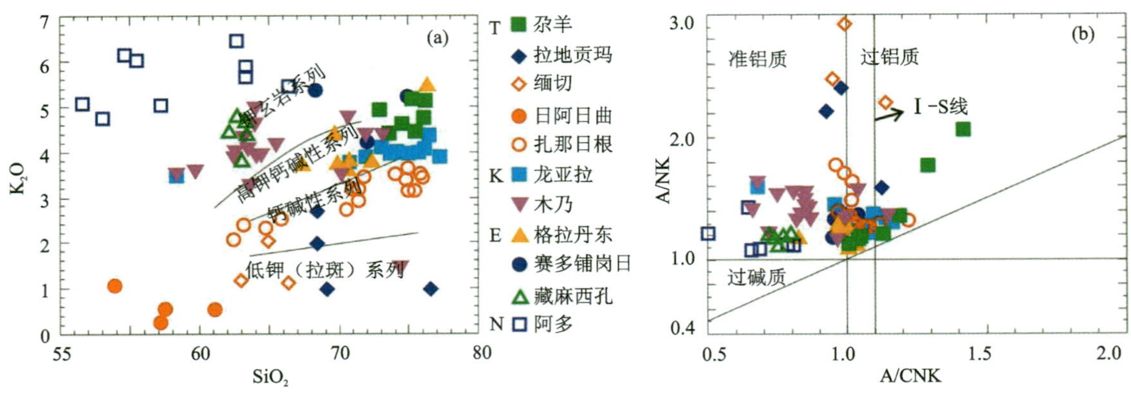

图 3-47　昌都地块构造岩浆岩带花岗岩 SiO_2-K_2O(a)和 A/CNK-A/NK(b)图解

期的黑云母石英闪长岩和晚期的花岗闪长岩组成，花岗闪长岩单颗粒锆石 U-Pb 年龄为 216±2Ma 和 217±7Ma，属晚三叠世。岩石地球化学上，SiO_2 含量为 62.36%～75.03%，K_2O+Na_2O 含量为 6.42%～7.87%，K_2O/Na_2O 值为 0.59～1.29，里特曼指数为 1.51～2.25，A/CNK 值为 0.97～1.21（李莉等，2007），属准铝质-过铝质中钾-高钾钙碱性系列；稀土元素总量∑REE 为 128.03×10^{-6}～217.61×10^{-6}，$(La/Yb)_N$值为 11.07～32.13，δEu 值为 0.63～0.96；同位素上，$(^{87}Sr/^{86}Sr)_i$为 0.704 03～0.704 63，$\varepsilon_{Nd}(t)$为 2.7～3.4（李莉等，2007），表明岩浆源区以新生地壳为主。龙亚拉岩体的主要岩性为黑云角闪二长花岗岩和黑云正长花岗岩，单颗粒锆石 U-Pb 年龄为 69.8±2.0Ma；岩石地球化学上，SiO_2含量为 70.66%～77.28%，K_2O+Na_2O 含量为 7.08%～7.84%，K_2O/Na_2O 值为 1.36～1.78，里特曼指数为 1.46～2.05，A/CNK 值为 1.24～1.44，属强过铝质高钾钙碱系列；稀土元素总量∑REE 为 75.8×10^{-6}～268.57×10^{-6}，$(La/Yb)_N$值为 2.4～10.5，个别达 35.4，δEu 值为 0.47～0.70；$(^{87}Sr/^{86}Sr)_i$为 0.709 039～0.714 069（段志明等，2009）。木乃岩体的单颗粒锆石 U-Pb 年龄为 67.1±2.0Ma，为晚白垩世，岩石组合为辉石石英二长岩、石英二长岩和二长花岗岩，SiO_2含量为 58.26%～74.30%，K_2O+Na_2O 含量为 7.26%～9.41%，K_2O/Na_2O 值为 1.13～1.72，个别为 0.3～0.66，里特曼指数为 1.60～4.22，A/CNK 值为 0.66～1.12，属准铝质-过铝质高钾钙碱性系列；稀土元素总量∑REE 为 175.84×10^{-6}～361.86×10^{-6}，$(La/Yb)_N$值为 2.9～26.0，δEu 值为 0.35～0.88；同位素上，$(^{87}Sr/^{86}Sr)_i$为 0.706 039～0.711 251。综合分析表明，该岩体形成于同碰撞构造环境（段志明等，2009）。

新生代侵入体零星分布在该构造岩浆岩带内，主要岩石组合为花岗岩、碱性花岗岩和正长岩，代表性岩体有格拉丹东、赛多铺岗日和藏麻西孔等。格拉丹东岩体主要由二长花岗岩组成，单颗粒锆石 U-Pb年龄为 40±3Ma，Rb-Sr 等时线年龄为 47±0.4Ma（白云山等，2006）。岩体 SiO_2含量为 67.31%～76.25%，K_2O 含量为 4.15%～6.27%，里特曼指数为 2.05～3.06，A/CNK 值为 0.83～1.03，属准铝质高钾钙碱性系列（图 3-47）；稀土元素总量∑REE 为 194.5×10^{-6}～296.9×10^{-6}，$(La/Yb)_N$值为 27.0～60.4，δEu 值为 0.24～0.72；同位素上，$(^{87}Sr/^{86}Sr)_i$为 0.707 01～0.707 24，$\varepsilon_{Nd}(t)$为−6.0～−4.1，$\delta^{18}O$值为 8.18‰～9.01‰。赛多铺岗日岩体主要岩性为黑云二长花岗岩，单颗粒锆石 U-Pb 年龄为 40.6±3.1Ma；岩石地球化学上，SiO_2含量为 68.30%～74.93%，(K_2O+Na_2O)含量为 7.94%～9.00%，K_2O/Na_2O 值为 1.52～2.16，里特曼指数为 2.17～3.10，A/CNK 值为 1.18～1.37，属强过铝质钾玄岩系列；稀土元素总量∑REE 为 126.22×10^{-6}～268.57×10^{-6}，$(La/Yb)_N$值为 8.2～8.3，δEu 值为 0.43～0.76（段志明等，2005）。唐古拉山北藏麻西孔斑岩的主要岩性为正长斑岩，形成年龄为 38Ma，SiO_2含量为 62.1%～63.71%，K_2O+Na_2O 含量为 8.90%～9.43%，里特曼指数为 3.97～4.56，属碱性系列；稀土元素总量∑REE 为 298.39×10^{-6}～379.56×10^{-6}，δEu 值为 0.87～1.14（李洪普等，2009）。这些高钾钙碱性和碱性系列的侵入岩浆活动是新生代以来以青藏高原抬升为主的构造运动的响应。

6. 北羌塘-澜沧江构造岩浆岩带

北羌塘-澜沧江构造岩浆岩带位于西金乌兰-金沙江断裂带和龙木错-双湖构造带之间的广大地区。该区侵入岩浆活动主要时期为古生代—新近纪，以晚泥盆世—晚三叠世最为强烈，偶有中元古代和寒武纪岩体出露，近些年在龙木错-双湖构造带及其两侧陆续有部分早古生代花岗岩的报道。

早古生代岩浆作用在北羌塘陆续有报道：Pullen 等（2011）在都古尔地区的寒武纪花岗片麻岩中获得了 476～474Ma 的锆石 U-Pb 年龄；胡培远等（2010）在本松错复合岩体中识别出 464Ma 的早古生代年龄信息；Liu 等（2016）在都古尔花岗片麻岩中获得了 520Ma 的年龄信息；解超明等（2015）在日湾茶卡地区开展 1∶5 万区域地质调查过程中识别出一套奥陶纪地层，并在地层中发育的双峰式火山岩夹层中获得了 458～454Ma 的年龄信息；Wang 等（2015）在达不热地区出露的一套碎屑岩所夹持的玄武岩层中获得了 550Ma 的年龄信息。

早古生代代表性侵入岩有驼背岭蛇绿岩中斜长花岗岩和俄久卖变质杂岩中的夕线石片麻岩和片麻状花岗岩。驼背岭蛇绿岩中斜长花岗岩的锆石 U-Pb 年龄为 504.8±4.2 和 491.6±1.5Ma（胡培远等，2014），斜长花岗岩中锆石具有正的 $\varepsilon_{Nd}(t)$ 值（11.46～15.16），反映其源区为亏损型地幔。岩石地球化学上，斜长花岗岩具有高 SiO_2、富 Na_2O 和贫 K_2O 的特点，同时具有较低的稀土元素含量和平坦的稀土元素球粒陨石标准化曲线。斜长花岗岩为洋壳运移过程中含水条件下辉长质岩石发生角闪岩相变质作用后部分熔融形成的，其形成年龄略晚于洋壳的形成时代。这一成果表明，龙木错-双湖-澜沧江洋的开启时限为中寒武世以前（胡培远等，2014）。俄久卖变质杂岩组成为矽线石片麻岩和片麻状花岗岩，片麻状花岗岩加权平均年龄为 476.6±4.8Ma（郑艺龙等，2015），岩石中大离子亲石元素 Rb、Ba、Th 和 Pb 相对富集，高场强元素 Nb、Ta、Ti 和 P 相对亏损，显示弧火山岩的地球化学特征。

早石炭世桃形湖、冈玛错和果干加年山等地区出露的侵位于蛇绿岩之中的花岗质岩体以冈玛错正长花岗岩为代表。桃形湖、冈玛错和果干加年山等地区花岗质岩体锆石 U-Pb 年龄集中在 358～348Ma，该套侵入岩具有斜长花岗岩的特征，形成于大洋俯冲消减的构造背景（施建荣等，2009；胡培远等，2013；吴彦旺，2013；Zhai et al.，2013a）。北羌塘晚古生代岩浆岩具有多样性的特征，岩浆作用时间可能从晚泥盆世一直持续到早石炭世，其深部动力学机制应该是大洋北向俯冲消减过程中所引发的岩浆反应。羌塘中部冈玛错正长花岗岩的锆石 U-Pb 年龄为 352.4±1.9Ma（胡培远等，2016），正长花岗岩 SiO_2 含量为 74.17%～77.88%，Al_2O_3 含量为 10.50%～11.98%，MgO 含量为 0.23%～0.36%，Na_2O+K_2O 含量为 5.74%～7.24%，$Na_2O>K_2O$，K_2O/Na_2O 值为 0.53～0.71，A/CNK 值为 0.87～1.06，富集轻稀土元素和 Zr、Hf、Rb、Th 和 U 等元素，亏损 Sr、Eu、P 和 Ti 等元素，10 000Ga/Al 值为 3.12～4.14，显示出 A2 型花岗岩的地球化学特征。正长花岗岩中锆石的 $\varepsilon_{Nd}(t)$ 值和 Hf 同位素两阶段模式年龄分别变化于+4.40～+12.14 和 549～985Ma 之间，显示出正的、不均一的同位素组成特征，可能形成于壳-幔混合作用。其中，幔源端元应当是伸展环境下上涌的地幔岩浆，而壳源端元则可能是扬子板块新元古代的新生地壳部分熔融形成的长英质岩浆，该花岗岩可能形成于古特提斯洋壳对羌北-昌都板块北向俯冲引起的陆缘弧后拉张环境（胡培远等，2016）。

在羌塘中西部红脊山地区出露有早二叠世白云母花岗岩，锆石 U-Pb 年龄为 272Ma（张乐等，2014），呈脉状侵入到辉长岩-辉绿岩中。白云母花岗岩具有高硅富碱的特点，属过铝质-钙碱性花岗岩；富集 Th、Sr 等元素，亏损 Nb、Ta、Zr、Ti 等元素；稀土元素球粒陨石标准化配分图上，显示 U 型曲线，具有明显的正 Eu 异常。综合分析表明，其产出构造背景与仰冲型花岗岩类似。低 CaO/Na_2O、高 Al_2O_3/TiO_2 及低全岩锆石饱和温度，说明其可能为蛇绿岩在仰冲就位的过程中，大陆边缘富白云母泥质岩石在低温、流体条件下，白云母脱水熔融形成（张乐等，2017）。红脊山白云母花岗岩的特征表明，古特提斯洋盆可能已经闭合，羌北地块和羌南地块发生碰撞、对接。

北羌塘沱沱河地区出露有晚二叠世石英正长斑岩（253.9±4.3Ma）（李政，2008），属钙碱性系列。岩石地球化学特征显示，岩浆起源于俯冲板片或板片流体交代的地幔楔部分熔融，具有岛弧岩浆典型特征，认为北羌塘地块以南的龙木错-双湖洋盆在晚二叠世还存在一定规模的消减作用（张洪瑞等，2010）。

北澜沧江类乌齐一带吉塘岩群中出露早三叠世花岗质片麻岩，锆石 U-Pb 年龄为 246.3±0.8Ma（王保弟等，2011），变质侵入体具高 SiO_2（68.21%～74.82%）、富 K_2O（$K_2O/Na_2O>1$）和低 P_2O_5（<0.26%）的特征，铝饱和指数（A/CNK）为 1.01～1.19，属准铝质到过铝质岩石；富集 Rb、Th 和 U，亏损 Ba、Nb、Ta、Sr、P 和 Eu 等，并具不均一的锆石 $\varepsilon_{Nd}(t)$值（-1.3～+3.7）和古老的锆石 Hf 同位素地壳模式年龄（1.4～1.0Ga），具有碰撞型花岗岩的地球化学特征。类乌齐变质侵入体很可能形成于澜沧江结合带所代表的洋盆俯冲碰撞的地球动力学背景，可能是幔源岩浆诱发古老地壳物质重熔并与之混合形成母岩浆，再经历高程度分离结晶作用而形成，为北澜沧江结合带碰撞造山过程的产物，暗示澜沧江结合带在早三叠世存在岩浆增生事件，藏东类乌齐地区在 246Ma 之前已进入陆-陆碰撞时期（王保弟等，2011）。

晚三叠世侵入岩以松潘-甘孜南部的兰尼巴岩体、羊房沟岩体和双羊达坂花岗岩为代表。其中，兰尼巴岩体岩性组合为黑云母花岗岩、花岗闪长岩、石英二长岩和二长岩，羊房沟岩体岩性组合为正长岩、二长岩、石英二长岩和石英闪长岩，年龄为 211Ma（万传辉等，2011），属于高钾钙碱性到橄榄玄粗岩系列。兰尼巴岩体非常类似于下地壳熔融形成的钾质埃达克岩。羊房沟岩体显示出高钾钙碱性Ⅰ型花岗岩的特征，可能来源于增厚下地壳的部分熔融。双羊达坂花岗岩形成年代为 206Ma（Zhang et al.，2016），主要为过铝质高钾钙碱性斑状花岗岩，属碰撞-后碰撞型花岗岩。

7.兴都库什构造岩浆岩带

兴都库什构造岩浆岩带主要以发育石炭纪至新近纪侵入岩为主，岩性组合基性—酸性岩均有出露。另外，还零星出露有少量古元古代、中元古代和寒武纪酸性侵入岩。

（十一）阿富汗-加尼兹-迈丹构造岩浆岩区

该区出露于阿富汗地块的科希斯坦（Kohistan）和加尼兹-迈丹地块的拉达克（Ladakh）岩浆弧，以白垩纪—古近纪花岗（斑）岩为主。两个岩浆弧位于 Shyok -班公湖-怒江结合带和印度河结合带之间，与东部的冈底斯岩浆弧连接，形成于印度河结合带新特提斯洋向北的俯冲、消减过程（Rolland et al.，2000）。Kohistan 岩浆弧的南侧为超镁铁质岩和镁铁质岩（Jijal 杂岩、Kamila 角闪岩和 Chilas 杂岩），北侧主要为大型花岗岩体和岛弧火山岩。火山岩分为两期：第一期时代为 108～92Ma（K_1—K_2）；第二期为 Dir 群，时代为古新世、始新世和渐新世。侵入岩与火山岩时代相似，并持续到 25Ma，该岩浆弧的时代与冈底斯基本可以对比。

第二节　火山作用时空分布规律

一、阿勒泰构造带

阿勒泰岩浆岩带绝大多数火山岩形成于古生代，少数形成于中元古代和中新世。最古老的火山岩为长城纪晚期形成于裂谷环境的苏普特岩群中发育的基性火山岩，中新世火山岩仅在哈拉乔拉一带零星出露，为具大陆溢流玄武岩组合的火山岩，早古生代及晚古生代早期火山岩均形成于与俯冲作用有关的构造环境，形成的火山岩岩石构造组合主要有弧后盆地火山岩组合、岛弧型安山岩-英安岩-流纹岩组合、陆缘弧火山岩组合及大洋 MORS 型蛇绿岩组合。

阿尔泰早古生代火山岩主要与斋桑-额尔齐斯洋盆向北的俯冲作用有关，为岛弧或弧后盆地环境，主要分布在阿巴宫-库尔提断裂以北。在震旦纪—中奥陶世哈巴河群碎屑建造中，局部夹有玄武岩。白哈巴地区的晚奥陶世东锡克组发育霏细岩、安山岩、石英安山岩和凝灰岩组合。

晚古生代火山岩分布较为广泛，以泥盆纪火山岩为主。其中，早泥盆世康布铁堡组主要分布于阿尔泰山南缘的冲呼尔—阿尔泰—蒙库—库尔提—玛因鄂博一带，以变质中酸性岩和基性火山岩为主。该套地层是阿尔泰地区重要的铁铜铅锌赋矿层位，其内火山岩年龄主要变化于414～381Ma(杨富全等，2011)。鉴于1：20万区域地质调查所划分的康布铁堡组不同地段岩石组合、变质变形程度与矿化特征存在显著差异，西安地质调查中心(2012)将分布于库尔提、苏普特、乌恰沟和青河查干郭勒乡水库南等地原划康布铁堡组中的黑云花岗片麻岩、眼球状片麻岩和黑云角闪斜长片麻岩等划归阿尔泰前寒武纪变质基底岩系，新厘定的康布铁堡组主要分布于阿舍勒、冲乎尔、克朗盆地和麦兹盆地乌恰沟等地区，岩石组合以中酸性火山岩和火山碎屑岩为主，夹少量碎屑岩和灰岩。依据火山岩同位素测年资料(刘伟，2010；柴凤梅，2010；单强，2011；杨富全等，2011；唐卓等，2012)，将康布铁堡组的时代定为顶志留世—早泥盆世。

中晚泥盆世阿尔泰组的分布与康布铁堡组基本一致，最近的1：25万区域地质调查工作显示该套地层具双峰式火山岩组合特征，杨富全(2011)测得其内流纹岩LA-ICP-MS年龄为366Ma和354Ma。

阿尔泰南缘额尔齐斯地区石炭纪—二叠纪火山岩保存下来的较少，在富蕴县库尔提南，出露有面积不到1km^{2}的早二叠世火山岩，其下部为火山角砾岩，中部为杏仁状斜长玢岩和玄武岩，上部为安山质火山角砾岩，厚度约60m。另外，阿勒泰南缘局部有早二叠世大陆伸展碱性橄榄玄武岩-流纹岩组合，如在青河县哈拉乔拉一带出露的早二叠世火山岩下部为橄榄玄武岩，上部为气孔状橄榄玄武岩和杏仁状橄榄玄武岩，厚度约50m。这些火山岩均为陆相中心式喷发的火山岩。

二、成吉思构造带

成吉思岩浆岩带火山岩主要形成于古生代，早古生代及晚古生代早期火山岩均形成于与俯冲作用有关的构造环境，形成的火山岩岩石构造组合主要有弧后盆地火山岩组合、岛弧型安山岩-英安岩-流纹岩组合、陆缘弧火山岩组合及蛇绿岩组合。

在寒武纪博谢库尔群和克孜勒卡因金组碎屑岩中夹有玄武岩，早中奥陶世叶尔克比代克组和中晚奥陶世塔尔德博伊组上部都出露有少量玄武岩，晚奥陶世玛纳斯组夹有安山岩和火山碎屑岩，早中志留世阿克乔力组夹有玄武岩和火山碎屑岩，中晚志留世秋利库林组发育安山岩和火山碎屑岩。

晚古生代火山岩分布较为广泛，以早中泥盆世和晚石炭世—中二叠世火山岩为主。其中，早泥盆世扎尔索尔组以中基性火山岩和火山碎屑岩为主，早中泥盆世库尔托泽克组和凯道尔组出露大量流纹岩，整体以酸性或中酸性火山岩为主，晚石炭世—早二叠世萨尔德尔明组发育大量酸性火山岩，中二叠世阿克托宾组则以玄武岩和火山碎屑岩为主。

三、托克拉玛-准噶尔构造带

(一)东准噶尔地区

东准噶尔构造带早古生代火山岩零星出露于南部的红柳井—三塘湖一带和北部的扎河坝—二台地区，以中晚奥陶世大柳沟组和乌列盖组为代表，主要为一套玄武岩-安山玄武岩组合和安山岩-流纹岩组合，其形成与阿尔曼泰洋盆俯冲消减作用相关。

晚古生代东准噶尔各次级构造带内火山岩均广泛发育。泥盆纪火山岩(早泥盆世托让格库都克组、中泥盆北塔山组和蕴都卡拉组以及晚泥盆世江孜尔库都克组)以陆相—海陆过渡相的紫红色-灰褐色安山岩及少量酸性火山岩和火山碎屑岩组成，主要分布于东准构造带北部地区(卡拉麦断裂带以北)。早中泥盆世的火山岩形成于不成熟岛弧环境，至晚泥盆世为成熟岛弧火山岩(Zhang et al.，2009)。另外，东南部三塘湖地区，早泥盆世发育中基性火山岩系和中基性—中酸性火山岩系；中泥盆世火山岩为亚碱性，含钛高，双峰式特征明显；晚泥盆世为钾质亚碱性，高铝低钛。三塘湖地区见有中酸性火山岩夹安山玢岩、钠长斑岩及流纹岩等火山岩系，形成环境均为活动大陆边缘(肖序常等，2001)。东准噶尔泥盆纪火山岩的形成与准噶尔洋盆俯冲过程有关，总体应属西伯利亚古陆南缘增生杂岩带的组成部分。

东准噶尔地区石炭纪火山岩主要在纳尔曼得以南和卡拉麦里南部将军庙—纸房以东地区集中分布。纳尔曼得地区早石炭世火山岩发育一套中性火山岩和火山碎屑岩组合(黑山头组)，晚石炭世火山岩为钙碱系列安山岩-霏细岩组合，夹有少量玄武岩和玄武安山岩(巴塔玛依内山组)。将军庙—纸房地区下石炭统下部发育中基性火山岩，岩性为安山岩、英安岩、玄武岩及安山质凝灰岩(黑山头组)，中部为安山岩、玄武岩、安山质凝灰岩及熔结凝灰岩(巴塔玛依内山组)，上部为流纹岩和霏细岩类(石钱滩、六棵树组)。卡拉麦里蛇绿岩带的南侧(靠近 216 国道)早石炭世黑山头组火山岩厚度可达 3000m 以上，主要由安山玄武岩、安山玄武玢岩及同质火山碎屑岩和少量安山岩等组成。东准噶尔北部的晚石炭世巴塔玛依内山组以玄武岩、安山玄武岩和安山岩-霏细岩组成，多为陆相中心式火山喷发，地貌上仍可见保留有陆相火山堆。东准噶尔南部(卡拉麦里蛇绿岩带以南)晚石炭世巴塔玛依内山组陆相火山岩由一套亚碱性、碱性、富钾的中基性火山组成，在巴塔玛依内山地区厚度可达 4000m，为一套后造山伸展环境火山作用的产物(夏林圻等 2007；赵霞等，2008；吴不奇等，2009)，但其 SHRIMP 锆石年龄为 350.0±6.3Ma(谭佳奕等，2009)，属早石炭世。

二叠纪火山岩发育在二台—北塔山和三塘湖地区，主体为中基性火山岩建造(哈尔加乌组)或中酸性火山岩建造(卡拉岗组)，岩石类型有粗面玄武岩、玄武岩、玄武安山岩、玄武粗面安山岩、粗安岩类、英安岩类、流纹岩类、火山碎屑岩类和熔结碎屑岩类，为一套典型的陆相火山碎屑建造组合。下二叠统下部为安山岩、英安岩、玄武岩及安山质凝灰岩，中部为安山岩、玄武岩、安山质凝灰岩和熔结凝灰岩，上部为流纹岩和霏细岩类，在三塘湖地区最厚达 3000m。晚二叠世火山岩仅出露在东准噶尔的三塘湖和扎河坝地区，下部为凝灰岩夹酸性熔岩，上部为英安岩及凝灰岩。东准噶尔石炭纪—二叠纪火山岩具有大陆裂谷火山岩的岩石地球化学特征(夏林圻等，2007；赵霞等，2008；吴不奇等，2009)，形成于后造山伸展环境。

(二)西准噶尔地区

西准噶尔早古生代火山岩断续分布于西准噶尔北部的塔尔巴哈台山、中南部的玛依勒山—巴尔雷克—托里—克拉玛依一带，均为海相中基性—中酸性火山岩，多为汇聚阶段的产物，部分为洋壳拉张的产物。

塔尔巴哈台山一带的中奥陶世科克萨依组火山岩为一套浅海-深海相细碎屑岩、中基性(枕状)火山岩、硅质岩和泥岩的组合，以发育杏仁状玄武岩和硅质岩为特征。晚奥陶世大柳沟组、加波萨尔组和唐巴勒—克拉玛依一带的晚奥陶世科克萨依组等主要为一套海相基性—中性火山岩系，部分地区发育枕状火山岩，部分基性火山岩具 MORB 特征，其形成应与早古生代洋盆(弧间小洋盆?)扩张及后期的俯冲作用相关。塔尔巴哈台山南侧晚—顶志留世克克雄库都克组火山岩以爆发相火山碎屑沉积岩为主体，为陆相或近海陆相火山喷发产物。

玛依勒山—巴尔雷克山地区原划的志留纪玛依勒山群中出露有保留完好的巨大熔岩枕，应属于构造岩块，岩石类型包括基性—中基性火山岩，另有块状玄武岩-安山岩及少量酸性火山岩，它们住往与基性—超基性岩(地幔橄榄岩)和硅质岩相伴生,其中多数应为原划玛依勒山蛇绿岩的组成部分。据目前的区域地质调查资料认为其为板内OIB型玄武岩,形成于板内环境(1∶25万托里幅)。

西准噶尔泥盆纪火山岩系主要分布在塔尔巴哈台山、卡图-加玛特以及萨吾尔山和谢米斯台山等地区,主要为一套中基性火山凝灰岩组合。中晚泥盆世火山活动最为强烈,以陆相及海相裂隙式喷发为主。中泥盆世库鲁木迪组发育海相与岛弧环境有关的基性熔岩;萨吾尔山组发育中基性熔岩及碎屑岩系;晚泥盆世塔尔巴哈台组发育中酸性火山岩和火山碎屑岩,其与萨吾尔山组之间为连续喷发堆积。

石炭纪和二叠纪火山岩分布于吉木乃、塔城、托里、沙尔布尔提山南北以及乌尔禾等地。早石炭世黑山头组以基性熔岩和基性火山碎屑岩为主,发育厚度较大的枕状熔岩及少量紫红色硅质岩和浊积岩(吉木乃县城南),反映为深水环境形成,极有可能是伸展环境;上石炭统为陆相火山岩系,发育形成于大陆裂谷环境、具裂隙式喷发的安山玢岩、英安斑岩、玄武岩、凝灰熔岩、火山角砾岩和凝灰岩等。西准噶尔南部克拉玛依及其以西地区下石炭统下部为凝灰质和碎屑岩组合为主(包古图组),中部不含火山岩系(希贝库拉斯组),上部以中性火山岩为主(太勒古拉组),总体为一套巨厚的半深海相—大陆坡相火山-火山碎屑沉积建造。郭丽爽等(2010)获得包古图地区三组地层中凝灰岩LA-ICP-MS锆石年龄分别为357.5±5.4Ma(太勒古拉组)、336.3±2.5Ma(包古图组)和332.1±3.0Ma(希贝库拉斯组),因此,对于该三组地层的上下关系仍然值得进一步研究探讨,本书采用西安地质调查中心阿尔泰成矿带综合研究项目组的认识。

二叠纪火山岩分布零星,总体为陆相中心式喷发。其中,塔尔巴哈台地区早二叠世火山岩为拉斑玄武系列的巨厚的玄武(玢)岩、安山玢岩及相应的火山角砾熔岩、熔结凝灰岩、流纹斑岩和石英斑岩等。中二叠世火山岩以陆相酸性火山岩为主,局部出现酸性潜火山岩(流纹斑岩、石英斑岩)。晚二叠世未见火山岩。西南部唐巴勒地区零星分布的早—中二叠世火山岩为玄武岩-英安岩-粗面岩-流纹岩组合。

(三)托克拉玛地区

托克拉玛地区火山岩以晚古生代最为发育,奥陶纪有少量出露,均为海相火山岩。其中,早古生代火山岩以中基性火山岩为主,多为汇聚阶段的产物,部分为洋壳拉张产物。泥盆纪火山岩以酸性火山岩为主,少量中性火山岩,均与岛弧环境有关。石炭纪—二叠纪火山岩基性至酸性都有发育,可能是伸展环境,形成于大陆裂谷环境。

托克拉玛地区顶寒武世—早奥陶世伊特木伦德组出露玄武岩和火山碎屑岩;晚奥陶世扎曼舒鲁克组主要为一套安山岩;早中泥盆世主要为一套流纹岩和酸性火山碎屑岩组合;石炭纪—二叠纪火山岩主体为酸性火山岩和火山碎屑岩组合,在早中二叠世丘巴莱格尔组中发育安山岩,晚二叠世巴卡林组和尚格利拜组有玄武岩出露。

四、伊塞克-天山构造带

(一)前南华纪火山岩

伊塞克—天山地区前南华纪—早寒武世火山岩主要分布于吉尔吉斯和天山造山带及其两侧断续展布的前寒武纪地块上,这些前寒武纪地块自西向东有克孜勒库姆地块、塞里木微地块、那拉提微地块、阿克乔喀微地块、阿克苏-柯坪微地块、巴仑台微地块、库鲁克塔格微地块和卡瓦布拉克微地块等。

西安地质调查中心(2012)在温泉县南的古元古代温泉岩群中下层位发现了具角闪岩相变质的枕状玄武岩,其上被含硅质岩的变质细碎屑浊积岩系整合覆盖。新疆维吾尔自治区地质调查院(2012)在赛里木湖附近地区开展 1∶5 万区域地质调查工作时，在蓟县系纪木松克组中发现了蚀变枕状玄武岩，其上被大理岩化灰岩（局部含燧石条带）整合覆盖。雅满苏幅 1∶25 万区域地质调查在中天山星星峡陆块西延的东盐湖一带厘定出的长城纪古硐井岩群变质较深碎屑岩中夹有少量变质玄武岩和安山岩。天山东段的天湖岩群（Pt_2^1 *Th.*）和星星峡群（Pt_2^1 *X.*）以变质基性火山岩为主。吉尔吉斯元古宙捷列克组出露大量玄武岩。上述这些元古宙海相火山岩系的形成是否与元古宙超大陆（Colombia）汇聚-裂解过程有关还有待进一步研究。

（二）南华纪—早寒武世火山岩

南华纪—早寒武世火山岩在上述这些前寒武纪微地块上也广泛发育，在巴尔喀什地块也有发现。夏林圻等（2007，2012）通过对天山及邻区南华纪—早寒武世早期火山岩的系统研究认为，它们形成于大陆裂谷环境，对应于新元古代中晚期全球性的 Rodinia 超大陆的裂解，是古亚洲洋开启的前奏。其中，以塔里木北缘库鲁克塔格地区南华纪—早寒武世火山岩发育最好（断续延伸达 300 多千米）并且研究程度最高。该区南华系—震旦系主要以碎屑岩为主，其中多个层位具有浊积岩的特征，自下而上被划分为贝义西组（$Pt_3^{2a}b$）、照壁山组（$Pt_3^{2a}z$）、阿勒通沟组（$Pt_3^{2b}a$）、特瑞爱肯组（$Pt_3^{2c}t$）、扎摩克提组（Z_1zm）、育肯沟组（Z_1y）、水泉组（Z_2s）和汉格尔乔克组（Z_2h），总厚度达 7000 多米。火山岩系分别产于贝义西组、扎摩克提组、水泉组和早寒武世西大山组中，从老到新有贝义西、扎摩克提、水泉和西山布拉克 4 个喷发期。贝义西期火山岩分布最广，由熔岩和火山碎屑岩组成，从酸性到基性均有发育；扎摩克提期火山岩仅分布于库鲁克塔格微地块西部的莫钦库都克和中部的西大山一带，主要为基性熔岩，局部见火山碎屑岩；水泉期火山岩分布较少，仅见于库鲁克塔格微地块西部的莫钦库都克一带，为基性熔岩；西山布拉克组基性火山岩系零星出露，分布于寒武系的底部。该地区南华纪火山岩的同位素测年资料有：①贝义西组火山岩的 Rb-Sr 全岩等时线年龄为 814.1±97.3Ma（朱杰辰等，1986）；②贝义西火山岩的锆石 U-Pb 年龄为 755Ma（Xu et al.，2005），Pb-Pb 模式年龄为 773Ma（朱杰辰等，1987）；③侵入于青白口纪帕尔岗塔格群，并被贝义西组不整合覆盖的花岗岩年龄为 920.6±90.9Ma；④贝义西组之上照壁山组底部灰绿色泥板岩的 U-Pb 等时线年龄为 753±30Ma（朱杰辰等，1987）。由此推断，该地区贝义西组火山岩系应形成于早南华世，扎摩克提组和水泉组火山岩系形成于震旦纪，西大山组火山岩系则形成于早寒武世。巴尔喀什地区新元古代阿尔腾森甘组为一套酸性火山岩组合，与其上覆乌尔腾扎利组玄武岩构成双峰式火山岩组合。

塔里木板块西北缘的阿克苏-柯坪微陆块中也有新元古代中—晚期火山岩系分布，位于苏盖特布拉克组（Z_1s）的中下部，岩性较为单一，主要为基性熔岩和少量火山角砾岩，喷发时代与扎摩克提期（早震旦世）相当，局部地段还见有相当于贝义西期的火山碎屑岩。朱杰辰等（1986）曾获得苏盖特布拉克组 U-Pb 等时线年龄为 740Ma，属南华纪。考虑到全岩 U-Pb 等时线并非是一种精确的测年方法，在没有获得更为精确的测年值之前，仍将苏盖特布拉克组的时代暂置于早震旦世。

赛里木微地块东南缘的果子沟—科古琴山一带的火山岩系产于库鲁铁克提组（$Pt_3^{2a}k$）中，库鲁铁克提组不整合覆盖于青白口纪库松木切克群之上，其岩性为冰碛岩、砂砾岩夹基性熔岩和凝灰岩，区域上可以和库鲁克塔格地区的贝义西组对比。该岩性组的凝灰岩夹层中还发现有少量微古植物化石 *Leiopsophosphaera* sp. 和 *L. soleda* 等。在其上覆地层的上部层位塔尔恰特组（$Pt_3^{2b}te$）曾获得 643±33Ma 的 Rb-Sr 全岩等时线年龄（朱杰辰等，1987），并据此认为库鲁铁克提组火山岩形成于早南华世。

东天山卡瓦布拉克微地块上分布的贝义西组（$Pt_3^{2a}b$）和黄山组（$\in_{1-3}h$）分别为一套火山岩系和火山沉积岩系，两者间未见直接接触。目前，这两个岩性组中既未发现化石，也没有同位素年龄数据，仅根据岩性对比和构造分析，认为分别可以和库鲁克塔地块上的南华纪贝义西组和早寒武世西大山组相对应（大黑山幅1∶25 万区域地质调查报告，2004）。在卡瓦布拉克微地块上，贝义西组的底界以喷发不整合覆盖于前南华纪地层（太古宙片麻岩（Ar*gn*）、下元古界兴地塔格群（Pt_1 *X.*）、长城系杨吉布拉克群

($Pt_2^1Y.$)、蓟县系爱尔基干群($Pt_2^2A.$))之上，未见上覆地层。黄山组整合下伏于中寒武世南灰山组之下，南灰山组中含丰富的三叶虫、腕足类和笔石等化石，时代为中寒武世—中奥陶世早期。

(三)早古生代—泥盆纪火山岩

早古生代火山岩系在伊塞克—天山地区分布零星，以中酸性火山岩为主，其次为中基性火山岩。钱青等(2007)在那拉提山北缘夏特一带原划早石炭世大哈拉军山组中识别出年龄为517Ma(锆石U-Pb)的具有MORB特征的玄武岩。博罗科努地区奈楞格勒大坂一带出露的晚奥陶世奈楞格勒大坂群($O_3N.$)，为一套变细碧-角斑岩建造，变形强烈，多为低绿片岩相—绿片岩相，不整合于富含笔石的下志留统砂板岩之下。那拉提北坡至米什沟地区，发育基性火山岩(绿片岩)及片理化中酸性火山岩，形成时代为寒武纪—奥陶纪。东天山卡拉塔格地区出露的晚奥陶世大柳沟组(O_3d)为一套海相流纹斑岩、石英斑岩、英安岩、英安斑岩、安山玢岩、闪长玢岩和火山角砾岩等组合，其内赋存有VMS型铜锌多金属矿床。博格达山东段巴里坤湖以北地区晚奥陶世大柳沟组由一套基性、中酸性火山岩和少量中酸性火山熔岩组成，岩性逐渐由基性火山碎屑岩、中酸性火山熔岩过渡为中性火山碎屑岩，具有从火山爆发相、火山喷溢相过渡为火山沉积相的特征，其U-Pb同位素年龄为436～433Ma(1：25万三道岭幅区域地质调查报告，2012)。西天山南部巴音布鲁克地区分布着晚志留世的中基性火山岩(巴音布鲁克组($S_{3-4}b$))，中天山克孜勒塔格山南东分布有晚志留世—早泥盆世中酸性火山岩系(阿尔皮什麦布拉克组(S_3D_1a))，南天山科克铁克达坂分布有中晚志留世中基性火山岩系。中天山东段晚志留世—早泥盆世阿尔皮什麦布拉克组发育玄武岩、橄榄玄武岩、玄武安山岩、硅质岩和火山灰凝灰岩夹灰岩透镜体组合。伊塞克地区中晚寒武世卡雷姆拜组($\in_{2-3}kl$)发育玄武岩、玄武安山岩和火山角砾岩组合。巴尔喀什地区晚奥陶世乌尊布拉克组(O_3wz)为玄武安山岩、安山岩和火山角砾岩组合。

伊塞克—天山地区泥盆纪火山岩主要分布在巴尔喀什、哈尔里克和大南湖—头苏泉地区，吉尔吉斯和西天山伊连哈比尔尕及博罗科努地区也有少量中—晚泥盆世基性—酸性火山岩分布。巴尔喀什泥盆纪火山岩系主体为酸性火山岩，并以火山碎屑岩为主；吉尔吉斯地区早中泥盆世库加林组($D_{1-2}kj$)为安山岩、流纹岩和火山碎屑岩；伊连哈比尔尕中泥盆世火山岩系以中基性为主，夹大量火山碎屑岩；博格达东哈尔里克地区断续分布的早泥盆世大南湖组(D_1d)以浅海相玄武凝灰岩、火山角砾岩和砂质灰岩、细砂岩及大理岩为主，夹燧石条带、灰紫色安山玢岩、英安斑岩和安山玄武岩等，含腕足、珊瑚、三叶虫等化石(1：25万三道岭幅区域地质调查报告，2012)；觉罗塔格大南湖—头苏泉地区发育大量泥盆纪火山岩系，早泥盆世火山岩系被称为大南湖组，由基性火山岩、安山岩和英安岩、火山碎屑岩及灰岩等组成，灰岩中含腕足、三叶虫、小型单体四射珊瑚、床板珊瑚、腹足类、双壳类和海百合茎等化石(孟勇等，2013)，中泥盆世火山岩以中基性火山岩为主(头苏泉组(D_2ts))，晚泥盆世以中酸性火山岩为主。

总体上，伊塞克-天山早古生代—泥盆纪火山岩系大多资料表明，其主体属亚碱质钙碱性系列，多分布于多条蛇绿混杂岩带两侧或其周围或古陆块边缘，是古亚洲洋早期俯冲-消减过程中所形成的岛弧或大陆边缘弧的组成部分。

(四)石炭纪—二叠纪火山岩

伊塞克—天山地区石炭纪—二叠纪火山岩分布十分广泛，集中分布于巴尔喀什地区、吉尔吉斯地区、伊塞克地区、塔里木板块西北缘的柯坪地区、天山西段伊犁地区、天山东段北部博格达—哈尔里克地区及天山东段南部觉罗塔格地区。其中，塔里木西北缘的柯坪地区主要出露早二叠世单一的碱性玄武岩系。

巴尔喀什地区石炭纪—二叠纪火山岩发育，主体以酸性火山岩和火山碎屑岩为主。晚石炭世克列格塔斯组出露碱玄岩；早中二叠世丘巴莱格尔组出露安山质集块岩；晚二叠世尚格利拜组为一套玄武岩和流纹质集块岩。纳曼—贾拉伊尔地区早石炭世发育流纹岩和火山碎屑岩；晚石炭世季格列兹组上部出露玄武岩。伊塞克地区早石炭世昆格组为一套玄武岩-安山岩-英安岩组合；早二叠世马赛利组以玄武岩为主，夹少量安山岩。吉尔吉斯地区早石炭世明布卡克组发育安山岩并夹少量英安岩；晚石炭世纳达克组以英安岩和流纹岩为主；早二叠世奥亚赛组出露安山岩和英安岩；早中二叠世巴达姆组火山碎屑岩中夹有粗面岩；晚二叠世克孜勒努林组上部出露流纹岩。

天山西段伊犁地区早石炭世早中期火山岩(大哈拉军山组(C_1d))分布最广，在乌孙山-阿吾拉勒山-博罗科努山和那拉提山北缘等均有发育，是西天山地区重要的铜铁多金属矿床的赋矿地层。该组火山岩主要为一套陆相—海陆交互相玄武岩-安山岩-流纹岩组合，下段主要是玄武安山岩、玄粗岩、粗安岩和流纹岩互层，夹有玄武粗安岩、粗面岩及安山凝灰岩；中段自下而上依次为玄武岩、粗安岩、安山岩和杏仁状安山玄武岩；上段自下而上为安山岩、粗面岩和玄武安山岩。西安地质调查中心(2010—2012)对伊犁地块内部及其两侧造山带上的大哈拉军山开展详细调查研究后认为，该组火山岩特征在南北方向上具有从两侧造山带向伊犁地块内部以及东西方向上从西向东逐渐变新的变化规律(茹艳娇等，2012，2018；李智佩等，2013；白建科等，2015)。早石炭世晚期—晚石炭世火山岩分布于伊犁地块南缘、那拉提东段、阿拉套哈拉吐鲁克山和阿吾拉勒山地区(阿克沙克组($C_{1\text{-}2}a$))，岩性比较复杂，不但有流纹岩、英安岩和粗安岩，还有基性的粗玄岩以及碱性的响岩质碱玄岩。在那拉提东段主要是钠质火山岩，在阿吾拉勒地区主要为钾质火山岩。晚石炭世火山岩分布于阿吾拉勒山南部和乌孙山(伊什基里克组(C_2ys))，主要由流纹岩质和粗面岩质凝灰砂岩、泥质砂岩及砂砾岩组成，上部含有粗面岩、玄武安山岩和橄榄玄粗岩。早二叠世火山岩在阿吾拉勒山发育最好(乌郎组(P_1w))，早二叠世火山岩下部为玄武岩-安山岩-流纹岩组合，中部为粗面岩、歪长粗面岩和粗安岩，上部为玄武安山岩、玄武岩、橄榄玄粗岩，顶部发育碧玄岩。中二叠世火山岩分布于尼勒克西南部，为一套中酸性火山岩建造，主要由安山岩、流纹岩和英安岩组成。天山北部西段伊连哈比尔尕下石炭统分布有少量基性火山岩(沙大王组(C_1s))，晚石炭世火山岩为典型的海相组合，下部为基性火山熔岩，中上部为玄武安山岩至安山岩组合(奇尔古斯套组(C_2q))。二叠纪火山岩分布面积较小，主要分布于巴音沟东南的喀拉塔斯地区，为安山岩-流纹岩组合。西南天山喀拉铁克山地区完成的多幅 1∶5 万区调工作(新疆维吾尔自治区地质调查院，2012)，在新厘定的晚石炭世—早二叠世(喀拉治尔加组(C_2P_1kl))地层中发现了具有碱性岩浆系列的枕状玄武岩，并获得308～300Ma 的锆石年龄。

天山东段北部博格达—哈尔里克地区主要分布有早石炭世和晚石炭世火山岩系。早石炭世火山岩(七角井组(C_1q))上部为玄武岩、玄武安山岩、流纹英安岩、流纹岩、火山碎屑岩及砂岩和板岩，下部为凝灰岩、砾岩、粉砂岩夹灰岩、流纹岩、安山岩和英安岩。晚石炭世火山岩系分布最广(柳树沟组(C_1l)、居里得能组(C_2j)、祁家沟组(C_2qj)和沙雷塞尔克组(C_2sls))，由玄武岩、玄武安山岩、流纹岩、火山碎屑岩夹粉砂岩和灰岩构成。早二叠世火山岩(阿尔巴萨依组(P_1a))由玄武岩、流纹质熔结凝灰岩和碎屑岩等构成，博格达东段南坡 1∶5 万区调(新疆维吾尔自治区地质调查院，2012)厘定的七角井组下部主要由巨厚的枕状基性熔岩及少量基性火山角砾岩、凝灰岩夹少量的硅质岩组成，上部为海相碎屑岩夹少量火山岩组成，多数地段可见被时代为 340～330Ma 的辉长岩和辉绿岩顺层侵入，证明该组应为早石炭世；而博格达东段地区 1∶25 万三道岭幅(长安大学，2012)则依据原有化石的重新审核，将七角井组火山岩时代厘定为晚石炭世，并认为与晚石炭世柳树沟组(C_2l)火山-沉积岩系为同时异相。

天山东段南部觉罗塔格地区早石炭世火山岩西段称为小热泉子组(C_1xr)，东段称为雅满苏组(C_1ym)和干墩组(C_1gd)，上部主要由玄武岩、流纹岩、火山碎屑岩夹砂岩、粉砂岩和灰岩(含维宪期化石)构成，下部由玄武岩、安山岩、英安岩、流纹岩、火山碎屑岩夹灰岩和陆缘碎屑岩(含杜内期化石)组成。晚石炭世火山岩主要由玄武岩、玄武安山岩、英安岩和火山碎屑岩组成(梧桐沟组(C_2w)、企鹅山群(C_2Q))。早二叠世火山岩为玄武岩-安山岩-流纹岩组合夹砾岩、砂岩和页岩，以中酸性火山岩为主。

天山中段主要为早石炭世火山岩(马鞍桥组($C_{1\text{-}2}m$)、野云沟组(C_1yy))，下部为一套碎屑岩建造，中部为辉绿岩、玄武岩、碱性玄武岩、安山岩、粗面安山岩、流纹英安岩、流纹岩和火山碎屑岩及沉积夹层建造，上部为凝灰岩、灰岩和砂岩建造。晚石炭世为海相细碎屑岩夹玄武岩、流纹岩和火山碎屑岩，分布局限。早二叠世火山岩为流纹岩和安山岩组合，局部夹玄武岩，分布面积很小。

对于伊塞克-天山石炭纪—二叠纪火山岩系（尤其是石炭纪火山岩）形成环境与地球动力学背景有多种不同认识：①认为其属与洋壳俯冲作用有关的岛弧环境或活动大陆边缘岩浆弧（朱永峰等，2005；李永军等，2009）；②认为早石炭世火山岩形成于岛弧环境，而晚石炭世及其之后的火山岩形成于后碰撞伸展或大陆裂谷环境（李锦轶等，2009；朱志新等，2009）；③认为天山及邻区石炭纪—早二叠世大规模火山作用形成于大陆裂谷环境，构成天山石炭纪—早二叠世大火成岩省（夏林圻等，2002，2004，2007；Xia et al.，2003，2004）。从目前的研究来看，对于其中的早二叠世火山-岩浆作用，越来越多的研究者认识已趋于一致，即认为其源自于（280～270Ma）的地幔柱作用，并构成了大火成岩省（Xia et al.，2003，2004，2011；Pirajno，2007；夏林圻等，2007，2008；Pirajno et al.，2008，2009；张传林等，2009；Zhou et al.，2009；Zhang et al.，2010；Qin et al.，2011；Su et al.，2018）。对于石炭纪火山岩，尽管目前尚无更多其他的资料来对天山地区石炭纪（360～306Ma）火山岩形成的深部过程中是否存在地幔柱的活动，以及它们与二叠纪（280～270Ma）时天山及邻区大火成岩省（LIP）是否为同一地幔柱持续（或脉动式）活动的产物等予以完全肯定或否定，但在成因机制对其源区及地表构造环境的制约上，近来的研究多表明，这些（石炭纪）火山岩形成于伸展背景下的裂谷环境（或造山后的伸展环境）而非洋壳俯冲-消减背景下的岛弧或活动大陆边缘。

（五）中新生代火山岩

二叠纪以后，天山及邻区的火山岩浆活动总体比较微弱，仅在西南天山托云盆地及其以西的吉尔吉斯共和国境内的天山部分发育较为强烈的中—新生代基性岩浆活动，持续时间从白垩纪直至古近纪，以基性火山岩为主，夹于中新生代沉积地层之中。20 世纪 90 年代中期以来，已有不同学者（韩宝福等，1998；Sobel et al.，1999；王彦斌等，2000；罗照华等，2003；徐学义等，2003）对托云地区的基性火山岩开展研究，研究内容涉及早白垩世基性火山岩及赋存于其中的交代地幔捕虏体、晚白垩世—古近纪基性火山岩的地球化学特征、地幔部分熔融及地幔交代作用等，并获得了一批火山岩测年数据。

托云盆地早白垩世碱性橄榄玄武岩主要产于克孜勒苏群（K_1K）之中，在红色砾岩和砂岩中呈层状产出。火山岩的下伏地层为下白垩统的细砂岩及砂砾岩，上部被角砾岩所覆盖，其同位素年龄有 114.2～104.9Ma和 112.7Ma（李永安等，1995）、119.7～113.7Ma（Sobel et al.，1995）、101.7Ma 和 113.0Ma（韩宝福等，1998），表明火山岩形成于早白垩世（平均年龄值为 112Ma）。早白垩世玄武岩中除见有交代地幔（含水橄榄岩）和辉石岩捕虏体外，还发现丰富的基性麻粒岩捕虏体及歪长石、角闪石和辉石等巨晶。

晚白垩世—古近纪基性火山岩主要出露于托云乡以北地区，呈不整合覆盖于早白垩世火山岩之上，与红色钙质砂岩和砾岩互层。晚白垩世火山岩（70.4Ma）（王彦斌等，2000）为一套绿黑色碱性玄武岩和碱性橄榄玄武岩，厚约 60m，夹于上白垩统红色砂岩中。古近纪火山岩产于下部的喀什群（EK）之中，厚约 200m，由玄武岩夹砂岩、砾岩和灰岩组成，含双壳类化石，同位素年龄为 40.36Ma（王彦斌等，2000）。另外，托云地区还发现有侵入于下白垩统中的碱性辉长岩（68.7Ma）（Sobel et al.，1995）、侵入于上白垩统中的辉长岩（36.6Ma）（Sobel et al.，1995）和侵入于古近系中的辉长辉绿岩（67.3Ma、59Ma、48.0～46.5Ma和 45.8～42.6Ma）（Sobel et al.，1995）等岩脉或小侵入体。同位素年龄数据表明，晚白垩世—古近纪火山岩及侵入岩形成于 70.4～36.6Ma，其间为连续的岩浆作用，表现为火山喷发或浅成岩浆的侵入。

五、北山构造带

北山地区的前寒武纪火山岩主要分布于星星峡-明水-旱山微板块和敦煌陆块等前寒武纪地块上，包括北山杂岩（$Ar_2Pt_1B^c$）、北山群（Ar_2Pt_1B）以及长城纪白湖群（$ChBh$）中的变质火山岩系，前人已从北山杂岩中获得了太古宙和元古宙 Sm-Nd 同位素年龄，分别为 3237～2249Ma 和 2203～1602Ma（冯永忠等，1993；李志琛，1994）。其中，太古宙火山岩位于北山杂岩下部层位，主要分布在老君庙北及东部，为一套经历了角闪岩相变质的基性—中性火山凝灰岩，局部夹霏细流纹岩。元古宙火山岩则集中分布于石板井地区和红柳园—后红泉南—旧寺墩一带。其中，北山群以流纹岩为主，局部夹有安山质火山岩类；白湖群则为基性—中基性组合火山岩，在黑大山一带厚度可达 1084m；北山杂岩中的元古宙火山岩为玄武岩-安山岩-英安岩-流纹岩组合。本地区的前寒武纪火山活动主体以火山碎屑岩为主，火山岩（特别是熔岩）多呈夹层出现。

奥陶纪火山岩主要分布于雀儿山-圆包山岛弧带、公婆泉-白石山岛弧带以及敦煌陆块北缘，雀儿山-圆包山岛弧带的咸水湖组（Q_2x）为一套中性和中基性火山岩系，间夹碳酸盐岩及少量碎屑岩，含有笔石、腕足及三叶虫化石。公婆泉—白石山地区的白云山组（O_3by）中发育少量的安山岩-英安岩。敦煌陆块北缘有奥陶纪花牛山群（OH）和白云山组，花牛山群发育基性—酸性火山岩夹碳酸盐岩及少量碎屑岩，白云山组则为浅变质碎屑岩夹中酸性火山岩。

志留纪火山岩主要分布于雀儿山-圆包山岛弧带、公婆泉-白石山岛弧带以及敦煌陆块北缘，雀儿山-圆包山岛弧带碎石山组发育浅海相碎屑岩及以酸性火山岩为主的酸性—基性火山岩组合。公婆泉-白石山岛弧带出露有公婆泉群（Q_2SG），主要为一套火山-碎屑岩系，包括中基性、中酸性火山岩和火山碎屑岩、紫红色钙质砂砾岩（可相变为灰岩或粉红色条带状大理岩）夹数层生物碎屑灰岩。

泥盆纪火山岩主要分布于雀儿山-圆包山岛弧带和敦煌陆块北缘，公婆泉-白石山岛弧带只有早—中泥盆世雀儿山群（$D_{1\text{-}2}Q$）零星出露，为海相中基性—中酸性火山岩和火山碎屑岩夹少量碎屑岩，岩性组合多为安山质-英安质-流纹质组合，局部地区有玄武岩，火山岩厚度大，属火山岩-碎屑岩建造，常含植物化石碎片。敦煌陆块北缘及公婆泉-白石山岛弧带出露有三个井组（$D_{1\text{-}2}s$）和墩墩山群（D_3D），三个井组主要为一套陆源碎屑岩夹火山熔岩，局部夹碳酸盐岩沉积；墩墩山群分布于敦煌陆块北缘，主要为一套中酸性火山岩及其相应的火山碎屑岩夹碎屑岩透镜体，底部为巨砾岩或凝灰质巨砾岩。李向民（2011）对三个井组下部玄武岩和墩墩山群安山质火山岩进行锆石 U-Pb 定年，获得三个井组火山岩形成时代，为 420±15Ma，认为其代表了敦煌陆块和明水-旱山地块之间的拼合；墩墩山群火山岩形成时代为 367±10Ma，认为其是北山早古生代洋盆碰撞造山后裂谷拉伸作用的产物。

北山地区石炭纪火山岩广泛分布，在红石山—甜水井—清河口—黑鹰山及梭梭泉—黑条山一带呈带状连续分布，主要为绿条山组（C_1l）和白山组（C_1bs）。绿条山组为偏碱性的中基性—中性—中酸性火山岩；白山组以中酸性—酸性岩组合为主。敦煌陆块北缘发育红柳园组（C_1hl）、石板山组（C_2sb）、炭炭台子组（C_2jj）和干泉组（C_2g）。红柳园组主要由砾岩、砂岩、页岩夹灰岩和中酸性火山岩石组成；石板山组主要发育于柳园以西的石板山地区，主要由砂岩、灰岩、泥岩夹灰岩、玄武岩和流纹岩组成；炭炭台子组主要由中酸性火山岩和碳酸盐岩组成；干泉组以火山岩和火山碎屑岩为主，局部见有正常沉积碎屑岩。

二叠纪火山岩广泛分布于敦煌陆块北缘，在红柳河-牛圈子-洗肠井蛇绿混杂岩带以北仅零星出露。敦煌陆块北缘发育双堡塘组（$P_{1\text{-}2}s$）、金塔组（P_2jt）和方山口组（P_3f）。双堡塘组以砂岩和页岩为主，夹灰岩、砂质灰岩和砾岩透镜体，局部地段夹少量的基性—中酸性火山岩；金塔组主要为一套火山-沉积岩系，为以中酸性、酸性为主的基性—酸性火山岩；方山口组为一套中酸性熔岩和火山碎屑岩，局部可见少量的基性火山岩，下部火山碎屑岩中常夹有正常沉积碎屑岩和砂质灰岩。

综上所述，北山地区的火山岩以石炭纪—二叠纪火山岩系为主，早石炭世火山岩随时间由老到新有从中酸性→基性→中酸性变化的趋势；晚石炭世火山岩以中基性为主；早二叠世火山岩以中性为主；晚二叠世火山岩为陆相喷发，岩性以酸性为主。根据朱云海等(1992)的研究，北山石炭纪火山岩以钙碱性系列为主，碱性系列较少；早二叠世为碱性和钙碱性系列，大部分火山岩钾含量中等，微量元素原始地幔标准化配分型式类似于大陆裂谷或大陆伸展环境的火山岩系(聂凤军等，2002)，形成于大陆裂谷环境。

六、塔里木周缘构造带

塔里木盆地周缘最古老的火山岩出露在塔里木盆地东北缘库鲁克塔格地区，辛格尔村南的托格拉克布拉克和卡拉克苏水泉一带，人们称之为达格拉格布拉克杂岩($Ar_{2\text{-}3}D^c$)，变质程度达到角闪岩相—麻粒岩相，火山岩通常为基性的斜长角闪岩，主要以包体形式产于片麻岩中，其围岩片麻岩的时代为太古宙(胡霭琴等，1995)。

古元古代火山岩仅出露在塔里木盆地西南缘铁克里克地区，属于赫罗斯坦岩群($Pt_1H.$)及埃连卡特岩群($Pt_1A.$)的一部分，赫罗斯坦岩群主要岩性为黑云二(钾)长片麻岩、黑云斜长片麻岩、角闪二长片麻岩和斜长角闪片麻岩，局部混合岩化，变质程度为高角闪岩相，原岩为一套碎屑岩-火山岩建造。王超等(2009)从本群斜长角闪片麻岩中获得2329Ma的年龄数据，表明该群时代为古元古代。埃连卡特岩群出露于铁克里克玉龙喀什河、拉木龙河和博斯腾塔河及克里阳河中游一带，向东延至和田南部，主要岩性为黑云石英片岩、白云石英片岩夹石榴斜长二云石英片岩和少量的浅粒岩、大理岩，变质程度为高绿片岩相—低角闪岩相，原岩为一套泥质杂砂岩-火山碎屑岩建造。

中元古代火山岩主要为分布在塔里木板块北缘柯坪地区的阿克苏群($Pt_2^1A.$)以及铁克里克地区的塞拉加兹塔格岩群($Pt_2^1S.$)。阿克苏群是大陆裂谷至洋陆转化过程的一系列地质记录，是一套以变基性火山岩为主的火山岩系夹碎屑岩组合，其上被震旦系不整合覆盖，其形成年龄应大于10亿年，是中元古代火山作用的产物。塞拉加兹塔格岩群主要分布于墨玉县卡拉喀什河、和田的玉龙喀什河—米提河、叶城县哈拉斯坦河以东玉珊塔格勒一带、阿克齐吾斯塘上游地区以及康矮孜达里亚沟以北地区，总体呈断块状出露，岩性主要有浅变质的细碧岩、石英斑岩、石英角斑岩、霏细岩、霏细斑岩、正长斑岩、玄武岩、酸性和基性凝灰岩，此外还有变砂岩、千枚岩及灰岩，变质程度为低绿片岩相，原岩为一套酸性火山岩、中基性火山岩、中基性凝灰岩和含凝灰质碎屑岩建造。汪玉珍(1983)在阿其克河中游获得的钾质角斑岩Rb-Sr同位素年龄为1764Ma。

塔里木盆地周缘新元古代火山岩发育较好，除前述库鲁克塔格地区新元古代火山岩系外，铁克里克地区新元古代火山岩属于博查特塔格组(Pt_2^2bc)，出露于库尔勒—苏库里克—索克曼—塘里切克东一带，叶城县吾鲁乌斯塘河、皮山县康矮孜达里亚沟、博斯腾塔河及拉木龙河以北等地也有出露，主要岩性组合为白云岩、白云质灰岩、泥质灰岩、砂砾岩、砂岩、页岩和泥板岩，局部见有玄武岩、安山岩、安山质角砾岩及沉凝灰岩夹层，富含叠层石。

晚古生代火山岩分布较为广泛，其中，泥盆纪火山岩属于阿帕达尔康组(D_1ap)和托格买提组(D_2t)，主要分布在柯坪东阿赖一带，为碎屑岩中夹少量的基性火山岩。此外，在库鲁克塔格的辛格尔地区也分布有泥盆纪火山岩，主要以中酸性火山岩为主，形成于活动大陆边缘环境。张艳等(2010)在辛格尔断裂南侧获得英安岩$^{40}Ar\text{-}^{39}Ar$年龄为374Ma。石炭纪火山岩主要分布在铁克里克地区，本区石炭系主体由海相碳酸盐岩-碎屑岩组成，自东向西碎屑岩增多，西段夹有玄武岩和安山岩。二叠纪火山岩属于库普库兹满组(P_2kp)和开派兹雷克组(P_2k)，库普库兹满组分布于柯坪地区印干山以东的库普库兹满、四石厂、五石厂及开派兹雷克一带，主要为陆相碎屑岩和灰岩夹玄武岩；开派兹雷克组分布于柯坪地区印干山以东的沙井子四石厂、五石厂及开派兹雷克一带，火山岩主要为玄武岩和橄榄玄武岩。此外，在铁克里克地区还出露少量二叠纪海相玄武岩和安山岩。

七、阿尔金构造带

阿尔金地区最古老的火山岩分布在阿尔金山东段北坡，红柳沟-拉配泉蛇绿构造混杂岩带以北的阿北地块上，属于米兰岩群（$Ar_3Pt_1M.$）。该岩群由变粒岩、斜长角闪岩、片麻岩和二长花岗质、英云闪长质变质侵入体等组成，具TTG片麻岩特征，其原岩可能为一套基性和中酸性火山岩、火山碎屑岩建造，应形成于陆缘活动环境，以索尔库里北若羌大平沟地区和拉配泉北阿克塔什塔格地区出露最好。李惠民等（2001）从米兰岩群花岗质片麻岩中利用单颗粒锆石U-Pb同位素稀释法定年技术，获得上交点年龄为2470Ma，其最老的上交点年龄为3.6Ga，说明该岩群时代至少为太古宙。

古元古代火山岩出露于阿尔金中部，系前人所划阿尔金群（$Ar_3Pt_1A.$）一部分，该群变质程度为高绿片岩相—低角闪岩相，原岩主要为杂砂岩、泥质岩夹碳酸盐岩及中酸性—中基性火山岩建造。胡霭琴（2001）获得的阿尔金山岩群锆石U-Pb上交点年龄为1820±277Ma。

本地区中元古代火山岩属于巴什库尔干岩群，该群主要出露于阿尔金山南北两侧和西端，阿尔金山北坡阿拉库力萨依-塔木其、尧勒萨依和塔昔达坂以北的阿斯腾塔格等地，由规模不等的岩片组成，为一套陆源碎屑岩-碳酸盐岩夹火山岩经区域变质达绿片岩相的变质岩系。

阿尔金地区新元古代火山岩分布在乌尊硝盆地北缘、库木塔什、清水泉—吐斯也尔布拉克及安南坝—因格布拉克地区，总体呈断块状出露，属索尔库里群（Pt_3^1S），其变质程度为低绿片岩相，原岩为一套滨-浅海相碎屑岩-碳酸盐岩夹火山岩和火山碎屑岩，产叠层石 *Tungussia suoerkuliensis* Miao（索尔库里通古斯叠层石），该叠层石是青白口纪索尔库里群常见分子，据此将索尔库里群时代暂定为青白口纪。此外，沿阿尔金南缘阿帕-茫崖构造混杂岩带北部边缘的江尕勒萨依及其附近，断续向东追索到茫崖石棉矿西北的米兰河上游全长约200km的地带，还分布有呈透镜体状产出的榴辉岩、含石榴单斜辉石岩和榴闪岩，这些岩石在早古生代经历了超高压变质作用，其地球化学及年代学研究表明，其原岩具有E-MORB的特征，原岩的时代为752±7Ma（Liu et al.，2010）。

早古生代火山岩属于寒武纪—奥陶纪拉配泉群（$\in QL$），主要分布在红柳沟—拉配泉地区，由基性、中酸性火山岩及火山碎屑岩组成，目前主要呈不同规模的岩块出现，主要为洋陆转化过程中形成。

八、昆仑构造带

（一）东昆仑地区

东昆仑地区太古宙火山岩仅分布在青海省格尔木市东南的白日其利附近，以大小不等的包体赋存于闪长岩体中，主要岩性为细粒麻粒岩、斜长变粒岩、黑云斜长变粒岩和浅粒岩，变质程度达麻粒岩相，后又经多期变形变质改造，原岩为一套基性火山岩与含钙质碎屑岩组合。张雪亭等（2005）将其划为一个非正式地层单位（太古宙表壳岩），青海省地质矿产勘查院（1998）在格尔木南1∶5万尕牙合幅获得麻粒岩全岩Sm-Nd等时线年龄为3280±13Ma，暂将其时代置于太古宙。

太古宙—中元古代火山岩属于金水口岩群（$Pt_1J.$）和苦海岩群（$Pt_1K.$），金水口岩群可进一步划分为白沙河岩组（Ar_3Pt_1b）和小庙岩组（Pt_2^2x）。白沙河岩组主体呈北西—近东西向展布的残块状断续出露于东昆仑北带，东昆仑山南带仅有少量分布。岩石组合以黑云斜长片麻岩和黑云二长片麻岩为主，并有矽线黑云斜长片麻岩、夕线堇青黑云二长片麻岩、黑云角闪斜长片麻岩、斜长角闪岩、堇青石英片岩、透闪石大理岩及部分变粒岩，变质程度为低角闪岩相—高角闪岩相，原岩为泥砂质碎屑岩＋中基性火山岩+富镁碳酸盐岩建造。白沙河岩组有大量的同位素年龄资料,其中,混合片麻岩的锆石 U-Pb 年龄为 1850Ma(1:20 万塔鹤托坂日幅),片麻岩 TIMS 锆石 U-Pb 上交点年龄为 1920Ma(1:25 万冬给错纳湖幅),锆石 U-Pb 年龄为 2469Ma(1:25 万库郎米其提幅),白沙河岩组的时代主体应属于古元古代。小庙岩组主体呈北西—近东西向展布的残块状断续出露于东昆仑北带,东昆仑山南带也有少量分布,其中的火山岩主要分布在昆中地区,为偏基性火山凝灰岩。苦海岩群呈断块状分布于东昆仑南坡木孜鲁克—曼山里克河、哈拉郭勒河、桑根乌拉、草木策拿地和查温塔安等地,主要岩性为眼球状绿泥绢云斜长片麻岩、二长片麻岩、二云斜长片麻岩、绢云石英片岩、黑云方解石英片岩、白云石大理岩和变粒岩等,变质程度为高绿片岩相—角闪岩相,原岩为一套泥砂质碎屑岩-镁质碳酸盐岩-中基性火山岩建造。

中—新元古代火山岩断续出露于东昆仑北带水泥厂北侧、沟里,以及东昆仑南带红水河、万宝沟、忠阳山和雪水河西侧等地,属于万宝沟群($Pt_{2-3}W$)。该群总体为一套中、浅变质的基性火山岩-碎屑岩和碳酸盐岩组合,与周缘地层为断层接触。万宝沟群温泉沟岩组变基性玄武岩 SHRIMP 锆石 U-Pb 年龄为 1348±30Ma(魏启荣等,2007),海德郭勒地区万宝沟群温泉沟岩组变玄武岩 Sm-Nd 全岩等时线年龄为 884.1±37.6Ma(1:5 万海德郭勒幅),Sm-Nd 全岩等时线年龄为 670±15Ma(1:5 万万宝沟幅)。此外,在祁漫塔格山和布尔汗布达山的丘吉东沟组(Pt_3^1q)中还出露青白口纪火山岩,丘吉东沟组为一套浅变质的碎屑岩夹硅质岩、镁质碳酸盐岩和玄武岩,前人曾获得 Rb-Sr 同位素等时线年龄 676±65Ma。

东昆仑早古生代地层组成和结构复杂,划分精度偏低,总体为一套火山沉积岩系,东昆北主体为滩间山群(OST),主要分布在祁漫塔格地区,由碎屑岩、火山岩和碳酸盐岩组成。火山岩包含玄武岩、安山岩、英安岩、流纹岩和角砾熔岩及凝灰岩等。柴南缘滩间山群中玄武岩形成时限为 450~440Ma(高晓峰等,2011)。东昆南主体为纳赤台群(OSN),主要沿东昆中南缘构造混杂岩带南侧分布,为增生杂岩体的组成部分,由泥质岩-碎屑岩、碳酸盐岩和火山岩 3 部分组成,火成岩有玄武岩、安山岩、英安岩及火山碎屑岩,自西向东火山岩有增多趋势,前人获得火山岩锆石 U-Pb 年龄为 450.4±4.3Ma(张耀玲等,2010)、474±7.9Ma(陈有炘等,2013)。

东昆仑地区泥盆纪火山岩在北部东段为牦牛山组(D_3m),主要分布在夏日哈地区,为陆相碎屑岩-火山岩建造,下部为砾岩、含砾砂岩和复成分砂岩,上部为安山岩、英安岩、流纹岩及其凝灰岩,英安岩 LA-ICP-MS 锆石 U-Pb 年龄 412.5±8.6Ma(祁晓鹏等,2018)。西段为哈尔扎组(D_3hr),仅分布在哈尔扎一带,是由英安岩、流纹岩及熔结晶(玻)屑火山碎屑岩、凝灰岩夹泥钙质粉砂岩和复成分砾岩等组成的钙碱性火山岩系。南部中泥盆世火山岩属于布拉克巴什组(D_2b),该组主要分布在东昆仑中段,由砂岩、硅质岩和中酸性火山岩组成。

东昆仑北部石炭纪火山岩主要分布在南部,东段属于哈拉郭勒组(C_1hl)和浩特洛哇组(C_2P_1h)。哈拉郭勒组沿东昆仑山零星出露,从西向东见于巴能梗沙耶、起次日赶特乌拉、哈拉郭勒、察汗乌苏西及拉玛托洛胡等处,以起次日赶特乌拉发育较全。浩特洛哇组从西向东出露于红石山、东大干沟、俄博梁、埃肯雅玛托、阿不特哈打、冬木北山和年扎曲等地。二者主要由碎屑岩、碳酸盐岩夹多层火山岩组成。西段属于托库孜达坂组(C_1t)和哈拉米兰河组($C_{1-2}h$),二者由碎屑岩、硅质岩、碳酸盐岩及火山岩组成。

二叠系火山岩分布较为局限,仅分布在东昆仑南部地区,属于布青山群(PB)和格曲组(P_3T_1g)。布青山群由碎屑岩、碳酸盐岩夹火山岩组成,自上而下划分为树维门科组($P_{1-2}s$)和马尔争组(P_2m),火山岩有玄武岩、安山玄武岩、安山岩及少量酸性火山岩、火山角砾岩、玄武粗安岩及霞石玄武岩等,部分具枕状和杏仁构造。树维门科组分布在东昆仑山-阿尼玛卿山,从西向东零星分布于高地东、羚羊水和树维门科-马尔争等地。马尔争组分布于姜路岭以西地区。格曲组主要出露于格尔木市的红土沟、玛多县的它瓜马日灯、又麻日及玛沁县的石峡等地,主要由灰岩和碎屑岩组成,碎屑岩中有火山岩夹层。

早—中三叠世火山岩广泛分布于东昆仑山南坡,由洪水川组($T_{1-2}h$)、闹仓坚沟组(T_2n)和希里可特组(T_2x)组成。洪水川组以碎屑岩为主,夹较多火山岩;闹仓坚沟组以碳酸盐岩为主,夹凝灰岩和碎屑岩;希里可特组以碎屑岩为主,夹凝灰岩和碳酸盐岩。火山岩主要为中酸性火山碎屑岩、安山岩、玄武安山岩、英安岩和流纹岩,地球化学具大陆消减带火山岩特征,可能属晚古生代造山过程弧后伸展型海盆产物。晚三叠世火山岩在北部称鄂拉山组，南部称八宝山组。鄂拉山组由陆相火山岩组成，主要有流纹岩、英安岩和安山岩，次为玄武岩和中酸性熔岩角砾岩、角砾凝灰岩及少数岩屑长石（石英）砂岩，自东向西角砾熔岩增多，并出现粗面岩。八宝山组主要由海陆相陆源碎屑岩组成，其次为火山岩，碎屑岩有复成分砾岩、岩屑长石（石英）砂岩、粉砂质页岩、粉砂岩、泥灰岩、碳质页岩及煤线，火山岩为流纹岩、安山岩及少数玄武岩和凝灰岩，主体形成于后碰撞构造环境。

（二）西昆仑地区

西昆仑地区古元古代火山岩属于北带的库浪那古岩群（$Pt_1 kl.$）及南带的双雁山岩群（$Pt_1 S^{sch}$）。库浪那古岩群主要出露于恰尔隆、布仑木沙北、库地北、克里雅河上游和苦阿等地区，主要岩性为云母石英片岩、黑云斜长片麻岩、石英岩、浅粒岩、黑云斜长变粒岩、斜长角闪岩、斜长角闪片岩和斜长角闪片麻岩等，少量黑云透辉斜长片麻岩和黑云阳起斜长片麻岩。变质程度为高绿片岩相—高角闪岩相，原岩为一套泥质杂砂岩-基性火山岩建造。前人获得新疆叶城县库地北该岩群变（枕状）玄武岩锆石 LA-ICP-MS 年龄为 2025±13Ma（1∶25 万区域地质调查报告），据此将库浪那古岩群时代暂定为古元古代。双雁山片岩分布于西昆仑南坡再依勒克河和苏巴什一带，为一套高绿片岩相—角闪岩相变质火山岩-变质碎屑岩组合，岩石内部变质变形强烈，主要岩性为片岩、浅粒岩、石英岩、片麻岩夹大理岩及斜长角闪岩等。

中元古代火山岩属于长城纪赛拉加兹塔格岩群（$ChSl.$）和蓟县纪桑株塔格岩群（$Pt_2^2 Sz.$）。赛拉加兹塔格岩群主要沿西昆仑断续分布于赛图拉、和平桥道班、库地、康矮孜达里亚沟、于田及苦阿一带，构成山脉主脊，主要岩性为二云斜长片麻岩、黑云斜长石英片岩、黑云石英片岩、黑云斜长变粒岩、斜长浅粒岩和石英岩夹斜长角闪岩等。变质程度总体为高绿片岩相—低绿片岩相，局部可达高角闪岩相，原岩为一套泥质-长英质碎屑岩夹碳酸盐和中基性火山岩。汪玉珍（1983）在坎地里克东南获得侵入赛拉加兹塔格岩群花岗岩的 Rb-Sr 年龄为 1576Ma。桑株塔格岩群主要出露恰尔隆南、库斯拉甫西、克森达坂、克音勒克达坂、慕士塔格及其以东等地，在西昆仑北带东部该岩群夹有一套斜长角闪岩和斜长角闪片麻岩（原岩为基性火山岩）。

震旦纪—寒武纪火山岩属于阿拉叫依岩群（$Z\in A.$）及柳什塔格玄武岩（$Zl\beta$）。阿拉叫依岩群主要分布于于田县普鲁乡南一带。柳什塔格玄武岩主要出露于西昆仑南带北缘，沿于田县南的柳什塔格和喀什塔什山一带分布，岩石组合以玄武岩为主，夹少量安山岩，上部为少量的硅质岩、板岩、凝灰岩、灰岩、石英砂岩及含粉砂绿泥板岩和砾岩等，变质程度为低绿片岩相。原岩主体为一套碱性系列基性火山岩，上部层位为深水沉积岩，李博秦等（2007）从该玄武岩中获得 563±48Ma 的 Rb-Sr 等时线年龄。

西昆仑早古生代火山岩分布较为局限，仅分布在西昆中及西昆北，昆中地层为库拉甫河群（$\in OK$），昆北地层为上其汗岩组（$Pz_1 s.$），二者均由变火山岩-碎屑岩夹碳酸盐岩组成。火成岩以玄武岩类为主，其次为安山岩、英安岩和流纹岩；碎屑岩以云母（绢云）石英片岩、石英岩及硅质岩为主；碳酸盐岩有大理岩和白云质大理岩。上其汗岩组火山岩 Pb-Pb 年龄为 480.45～462.24Ma（贾群子等，1999）。另外，张传林等（2004）在库地蛇绿混杂岩中还发现了 428±19Ma 的玄武岩 SHRIMP 年龄。

石炭纪火山岩在西昆仑地区较为复杂，在北带以依萨克群（$C_1 Y$）、他龙群（$C_1 T$）和库尔良群（$C_2 K$）为代表，中带和南带以托库孜达坂组（$C_1 t$）和哈拉米兰河组（$C_{1\text{-}2} h$）为代表。北带主要由玄武岩和安山岩组成，其次为英安岩及流纹岩，中酸性火山岩多数在碎屑岩内呈夹层产出，主要分布在叶尔羌河上游、康西瓦—河尾滩地区、西奴山—色拉阿特达坂一线以北以及库尔良—苏纳克一带，沿东西方向带状展布。南带为玄武岩、安山岩以及凝灰岩和凝灰质角砾岩，其中托库孜达坂组分布在托库孜达坂山北坡阿帕、课帕、阿羌至吐拉一带和车尔臣河上游东西两侧、古尔盆山口以南、乌斯腾塔格及玉龙喀什河上游等地。哈拉米兰河组广泛分布于且末县阿羌南喀拉米兰河、阿克苏河北岸、阿克沙依湖、阿克日塔克山和普热瓦利斯科果山等地，大致沿北东向条带状延伸。

二叠纪火山岩在北带为阿羌岩组($P_{1-2}a$)，主要分布在阿羌裂谷带，于田县吐木亚一带，主要由海相火山岩组成，火山岩有玄武岩、安山岩、英安岩和流纹岩，下部火山岩具双峰式特征，上部火山岩以中基性为主，火山岩内有铜、锌矿层，火山岩地球化学成分总体具裂谷组合特征。下部火山岩所夹放射虫硅质岩时代为早—中二叠世。南带为卡拉勒塔什组，由海相安山岩、英安岩及凝灰岩等组成，火山岩地球化学成分显示具岛弧特征，出露于于田县苏巴什一带。

九、祁连构造带

祁连地区太古宙—古元古代火山岩属于北-中祁连的马衔山岩群($ArPt_1M.$)、北大河岩群($Pt_1B.$)、托来岩群($Pt_1T.$)和湟源岩群($Pt_1H.$)。马衔山岩群零星出露于永靖县刘家峡水库、马衔山、武山县北部和通渭县西南，主要岩性由角闪中长片麻岩、眼球状黑云二长混合岩夹白云岩、黑云中长片麻岩、角闪斜长片岩和石榴白云石英片岩组成，变质程度以低角闪岩相为主，局部发生混合岩化作用。原岩主要为砂质和泥质碎屑岩，其次为碳酸盐岩和少量基性火山岩。在甘肃永靖县拉马川马衔山岩群中的条带状斜长角闪岩中获锆石 U-Pb 年龄 2632±100Ma，侵入马衔山岩群中的辉绿岩墙捕获锆石的$^{207}Pb/^{206}Pb$表面年龄为(2325±3)～(2573±6)Ma(徐学义等，2006)。因此，暂将其时代划归新太古代—古元古代。北大河岩群主要出露于甘肃当金山、野马山、野马南山、镜铁山及祁连山主峰一带，以黑云石英片岩、二云石英片岩和绿泥石英片岩为主，夹斜长角闪岩、角闪石片岩、绿帘黝帘阳起片岩、透闪透辉石岩、浅粒岩和大理岩等，属低角闪岩相—高绿片岩相。该岩群下部原岩组合为泥质粉砂岩夹中基性—基性火山岩；上部原岩组合为泥质岩、泥质粉砂岩、碳酸盐岩夹中基性—基性火山岩。前人从西豹子沟一带侵入于北大河岩群花岗岩脉中获得锆石 U-Pb 不一致曲线上交点年龄 2500Ma(1∶5 万旱峡幅，1994)。托赖岩群主要出露于托来山、门源县大通山的那子沟峡-克克赛和门源县南石头沟口-德庆营等地。下部为夕线黑云斜长片麻岩、石榴石奥长片麻岩、钾长角闪片麻岩、斜长角闪岩、二云片岩及透辉石大理岩；上部为白云石英片岩、黑云石英片岩及砂质灰岩和大理岩。变质程度为角闪岩相，原岩以黏土质和杂砂质岩为主，其次为钙质沉积岩和中基性火山岩。浪士当沟地区黑云斜长片麻岩的形成时代为 1537±5.3Ma(刘建栋等，2015)，根据托赖岩群变质时代(1800Ma)以及原岩恢复认为托赖岩群形成时代应为古元古代(王龙等，2016)。湟源岩群主要出露于青海大通山、达坂山东段、日月山、湟源及乐都北山地区。该群自下而上分为刘家台岩组和东岔沟岩组。刘家台岩组上部为厚层大理岩夹斜长角闪岩及黑云斜长片麻岩；下部为云母石英片岩、黑云斜长片麻岩、斜长角闪岩和角闪斜长片麻岩，夹数层透镜状大理岩及少量石榴云母石英片岩、石英角闪石片岩、透闪石英片岩和绿泥石英片岩。东岔沟岩组上部为云母石英片岩、云母片岩，偶夹绿泥石英片岩和角闪石片岩；下部为石榴云母石英片岩、二云石英片岩夹绿泥石英片岩、角闪石片岩、大理岩和石英岩，变质程度总体为低角闪岩相至高绿片岩相，原岩以浅海相泥砂质沉积岩为主，夹有碳酸盐岩层、玄武岩和安山玄武岩。

祁连山中元古代火山岩属于朱龙关群(Pt_2^1z)、兴隆山群(Pt_2^1x)和皋兰群(Pt_2G)。朱龙关群主要分布于肃北县南、野马南山及托来山等地，系浅海相火山喷发，在熬油沟地区出露最为完整。火山岩主体为玄武质熔岩和基性火山碎屑岩，下部为拉斑玄武岩系，上部为碱性玄武岩系。前人已从该火山岩系中获得大量的同位素年龄，时代介于 2349～1032Ma 之间(徐晓春，1996；毛景文等，1997；夏林圻等，2001)。该火山岩系派生于岩石圈之下地幔柱源的部分熔融，在形成过程中经历了软流圈-岩石圈的相互作用。地幔柱上涌，导致地幔柱上方的岩石圈减薄或开裂，产生大量熔体，形成大陆溢流玄武岩。兴隆山群主要分布在甘肃省榆中县兴隆山一带，在马衔山和刘家峡水库零星出露。其下部为变玄武岩夹安山凝灰岩及少量安山岩和变凝灰质砂岩，中部为绿泥千枚岩夹少量变玄武岩及变粒岩，上部为变安山岩与变流纹英安凝灰岩互层。该群普遍碳酸盐化，变火山-碎屑岩中发育密集的方解石细脉，变质程度为低绿片岩相，原岩为一套基性、中基性火山岩和火山碎屑岩。皋兰群主要出露于甘肃省皋兰县一带，下部为黑云石英片岩、石榴十字黑云石英片岩、石榴石黑云母片岩夹黑云母片岩及黑云角闪片岩，中部为黑云石英片岩、黑云角闪片岩、绢云石英片岩、黑云方解石英岩、石榴黑云石英片岩、斜长角闪片岩及石英岩，上部为含砾岩屑砂岩、粗—中粒岩屑砂岩及细砂岩和千枚岩，含较丰富的微古植物化石。该群变质程度总体为绿片岩相，原岩主要为杂砂岩、石英砂岩、钙质砂岩、泥质岩、碳酸盐岩、砾岩及火山岩。前人在皋兰群中采获较丰富的微古植物化石，以球形藻占优势，其生成时代相当于长城纪—蓟县纪，在区域上可与邻区兴隆山岩群对比。

祁连地区的震旦纪—早古生代火山岩主要属于中北祁连的葫芦河群（ZOH）和南祁连的化隆岩群（$Pt_3H.$），葫芦河群主要分布于通渭黑石头—秦安杨家寺—莲花乡一线，呈树枝状沿其间的河谷两侧出露。葫芦河群主要岩性有变玄武质沉凝灰岩、变凝灰质长石杂砂岩、千枚岩、板岩和变粉砂岩，为一套葡萄石-绿纤石相变质的陆内裂陷复理石建造，砂岩、板岩和千枚岩构成鲍马序列。化隆岩群出露于青海刚察县、贵德县北、化隆和循化等地区，沿日月山-拉脊山南坡呈北西西向分布。下部以混合片麻岩和混合岩为主，夹少量片麻岩和片岩类；中部以片麻岩类和变粒岩类为主，夹少量斜长角闪岩；上部由斜长角闪岩、绿帘斜长角闪岩、黑云斜长角闪岩、角闪斜长片麻岩、角闪斜长变粒岩、黑云变粒岩及透闪辉石岩等组成。该岩群变质程度总体为低角闪岩相，原岩以泥砂质沉积岩为主，夹有碳酸盐岩（包括镁质碳酸盐岩），并有火山岩夹层出现（有玄武岩、安山玄武岩、安山岩和英安岩以及碱玄岩等，以玄武岩为主，）。何世平等（2011）在湟源县南日月乡一带获得化隆岩群条带状二云斜长片麻岩（副变质岩）LA-ICP-MS锆石 U-Pb 最新的蚀源区年龄为 891±7Ma，获得条带状黑云斜长角闪岩（原岩为中性火山岩）的形成年龄为 884±9Ma。

北中祁连地区寒武纪火山岩属于黑茨沟组（$\in_{2-4}h$）和香毛山组（$\in_{3-4}xm$）。黑茨沟组呈断块状断续分布于北祁连山东部及中祁连山东部边缘，岩性为火山碎屑岩、中基性火山熔岩、细碎屑岩及碳酸盐岩。香毛山组分布于北祁连山西段肃南县、肃北县及青海互助县一带，主要由碎屑岩和灰岩组成，局部夹少量火山碎屑岩。南祁连地区的寒武纪火山岩发育于深沟组（$\in_{1-3}s$）和六道沟组（$\in_{3-4}l$）中。深沟组仅出露于拉脊山中段湟源县上峡沟至乐都县尖梁嘴一带，下部以基性—中基性火山岩为主夹碎屑岩，上部以碎屑岩、碳酸盐岩、硅质岩夹中基性火山岩组成。六道沟组广泛分布于拉脊山地区，呈东西向带状展布，岩石组合为中基性火山岩、碳酸盐岩和碎屑岩。

北祁连地区奥陶纪火山岩属于阴沟群（$O_{1-2}Y$）、中堡群（$O_{2-3}Z$）和扣门子组（O_3k）。阴沟群主要分布在甘肃省玉门市东大窑以及青海省祁连县，以中基性火山熔岩和火山碎屑岩为主夹少量碎屑岩。中堡群广泛分布于北祁连山地区，东西延伸千余千米，由火山岩、火山碎屑岩和碎屑岩组成，火山岩以中基性火山岩透镜体为主，在永登县中堡石灰沟地区见碱性火山岩。扣门子组分布于北祁连山地区，以中基性—中酸性火山岩为主，夹有灰岩、硅质岩及碎屑岩。此外，在北祁连东段静宁—清水地区还发育有绿片岩相变质基性、中酸性火山岩和碎屑岩等组成的地层。祁连走廊地区则分布有车轮沟组（$O_{1-2}c$）酸性火山岩。中祁连兰州一带雾宿山群发育基性—中性—酸性火山岩及碎屑岩组合。南祁连奥陶纪火山岩属于分布于拉脊山地区的阿夷山组（O_1a）、茶铺组（O_2c）和药水泉组（O_3ys），由基性—中性—酸性火山岩、火山碎屑岩和碎屑岩组成，形成于伸展（裂谷）海盆。在南祁连中西段还发育吾力沟组（$O_{1-2}w$）和多索曲组（O_3S_1d）火山岩。吾力沟组分布于党河以南，乌兰达坂北坡一线，由基性和酸性火山岩组成。多索曲组以中基性火山岩为主。

祁连志留纪火山岩分布较少，仅在南、北祁连零星出露，中祁连缺失。

泥盆纪火山岩出露较少，仅在北祁连地区出露，属于老君山组（$D_{2-3}l$）和沙流水组（D_3s），主要由杂色砾岩、砂岩、泥岩夹薄层火山岩组成，二者呈狭长带状沿北祁连山北坡的山间及山前凹地分布，代表祁连加里东造山后山间磨拉石沉积。

十、柴北缘构造带

柴达木盆地北缘(柴北缘)构造岩浆岩带地处青藏高原东北部,南祁连板块和柴达木板块结合部位,其南北边界分别为柴北缘深断裂和拉脊山-中祁连南缘断裂,东西则以哇洪山-温泉断裂和阿尔金平移断裂为界。该构造岩浆岩带的古元古代火山岩属于沿柴北缘构造带北部马海达坂—达肯达坂—德令哈—乌兰一线分布的达肯达坂岩群($Pt_1D.$),主要以中基性火山岩为主,并普遍经历了从高绿片岩相到高角闪岩相的变质作用,局部地段达到了麻粒岩相变质,陆松年(2002)从德令哈地区的斜长角闪岩中获得了2412Ma的单颗粒锆石U-Pb年龄,张建新(2001)在德令哈地区的基性麻粒岩中获得了2519Ma的Nd模式年龄,说明本地区的基底应形成于新太古代晚期—古元古代。

中元古代火山岩出露较少,主要分布在都兰沙柳河地区,属于沙柳河岩群($Pt_2S.$)的一部分,为一套经历了角闪岩相变质的中基性火山岩。

新元古代火山岩在柴北缘地区分布较多,包括作为欧龙布鲁克微板块稳定沉积盖层的全吉群($Pt_3^2 \in_1 Q$)以及分布在都兰县沙柳河地区和野马滩地区、锡铁山地区以及大柴旦附近的鱼卡河(落凤坡)地区的榴辉岩。其中,全吉群火山岩主要分布于柴北缘欧龙布鲁克山、全吉山、石灰沟及大头羊沟一带,为一套未变质的钙碱性—碱性玄武岩和玄武安山岩,是边缘裂陷槽的产物,李怀坤(2003)获得火山岩的锆石U-Pb年龄为800Ma左右。柴北缘地区的榴辉岩在早古生代普遍经历了超高压变质作用,地球化学研究显示这些榴辉岩普遍具有板内玄武岩或E-MORB的特征,其原岩的时代为700～850Ma(杨经绥等,2005;孙丹玲等,2007;国显正等,2017)。

柴北缘地区的寒武纪—奥陶纪火山岩分布广泛,属于滩间山群($\in OT$)火山-沉积岩系,从最东端都兰沙柳河地区向西经锡铁山、绿梁山和赛什腾山,直至最西侧阿尔金断裂附近的小赛什腾山一带均有出露,时代介于514～450Ma之间(高晓峰等,2011),滩间山群火山岩普遍经历了绿片岩相变质,其原岩为基性—中酸性火山岩和火山碎屑岩,主体为形成于俯冲带环境下的岛弧火山岩。

柴北缘地区泥盆纪牦牛山组(D_3m),主要分布在赛什腾山、阿木尼克山—额明尼克乌拉一带以及都兰的牦牛山地区,除阿木尼克山地区有海相夹层外,其余地区均为典型的陆相沉积,火山岩以紫红色的中性火山岩和火山碎屑岩为主。

石炭纪火山岩属于吐尔根达坂组(CP_2t),分布于吐尔根达坂山—宗务隆山—青海南山等地,由碎屑岩、硅质岩及安山玄武岩和玄武岩等组成,为陆缘裂谷火山岩。此外,本地区还分布有三叠纪火山岩,在都兰县八宝山地区分布有八宝山组(T_3bb),火山岩组合为玄武岩-安山岩-流纹岩组合,为陆相火山岩;在兴海县鄂拉山地区分布有鄂拉山组(T_3e),为基性—中性—酸性火山岩夹酸性及中酸性凝灰岩组合。前人获得流纹岩和安山岩年龄分别为215Ma、224Ma和228Ma,在浅灰绿色流纹质晶屑凝灰岩中获得锆石U-Pb年龄为226Ma和231Ma(转引自青海省地质调查院,2020),说明其时代应为晚三叠世。

十一、秦岭构造带

(一)北秦岭地区

北秦岭古元古代火山岩属于秦岭岩群($Pt_1Q.$),该岩群由泥质-长英质变质岩、基性变质岩和钙质变质岩3种基本变质岩石组成(片麻岩类、大理岩类、石英片岩类),原岩为陆源碎屑岩、泥质岩夹碳酸盐岩、基性火山岩和少数酸性火山岩。北秦岭目前时代依据较为确切的中新元古代火山岩系为宽坪岩群

($Pt_{2-3}K.$)，分布于北秦岭北部，呈东西向延伸千余千米，其中研究较多的地段是陕西黑河、北宽坪—马河和河南南召一带。宽坪岩群为一套强烈变形，变质达高绿片岩相—低角闪岩相的中低级变质岩系，原岩主要由基性火山岩、碎屑岩和碳酸盐岩组成，变基性火山岩主要属于广东坪岩组($Pt_{2-3}G.$)，以基性火山岩为主，四岔口组($Pt_{2-3}s$)不含火山岩，谢湾组($Pt_{2-3}x$)夹有少量变基性火山岩，其主体形成时代为1800～1000Ma，属于新元古代火山沉积岩系。有影响的年龄数据包括张宗清(1996，2002)对商州广东坪的绿片岩所测定的Sm-Nd等时线年龄为986Ma，洛南马河斜长角闪岩1153Ma，河南南召绿片岩1085Ma。此外，在商南一带秦岭岩群南、北边缘，西安地质学院1∶5万区域地质调查从秦岭岩群及泥盆纪地层中解体出一套经角闪岩相变质的陆源泥质岩、碎屑岩-碳酸盐岩-基性火山岩组合，具火山复理石建造特征，北部称峡河岩群($Pt_{2-3}X.$)，火山岩为亚碱性，年龄为1605Ma(Sm-Nd)(王志宏，2000)，并发现少量成分似科马提岩，认为形成于活动大陆边缘和大陆岛弧。

早古生代火山岩大致沿秦岭岩群南、北呈两个带状断续分布，北带指草滩沟群(DC)和二郎坪群(Pz_1E)(原云架山群、斜峪关群)，由低绿片岩相变质海相火山岩-泥质岩和碎屑岩-碳酸盐岩组合组成，通常下部以泥质碎屑岩为主夹凝灰岩和火山岩，中部以火山岩为主，上部为凝灰岩、碎屑岩及碳酸盐岩。火山岩东段以基性和中基性为主，中西段以中酸性为主，基性火山岩具拉斑玄武岩和钙碱性玄武岩的地球化学成分特征，常共生有超基性岩、辉长岩-石英闪长岩，形成于伸展型海盆。前人已获得大量的同位素年龄数据，中段铜峪为472±7Ma(闫全仁，2005)；东段豫西基性火山岩为466.6±7Ma(陆松年，2003)；中段侵入其内的石英闪长岩(红花铺岩体)U-Pb(LA-ICP-MS)年龄为450.4±1.8Ma(王洪亮等，2006)。南带西自天水关子镇向东经唐藏—太白—厚畛子—丹凤—商南再向东延入豫西，地层受北秦岭南缘主糜棱构造岩带强烈改造和位移，呈近东西向分段以构造岩片产出，由火山岩-沉积岩组成，火山岩以基性为主。东段以商州丹凤群($Pt_3OD.$)为代表，由斜长角闪片岩、云母石英片岩夹变粒岩、薄层大理岩和硅质岩等组成，在硅质岩中含奥陶纪—志留纪化石(张国伟，1996)，基性火山岩的年龄为447±41Ma(Rb-Sr)(张国伟等，1988)和1054～825Ma(Sm-Nd)(裴先治，1995；张宗清，1995)。中段太白—首阳山一带的丹凤岩群，由斜长角闪岩(原岩为玄武岩)、玄武安山岩、火山碎屑岩夹石英斑岩、流纹岩、薄层硅质岩及大理岩组成。周至黑河基性火山岩年龄为984±36Ma和949Ma(Sm-Nd)(张宗清，1996，1997)，太白鹦鸽咀年龄为476Ma(SHRIMP)(1∶25万宝鸡市幅，2003)。西段天水一带由斜长角闪片岩、绿片岩和石英片岩呈不等厚互层，夹大理岩、硅质岩及钙质片岩，原岩为玄武岩、玄武安山岩、陆源碎屑岩和碳酸盐岩，依据不同岩石组合特征划分为不同岩石地层单位，木其滩岩组($Pt_3Omq.$)以基性火山岩为主；李子园群(Pt_3OL)为陆源碎屑岩-火山岩夹碳酸盐岩。西段木其滩岩组变火山岩同位素年龄为932Ma(Sm-Nd)(1∶25万天水市幅，2004)；李子园群变火山岩年龄为540±18Ma(Rb-Sr)(张维吉，1993)；关子镇蛇绿岩年龄为518±8Ma(U-Pb)和544±47Ma(Sm-Nd)(1∶25万天水市幅，2004)；罗汉寺酸性火山岩年龄为523.7Ma(U-Pb)(陆松年等，2004)，岩湾、黑河火山岩年龄分别为476±7Ma和442±7Ma(U-Pb)(陈隽璐，2005；闫全仁，2005)。此外，在李子园大草坝大理岩中还发现含晚寒武世—奥陶纪牙形石(李永军等，1990)。

(二)中南秦岭地区

本区古元古代火山岩分布在商南赵川一带，属于陡岭岩群，本群由斜长片麻岩、角闪斜长片麻岩、斜长角闪岩、斜长榴闪片岩及变粒岩和石墨片岩等组成，含夕线石和黑云母等变质矿物，原岩为杂砂岩、泥质岩和中基性火山岩，同位素年龄为2500～1840Ma，主体时代为古元古代(张宗清，1994；张本仁，1996；西安地院，1999)。

南秦岭耀岭河群(Pt_3YL)、陨西群(Pt_3Y)和武当岩群($Pt_2W.$)火山-沉积岩系分布于南秦岭东段北部镇安和商南县耀岭河地区，构成3个较大规模的火山岩穹(即牛山岩穹、平利岩穹和武当山岩穹)，其中的火山岩(及侵入其中的基性岩墙群)SHRIMP和LA-ICP-MS结晶喷发年龄为833～679Ma(凌文黎等，2007；夏林圻等，2008，2012），时代应为新元古代中—晚期。在火山岩喷发序次上，耀岭河群多呈平行不整合覆盖于武当岩群（和陨西群）之上，并有宽30～100m、长几千米至几十千米的基性岩墙群（辉长岩和辉绿岩脉）侵入于武当岩群之中。武当岩群由绿片岩相变质火山岩-沉积岩组成，分布在武当山及其以南地区，主要由钠长片岩、变粒岩、浅粒岩、石英片岩及少量绿片岩组成。在安康牛山和平利等地则由角斑岩、石英角斑岩、流纹岩及同源凝灰岩、绢云千枚岩及石英片岩等岩石组成，由火山碎屑岩-火山熔岩-正常沉积岩构成若干韵律层；在安康牛山和商南赵川等地出现角砾熔岩、集块岩和角砾凝灰岩等喷发中心的岩石组合；在北大巴山以凝灰岩、千枚岩夹石英（片）岩为主。总体上，本区武当岩群为火山岩-碎屑岩组合，火山岩以中性和酸性为主，为钙碱-偏碱岩系。耀岭河群主要由绿片岩相变质火山岩-正常沉积岩组成，火山岩以玄武岩和细碧岩为主，少数流纹岩、粗面岩、安山岩及同源火山碎屑岩，火山岩与正常沉积岩横向上常出现互变，在牛山构成火山穹隆构造，在迭部—降扎等地也出露少量由中性、酸性火山岩、火山碎屑岩-正常沉积砂板岩组成的地层。从火山岩岩石组合及岩浆系列上，据夏林圻（2008，2012）研究，南秦岭东段这些新元古代中—晚期火山岩系具以下特征：①西南部牛山和平利岩穹中，早期喷发的陨西群分布于岩穹的中部，全由酸性岩石（流纹岩、流纹英安岩）组成；晚期喷发的耀岭河群分布于岩穹的边缘，全由基性岩石（玄武岩、玄武安山岩）组成，包含拉斑和钙碱两个岩浆演化系列。②东南部武当山岩穹中，早期喷发的武当山群分布于岩穹的中部，组成的岩石类型有玄武岩、英安岩、流纹英安岩和流纹岩，包含拉斑和钙碱两个岩浆系列，双峰式分布明显；晚期喷发的耀岭河群分布于岩穹的边缘，岩石类型亦呈双峰式分布，有玄武岩、碱性玄武岩、英安岩、粗面岩和碱流岩等，包含拉斑和碱性两个岩浆系列；拉斑玄武质岩浆系列的辉长岩和辉绿岩等基性岩墙最晚侵入。③分布于西北部镇安地区的耀岭河群，岩石类型有玄武岩、安山岩和英安岩等，不具有双峰式特点，多属拉斑系列。④分布于东北部耀岭河地区的耀岭河群，与武当山地区的耀岭河群相似，也具有明显的双峰式结构，但均属碱性系列，岩石类型有碱性玄武岩和碱流岩。

早古生代火山岩中，奥陶纪火山岩属于大堡组（O_3db）和洞河组（Od），大堡组以细碎屑岩为主，夹有中酸性火山熔岩，主要分布在略阳县秦家坝一带，向西延入甘肃康县一带。洞河组由板岩、火山碎屑岩和火山岩组成，分布在石泉、安康、紫阳平利、岚皋和镇坪一带。志留纪火山岩分布较少，属于斑鸠关组，以板岩为主，夹少量火山岩及砂岩，分布在紫阳县、白河县、安康和洋县一带。

晚古生代石炭纪火山岩仅分布在武山—大草滩—临潭—合作一带，属于巴都组，该组主要由碎屑岩和碳酸盐岩组成，偶夹安山质火山岩及火山碎屑岩。

中生代火山岩分别属于晚三叠世鄂拉山组（T_3e）、晚三叠世—中侏罗世郎木寺组（T_3J_2lm）及白垩纪多福屯组（K_1df）。鄂拉山组火山岩以中酸性为主，出露于中南秦岭西段。郎木寺组分布于迭部降扎一带，火山岩以中基性为主，具钾玄岩类特征，晚期过渡为中酸性。多福屯组分布于西部多福屯盆地及甘加盆地，以基性及中基性火山岩为主夹紫红色砂砾岩。

十二、羌塘-三江构造带

羌塘-三江构造带内火山岩主要分布在北羌塘和甘孜—理塘地区，最老火山岩出露在甜水海地块古元古代布伦阔勒岩群（$Pt_1B.$）中，以晚古生代以来火山岩最为发育。

羌塘—三江地区目前发现最古老火山岩系出露在甜水海地块古元古界布伦阔勒岩群中，为一套玄武岩-玄武安山岩-流纹岩组合，流纹岩锆石U-Pb年龄为2481±14Ma（计文化等，2011）。其中，玄武岩和玄武安山岩主体属于低铝拉斑玄武岩系列，流纹岩属于低铝钙碱性系列，形成于大陆拉张构造环境。

中泥盆世火山岩仅出露在玉树地区的桑知阿考组（D_2s）中，为灰色变砾岩与灰绿色安山岩互层夹安山质角砾熔岩，其上有一层厚度大于60m的灰色块状碎裂砂砾岩。

晚石炭世—二叠纪火山岩出露在龙木错-双湖构造带的天泉、屏风岭地区和北羌塘东部莫云地区以及理塘地区。天泉和屏风岭地区展金组(C_2P_1z)岩性主要为变质砂岩、变质粉砂岩、砂质板岩、千枚岩和冰海杂砾岩等,夹多层变质玄武岩,为一套受低绿片岩相变质作用改造的碎屑岩夹基性火山岩的火山-沉积建造,时代为晚石炭世—早二叠世,范建军等(2014)认为其具有洋岛组合特征,洋岛组分为玄武岩、枕状玄武岩、硅质岩和灰岩。段其发等(2006)在北羌塘东部莫云地区早二叠世栖霞期尕笛考组(P_1g)中发现海相高 Ti 玄武岩,岩石类型包括杏仁状玄武岩、粗玄岩、块状玄武岩、橄榄玄武岩和安山玄武岩,属碱性玄武岩系列,具板内碱性玄武岩的地球化学特征,认为其形成于陆块边缘拉张带(初始裂谷)环境。甘孜-理塘蛇绿混杂岩带理塘地区二叠纪达森隆洼岩组(PdS.)主要由枕状玄武岩、灰岩和硅质岩组成,局部夹深海相紫红色硅质泥岩,未见陆缘碎屑物质成分,严松涛等(2019)认为是一套洋岛型岩石组合,玄武岩具典型的 OIB 性质。

三叠纪火山岩广泛分布在北羌塘地区,巴颜喀拉地区少量出露。巴颜喀拉地区仅在巴颜喀拉山群(TB)中出露少量火山岩夹层。张耀玲等(2015)在卡巴纽尔多湖西牙扎康塞一带巴颜喀拉山群碎屑岩系的英安质沉凝灰岩中获得锆石 U-Pb 年龄为 244±2Ma,认为巴颜喀拉山群火山岩组形成于中三叠世早期。金沙江缝合带西段青海治多地区当江荣中酸性火山岩单颗粒锆石 U-Pb 年龄为 237.6Ma,形成于早—中三叠世,为一套岛弧碱性火山岩系(刘银等,2014)。北羌塘沃若山地区三叠纪肖茶卡组(T_3x)之上不整合沉积超覆了一套沉火山碎屑岩夹火山岩地层,该套地层底部的玻屑凝灰岩夹层的 SHRIMP 锆石 U-Pb 年龄为 216.1±4.5Ma(王剑等,2007)。该年龄代表了沃若山地区晚三叠世火山-沉积事件的时代,与羌塘盆地广泛分布的那底岗日和石水河等地区的那底岗日组(T_3n)火山岩的形成时代基本一致(那底岗日组火山岩由英安岩、流纹岩和凝灰岩等组成),同属晚三叠世。该时期羌塘地区的火山岩可能具有相同的岩浆源区和相似的构造环境。

北羌塘北部第三纪火山岩较为发育,主要出露在石水河、浩波湖、多格错仁、枕头崖和雁石坪等地,主要见于羌北地层分区的第三纪石坪顶组(N_2s),分为碱性(钾玄岩质)和高钾钙碱性两个不同的系列。碱性系列主要岩石类型为钾质粗面玄武岩、橄榄玄粗岩、安粗岩和粗面岩,为一套强烈富集轻稀土和部分大离子亲石元素的幔源岩浆系列,并具有很高的$^{87}Sr/^{86}Sr$、$^{143}Nd/^{144}Nd$ 和 Pb 同位素比值,它们揭示了青藏高原北部陆下地幔为一特殊的富集型上地幔,古老沉积物和古洋壳物质再循环进入地幔体系,对于形成这种特殊类型的富集地幔具有重要意义,而北羌塘第三纪这套碱性系列火山岩则是由于青藏高原在板块碰接这一特定构造条件下,壳幔物质再循环的最终产物。高钾钙碱系列火山岩主要岩石类型为安山岩和英安岩类,它们属典型的壳源岩浆系列,轻稀土富集和无负铕异常表明其源区物质组成相当于榴辉岩质,从而揭示了青藏高原北部具有一加厚的陆壳,其下地壳岩浆源区具榴辉岩相的物质组成。青藏陆块之下软流层物质的上涌而形成幔源碱性岩浆活动,而青藏陆壳的挤压缩短和加厚可以较好地封闭壳底岩浆池(海),从而使幔源岩浆在莫霍面下的底侵作用为下地壳中酸性高钾钙碱系列火山岩的起源提供了热动力条件,该区两套不同系列和源区类型的火山岩正是在这种特殊的构造环境中形成的(赖绍聪等,2001)。

十三、阿富汗-扎格罗斯构造带

阿富汗-扎格罗斯构造带火山岩不发育,在阿富汗地块、加尼兹-迈丹地块和扎格罗斯构造带中出露少量晚古生代以来的火山岩。

早石炭世火山岩出露在阿富汗地块和加尼兹-迈丹地块。阿富汗地块霍斯特罗金组中火山岩为海相玄武岩-安山岩-流纹岩组合;加尼兹-迈丹地块下石炭统下部出露安山岩,其上主要为火山碎屑岩,为海相沉积地层。

晚三叠世—中侏罗世火山岩出露在阿富汗地块瓦马尔组中,瓦马尔组下部为一套粗碎屑岩组合,上部为大套灰岩,为一套海陆过渡相沉积,碎屑岩与灰岩之间出露少量英安岩。

古近纪火山岩出露在阿富汗地块、加尼兹-迈丹地块和扎格罗斯构造带。阿富汗地块和加尼兹-迈丹地块的舒雷赛组底部发育安山岩和英安岩的岩石组合，为海陆过渡相环境。扎格罗斯构造带古近纪岩石组合为安山岩和英安岩，为海相沉积环境，属于新特提斯洋洋壳俯冲所致的弧火山岩。

新近纪早期在阿富汗地块西部出露少量玄武岩和安山岩等陆相火山岩岩石组合。

第四章　蛇绿岩(蛇绿混杂岩)和缝合带

第一节　蛇绿岩分类

对于蛇绿岩定义和分类一直存在争论，自从1972年在美国彭罗斯会议上给出了蛇绿岩具有里程碑式的定义之后，有关蛇绿岩的分类被不断提出，并被用于讨论地质构造演化。Dilek等(2011)提出新的蛇绿岩定义，强调在威尔逊旋回的各个阶段都会形成性质不同的蛇绿岩，并根据蛇绿岩生成环境将其分为与俯冲作用无关的蛇绿岩和与俯冲作用相关的蛇绿岩。根据蛇绿岩的地球化学、岩石学指标和内部结构，进一步将与俯冲作用无关的蛇绿岩分为陆缘型(CM)、洋中脊型(MOR)和地幔柱型(P)；将与俯冲作用相关的蛇绿岩分为俯冲带上盘型(SSZ)和火山弧型(VA)。Dilek等(2011)进一步将俯冲带上盘型(SSZ)细分为弧后至弧前(BA－FA，backarc to forearc)、弧前(FA，forearc)、大洋弧后(OBA，oceanic backarc)和大陆弧后(CBA，continental backarc)4个次级类型，同时，提出SSZ型蛇绿岩是目前分布最为广泛的蛇绿岩类型。

前人对研究区内蛇绿岩类型划分多基于美国彭罗斯会议蛇绿岩定义，基于Dilek等提出的蛇绿岩分类的很少，并以构造环境为主要目的研究较多。我国西北地区蛇绿岩研究文献较多，中亚地区蛇绿岩也有部分报道，但研究程度较低，南亚和外蒙地区研究程度相对更低，研究文献很少。王希斌等(1994)根据蛇绿岩剖面类型和洋盆发育阶段，将中国蛇绿岩分为4种构造类型：初始洋盆型、成熟洋盆型、岛弧型和残余海盆型(非蛇绿岩)镁铁-超镁铁岩。我国西北地区的东准噶尔、西准噶尔、南天山、西昆仑、东昆仑南、北祁连和秦岭地区的蛇绿岩均归属于初始洋盆型，北山、北祁连和布青山的部分蛇绿岩属于成熟洋盆型。肖序常(1995)将蛇绿岩分为快速和中速扩张速率条件下产生的Ⅰ、Ⅱ类蛇绿岩和慢速扩张条件下产生的Ⅲ类蛇绿岩以及极慢速扩张速率条件下产生的Ⅳ类基性、超基性岩组合，将天山、东准噶尔、西准噶尔、东西昆仑的蛇绿岩归于慢速扩张的Ⅲ类蛇绿岩，将北祁连的蛇绿岩虽然也划归Ⅲ类，但因资料缺乏并未计算洋盆宽度。

一、古亚洲构造域蛇绿岩

萨彦-额尔古纳(西段)地区蛇绿(混杂)岩的研究文献较少，以晚前寒武纪—寒武纪蛇绿岩为主，代表性蛇绿岩有巴彦洪戈尔蛇绿岩、湖区蛇绿岩和日金蛇绿岩等，该地区蛇绿岩研究程度非常低，早期研究多集中在时代研究上，缺乏蛇绿岩分类研究资料。其中，阿尔泰造山带Kurai和Katun蛇绿混杂岩中玄武岩以碱性玄武岩为主(Safonova，2008)，不发育高镁苦橄岩或科马提质玄武岩，SiO_2含量变化范围较大，TiO_2含量较高(高于岛弧火山岩)，低MgO，$Mg^{\#}$变化范围较大(1.71%～9.11%)，P_2O_5含量普遍偏低，大部分样品$(La/Yb)_N$值高达10，表明其轻稀土元素和大离子亲石元素高度富集，无明显的Nb、

Ta、Ti负异常。Zr/Nb、La/Nb和Ba/Th的值较为接近，均与典型的OIB值(5.0～13.1、0.78～1.32、80～204)(Weaver,1991)一致。亚碱性玄武岩比碱性玄武岩的TiO_2含量略低，轻稀土富集程度略弱，具有较强的Eu负异常，具有MORB特征。

中亚地区蛇绿(混杂)岩研究资料较少，且以蛇绿岩形成时代研究为主，仅有少量岩石地球化学研究资料。1990年哈萨克斯坦国际蛇绿岩研讨会报道了马依卡因蛇绿岩带托尔巴克蛇绿岩部分岩石地球化学数据：下部组分的超镁铁岩显示来自亏损地幔的岩石地球化学特征，MgO/(MgO+FeO)为0.77～0.82，MgO/SiO_2为0.83～0.95；枕状玄武岩以碱偏高为特征，K_2O含量为1.5%～2.95%，最高为4.24%，(Na_2O+K_2O)含量高达4.8%，TiO_2含量较低，不超过0.92%，并具有高铁、铝的特征。

1990年哈萨克斯坦国际蛇绿岩研讨会报道了伊特穆龙德-秋尔库拉姆(依特木伦金)蛇绿岩部分岩石地球化学数据：火山岩以枕状玄武岩为主，富Ti(TiO_2为1.7%～3.2%)和P，总碱度一般大于5%，比一般的玄武岩样品高钾(>2%)，稀土配分曲线为平坦型，11个样品平均值为Rb为42×10^{-6}、Zr为470×10^{-6}、Sr为250×10^{-6}、U为2.1×10^{-6}、Th为14.4×10^{-6}。总体属于高钛、高碱的拉斑玄武岩系列。

盖斯等(1985)首次提出在境外中、北天山之间分布着两条平行的蛇绿岩带，拉米兹(1997)认为这里的蛇绿岩都是异地产出，根带只有一个，位于中、北天山的界线处，称为吉尔吉斯-帖尔斯克伊蛇绿岩带(即伊什姆-纳伦带)，大多数蛇绿岩片的玄武岩和辉绿岩的地球化学特征与近代洋中脊相近，蛇绿岩片的玄武岩和辉绿岩有MORB型的，更多的为E-MORB型和T-MORB型。有两个地点蛇绿岩片的玄武岩、辉绿岩和辉长岩贫稀土元素，尤其是贫轻稀土元素，低Ti、Zr、Y，Th较Ta、Hf富集的特征，显示其为亏损的拉斑系列岛弧型火山岩，形成于俯冲的大洋板块之上的拉张带，属SSZ型蛇绿岩，扩张速率为1～1.25cm/a，属于慢速扩张型古洋。

萨雷吐姆-捷克里蛇绿岩带3个样品落在钙碱系列区，属于洋岛碱性玄武岩(Авдеев А В и др,1997)。

额尔齐斯蛇绿混杂岩带中，科克森套蛇绿岩代表了准噶尔地体和阿勒泰-蒙古地体之间的洋壳残余(倪康等,2013)；吐尔库班套蛇绿岩中镁铁-超镁铁岩的不相容元素配分曲线平缓，与MORB类似(王玉往等,2011)；玛因鄂博蛇绿岩中，变质基性火山岩具有典型的N-MORB型玄武岩特征，代表早志留世西伯利亚板块南缘大洋扩张脊岩浆作用产物(张越等,2012)；布尔根和乔夏哈拉蛇绿混杂岩带中存在多种性质和环境来源的岩块，认为是构造混杂带的性质(吴波等,2006)。额尔齐斯蛇绿混杂岩带北部的库尔提蛇绿岩具有MORB和IBA的双重地球化学特征，高的$\varepsilon_{Nd}(t)$值与典型的Mariana弧后盆地的玄武岩类似(许继峰等,2001；马林等,2008)。

对于东准噶尔地区，卡拉麦里蛇绿岩的研究文献很多，关于其类型的认识主要有3类：第一，SSZ型蛇绿岩(杨梅珍等,2009；陈新蔚等,2013)，是大洋板块洋内俯冲消减作用产物。第二，卡拉麦里蛇绿岩中辉长岩和基性熔岩REE球粒陨石标准化和微量元素原始地幔标准化配分型式呈平坦型分布，大离子亲石元素丰度低，被认为是典型的MORB，无岛弧及洋岛岩石的地球化学特征，卡拉麦里蛇绿岩很可能形成于大洋中脊(汪帮耀等,2009)。最新在滴水泉地区发现的蛇绿岩带，产在卡拉麦里蛇绿岩的西北方向延伸部位，也被认为是洋中脊型蛇绿岩(胡朝斌等,2014)。第三，是通过俯冲、碰撞及陆内缩短期间的仰冲等3个阶段侵位的洋壳(李锦轶等,1995)。

西准噶尔地区蛇绿岩分布较多，集中在西准噶尔的西南部、北部和东南部。较早提出西准噶尔蛇绿岩类型的有冯益民等(1986)，他认为西准噶尔蛇绿岩大体上接近科迪勒拉型，但较科迪勒拉型蛇绿岩在成分上、结构上以及后期构造破坏的程度上都要复杂得多，代表了一个具活动陆缘的大洋盆由发生、发展到消亡以及消亡后陆内造山阶段构造演化的全部过程。郝梓国等(1991)根据岩石组合的不同，将西准噶尔蛇绿岩分为两类：一是变质橄榄岩+辉石岩+辉长岩组合(简称PPG系列)，以唐巴勒和玛依勒蛇绿岩为代表；二是变质橄榄岩+橄长岩+辉长岩组合(简称PTG系列)，以达拉布特和布克赛尔蛇绿岩为代表。张池等(1992)将西准噶尔蛇绿岩带分为两个类型：一类是堆晶岩，以辉石-辉长岩为主，上部火山岩组合复杂的弧后环境蛇绿岩，以唐巴勒蛇绿岩为代表；另一类是堆晶岩发育，以橄长岩-辉长岩为主，上部火山岩为洋脊玄武岩的洋脊蛇绿岩，以洪古勒楞蛇绿岩为代表。达拉布特柳树沟蛇绿岩的岩石地球化学特征被认为与SSZ型蛇绿岩相似（李纲等，2014），玛依勒蛇绿岩也被认为是SSZ型（翁凯等，2016）。

北天山地区，李文铅等（2008）认为形成于晚寒武世—早奥陶世的康古尔塔格蛇绿岩与准噶尔蛇绿岩一样，属SSZ型蛇绿岩，提出东天山康古尔塔格地区在早古生代发育有古洋盆。对于著名的巴音沟蛇绿岩，邬继易等（1989）提出是早石炭世晚期陆缘海盆环境。徐学义等（2006）认为其岩浆主体来源于N-MORB，但在形成过程中有OIB组分的加入，因而，巴音沟蛇绿岩形成于大陆裂谷向大洋裂谷转化的构造环境，是红海型洋盆的地质记录（夏林圻等，2005）。苏会平等（2014）报道了早泥盆世晚期的贝勒克蛇绿岩，具有MORB特征，部分样品具有洋岛玄武岩特征。此外，干沟蛇绿岩被认为属MORB型（董云鹏等，2006）。

中天山南缘地区的蛇绿岩，自西向东包括长阿吾子、古洛沟、乌瓦门和榆树沟等蛇绿岩，是增生扩大了的西伯利亚克拉通陆缘系统与塔里木陆块之间的缝合带。高俊等（1995）认为其枕状熔岩主要为N-MORB。牛晓露等（2015）认为乌瓦门蛇绿混杂岩中的超镁铁岩为经历过低程度（5%～10%）部分熔融作用的残余地幔橄榄岩，形成于洋中脊环境，是MORB型蛇绿岩中的地幔橄榄岩。冯晓强等（2012）认为古洛沟-吾瓦门向东延为拱拜子蛇绿混杂岩带，与库米什以南地区的榆树沟-铜华山-硫磺山蛇绿混杂岩带并非同一条蛇绿岩带。

南天山地区，龙灵利等（2006）认为库勒湖蛇绿岩具N-MORB特征，是425±8Ma时期古亚洲洋南缘南天山一带存在的一个小洋盆证据。而马中平等（2006）认为库勒湖蛇绿岩是弧后盆地型蛇绿岩。徐向珍等（2011）认为榆树沟和铜花山的蛇绿岩形成于MORB构造环境，但具有受俯冲带流体改造的特征，并伴生有岛弧火山岩。

北天山地区发育4条蛇绿岩带：一是早古生代红柳河-牛圈子-洗肠井蛇绿岩带；二是早古生代芨芨台子-小黄山蛇绿岩带；三是晚古生代红石山-百合山-蓬勃山蛇绿岩带；四是辉铜山-帐房山蛇绿岩带。其中，红柳河-牛圈子-洗肠井蛇绿岩带形成于早古生代洋盆环境，特征最接近现代洋壳蛇绿岩（杨合群等，2010）。据月牙山蛇绿岩中蚀变橄榄岩、变基性岩系统的地球化学特征推测其应形成于与岛弧无关，形成于洋脊环境，即为MORB型（侯青叶等，2012）。芨芨台子-小黄山蛇绿岩带被认为形成于早古生代弧后盆地环境（杨合群等，2010）。红石山蛇绿岩中的玄武岩具有MORB的地球化学特征（王国强等，2014）。

二、特提斯构造域蛇绿岩

研究者对阿尔金地块北部红柳沟蛇绿混杂带中蛇绿岩类型的认识不一致。吴峻等（2002）认为其中具有T-MORB的变基性岩是蛇绿岩的基性组分，红柳沟蛇绿岩产出于洋脊环境，具有OIB特征的变基性岩不属于蛇绿岩的成员，是喷发于大洋板块之上的洋岛火山岩，与地幔柱岩浆活动有关。杨经绥（2008）认为红柳沟蛇绿岩多为SSZ型，代表了一个复杂的板块缝合带，其在年龄和特征等方面均可以与北祁连缝合带对比，两个带曾经是一个带。刘良等（1998）、王焰等（1999）认为南阿尔金的蛇绿岩具有E-MORB和OIB特征，属洋脊型蛇绿岩。

祁连山和柴北缘地区从北向南分布有4条蛇绿混杂岩带，依次是九个泉-老虎山蛇绿岩带、熬油沟-玉石沟-永登蛇绿岩带、拉脊山-永靖蛇绿岩带和柴北缘蛇绿混杂岩带。九个泉-老虎山蛇绿岩带包括九个泉、大岔大坂、扁都口和老虎山4个蛇绿岩区块。钱青等（2001）认为北祁连九个泉蛇绿岩形成于弧后盆地中的海山环境，其中的玄武岩为MORB，根据其地质产状和地球化学特征又可以分为两部分，即剖面下部的玄武岩为N-MORB，上部的玄武岩主要为E-MORB。夏林圻等（2001）也认为，北祁连山西段的大岔-大坂和九个泉的蛇绿岩属“弧后扩张脊型蛇绿岩套”。对于北祁连山以玉石沟和川刺沟为代表的蛇绿岩,夏林圻等(2001)认为属洋脊-洋岛型蛇绿岩套,来源于富集的地幔柱或热点。史仁灯等(2004)认为玉石沟蛇绿岩可能形成于类似于洋中脊的构造环境,并受到火山弧岩浆作用的影响;李冰等(2016)认为与玉石沟同属一条带的油葫芦沟蛇绿岩中,玄武岩属于典型的亏损型大洋中脊玄武岩(MORB),进而认为北祁连洋在新元古代—晚寒武世为典型的大洋中脊环境。东沟蛇绿岩主要由辉橄岩、辉长岩和基性火山岩组成,其中基性火山岩具有洋中脊玄武岩(N-MORB)特征(武鹏等,2102)。罗增智等(2015)归纳总结前人的认识,指出熬油沟、玉石沟和东草河蛇绿岩主体形成于洋中脊环境,为MORB型蛇绿岩;九个泉、扁都口和老虎山蛇绿岩为SSZ型蛇绿岩。孟繁聪等(2010)认为北祁连大岔大坂剖面保存了MOR型和SSZ型两类蛇绿岩,记录了两种构造环境的岩浆活动,并根据两类蛇绿岩的年龄推测,从残留洋壳的形成到岛弧的出现间隔了大约20Ma,这一认识显然与其他的主流认识(弧后盆地)不同。

秦岭造山带主要发育商丹和勉略两条蛇绿构造混杂岩带。其中,商丹蛇绿构造混杂岩带呈北西向展布于秦岭造山带中北部,西起甘肃武山,被渭河断裂所截切,东延至南阳盆地,被新生代地层覆盖,是北秦岭造山带与中南秦岭构造带之间具分划意义的构造混杂岩带。该带中的早古生代蛇绿岩岩块由西到东主要有武山蛇绿岩、关子镇蛇绿岩、岩湾-鹦鸽咀蛇绿岩、丹凤蛇绿岩及郭家沟蛇绿岩块等。关子镇和岩湾蛇绿岩岩块具有N-MORB特征,武山蛇绿岩具有E-MORB特征(董云鹏等,2007),鹦鸽咀蛇绿岩为SSZ型(李源等,2012)。勉略蛇绿构造混杂岩带分布于康县-略阳-勉县-西乡高川,向东南经巴山弧出研究区与城口-青峰-房县断裂带相接,向西于岷山北被三叠纪碎屑岩覆盖,与阿尼玛卿蛇绿岩带是否相连关系不清。勉略带中的蛇绿岩被普遍认为是由变基性火山岩、蛇纹岩、基性侵入岩、斜长花岗岩和硅质岩等组成。冯本智等(1979)认为勉略三角地带的蛇绿岩为岛弧型;赖少聪等(1998)提出其中的基性和超基性岩为蛇绿岩的组成部分,属拉斑质,中酸性岩石为钙碱系列,为岛弧岩浆作用产物。赖少聪等(2002,2003)提出,康县-琵琶寺-南坪构造带是一个复杂的、包括不同成因岩块的混杂带,其中分布有蛇绿岩块(古洋壳残片)、洋岛拉斑玄武岩块和洋岛碱性玄武岩类,进而认为混杂带是勉县-略阳蛇绿构造混杂带的西延。

柴北缘蛇绿混杂带为早古生代俯冲碰撞杂岩带,以沙柳河和绿梁山蛇绿岩为代表。沙柳河蛇绿岩由蛇纹石化方辉橄榄岩和异剥钙榴岩、堆晶辉长岩(含蓝晶石榴辉岩和绿帘石榴辉岩)和玄武岩(多硅白云母榴辉岩)等组成。其中地幔橄榄岩的矿物组合为橄榄石+斜方辉石+铬铁矿,橄榄石和斜方辉石均具有与大洋地幔橄榄岩一致的地球化学特征,蓝晶石榴辉岩和绿帘石榴辉岩显示了N-MORB的地球化学特征(张贵宾等,2005,2011;Zhang et al.,2008,2009a,2009b)。绿梁山蛇绿岩包括变质橄榄岩、辉长岩、辉长辉绿岩、玄武岩和少量硅质岩、斜长花岗岩。玄武岩普遍具有N-MORB地球化学特征,同时显示了俯冲带的印记,为弧后盆地型蛇绿岩(王惠初等,2003,2005;朱小辉等,2014)。

在库木库里盆地以南至青海兴海县以南,存在着乌妥-诺木洪-柳什塔格中新元古代—早古生代蛇绿混杂岩带(昆中构造混杂岩带)。该带中包括阿其克库勒湖西南缘蛇绿岩、布青山蛇绿岩、清水泉蛇绿岩和诺木洪蛇绿岩等。兰朝利等(2005)认为,阿其克库勒湖西南缘蛇绿岩经历了洋中脊到岛弧环境。清水泉蛇绿岩中辉长岩的地球化学研究表明,清水泉蛇绿岩代表东昆仑洋弧后有限洋盆向北俯冲的初始阶段(高延林等,1988)。

西昆仑地区主要发育两条蛇绿岩带:库地-其曼于特蛇绿构造混杂岩带和康西瓦-苏巴什蛇绿构造混杂岩带。库地蛇绿岩位于康西瓦大型走滑断裂带的北侧,主要由变质橄榄岩、堆晶岩和块状枕状玄武岩组成,该蛇绿岩带的洋盆发育时代可能为震旦纪—早奥陶纪,经历了洋中脊(MOR)到俯冲带(SSZ)的构造环境转变(张传林等,2004;李荣社等,2009;杨军等,2015)。肖序常等(2003)认为库地蛇绿岩为早古生代,其中石英辉长岩的SHRIMP锆石U-Pb年龄为510±4Ma。通过该带柯岗蛇绿岩中辉长岩地球化学特征研究,黄朝阳等(2014)认为柯岗蛇绿岩形成环境为岛弧或者弧前环境。康西瓦-苏巴什蛇绿构造混杂岩带为晚古生代,其中,苏巴什蛇绿岩被认为是形成于弧后盆地环境,属于SSZ型(计文化等,2004)。

库地-其曼于特蛇绿构造混杂岩带向东延伸，出露在阿尔金断裂以东，起于且末县煤矿，经朝阳沟、嘎勒赛-黑山，再沿阿牙克库木湖北、库木俄乌拉至红柳泉以东，以基性—超基性岩为主，见有黑山蛇绿岩、鸭子泉蛇绿岩和十字沟蛇绿岩等。其中，黑山蛇绿岩具有 MORB 型特征（陈隽璐等，2004；王向利等，2010）；十字沟蛇绿岩以 N-MORB 型为主，兼具有 E-MORB 型的特征，形成于与俯冲作用有关的弧后盆地环境（宋泰忠等，2010）；鸭子泉蛇绿岩被认为与俯冲带有关（杨金钟等，1999）。

康西瓦-苏巴什蛇绿混杂岩带被认为是晚古生代缝合带，其向东延伸到东昆仑地区，除得力斯坦等蛇绿岩为早古生代外，以晚古生代蛇绿岩或蛇绿混杂岩为主，主要有可支塔格、木孜塔格、库赛湖、阿拉克湖-冬给错拉湖和阿尼玛卿等。其中，布青山得力斯坦蛇绿岩玄武岩有 N-MORB 型和 P-MORB 型，为洋脊蛇绿岩套组合（边千韬等，1998，1999）。木孜塔格蛇绿岩的玄武质火山岩的稀土元素具有 N-MORB型特征（李荣社等，2009）。李王晔等（2007）的研究表明，东昆南构造带苦海—阿尼玛卿地区的苦海辉长岩和德尔尼闪长岩分别具有类似于洋岛玄武岩（OIB）和岛弧玄武岩（IAB）地球化学特征，分别代表东昆南构造带苦海-阿尼玛卿地区存在新元古代—早奥陶世的蛇绿岩中洋壳和岛弧组分。

歇武甘孜蛇绿混杂岩带，西起可可西里山蛇形沟，沿西金乌兰-金沙江缝合带呈透镜状岩块或岩片断续分布，至治多县立新乡成帚状向南东撒开，北界为通卡-歇武。该带的岩石组合有橄榄辉石岩、蛇纹岩、辉长岩、辉绿岩岩墙群、枕状和块状玄武岩（李荣社等，2009），具有 SSZ 型蛇绿岩特征。

此外，在青海南部还存在着西金乌兰-金沙江晚古生代缝合带和拜惹布错-乌兰乌拉-北澜沧江晚古生代缝合带。西金乌兰-金沙江晚古生代缝合带中分布有通天河蛇绿混杂岩、西金乌兰蛇绿混杂岩（李荣社等，2009）、弯岛湖蛇绿混杂岩和多彩蛇绿岩，其形成环境认识不一，有的认为是初始洋盆或发展中洋盆，或者与消减带相隔较远的弧后盆地（潘裕生等，2000）。弯岛湖蛇绿混杂岩被认为形成于多岛洋盆或弧后盆地（张能等，2012）；多彩蛇绿岩与俯冲有关，形成于岛弧偏海沟的弧前构造背景（刘银等，2014）。拜惹布错-乌兰乌拉-北澜沧江缝合带中分布有尖头湖蛇绿岩、乌兰乌拉蛇绿岩、巴音查马蛇绿岩，含有具 MORB 玄武岩或者 P-MORB 玄武岩特征的火山岩（李荣社等，2009）。

第二节 蛇绿岩的时空分布

研究区蛇绿岩分布广泛，在萨彦-额尔古纳（西段）造山系、乌拉尔-天山-兴蒙造山系、昆仑-秦岭-祁连造山系、松潘-甘孜造山系和西藏-马来造山系中均有分布（图 4-1）。空间上，蛇绿岩往往组成蛇绿混杂岩的组成部分，并在研究区内形成众多的蛇绿混杂岩带。蛇绿岩的形成时代可分为古元古代、中新元古代、早古生代、晚古生代和中生代。

古元古代蛇绿岩主要分布在西伯利亚南缘造山带，该地区蛇绿岩研究程度较低。

中新元古代蛇绿岩主要分布于阿尔金、祁连、柴北缘、秦岭和东昆仑，围岩一般为前寒武纪地层，沿着元古宇陆块的边缘和区域性断裂带出露，尤以北秦岭和东昆仑更为明显，它们是中元古代或新元古代洋陆转换过程的地质记录。虽然更新的测年数据对中新元古代蛇绿岩存在的质疑越来越多，但就目前资料而言，元古宙蛇绿岩的代表有柴北缘的绿梁山、阿尔金北缘的英格里克、昆仑构造带的清水泉和向阳泉、秦岭造山带的松树沟等。

早古生代蛇绿岩的时代分布最为广泛，以寒武纪—奥陶纪、志留纪为主，部分为晚志留世—早泥盆世。其中，寒武纪—奥陶纪蛇绿岩有萨彦-湖区的湖区蛇绿岩、新元古代晚期—早寒武世巴彦洪戈尔蛇绿岩，成吉思-塔尔巴哈台地区的伊什克奥里梅斯克蛇绿岩、包沙科里（博兹砂科尔）蛇绿岩、马依卡因蛇绿岩、扎伊厄尔-塔金蛇绿岩、塔尔巴哈台蛇绿岩，准噶尔的唐巴勒、玛依勒、洪古勒楞、克拉玛依和扎河坝—阿尔曼泰等蛇绿岩，托克拉玛地区的捷克图勒马斯蛇绿岩、伊特穆龙德-秋尔库拉姆（依特木伦金）蛇绿岩，巴尔喀什地区的阿加德尔蛇绿岩，纳曼—贾拉伊尔地区的扎拉伊尔-纳曼蛇绿岩，北天山和中天

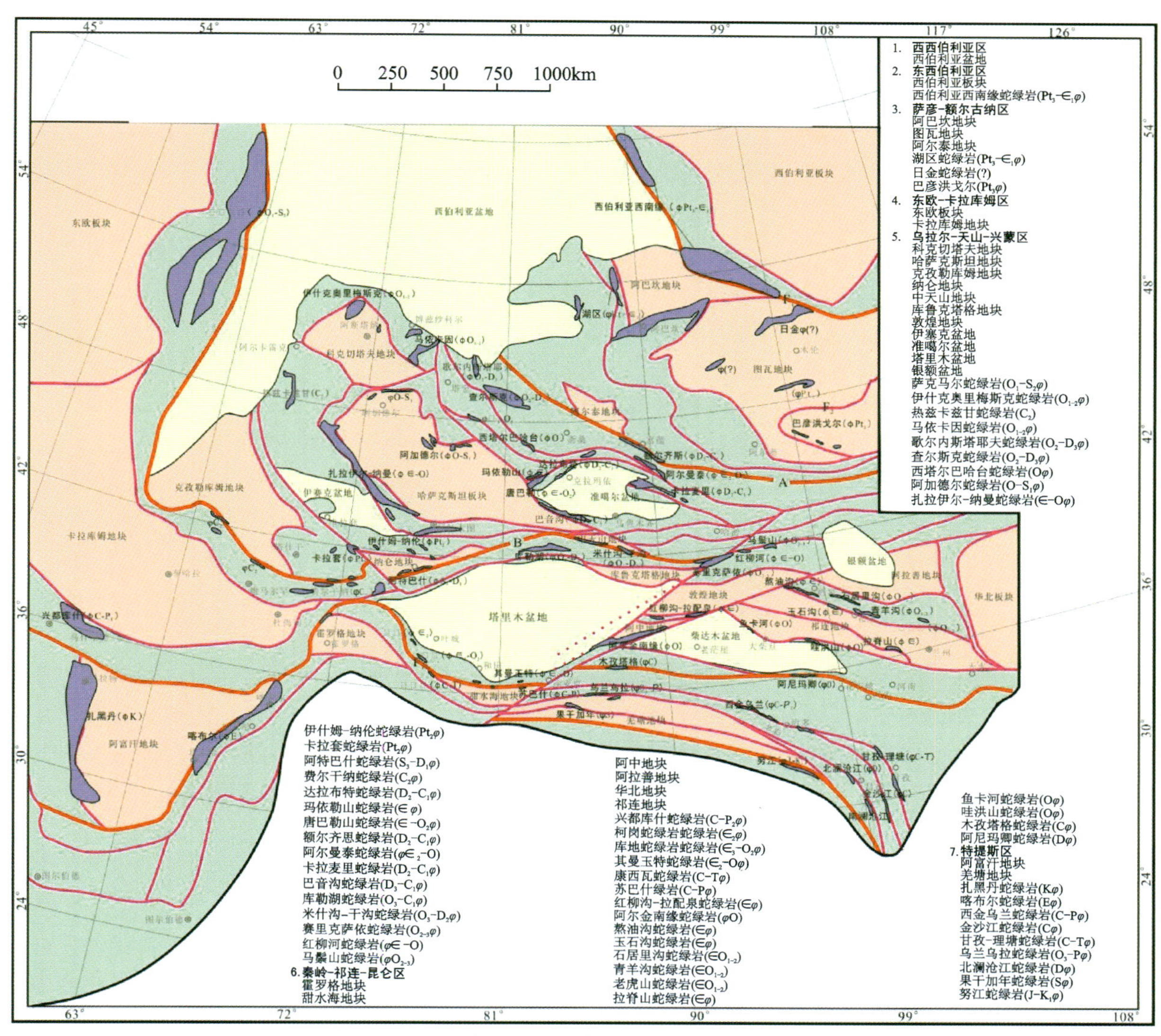

图 4-1　中国西北及邻区蛇绿岩分布略图

山之间的吉尔吉斯-帖尔斯克伊蛇绿岩，中天山的干沟-米什沟蛇绿岩和甘肃北山的红柳河-洗肠井蛇绿岩，乌拉尔地区的萨克马尔蛇绿岩、穆戈贾尔和南乌拉尔泽列诺卡缅蛇绿岩等。

晚古生代蛇绿岩主要分布在天山—准噶尔地区、阿赖地区和昆仑构造带，准噶尔地区以达拉布特和卡拉麦里蛇绿岩为代表，天山地区以巴音沟、古洛沟-乌瓦门等蛇绿岩为代表，西南天山还有梅斯布拉克蛇绿岩，阿赖地区有 Kynda、Kaunar 和 Uchkel，昆仑构造带则以苏巴什、木孜塔格等蛇绿岩为代表，北羌塘地区则以蛇形沟和乌兰蛇绿岩为代表。

中生代蛇绿岩以歇武-甘孜蛇绿岩和勉略蛇绿岩(?)为代表。

一、萨彦—额尔古纳(西段)地区

萨彦—额尔古纳(西段)造山系介于北部的西伯利亚克拉通和南部的乌拉尔-天山-兴蒙造山系之间，代表性蛇绿岩有巴彦洪戈尔蛇绿岩、湖区蛇绿岩和日金蛇绿岩等。巴彦洪戈尔蛇绿岩中辉长岩的同位素年龄为 569±21Ma，而且枕状玄武岩岩枕间产有海绵骨针，时代为新元古代—早寒武世。湖区蛇绿岩下部为针状玄武岩和玄武质凝灰岩，夹碧玉岩，厚 1000m。上部为玄武岩、凝灰岩和红色、玫瑰色硅质粉砂岩及较少的安山岩，枕间夹灰岩，厚 1000m。礁灰岩中有丰富的化石，以古杯海绵类为主，类似的剖面中尚有文德纪的微古植物化石和早寒武世古杯海绵、三叶虫等。在哈尔乌斯湖的南西发育中寒武世滑混岩，厚 1200～1300m，成分为中基性凝灰岩、硅质岩和碎屑岩互层，产三叶虫 *Eccaparadoxides insularis*（West）、*E. mongolicus* 等，时代为中寒武世早期，标志着蒙古西部湖区古大洋开始发生挤压、消减。该套蛇绿岩上部伴生的灰岩、黑色页岩中所含化石时代也为文德纪—早寒武世，因此，湖区蛇绿岩形成时代应为文德纪—早寒武世，至中寒武世大洋开始消减，不再有新洋壳形成。

西萨彦岭蛇绿岩带有库尔图什宾和包卢斯克蛇绿岩，库尔图什宾蛇绿岩发育席状岩墙群，包卢斯克蛇绿岩未发现席状岩墙群，但有高压岩相岩石构成的岩块。

东萨彦岭蛇绿岩带在东萨彦岭南端噶尔干地块周边出露最完整，伴生蓝片岩的时代为 640Ma（Верзин Н А，1996），为蛇绿岩形成时代上限。

查干-乌宗蛇绿岩带中变橄榄岩岩块的 K-Ar 同位素年代为 540±24Ma 和 567±11Ma，蛇绿混杂岩中榴辉岩包体年龄为 535±24Ma，玄武岩与岛弧基底的橄榄岩接触变质带是 523±23Ma（Казанскии А Г，1998）。榴辉岩 K-Ar 退变质年龄为 473±13Ma 和 487±22Ma。

二、乌拉尔—天山—兴蒙地区

乌拉尔—天山—兴蒙地区蛇绿岩主要分布在斋桑—额尔齐斯、成吉思—塔尔巴哈台、阿尔泰—准噶尔、中天山南缘、西南天山及乌拉尔等地区，蛇绿岩时代以寒武纪—志留纪为主，该阶段蛇绿岩的形成往往与古亚洲洋的形成、演化密切相关。另有部分泥盆纪蛇绿岩和少量石炭纪蛇绿岩，泥盆纪蛇绿岩的形成仍与古亚洲洋晚期阶段演化密切相关，但石炭纪蛇绿岩应与古亚洲洋之后的构造体系相关。

（一）斋桑—额尔齐斯地区

额尔齐斯蛇绿混杂岩由玄武岩、辉长质杂岩、辉石安山岩、玻镁安山岩、放射虫硅质岩和锰铁质硅质岩组成，年龄为 403～332Ma，时代为中泥盆世—早石炭世，为海西期洋壳-洋幔的残体。科克森套蛇绿岩代表了准噶尔地体和阿勒泰-蒙古地体之间的洋壳残余（倪康等，2013）；吐尔库班套蛇绿岩中镁铁-超镁铁岩的不相容元素配分曲线平缓，与 MORB 类似（王玉往等，2011）；玛因鄂博蛇绿岩中，变质基性火山岩具有典型的 N-MORB 型玄武岩特征，代表早志留世西伯利亚克拉通南缘大洋扩张脊岩浆作用产物（张越等，2012）；布尔根和乔夏哈拉蛇绿混杂岩带中存在多种性质和环境来源的岩块，具有构造混杂带的性质（吴波等，2006）。额尔齐斯蛇绿混杂岩带北部的库尔提蛇绿岩具有 MORB 和 IBA 的双重地球化学特征，高的 $\varepsilon_{Nd}(t)$ 值与典型的 Mariana 弧后盆地的玄武岩类似（许继峰等，2001；马林等，2008）。

查尔斯克蛇绿岩带是东哈萨克斯坦最北部的蛇绿岩带，该蛇绿岩带的火山岩有中晚奥陶世和泥盆纪两个时代，伴生的碧玉岩和硅质粉砂岩也有奥陶纪和泥盆纪两个时代（Моссаковский А А идр，1993）。据何国琦等（2000）描述，在碧玉岩中发现过早古生代放射虫，退变质榴辉岩岩块 K-Ar 年龄为 545～477Ma。对查尔斯克蛇绿岩带存在两种可能的解释：早、晚古生代贯通发育的古洋残留，或是早古生代古大洋闭合后，在古缝合带附近再次形成新的晚古生代洋壳。

歌尔内斯塔耶夫（戈勒诺斯马耶夫）蛇绿岩带和查尔斯克蛇绿岩带属于同一条规模巨大的蛇绿岩带的组成部分，长度超过 300km 以上，宽 10～30km，主要组分有超镁铁岩、辉长岩和玄武岩等。超镁铁岩发生强烈的混合岩化，并包含大量的变质岩包裹体，辉长岩以包裹体的形式出现。蛇绿岩时代为中奥陶世—晚泥盆世弗拉斯期，滑混岩的时代是早石炭世维宪期—斯蒂芬期。

(二)成吉思—塔尔巴哈台地区

伊什克奥里梅斯克蛇绿岩带呈近南北向，延伸长200km，宽70～80km，主要组成有纯橄岩、橄榄岩、辉石岩、辉长岩-橄长岩、变辉绿岩、隐晶质玄武岩、细碧岩、碧玉岩和硅质岩，时代为早—中奥陶世。

包沙科里(博兹砂科尔)蛇绿岩带，主要组分有超镁铁岩-镁铁岩、辉绿岩脉、玄武岩-辉绿岩和碧玉岩，时代为晚寒武世—中奥陶世。

马依卡因蛇绿岩带，北东方向延伸约250km，宽20～50km，主要组分有强烈混杂岩化的超镁铁岩-镁铁岩、玄武岩和硅质岩。托尔巴克硅质岩中含 *Periodon flabellum*(Lind)、*P. eriodon aculeatus* Hadding、*Drepenodus arcuatus* Pander、*Protopanderodus* cf. *rectus*(Lind)和 *Microzarkodina flabella*(Lind)等化石，时代为早奥陶世晚期—中奥陶世早期。蛇绿岩时代为早—中奥陶世，滑混岩时代为晚奥陶世阿什极尔期。

扎伊厄尔-塔金蛇绿岩带，延伸长约240km，宽5～10km，主要组分有超镁铁岩、拉斑玄武岩、碧玉岩和玄武岩等，蛇绿岩时代为晚寒武世—早奥陶世。

西塔尔巴哈台蛇绿岩带延伸长200～220km，宽40～50km，主要组分有蛇纹岩化橄榄岩、纯橄岩、辉长岩、辉绿岩、玄武岩、细碧岩和硅质片岩。该套蛇绿岩缺乏确切时代依据，推测为奥陶纪。

(三)托克拉玛—准噶尔地区

托克拉玛地区有捷克图勒马斯蛇绿岩带和伊特穆龙德-秋尔库拉姆(依特木伦金)蛇绿岩带两条蛇绿岩带。

捷克图勒马斯蛇绿岩带，延伸长度约250km，宽2～15km不等。该蛇绿岩带包含两个不同时代的蛇绿岩组合：一类主要组分由超镁铁岩、辉长岩、辉绿岩、角斑岩、玄武岩和硅质粉砂岩组成，时代为中奥陶世—早志留世；另一类主要组分由超镁铁岩、辉长岩、玄武岩、碧玉岩和硅质粉砂岩等组成，时代为早奥陶世—中奥陶世兰代洛期。两条蛇绿岩带产出于同一构造带内，与构造作用有关。滑混岩时代为早志留世。

伊特穆龙德-秋尔库拉姆(依特木伦金)蛇绿岩带延伸长220～230km，宽30～70km，主要组分有蛇纹岩、层状橄榄岩和辉长岩等。与玄武岩伴生的碧玉岩中含 *Microzarkodina*? sp.，*Paroistodus prallelus originalis* Sergeeva，*Perioton* cf. *aculiatus* Hadding，*Spinodus* cf. *apinatus*(Hadding)，*Amorphognathus*? sp.，*Drepenodus* cf. *proteus* Lind，*Periodon* cf. *aculeatus* Hadding 等化石，时代为早奥陶世晚期—中奥陶世早期。据何国琦等(2000)报道，硬玉岩锆石 $^{207}Pb/^{206}Pb$ 年龄为450Ma。蛇绿岩组分的火山岩包括了中奥陶世兰维尔期—兰代洛期的伊特穆龙德组玄武岩、粗面岩、英安岩和流纹岩。滑混岩时代为晚奥陶世—早志留世。

西准噶尔地区，北部洪古勒楞蛇绿岩中辉绿岩的Sm-Nd等时线年龄为626±23Ma(黄建华等，1995)，堆晶岩的Sm-Nd等时线年龄为444±27Ma(张池等，1992)，堆晶辉长岩的SHRIMP年龄为472±8.4Ma(张元元等，2010)。该蛇绿岩西部的谢米斯台山南坡(査干陶勒盖蛇绿岩)中，辉长岩的LA-ICP-MS锆石U-Pb年龄为517±3Ma和519±3Ma(赵磊等，2013)。此外，该带可能的西延部分存在的库吉拜蛇绿岩中，辉长岩SHRIMP年龄为478.3±3.3Ma(朱永峰，2006)。这些数据表明，该蛇绿岩带的时代集中在519～472Ma，以寒武纪—中奥陶世为主，有震旦纪信息，且可能在晚奥陶世结束。最南部的唐巴勒蛇绿岩中，玄武岩和辉长岩Sm-Nd等时线年龄分别为447±56Ma和489～531Ma，斜长花岗岩、浅色辉长岩中长石、榍石PB-Pb年龄为523～508Ma(肖序常等，1990)，表明唐巴勒蛇绿岩的时代为寒武纪—中奥陶世。达拉布特蛇绿岩带是西准噶尔地区最大的蛇绿岩带，形成时代争议也最大，多数研究者认为形成于泥盆纪，同时也有志留纪和石炭纪的年龄信息。泥盆纪的证据有：硅质岩中放射虫化石的时代为早—中泥盆世(霍有光,1985;肖序常等,1992),辉长辉绿岩锆石 U-Pb 年龄为 398±10Ma(夏林圻等,2007),堆晶辉长岩全岩 Sm-Nd 等时线年龄为 395±12Ma(张弛等,1990),玄武岩 Rb-Sr 等时线年龄为 411±18Ma(李华芹等,2004),辉长岩 LA-ICP-MS 锆石年龄为 391.1Ma(辜平阳等,2009)。在达拉布特河桥附近蛇绿岩中角闪辉长岩中获得 SHRIMP 锆石年龄为 426±6Ma,认为其所代表的古洋盆在中志留世就已存在(陈博等,2011)。石炭纪的相关证据也是近年才有所发现,达拉布特蛇绿岩中辉长岩的 SHRIMP 锆石 U-Pb 年龄为 314.9±1.7Ma(李纲等,2014),辉石闪长岩 SHRIMP 锆石年龄为 325Ma(徐新等,2006),阿克巴斯套岩体中浅色辉长岩 U-Pb 年龄为 302Ma(刘希军等,2009),侵入到达拉布特蛇绿岩的花岗岩限定了蛇绿岩侵位时代不晚于 308Ma(陈石等,2010)。这些同位素测年结果可能说明,达拉布特蛇绿岩所代表的古洋盆在中志留世就已存在并延续至早石炭世并于晚石炭世前后关闭。玛依勒蛇绿岩以往多被认为形成于志留纪,最新完成的 1∶25 万和 1∶5 万区调(陕西省区域地质矿产研究院,2012)表明,玛依拉山蛇绿岩及北邻的巴尔雷克蛇绿岩的锆石 U-Pb 年龄均在 512～490Ma(中—顶寒武世)(赵文平等,2012),其中与消减带相关的辉长岩的 LA-ICP-MS 锆石 U-Pb 年龄为(512.1±7.2)～(531±12)Ma(翁凯等,2016)。最后,与达拉布特蛇绿岩带平行分布的克拉玛依蛇绿混杂岩带中,含有奥陶纪牙形石证据(何国琦等,2007)。白碱滩蛇绿岩辉长岩 SHRIMP 锆石年龄为 414±8.6Ma和 332±14Ma,后一个较年轻的年龄被认为与蛇绿岩带中的尖晶石二辉橄榄岩变质事件有关(徐新等,2006)。

东准噶尔地区,阿尔曼泰蛇绿岩兔子泉斜长花岗岩的 SHRIMP 锆石 U-Pb 年龄为 503±7Ma(肖文交,2006);扎河坝堆晶橄榄岩的 Sm-Nd 等时线年龄为 479±27Ma(刘伟等,1993),辉长岩的 SHRIMP 锆石年龄为 489±4Ma(简平等,2003),斜长花岗岩的 SHRIMP 锆石年龄为 495.9±5.5Ma(张元元等,2010),玄武岩和辉长岩的 LA-ICP-MS 锆石 U-Pb 年龄分别为 517.5±4Ma 和 498.8±3Ma(1∶25 万富蕴幅区调报告,新疆维吾尔自治区地质调查院,2012);阿尔曼泰山西段结勒德喀拉辉长岩的 LA-ICP-MS 锆石 U-Pb 年龄为 507.6±3.9Ma(1∶25 万滴水泉幅区调报告,陕西省区域地质矿产研究院,2012)。上述资料说明,阿尔曼泰蛇绿岩的形成主要为中寒武世—早奥陶世。

东准噶尔卡拉麦里蛇绿岩时代争论也较大,最早被认为是早-中泥盆世 388～392Ma(K-Ar 法)(肖序常等,1990)或早石炭世早期(新疆维吾尔自治区地质矿产局,1993),泥盆纪早期—早石炭世初(李锦轶,1995,2004),也有石炭纪的测试数据,如蛇绿岩中辉长岩的 LA-ICP-MS 锆石 U-Pb 年龄为 329.9±1.6Ma(汪帮耀等,2009);斜长花岗岩 SHRIMP 锆石年龄为 403±9Ma(Jian,2006)和 373±10Ma(唐红峰等,2007);辉长岩 SHRIMP 锆石年龄为 342±3Ma 和 336±4Ma(Jian,2006);三道岭一带石灰窑辉长岩锆石 U-Pb 年龄为 352.3±3.7Ma(长安大学,2012)等。造山带地层学研究表明,卡拉麦里地区早石炭世地层系统中存在着西伯利亚板块南缘岛弧盆地层序(黑山头组(C_1h))、弧前大陆边缘盆地层序(卡姆斯特组(C_1km))、洋盆层序(放射虫硅质岩和蛇绿混杂岩)以及准噶尔板块北缘岛弧盆地层序(塔木岗组(C_1t)和松喀尔苏组(C_1sk))和弧前大陆边缘盆地层序(东古鲁巴斯套组(C_1dg)和姜巴斯套组(C_1j))。根据卡拉麦里造山带两侧均存在岛弧盆地层序,推测卡拉麦里洋盆曾在早石炭世向两侧发生俯冲(杨品荣等,2007)。此外,卡拉麦里构造混杂岩带东延的伊吾县阿勒吞昆多蛇绿混杂岩中,斜长花岗岩的 SHRIMP 锆石 U-Pb 年龄为 351±6Ma,也是石炭纪的证据。近年来,卡拉麦里蛇绿岩带出现了许多早古生代信息:斜长花岗岩 SHRIMP 锆石年龄为 497±12Ma(Jian,2006),辉绿岩、枕状玄武岩和块状玄武岩的 LA-ICP-MS 锆石年龄依次为416±3.2Ma、418.5±5.4Ma 和 418±6.9Ma(陕西省区域地质矿产研究院,2012)。这些资料表明,以卡拉麦里蛇绿岩带所代表的古亚洲洋的一分支,很可能在早古生代已经存在,最后可能关闭于早石炭世。

卡拉麦里蛇绿岩所有岩类(包括地幔橄榄岩和堆晶辉石岩)都明显富集 TiO_2 和 P_2O_5,表明富集 Ti、P 应是从源区所继承的特征。另外,在 Hf/3-Th-Ta 和 Nb×2-Zr/4-Y 构造环境判别图上[图 4-2(a)、(b)],它们(酸性岩除外)落入 N-MORB 区或(和)大洋岛弧玄武岩(IAC 或 IAT)(或弧火山岩)区,或介于二者之间。

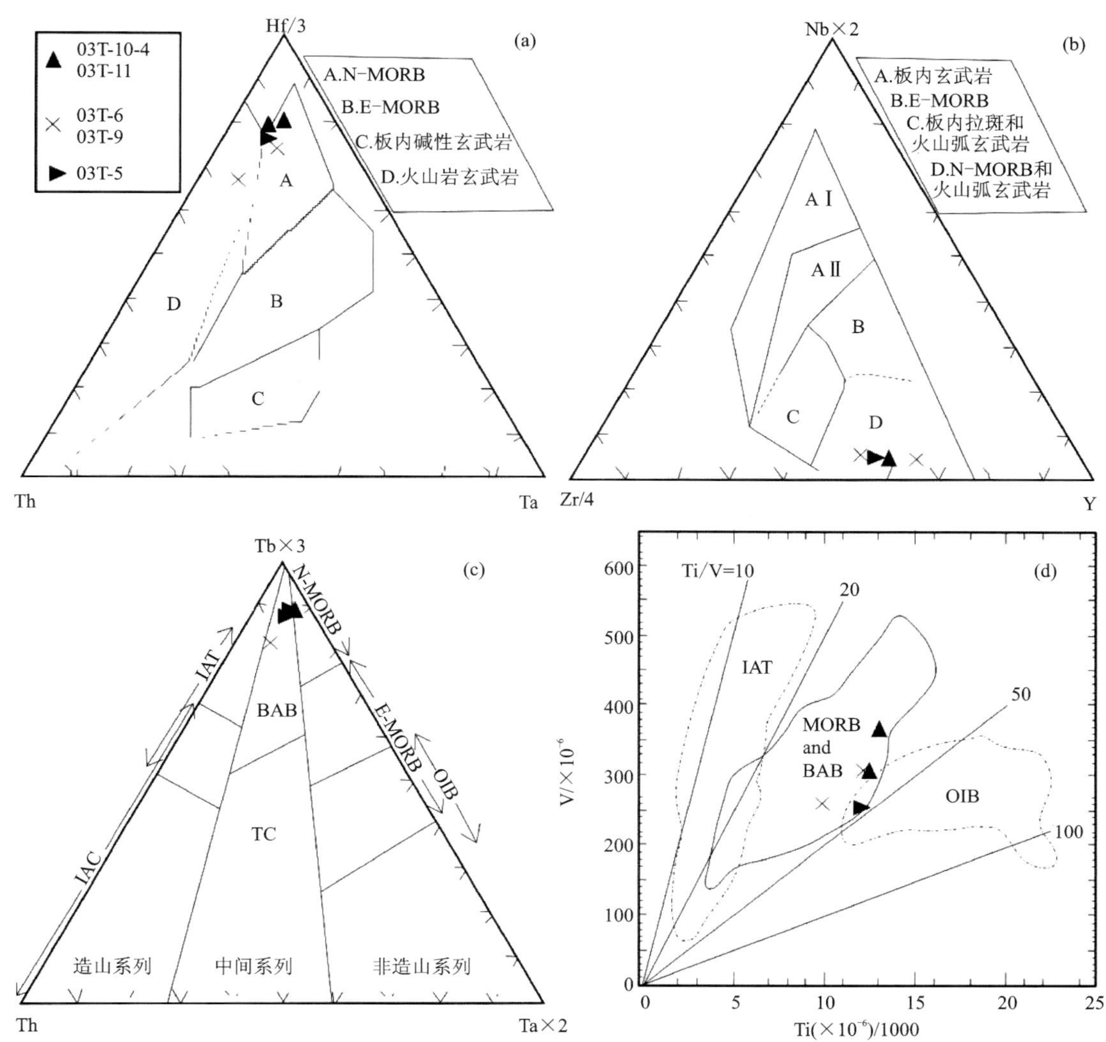

N-MORB. 正常洋脊玄武岩；E-MORB. 富集型洋脊玄武岩；IAT. 岛弧拉斑玄武岩；BAB. 弧后盆地玄武岩；OIB. 洋岛玄武岩；TC. 大陆拉斑玄武岩；IAC. 岛弧钙碱性玄武岩。

图 4-2　卡拉麦里蛇绿岩的基性熔岩(含辉绿岩)构造环境判别图

不相容元素(REE、LILE、HFSE)的地球化学特征表明，卡拉麦里蛇绿岩组成单元的各类喷出岩和基性侵入岩是一种兼具大洋岛弧岩浆岩(IAC 或 IAT)特征的 N-MORB 系列，因此，它并非直接形成于正常的大洋中脊环境，它的地幔源区应在消减带之上(即 SSZ 环境)，而同时具备这些特征的蛇绿岩最有可能的形成环境应是弧后地带。

(四)北天山地区

北天山的蛇绿岩套从后峡经巴音沟至艾比湖，沿着北西西—南东东方向断续出露，构成位于天山石炭纪—二叠纪裂谷系北部的“北天山石炭纪蛇绿岩带”。巴音沟地区的蛇绿岩露头是该蛇绿岩带的代表(图 4-3)。

对于北天山蛇绿岩带的产出环境有许多不同意见。一些人认为它产于陆缘盆地(邬继易，刘成德，1989)、弧后盆地(王作勋等，1990；高长林等，1995)或弧前盆地(卢华复等，2001)环境；另一些人则认为北天山蛇绿岩带是北天山晚古生代洋盆的残留物，该洋盆的开启与作为古亚洲洋盆体系一部分的准噶尔古生代洋盆的向北俯冲引起的岩石圈拉伸有关(肖序常等,1992)。夏林圻等(2002a,2002b,2004)和Xia等(2003,2004,2005a)提出,石炭纪时天山古生代洋盆(也就是古亚洲洋盆)已经闭合,天山造山带已进入造山后裂谷拉伸阶段,伴随有强烈的大陆裂谷火山作用,强烈的裂谷拉伸可以引发从大陆裂谷向大洋裂谷转变,并形成新的洋盆。例如,位于现代东非裂谷系北端的红海和亚丁湾,已经发生大陆分离,新的洋盆正在形成(Wilson,1989)。北天山蛇绿岩带同样也为研究地质历史时期中的此类转变提供了一个极好的天然实验室,它很可能就是证明天山地区曾经存在由强烈裂谷化诱发产生早石炭世“红海型”洋盆的地质记录(夏林圻等,2002b;Xia et al.,2005a)。

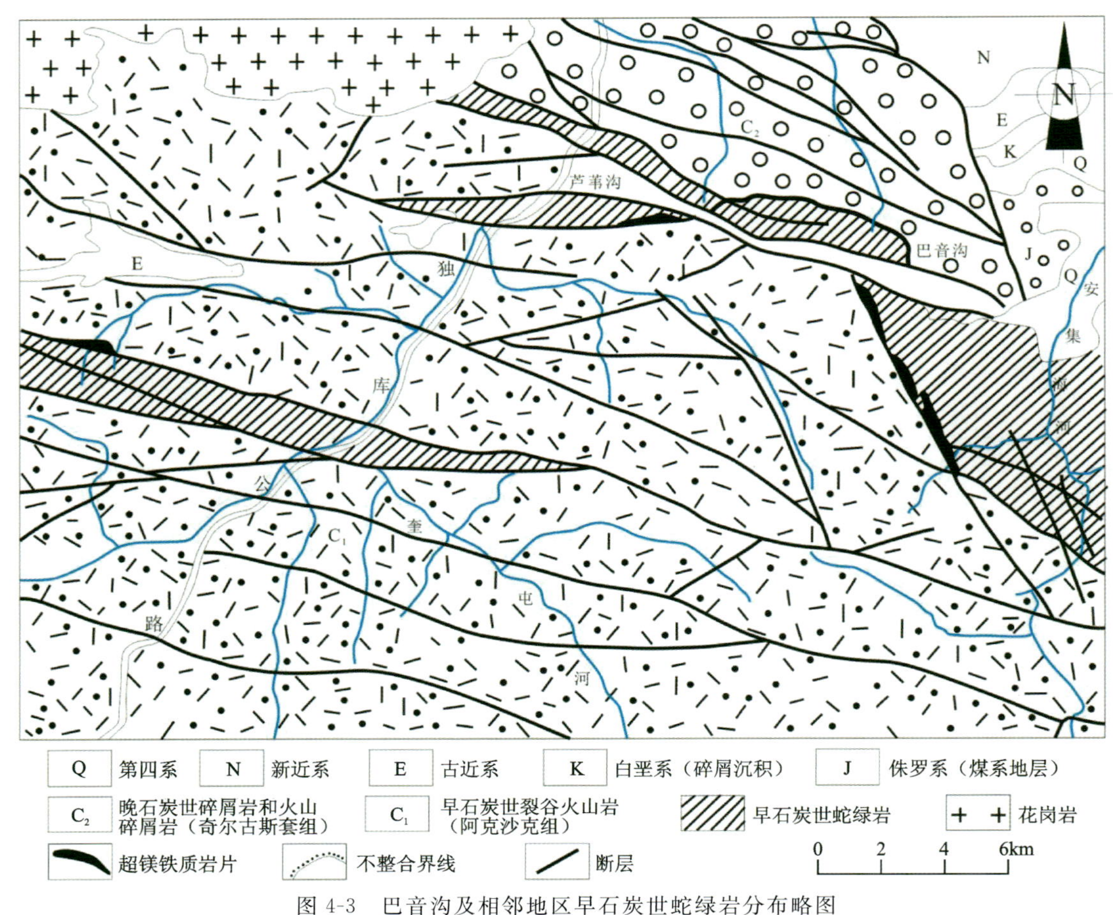

图4-3　巴音沟及相邻地区早石炭世蛇绿岩分布略图

前人(邬继易,刘成德,1989;新疆维吾尔自治区地质矿产局,1999)曾将该蛇绿岩单元视为一地层单元,并将其称作“沙大王组”。该蛇绿岩单元中的硅质岩含大量放射虫化石(*Ceratoikiscum* sp.),王作勋等(1990)报道其时代为早石炭世,而肖序常等(1992)则报道这些放射虫化石的时代为晚泥盆世—早石炭世。由于放射虫并不能给出十分精确的有关蛇绿岩的年龄信息,因此,必须对蛇绿岩的组成单元进行精确的测年研究。在巴音沟蛇绿岩片中发现有与辉长岩共生的斜长花岗岩,它的岩石化学表现为低Al_2O_3(Al_2O_3=12.79%~14.76%)、富Na_2O贫K_2O(Na_2O/K_2O=13~18)、低MgO($Mg^{\#}$=0.315~0.335),具有LREE亏损的稀土元素配分型式[$(La/Yb)_N$=0.73~0.81],这些都是传统意义上的大洋斜长花岗岩的特点(Coleman and Peterman,1975)。此类岩石是由大洋玄武质岩浆在低压条件下结晶分异形成,因此,是用以确定蛇绿岩准确形成年龄的主要对象。前人(夏林圻等,2004;徐学义等,2005)获得巴音沟蛇绿岩单元中此类与辉长岩共生的斜长花岗岩的锆石微区SHRIMP锆石U-Pb年龄为324.8±7.1Ma,相当于谢尔普霍夫期。近年又测得巴音沟蛇绿岩单元中辉长岩的锆石微区LA-ICP-MS U-Pb年龄为344±3.4Ma(徐学义等,2005),相当于维宪期。这些都表明,巴音沟蛇绿岩的准确形成时代应为早石炭世中—晚期。

巴音沟蛇绿岩基底单元的成分和内部结构表明它们是一种大陆裂谷堆积。此外，前人还指出过天山地区的早石炭世沉积-火山建造是以从陆相向海相转化的退积序列为特征，反映的是一种递进的裂谷拉张作用(夏林圻等，2002a，b，2004；Xia et al.，2003，2004，2005a，b)。从图4-4可见，基底单元的早石炭世镁铁质熔岩的成分点均落入板内玄武岩(WPB)区，但蛇绿岩单元的样品则落入洋脊玄武岩(MORB)区。这也同样证明，天山早石炭世火山岩系确实是产出于一种大陆板内裂谷拉伸环境。但是，在北天山的巴音沟等地区曾发生从大陆裂谷向大洋裂谷的转化，形成新的早石炭世中—晚期“红海型”洋盆。

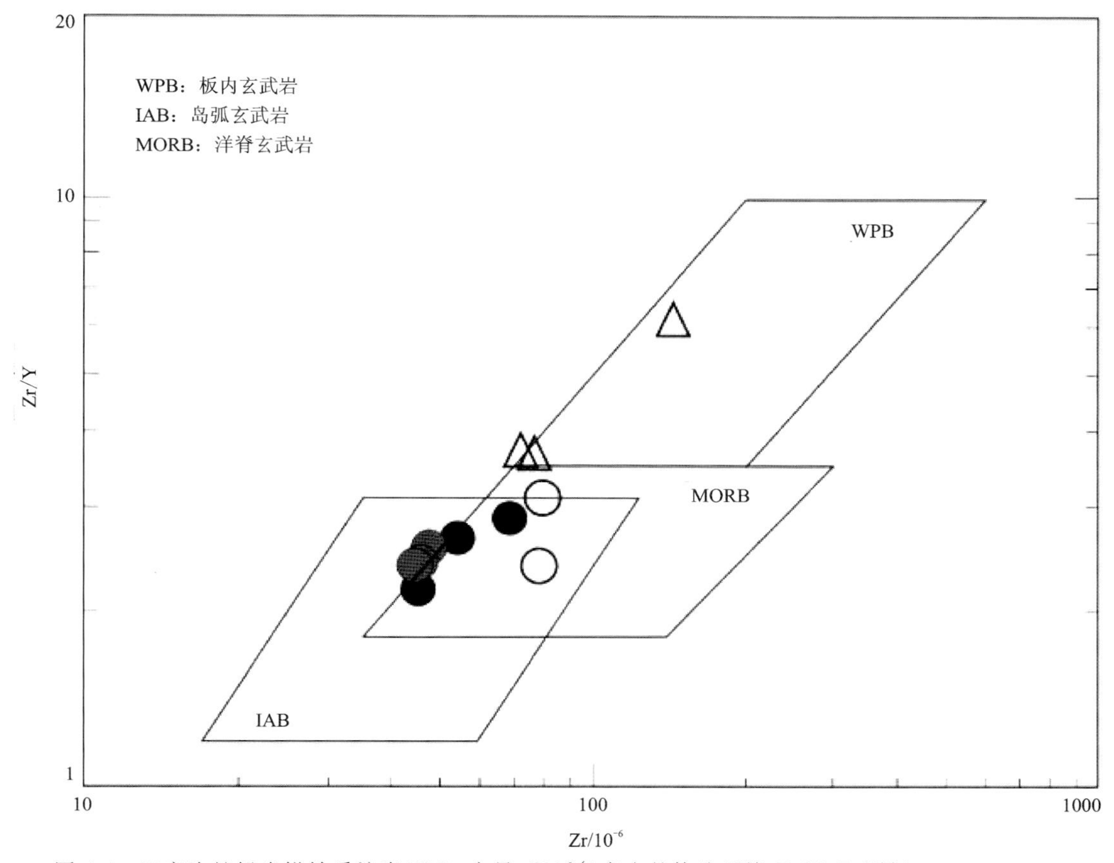

图4-4　巴音沟蛇绿岩镁铁质熔岩(SiO_2 含量≤56%)产出的构造环境 Zr/Y-Zr 图解(据 Pearce，1983)

北天山石炭纪中—晚期“红海型”小洋盆的产生并不是一个孤立的事件。从大区域尺度上看，在古亚洲洋域体系于晚泥盆世—早石炭世早期闭合后，自石炭纪至二叠纪早中期在天山及邻区(中亚地区)发生大规模碰撞后裂谷-岩浆活动(包括表层火山事件和深成基性—超基性岩、花岗质岩浆侵入事件)的同时，秦岭、祁连和昆仑也是处于碰撞造山后的伸展裂陷环境。在裂谷化最为强烈的地点，除了北天山以外，在南秦岭的勉-略地区，岩石圈经受强烈拉伸裂离，同样也产生了小的“红海型”洋盆，以巴音沟蛇绿岩为代表的北天山蛇绿岩带(夏林圻等，2002b；Xia et al.，2005a)和勉-略蛇绿岩带(张国伟等，2001)就是这些新生小洋盆的地质记录。此时(晚泥盆世—早石炭世)，在冈瓦纳的北缘，特别是西藏—马来—华南三叉构造区，也处于拉张背景之下，产生了一些裂陷带，其中堆积有海底喷发的玄武岩、放射虫硅质岩和浊积岩等深水沉积岩系(潘桂棠等，1997)，但并未形成大洋盆地。此后，自中—晚二叠世始，冈瓦纳与北美、俄罗斯和西伯利亚等诸大陆[包括中朝(华北)、卡拉库姆-塔里木、华南、巴尔喀什、科克切塔夫和印支-南海等小陆块]联为一体，形成潘吉亚(Pangaea)超级大陆，古亚洲构造域才进入到具有真正意义的地壳陆内演化过程。

(五)巴尔喀什—伊犁—中天山地区

巴尔喀什—伊犁—中天山地区的蛇绿岩有巴尔喀什地区的萨雷吐姆-捷克里蛇绿岩带、阿加德尔蛇绿岩带,中天山北缘的米什沟-干沟蛇绿混杂岩带,中天山南缘的阿吾子蛇绿岩、古洛沟-乌瓦门蛇绿岩,纳曼-贾拉伊尔地区的扎拉伊尔-纳曼蛇绿岩带,吉尔吉斯地区的伊什姆-纳伦蛇绿岩带和伊什姆-卡拉套蛇绿岩带。

阿加德尔蛇绿岩带延伸长度130～150km,宽10～20km,主要组分有蛇纹岩、玄武岩、凝灰岩和碧玉岩等,超镁铁岩以断片形式产出在蛇纹岩-滑石菱镁片岩中,蛇绿岩时代为奥陶纪—早志留世。

中天山北缘阿其克库都克大断裂是中天山基底变质岩系与北天山构造带的分界线。前人沿该断裂带在米什沟—干沟—乌苏通沟等地区发现了早古生代蛇绿混杂岩,并有高压蓝片岩(高长林等,1995;崔可锐等,1997;刘斌等,2003)相伴。在米什沟—干沟北西方向,未见有蛇绿混杂岩的报道,近年来,夏林圻(2007)在横穿天山造山带的昌吉-库尔勒走廊路线地质调查中,在昌-库公路675km里程碑(红五月桥)以南至冰达板(一号冰川)以北(图4-5),新发现存在一条早古生代蛇绿混杂岩带,与位于其南东方向的米什沟-干沟-乌苏通沟蛇绿混杂岩带在走向延伸上相对应,共同构成中天山北缘蛇绿混杂岩带,可能代表了早古生代北天山-准噶尔洋盆俯冲消减闭合的残迹。

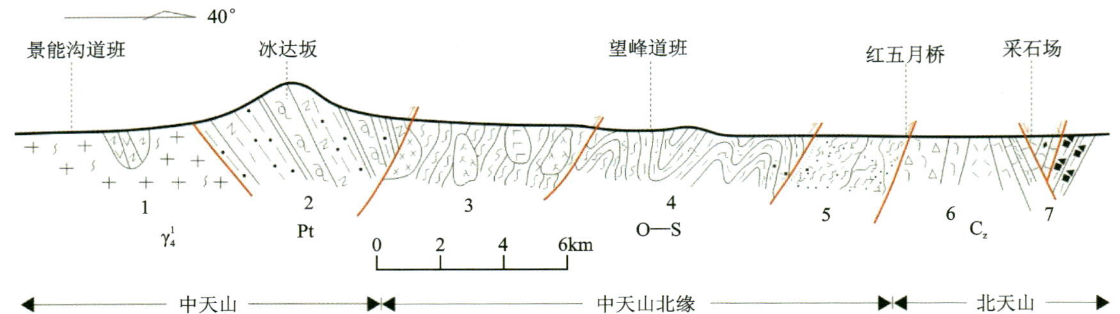

1.片麻状花岗岩;2.中天山元古宙基底变质岩系,主要由结晶片岩、片麻岩和斜长角闪岩等组成;3.蛇绿混杂岩带(详见正文);4.奥陶纪—志留纪变火山-沉积岩系;5.糜棱岩带(其中的闪长岩已发生糜棱岩化);6、7.晚石炭世基性火山角砾熔岩、双峰式火山岩、结晶灰岩、硅泥质板岩。

图4-5　昌吉-库尔勒公路红五月桥-冰达坂路线地质剖面图(夏林圻,2007)

米什沟-干沟-乌苏通沟蛇绿混杂岩带宽3～5km,主要由构造岩块和混杂基质两部分组成。构造岩块主要有超基性岩、辉长岩、辉绿岩和玄武岩等被肢解的蛇绿岩残块,其中的玄武岩岩块具有N-MORB特征,形成于大洋中脊环境。此外还有硅质岩、大理岩和花岗岩,前人在基性岩块中还发现了蓝片岩岩块(高长林等,1995;刘斌等,2003)。混杂基质为奥陶系可可乃克群变质弧前火山-沉积岩系(可与博罗科努山的奥陶纪楞格勒达群岛弧火山岩相连(高俊等,1997a),其中的火山岩(橄榄粗安岩)以高MgO、Al_2O_3、Na_2O、K_2O,$Na_2O<K_2O$,低TiO_2、富含挥发分为特征,并且LILE和LREE富集,HFSE亏损(Ta、Nb负异常尤为明显)等,显示其成因与消减作用有关,应形成于洋壳俯冲过程的火山弧环境(董云鹏等,2003)。

中天山北缘后峡五月桥南至冰达坂(一号冰川)以北(相当于中天山巴仑台微地块北缘),发现的蛇绿混杂岩(图4-5),由基质胶结物和构造岩块组成。望峰道班以南区段,混杂岩的基质胶结物以绿片岩为主,夹绿泥石英片岩和少量黑云母石英片岩,原岩可能为火山岩夹少量沉积岩;望峰道班以北区段主要为黑云石英片岩与变质酸性熔岩互层,向北渐变为凝灰岩、酸性熔岩夹变玄武岩(绿片岩),再向北出现千枚岩、砂板岩等沉积夹层。总体岩石组合类似于弧前火山-沉积建造,与东部(托克逊南)中天山北缘干沟-米什沟早古生代蛇绿混杂岩中混杂基质的岩石组合、变质程度相似。构造岩块主要出露于望峰道班以南至一号冰川以北区段，由中基性火山岩岩块（或岩片）、辉绿岩和辉长辉绿岩岩块组成，混杂在由火山-沉积岩系组成的基质中。蛇绿岩残块中，据董云鹏等(2003)的资料，玄武岩具有高 TiO_2（1.5%～2.25%）、MgO(6.64%～9.35%)、贫 K_2O（0.06%～0.41%）、P_2O_5（0.1%～0.2%），$Na_2O>K_2O$，LREE 亏损、HFSE 元素不分异特征，类似于 N-MORB；而辉绿岩与玄武岩相比具有高的 Al_2O_3 和 REE 总量，相对高的 HFSE 丰度，且具有轻微的 Ta、Nb 亏损，除个别 LILE 元素外，其余不相容元素均不分异，且约是原始地幔标准的 10 倍，显示出 E-MORB 特征，推断辉绿岩可能形成于弧后盆地环境。此外，刘斌等(2003)报道在后峡红五月桥处有长达数十米，宽 1.5m 的透镜状钠闪石片岩出露。

萨雷吐姆-捷克里蛇绿岩带，位于扎拉伊尔-纳曼蛇绿岩带以东，巴尔喀什湖西端以南，由奥陶系中的玄武岩和硅质岩岩片组成，该带实际上无深成蛇绿岩岩块，其是否是真正的蛇绿岩带存在疑问。伴生方铅矿中铅同位素给出的最大模式年龄为 520Ma。3 个样品落在钙碱系列区，属于洋岛碱性玄武岩（Авдеев А В и др,1997）。

扎拉伊尔-纳曼蛇绿岩带，长约 700km，宽 20～70km，主要组分有超镁铁岩、变辉长岩、辉长岩-辉绿岩脉、玄武岩、辉绿岩、硅质岩和碧玉岩。伴生方铅矿中铅同位素给出的最大模式年龄为 580Ma，推测时代为寒武纪—奥陶纪。

伊什姆-卡拉套蛇绿岩带位于吉尔吉斯山西支，纳曼-贾拉伊尔蛇绿岩带以西，北段属于哈萨克斯坦，南段属于天山，为厚 2km 的卡拉阿尔琴构造推覆体，构造岩片推覆到里菲代的片岩之上，向北西延伸到楚-萨雷苏准地台盖层之下，向南东从松克尔湖以北通过，延伸至哈萨克斯坦的巴彦科里地区。与玄武岩伴生的硅质岩中放射虫、牙形石和藻类时代为寒武纪。伊什姆-卡拉套蛇绿岩时代是晚里菲代，伴生方铅矿中铅同位素给出的最大模式年龄为 680Ma。

盖斯等(1985)首次提出在境外中、北天山之间分布着两条平行的蛇绿岩带，拉米兹(1997)认为这里的蛇绿岩都是异地产出，根带只有一个，位于中、北天山的界线处，称为吉尔吉斯-帖尔斯克伊蛇绿岩带（即伊什姆-纳伦带）。该蛇绿岩带虽然组分齐全，但各组分之间都是构造关系，少数情况下两种组分仍保持原接触关系。在卡拉卡特脊（松克尔湖的东北）发现的蛇绿岩岩片中夹有中奥陶世钙碱系列玄武岩、安山玄武岩岩片，属于乔洛伊组。蛇绿岩岩片推覆在苏也克组大理岩化灰岩之上（里菲期）。石炭系红色磨拉石构造透镜体被卷入该推覆构造带，说明它至少在石炭纪后还有显著的再活动。大理岩化灰岩是前寒武纪地块的盖层，以原地产出，众多的蛇绿岩片散布在天山 30～80km 的带内，且并不沿着特定的构造带分布，而是上叠在北天山原地产出的构造、建造带之上，大多是推覆到原地产出的奥陶纪复理石组合之上，说明吉尔吉斯-帖尔斯克伊蛇绿岩带可能是异地产状，如果吉尔吉斯-帖尔斯克伊蛇绿岩带是异地产状这种认识正确，那么，它所代表的古洋必在北天山这个构造单元以外。依据北、中天山里菲—早寒武世的沉积、古地理判断，这个古洋应位于北天山和中天山之间。

与玄武岩伴生的硅质岩中的微体化石、放射虫、牙形石和微古植物等显示，吉尔吉斯-帖尔斯克伊蛇绿岩形成时代为寒武纪（Мамбетов А М,1990）。拉米兹认为，它的形成较寒武纪要稍早，根据发现的寒武纪的岛弧火山岩组合，推测这时的古洋已经不再是早期的拉张阶段，古洋的张开可能始于里菲晚期，并于文德纪继续发展，到寒武纪早期时已经开始出现俯冲带和伴生的初始岛弧。因此，古洋的发育可划分为两个阶段：第一阶段为扩张到成熟阶段，从晚里菲期—早奥陶世早期，至该阶段后期则扩张与消减并存；第二阶段为古洋收缩阶段，时间相对短暂，仅有阿连尼克和卡拉道克两个阶段。两个阶段之间的特马德克末期—阿连尼克早期岩石组合性质和构造体质发生剧烈改变，发育区域性的角度不整合。

（六）乌拉尔—南天山地区

乌拉尔—南天山地区的蛇绿岩有乌拉尔地区的穆戈贾尔蛇绿岩、泽列诺卡缅蛇绿岩、萨克弥蛇绿岩，阿赖地区的南费尔干纳蛇绿岩带、土尔克斯坦-阿赖蛇绿岩带、泽拉夫善-吉萨尔蛇绿岩带，南天山地区的库米什蛇绿岩、伊南里克-科克铁克达坂蛇绿岩和米斯布拉克—霍拉山一带的蛇绿岩等。

穆戈贾尔和泽列诺卡缅蛇绿岩带呈近南北向，延伸长度400km，宽50km，主要以辉绿岩脉和粗玄岩脉及玄武质-硅质成分的火山岩为主，超镁铁岩不发育。萨克马尔蛇绿岩带呈近南北向，延伸长度300km以上，宽20～60km，主要组成有超镁铁岩、镁铁岩、辉绿岩、枕状玄武岩、黑色燧石岩和片岩。时代为早奥陶世阿伦尼格期—中志留世兰多维里期。

土尔克斯坦-阿赖蛇绿岩带，与枕状玄武岩伴生的硅质岩和少量的碳酸盐岩中放射虫和牙形石的时代以早、中泥盆世或中、晚泥盆世为主，个别剖面中出现早石炭世的放射虫和牙形石。

泽拉夫善-吉萨尔蛇绿岩带，广泛发育放射虫硅质岩，并含大量牙形石，时代为泥盆纪。

南费尔干纳蛇绿岩带，萨尔塔林岩片火山岩层之下有30m厚的硅质岩和硅质粉砂岩，含早奥陶世放射虫(Буртман В С，1977)，向上发现早奥陶世的牙形石 Oistodus sp.，再向上的硅质岩透镜体中发现志留纪的放射虫(纳扎罗夫鉴定)和晚奥陶世—志留纪的牙形石。在伊斯法拉村附近，发现奥陶纪硅质岩岩片，含数量较多的中奥陶世牙形石 *Histoidella sinuosa*(Gr. et. Ellis)，*Oneotodus grasilis*(Furn)，*Scolopodus* aff. *quadraplicatus* Br. Et Mehl，*Oistodus* sp.、*Scandotus* sp. 等。在奥陶纪岩片之上有构造推覆的火山岩和硅质岩岩片，其中含志留纪—早泥盆世的牙形石。另外，在南费尔干纳带分布最广的深海沉积岩岩片含放射虫和牙形石的时代是泥盆纪—早石炭世早期。

南天山蛇绿混杂岩在中国境内绵延近千千米，呈近东西方向展布的中天山南缘长阿吾子-古洛沟-乌瓦门-库米什深大断裂带，是分割中天山与南天山的重要构造分界线。它既是重要的构造变形带，又是重要的岩相古地理界限，也是不同变质作用和岩浆活动的分界线。该断裂带北侧主要出露伊犁-中天山基底岩系和下古生界盖层建造，南侧则主要出露上古生界被动陆缘型沉积建造；北侧主要为区域热流变质，南侧则主要为区域动力变质，并有双变质带(汤耀庆等，1995)；北侧加里东、海西期岩浆活动均极为发育，而南侧则主要为较微弱的海西期岩浆活动。因此，中天山南缘断裂带具有古板块缝合带的性质。

南天山的库米什蛇绿岩(榆树沟-铜花山蛇绿岩)中，斜长花岗岩和斜长岩的锆石 U-Pb 年龄分别为435.1±2.8Ma 和 439.3±1.8Ma(杨经绥等，2011)。南天山中部，伊南里克—科克铁克达坂和米斯布拉克—霍拉山一带的蛇绿岩大致可分南北两支。南支由米斯布拉克至色日牙孜伊拉克，北支沿库勒湖至科克铁克达坂一带展布。北支库勒湖蛇绿岩辉长岩锆石 U-Pb 年龄为418.2±2.6Ma(马中平，2007)，库勒湖蛇绿岩和色日克牙依拉克蛇绿岩中辉长岩的 LA-ICP-MS 锆石 U-Pb 年龄依次为425Ma和439Ma(高俊等，2009)，可见均为早古生代。库勒湖以南(南支)的米斯布拉克蛇绿岩形成时代为392Ma(王博，2006)，黑英山蛇绿岩中辉长岩的 LA-ICP-MS 锆石 U-Pb 年龄为423Ma，东部阿尔滕柯斯河蛇绿岩年龄为423Ma(高俊，2009)。西南天山地区，东阿赖地区的吉根蛇绿岩中基性熔岩的 Sm-Nd 等时线年龄为392±15Ma；阔克萨彦岭地区，巴雷公蛇绿岩和齐齐加纳克蛇绿混杂岩产在同一地区，巴雷公蛇绿岩辉长岩 LA-ICP-MS 锆石 U-Pb 年龄为450Ma(王超等，2007)，齐齐加纳克蛇绿混杂岩的形成时代为399±4Ma(王莹等，2012)。由此可见，西南天山蛇绿岩的形成年龄大致在450～392Ma，以中晚志留世—早中泥盆世为主，部分蛇绿岩可能形成于晚奥陶世。

乌瓦门蛇绿(混杂)岩出露于和静县巴仑台镇南侧古洛沟—乌瓦门地区，宽约2km，呈北西向展布于中天山基底岩系和南天山上古生界之间，南、北两侧分别以断裂或韧性剪切带为界。乌瓦门蛇绿混杂岩主要由构造岩块和混杂基质两部分组成(图4-6)。构造岩块包括由玄武岩、辉长岩、强蛇纹岩化橄榄岩等组成的蛇绿岩残块，来源于北侧中天山巴仑台群的变质岩残块和南侧南天山中泥盆世萨阿尔明组大理岩、结晶灰岩残块。混杂基质主要由强烈剪切变形的绿泥石英片岩、绢云石英片岩、千枚岩和变砂岩组成(李向民等，2002)。

乌瓦门蛇绿混杂岩中蛇绿岩残块的岩石地球化学研究表明(董云鹏等，2005)：变质橄榄岩以蛇纹石化含辉石纯橄岩为主，主要组成矿物有橄榄石、辉石、蛇纹石和铬尖晶石等，地球化学特征显示其亏损程度较弱，为部分熔融萃取 MORB 之后的残留物；玄武岩具有低 Al_2O_3 和高 TiO_2、MgO 特征，并以 LREE 亏损、HFSE 不分异为特征，类似于 MORB；部分玄武岩具有 LILE 富集和 Ta、Nb 亏损以及 Pb 富集特

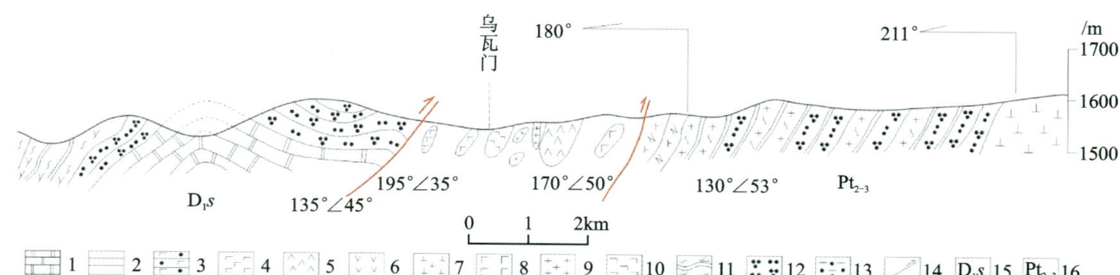

1. 大理岩；2. 硅质岩；3. 基性火山凝灰岩；4. 基性火山岩；5. 超基性岩；6. 辉长辉绿岩；7. 闪长岩；8. 黑云母石英片岩；9. 绢云绿泥方解片岩；10. 斜长角闪片岩；11. 片麻状花岗岩；12. 蛇绿混杂岩带基质；13. 糜棱岩化带；14. 逆冲断层；15. 泥盆系萨阿尔明组；16. 中上元古界(中天山基底巴仑台群变质岩系)。

图 4-6　中天山南缘中段乌瓦门蛇绿混杂带及两侧相邻地层剖面图

征，显示源区受到消减带流体的作用，指示这些蛇绿岩残块形成于弧后盆地构造环境，表明中天山南缘(或南天山北缘)曾演化为完整的由板块俯冲消减作用引起的“沟-弧-盆”体系，暗示古南天山洋洋盆具有较大的规模。

长阿吾子蛇绿混杂岩位于北木扎尔特河长阿吾子沟南侧，蛇绿岩残块与高压蓝片岩、榴辉岩相伴，呈透镜状夹于蓝片岩和绿片岩地层中，产状南倾。据汤耀庆等(1995)的研究，长阿吾子蛇绿混杂岩中超基性岩以蛇纹石化斜辉橄榄岩为主，其次为蛇纹石化纯橄岩和黝帘透闪石岩。辉长岩已变质为阳起钠长片岩和蓝闪钠长片岩，枕状玄武岩很可能已变为绿帘蓝闪片岩、石榴蓝闪石片岩等。蛇绿混杂岩内所夹的大理岩化灰岩透镜体中含有大量晚志留世珊瑚化石。高俊(1997)在昭苏县阿克牙孜河上游蛇绿混杂岩带的南侧增生楔中发现了榴辉岩和蓝片岩的高压变质带，其中的榴辉岩呈薄层状或透镜状产出于蓝片岩层中(产状 160°∠70°)，与区域构造线方向(北东东 70°)一致，蓝片岩是榴辉岩退变质的产物。高压变质带北以韧性剪切带为界，与由斜长角闪岩、角闪斜长片麻岩和夕线石片麻岩所组成的前寒武纪地块为邻；南缘也以韧性剪切带为界，与互层状的大理岩和绿泥石白云母片岩相邻。岩石地球化学研究表明，具枕状构造的榴辉岩的原岩为 E-MORB 和 OIB 型玄武岩(高俊等，1998；Gao et al.，1999)。

(七)北山地区

甘肃北山地区位于哈萨克斯坦、塔里木和华北三大板块的结合部位(李春昱等，1980，1982)，地质构造极为复杂，总体上是古亚洲构造域的组成部分(任纪舜等，1980，1999)。北山地区 4 条蛇绿岩带，即红石山-百合山-蓬勃山蛇绿岩带、芨芨台子-小黄山蛇绿岩带、红柳河-牛圈子-洗肠井蛇绿岩带和辉铜山-帐房山蛇绿岩带，已得到学者们的认可并被广泛关注(周国庆，1988，2000；左国朝等，1990；刘雪亚等，1995；于福生等，2000，2006；任秉琛等，2001；龚全胜等，2002，2003；何世平等，2002，2005；聂凤军等，2003；李锦轶等，2006；宋泰忠等，2008；徐学义等，2008；杨合群等，2010)，每条蛇绿岩带均被不同的学者作为板块缝合线，从而进行北山地区构造单元的划分。

红柳河-牛圈子-洗肠井蛇绿岩带为早古生代形成，其中，红柳河辉长岩 TIMS 法锆石 U-Pb 年龄为 425.5±2.3Ma(于福生等，2006)，辉长岩和辉长质糜棱岩中角闪石的 ^{40}Ar-^{39}Ar 坪年龄分别为 496±33Ma 和 462.5±2.3Ma(郭召杰等，2006)。牛圈子蛇绿岩中火山岩的 Rb-Sr 同位素年龄为 463±18Ma(任秉琛等，2001)，辉长岩的 LA-ICP-MS 锆石 U-Pb 年龄为 446.5Ma±4Ma(武鹏等，2012)，与洗肠井蛇绿熔岩夹层中放射虫时代一致，为中—晚奥陶世。月牙山蛇绿岩套中斜长花岗岩的 SHRIMP 锆石 U-Pb 年龄为 536±7Ma(侯青叶等，2012)。芨芨台子-小黄山(内蒙古自治区内)蛇绿岩带被认为形成于早古生代弧后盆地环境(杨合群等，2010)，但是其中辉长岩的 LA-ICP-MS 锆石 U-Pb 年龄为 321.2±3.7Ma(李向民等，2012)，应为晚古生代。红石山-百合山-蓬勃山蛇绿岩带中，红石山蛇绿岩中辉长岩的 LA-ICP-MS 锆石 U-Pb 同位素年龄为 346.6±2.8Ma(王国强等，2014)，代表该蛇绿岩形成时代为早石炭世。辉铜山-帐房山蛇绿岩带中，辉铜山和帐房山（内蒙古自治区内）蛇绿岩中辉长岩的 LA-ICP-MS 锆石 U-Pb 年龄分别为 446.1±3.0Ma 和 362.6±4.0Ma，分别相当于晚奥陶世和晚泥盆世，被认为并不是同一个蛇绿岩带（余吉远等，2012）。

红柳河-牛圈子-洗肠井蛇绿岩带是北山早古生代构造演化的重要产物，关于该条蛇绿岩带的形成时代，前人主要对该带西部的红柳河蛇绿岩的形成时代做了大量的精确同位素年龄测定与研究。周国庆（1988）和郭召杰等（1993）根据与基性熔岩共生的灰岩中的珊瑚化石碎片，推测红柳河蛇绿岩的形成时代为中晚志留世；于福生等（2000，2006）通过 1∶5 万红柳河幅和芦苇井幅填图调查对其辉长岩进行锆石 U-Pb 同位素测年，认为红柳河蛇绿岩形成时代为早志留世；郭召杰等（2006）基于对红柳河蛇绿岩伸展变形和 ^{40}Ar-^{39}Ar 年代学的研究，提出红柳河蛇绿岩伸展构造形成于洋壳闭合之前的洋壳扩张过程中，并且洋盆扩张发育在大约前中奥陶世（462Ma）；张元元等（2008）采用 SHRIMP 锆石 U-Pb 同位素定年方法，获得新甘交界红柳河蛇绿岩中的堆晶辉长岩年龄为 516.2±7.1Ma，代表了红柳河蛇绿岩的形成年龄为早寒武世。但是，对于牛圈子蛇绿岩的形成时代，除前人测得 Rb-Sr 同位素等时线年龄为 463±18Ma 外（任秉琛等，2001），至今仍缺乏高精度的 U-Pb 同位素年龄，本书采用 LA-ICP-MS 锆石 U-Pb 定年方法，获取牛圈子蛇绿岩中辉长岩中的锆石年龄为 446.5±4.0Ma，该年龄被解释为辉长岩的形成年龄，属晚奥陶世。对于该带东部洗肠井蛇绿岩的形成时代，依然存在不同的认识，周国庆等（2000）通过对辉绿岩进行 Sm-Nd 定年，认为该蛇绿岩形成于 470Ma，这与左国朝等（1990）通过化石年代学得出的地层年龄（中奥陶世）一致；洗肠井蛇绿岩中的斜长花岗岩 SHRIMP 锆石 U-Pb 年龄为 536±7Ma，形成于早寒武世晚期（侯青叶等，2012），该年龄为目前所报道的中国境域古亚洲洋的最老年龄。总体来看，红柳河-牛圈子-洗肠井蛇绿岩带不同地段蛇绿岩的岩石类型以及空间展布具有可对比性，其年龄范围为早寒武世至晚奥陶世，可能代表了至少截止到晚奥陶世该区仍存在洋盆扩张作用，蛇绿岩时代的差异是早古生代不同地段拉张裂解出洋壳时间上的差异。

关于红柳河-牛圈子-洗肠井蛇绿岩的构造环境，目前存在多种认识：第一种观点认为，它是北山早古生代洋盆向南俯冲形成的弧后盆地俯冲消减的产物（左国朝等，1990，1996，2003；郑荣国，2012）；第二种观点认为，红柳河-牛圈子-洗肠井蛇绿岩带代表着早古生代塔里木板块和哈萨克斯坦-准葛尔板块的缝合带，其属于大洋扩张脊型蛇绿岩（任秉琛等，2001；何世平等，2002，2005；杨合群等，2008，2010）；第三种观点则根据蛇绿岩中斜长花岗岩和基性熔岩的元素地球化学和 Sr-Nd-PB-Hf 同位素组成特征推断，它形成于与岛弧无关的洋中脊环境，将其解释为形成于板内深大断裂-初始裂谷演化至陆间有限小洋盆构造环境（侯青叶等，2012）。

本书选择洗肠井蛇绿岩中的玄武岩为研究对象，洗肠井蛇绿岩中的火山岩 Zr/Nb 平均值（37.24）大于 30，类似于 N-MORB（N-MORB 的 Zr/Nb＞30），不同于 E-MORB 的 Zr/Nb 值（约为 10）（Wilson，1989）；Nb/La 平均值（0.45）均大于 0.3，可与 N-MORB 类比，明显不同于 E-MORB（1＜Nb/La＜2）（Condie，1989）；Ha/Th 平均值（19.48）与 Condie（1989）给出的 N-MORB（Ha/Th≥8）相一致。在 Hf/3-Th-Nb/16（图 4-7a）和 Nb×2-Zr/4-Y（图 4-7b）构造环境判别图解中，本研究火山岩样品点多数落入正常洋中脊区，部分落入正常洋中脊和火山弧交界区，洗肠井（郑荣国等，2012）和月牙山（郑荣国等，2012）两处的基性熔岩的数据点落入正常洋中脊及毗邻区或火山弧玄武岩范围内。

结合对红柳河-牛圈子-洗肠井蛇绿岩带两侧地层、古生物、沉积以及区内其他蛇绿岩带的年代学格架的研究，认为该蛇绿岩并非弧后盆地蛇绿岩。该蛇绿岩代表的洋盆应为有限洋盆，具体依据如下：①从北山地区地层研究可见，红柳河-牛圈子-洗肠井蛇绿岩带两侧寒武纪和奥陶纪地层结构和物质组成均可以对比；②在该蛇绿岩带南侧大豁落山地区的下寒武统生物碎屑灰岩中含有丰富的三叶虫化石，前人曾在该层位中采集到早寒武世的标准化石（三叶虫，*Eoredlichia* sp.），本书在该带破城山北寒武系生物碎屑灰岩中也采集到大量的三叶虫化石，其中最具代表意义的为早寒武世的标准化石 *Eoredlichia* sp.（坐标 E96°7′20″，N41°55′36″），该化石的发现是北山早古生代洋盆不具有分割南北古生物地理区系的有力佐证。因此，综合该区区域地层、古生物特征以及其他 3 条蛇绿岩带的年代学研究，红柳河-牛圈

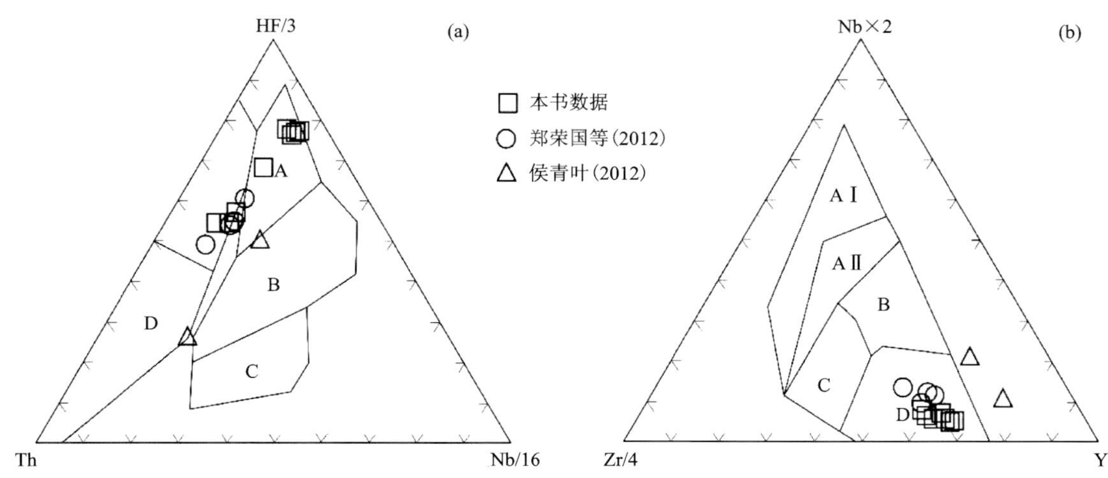

图 4-7　洗肠井蛇绿岩中火山岩构造环境判别图解

(a)Hf/3-Th-Nb/16 图解(Wood,1980):A. 正常洋中脊玄武岩;B. 富集型洋中脊和板内拉斑玄武岩;C. 碱性板内拉斑玄武岩;D. 火山弧玄武岩。(b)Nb×2-Zr/4-Y 图解(Meschede,1986):AⅠ和 AⅡ. 板内碱性玄武岩;AⅡ、C. 板内拉斑玄武岩;B. 富集型洋脊玄武岩;D. 正常洋脊玄武岩;C、D. 火山弧玄武岩。

子-洗肠井蛇绿岩所代表的洋盆为北山地区早古生代洋盆,其不具分割意义,属有限洋盆。关于该洋盆的构造属性,综合寒武纪地层结构特征(底部为双鹰山组的薄层状大理岩和灰岩,该灰岩中含有丰富的生物碎屑,标志浅海或者滨海相环境;中-晚寒武世西双鹰山组主要为青灰色硅质岩夹薄层状灰岩,标志其为深海相化学沉积的产物)和寒武系不整合于新元古界洗肠井群之上的接触关系(暗示北山地区从寒武纪开始处于拉伸环境,可能是北山早古生代洋盆开启的标志)以及蛇绿岩中火山岩的地球化学特征,认为该洋盆虽然表现出洋中脊特征,但地质证据并不支持其代表具有分割意义的大洋,因此,红柳河-牛圈子-洗肠井蛇绿岩形成于自寒武纪的板内拉张裂解至有限洋盆的构造环境,不同地段在寒武纪至奥陶纪拉张裂解出代表洋壳的蛇绿岩即为裂解事件的地质响应。

三、阿尔金—祁连—柴北缘—秦岭地区

阿尔金地区存在两条蛇绿混杂岩带,即阿尔金北缘红柳沟-拉配泉蛇绿混杂岩和南缘阿帕-茫崖蛇绿混杂岩带。其中,红柳沟-拉配泉蛇绿岩通常被认为是早古生代蛇绿岩,但存在着新元古代甚至古元古代的信息:①阿尔金北缘沟口泉地区蛇绿混杂岩中,洋壳岩块包括变质橄榄岩、超镁铁质堆晶岩、辉长岩、斜长岩、斜长花岗岩、辉绿岩和镁铁质火山熔岩等,其中的辉橄岩、斜长岩、辉长岩和玄武岩的 SHRIMP 锆石 U-Pb 年龄为 1889±27Ma、1869±27Ma、1836±40Ma 和 1818±25Ma,被认为是古元古代蛇绿岩(曹福根等,2014);②在南华纪索拉克组双峰式火山岩上部 N-MORB 玄武岩和 SHRIMP 锆石 U-Pb 年龄为 763~754Ma(阔什布拉克 1∶5 万区调报告,新疆维吾尔自治区地质调查院,2009),半鄂博辉长岩 Sm-Nd 等时线年龄为 829±60Ma(郭召杰等,1998),被认为是超大陆裂解导致阿北洋盆在南华纪晚期已经出现的证据;③该蛇绿岩的主体为早古生代,主要证据有玄武岩的 Sm-Nd 等时线年龄为(508.3±41)~(524.4±44)Ma(刘良等,1999),MORB 型辉绿岩墙 SHRIMP 锆石 U-Pb 年龄为 479±8Ma(杨经绥等,2008),斜长花岗岩锆石 U-Pb 年龄为 512.1±1.5Ma(高晓峰等,2012);恰什坎萨依地区斜长花岗岩 LA-ICP-MS 锆石 U-Pb 年龄为 518.5±4.1Ma(盖永升等,2015),贝壳滩 OIB 型玄武岩的 Sm-Nd 等时线年龄为 524Ma(车自成等,2002),恰什坎萨依枕状熔岩的锆石 TIMS 年龄为 448.6±3.3Ma(修群业等,2007),东部冰沟蛇绿岩辉长岩 SHRIMP 锆石 U-Pb 年龄为 449.5±10.9Ma(杨子江等,2012),阿克赛青崖子辉长岩 SHRIMP 锆石 U-Pb 年龄为 521±12Ma(张志诚等,2009)。

阿尔金南缘地区的阿帕-茫崖蛇绿混杂岩带中，基性火山岩的 Sm-Nd 等时线年龄为 481±53Ma（刘良等，1999），约马克其蛇绿岩中辉长岩锆石 U-Pb 年龄为 501±2Ma（李向民等，2009），长沙沟清水泉层状杂岩体的锆石 U-Pb 年龄为 467.4±1.4Ma（马中平等，2009，2011），这些数据表明，该蛇绿混杂岩带也形成于早古生代。

南阿尔金地区的木纳布拉克蛇绿岩带中，上部斜长角闪岩的全岩 Sm-Nd 模式年龄为 924Ma 和 946Ma，弱蛇纹石化方辉橄榄岩的全岩 Sm-Nd 模式年龄为 1118Ma（邓瑞林等，2005）；该带东部吉日迈蛇绿岩中蚀变橄榄岩的全岩 Sm-Nd 模式年龄为 1331～1027Ma（解玉月等，1998）。最新研究表明，木纳布拉克超基性岩体的主体形成时代为 450Ma（康磊等，2012），结合区域变质岩的研究成果（李荣社等，2009；曹玉亭等，2015）可以认为，该蛇绿岩带形成时代为新元古代—早古生代。

北祁连北部蛇绿混杂岩带中，自西向东有塔墩沟、九个泉、大岔大坂、扁都口、乌稍岭和老虎山等蛇绿岩。其中，塔墩沟蛇绿岩与含早—中奥陶纪笔石化石的火山-沉积岩系共生；大岔大坂蛇绿岩中，下部和中部拉斑玄武岩的 SHRIMP 锆石 U-Pb 年龄分别为 517±4Ma 和 505±8Ma（孟繁聪等，2010），上部玻安岩的 SHRIMP 锆石年龄为 487±9Ma（Xia et al.，2011）；扁都口蛇绿岩年龄为 479±2Ma（Song et al.，2013），反映了该地区中—晚寒武世期间从洋壳初始消减到弧后盆地伸展的构造作用过程；在古浪峡新报道的乌稍岭（卡瓦）蛇绿岩中，辉长岩 LA-ICP-MS 锆石 U-Pb 年龄为 462±19Ma（边鹏等，2016）；老虎山蛇绿岩中的细粒辉长岩锆石 U-Pb 年龄为 448.5±5Ma（Song et al.，2013）；九个泉蛇绿岩中辉长岩 SHRIMP 锆石年龄为 490±5Ma（夏小洪等，2010），玻安岩的形成时代为 484Ma（夏小洪等，2009），代表了洋壳发生俯冲消亡的时代，与北祁连山原岩为 N-MORB、E-MORB 和 OIB 的榴辉岩（SHRIMP、LA-ICP-MS）锆石 U-Pb 年龄 490～464Ma（宋述光，2004；Song et al.，2004；Zhang et al.，2007）相近，代表着同一洋壳俯冲事件的不同响应。

北祁连山南部蛇绿混杂岩带中，自西向东分布有熬油沟、玉石沟（一川刺沟）、东草河（东沟）和水洞峡等蛇绿岩。其中，熬油沟“蛇绿岩”带的形成时代以往争议较大，主要为中元古代和早古生代。中元古代的主要证据有辉绿岩中单颗粒 TIMS 锆石 U-Pb 年龄为 1840～1783Ma（毛景文等，1997），SHRIMP 锆石 U-Pb 年龄为 1777Ma 左右（张招崇，1998），更有 Sm-Nd 等时线年龄 2349±158.9Ma（夏林圻等，2000）。但是，该蛇绿岩带被更多地认为是早古生代，主要证据有辉长岩 SHRIMP 锆石年龄为 504±6Ma（相振群等，2007）、532±9.2Ma（徐学义等，2014）和 501±4Ma（夏小洪，2012），均显示出其为早古生代蛇绿岩；二只哈拉达坂的粒玄岩 SHRIMP 锆石 U-Pb 年龄为 495±4Ma（夏小洪等，2012）；玉石沟-川刺沟蛇绿岩中基性火山岩 Sm-Nd 等时线年龄为 522～494Ma（夏林圻等，1996），放射虫硅质岩中含早—中奥陶世笔石化石；玉石沟蛇绿岩中堆晶辉长岩的 SHRIMP 锆石 U-Pb 年龄为 550±17Ma（史仁灯等，2004）；东草河蛇绿岩中辉长苏长岩的锆石 U-Pb 年龄为 497±7Ma（Tseng et al.，2007）；东沟蛇绿岩基性火山岩的单颗粒锆石 LA-ICP-MS U-Pb 年龄为 499.3±6.2Ma（武鹏等，2012）；水洞峡蛇绿岩的 Sm-Nd 等时线年龄为 492.9±22.6Ma（1∶25 万门源幅区域地质调查报告，青海省地质调查院，2005）。

此外，中祁连北缘的蛇绿岩带，西起盐池湾，向东经刚察和拉脊山到甘肃永靖断续分布。拉脊山蛇绿岩可能代表了大洋高原玄武岩的岩石组合，其形成时代为 525±3Ma（宋述光等，2015）。

柴达木盆地北缘赛什腾-锡铁山-哇洪山结合带中，出露早古生代赛什腾山、绿梁山、锡铁山、阿姆尼克山和茶卡南山等蛇绿岩（赖绍聪等，1996），但是也被认为是新元古代到早古生代蛇绿岩带。其中，绿梁山-鱼卡蛇绿岩的 Sm-Nd 等时线年龄为 780±23Ma，Rb-Sr 等时线年龄为 768±39Ma（杨经绥等，2004）；沙柳河蛇绿岩形成时代为 516±8Ma（Zhang et al.，2008）；绿梁山蛇绿岩的形成时代为 535±2Ma（朱小辉等，2014）。

北秦岭地区，松树沟蛇绿岩时代为中-新元古代，Sm-Nd 等时线年龄为（1084±73）～（983±14）Ma（陆松年等，2000；董云鹏等，1997；李曙光，1991）。北秦岭南缘商丹断裂带中的蛇绿岩均为早古生代蛇绿岩，其中，甘肃武山鸳鸯镇蛇绿岩中辉长岩的 SHRIMP 锆石 U-Pb 年龄为 518±7.6Ma 和 457±2.9Ma（张国伟等，2004），LA-ICP-MS 锆石 U-Pb 年龄为 471±1.4Ma（杨钊等，2006）；关子镇蛇绿岩变基性火山岩 Sm-Nd 等时线年龄为 544±47Ma(1∶25 万天水幅区调),辉长岩 LA-ICP-MS 锆石 U-Pb 年龄为 499.7±1.8Ma(裴先治等,2007),与其共生的斜长花岗岩锆石 U-Pb 年龄为 517±8Ma(李曙光等,2007);岩湾蛇绿岩中变基性火山岩 SHRIMP 锆石 U-Pb 年龄为 483±13Ma 和 454±5Ma(陈隽璐,2008),与其共生的斜长花岗岩 SHRIMP 锆石 U-Pb 年龄为 442±7Ma(闫全人等,2007);鹦鸽嘴蛇绿岩中低 TiO_2 的 IAT 型镁铁质岩出现的时限范围为 523～474Ma(李源等,2012)。

南秦岭勉略蛇绿混杂岩带中蛇绿岩的形成时代有两种不同的认识。一种认为形成于晚古生代泥盆纪—石炭纪,是阿尼玛卿蛇绿混杂岩带的东延(张国伟等,2001;李曙光等,1996;赖绍聪等,2003;冯庆来等,1996;董云鹏等,2003),主要论据是:①缺失 O—S 地层和发育 D—T 深水浊积岩,且与南北两侧恰成对照;②混杂岩中变质火山岩获得 Sm-Nd 全岩等时线年龄为 242±21Ma,Rb-Sr 全岩等时线年龄为 221±13Ma;③硅质岩中发现石炭纪放射虫。另一种认为形成于新元古代早期,主要依据:①具 N-MORB特征的琵琶寺基性火山岩形成于 783～754Ma(李瑞保等,2009);②略阳县偏桥沟斜长花岗岩 SHRIMP 锆石 U-Pb 年龄为 923±13Ma(闫全人等,2007)及 913±31Ma(李曙光等,2003);③偏桥沟堆晶辉长岩 SHRIMP 锆石 U-Pb 年龄为 808±10Ma(闫全人等,2007);④中基性火山岩的 SHRIMP 锆石 U-Pb 年龄为 927.8±8.1Ma(殷鸿福等,1996);⑤Sm-Nd 等时线年龄为 1040±92Ma(张宗清等,1996)。

四、昆仑—北羌塘地区

昆仑地区主要包括古亚洲构造域和昆南-羌塘缝合系(李荣社等,2009)两大构造单元,自北向南的主要蛇绿(混杂)岩带有库地-其曼于特-都兰新元古代—早古生代蛇绿构造混杂带(昆北混杂岩带)、乌妥-诺木洪-柳什塔格中新元古代—早古生代蛇绿混杂岩带(昆中构造混杂岩带)、康西瓦-苏巴什-阿尼玛卿晚古生代缝合带、歇武-甘孜蛇绿混杂带、西金乌兰-金沙江晚古生代缝合带、拜惹布错-乌兰乌拉-澜沧江晚古生代缝合带。

库地-其曼于特-都兰新元古代—早古生代蛇绿构造混杂带中,库地蛇绿岩一些克沟基性火山岩的 Sm-Nd 等时线年龄为 1023±51Ma 和 834±29Ma,可能代表了库地洋开始消减俯冲的年代(方爱民等,2010)。库地蛇绿岩中石英辉长岩、辉长岩和玄武岩的 SHRIMP 锆石 U-Pb 年龄依次为 510±4Ma、525.7Ma 和 420～430Ma(肖序常等,2003)。计文化等(2008)获得不孜完沟方辉橄榄岩 SHRIMP 锆石 U-Pb 年龄为 502±13Ma。库地蛇绿(混杂)岩位于叶城县南西昆仑北西部,出露于青藏公路 133～156km 处的库地附近,主要由方辉橄榄岩和纯橄榄岩等地幔变质橄榄岩、豆荚状铬铁矿、堆晶橄榄岩、堆晶辉石岩和辉长岩、辉绿岩墙、块状和枕状玄武岩及幔源型花岗岩等组成。

辉绿岩和玄武岩表现出洋中脊拉斑玄武岩和岛弧拉斑玄武岩的过渡环境并明显具消减带的印迹。王元龙等(1997)认为库地蛇绿(混杂)岩原始构造环境为弧后盆地-岛弧-弧间盆地,属过渡性构造环境。杨树锋等(1999)认为该蛇绿岩套是形成于洋中脊的蛇绿岩套。王志洪等(2000)认为库地蛇绿混杂岩形成于消减带之上的弧间或弧后盆地。袁超等(2002)于库地蛇绿岩中发现玻安岩系岩石,结合火山地层序列的岩性变化,认为火山岩形成于初始的大洋岛弧或弧后盆地拉张的早期阶段,火山岩的地球化学组成变化以及玻安岩在依莎克群火山序列中的位置表明,原特提斯的消减方向应当是向北的。方爱民等(2003)通过库地北一些克沟基性火山岩岩石地球化学研究,认为其形成的构造环境为洋内弧,结合库地混杂岩带中发育一套深海浊积岩沉积相分析,认为它形成于消减带和海沟之间的弧前盆地环境。

其曼于特蛇绿岩中辉长岩 LA-ICP-MS 锆石 U-Pb 年龄为 526±1Ma、432±15Ma 及 971±33Ma。该带在东昆仑的延伸部分,鸭子达坂蛇绿岩中辉绿岩的锆石 U-Pb 年龄为 440.8±1.5Ma(陕西省地质调查院,2009);十字沟-祁漫塔格蛇绿岩 Sm-Nd 等时线年龄为 468±54Ma 和449±34Ma,堆晶辉长岩中锆石 U-Pb 年龄为 816±10Ma(青海省地质调查院,2002,2004)。

其曼于特蛇绿(混杂)岩出露于于田县南和策勒县努尔南,库拉甫河两侧,总体呈近东西向延伸,主要由蛇纹岩(变辉橄岩)、橄榄辉石岩、层状辉长岩、辉长岩、辉绿岩席、枕状和块状玄武岩组成,与之伴生的沉积岩为紫红色硅质岩、深灰色硅质岩和薄层灰岩等。该蛇绿(混杂)岩被一系列由南向北的逆冲推覆断裂肢解为构造岩片,其南为桑珠塔格群二云石英片岩,其北为阿拉叫依岩群(Z∈A.)变砂岩(图 4-8)。韩芳林(2002)获得细粒辉长岩锆石 U-Pb 年龄为 526±1Ma(早寒武世),被晚奥陶世花岗岩侵入。其曼于特变玄武岩主要属于拉斑玄武岩系列(图 4-9a),稀土总量较低($8.48\times10^{-6}\sim28.51\times10^{-6}$),稀土元素配分模式为平坦型(图 4-9b)。变玄武岩在 Zr/Y-Zr 图解中靠近洋脊玄武岩[图 4-10(a)];在 Nb×2-Zr/4-Y 图解中落入板内玄武岩(图 4-10b);在 Y/15-La/10-Nb/8 图解中主要落入火山弧,个别落入弧后盆地(图 4-10c)。

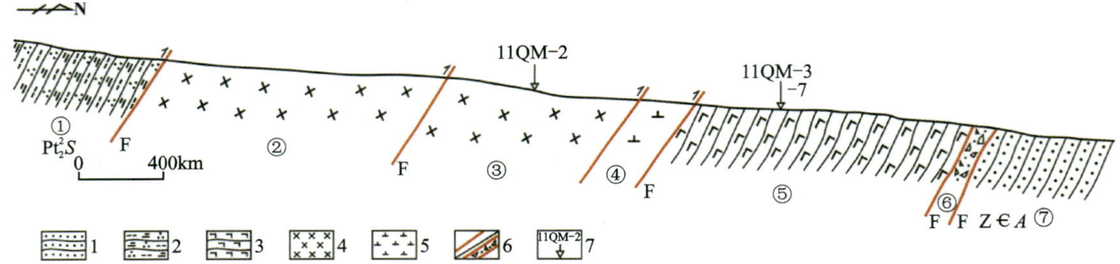

1. 变砂岩;2. 二云石英片岩;3. 变玄武岩;4. 辉长岩;5. 闪长岩;6. 性质不明断层/断裂破碎带;

7. 采样位置及编号;Pt_2^2S. 桑珠塔格群;Z∈A. 阿拉叫依群。

图 4-8 新疆于田县阿羌乡其曼于特蛇绿(混杂)岩路线地质剖面

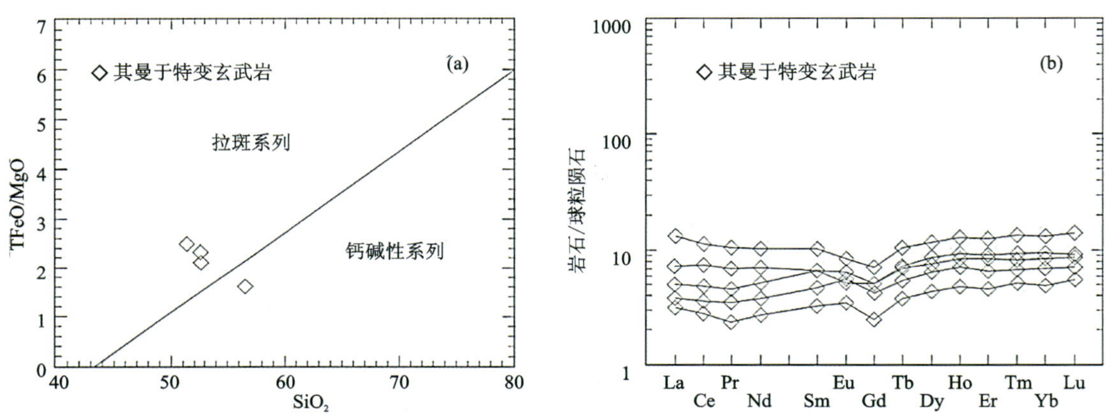

图 4-9 其曼于特变玄武岩 TFeO/MgO-SiO_2 图解(a)和球粒陨石标准化分布模式(b)(据 Miyashiro,1975)

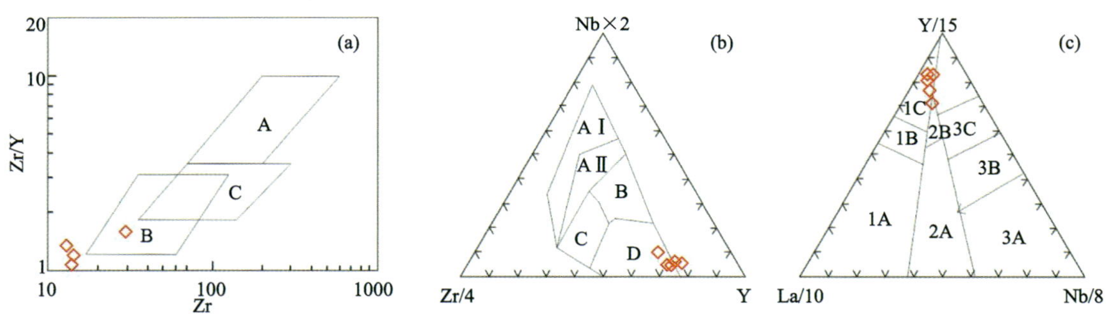

图 4-10 其曼于特变玄武岩 Zr/Y-Zr(a)、Nb×2-Zr/4-Y(b)及 Y/15-La/10-Nb/8(c)图解

乌妥-诺木洪-柳什塔格中新元古代—早古生代蛇绿混杂岩带中,东昆仑南向阳泉蛇绿岩 Sm-Nd 等时线法获得的蛇纹石化超基性岩年龄为 982Ma,辉长岩年龄为 950±82Ma(1∶25 万木孜塔格幅区调报告,2002);东段清水泉蛇绿岩的镁铁-超镁铁岩 Sm-Nd 等时线年龄为 1371～1040Ma(1∶25 万清水泉幅区调报告,2003;郑健康等,1992;解玉月等,1998),辉长岩的单颗粒锆石 U-Pb 年龄和 TIMS 年龄分

别为 518±3Ma 和 522.3±4.1Ma(杨经绥等,1996;陆松年等,2002)。该蛇绿岩北侧角闪辉长岩的 LA-ICP-MS 锆石 U-Pb 年龄为 452.1±5Ma(桑继镇等,2016)。可见,清水泉蛇绿岩以早古生代为主,有元古宙信息。朝阳沟纳赤台等蛇绿岩赋存于奥陶纪—志留纪纳赤台群,硅质岩中有早古生代放射虫,变玄武岩 SHRIMP 锆石 U-Pb 年龄变化于 466～419Ma。诺木洪蛇绿岩产于奥陶纪—志留纪纳赤台岩群火山岩中,部分以残留体形式产在泥盆纪二长花岗岩(414Ma)内,其玄武岩的 LA-ICP-MS 锆石 U-Pb 年龄为 419±5Ma(1∶25 万阿拉克湖幅区调,2003)。

康西瓦-苏巴什-阿尼玛卿晚古生代缝合带中,西昆仑的苏巴什蛇绿混杂岩带的硅质岩中放射虫微体化石为晚石炭世,海绵骨针化石为早二叠世(1∶25 万于田、伯力克幅资料);在蛇绿混杂岩的复理石沉积物中发现以石炭纪为主的放射虫化石群(方爱民,2002)。因此,苏巴什蛇绿岩的形成时代早于中二叠世(计文化等,2004)。然而,苏巴什蛇绿混杂岩带中俯冲型石英闪长岩的 SHRIMP 锆石 U-Pb 同位素年龄为 447±7Ma,说明该构造混杂岩带可能从早古生代就已开始形成(崔建堂等,2006)。

苏巴什蛇绿(混杂)岩位于于田县南,其曼于特蛇绿混杂岩南部,呈近东西向出露,岩石组成有蛇纹岩、橄辉岩、辉长岩和玄武岩等,不同岩性的蛇绿岩单元以逆冲断层接触,伴有少量硅质岩,以往厘定的柳什塔格玄武岩应该是苏巴什蛇绿(混杂)岩组成部分(图 4-11)。

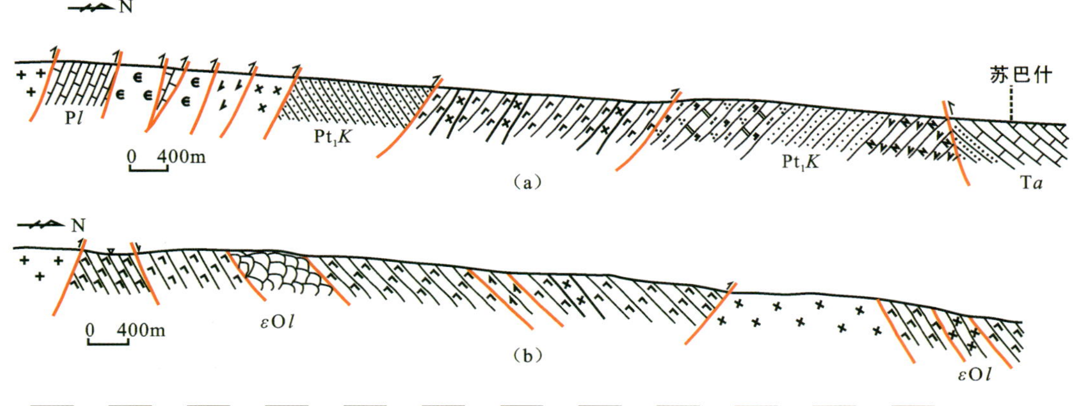

1. 砂岩;2. 灰岩;3. 二云石英片岩;4. 变玄武岩;5. 枕状玄武岩;6. 斜长角闪岩;7. 超基性岩;8. 辉石岩;9. 辉长岩;10. 花岗岩;11. 闪长岩;12. 逆断层/正断层;*Pl*. 硫磺达坂组;Pt_1K. 苦海岩群;*Ta*. 阿他木帕下组;ε*Ol*. 柳什塔格玄武岩。

图 4-11　新疆于田县阿羌乡苏巴什(a)和柳什塔格(b)路线地质剖面

资料来源:何世平等,2016,新疆构造单元厘定及综合研究编图。

苏巴什蛇绿(混杂)岩中的变玄武岩为拉斑系列[图 4-12(a)]。稀土元素配分模式为轻稀土元素略为亏损的平坦型曲线[图 4-12(b)]。

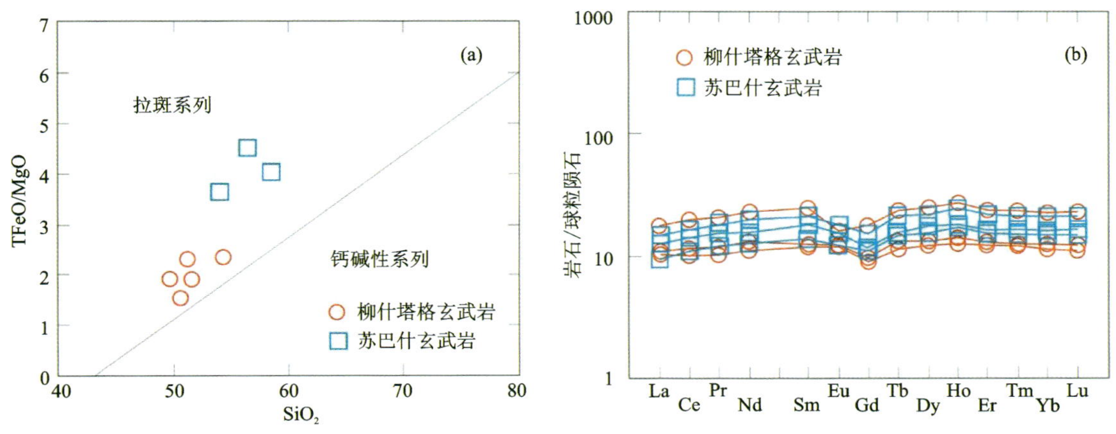

图 4-12　苏巴什-柳什塔格变玄武岩 TFeO/MgO-SiO_2 图解(a)和球粒陨石标准化分布模式(b)

苏巴什变玄武岩在 Zr/Y-Zr 图解中，样品落入 MORB 和火山弧区[图 4-13(a)]，在 Nb×2-Zr/4-Y 图解中[图 4-13(b)]和 Hf/3-Th-Ta 图解[图 4-13(c)]中样品均落入 MORB 区，反映出其形成于大洋中脊。

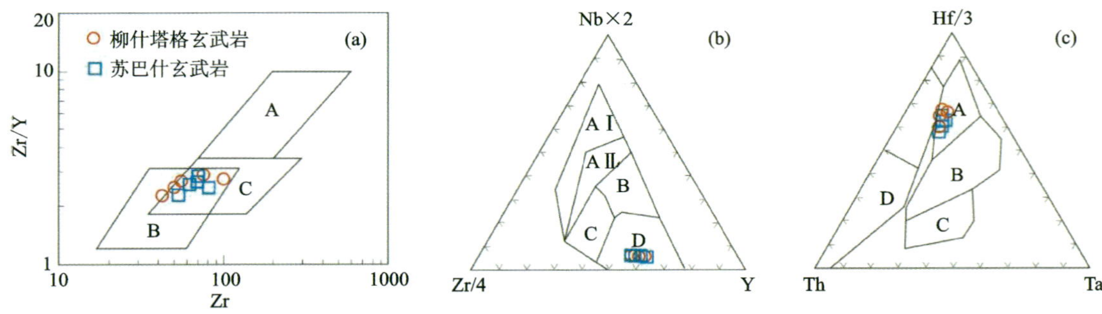

图 4-13 柳什塔格苏巴什玄武岩 Zr/Y-Zr(a)、Nb×2-Zr/4-Y(b)及 Hf/3-Th-Ta(c)图解

在中段的木孜塔格蛇绿岩中，放射虫硅质岩中含早石炭世化石(兰朝利等，2001)。布青山地区存在两期蛇绿岩，分别为早古生代和石炭纪，早古生代的主要证据有得力斯坦沟辉长辉绿岩 Rb-Sr 等时线年龄为 495.32±80.6Ma，辉长岩锆石 U-Pb 年龄 467.2±0.9Ma(边千韬等，1999)；得力斯坦沟辉长岩 LA-ICP-MS 锆石 U-Pb 年龄 516.4±6.3Ma(刘战庆等，2011)；牧羊山日什凤辉长辉绿岩 Rb-Sr 等时线年龄 517.89±101.6Ma(边千韬等，1999)。晚古生代的主要证据有布青山得力斯坦沟和牧羊山扎阿拉泽东枕状玄武岩的 Rb-Sr 等时线年龄 340.3±11.6Ma；得力斯坦沟枕状玄武岩的普通 Pb 等时线年龄 310±150Ma(边千韬等，1999)；哈尔郭勒东蛇绿岩中辉长岩 LA-ICP-MS 锆石 U-Pb 年龄为 332.8±3.1Ma(刘战庆等，2011)；向东在马尔争、塔绥一带出露的镁铁质—超镁铁质岩石中，辉长岩的^{39}Ar/^{40}Ar 年龄为 360～269Ma，硅质岩中放射虫化石为石炭纪—二叠纪(1∶25 万冬给措纳幅区调报告，2003)。此外，位于木孜塔格蛇绿岩带西延部分的可支塔格蛇绿混杂岩中，昆明沟玄武岩的全岩 K-Ar 法年龄为 297.71±37.8Ma(青藏高原银石山幅 1∶25 万区域地质调查报告，湖南省地质调查院，2003；兰朝利等，2007)。然而，该蛇绿岩带中也存在着中元古代的信息，诸如，木孜塔格地区畅流沟蛇绿岩中蛇纹岩、辉长岩和斜长角闪岩的 Sm-Nd 等时线年龄依次为 982±145Ma、950±82Ma 和 1138±43Ma(李卫东等，2003)；德尔尼蛇绿岩中，洋脊玄武岩全岩^{40}Ar-^{39}Ar 坪年龄为 345.3±7.9Ma(陈亮等，2001)；玄武岩的 SHRIMP 锆石年龄为 308.2±4.9Ma，被认为代表蛇绿岩的形成年龄(杨经绥等，2004)。此外，还有学者认为存在晚二叠世—中三叠世的第三期蛇绿岩(姜春发等，1992；许志琴等，1996；Yang et al.，1996；王永标，1997；王国灿等，1999)。

歇武-甘孜蛇绿混杂带是一个由早石炭世—晚三叠世洋脊型拉斑玄武岩、苦橄玄武岩、镁铁质与超镁铁质堆晶岩、辉长岩-辉绿岩墙、蛇纹岩、放射虫硅质岩和复理石组成的蛇绿混杂岩带。外来沉积岩块体的时代，从奥陶纪到三叠纪都有，混杂岩(如理塘)中有中二叠世茅口组灰岩以及志留纪笔石页岩等巨大岩块的存在，基质为早石炭世和晚三叠世的砂板岩及火山岩。除理塘附近禾尼剖面出露有保存较好的蛇绿岩层序外，多数蛇绿岩被肢解，构成蛇绿混杂岩岩块。硅质岩中含大量早、中三叠世放射虫，蛇绿岩带南侧聂卡—结隆地区带状分布的片麻状石英闪长岩-花岗闪长岩的年龄为(215.4±0.8)～184Ma(李荣社等，2009)，表明该蛇绿岩形成于中生代。

西金乌兰(-金沙江)和乌兰乌拉(-澜沧江)等蛇绿混杂岩带，含石炭纪—二叠纪放射虫化石的硅质岩。乌兰乌拉湖蛇绿混杂岩带蛇绿岩组合的岩性主要为辉绿岩和辉绿玢岩，少数为辉长岩、辉长-辉绿岩和橄榄岩、叶蛇纹石岩以及中基性火山岩，中基性火山岩主要为粗玄岩、玄武岩、气孔状安山岩、粗面岩、玄武质火山角砾岩和安山质晶屑岩屑凝灰岩等，1∶25 万区域地质调查认为形成于板内-洋岛(或洋脊)过渡环境或陆内裂谷构造环境，相伴硅质岩中含有(晚奥陶世—)晚泥盆世、石炭纪和二叠纪放射虫组合。李才等(2003a)在狮头山、黑熊山等地发现黑云纳长硬玉岩、含蓝闪石硬玉角闪辉长岩和含蓝闪石纳长黑云硬玉岩等高压变质岩,原岩时代为石炭纪—二叠纪。北澜沧江蛇绿混杂岩带超镁铁岩、洋中脊玄武岩和硅灰泥复理石,玄武岩SHRIMP锆石U-Pb年龄为361.4Ma(1∶20万类乌齐幅,1992)。西金乌兰的蛇形沟基性岩墙群的年龄为347Ma(李荣社等,2009),蛇形沟的变玄武岩$^{207}Pb/^{206}Pb$模式年龄为274Ma。在蛇形沟一带,蛇绿岩被晚二叠世—早三叠世汉台山群(P_3TH)不整合覆盖。拜惹布错-乌兰乌拉-澜沧江缝合带中,巴音查乌马蛇绿岩中的辉长岩Rb-Sr等时线年龄为266±41Ma。这些资料表明,蛇绿岩形成时代为石炭纪—中三叠世。但是,也有学者认为其中的镁铁质和超镁铁质岩应是形成于板内裂谷中的层状杂岩体,不应属蛇绿岩(李荣社等,2005,2008)。

五、伊朗—苏莱曼地区

伊朗—苏莱曼地区蛇绿岩主要分布在伊朗造山带东缘和苏莱曼造山带,时代不明,研究程度较低。

第三节　缝合带

从地球动力学上来说,研究区在显生宙期间的缝合带和断裂带归属于两大体系:古亚洲(西段)断裂体系和特提斯(北部)断裂体系。其中,古亚洲断裂体系是古亚洲洋演化过程中在古亚洲构造域形成的一系列缝合带和断裂带,而特提斯断裂体系是特提斯洋封闭和印度洋扩张过程中在特提斯构造域形成的一系列缝合带和断裂带。由于特提斯动力体系、古太平洋动力体系和太平洋动力体系对古亚洲构造域的叠加影响,使得古亚洲体系的部分断裂带在中、新生代再次复活或归并到特提斯或环太平洋断裂体系,如蒙古-鄂霍茨克造山带的断裂系统就是古亚洲体系和环太平洋体系的复合断裂带,昆仑-祁连-秦岭造山系中的断裂系统就是特提斯体系和古亚洲体系的复合断裂带。

研究区主要缝合带有两条:①斋桑-额尔齐斯-佐伦缝合带,是西伯利亚板块与哈萨克斯坦陆块之间的分界断裂,是古亚洲洋闭合后的两条主缝合带之一;②乌拉尔-南天山缝合带,是哈萨克斯坦陆块和塔里木板块的分界断裂,是古亚洲洋闭合后的第二条主缝合带。古亚洲洋和特提斯洋具有长期的演化历史,结构十分复杂,其中还夹杂有众多微小陆块,大洋与微小陆块之间具有复杂的多旋回缝合过程,形成多条弧陆碰撞带(如表4-1中的众多次缝合带),因此,古亚洲造山区实际上是冈瓦纳与西伯利亚之间的一个巨型缝合带,特提斯造山区是冈瓦纳与劳亚大陆之间的巨型缝合带。

由于是多旋回构造运动,研究区的大多缝合带和断裂带具有多旋回活动的特点,在不同的构造旋回中,断裂带性质也通常会发生改变,先生成的缝合带和断裂带作为一个构造上的脆弱带,在后来的造山运动中可以转化为大陆消减带或走滑断裂带。蒙古-鄂霍茨克缝合带是中国大陆与西伯利亚大陆之间的最终缝合带,是萨拉伊尔(兴凯)旋回—燕山旋回的多旋回缝合带。昆仑-秦岭缝合带是扬子旋回—燕山旋回的多旋回缝合带,长期构成中国南北的地质界线。龙木错-双湖-澜沧江缝合带曾可能是冈瓦纳大陆和中华古陆块群之间的缝合带,并经历了泛非旋回—喜马拉雅旋回的多旋回发展历程。由于多旋回造山作用叠加改造,断裂性质反复变化,大部分缝合带的确切位置难以精确厘定。

表4-1　研究区重要断裂构造一览表

断裂类别	编号	名称	属性
主缝合带断裂组	A	斋桑-额尔齐斯-佐伦缝合带	海西旋回
	B	乌拉尔-南天山缝合带(那拉提-乌瓦门断裂)	海西旋回

续表 4-1

断裂类别	编号	名称	属性
次缝合带断裂组	F_1	萨彦-贝加尔缝合带	扬子旋回
	F_2	蒙古-鄂霍茨克缝合带	二叠纪末？三叠纪—侏罗纪？
	F_3	鄂毕-湖区断裂带	萨拉伊尔旋回
	F_4	北天山-北山断裂带	海西旋回
	F_5	纳曼-贾拉伊尔断裂带	加里东旋回
	F_6	伊塞克地块南缘断裂带	扬子旋回
	F_7	红柳沟-拉配泉断裂带	加里东旋回
	F_8	北祁连断裂带	加里东旋回
	F_9	柴北缘断裂带	加里东旋回
	F_{10}	西昆仑断裂带	海西？加里东？
	F_{11}	康西瓦-苏巴什缝合带	印支旋回
	F_{12}	昆中缝合带	扬子-燕山多旋回
	F_{13}	商丹缝合带	扬子-燕山多旋回
	F_{14}	木孜塔格-玛沁断裂带	印支期旋回
	F_{15}	金沙江断裂带	海西旋回
	F_{16}	龙木错-双湖-澜沧江断裂带	印支期旋回？
	F_{17}	瓦基里斯坦-科西斯坦-拉达断裂带	喜马拉雅期旋回
	F_{18}	加尼兹-迈丹断裂带	喜马拉雅期旋回
主要的走滑断裂带	S_1	阿巴坎断裂	右行走滑
	S_2	杭爱断裂	左行走滑
	S_3	中央哈萨克斯坦断裂带	右行走滑
	S_4	塔拉斯-费尔干纳断裂带	右行走滑
	S_5	北山剪切带	左行走滑
	S_6	阿尔金走滑断裂带	左行走滑
	S_7	铁炉子-栾川断裂带	左行走滑
	S_8	甘孜-理塘断裂带	左行走滑
	S_9	喀喇昆仑断裂带	右行走滑
其他主要断裂带	1	贝加尔裂谷带	四级断裂带
	2	西萨彦-湖区西缘断裂	三级断裂带
	3	库兹涅茨断裂	三级断裂带
	4	成吉思断裂带	三级断裂带
	5	阿尔曼泰断裂带	三级断裂带
	6	卡拉麦里断裂带	三级断裂带
	7	达尔布特断裂带	四级断裂带

续表 4-1

断裂类别	编号	名称	属性
其他主要断裂带	8	天山北缘断裂带	四级断裂带
	9	博格达山南缘逆冲断裂带	四级断裂带
	10	康古尔塔格-红石山断裂带	四级断裂带
	11	天山南缘断裂带	二级断裂带
	12	阿塔苏断裂带	三级断裂带
	13	鄂尔多斯西缘断裂带	三级断裂带
	14	阿拉善陆块北缘断裂	三级断裂带
	15	阿拉善南缘断裂带	二级断裂带
	16	柯坪陆块周缘断裂	三级断裂带
	17	库鲁克塔格陆块南缘断裂带	三级断裂带
	18	卡拉库姆克拉通北缘断裂	二级断裂带
	19	卡拉库姆克拉通南缘断裂	二级断裂带
	20	阿帕-茫崖断裂带	三级断裂带
	21	阿尔金西缘断裂带(若羌断裂系?)	三级断裂带
	22	祁连北缘断裂带	三级断裂带
	23	中祁连北缘断裂带	三级断裂带
	24	中祁连南缘断裂带	三级断裂带
	25	党河南山南缘断裂带	三级断裂带
	26	青海南山断裂带(宗务隆-土门关断裂带)	三级断裂带
	27	宗务隆山南缘断裂	三级断裂带
	28	哇洪山走滑断裂带	三级断裂带
	29	临潭-山阳断裂带	三级断裂带
	30	略阳断裂带	三级断裂带
	31	北大巴山断裂带	三级断裂带
	32	龙门山断裂带?	三级断裂带
	33	祁漫塔格断裂带	三级断裂带
	34	西昆仑北缘断裂带	三级断裂带
	35	兴都库什断裂	二级断裂带
	36	库鲁克提勒克河-秀沟-冬给错纳湖断裂带	三级断裂带
	37	玛沁-玛曲断裂带	三级断裂带
隐伏及地球物理探测断裂	B_1	玉门关-苦水井-红柳泉隐伏断裂	隐伏断裂
	B_2	塔里木盆地中央隐伏断裂	隐伏断裂
	B_3	且末-民丰隐伏断裂系	隐伏断裂
	B_4	柴达木盆地北缘隐伏断裂	隐伏断裂
	B_5	柴达木盆地南缘隐伏断裂	隐伏断裂

一、主缝合带断裂组

研究区内主缝合带有两条：斋桑-额尔齐斯-佐伦缝合带（A）和乌拉尔-南天山（那拉提-乌瓦门）（-红柳河-洗肠井?）缝合带（B）。

1. 斋桑-额尔齐斯-佐伦缝合带（A）

斋桑-额尔齐斯-佐伦缝合带为西伯利亚板块与哈萨克斯坦陆块的分界断裂，是古亚洲洋闭合后的主要缝合带之一。斋桑-额尔齐斯-佐伦洋盆于泥盆纪末—早石炭世封闭，使南部的成吉思-阿尔曼泰造山带、东西准噶尔造山带与北部阿尔泰造山带聚合碰撞而形成的蛇绿混杂岩带。该结合带呈北西走向，西北自哈萨克斯坦查尔斯克，经斋桑泊和中国额尔齐斯河流域至富蕴以南青河地区延入蒙古国。该带全长近1500km，斋桑泊处较宽，约75km，富蕴以南最窄不足10km。其北界在哈萨克斯坦境内为西卡尔巴大断裂，在中国为阿尔泰山南麓的克兹加尔-锡伯渡-富蕴-玛因鄂博大断裂，在蒙古国为图尔根-大博格多大断裂。断裂一般倾向北，北盘南冲，具明显的韧性剪切特征。南界较复杂，在哈萨克斯坦是在然吉托别—斋桑泊南一线，在中国为阿尔曼泰断裂，延入蒙古国为布尔根-外阿尔泰大断裂。带内组成物质杂乱，横向上几乎不可对比，岩石性质不一，变质变形程度悬殊，但整体上表现为一个高应变带。在地球物理场上为一个重力梯度带，莫氏面高、康氏面低、地壳厚度较薄（42～47km），为变花岗岩层厚度最小的地区之一，因此，它无论在岩石组成上、构造上或是地球物理场上都是一个特殊的构造带。

2. 乌拉尔-南天门（那拉提-乌瓦门）（-红柳河-洗肠井?）缝合带（B）

该缝合带构成乌拉尔-天山-兴蒙造山系和中轴大陆块区之间的一条巨大的跨国缝合带。这一巨大的缝合带，向西延伸越过中国和吉尔吉斯之间的边界线，断续延伸到乌拉尔，构成了西伯利亚克拉通、东欧克拉通和中轴大陆块区（境外尚包括卡拉库姆陆块）之间的复杂的、具有多岛弧盆系特征的大洋盆地，通过诸多小地块拼贴、增生，直至最后消亡的遗迹——巨大而复杂的缝合带，全称为乌拉尔-南天山-西拉木伦巨型缝合带。由缝合带南北边界断裂带及其中一系列大致同一走向的次级断裂构成一个断裂组。该缝合带在我国境内被穹塔格走滑断裂所错断，西段称那拉提-乌瓦门缝合带，东段是否与红柳河-洗肠井断裂带连接尚存争议。缝合带内的物质组成主要是由高压—超高压变质岩构造岩片、蛇绿岩构造岩片、洋岛海山以及大陆斜坡浊积岩构成的俯冲增生杂岩，缝合带的各段在物质组成、空间展布、洋盆时代跨度及洋盆最后消亡时代等方面都存在着差异。

1）南天山北缘缝合带

在南天山地区，南天山北缘蛇绿混杂岩带、哈儿克山北坡高压变质岩带、早中志留世柯尔克孜塔木组、中晚志留世科克铁克达坂组和依契克巴什组、晚志留世—早泥盆世阿尔皮什麦布拉克组、中泥盆世萨阿尔明组和阿拉塔格组以及晚泥盆世哈孜尔布拉克组共同参与俯冲增生杂岩带的构成，成为该单元的主体建造。

南天山蛇绿混杂岩带有那拉提-长阿乌子蛇绿混杂岩、古洛沟蛇绿混杂岩、乌瓦门蛇绿混杂岩、拱拜子蛇绿混杂岩和库米什蛇绿混杂岩。郝杰等（1993）曾对那拉提-长阿乌子蛇绿混杂岩中的辉长岩进行同位素测年，获得439.4±26.9Ma数据。上述蛇绿混杂岩带在物质组成方面基本上相同或相近，都由岩块和基质两部分构成：岩块以蛇纹石化方辉橄榄岩为主，其次有纯橄岩、橄榄岩、辉长岩、辉绿岩、基性火山岩和硅质岩等；基质由强烈透入性面理化的凝灰岩、远洋浊积岩以及含铁锰结核的泥硅质岩等构成，在一些蛇绿混杂岩带中还混杂有前寒武纪变质岩岩块。

哈儿克山北坡高压—超高压变质岩带出露于哈尔克山北坡,长达500km。在该带中,除了蓝闪石片岩构造岩片及榴辉岩和榴闪岩的构造岩块外,还有蛇绿岩构造岩块,基质为具有透入性片理的绿片岩。汤耀庆、高俊等(1992)于哈尔克山北坡穹库什台一带的石榴白云母蓝闪石片岩中分离出多硅白云母,测得其$^{40}Ar/^{39}Ar$法坪年龄为415.37±2.27Ma,等时线年龄为419.02±3.92Ma,蓝片岩中蓝闪石单矿物$^{40}Ar/^{39}Ar$法坪年龄为350.89±1.96Ma。该带西延部分的哈萨克斯坦境内蓝片岩同位素年龄主要集中在460～400Ma(Dobretsov et al.,1987)。汤耀庆等对哈尔克山北坡高压变质岩变质作用的*P-T-D-t*轨迹研究揭示,变质作用经历了由浊沸石相(424Ma)—硬柱石-蓝闪石岩相(420Ma)—蓝闪-绿片岩相(415Ma)—绿片岩相(350Ma)的连续渐变演化过程。现今看到的蓝片岩的矿物组合是经历退变质作用后的矿物组合,记录了碰撞期后的推覆、走滑和大规模的抬升作用。424～420Ma的变质作用过程正好记录了大洋岩石圈俯冲作用的时期。前人在该套岩层中所测全岩及单矿物同位素年龄数据较多,有Rb-Sr等时线年龄729Ma(中国科学院登山队,1985)、634Ma(王作勋等,1990),Sm-Nd等时线原岩年龄1570±63Ma,阳起石片岩Sm-Nd等时线原岩年龄1128±125Ma(王宝瑜,1994)。新疆第一区调队曾在含蓝片岩的大理岩中发现过晚志留世珊瑚化石。笔者认为同位素测年数据上的差异,除了选样和方法学上的因素外,俯冲杂岩中可能包含着早期的高压变质岩岩块。

在库米什硫磺山-铜花山-榆树沟蛇绿混杂岩中出露少量残留蓝片岩(高俊等,1993)和高压麻粒岩(王居里等,1999)的蛇绿混杂岩。铜花山蓝片岩蓝闪石^{40}Ar-^{39}Ar坪年龄为360Ma(刘斌等,2003),榆树沟麻粒岩锆石核部SHRIMP U-Pb年龄为640～452Ma,锆石边部年龄为392～390Ma(周鼎武等,2004),单颗粒锆石TIMS U-Pb年龄为440Ma(王润三等,1999)。该高压变质岩可能是南天山北缘高压—超高压变质岩带的组成部分,在空间上与蛇绿混杂岩带伴生。

2)红柳河-洗肠井缝合带

红柳河-洗肠井缝合带的北邻区是马鬃山-公婆泉造山亚带,南邻区是罗雅楚山造山亚带,西端被且末-罗布泊走滑断裂所截切,向东延伸被额济纳中新生代内陆盆地覆盖。红柳河-牛圈子-洗肠井蛇绿混杂岩带主要由奥陶纪的蛇绿混杂岩构成。在红柳河段蛇绿混杂岩中的岩块或岩片主要由辉橄岩、堆晶辉长岩、斜长花岗岩、玄武岩构成,基质是强烈透入性面理化的细碎屑岩、凝灰岩及远洋浊积岩。在牛圈子一带蛇绿混杂岩中岩块或岩片主要由堆晶辉长岩、尖晶石二辉橄榄岩、玄武岩、安山岩、辉绿岩、黑色硅质岩构成,基质是强烈透入性面理化的细碎屑岩、凝灰岩及远洋浊积岩①。在洗肠井一带蛇绿岩组分出露较为齐全,剖面上依次出露有蛇纹石化方辉橄榄岩、辉橄岩、尖晶石二辉橄榄岩、堆晶辉长岩、斜长花岗岩、玄武岩、安山岩,以及深海沉积岩(左国朝等,1990,1996;何国琦等,1994)玄武岩中有辉绿岩墙和岩席。

马鬃山混杂岩和牛圈子混杂岩是1∶25万区域地质填图按照规范要求新填制出来的非正式岩石地层单元,属于非史密斯地层范畴,在时代为南华纪—寒武纪和奥陶纪—志留纪的基质中混杂有蛇绿岩组分的岩块及其他成分的岩块或岩片,包括硅质岩和碳酸盐岩岩块或岩片,基质普遍遭受强烈的透入性面理化,其中不乏变硅质岩及深海远洋细碎屑沉积岩类。在马鬃山混杂岩的浊积岩岩片及片岩岩片中富含微古植物化石,其中的角藻、微刺藻和片藻等一般常见于南华纪—震旦纪;在牛圈子混杂岩中获Rb-Sr全岩等时线年龄为486±18Ma,结合区域岩石组合及沉积特征对比,分别将这两个混杂岩划归南华纪—寒武纪及奥陶纪—志留纪②。

长城纪英云闪长岩和石英闪长岩构成了这一时期的裂谷侵入岩组合。奥陶纪和志留纪的石英闪长岩构成了这一时期与俯冲作用相关的侵入岩建造;志留纪基性杂岩参与蛇绿岩组成;泥盆纪闪长岩-二

① 何世平,任秉琛,姚文光,等.1999.甘肃内蒙古北山地区构造单元划分及古生代地壳演化.地质矿产部西安地质矿产研究所,地质矿产部基础地质专项调查项目(地科专96-27)。

② 《1∶25万马鬃山幅地质图(K47C003001)》,甘肃省地质矿产局。

长岩、花岗岩和石英闪长岩以及石炭纪花岗闪长岩、奥长花岗岩、花岗岩、二长花岗岩构成了这一时期的后造山裂谷岩浆事件的侵入岩组合。

在空间配置上，该缝合带之北是奥陶纪—志留纪岛弧，南侧是由志留纪碎石山组和早中泥盆世三个井组构成的前陆盆地。值得注意的是，Jan Bergstrom 等(2014)认为伊犁地块和罗雅楚山早古生代古生物群落基本上相同，为何分列于一条巨大的缝合带两侧？换句话说，就是红柳河-洗肠井缝合带充其量是一个小洋盆，没有造成古生物群落的隔绝。那么真正与南天山北缘缝合带相连接的缝合带究竟是哪一条？还是且末-罗布泊断裂在早古生代具有转换断裂的性质，造成南天山洋盆和红柳河-牛圈子-洗肠井洋盆的相互转换，使洋盆东变窄，不起分隔作用？

二、弧陆碰撞带断裂组

研究区主要的次缝合带有萨彦-贝加尔缝合带(F_1)、蒙古-鄂霍茨克缝合带(F_2)、康西瓦-苏巴什缝合带(F_{11})、昆中缝合带(F_{12})和商丹缝合带(F_{13})等。

1. 萨彦-贝加尔缝合带(F_1)

古亚洲洋构造域与西伯利亚克拉通的分界断裂，研究区内呈北西向。萨拉伊尔造山使得图瓦-蒙古地块、阿尔泰地块和阿巴坎地块等系列微小陆块聚合-拼贴到西伯利亚克拉通南缘，中寒武世古亚洲洋北部洋盆关闭，陆-陆碰撞也导致西伯利亚南缘强烈的变质-变形以及岩浆活动，麻粒岩相变质年龄507～479Ma(李晓春等，2009；Gladkochub et al.，2008；Fedorovsky et al.，2005)，伴随有475～465Ma大量岩浆活动(Yudin et al.，2005)。

2. 蒙古-鄂霍茨克缝合带(F_2)

古亚洲洋和环太平洋体系的复合断裂带，是古太平洋闭合后形成的，也是西伯利亚与中国大陆间的最后缝合带，属于萨拉伊尔-燕山多旋回缝合带。

3. 康西瓦-苏巴什缝合带(F_{11})

该缝合带构成塔里木板块和泛华南板块之间的分界。对于缝合带之南的甜水海地块尚存争议，该地块之上的寒武纪和奥陶纪沉积特征及变质变形特征表明它可能属于冈瓦纳陆块群(何世平等，2010)。向东延伸被阿尔金走滑断裂所截切，一般认为和东昆仑缝合带相连(潘桂棠等，2004，2009；李荣社等，2008，2009)。

4. 昆中缝合带(F_{12})

沿断裂带出露有加里东期蛇绿岩和大洋沉积组合，构成柴达木地块和昆南陆块(松潘陆块西延部分，属华南陆块群)之间的缝合带。在卫星遥感影像及地球物理场特征方面均有明显的显示，具有多期断裂活动特征，沿断裂带发生过大规模的陆壳向北消减作用。

昆中断裂带是否和商丹断裂带相接，仍然存疑。有可能早期的缝合带被后期三叠纪沉积盆地所覆盖，因为西秦岭印支期中酸性侵入岩带的一系列岩体中都发现有弧火山岩的包体，说明岩浆岩源区可能是早古生代的一条火山岩弧(冯益民等，2002)。缝合带可能通过印支期中酸性侵入岩带南部边缘，在秦祁接合部位同商丹缝合带相连。

5. 商丹缝合带(F_{13})

沿断裂带出露有以丹凤群为代表的大洋沉积组合,时代属南华纪—早古生代,主体可能为奥陶纪沉积。张国伟等(2001)对商丹断裂带进行过深入系统的研究,认为该断裂带是一条早加里东期缝合带,造成早古生代商丹洋的封闭。

该断裂带在卫星遥感图像及地球物理场特征方面均有明显的显示,断裂带自晚加里东期以来发生过多期活动。

第五章　古亚洲构造域西段和特提斯构造域北部岩石圈结构

第一节　地球的圈层结构概述

炽热的地球，因冷却和重力分异而形成初始的圈层结构，水圈的出现更加速了地球圈层的形成。此后，随着地球上出现板块构造，原本较为均匀的圈层结构愈来愈复杂化，形成了我们现今通过地球物理探测勾绘出的地球内部圈层构造（图 5-1）。

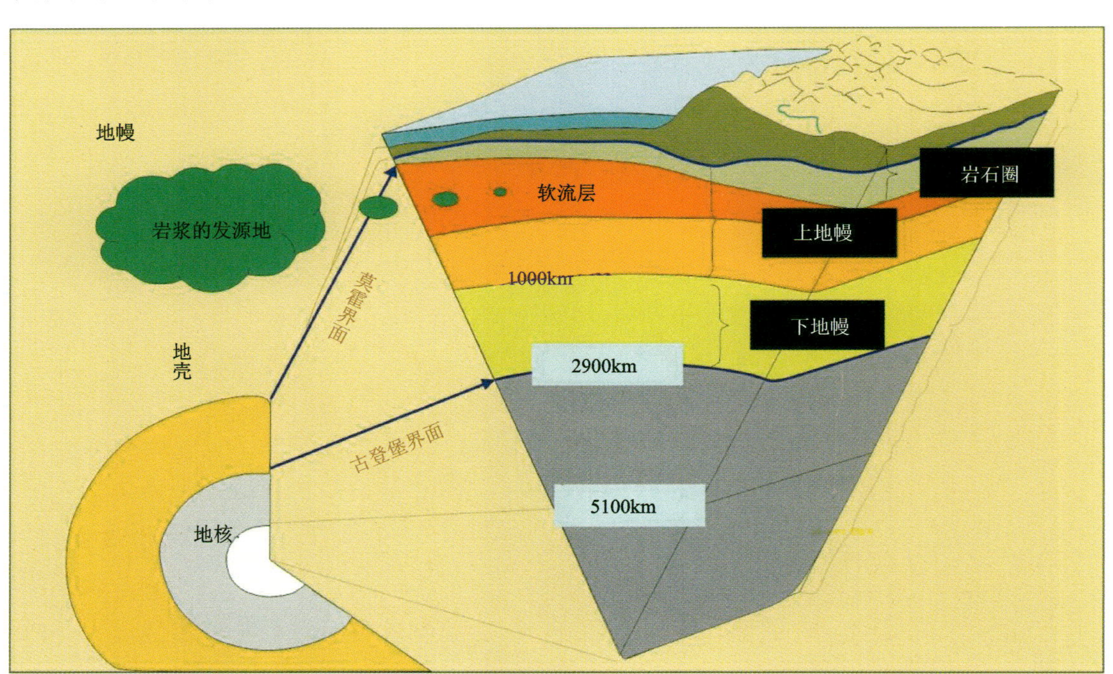

图 5-1　地球的圈层结构

地球圈层结构分为地球外部圈层和地球内部圈层两大部分。地球外部圈层可进一步划分为 3 个基本圈层，即水圈、生物圈和大气圈；地球内部圈层可进一步划分为 3 个基本圈层，即地壳、地幔和地核。地壳和上地幔顶部由坚硬的岩石组成，称岩石圈。本书仅讨论地球内部圈层中的岩石圈结构，因为岩石圈的结构特征及其厚度与构造运动密切相关，特别是与造山运动密切相关。

第二节 岩石圈结构

岩石圈可以划分成大陆岩石圈和大洋岩石圈。

一、大陆岩石圈

大陆岩石圈由地壳和上地幔顶部构成，并由坚硬的岩石组成。岩石圈进一步可以划分成地壳和上地幔，地壳和上地幔之间的界面称作莫霍面。根据物质组成方面的差异，地壳基本上由花岗质物质组成，根据变质相的差异可以划分成上地壳、中地壳和下地壳。上地壳变质程度一般达绿片岩相，中地壳变质程度可达角闪岩相，下地壳变质程度一般达到麻粒岩相。在地震波的转播波速上，上地壳 V_p 一般为 5.7～6.1km/s，V_s 一般为 3.3～3.55km/s；中地壳 V_p 一般为 5.8～6.4km/s，V_s 一般为 3.65～3.68km/s；下地壳 V_p 一般为 6.4～7.2km/s，V_s 一般为 3.75～3.8km/s。下地壳在加厚的情况下，变质相可达高压麻粒岩相和榴辉岩相。上地幔在物质组成方面与地壳有较大的差别，上地幔一般由硅镁质物质构成，V_p 一般为 7.9～8.35km/s，V_s 一般为 4.4～4.45km/s，其变质相一般可达尖晶石二辉橄榄岩相。上地幔岩石圈之下便是上地幔软流圈，一般认为软流圈是岩浆的发源地，处于非固体状态，具有流动性(邓晋福，1996)。

邓晋福等(1996)综合了大量地球物理资料，将中国大陆岩石圈划分为青藏陆内造山型、中部克拉通型和东部大陆裂谷型 3 种类型。

1. 青藏陆内造山型

该类型岩石圈结构的特征是具有双倍地壳厚度，达 70～80km，即山根型地壳厚度；岩石圈厚度可达 150km，具有造山型岩石圈根；上地幔密度一般为 3.4～3.65g/cm^3；地形高度一般大于 4500m；岩浆活动一般以陆内 SH 系列(碱玄岩系列)和白云母及二云母花岗岩为特征；热流值变化较大，北部 40～50mW/m^2，边缘 70～90mW/m^2，核部 100～300mW/m^2；属于地震多发地域；壳内存在低速高导层；近代构造以逆掩逆冲和走滑断裂为主。

2. 中部克拉通型

该类型岩石圈结构的特征是具有正常的地壳厚度，一般为 40～50km；岩石圈厚度可达 200km，属于克拉通型岩石圈根；上地幔密度一般为 3.1～3.22g/cm^3；地形高度一般在 1000～2000m；基本上无岩浆活动；热流值一般为 40～50mW/m^2；除块体边界外，一般无地震；近代构造以整体均衡抬升为主；壳内无低速高导层。

3. 东部大陆裂谷型

该类型岩石圈结构的特征是具有减薄的地壳厚度，为 30～35km；岩石圈厚度为 70km，属地幔热柱型岩石圈；上地幔密度为 3.23～3.30g/cm^3；具有地形高度小于或等于 500m 的盆岭构造特征；岩浆活动表现为大陆裂谷玄武岩，其中含地幔橄榄岩包体；具有高热流特征，其值一般为 60～70mW/m^2；地震活动强烈，具有多发性；近代构造以拉伸构造和走滑断裂为主；壳内存在低速高导层。

二、大洋岩石圈

大洋岩石圈的圈层结构及流变学性质与大陆岩石圈不同，它是地球演化到出现软流圈之后，由大量软流圈物质通过巨大扩张带涌出而迅速形成的，不仅圈薄、冷重、致密、刚硬（最刚硬的部分位于地幔之中 20～60km 处），而且缺失陆壳的中间层（花岗质层），形成的地质时代也较新，一般不超过 2 亿年。

大洋岩石圈大体上可划分为 5 层，从上往下分别是层 1、层 2、层 3、层 4 和层 5。

1. 层 1 是未固结沉积层

层 1 平均厚度为 0.50km，在大洋中脊顶部及其两侧 100～200km 范围内缺失或呈零星分布。随着远离中脊厚度逐渐增大，中脊斜坡上厚 200m 左右，洋盆边缘厚 1000～2000m，局部可达 3000m。层 1（松散沉积物）的 V_p 值为 1.5～3.4km/s。

2. 层 2 是沉积物＋玄武岩互层

层 1 是火山岩层，主要由玄武岩构成。层 2 广泛分布于中脊顶部，露头表面极不平坦，厚度变化较大，自 1.2～2.5km 不等。V_P 值变化亦较大，变动于 3.4～6.0km/s 之间，但大多为 4.5～5.5km/s。

层 2 可以划分成上部（2A 层）和下部（2B 层）。2A 层由未固结或已固结的沉积物和玄武岩互层组成。2B 层以块状玄武岩为代表。玄武岩为以贫碱为特征的拉斑玄武岩为主，常以枕状和席状熔岩形式出现，化学成分中 Al_2O_3 含量偏高，K_2O 和 REE（稀土元素）含量偏低（K_2O<0.3%）。为区别于大陆拉斑玄武岩，特别将层 2 的低钾玄武岩称为大洋拉斑玄武岩。以块状玄武岩为主的 2B 层还可出现裂隙填充式或沿层面流动铺开的辉绿岩岩墙或岩床，底部出现席状岩墙群。

3. 层 3 是玄武岩层

玄武岩是大洋地壳的主体岩石，故玄武岩层也称大洋层。大洋层在不同大洋中的厚度都很稳定，平均厚度为 4900m，V_p 值也较稳定，为 6.7～7.0km/s，平均值为 6.69±2.6km/s。层 3 可分为两个波速层，上层（3A）厚度为 2～3km，V_p 为 6.5～6.8km/s，下层（3B）厚度为 2～5km，V_p 为 7.0～7.7km/s。层 3 是由高铁镁、低硅碱的镁铁质岩石，即由辉长岩、角闪岩等组成。层 3 的底面是地壳的下界面莫霍面，莫霍面之下便是超镁铁质岩组成的上地幔。

4. 层 4 是壳幔过渡层

层 3 之下便是大洋地壳的下界莫霍面。然而，在大洋中脊及年轻海岭附近莫霍面往往不甚清晰，存在着一层 V_P 为 7.2～7.7km/s 的异常波速值的层面，这一 V_P 值大于层 3 的 V_P 平均值（6.69±0.26km/s），而小于上地幔的 V_P 平均值（8.13±0.24km/s），故称之为壳幔过渡层或壳幔（带）混合层，也称之为异常上地幔。

5. 层 5 是浅地幔刚硬层

该层主要由超镁铁质岩组成，与大陆浅地幔刚硬层不同的是保留了更多的易熔组分，更接近于未分异的原始地幔。林伍德（Ringwood）（1981）提出的大陆和大洋上地幔的分带模式（图 5-2）即为这一

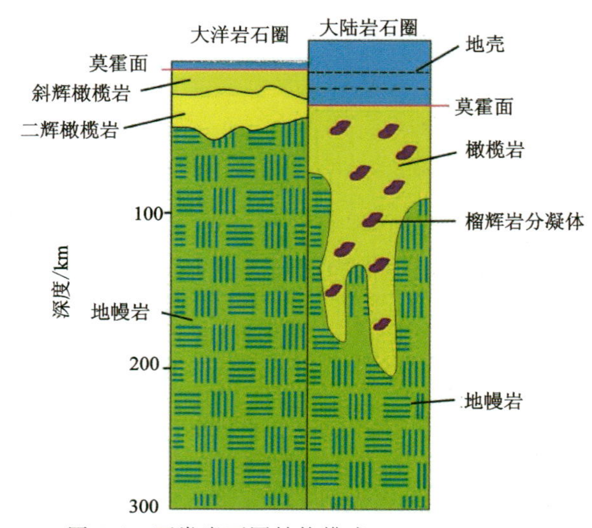

图 5-2　两类岩石圈结构模式（据林伍德，1981）

差别的明显反映。林伍德认为地幔上部的超镁铁质岩是地幔分异出玄武岩浆后难熔的残留部分，它的下部是尚未分异出玄武岩组分的原始地幔岩。实验也表明，当地幔岩熔出约45%的熔浆时，其残留岩石相当于纯橄榄岩；熔出25%时，相当于斜方辉石橄榄岩；熔出5%时，相当于二辉橄榄岩。可见，大洋上地幔则是由熔融程度较低、密度较大（平均密度为3.3～3.4g/cm^3）、刚度较高（V_P平均值为8.13±0.24km/s）的地幔刚硬层所组成的。正是这一刚硬层才驮载着整个大洋岩石圈，沿着下伏软流圈的顶面斜坡（洋脊之下缺失上地幔刚性顶盖）向两侧滑动和漂移。

与大陆岩石圈一样，地幔刚硬层之下便是软流圈顶部的低速层了。

第三节 岩石圈、地壳与地貌

一般来说，地壳厚度与地貌呈镜像反映，也就是说地壳厚度愈大，地表地形就愈高（图5-3，表5-1）。然而，岩石圈则与地表地形起伏无此种镜像反映关系，而是稳定的克拉通地域，岩石圈厚度最大，而在地壳厚度最大的地域，反倒比稳定的克拉通地区厚度要小一些（图5-4）。

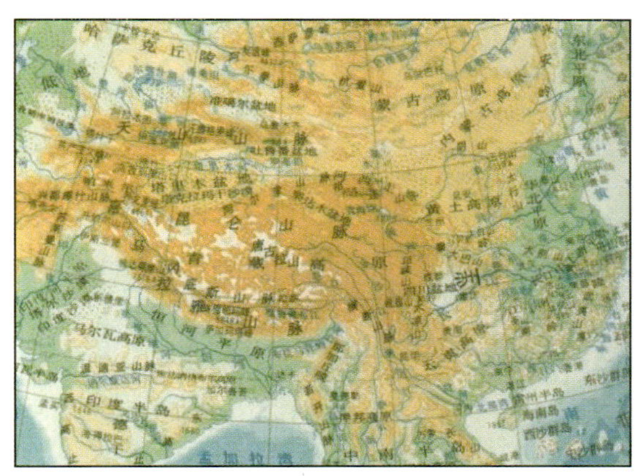

图5-3 中国陆区莫霍面埋深与地貌关系图（据中国地图出版社编辑部，1990）

表5-1 地壳厚度（莫霍面埋深）与地表高程一览表

青藏高原			中部克拉通			东部及沿海		
地壳厚度	地表高程	岩石圈厚度	地壳厚度	地表高程	岩石圈厚度	地壳厚度	地表高程	岩石圈厚度
70～80km (60～70km)	4500～ 8 848.86m	150km	40～50km (35～45km)	2000～ 1000m	200km	30～35km (30km)	500～0m	70km

表中数据来源：邓晋福等，1996；Yuan，1996；本书对地表高程略有补充。

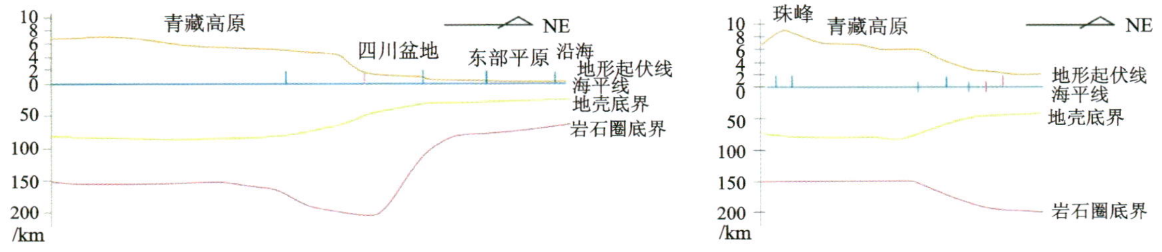

图5-4 地壳厚度与地表地形起伏线的镜像反映示意图
（3种曲线数值依据来源于邓晋福等，1996；Yuan，1996）

第四节　岩石圈内及其下的地质作用

初始形成的地球圈层构造应该是均一的，圈层构造的不均一性显然是地球内部及外部各种地质作用的结果，概括起来大致有如下几种地质作用。

1. 岩石圈板块的俯冲作用

炽热的地球的冷却和重力分异，造成了原始均一的地球内部圈层构造。地球上水圈的形成，一方面加速了固体圈层的形成，另一方面造成岩石圈之下热流的不均衡性。这种固体圈层之下热的不均衡性导致软流圈内发生热对流，从而驱动岩石圈板块发生运动，造成大洋岩石圈板块向大陆岩石圈板块之下俯冲。岩石圈板块的俯冲作用还导致冷却的大洋岩石圈板块下沉到地核附近，进一步改变下地幔内的热状态，并诱发地球内部地幔热柱的形成。因此这种俯冲作用就从根本上改变了地球初始均一的圈层结构(图 5-5)。

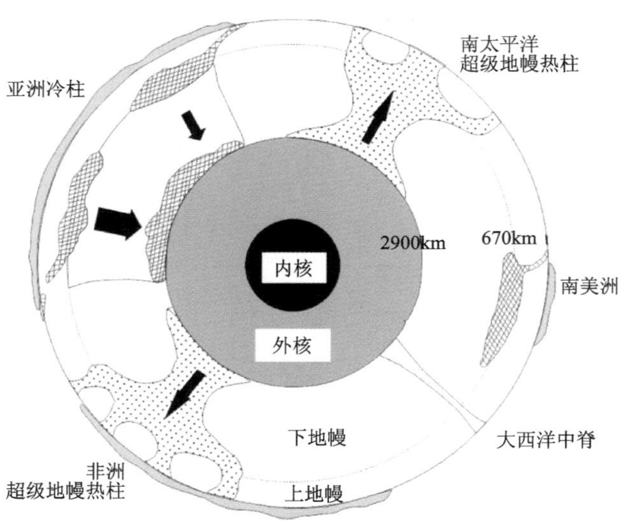

图 5-5　岩石圈板块俯冲改变了地球内部均一的圈层构造(据 Maruyama，1994)

2. 岩石圈板块的碰撞作用

由俯冲而导致的岩石圈板块的碰撞作用，产生巨大的挤压力，其结果使岩石圈增厚，而且主要是地壳增厚，如青藏高原增厚的地壳是正常地壳厚度的两倍。

3. 岩石圈底部拆沉作用

岩石圈板块增厚的结果是造成岩石圈底部形成高温高压环境，从而导致构成上地幔的岩石发生相变，形成尖晶石二辉橄榄岩、榴辉岩和高压麻粒岩。此类岩石形成后，由于其具有高密度和高重力的特点，极其容易从岩石圈底部发生拆沉，而坠入软流圈内。这种由岩石圈底部相变而造成的岩石圈底部岩石块体坠落到软流圈的现象称作岩石圈底部拆沉作用(图 5-6)。

岩石圈底部拆沉作用局部地改变了岩石圈的厚度，并导致软流圈岩浆沿岩石圈薄弱地带上升，造成岩浆上升到地壳内或地表。

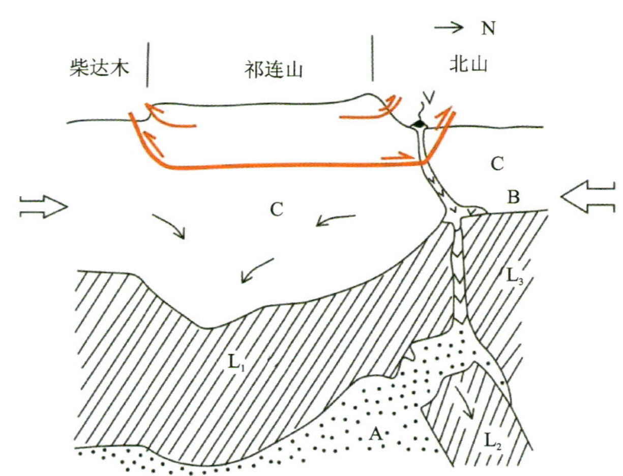

A. 软流圈；B. 岩浆通道；C. 地壳；L_1. 青藏高原岩石圈；L_2. 拆沉岩石圈碎块；L_3. 北山型岩石圈；
空心箭头表示挤压应力；线性箭头表示地质受挤压运移

图 5-6　岩石圈拆沉模式图(据邓晋福等,1996)

4. 岩浆底侵作用

当一个地域岩石圈底部的局部拆沉发展到全面拆沉时,就造成岩石圈底部的岩浆底侵作用,变现为软流圈上部岩浆中包含有大量的岩石圈底部拆沉的岩石块体。同时,底侵的岩浆对岩石圈底部加热,进而使岩石圈厚度和地壳减薄,造成岩浆沿岩石圈薄弱地带上升,形成侵入岩和喷发岩。

5. 岩石圈去根作用

岩浆底侵作用最终导致增厚的岩石圈厚度减薄,使碰撞造山作用形成的具有巨大厚度的岩石圈根彻底消失,这个过程就是岩石圈的去根作用。

6. 岩石圈克拉通化

在去根作用完成之后,岩石圈物质在重力作用下,发生分异,形成新的趋于稳定类型的克拉通型岩石圈,其厚度接近 200km,这个过程暂称作为岩石圈克拉通化。

7. 两类超级地幔柱及其更迭作用

超级地幔柱的活动已经涉及岩石圈之下。

超级地幔柱可以划分成超级地幔热柱和超级地幔冷柱两大类(图 5-7)。

大陆块体之下的超级地幔热柱造成大陆裂谷体系,不仅改变了大陆岩石圈内部的结构,而且还改变了大陆地表的地貌形态,如非洲大陆之下的超级地幔热柱,导致东非裂谷系的形成。而南太平洋之下的超级地幔热柱,除了形成大洋岩石圈之外,还产生了广袤的太平洋。欧亚大陆之下的超级地幔冷柱,除了改变大陆块体之下的岩石圈结构之外,还在亚洲大陆东部形成复杂的弧盆系和滨太平洋山系,而在欧亚大陆南部,则形成阿尔卑斯-扎格罗斯-喜马拉雅-印缅山系,以及具有世界屋脊之称的青藏高原。

两类超级地幔柱的活动不断改变地球内部的热状态,当热状态基本上达到均衡时,由于大洋岩石圈和大陆岩石圈物理性能的差异,导致新的热状态不均衡现象的产生,在地球内部形成新的超级地幔冷柱和超级地幔热柱(图 5-7)。地质历史时期两类超级地幔柱的更迭不断改变着地球内部的圈层结构,同时也不断支配着地球表面的大陆块体的裂解和重组。据陆松年等(2009)论述,地质历史上曾经出现过多次超大陆,从老到新有基诺兰(Kenorland)超大陆(主要指 2500Ma 形成的加拿大地盾)、Columbia 超大陆(1900～1500Ma)、Rodinia 超大陆(1100～820Ma)、Gondwana 次超大陆(600～500Ma)、Laurasia(劳

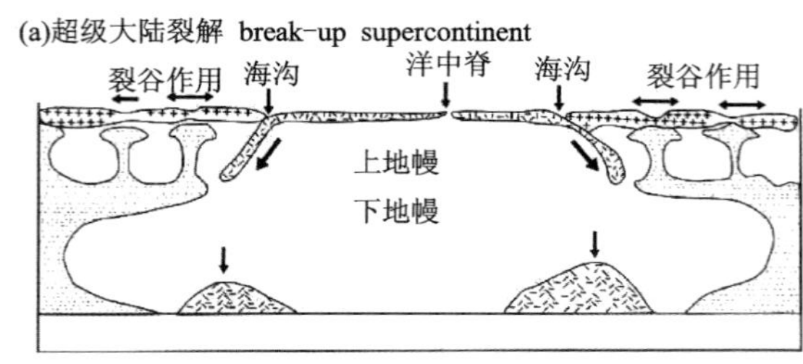

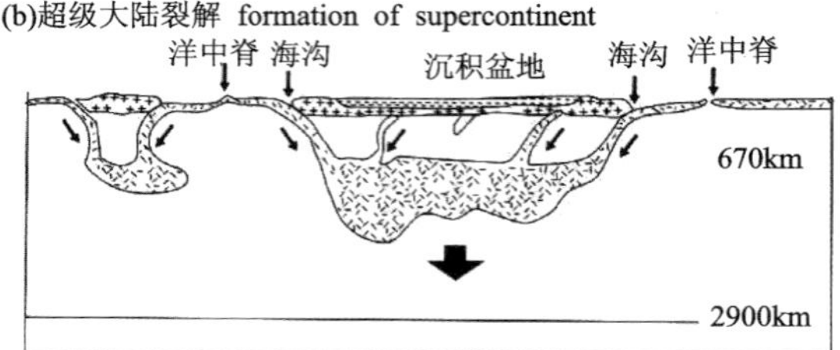

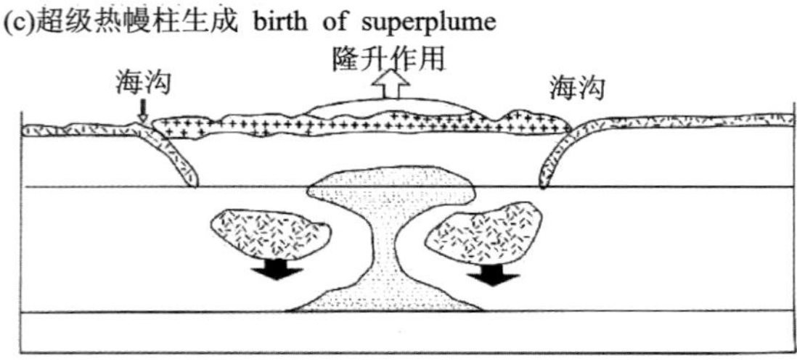

图 5-7 幔柱构造与超大陆旋回(据 Maruyama et al.,1994)

亚)次超大陆(与 Gondwana 次超大陆并存的次超大陆)以及 Pangea 超大陆(250Ma 形成)。这些超大陆的出现都与两类超级地幔柱的更迭密切相关。日本地质学家 Maruyama(1994)曾认为:目前太平洋正在向美洲大陆之下和亚洲大陆之下俯冲消减,两岸大陆正在靠近;而随着大西洋的扩张,则更加加速了这种太平洋两侧巨大陆块的汇聚,当太平洋完全消失时一个新的超大陆就形成了。

第五节 中国及邻区岩石圈类型划分及其内部结构初探

邓晋福等(1996)曾对中国大陆岩石圈结构进行过划分,将中国大陆岩石圈划分为青藏陆内造山带型、中部克拉通块体群型和东部大陆裂谷带型 3 种类型,勾绘了 3 种类型岩石圈的地理分布范围,并对其主要特征进行了论述。

在前人研究的基础上,根据国内已有重力资料(Yuan,1996),再结合美国地质调查局编制的重力异常图(对比之下,该图细化了区域重力异常,在揭示莫霍面起伏方面提供了许多细节),本书将中国及其邻区岩石圈类型划分成克拉通型、中亚造山带型、陆块群型、基梅里陆块型、青藏高原型、亚洲东部盆岭型和菲律宾及菲律宾海型 7 种类型(图 5-8)。现依次简要论述于后。

一、克拉通型(Ⅰ)

西伯利亚克拉通、西西伯利亚盆地、东欧陆块和印度次大陆,这几个地区在重力异常图像上具有共同的特征,莫霍面埋深在 35~50km 之间,且具有起伏不平的特点。起伏不平的原因可能是岩石圈去根作用的不均衡性,即岩石圈去根作用的不均衡性直接影响到莫霍面埋深,形成起伏不平的特征。根据中国已有的岩石圈划分类型(邓晋福等,1996)推知这一类型的岩石圈厚度范围在 70~200km 之间波动。

1. 西伯利亚克拉通(Ⅰ-1)

西伯利亚克拉通重力异常影像不全,无法推测地壳及岩石圈厚度变化的细节。

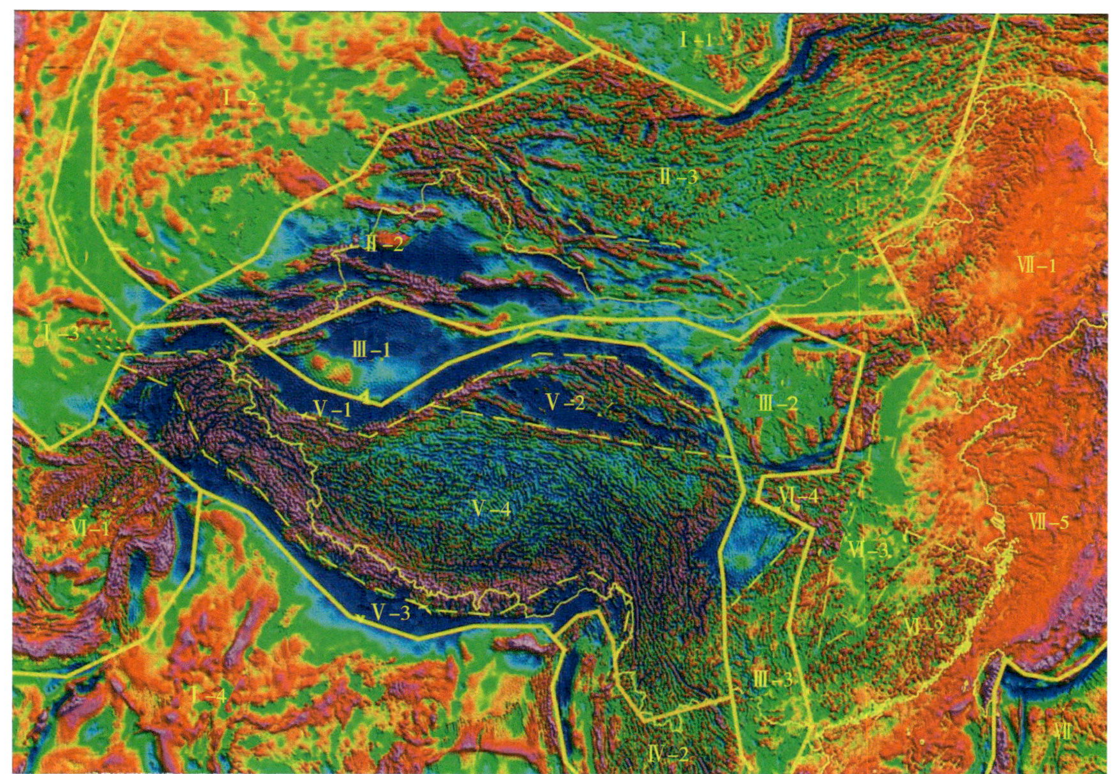

Ⅰ.克拉通型：Ⅰ-1.西伯利亚克拉通；Ⅰ-2.西西伯利亚盆地；Ⅰ-3.东欧陆块；Ⅰ-4.印度次大陆；Ⅱ.中亚造山型：Ⅱ-1.乌拉尔造山带；Ⅱ-2.阿尔泰-准噶尔-天山；Ⅱ-3.萨彦-图瓦；Ⅲ.陆块群型：Ⅲ-1.塔里木；Ⅲ-2.敦煌-阿拉善-鄂尔多斯-四川盆地；Ⅲ-3.云贵和越北；Ⅳ.基梅里陆块型：Ⅳ-1.伊朗-阿富汗；Ⅳ-2.印支半岛；Ⅴ.青藏高原型：Ⅴ-1.高原北缘；Ⅴ-2.柴达木盆地；Ⅴ-3.高原中部；Ⅴ-4.高原南缘；Ⅵ.亚洲东部盆岭型：Ⅵ-1.东亚及东北亚；Ⅵ-2.中国东南；Ⅵ-3.华北平原-南阳盆地-江汉盆地；Ⅵ-4.燕山-太行-东秦岭-云贵高原东缘；Ⅵ-5.中国海域(含台湾)；Ⅶ.菲律宾及菲律宾海型。

图 5-8　中国及邻区岩石圈类型划分略图(底图为美国地质调查局编制的重力异常图)

2.西西伯利亚盆地(Ⅰ-2)

西西伯利亚盆地在靠近乌拉尔造山带的部分，岩石圈和地壳厚度都较薄，远离造山带地壳和岩石圈厚度则表现为呈北西向带状延伸的高厚度和低厚度的相间起伏状。

3.东欧陆块(Ⅰ-3)

东欧陆块影像不全，仅涉及靠近乌拉尔造山带部分。岩石圈和地壳厚度均呈现出近南北向高低相间的条带状，在剖面上显示为波浪状起伏。

4.印度次大陆(Ⅰ-4)

印度次大陆的重力异常影像仅涉及北部地域，其特征是在靠近喜马拉雅山脉一带，岩石圈底界和莫霍面埋深度较大，地壳厚度可能接近55～60km，岩石圈厚度可能接近135km，甚至更深一些。在图面涉及的范围内，印度次大陆的岩石圈底部和地壳底部呈现出南北向条带状起伏和东西向条带状起伏相互交织的复杂图案，造成这种现象的原因可能与印度次大陆在和欧亚大陆汇聚碰撞过程中的运行轨迹有关。

二、中亚造山带型(Ⅱ)

在空间上,该类型岩石圈几乎涵盖整个中亚造山区。同特提斯构造域岩石圈结构不同之处在于,特提斯构造域是年轻的造山区,且新生代以来受印度次大陆强烈的挤压,形成邓晋福等(1996)所称谓的"青藏陆内造山带型岩石圈",此类岩石圈具有仅次于稳定的"克拉通块体群型岩石圈"的厚度(150km),地壳厚度则具有双倍地壳厚度特征。显然,此类型岩石圈没有经过岩石圈大规模拆沉和岩石圈去根作用,而时代古老的中亚造山区(古亚洲构造域)则经过了岩石圈的拆沉、岩浆底侵和岩石圈去根作用。在去根作用完成之后,岩石圈物质在重力作用下,发生分异,形成新的趋于稳定类型的岩石圈,其厚度接近200km。根据区域重力异常影像特征,该类型可进一步划分成乌拉尔、阿尔泰-准噶尔-天山和萨彦-图瓦3个区段。现依次概述于后。

1. 乌拉尔(Ⅱ-1)

从区域重力异常影像可以推知,乌拉尔造山带岩石圈在完成去根作用之后,岩石圈物质在重力作用下,发生分异形成了接近稳定的克拉通型岩石圈,其厚度在200km左右。地壳厚度在40～50km之间。岩石圈和地壳底面平整,无起伏。

2. 阿尔泰-准噶尔-天山(Ⅱ-2)

从区域重力异常影像可以推知,这一区域岩石圈去根作用完成得不够彻底,其上存在着"青藏陆内造山型岩石圈",其岩石圈厚度在150km左右,个别地段接近稳定的"克拉通块体群型岩石圈"的厚度,地壳厚度在50～70km之间。就整个区域而言,无论岩石圈或地壳底面厚度都具有起伏不平的特征,沿近南北方向呈波浪起伏状。

3. 萨彦-图瓦(Ⅱ-3)

该区段岩石圈去根作用介于乌拉尔和阿尔泰-准噶尔-天山区段之间。岩石圈厚度在150～200km之间变化,地壳厚度在50～70km之间变化。在岩石圈趋于稳定化的过程中,该区段东段高于西段,南带高于北带。无论岩石圈或地壳,二者的底面都具有起伏不平的特点,沿近南北方向呈波浪起伏状。

三、陆块群型(Ⅲ)

该类型岩石圈大致相当于邓晋福等(1996)所划分的"克拉通块体群型岩石圈",这一类型包含:塔里木、敦煌-阿拉善-鄂尔多斯-四川盆地及云贵和越北3个区段。然而,新的重力异常资料显示,这一类型的塔里木区段与"克拉通块体群型岩石圈"的特点有所差异。现将3个区段岩石圈结构特征概述于后。

1. 塔里木(Ⅲ-1)

塔里木南部岩石圈去根作用和稳定化过程较为彻底,接近于"克拉通块体群型岩石圈",其厚度接近200km,地壳厚度接近40～50km。地壳底部不够平整,有地幔隆起出现。塔里木北部岩石圈接近"青藏陆内造山型岩石圈",尚未完成岩石圈去根作用和稳定化过程,岩石圈厚度和地壳厚度接近于"青藏陆内造山型岩石圈",岩石圈厚度为140～150km,地壳厚度为70km左右,岩石圈底面及地壳底面总体上较为平整。

2. 敦煌-阿拉善-鄂尔多斯-四川盆地(Ⅲ-2)

从重力异常影像分析，敦煌-阿拉善区段岩石圈是晋宁运动后彻底完成岩石圈去根作用和稳定化过程，是一种长期稳定的克拉通型岩石圈和地壳。岩石圈厚度应该在200km左右，地壳厚度在40～50km之间，无论岩石圈或者是地壳，其底面都较为平整，极少有明显的起伏。

鄂尔多斯块段周边较为复杂，而中心部位则显示稳定的“克拉通块体群型岩石圈”，岩石圈厚度接近200km，地壳厚度为40～50km。岩石圈及地壳底面较为平整，无明显的起伏。南缘和北缘莫霍面埋深较大，地壳厚度在70km左右，岩石圈厚度接近“青藏陆内造山型岩石圈”的厚度，在150km左右。在鄂尔多斯的东缘和西缘，发育近南北向的地幔隆起带，其成因可能与中国东部岩石圈拆沉和岩浆底侵相关。近南北向地幔隆起带的出现，使鄂尔多斯地壳在东西方向上显示不规则的波浪状起伏。在地幔隆起条带上，地壳厚度减薄到30～35km。

四川盆地块段属于典型的“克拉通块体群型岩石圈”，这是一个自晋宁运动后，彻底完成岩石圈去根作用和稳定化过程的岩石圈，其厚度约为200km，地壳厚度为40～50km。无论岩石圈或地壳底面都较为平整，无明显的起伏。

3. 云贵和越北(Ⅲ-3)

云贵和越北块段的岩石圈类型介于“克拉通块体群型岩石圈”和“中国东部大陆裂谷型岩石圈”之间，根据岩石圈物质构成主要是稳定的克拉通物质，故将其划归陆块群型岩石圈。重力图像显示莫霍面埋深起伏较大，略显示出南北向条带状地幔隆起。地幔隆起带地壳厚度约为35km，岩石圈厚度约为70km，该块段北部地幔隆起多于南部。

四、基梅里陆块型(Ⅳ)

基梅里陆块指从冈瓦纳大陆裂离出来的陆块，包括土耳其、伊朗、阿富汗、冈底斯、保山及印支半岛上的掸邦陆块。黄汲清先生(1987)曾经将这些陆块称作为“构造互换域”，在未从冈瓦纳大陆裂离前，这些陆块是冈瓦纳大陆的组成部分，在裂离后游移于欧亚大陆和冈瓦纳大陆之间的特提斯洋之中，在这些陆块于早白垩世末拼贴到欧亚大陆边缘时，它们成为欧亚大陆的组成部分，成为新特提斯洋的北部陆缘。在陆壳组成方面有共同的特征，泛非事件和冈瓦纳层沉积在这些陆块上普遍存在。基梅里陆块群中的冈底斯陆块和保山陆块在喜马拉雅造山运动中遭受印度次大陆的强烈挤压卷入到滇藏造山带中，成为“青藏陆内造山型岩石圈”的组成部分，而其余的陆块则成为中特提斯和新特提斯两大造山系的中间陆块群。其岩石圈类型兼具陆块型和中亚造山型岩石圈的特征。该类型分成两个块段，西部为伊朗-阿富汗块段，东部为印支半岛块段，现依次概述于后。

1. 伊朗-阿富汗(Ⅳ-1)

重力影像显示，伊朗-阿富汗块段中心部位岩石圈类型类似本书所划分的“克拉通型”。莫霍面埋深在35～50km之间，岩石圈厚度在70～200km范围内波动，地壳底面和岩石圈底面都具有起伏不平的特点。

该块段的周缘部分则具有中亚造山型岩石圈结构的特征。东部边缘地带岩石圈增厚接近“青藏陆内造山型岩石圈”，其厚度可达150km左右，地壳厚度接近75～80km。其余部分的重力异常影像显示，岩石圈底部局部拆沉，但仍然具有中亚造山型岩石圈的特征。推测岩石圈厚度在150～200km之间变化，地壳度在70～50km之间变化，无论岩石圈底面或地壳底面都具有强烈的起伏不平的特征。地幔隆起的条带环绕陆块核心部位，略呈环带状。

2. 印支半岛(Ⅳ-2)

印支半岛可以说基本上属于"中亚造山型"岩石圈。其西部边缘部分和主体部分有明显的差异。西部边缘部分具有明显增厚的地壳和"青藏陆内造山型岩石圈"的特征,岩石圈厚度可达150km,地壳厚度约75～80km。

主体部分西半部地幔隆起幅度较大,地壳厚度30～35km,接近邓晋福等(1996)所划分的"东部大陆裂谷带型"岩石圈中的地壳厚度,岩石圈厚度在65～70km之间,地幔隆起带以外的部分地壳厚度在35～45km之间变化。地幔隆起带呈南北向展布,地壳底面和岩石圈底面都呈现幅度较大的波浪状起伏。

主体部分的东半部地幔隆起呈现密集且幅度不大的细条带状,仍然呈南北向延伸。重力影像特征表明岩石圈拆沉及岩浆底侵程度不是十分强烈,而是初始的局部拆沉。推测岩石圈厚度在150～200km之间变化,地壳厚度在70～50km之间变化,地壳底面和岩石圈底面呈现幅度不大的东西方向的波浪状起伏。

五、青藏高原型(Ⅴ)

该类型岩石圈相当于邓晋福等(1996)所划分的"青藏陆内造山型岩石圈"。根据重力影像特征可以划分成高原北缘、柴达木盆地、高原中部和高原南缘4个区带。现将其岩石圈结构特征依次概述于后。

1. 高原北缘(Ⅴ-1)

高原北缘地幔凹陷呈现近东西向带状展布,推测地壳厚度在75～80km之间,岩石圈底面埋深接近150km。地壳底面和岩石圈底面较为平整,无明显的波浪状起伏。

2. 柴达木盆地(Ⅴ-2)

根据重力异常影像,柴达木盆地大致可以分成北带和南带。

北带岩石圈结构接近本书所划分的中亚造山型岩石圈中的萨彦-图瓦区段西部。岩石圈厚度在150～200km之间变化,地壳厚度在70～50km之间变化。地幔隆起和凹陷呈北西西向密集的条带状,表明地壳底面和岩石圈底面不够平整,呈现幅度不大的波浪状起伏。

柴达木盆地南带是一个呈北西西向展布的近于斜方形的地幔凹陷,推测莫霍面埋深在75～80km之间,靠近西南角莫霍面略有起伏,岩石圈厚度在150km左右。无论岩石圈底面或者是地壳底面都较为平整,无明显的起伏。此外,沿阿尔金断裂带呈现出一条与断裂带延伸方向一致的幔隆带,推测该带的地壳厚度在35km左右,岩石圈厚度在70km左右。

3. 高原中部(Ⅴ-3)

高原中部区段是邓晋福等(1996)所划分的典型的"青藏陆内造山型岩石圈",岩石圈底厚度为150km,地壳厚度70～80km。岩石圈底部已经开始局部拆沉,故出现密集的地幔隆起条带,条带总体上呈近东西向,在靠近横断山脉处转成近南北向。幔隆细条带由一系列圆点状的地幔隆起构成,表明岩石圈底部拆沉处于初始阶段,尚未达到全面的岩浆底侵。从重力影像推知,无论地壳或岩石圈底面都不够平整,呈现幅度比大的波浪状起伏。

4. 高原南缘(Ⅴ-4)

高原南带的地幔凹陷带,实际上位于印度次大陆北缘。岩石圈结构特征与高原北缘极其相似。地幔凹陷带呈北西西向展布，推测地壳厚度在 75～80km 之间，岩石圈底面埋深接近 150km。地壳底面和岩石圈底面较为平整，无明显的波浪状起伏。

六、亚洲东部盆岭型(Ⅵ)

该类型岩石圈结构特征等同于邓晋福等(1996)所划分的“东部大陆裂谷带型”。根据重力异常影像特征可以划分成东亚及东北亚、中国东南、华北平原-南阳盆地-江汉盆地、燕山-太行-东秦岭-云贵高原东缘及中国海域(含台湾)5 个区段。现依次概述于后。

1. 东亚及东北亚(Ⅵ-1)

该类型岩石圈结构特征等同于邓晋福等(1996)所划分的“东部大陆裂谷带型”。由岩石圈底部拆沉、岩浆底侵作用所造成的地壳厚度大规模减薄在这一区段表现得特别突出。东带减薄较为均一，西带则显示出减薄的不均一性，表明地壳厚度在西带呈现出北北东向展布的幔隆和幔凹，地壳底面呈现出北西西向的波状起伏。地壳厚度变化在 30～35km 之间，岩石圈厚度在 70km 左右，岩石圈底面不够平整。

2. 中国东南(Ⅵ-2)

中国东南区段岩石圈类型类似于本书所划分的中亚造山带型中的萨彦-图瓦区段东段。岩石圈拆沉及岩浆底侵作用远不如东亚及东北亚彻底。地壳厚度减薄程度远不如典型的“东部大陆裂谷带型”。幔隆和幔凹呈近北东向展布，相间排列。地壳底部呈现近北西-南东向的波状起伏。地壳厚度变化在 35km 左右，岩石圈厚度为 70～80km，岩石圈底面显示明显的波状起伏。

3. 华北平原-南阳盆地-江汉盆地(Ⅵ-3)

该区段岩石圈类似于本书所划分的克拉通型。岩石圈稳定化程度接近克拉通型，仅有少量的幔隆出现。推测地壳厚度在 40～50km 之间，岩石圈厚度不超过 200km。地壳底面和岩石圈底面较为平整，无明显的波状起伏。

4. 燕山-太行-东秦岭-云贵高原东缘(Ⅵ-4)

该区段岩石圈接近中国东南区段，表明岩石圈拆沉和岩浆底侵不够彻底。地壳厚度减薄程度远不如典型的“东部大陆裂谷带型”。幔隆和幔凹排列在该区段的不同地带各具特色。在北边的阴山—燕山一带呈东西向，沿太行山一带呈北北东向，沿东秦岭造山带又呈现近东西向，到了云贵高原又呈现北东东向展布，反映在岩石圈底部拆沉、岩浆底侵和软流圈物质流动过程中明显受古老构造格局的影响。从重力影像特征分析，该区段北部岩石圈底部拆沉和岩浆底侵程度高于南部。北部地壳厚度变化在 35km 左右，岩石圈厚度为 70～80km。南部地壳厚度地壳厚度变化在 35～40km 之间，岩石圈厚度约为 80km。地壳底面和岩石圈底面有明显的波状起伏，在不同地带，方向截然不同，在阴山—燕山一带为南北向，在太行为近东西向，在东秦岭为近南北向，在云贵高原东缘又呈现出近东西向。

5. 中国海域(含台湾)(Ⅵ-5)

中国海域岩石圈总体上类似于邓晋福等(1996)所划分的“东部大陆裂谷带型”，地壳厚度为 30km，岩石圈厚度不超过 70km。

中国海域东缘则与典型的“东部大陆裂谷带型”有所差别，表现在靠近日本及琉球海沟一带有明显的幔凹，表明东带地壳厚度较大，岩石圈拆沉和岩浆底侵作用不彻底。推测这一带地壳厚度不小于 50km 或更大一些，岩石圈厚度不小于 150km。

此外，南部的南海一带则与此类型截然不同，接近于本书所划分的克拉通型岩石圈。不过较典型的克拉通型岩石圈幔隆较多，显示岩石圈底部拆沉和岩浆底侵程度极高，而幔凹则显示古老的克拉通型地壳在南海依然存在。依据重力影像分析，推测南海地壳厚度为35～40km，岩石圈厚度不超过200km，地壳和岩石圈底部仍有明显的幅度较大的起伏。

中国台湾则显示出本书所划分的典型的“中亚造山型”岩石圈。岩石圈厚度在150～200km之间变化，地壳厚度在50～70km之间变化。沿台湾西部海岸一带，有一近南北向的幔凹，可能属于古老的大陆地壳，其厚度应该在40～50km之间，岩石圈厚度在这一带也应接近200km。

七、菲律宾及菲律宾海型（Ⅶ）

图5-8尚未涉及真正的太平洋大洋领域，仅仅是东经130°以西部分的菲律宾及部分菲律宾海。从重力影像分析，在这一区段大致可以分成北缘琉球海沟一带、西带和中东带3个块段。现依次论述于后。

北缘琉球海沟一带是一个颇具规模的向南突出的弧形幔凹，地壳厚度在70～80km之间，岩石圈厚度类似于邓晋福等(1996)所划分的“青藏陆内造山型岩石圈”，厚度接近150km。地壳底面及岩石圈底面较为平整，仅有局部起伏。造成幔凹的地壳厚度增大的原因，可能与沿琉球海沟菲律宾海岩石圈对琉球群岛岩石圈的俯冲作用相关。俯冲导致两个岩石圈的叠加，故使地壳增厚，岩石圈也相对增厚，成为造山型岩石圈。

西带涉及的地域主要是菲律宾群岛的西部靠近中国南海一带，与中东带之间有一个近南北向展布的呈“Y”形的幔凹。岩石圈类型类似于邓晋福等(1996)所划分的“东部大陆裂谷带型”。推测地壳厚度在35km左右，岩石圈厚度不小于70km，地壳底面及岩石圈底面显示较大的起伏。

中东带有相当部分属于菲律宾海海域，但重力影像几乎没有什么区别，其特征接近克拉通型岩石圈，地壳厚度应该在40～50km范围内变化，岩石圈厚度不超过200km。幔隆和幔凹大致呈近南北向展布，地壳或岩石圈底面起伏较大，呈现出东西向的波状起伏。

八、几点说明

本书对中国及其邻区岩石圈结构的分析和论述的主要依据有三：一是美国地质调查局所编制的重力异常图像；二是邓晋福等(1996)基于重力异常资料和其他相关资料对中国陆域岩石圈类型和结构的划分；三是莫霍面的起伏是否会影响到岩石圈底面的起伏，本书仅根据邓晋福等(1996)对中国大陆岩石圈结构类型的划分，对不同类型岩石圈底部埋深进行初步推算，其余依据尚有欠缺。

由于尚缺少磁力异常、地震等方面的资料，因此，对研究范围内岩石圈类型的划分仅仅是初步的，对岩石圈内部结构的论述也仅处于初步探索阶段，此外，笔者对地球物理方面的知识了解非常有限，故谬误之处在所难免，不妥之处，乞盼各位读者批评指正！

第六章　各构造单元基本特征综述

本章主要论述大地构造单元划分的主要原则和依据，以及各级构造单元的命名原则、代码和各构造单元的基本特征。

第一节　构造单元划分的基本原则和依据

大地构造单元划分的主要原则是建造和改造以及形成建造和发生改造的地质时代。建造包括沉积建造和岩浆建造（主要是侵入岩），改造则指由构造热事件引起的变质和变形，而构造热事件往往与造山运动紧密相关。

一、大地构造单元划分依据

1. 超级大地构造单元（构造域）

构造域是唯一的超级大地构造单元，属于全球规模的超级大地构造单元。构造域的概念是黄汲清先生（1945）首先提出来的，他将中国大地构造划分为 3 个主要的构造型式，即太平洋式、古亚洲式和特提斯-喜马拉雅式。此后，黄汲清先生及其研究团队将其改称为三大构造域，即环太平洋构造域、古亚洲构造域和特提斯构造域。

构造域实际上是指在一定的地质历史时期受特定的地球动力学体系影响所及的区域，本书仍然沿用三大构造域。

2. 一级大地构造单元

一级大地构造单元根据物质建造和构造改造特征可以划分成造山系和陆块（或克拉通）。

造山系是指由一次造山运动完成洋陆转化的地区。就其形成的造山作用方式，可以划分成增生造山系和碰撞造山系。增生造山系指多岛弧盆系大洋盆地中通过增生造山作用，使洋盆中部分裂离地块（陆块）拼贴到克拉通边缘而形成的强烈变形和变质的呈带状延伸的地带。碰撞造山系则由于碰撞造山作用，使洋盆两侧大型陆块和数次增生了的克拉通发生碰撞形成的强烈变形和变质的带状地域。一个造山系可以包含数个造山带。显然，造山系中含有相对稳定的裂离陆块或地块。陆块是地壳上相对稳定的地区，具有古老的刚性变质岩基底和稳定的沉积盖层。地块则指仅有前南华纪变质基底，缺失稳定盖层的块体（潘桂棠等，2016，2017），如额尔古纳造山系中就包含图瓦地块和阿巴坎地块，昆仑-祁连-秦岭造山系中则包含阿中地块和柴达木地块等。

陆块指规模较小的，一般都具有双层结构，既具有变质基底又具有稳定沉积盖层的大陆地壳块体。

盖层变质和变形一般不强烈，岩浆活动一般不太活跃。陆块既可以作为造山系中的次级单元，又是陆块区的次级构造单元。相邻陆块之间常常以断裂带相接，一个陆块区可以包含两个或两个以上的陆块。

克拉通指大型陆块，具有变质基底和稳定的盖层沉积，如西伯利亚克拉通、东欧克拉通和中朝克拉通（华北克拉通）。

3. 二级大地构造单元

造山带的前身是相对独立的一组弧盆系组合，在增生造山作用过程中和同时代的其他弧盆系组合一起增生到大型陆块边缘的包括裂离地块在内的强变形地带，或者是在碰撞造山过程中彻底完成洋陆转化的强变形地带，如昆仑-祁连-秦岭造山系中的祁连造山带和秦岭造山带等。显然，造山带中同样包含有裂离的地块或小型陆块，如祁连造山带中的全吉微陆块。

山间盆地指发育在造山带内部的内陆盆地。

盆地指发育在陆块上的内陆盆地，如塔里木盆地、鄂尔多斯盆地、四川盆地等。

断隆指陆块上基底和盖层因断裂构造活动而上升隆起的地带，如柯坪断隆。

断褶带指陆块上因断裂构造活动上隆并遭受强烈褶皱变形的地带，如贺兰山断褶带。

地盾指陆块上变质基底裸露区，如阿纳巴尔地盾。

4. 三级大地构造单元

造山亚带是根据物质组成的差异对造山带的进一步划分，如祁连造山带可以划分成北祁连造山亚带、中祁连造山亚带、南祁连造山亚带和柴北缘造山亚带等。

陆块上暂时没有划分出三级构造单元。

二、大地构造单元命名原则和代码

1. 大地构造单元的命名原则

一般是区域性名词＋构造属性名称，如古亚洲构造域、昆仑-祁连-秦岭造山系、祁连造山带等。

2. 各级大地构造单元的代码

超级大地构造单元不设代码。

一级构造单元采用大写罗马字母表示，如西伯利亚克拉通（Ⅱ）、昆仑-祁连-秦岭造山系（Ⅸ）、塔里木准地台（Ⅵ）。

二级构造单元采用大写罗马字母＋阿拉伯数字表示，如祁连造山带（Ⅸ-4）、秦岭造山带（Ⅸ-6）等。

三级构造单元采用大写罗马字母＋阿拉伯数字＋阿拉伯数字表示，如走廊造山亚带（Ⅸ-4-1）、北祁连造山亚带（Ⅸ-4-2）等。

三、构造旋回和构造层

1. 构造旋回

构造旋回是两个构造运动之间漫长的地质作用过程，如加里东旋回指寒武纪—志留纪期间全部地质作用构成的总和。中国及其邻区可以划分成多个构造旋回（表 6-1）。

表 6-1　大地构造演化简表

宙	代	纪	年龄/Ma	构造旋回及代号		代号	大地构造演化	超大陆旋回	动力学体系
显生宙	新生代	第四纪	24	阿尔卑斯	喜马拉雅	Hl	印度与欧亚大陆碰撞，亚洲东部大陆边缘裂解，中国现代构造地貌形成	新一轮超大陆旋回	印度洋；太平洋
		新近纪	40			Hm			
		古近纪	80/65			He			
	中生代	白垩纪	140		燕山	Yl	亚洲东部与西太平洋古陆碰撞，中国东部强烈构造-岩浆活化		特提斯；古太平洋
		侏罗纪	200			Ym			
		三叠纪				Ye			
			250		印支	I	特提斯洋扩张，北美与亚洲碰撞，亚洲东部诸陆块间强烈叠覆造山，并最终焊合在一起		
	晚古生代	二叠纪	260	海西		Vl	古亚洲洋封闭，特提斯洋打开，中国大陆主体转换为劳亚大陆的一部分	潘吉亚超大陆旋回	古亚洲
		石炭纪	320			Vm			
		泥盆纪	370			Ve			
	早古生代	志留纪	410	加里东		Cl	古中华陆块群会合，并与冈瓦纳大陆相连，中国大陆主体成为冈瓦纳大陆的一部分		
		奥陶纪	440			Cm			
		寒武纪	500	泛非	萨拉伊尔	Ce	冈瓦纳大陆形成，西伯利亚大陆增生，古中国地台解体为古中华陆块群		
元古宙	新元古代	震旦纪	540		（兴凯）	P S			
		南华纪	635	扬子（晋宁）		Al	扬子、塔里木、中朝等陆块连成一体，形成古中国地台，并可能成为罗迪尼亚（Rodinia）的一部分		
		青白口纪	820			Ae			
	中元古代	蓟县纪	950	格林威尔		Gl		罗迪尼亚超大陆旋回	待定
		长城纪	1400			Ge	中朝、西伯利亚克拉通化，扬子、塔里木等地台结晶基底形成		
	古元古代	滹沱	1650	中条		Z		哥伦比亚超大陆旋回	
		五台	2500	五台		W	中朝、西伯利亚地台，印度地盾结晶形成基底		
太古宙	中新太古代	阜平	2600	阜平		F	中朝、西伯利亚地台，印度地盾等初始大陆地壳形成	基诺兰超大陆旋回	
		迁西	3000	迁西		Q'			
			4000						

2. 构造层

构造层是构造旋回的物质表征，在一个构造旋回期间形成的岩石地层单元的总和称之为构造层，构造层之间以区域性不整合面相隔。每一个构造层都对应着一个构造旋回，一个构造旋回可以划分成早、中、晚亚旋回或早、晚亚旋回，有些构造巨旋回可以划分成 4 个时期的亚旋回。因此，构造层也相应地可以划分成次级构造层，冠以早、中、晚等前置词，如早加里东构造层、晚加里东构造层等。中国及其邻区可划分成若干个构造层。

四、大地构造单元划分

根据上述划分原则，将研究区各级构造单元划分如下（图 6-1，表 6-2）。

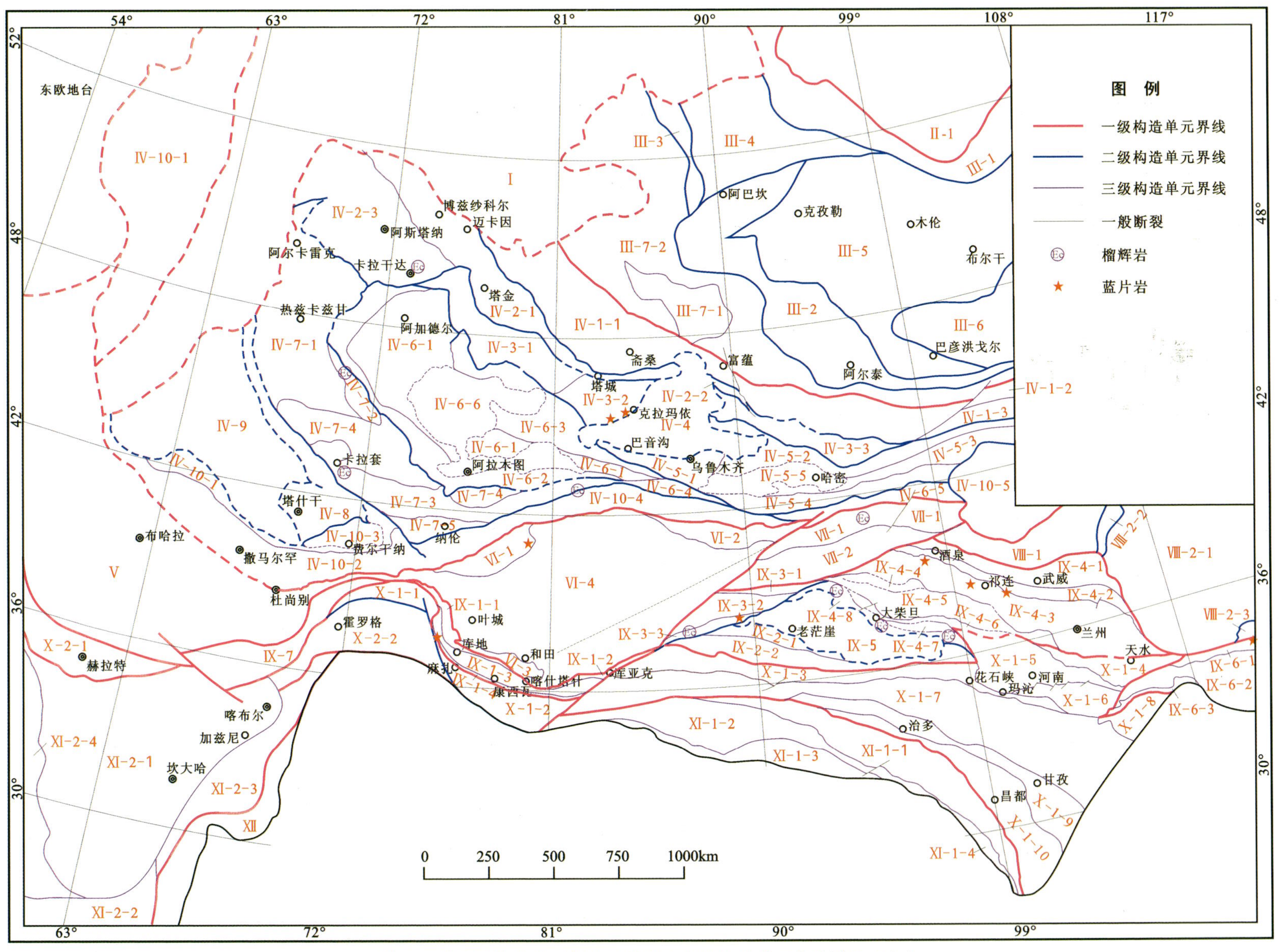

图6-1　研究区构造单元划分示意图（各级构造单元名称详见正文）

表 6-2 研究区各级构造单元

构造单元	二级构造单元	三级构造单元
Ⅰ西西伯利亚盆地		
Ⅱ西伯利亚克拉通	Ⅱ-1 东西伯利亚地台	Ⅱ-1-1 下通古斯三叠系裂谷
		Ⅱ-1-2 阿纳巴尔地盾
Ⅲ萨彦-额尔古纳(西段)造山系	Ⅲ-1 东西伯利亚南缘造山带(Pt_3)	
	Ⅲ-2 萨彦-湖区造山带(Pt_3—$Є_1$)	
	Ⅲ-3 西萨彦造山带(Pt_3—$Є_1$)	
	Ⅲ-4 阿巴坎地块	
	Ⅲ-5 图瓦地块	
	Ⅲ-6 鄂霍茨克造山带	
	Ⅲ-7 阿尔泰造山带	Ⅲ-7-1 阿尔泰地块
		Ⅲ-7-2 阿尔泰造山亚带
Ⅳ乌拉尔-天山-兴蒙造山系	Ⅳ-1 斋桑-额尔齐斯-南蒙古造山带(Pz)	Ⅳ-1-1 斋桑-额尔齐斯造山亚带
		Ⅳ-1-2 南蒙古造山亚带
		Ⅳ-1-3 索伦山-西拉木伦造山亚带
	Ⅳ-2 成吉斯—塔尔巴哈台-阿尔曼泰造山带(Pz_1)(含科克切塔夫地块)	Ⅳ-2-1 成吉斯—塔尔巴哈台造山亚带
		Ⅳ-2-2 阿尔曼泰造山亚带
		Ⅳ-2-3 科克切塔夫地块
	Ⅳ-3 托克拉玛-准噶尔造山带(含塔城地块)	Ⅳ-3-1 托克拉玛造山亚带
		Ⅳ-3-2 西准噶尔造山亚带
		Ⅳ-3-3 东准噶尔造山亚带
	Ⅳ-4 准噶尔盆地	
	Ⅳ-5 北天山-甘蒙北山造山带(Pz_2)	Ⅳ-5-1 依连哈比尔尕山造山亚带(C)
		Ⅳ-5-2 博格达-哈尔里克造山亚带(C—P)
		Ⅳ-5-3 雀儿山造山亚带(Pz_2)
		Ⅳ-5-4 雅满苏-黑鹰山造山亚带(Pz_2)
		Ⅳ-5-5 吐哈盆地
	Ⅳ-6 巴尔喀什-伊利-中天山造山带(Pz_1)(含巴尔喀什地块、伊利地块、中天山地块、明水-旱山地块)	Ⅳ-6-1 巴尔喀什造山亚带
		Ⅳ-6-2 纳曼-贾拉伊尔造山亚带
		Ⅳ-6-3 博罗科努造山亚带
		Ⅳ-6-4 中天山造山亚带
		Ⅳ-6-5 明水-旱山造山亚带
		Ⅳ-6-6 巴尔喀什盆地

续表 6-2

构造单元	二级构造单元	三级构造单元
Ⅳ乌拉尔-天山-兴蒙造山系	Ⅳ-7 伊塞克造山带(Pz_1)	Ⅳ-7-1 阿尔卡雷克造山亚带
		Ⅳ-7-2 塔拉兹-伊塞克湖造山亚带
		Ⅳ-7-3 卡姆卡雷造山亚带
		Ⅳ-7-4 伊塞克盆地
		Ⅳ-7-5 纳林盆地
	Ⅳ-8 吉尔吉斯造山带(Pz_1)	
	Ⅳ-9 克孜勒库姆地块	
	Ⅳ-10 乌拉尔-阿赖-南天山-红柳河-洗肠井造山带(Pz_1)	Ⅳ-10-1 乌拉尔-费尔干纳造山亚带
		Ⅳ-10-2 阿赖造山亚带
		Ⅳ-10-3 费尔干纳盆地(J—K)
		Ⅳ-10-4 南天山造山亚带
		Ⅳ-10-5 额济纳盆地
Ⅴ卡拉库姆准地台		
Ⅵ塔里木准地台	Ⅵ-1 柯坪隆起	
	Ⅵ-2 库鲁克塔格隆起	
	Ⅵ-3 铁克里克隆起	
	Ⅵ-4 塔里木盆地	
Ⅶ敦煌陆块	Ⅶ-1 罗雅楚山造山亚带	
	Ⅶ-2 敦煌陆块	
Ⅷ中朝准地台	Ⅷ-1 阿拉善陆块	
	Ⅷ-2 华北陆块	Ⅷ-2-1 鄂尔多斯盆地
		Ⅷ-2-2 贺兰山上叠造山亚带
		Ⅷ-2-3 洛南-滦川上叠造山亚带
Ⅸ昆仑-祁连-秦岭造山系	Ⅸ-1 西昆仑造山带(Pz)	Ⅸ-1-1 塔西南造山亚带(Pz_2)
		Ⅸ-1-2 喀拉塔什-库亚克造山亚带(Pz_2)
		Ⅸ-1-3 库地-其曼于特造山亚带(Pz_1)
		Ⅸ-1-4 康西瓦-苏巴什造山亚带(Pz_2)
	Ⅸ-2 东昆仑造山带	Ⅸ-2-1 东昆仑北造山亚带
		Ⅸ-2-2 东昆仑中造山亚带
	Ⅸ-3 阿尔金造山带	Ⅸ-3-1 红柳沟-拉配泉造山亚带
		Ⅸ-3-2 阿中地块
		Ⅸ-3-3 阿帕-茫崖造山亚带
	Ⅸ-4 祁连造山带	Ⅸ-4-1 走廊造山亚带
		Ⅸ-4-2 北祁连造山亚带
		Ⅸ-4-3 中祁连造山亚带

续表 6-2

构造单元	二级构造单元	三级构造单元
Ⅸ昆仑-祁连-秦岭造山系	Ⅸ-4 祁连造山带	Ⅸ-4-4 党河南山造山亚带
		Ⅸ-4-5 南祁连造山亚带
		Ⅸ-4-6 宗务隆山造山亚带
		Ⅸ-4-7 全吉微陆块
		Ⅸ-4-8 柴北缘造山亚带
	Ⅸ-5 柴达木盆地	
	Ⅸ-6 秦岭造山带	Ⅸ-6-1 北秦岭造山亚带
		Ⅸ-6-2 中—南秦岭造山亚带
		Ⅸ-6-3 勉略带造山亚带
	Ⅸ-7 西巴达赫尚造山带	
Ⅹ松潘-甘孜印支造山系	Ⅹ-1 巴颜喀拉-金沙江造山带	Ⅹ-1-1 吉赛尔地块
		Ⅹ-1-2 甜水海地块
		Ⅹ-1-3 东昆仑南造山亚带
		Ⅹ-1-4 贵德-礼县造山亚带
		Ⅹ-1-5 河南-岷县造山亚带
		Ⅹ-1-6 白龙江造山亚带
		Ⅹ-1-7 巴颜喀拉-松潘造山亚带
		Ⅹ-1-8 碧口造山亚带
		Ⅹ-1-9 雅江造山亚带
		Ⅹ-1-10 西金乌兰-玉树-理塘造山亚带
	Ⅹ-2 兴都库什造山带	Ⅹ-2-1 兴都库什造山亚带
		Ⅹ-2-2 霍罗格地块
Ⅺ西藏-马来造山系	Ⅺ-1 北羌塘-澜沧江造山带	Ⅺ-1-1 昌都-兰坪造山亚带
		Ⅺ-1-2 雁石坪造山亚带
		Ⅺ-1-3 那底岗日-各拉丹冬造山亚带
		Ⅺ-1-4 澜沧江造山亚带
	Ⅺ-2 伊朗-阿富汗造山带	Ⅺ-2-1 阿富汗地块
		Ⅺ-2-2 莫兰克地块
		Ⅺ-2-3 加尼兹-迈丹地块
		Ⅺ-2-4 比尔詹德-扎黑丹造山亚带
Ⅻ苏莱曼-喜马拉雅造山系		

第二节　各级构造单元概述

研究区包括两大构造域：古亚洲构造域（Palao Asian tectonic domain）和特提斯构造域（Tethyan tectonic domain）。

古亚洲构造域是新元古代中晚期—加里东晚期或早海西期地球动力学体系所影响的地域，在中国及其邻区，这一构造域包括西伯利亚克拉通、西西伯利亚盆地、中亚造山区、中轴大陆块区（哈拉库姆-塔里木-敦煌-阿拉善-中朝陆块群）、扬子克拉通及华夏造山系、昆仑-祁连-秦岭造山系（就构造域而言，昆仑-祁连-秦岭造山系应属于古亚洲构造域，但是如果以造山区的概念来划分则应属于特提斯造山区范畴，因此在论述中暂将昆仑-祁连-秦岭造山系划归特提斯造山区）（图 6-2），其动力学特征是以近南北向（按现位）的伸展和挤压作用为主。

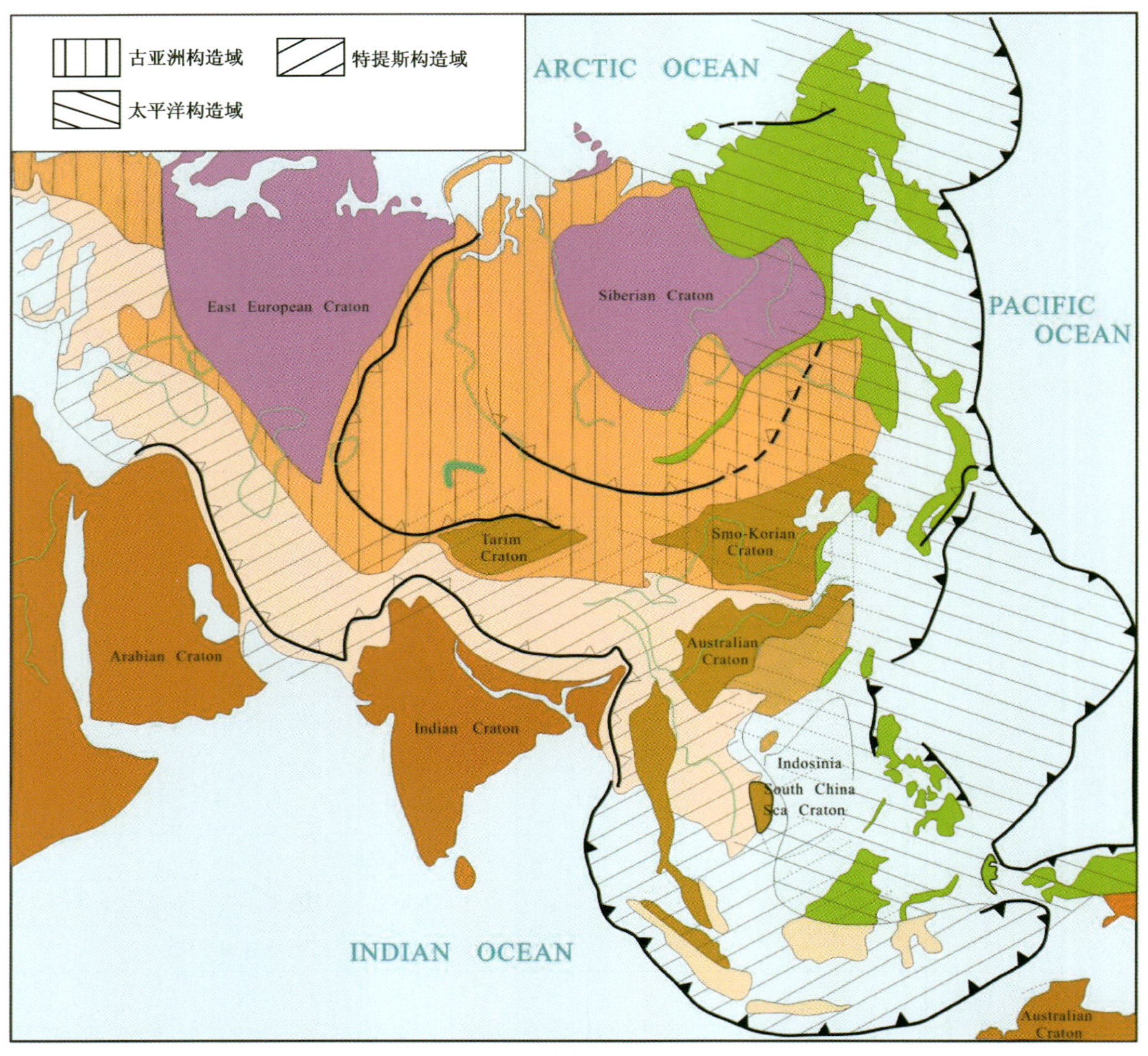

图 6-2　三大构造域（据任纪舜等，1999）

特提斯构造域指自海西构造旋回以来，直到喜马拉雅构造旋回受特提斯动力学体系影响的地域，在中国及其邻区应包括整个特提斯造山区和新生代以来的马来-印尼弧盆系，甚至其南的诸多陆块，包括非洲、阿拉伯、印度等陆块的北缘都受到这一动力学体系的强烈影响。特提斯构造域的陆块是冈瓦纳超大陆解体裂离的产物，泛非构造岩浆热事件和近邻海域的冷水动物群是这些陆块上的共同特征。特提斯构造域之北是古亚洲构造域，二者之间有一个叠加区，最明显的就是昆仑-祁连-秦岭造山系。昆仑-祁连-秦岭造山系海西构造旋回之前主要受古亚洲构造域地球动力学影响，从海西构造旋回开始主要受特提斯构造域地球动力学影响，就造山区而言，本书暂将昆仑-祁连-秦岭造山系划归特提斯造山区。研究区内特提斯构造域主要由昆仑-祁连-秦岭造山系、松潘-甘孜印支造山系及西藏-马来造山系构成。

一、西西伯利亚盆地(Ⅰ)

主要由新生界组成，新生界之下存在着古生界。

二、西西伯利亚克拉通(Ⅱ)

西伯利亚克拉通北邻北冰洋，南接中亚造山区，东以断裂带与维尔霍扬造山带相邻，西界与西西伯利亚盆地相接。研究区内出露的主要为东西伯利亚地台(Ⅱ-1)。东西伯利亚地台可进一步划分为下通古斯三叠系裂谷(Ⅱ-1-1)和阿纳巴尔地盾(Ⅱ-1-2)两个三级构造单元。

东西伯利亚地台包括北部的下通古斯三叠系裂谷和阿纳巴尔地盾。

西伯利亚克拉通是一个在古元古代最后固结的古老陆块，主体由太古宙和古元古代的结晶岩组成，其上覆盖了中元古代至古生代沉积岩系。在该地台内部，中元古代早期裂陷槽发育，其中堆积了厚度比较大的沉积岩系。在其边缘的贝加尔湖以北地区，出露元古宙环斑花岗岩等富钾岩石及同时代火山沉积岩系，揭示出中元古代早期大陆裂解对该陆块有重要的影响。根据俄罗斯学者的资料，该古陆的边缘从中元古代至寒武纪，一直具有被动陆缘的特征(Zonenshain et al.,1990)。

阿尔丹地块和阿纳巴尔地块构成西伯利亚克拉通的核心。克拉通自下而上可以划分成3个大的构造层：下构造层为结晶变质基底，最老年龄达3.3Ga，由各类片麻岩、结晶片岩、角闪岩和石英岩等组成；中构造层为沉积岩系，主要由里菲期沉积构成，年龄范围1.6～0.65Ga；上构造层为西伯利亚克拉通的盖层沉积，由包括文德系、寒武系在内的显生宙稳定沉积盖层构成。自晚古生代以来，克拉通内部发生拗陷，在西部形成通古斯晚古生代含煤沉积盆地，并伴有暗色岩分布；西北部还发育三叠纪的通古斯杂岩；中生代沿维柳伊一带发育沉积盆地(黄宗理等，2006)。

三、萨彦-额尔古纳(西段)造山系(Ⅲ)

萨彦-额尔古纳造山系北邻区西伯利亚克拉通(Ⅱ)，南邻乌拉尔-天山-兴蒙造山系(Ⅳ)，二者之间以额尔齐斯断裂带相隔。西邻区是东西伯利亚地台(Ⅱ-1)，东段东邻区是锡霍特-阿林造山带，与其以大型断裂带相邻。

造山系的前身是一个新元古代的多岛洋盆，洋盆中最大的地块是图瓦地块，此外还有阿巴坎地块和阿尔泰地块，东段还有额尔古纳地块、兴凯地块等。地块周边发育有同期的岛弧性质的火山岩带。出现在始寒武世初期的萨拉伊尔运动使洋盆关闭，含古杯化石的始寒武世沉积不整合在汗泰锡尔蛇绿岩之上。这次造山运动使图瓦地块、阿尔泰地块及阿巴坎地块都拼接在西伯利亚克拉通南缘，造成西伯利亚克拉通增生，古亚洲洋向南迁移。造山作用性质属于增生造山。

该单元西段可以划分成 7 个次级单元：东西伯利亚南缘造山带（Ⅲ-1）、萨彦-湖区造山带（Ⅲ-2）、西萨彦造山带（Ⅲ-3）、阿巴坎地块（Ⅲ-4）、图瓦地块（Ⅲ-5）、鄂霍茨克造山带（Ⅲ-6）和阿尔泰造山带（Ⅲ-7）。

（一）东西伯利亚南缘造山带（Pt_3）（Ⅲ-1）

东西伯利亚南缘造山带北以贝加尔湖断裂与下通古斯三叠系裂谷相邻，南以米纳断裂与萨彦-额尔古纳造山系相邻。发育太古宙结晶变质岩系、古元古代角闪片岩相结晶变质岩系、中元古代早期（相当于长城纪）的沉积变质岩系（含有超镁铁质岩和基性杂岩以及蓝闪石片岩）、新元古代沉积变质岩系和寒武纪沉积地层，岩浆岩主要集中在太古宙和元古宙。沿西伯利亚克拉通南缘的贝加尔带从古元古代开始一直到新元古代是一个长期活动的大洋，一直到新元古代末才关闭，其间曾经至少有 3 次洋盆的俯冲消减作用，最终在贝加尔造山运动中完成洋陆转化，成为贝加尔造山带，增生拼贴到西伯利亚地台边缘的多岛弧盆系。

（二）萨彦-湖区造山带（Pt_3—$\in_1$）（Ⅲ-2）

萨彦-湖区造山带东以德勒格尔断裂为界与图瓦地块相邻，西北以阿巴坎断裂与阿巴坎地块相邻，南以科布多-慕斯特断裂为界与阿尔泰造山带相邻。

由下向上共划分为 3 个构造层：太古宙旋回、中条旋回和萨拉伊尔旋回。其中，太古宙旋回仅出露少量中太古代酸性侵入岩；中条旋回仅出露酸性和基性侵入岩；萨拉伊尔旋回出露有中-新元古代酸性和基性侵入岩以及新元古代沉积地层，寒武纪—石炭纪盖层连续沉积，侵入岩则以中酸性侵入岩为主，岩浆活动持续到中二叠世。另外，该构造带还发育有文德纪—早寒武世蛇绿岩和蛇绿混杂带，已有资料表明，中寒武世大洋开始消减，不再有新洋壳形成。

（三）西萨彦造山带（Pt_3—$\in_1$）（Ⅲ-3）

西萨彦造山带东以阿拉里齐夫斯克断裂为界与阿巴坎地块相邻，西以别洛沃断裂为界与阿尔泰造山带相邻。

西萨彦造山带出露中新元古代萨拉伊尔旋回变质沉积岩系及酸性侵入岩，并发育寒武纪—二叠纪连续沉积盖层，以稳定的碎屑岩和碳酸盐沉积为主，仅泥盆纪见少量基性火山岩。早古生代侵入岩以酸性侵入岩为主，少量基性侵入岩，晚古生代见少量中性侵入岩。

（四）阿巴坎地块（Ⅲ-4）

阿巴坎地块东与东西伯利亚南缘造山带相邻，南与萨彦-湖区造山带毗邻，西与西萨彦造山带相接，均以断裂为界。北被西伯利亚盆地覆盖。

阿巴坎地块主要以萨拉伊尔构造旋回及其沉积盖层组成，其下为少量中条旋回期石英岩和灰岩（含叠层石）以及基性侵入岩。中元古代至震旦纪地层连续出露，未见侵入岩。盖层沉积从寒武纪至奥陶纪地层连续沉积，受萨拉伊尔造山运动影响，缺失下寒武统，中寒武统—下奥陶统由单一绿色砂岩和泥砾岩组成，奥陶系主要为红色碎屑岩。泥盆纪—二叠纪连续沉积，泥盆系为间歇性喷发的酸性火山岩；泥盆系—石炭系为浊流沉积岩，主要由厚层的陆源沉积物组成；石炭纪和二叠纪地层主要为造山型沉积物，由砂岩、页岩、砾岩和陆相火山岩组成。侵入岩以寒武纪、奥陶纪和泥盆纪酸性侵入岩为主，少量寒武纪基性侵入岩。

（五）图瓦地块（Ⅲ-5）

图瓦地块位于东西伯利亚南缘造山带以南，萨彦-湖区造山带以东，鄂霍茨克造山带以西，均以断裂为界。

图瓦地块自下而上可划分为5个构造层：太古宙构造旋回、中条旋回、萨拉伊尔旋回、印支旋回和燕山旋回。其中，印支旋回和燕山旋回为一套陆相沉积系统。太古构造旋回主要发育一套中太古代结晶变质岩系，未见侵入岩。中条旋回发育古元古代沉积地层和基性、中性侵入岩。萨拉伊尔旋回及其盖层从中元古代至早石炭世为一套连续沉积地层，前寒武纪晚期—古生代中期发育巨厚陆源岩系，其成分为变质砂岩和页岩，分布面积较广，形成了一些边缘复背斜及内部复向斜构造，在泥盆纪以前已经隆起。晚古生代陆源岩系成分为砂岩-粉砂岩及少量凝灰岩-喷发岩和碧玉岩，分布于前述复向斜的坳陷部位。新元古代出露基性—超基性岩，早古生代基性、中性和酸性侵入岩均有出露，晚古生代则以基性和酸性侵入岩为主。

中生代造山期沉积形成的巨厚陆源岩系，主要由三叠纪—早侏罗世火山沉积岩所构成，形成了局部的上叠构造层。

（六）鄂霍茨克造山带（Ⅲ-6）

鄂霍茨克造山带内不存在前志留纪海相地层，志留纪—泥盆纪海相地层不整合覆盖于早古生代地层之上，由此推测，蒙古-鄂霍茨克洋的打开时间应为志留纪（Zorin et al.，1993；Zorin，1999）。至石炭纪，该大洋已发育成成熟洋壳（Tomurtogoo et al.，2005；Bussien et al.，2011）。志留纪—二叠纪蒙古-鄂霍茨克洋板块向两侧地块俯冲，在构造带及邻区形成与大洋俯冲相关的岩浆岩带，同时在杭盖—肯特—达斡尔地区形成巨厚复理石建造，并伴有海山的拼贴。二叠纪末，蒙古-鄂霍茨克洋在其西段杭盖地区发生闭合，大范围的磨拉石建造不整合覆盖于前二叠纪复理石建造之上，最终形成依旧具有大洋性质的蒙古-鄂霍茨克大海湾。三叠纪—早侏罗世，蒙古-鄂霍茨克洋板块继续向两侧地体俯冲，在北蒙古—外贝加尔及中蒙古—额尔古纳地区广泛发育与俯冲相关的早中生代岩浆岩。

（七）阿尔泰造山带（Ⅲ-7）

阿尔泰造山带出露在中国西北、哈萨克斯坦、蒙古和俄罗斯境内，南以斋桑-额尔齐斯断裂为界与乌拉尔-天山-兴蒙造山系相邻，可进一步划分为阿尔泰地块（Ⅲ-7-1）和阿尔泰造山亚带（Ⅲ-7-2）两个三级构造单元。

阿尔泰造山带同蒙古图瓦地块在文德纪—早寒武世以洋盆相隔，发育有蒙古湖区蛇绿岩。湖区蛇绿岩带向北延到俄罗斯的阿尔泰—萨彦岭地区，称做查干-乌宗蛇绿岩带，其变质橄榄岩岩块的K-Ar同位素年龄为540±24Ma和567±11Ma。特别值得注意的是，蛇绿混杂岩中榴辉岩岩块的同位素年龄为535±24Ma，此外，在东萨彦岭蛇绿岩带中尚有时代为640Ma的蓝片岩（何国琦等，2001），二者可能构成湖区-萨彦碰撞造山带中的高压—超高压变质带。榴辉岩和蓝片岩的年龄信息揭示，在蒙古-湖区洋曾经发生过大洋岩石圈的深俯冲作用。冯益民（1989）曾考察该蛇绿岩，见到蛇绿岩组分的枕状熔岩之上，不整合覆盖含有中寒武世古杯海绵等的稳定生物灰岩盖层，表明此时蒙古-湖区洋在早寒武世末的萨拉伊尔运动中已经关闭。而何国琦等（2001）认为尚存含中寒武世化石的滑混岩，表明湖区洋已经关闭，此后不再有新洋壳形成。此外，在阿尔泰、萨拉伊尔和库兹涅茨阿拉套尚有490Ma峰值的花岗岩，也是俯冲增生造山的重要信息。

在中国境内的阿尔泰地块出露最古老的岩石地层单元是长城纪苏普特岩群，由片麻岩、角闪岩和大理岩构成，形成该地块的结晶基底。

该单元侵入岩体广泛分布，大致可以划分为4个不同的岩浆活动期：

(1)奥陶纪—志留纪活动期，沿北带出露，主要岩石类型有奥长花岗岩、花岗岩及石英闪长岩，可能属于TTG岩套，与早期额尔齐斯洋的俯冲相关。

(2)泥盆纪活动期，形成以中酸性为主的侵入岩，早期伴有基性侵入岩体。根据岩性组合，早期可能属双峰式侵入岩，形成于大陆地壳伸展背景；晚期以钙碱性侵入岩为主，形成于俯冲环境，与南侧早中泥盆世洋盆的俯冲消减有关。

(3)石炭纪—二叠纪活动期，石炭纪主要形成钙碱性侵入体，二叠纪出现大量钾质花岗岩类，并伴有基性侵入岩类，推测形成于后造山及大陆伸展环境。内生金属矿产的生成主要与这一期侵入岩浆活动相关。

(4)中生代活动期，三叠纪形成二长花岗岩和黑云母花岗岩，白垩纪形成正长花岗岩，形成于陆内环境，推测三叠纪可能属于陆内挤压环境，而白垩纪属于陆内伸展环境。

该单元是一个与伟晶岩相关的锂铍铌钽成矿带，著名的可可托海伟晶岩矿带沿阿尔泰地块的中南部出露，主要由泥盆纪—石炭纪侵入岩构成，岩性组合为斜长花岗岩(可能是奥长花岗岩)＋花岗岩＋石英闪长岩＋正长花岗岩，此外有少量的辉绿岩和碱性岩(碱长花岗岩)，正长花岗岩主要见于石炭纪。这一时期的构造属性为弧岩浆岩，构成一个泥盆纪—石炭纪岩浆弧。

四、乌拉尔-天山-兴蒙造山系(Ⅳ)

乌拉尔-天山-兴蒙造山系的北邻区是萨彦-额尔古纳造山系(Ⅲ)，与其以斋桑-额尔齐斯断裂带相隔；南邻区是中轴大陆块区，以阿哈奇-库尔勒-辛格尔-帕尔岗断裂带为界相隔；西邻区是西西伯利亚盆地(Ⅰ)，与其以乌拉尔西缘断裂带相隔；东邻区是锡霍特-阿林造山带，与其以断裂带相隔。

造山系的前身是自新元古代Rodinia超大陆裂离后形成的多岛洋。造山系经历了复杂的构造演化，第一期造山作用发生在晚奥陶世，使中亚西部的科克切塔夫、伊塞克、巴尔喀什-伊犁、塔城、准噶尔和斋桑等地块拼接在一起形成哈萨克斯坦板块，其上出现含图瓦贝的志留纪陆表海沉积；第二期造山作用发生在中泥盆世末—二叠纪，乌拉尔-天山-兴蒙洋盆全面关闭，形成碰撞造山带。现有资料表明，增生造山和碰撞造山之间的转换关系是复杂的，在增生造山过程中，大洋盆地中一些地块先行拼合成一个大的地块，之后再次发生裂解，最后再次拼合增生到扩大了的克拉通周缘，如哈萨克斯坦板块的形成过程就是如此。古亚洲洋西部在泥盆纪末或早石炭世末基本完成碰撞造山作用，之后出现了小洋盆和裂谷并存的古地理格局。如果从整体观念来看，主旋回应该是早海西期。

乌拉尔-天山-兴蒙造山系共包含10个造山带：斋桑-额尔齐斯-南蒙古造山带(Ⅳ-1)、成吉斯-塔尔巴哈台-阿尔曼泰造山带(含科克切塔夫地块)(Ⅳ-2)、托克拉玛-准噶尔造山带(含塔城地块)(Ⅳ-3)、准噶尔盆地(Ⅳ-4)、北天山-甘蒙北山造山带(Ⅳ-5)、巴尔喀什-伊利-中天山造山带(含巴尔喀什地块、伊利地块、中天山地块和明水-旱山地块)(Ⅳ-6)、伊塞克造山带(Ⅳ-7)、吉尔吉斯造山带(Ⅳ-8)、克孜勒库姆地块(Ⅳ-9)以及乌拉尔-阿赖-南天山-红柳河-洗肠井造山带(Ⅳ-10)。

(一)斋桑-额尔齐斯-南蒙古造山带(Pz)(Ⅳ-1)

斋桑-额尔齐斯-南蒙古造山带南以福海-萨尔托海断裂为界与成吉斯-塔尔巴哈台-阿尔曼泰造山带相邻，进一步划分为斋桑-额尔齐斯造山亚带(Ⅳ-1-1)、南蒙古造山亚带(Ⅳ-1-2)和索伦山-西拉木伦3个造山亚带(Ⅳ-1-3)。

1. 构造层

出露的岩石地层单元表明该单元可以划分成萨拉伊尔构造层(S)、加里东构造层(C)和海西构造层(V),晚海西期该单元进入陆内盆山构造演化阶段,形成海西期盆地(B_v)。

1)萨拉伊尔构造层(S)

萨拉伊尔构造层主要由新元古代—早寒武世火山-沉积变质岩系构成。新元古代早—中期捷列克京组主要为一套碎屑岩和碳酸盐岩沉积,岩性组合为复矿砂岩、绿泥石片岩和大理质灰岩等。

2)加里东构造层(C)

该单元仅出露晚加里东构造层,晚志留世—顶志留世碳酸盐岩台地相沉积建造。

3)海西构造层(V)

该单元的海西构造层可以划分出早、中、晚3个次级构造层。

(1)早海西构造层(V_e)。早海西构造层由泥盆纪火山-沉积建造构成。早泥盆世普加切夫组为海相砂岩、粉砂岩和灰泥质粉砂岩等。中泥盆世奥尔诺夫组和科斯塔夫组为海相火山-沉积建造,岩性组合有砂岩、粉砂岩、泥岩,夹灰岩透镜体及凝灰岩和霏细岩等。

(2)中海西构造层(V_m)。中海西构造层由晚泥盆世—早石炭世火山-沉积建造构成。晚泥盆世塔克尔组为海相石英片岩、粉砂岩和泥岩等。晚泥盆世—早石炭世塔尔巴哈台组为海相火山-沉积建造,岩性组合有泥、硅质粉砂岩、硅质岩、石英斑岩、霏细岩和凝灰质砂岩等。早石炭世阿尔卡雷克组和奥帕洛夫组为火山-沉积建造,以砂岩、粉砂岩和玄武岩为主。

(3)晚海西构造层(V_l)。晚海西构造层由晚石炭世海陆交互相相火山-沉积建造构成。沉积岩为砂岩、粉砂岩、和泥岩夹煤线沉积。火山岩岩性组合有玄武岩、安山岩、英安岩和凝灰岩等。

2. 盆地

从早二叠世开始,该单元进入陆内盆山构造演化阶段,形成海西期盆地(B_v)。海西期盆地在早二叠世实质上属于后造山伸展形成的裂谷型火山盆地,裂谷型双峰式火山-沉积建造组合主要见于早二叠世时期,中—晚二叠世主要为陆相碎屑沉积。

3. 蛇绿岩及蛇绿混杂岩带

该单元蛇绿岩时代集中在中奥陶世—早石炭世。

境外蛇绿岩以戈勒诺斯马耶夫蛇绿岩和查尔斯克蛇绿岩为代表。其中,戈勒诺斯马耶夫蛇绿岩岩性组合为超镁铁质岩、辉长岩和玄武岩等,超镁铁质岩发生强烈的混合岩化,并包含有大量的变质岩包裹体,辉长岩以包裹体的形式出现,蛇绿岩时代为中奥陶世—晚泥盆世弗拉斯期,混滑岩的时代是早石炭世维宪期—斯蒂芬期;查尔斯克蛇绿岩中的火山岩有中晚奥陶世和泥盆纪两个时代,伴生的碧玉岩和硅质粉砂岩也有奥陶纪和泥盆纪两个时代(Моссаковский А А идр,1993)。据何国琦等(2000)描述,在碧玉岩中发现过早古生代放射虫,退变质榴辉岩岩块K-Ar年龄为545~477Ma。查尔斯克蛇绿岩带存在两种可能的解释:①早、晚古生代贯通发育的古洋残留;②早古生代古大洋闭合后,在古缝合带附近再次形成新的晚古生代洋壳。

境内额尔齐斯蛇绿岩由玄武岩、辉长质杂岩、辉石安山岩、玻镁安山岩、放射虫硅质岩和锰铁质硅质岩组成,年龄为403~332Ma,时代为中泥盆世—早石炭世,为海西期洋壳-洋幔的残体。

4. 侵入岩

斋桑-额尔齐斯构造岩浆岩带发育泥盆纪—石炭纪侵入体。泥盆纪花岗岩主要岩性有片麻状黑云母二长花岗岩、花岗闪长岩、花岗岩和二云母花岗岩,以高钾钙系列为主的Ⅰ型花岗岩。石炭纪—早二叠世年龄分布在360~270Ma之间(王涛等,2010)。早石炭世为造山后伸展阶段,主要岩石类型为花岗闪长岩、二长花岗岩和正长花岗岩、碱性花岗岩及二云母花岗岩，以Ⅰ型和A型花岗岩为主。早石炭世卵球状钙碱性、碱性花岗岩类广泛出露在增生杂岩带中，主要形成于330～265Ma(韩宝福等，2006)，考虑到花岗岩浆活动的滞后效应，阿尔泰地块南缘的造山作用在早石炭世时期已进入板内伸展阶段。早石炭世还发育有基性侵入岩，如阿尔泰辉长岩岩体(281Ma)(童英等，2006)。

5.构造样式

该单元在构造样式上是一个内部结构极其复杂的叠瓦状冲断带，总体上北倾南冲，发育有不同构造层次的变形和韧性剪切带以及不同程度的变质作用。

6.矿产及成矿作用

形成于不同构造环境的火山岩构造岩片中含有内生金属矿产，如铜、铁、铅锌等，而韧性剪切带为金矿的富集创造了极其有利的地质背景，因此，在南部边缘增生带聚集有大量的金矿产地。此外，后造山阶段沿该单元就位的基性杂岩中含有丰富的铜镍矿(如哈拉通克铜镍矿)。

(二)成吉斯-塔尔巴哈台-阿尔曼泰造山带(Pz_1)(Ⅳ-2)

成吉思-塔尔巴哈台-阿尔曼泰造山带(Ⅳ-2)北以福海-萨尔托海断裂为界与斋桑-额尔齐斯-南蒙古造山带(Ⅳ-1)相邻，南以阿尔曼泰断裂为界与托克拉玛-准噶尔造山带(Ⅳ-3)相邻。该造山带可以进一步划分为3个亚带：成吉斯-塔尔巴哈台造山亚带(Ⅳ-2-1)、阿尔曼泰造山亚带(Ⅳ-2-2)和科克切塔夫地块(Ⅳ-2-3)。

1.构造层

出露的岩石地层单元表明该单元可以划分成太古宙构造层(Ar)、哥伦比亚(中条)构造层(Z)、萨拉伊尔构造层(S)、加里东构造层(C)和海西构造层(V)，三叠纪该单元进入陆内盆山构造演化阶段，形成海西期盆地(B_v)。

1)太古宙构造层(Ar)

太古宙构造层由境外太古代泽连金组(Ar)构成，泽林金组主要为一套黑云母片麻岩和二云母片麻岩组合。

2)哥伦比亚构造层(Z)

哥伦比亚构造层由境外奥沙甘金组(Pt_1)构成，奥沙甘金组主要为一套石英片岩和绢云母片岩组成。

3)萨拉伊尔构造层(S)

萨拉伊尔构造层主要由新元古代—早寒武世火山-沉积变质岩系构成。新元古代早期博罗夫组为一套片岩组合，主要有石英片岩、绢云母绿泥石片岩和钠长石绿帘石片岩等。新元古代中期科克切塔夫组为一套变质碎屑岩和碳酸盐岩组合，主要岩性为大理岩、页岩和石英片岩等。新元古代晚期沙雷克组为一套碎屑岩沉积建造，主要岩性为砂岩、粉砂岩和页岩等。早寒武世耶列缅套组由火山-沉积建造构成，以深水沉积为主，岩性组合为安山—玄武岩、细碧岩、凝灰岩、硅质页岩、砂岩、粉砂岩、页岩、碧玉岩和灰岩等。

4)加里东构造层(C)

该单元出露的加里东构造层早、晚期都有所出露。

(1)早加里东构造层(C_e)。早加里东构造层由中寒武世—奥陶纪火山-沉积建造构成。

中寒武统—奥陶系由深水相火山-沉积建造构成，其中，阿克德姆群主要为一套硅质粉砂岩，克孜勒卡因金组由玄武岩、细碧岩、硅质岩、硅质粉砂岩、硅质页岩、少量酸性凝灰岩和砂岩组成。

下-中奥陶统由一套火山-沉积建造构成。其中，早-中奥陶世科克先吉尔组岩性组合为玄武岩、安山-玄武岩、安山岩、凝灰岩和砂岩。早奥陶世库迈组岩性组合为砂岩、粉砂岩、泥质板岩、硅质岩、细碧岩及其凝灰岩的夹层，为一套深水相沉积岩系。

(2)晚加里东构造层(C_l)。晚加里东期由上奥陶统—志留系火山-沉积建造构成。其中，晚奥陶世比克组主要岩性组合为安山-玄武岩、凝灰岩、砂岩、砾岩和粉砂岩等；下-中志留统为浅海相沉积建造，岩性组合为紫红色砂岩、粉砂岩等，底部出露砾岩；中-上志留统为浅海相火山-沉积建造，岩性组合为砂岩、凝灰岩和安山岩等。

5)海西构造层(V)

该单元的海西构造层可以划分出早、中、晚3个次级构造层。

(1)早海西构造层(V_e)。早海西构造层由泥盆纪火山-沉积建造构成。

下-中泥盆统由海陆过渡相火山-沉积建造构成，与下伏地层为不整合接触。下泥盆统东部以火山岩为主，主要岩性为玄武岩、安山岩和凝灰岩等，西部则主要以碎屑岩沉积为主，岩性组合为砾岩、砂岩和粉砂岩等。中泥盆统东部则主要以碎屑岩沉积为主，岩性组合为砾岩和砂岩；西部以火山岩为主，主要岩性为粗面岩、安山岩、流纹岩和凝灰质粉砂岩。

(2)中海西构造层(V_m)。中海西构造层由晚泥盆世—早石炭世海相沉积建造构成，下部以砾岩、砂岩、粉砂岩和灰岩为主，上部则以粉砂岩、泥页岩、泥灰岩和碳质页岩为主，沉积环境由浅海相逐渐过渡为深水相沉积。

(3)晚海西构造层(V_l)。晚海西构造层由晚石炭世—二叠纪海陆交互相碎屑岩沉积建造构成，岩性以砂岩和粉砂岩为主，少量泥质板岩、泥岩，局部为红色碎屑岩沉积。

2. 盆地

从三叠纪开始，该单元进入陆内盆山构造演化阶段，早-中三叠世局部仍为海陆交互相沉积背景。早-中三叠世主体为厚层砂砾岩沉积，局部见早三叠世玄武岩。晚三叠世—新近纪主体为紫红色砂砾岩沉积，晚侏罗世见黏土岩。

3. 蛇绿岩及蛇绿混杂岩带

该单元发育寒武纪—奥陶纪蛇绿(混杂)岩，主要蛇绿(混杂)岩有伊什克奥里梅斯克蛇绿(混杂)岩、包沙科里蛇绿(混杂)岩、马依卡因蛇绿(混杂)岩、扎伊厄尔-塔金蛇绿(混杂)岩、西塔尔巴哈台蛇绿(混杂)岩、洪古勒楞蛇绿(混杂)岩、扎河坝蛇绿岩和阿尔曼泰蛇绿岩等，构成一条巨大的跨国蛇绿混杂岩带。

伊什克奥里梅斯克蛇绿(混杂)岩岩性组合为纯橄岩、橄榄岩、辉石岩、辉长岩-橄长岩、辉绿岩、玄武岩、细碧岩、碧玉岩和硅质岩，时代为早-中奥陶世。包沙科里蛇绿(混杂)岩岩性组合为超镁铁-镁铁岩、辉绿岩脉、玄武岩-辉绿岩和碧玉岩，时代为晚寒武世—中奥陶世。马依卡因蛇绿(混杂)岩岩性组合为镁铁-超镁铁岩、玄武岩和硅质岩，滑混岩时代为晚奥陶世阿什极尔期。扎伊厄尔-塔金蛇绿(混杂)岩岩性组合为超镁铁岩、拉斑玄武岩、碧玉岩和玄武岩，时代为晚寒武世—早奥陶世。西塔尔巴哈台蛇绿(混杂)岩岩性组合为橄榄岩、纯橄岩、辉长岩、玄武岩、细碧岩、辉绿岩、碧玉岩和硅质片岩，缺少时代依据，推测为奥陶纪。洪古勒楞蛇绿岩中堆晶岩发育，以橄长岩-辉长岩为主，上部火山岩为洋脊玄武岩的洋脊蛇绿岩，时代为寒武纪—奥陶纪。扎河坝蛇绿岩岩性组合为蛇纹岩、变辉长岩、变辉绿岩及少量变质基性火山岩。阿尔曼泰蛇绿岩中变质橄榄岩、堆晶杂岩、基性火山岩和硅质岩较为发育，少量基性岩墙群、斜长岩和斜长花岗岩。扎河坝蛇绿岩和阿尔曼泰蛇绿岩时代为寒武纪第二世—早奥陶世。

4. 侵入岩

成吉斯-塔尔巴哈台地区出露寒武纪—二叠纪侵入岩，以泥盆纪—二叠纪侵入岩最为发育。

早泥盆世花岗岩的岩性组合为正长花岗岩、碱长花岗岩、花岗闪长岩和闪长岩(422～405Ma)(Chen et al.,2010),甚至跨到晚志留世。被认为是与晚志留世—早泥盆世阿尔泰造山带岛弧发展晚期到碰撞早期岩浆活动产物。

早石炭世花岗岩(345～321Ma)(Chen et al.,2010;Zhou et al.,2008;韩宝福等,2006)代表性岩体有达因苏辉石闪长岩、沃肯萨拉石英二长岩、朱青山和布尔干花岗闪长岩及阿布都拉、萨吾尔、森塔斯二长花岗岩以及拉斯特正长花岗岩等,为中—高钾钙碱系列、准铝质Ⅰ型花岗岩,具有岛弧花岗岩特征。

晚石炭世—中二叠世花岗岩(303～281Ma)(Chen et al.,2010;Zhou et al.,2008;韩宝福等,2006)代表性岩体有朱万托别、阔依塔斯、恰其海等正长花岗岩和喀尔交、托洛盖花岗(斑)岩,为高钾钙碱系列、准铝质Ⅰ型花岗岩,但具有A型花岗岩特征(陈家富等,2010)。

5. 构造样式

构造样式是典型的逆冲叠瓦构造,极性可能指北。

6. 矿产及成矿作用

俯冲增生杂岩带一般是一个重要的金矿成矿带。

(三)托克拉玛-准噶尔造山带(Ⅳ-3)

该单元北西以阿塔苏-塔城断裂为界与成吉斯-塔尔巴哈台-阿尔曼泰造山带(Ⅳ-2)相隔,南部以列普瑟-艾比湖断裂带与巴尔喀什-伊利-中天山造山带(Ⅳ-6)相接,东以中新生代盆地沉积出露范围为界与准噶尔盆地(Ⅳ-4)相邻。东准噶尔地区北以额尔齐斯断裂带与斋桑-额尔齐斯-南蒙古造山带(Ⅳ-1)相邻,南以卡拉麦里断裂带与北天山-甘蒙北山造山带(Ⅳ-5)相接。该单元可进一步划分为3个亚带:托克拉玛造山亚带(Ⅳ-3-1)、西准噶尔造山亚带(Ⅳ-3-2)和东准噶尔造山亚带(Ⅳ-3-3)。

目前,在该单元内尚未发现前寒武纪基底岩系。但是据陈隽璐等(2013)①研究,在晚古生代存在着大量陆缘沉积,推测存在着一个塔城地块;无独有偶,潘桂棠等(2016)也认为存在一个塔城地块向西延出境外。

1. 构造层

出露的岩石地层单元表明该单元可以划分成加里东构造层(C)和早海西构造层(V_e),中晚海西期该单元进入陆内盆山构造演化阶段,可以划分成海西期盆地(B_v)、燕山期盆地(B_y)和喜马拉雅期盆地(B_h)。

1)加里东构造层(C)

该单元出露的加里东构造层早、晚期都有所出露。

(1)早加里东构造层(C_e)。早加里东构造层由末寒武世及奥陶纪火山-沉积建造构成,末寒武世沉积仅见于境外。

境内:早中奥陶世拉巴组是一套遭受热变质的碎屑岩建造,岩性组合为黑云石英片岩-绢云黑云石英片岩-变余泥灰质粉砂岩,夹少量石英岩和角闪片岩。早中奥陶世图龙果儿组的岩性组合为绢云母绿泥石千枚岩-硅质千枚岩-变余粉砂质泥岩,夹变质凝灰岩、硅质岩及板岩。晚奥陶世科克沙依组是一套形成于洋中脊环境或近洋中脊环境的火山-沉积建造组合,由枕状玄武岩、细碧岩、放射虫硅质岩及含凝灰质硅泥质远洋沉积构成,此外还有部分属于岛弧环境形成的安山岩、英安岩、同质火山碎屑岩、硅质岩

① 《阿尔泰综合研究报告》,陈隽璐等,2013.

及细碎屑岩组合。

境外：顶寒武统和下奥陶统呈连续沉积，是一套碎屑岩和安山质火山凝灰岩，主要由砾岩、砂岩和安山质凝灰岩构成。中奥陶世和晚奥陶世仍然是火山-沉积建造，主要由粉砂岩、泥岩、硅质岩、玄武岩和安山岩构成。粉砂岩、泥岩和硅质岩可能构成半深海或深海浊积岩。

(2)晚加里东构造层(C_l)。晚加里东构造层由中—顶志留世陆源碎屑浊积岩＋少量火山岩及火山碎屑岩构成。

境内：中—顶志留世玛依拉山群是一套陆源碎屑浊积岩，水下河道砂砾岩屡见不鲜，浊积岩中夹有玄武岩、细碧岩、安山玢岩及硅质岩，沉积充填序列显示下细上粗的进积型特征。

境外：相同层位的中—顶志留统同样是陆源碎屑浊积岩＋少量凝灰岩。

2)海西构造层(V)

该单元的海西构造层可以划分出早、中两个次级构造层。

(1)早海西构造层(V_e)。早海西构造层由泥盆纪火山-沉积建造构成，境内外都有出露。

境内：早泥盆世马拉苏组以陆相—海陆过渡相砂岩、砾岩、泥岩夹火山岩沉积为特征，空间上从乌雪特-额敏，由山间河流相→三角洲相变化；在孟布拉克一带，玛拉苏组三角洲相碎屑沉积向东渐变为浅海相灰岩、玄武岩和碎屑岩，充分显示弧后被动陆缘沉积特征。早中泥盆世库鲁木迪组和中泥盆世巴尔鲁克组都是一套滨浅海相火山-沉积建造，前者火山岩组合为安山岩＋流纹岩＋粗面岩＋火山碎屑岩；后者火山岩组合中仅见安山岩及安山质火山碎屑岩。晚泥盆世铁列克提组与下伏地层之间为不整合接触，是一套河流相砾岩、含砾砂岩和砂岩沉积组合，其中含大量植物化石。

境外：同样可以划分出下、中、上 3 个统，总体上是一套海相火山-沉积建造组合。下—中泥盆统与下伏顶志留统之间为不整合接触，主要由砾岩、砂岩、粉砂岩、凝灰岩、火山熔岩及火山碎屑岩构成，火山熔岩既有玄武岩也有安山岩和流纹岩。

(2)中海西构造层(V_m)。中海西构造层由石炭纪火山-沉积建造构成，境内外均有所出露。

境内：该单元东部一带(巴尔雷克-包古图)出露的石炭系有早石炭世希贝库拉斯组、晚石炭世包古图组和晚石炭世太勒古拉组。这三者总体上是一套火山-沉积建造组合，普遍含有硅质岩夹层，其中的火山岩组合为玄武岩-玄武安山岩-安山岩；碎屑岩组合反映出自下而上水体由深变浅的特征，下部含有深水相浊流沉积，上部出现夹层。塔城盆地外缘的中海西构造层由早石炭世火山-沉积建造构成。早石炭世黑山头组和姜巴斯套组总体上是一套浅海相含中酸性火山岩及火山碎屑岩火山-沉积建造组合。

境外：出露有下石炭统和上石炭统，总体上是一套海相火山-沉积建造组合，主要由碎屑岩、英安质火山岩及火山碎屑岩构成，间夹白云岩和煤层。

2. 盆地

从早二叠世开始，部分地区从晚石炭世开始，该单元进入陆内盆山构造演化阶段，可以识别出海西期盆地(B_v)、燕山期盆地(B_y)和喜马拉雅期盆地(B_h)。

1)海西期盆地(B_v)

海西期盆地在早二叠世实质上属于后造山伸展形成的裂谷型火山盆地，裂谷型双峰式火山-沉积建造组合主要见于早中二叠世时期，晚二叠世主要为陆相碎屑沉积，但是其中也夹有中基性熔岩透镜体。境内外均有所出露。

境内：沿巴尔雷克山南部出露有晚石炭世吉木乃组，是一套中酸性火山岩夹煤层，主要由霏细斑岩、辉绿玢岩、安山玢岩、酸性火山角砾岩、砾状砂岩、细砂岩及硅质粉砂岩构成，局部夹煤层。早二叠世哈尔加乌组、卡拉岗组都是陆相火山-沉积建造。哈尔加乌组不整合在下伏地质体之上，主要由凝灰质砾岩、安山玢岩、火山角砾岩、凝灰岩和粉砂岩等构成。卡拉岗组主要由粗砂岩、凝灰质砾岩、火山角砾岩、菲细斑岩、流纹岩及凝灰岩等构成。中晚二叠世库吉尔台组总体上是一套碎屑岩建造，其中夹有中基性熔岩透镜体。

境外：下中二叠统是一套陆相火山-沉积建造组合，主要由凝灰岩、安山岩、安山质凝灰岩及流纹质凝灰岩构成。上二叠统与下伏下中二叠统呈不整合接触，是一套火山集块岩。

2)燕山期盆地(B_y)

燕山期盆地主要由早中侏罗世含煤碎屑岩系构成，境内外均有所出露。

境内：早中侏罗世水西沟群是一套含煤碎屑沉积。

境外：山间盆地出露有少量的下侏罗统，可能也属于含煤碎屑沉积。

3)喜马拉雅期盆地(B_h)

喜马拉雅期盆地沉积在境内外均有所出露，主要由始新世—全新世(E_2—Qh)陆相碎屑沉积建造构成。除了塔城盆地之外，境内外都是规模不大的山间盆地。

3. 蛇绿岩及蛇绿混杂岩带

该单元有两期蛇绿岩(蛇绿混杂岩)：寒武纪—奥陶纪蛇绿混杂岩带和泥盆纪蛇绿混杂岩带。

1)寒武纪—奥陶纪蛇绿混杂岩带

寒武纪—奥陶纪唐巴勒-玛依勒山蛇绿混杂岩带，该蛇绿混杂岩带向西延伸进入哈萨克斯坦境内，时代标注为奥陶纪蛇绿岩，沿巴尔喀什湖北边出露。

构成唐巴勒-玛依勒山蛇绿混杂岩带的有唐巴勒蛇绿混杂岩、玛依勒山蛇绿混杂岩及巴尔雷克山蛇绿混杂岩。

唐巴勒蛇绿岩在唐巴勒组成序列较为完整，最底部是方辉橄榄岩，向上依次有堆晶岩、枕状熔岩及放射虫硅质岩，在堆晶岩及枕状熔岩中都产出有岩墙，其余地段均呈蛇绿混杂岩产出，以岩块或岩片形式出现在由晚奥陶世科克沙依组构成的基质中。肖序常等(1992)对该蛇绿岩堆晶岩中斜长花岗岩墙中锆石的U-Pb同位素测年数据为508±20Ma，对其中斜长石单矿物U-Pb同位素年龄为520～480Ma；1∶25万托里幅(2012)获得蛇绿岩中辉长岩锆石U-Pb年龄为499±1.2Ma，据此将唐巴勒蛇绿岩时代置于晚寒武世—早奥陶世。

玛依勒山蛇绿混杂岩中的超镁铁质岩和镁铁质岩大都以构造岩块的形式出现在玛依勒山群中，据董连慧等(2010)报道，新疆有色地质勘查局701队于2009年对玛依勒山群中的基性熔岩进行全岩Rb-Sr测年，所获数据为435.3±6.5Ma和432.5±7.4Ma，1∶25万托里幅(2012)获得该蛇绿岩中辉长岩锆石U-Pb同位素年龄517.62±0.75Ma，时代置于晚寒武世—中奥陶世。

巴尔鲁克蛇绿混杂岩的组分有蛇纹岩(超镁铁质岩)、强蚀变辉橄岩、单斜辉石岩、碎裂辉长岩、碎裂辉绿岩、辉绿岩、斜长花岗岩和放射虫硅质岩等。蛇绿岩各组分以岩块或岩片形式混杂在中晚志留世玛依勒山岩群下部中基性火山岩-火山碎屑岩中。1∶25万托里幅(2012)在蛇绿岩组合的斜长花岗岩中获得锆石U-Pb年龄500±1.6Ma，辉长质碎斑岩锆石U-Pb年龄为512.3±7.2Ma，形成于晚寒武世—早奥陶世。

2)泥盆纪蛇绿混杂岩带

泥盆纪蛇绿混杂岩带主要由达拉布特蛇绿混杂岩构成。境外沿哈拉湖南岸仅有少量超镁铁质岩出露于晚古生代地层中。

达拉布特蛇绿岩是西准噶尔地区研究较为深入的一个蛇绿岩(冯益民，1986；Feng，et al.，1989；朱宝清等，1987；肖序常等，1992；张驰等，1992)，呈蛇绿混杂岩产出，蛇绿岩组分以岩块及岩片形式混杂在由石炭纪及早中泥盆世火山-沉积建造构成的基质中。辜平阳等(2009)获得该蛇绿岩组分的辉长岩LA-ICP-MS锆石U-Pb年龄为391.1±6.8Ma，夏林圻等(2007)获得该蛇绿岩中辉绿岩LA-ICP-MS锆石U-Pb年龄为398±10Ma，陈博等(2011)获该蛇绿岩中辉长岩SHRIMP锆石U-Pb年龄为426±6Ma，时代属于早中泥盆世。

4. 侵入岩

境内：出露最老的侵入岩是志留纪的基性杂岩，参与蛇绿混杂岩的构成。属于石炭纪的侵入岩有正长花岗岩、二长花岗岩、花岗岩、奥长花岗岩、花岗闪长岩、石英闪长岩、闪长岩、碱长花岗岩和正长岩，后两者的侵入时代可能属于晚石炭世。二叠纪的侵入岩有正长花岗岩、二长花岗岩、花岗岩、奥长花岗岩、正长岩和石英正长岩。此外，还有沿断裂带侵位的橄榄岩-基性杂岩，时代不明，可能属于泥盆纪—石炭纪。

境外：出露有少量的晚奥陶世花岗闪长岩及少量泥盆纪闪长岩。

5. 构造样式

该单元总体上是一个向南西突出的弧形断褶带，造成弧形的原因可能与隐伏的塔城地块刚性基底有关，在这一弧形断褶带的两翼发育有蛇绿混杂岩带。值得关注的是，这一完整的弧形断褶带被巴斯图-艾比湖断裂带截切成西东两部分，东部在早二叠世之后明显受到北东向西准噶尔走滑断裂系的干扰和改造，沿达拉布特断裂出露有中晚二叠世陆相碎屑沉积。

6. 矿产及成矿作用

该单元是一个铬镍钴铂、石棉、金、铜及多金属成矿带。成矿作用与两期洋盆的洋中脊岩浆房作用和洋壳的俯冲作用相关，著名的萨尔托海铬铁矿、哈图金矿及包古图斑岩铜矿就赋存在该单元的我国境内西准噶尔一带。

（四）准噶尔盆地（Ⅳ-4）

准噶尔盆地为二叠纪以来的大型内陆沉积盆地，含有丰富的油气资源。

（五）北天山-甘蒙北山造山带（Pz_2）（Ⅳ-5）

该单元北邻托克拉玛-准噶尔造山带（Ⅳ-3），西邻准噶尔盆地（Ⅳ-4），南与巴尔喀什-伊利-中天山造山带（Ⅳ-6）相邻。除了与西邻区以中新生代盆地沉积出露范围为界之外，与其他构造单元均以边界断裂相隔。北以卡拉麦里断裂与托克拉玛-准噶尔造山带相隔，南以艾比湖-阿其克库都克断裂为界与巴尔喀什-伊利-中天山造山带相隔。

1. 构造层

出露的岩石地层单元表明该单元可以划分成哥伦比亚（中条）构造层（Z）、格林威尔构造层（G）、加里东构造层（C）和海西构造层（V），晚海西期该单元进入陆内盆山构造演化阶段，形成海西期盆地（B_v）。

1）哥伦比亚（中条）构造层（Z）

哥伦比亚构造层出露在北天山北部和杭乌拉地区，杭乌拉地区为北山杂岩。杭乌拉地区北山杂岩为一套角闪岩相—高角闪岩相变质地层。

2）格林威尔构造层（G）

格林威尔旋回出露在雀儿山—雅满苏—黑鹰山地区，由中元古代早期星星峡岩群和中元古代中晚期卡瓦布拉克群构成，北天山北部为中元古代稻草沟岩群（$Pt_2D.$）和扎曼苏岩群（$Pt_2Z.$）。星星峡岩群为一套角闪岩相—高角闪岩相变质地层；卡瓦布拉克群主要为一套变质碳酸盐岩和含硅质碳酸盐岩，另有少量变质碎屑岩；稻草沟岩群自下而上为糜棱岩化长石岩屑砂岩、砂质泥岩和泥质粉砂岩，夹玄武岩；扎曼苏岩群主要为糜棱岩化、超糜棱岩化凝灰岩、砂岩、安山岩和流纹岩，夹生物碎屑灰岩。

3)加里东构造层(C)

该单元出露的加里东构造层早、晚期都有所出露,以晚加里东期构造层为主。

(1)早加里东构造层(C_e)。该单元由北天山北部和杭乌拉地区出露的早中奥陶世火山-沉积建造构成。北天山北部下奥陶统以中基性岛弧火山岩为主,中上奥陶统则以中酸性岛弧火山岩为主。杭乌拉地区下奥陶统为一套含笔石化石和腕足化石的海相碎屑岩组合;中奥陶统为中基性岛弧火山岩夹碳酸盐岩和少量碎屑岩;上奥陶统则以发育大量中酸性岛弧火山岩为特征。

(2)晚加里东构造层(C_l)。晚加里东构造层为志留纪稳定的陆源碎屑岩沉积建造,岩性组合为砂岩、细砂岩、粉砂岩、泥质板岩夹灰岩透镜体,含腕足、头足和珊瑚等化石。杭乌拉地区中晚志留世公婆泉群含基性—中性—酸性火山岩。

4)海西构造层(V)

该单元的海西构造层可以划分出早、中、晚 3 个次级构造层。

(1)早海西构造层(V_e)。早海西构造层由早—中泥盆世火山-沉积建造构成。早中泥盆世雀儿山群不整合在顶志留世碎石山组之上,为一套安山质和英安质火山熔岩-凝灰熔岩-凝灰角砾岩组合,夹有钙质砂岩及泥灰岩透镜体,产腕足类、珊瑚和三叶虫等化石。该单元新疆境内出露的顶志留世—早泥盆世红柳沟组属于弧间小洋盆闭合并向早中泥盆世弧盆转化时期的类似弧后前陆盆地沉积组合,早泥盆世大南湖组则属于岛弧或弧后环境火山-沉积(孟勇等,2014)。中泥盆世头苏泉组为海相灰绿色、灰紫色凝灰岩、凝灰质砂岩、硅质岩、钙质-泥质板岩和砂砾岩等。

(2)中海西构造层(V_m)。中海西构造层由晚泥盆世至早石炭世火山-沉积建造构成。晚泥盆世康古尔塔格组为一套灰绿色-紫红色火山-沉积建造组合,岩性组合为石英粗安岩、流纹质英安岩、霏细岩、凝灰质泥岩、泥灰岩、砾岩、火山角砾岩和球泡珍珠岩等,含植物化石,与下伏地层呈不整合接触关系。早石炭世有绿条山组、白山组、七角井组、干墩组组和石炭纪企鹅山群。绿条山组与其下的雀儿山群呈不整合,岩性组合上部为千枚岩-板岩夹硅质岩,下部为砂砾岩-砂岩夹砾岩及大理岩;白山组岩性组合为安山质凝灰岩-火山角砾岩夹薄层灰岩,含珊瑚化石,为一套双模式海相火山岩;绿条山组为一套浅变质的碎屑岩建造,二者以断裂接触,两个组之间可能为相变关系;七角井组为一套火山-沉积建造,与下伏康古尔塔格组为不整合接触;干墩组为一套碎屑岩沉积建造,含丰富化石;企鹅山群为一套火山-沉积建造,下部和上部以碎屑岩为主,中部为中基性火山岩。

(3)晚海西构造层(V_l)。晚海西构造层由晚石炭世—二叠纪火山-沉积建造构成,不同构造部位略有差异。北天山北部地区由晚石炭世火山-沉积建造构成,二叠纪进入陆内演化阶段;雀儿山—雅满苏—黑鹰山地区由晚石炭世—早二叠世火山-沉积建造构成,中二叠世进入陆内演化阶段;杭乌拉地区由晚石炭世—中二叠世火山-沉积建造构成,晚二叠世进入陆内演化阶段。

晚石炭世为一套海相火山-沉积建造,部分地区岩性组合具有深海沉积背景特征。早二叠世阿其克布拉克组和阿尔巴萨依组为一套陆地边缘相至浅海相的陆源碎屑岩沉积,不含火山岩;杭乌拉地区早二叠世双堡堂组以海相碎屑岩为主,夹有基性火山岩,此外还夹灰岩或砂质灰岩扁豆体的岩性组合,灰岩中常含腕足类、头足类、腹足类、珊瑚等化石;中二叠世金塔组为一套海相火山-沉积建造,岩性组合为玄武岩、凝灰岩、火山角砾岩、凝灰质砂岩和砾岩等。石炭系—中二叠统构成红海式裂谷的火山-沉积建造。

2. 盆地

从晚二叠世开始,部分地区从中二叠世开始,该单元进入陆内盆山构造演化阶段,可以识别出海西期盆地(B_v)。海西期盆地由中晚二叠世库来组和桃东沟群构成。桃东沟群以一套灰绿色砾岩、砂岩和砂质泥岩为主,底部夹一层安山岩。库来组以紫红色岩屑砂岩、砾岩和粉砂质泥岩为主,上部砾岩较多,含植物、双壳、腕足类和介形虫化石。

3. 蛇绿岩及蛇绿混杂岩带

该单元石炭纪—中二叠世为红海式裂谷，在巴音沟地区出露有巴音沟蛇绿岩，在红石山一带出露有规模不大的红石山蛇绿岩（魏志军等，2004），构成红海式裂谷中的残留洋壳建造。巴音沟蛇绿岩中硅质岩含放射虫、牙形刺等化石，时代为晚泥盆世—早石炭世（肖序常等，1992），表明其形成时代为晚泥盆世—早石炭世。红石山蛇绿岩由方辉橄榄岩、超镁铁质堆晶岩（纯橄岩和辉石岩构成）、镁铁质堆晶岩（由辉长岩构成）、均质辉长岩、辉绿岩、安山岩及硅质岩构成，各组分之间相互混杂，呈构造岩块产出。除了蛇绿岩之外，早石炭世绿条山组、白山组和晚石炭世扫子山组、早中二叠世双堡堂组以及中二叠世金塔组构成红海式裂谷的火山-沉积建造。

4. 侵入岩

将本区的侵入岩可划分出前寒武纪阶段、早古生代—晚古生代中期洋陆演化阶段、晚古生代中晚期造山后伸展和大陆裂谷阶段以及晚古生代晚期—中生代的陆内演化阶段 4 个构造岩浆侵入阶段。其中，以晚古生代中晚期侵入岩最为发育。不同构造侵入岩浆活动阶段和不同构造区域发育着不同的中酸性和基性—超基性以及碱性—偏碱性岩浆系列，构成了本区侵入岩带具有多期次、多类型、成因演化复杂以及部分岩体呈复式岩体的总体特征。

新元古代早期侵入岩有英云闪长岩、花岗闪长岩和正长花岗岩；早古生代—晚古生代中期洋陆演化阶段侵入岩有闪长岩、石英闪长岩、英云闪长岩、花岗闪长岩、花岗岩和正长花岗岩，以准铝质-过铝质、富钠的中—高钾钙碱系列为特征，与岛弧-同碰撞花岗岩相似。

泥盆纪岩体主要分布在觉罗塔格-黑鹰山构造岩浆岩亚带中，有克孜尔卡拉萨依南、沟权山东北、大草滩东南和大南湖岩体等，均呈复合岩基产出，这些岩体的锆石同位素年龄为(357.3±6.2)～(383.4±9)Ma（张志德等，1995；李文明等，2002；宋彪，2002），岩性有正长花岗岩、二长花岗岩、花岗岩、花岗闪长岩、石英闪长岩、闪长岩和辉长岩，低钾、高钾钙碱系列均有，为富钠准铝质-过铝质花岗岩组合，与岛弧花岗岩和碰撞造山花岗岩相似。

早石炭世花岗岩主要沿康古尔-红石山断裂带分布，锆石同位素年龄范围为 351.3～320Ma，且集中在 334～328Ma，岩性组合有正长花岗岩、花岗闪长岩和斜长花岗岩，为准铝质-过铝质、富钠的低-中钾钙碱系列，与岛弧花岗岩相似。

晚石炭世花岗岩在博格达山脉、哈尔里克山、康古尔-雅满苏、红石山、黑鹰山，向东一直到达额济纳旗的戈壁一带均有分布，锆石同位素年龄为 317～298Ma。岩石类型有石英闪长岩、二长花岗岩、花岗闪长岩和正长花岗岩，属富钠的准铝质高钾钙碱性系列，与板内或者碰撞花岗岩相似，多被认为是晚石炭世裂谷活动产物（夏林圻等，2004；徐学义等，2006），或者博格达裂谷的陆内碰撞环境由挤压变为拉张的转折时期（顾连兴等，2000，2001），也有认为是与古亚洲洋中西伯利亚古板块活动陆缘俯冲有关（李锦轶等，2006）。

二叠纪的主要岩体有乌苏煤矿南岩体、巴里坤东岩体、大柳沟（墙墙沟）岩体、克孜尔塔格岩体、垄东岩体、黄山南岩体和骆驼峰等，碱性岩体有塔什巴斯他乌岩体、库木塔格西南碱长花岗岩和正长（斑）岩岩株。岩体的锆石同位素年龄范围为(298±2)～(252.4±2.9)Ma（Yuan et al.，2010；汪传胜等，2009；周涛发等，2010；王居里等，2009；唐俊华等，2008；李永军等，2007；顾连兴等，2006；任燕等，2006；韩宝福等，2004；李华芹等，2004，1998；李少贞等，2006；任秉琛等，2002；秦克章等，2001；李文明等，2002；王瑜等，2002；赵明等，2002；1：25 万大黑山幅区调报告），但以早—中二叠世为主。主要岩性为正长花岗岩、二长花岗岩、二云母花岗岩、白云母花岗岩、花岗闪长岩、石英闪长岩以及碱性岩，后者包括石英正长岩、正长岩、正长花岗岩和碱长花岗岩等，可以分为以下 4 种类型：一是过铝质的二长花岗岩和正长花岗岩；二是准铝质，但 A/NK 值特别高(2.00～2.14)的石英闪长岩；三是准铝质、钠含量很高，岩石具有碱性花岗岩特征的二长花岗岩；四是 A/NK 值为 1.01～1.43 的准铝质二长花岗岩。

三叠纪以后主要为非造山 A 型花岗岩特征的钙碱系列花岗岩。

5. 构造样式

北天山构造样式表现为冲褶带，具有多期复合叠加的特点。中三叠世末的印支运动不仅完成了海陆转化，而且对早期洋陆转换阶段形成的增生造山带进行了强烈的改造，成就了这一陆内冲褶带。自晚侏罗世以来，伴随着造山带两侧盆地的挤压式收缩，造山带物质向盆地逆冲，在盆山交界地带形成山前逆冲逆掩带。新生代博格达山的强烈隆升和柯帕式山体的最终形成，使康古尔塔格-红石山冲褶带的一些断裂带和褶皱发生翻转，形成现今该造山带北带极向指南，南带极向指北，中间韧性断裂带发生过多期活动的复杂构造格局。

（六）巴尔喀什-伊利-中天山造山带（Pz_1）（Ⅳ-6）

巴尔喀什-伊利-中天山造山带（Ⅳ-6）北西与成吉斯-塔尔巴哈台泰造山亚带（Ⅳ-2）、托克拉玛-准噶尔造山带（Ⅳ-3）和北天山-甘蒙北山造山带（Ⅳ-5）相邻，南与伊塞克造山带（Ⅳ-7）和南天山造山亚带（Ⅳ-10-4）相邻。巴尔喀什-伊利-中天山造山带以中央哈萨克斯坦断裂为界与成吉斯-塔尔巴哈台造山亚带相隔；北以艾比湖断裂为界与托克拉玛-准噶尔造山带相隔，以阿其克库都克断裂为界与北天山造山带相隔；南以纳曼-贾拉伊尔断裂为界与伊塞克造山带相隔，以卡瓦布拉克断裂为界与南天山造山带相隔。

巴尔喀什-伊利-中天山造山带进一步划分为 6 个造山亚带：巴尔喀什造山亚带（Ⅳ-6-1）、纳曼-贾拉伊尔造山亚带（Ⅳ-6-2）、博罗科努造山亚带（Ⅳ-6-3）、中天山造山亚带（Ⅳ-6-4）、明水-旱山造山亚带（Ⅳ-6-5）和巴尔喀什盆地（（Ⅳ-6-6）。巴尔喀什—伊犁地区和中天山—明水地区具有不同的构造层划分方案，以下分别叙述。

1. 巴尔喀什和纳曼—贾拉伊尔

1）构造层

出露的岩石地层单元表明该单元可以划分成哥伦比亚（中条）构造层（Z）、泛非构造层（P）、加里东构造层（C）和海西构造层（V），晚海西期该单元进入陆内盆山构造演化阶段，形成海西期盆地（B_v）。

（1）哥伦比亚构造层（Z）。哥伦比亚构造层由古元古代角闪岩相变质岩系构成。古元古代地层有卡拉卡梅斯组、萨雷恰贝恩组和克明组，主要岩性组合为斜长角闪岩、结晶片岩、片麻岩和大理岩。

（2）泛非构造层（P）。泛非构造层由新元古代—晚寒武世火山-沉积建造构成。新元古代早期塔斯克拉林组沉积岩系东西差异较大，西部以中酸性火山岩和石英岩为主，向东逐渐过渡为以砾岩、砂岩和页岩为主；新元古代早期科伊钦组以砾岩、砂岩和页岩为主。新元古代中期东西沉积建造差异较大，西部阿尔腾森甘组为酸性火山岩建造，其上的乌尔腾扎利组为玄武岩建造；中部地区以石英岩和酸性火山岩为主；东部的琼克明组为一套页岩、砾岩和砂岩的碎屑岩沉积建造；新元古代晚期为火山-沉积建造，卡帕尔组岩性为海相复成分砂岩和玄武岩；早—中寒武世东西部与中部沉积建造差异较大，东西部是以硅质岩、灰岩、砾岩和砂岩为主的碎屑岩沉积建造，中部则出现大量安山岩建造；晚寒武世西部为安山岩、流纹岩等火山建造，东部为砾岩和砂岩等碎屑岩沉积建造。

（3）加里东构造层（C）。该单元出露的加里东构造层早、晚期都有所出露。

早加里东构造层（C_e）。早加里东构造层由末寒武世—中奥陶世火山-沉积建造构成。末寒武世—早奥陶世中部为安山岩火山建造，博尔戈任组和迈库利组为灰岩、含磷砂岩和角砾岩等碎屑岩沉积建造，与下伏地层呈不整合接触；早奥陶世阿克扎立组为一套海陆交互相砾岩和砂岩沉积建造；中奥陶世西部的恰扎盖组为硅质岩和粉砂岩为主的深水碎屑沉积建造，中部的乌尊布拉克组为砾岩和砂岩等碎屑岩建造，向东逐渐过渡为流纹质玄武岩火山建造；中晚奥陶世乌利昆塔斯组为一套以砾岩和砂岩为主的碎屑岩沉积建造。

晚加里东构造层(C_l)。晚加里东构造层由晚奥陶世—中泥盆世火山-沉积建造构成，主体为一套稳定的粗碎屑岩沉积建造。其中，末志留世—早泥盆世为一套以玄武岩为主的火山建造，早中泥盆世科克塔斯组上部出露以英安岩和酸性凝灰岩为主的火山建造，中泥盆世顶部往往出露凝灰岩沉积建造。

(4)海西构造层(V)。该单元的海西构造层可以划分出中、晚两个次级构造层。

中海西构造层(V_e)。中海西构造层由晚泥盆世—早石炭世火山-沉积建造构成。

晚泥盆世代林组为一套以砾岩和粗砂岩为主的海陆交互相碎屑岩沉积建造，与下伏地层呈不整合接触；早石炭世克梅利别克组为一套以粉砂岩和泥岩为主的海陆交互相碎屑岩沉积建造，其上的卡尔卡拉林组则为以英安岩和凝灰岩为主的火山沉积建造组合；东部的早石炭世巴特帕克组下部为砾岩，其上为以酸性火山岩和凝灰岩为主的火山-沉积建造。

晚海西构造层(V_m)。晚海西构造层由晚石炭世—中二叠世火山-沉积建造构成。

晚石炭世火山-沉积建造东西略有差异。西部卡尔玛凯梅尔组由下部的砂岩和上部的酸性火山岩组成，其上克列格塔斯组由页岩、砂岩和中基性火山熔岩组成；东部的季格列兹组出现玄武岩，其上的库加林组以凝灰岩、砾岩和粉砂岩为主。晚石炭世—早二叠世科尔达尔组主要岩性组合为页岩和凝灰岩。早—中二叠世丘巴莱格尔组和中-晚二叠世卡拉伊列克组主要为火山角砾岩、集块岩和凝灰岩组成的火山岩建造。

2)盆地

从晚二叠世开始，该单元进入陆内盆山构造演化阶段，可以识别出海西期盆地(B_v)。海西期盆地在晚二叠世实质上属于后造山伸展形成的裂谷型火山盆地，裂谷型双峰式火山-沉积建造组合主要见于晚二叠世尚格利拜组，主要为基性—酸性熔岩和陆相碎屑沉积。

3)蛇绿岩及蛇绿混杂岩带

该单元蛇绿(混杂)岩有巴尔喀什地区的阿加德尔蛇绿岩带和纳曼—贾拉伊尔地区的扎拉伊尔-纳曼蛇绿岩带，蛇绿岩时代集中在寒武纪—早志留世。

阿加德尔蛇绿(混杂)岩主要组分有蛇纹岩、玄武岩、凝灰岩和碧玉岩等，超镁铁岩以断片形式产出在蛇纹岩-滑石菱镁片岩中，时代为奥陶纪—早志留世；扎拉伊尔-纳曼蛇绿(混杂)岩主要组分有超镁铁岩、变辉长岩、辉长岩-辉绿岩脉、玄武岩、辉绿岩、硅质岩和碧玉岩，推测时代为寒武纪—奥陶纪。

4)侵入岩

巴尔喀什地区侵入岩浆活动可以划分为前南华纪、奥陶纪—中泥盆世和中泥盆世—中二叠世 3 个旋回，以中泥盆世—中二叠世侵入岩最为发育。

前南华纪侵入岩包括古元古代和新元古代两个时期。古元古代仅在巴尔喀什地区和纳曼-贾拉伊尔地区有少量酸性花岗岩出露，纳曼贾拉伊尔地区出露有新元古代酸性花岗岩。赛里木湖东的片麻状花岗岩锆石 U-Pb 年龄为 798Ma(陈义兵等，1999)，属过铝质高钾钙碱系列。

奥陶纪—中泥盆世侵入岩浆活动由弱到强逐渐增加，到奥陶纪—志留纪岩浆活动微弱，仅有少量中性—酸性花岗岩，主要出露在纳曼—贾拉伊尔地区，巴尔喀什地区仅出露有少量晚奥陶世酸性花岗岩。

泥盆纪—早中二叠世是岩浆活动最强烈的时期，其中，晚石炭世岩体以正长花岗岩、花岗岩、二长花岗岩和石英闪长岩为主，且出现了富碱花岗岩；二叠纪岩体年龄集中在(299.1±6)～(281±9)Ma(刘志强等，2005；陈必河等，2007；李永军等，2007；王博等，2007；唐功建等，2008；杨高学等，2008)，属早二叠世。

5)构造样式

以断褶构造为主。

2. 博罗科努、中天山、明水-旱山造山亚带

1)构造层

出露的岩石地层单元表明，该单元可划分成哥伦比亚(中条)构造层(Z)、格林威尔构造层(G)、扬子

构造层(A)和海西构造层(V),晚海西期该单元进入陆内盆山构造演化阶段,可以划分成海西期盆地(B_v)。

(1)哥伦比亚构造层(Z)。该单元由古元古代(或中太古代—古元古代)北山杂岩、温泉岩群和兴地塔格群的变质岩系构成。北山杂岩和温泉岩群岩性组合为黑云母石英片岩、二云石英片岩、石英岩和大理岩等,温泉岩群由云母片岩和黑云母角闪岩构成。

(2)格林威尔构造层(G)。该单元由中元古代变质岩系构成,中元古代早期变质岩系包括扬吉布拉克群和星星峡岩群,中元古代晚期包括科克苏群和卡瓦布拉克群。扬吉布拉克群为浅变质的浅海相碎屑岩建造,岩性为变砂岩、变长石砂岩、变粉砂岩和绢云千枚岩等;星星峡岩群为一套角闪岩相—高角闪岩相变质地层;卡瓦布拉克群为一套浅变质碳酸盐岩、含硅质碳酸盐岩,夹少量变质碎屑岩。

(3)扬子构造层(A)。该单元由新元古代早期浅变质沉积建造和南华纪—中泥盆世沉积盖层构成。新元古代早期库什台群主要由浅变质碎屑岩、含叠层石白云岩和灰岩,底部具有底砾岩及粗碎屑岩,中上部的灰岩中常具鲕状或竹叶状构造,为一套稳定的浅海相和台地相沉积建造。

南华纪—中泥盆世为稳定的沉积盖层,可进一步划分为 5 个亚层:南华纪—震旦纪、寒武纪、奥陶纪、志留纪和早—中泥盆世。

南华纪—震旦纪亚层由凯拉克提群沉积建造构成,为一套稳定的碎屑沉积及冰成岩沉积建造,由具有微细层理的泥质粉砂岩、砂岩、泥岩夹结晶灰岩和冰碛岩薄层,顶部为黄褐色冰碛岩夹粉砂岩,含磷等。

寒武纪亚层由早寒武世西大山组火山-沉积建造,早—中寒武世磷矿沟组沉积建造和晚寒武世肯撒伊组、末寒武世果子沟组沉积建造构成。除西大山组夹有中基性火山岩建造外,寒武系整体为一套稳定的碎屑岩和碳酸盐岩沉积建造。

奥陶纪亚层由早—中奥陶世新二台组沉积建造和晚奥陶世火山-沉积建造构成。新二台组为一套稳定的碎屑岩夹碳酸盐岩沉积建造;晚奥陶世东西沉积建造有差异,西部科克莎雷西组为一套稳定的碎屑岩夹碳酸盐岩沉积建造,东部的奈楞格勒达坂组下部为一套浅变质碎屑岩建造,上部出现中基性火山建造。

志留纪亚层由早—中志留世沉积建造和晚-顶志留世火山-沉积建造构成。早志留世尼勒克河组、米什沟组和中志留世基夫克组均为一套稳定的碎屑岩夹碳酸盐岩沉积建造组合;晚—顶志留世在博罗科努地区为稳定的碎屑岩沉积建造,在巴伦台地区的巴音布鲁克组为一套碎屑岩、灰岩和基性、酸性火山岩组合。

泥盆纪亚层由中泥盆世阿克塔什组和汗吉尕组火山-沉积建造构成,岩性组合为钙质、泥质粉砂岩、砂岩、细砂岩夹灰岩、杏仁玄武岩、硅质岩、凝灰质页岩,含丰富的珊瑚和腕足类化石。

(4)海西构造层(V)。该单元的海西构造层可以划分出中、晚两个次级构造层。

中海西构造层(V_e)。中海西构造层由晚泥盆世—早石炭世火山-沉积建造构成。

晚泥盆世托斯库尔他乌组、艾尔肯组由杂砂岩、凝灰岩和中酸性火山岩组成,为海陆相沉积地层,下与中泥盆统有沉积间断,形成于近岸-三角洲环境;晚泥盆世吐呼拉苏组由杂色碎屑岩组成,为河湖相陆相沉积地层。

早石炭世由大哈拉军山组(新的研究表明,其下部可能包含晚泥盆世沉积)火山-沉积建造构成。大哈拉军山组岩性组合由灰紫色、紫红色、灰绿色安山玢岩、流纹斑岩、霏细斑岩、英安斑岩和砂岩、砾岩、凝灰质砂岩、灰岩、生物灰岩组成,含丰富的珊瑚和腕足类化石。

晚海西构造层(V_m)。晚海西构造层由晚石炭世—早二叠世火山-沉积建造构成。

晚石炭世包括伊什基里克组和东图津河组,由火山-沉积建造构成。伊什基里克组为一套海相喷发岩,主要岩性为灰绿-紫红色流纹斑岩、霏细斑岩、钠长斑岩、安山玢岩、玄武玢岩、英安斑岩及其同质火山灰碎屑岩、凝灰质碎屑岩;东图津河组主要岩性组合为灰—灰黑色浅海相生物碎屑灰岩、灰岩、泥灰岩和碎屑岩,上部见灰紫色酸性火山碎屑岩,与下伏阿克沙克组呈不整合接触。

早二叠世由乌郎组火山-沉积建造和阿其克布拉克组沉积建造构成。乌郎组下部为灰紫色中酸性凝灰熔岩、安山岩、安山玢岩夹玄武岩、流纹岩、霏细斑岩及火山角砾岩、凝灰砂岩、砂砾岩，上部为安山岩、玄武安山玢岩、流纹斑岩、石英霏细斑岩不均匀互层夹砂岩、凝灰砂岩、火山角砾岩，含植物化石，为一套陆相裂隙喷发岩；阿其克布拉克组下部为紫红色、灰绿色砾岩夹粗砂岩、砂岩和灰岩，中部为灰绿色复矿砂岩、黄褐色细砂岩、粉砂岩夹灰白色硅质灰岩及生物碎屑灰岩，上部为灰绿色或紫红色砂岩、砂砾岩、粉砂岩互层夹灰岩，产腕足类及双壳类等，为一套陆地边缘相至浅海相的陆源碎屑沉积，不含火山岩。

2）盆地

从中二叠世开始，该单元进入陆内盆山构造演化阶段，可以识别出海西期盆地（B_v）。

伊犁地区和巴伦台地区的中二叠世晓山萨依组下部岩性为紫红色砾岩、砂砾岩、粗砂岩和长石砂岩等，上部为灰黄色、灰色长石碎屑砂岩、粉砂岩和泥灰岩等，含植物、叶肢介及孢粉等，为河流相碎屑沉积，下与乌朗组不整合接触。伊犁地区晚二叠世巴斯尔干组和铁木里克组以棕黄色、褐色、褐红色及灰绿色砾岩为主夹长石岩屑砂岩及泥岩，局部见有煤线，含有双壳类，为山间盆地沉积，不整合在晓山萨依组之上。

3）蛇绿岩及蛇绿混杂岩带

该单元蛇绿（混杂）岩主要出露在中天山地块北缘的乌什通沟-干沟蛇绿混杂岩带。

中天山北缘的乌什通沟-干沟蛇绿混杂岩带被认为属阿尔卑斯型高钛蛇绿岩组合，形成时代争议较大，如奥陶纪（董云鹏等，2006）、南华纪—奥陶纪（朱志新等，2004）等。

4）侵入岩

前南华纪侵入岩有中元古代和新元古代两期。中元古代花岗岩出露在伊犁地块南部和喀拉塔格地区，伊犁地块南部有塔勒木朔（单颗粒锆石 Pb-Pb 年龄 1096±16Ma）[①]、库克乌枕和达根别里山 3 个岩体，以过铝、富镁的低钾和中钾钙碱系列为主，有少量富钠奥长花岗岩。达根别里山岩体则为过铝、富镁质高钾钙碱系列花岗岩，形成于以挤压为主的同碰撞环境，并有少量岛弧和造山晚期扩张环境产物。阿拉塔格一带的众高山花岗岩序列 SHRIMP 锆石年龄值为 1453±15Ma，主要岩性为片麻状花岗闪长岩和二长花岗岩，有少量中基性岩，为准铝质高钾钙碱性系列岩性组合。

南华纪—中泥盆世侵入岩浆活动由弱到强逐渐增加。

南华纪岩体有马鞍桥地区的拉尔墩达坂花岗片麻岩（948Ma，陈新跃等，2009；895.6±2.6Ma，Long et al.，2011）、冰大坂岩体（926Ma，陈新跃等，2009）和乌瓦门北（老巴仑台岩体）混合岩化花岗闪长岩（Rb-Sr 等时线年龄 818Ma，周汝洪，1987）以及星星峡一带的平顶山眼球状混合花岗岩（960Ma，胡霭琴等，1995；913Ma，顾连兴等，1990；849Ma，胡霭琴等，1997）和大白石头南片麻状花岗岩（922.7±7.9Ma，孟勇等，2018）。平顶山岩体和大白石头南岩体为过铝质或强过铝质钙碱系列，具有 S 型花岗岩特征，而冰大坂斜长花岗岩被认为是岛弧环境产物（刘良等，1994）。伊犁南部温泉地区眼球状片麻状花岗岩，其 SHRIMP 锆石 U-Pb 年龄为 919±6Ma，岩石类型主要为二长花岗岩，属过铝质中-高钾钙碱系列，该岩体被认为是大陆边缘构造环境（胡霭琴等，2010）。阿拉塔格一带的天湖东黑云母二长花岗岩、选矿厂后黑云母花岗闪长岩和大红山正长花岗岩（顾连兴等，1990；张遵忠等，2004）属过铝质高钾钙碱系列，被认为是造山过程的挤压-拉张转折期形成的原地改造型花岗岩，继承了原岩（岛弧火山岩）的成分特征（王银喜等，1991；张遵忠等，2004）。赛里木湖东的天窗片麻状花岗岩锆石 U-Pb 年龄为 798Ma（陈义兵等，1999），属过铝质高钾钙碱系列。

震旦纪岩体集中分布在阿拉塔格地区，包括东南石条闪长岩（SHRIMP 年龄为 644Ma）、小广场花岗闪长岩和石英二长岩、红星戈壁辉绿岩以及黄碱滩东南闪长岩等（1：5 万黄碱滩等 4 幅区域地质调查报告）。此外，在马鬃山一带出露的梧桐井（红柳峡）片麻岩套，锆石 U-Pb 测年为 558±13.7Ma

① 《察汗萨拉幅 1：5 万区域地质调查报告》，新疆地矿局第四地质调查所，2000.

(1∶25 万红宝石幅区域地质调查报告)。震旦纪侵入岩的岩石化学类型复杂多样，有辉长岩、苏长岩、单辉苏长岩、闪长岩、石英二长岩、二长花岗岩、花岗闪长岩、二长岩、正长花岗岩以及碱性花岗岩等，具有双峰式侵入岩岩性组合特征。其中，马鬃山一带的梧桐井片麻岩套属过铝质高钾钙碱性系列花岗岩，与扩张环境有关，可能代表着震旦纪 Rodinia 大陆裂解时岩浆作用产物。

寒武纪花岗岩除了在伊犁地区的夏特闪长岩和森木塔斯混合岩化花岗岩(LA-ICP-MS 锆石年龄分别为 523.5±5.7Ma 和 494.2±5.8Ma；徐学义等，2013)及红柳井东北的沙泉子东混合花岗岩(493.5Ma，新疆第一区调大队，1987)以外，主要为出露在马鬃山一带的马鬃山糜棱杂岩，岩石类型有闪长岩、石英闪长岩和花岗闪长岩等。其中，石英闪长质糜棱岩的 Sm-Nd 全岩等时线年龄为 557.8±27Ma，属准铝质高钾钙碱性系列，马鬃山糜棱杂岩中的中酸性岩石为岛弧发展阶段产物，基性岩属碱性系列，与酸性岩构造环境可能不同。

奥陶纪侵入体主要分布在巴仑台地区，有阿克塔西片麻状二长花岗岩、拉尔墩达坂正长花岗岩、老巴仑台黑云母花岗岩(韩宝福等，2004)和巴音布鲁克北石英辉长岩、石英闪长岩岩体(徐学义等，2006)。冰达坂(胜利大坂)黑云母花岗岩岩体(Rb-Sr 等时线年龄为 464.8±71.4Ma，周汝洪，1987；锆石 U-Pb 年龄为 439～435Ma，王居里，1995；SHRIMP 锆石年龄为 441.6±3.8Ma，朱永峰等，2006)为奥陶纪—早志留世的大型复合岩基。在中天山的东段星星峡一带，有铅炉子二云母花岗岩和天湖东二长花岗岩，前者的 LA-ICP-MS 锆石年龄为 444.5±2.2Ma(毛启贵等，2010)，后者的 SHRIMP 锆石 U-Pb 年龄为 466.5±9.8Ma(胡霭琴等，2007)。此外，哈密以南的沙垄东黑云母花岗岩、石燕超单元和平顶山北花岗岩，也为奥陶纪侵入(王银喜，1991；顾连兴等，2003)，其中，沙垄东岩体的 Rb-Sr 等时线年龄为 470.0±3.0Ma。在巴仑台地区，奥陶纪花岗岩类属准铝质高钾钙碱系列岩石，被认为是典型的 A 型花岗岩(韩宝福等，2004)。拉尔墩达坂岩体属富钾钙碱性花岗岩类(KCG)，形成于构造体制转换地带。冰大坂岩体既有奥长系列花岗岩又有高钾钙碱系列岩石，属准铝质-过铝质，形成过程经历了从岛弧到碰撞乃至碰撞后伸展的整个演化过程。星星峡—马鬃山一带的铅炉子花岗岩属过铝质高钾钙碱性花岗岩，是中天山岛弧带和公婆泉岛弧带的碰撞时间的上限，被认为是中天山岛弧带与公婆泉岛弧带碰撞造山作用的产物(毛启贵等，2010)。

志留纪侵入岩在中天山中段主要岩体有托克逊南、老巴仑台和冰大坂等，既有巨型岩基，又有长条状和不规则形状的岩株。岩体的同位素测年范围为 439.5～424.5Ma(韩宝福等，2004；徐学义等，2006；杨天南等，2006)，岩石类型有白云母花岗岩、斜长花岗岩、片麻状闪长岩、花岗岩和花岗闪长岩以及黑云母花岗岩等，以准铝质-过铝质高钾钙碱系列岩石为主，为碰撞造山环境产物。中天山东段有小盐池北超单元和星星峡花岗闪长岩，小盐池北超单元的岩性组合为闪长岩、二长闪长岩和花岗闪长岩，两者的 SHRIMP 锆石测年结果分别为 426.5±7.6Ma① 和 424.9±5.8Ma(Lei et al.，2011)。星星峡花岗闪长岩属准铝质钙碱系列。在公婆泉-马鬃山有野马街南构造杂岩、勒巴泉构造杂岩、苦里阿巴滩南序列、红柳河北、苦泉沟南和黑条山岩体等，锆石 U-Pb 年龄为(441.4±1.6)～(410±15)Ma。野马街南构造杂岩和勒巴泉构造杂岩以闪长岩、石英闪长岩、花岗闪长岩、二长花岗岩和正长花岗岩为主，苦里阿巴滩南序列由辉长辉绿岩、闪长岩、石英闪长岩、花岗闪长岩、二长花岗岩和正长花岗岩等组成(甘肃省地质调查院，2001)，其他岩性还有闪长岩(李伍平等，2001)和斜长花岗岩，为准铝质-过铝质，除勒巴泉构造杂岩为富钾的高钾钙碱系列外，其余岩体属富钠的中—高钾钙碱系列，公婆泉—马鬃山一带志留纪花岗岩的形成环境，经历了从岛弧到碰撞造山阶段的演化。志留纪—早中泥盆世岩体分布在中天山南缘那拉提地区，如阿登布拉克、比开花岗岩、比开河花岗岩、克克苏河中游花岗岩和辉石闪长岩、森木塔斯(阿克牙孜河)闪长岩、新源林场东(养鹿场)黑云母二长花岗岩、穹库什台二长花岗岩、青布拉克闪长岩等，其锆石同位素年龄范围为 437～419Ma(徐学义等，2006；朱志新等，2006；龙灵利等，2007；张作衡等，2007；

① 《双庆铜矿南 1∶5 万区域地质调查报告》，新疆维吾尔自治区地质调查院等，2005.

Gao et al.,2009)和 412～382Ma(周泰禧等,2000;龙灵利等,2007;Gao et al.,2009)。这些岩体多呈条带状或者不规则形状产出,有一定程度的变形变质作用。岩性组合有(正长)花岗岩、角闪斜长花岗岩、石英闪长岩、花岗闪长岩和二长花岗岩等,以准铝质-过铝质高钾钙碱系列为主,具有同碰撞、造山晚期或晚造山期花岗岩特征。这些花岗岩的形成,也许与尼古拉耶夫线东延至中国境内夏特一带的帕尔斯克依洋在大约 460Ma(Gao et al.,2009)形成的碰撞造山作用有关。

早中泥盆世是该构造岩浆岩带中最主要的岩浆活动时期:①在中天山中段马鞍桥一带早中泥盆世侵入体较多,有马鞍桥西、马鞍桥北、马鞍桥北和马鞍桥南等,岩性组合主要为闪长岩、花岗闪长岩、斜长花岗岩、花岗岩和正长花岗岩,且出现了碱长花岗岩(徐学义等,2006),年龄集中在 407～393Ma(徐学义等,2006;杨天南等,2006),仅有巴仑台北一个岩体的 SHRIMP 锆石年龄为 369.6±2.6Ma(王守敬等,2010);②中天山东段,1∶5 万区域地质调查建立了乱石条序列和大盐池基性岩群(新疆维吾尔自治区地质调查院等,2005),前者的岩性组合为正长花岗岩、花岗岩-花岗斑岩、花岗闪长岩和二长花岗岩等,SHRIMP 锆石年龄为 408±20Ma。后者的岩性组合有辉长岩、辉长辉绿岩和超基性岩,SHRIMP 锆石年龄为 389.1±6.3Ma;③在公婆泉—马鬃山一带,1∶25 万区调建立了白头山超单元、红柳沟西超单元和公婆泉铜矿南序列。白头山超单元中花岗闪长岩的 Rb-Sr 全岩等时线年龄为 403±22Ma,红柳沟西超单元中似斑状二长花岗岩的锆石 U-Pb 同位素年龄为 375.1±4.7Ma。马鞍桥附近出露的岩体群以准铝质-过铝质高钾钙碱系为主,其形成环境主要为造山晚期和同碰撞花岗岩。中天山东段的乱石条序列、白头山超单元、红柳沟西超单元和公婆泉铜矿南序列以准铝质-过铝质高钾钙碱系列为主,含有少量中钾钙碱系列分子,以同碰撞花岗岩为主,少数为岛弧花岗岩。

中天山中东段晚泥盆世岩体有中天山中段的 3384 高地、纳科斯达坂和八一公社 3 个岩体,在中天山东段有小盐池西超单元和库姆塔格沙垄超单元,纳科斯达坂岩体是一个巨型复合岩基。晚泥盆世岩体的主要岩性组合为黑云母花岗岩、二长花岗岩、花岗岩、花岗闪长岩和石英闪长岩,且以高钾钙碱系列岩石为主。在晚泥盆世,中天山东段地区已经开始具有大陆裂谷特征的侵入岩浆活动。巴伦台地区晚泥盆世岩体集中在那拉提山主峰一带,岩石类型有花岗岩、花岗闪长岩、二长花岗岩和正长花岗岩等,锆石同位素年龄集中在 372～366Ma。

中天山东段石炭纪岩体分布广泛,主要岩体包括黑山梁序列、宽沙沟序列、吉源铜矿南岩体群、大盐池(东)岩体、图兹雷克岩体、白尖山超单元、黄羊泉岩体和明水岩超单元等。这些岩体多呈复合岩基产出,同位素年龄范围为 346～301Ma(李嵩龄等,1996;聂凤军等,2005;新疆维吾尔自治区地质调查院,2004,2005)。吉源铜矿南岩体群、宽沙沟序列和白尖山超单元均有基性岩产出,岩石类型有橄榄辉长岩、辉长岩、闪长岩、石英闪长岩、花岗闪长岩、二长花岗岩和正长花岗岩,为后造山伸展环境下岩浆作用产物,可能包括岛弧阶段形成的岩体。其他石炭纪岩体的主要岩性组合为花岗闪长岩、二长花岗岩、正长花岗岩和白岗岩,属准铝质富钾高钾钙碱系列,形成于以碰撞后板块伸展环境为主的构造环境。

巴伦台地区早石炭世花岗岩集中分布在那拉提地区,包括十余个岩体,同位素年龄也相对集中,为 358～336Ma。岩石类型有二长花岗岩、正长花岗岩、花岗岩和石英闪长岩,少量闪长岩和石英辉长岩。博罗科努西段果子沟角闪花岗岩锆石年龄为 351.9±1.6Ma(徐学义等,2006);昭苏地区阿登套正长花岗岩和昭苏北二长花岗岩,锆石年龄分别为 354.2±2.3Ma(李继磊等,2010)和 348.4±0.8Ma(徐学义等,2006);阿吾拉勒西段玉希勒根大坂石英闪长岩锆石年龄为 331±6Ma(李永军等,2007)。晚石炭世花岗岩分布分散,同位素年龄为 318～299Ma。博罗科努岩基 SHRIMP 锆石 U-Pb 年龄为(308.2±5.4)～(266±6)Ma(朱志新等,2006;王博等,2007),岩体东段乌苏南山黑云母花岗岩的全岩 Rb-Sr 等时线年龄为 292±15Ma(周汝洪等,1987)。早石炭世岩体为富钠准铝质高钾钙碱系列,具有岛弧花岗岩的特征,关于其形成环境却有岛弧(李卫东等,2008;杨高学等,2008;王新昆等,2009;朱志新等,2011)、石炭纪—二叠纪裂谷(夏祖春等,2005)、碰撞后(徐学义等,2006)和活动陆缘弧后拉张(李继磊等,2010)等不同认识。晚石炭世岩体以正长花岗岩、花岗岩、二长花岗岩和石英闪长岩为主,且出现了富碱花岗岩。例如,阿拉套山的查干浑迪-喀孜别克岩体,岩性组合为碱长花岗岩、二云母碱长花岗岩和正长花岗岩。晚石炭世侵入岩以过铝质为主，有较多准铝质的高钾钙碱系列-Shoshonite 系列岩性组合。阿登套、博罗科努和查干浑迪等岩体的碱性花岗岩、部分正长花岗岩和二长花岗岩，具有 A 型花岗岩的特征，表明其形成构造环境为石炭纪—二叠纪裂谷（夏祖春等，2005；徐学义等，2006）或者造山后花岗岩（周泰禧等，1995）。

二叠纪岩体主要分布在伊犁地块以北的阿拉套山一带，包括哈拉吐鲁克山、查干浑迪-喀孜别克、祖鲁洪岩体、乌拉斯坦（复合岩基）、察哈乌苏和卡桑布拉等岩体，其他地区有特克斯达坂岩体中的其那尔萨依序列和那拉提镇东北的阔尔库序列、博罗科努南岩株达巴特岩体等，其锆石同位素年龄范围为（299.1±6）～（281±9）Ma（刘志强等，2005；陈必河等，2007；李永军等，2007；王博等，2007；唐功建等，2008；杨高学等，2008），均属早二叠世。阿拉套山一带二叠纪花岗岩为准铝质富钾的高钾钙碱系列岩性组合，具有 A 型花岗岩和未分异花岗岩特点。哈拉吐鲁克山岩体形成于碰撞后构造伸展环境，具有 A 型花岗岩特征的高钾钙碱系列岩石特征。其他地区二叠纪花岗岩类既有碱性系列岩石，也有高钾钙碱系列的岩性组合，为准铝质-过铝质花岗岩，构造环境判别表明既有Ⅰ型也有 A 型花岗岩，形成于板块碰撞后的大陆裂谷环境。

5）构造样式

在构造样式上主体为一个北侧向北冲断、南侧向南冲断的断隆带。

6）矿产及成矿作用

该单元是一个铁铜多金属、钨钼成矿带。

（七）伊塞克造山带（Pz_1）（Ⅳ-7）

伊塞克造山带（Ⅳ-7）北以纳曼-贾拉伊尔断裂为界与纳曼-贾拉伊尔造山亚带相隔（Ⅳ-6-2），南西以塔拉兹-费尔干纳断裂为界与吉尔吉斯造山带（Ⅳ-8）相隔，南以长吾子-那拉提断裂为界与南天山造山带（Ⅳ-7）相隔，西以第四系为界与西西伯利亚盆（Ⅱ-1）地相邻。

伊塞克造山带可进一步划分为 5 个亚带：阿尔卡雷克造山亚带（Ⅳ-7-1）、塔拉兹-伊塞克湖造山亚带（Ⅳ-7-2）、卡姆卡雷造山亚带（Ⅳ-7-3）、伊塞克盆地（Ⅳ-7-4）和纳林盆地（Ⅳ-7-5）。

1.构造层

出露的岩石地层单元表明该单元可以划分成哥伦比亚（中条）构造层（Z）、格林威尔构造层（G）、扬子构造层（A）、萨拉伊尔构造层（S）、加里东构造层（C）和海西构造层（V），晚海西期该单元进入陆内盆山构造演化阶段，可以划分成海西期盆地（B_v）。

1）哥伦比亚（中条）构造层（Z）

哥伦比亚构造层由古元古代—中元古代卡拉戈曼组沉积建造构成。卡拉戈曼组主要岩性组合为片麻岩、片岩和大理岩。

2）格林威尔构造层（G）

格林威尔构造层由中元古代火山-沉积建造构成，早期为稳定的碳酸盐岩和碎屑岩沉积建造，晚期出现火山岩建造。中元古代有萨雷布拉克岩群、别克图尔甘群和迈秋宾组。萨雷布拉克岩群为一套大理岩和砂岩沉积建造，别克图尔甘群为一套变质细碎屑岩沉积建造，迈秋宾组为一套安山岩和凝灰岩组成的火山建造。

3）扬子构造层（A）

扬子构造层由新元古代早期火山-沉积建造构成，由波斯通布拉克群、科克别利组和塔尔德苏组构成。除塔尔德苏组外，主体为一套稳定的碎屑岩和碳酸盐岩沉积建造。塔尔德苏组主体为一套以酸性火山熔岩为主的火山建造。

4)萨拉伊尔构造层(S)

萨拉伊尔构造层由新元古代火山-沉积建造构成,新元古代中晚期为稳定的碎屑岩沉积建造。新元古代中晚期由科努尔塔宾组、科克切塔夫组和博兹达克群构成,主体为一套稳定的碎屑岩和碳酸盐岩沉积建造,科努尔塔宾组含冰碛岩。

5)加里东构造层(C)

该单元出露的加里东构造层可以划分出早、中两个亚构造层,缺失晚期亚构造层。

(1)早加里东构造层(C_e)。早加里东构造层由中寒武世—中奥陶世火山-沉积建造构成。中寒武世—晚寒武世为一套火山-沉积建造。其中,伊塞克地区的图尔根阿克苏组主体为一套凝灰岩,其上覆的塔什塔姆别克托尔组为一套有深水相沉积的硅质泥岩夹粉砂岩、砂岩的沉积建造;伊塞克东的扎克瑟卡因组为玄武岩和凝灰岩,卡雷姆拜组为玄武岩和火山角砾岩,其上覆的末寒武世—中奥陶世主体为一套具浅海相沉积背景的粗碎屑岩沉积建造,岩性有砾岩、砂岩、石英砂岩、粉砂岩和泥质粉砂岩等。

(2)中加里东构造层(C_m)。晚奥陶世沉积为一套稳定的粗碎屑岩沉积建造,岩性有砾岩、砂岩、粉砂岩和泥质粉砂岩等,构成这一地域的中加里东亚构造层。

伊塞克地区普遍缺失志留系,故无晚加里东亚构造层。

6)海西构造层(V)

该单元的海西构造层可以划分出早、中、晚 3 个次级构造层。

(1)早海西构造层(V_e)。该亚构造层由泥盆纪沉积建造构成,为一套粗碎屑岩沉积建造,岩性以砾岩、含砾砂岩和砂岩为主,为海陆交互相沉积背景。

(2)中海西构造层(V_m)。中海西构造层由伊塞克东下石炭统火山-沉积建造构成。下石炭统有克特缅组和昆格组。克特缅组为一套砂岩和凝灰岩沉积建造,与下伏地层呈不整合接触;昆格组为一套火山岩建造,主要岩性为玄武岩、安山岩、英安岩和凝灰岩等。克特缅组和昆格组均形成于海陆交互相沉积背景。

(3)晚海西构造层(V_l)。晚海西构造层由上石炭统—中二叠统火山-沉积建造构成。上石炭统主体为粗碎屑岩沉积建造,岩性以砾岩、含砾砂岩和砂岩为主,形成于海陆交互相沉积背景;下二叠统为火山-沉积建造,主要岩性为玄武岩和安山岩,底部出露砾岩;下二叠统主体为粗碎屑岩沉积建造,岩性以砾岩、含砾砂岩和砂岩为主。晚石炭世—中二叠世地层均形成于海陆交互相沉积背景。

2. 盆地

从晚二叠世开始,该单元进入陆内盆山构造演化阶段,可以识别出海西期盆地(B_v)。

伊塞克地区晚二叠世肯吉尔组为以粉砂岩为主的沉积建造,角度不整合在中二叠世地层之上。

3. 蛇绿岩及蛇绿混杂岩带

该单元出露的蛇绿(混杂)岩仅有伊什姆-纳伦蛇绿岩带。伊什姆-纳伦蛇绿岩带北段属于哈萨克斯坦,南段属于天山,为厚 2km 的构造推覆体,构造岩片推覆到里菲代的片岩之上,与玄武岩伴生的硅质岩中含时代为寒武纪的放射虫、牙形石和藻类。伊什姆-纳伦蛇绿岩时代是晚里菲代。

4. 侵入岩

伊塞克地区侵入岩主要出露在阿尔卡雷地区,以泥盆纪侵入岩最发育,少量元古宙和早古生代侵入岩。

新元古代发育超基性—基性岩岩性组合,包括纯橄岩、方辉橄榄岩、辉石岩、辉长岩和苏长岩,该区域还发育震旦纪的二长岩-闪长岩组合。在伊塞克湖地区,中元古代(蓟县纪)发育花岗闪长岩和片麻状花岗岩,新元古代青白口纪发育闪长岩-石英闪长岩组合。

在科克舍套地区,早—中泥盆世发育正长花岗岩和白岗岩等。在卡拉套-伊塞克陆块,早石炭世发育闪长岩-正长岩-花岗闪长岩组合，早—中二叠世发育花岗闪长岩-二长花岗岩组合，晚二叠世发育正长岩-闪长岩组合。在科克舍套被动陆缘还发育早三叠世正长花岗岩-正长岩组合。

5. 构造样式

以断褶构造为主。

(八)吉尔吉斯造山带(Pz_1)(Ⅳ-8)

吉尔吉斯造山带(Ⅳ-8)北东以塔拉兹-费尔干纳断裂为界与伊塞克造山带(Ⅳ-7)相隔，南西以第四系边界与克孜勒库姆地块(Ⅳ-9)相邻。

1. 构造层

出露的岩石地层单元表明该单元可以划分成哥伦比亚(中条)构造层(Z)、格林威尔构造层(G)、萨拉伊尔构造层(S)、加里东构造层(C)和海西构造层(V)，晚海西期该单元进入陆内盆山构造演化阶段，可以划分成海西期盆地(B_v)。

1)哥伦比亚(中条)构造层(Z)

哥伦比亚构造层由古元古代捷列克组火山-沉积建造构成。捷列克组主要岩性组合为玄武岩和凝灰岩。

2)格林威尔构造层(G)

格林威尔构造层由中元古代绍万组沉积建造构成，为稳定的碳酸盐岩台地沉积建造。

3)萨拉伊尔构造层(S)

萨拉伊尔构造层由新元古代火山-沉积建造构成，新元古界早期以火山-沉积建造为主，中晚期为稳定的碎屑岩和碳酸盐岩沉积建造。新元古界由凯纳尔组、拜科努尔组和乌尊布拉克组构成。凯纳尔组为一套火山岩建造，底部见砾岩，火山岩以基性和酸性熔岩为主，具有双峰式火山岩特征，缺少精确年代学依据，推测相当于我国的南华纪。拜科努尔组为一套稳定的碎屑岩和碳酸盐岩沉积建造，其上部的乌尊布拉克组为一套冰水沉积岩系。

4)加里东构造层(C)

该单元出露的加里东构造层早、晚期都有所出露。

(1)早加里东构造层(C_e)。早加里东构造层由寒武纪—中奥陶世和中晚奥陶世沉积建造构成。寒武纪—中奥陶世桑达拉什组为一套稳定的碳酸盐岩和硅质岩沉积建造，底部含磷层，为深海相沉积背景；中晚奥陶世科什塔为一套稳定的碎屑岩沉积建造，岩性为砂岩、页岩和硅质岩。

(2)晚加里东构造层(C_l)。晚加里东构造层由晚奥陶世—志留纪沉积建造构成，均为海相沉积背景。晚奥陶世—志留纪地层为一套粗碎屑岩沉积建造，岩性为砾岩、含砾砂岩和砂岩。

5)海西构造层(V)

该单元的海西构造层可以划分出早、中、晚3个次级构造层。

(1)早海西构造层(V_e)。早—中泥盆世库加林组为一套火山-沉积建造，底部以砾岩和砂岩为主，上部以基性和酸性火山熔岩及凝灰岩为主，与下伏顶志留统呈不整合接触。

(2)中海西构造层(V_m)。中海西构造层由晚泥盆世—早石炭世地层火山-沉积建造构成。晚泥盆世科尔佩什组为海相碳酸岩和页岩沉积建造；早—中石炭世明布卡克组为一套火山-沉积建造，底部以砾岩和砂岩为主，上部以中酸性火山岩为主，产出于海陆交互相沉积背景。

(3)晚海西构造层(V_l)。晚海西构造层由晚石炭世—中二叠世火山-沉积建造构成。晚石炭世纳达克组为一套火山-沉积建造，岩性组合为英安岩、流纹岩夹砾岩；晚石炭世—早二叠世马迈组为一套碎屑岩沉积建造，主要岩性为砾岩；早二叠世奥亚赛组为一套火山-沉积建造，岩性为安山岩、英安岩和砾岩；

早—中二叠世巴达姆组为一套火山-沉积建造，岩性为粗面岩、角砾岩和凝灰岩等。晚石炭世—中二叠世火山-沉积建造产出于海陆交互相沉积背景。

2. 盆地

从晚二叠世开始，该单元进入陆内盆山构造演化阶段，可以识别出海西期盆地(B_v)。

晚二叠世克孜勒努林组为以流纹岩和凝灰岩为主的火山-沉积建造，角度不整合在中二叠世巴达姆组之上。

3. 蛇绿岩及蛇绿混杂岩带

该单元出露的蛇绿(混杂)岩仅有卡拉套蛇绿岩带。卡拉套蛇绿岩带位于吉尔吉斯山西支，蛇绿岩时代是晚里菲代。

4. 侵入岩

侵入岩以石炭纪—二叠纪侵入岩最发育，少量古元古代、新元古代和早古生代侵入岩。

古元古代侵入岩以中酸性侵入岩为主，岩性组合为花岗闪长岩和二长花岗岩。新元古代、中志留世和中泥盆世仅出露少量酸性花岗岩。

石炭纪—二叠纪侵入岩较发育，以中酸性侵入岩为主，岩性组合为花岗闪长岩、二长花岗岩和花岗岩，二叠纪出现碱性花岗岩。

5. 构造样式

该单元在断褶构造的基础上，叠加了北西向走滑断裂，在宏观上呈现北西向的条块构造。

(九)克孜勒库姆地块(Ⅳ-9)

克孜勒库姆地块(Ⅳ-9)北与吉尔吉斯造山带(Ⅳ-8)相邻，南与乌拉尔-阿赖-南天山-红柳河-洗肠井造山带(Ⅳ-10)相邻。

1. 构造层

出露的岩石地层单元表明该单元可以划分成哥伦比亚(中条)构造层(Z)和格林威尔构造层(G)及其盖层沉积，晚海西期该单元进入陆内盆山构造演化阶段，可以划分出燕山期盆地(B_y)。

1)哥伦比亚(中条)构造层(Z)

哥伦比亚构造层由古元古代捷列克组火山-沉积建造构成。捷列克组主要岩性组合为玄武岩和凝灰岩。

2)格林威尔构造层(G)

格林威尔构造层由中元古代绍万组沉积建造构成，为稳定的碳酸盐岩和页岩沉积建造。

格林威尔沉积盖层(G_c)主要发育扬子沉积盖层，可进一步划分为6个时期沉积盖层：新元古代晚期(G_c^1)、寒武纪(G_c^2)、早—中奥陶世(G_c^3)、晚奥陶世—志留纪(G_c^4)、泥盆纪—早石炭世(G_c^5)和早石炭世—晚石炭世(G_c^6)。

新元古代晚期(G_c^1)由别萨藩组火山-沉积建造构成，下部为安山岩，上部为深海相的硅质岩和灰岩，硅质岩底部见含磷层。

寒武纪—中奥陶世盖层研究程度较低，未进行详细划分，整体为一套稳定的碳酸盐岩台地相沉积建造。

晚奥陶世—志留纪盖层(G_c^4)为一套碎屑岩沉积建造，由中晚奥陶世片岩和早中志留世砂岩组成，缺失晚志留世—顶志留世沉积。

泥盆纪—早石炭世盖层(G_c^5)为一套稳定的碳酸盐岩台地相沉积建造。

早石炭世—晚石炭世盖层(G_c^6)由碎屑岩建造构成，岩性组合由砾岩、砂岩、粉砂岩和硅质岩等。

2. 盆地

从二叠纪开始，该单元进入陆内盆山构造演化阶段，缺失二叠纪—侏罗纪沉积建造，仅可识别出燕山期盆地(B_y)。白垩纪—新近纪早期地层为一套碎屑岩和碳酸盐岩沉积建造，岩性组合有砂岩、泥岩、粉砂岩、杂砂岩和灰岩等，为浅海相沉积环境，该期为广泛发育的海泛沉积建造。

3. 侵入岩

仅出露少量晚石炭世中酸性侵入岩。

(十)乌拉尔-阿赖-南天山-红柳河-洗肠井造山带(Pz_1)(Ⅳ-10)

乌拉尔-阿赖-南天山-红柳河-洗肠井造山带(Ⅳ-10)在乌拉尔地区东与东欧地台(Ⅰ)相邻，西与西西伯利亚盆(Ⅱ-1)地相邻；在阿赖地区，北与克孜勒库姆地块相邻(Ⅳ-9)，南与卡拉库姆准地台(Ⅴ)相邻；在南天山地区，北以长吾子-那拉提-卡瓦布拉克断裂为界与巴尔喀什-伊利-中天山造山带(Ⅳ-6)相邻，南以阿合奇-库尔勒-辛格尔断裂为界与塔里木准地台(Ⅵ)相隔。按不同构造单元构造层划分方案，以下分为乌拉尔—阿赖和南天山 2 个地区分别叙述。

1. 乌拉尔—阿赖地区

1)构造层

出露的岩石地层单元表明该单元可以划分成太古宙构造层(Ar)、哥伦比亚(中条)构造层(Z)、格林威尔构造层(G)、萨拉伊尔构造层(S)、加里东构造层(C)和海西构造层(V)，晚海西期该单元进入陆内盆山构造演化阶段，可以划分成海西期盆地(B_v)。

(1)太古宙构造层(Ar)。太古宙构造层由太古宙加尔姆变质岩系构成。加尔姆岩系主要为一套中—深变质片麻岩系。

(2)哥伦比亚(中条)构造层(Z)。哥伦比亚构造层由古元古代捷列克组火山-沉积建造构成，主要岩性组合为玄武岩和凝灰岩。

(3)格林威尔构造层(G)。格林威尔构造层由中—新元古代塔斯卡兹甘组沉积建造构成，为稳定的碳酸盐岩台地沉积建造。

(4)萨拉伊尔构造层(S)。萨拉伊尔构造层由新元古代变质岩系构成，新元古代卡恩群岩性组合为含十字石红柱石片岩、红柱石片岩和十字石片岩等。

(5)加里东构造层(C)。该单元出露的加里东构造层早、晚期都有所出露。

早加里东构造层(C_e)。早加里东构造层由寒武纪—中奥陶世沉积建造构成。早—晚寒武世鲁赫希夫组($\in_{1\text{-}3}lh$)为一套稳定的碳酸盐岩沉积建造，局部夹少量碎屑岩；晚寒武世—奥陶纪日瓦齐赛组为一套稳定的碳酸盐岩、砂岩、页岩和硅质岩沉积建造，为深海相沉积背景。

晚加里东构造层(C_l)。晚加里东构造层由晚奥陶世—中泥盆世沉积建造构成，均为海相沉积背景。晚奥陶世—早志留世申格组为一套碳酸盐岩沉积建造，岩性为灰岩和泥质灰岩；早—中志留世拜昆古尔组为一套碎屑岩建造，岩性组合为粉砂岩和硅质页岩夹砂岩；晚—顶志留世胡希卡特组为一套碎屑岩建造，岩性组合为石英砂岩和粉砂岩；晚志留世—中泥盆世布林组为一套稳定的碳酸盐岩台地沉积；中晚泥盆世波伊马扎尔组主要为一套深水沉积的硅质页岩沉积建造。

(6)海西构造层(V)。该单元的海西构造层可以划分出中、晚两个次级构造层。

中海西构造层(V_m)。中海西构造层由晚泥盆世—早石炭世沉积建造构成。晚泥盆世—早石炭世卡拉达万组为海相碳酸盐岩台地相沉积建造;早石炭世奥伊塔利组为一套碎屑岩沉积建造。

晚海西构造层(V_l)。晚海西构造层由晚石炭世—早二叠世碎屑岩沉积建造构成。晚石炭世穆杨科利组为一套碎屑岩沉积建造,下部以粉砂岩为主,上部为页岩岩系,与下伏奥伊塔利组呈平行不整合接触;晚石炭—早二叠世图尔盖秋宾组为一套碎屑岩沉积建造,为以粉砂岩为主的浅海相沉积建造。

2)盆地

从早二叠世开始,该单元进入陆内盆山构造演化阶段,可以识别出海西期盆地(B_v)。二叠纪为一套陆相粗碎屑岩沉积建造,岩性组合为砾岩和砂岩,与下伏地层呈角度不整合接触。晚三叠世—新近纪早期为一套碎屑岩和碳酸盐岩沉积建造,岩性组合有砂岩、泥岩、粉砂岩、杂砂岩和灰岩等,为浅海相沉积环境,该期为广泛发育的海泛沉积建造。

3)蛇绿岩及蛇绿混杂岩带

该单元出露的蛇绿(混杂)岩有萨克马尔蛇绿岩、穆戈贾尔蛇绿岩和泽列诺卡缅蛇绿岩。萨克马尔蛇绿岩带岩性组合为超镁铁岩、镁铁岩、辉绿岩、枕状玄武岩、黑色燧石岩和片岩组成,时代为早奥陶世—中志留世。穆戈贾尔和泽列诺卡缅蛇绿岩带主要为辉绿岩脉和粗玄岩脉、玄武岩-硅质成分火山岩,超镁铁岩不发育,推测时代为奥陶纪—志留纪。

4)侵入岩

该单元出露太古宙—二叠纪侵入岩,以晚古生代侵入岩最为发育。该地区侵入岩研究程度较低,岩性划分较粗略,且缺乏精确的同位素年龄信息。侵入岩主体以花岗岩为主,新元古代—石炭纪出露有超镁铁岩、辉长岩、闪长岩和花岗闪长岩,其中,以泥盆纪和石炭纪中基性侵入岩最发育。

5)构造样式

该单元是一个复式的逆冲叠瓦构造。

2. 南天山地区

1)构造层

出露的岩石地层单元表明该单元可以划分成哥伦比亚(中条)构造层(Z)、格林威尔构造层(G)、萨拉伊尔构造层(S)、加里东构造层(C)和海西构造层(V),晚海西期该单元进入陆内盆山构造演化阶段,可以划分成海西期盆地(B_v)。

(1)哥伦比亚(中条)构造层(Z)。哥伦比亚构造层由古元古代兴地塔格岩群变质岩系构成。兴地塔格岩群分布在和静—库米什地区及哈尔克山地区,岩性组合为片麻岩、变粒岩和石墨片岩,且经强混合岩化。

(2)格林威尔构造层(G)。格林威尔构造层由中元古代星星峡岩群($Pt_2X.$)、阿克苏岩群($Pt_2A.$)和卡瓦布拉克群(Pt_2K)变质岩系构成。星星峡岩群为一套深灰—灰色片麻岩、片岩夹少量大理岩,局部为混合岩;阿克苏岩群主要岩性组合为黑云石英片岩、二云石英片岩、绿帘石黑云母片岩、长英质变粒岩、石榴石二云片岩、石英岩和矽线石二云石英片岩等;卡瓦布拉克群为一套稳定的碳酸盐岩和碎屑岩沉积建造,主要岩性为浅变质碳酸盐岩和含硅质碳酸盐岩,夹少量变质碎屑岩。

(3)加里东构造层(C)。该单元出露的加里东构造层早、晚期都有所出露。

早加里东构造层(C_e)。早加里东构造层由寒武纪—中奥陶世沉积建造构成。寒武纪地层主要分布在天山南脉地区与和静—库米什地区,奥陶纪地层主要分布在和静—库米什地区。寒武系主要由肖尔布拉克组($\in_{1-2}x$)、阿瓦塔格组($\in_2a$)、黄山组($\in_{1-3}h$)和南灰山组($\in_3O_2n$)沉积建造构成,主要为一套稳定的碳酸盐岩沉积建造,局部夹少量碎屑岩。

晚加里东构造层(C_l)。晚加里东构造层由晚奥陶世—中泥盆世火山-沉积建造构成,均为海相沉积背景。上奥陶统由白云山组(O_3by)、硫磺山群(O_3L)和依南里克组(O_3y)火山-沉积建造构成,主要岩性组合为紫红及深灰色粉砂岩夹竹叶状灰岩与少量安山岩、英安岩及碧玉岩，含大量珊瑚、三叶虫及腕足类化石，属滨-浅海沉积建造。

志留纪地层分布较广，主要由成熟度低陆源碎屑岩-凝灰质碎屑岩-碳酸盐岩组成，夹不稳定火山岩，形成于陆棚浅海-斜坡环境。下—中志留统由柯尔克孜塔木组($S_{1-2}k$)沉积建造构成，主要岩性以绢云绿泥石片岩和大理岩为主，并有生物碎屑细晶大理岩。中—上志留统由伊契克巴什组($S_{2-3}y$)和科克铁克达坂组($S_{2-3}k$)火山-沉积建造构成，主要分布在哈尔克山地区。西部的伊契克巴什组为一套灰白色厚层状大理岩、片岩、含生物碎屑岩、灰岩，向东逐渐过渡为科克铁克达坂组厚层状大理岩夹中基性火山熔岩的火山-沉积建造。

上志留统—下泥盆统由和静—库米什地区的阿尔皮什麦布拉克组(S_3D_1a)火山-沉积建造构成，由碎屑岩、硅质岩、碳酸盐岩和火山岩等组成，横向变化大，主体形成于陆棚浅海-斜坡环境，在陆岛及周缘为滨海，局部出现潟湖相膏盐沉积。

泥盆纪地层由阿帕达尔康组(D_1ap)、托格买提组(D_2t)、萨阿尔明组(D_2s)、阿拉塔格组(D_2a)和哈孜尔布拉克组(D_3h)火山-沉积建造构成。下—上泥盆统由泥质碎屑岩、碳酸盐岩夹火山岩组成，西段形成于滨浅海-台地环境，火山岩不发育。早泥盆世阿帕达尔康组以细碎屑岩为主，夹碳酸盐岩及少许霏细岩；托格买提组以灰岩、硅质泥质岩和千枚岩为主，含丰富的腕足类、珊瑚等化石。中—东段形成于浅海-中深海环境，火山岩较为发育，萨阿尔明组以碳酸盐岩为主夹碎屑岩及酸性火山岩，含丰富的腕足类、珊瑚等化石，见夹硬锰矿层；阿拉塔格组由碎屑岩夹碳酸盐岩和基性—酸性火山岩等组成，含铁锰矿层，产珊瑚和腕足类化石。泥盆系总体为海退沉积序列；哈孜尔布拉克组由碎屑岩、碳酸盐岩类复理石建造组成，夹少量凝灰岩和中基性熔岩、硅质岩等，含腕足类和珊瑚化石。

(4)海西构造层(V)。该单元的海西构造层可以划分出中、晚两个次级构造层。

中海西构造层(V_m)。中海西构造层由晚泥盆世—早石炭世火山-沉积建造构成。

上泥盆统由津丹苏组、哈孜尔布拉克组和破城子组火山-沉积建造构成。其中，津丹苏组为一套碳酸盐岩建造，化石丰富，以含小个体腕足类为主，形成于滨浅海-台地环境；破城子组为酸性火山岩-碎屑岩建造，含腕足类、苔藓虫等化石，形成于浅海环境。

下石炭统由甘草湖组、野云沟组和巴什素贡组沉积建造构成，为稳定类型滨-浅海碎屑岩-碳酸盐岩组合。早石炭世甘草湖组为一套陆台型碎屑岩沉积建造，含珊瑚、菊石及腕足类、腹足类化石；野云沟组为碳酸盐岩夹少量碎屑岩，含丰富的生物化石；巴什素贡组为碎屑岩和碳酸盐岩沉积建造。

晚海西构造层(V_l)。晚海西构造层由晚石炭世—早二叠世碎屑岩夹碳酸盐岩沉积建造构成，组成与下石炭统相近似。东阿赖地区琼铁热克苏组为碎屑岩沉积建造；康克林组为含丰富生物化石的碳酸盐岩建造；哈尔克山地区阿衣里河组由台地碳酸盐岩夹碎屑岩沉积建造，含丰富的蜓科化石及不稳定的铝土矿夹层；喀拉治尔加组为次深水盆地相细碎屑岩沉积建造。

2)盆地

从中二叠世开始，该单元进入陆内盆山构造演化阶段，可以识别出海西期盆地(B_v)。中-晚二叠世地层不整合于早二叠世地层之上。小提坎立克组为海陆相中酸性火山岩、凝灰岩和凝灰质碎屑岩；库尔干组和比尤勒包谷孜组为杂色陆相碎屑岩夹碳质页岩序列，主要分布于哈尔克山地区黑英山一带。

3)蛇绿岩及蛇绿混杂岩带

该单元出露的蛇绿(混杂)岩有长阿吾子蛇绿岩、米斯布拉克蛇绿岩、古洛沟-乌瓦门蛇绿岩、库米什蛇绿岩和东阿赖地区的吉根蛇绿岩，时代为志留纪—泥盆纪。

长阿吾子蛇绿岩中辉长岩辉石$^{40}Ar/^{39}Ar$坪年龄为439Ma(郝杰等，1993)，高压变质岩研究表明，南天山洋盆至少在中晚志留世时就已经开始俯冲-消减并遭受高压变质作用(原岩为N-MORB、E-MORB、OIB等)(高俊等，1994；汤耀庆等，1995；高俊等，2000)。米斯布拉克蛇绿岩形成时代为392Ma(王博，2006)；古洛沟蛇绿岩辉长岩锆石U-Pb年龄为334～329Ma(高俊，2009)；库米什蛇绿岩(榆树沟-铜花山蛇绿岩)中，斜长花岗岩和斜长岩的锆石U-Pb年龄分别为435.1±2.8Ma和439.3±

1.8Ma(杨经绥等,2011);库勒湖蛇绿岩和色日克牙依拉克蛇绿岩中辉长岩的 LA-ICP-MS 锆石 U-Pb 年龄依次为 425Ma 和 439Ma(高俊等,2009),可见均为早古生代;东阿赖地区的吉根蛇绿岩中基性熔岩的 Sm-Nd 等时线年龄为 392±15Ma。

南天山蛇绿(混杂)岩带向东延伸,可能与红柳河-牛圈子-洗肠井蛇绿岩带相接(冯益民等,2020)。红柳河-牛圈子-洗肠井蛇绿岩带为早古生代,其中,红柳河辉长岩 TIMS 法锆石 U-Pb 年龄为 425.5±2.3Ma(于福生等,2006),辉长岩和辉长质糜棱岩中角闪石的 $^{40}Ar/^{39}Ar$ 坪年龄分别为 496±33Ma 和 462.5±2.3Ma(郭召杰等(2006);牛圈子蛇绿岩中火山岩的 Rb-Sr 同位素年龄为 463±18Ma(任秉琛等,2001),辉长岩的 LA-ICP-MS 锆石 U-Pb 年龄为 446.5±4Ma(武鹏等,2012),与洗肠井蛇绿熔岩夹层中放射虫时代一致,为中-晚奥陶世。

4)侵入岩

该单元侵入岩可划分为 3 个期次:前寒武纪、志留纪和晚古生代。

前寒武纪仅有青白口纪的老虎台岩体和霍拉山岩体,岩性组合为闪长岩、花岗闪长岩、二长花岗岩和正长花岗岩。

志留纪岩株出露在库尔干以南,较大的红石滩序列出露在东段。库尔干南岩体群和红石滩序列,主要岩性组合为闪长岩、石英闪长岩、花岗闪长岩、英云闪长岩和正长花岗岩,南天山东段还出露有碱性花岗岩,绝大多数属钙碱系列,以准铝质-过铝质的高钾钙碱系列为主,这些花岗岩的形成经历了从岛弧到碰撞造山阶段。

晚古生代岩体,包括岩基和岩株,广泛出露在东经 84°以东的额尔宾山-克孜勒塔格-觉罗塔格以南地区,而西南天山-哈尔克山仅有少量岩株产出,且以二叠纪为主。

早泥盆世岩体有库米什东北岩体和库米什东南岩体,前者的岩性组合为花岗岩、斜长花岗岩和石英闪长岩,SHRIMP 锆石测年结果为 396±4Ma(杨天南等,2006);后者为产于蛇绿岩带中的幔源型花岗岩(郭继春等,1992)。库米什东北岩体以过铝质高钾钙碱系列为主,含有中钾和低钾钙碱系列分子,其形成经历了从岛弧到碰撞造山的构造环境。此外,在库米什东北岩体内部含大量小型基性团块,以碱性系列的辉长质为特征,形成于活动陆缘环境(杨天南等,2006)。库米什东南岩体为准铝质低-中钾钙碱系列,为消减带和幔源花岗岩(郭继春等,1992)。

晚泥盆世代表性岩体有南天山东段的额尔宾山、南希达坂和克尔古堤乌什塔拉等岩体,岩性组合为闪长岩、石英闪长岩、斜长花岗岩、花岗闪长岩、花岗岩和黑云母花岗岩等,形成于碰撞构造环境。

石炭纪花岗岩集中分布在额尔宾山—克孜勒塔格一带,除了盲起苏岩体的同位素年龄为(304.2±11.6)~296.9±5.4Ma(朱志新等,2008)、群条山超单元中二长花岗岩锆石 U-Pb 同位素年龄 292.9±2.6Ma[①] 外,其余岩体时代大多依据地质特征确定为晚石炭世。主要岩体有伊尔托布什布拉克岩体、群条山超单元、克孜勒塔格岩体、克约普留克井岩体以及哈孜尔南-詹加尔布拉克岩体等,岩性组合为正长花岗岩、二长花岗岩和花岗闪长岩等,群条山超单元中还有碱长花岗岩、花岗岩、石英闪长岩和闪长岩,以高钾钙碱系列为主,既有准铝质也有过铝质,花岗岩形成于塔里木板块与哈萨克斯坦板块碰撞后的伸展环境。

二叠纪岩体岩性组合不仅有正长花岗岩、二长花岗岩、闪长岩、碱性花岗岩、钠闪石霓石碱性花岗岩、石英正长岩、正长岩和二长岩等,而且还有中基性岩,如辉长岩、闪长岩、辉长闪长岩及黑云石英闪长岩等,既有高钾钙碱系列,也有碱性系列(姜常义等,1999;黄河等,2010)。

南天山洋应该在晚泥盆世闭合,早石炭世甘草湖组不整合在弧盆系岩性组合之上,表明碰撞已经结束,这一时期形成的花岗岩主体应属于后碰撞花岗岩。晚石炭世开始形成的花岗岩,多数为陆-陆碰撞后大陆伸展环境(或者称大陆裂谷)下岩浆活动的产物,而在石炭纪末期和早二叠世,这种伸展环境下的

① 《长白山南幅 1∶5 万区域地质调查报告》,新疆维吾尔自治区地质调查院,2003.

岩浆作用达到了高潮，构成了天山地区最主要的岩浆活动时期，而且是最具有特色的时期之一。至晚二叠世，大陆裂谷作用结束并转入到陆内盆山构造演化阶段（夏林圻等，2002，2004；徐学义等，2006）。

5）构造样式

南天山亚带在构造样式上为一个巨大的、内部结构较为复杂的、向南逆冲的前陆逆冲褶皱带，在内部及后缘具反向逆冲。

6）矿产及成矿作用

该单元是一个潜在的金成矿带，其次有铬镍钴铂成矿、沉积型铁矿和锰矿以及煤炭资源等。

五、卡拉库姆准地台（Ⅴ）

卡拉库姆准地台北邻阿赖造山带，南邻西巴达赫尚造山亚带，东接塔里木准地台。

1. 构造层

出露的岩石地层单元表明该单元可以划分成太古宙构造层（Ar）、哥伦比亚（中条）构造层（Z）和后中条盖层，燕山期该单元进入陆内盆山构造演化阶段，可以划分出燕山期盆地（B_y）。

1）太古宙构造层（Ar）

太古宙构造层由太古宙霍贾布兹博拉克组变质岩系构成，主要岩性为黑云斜长角闪片麻岩和斜长角闪岩。

2）哥伦比亚（中条）构造层（Z）

该构造层由古元古代艾力亚加尔组和沙图特组变质岩系构成。艾力亚加尔组主要岩性组合为角闪片麻岩和角闪-黑云母片麻岩；沙图特组主要岩性组合为黑云斜长片麻岩和斜长角闪岩。

3）后中条盖层

该单元缺少扬子构造层沉积建造，主要发育后中条沉积盖层，可划分为 4 个时期沉积盖层：新元古代晚期—早奥陶世（Z_c^2）、中奥陶世—泥盆纪（Z_c^3）、石炭纪—中二叠世（Z_c^4）和晚二叠世—三叠纪（Z_c^5）。

新元古代晚期主要为一套页岩建造。

寒武纪—早奥陶世地层研究程度较低，未进行详细划分，整体为一套稳定的碎屑岩和碳酸盐岩沉积建造，岩性组合为页岩、细砂岩、砂岩和灰岩。

中奥陶统—中志留统为一套火山-沉积建造，下部为碎屑岩建造，中部为火山岩建造，上部为碎屑岩和碳酸盐岩建造。晚—顶志留世为一套稳定的碳酸盐岩台地沉积建造。泥盆纪为一套稳定的碳酸盐岩台地相沉积建造，岩性为灰岩和泥灰岩。

石炭统—中二叠统由佐伊组、苏芬组、萨格多尔组和洛乔勃组火山-沉积建造构成。佐伊组主要为砂岩、粉砂岩、泥质页岩夹砾岩，为浅海相沉积环境；苏芬组和萨格多尔组为火山-沉积建造，苏芬组主要为流纹岩和英安岩，萨格多尔组为红色英安岩、流纹岩、硅质岩和安山岩。

上二叠统—三叠统由奥特潘组、哈纳金组和卡兰度安组沉积建造构成，岩性为红色砾岩、砂岩、细砂岩、粉砂岩和泥质板岩，形成于浅海相沉积环境。

2. 盆地

从侏罗纪开始，该单元进入陆内盆山构造演化阶段，可识别出燕山期盆地（B_y）。白垩纪—新近纪早期为一套碎屑岩沉积建造，岩性组合有红色砾岩、砂岩、泥岩、粉砂岩和杂砂岩等。

3. 侵入岩

仅出露少量晚古生代侵入岩，基性—酸性岩均有出露，时代集中在泥盆纪—早二叠世。

六、塔里木准地台(Ⅵ)

塔里木准地台(Ⅵ)北以阿哈奇-库尔勒-辛格尔-帕尔岗断裂为界与南天山造山亚带(Ⅳ-10-4)相邻，南以西昆北断裂为界与西昆仑造山带(Ⅸ-1)相接，东以阿尔金走滑断裂带为界与阿尔金造山带(Ⅸ-3)和敦煌陆块(Ⅶ)相邻。

塔里木准地台可进一步划分为4个次级单元:柯坪隆起(Ⅵ-1)、库鲁克塔格隆起(Ⅵ-2)、铁克里克隆起(Ⅵ-3)和塔里木盆地(Ⅵ-4)。现依次将次级单元基本特征陈述于后。

(一)柯坪隆起(Ⅵ-1)

1.构造层

柯坪隆起未出露太古宙结晶变质岩系和古元古代变质岩系，可以划分出来的构造层有格林威尔构造层(G)、扬子构造层(A)和后扬子盖层(A_c)。

1)格林威尔构造层(G)

中元古代阿克苏岩群($Pt^2A.$)构成了该单元的扬子构造层，该岩群是一套火山-沉积建造组合，遭受高压变质作用成为蓝闪石片岩(820～760Ma)(张健等，2014)。

2)扬子构造层(A)

扬子构造层由新元古代乌什南山群(Pt_3W)火山-沉积建造构成。新元古代乌什南山群自下而上进一步划分为巧恩布拉克组($Pt_3^{2a}q$)、尤尔美那克组($Pt_3^{2b}y$)、苏盖特布拉克组(Z_1g)和奇格布拉克组(Z_2qg)。其中，巧恩布拉克组为一套岩性稳定的碎屑岩沉积建造，具有不完整的鲍玛序列；尤尔美那克组为一套典型的大陆冰川堆积物(冰碛岩)，主要为紫红色块状杂砾岩，夹砂岩、粉砂岩、粉砂质板岩及板岩等，底部常为一层巨砾砾岩，砾石具擦痕、压坑、压裂等；苏盖特布拉克组为一套火山-沉积建造，岩性组合以绛红、砖红色为主的复矿砂岩、泥岩，夹火山岩及灰绿色、灰白色砂岩及石英砂岩；奇格布拉克组为一套稳定的碳酸盐岩台地相沉积建造。

3)后扬子盖层(A_c)

后扬子盖层可进一步划分为3个时期盖层:寒武纪—奥陶纪(A_c^1)、志留纪—泥盆纪(A_c^2)和石炭纪—二叠纪(A_c^3)。

(1)寒武纪—奥陶纪(A_c^1)。寒武纪—奥陶纪盖层由肖尔布拉克组、阿瓦塔格组、丘里塔格组、萨尔干组、其浪组和印干组火山-沉积建造构成。其中，肖尔布拉克组岩性为硅质岩、含磷硅质岩夹灰岩、泥灰岩、碳质页岩、粉砂岩和碳酸盐岩，发育小壳、微古植物及软舌螺化石；阿瓦塔格组为一套白云岩夹灰岩、竹叶状灰岩组合，含三叶虫化石；丘里塔格组为一套碳酸盐岩夹页岩组合，含三叶虫；萨尔干组岩性为黑色页岩夹灰黑色薄层或凸镜状泥屑灰岩，局部有硅质条带，富含笔石、三叶虫化石；其浪组岩性为灰岩夹页岩、粉砂岩，富含笔石、三叶虫、头足类化石；印干组岩性为碳质、钙质和粉砂质页岩及泥屑灰岩，产笔石、三叶虫、无铰纲腕足类化石。寒武纪—奥陶纪地层总体由含磷、铀硅质岩、碳酸盐岩-泥质岩、碎屑岩、硅质岩和碳酸盐岩序列组成，其沉积环境显示自陆块(岛)向边缘形成台地、台地边缘-斜坡-次深水非补偿性海盆特点。

(2)志留纪—泥盆纪(A_c^2)。志留纪—泥盆纪盖层由早—中志留世柯坪塔格组($S_{1\text{-}2}k$)、中—顶志留世塔塔埃尔塔格组($S_{2\text{-}4}tt$)、晚—顶志留世塔里特库里组($S_{3\text{-}4}t$)、早泥盆世阿帕达尔康组(D_1ap)、早—中泥盆世依木干他乌组($D_{1\text{-}2}ym$)、中泥盆世托格买提组(D_2t)和晚泥盆世坦盖塔尔组(D_3t)沉积建造构成，以碎屑岩为主，夹碳酸盐岩。柯坪塔格组为一套绿色砂页岩，局部夹碳酸盐岩，含笔石等化石；塔塔埃尔塔格组为海相泥页岩和砂岩组合；塔里特库里组为一套以碎屑沉积为主的沉积建造组合，间夹硅质岩及泥岩；阿帕达尔康组为陆缘斜坡碎屑岩、火山岩和碳酸盐岩组成的火山-沉积建造；泥盆纪依木干他乌组为海陆相碎屑岩和碳酸盐岩建造；托格买提组为一套碳酸盐岩和细碎屑岩建造；坦盖塔尔组为碳酸盐岩建造。

(3)石炭纪—二叠纪(A_c^3)。石炭系和二叠系构成了该单元内的最上部后扬子构造层。

石炭系主要由碎屑岩和碳酸盐岩建造构成，偶夹火山碎屑岩，主要出露于塔里木盆地和柯坪区，由海相碎屑岩和碳酸盐岩组成，含腕足类、珊瑚、菊石、腹足类等化石，为滨海-浅海相沉积。

二叠系是一套火山-沉积建造。其中，早—中二叠世巴立克立克组($P_{1\text{-}2}b$)和中二叠世卡仑达尔组(P_2k)由浅海-次深海碎屑岩和碳酸盐岩组成；中二叠世库普库兹满组(P_2kp)和开派兹雷克组(P_2k)为浅海碎屑岩、碳酸盐岩夹海-陆相中基性火山岩。

2. 盆地

从晚二叠世开始，该单元接受陆相沉积，可识别出海西期盆地(B_v)和燕山期盆地(B_y)。晚二叠世沙井子组为陆相杂色碎屑岩、泥质岩夹煤层组合；缺失三叠纪和侏罗纪沉积；早白垩世克孜勒苏群为河湖相杂色碎屑岩组合；晚白垩世英吉沙群、恰克马克其组、古近纪喀什群和苏维依组均形成于滨海(海陆交互)相泥质碎屑岩、碳酸盐岩和蒸发岩建造；渐新世—中新世乌恰群为内陆湖沼相含膏盐泥质碎屑岩组合；渐新世苏维依组、渐新世—上新世吉迪克组、中新世—上新世康村组和上新世库车组为内陆河-湖相杂色泥质碎屑岩组合。

3. 侵入岩

侵入岩不发育，仅出露有寒武纪辉长岩和二叠纪侵入岩。二叠纪侵入岩岩性组合为辉长岩、石英正长岩、正长花岗岩及碱性岩。

4. 构造样式

柯坪总体是由断裂＋长垣形褶皱构造构成的复杂的断褶系统。

(二)库鲁克塔格隆起(Ⅵ-2)

1. 构造层

出露的岩石地层单元表明该单元可以划分成太古宙构造层(Ar)、哥伦比亚(中条)构造层(Z)、格林威尔构造层(G)和扬子构造层(A)及其盖层沉积，燕山期(部分地区晚古生代晚期)该单元进入陆内盆山构造演化阶段，可以划分出燕山期盆地(B_y)。

1)太古宙构造层(Ar)

太古宙构造层由库鲁克塔格地区中—新太古代达格拉格布拉克杂岩($Ar_{2\text{-}3}D^c$)构成。达格拉格布拉克杂岩主要为一套混合片麻岩；中太古界—古元古界主要岩性组合为混合片麻岩、片麻岩和变粒岩等。

2)哥伦比亚(中条)构造层(Z)

该构造层由库鲁克塔格地区古元古代兴地塔格岩群($Pt_1X.$)变质岩系构成。兴地塔格岩群为石英岩、石英片岩、云母片岩和大理岩组成的多韵律重复出现的地层，为一套中—低级变质复陆屑浊积岩，不整合覆盖在达格拉格布拉克杂岩之上。

3)格林威尔构造层(G)

格林威尔构造层(G)由中元古代—新元古代早期火山-沉积建造构成。库鲁克塔格地区地层出露较齐全。

库鲁克塔格地区出露有杨吉布拉克群(Pt_2^1Y)、星星峡岩群($Pt_2^1X.$)、爱尔基干群(Pt_2^2A)及卡瓦布拉克群(Pt_2^2K)火山-沉积建造。中元古代地层不整合于下元古界之上，由低级变质泥质岩、碎屑岩、碳酸盐岩和火山岩序列组成，其中，火山岩主要出现在杨吉布拉克群和爱尔基干群，形成于陆棚浅海环境，属准稳定类型沉积，陆缘外侧由阿克苏岩群中—低级变质火山岩和碎屑岩组成，属活动-准活动类型沉积。

新元古代早期地层由库鲁克塔格地区的帕尔岗塔格群(Pt_3^1P)沉积建造构成，为稳定类型碎屑岩和镁质碳酸盐岩组合，富含叠层石，形成于陆棚浅海环境，与下伏地层为平行不整合接触。

4)扬子构造层(A)

扬子构造层由库鲁克塔格地区新元古代中—晚期的库鲁克塔格群(Pt_3^2ZK)构成。库鲁克塔格群自下而上划分为贝义西组($Pt_3^{2a}b$)、照壁山组($Pt_3^{2b}z$)、阿勒通沟组($Pt_3^{2b}a$)、特瑞爱肯组($Pt_3^{2c}t$)、扎摩克提组(Z_1z)、育肯沟组(Z_1y)、水泉组(Z_2s)和汉格尔乔克组(Z_2h)，以冰成岩为特征，含丰富的微古植物化石。其中，贝义西组、照壁山组、特瑞爱肯组和汉格尔乔克组含冰碛岩；贝义西组、照壁山组和水泉组含火山岩建造，贝义西组和照壁山组以中酸性火山岩为主，水泉组顶部见基性熔岩。库鲁克塔格群由3个冰期和2个间冰期组成(高振家等，1993)，包含有大陆冰川和冰海浊积等复杂沉积，其内有4个层位夹具双峰式特征的火山岩，火山岩具大陆拉伸-大陆裂谷地球化学特征(夏林圻等，2002；孟勇等，2014)，属陆缘盆地沉积。

5)后扬子盖层(A_c)

后扬子盖层可进一步划分为3个时期盖层：寒武纪—奥陶纪(A_c^1)、志留纪—泥盆纪(A_c^2)和石炭纪—二叠纪(A_c^3)。

(1)寒武纪—奥陶纪(A_c^1)。寒武系与奥陶系为连续沉积，寒武纪—奥陶纪地层在库鲁克塔格区由西大山组($\in_1x$)、莫合尔山组($\in_{2\text{-}3}m$)、突尔沙克塔格组($\in_3O_1t$)和却尔却克组($O_{2\text{-}3}q$)火山-沉积建造构成。其中，西大山组岩性为灰黑色硅质岩和含磷硅质岩夹碳质泥岩、泥质粉砂岩、碳酸盐岩及少量中性火山岩，含丰富的化石；莫合尔山组岩性为钙质泥岩夹遂石条带泥质灰岩，灰岩夹竹叶状、砾状灰岩，含海绵骨针、三叶虫及软舌螺化石；突尔沙克塔格组为一套碳酸盐岩建造，含大量三叶虫化石；却尔却克组岩性为粉砂岩、泥岩、页岩、砂岩夹薄层灰岩，富产笔石、三叶虫、头足类和牙形刺等化石。

(2)志留纪—泥盆纪(A_c^2)。志留纪—泥盆纪土什布拉克组(S_1t)、树沟子组(S_2D_2s)、阿尔皮什麦布拉克组(S_3D_1a)和库马苏组(D_3km)构成了该单元的后扬子盖层。志留系与奥陶系为平行不整合接触，与泥盆系为连续沉积，由滨-浅海相变为海陆相，主要由陆源碎屑沉积建造构成，呈进积型沉积充填序列。

库鲁克塔格区志留纪—泥盆纪沉积以粗碎屑岩建造为主。其中，土什布拉克组以海相碎屑岩为主，夹泥灰岩和灰岩，局部夹凝灰质砂岩、凝灰质粉砂岩；树沟子组为海相砂岩建造；晚泥盆世库马苏组由海陆交互相砂岩、砾岩夹泥岩及少许菱铁矿，具大型槽状交错层、韵律层及冲刷构造，发育大陆风成沉积与洪暴灌流冲积扇。

(3)石炭纪—二叠纪(A_c^3)。早石炭世甘草湖组(C_1g)不整合在下伏地质体之上，构成了该单元内最上部的盖层沉积。甘草湖组为一套陆台型碎屑岩沉积，含珊瑚、菊石及腕足类、腹足类化石。

2. 盆地

缺失二叠纪、三叠纪和早中侏罗世沉积，可识别出燕山期盆地(B_y)。晚侏罗世齐古组(J_3q)为一套陆相碎屑沉积；缺失白垩纪至始新世沉积；渐新世—中新世乌恰群(E_3N_1W)为内陆湖沼相含膏盐泥质碎屑岩组合；上新世库车组(N_2k)为内陆河-湖相杂色泥质碎屑岩组合。

3. 侵入岩

该单元侵入岩浆作用从太古宙一直持续到石炭纪，以长城纪侵入体分布最为广泛，主要出露在库鲁克塔格地区，柯坪地区仅有少量寒武纪辉长岩和二叠纪侵入岩。侵入岩总体上可以分为太古宙—古元古代地壳形成期、晋宁晚期、加里东—海西早期和海西中期—印支期4个主要时期。

地壳演化早期太古宙—古元古代形成的各种片麻岩岩性组合主要为TTG组合、闪长岩和花岗岩等，大致可进一步分为太古宙（3263～2487Ma）、古元古代早期（2400～2300Ma）和古元古代中晚期（2100～1794Ma）3个阶段。

太古宙岩石类型有含蓝石英花岗岩、片麻状花岗岩、二长花岗质片麻岩和钾长花岗质片麻岩等。辛格尔以南含蓝石英花岗岩和片麻状花岗岩的锆石U-Pb年龄为2810～2487Ma（胡霭琴等，1997），属TTG花岗岩组合。深沟片麻杂岩岩性为新太古代表壳岩组合、灰色片麻岩及古元古代红色片麻岩（董富荣等，1999）。其中，灰色片麻岩为太古宙TTG岩浆岩组合，原岩为英云闪长岩-奥长花岗岩-花岗闪长岩岩浆组合；红色片麻岩岩性为钾长花岗质片麻岩和二长花岗质片麻岩，原岩为侵入到灰色片麻岩之中的二长花岗岩和正长花岗岩。灰色片麻岩、表壳岩组合的Sm-Nd全岩等时线年龄为2 830.2±79.7Ma，红色片麻岩锆石U-Pb年龄为2059±14Ma（董富荣等，1999）。赛马山一带达格拉格布拉克群片麻岩的花岗质岩体，全岩Sm-Nd等时线年龄为2 548.1±95.4Ma（李伟，2000），属过铝质钙碱系列S型造山花岗岩。辛格尔南托格拉克布拉克杂岩中灰色片麻岩的锆石U-Pb年龄为2565±18Ma（2σ）（胡霭琴等，2006）。

古元古代侵入体岩石类型有闪长岩、石英闪长岩、斜长花岗岩、花岗闪长岩和花岗岩等。同位素测年数据有1800Ma、1920Ma（周汝洪，1987）、1895Ma和1794Ma（新疆地矿局第一区调大队，1987）、2071Ma（锆石U-Pb）以及2028Ma（Rb-Sr全岩等时线）（胡霭琴等，1997），均属准铝质富钠钙碱系列。

中元古代侵入岩主要集中在蓟县纪的1190～1008Ma和青白口纪的960～818Ma。蓟县纪主要岩性有斜长花岗岩、花岗岩、石英闪长岩、正长岩和似斑状二长花岗岩等，以高钾钙碱系列为主，少量碱性系列，属准铝质-过铝质花岗岩，形成于岛弧和同碰撞环境，是该区地壳早期形成演化过程产物。青白口纪主要岩性有黑云母花岗岩、二长花岗岩、黑云母花岗闪长岩、石英闪长岩和辉石闪长岩，多属准铝质-过铝质中钾-高钾钙碱性岩系；辉长岩属钠质碱性岩系。青白口纪主要处于碰撞造山后的伸展环境。

晋宁运动晚期（816～795Ma）。其中，南华纪主要岩性为英云闪长岩、奥长花岗岩和正长花岗岩，属过铝质富钠奥长花岗岩系为主，含钙碱系列分子的组合，为岛弧发展的成熟阶段至碰撞造山阶段岩浆活动产物；震旦纪二长花岗岩体属强过铝质高钾钙碱性系列，代表着塔里木板块在Rodinia大陆造山作用晚期伸展阶段岩浆活动产物。

加里东早期（530～470Ma）的岩浆活动由奥陶纪和志留纪侵入岩组成。野云沟奥陶纪正长花岗岩（490±13Ma）（韩宝福等，2004）属过铝质高钾钙碱系列，属碰撞型花岗岩；帕尔冈塔格东南、帕尔干布拉克东南、1114高地南和蚕头山北等志留纪侵入体锆石U-Pb年龄为430.6±1.6Ma（校培喜等，2006），属准铝质-过铝质的高钾钙碱系列，形成环境以岛弧为主，少量为同碰撞构造环境。

石炭纪侵入岩主要岩石类型为闪长岩、石英闪长岩、花岗闪长岩、二长花岗岩、正长花岗岩和花岗岩，可能产生于后造山伸展动力学构造背景。

4. 构造样式

在构造样式上，库鲁克塔格为一复杂的断隆构造。宽缓的褶皱可能与断块或断条的活动相关。断裂以近东西向为主，由于受南天山造山亚带向南逆冲的影响，断隆中的断裂大多向南冲断。此外，在断隆构造中发育有北东向断裂及少量的北西向断裂。大型断裂多具有多期活动特征，中新生代以来主要经历了印支期的挤压冲断、燕山期的走滑和喜马拉雅期的隆升，特别是更新世以来的强烈差异升降，造就了库鲁克塔格断隆的现今构造地貌。

5. 矿产及成矿作用

早寒武世西大山组是一套黑色岩系，含磷钒铀；与石炭纪花岗岩类相关的矿床主要为铅锌金矿；新元古代超镁铁质岩相关的矿床为铜镍蛭石矿。总之,该单元是一个铁铜镍磷蛭石成矿亚带(徐志刚等,2008)。库鲁克塔格成矿作用类型总结为以下 6 个主要成矿系列,即形成于古元古代陆壳增生改造环境下的 Fe-P-Cu-Au 系列、新元古代俯冲碰撞环境下的 Cu-Au 系列、新元古代后碰撞环境下的 Cu-Mo-Au-Fe-P-REE 系列、新元古代裂解环境下的 Cu-Ni 系列、早古生代沉积盆地中 Ag-V-Mo-Au-U-P 系列和早古生代俯冲岛弧环境下的 Cu-Au 系列(曹晓峰等,2015)。

(三)铁克里克隆起(Ⅵ-3)

1.构造层

出露的岩石地层单元表明该单元可以划分成哥伦比亚(中条)构造层(Z)、格林威尔构造层(G)、扬子构造层(A)及其盖层沉积,晚古生代晚期该单元进入陆内盆山构造演化阶段,可以划分出海西期盆地(B_v)。

1)哥伦比亚(中条)构造层(Z)

哥伦比亚构造层由古元古代赫罗斯坦岩群和埃连卡特岩群变质岩系构成。赫罗斯坦岩群为一套混合岩化的角闪岩相变质岩;埃连卡特岩群是一套以石英片岩为主的结晶片岩,其上不整合覆盖着长城纪赛拉加兹塔格群。

2)格林威尔构造层(G)

格林威尔构造层由中元古代赛拉加兹塔格群(Pt_2^1S)、博查特塔格组(Pt_2^2bc)和苏玛兰组(Pt_2^2s)火山-沉积建造构成。其中,赛拉加兹塔格群是一套古老的双模式火山岩建造;博查特塔格组和苏玛兰组为一套稳定的碎屑岩和碳酸盐岩沉积建造组合,含叠层石化石。

3)扬子构造层(A)

扬子构造层由新元古代早—中期苏库洛克组(Pt_3^1sk)和新元古代晚期恰克马克力克组($Pt_2^{2b}q$)、康尔卡克组(Z_2k)和克孜苏胡木组(Z_2kz)沉积建造构成。苏库洛克组为一套稳定的碎屑岩和碳酸岩沉积建造组合;恰克马克力克组为一套含冰成沉积的陆源碎屑岩,岩性组合为砾岩、长石砂岩、石英砂岩和钙质粉砂岩,其中的冰成沉积为大陆冰盖及海陆相混合型冰成堆积(李荣社等,2008,2009),不整合在基底岩系之上;康尔卡克组的岩性组合为白云岩、杂色页岩夹石英砂岩和岩屑砂岩;克孜苏胡木组的岩性组合为粉砂岩和含粉砂泥质白云岩,夹有含磷砂岩。

4)后扬子盖层(A_c)

后扬子沉积盖层可进一步划分为 2 个时期沉积盖层:泥盆纪(A_c^1)和石炭纪—中二叠世(A_c^2)。

(1)泥盆纪(A_c^1)。泥盆纪盖层沉积由克孜勒陶帅组(D_2kz)、齐自拉夫组(D_3q)和库山河组(D_3ks)沉积建造构成。克孜勒陶帅组和库山河组为一套海相碳酸盐岩和碎屑岩建造。

(2)石炭纪—中二叠世(A_c^2)。石炭系—下二叠统为浅海-滨海相生物灰岩-碎屑岩沉积建造;中二叠世库普库兹曼组(P_2kp)和开派兹雷组(P_2k)为海陆交互相碎屑岩建造。

2.盆地

从晚二叠世开始,该单元进入陆内盆山构造演化阶段,可识别出海西期盆地(B_v)。晚三叠世杜瓦组(T_3d)和达里约尔组(T_3dl)为陆相杂色碎屑岩;晚三叠世库夏勒组(T_3k)和霍峡几组(T_3h)为陆相火山-沉积建造;早中侏罗世叶尔羌群($J_{1-2}Y$)由山麓河流-湖沼相碎屑岩、泥质岩夹灰岩、煤层及石膏层构成;晚侏罗世库孜贡苏组由山麓河流相红色粗碎屑岩组成;早白垩世克孜勒苏群(K_1K)由棕红色石英砂岩、泥岩和砾岩组成,西段为海陆相,东段为山麓河湖相;晚白垩世英吉莎群(K_1Y)以海相为主,由杂色泥质岩、细碎屑岩、灰岩及石膏层组成,包含潮坪、潟湖和台地相沉积。

3. 侵入岩

该单元仅有1个元古宙二长花岗岩、1个寒武纪英云闪长岩、1个志留纪碱性花岗岩和2个奥陶纪花岗岩。其中，冬巴克英云闪长岩的SHRIMP锆石U-Pb年龄为502.3±9.1Ma（崔建堂等，2007）；布雅花岗岩被认为是广义的环斑花岗岩，SHRIMP锆石U-Pb年龄为459±23Ma（李玮等，2007）和430Ma（Ye et al.，2008），属后造山A型花岗岩。

4. 构造样式

该单元是一个近东西向的断褶构造，向北逆冲，在该单元北缘形成一些长垣构造。

5. 成矿作用

赛拉加兹塔格群是一套古老的双模式火山岩建造，属于裂谷火山岩建造，因此，在该单元内值得寻找与裂谷火山岩相关的金属矿产，如铜、铅、锌及金等。

（四）塔里木盆地（Ⅵ-4）

1. 构造层

出露的岩石地层单元表明该单元出露扬子构造层盖层沉积（A_c），晚古生代晚期该单元进入陆内盆山构造演化阶段，可以划分出海西期盆地（B_v）和燕山期盆地（B_y）。

后扬子沉积盖层可进一步划分为3个时期盖层：寒武纪—奥陶纪（A_c^1）、早志留世（A_c^2）和晚泥盆世—石炭纪（A_c^3）。

（1）寒武纪—奥陶纪（A_c^1）。寒武系与奥陶系为连续沉积，寒武纪—奥陶纪地层由丘里塔格组、萨尔干组、其浪组和印干组沉积建造构成。丘里塔格组为一套碳酸盐岩夹页岩组合，含三叶虫化石；萨尔干组为黑色页岩夹灰黑色薄层或凸镜状泥屑灰岩，局部层段有硅质条带，富含笔石和三叶虫化石；其浪组以灰岩为主，夹页岩和粉砂岩，含笔石、三叶虫和头足类化石；印干组为碳质、钙质和粉砂质页岩及泥屑灰岩，产笔石、三叶虫和无铰纲腕足类化石。

（2）早志留世（A_c^2）。早志留世柯坪塔格组与奥陶系未见接触关系，被上泥盆统不整合覆盖。柯坪塔格组为一套绿色砂页岩，局部夹碳酸盐岩，含笔石化石。

（3）晚泥盆世—石炭纪（A_c^3）。晚泥盆世克孜尔塔格组和石炭纪巴楚组、卡拉沙依组、小海子组构成了该单元内最上部的沉积盖层。晚泥盆世克孜尔塔格组不整合在下伏地质体之上，与石炭系为连续沉积。

克孜尔塔格组由海陆交互相砂岩、砾岩夹泥岩及少许菱铁矿，具大型槽状交错层、韵律层及冲刷构造，发育大陆风成沉积与洪暴灌流冲积扇；巴楚组为一套紫红色碎屑岩和灰—灰紫色灰岩、紫红色泥岩及石膏组合，横向变为黑色凝灰岩，含腕足类、腹足类、三叶虫、牙形刺及介形类化石；卡拉沙依组为一套由棕红色、灰绿色泥岩、砂泥岩、灰岩及石膏组成的碎屑岩夹碳酸盐岩沉积，含介形虫、腕足类、轮藻及孢粉等；小海子组为灰色灰岩、深灰色泥质灰岩、杂色石英质砂岩和灰绿色与紫红色泥岩等组成的碎屑沉积，含腕足类、蜓类、苔藓虫、海百合茎和双壳类等化石。

2. 盆地

从中二叠世开始，该单元进入陆内盆山构造演化阶段，可识别出海西期盆地（B_v）和燕山期盆地（B_y）。缺失早二叠世、三叠纪、中晚侏罗世和白垩纪沉积。

白垩纪—古近纪在塔里木盆地西南端与南天山构成海湾，喀什群为滨海（海陆交互）相泥质碎屑岩-

碳酸盐岩-蒸发岩序列组合。新近纪海水退出，形成乌恰群内陆湖沼相含膏盐泥质碎屑岩组合和阿图什组内陆河-湖相杂色泥质碎屑岩组合。

3. 构造样式

塔里木盆地内部具有复杂的断块构造形式，南北边缘地带发育极向指向盆地中心的冲褶构造，卷入冲褶构造的地层包括更新世地层在内，形成良好的储油气构造，东部边缘受阿尔金走滑断裂带的影响，以发育次级走滑断隆为特征。

七、敦煌陆块(Ⅶ)

敦煌陆块(Ⅶ)东以阿尔金走滑断裂带为界与阿拉善陆块(Ⅷ-1)和祁连山造山带(Ⅸ-4)相邻，西以阿尔金断裂为界与塔里木准地台(Ⅵ)相邻，南以红柳沟-拉配泉断裂带为界与阿尔金造山带(Ⅸ-3)相邻，北以红柳河-洗肠井断裂为界与明水-旱山造山亚带(Ⅳ-6-5)相邻。该单元可进一步划分为2个次级单元：罗雅楚山造山亚带(Ⅶ-1)和敦煌陆块(Ⅶ-2)。

(一)罗雅楚山造山亚带(Ⅶ-1)

1. 构造层

出露的岩石地层单元表明该单元可以划分成哥伦比亚(中条)构造层(Z)、格林威尔构造层(G)、扬子构造层(A)、后扬子沉积盖层(A_c)和海西构造层(V)，印支期该单元进入陆内盆山构造演化阶段，可以划分成印支期盆地(B_i)。

1)哥伦比亚(中条)构造层(Z)

哥伦比亚构造层由太古宙—古元古代北山杂岩变质岩系构成。北山杂岩分布在红柳园、罗雅楚山和马鬃山地区，在马鬃山地区主要为大理岩，在红柳园以北地区由片麻岩、斜长角闪岩、石英片岩及大理岩等组成，在斜长角闪岩中获Sm-Nd等时线年龄2839±163Ma和1981±116Ma，黑云斜长片麻岩锆石U-Pb年龄2656±146Ma(甘肃省地质调查院，2001，2004)。

2)格林威尔构造层(G)

格林威尔构造层由中元古代星星峡岩群(Pt_2X)、古硐井群(Pt_2G)、平头山组(Pt_2p)、卡瓦布拉克群(Pt_2K)和新元古代早期帕尔岗塔格组(Pt_3^1p)、野马街组(Pt_3^1ym)和大豁落山组(Pt_3^1d)变质岩系构成。星星峡岩群为一套深灰-灰色片麻岩、片岩夹少量大理岩，局部为混合岩；古硐井群主要岩性组合为千枚岩、石英片岩夹石英岩和变砂岩夹大理岩；平头山组和卡瓦布拉克群为一套稳定的碳酸盐岩和碎屑岩沉积建造，主要岩性为浅变质碳酸盐岩和含硅质碳酸盐岩，夹少量变质碎屑岩。

新元古代早期为一套稳定类型碎屑岩和碳酸盐岩沉积建造，下部以碎屑岩为主，上部以碳酸盐岩为主。

3)扬子构造层(A)

扬子构造层由洗肠井群火山-沉积建造构成，不整合覆盖在下伏中元古代大豁落山组之上。洗肠井群由杂砾岩-泥质岩-碳酸盐岩组成，早期形成于滨海冰川-陆坡冰海，具浊流沉积特征，局部夹中基性火山岩、辉绿岩及含磷、锰、碳质板岩，马鬃山裂陷(谷)海槽形成火山-重力流沉积，晚期过渡为浅海沉积。

4)后扬子沉积盖层(A_c)

(1)寒武纪盖层(A_c^1)。寒武纪盖层由双鹰山组($\in_{1\text{-}2}s$)和西双鹰山组($\in_{2\text{-}4}x$)沉积建造构成，与下伏新元古代晚期洗肠井群呈平行不整合，可能缺失始寒武世沉积。双鹰山组和西双鹰山组由碳硅质岩、泥质碎屑岩和碳酸盐岩组成，含磷、重晶石、钒、铀，形成于陆棚浅海-次深海非补偿性海盆。

(2)奥陶纪盖层(A_c^2)。奥陶纪沉积盖层由罗雅楚山组(Ol)、咸水湖组(O_2x)、白云山组(O_3by)和花牛山群(OH)火山-沉积建造构成。奥陶纪由陆源碎屑岩-碳硅质岩-碳酸盐岩序列组成，碎屑岩具浊积特征，形成于陆缘斜坡-次深水环境，花牛山群出现具伸展型盆地沉积特征的火山岩-碎屑岩建造组合。罗雅楚山组为陆架半深水浊流相长石石英砂岩、石英岩、硅质板岩不等厚互层夹少量灰岩及砂砾岩，富含笔石及少量腕足类化石，局部夹杏仁状安山岩；咸水湖组以安山岩、安山质玄武岩、玄武岩及流纹岩为主，夹少量灰岩、板岩及粉砂岩的扁豆体，富含腕足类、三叶虫及笔石化石；白云山组为滨海相粉砂岩夹灰岩及少量中酸性火山岩，富含珊瑚、三叶虫、腕足类及腹足类化石。

(3)志留纪—中泥盆世盖层(A_c^3)。志留纪—中泥盆世盖层是一套火山-沉积建造。志留系有碎石山组(S_4s)、公婆泉群($S_{1-3}G$)和黑尖山碎屑岩(Sh^{sdr})及小草河变质火山岩(SX^{mv})。志留纪地层主要由碎屑岩、碳硅质(板)岩构成，夹火山岩。罗雅楚山地区黑尖山碎屑岩主要由成熟度低陆源碎屑岩组成，形成于陆缘浅海-陆坡环境。黑尖山碎屑岩之上覆盖着早中泥盆世三个井组，三个井组为滨海-河湖相沉积，下部为杂色粗碎屑岩，上部为碎屑岩夹碳酸盐岩及中酸性火山岩，含腕足类、珊瑚及植物化石。在敦煌陆块北缘靠近红柳河俯冲增生杂岩带南侧从志留纪到中泥盆世发育一套以碎屑沉积为主的沉积建造组合，由浅海相变为海陆相，总体上具有进积型沉积充填序列特征，属于红柳河-洗肠井洋盆俯冲作用在被动陆缘的前陆盆地。

红柳园地区小草湖变火山岩由具双峰式特征的基性和酸性火山岩组成，属后陆次级扩张盆地；公婆泉群下部为变碎屑岩夹变基性—中酸性火山岩，上部为中基性、中酸性火山岩和火山碎屑岩、紫红色钙质砂砾岩夹生物碎屑灰岩，区域变化较大，总体为一套火山浊积岩-钙碱性火山岩组合，可能属于与俯冲有关的岛弧火山岩；碎石山组为杂色碎屑岩夹碳酸盐岩及少量硅质岩，富含珊瑚及三叶虫化石。

早中泥盆世由三个井组($D_{1-2}s$)火山-沉积建造构成，为滨海-河湖相沉积，下部为杂色粗碎屑岩，上部为碎屑岩夹碳酸盐岩及中酸性火山岩，含腕足类、珊瑚及植物化石。

5)海西构造层(V)

该单元的海西构造层可以划分出中、晚两个次级构造层。

(1)中海西构造层(V_e)。中海西构造层由晚泥盆世—早石炭世火山-沉积建造构成。

晚泥盆世由墩墩山组(D_3d)火山-沉积建造构成，墩墩山组岩性组合为中基性火山熔岩、火山碎屑岩和中酸性火山岩，底部为巨砾岩或凝灰质巨砾岩，凝灰岩中产植物化石碎片，不整合于下伏地层之上，属内陆山间磨拉石-火山盆地沉积。

石炭纪由绿条山组(C_1l)、白山组(C_1b)和红柳园组(C_1hl)火山-沉积建造构成，主要由海相陆源碎屑岩、火山碎屑岩和火岩熔岩不等厚相间组成，地层序列发育较全，碎屑岩成熟度低，火山岩以中酸性为主，部分中基性熔岩，形成于浅海-斜坡次深水环境。

(2)晚海西构造层(V_m)。晚海西构造层由晚石炭世—二叠纪火山-沉积建造构成。

晚石炭世由芨芨台子组(C_2jj)、石板井组(C_2sb)、干泉组(C_2g)和胜利泉组(C_2sl)火山-沉积建造构成，岩性主要由海相陆源碎屑岩、灰岩、中基性火山岩和凝灰岩等，以浅海为主，局部为浅滩或台地。

二叠纪主要由海相—海陆相碎屑岩和火山岩建造构成。早—中二叠世红柳河群($P_{1-2}H$)分布在红柳河-笔架山一带，为碎屑岩和中基性—中酸性火山岩夹硅质岩组合，碎屑岩具水下重力流沉积特征，形成于陆缘斜坡-陆棚浅海环境；红岩井组为滨-浅海相碎屑岩-碳酸盐岩建造；早—中二叠世双堡塘组($P_{1-2}s$)和金塔组(P_2jt)在红柳园一带为碎屑岩、碳酸盐岩和基性火山岩组合，形成于裂谷型陆间海槽不同相带；晚二叠世方山口组(P_3f)为海陆相碎屑岩和中酸性火山岩建造组合，东部的哈尔苏海组(P_3h)夹碳酸盐岩。

2. 盆地

从三叠纪开始，该单元进入陆内盆山构造演化阶段，可以划分为印支期盆地(B_i)。中生界沿山间-

走滑盆地分布。三叠系零星分布，二段井组($T_{1\text{-}2}e$)和珊瑚井组(T_3s)为山麓相紫红色砂砾岩-河流沼泽相杂砂岩和粉砂岩组合。侏罗系零星分布于北山山间-走滑盆地，属于河湖相含煤碎屑岩组合和河湖相杂色碎屑岩组合，局部为火山-碎屑岩组合。

3. 侵入岩

该单元侵入岩可划分为4个期次：前寒武纪、奥陶纪—中泥盆世、石炭纪—二叠纪和中生代。石炭纪—二叠纪是最主要的岩浆活动期，该期岩体分布广泛。

太古宙为一套TTG片麻岩和花岗片麻岩；古元古代主要岩性为英云斜长片麻岩、花岗闪长质片麻岩和二长花岗质片麻岩等；新元古代主要岩性为正长花岗质片麻岩、花岗质片麻岩和英云斜长片麻岩等。

奥陶纪岩性组合为闪长岩、石英闪长岩、英云闪长岩、花岗闪长岩、二长花岗岩和正长花岗岩等。其中，英云闪长岩全岩Rb-Sr等时线年龄为479.9Ma，花岗闪长岩的锆石U-Pb年龄为453.3±0.9Ma，花岗闪长岩的单矿物K-Ar法测年值为457Ma，以准铝质-过铝质高钾钙碱系列岩石为主，含低钾钙碱性花岗岩，与弧花岗岩相似，形成于岛弧到碰撞环境。

志留纪岩性组合为辉长岩、闪长岩、石英闪长岩、英云闪长岩、花岗闪长岩和二长花岗岩，锆石$^{206}Pb/^{238}U$年龄为440.9±3.0Ma(李伍平等，2001)和420.2±0.9Ma，主要属准铝质-过铝质的高钾钙碱系列岩石，主要为岛弧到碰撞造山阶段岩浆作用产物。

泥盆纪花岗岩主要岩性有辉长辉绿岩、闪长岩、花岗闪长岩和二长花岗岩。闪长岩体的锆石U-Pb年龄为389Ma，花岗闪长岩体的锆石U-Pb年龄有417Ma、419Ma和425Ma，二长花岩体的锆石U-Pb年龄为379Ma，时代以早泥盆世为主，跨顶志留世，属准铝质中—高钾钙碱系列，以碰撞后伸展构造环境为主。

石炭纪花岗岩广泛发育。罗雅楚山地区以六角井组合和东大泉序列为代表。六角井组合的主要岩性为花岗岩、正长花岗岩、二长花岗岩、花岗闪长岩和石英闪长岩，其锆石U-Pb年龄为345±13Ma(1∶25万马鬃山幅区调)；东大泉序列由13个岩体和3个单元组成，主要岩性有辉石正长岩、石英二长岩和正长花岗岩等，为准铝质-过铝质钙碱系列，以高钾钙碱系列和具有A型花岗岩的组合为特征，是碰撞后大陆伸展岩浆作用产物；笔架山—红柳园—大红山地区主要岩性组合有正长花岗岩、二长花岗岩、花岗岩、花岗闪长岩、斜长花岗岩、石英闪长岩、英云闪长岩和闪长岩等，锆石U-Pb年龄为329～249Ma，总体上以准铝质-过铝质高钾钙碱系列为主，有少量低钾钙碱系列分子的岩性组合，既有Ⅰ型花岗岩，也有具A型特征的花岗岩，以碰撞后伸展构造环境为主，不排除含有部分早期(或者非石炭纪)岛弧花岗岩。

二叠纪岩体分布也相当广泛，以小岩株为主，岩性组合有正长花岗岩、白云母花岗岩、二长花岗岩、碱性花岗岩、英云闪长岩、花岗闪长岩和石英闪长岩，还有闪长岩、辉长岩和石英正长岩，锆石U-Pb年龄为281～233Ma，由高钾钙碱系列和碱性系列岩石组成，为非造山环境下岩浆作用产物，尽管其中含有具有岛弧花岗岩特征的闪长岩和英云闪长岩，多反映了其岩浆源区的特征。

中生代岩体数量少，规模小，零星分布，主要岩性为二长花岗岩、正长花岗岩和花岗岩等。

4. 构造样式

该单元是一个近东西向的断褶构造带，后期被北东向的阿尔金走滑断裂系所切割，成为复杂的断块+断褶构造。

5. 矿产及成矿作用

该单元内有与中元古代碳酸盐岩有关的铁矿，与寒武纪黑色页岩相关的磷钒铀矿，与早白垩世沉积相关的煤炭等，以及与侵入岩相关的内生金属矿产(徐志刚等，2008)。

（二）敦煌陆块（Ⅶ-2）

1. 构造层

出露的岩石地层单元表明该单元可以划分成哥伦比亚（中条）构造层（Z）、格林威尔构造层（G）和海西构造层（V）。晚海西期该单元进入陆内盆山构造演化阶段，可以划分成海西期盆地（B_v）。

1）哥伦比亚（中条）构造层（Z）

哥伦比亚构造层由太古宙—古元古代敦煌杂岩变质岩系构成。敦煌杂岩由片麻岩、石英片岩、铁英岩、大理岩和变火山岩等无序岩系组成，斜长角闪片麻岩 Sm-Nd 等时年龄为 3487～3237Ma、2956～2935Ma 和 2059～1990Ma（李志琛，1994），奥长花岗质片麻岩锆石 U-Pb 年龄为 2670±12Ma（陆松年等，2002）。

2）格林威尔构造层（G）

格林威尔构造层由中元古代古硐井群（Pt_2G）和铅炉子沟群（Pt_2Q）变质岩系构成。古硐井群主要岩性组合为千枚岩、石英片岩夹石英岩和变砂岩夹大理岩；铅炉子沟群岩性为浅变质的细碎屑岩、泥质岩、变质火山碎屑岩和中基性火山岩，下与古硐井群整合接触。古硐井群和铅炉子沟群形成于大陆坡-浅海环境，属活动-准活动类型沉积

3）海西构造层（V）

该单元仅划分出中海西构造层。中海西构造层由早石炭世红柳园组（C_1hl）火山-沉积建造构成，岩性为海相陆源碎屑岩、火山碎屑岩、火岩熔岩夹碳酸盐岩，形成于浅海-斜坡次深水环境。

2. 盆地

该单元缺失二叠纪—三叠纪沉积，进入陆内盆山构造演化阶段。中—新生界沿山间-走滑盆地分布。侏罗纪芨芨沟组（$J_{1-2}j$）、水西沟群（$J_{1-2}S$）和头屯河组（J_2t）属于河湖相含煤碎屑岩组合；白垩系广泛分布，赤金堡组（K_1c）为河湖相含煤碎屑岩组合；新民堡群（K_1X）为山麓-河湖相碎屑岩组合。

3. 侵入岩

该单元侵入岩可划分为 4 个期次：前寒武纪、早古生代、石炭纪—二叠纪和三叠纪。石炭纪—二叠纪是最主要的岩浆活动期，该期岩体分布广泛。

太古宙为一套花岗闪长质片麻岩和二长花岗片麻岩；古元古代主要岩性为花岗闪长质片麻岩和闪长质片麻岩等；新元古代主要岩性为花岗质片麻岩、二长花岗质片麻岩和花岗质片麻岩以及斜长角闪片麻岩。

早古生代侵入岩以奥陶纪—志留纪侵入岩为主。寒武纪出露基性和超基性岩；奥陶纪岩性为辉长岩、辉绿岩、二长花岗岩和正长花岗岩；志留纪侵入体主要分布在桥湾—豁落山一带，岩性为石英闪长岩、英云闪长岩和花岗岩。

石炭纪—二叠纪主要沿小宛南山山前断裂分布，在赤金峡一带分布着二叠纪石英闪长岩。石炭纪侵入岩岩性为闪长岩、石英闪长岩、花岗闪长岩、二长花岗岩和花岗岩。二叠纪岩体包括西部卡拉塔什塔格至阿克塞县一带的大量岩体和敦煌以东的桥湾序列以及赤金峡构造杂岩。桥湾序列岩性组合为二长花岗岩、花岗闪长岩、英云闪长岩和石英二长闪长岩，各种岩脉非常发育，二长花岗岩的锆石 U-Pb 年龄为 271.4±3Ma，K-Ar 等时线年龄为 283Ma；赤金峡主要岩性有二长花岗岩、正长花岗岩、花岗闪长岩、英云闪长岩、石英闪长岩和闪长岩，石英闪长岩和二长花岗岩的锆石 U-Pb 年龄分别为 264.2±3.6Ma和 238.4±2.6Ma；准铝质-过铝质高钾钙碱系列为主，以陆内伸展构造环境为主。

该带内还有个别三叠纪二长花岗岩和花岗岩分布。

4. 构造样式

敦煌盆地是构成阿尔金走滑断裂系的一个较大的走滑盆地，因走滑活动内部有沿走滑断裂出露的前南华纪基底岩系。早中侏罗世的走滑断裂活动，造成该期盆地沉积沿北东向走滑断裂带和次级的东西向走滑断裂带展布，而盆地主要由新生代走滑盆地相碎屑岩和松散碎屑堆积物建造构成。敦煌盆地有少量的蒸发岩类矿产。

5. 矿产及成矿作用

该单元内有煤炭、泥炭、石膏、风成砂和蒸发岩类矿产。

八、中朝准地台(Ⅷ)

中朝准地台(Ⅷ)南西以龙首山-固原-宝鸡断裂为界与祁连造山带(Ⅸ-4)和秦岭造山带(Ⅸ-6)相邻。该单元可进一步划分为阿拉善陆块(Ⅷ-1)和华北陆块(Ⅷ-2)两个次级构造单元。

(一)阿拉善陆块(Ⅷ-1)

阿拉善陆块(Ⅷ-1)北邻额济纳旗盆地，北西以阿尔金走滑断裂为界与敦煌陆块(Ⅶ)相邻，南与走廊造山亚带(Ⅸ-4-1)相邻，东以腾格里沙漠为界与华北陆块(Ⅷ-2)相隔。

1. 构造层

出露的岩石地层单元表明该单元可以划分成太古宙构造层(Ar)、哥伦比亚(中条)构造层(Z)、格林威尔构造层(G)和萨拉伊尔构造层(S)及后萨拉伊尔盖层沉积，晚海西期该单元进入陆内盆山构造演化阶段，可以划分成海西期盆地(B_v)。

1)太古宙构造层(Ar)

太古宙构造层由古太古代兴和杂岩($Ar_1 X^c$)、中太古代乌拉山群($Ar_2 W$)和新太古代色尔腾山岩群($Ar_3 S.$)古老的结晶变质岩系构成。

2)哥伦比亚(中条)构造层(Z)

哥伦比亚(中条)构造层由古元古代宝音图群($Pt_1 By$)和新太古代—古元古代龙首山岩群($Ar_3Pt_1 L.$)火山-沉积建造的变质岩系构成。其中，宝音图群由低级变质的石英岩、石英片岩和变粒岩等组成，不同程度含二云母、绿泥石、阳起石及石榴石等变质矿物；龙首山岩群为角闪岩相变质岩系，岩性组合为黑云片麻岩、斜长角闪岩、变粒岩、大理岩、二云石英片岩、石英片岩、石英岩和云母片岩等，斜长角闪岩和东大山铁英岩 Sm-Nd 模式年龄分别为 3056Ma 和 3100Ma(中国地层典·古元古界，1996；汤中立等，2001)，龙首山岩群内透辉角闪斜长片麻岩锆石 Pb-Pb 年龄为 2693±14Ma(耿元生等，2003；沈其韩，2004)。

3)格林威尔构造层(G)

格林威尔构造层由中元古代变质火山-沉积建造构成。中元古代由渣尔泰山群($Pt_2 Z$)和墩子沟群($Pt_2 D$)火山-沉积建造构成。渣尔泰山群，自下而上划分成书记沟组、增隆昌组和阿古鲁沟组。书记沟组是一套半深海—深海相陆源碎屑浊流沉积，其中多处穿插有辉绿岩墙或岩床；增隆昌组是一套碳酸盐岩+碎屑岩沉积建造组合；阿古鲁沟组是一套半深海相—深海相陆源浊流沉积，其中反映有水下滑塌构造；墩子沟群不整合覆盖在龙首山岩群之上，其上被南华纪—震旦纪韩母山群不整合覆盖，是一套海相以碎屑岩为主的沉积建造组合，形成于克拉通盆地环境。渣尔泰山群的岩性组合表现为裂谷相，而墩子沟群则表现为克拉通盆地相，二者共同构成了阿拉善陆块格林威尔构造层。

4)萨拉伊尔构造层(S)

萨拉伊尔构造层由震旦纪—早奥陶世韩目山群沉积建造构成，是一套浅海相—滨浅海相碎屑岩+碳酸盐岩沉积建造组合，下部称烧火筒组(*Zs*)，上部称草大坂组($\in O_1c$)。火筒组岩性为薄层—中厚层泥质灰岩条带状灰岩为主偶夹千枚岩及碳质灰岩，底部为薄层变质粉砂岩夹黑色泥碳质灰岩，含砾，并赋存含磷层；草大坂组岩性为中厚层—厚层灰岩、条带状灰岩，夹角砾状、假鲕状灰岩。其中，烧火筒沟组底部存在外陆棚相斜坡重力流沉积。

5)后萨拉伊尔盖层

萨拉伊尔盖层沉积由寒武纪—石炭纪沉积建造构成，可划分为3个期次：寒武纪(S_c^1)、奥陶纪(S_c^2)和石炭纪(S_c^3)。

寒武纪沉积盖层(S_c^1)由馒头组($\in_{2-3}m$)、张夏组($\in_{2-3}z$)和三山子组($\in_3O_1s$)沉积建造构成，总体上是一套稳定的陆棚浅海相生物碳酸盐岩建造，下部有少量含磷页岩及砂岩，共同构成这一时期的克拉通盆地。

奥陶纪沉积盖层(S_c^2)由早—中奥陶世马家沟组(O_1m)、中奥陶世二哈公组(O_1h)和晚奥陶世乌兰胡同组(O_3w)沉积建造构成，总体上是一套稳定的陆棚浅海相生物碳酸盐岩建造。

石炭纪沉积盖层(S_c^3)由早石炭世臭牛沟组(C_1c)和晚石炭世羊虎沟组(C_2y)沉积建造构成。臭牛沟组是一套滨海-浅海相以碎屑岩为主的沉积，夹有生物碳酸盐岩和煤层，富含珊瑚、腕足类、头足类、双壳类、蜓、介形虫、植物及牙形石等门类化石；羊虎沟组是一套海陆相碎屑沉积，由多个或十多个灰黑色页岩、砂岩、薄层灰岩及薄煤层组成的旋回层构成，产珊瑚、腕足类、蜓、双壳类、腕足类、头足类、三叶虫、植物、孢子花粉和牙形石。臭牛沟组和羊虎沟组构成了该单元内的陆表海建造。

2. 盆地

二叠纪开始该单元进入陆内盆山构造演化阶段，可以划分成海西期盆地(B_v)。早—中二叠世的大红山组($P_{1-2}d$)和晚二叠世的脑包沟组(P_3n)已经属于陆相碎屑沉积。自侏罗纪以来接收内陆盆地沉积，而且在侏罗纪—白垩纪沉积中夹有火山岩。

3. 侵入岩

该单元出露奥陶纪—中生代侵入岩。奥陶纪闪长岩和志留纪花岗岩可能与该单元的北天山-兴蒙多岛弧盆系早古生代的俯冲作用相关；石炭纪闪长岩、基性杂岩和超基性岩则与这一时期的弧后扩张作用相关；广为出露的二叠纪花岗岩、花岗闪长岩则与后造山裂谷岩浆事件相关；三叠纪花岗岩构成了该单元内的后造山型花岗岩；侏罗纪花岗岩可能与西太平洋的俯冲作用相关。

4. 构造样式

该单元因受阿尔金断裂系的影响，是一个以北东东向复式断块构造，侵入岩和白垩纪盆地(内陆盆地和火山盆地)的空间展布均受这种复式断块构造的影响。

5. 矿产及成矿作用

目前在该单元内尚未发现成型的矿产类型，从岩石沉积建造组合分析，阿木山组可能含油气，是寻找油气及页岩气的可选目标。此外，巴音戈壁组也可以作为寻找泥炭及页岩气的可选目标。

(二)华北陆块(Ⅷ-2)

华北陆块(Ⅷ-2)包括鄂尔多斯盆地(Ⅷ-2-1)、贺兰山上叠造山亚带(Ⅷ-2-2)和洛南-滦川上叠造山亚带(Ⅷ-2-3),北与阿拉善陆块(Ⅷ-1)相邻,西与腾格里沙漠和祁连造山带(Ⅸ-4)相邻,南与渭河盆地和北秦岭造山亚带(Ⅸ-6-1)相邻。北界是阴山南缘-大青山北缘断裂带(乌拉特-固阳断裂带),南界是秦岭北缘山前断裂,西界是吉兰泰-巴音查干断裂带,东界是离石断裂带(不在研究范围内)。

1. 构造层

出露的岩石地层单元表明该单元可以划分成太古宙构造层(Ar)、哥伦比亚(中条)构造层(Z)、格林威尔构造层(G)和萨拉伊尔构造层(S)及后萨拉伊尔盖层沉积,晚海西期该单元进入陆内盆山构造演化阶段,可以划分成海西期盆地(B_v)和燕山期盆地(B_y)。

1)中太古代构造层(Ar_2)

中太古代构造层由中太古代乌拉山岩群($Ar_2W.$)高级结晶变质岩系构成,下部为黑云斜长片麻岩-角闪斜长片麻岩-斜长角闪岩,夹紫苏斜长片麻岩、磁铁石英岩、角闪斜长变粒岩等,上部为含石墨片麻岩-透辉石大理岩-斜长角闪岩-变粒岩-石英岩,原岩下部为基性—中基性火山岩及其碎屑岩夹硅铁质沉积岩,上部为含碳质-半黏土质泥砂质岩-碳酸盐岩组合。

2)哥伦比亚(中条)构造层(Z)

哥伦比亚(中条)构造层由中元古代美岱石岩群($Pt_1M.$)变质岩系构成,下部为含砾云英片岩-含碳绢云片岩-角闪斜长片麻岩,夹角闪片岩、磁铁石英岩及大理岩;上部为大理岩夹各种片岩及含铁石英岩。

3)格林威尔构造层(G)

格林威尔构造层由中元古代变质火山-沉积建造构成。中元古代由渣尔泰山群($Pt_{2\text{-}3}Z$)、熊耳群(Pt_2^1X)、高山河群(Pt_2^1G)、管道口群(Pt_2^2G)、黄旗口组(Pt_2hq)火山-沉积建造构成。渣尔泰山群描述见阿拉善陆块部分。熊耳群是一套双峰式火山岩组合,其上转化成古克拉通盆地相沉积的长城纪高山河群和蓟县纪官道口群;高山河群是一套石英砂岩-砂岩夹白云岩;官道口群是一套白云岩,其上不整合覆盖着寒武纪—奥陶纪克拉通盆地相沉积;黄旗口组岩性为杂色泥质碎屑岩夹灰岩、白云岩组成,底部局部为砂砾岩,含蓟县纪叠层石,形成滨-浅海环境;王全口组主要为含燧石条带和结核的灰质白云岩。

4)萨拉伊尔构造层(S)

萨拉伊尔旋回由新元古代西勒图组沉积建造构成。西勒图组岩性组合主要是浅海相白云质碳酸盐岩、海绿石砂岩和粉砂岩夹泥质页岩。

5)后萨拉伊尔盖层

后萨拉伊尔盖层沉积由寒武纪—石炭纪沉积建造构成,可划分为 3 个期次:寒武纪(S_c^1)、奥陶纪(S_c^2)和石炭纪(S_c^3)。

寒武纪沉积盖层由辛集组($\in_2x$)、朱砂洞组($\in_2z$)、霍山组($\in_3hs$)、馒头组($\in_{2\text{-}3}m$)、张夏组($\in_{2\text{-}3}z$)和三山子组($\in_3O_1s$)沉积建造构成,除霍山组外,总体上是一套稳定的陆棚浅海相生物碳酸盐岩建造,下部有少量含磷页岩。霍山组岩性为砾岩和砂岩。以上单元共同构成这一时期的克拉通盆地。

奥陶纪沉积盖层总体上是一套稳定的陆棚浅海相生物碳酸盐岩建造。

石炭纪沉积盖层由晚石炭世本溪组(C_2b)、土坡组(C_2tp)和太原组(C_2P_1t)沉积建造构成,为一套海陆相含煤碎屑沉积夹生物灰岩,构成这一时期的陆表海。

2. 盆地

二叠纪开始该单元进入陆内盆山构造演化阶段,可划分成海西期盆地(B_v)。

二叠纪海陆相转化为陆相盆地,构成这一时期陆相盆地沉积的岩石地层单元有早—中二叠世山西组($P_{1\text{-}2}s$)、中—晚二叠世石河子组($P_{2\text{-}3}sh$)和晚二叠世—早三叠世石千峰群(P_3T_1S)。山西组虽在鄂尔多斯全部为陆相含煤碎屑沉积,但是就整个华北地区与其相连通的盆地来看,仍然有海相沉积夹层,真正到了石河子组沉积时才完成了从海陆相到陆相沉积的彻底转变，从近海湖沼沉积转变为大型内陆泛平原沉积。石河子组和石千峰群都是杂色碎屑岩，岩性组合为砂岩、粉砂岩、页岩和泥岩，底部夹锰铁层及煤层，上部以紫红色为主。

三叠纪—早白垩世主体为内陆盆地河湖相沉积，晚期夹有风成沉积砂岩，沉积中心主要在盆地的西缘靠近贺兰山的山前地带，与贺兰山逆冲上升遭受剥蚀提供物源有关，而且逆冲推覆作用的递进演化，控制了鄂尔多斯西缘盆地沉降中心逐渐向东迁移，并直接影响到鄂尔多斯盆地西缘油气的形成、运移和富集（周鼎武，2002）。

3. 侵入岩

华北陆块北部发育两个阶段的侵入岩体：其一为地壳形成早期的太古宙—中元古代的变质侵入体，主要岩性组合为英云闪长岩、花岗闪长岩、花岗岩、正长花岗岩、斜长花岗岩、石英闪长岩和闪长岩等；其二主要为中生代早期三叠纪侵入体，岩性组合为正长花岗岩、二长花岗岩、花岗闪长岩和花岗岩等，代表着造山晚期或者造山后期岩浆作用产物。此外还零星分布着石炭纪—二叠纪的花岗岩，岩性组合见有二长花岗岩、花岗岩、石英闪长岩和闪长岩等，代表着造山阶段的岩性组合。

4. 构造样式

鄂尔多斯盆地西缘发育极性向东的逆冲逆掩构造，形成盆地西缘的含油气构造。盆地东缘发育阶梯式断隆构造，具压扭性质。盆地南缘发育冲断构造。盆地北缘以北倾的正断层构造与河套断陷盆地相连。盆地内部以发育复杂的断块构造为特征。

九、昆仑-祁连-秦岭造山系（Ⅸ）

昆仑-祁连-秦岭造山系北邻中轴陆块区，南邻区是松潘-甘孜印支造山系（Ⅹ），二者之间以兴都库什北-康西瓦-苏巴什-木孜塔格-玛沁-阿尼玛卿断裂带相隔。

造山系的前身是一个古生代多岛洋盆，洋盆中的地块有阿中地块、中祁连地块、柴达木地块和全吉微地块等，地块周边发育有同期的岛弧性质的火山岩带。早古生代末洋盆关闭，晚泥盆世牦牛山组（D_3m）、老君山组（$D_{2-3}l$）不整合在洋陆演化阶段晚期形成的增生造山带之上，中晚泥盆世开始进入造山后大陆地壳伸展阶段，在祁连造山带及阿尔金造山带演变成石炭纪—早二叠世陆表海生物碳酸盐岩＋碎屑岩沉积建造组合，在西东昆仑造山带演变成石炭纪海相火山-沉积建造，在秦岭造山带发育后造山伸展裂陷盆地生物碳酸盐岩＋碎屑岩沉积建造组合。

该单元可以划分成7个次级单元：西昆仑造山带（Ⅸ-1）、东昆仑造山带（Ⅸ-2）、阿尔金造山带（Ⅸ-3）、祁连造山带（Ⅸ-4）、柴达木盆地（Ⅸ-5）、秦岭造山带（Ⅸ-6）和西巴达赫尚造山带（Ⅸ-7）。

（一）西昆仑造山带（Ⅸ-1）

西昆仑造山带（Ⅸ-1）北邻塔里木准地台（Ⅵ），南以康西瓦-苏巴什断裂为界与甜水海地块（Ⅹ-1-2）相隔，东南以阿尔金走滑断裂为界与巴颜喀拉-松潘造山亚带（Ⅹ-1-7）相隔。该单元可进一步划分成4个次级单元：塔西南造山亚带（Ⅸ-1-1）、喀拉塔什-库亚克造山亚带（Ⅸ-1-2）、库地-其曼于特造山亚带（Ⅸ-1-3）和康西瓦-苏巴什造山亚带（Ⅸ-1-4）。

1. 构造层

出露的岩石地层单元表明该单元可以划分成哥伦比亚（中条）构造层（Z）、格林威尔构造层（G）、泛非构造层(P)、加里东构造层(C)、海西构造层(V)和印支构造层(I),晚印支期该单元进入陆内盆山构造演化阶段,可以划分成印支期盆地(B_i)。

1)哥伦比亚(中条)构造层(Z)

哥伦比亚构造层由古元古代变质火山-沉积建造构成。古元古代在中—西段称库浪那古岩群($Pt_1 Kl.$)和东段喀拉喀什岩群($Pt_1 K.$),主要岩性为云母石英片岩、石英岩、大理岩和角闪(黑云)斜长(二长)片麻岩等。西段以变质碎屑岩为主,石英岩含磁铁矿;东段片麻岩较为发育,出现斜长角闪岩,局部有混合岩化,为一套高绿片岩相—角闪岩相变质岩系,原岩为碎屑岩-碳酸盐岩夹火山岩。在库地北库浪那古岩群变玄武岩获得 U-Pb 年龄为 2025±13Ma(李荣社等,2008)。

2)格林威尔构造层(G)

格林威尔构造层由中元古代—新元古代早期火山-沉积建造构成。

中元古代由赛图拉岩群($Pt_2^1 S.$)、桑株塔格群($Pt_2^2 Sz$)、卡羌岩群($Pt_2^1 K.$)、流水店岩组($Pt_2^2 ls.$)、阿拉玛斯岩群($Pt_2 A.$)和双雁山片岩($Pt_{1-2} s^{sh}$)火山-沉积建造构成,主体属准稳定类型沉积。赛图拉岩群岩性为黑云(二云)斜长片麻岩、二云石英片岩、斜长变粒岩、浅粒岩、石英岩夹斜长角闪岩、大理岩等,高绿片岩相—角闪岩相变质,原岩为泥质长英质碎屑岩夹火山岩和碳酸盐岩;桑树塔格群岩性为大理岩、千枚岩、板岩、石英砂岩和粉砂岩等,含叠层石;卡羌岩群岩性为黑云斜长片麻岩、变粒岩、角闪片岩和石英片岩夹大理岩;流水店岩组岩性为大理岩、石英片岩和石英岩夹变粒岩;阿拉玛斯岩群和双雁山片岩岩性为片麻岩、斜长角闪岩、石英片岩和石英岩夹大理岩,局部混合岩化。

新元古代早期地层由苏库罗克组($Pt_3^1 s$)火山-沉积建造构成,主要岩性为紫红色白云质灰岩、白云岩、结晶灰岩、大理岩夹石英片岩和少数绿片岩组成,主体属准稳定类型沉积。

3)泛非构造层(P)

泛非构造层由新元古代晚期—早寒武世火山-沉积建造构成。新元古代晚期—早寒武世地层由阿拉叫依岩群($Z\in A.$)和柳什塔格玄武岩($Zl\beta$)构成。阿拉叫依岩群岩性为角闪斜长变粒岩、黑云(长石)石英片岩、复成分砾岩、石英杂砂岩、砂质千枚岩、白云石变粒岩、白云质灰岩及结晶灰岩等,复成分砾岩有人认为具冰成岩特征;柳什塔格玄武岩由火山岩-碎屑岩组成,岩性为玄武岩、玄武玢岩、少量安山岩、火山碎屑岩、砾岩、砂岩和钙硅质板岩,火山岩为钙碱性系列,可能与伸展背景有关。

4)加里东构造层(C)

该单元出露的加里东构造层早、晚期都有所出露。

(1)早加里东构造层(C_e)。早加里东构造层由寒武纪—中奥陶世火山-沉积建造构成。寒武纪—中奥陶世地层有库拉甫河群($\in OK$)、上其汗岩组($Pz_1 s.$)和玛列兹肯群($O_{1-2} M$)。其中,库拉甫河群和上其汗岩组由变火山岩-碎屑岩夹碳酸盐岩组成,岩性为玄武岩、安山岩、英安岩、流纹岩、云母(绢云)石英片岩、石英岩、硅质岩、大理岩和白云质大理岩,上其汗岩组火山岩 Pb-Pb 年龄为 480.45~462.24Ma(贾群子等,1999);玛列兹肯群由砂岩、粉砂岩、页岩(千枚岩)和灰岩互层夹安山岩、英安岩及硅质岩组成,含有笔石、头足和层孔虫等奥陶纪化石。

(2)晚加里东构造层(C_l)。晚加里东构造层由中泥盆世布拉克巴什组($D_2 b$)火山-沉积建造构成,主要岩性为砂岩和中酸性火山岩。

5)海西构造层(V)

海西构造层由晚泥盆世—二叠纪火山-沉积建造构成。

(1)早海西构造层(V_e)。早海西构造层由晚泥盆世—石炭纪火山-沉积建造构成。泥盆纪地层仅见于西昆北东段,由海陆相杂色石英砂岩、粉砂岩、板岩夹砂砾岩、大理岩及少量阳起石片岩等组成,具下粗上细沉积序列,与顶、底地层未见直接接触,尚缺时代依据,与塔南地层区奇自拉夫组($D_3 q$)可对比。

石炭系有依萨克群($C_1 Y$)、他龙群($C_1 T$)、库尔良群($C_2 K$)和特给乃奇克达坂组($C_2 Pt_1 tg$)火山-沉积建造以及塔斯坎萨依组($C_1 ts$)、龙门沟组($C_{1-2} l$)、提热艾力组($C_2 t$)沉积岩建造构成。其中,依萨克群、他龙群、库尔良群和特给乃奇克达坂组岩性为砂岩、粉砂岩、板岩、千枚岩、硅质岩、玄武岩、安山岩、英安岩、流纹岩、生物灰岩和白云质灰岩等，含早、晚石炭世珊瑚和放射虫化石，形成于裂谷(陷)海盆；塔斯坎萨依组和龙门沟组岩性为石英细砂岩、粉砂岩、板岩、千枚岩、泥晶(细晶)灰岩和生物灰岩，含石炭纪珊瑚、腕足等化石，具碳酸盐岩台地特征；西段提热艾力组岩性为长石石英砂砾岩、砾岩、细砂岩和粉砂岩等，尚缺时代依据，可能为西昆中陆块边缘斜坡相浊流沉积。

(2)晚海西构造层(V_1)。晚海西构造层由阿羌岩组($P_{1-2}a$)、再依勒克群($P_{1-2}Z$)、卡拉孔木组(P_2k)、苏克塔亚组(P_3s)、硫磺达坂砂岩(Pl^{ss})和卡拉勒塔什组火山-沉积建造构成。阿羌岩组主要由海相火山岩组成，不整合于石炭纪地层之上，岩性为玄武岩、安山岩、英安岩、流纹岩、泥质碎屑岩、硅质岩及灰岩，放射虫硅质岩时代为早—中二叠世，火山岩具裂谷组合特征；苏克塔亚组不整合于阿羌岩组之上，岩性由砾岩、板岩夹灰岩组成，形成于滨浅海；再依勒克群岩性为砾岩、砂岩、生物(微晶)灰岩和含砾灰岩，含栖霞期䗴类化石，形成于滨浅海环境；卡拉孔木组和硫磺达坂砂岩岩性为长石石英砂岩、粉砂岩、板岩和放射虫硅质岩等，偶夹英安岩、安山岩及泥灰岩，总体具深水复理石沉积特征，含放射虫、䗴类和珊瑚化石；卡拉勒塔什组岩性为安山岩、英安岩及凝灰岩，火山岩具岛弧特征。

6)印支构造层(Ⅰ)

印支构造层由早三叠世火山-沉积建造构成。

三叠纪地层普遍缺失，仅在西昆南出露早三叠世赛利亚克达坂群(T_1S)，该群是一套火山-沉积建造，岩性为玄武岩、安山岩和英安岩，夹灰岩和板岩，形成于海陆交互相沉积环境。

2. 盆地

从晚三叠世开始该单元进入陆内盆山构造演化阶段，可以识别出印支期盆地(B_i)。

晚三叠世卧龙岗组(T_3w)由河流相紫红色砾岩、岩屑长石砂岩、石英砂岩和粉砂岩组成，不整合于二叠纪地层之上，侵入其内的花岗岩 Rb-Sr 等时线年龄为 176Ma。

侏罗系由叶尔羌群($J_{1-2}Y$)和库孜贡苏组(J_3k)组成。叶尔羌群由杂色调长石石英砂岩与泥岩不等厚互层夹煤层组成，西昆北下部有砾岩和砂砾岩，西昆南夹泥质白云岩，含早—中侏罗世孢粉及双壳化石，属河-湖相沉积。库孜贡苏组仅见于西昆北沿阿尔金断裂带分布，不整合于叶尔羌群之上，由红色砂砾岩夹碳质页岩组成。

早白垩世双伍山组(K_1s)和克孜勒苏群(K_1K)仅见于西昆南，由紫红色、灰绿色长石(岩屑)砂岩、长石石英砂岩夹灰(黑)色泥岩及砾岩，含孢粉化石，为山麓-河流相沉积。

3. 蛇绿岩及蛇绿混杂岩带

该单元出露库地-其曼于特早古生代蛇绿构造混杂带和康西瓦-苏巴什晚古生代蛇绿构造混杂带。

库地-其曼于特新元古代—早古生代蛇绿构造混杂带中，库地蛇绿岩基性火山岩的 Sm-Nd 等时线年龄为 1023±51Ma 和 834±29Ma，可能代表了库地洋开始消减俯冲的年代(方爱民等，2010)；石英辉长岩、辉长岩和玄武岩的 SHRIMP 锆石 U-Pb 年龄依次为 510±4Ma、525.7Ma 和 430～420Ma(肖序常等，2003)。其曼于特蛇绿岩中辉长岩 LA-ICP-MS 锆石 U-Pb 年龄为 526±1Ma、432±15Ma 和 971±33Ma。

康西瓦-苏巴什蛇绿混杂岩带中，西昆仑的苏巴什蛇绿混杂岩带的硅质岩中放射虫微体化石为晚石炭世，海绵骨针化石为早二叠世(1∶25 万于田、伯力克幅区调报告，2002)，复理石沉积物中含石炭纪放射虫化石群(方爱民，2002)，苏巴什蛇绿岩的形成时代早于中二叠世(计文化等，2004)。

4. 侵入岩

该单元侵入岩浆活动自中元古代开始，到第三纪结束，持续时间长，但是以古生代最为强烈。

中新元古代的岩体以库地南岩体为代表，原岩类型以二长花岗岩和花岗闪长岩为主，属过铝质钙碱系列，具有S型花岗岩特征，反映了新元古代古塔里木板块作为Rodinia超大陆一员发生裂解的时间（张传林等，2003）。

早古生代岩体主要时代为奥陶纪。寒武纪岩体以康西瓦北部库尔良岩体为代表，其中黑云母角闪闪长岩和花岗闪长岩的SHRIMP锆石U-Pb年龄分别为506.8±9.8Ma和500.2±1.2Ma，属钙碱系列到高钾钙碱系列（张占武等，2007）。奥陶纪岩体西段以蒙古包、无依别克、塔玛尔特和三十里营房等岩体为代表，其SHRIMP锆石U-Pb年龄范围为(440.5±4.6)～(447±7)Ma（崔建堂等，2006a，2006b），部分基性岩为碱性系列，中酸性岩为钙碱系列，形成于岛弧环境。东段以皮什盖、阿拉玛斯、卡也地、阿克塞因和阿羌脑等岩体为代表，岩性组合为石英闪长岩、石英二长岩和二长花岗岩等，阿拉玛斯岩体和皮什盖岩体石英闪长岩的2个锆石U-Pb年龄分别为481±3.6Ma和452.6±5.9Ma，阿克塞因岩体二长花岗岩的锆石U-Pb年龄为442.3±4.8Ma，石英闪长岩-石英二长岩属准铝质的钙碱性岩石，二长花岗岩为准铝质中—高钾钙碱系列，形成于同碰撞和碰撞后抬升时期。

晚石炭世岩体岩性组合主要为二长花岗岩、花岗闪长岩、英云闪长岩、石炭闪长岩、闪长岩和少量辉长岩，麻扎弧岩体的SHRIMP锆石U-Pb年龄为338±10Ma，为火山岛弧花岗岩（李博秦等，2006）。库地西岩体的岩性组合为二长花岗岩、花岗闪长岩和石英二长闪长岩，属准铝质钙碱系列Ⅰ型花岗岩，形成于早二叠世。

三叠纪侵入岩浆活动最为强烈，代表性岩体有慕士塔格、安大力塔克和阿克阿孜山等。阿卡阿孜山岩体的黑云母$^{40}Ar/^{39}Ar$年龄为213±1Ma（袁超等，2003），单颗粒锆石U-Pb年龄为214±1Ma（Yuan et al.，2002），岩性组合为二长花岗岩、花岗岩、花岗闪长岩和石英二长岩，属过铝质高钾钙碱系列A型花岗岩，形成于造山晚期相对稳定的拉张环境，是在岩石圈拆沉过程中侵位的（姜耀辉等，2000）。

5. 构造样式

在构造样式上，西昆仑造山带在平面上呈现向西南突出的弧型，在剖面上呈现出不对称的柯帕型，北侧以中低角度逆冲为主，南侧以高角度冲断为主，总体上是一个褶皱冲断造山带。区域地质填图和油气勘察表明，塔里木准地台在新生代向南俯冲造成了极向指北的西昆仑逆冲断裂带。西昆仑逆冲断裂活动时间是在早渐新世之前。

（二）东昆仑造山带（Ⅸ-2）

东昆仑造山带（Ⅸ-2）北以第四系边界与柴达木盆地（Ⅸ-5）相邻，西北以阿尔金走滑断裂为界与西昆仑造山带（Ⅸ-1）和阿尔金造山带（Ⅸ-3）相隔，南以东昆中南缘断裂为界与巴颜喀拉-金沙江造山带（Ⅹ-1）相隔，东以玛沁-玛曲断裂为界与河南-岷县造山亚带（Ⅹ-1-5）和白龙江造山亚带（Ⅹ-1-6）相隔。该单元可进一步划分为2个亚带：东昆仑北造山亚带（Ⅸ-2-1）和东昆仑中造山亚带（Ⅸ-2-2）。

1. 构造层

出露的岩石地层单元表明该单元可以划分成哥伦比亚（中条）构造层（Z）、格林威尔构造层（G）、加里东构造层（C）和海西构造层（V），晚印支期该单元进入陆内盆山构造演化阶段，可以划分成印支期盆地（B_i）。

1）哥伦比亚（中条）构造层（Z）

哥伦比亚构造层由新太古代—古元古代白沙河岩群（$Ar_3Pt_1B.$）结晶变质岩系构成，是一套变质程度达高角闪岩相和麻粒岩相的无序变质杂岩，并遭受强烈的混合岩化，主要由变粒岩、花岗质片麻岩、白云质大理岩、橄榄大理岩及角闪岩组成。前人曾对该岩群进行过大量的同位素测年，锆石U-Pb上交点年龄为1900Ma，全岩Sm-Nd等时线年龄为2322±160Ma（李荣社等，2008）。该岩群恢复原岩是一套海相含中基性火山岩的花岗绿岩建造，可能形成于古老的弧盆系环境，其中可能存在着古老的洋岛海山

期洋壳建造的大规模左行位错，构成走滑造山带。

该单元可进一步划分为3个次级构造带：红柳沟-拉配泉造山亚带（Ⅸ-3-1）、阿中地块（Ⅸ-3-2）和阿帕-茫崖造山亚带（Ⅸ-3-3），以下分别叙述。

1. 红柳沟-拉配泉造山亚带（Ⅸ-3-1）

1）构造层

出露的岩石地层单元表明该单元可以划分成哥伦比亚（中条）构造层（Z）、格林威尔构造层（G）和加里东构造层（C）及后加里东盖层沉积，燕山期该单元进入陆内盆山构造演化阶段，可以划分成燕山期盆地（B_y）。

（1）哥伦比亚（中条）构造层（Z）。哥伦比亚构造层由新太古代—古元古代米兰岩群（$Ar_3Pt_1M.$）结晶变质岩系构成，岩性为变粒岩、斜长角闪岩和片麻岩，侵入到该岩群中的古老侵入岩体有二长花岗质侵入岩和英云闪长质侵入体，具TTG片麻岩特征，花岗质片麻岩锆石U-Pb年龄为3605±43Ma、3096±37Ma、2604±102Ma、2567±32Ma、2374±10Ma和2140～1906Ma，基性脉岩U-Pb年龄为2351±21Ma（李惠民等，2001；陆松年等，2002；1∶25万石棉矿幅）。

（2）格林威尔构造层（G）。格林威尔构造层由新元古代早期索尔库里群（Pt_3^1s）火山-沉积建造构成，岩性为叠层石碳酸盐岩与紫红色、灰绿色碎屑岩不等厚互层，夹具板内特征基性火山岩，形成于滨浅海环境，属稳定类型沉积。

（3）加里东构造层（C）。加里东构造层由寒武纪—奥陶纪拉配泉群（$\in OL$）火山-沉积建造构成，岩性为复成分碎屑岩、碳硅质板岩、碳酸盐岩及火山岩，硅质岩含晚寒武世—中奥陶世海绵骨针及牙形刺化石（车自成等，2002）。

（4）后加里东盖层（C_c）。后加里东盖层由晚石炭世—早二叠世沉积建造构成。晚石炭世—早二叠世有羊虎沟组（C_2P_1y）和因格布拉克组（C_2P_1yg）。其中，羊虎沟组由海陆交互相灰黑色调的页岩、砂岩、薄层灰岩及薄煤层（线）构成，底部为粗砂岩和砾岩。下段含菊石、蜓类和牙形石等；因格布拉克组由浅海相碎屑岩和碳酸盐岩沉积建造构成，不整合于元古宙地层之上。

2）盆地

从侏罗纪开始该单元进入陆内盆山构造演化阶段，可以识别出燕山期盆地（B_y）。

侏罗纪地层由大煤沟组（$J_{1-2}dm$）陆相含煤碎屑岩建造构成，岩性为灰白色砾岩、含砾砂岩、黄绿色砂砾岩、灰黑色细砂岩、粉砂岩、泥岩、碳质页岩夹煤层、油页岩及菱铁矿层，含植物、轮藻、叶肢介及淡水双壳类、昆虫等化石，为河流-湖泊相的山间或断陷盆地沉积。

3）蛇绿岩及蛇绿混杂岩带

红柳沟-拉配泉蛇绿岩通常被认为是早古生代蛇绿岩，但存在着新元古代甚至古元古代的信息。洋壳岩块包括变质橄榄岩、超镁铁质堆晶岩、辉长岩、斜长岩、斜长花岗岩、辉绿岩和镁铁质火山熔岩等，其中的辉橄岩、斜长岩、辉长岩和玄武岩的SHRIMP锆石U-Pb年龄为1889±27Ma、1869±27Ma、1836±40Ma和1818±25Ma（捕获锆石?），被认为是古元古代蛇绿岩（曹福根等，2014）；早古生代证据有玄武岩的Sm-Nd等时线年龄为（508.3±41）～（524.4±44）Ma（刘良等，1999），MORB型辉绿岩墙SHRIMP锆石U-Pb年龄为479±8Ma（杨经绥等，2008），斜长花岗岩锆石U-Pb年龄为512.1±1.5Ma（高晓峰等，2012），恰什坎萨依地区斜长花岗岩LA-ICP-MS锆石U-Pb年龄为518.5±4.1Ma（盖永升等，2015），贝壳滩OIB型玄武岩的Sm-Nd等时线年龄为524Ma（车自成等，2002），恰什坎萨依枕状熔岩的TIMS锆石年龄为448.6±3.3Ma（修群业等，2007），东部冰沟蛇绿岩辉长岩SHRIMP锆石U-Pb年龄为449.5±10.9Ma（杨子江等，2012），阿克赛青崖子辉长岩SHRIMP锆石U-Pb年龄为521±12Ma年龄（张志诚等，2009），红柳沟蛇绿岩带中辉长岩SHRIMP锆石U-Pb年龄为479.4±8.5Ma，代表着蛇绿岩形成的年代（杨经绥等，2008）。

4)侵入岩

该单元侵入岩可划分为3个时期:加里东中—晚期、海西中—晚期和印支期。

加里东中—晚期由奥陶纪和志留纪侵入岩构成。奥陶纪岩性组合为二长花岗岩、花岗岩、斜长花岗岩、石英闪长岩、闪长岩和各种基性岩,还包括该时期的蛇绿岩;志留纪的岩性组合为花岗闪长岩、斜长花岗岩和英云闪长岩。该阶段侵入岩形成于碰撞和同碰撞后构造环境。

此外,还有少量石炭纪、二叠纪和三叠纪的侵入体。

2. 阿中地块(Ⅸ-3-2)

1)构造层

出露的岩石地层单元表明该单元可以划分成哥伦比亚(中条)构造层(Z)、格林威尔构造层(G)和兴凯构造层(X)及后兴凯盖层沉积,燕山期该单元进入陆内盆山构造演化阶段,可以划分成燕山期盆地(B_y)。

(1)哥伦比亚(中条)构造层(Z)。哥伦比亚构造层由新太古代—古元古代阿尔金岩群($Ar_3Pt_1A.$)结晶变质岩系构成,该岩群变质程度为高绿片岩相—低角闪岩相,原岩主要为杂砂岩、泥质岩夹碳酸盐岩及中酸性—中基性火山岩建造。胡霭琴(2001)报道阿尔金山岩群锆石U-Pb上交点年龄为1820±277Ma。

(2)格林威尔构造层(G)。格林威尔构造层由中元古代巴什库尔干群(Pt_2B)、塔昔达坂群(Pt_2T)和新元古代早期索尔库里群(Pt_3^1S)火山-沉积建造构成。其中,巴什库尔干群包含3个组:扎斯勘赛河岩组($Pt_2z.$)岩性为砂岩、粉砂岩和凝灰岩,夹少量碎屑灰岩及中基性火山岩;红柳泉岩组($Pt_2hl.$)岩性为含石榴石的石英片岩、石英岩、二云母片岩夹碳质片岩;贝克滩岩组($Pt_2b.$)岩性为硅质岩、粉砂岩、灰岩夹粗砂岩及少量片理化细砂岩。巴什库尔干群锆石U-Pb时代介于586~300Ma(刘良等,2011)。塔昔达坂群岩性为白云岩、白云质灰岩、硅质条带灰岩、碎屑状灰岩、鳞状灰岩、粉砂质(泥钙质)板岩、粉砂岩和石英砂岩,富含叠层石和微古植物化石。索尔库里群岩性为石英砂岩、粉砂岩、粉砂质板(千枚)岩、钙质砂岩、结晶灰岩、内碎屑灰岩、白云质灰岩和白云岩,沉积序列由泥质碎屑岩-碳酸盐岩构成两个沉积旋回,底部普遍以灰绿色—灰紫色砂砾岩与下伏蓟县纪地层呈平行不整合或角度不整合,所含叠层石相当于蓟县纪—青白口纪,泥质碎屑岩形成于滨-浅海,碳酸盐岩形成于台地-台地边缘相区。

(3)兴凯(萨拉伊尔)构造层(X)。由南华纪索拉克组(Pt_3^2s)构成,该组与下伏索尔库里群有沉积间断,是一套基性火山岩建造,具有大陆溢流玄武岩特征,与全球Rodinia超大陆裂解岩浆事件相关。

(4)后兴凯盖层(X_c)。后兴凯盖层由奥陶纪碎屑岩和碳酸盐岩、中晚泥盆世碎屑岩和晚石炭世—早二叠世碎屑岩和碳酸盐岩沉积建造构成。

奥陶纪沉积盖层由早奥陶世额兰塔格组(O_1e)和中晚奥陶世环形山组($O_{2\text{-}3}h$)沉积建造构成。其中,额兰塔格组以滨浅海相生物碎屑灰岩和泥晶灰岩为主,夹泥岩,富含腕足类、头足类及牙形刺;环形山组为滨浅海相灰岩、生物碎屑灰岩夹粉砂岩,含三叶虫、头足类及腕足类化石,与华北地区的相似。

中晚泥盆世恰什坎萨依群($D_{2\text{-}3}Q$)为陆相沉积的砂岩和泥质岩。

晚石炭世—早二叠世因格布拉克组(C_2P_1yg)由浅海相碎屑岩和碳酸盐岩沉积建造构成,不整合于元古宙地层之上。

2)盆地

从侏罗纪开始该单元进入陆内盆山构造演化阶段,可以识别出燕山期盆地(B_y)。

燕山期盆地由早—中侏罗世叶尔羌群($J_{1\text{-}2}Y$)构成。叶尔羌群自下而上为沙里塔什组、康苏组、杨叶组和塔尔尕组,为一套湖沼相含煤碎屑岩,岩性为黄色泥灰岩、红色砂质页岩、灰色页岩和煤层,夹有砾岩和灰岩,含植物化石 *Coniopteris hymenophylloides*,*Ctenis* cf. *chinensis*,*Neocalamites* sp.,*Phoenicopsis* sp.,*Coniopteris* sp. *Phoenicopsis*;双壳类 *Pseudocardinia* sp.;介形类 *Darwinula* sp.,叶肢介等。

3)侵入岩

该单元侵入岩浆活动自太古宙开始,早古生代最为强烈,中新生代略有发育。

新太古代—古元古代侵入岩主要分布在阿尔金南缘主断裂与卡尔恰尔-阔实复合构造带之间,岩性为眼球状片麻岩,原岩为英云闪长岩、花岗闪长岩和二长花岗岩组合,片麻岩锆石 U-Pb 年龄为 2679±142Ma(崔军文等,1999);蓟县纪侵入体主要分布在苏拉木塔格一带,岩性组合为二长花岗岩和正长花岗岩等,片麻状花岗岩的 Rb-Sr 全岩等时线年龄为 1035±77Ma(覃小锋等,2008),以准铝质高钾钙碱系列和钾玄岩系列为特征,被认为是格林威尔期碰撞造山作用的岩浆活动产物;新元古代侵入体主要分布在该构造岩浆岩带的西南部,岩石类型有石英闪长岩、英云闪长岩、花岗闪长岩和二长花岗岩等,花岗闪长岩的全岩 Rb-Sr 等时线年龄为 575Ma,属准铝质中钾钙碱系列,为活动大陆边缘岩浆作用产物(马铁球等,2002)。

早古生代岩体有苏吾什杰、其昂里克、帕夏拉依档和塔特勒克布拉克等岩体,岩性组合为辉长岩-辉绿岩、闪长岩、英云闪长岩、石英闪长岩、花岗闪长岩、二长花岗岩和正长花岗岩等,属于较为典型的 TTG 岩套。$^{40}Ar/^{39}Ar$ 年龄为 454～414Ma(Edwar et al.,1999),锆石 U-Pb 年龄为 465～462Ma(曹玉亭等,2010;苏吾什杰幅 1∶25 万区调报告),属强过铝质高钾钙碱系列,为壳源型的强过铝质 S 型花岗岩,与洋壳俯冲作用相关。

阿中地块北部早古生代侵入体还有巴什考供盆地南缘花岗杂岩体、鱼目泉和金雁山岩体等。巴什考供盆地南缘花岗杂岩体主要由巨斑花岗岩、花岗岩和似斑状花岗岩组成,年龄为 474～431Ma;金雁山花岗闪长岩体的单颗粒锆石 U-Pb 年龄为 467.1±6Ma(郝杰等,2006)。鱼目泉岩体形成于晚寒武世与洋壳俯冲有关的大陆边缘岛弧,巴什考供盆地南缘花岗杂岩体和金雁山岩体主要形成于晚奥陶世—早志留世碰撞到同碰撞后构造环境。

中生代岩体很少,仅在瓦石峡一带分布有尧勒萨依岩体群,其中闪长岩的 K-Ar 年龄为 172Ma,为侏罗纪,岩石类型为闪长岩、二长闪长岩、二长岩、二长花岗岩、正长花岗岩和正长岩等,属高钾钙碱系列和碱性系列,部分岩体为 A 型花岗岩(李荣社等,2008),形成于陆内构造环境。

4)构造样式

构造样式主要是断隆上升形成的断块构造。

3. 阿帕-茫崖造山亚带(Ⅸ-3-3)

1)构造层

出露的岩石地层单元表明该单元可以划分成哥伦比亚(中条)构造层(Z)、格林威尔构造层(G)和加里东构造层(C),海西期该单元进入陆内盆山构造演化阶段,可以划分成海西期盆地(B_v)和燕山期盆地(B_y)。

(1)哥伦比亚(中条)构造层(Z)。哥伦比亚构造层由新太古代—古元古代白沙河岩群($Ar_3Pt_1B.$)和古元古代达肯达坂岩群($Pt_1D.$)结晶变质岩系构成。其中,白沙河岩群岩性为黑云(角闪)斜(二)长片麻岩、白云大理岩、黑云斜长变粒岩和浅粒岩,夹斜长角闪岩和云母石英片岩,为高角闪岩相变质,原岩为陆源碎屑岩、碳酸盐岩和火山岩;达肯达坂岩群岩性为混合片麻岩-混合岩化黑云斜长角闪岩、黑云斜长变粒岩、黑云中长变粒岩、花岗质混合片麻岩和橄榄大理岩、透闪大理岩及含石墨大理岩,为中高级变质程度的无序变质杂岩。

(2)格林威尔构造层(G)。格林威尔构造层由新元古代早期索尔库里群(Pt_3^1S)火山-沉积建造构成,岩性为含叠层石碳酸盐岩与紫红色、灰绿色碎屑岩不等厚互层,夹具板内特征基性火山岩,形成于滨浅海环境,属稳定类型沉积。

(3)加里东构造层(C)。加里东构造层由寒武纪—奥陶纪滩间山群(∈OT)火山-沉积建造构成,岩性为长石石英(岩屑)杂砂岩、石英砂岩、粉砂岩、泥质板岩、硅质板岩、玄武岩、安山岩、英安岩、流纹岩、熔结角砾岩、凝灰岩、白云(硅质)大理岩、结晶灰岩和白云岩等。

2)盆地

从晚古生代开始该单元进入陆内盆山构造演化阶段，可以识别出海西期盆地(B_v)和燕山期盆地(B_y)。

海西期盆地由中—晚泥盆世恰什坎萨依群($D_{2-3}Q$)和早—中二叠世叶桑岗组($P_{1-2}y$)构成。恰什坎萨依群岩性为砂岩和泥质岩，为陆相沉积碎屑岩；叶桑岗组为一套紫红色陆相粗碎屑岩沉积。

燕山期盆地由早—中侏罗世大煤沟组($J_{1-2}d$)、中侏罗世采石岭组(J_2c)和早—中侏罗世叶尔羌群($J_{1-2}Y$)构成。大煤沟组岩性为灰黄(绿)色—灰紫色复成分砾岩、含砾粗砂岩、长石石英砂岩、粉砂岩及灰黑色碳质页岩，夹可开采煤层，产植物化石 *Podozamites* sp.，*Conioptaris* sp. 等(成都地质矿产研究所，2010；新疆维吾尔自治区地质调查院，2012)；采石岭组岩性为一套杂色岩系或沉积的红色粗碎屑岩夹细碎屑岩及灰岩的地层，产介形类(*Darwinulasary tirmenensis*，*D. magna* 等)、轮藻(*Aclistocharalufengensis*，*A. nuguishanensis*)、腹足类、双壳类、叶肢介及藻类等化石；叶尔羌群为一套湖沼相含煤碎屑岩，岩性为黄色泥灰岩、红色砂质页岩、灰色页岩和煤层，夹有砾岩和灰岩，含植物(*Coniopteris hymenophylloides*，*Ctenis* cf. *chinensis*，*Neocalamites* sp.，*Phoenicopsis* sp.，*Coniopteris* sp.，*Phoenicopsis*)、双壳类(*Pseudocardinia* sp.)、介形类(*Darwinula* sp.)及叶肢介等化石，自下而上为沙里塔什组、康苏组、杨叶组和塔尔尕组。

3)蛇绿岩及蛇绿混杂岩带

该单元的阿帕-茫崖蛇绿混杂岩带，包括长沙沟岩体、清水泉岩体、约马克其岩体、木纳布拉克和吉日迈岩体。长沙沟清水泉层状杂岩体的锆石 U-Pb 年龄为 467.4±1.4Ma(马中平等，2009，2011)；约马克其蛇绿岩中辉长岩锆石 U-Pb 年龄为 501±2Ma(李向民等，2009)；木纳布拉克超基性岩体的形成时代为 450Ma(康磊等，2012)。这些数据表明，该蛇绿混杂岩带形成时代为早古生代。

4)侵入岩

该单元侵入岩可划分为 3 个时期：前寒武纪、加里东中—晚期和海西中—晚期。

前寒武纪岩体包括中元古代二长花岗岩、正长花岗岩和新元古代二长花岗岩；加里东期岩体有寒武纪—奥陶纪闪长岩、奥陶纪花岗闪长岩、二长花岗岩和志留纪二长花岗岩。其中，顶寒武世侵入岩具有陆-陆碰撞-加厚地壳熔融的埃达克质花岗岩特征(孙吉明等，2012)，奥陶纪侵入岩为后碰撞型花岗岩(曹玉亭等，2010)，晚志留世以后的侵入岩具有 A 型花岗岩特征；海西期主要为石炭纪英云闪长岩。

(四)祁连造山带(Ⅸ-4)

祁连造山带(Ⅸ-4)北以龙首山断裂为界与阿拉善陆块相隔(Ⅷ-1)，西以阿尔金断裂为界与阿尔金造山带(Ⅸ-3)相隔，南以柴达木盆地第四系为界与东昆仑造山带(Ⅸ-2)相邻，东以天水-宝鸡断裂和哇洪山走滑断裂为界与贵德-礼县造山亚带(Ⅹ-1-4)和河南-岷县造山亚带(Ⅹ-1-5)相隔。该单元可进一步划分为 8 个次级构造单元：走廊造山亚带(Ⅸ-4-1)、北祁连造山亚带(Ⅸ-4-2)、中祁连造山亚带(Ⅸ-4-3)、党河南山造山亚带(Ⅸ-4-4)、南祁连造山亚带(Ⅸ-4-5)、宗务隆山造山亚带(Ⅸ-4-6)、全吉微陆块(Ⅸ-4-7)和柴北缘造山亚带(Ⅸ-4-8)。其中，走廊造山亚带、北祁连造山亚带、中祁连造山亚带、党河南山造山亚带、南祁连造山亚带、宗务隆山造山亚带和柴北缘造山亚带具有相似的构造层，而全吉地块则具有不同的构造层，以下分为两类地区分别叙述。

1. 祁连造山带(包括走廊造山亚带、北-中—南祁连造山亚带、党河南山造山亚带、宗务隆造山亚带和柴北缘造山亚带)

1)构造层

出露的岩石地层单元表明该单元可以划分成哥伦比亚(中条)构造层(Z)、格林威尔构造层(G)、扬子构造层(A)和加里东构造层(C)及后加里东盖层沉积，海西期(部分地区燕山期)该单元进入陆内盆山构造演化阶段，可以划分成海西期盆地(B_v)和燕山期盆地(B_y)。

(1)哥伦比亚(中条)构造层(Z)。哥伦比亚构造层由太古宙—古元古代化隆岩群(Ar Pt_1 *H.*)、新太古代—古元古代马衔山岩群(Ar_3Pt_1*M.*)结晶变质岩系和古元古代陇山岩群(Pt_1*L.*)、北大河岩群(Pt_1*B.*)、托赖岩群(Pt_1*T.*)、湟源群(Pt_1*H.*)以及达肯达坂群(Pt_1*D*)变火山-沉积建造构成。

化隆岩群分布于青海省东南部青海湖东北缘至拉脊山断裂带南侧的循化、化隆一带,岩性为一套黑灰色—灰黑色黑云斜长片麻岩、黑云钾长片麻岩夹黑云石英片岩,局部见混合岩化,白云母石英岩碎屑锆石年龄存在2.6Ga、1.8Ga、1.5Ga和1.2Ga多期(陆松年等,2009),石英岩碎屑锆石主要年龄谱峰为1.78~1.47Ga,最小谐和年龄为967Ma和964Ma(Yan et al.,2015),并发育0.9Ga左右(徐旺春等,2007;何世平等,2011;余吉远等,2012;Yan et al.,2015)的变质古侵入体;马衔山岩群不同地区岩性略有差异,总体岩性组合为眼球状黑云斜长混合岩、黑云钾长混合岩、眼球状黑云二长混合岩、黑云奥长混合岩、混合质花岗岩、混合质黑云斜长片麻岩、斜长角闪岩、角闪片岩、二长角闪岩、角闪中长片麻岩、含榴白云石英片岩、白云岩、白云质大理岩和含磷大理岩透镜体,高绿片岩相—角闪岩相变质,斜长角闪岩锆石U-Pb年龄为2632±100Ma(何世平等,2008),马衔山片麻岩锆石U-Pb年龄为2152Ma(1∶5万羊寨幅区域地质调查),变质侵入体时代为1192±38Ma(王洪亮等,2007)。

陇山岩群分布在北祁连天水-宝鸡断裂以北、六盘山西南缘断裂以南地区,岩性为一套大理岩、含云母条带状大理岩、黑云母片麻岩、石英岩、斜长角闪岩、角闪片麻岩、黑云角闪片麻岩、石英云母片岩和二云片岩组合,长英质片麻岩发育2.5Ga、2.35Ga和2.0Ga的岩浆事件年龄和1.9Ga的变质事件年龄(何艳红等,2005;裴先治等,2007);北大河岩群主要分布在北、中祁连的镜铁山、托赖山西段、托赖南山西段和野马河一带,岩性由片麻岩组、片岩组和大理岩组构成,Rb-Sr等时线年龄为1336Ma(汤中光等,1979)和1166Ma(黄德征等,1984),花岗质侵入体年龄为1463±74Ma(郭力宇等,2002);托赖岩群分布在中祁连中、东段,岩性为矽线黑云斜长片麻岩、石榴石黑云斜长片麻岩、石榴石奥长片麻岩、钾长角闪片麻岩、斜长角闪岩、二云片岩、透辉石大理岩、白云石英片岩、黑云石英片岩、砂质灰岩和大理岩,黑云斜长片麻岩的形成时代为1537±5.3Ma(刘建栋等,2015);湟源群分布在中祁连东段,岩性为大理岩、含碳质石英云母片岩、云母石英片岩、二云石英片岩、石榴石云母石英片岩、石英角闪片岩、透闪石英片岩、绿泥石英片岩、角闪片岩、千枚岩和石英岩,花岗质侵入岩形成时代为950~900Ma(郭进京等,1999);达肯达坂群主要分布在柴北缘地区,岩性由片麻岩岩组、片岩岩组和大理岩岩组构成,原岩含基性火山岩,经历了从高绿片岩相到高角闪岩相的变质作用,局部地段达到了麻粒岩相变质,花岗质岩石锆石U-Pb年龄为2.47~2.35Ga(陆松年等,2002;李晓彦等,2007;Lu et al.,2008;王勤燕等,2008;Gong et al.,2013),发育1.96~1.90Ga、1.85~1.82Ga和1.82~1.80Ga三期变质事件(郝国杰等,2004;王勤燕等,2008;Chen et al.,2009,2013a,2013b;张璐等,2011;Wang et al.,2015)。

(2)格林威尔构造层(G)。格林威尔构造层由中元古代—新元古代早期(长城纪—青白口纪)变火山-沉积建造构成。

长城纪海源群(Pt_2^1*H*)自下而上划分成南华山组(Pt_2^1*nh*)、园河组(Pt_2^1*y*)和西华山组(Pt_2^1*x*)。南华山组分布在北祁连静宁-清水地区,为一套变火山-沉积建造,岩性为灰绿色绿泥绿帘阳起石片岩夹少量大理岩、石英岩透镜体和灰白色云母石英(钠长)片岩夹绿泥白云母钠长石英片岩及少量白云质大理岩;园河组分布在北祁连静宁—清水地区,为一套变火山-沉积建造,岩性为含云母大理岩、大理岩、白云母大理岩、硅质大理岩夹二云母石英片岩、钠长绿帘绿泥片岩和含碳质白云石英片岩,含微古植物等化石;西华山组分布在北祁连静宁—清水地区,为一套变火山-沉积建造,岩性以灰白色白云母石英片岩和钠长石英片岩为主,夹灰白色薄层白云母大理岩、灰绿色绿泥钠长片岩和绿泥阳起钠长片岩。

长城纪朱龙关群(Pt_2^1*Z*)在北祁连和中祁连广泛分布,由火山-沉积建造构成,为一套含丰富叠层石和微古植物化石的中基性火山岩、变质火山碎屑岩、变质碎屑岩、变泥硅质岩夹碳酸盐岩及赤铁矿层的火山-沉积建造,包括熬油沟组(Pt_2^1*a*)和桦树沟组(Pt_2^1*h*),为新元古代大陆裂谷火山沉积作用的产物。

长城纪—蓟县纪托莱南山群(Pt_2*T*)沿走廊带、北祁连和南祁连地区分布,下部南白水河组(Pt_2^1*n*)为一套碎屑岩沉积建造，上部花儿地组(Pt_2^2h)为一套碳酸盐岩沉积建造。皋兰群(Pt_2^1G)分布在中祁连兰州市北部及永登县东部和皋兰县及榆中县北部一带，为一套变火山-沉积建造，岩性为黑云石英片岩、石榴十字黑云石英片岩、石榴石黑云母片岩或黑云母片岩、黑云角闪片岩、绢云石英片岩、黑云方解片岩、黑云方解石英岩、斜长角闪片岩、石英岩、含砾岩屑砂岩、粗—中粒变质岩屑砂岩、细砂岩和千枚岩，变质矿物黑云母K-Ar年龄为540Ma(1∶20万靖远幅区域地质测量报告，1972)和516Ma(1∶20万兰州幅地质图说明书，1965)，变质全岩Rb-Sr同位素等时线年龄为461.2Ma和574.3Ma(庄育勋，1983)。兴隆山群(Pt_2^1X)仅分布在中祁连的兰州市南东榆中县兴隆山一带，为一套变火山-沉积建造，岩性为绢云石英片岩、绢云石英千枚岩、片状石英岩、变凝灰岩、变凝灰质砂岩、变英安质凝灰岩和变玄武岩及变质细碎屑岩，基性火山岩锆石U-Pb年龄最小值为713±53Ma(徐学义等，2008)。蓟县纪高家湾组(Pt_2^2g)仅出露在中祁连地区，为一套变火山-沉积建造，岩性为变细碎屑岩、结晶灰岩夹少量板岩、千枚岩、白云岩和含硅质条带或团块的白云岩，产叠层石。长城纪湟中群(Pt_2^1H)分布于中祁连青海省境内的日月山和大通山一带，该群的下部为磨石沟组(Pt_2^1m)，上部为青石坡组(Pt_2^1q)。磨石沟组为一套变沉积岩建造，岩性为石英岩、含铁石英岩及云母石英片岩夹硅质千枚岩，为稳定型沉积建造；青石坡组分布于中祁连青海省境内的日月山和大通山一带，为一套变沉积岩建造，岩性为灰色薄层粉砂质板岩夹变粉砂岩、钙质板岩、千枚岩、结晶灰岩、碳质石英板岩和含磷碳质石英板岩，为稳定型沉积建造。蓟县纪花石山群(Pt_2^2H)分布于中祁连地区，下部称克素尔组(Pt_2^2k)，上部称北门峡组(Pt_2^2b)，由一套变碳酸盐岩和碎屑岩建造构成，岩性为白云岩和千枚岩，产叠层石及微古植物化石，为稳定型沉积建造。长城纪小庙岩组($Pt_2^1x.$)和狼牙山组(Pt_2^1l)沿柴北缘一带出露，小庙岩组为一套变碎屑岩和碳酸盐岩沉积建造，由石英质碎屑岩、泥质岩夹碳酸盐岩组成；狼牙山组为一套变碳酸盐岩建造，岩性为白云质碳酸盐岩夹碎屑岩，为稳定型沉积建造。

新元古代早期(青白口纪)龚岔群(Pt_3^1G)在北祁连和中祁连广泛分布，自下而上划分成其它大坂组(Pt_3^1q)、五个山组(Pt_3^1w)、哈什哈尔组(Pt_3^1h)、窑洞沟组(Pt_3^1y)和丘吉东沟组(Pt_3^1qj)，总体上为一套稳定的沉积岩系。其他大坂组和哈什哈尔组以碎屑岩为主；五个山组和窑洞沟组以碳酸盐岩为主，产叠层石化石和古植物化石；丘吉东沟组主要分布在柴北缘赛什腾山东段鹰峰山南坡，为一套稳定的碎屑岩和碳酸盐岩沉积建造，岩性为砾岩、硅质岩、硅质板岩、砂板岩和碳酸盐岩，产叠层石和微古植物化石。

(3)扬子构造层(A)。扬子构造层由新元古代中—晚期(南华纪—震旦纪)火山-沉积建造构成。新元古代中—晚期岩石地层单元有白杨沟群(Pt_3^2ZB)、龙口门组(Pt_3^2Zl)和全吉群(Pt_3^2ZQ)。其中，白杨沟群仅分布在北祁连山西部北大河西侧的二道沟口至东侧的白杨沟一带以及永登县杏儿沟一带，由火山-沉积建造构成，岩性为紫红色、灰紫色、灰色、紫褐色等杂色细—巨砾岩和灰色或杂色角砾岩、灰绿色—黑色板岩及砂质板岩，夹结晶灰岩。

(4)加里东构造层(C)。加里东构造层由寒武纪—志留纪火山-沉积建造构成。

始—下寒武统($\in_{1-2}$)为细碎屑岩沉积建造。中—晚寒武世黑茨沟组($\in_{2-3}h$)主要分布于走廊带、北祁连和中祁连地区，为一套火山-沉积建造，岩性组合为中基性和中酸性火山岩、碎屑岩及碳酸盐岩。寒武纪大黄山组($\in d$)主要分布于走廊带民乐—永昌—古浪—景泰一线，为一套火山-沉积建造，其岩性组合为灰绿色夹紫红色浅变质具明显韵律性的细碎屑岩夹泥质岩和少许灰岩透镜体，底部含海绵化石和疑源类化石(李增等，2012)。中—晚寒武世香毛山组($\in_{3-4}x$)主要分布于北祁连的肃北县疏勒河两岸，为一套火山-沉积建造，岩性为一套海相浅变质碎屑岩和泥质岩夹结晶灰岩，局部夹火山碎屑岩。始寒武世—中寒武世深沟组($\in_{1-3}s$)出露于南祁连拉脊山中段，为一套火山-沉积建造，岩性为玄武安山岩、安山玄武岩、玄武岩、粗玄岩、安山岩、安山质熔岩、碎屑岩、硅质岩、细晶灰岩、硅质板岩、粉砂岩、钙质板岩、含砾杂砂岩和千枚岩等，含三叶虫化石。中—晚寒武世六道沟组($\in_{3-4}l$)主要分布于南祁连拉脊山中、东段，为一套中基性火山岩和碎屑岩组成的火山-沉积建造。寒武纪—奥陶纪滩间山群($\in OT$)分布于柴达木盆地北缘，为一套火山-沉积建造，主要为浅变质碎屑岩、变中性—基性火山岩夹生物碎屑灰岩、白云质大理岩组成的地层序列，岩性为灰白色—灰黑色千枚岩、灰白色大理岩、灰白色、灰绿色变粒岩、片岩、板岩、英安岩、生物碎屑灰岩，中性火山岩夹变沉凝灰岩和凝灰质砂岩，灰岩含珊瑚化石，玄武岩形成时限为510～460Ma(高晓峰等，2011)，具岛弧火山岩性质，柴南缘滩间山群玄武岩形成时限为450～440Ma，代表中奥陶世—早志留世喷发物，具有E-MORB特征，为祁漫塔格有限洋打开过程中的产物。其中，鹰咀山地区出露的寒武系代表了北祁连山古海沟俯冲部位的俯冲杂岩，其中含蓝闪片岩带、基性—超基性岩块、火山岩岩片、混杂堆积岩、放射虫硅质岩残片以及由滑塌堆积、浊流沉积及复理石组成的增生楔。

奥陶系总体上是一套火山-沉积建造。走廊过渡带会宁—同心地区奥陶系为一套稳定沉积的碳酸盐岩和碎屑岩建造，下中奥陶统为稳定的碳酸盐岩台地沉积，中上奥陶统以粗碎屑岩和碳酸盐岩沉积为主。走廊过渡带固原—民乐—玉门一带由火山-沉积建造构成，岩性组合为火山岩、碳酸盐岩和碎屑岩，火山岩以中基性火山岩为主，上奥陶统以碳酸盐岩和碎屑岩稳定沉积建造为主。北祁连、中祁连和南祁连造山亚带奥陶系均由一套火山-沉积建造构成，岩性组合为火山岩、碳酸盐岩和碎屑岩，火山岩以中基性火山岩为主，晚奥陶世药水泉组(O_3ys)含酸性或中酸性火山岩。柴北缘地区奥陶系为一套稳定的碳酸盐岩和碎屑岩沉积建造，岩性为灰岩、内碎屑灰岩、白云岩、砂岩和页岩等。

志留系主体由一套稳定的陆源碎屑岩复理石沉积建造构成，岩性组合为灰紫色、灰绿色砾岩、砂岩、杂砂岩、细砂岩、粉砂岩、板岩和页岩等，南祁连志留纪巴龙贡嘎尔组(Sb)局部夹有凝灰岩和火山岩，为残余海盆相复理石沉积。

(5)后加里东盖层。该单元缺失早泥盆世沉积，中泥盆世开始发育后加里东期盖层沉积，可划分为2个期次：中泥盆世—石炭纪沉积盖层(C_c^1)和二叠纪—三叠纪沉积盖层(C_c^2)。

中泥盆世—石炭纪沉积盖层(C_c^1)。该沉积盖层由中泥盆统—石炭系以碎屑沉积为主的沉积建造组合构成，其中含大陆溢流玄武岩。

中泥盆世火山-沉积建造有石峡沟组(D_2sx)、中—晚泥盆世老君山组($D_{2-3}l$)、晚泥盆世牦牛山组(D_3m)和沙流水组(D_3s)。中泥盆统—上泥盆统为一套陆相伸展磨拉石建造，角度不整合在中元古代变质基底岩系及早古生代弧盆系沉积组合之上，老君山组中夹有大陆溢流玄武岩。

石炭系以海相沉积建造为主。石炭纪开始发育陆表海沉积，下石炭统为浅海相生物碳酸盐岩+碎屑岩沉积建造组合，上石炭统为海陆交互相碎屑岩+碳酸盐岩沉积建造组合。

二叠纪—三叠纪沉积盖层(C_c^2)。早二叠世末走廊过渡带、北祁连、中祁连和南祁连北部过渡到完全的陆相碎屑沉积，形成北祁连一带的大型内陆盆地，为一套厚度巨大的非海相碎屑岩。南祁连南部和柴北缘地区二叠纪—中三叠世末持续显示出浅海相生物碳酸盐岩+碎屑岩为主的沉积组合，间夹有海陆相碎屑岩，反映了陆表海环境的沉积特征，至晚三叠世转化成海陆相和陆相碎屑岩沉积，宣告了陆表海盆地的终结。

2)盆地

从侏罗纪开始，部分地区从二叠纪开始，该单元进入陆内盆山构造演化阶段，可以识别出海西期盆地(B_v)和燕山期盆地(B_y)。

(1)海西期盆地(B_v)。海西期盆地分布在走廊过渡带、北祁连、中祁连和南祁连北部地区，由二叠纪和三叠纪陆相碎屑岩沉积建造构成。

(2)燕山期盆地(B_y)。燕山期盆地由早侏罗世大山口组(J_1ds)、大西沟组(J_1d)、芨芨沟组(J_1j)、炭洞沟组(J_1td)和早—中侏罗世叶尔羌群($J_{1-2}Y$)、大煤沟组($J_{1-2}dm$)、羊曲组($J_{1-2}yq$)、窑街组($J_{1-2}y$)及中侏罗世采石岭组(J_2c)、中间沟组(J_2zj)、龙凤山组(J_2l)、新河组(J_2xh)以及晚侏罗世红水沟组(J_3h)、享堂组(J_3x)、博罗组(J_3b)陆相含煤碎屑岩及碎屑沉积建造组合构成。

3)蛇绿岩及蛇绿混杂岩带

祁连造山带蛇绿混杂岩带有北祁连北部蛇绿混杂岩带、北祁连南部蛇绿混杂岩带、中祁连北缘的蛇绿岩带和赛什腾-锡铁山-哇洪山结合带蛇绿岩。

北祁连北部蛇绿混杂岩带有塔墩沟、九个泉、大岔大坂、扁都口、乌稍岭和老虎山等蛇绿岩。其中，塔墩沟蛇绿岩时代为早—中奥陶世；九个泉蛇绿岩年龄为490～484Ma(夏小洪等，2009；夏小洪和宋述光，2010)；大岔大坂蛇绿岩锆石U-Pb年龄为517～487Ma(孟繁聪等，2010；Xia et al.，2011)；扁都口蛇绿岩年龄为479±2Ma(Song et al.，2013)；乌稍岭(卡瓦)蛇绿岩锆石U-Pb年龄为462±19Ma(边鹏等，2016)；老虎山蛇绿岩锆石U-Pb年龄为448.5±5Ma(Song et al.，2013)。

北祁连南部蛇绿混杂岩带有熬油沟、玉石沟(-川刺沟)、东草河(东沟)和水洞峡等蛇绿岩。其中，熬油沟蛇绿岩形时代为中元古代(1840～1777Ma)和早古生代(532～495Ma)；玉石沟(-川刺沟)蛇绿岩年龄为550±17Ma(史仁灯等，2004)；东草河蛇绿岩年龄为497±7Ma(Tseng et al.，2007)；东沟蛇绿岩年龄为499.3±6.2Ma(武鹏等，2012)；水洞峡蛇绿岩的Sm-Nd等时线年龄为492.9±22.6Ma(1∶25万门源幅区域地质调查报告，青海省地质调查院，2005)。

中祁连北缘的拉脊山蛇绿岩可能代表了大洋高原玄武岩的岩性组合，其形成时代为525±3Ma(宋述光等，2015)。

柴达木盆地北缘出露早古生代赛什腾山、绿梁山、锡铁山、阿姆尼克山和茶卡南山等蛇绿岩(赖绍聪等，1996)，但是也被认为是新元古代到早古生代蛇绿岩带。其中，绿梁山-鱼卡蛇绿岩Rb-Sr等时线年龄为768±39Ma(杨经绥等，2004)；沙柳河蛇绿岩形成时代为516±8Ma(Zhang et al.，2008)；绿梁山蛇绿岩的形成时代为535±2Ma(朱小辉等，2014)。

4)侵入岩

北祁连中元古代侵入岩以二长花岗岩为主；青白口纪(971～953Ma)侵入岩为花岗闪长岩-二长花岗岩组合；震旦纪(562Ma)侵入岩为闪长岩-英云闪长岩组合(徐学义等，2004)；奥陶纪—志留纪岩浆活动最强烈，奥陶纪的岩性组合主要为闪长岩、石英闪长岩和基性超基性岩，志留纪的岩性组合为二长花岗岩、花岗闪长岩、闪长岩和基性—超基性岩。

中祁连侵入岩浆活动自古元古代一直持续到中生代，以早古生代最为强烈。古元古代(2469Ma)中酸性侵入岩为花岗闪长岩-正长花岗岩组合；蓟县纪主要岩石类型为片麻状二长花岗岩和正长花岗岩(1192±38Ma)，可能与Rodinia超大陆形成有关(王洪亮等，2009)；青白口纪为英云闪长岩-花岗闪长岩-二长花岗岩组合的变质侵入体(938～917Ma)，岩性组合基本上也属于TTG岩套，应与Rodinia超大陆拼合相关；寒武纪—志留纪岩性为石英闪长岩、二长花岗岩、正长花岗岩、花岗闪长岩以及碱性花岗岩和石英正长岩等，一些地区还有基性—超基性岩体，时代为奥陶纪—志留纪；晚古生代和中新生代侵入岩体很少，岩性组合为二长花岗岩、花岗岩和少量闪长岩，形成于板内环境。

南祁连侵入岩从新元古代持续到侏罗纪，以早古生代和晚古生代中后期为主。新元古代岩体以正长花岗岩、英云闪长岩和闪长岩为主；早古生代奥陶纪岩体为花岗岩闪长岩、英云闪长岩、石英闪长岩和闪长岩等；志留纪侵入岩岩性组合为正长花岗岩、二长花岗岩、花岗闪长岩、英云闪长岩、石英闪长岩和闪长岩等，并有基性和超基性岩体产出；晚古生代岩体分布零星，以二叠纪花岗岩为主，少量泥盆纪岩体；中生代岩体主要呈岩株和岩基产出，岩性组合为正长花岗岩、二长花岗岩、花岗闪长岩、英云闪长岩、石英闪长岩和闪长岩。

柴达木北缘发育古元古代至古生代侵入岩。古元古代侵入体均呈花岗片麻岩产出，原岩为英云闪长岩-二长花岗岩，岩体的形成与古元古代的汇聚事件或汇聚后基底的克拉通化有关；中元古代片麻状花岗岩原岩类型以花岗闪长岩-二长花岗岩为主，被认为代表了中国西部大陆地壳基底的克拉通化及其在中元古代发生的裂解事件(肖庆辉等，2003)；新元古代岩体组成几乎包括了所有类型的花岗岩；古生代主要岩体有晚寒武世—早奥陶世闪长岩、石英二长闪长岩、花岗闪长岩和二长花岗岩组合，形成于岛弧环境或活动大陆边缘；晚奥陶世岩性组合为二长花岗岩、二云母花岗岩、白云母花岗岩和正长花岗岩，形成于同碰撞构造环境；志留纪—早泥盆世岩性组合为正长花岗岩、二长花岗岩、花岗闪长岩、石英闪长岩和正长岩等，形成于碰撞后伸展环境；晚古生代岩体为石英闪长岩、二长花岗岩、花岗闪长岩和正长花岗岩；三叠纪岩性组合为石英闪长岩、花岗闪长岩、二长花岗岩和正长岩。

5)构造样式

在整个祁连造山带内,陆内造山作用除了对前期构造的继承之外,还表现为强烈的改造。继承性大多表现在对前期构造单元边界断裂活动和褶皱形态的增强方面,山体物质向两侧的逆掩冲断,既有继承,但更多的表现为改造和新生。改造和新生作用主要表现在如下 3 个方面:①外来构造移植体的形成。北祁连西段北大河大型滑覆体完全是在印支期陆内造山作用中新生成的(冯益民,1996),而玉石沟蛇绿岩推覆体构造上覆在石炭纪—二叠纪沉积之上,也是在印支运动中完成的。②走滑盆地的形成。从白垩纪开始的大规模走滑断裂活动造就了造山带内一系列大大小小的走滑盆地,如托勒白垩纪—新生代盆地和黑河白垩纪—新生代盆地。③强烈的差异升降作用。更新世以来强烈的差异升降运动一方面使古近纪—新近纪沉积抬升到山顶附近,如在甘肃肃南县海拔近 4000m 的大岔牧场一带可以看到古近纪—新近纪红层;另一方面使盆地强烈沉降,如走廊盆地南缘一带,沿走廊南山北缘断裂带北侧出现巨厚的更新世—全新世山麓相洪积-冲积扇体。正是陆内叠覆造山阶段这种继承、改造和新生作用造就了内部结构和几何形态极其复杂的陆内复合型造山带。

北祁连亚带在几何形态上表现为典型的柯帕构造。以走廊南山岛弧为中轴,造山带物质向北逆冲于走廊盆地中新生代沉积之上,向南含蛇绿岩构造岩片的造山带物质逆冲于中祁连古老的基底之上。

中祁连亚带在构造样式上主要为断隆上升形成的断块及断条构造。

南祁连亚带在构造样式上表现为印支运动形成的长垣型褶皱同早期的宽缓褶皱的叠加。

宗务隆山造山带的东南段,是一个向南凸出的弧形。北北西向哇洪山走滑断裂带和北东向的军功-同仁走滑断裂带构成逆冲(滑脱)构造西东两侧的滑脱边界,西倾山地块基底构成其滑脱的刚性基底,石炭纪—中三叠世地层则是构成逆冲(滑脱)构造的主体,沿刚性基底向南逆冲滑脱。它产生 3 种效应:①形成逆冲滑脱构造;②沿西东两侧走滑断裂带形成晚三叠世陆相火山岩;③造成逆冲滑脱构造后方的滞后伸展下陷,形成共和盆地,其中堆积了白垩纪—第四纪河湖相碎屑沉积。

柴北缘在平面上的几何形态为一北西西向的狭长带状,在剖面上呈一总体向南冲断的复式叠瓦状褶皱冲断带,其内部有反向的冲断层。不同阶段的构造层以狭长的构造岩片的形式出现在造山带中,构成了造山带内部极其复杂多变的构造形态。

6)矿产及成矿作用

祁连造山带内出露一些构造蚀变岩型金矿,虽然矿源层时代多种多样,但其成矿时代偏新,大多与中新生代的韧脆性断裂活动相关。

柴北缘的构造蚀变岩型金矿,虽然矿源层时代各异,但成矿时代大多与中生代以来的韧脆性剪切断裂活动相关。

2. 全吉微陆块(Ⅸ-4-7)

1)构造层

出露的岩石地层单元表明该单元可以划分成哥伦比亚(中条)构造层(Z)和扬子构造层(A)及其盖层沉积,燕山期该单元进入陆内盆山构造演化阶段,可以划分成燕山期盆地(B_y)。

(1)哥伦比亚(中条)构造层(Z)。该构造层由古元古代达肯达坂群变质火山-沉积建造构成,其岩性组合为片麻岩、片岩和大理岩,原岩含基性火山岩。这套岩性组合经历了从高绿片岩相到高角闪岩相的变质作用,局部地段达到了麻粒岩相变质,其中花岗质岩石锆石 U-Pb 年龄为 2.47~2.35Ga(陆松年等,2002;李晓彦等,2007;Lu et al.,2008;王勤燕等,2008;Gong et al.,2013),发育 1.96~1.90Ga、1.85~1.82Ga和 1.82~1.80Ga 3 期变质事件(郝国杰等,2004;王勤燕等,2008;张璐等,2011;Chen et al.,2009,2013a,2013b;Wang et al.,2015)。

(2)扬子构造层(A)。扬子构造层由南华纪—震旦纪全吉群(Pt_3^2ZQ)构成,该群自下而上划分成麻黄沟组(Pt_3^2m)、枯柏木组(Pt_3^2k)、石英梁组(Pt_3^2sh)、红藻山组(Pt_3^2h)、黑土坡组(Zht)、红铁沟组($Zhtg$)和皱节山组(Zzj)。全吉群为一套碎屑岩建造,其中夹有中基性火山岩;陆松年等(2009)获得火山岩单颗粒锆石 U-Pb 年龄为 738±28Ma；徐学义等（2008）曾认为该火山岩可能是这一时期大陆裂解在稳定陆块上的岩浆响应；李怀坤等（2003）则认为构造环境属于裂陷槽。因其中含中基性火山岩，本书认为全吉群形成于裂谷环境，在时代上与全球 Rodinia 超大陆裂解事件的岩浆作用相关，其中红铁沟组含冰碛岩系，皱节山组中含皱节山虫化石。

（3）后扬子盖层（A_c）。后扬子沉积盖层可进一步划分为 2 个时期沉积盖层：寒武纪—奥陶纪（A_c^1）和晚泥盆世—石炭纪（A_c^2）。

寒武纪—奥陶纪盖层（A_c^1）。早—晚寒武世欧龙布鲁克组（$\in_{2\text{-}4}O$）和早奥陶世多泉山组（O_1d）构成了这一时期的后扬子盖层。欧龙布鲁克组与下伏皱节山组之间存在着一个沉积间断面，由深水相突变成浅海生物碳酸盐岩相。多泉山组、石灰沟组及大头羊沟组都是一套生物碳酸盐岩建造，其中含浅海相碎屑岩及浅海相生物化石，属于陆棚浅海环境。

晚泥盆世—石炭纪盖层（A_c^2）。该沉积盖层由晚泥盆世牦牛山组（D_3m）、晚泥盆世—早石炭世阿莫尼克组（D_3C_1a）、早石炭世城墙沟组（C_1cq）、怀头他拉组（C_1h）和晚石炭世克鲁克组（C_2k）构成。牦牛山组不整合覆盖在下伏地质体之上，是一套山麓相—河流相粗碎屑岩＋中酸性火山岩的建造；下部由灰绿色、紫红色砾岩和砂砾岩组成磨拉石建造，上部则由火山岩和火山碎屑岩组成，火山岩岩性组合为安山岩、英安岩和流纹岩（邢光福等，2015），其岩性在横向、纵向变化均较大。该组中含植物及鱼化石。该组向上与晚泥盆世—早石炭世阿木尼克组海陆交互-浅海相沉积整合过渡，呈现退积型沉积充填序列；阿木尼克组整合在牦牛山组之上，超覆不整合在除牦牛山组以外的其他时代较老的地质体之上，是一套海陆交互-浅海相以碎屑岩为主的沉积建造，主要由砾岩、石英长石砂岩、长石砂岩、细砂岩、粉砂岩和粉砂质泥岩等构成，夹生物碳酸盐岩，含植物、鱼类、腕足类、双壳类及珊瑚化石；城墙沟组是一套浅海相以生物碳酸盐岩为主的沉积建造，主要由灰—深灰色灰岩、鲕状灰岩及砂质灰岩构成，局部夹少许细碎屑岩，含珊瑚、腕足类、双壳类、介形类、腹足类、三叶虫及苔藓虫等化石；怀头他拉组是一套滨浅海相碎屑岩＋生物碳酸盐岩沉积组合，下部为灰—灰绿色、紫色砂岩、页岩夹灰岩，上部为灰色—深灰色灰岩夹砂岩及页岩，富含珊瑚及腕足类化石；克鲁克组是一套海陆交互相含煤碎屑沉积，主要由砂岩、粉砂岩、页岩、碳质页岩夹数层不等厚灰岩及煤层组成的多个韵律层构成，富含䗴、腕足类、珊瑚、苔藓虫、双壳类、介形类及植物化石。

2）盆地

从侏罗纪开始该单元进入陆内盆山构造演化阶段，可以识别出燕山期盆地（B_y）。

燕山期盆地由叶尔羌群（$J_{1\text{-}2}Y$）构成。叶尔羌群自下而上包括沙里塔什组、康苏组、杨叶组和塔尔尕组，为一套湖沼相含煤碎屑岩建造，岩性为黄色泥灰岩、红色砂质页岩、灰色页岩和煤层，夹有砾岩和灰岩，含植物 *Coniopteris hymenophylloides*，*Ctenis* cf. *chinensis*，*Neocalamites* sp.，*Phoenicopsis* sp.，*Coniopteris* sp.，*Phoenicopsis*；双壳类 *Pseudocardinia* sp.；介形类 *Darwinula* sp. 及叶肢介等化石。

3）侵入岩

该单元侵入岩浆活动自古元古代开始，早古生代最为强烈，中新生代略有发育。

前寒武纪侵入岩有古元古代斜长花岗岩和二长花岗岩；新元古代正长花岗岩及基性岩墙群，花岗岩的形成可能与活动大陆边缘的岩浆作用有关。

古生代出露奥陶纪—志留纪侵入岩。奥陶纪岩性组合为花岗闪长岩、石英闪长岩和辉长岩，为与俯冲有关的岩浆活动产物；志留纪岩性组合为正长花岗岩和闪长岩，形成于造山运动由挤压造山向后碰撞拉张体制转变的构造环境。

晚古生代侵入岩由泥盆纪、石炭纪和二叠纪侵入岩组成。泥盆纪岩性为花岗闪长岩；石炭纪岩性组合为二长花岗岩和辉长岩；二叠纪岩性组合为花岗闪长岩和闪长岩。

此外，该单元还出露三叠纪和侏罗纪侵入岩。三叠纪岩性组合为正长花岗岩、二长花岗岩、英云闪长岩、石英闪长岩和闪长岩，可能形成于印支早期俯冲陆壳断离、幔源岩浆底侵的地球动力学背景；侏罗纪岩性为正长花岗岩。

（五）柴达木盆地（Ⅸ-5）

柴达木盆地属燕山期—喜马拉雅期内陆盆地（By-X），由侏罗纪—新近纪沉积建造构成，缺失晚白垩世沉积。下、中侏罗统为河流-沼泽-浅湖-半深湖相碎屑沉积，上侏罗统和下白垩统为红色粗碎屑河流相沉积，缺失晚白垩世沉积。古近纪—新近纪地层自下而上由路乐河组（$E_{1-2}l$）砖红色、灰褐色粗碎屑岩（夹泥岩），干柴沟组（E_1N_1g）黄绿色、灰绿色细碎屑岩、泥岩（夹泥灰岩，含油砂岩），油砂山组（N_2y）棕红色、棕黄色泥质岩、细碎屑岩（夹含油砂岩、泥灰岩，局部含石膏），狮子沟组（N_2s）灰黄色、灰色粗碎屑岩、泥岩组成，厚度巨大（2000～5000m），早期为山麓-河流相，中期为湖滨相，晚期为三角洲-河流冲洪积沉积，反映了柴达木盆地新生代形成过程。在兴海一带仅有新近纪小型山间盆地，充填贵德群（NG）杂色碎屑岩，属山前冲洪积堆积。

早、中侏罗世盆地性质属伸展断陷-坳陷盆地，地震剖面上能见到控制下侏罗统的正断层（徐凤银等，2006），新生代为走滑冲断盆地，不存在明显的挤压褶皱变形。

（六）秦岭造山带（Ⅸ-6）

秦岭造山带（Ⅸ-6）北以铁炉子-栾川断裂为界与华北陆块（Ⅷ-2）相隔；西以徽成走滑拉分盆地、南以勉略构造带南缘断裂为界与巴颜喀拉-金沙江造山带（Ⅹ-1）相邻。该单元进一步划分为3个亚带：北秦岭造山亚带（Ⅸ-6-1）、中-南秦岭造山亚带（Ⅸ-6-2）和勉略带造山亚带（Ⅸ-6-3）。

根据构造层划分方案，以下将秦岭造山带划分为北秦岭造山亚带和中-南秦岭地区分别叙述。

1. 北秦岭造山亚带（Ⅸ-6-1）

1）构造层

出露的岩石地层单元表明该单元可以划分成哥伦比亚（中条）构造层（Z）、格林威尔构造层（G）、加里东构造层（C）及后加里东盖层。中晚海西期该单元进入陆内盆山构造演化阶段，可以划分成海西期盆地（B_v）、印支期盆地（B_i）和燕山盆地（B_y）。

（1）哥伦比亚（中条）构造层（Z）。该单元由古元古代秦岭岩群（$Pt_1Q.$）结晶变质岩系构成，该岩群为多期变形变质的角闪岩相变质岩系，岩性为大理岩、变粒岩和片麻岩，原岩为碳酸盐岩、碎屑岩和黏土岩，部分片麻岩为花岗闪长质正片麻岩，少量正斜长角闪岩，恢复原岩是一套火山-沉积建造组合，火山岩为基性喷出岩，可能为裂谷相构造环境。

（2）格林威尔构造层（G）。格林威尔构造层由中—新元古代峡河岩群（$Pt_{2-3}X.$）、宽屏岩群（$Pt_{2-3}K.$）和武关岩群（$Pt_{2-3}Wg.$）变质岩系构成，恢复原岩为一套火山-沉积建造组合。其中，峡河岩群由一套变火山-沉积建造构成，岩性为石榴二云石英片岩、黑云斜长片岩、石英岩、黑云钙质片岩、斜长角闪片岩和大理岩；宽坪岩群由一套高绿片岩相—低角闪岩相的中低级变质岩系构成，原岩主要由基性火山岩、碎屑岩和碳酸盐岩组成，火山岩具有大陆裂谷向初始大洋盆转换的构造特征（张本仁等，2002；王宗起，2009）；武关岩群由一套变火山-沉积建造构成，岩性为变质碎屑岩、斜长角闪岩、含石榴石斜长角闪岩、云母片岩、黑云斜长变粒岩、大理岩、石榴石二云石英片岩和黑云石英片岩。

（3）加里东构造层（C）。加里东构造层由早古生代和晚古生代早期火山-沉积建造构成。

奥陶纪草滩沟群（OC）自下而上为红花铺组（$O_{1-2}h$）和张家庄组（$O_{2-3}z$）。红花铺组岩性为黑云母石英片岩、二云母石英片岩、绢云石英片岩夹绿泥绢云英岩，其中产腕足类和腹足类化石；张家庄组岩性为变石英砂岩、粉砂质板岩、含砾砂岩、变粉砂质灰岩透镜体、变质英安岩、英安质凝灰岩、英安质火山角砾岩、凝灰岩、凝灰质砂岩和凝灰质板岩，其中产珊瑚、腹足类、层孔虫和竹节石等。

早古生代二郎坪群（Pz_1E）是一套变质程度达低绿片岩相的火山-沉积建造，岩性组合为泥质碎屑岩、凝灰岩、火山岩和碳酸盐岩。火山岩东段以基性和中基性为主，中西段以中酸性为主，基性火山岩为拉斑玄武岩和钙碱性玄武岩，形成于伸展型海盆。

(4)后加里东盖层。后加里东盖层由晚古生代沉积建造构成。

晚古生代粉笔沟组($Pz_2 f$)沿该单元东段出露，不整合覆盖在二郎坪群之上，为一套碎屑岩+碳酸盐岩沉积建造组合，其岩性组合为砾岩和砂岩夹大理岩。

晚泥盆世—早石炭世大草滩组($D_3C_1 dc$)沿该单元中西段出露，其岩性组合为海陆相杂色砂岩、砾岩和板岩，夹海相灰岩，为浅滩-河流环境。

2)盆地

中晚海西期该单元进入陆内盆山构造演化阶段，可以划分成海西期盆地(B_v)、印支期盆地(B_i)和燕山期盆地(B_y)。

海西期盆地由晚石炭世草凉驿组($C_2 c$)含煤碎屑岩建造和中—晚二叠世石盒子组($P_{2\text{-}3} sh$)砂岩、板岩沉积建造构成。

印支期盆地由晚三叠世五里川组($T_3 wl$)构成，其岩性组合为陆相砂岩、泥质板岩和碳质页岩，其中含植物化石。

燕山期盆地由晚侏罗世炭和里组($J_3 th$)、早白垩世东河群($K_1 D$)和晚白垩世—古新世山阳组($K_2 E_1 s$)构成。炭和里组为含煤碎屑岩；东河群和山阳组由杂色砂岩和砾岩组成。

3)蛇绿岩及蛇绿混杂岩带

该单元蛇绿岩有松树沟蛇绿岩、关子镇蛇绿岩、岩湾蛇绿(混杂)岩和鹦鹉咀蛇绿(混杂)岩。松树沟蛇绿岩为中—新元古代蛇绿岩，Sm-Nd 等时线年龄为(1084±73)～(983±14)Ma(李曙光，1991；董云鹏等，1997；陆松年等，2000)，其他蛇绿(混杂)岩均为早古生代蛇绿岩，锆石 U-Pb 年龄为 523～442Ma(张国伟等，2004；杨钊等，2006；李曙光等，2007；裴先治等，2007；闫全人等，2007；陈隽璐，2008)。关子镇蛇绿岩岩性组合为斜长角闪岩、变细粒辉长岩、变辉石岩、蛇纹岩和变橄榄岩；岩湾蛇绿(混杂)岩岩性组合为超基性岩、变玄武岩、辉长岩和蛇绿岩上覆岩片；鹦鹉咀蛇绿(混杂)岩岩性组合为变质橄榄岩、角闪质糜棱岩、绿帘阳起石岩、变辉长岩、斜长角闪岩和硅质岩。

4)侵入岩

该段出露中元古代—中新生代侵入岩。

中元古代岩性组合为片麻状二长花岗岩、石英闪长岩和闪长岩，属过铝质钙碱系列，可能与 Columbia 超大陆的形成有密切联系(王洪亮等，2006，2007)。

新元古代岩性组合为二长花岗岩、花岗闪长岩、辉长闪长岩、辉长岩和超基性岩类，属高钾钙碱系列，形成环境为与古秦岭洋板块向北秦岭俯冲消减作用有关的岛弧或活动陆缘(张宏飞等，1993；陈隽璐等，2008)。

早古生代岩性组合为正长花岗岩、二长花岗岩、花岗闪长岩、英云闪长岩、石英闪长岩、闪长岩、辉长岩和超基性岩类，该期岩体经历了 3 个阶段：①以 I 型花岗岩为主，伴有 S 型花岗岩，形成于板块俯冲背景，其中 S 型花岗岩形成于超高压岩石地体抬升过程中的陆缘熔融，与俯冲有关的岛弧花岗岩可能持续到晚奥陶世；②发育 I 型花岗岩，一些具有高 Sr、低 Y 特征的花岗岩形成于块体碰撞挤出略后的抬升环境，以灰池子岩体为代表(434～421Ma)(王涛等，2009)；③岩体仅发育于北秦岭中段，以 I 型花岗岩为主，形成于碰撞造山的晚期阶段，以陕西黑河和丹凤红花铺等岩体为代表，岩石系列主要为高钾钙碱性系列-钾玄岩系列，为准铝质到过铝质。

泥盆纪岩性组合为正长花岗岩、二长花岗岩、花岗岩、花岗闪长岩、石英闪长岩、闪长岩、二长闪长岩、辉长闪长岩、辉长岩和超基性岩等。早泥盆世侵入岩属强过铝质高钾钙碱系列 S 型花岗岩，形成于同碰撞环境(王洪亮等，2009)；中晚泥盆世侵入岩属准铝质-过铝质钾玄质系列，形成于后碰撞环境。

三叠纪岩性组合为正长花岗岩、二长花岗岩、花岗闪长岩、英云闪长岩、二长岩、石英二长岩及碱性正长岩，以准铝质-过铝质中钾—高钾钙碱系列为主，矿物组合与后碰撞富钾花岗岩类(KCG)的组合基本一致，可划分为 3 期：①245～215Ma 的岩浆作用代表了中国南北两大陆块碰撞造山进入到后碰撞阶段陆壳增厚过程大陆岩石圈发生拆沉作用的产物；②225～210Ma 的岩浆作用说明秦岭已演化至后碰撞拆沉作用发生的地壳减薄伸展阶段；③217～200Ma 高分异富钾花岗岩和环斑结构花岗岩标志着秦岭开始步入后碰撞晚期的伸展拉张环境（张成立等，2009）。

侏罗纪岩性组合为二长花岗岩、花岗岩、石英闪长岩和石英二长岩，属准铝质-弱过铝质高钾钙碱性系列花岗岩，是秦岭造山带在伸展环境下岩浆作用的产物。

白垩纪岩性组合为似斑状花岗岩、花岗闪长岩、似斑状二长岩和似斑状碱性正长岩，属强过铝质高钾钙碱系列。

5）构造样式

构造样式上为一柯帕式造山带，北缘是向北冲断的冲褶带，中轴地带是由结晶基底和多期活动的构造岩浆岩构成的断隆带，断隆带的南部边缘向南冲断。

2. 中-南秦岭地区

1）构造层

出露的岩石地层单元表明该单元可以划分成太古宙构造层（Ar）、哥伦比亚（中条）构造层（Z）、格林威尔构造层（G）、扬子构造层（A）和后扬子盖层。晚三叠世该单元进入陆内盆山构造演化阶段，可以划分成印支期盆地（B_i）和燕山期盆地（B_y）。其中，中秦岭地区仅出露泥盆纪及其之后的沉积盖层和盆地。

（1）太古宙构造层（Ar）。太古宙构造层由新太古代—古元古代佛坪岩群（$Ar_3Pt_1F.$）结晶变质岩系构成，分布在南秦岭佛坪地区，由表壳岩石和古老的英云闪长质侵入岩构成的变质侵入体，锆石 U-Pb 年龄为 2506±24Ma 和 365±12Ma（1∶25 万汉中市幅）。

（2）哥伦比亚（中条）构造层（Z）。哥伦比亚构造层由古元古代陡岭岩群（$Pt_1Dl.$）、马道杂岩（$Pt_1M.$）和长角坝岩群（$Pt_1C.$）变质岩系构成。陡岭岩群岩性为眼球状混合岩、斜长角闪片麻岩、透辉变粒岩、石墨二长片麻岩夹石墨大理岩；马道杂岩由古老的表壳岩石和侵入到其中的英云闪长质变质侵入体构成，黑云斜长岩中 U-Pb 年龄为 1840±317Ma 和 1071±580Ma（1∶25 万汉中市幅）；长角坝岩群的唐家沟花岗片麻岩 U-Pb 年龄为 1735±62Ma（1∶25 万汉中市幅）。

（3）格林威尔构造层（G）。格林威尔构造层由中元古代—新元古代早期火山-沉积建造构成。中元古代—新元古代早期武当岩群（$Pt_{2\text{-}3}W.$）在南区沉积岩较为发育，北区火山岩较为发育，武当南、北区发育较多的基性岩墙（脉），武当山周边区发育火山角砾（熔）岩和晶（岩）屑凝灰岩，伴有大致同期酸性侵入岩和次火山岩，形成于 832～726Ma。

（4）扬子构造层（A）。扬子构造层由新元古代晚期耀岭河群（Pt_3^2Yl）、南华纪南沱组（Pt_3^2n）、震旦纪陡山沱组（Zd）和灯影组（Zdy）火山-沉积建造组成。

耀岭河组是以基性岩为主的火山-沉积建造，火山岩测年数据集中在 771～632Ma，该群火山岩系形成于新元古代大陆裂谷环境。

南华纪南沱组的岩性组合为灰绿色、紫红色杂砾岩和长石石英砂岩。

震旦纪陡山沱组的岩性组合为长石石英砂岩、粉砂岩和白云岩；灯影组岩性为白云岩和白云质灰岩，上部夹砂岩和页岩，含小壳化石。二者均属稳定类型沉积。

（5）后扬子盖层（A_c）。后扬子盖层由寒武纪—中三叠世沉积-建造构成。后扬子沉积盖层可进一步划分为 2 个时期盖层：寒武纪—志留纪盖层（A_c^1）和泥盆纪—中三叠世盖层（A_c^2）。

寒武纪—志留纪盖层（A_c^1）。始寒武世—奥陶纪地层序列有始寒武世—早寒武世鲁家坪组（$\in_{1\text{-}2}y$）、早寒武世箭竹坝组（$\in_2j$）和早寒武世—中寒武世毛坝关组（$\in_{2\text{-}3}m$）、中寒武世八卦庙组（$\in_3b$）、中寒武世—早奥陶世石瓮子组（$\in_3O_1s$）、早中奥陶世高桥组（$O_{1\text{-}2}g$）、中晚奥陶世权河口组（$O_{2\text{-}3}q$）、奥陶纪洞河组（Od）和白龙洞组（Ob）及两岔口组（Olc）。各地层单元之间均为整合接触。

寒武纪—奥陶纪地层有 3 种序列组成：其一，寒武纪碳酸盐岩—奥陶纪泥质碎屑岩序列组合分布于北大巴山地区，包含鲁家坪组、箭竹坝组、毛坝关组、八卦庙组、黑水河组、高桥组和权河口组7个地层单位，碳酸盐岩普遍含泥质及砾屑灰岩，形成于陆棚浅海；其二，寒武纪箭竹坝组碳硅质岩-泥质碎屑岩夹灰岩、洞河组火山岩序列组合，火山岩为基性和中酸性，形成于陆棚深水盆地和浅海；其三，寒武纪—中奥陶世镁质碳酸盐岩-中晚奥陶世泥质岩序列组合，分布于南秦岭东段武当元古宙隆起周边，以灰绿色、紫红色为特征，泥质岩中保存有水平层理、波痕和干裂等沉积构造，形成于陆棚潮坪（碳酸盐台地）。

晚奥陶世晚期到志留纪地层序列：留坝—旬阳地区由晚奥陶世—早志留世斑鸠关组（O_3S_1b）、早中志留世梅子垭组（$S_{1\text{-}2}m$）、晚—顶志留世水洞沟组（$S_{3\text{-}4}s$）沉积建造构成；北大巴山地区由斑鸠关组（O_3S_1b）、陡山沟组（S_1d）、白崖垭组（$S_{1\text{-}2}b$）和伍峡河组（$S_{1\text{-}2}w$）沉积建造构成。各个岩石地层单元之间均为整合过渡。

斑鸠关组、梅子垭组和水洞沟组以泥碎屑岩为主，夹少量碱性火山岩、碳硅质岩及灰岩。水洞沟组出现具炎热气候特征灰绿色、紫红色碎屑岩；陡山沟组、白崖垭组和伍峡河组沉积建造由泥质岩、碎屑岩夹碳硅质岩和碳酸盐岩组成；陡山沟组—五峡河组具典型鲍马序列结构，早—中期盆地水体较深，以笔石相为主，陡山沟组—五峡河组笔石化石带发育较全，已成我国建阶的层型剖面，中—晚期形成于陆棚浅海，以介壳相为主，晚期形成于滨浅海环境。

泥盆纪—中三叠世盖层（A_c^2）。泥盆纪地层序列在中秦岭地区为中泥盆世牛耳川组（D_2n）、池沟组（D_2c），中晚泥盆世青石垭组（$D_{2\text{-}3}q$）和晚泥盆世桐峪寺组（D_3ty），在南秦岭地区为早泥盆世西岔河组（D_1x）、公馆组（D_1g），中泥盆世石家沟组（D_2s）和大枫沟组（D_2d），中—晚泥盆世古道岭组（$D_{2\text{-}3}g$），晚泥盆世星红铺组（D_3x））和王冠沟组（D_3w），晚泥盆世—早石炭世九里坪组（D_3C_1j）和铁山组（D_3C_1t）。除了牛耳川组不整合在震旦纪—早奥陶世沉积地层及寒武纪—早奥陶世沉积地层之上，西岔河组和晚—顶志留世水洞沟组之间为不整合接触外，其余各岩石地层单元之间均为整合过渡。牛耳川组为一套浅变质的陆源碎屑岩建造，由变粉砂岩、板岩和千枚岩构成，其中夹少量灰岩，下部属滨岸相，上部属陆棚相；池沟组为一套浅变质的陆源碎屑浊积岩建造，岩性为砂岩、细砂岩和粉砂岩，其中夹少量板岩和千枚岩，具有明显的粒序层理和鲍马序列，属于一种与三角洲相关的缓坡浊积扇沉积体系；青石垭组是一套陆源碎屑浊积岩建造，主要由板岩和千枚岩构成，其中夹砂岩、粉砂岩和灰岩，具有粒序层理和鲍马序列，含有菱铁矿；桐峪寺组是一套陆源碎屑岩建造，由砂岩和粉砂岩构成，夹板岩和灰岩，灰岩中含浅海相生物化石——腕足类及海百合茎，上部偶见植物化石，显示浅海近岸的沉积特点；西岔河组的岩性为砾岩和砂岩，偶夹板岩和白云岩，为退积型沉积充填序列海陆相沉积；公馆组岩性为泥晶白云岩和藻白云岩，局部夹少量板岩、灰岩及砂岩，属局限台地相的潮间-潮上带沉积；石家沟组岩性为泥质灰岩和泥砂质灰岩，夹少量的白云岩、板岩及砂岩，局部赋存汞矿，富含珊瑚和腕足类化石，属浅海陆架沉积；大枫沟组岩性为砂岩和粉砂岩，夹灰岩、板岩及砾岩，灰岩夹层中常见有珊瑚、腕足类和海百合茎等化石，属滨浅海相；古道岭组岩性为泥质灰岩、生物灰岩和生物碎屑灰岩，局部夹少量白云岩、板岩、砂岩和砾岩，富含珊瑚、腕足类和层孔虫，局部含有牙形刺、叠层石等化石，属滨海相；星红铺组岩性为钙质板岩、钙质千枚岩、钙质粉砂岩和生物灰岩，碎屑岩与生物灰岩呈互层状，富含腕足类、珊瑚和层孔虫化石，属浅海陆架沉积；王冠沟组超覆不整合在早古生代地层之上，岩性为钙质砾岩、钙质砂岩和生物灰岩，含珊瑚和腕足类；九里坪组岩性为砂岩、细粒长石石英杂砂岩、石英杂砂岩、绢云母板岩、黏土质板岩和粉砂质板岩夹灰岩，灰岩夹层中富含牙形石；铁山组岩性为生物灰岩、含碳灰岩、泥质灰岩和泥质条带灰岩，夹白云岩、板岩和砂岩，局部见少量含砾砂岩和砾岩，含珊瑚、腕足类和牙形刺等化石。

石炭纪地层序列为早石炭世红岩寺组（C_1h）、二峪河组（C_1e）、袁家沟组（C_1y）和晚石炭世四峡口组（C_2s），各岩石地层单元之间均为整合过渡。红岩寺组和二峪河组为海陆相含煤泥质岩和碎屑岩建造；袁家沟组岩性为燧石灰岩和中薄层灰岩夹板岩，局部地段夹白云岩，含珊瑚、腕足类和蜓科类化石；四峡口组岩性为碳硅质板岩、粉砂质绢云板和石英砂岩，夹长石石英砂岩、生物碎屑灰岩或含燧石的灰岩和角砾状灰岩，含菱铁矿结核，下部含植物化石，上部含蜓和珊瑚化石。

二叠纪—中三叠世地层序列为早—中二叠世水狭口组（$P_{1\text{-}2}sh$），晚二叠世西口组（P_3x）、门里沟组

(P_3m)、尉斗滩组(P_3y)、龙洞川组(P_3l)和早三叠世金鸡岭组(T_1jj)及中三叠世岭沟组(T_2lg),各岩石地层单元之间均为整合过渡。水峡口组岩性为硅质微晶灰岩、泥晶灰岩、生物灰岩和泥灰岩,夹黑色碳质页岩及含钙石英细砂岩,富含蜓、腕足类和珊瑚等化石,属台地边缘相;西口组是一套碎屑岩与碳酸盐岩交互成层的沉积建造,岩性为石英细砂岩、粉砂岩、生物灰岩和泥质灰岩,含腕足类、珊瑚和蜓科类化石,局部地段还有植物碎片,并发育大型斜层理和楔状交错层理;门里沟组岩性为钙质粉砂质板岩和板状灰岩,夹生物碎屑泥晶灰岩,含菊石及腕足类化石;尉斗滩组岩性为紫色、褐红色厚层—块状生物碎屑灰岩、泥晶灰岩和泥灰岩,含腕足类及珊瑚化石;龙洞川组为单一的碳酸盐岩建造,含丰富的蜓及少量腕足类化石;金鸡岭组岩性为灰色、深灰色夹棕红色、棕紫色的鲕状或鲕粒灰岩、薄层状泥晶-微晶灰岩及薄板状砂屑灰岩、泥灰岩、薄板状钙质砂岩和砾屑灰岩,产双壳类和菊石化石;岭沟组岩性为灰绿色、灰色、黄褐色薄层或页片状钙质粉砂质板岩、钙质泥岩、泥灰岩和含泥微晶灰岩组成,夹泥晶灰岩和薄层钙质粉砂岩等,产双壳类化石。

2)盆地

从侏罗纪开始该单元进入陆内盆山构造演化阶段,可以识别出燕山期盆地(B_y)、印支期盆地(B_i)。

侏罗纪—白垩纪地层为山间盆地陆相沉积,揭示印支运动是南秦岭海陆转换的重大构造事件。侏罗纪地层沿断裂带分布,形成于山间断陷(拉分)盆地沉积,缺失晚侏罗世沉积。早—中侏罗世勉县群($J_{1-2}M$)为杂色含煤泥质岩和碎屑岩组合,以河流-湖沼相为主。白垩纪地层的分布基本同侏罗系,普遍缺失晚白垩世沉积,早白垩世麦积山组(K_1mj)为杂色泥质岩和碎屑岩组合,偶夹煤线,其沉积相序由山麓→河湖→湖沼相,揭示经历一次隆升到夷平过程。

3)蛇绿岩及蛇绿混杂岩带

该单元南部出露勉略蛇绿混杂岩带,岩性组合为方辉橄榄岩、纯橄岩、玄武岩、辉长岩、辉绿岩、斜长花岗岩和硅质岩。该蛇绿混杂岩带中蛇绿岩的形成时代有两种不同的认识:一种认为形成于晚古生代泥盆纪—石炭纪,是阿尼玛卿蛇绿混杂岩带的东延(张国伟等,2001;李曙光等,1996;赖绍聪等,2003;冯庆来等,1996;董云鹏等,2003);另一种认为形成于新元古代早期(殷鸿福等,1996;张宗清等,1996;李曙光等,2003;闫全人等,2007;李瑞保等,2009)。

4)侵入岩

该单元侵入岩浆活动始于新太古代(张寿广等,2004;张宗清等,2005),古生代有所加强,最强烈活动时期为印支期,燕山期衰弱,不同时期的侵入体分布和特征各有不同。

新太古代侵入岩为具有TTG岩套性质的英云闪长岩、奥长花岗岩和花岗闪长岩组合,佛坪地区龙草坪结晶杂岩的锆石U-Pb年龄为(2503±40)～(2506±24)Ma,新太古代—古元古代的侵入岩浆活动是由古老变质岩系中锆石同位素年龄信息所反映。

新元古代岩体可以分为早期和中晚期两个阶段。新元古代早期岩体以柞水小茅岭复式岩体为代表,由宋家屋场蚀变角闪辉绿(辉长)岩体、迷魂阵蚀变闪长岩-石英闪长岩岩体、磨沟峡蚀变石英闪长岩体和叶家湾蚀变二长闪长岩体组成,锆石U-Pb年龄为864～859Ma,时代与北秦岭造山事件(1000～848Ma)相一致,被认为是新元古代早期地壳增生过程中侵入岩浆活动的代表;新元古代中晚期岩性组合为二长花岗岩、花岗闪长岩、花岗岩和斜长花岗岩,锆石U-Pb年龄为743～680Ma(牛宝贵等,2006),闪长岩具板内花岗岩的特征;黑沟岩体为一复式岩体,由基性—超基性辉长岩-苦橄岩和偏碱性二长花岗岩组成,为非造山双模式岩浆岩组合(牛宝贵等,2006),代表着新元古代与大陆裂解环境有关的侵入岩浆活动。

早古生代岩体以志留纪为主,岩性上主要为钙碱系列的花岗岩、石英闪长岩、闪长岩、正长岩和基性的辉长岩、辉绿岩等,形成于被动陆缘大陆裂谷环境。

晚古生代岩浆活动的研究资料甚少,岩体的形成时代主要为二叠纪,多数岩体没有同位素资料,主要岩性为石英闪长岩、闪长岩、二长闪长岩、二长花岗岩、花岗闪长岩、英云闪长岩和正长岩,还发育基性的辉绿岩等。

中生代之后的岩浆活动，主要形成大量的三叠纪岩体，岩性为二长花岗岩、花岗闪长岩、石英二长岩、英云闪长岩和石英闪长岩，锆石 U-Pb 年龄为 221～199Ma，为较富镁质的钙碱性准铝质-过铝质花岗岩，均显示活动陆缘火山弧花岗岩特征，秦岭微板块与扬子板块最终碰撞之后，于主碰撞晚期应力松弛阶段形成，在 200Ma 左右，南秦岭区已转入到伸展构造体制演化阶段，但还不属碰撞造山之后板内阶段富碱的造山后花岗岩（张成立等，2005）。

冷水沟正长闪长斑岩的 SHRIMP 锆石年龄为 141.7±1.4Ma，为后造山花岗岩，代表秦岭多旋回造山最终完成的时代（白垩纪）（牛宝贵等，2006）。

5）构造样式

构造样式上由一系列大小不同的向南冲断的叠瓦状构造、北倾南冲的冲褶带、褶冲带、逆冲拆离、逆冲滑脱构造以及大小不同的走滑盆地构成的复杂的单向逆冲拆离（滑脱）褶皱造山带，具有明显的不对称性。

（七）西巴达赫尚造山带（Ⅸ-7）

西巴达赫尚造山带（Ⅸ-7）北与卡拉库姆准地台（Ⅴ）相邻，南以兴都库什北缘断裂带为界与兴都库什造山带（Ⅹ-2）相隔。

1. 构造层

出露的岩石地层单元表明该单元可以划分成太古宙构造层（Ar）、哥伦比亚（中条）构造层（Z）、加里东构造层（C）和海西-印支期构造层（V-I），印支期该单元进入陆内盆山构造演化阶段，可以划分成印支期盆地（B_i）。

1）太古宙构造层（Ar）

该单元由太古宙变火山-沉积建造构成，岩性为角闪片麻岩、角闪黑云片麻岩及大理岩和石英岩等。

2）哥伦比亚（中条）构造层（Z）

该单元由古元古代变火山-沉积建造构成，岩性为各类片麻岩、结晶片岩、大理岩和石英岩等。

（3）加里东构造层（C）

该单元由寒武纪—泥盆纪变火山-沉积建造构成，其中寒武纪分布尚不清楚。奥陶系主要为一套绿片岩相变质的片岩，可能夹有变质火山岩。志留纪—泥盆纪以陆源碎屑岩为主。

4）海西-印支构造层（V-I）

该单元由石炭纪—早三叠世火山-沉积建造构成。

石炭纪地层由贾克组、苏芬组和萨格多尔组火山-沉积建造构成。其中，贾克组为一套火山-沉积建造，岩性为火山角砾岩、英安岩、安山岩和凝灰岩等；苏芬组和萨格多尔组为一套稳定的碳酸盐岩台地沉积建造。

二叠纪地层由谢比苏尔赫组和贡达林组沉积建造构成。其中，谢比苏尔赫组为一套稳定的碳酸盐岩台地沉积建造；贡达林组由一套稳定的碎屑岩和碳酸盐岩沉积建造构成，下部以碎屑岩为主，上部为灰岩。

2. 盆地

印支期该单元进入陆内盆山构造演化阶段，可以划分成印支期盆地（B_i）。中—晚三叠世克孜勒苏组为一套海陆交互相粗碎屑岩建造；早—中侏罗世萨雷纳马克组为一套河湖相砂岩和粉砂岩沉积建造。

3. 侵入岩

该单元出露元古宙—中新生代侵入岩。其中，元古宙仅有少量花岗岩出露；石炭纪侵入岩岩性组合为花岗岩、花岗闪长岩和斜长花岗岩，属钙碱系列；三叠纪侵入岩岩性为花岗岩；新生代侵入岩岩性组合为花岗岩、二长花岗岩和花岗闪长岩。另外，该单元还有部分时代不明的闪长岩和超基性岩。

4. 构造样式

该单元以断褶构造为主。

十、松潘-甘孜印支造山系(Ⅹ)

松潘-甘孜印支造山系(Ⅹ)北以兴都库什北缘断裂、康西瓦-苏巴什断裂带、东昆中南缘断裂、哇洪山断裂、天水-宝鸡断裂、徽成盆地、勉略构造带南界为界与西巴达赫尚造山带(Ⅸ-7)和昆仑-祁连-秦岭造山系(Ⅸ)相隔，南以兴都库什南缘断裂、喀喇昆仑断裂和西金乌兰-金沙江断裂为界与西藏-马来造山系(Ⅺ)相邻。该造山系可进一步划分为2个造山带：巴颜喀拉-金沙江造山带(Ⅹ-1)和兴都库什造山带(Ⅹ-2)。

(一)巴颜喀拉-金沙江造山带(Ⅹ-1)

巴颜喀拉-金沙江造山带是在印支运动中形成，其形成与特提斯洋盆封闭过程中的俯冲碰撞造山作用密切相关，成为三叠纪特提斯碰撞造山带的一个重要组成部分。

该造山带可进一步划分为10个亚带：吉赛尔地块(Ⅹ-1-1)、甜水海造山亚带(Ⅹ-1-2)、东昆仑南造山亚带(Ⅹ-1-3)、贵德-礼县造山亚带(Ⅹ-1-4)、河南-岷县造山亚带(Ⅹ-1-5)、白龙江造山亚带(Ⅹ-1-6)、巴颜喀拉-松潘造山亚带(Ⅹ-1-7)、碧口造山亚带(Ⅹ-1-8)、雅江造山亚带(Ⅹ-1-9)和西金乌兰-玉树-理塘造山亚带(Ⅹ-1-10)。

1. 甜水海-吉赛尔地块(Ⅹ-1-1、Ⅹ-1-2)

1)构造层

出露的岩石地层单元表明该单元可以划分成哥伦比亚(中条)构造层(Z)、格林威尔构造层(G)和后格林威尔盖层(G_c)，燕山期该单元进入陆内盆山构造演化阶段，可以划分成燕山期盆地(B_y)。

(1)哥伦比亚(中条)构造层(Z)。哥伦比亚构造层由古元古代布伦阔勒岩群($Pt_1 B.$)结晶变质岩系构成，是一套火山-沉积建造组合，岩石以斜长角闪片(麻)岩为主，夹“磁铁石英岩”、变粒岩、云母石英片岩、片麻岩、黑云石英片岩和大理岩，不同程度含石榴石、矽线石、十字石和黑云母等变质矿物，恢复原岩为成熟度低的陆源碎屑岩-碳酸盐岩-火山岩组合，火山岩主要为变玄武岩和变流纹岩。该岩群可能形成于古老的弧盆系环境。

(2)格林威尔构造层(G)。格林威尔构造层由中元古代甜水海岩群($ChT.$)和新元古代肖尔克谷地岩组($Pt_3^1 xr.$)变沉积建造构成。

甜水海岩群岩性为深灰色泥钙质片岩、千枚岩、板岩、变粉砂岩、石英岩和石英片岩等，绿片岩相。肖尔克谷地岩组岩性为硅泥质白云岩、砂质灰岩夹白云质粉砂岩、石英粉砂岩及少量钙质片岩，含青白口纪叠层石。

(3)后格林威尔盖层(G_c)。后扬子沉积盖层可进一步划分为最多6个时期沉积盖层：寒武纪盖层(G_c^1)、中奥陶世—志留纪盖层(G_c^2)、中泥盆世—早石炭世盖层(G_c^3)、晚石炭世—二叠纪盖层(G_c^4)、中—晚三叠世盖层(G_c^5)和侏罗纪盖层(G_c^6)。

寒武纪盖层(G_c^1)。该盖层由寒武纪甜水湖组($\in t$)沉积建造构成，岩性为灰色粉砂质板岩、泥质粉砂质板岩、泥质板岩、土黄色岩屑长石细砂岩与中砂岩不等厚互层和土黄色、褐黄色岩屑长石中—粗砂岩及含砾砂岩。

中奥陶世—志留纪盖层(G_c^2)。该盖层由中晚奥陶世冬瓜山群($O_{2-3}D$)、早志留世温泉沟群(S_1W)和中—晚志留世达坂沟群($S_{2-3}D$)构成。

冬瓜山群可能不整合于甜水湖群之上(缺失早奥陶世沉积),为一套火山-沉积建造,其岩性组合为灰色、深灰色灰岩、砂泥质灰岩和生物灰岩,夹千枚状页岩、钙质砂岩、钙质泥质粉砂岩及少量基性火山岩,产头足类(鹦鹉螺)、*Dideroceras* 带及腹足类、三叶虫和腕足类等化石。温泉沟群以细碎屑岩为主,夹硅质岩和少量火山岩,低绿片岩相,与下伏冬瓜山群为整合接触。

中泥盆世—早石炭世盖层(G_c^3)。该盖层由中泥盆世落石沟组(D_2l)、晚泥盆世天補达坂组(D_3t)和早石炭世帕斯群(C_1P)沉积建造构成。

落石沟组岩性为碳酸盐岩夹少量细碎屑岩沉积,产腕足类、珊瑚和腹足类等化石,与下伏地层呈微角度不整合接触。天補达坂组岩性为灰紫色砂岩、砂砾岩夹长石石英砂岩、钙质粉砂岩夹灰岩。帕斯群岩性为灰岩和白云岩,产腕足类和单体珊瑚化石。

晚石炭世—二叠纪盖层(G_c^4)。该盖层由晚石炭世—早二叠世恰提尔群(C_2P_1Q)、早—中二叠世神仙湾群($P_{1-2}Sx$)和红山湖组($P_{1-2}h$)、下—中二叠统(P_{1-2})及晚二叠世温泉山组(P_3w)沉积建造构成。

恰提尔群岩性为细碎屑岩夹碳酸盐岩建造,与下伏温泉沟群板岩组角度不整合接触(高振家等,2000)。神仙湾群是一套含基性火山岩的细碎屑岩+碳酸盐岩沉积建造组合。红山湖组总体为一套碳酸盐岩台地相沉积建造,岩性为粉砂质板岩夹薄层白云质石英砂岩、硅质岩、石英砂岩夹杂砂岩以及粉砂岩等,见双壳类和腕足类化石,与上伏地层为平行不整合接触(王立全等,2013)。下—中二叠统是一套碎屑岩+碳酸盐岩沉积建造。温泉山组是一套碳酸盐岩+碎屑岩沉积建造组合。

中晚三叠世盖层(G_c^5)。该盖层由中三叠世河尾滩群(T_2H)和晚三叠世克勒青河群(T_3K)沉积建造构成。

河尾滩群是一套细碎屑岩+硅质岩沉积建造组合。克勒青河群为碳酸盐岩+碎屑岩沉积建造组合。

侏罗纪盖层(G_c^6)。该盖层由早侏罗世巴工布兰莎群(J_1B)、中侏罗世龙山组(J_2l)和晚侏罗世红旗拉甫组(J_3hq)构成。

巴工布兰莎群岩性为砂质页岩、砂岩、粉砂岩、灰岩、鲕粒灰岩、燧石灰岩和沥青质灰岩,局部地段夹膏盐层,产有孔虫和腕足类化石,其与上、下地层均呈角度不整合接触(王立全等,2013)。龙山组岩性为杂色砾岩和灰岩,局部夹火山岩,与下伏克勒青河群或神仙湾群呈角度不整合接触。红旗拉甫组与下伏龙山组为整合过渡关系,是一套碳酸盐岩+碎屑岩沉积建造组合。

2)盆地

晚燕山期该单元进入陆内盆山构造演化阶段,可以划分成燕山期盆地(B_y)。盆地沉积由晚白垩世铁隆滩群(K_2T)构成,其岩性为杂色砾岩、砂岩、泥灰岩、钙质砂岩、砂质灰岩和杂色生物灰岩,产双壳类、腹足类及层孔虫,与下伏的侏罗系、上覆的新近系均呈角度不整合接触(王立全等,2013)。

3)侵入岩

该单元侵入岩浆活动主要时期为晚古生代—新近纪,以中生代最为强烈,偶有中元古代和寒武纪岩体出露。

中元古代的岩体呈巨型岩基出露于塔什库祖克山以西的马尔洋到塔萨拉一带,主要岩性为二长花岗岩和花岗闪长岩。

寒武纪岩体出露在康西瓦以南,岩石类型为二长花岗岩,为准铝质-过铝质中钾钙碱系列Ⅰ型花岗岩,形成于岛弧构造环境。

晚古生代岩体集中分布在喀拉昆仑山西北端的吐鲁布拉克到布伦口一带,主要为泥盆纪和二叠纪侵入岩。泥盆纪岩体岩性组合为英云闪长岩和石英闪长岩,为碰撞后构造环境岩浆作用产物;二叠纪的侵入岩浆组合为二长花岗岩、花岗闪长岩、英云闪长岩、石英闪长岩和闪长岩，属准铝质钙碱系列岩石，为岛弧花岗岩。

三叠纪岩体在该构造岩浆岩带中广泛分布，主要岩石类型为二长花岗岩、正长花岗岩、花岗闪长岩、英云闪长岩和石英闪长岩，岩石类型有 A 型、I 型和 S 型，形成于俯冲-碰撞构造环境（黎敦朋等，2007）。

侏罗纪岩体主要出露在康西瓦到阿克苏卡子以南一带，岩性组合为二长花岗岩、花岗岩和英云闪长岩；白垩纪岩体广泛出露于神仙湾、塔吐鲁沟和塔什库尔干等地，岩性组合为英云闪长岩、石英闪长岩和二长花岗岩，主要为准铝质钙碱系列的 I 型花岗岩，形成于岛弧构造环境（李荣社等，2008）。

新生代岩体主要出露于塔什库尔干县地区，岩性组合为二长花岗岩、花岗岩、正长花岗岩、正长岩和石英正长岩等，属碱性系列和过铝质高钾钙碱系列，也有典型的碱性岩类。

4）构造样式

构造样式表现为极向指向南西的冲断褶皱。

2. 东昆仑南造山亚带（Ⅹ-1-3）

东昆仑南造山亚带（Ⅹ-1-3）北以东昆中南缘断裂和玛沁-玛曲断裂为界与东昆仑造山带（Ⅸ-2）、贵德-礼县造山亚带（Ⅹ-1-4）、河南-岷县造山亚带（Ⅹ-1-5）相邻，南以木孜塔格-玛沁断裂为界与巴颜喀拉-松潘造山亚带（Ⅹ-1-7）相隔，西以阿尔金走滑断裂为界与喀拉塔什-库亚克造山亚带（Ⅸ-1-2）相隔。

1）构造层

出露的岩石地层单元表明该单元可以划分成哥伦比亚（中条）构造层（Z）、格林威尔构造层（G）、加里东构造层（C）和海西-印支构造层（V-I），晚印支期该单元进入陆内盆山构造演化阶段，可以划分成印支期盆地（B_i）。

（1）哥伦比亚（中条）构造层（Z）。哥伦比亚构造层由古元古代苦海岩群（$Pt_1K.$）结晶变质岩系构成，岩性组合为黑云（角闪）斜（二）长片麻岩、白云大理岩、黑云斜长变粒岩和浅粒岩，夹斜长角闪岩和云母石英片岩等，不同程度混合岩化和糜棱岩化，部分片麻岩含铁铝榴石、矽线石、红柱石和堇青石，大理岩含金云母、橄榄石和透辉石等变质矿物，为高角闪岩相变质，原岩为陆源碎屑岩、碳酸盐岩和火山岩。

（2）格林威尔构造层（G）。格林威尔构造层由中元古代—新元古代早期火山-沉积建造构成。

中元古代—新元古代由小庙岩组（$Pt_2^1x.$）、狼牙山组（Pt_2^2l）和万宝沟群（$Pt_{2-3}W$）构成。其中，小庙岩组岩性由石英岩、长石石英岩和白云（或二云）石英片岩组成，局部夹大理岩，偶含石榴石、矽线石、堇青石和角闪石等变质矿物，原岩以硅质碎屑岩为主，达高绿片岩相—角闪岩相变质，形成于陆缘滨-浅海环境；狼牙山组岩性为含叠层石灰岩、白云质灰岩、白云岩夹石英砂岩（局部含海绿石）、泥板岩和碳硅质岩（局部含磷），下与小庙岩组呈整合或平行不整合，形成于滨海台地相；万宝沟群岩性为玄武岩、安山岩夹变砂岩、板岩、大理岩、白云岩、白云质大理岩和大理岩，夹千枚岩和变砂岩，属活动类型沉积。

（3）加里东构造层（C）。加里东构造层由寒武纪—志留纪火山-沉积建造构成，属大洋盆地活动类型沉积，各地层单位多数呈断片或断块产出。

早加里东构造层（C_e）。早加里东构造层由寒武纪沙松马拉组（$\in_1s$）火山-沉积建造构成。沙松马拉组为一套含早寒武世小壳化石的长石石英（岩屑）砂岩夹千枚岩、灰岩及安山质凝灰岩组合，呈构造岩片产出。

中加里东构造层（C_m）。中加里东构造层由奥陶纪—志留纪纳赤台群（OSN）火山-沉积建造构成。纳赤台群岩性组合为长石石英杂砂岩、粉砂岩、凝灰质砂岩、玄武岩、安山岩、英安岩、凝灰岩、千枚岩、板岩、结晶灰岩、生物碎屑灰岩和白云质灰岩等，含晚奥陶世和志留纪的珊瑚、腹足和腕足类化石，锆石 U-Pb年龄为 469Ma 和 419±5Ma。

（4）海西-印支构造层（V-I）。海西-印支构造层由泥盆纪—三叠纪火山-沉积建造构成。

泥盆纪地层由早泥盆世卡拉楚卡组（D_1k）、中泥盆世布拉克巴什组（D_2b）和上泥盆统火山-沉积建造构成。卡拉楚卡组岩性为灰岩夹页岩；布拉克巴什组岩性为砂岩、玄武岩、安山岩、英安岩、灰岩、硅质岩、砂岩、生物灰岩、泥灰岩和砾屑灰岩，含丰富珊瑚、牙形刺、腕足和层孔虫以及类似于我国南方淡水鱼化石；上泥盆统为一套灰岩、硅质岩和砂岩沉积建造。

石炭纪地层由哈拉郭勒组(C_1hl)、浩特洛哇组(C_2P_1h)、托库孜达坂组(C_1t)和哈拉米兰河组($C_{1\text{-}2}h$)火山-沉积建造构成，富含珊瑚、腕足和蜓科等化石。哈拉郭勒组和浩特洛哇组由下部粗碎屑岩和中—上部碎屑岩、碳酸盐岩夹多层火山岩组成；托库孜达坂组和哈拉米兰河组由下—中部碎屑岩和泥质岩、放射虫硅质岩夹火山岩和上部碳酸盐岩组成。

二叠纪地层由布青山群($P_{1\text{-}2}B$)和格曲组(P_3g)火山-沉积建造构成。布青山群自上而下划分为树维门科组和马尔争组，岩性为砂岩、粉砂岩、岩屑长石砂岩、粉砂质板岩、砂砾岩、灰岩、生物灰岩、礁灰岩、角砾状灰岩、白云岩、玄武岩、安山玄武岩、安山岩及少量酸性火山岩、火山角砾岩、玄武粗安岩和霞石玄武岩等，含有珊瑚、腕足和蜓科等化石，蜓科化石以中二叠世栖霞期—茅口期为主，少量为早二叠世，沉积环境有浅海和半深海—深海环境，但纵横向变化大，属活动型海盆，盆地内还有礁相碳酸盐岩台地；格曲组不整合于布青山群之上，岩性为复成分砾岩、长石石英杂砂岩、砂泥质板岩和生物礁灰岩，含珊瑚、腕足、蜓及有孔虫等化石，时代为晚二叠世吴家坪期—长兴期。

早—中三叠世地层由洪水川组($T_{1\text{-}2}h$)、闹仓坚沟组(T_2n)和希里可特组(T_2x)火山-沉积建造构成。洪水川组以碎屑岩为主，夹较多火山岩和少量碳酸盐岩；闹仓坚沟组以碳酸盐岩为主，夹凝灰岩和碎屑岩；希里可特组以碎屑岩为主，夹凝灰岩和碳酸盐岩，富含双壳类和菊石化石，时代为奥伦尼克期—拉丁期，为早—中三叠世，形成于浅海—半深海环境，火山岩具大陆型消减带特征，可能属晚古生代造山过程弧后伸展型海盆。

2)盆地

从晚三叠世开始该单元进入陆内盆山构造演化阶段，可以识别出印支期盆地(B_i)。

晚三叠世地层由八宝山组(T_3b)火山-沉积建造构成，不整合于中三叠世地层之上。八宝山组岩性为复成分砾岩、岩屑长石(石英)砂岩、粉砂质页岩、粉砂岩、泥灰岩、碳质页岩及煤线、流纹岩、安山岩及少量玄武岩和凝灰岩，碎屑岩中含大量植物化石和半淡水双壳类化石，时代为晚三叠世诺利克期，火山岩形成于板内伸展环境。

侏罗纪由羊曲组($J_{1\text{-}2}y$)、大煤沟组($J_{1\text{-}2}d$)、叶尔羌群($J_{1\text{-}2}Y$)和库孜贡苏组(J_3k)陆相含煤碎屑岩建造构成。下—中侏罗统岩性为复成分砾岩、砂砾岩、含砾岩屑长石砂岩、长石(石英)砂岩、粉砂岩夹碳质页岩及煤线，下与晚三叠世地层平行不整合，属山间断陷湖-河相沉积；库孜贡苏组由山麓河-湖相红色碎屑岩组成，不整合于早—中侏罗世地层之上。

早白垩世克孜勒苏群(K_1K)仅见于东昆南西段，由湖相石英砂岩、粉砂岩、泥岩夹砾岩组成。

3)侵入岩

该单元显生宙以来有3期构造岩浆旋回：南华纪—二叠纪、三叠纪和侏罗纪—白垩纪。

构成南华纪—二叠纪岩浆弧的侵入岩体有：南华纪石英闪长岩、闪长岩；寒武纪石英闪长岩、花岗闪长岩和二长花岗岩；奥陶纪闪长岩、石英闪长岩、花岗闪长岩、二长花岗岩和英云闪长岩；志留纪石英闪长岩、二长花岗岩、花岗闪长岩和正长花岗岩；泥盆纪石英闪长岩、二长花岗岩、英云闪长岩、花岗闪长岩、花岗岩和辉长岩等；石炭纪花岗闪长岩和二长花岗岩；二叠纪闪长岩、石英闪长岩、二长花岗岩、花岗闪长岩和正长花岗岩。奥陶纪—泥盆纪的岩性组合，绝大部分可以归结为TTG侵入岩组合，与俯冲活动相关；石炭纪侵入岩基本上也属于TTG组合，是东昆南石炭纪—中二叠世洋盆俯冲消减所致。

三叠纪岩体以早中三叠世为主，岩石类型包括正长花岗岩、二长花岗岩、花岗岩、花岗闪长岩、英云闪长岩、斜长花岗岩、石英闪长岩、二长岩和石英二长闪长岩等，形成于巴颜喀拉山造山带陆内碰撞造山阶段的晚期。

侏罗纪岩体分布也相当广泛，岩石类型既有钙碱系列的组合，也有碱性系列组合，包括正长花岗岩、二长花岗岩、花岗闪长岩、英云闪长岩、石英闪长岩、二长岩和石英正长岩等。白垩纪和新近纪岩体很少,岩性主要为二长花岗岩。侏罗纪岩体形成于岛弧构造环境。

4)构造样式

在构造样式上是一个以冲断为主,伴有强烈褶皱的造山带。在造山带内部有晚三叠世—新近纪走滑盆地沉积,盆地走向与造山带延伸方向一致,表明晚印支运动—早喜马拉雅运动期间一直存在着走滑断裂活动。更新世以来同样遭受强烈的构造隆升。

3. 西秦岭地区(包括贵德—礼县、河南—岷县和白龙江地区)

1)构造层

出露的岩石地层单元表明该单元可以划分出格林威尔构造层(G)、加里东期构造层(C)和海西-印支构造层(V-I),晚三叠世该单元进入陆内盆山构造演化阶段,可以划分成印支期盆地(B_i)和燕山期盆地(B_y)。

(1)格林威尔构造层(G)。该构造层由中-新元古代吴家山岩组($Pt_{2\text{-}3}w.$)构成,该组下部为黑云石英片岩和石英角闪片岩,夹大理岩等,上部为粉红色—灰白色大理岩、黑色碳质千枚岩、白云岩、砾岩和砂岩等,未见底,经历过多期变质作用。杨志华等(1997)曾在吴家山组中的石英角闪片岩中分离出角闪石,获得Sm-Nd等时线年龄为1 224.26±28.99Ma。

(2)加里东构造层(C)。加里东构造层由南华纪—志留纪火山-沉积建造构成,主要分布在河南—岷县地区。

南华纪地层由白依沟群(Pt_3^2By)火山-沉积建造构成,岩性为含砾凝灰岩、凝灰质砂岩、粉砂质板岩及冰碛砾岩,火山岩的锆石U-Pb年龄为716Ma(王立全等,2013)。

寒武纪—奥陶纪地层由太阳顶组($\in Ot$)碎屑岩沉积建造构成,岩性为深灰色—灰黑色厚层—块状硅质岩与黑色碳硅质板岩互层,含软舌螺化石,平行不整合超覆于白依沟群之上;晚奥陶世大堡组(O_3db)为一套火山-沉积建造,岩性为板岩、硅质板岩、粉砂岩、中酸性火山熔岩及碎屑岩、少量结晶灰岩和泥质灰岩,含丰富的笔石化石;志留纪白龙江群(SB)为一套碎屑岩和碳酸盐岩沉积建造,自下而上包括迭部组(S_1d)、舟曲组(S_2z)和卓乌阔组($S_{3\text{-}4}zw$),岩性为黑色千枚岩、灰绿色变砂岩、板岩、灰岩、泥灰岩及白云岩等,含珊瑚、头足类、笔石、牙形刺、腕足类、苔藓虫及层孔虫等。

(3)海西-印支构造层(V-I)。该构造层由泥盆纪—中三叠世沉积建造构成,主体为一套稳定的碎屑岩和碳酸盐岩沉积建造。

泥盆纪沉积由早泥盆世西岔河组(D_1x)、普通沟组(D_1p)和尕拉组(D_1gl),早—中泥盆世三河口群($D_{1\text{-}2}S$)、当多组($D_{1\text{-}2}d$),泥盆纪西汉水群(DX)、舒家坝群(D_2Sj)构成。这一时期的沉积主体为一套海相或海陆交互相碎屑岩+碳酸盐岩沉积建造。其中,早泥盆世西岔河组为砾岩和砂岩组成的海陆交互相沉积建造;晚泥盆世—早石炭世大草滩组(D_3C_1dc)下部为陆相砂砾岩沉积,上部为海陆相灰岩和砂岩;晚泥盆世—早石炭世益哇沟组(D_3C_1yw)为稳定的碳酸盐岩台地沉积。

石炭纪沉积由早石炭世巴都组(C_1bd)、晚石炭世下加岭组(C_2x)、东扎口组(C_2dz)和石炭纪岷河组(Cm)构成,总体上是一套稳定的碳酸盐岩和碎屑岩沉积建造。二叠纪沉积整体为一套稳定碳酸盐岩+碎屑岩沉积建造,以碳酸盐岩台地沉积为主,局部有少量碎屑岩沉积。早—中三叠世与二叠纪沉积建造类似,均为一套稳定的碳酸盐岩+碎屑岩沉积组合。

2)盆地

从晚三叠世开始,该单元进入陆内盆山构造演化阶段,可以识别出印支期盆地(B_i)和燕山期盆地(B_y)。

印支期盆地由晚三叠世鄂拉山组(T_3e)火山-沉积建造构成,不整合于中三叠世地层之上,由陆相流纹岩、英安岩、安山岩、玄武岩、中酸性熔结角砾岩、角砾凝灰岩和岩屑长石(石英)砂岩等组成。

燕山期盆地由早—中侏罗世沉积建造构成,包括郎木寺组(T_3J_2lm)、羊曲组($J_{1\text{-}2}yq$)、龙家沟组(J_2l)和勉县群($J_{1\text{-}2}M$),岩性为复成分砾岩、砂砾岩、含砾岩屑长石砂岩、长石(石英)砂岩、粉砂岩夹碳质页岩及煤线组成,下与晚三叠世地层呈平行不整合,属山间断陷湖-河相沉积。

3)侵入岩

该单元出露新元古代—侏罗纪侵入岩,以中生代印支期侵入岩最为发育。新元古代仅有少量斜长花岗岩出露,应形成于新元古代早期地壳增生过程;志留纪岩性组合为英云闪长岩、斜长花岗岩和花岗岩,主要为钙碱系列;泥盆纪仅有花岗闪长岩;石炭纪岩性组合为二长花岗岩、花岗闪长岩和石英闪长岩;二叠纪侵入岩研究资料较少,岩性组合为花岗岩、石英闪长岩、闪长岩和超基性岩,形成可能与二叠纪阿尼玛卿洋向北俯冲作用有关;三叠纪岩性组合为花岗岩、正长花岗岩、二长花岗岩、花岗闪长岩、斜长花岗岩、石英闪长岩、石英二长岩、闪长岩和正长岩,为中—高钾钙碱系列,这些岩体的岩浆物质主要来自地壳物质的部分熔融,形成于中央造山带在地壳加厚作用后岩石圈拆沉作用的地球动力学背景,形成环境应为活动大陆边缘岛弧(张宏飞等,2006);侏罗纪岩性组合为花岗岩、二长花岗岩、花岗闪长岩、斜长花岗岩、石英闪长岩、闪长岩和碱性岩。甘肃省礼县—两当地区柏家庄岩体群是以二长花岗岩为主的二长花岗岩和花岗闪长岩组合,属高钾钙碱系列和碱性系列,二长花岗岩和花岗闪长岩分属 S 型和 I 型(温志亮,2008),构造环境上跨越了俯冲、碰撞造山和后造山板内构造演化阶段(张国伟等,2001)。

4)构造样式

在构造样式上是一个以冲断为主,伴有强烈褶皱的造山带,晚印支运动—早喜马拉雅运动期间一直存在着走滑断裂活动,更新世以来遭受强烈的构造隆升。

4. 碧口造山亚带(Ⅹ-1-8)

1)构造层

出露的岩石地层单元表明该单元可以划分成新太古代构造层(Ar_4)、格林威尔构造层(G)和扬子构造层(A)及其盖层沉积,燕山期该单元进入陆内盆山构造演化阶段,可以划分成燕山期盆地(B_y)。

(1)新太古代构造层(Ar_4)。新太古代构造层由新太古代鱼洞子群(Ar_3Y)变质岩系构成,岩性为斜长角闪岩、浅粒岩、磁铁石英岩和花岗质混合岩,具花岗-绿岩带组成特征。斜长角闪岩锆石 U-Pb 年龄为 2657±27Ma(秦克令等,1990),侵入于鱼洞子岩群的花岗岩锆石 U-Pb 年龄为 2693~2584Ma(张宗清等,2002;陆松年等,2009)。

(2)格林威尔构造层(G)。格林威尔构造层由中元古代—新元古代早期火山-沉积建造构成。

中元古代地层由碧口岩群($Pt_{2\text{-}3}B.$)火山-沉积建造构成,岩性组合为变质火山碎屑岩和变质火山熔岩,夹变质砂岩、石英岩及石英片岩等。变质火山熔岩有苦橄岩、玻基辉橄岩、变玄武岩、变细碧岩、变安山岩、变角斑岩、变石英粗安岩、变流纹岩和变石英粗面岩等,以基性火山岩为主,酸性岩少量,安山岩极少。近年来,玄武岩 SHRIMP 年龄集中在 790~776Ma(闫全人等,2003;李永飞等,2006)。新元古代早期地层由秧田坝组(Pt_3^1yt)火山-沉积建造构成,岩性为变砂岩、变粉砂岩、板岩和千枚岩,夹砂砾岩及凝灰岩,鲍马序列发育,总体属斜坡相环境。

(3)扬子构造层(A)。扬子构造层由新元古代中—晚期火山-沉积建造构成。新元古代中—晚期地层由关家沟组(Pt_3^2g)、白依沟群(Pt_3^2By)和水晶组(Zs)火山-沉积建造构成。关家沟组岩性为灰色—灰绿色变质冰碛砾岩、冰碛砂砾质板岩、深灰色—灰黑色变质粉砂岩和板岩,下与秧田坝组或阳坝组不整合接触(邢裕盛等,1996;王立全等,2013);白依沟群岩性为含砾凝灰岩、凝灰质砂岩、粉砂质板岩和冰碛砾岩;水晶组岩性为灰色—浅灰色结晶白云岩、硅质白云岩、白云岩及含硅质白云大理岩夹灰白色大理岩和深灰色结晶灰岩,夹板岩、泥灰岩及黑色硅质岩,含微古植物及叠层石。

盖层沉积由寒武纪—中三叠世沉积建造构成。扬子沉积盖层可进一步划分为最多 5 个时期:寒武纪(A_c^1)、奥陶纪(A_c^2)、志留纪(A_c^3)、泥盆纪(A_c^4)和石炭纪(A_c^5)。

寒武纪地层由太阳顶组($\in_{1\text{-}2}t$)沉积建造构成,岩性为深灰色—灰黑色厚层—块状硅质岩与黑色碳硅质板岩互层,含软舌螺化石,平行不整合超覆于白依沟群之上。

奥陶纪地层由大堡组($O_{2\text{-}3}d$)沉积建造构成,岩性为板岩、硅质板岩、粉砂岩、中酸性火山熔岩、结晶灰岩和泥质灰岩,含丰富的笔石化石。

志留纪地层由白龙江群(SBl)沉积建造构成，自下而上分为迭部组(S_1d)、舟曲组(S_2z)和卓乌阔组($S_{3\text{-}4}zw$)，岩性为黑色千枚岩、灰绿色变砂岩、板岩、灰岩、泥灰岩、灰岩透镜体及白云岩等，含珊瑚、头足类、笔石、牙形刺、腕足类、苔藓虫及层孔虫等。

泥盆纪地层由平驿铺组、甘溪组、三河口群、养马坝组、观雾山组和略阳组沉积建造构成，总体为一套稳定的碳酸盐岩和碎屑岩沉积建造，含丰富化石，形成于滨浅海沉积环境或碳酸盐岩台地环境。

石炭纪地层由岷河组(Cm)、总长沟组($C_{1\text{-}2}z$)和黄龙组(C_2h)沉积建造构成，与泥盆纪类似，总体为一套稳定的碳酸盐岩和碎屑岩沉积建造，含丰富化石，形成于滨浅海沉积环境或台地环境。

2)盆地

从侏罗纪开始该单元进入陆内盆山构造演化阶段，可以识别出燕山期盆地(B_y)。

侏罗纪—白垩纪地层为山间盆地陆相沉积。侏罗纪地层沿断裂带分布，形成于山间断陷(拉分)盆地沉积，缺失晚侏罗世沉积，早—中侏罗世勉县群($J_{1\text{-}2}M$)为杂色含煤泥质岩和碎屑岩组合，以河流-湖沼相为主；白垩纪地层的分布基本同侏罗系，普遍缺失晚白垩世沉积，早白垩世东河群(K_1D)为紫红色—土色砾岩和煤系。

3)侵入岩

该单元侵入岩自中元古代始，断续延伸到三叠纪结束，且以三叠纪岩浆活动最为强烈。

元古宙岩体主要分布在勉略宁三角地带和碧口一带，主要岩性组合为二长花岗岩、英云闪长岩、闪长岩和基性岩。志留纪岩体分布在摩天岭东段，岩性组合为花岗闪长岩和石英闪长岩。晚古生代中酸性岩体分布在略阳断裂之南，仅有两个岩体，分别为泥盆纪闪长岩和石炭纪花岗岩；晚古生代基性岩体分布在勉略宁三角地带靠近龙门山断裂一侧，岩性主要为辉绿岩。

三叠纪主要岩体有阳坝、鹰咀山、穿心岩窝和南一里(部分)等的花岗闪长岩和黑云母花岗岩。花岗闪长岩为准铝质高钾钙碱性系列，黑云母花岗岩为中钾到高钾钙碱系列，岩浆源区应主要来自陆壳物质，形成环境应为碰撞晚期。

4)构造样式

在构造样式上，呈现一个极向指向南东的复式逆冲逆掩+褶皱的叠瓦状造山带，在平面上呈现一个北东-南西展布的狭长带状造山带。造山带内部出现多个飞来峰构造。在山前出露的晚三叠世须家河群(T_3xj)是一套A型前陆盆地沉积，记录了陆内造山的过程。新生代以来的隆升，在山前再次形成磨拉石堆积。

5. 巴颜喀拉—金沙江地区

巴颜喀拉—金沙江地区的地层主要是二叠纪及三叠纪地层。在印支造山运动之后，发育有侏罗纪及白垩纪陆相盆地沉积。白垩纪末的晚燕山运动，使侏罗纪和白垩纪陆相盆地沉积发生变形。古新世以来的高原隆升，在造山带中发育了新生代山间盆地沉积，伴随着高原的挤压式隆升，高原岩石圈内部部分融熔和深部局部拆沉，导致了新生代陆相火山岩的喷发，岩石类型有玄武岩、安山岩和流纹岩，早期以玄武岩为主。

1)构造层

出露的岩石地层单元表明该单元可以划分成格林威尔构造层(G)和海西-印支构造层(V-I)，燕山期该单元进入陆内盆山构造演化阶段，可以划分成燕山期盆地(B_y)。

(1)格林威尔构造层(G)。格林威尔构造层由中元古代变粒岩构成。

(2)海西-印支构造层(V-I)。海西-印支构造层由二叠纪—三叠纪火山-沉积建造构成。

二叠纪地层由黄羊岭群(PH)火山-沉积建造构成，岩性为陆源泥质岩、碎屑岩夹碳酸盐岩及少量火山岩，西部火山岩夹层较多，中—东部碳酸盐岩较发育，中部出现硅质岩薄层或条带，灰岩含牙形刺、珊瑚和腕足等化石，中部䗴类和牙形刺化石为栖霞期—茅口期，上部页岩含长兴期孢粉化石，下部和上部形成于浅海陆棚环境，中部形成于次深海—深海环境。

三叠纪地层由巴颜喀拉山群(TB)和西长沟组(T_1x)火山-沉积建造构成。其中，西长沟组为一套碎屑岩夹碳酸盐岩沉积建造，岩性为长石岩屑砂岩、粉砂岩和绢云板岩，向西夹少量凝灰质砂岩和灰岩，含早三叠世孢粉化石；巴颜喀拉山群为一套火山-沉积建造，由厚度巨大、成熟度较低的陆源碎屑岩和泥质岩组成，夹少量碳酸盐岩和火山岩，岩性纵、横向变化较大，含有菊石、双壳、牙形刺和植物、孢粉及遗迹等化石，下部主体形成于浅海，中—上部形成于次深海—深海，顶部以浅海为主，西段及北缘可能已成为海陆交互沼泽-三角洲环境。

2)盆地

燕山期该单元进入陆内盆山构造演化阶段，可以划分成燕山期盆地(B_y)。

侏罗纪地层由叶尔羌群($J_{1-2}Y$)和库孜贡苏组(J_3K)陆相碎屑岩组成半干湖-潮勃湖中型盆地。此外，在东端年宝刚玉峰周边还有少量由年宝组陆相火山岩组成小型盆地，均不整合于三叠纪地层之上。叶尔羌群岩性为岩屑砂岩、石英砂岩和粉砂岩，夹煤线，含早—中侏罗世双壳及孢粉化石，主要形成于河湖-湖沼环境；库孜贡苏组岩性为紫红色、灰绿色含砾岩屑砂岩、岩屑石英砂岩夹砾岩、黏土岩及石膏层，形成于洪积-湖泊环境；年宝组岩性为灰绿色、灰紫色安山岩、流纹岩及凝灰质碎屑岩夹含煤碎屑岩，含早侏罗世孢粉及植物化石。

白垩纪地层以早白垩世双伍山组(K_1s)为主，岩性为灰绿、紫红等杂色调岩屑(长石)石英砂岩、粉砂岩与粉砂质泥岩不等厚互层，部分碎屑岩含白云质和泥质，底部夹砂砾岩和砾岩，上部偶夹砂质微晶灰岩，主体为河流相沉积。

3)蛇绿岩及蛇绿混杂岩带

该单元有歇武-甘孜蛇绿混杂带、西金乌兰蛇绿混杂带、金沙江蛇绿混杂带、乌兰乌拉湖蛇绿混杂岩带和澜沧江蛇绿混杂岩带。

歇武-甘孜蛇绿混杂带岩性组合为拉斑玄武岩、苦橄玄武岩、镁铁质与超镁铁质堆晶岩、辉长岩-辉绿岩岩墙、蛇纹岩、放射虫硅质岩和复理石，硅质岩中含大量早、中三叠世放射虫，蛇绿岩带南侧聂卡—结隆地区带状分布的片麻状石英闪长岩-花岗闪长岩的年龄为(215.4±0.8)～184Ma(李荣社等，2009)，表明该蛇绿岩形成于中生代。

西金乌兰蛇绿混杂岩带岩性组合为苦橄岩-苦橄玄武岩、(杏仁状、块状、枕状)玄武岩、橄榄玄武岩、辉石玄武岩、安山岩、粒玄岩及火山角砾岩和玄武质凝灰熔岩，含石炭纪—二叠纪放射虫化石的硅质岩，蛇形沟基性岩墙群的年龄为347Ma(李荣社等，2009)，变玄武岩Pb-Pb模式年龄为274Ma，在蛇形沟一带，蛇绿岩被晚二叠世—早三叠世汉台山群不整合覆盖。

金沙江蛇绿混杂岩带岩性组合为洋脊玄武岩、准洋脊玄武岩与蛇纹岩(原岩为方辉橄榄岩)、堆晶辉长岩、辉绿岩墙和放射虫硅质岩等，构成被肢解了的蛇绿岩或蛇绿混杂岩。

乌兰乌拉湖蛇绿混杂岩带岩性主要为辉绿岩和辉绿玢岩，其次为辉长岩、辉长-辉绿岩、橄榄岩、蛇纹石岩以及中基性火山岩，中基性火山岩主要为粗玄岩、玄武岩、气孔状安山岩、粗面岩、玄武质火山角砾岩和安山质晶屑岩屑凝灰岩等，相伴硅质岩中含有(晚奥陶世—)晚泥盆世、石炭纪和二叠纪放射虫组合。李才等(2003a)在狮头山和黑熊山等地发现黑云钠长硬玉岩、含蓝闪石硬玉角闪辉长岩和含蓝闪石钠长黑云硬玉岩等高压变质岩，原岩时代为石炭纪—二叠纪。

北澜沧江蛇绿混杂岩带有超镁铁岩、洋中脊玄武岩和硅灰泥复理石，玄武岩SHRIMP锆石U-Pb年龄为361.4Ma(1∶20万类乌齐幅，1992)。

4)侵入岩

该单元侵入岩分布零星，出露有印支期、燕山期和喜马拉雅期花岗质侵入岩体。二叠纪和三叠纪侵入岩零星，主要为中酸性的钙碱性系列，属Ⅰ型花岗岩。侏罗纪中酸性侵入岩为钙碱性S型花岗岩，此外尚有辉绿岩脉侵入。

5)构造样式

构造样式总体上表现为向南单向冲断褶皱的叠瓦状，在平面形态上以东西向展布为主，西段受阿尔金走滑断裂带的影响，形成向南突出的弧形，而东段因受松潘隐伏陆块的向南推挤和南羌塘陆块向北东的推挤，形成向北东方向的弯曲转折，在甘孜—理塘一带成为近南北向，冲断褶皱的极向也转成向西及向东。

6)矿产及成矿作用

该造山带是一个具有潜力的锑金成矿远景区(带)，矿源层为三叠纪深水浊流沉积，成矿作用与印支期以来的多期断裂活动相关。

(二)兴都库什造山带(Ⅹ-2)

兴都库什造山带(Ⅹ-2)北以兴都库什北缘断裂为界与西巴达赫尚造山带(Ⅸ-7)相隔，南以兴都库什南缘断裂为界与伊朗—阿富汗造山系(Ⅺ-2)相隔。该造山带可进一步划分为2个次级构造单元：兴都库什造山亚带(Ⅹ-2-1)和霍罗格地块(Ⅹ-2-2)。

1. 构造层

出露的岩石地层单元表明该单元可以划分成哥伦比亚(中条)构造层(Z)、后中条盖层(Z_c)和海西-印支构造层(V-I)，燕山期该单元进入陆内盆山构造演化阶段，可以划分成燕山期盆地(B_y)。

1)哥伦比亚(中条)构造层(Z)

哥伦比亚构造层由中元古代比瓦齐组、绍达克组和拖格迈组变质岩系构成，岩性为角闪片麻岩、黑云母片麻岩、二云母片麻岩、云母石英片岩和石英岩等。

2)后中条盖层(Z_c)

后中条盖层沉积可进一步划分为2个时期：寒武纪(Z_c^1)和志留纪(Z_c^2)。寒武纪盖层沉积由新太古代—早奥陶世维斯哈尔夫组沉积建造构成，岩性为石英质页岩、片岩和钠长-绢云-石英质片岩；志留纪盖层沉积由中志留世—晚泥盆世季克赞科乌组沉积建造构成，岩性为含泥质页岩、灰岩和白云岩。

3)海西-印支构造层(V-I)

海西-印支构造层由石炭纪—三叠纪火山-沉积建造构成。

石炭纪地层由早石炭世霍斯特姆勃组海相火山-沉积建造和晚石炭世库尔戈瓦特组海相沉积建造构成。其中，霍斯特姆勃组岩性为绿色流纹质凝灰岩、流纹岩和熔岩；库尔戈瓦特组岩性为砾岩和灰岩。

二叠纪地层由早—中二叠世卡拉吉尔金组和晚二叠世约尔利哈尔组沉积建造构成。其中，卡拉吉尔金组岩性为复矿砂岩和粉砂岩，含植物化石；约尔利哈尔组岩性为红色砂岩和粉砂岩。二叠纪地层主体为海陆过渡相沉积。

三叠纪地层由中三叠世克孜勒苏组和晚三叠世久留扎明组火山-沉积建造构成。其中，克孜勒苏组岩性为杂色砾岩和砂岩；久留扎明组岩性为杂色安山岩、安山-英安岩和安山-玄武岩。三叠纪地层整体为浅海相沉积。

2. 盆地

从燕山期开始该单元进入陆内盆山构造演化阶段，可以识别出燕山期盆地(B_y)。

侏罗纪地层由早—中侏罗世索尔布拉克组和晚侏罗世加乌尔达克组构成，岩性为灰岩、砂岩和页岩，夹凝灰岩和膏泥岩，为一套湖相沉积建造。白垩系由紫红色砂岩、粉砂岩和灰岩构成，形成于河流-湖泊沉积环境。

3. 侵入岩

该单元以石炭纪—新近纪侵入岩为主，岩性组合基性—酸性均有出露，另外还零星出露有少量古元古代、中元古代和寒武纪酸性侵入岩。

4. 构造样式

该单元以断褶构造为主。

十一、西藏-马来造山系(Ⅺ)

西藏-马来造山系(Ⅺ)北以兴都库什南断裂和西金乌兰-金沙江断裂为界与松潘-甘孜印支造山系(Ⅹ)相邻,东以瓦基里斯坦-科西斯坦-拉达断裂为界与苏莱曼-喜马拉雅造山系(Ⅻ)相隔,南以龙木错-双湖断裂为界与南羌塘-冈底斯造山系相接。

西藏-马来造山系(Ⅺ)可进一步划分为2个造山带:北羌塘-澜沧江造山带(Ⅺ-1)和伊朗-阿富汗造山带(Ⅺ-2)。

(一)北羌塘-澜沧江造山带(Ⅺ-1)

北羌塘-澜沧江造山带(Ⅺ-1)北以西金乌兰-金沙江断裂为界与巴颜喀拉-金沙江造山带(Ⅹ-1)相隔,南以龙木错-双湖断裂为界与龙木错-双湖造山带相隔。该单元可进一步划分为4个亚带:昌都-兰坪造山亚带(Ⅺ-1-1)、雁石坪造山亚带(Ⅺ-1-2)、那底岗日-各拉丹冬造山亚带(Ⅺ-1-3)和澜沧江造山亚带(Ⅺ-1-4)。

1. 构造层

出露的岩石地层单元表明该单元可以划分成格林威尔构造层(G)及其沉积盖层和海西-印支构造层(V-I),燕山期该单元进入陆内盆山构造演化阶段,可以划分成燕山期盆地(B_y)。

1)格林威尔构造层(G)

格林威尔构造层由中元古代温达岩组(李荣社等,2009)变质岩系和中新元古代宁多群变火山-沉积建造构成。温达岩组岩性为石榴云英钠长片岩、二云(绢云)石英片岩、云母片岩、石英岩及少数黑云斜长片麻岩,高绿片岩相变质,黑云斜长片麻岩(变质侵入体)U-Pb年龄为1250±22Ma(张雪亭等,2007)。宁多群岩性为云母(白云母、黑云母、绢云母)石英片岩、云母石英岩、大理岩夹浅粒岩、黑云母斜长片麻岩及少数钠长角闪片岩和绿片岩,原岩为成熟度较高的碎屑岩-碳酸盐岩夹中—基性火山岩,为低角闪岩相变质。

2)格林威尔沉积盖层(G_c)

格林威尔沉积盖层可进一步划分为2个时期:奥陶纪(G_c^3)和泥盆纪(G_c^5)。

奥陶纪沉积盖层由早奥陶世青泥硐组(O_1q)火山-沉积建造构成,岩性为灰白色石英砂岩、石英砾岩、粉砂岩和板岩,局部夹安山岩,含早奥陶世笔石化石,为准稳定型沉积建造,上被泥盆纪地层不整合覆盖。

泥盆纪沉积盖层由中—晚泥盆世拉竹笼组($D_{2\text{-}3}l$)、桑知阿考组($D_{2\text{-}3}s$)和洳钦组($D_{2\text{-}3}x$)火山-沉积建造构成,主要为形成于浅海环境的成熟度较高的陆源碎屑岩-火山岩建造。其中,拉竹笼组岩性为灰色—灰白色中厚层不等粒石英砂岩、长石石英砂岩夹碳质板岩、凝灰岩及硅质岩;桑知阿考组岩性为英安(流纹)质凝灰熔岩、安山质火山角砾岩和安山岩夹砂砾岩,火山岩以中酸性为主,与奥陶纪地层呈不整合接触;洳钦组岩性为石英砂岩和泥(钙)质板岩夹灰岩组成,含中—晚泥盆世腕足类、珊瑚和牙形刺化石。

3)海西-印支构造层(V-I)

海西-印支构造层由石炭纪—三叠纪火山-沉积建造构成。

石炭纪—二叠纪地层由杂多群(C_1Z)、西金乌兰群(CP_2X)、开心岭群(C_2P_2K)和乌丽群(P_3Wl)火山-沉积建造构成。其中,杂多群岩性为灰色—深灰色粉砂质板岩、石英砂岩、粉砂岩、板岩、辉石安山岩、英安质凝灰岩、生物灰岩、灰岩、角砾状灰岩、鲕粒灰岩、泥灰岩、石英砂岩和泥岩等,含早石炭世杜内期和维宪期腕足类、珊瑚及菊石化石,形成于滨-浅海环境,属陆缘裂陷盆地;西金乌兰群岩性为粉砂岩、板岩、石英砂岩、长石砂岩、硅质岩、灰岩、生物碎屑灰岩、鲕粒灰岩、(枕状、杏仁状)玄武岩、苦橄岩和苦橄玄武岩等,硅质岩中放射虫和牙形刺化石时代为早石炭世—早二叠世,总体形成于次深海—深海浊流环境,碳酸盐岩可能为海山;开心岭群是一套海相碎屑岩-碳酸盐岩夹火山岩建造,自下而上划分为扎日根组(C_2P_1z)、诺日巴尕日保组(P_2n)、尕迪考组(P_2g)和九十道班组(P_2j),主体形成于台地边缘-浅海,下部部分为深水,出现放射虫硅质岩,中部可能部分为潮间带滨海-潟湖,属羌塘-昌都陆块北部石炭纪—中二叠世裂解洋盆陆缘带的组成部分。

三叠纪由结隆群(T_2J)、巴塘群(T_3Bt)、结扎群(T_3J)和苟鲁山克措组(T_3g)火山-沉积建造构成。结隆群岩性为粉砂质板(千枚)岩、长石(石英)砂岩、砂泥质灰岩及生物灰岩,碎屑岩具复理石沉积特征;巴塘群岩性为长石石英砂岩、粉砂岩、泥钙质页岩、灰岩及火山岩,发育鲍马序列,含丰富双壳、菊石和腕足类化石;结扎群自下而上划分为甲丕拉组(T_3j)、波里拉祖(T_3b)和巴贡组(T_3bg),含丰富的双壳类化石,其次有腕足类、菊石及植物化石。甲丕拉组岩性为杂色中—细粒岩屑(长石)石英砂岩、粉砂岩、泥岩、复成分砾岩、含砾砂岩、玄武岩、玄武安山岩、安山岩及火山角砾岩;波里拉组岩性为灰色生物泥(亮)晶灰岩、白云质灰岩、灰质白云岩夹紫红色岩屑长石砂岩和页岩,局部夹石膏层及安山岩和凝灰岩;巴贡组岩性为灰绿色、紫红色长石(岩屑)砂岩、石英砂岩、粉砂岩夹碳质页岩、泥灰岩、煤层及少量玄武岩和凝灰岩,偶夹白云岩及石膏层;苟鲁山克措组岩性为长石岩屑砂岩、石英砂岩、粉砂岩夹砂质板岩,发育鲍马序列,含双壳、头足及植物化石。三叠纪沉积环境较为复杂,主体处于潮下低能浅海陆棚带,北缘部分已达次深海,中南部以滨浅海为主,海盆内有火山岛及碳酸盐岩台地,晚期(大致诺利期)转化为滨海-湖沼环境。

后印支期沉积盖层由中—晚侏罗世雁石坪群($J_{2\text{-}3}Y$)沉积建造构成。雁石坪群自下而上划分为雀莫错组(J_2q)、布曲组(J_2b)、夏里组(J_2x)、索瓦组(J_3s)和雪山组(J_3x),岩性为杂色岩屑(长石、石英)砂岩、粉砂岩夹少量砂砾岩、砾岩、生屑灰岩、泥(晶)灰岩、鲕粒灰岩和砂(砾)屑灰岩,含丰富双壳类和腕足类化石,沉积环境有滨海-深湖、三角洲相和浅海相(台地和陆棚),总体形成于浅海潮间带。

2. 盆地

从白垩纪开始该单元进入陆内盆山构造演化阶段,可以识别出燕山期盆地(B_y)。白垩纪地层由风火山群(KF)沉积建造构成,以紫红色调陆相碎屑岩为特征,由复成分砾岩、含砾砂岩、岩屑(长石)石英砂岩、杂质粉砂岩、含铜砂岩、粉砂质泥岩、泥岩、灰岩、泥灰岩和砂屑灰岩等组成,形成于河流-湖泊-河流环境,属山间(断坳)盆地。

3. 侵入岩

三叠纪石英闪长岩属于俯冲型,侏罗纪石英二长闪长岩也属于俯冲型,其成因与南侧班公-双湖-怒江洋盆的向北俯冲作用相关。白垩纪正长花岗岩、二长花岗岩和正长岩属于后造山型,出现在班公-双湖-怒江洋盆关闭的碰撞造山作用之后。古近纪二长花岗岩、安山玢岩及新近纪正长岩属于后碰撞型侵入岩组合,该组合中碱性成分明显增高。

4. 构造样式

该单元是一个北西西向的断褶带,北倾南冲。单元内侏罗纪前陆盆地建造与早期石炭纪—二叠纪弧后盆地沉积建造之间有一个区域性的造山不整合。

5. 矿产及成矿作用

该单元是一个铁、金、石膏和蒸发岩类成矿带(徐志刚等,2008)。铁成矿作用与侵入体和碳酸盐岩质沉积层接触交代相关,而金、石膏和蒸发岩类则与侏罗纪半封闭海湾相及陆内盆地中的湖相沉积作用相关。

(二)伊朗-阿富汗造山带(Ⅺ-2)

伊朗-阿富汗造山带(Ⅺ-2)北以兴都库什南断裂为界与兴都库什造山带(Ⅹ-2)相隔,东以瓦基里斯坦-科西斯坦-拉达断裂为界与苏莱曼-喜马拉雅造山系(Ⅻ)相邻。该单元可进一步划分为4个亚带:阿富汗地块(Ⅺ-2-1)、莫兰克地块(Ⅺ-2-2)、加尼兹-迈丹地块(Ⅺ-2-3)和比尔詹德-扎黑丹造山亚带(Ⅺ-2-4)。

1. 阿富汗地块(Ⅺ-2-1)

1)构造层

出露的岩石地层单元表明该单元可以划分成太古宙构造层(Ar)、哥伦比亚(中条)构造层(Z)、格林威尔构造层(G)—泛非构造层(P)及其盖层和喜马拉雅构造层(H),新近系该单元进入陆内盆山构造演化阶段,可以划分成喜马拉雅期盆地(B_h)。

(1)太古宙构造层(Ar)。太古宙构造层由太古宙—古元古代谢尔达瓦扎组(Sherdarwaza)变质岩系构成,主要由混合岩和片麻岩组成,夹透镜体以及镁铁质和碳酸盐岩层,原岩为泥质岩和砂质岩(Andritzký,1967;Karapetov et al.,1981)。

(2)哥伦比亚(中条)构造层(Z)。哥伦比亚(中条)构造层由古元古代比瓦齐组、绍达克组、拖格迈组、哈罗格组和韦拉亚蒂组变质岩系构成。下部比瓦齐组岩性组合为角闪片麻岩、片麻岩和黑云母片麻岩,中部绍达克组岩性组合为黑云母片麻岩和二云母片麻岩,上部拖格迈组岩性组合为云母质石英片岩和石英岩。在喀布尔地区哈罗格组由石英结晶片岩、片麻岩、角闪岩和大理岩组成;韦拉亚蒂组岩性组合为结晶片岩和角闪岩。

(3)格林威尔构造层(G)—泛非构造层(P)。格林威尔构造层—泛非构造层由中元古代亚兹古列姆组、贾马克组和寒武纪佐拉巴特组沉积建造构成。亚兹古列姆组为碳酸盐岩建造,岩性为白云质大理岩;贾马克组为变质碎屑岩建造,岩性为石英岩和云母石英片岩;佐拉巴特组为碎屑岩+碳酸盐岩建造,岩性为页岩和灰岩。

后泛非沉积盖层可进一步划分为7个时期:奥陶纪(G_c^1)、志留纪(G_c^2)、泥盆纪(G_c^3)、石炭纪(G_c^4)、二叠纪(G_c^5)、三叠纪(G_c^6)和侏罗纪(G_c^7)。奥陶纪沉积盖层由切洛克捷金组变质岩系构成,岩性为石英-绢云母片岩和绢云母-绿泥石片岩。志留纪沉积盖层由季克赞科乌组碳酸盐岩建造构成,岩性为黑色灰岩。石炭纪沉积盖层由早石炭世霍斯特姆勃组和晚石炭世萨列兹组火山-沉积建造构成。霍斯特姆勃组为一套火山岩建造,岩性为绿色流纹质凝灰岩、流纹岩和熔岩;萨列兹组为一套碎屑岩建造,岩性为砂岩、粉砂岩和页岩。二叠纪沉积盖层由早—中二叠世卡拉吉尔金组和晚二叠世约尔利哈尔组沉积建造构成,形成于海陆交互相沉积环境。卡拉吉尔金组岩性为复矿砂岩和粉砂岩,含植物化石;约尔利哈尔组岩性为红色砂岩、粉砂岩。三叠纪沉积盖层由早—中三叠世吉尔加库利组和克孜勒苏组沉积建造构成,岩性为白云岩和泥灰岩。侏罗纪沉积盖层由晚三叠世—中侏罗世瓦马尔组和晚侏罗世加乌尔达克组沉积建造构成,形成于海陆交互相沉积环境。瓦马尔组岩性为砂岩、石英-长石砂岩、粉砂岩夹煤层、凝灰岩及灰岩;加乌尔达克组为灰岩建造。

(4)喜马拉雅构造层(H)。喜马拉雅构造层由白垩纪—古近纪火山-沉积建造构成,主体为海陆交互相沉积环境。下白垩统为陆相碎屑岩建造,岩性为紫色砂岩、红色粉砂岩夹石膏;上白垩统为海相碳酸盐岩建造。古近纪早期为陆相红色黏土岩和杂色砂岩，中—晚期为海陆交互相凝灰岩、安山岩、紫红色粉砂岩和泥岩组合。

2）盆地

新近纪后，该单元进入陆内演化阶段，可划分为喜马拉雅期盆地（B_h）。新近系为一套河湖相红色砾岩、砂岩和粉砂岩沉积建造。

3）侵入岩

该单元主要出露新生代侵入岩。其中，白垩纪侵入岩岩性组合为花岗岩、似斑状花岗岩和花岗闪长岩；古近纪侵入岩岩性为花岗闪长岩；新近纪侵入岩岩性为花岗岩。另外，该单元还出露部分时代不明的超基性岩和辉长岩等。

4）构造样式

该单元以断褶构造为主。

2. 莫克兰地块

1）构造层

出露的岩石地层单元表明该单元可以划分成后格林威尔盖层（G_c）—和喜马拉雅构造层（H），新近纪该单元进入陆内盆山构造演化阶段，可以划分成喜马拉雅期盆地（B_h）。

（1）后格林威尔盖层（G_c）。该单元缺失格林威尔期沉积，仅发育后格林威尔期盖层沉积。后格林威尔沉积盖层可进一步划分为 4 个时期：石炭纪（G_c^4）、二叠纪（G_c^5）、三叠纪（G_c^6）和侏罗纪（G_c^7）。早石炭世沉积盖层由一套海相火山-沉积建造构成，岩性为安山岩和凝灰岩；晚石炭世盖层为一套稳定的海相碳酸盐岩台地沉积建造；二叠纪沉积盖层由海相碳酸盐岩＋细碎屑岩沉积建造构成；三叠系—下侏罗统为一套稳定的海相碳酸盐岩台地沉积建造；侏罗系由海相细碎屑岩＋碳酸盐岩沉积建造构成。

（2）喜马拉雅构造层（H）。喜马拉雅构造层由白垩纪—古近纪海相沉积建造构成。白垩系为一套稳定的海相碳酸岩台地沉积建造；古近系以海相碳酸盐岩建造为主，中上部为海相碎屑岩建造，顶部出现海陆交互相砂岩建造。

2）盆地

新近纪后，该单元进入陆内演化阶段，可划分为喜马拉雅期盆地（B_h）。新近系为一套河湖相沉积红色砾岩、砂岩、粉砂岩和泥岩沉积建造。

3）侵入岩

该单元侵入岩不发育，仅出露少量中元古代花岗闪长岩、花岗岩和辉长岩及少量白垩纪花岗闪长岩。

4）构造样式

该单元以断褶构造为主。

3. 加尼兹-迈丹地块

1）构造层

出露的岩石地层单元表明该单元可以划分成哥伦比亚（中条）构造层（Z）、泛非构造层（P）及其盖层和喜马拉雅构造层（H），新近纪该单元进入陆内盆山构造演化阶段，可以划分成喜马拉雅期盆地（B_h）。

（1）哥伦比亚（中条）构造层（Z）。哥伦比亚（中条）构造层由古元古代片麻岩、混合岩、石英岩、大理岩和角闪岩等变质岩系构成。

（2）泛非构造层（P）。泛非构造层由新元古代海相沉积建造构成，岩性为片岩、大理岩、石英岩和角闪岩等。

后泛非沉积盖层可进一步划分为 6 个时期：奥陶纪（P_c^1）、志留纪（P_c^2）、泥盆纪（P_c^3）、石炭纪（P_c^4）、二叠纪(P_c^5)和三叠纪(P_c^6)。奥陶系—志留系—泥盆纪地层主要为海相碳酸盐岩和碎屑岩沉积建造。石炭系—二叠系为陆源碎屑岩和火山岩(中性—基性)建造。三叠系为碳酸盐岩和酸性—基性火山岩建造。

(3)喜马拉雅构造层(H)。喜马拉雅构造层由白垩纪—古近纪火山-沉积建造构成。白垩系下部由砾岩、砂岩、粉砂岩和石膏组成,上部由砂岩、粉砂岩、黏土、泥灰岩夹石膏组成;古近系由海相火山-沉积建造构成。

2)盆地

新近系后,该单元进入陆内演化阶段,可划分为喜马拉雅期盆地(B_h)。新近系为一套河湖相红色砾岩、砂岩、粉砂岩和黏土沉积建造。

3)侵入岩

该单元出露少量新近纪花岗岩。

4)构造样式

该单元以断褶构造为主。

4. 比尔詹德-扎黑丹造山亚带

1)构造层

该区出露三叠纪以来沉积地层,构造混杂带内有卷入的少量前寒武纪变质基底,暂将其划入泛非构造层,因此,该单元可以划分成泛非构造层(P)及其盖层和喜马拉雅构造层(H),新近纪该单元进入陆内盆山构造演化阶段,可以划分成喜马拉雅期盆地(B_h)。

(1)泛非构造层(P)。泛非构造层由少量前寒武纪变质岩系构成,其上出露少量三叠纪—侏罗纪滨浅海相碎屑岩+碳酸岩盖层沉积建造。

(2)喜马拉雅构造层(H)。喜马拉雅构造层由白垩纪—古近纪海相火山-沉积建造构成。白垩系为一套稳定的海相碎屑岩+碳酸岩沉积建造,岩性为砂岩、板岩和灰岩;古近系由海相火山-沉积建造构成,岩性为砂岩、安山岩和英安岩等。

2)盆地

新近纪后,该单元进入陆内演化阶段,可划分为喜马拉雅期盆地(B_h)。新近系为一套河湖相红色砾岩、砂岩、粉砂岩和泥岩沉积建造。

3)侵入岩

该单元出露古近纪花岗岩,资料不详。

4)蛇绿混杂岩带

该单元出露有较多的白垩纪蛇绿岩,缺乏研究资料。

5)构造样式

该单元以断褶构造为主。

十二、苏莱曼-喜马拉雅造山系(Ⅻ)

苏莱曼-喜马拉雅造山系(Ⅻ)向东以第四系为界与印度盆地相邻,西以瓦基里斯坦-科西斯坦-拉达断裂为界与伊朗-阿富汗造山带(Ⅺ-2)相隔。

1. 构造层

出露的岩石地层单元表明该单元可以划分成后泛非沉积盖层(P_c)和喜马拉雅构造层(H),新近系该单元进入陆内盆山构造演化阶段,可以划分成喜马拉雅期盆地(B_h)。

(1)后泛非沉积盖层(P_c)。仅出露后泛非沉积盖层,可进一步划分为2个时期:三叠纪(P_c^6)和侏罗纪(P_c^7)。

三叠系和下侏罗统为一套稳定的碳酸盐岩台地沉积建造。三叠系岩性为灰色和棕色薄层粉砂岩与页岩和钙质页岩互层。

(2)喜马拉雅构造层(H)。喜马拉雅构造层由白垩纪—古近纪海相沉积建造构成。白垩系为一套稳定的碳酸岩台地沉积建造;古近系由海相碳酸盐岩+碎屑岩沉积建造构成,岩性为灰岩、硅质岩、砾岩、砂岩、粉砂岩和泥岩等,整体为滨浅海相,局部出现海陆过渡相。

2. 盆地

新近纪后,该单元进入陆内演化阶段,可划分为喜马拉雅期盆地(B_h)。新近系为一套河湖相红色砾岩、砂岩、粉砂岩和泥岩沉积建造。

3. 蛇绿岩

该单元出露古新世蛇绿岩。

4. 构造样式

该单元以褶皱构造为主。

第七章　构造演化历史

第一节　大陆地壳早期演化阶段(太古宙—新元古代早中期)

为了论述方便,首先介绍一下克拉通、陆块、地块的基底组成和结构,在此基础上论述这一时期的构造演化。克拉通指基底具有双层结构和稳定盖层沉积的大型陆块;陆块指具有结晶变质(或变质)基底和稳定盖层沉积的一般陆块;地块指卷入到造山系中裂离陆块,仅有结晶或变质基底存留;微陆块具有变质基底和稳定盖层的微型陆块。

一、克拉通、陆块、地块的基底组成和结构

(一)西伯利亚克拉通和华北克拉通的基底构成及盖层特征

中国地质学家将新元古代划分成青白口纪(Qb)、南华纪(Nh)和震旦纪(Z),大致对应新元古代早期(Pt_3^{1-2})、中期(Pt_3^3)和晚期(Pt_3^4)。

华北克拉通在中元古代之前已经完成了克拉通化,成为一个具有双层结构(结晶变质基底、沉积变质基底)的稳定陆块。这个稳定陆块是通过2500Ma左右华北西部陆块和东部陆块的拼合而形成的,其拼合的方式接近显生宙以来的板块构造(陆松年等)。华北克拉通的结晶基底由中太古代和新太古代结晶变质杂岩构成,沉积变质基底则由古元古代沉积变质岩构成,沉积变质岩和结晶变质基底之间为区域性角度不整合。克拉通化完成后,中新元古代沉积不整合在古元古代沉积变质基底之上,形成稳定的盖层,自下而上依次为长城系、蓟县系和青白口系,缺失南华系,震旦系在华北克拉通西缘的贺兰山一带及南缘的陕西洛南一带有所出露,其上与早寒武世沉积呈平行不整合。

西伯利亚克拉通在新元古代以前和华北克拉通的演化历程大致相近,但在阿尔丹地盾和阿纳巴尔地盾上略有差异。

阿尔丹地盾结晶变质基底由古太古代、中太古代和新太古代结晶变质杂岩构成,沉积变质基底由古元古代沉积变质岩系构成,二者之间呈角度不整合。古元古代末完成了克拉通化。从中元古代开始接受稳定的盖层沉积。

阿纳巴尔地盾的结晶变质基底则由古—中太古代结晶变质岩系构成,其中有大量的新太古代花岗闪长岩侵入体,缺失新太古代结晶变质岩系和古元古代沉积变质岩系,相当于长城纪的中元古代早期沉积岩系直接不整合在中—新太古代结晶变质杂岩之上。由于出露有大量古元古代花岗质岩石,因此,阿纳巴尔地盾的克拉通化也出现在古元古代末,从中元古代早期开始接受稳定的盖层沉积。

西伯利亚克拉通和华北克拉通的演化进程相同之处在于,二者都具有由太古宙结晶变质岩系构成

的结晶变质基底和由古元古代沉积变质岩系构成的沉积变质基底，形成具有双层结构的克拉通基底。另外，二者都在古元古代末完成克拉通化，从中元古代开始进入稳定的盖层沉积，一直持续到早古生代末。西伯利亚克拉通与华北克拉通的不同之处有两点：其一是新元古代沉积发育齐全，其二是新元古代晚期和早寒武世早期沉积划分不开，构成一个新元古代晚期—早寒武世早期的地层单元（表 7-1）。

至今尚未有文献报道西伯利亚克拉通化的过程是否和华北克拉通化过程有相同之处，但是从克拉通基底构成和盖层沉积特征分析，二者在太古宙到新元古代早期的构造演化历程是相近的，这一漫长的地质历史时期，二者很可能是一个相当大的联合陆块，构成一个巨大的克拉通。

表 7-1　寒武纪前西伯利亚克拉通和华北克拉通基底结构与盖层沉积对比表

结构	西伯利亚克拉通			华北克拉通
	阿尔丹地盾	阿纳巴尔地盾	西伯利亚地台	
沉积盖层	$Є_1$ Pt_3^4 $Pt_2Pt_3^3$（Pt_3^{1-3}、Pt_2^{2-3}、Pt_2^1）	$Pt_3^4Є_1$ $Pt_2^{2-2}Pt_3^3$ Pt_2^{2-3} Pt_2^1	$Pt_3^4Є_1$ $Pt_2^{2-2}Pt_3^3$ Pt_2^{2-3} Pt_2^1	$Є_1$ Z Qb Jx Ch
①	Pt_1		Pt_1	Ar_3Pt_1 Pt_1
结晶基底	Ar_{2-3} Ar_{1-2} Ar_1	Ar_{1-2}	Ar_{2-3} Ar_{1-2} Ar_1	Ar_3 Ar_2 ?

注：①表示沉积变质基底。

（二）各陆块的基底构成和结构

1. 塔里木陆块

塔里木陆块的结晶基底在不同地段具有不同的组成，可以划分成库鲁克塔格、柯坪塔格和塔西南一带 3 个地区，现依次陈述于下（表 7-2）。

表 7-2 塔里木陆块、上扬子陆块和卡拉库姆陆块基底结构及演化对比表

<table>
<tr><th rowspan="2">结构</th><th colspan="5">塔里木陆块</th><th rowspan="2">上扬子陆块</th><th rowspan="2">卡拉库姆陆块</th></tr>
<tr><th colspan="3">库鲁克塔格</th><th>柯坪塔格</th><th>塔西南一带</th></tr>
<tr><td rowspan="2">盖层</td><td></td><td>C_2</td><td></td><td rowspan="2">肖尔布拉克组</td><td rowspan="2">阿其克片岩
(COa^s)</td><td rowspan="2"></td><td rowspan="2">C</td></tr>
<tr><td></td><td>C_1</td><td>西大山组</td></tr>
<tr><td rowspan="4">过渡层</td><td rowspan="2">Pt_3^4</td><td>Z_2</td><td rowspan="4">库鲁克塔格群</td><td>巧恩布拉克组</td><td>克孜苏胡木组</td><td>灯影组</td><td></td></tr>
<tr><td>Z_1</td><td>苏盖特布拉克组</td><td>库尔卡克组</td><td></td><td></td></tr>
<tr><td rowspan="2">Pt_3^3</td><td>Nh_2</td><td>尤尔美那克组</td><td>恰克马克力克组</td><td>三郎铺组</td><td rowspan="2">Pt_3^3</td></tr>
<tr><td>Nh_1</td><td>巧恩布拉克组</td><td>双峰式火山岩组①</td><td>南沱组</td></tr>
<tr><td rowspan="3">沉积变质基底</td><td>Pt_3^{1-2}</td><td>Qb</td><td>帕尔冈塔格群</td><td rowspan="2"></td><td>苏库罗克组</td><td>西乡群</td><td></td></tr>
<tr><td rowspan="2">Pt_2</td><td>Jx</td><td>爱尔基干群</td><td>苏马兰组
博查特塔格组
桑珠塔格岩群</td><td rowspan="2">三花石群
火地亚群</td><td rowspan="2">Pt_2</td></tr>
<tr><td>Ch</td><td>杨吉布拉克
星星峡岩群</td><td>阿克苏岩群</td><td>卡羌岩群
塞拉加兹塔格群</td></tr>
<tr><td rowspan="2">结晶基底</td><td colspan="2">Pt_1</td><td>兴地塔格岩群</td><td rowspan="2"></td><td>库浪那古岩群
赫罗斯坦岩群
埃连卡特岩群</td><td>后河岩群</td><td>Pt_1</td></tr>
<tr><td colspan="2">Ar_{2-3}</td><td>达格拉格布
拉克岩群</td><td></td><td></td><td></td></tr>
</table>

注:①根据测年数据从长城纪塞拉加兹塔格群解体出来,尚未定名。

1)库鲁克塔格地区

结晶基底由中—新太古代达格拉格布拉克岩群和古元古代兴地塔格岩群构成,二者之间为角度不整合。沉积变质基底与结晶基底之间为区域性角度不整合,构成沉积变质基底自下而上依次为长城纪星星峡岩群和杨吉布拉克群、蓟县纪爱尔基干群及青白口纪帕尔冈塔格群。沉积变质基底之上不整合覆盖着一套大陆裂谷相的南华纪—震旦纪库鲁克塔格群。真正的盖层沉积开始于早寒武世,称作西大山组,与下伏库鲁克塔格群呈平行不整合。

2)柯坪塔格地区

柯坪塔格地区的结晶基底由长城纪阿克苏岩群构成,其上不整合覆盖着南华纪—震旦纪大陆裂谷相的含双峰式火山-沉积建造组合,自下而上依次为南华纪巧恩布拉克组和尤尔美那克组以及震旦纪苏盖特布拉克组和巧恩布拉克组。真正的稳定盖层沉积自早寒武世开始,在大陆裂谷相的火山-沉积建造组合之上平行不整合覆盖着早—中寒武世肖尔布拉克组。

3)塔西南一带

塔西南一带含铁克里克地区,结晶基底由古元古代埃连卡特岩群、赫罗斯坦岩群和库浪那古岩群构成。长城纪塞拉加兹塔格群和卡羌岩群,蓟县纪桑珠塔格岩群、博查特塔格组和苏马兰组,青白口纪苏库罗克组构成该单元内的沉积变质基底。王超等(2009)在和田以南的玉龙喀什河谷对塞拉加兹塔格群中变凝灰岩采样,进行 LA-ICP-MS 锆石测年,获得其加权平均值年龄数据为 787±1Ma,这个年龄值落在南华纪范围。因此,将塞拉加兹塔格群与周围岩层呈断裂接触的部分,改成南华纪,而与上下岩层整合或不整合接触的,仍然划归长城纪。鉴于塞拉加兹塔格群主要是一套双峰式火山岩组合,故将其划归大陆裂谷相,时代划归南华纪。南华纪恰克马克力克组、震旦纪库尔卡克组和克孜苏胡木组可能是大陆裂谷含双峰式火山-沉积建造组合的组成部分。真正稳定的盖层沉积开始于寒武纪,在铁克里克一带称寒武纪—奥陶纪阿其克片岩与埃连卡特岩群呈断层接触。

从上述论述可以看出,库鲁克塔格地区基底组成最为齐全,而在柯坪塔格地区,则缺失结晶基底,沉积变质基底仅出露有长城纪阿克苏岩群,缺失蓟县纪和青白口纪。塔西南一带,构成结晶变质基底的仅有古元古代结晶变质岩系,太古宙结晶变质岩系未见出露,沉积变质基底出露齐全。3 个地区的共同特征是在稳定的盖层沉积出现之前,有一个过渡层,由南华纪—震旦纪的含双峰式火山岩的火山-沉积建造组合构成,而真正稳定的盖层沉积始于早寒武世(表 7-2)。也就是说,在青白口纪末克拉通化进程完成之后,到稳定沉积盖层出现之前存在一个过渡层系,表现为大陆裂谷相沉积建造组合。

此外,根据地球物理探测资料,塔里木陆块中部有一条近东西向的磁异常带,可能由青白口纪火山岩引起,一些地质学家推断塔里木陆块在青白口纪被洋盆分割成塔北陆块和塔南陆块,青白口纪末才对接成一个陆块。值得关注的是,在与塔里木陆块相邻的天山一带,出露有大量青白口纪 CA 型侵入岩,表明这一时期可能存在有洋壳俯冲机制。由此推测,塔里木陆块的克拉通化进程可能与板块机制相关。

2. 上扬子陆块

古元古代后河岩群,中元古代火地垭群、三花石群及新元古代青白口纪西乡群构成了上扬子陆块的基底岩系。前者属于结晶变质基底,后者属于沉积变质基底。三花石群与后河岩群之间为不整合接触。古元古代变质岩系构成了上扬子陆块的结晶变质基底,而中新元古代构成了沉积变质基底。基底之上被南华纪南沱组、三郎铺组和震旦纪灯影组不整合及超覆不整合覆盖。这二者都是稳定的盖层沉积(表 7-2)。

3. 卡拉库姆陆块

该陆块是研究区内境外部分最大的陆块,构成该陆块的结晶基底是古元古代结晶变质岩系,中元古代和新元古代沉积变质岩系构成该陆块的沉积变质基底,推测在新元古代早中期完成克拉通化。从早古生代开始出现稳定的盖层沉积,主要出露于该陆块靠近塔里木陆块的东北隅,其基底构成和演化进程与塔里木陆块相近。

从表 7-2 可以看出,塔里木陆块、上扬子陆块和卡拉库姆陆块具有大致相同的基底结构和构造演化进程,它们都是在青白口纪末完成双层结构的基底建设,除了卡拉库姆陆块尚未查明是否存在过渡层沉积外,真正稳定的盖层沉积开始于寒武纪初期。

4. 敦煌陆块

太古宙—古元古代米兰岩群、中太古代—古元古代北山杂岩、新太古代—古元古代的敦煌杂岩和古元古代兴地塔格岩群构成敦煌陆块及其陆缘带的结晶基底。长城纪星星峡岩群、古硐井群、铅炉子沟群，蓟县纪卡瓦布拉克群，蓟县纪—青白口纪园藻山群和青白口纪索尔库里群构成敦煌陆块及其陆缘带的沉积变质基底。克拉通化完成于青白口纪末。在完成克拉通化之后出现一个过渡层沉积建造组合，这就是南华纪—震旦纪洪肠井群，该群是一套含冰成岩系的碎屑岩超级建造组合，与下伏的大豁落山组呈不整合接触，与库鲁克塔格地区南华纪—震旦纪库鲁克塔格群大致可以对比，唯缺少双峰式火山岩。真正稳定的盖层沉积开始于早寒武世(表 7-3)。

5. 阿拉善陆块

中太古代—古元古代北山杂岩、中太古代乌拉山岩群、新太古代—古元古代龙首山岩群和古元古代宝音图群构成了阿拉善陆块的结晶变质基底。阿拉善陆块之上尚未发现与华北克拉通之上类似的中新元古代稳定的盖层沉积。在阿拉善陆块北缘出露的原划为长城纪—蓟县纪渣尔泰山群，据天津地调中心王惠初研究团队对其中碎屑锆石的测年数据，认为其可能属于新元古代，而其中所含的大量辉绿岩墙可能与新元古代全球超大陆裂解事件相关(王惠初面告，2015)。在该陆块南缘出露的墩子沟群则不整合覆盖在龙首山岩群之上，其上被南华纪—震旦纪韩母山群不整合覆盖。韩母山群就其沉积特征而言，类似于敦煌陆块上的南华纪—震旦纪洪肠井群，属于克拉通化之后的一种过渡层沉积建造组合。在阿拉善陆块上缺失早古生代稳定的盖层沉积(表 7-3)。

6. 全吉微陆块

古元古代达肯达坂岩群构成了该地块的结晶变质基底，其上的南华纪—震旦纪沉积类似于一个过渡层，从早寒武世开始出现真正的稳定盖层沉积，因其规模小，故称作陆块。该陆块卷入到柴北缘俯冲增生杂岩带，成为其中的一个颇具规模的构造岩块。

上述 4 个陆块(塔里木、敦煌、阿拉善和全吉微陆块)的基底构成有相似之处，表明其克拉通化的进程基本上一致，都是在新元古代早中期(青白口纪)末完成克拉通化，此点与华北克拉通大相径庭，而且在克拉通化之后与稳定盖层沉积之间都存在着一个过渡层，这也是与华北克拉通的不同之处(表 7-3)。

(三)各地块的基底构成和结构

1. 图瓦地块

图瓦地块的结晶变质基底由古太古代、古元古代及中元古代结晶变质岩系构成(表 7-4)，这些结晶变质岩系呈零星出露。新元古代—早寒武世，在图瓦地块靠近蒙古湖区地带出现弧盆系火山-沉积建造组合。由此可见，图瓦地块克拉通化可能完成于中元古代末，新元古代开始地块周缘卷入弧盆系。由于没有出现稳定的盖层沉积，而是在基底形成之后卷入弧盆系构造，故称其为地块，以区别于陆块和克拉通。

2. 阿巴坎地块

该地块结晶基底由古元古代结晶变质岩系构成。中新元古代在地块北缘靠近贝加尔洋的地带出现弧火山岩，表明在基底形成之后，就卷入弧盆系，而在地块南缘这一时期则表现为被动陆缘沉积，未发现火山岩(表 7-4)。

表 7-5　各地块基底组成对比表

结构	地质时代	科克切塔夫	斋桑	塔城	准噶尔	巴尔喀什-伊利 境内	巴尔喀什-伊利 境外	伊塞克	克孜勒库姆
弧盆系沉积体系	$\mathrm{Є}_2$						$Pt_3^3\mathrm{Є}_2$		
	$\mathrm{Є}_1$	$Pt_3^3\mathrm{Є}_1$	$\mathrm{Є}_1$	$Pt_3^4\mathrm{Є}_1$	$Pt_3^4\mathrm{Є}_1$	$\mathrm{Є}_1$		$Pt_3^3\mathrm{Є}_1$	$Pt_3^3\mathrm{Є}_1$
	Pt_3^4					NhZ			
	Pt_3 Pt_3^3								
沉积变质基底	Pt_3^{1-2}	Pt_3		?		Qb	Pt_3^{1-2}	Pt_3^{1-3}	Pt_{2-3}
	Pt_2	Pt_2	Pt_2		ChJx	Jx	Pt_2	Pt_2^2	
						Ch		Pt_2^1	
结晶变质基底	Pt_1	Ar—Pt_1；Pt_1				Pt_1		Pt_1	Pt_1
	Ar	Ar							

10. 克孜勒库姆地块

该地块上零星出露有古元古代和中新元古代变质岩系，分别构成了该地块的结晶变质基底和沉积变质基底。根据地块周缘出露有新元古代晚期到早寒武世地层，推测该地块在新元古代早中期（相当于青白口纪）末完成了基底建设，到新元古代晚期（相当于南华纪）已经卷入到弧盆系沉积体系中（表 7-5）。

从表 7-5 可以看出，这几个地块具有大致相同的演化进程，都是在新元古代早期（相当于青白口纪）末就完成了基底建设，到新元古代晚期（南华纪或震旦纪）—早寒武世开始卷入到弧盆系沉积体系中。

11. 中祁连地块

该地块西段出露有古元古代托莱岩群、长城纪朱龙关群、中元古代托莱南山群和青白口纪龚岔群。中段（指青海省湟源一带）出露有古元古代湟源岩群、长城纪湟中群、蓟县纪花石山群，南华纪—震旦纪白杨沟群不整合覆盖在蓟县纪花石山群之上；东段（指兰州马衔山一带）出露有新太古代—古元古代马衔山岩群、长城纪兴隆山群和蓟县纪高家湾组，新太古代—古元古代马衔山岩群、古元古代托莱岩群构成了该地块的结晶变质基底，二者之间未见直接接触关系。长城纪、蓟县纪和青白口纪沉积变质岩系构成了该地块的沉积变质基底，基底建设完成于青白口纪末（表 7-6）。根据宋述光等（2013）对北祁连榴辉岩中所捕获的火成锆石测年数据为约 710Ma 的信息，推测从南华纪该地块就卷入到弧盆系沉积体系中。

表 7-6 中祁连地块、南祁连地块和柴达木地块基底结构及演化对比表

<table>
<tr><th rowspan="2">结构</th><th rowspan="2" colspan="2">地质时代</th><th colspan="4">中祁连地块</th><th rowspan="2">南祁连地块</th><th colspan="3">柴达木地块</th></tr>
<tr><th colspan="2">西段</th><th>中段</th><th>东段</th><th>北缘</th><th colspan="2">南缘</th></tr>
<tr><td rowspan="3">弧盆系沉积</td><td colspan="2">∈1</td><td colspan="2"></td><td></td><td></td><td></td><td></td><td colspan="2"></td></tr>
<tr><td>Pt_3^4</td><td>Z</td><td colspan="2" rowspan="2">白杨沟群</td><td rowspan="2">白杨沟群</td><td></td><td></td><td></td><td colspan="2"></td></tr>
<tr><td>Pt_3^3</td><td>Nh</td><td></td><td></td><td></td><td colspan="2"></td></tr>
<tr><td rowspan="3">沉积变质基底</td><td>Pt_3^{1-2}</td><td>Qb</td><td colspan="2">龚岔群</td><td></td><td></td><td>拐杖山群</td><td colspan="3">丘吉尔东沟组</td></tr>
<tr><td>Pt_2^2</td><td>Jx</td><td rowspan="2">托莱南山群</td><td></td><td>花石山群</td><td>高家湾组</td><td rowspan="2"></td><td rowspan="2">沙柳河岩群</td><td colspan="2">狼牙山组</td></tr>
<tr><td>Pt_2^1</td><td>Ch</td><td>朱龙关群</td><td>湟中群</td><td>兴隆山群</td><td colspan="2">小庙岩组</td></tr>
<tr><td rowspan="2">结晶基底</td><td colspan="2">Pt_1</td><td colspan="2">托莱岩群</td><td>湟源岩群</td><td>马衔山岩群</td><td>化隆岩群</td><td>达肯大坂岩群</td><td>白沙河岩群</td><td>苦海岩群</td></tr>
<tr><td colspan="2">Ar_3</td><td colspan="2"></td><td></td><td></td><td></td><td></td><td></td><td></td></tr>
</table>

12. 南祁连地块

古元古代化隆岩群构成了该地块的结晶变质基底。近年来，从巴龙贡噶尔组解体出一部分新元古代地层，将其分别定名为中新元古代“哈尔达乌片岩”和“拐杖山群”（赵生贵等，1996；王国华等，2016；计波等，2018）。近年来多位地质学家在祁连造山带开展的地质研究也表明，南祁连存在着长城纪—蓟县纪一套沉积变质岩系，这样一来南祁连地块的基底组成，就是既有结晶变质基底，又有由中新元古代沉积变质岩系构成的沉积变质基底（表 7-6）。

13. 柴达木地块

地块北缘出露有古元古代达肯达坂岩群和中元古代沙柳河岩群，地块南缘出露有新太古代—古元古代白沙河岩群、古元古代苦海岩群。中元古代南北缘趋于一致，长城纪小庙岩组、蓟县纪狼牙山组和青白口纪丘吉尔东沟组广布于地块周缘。由新太古代—古元古代和古元古代结晶变质岩系构成了该地块的结晶变质基底，中新元古代沉积变质岩系构成了该地块的沉积变质基底，基底建设完成于青白口纪末（表 7-6）。杨经绥等（2000，2003）认为柴北缘榴辉岩的原岩既有洋中脊玄武岩，也有岛弧玄武岩和洋岛玄武岩，其原岩形成时代为 800～750Ma。由此可见，在新元古代中晚期柴达木地块已经卷入弧盆系沉积体系中。

14. 甜水海地块

古元古代布伦科勒岩群、长城纪甜水海岩群和塞图拉岩群、前寒武系变质岩系、青白口纪肖尔克谷地岩群构成了该地块的基底。布伦科勒岩群和前寒武系变质岩系构成了结晶变质基底，而长城纪和青白口纪变质岩系则构成了沉积变质基底，包括寒武纪甜水湖组在内的早古生代沉积构成了该地块上的稳定盖层沉积(表 7-7)。地块北缘可能从早古生代或者从新元古代晚期开始其北部就卷入弧盆系沉积体系，成为前后两期西昆仑洋盆的前陆盆地。上述各个地层单位均为断裂接触。

表 7-7　甜水海地块、巴颜喀拉地块和碧口地块基底结构及演化对比表

结构	地质时代		甜水海地块		巴颜喀拉地块		碧口地块
盖层	€		甜水湖组				
过渡层	Pt_3	Z			观音岩组—灯影组		
		Nh			苏雄组—列古组—		关家沟组
沉积变质基底		Qb	前寒武系变质岩系	肖尔克谷地岩群		黄水河岩群	碧口群
	Pt_2	Jx					
		Ch		甜水海岩群/塞图拉岩群			
结晶基底	Pt_1			布伦科勒岩群	康定岩群	下村岩群	鱼洞子岩群
	Ar_3						

15. 巴颜喀拉地块

区域上，巴颜喀拉地块和松潘甘孜地块同属于一个具有扬子型基底的地块。新太古代—古元古代康定岩群、古元古代下村岩群及中—新元古代黄水河岩群构成了该地块的结晶变质基底，地块基底建设完成于青白口纪末(表 7-7)。磁力异常图的高磁性(朱英，2004)及松潘大型拆离滑脱构造的存在(许志琴等，1997)都表明，巨厚的古生代沉积之下有一个结晶基底。大型拆离滑脱构造的前缘出露有南华纪—震旦纪沉积地层不整合在黄水河岩群之上。

16. 碧口地块

碧口地块古老的结晶基底可能是新太古代—古元古代鱼洞子岩群，现以构造岩块的形式出露于勉略俯冲增生杂岩带中。青白口纪碧口群实际上是一套弧盆系沉积建造组合，可以看作是该地块的沉积变质基底，其上被南华纪关家沟组不整合覆盖(表 7-7)。

17. 西秦岭联合地块

西秦岭联合地块是由吴家山地块、鄂拉山地块和西倾山隐伏地块共同构成的一个地块。

吴家山组构成了吴家山地块的结晶变质基底，达肯达坂岩群和苦海岩群构成了鄂拉山地块的结晶变质基底(表 7-8)。据地球物理探测资料，西倾山一带存在着古老的基底(袁学诚，1996)。联合地块之上发育着古生代到三叠纪巨厚的沉积，其形成都与古生代和三叠纪弧盆系沉积体系相关。

表 7-8　西秦岭联合地块、秦岭地块基底结构和演化对比表

<table>
<tr><th rowspan="2">结构</th><th rowspan="2">地质时代</th><th colspan="3">西秦岭联合地块</th><th rowspan="2">秦岭地块</th></tr>
<tr><th>吴家山</th><th>鄂拉山</th><th>西倾山</th></tr>
<tr><td rowspan="5">弧盆系沉积体系</td><td>T</td><td rowspan="2">Pz_2T</td><td rowspan="2">Pz_2T</td><td rowspan="3">Pz_1T</td><td></td></tr>
<tr><td>Pz_2</td><td rowspan="3">$Pt_3^3Pz_2$</td></tr>
<tr><td>Pz_1</td><td></td><td></td></tr>
<tr><td>Pt_3^4</td><td></td><td></td><td></td></tr>
<tr><td>Pt_3^3</td><td></td><td></td><td></td><td></td></tr>
<tr><td rowspan="3">结晶变质基底</td><td>Pt_3^{1-2}</td><td rowspan="2">吴家山组</td><td></td><td rowspan="3">根据地球物理探测资料存在基底</td><td>峡河岩群</td></tr>
<tr><td>Pt_2</td><td></td><td></td></tr>
<tr><td>Pt_1</td><td></td><td>达肯达坂岩群/苦海岩群</td><td>秦岭岩群</td></tr>
</table>

18. 秦岭地块

古元古代秦岭岩群和中新元古代峡河岩群构成了该地块的结晶变质基底，二者之间以断裂接触，变质程度分别达高角闪岩相—麻粒岩相和角闪岩相（表 7-8）。新元古代晚期到早古生代卷入弧盆系沉积体系中。

19. 北羌塘-昌都地块

古—中元古代吉塘岩群和宁多岩群构成了该地块唯一的结晶变质基底（表 7-9）。新元古代草曲组是一套变质程度为低绿片岩相的火山-沉积建造组合，其中的火山岩为基性火山岩，火山岩的 U-Pb 同位素测年数据为 999Ma 和 876Ma（潘桂棠等，2004），可能与青白口纪的弧盆系沉积体系相关。

20. 帕米尔地块

中新太古代、新太古代—古元古代、古元古代及新元古代结晶变质岩系构成了该地块的结晶变质基底，且结晶变质基底中出露有新太古代—古元古代蛇绿岩类，由此可见，该地块在这一时期曾经有一次古老板块的汇聚作用，新元古代完成基底建设（表 7-9）。地块上未出露早古生代地层，晚古生代沉积可能是该地块上类似盖层的沉积，或者是参与弧盆系沉积体系，属于弧盆系沉积中的前陆盆地沉积。

21. 阿富汗地块

古元古代及中元古代结晶变质岩系构成了该地块的结晶变质基底。新元古代沉积变质岩系构成了

沉积变质基底，古元古界和中元古界之间可能为不整合接触，而新元古界与中元古界呈断裂接触（表7-9）。研究区内出露最老的盖层沉积为奥陶系。从侏罗纪开始卷入到弧盆系沉积体系中。

表7-9　北羌塘-昌都地块、帕米尔地块和阿富汗地块基底结构及构造演化对比表

结构	地质时代	北羌塘-昌都地块	帕米尔地块	阿富汗地块
盖层	Pz_2	Pz	Pz_2	
	Pz_1			O
?	Pt_3^4			
	Pt_3^3			
弧盆系	Pt_3^{1-2}	草曲组	Pt_3	Pt_3
结晶变质基底	Pt_2	吉塘岩群/宁多岩群		Pt_2
	Pt_1		$Ar_3Pt_1o\varphi$ Ar_3Pt_1	Pt_1
	Ar_3		Ar_{2-3}	
	Ar_2			

（四）陆块（地块）类型划分

根据克拉通、陆块和地块的基底组成、结构及盖层特征可以将它们划分成以下几种类型。

1. 西伯利亚型

西伯利亚克拉通基底组成、基底结构和盖层沉积与华北克拉通大体上一致，都具有由太古宙结晶变质岩系构成的结晶变质基底和古元古代沉积变质岩系构成的沉积变质基底，稳定的盖层沉积开始于中元古代。所不同的是，西伯利亚克拉通上新元古代晚期缺少冰成沉积，故划分出华北型。

萨彦-额尔古纳造山系中的地块（图瓦、阿巴坎和阿尔泰）具有共同的一些特征，即古太古代结晶变质岩系仅在图瓦地块有所出露，其他两个地块则缺失太古宙结晶变质岩系。古中元古界参与结晶变质基底的构成。从新元古代开始卷入弧盆系沉积体系。阿巴坎地块在这一时期南北两侧分别为陆缘沉积和弧火山岩，而阿尔泰则从南华纪开始成为蒙古湖区洋盆的被动陆缘。

2. 华北型

基底组成、基底结构和盖层沉积与西伯利亚克拉通类似，其区别在于克拉通西缘和南缘发育新元古代晚期冰成沉积。在研究区内除了华北克拉通外，尚未出现华北型陆块（地块）。

3. 哈萨克斯坦型

构成哈萨克斯坦联合陆块的地块（科克切塔夫地块、斋桑地块、塔城地块、准噶尔地块、巴尔喀什-伊犁地块、伊塞克地块、克孜勒库姆地块）具有共同的特征：由太古宙和古元古代结晶变质岩系构成的结晶变质基底仅在科克切塔夫地块有零星出露，其余几个地块几乎没有出露；沉积变质基底由中元古代和新元古代早中期（相当于青白口纪）沉积变质岩系构成；在中奥陶世—晚奥陶世这几个地块之间的洋盆消失，拼接成哈萨克斯坦联合陆块[李春昱(1982)称之为"哈萨克斯坦板块"]。

4. 扬子型

基底固结完成于青白口纪末，扬子陆块北缘和西缘保留有大量新元古代早中期弧盆系地质记录，基底固结方式为板块构造体制。盖层沉积始于新元古代晚期(相当于南华纪)，在稳定的沉积盖层和基底之间存在一个由双峰式火山岩(或这一时期的双峰式岩浆岩)和冰成沉积构成的过渡层。

中祁连地块、南祁连地块、柴达木地块、甜水海地块、巴颜喀拉地块、碧口地块、西秦岭联合地块、秦岭地块和北羌塘-昌都地块构成了扬子型地块，这些散布在造山带中的地块的一个共同特征，即具有扬子型基底岩系，而且都保留有新元古代早期板块活动的 TTG 岩套和新元古代晚期(相当于南华纪和震旦纪)双峰式岩浆活动的地质记录。况且，碧口地块的主体就是由青白口纪弧盆系构成的地块。

5. 冈瓦纳型

研究区内的阿富汗地块和帕米尔地块构成了冈瓦纳型地块。从保留有新太古代—古元古代蛇绿混杂岩地质记录来看，该地块曾参与 2500Ma 左右的新太古代超大陆汇聚事件，新元古代早中期(相当于青白口纪)卷入弧盆系沉积体系中。

二、太古宙—新元古代早中期构造演化

1. 太古宙—中元古代构造演化

西伯利亚克拉通和华北克拉通基底组成和结构大致相近，古元古界与新太古界之间的造山不整合，可能标志着一次小陆块的拼合事件，而中元古界与古元古界之间的造山不整合则标志着另一次陆块的汇聚，这两次拼合可能以古老的板块构造方式完成。值得关注的是，沿贝加尔造山带出露有古元古代角闪片岩相结晶变质岩系，其中含有大量的基性杂岩和超镁铁质岩，这种岩石的空间组合，很可能是这一时期的俯冲增生杂岩带。同样，中元古代早期(相当于长城纪)的沉积变质岩系中含有超镁铁质岩和基性杂岩，还含有蓝闪石片岩，这种组合同样可以视为是这一时期的俯冲增生杂岩带。此外，还出露有新元古代蛇绿岩。由此分析，沿西伯利亚克拉通南缘的贝加尔带从古元古代开始到新元古代是一个长期活动的大洋，一直到新元古代末才关闭，其间曾经至少有 3 次洋盆的俯冲消减作用。

近年来，中国学者对华北陆块的研究表明，华北陆块在 1.9Ga 之前，曾经被一个古大洋分成东部陆块和西部陆块，在 2.5～2.45Ga 期间发生聚合事件，这次拼合事件在时间上与全球范围内的新太古代超大陆事件相当(王鸿祯，1997)，此后又在 1.9Ga 左右发生聚合事件形成统一的华北陆块，这次拼合则与王鸿祯(1997)所论述的古元古代超大陆聚合事件相当。上述地质记录说明，在新太古代末到古元古代晚期已经存在着板块构造和相当于碰撞造山的聚合事件(李江海等，2000)。无独有偶，任纪舜等(1999)曾认为五台运动造就了新太古大陆，此后在吕梁(中条)运动完成了古元古大陆的拼合，在时间上学者们见解相当。中国的吕梁(中条)运动可能相当于完成 Columbia 超大陆的拼合事件，而晋宁运动可能相当于造就 Rodinia 超大陆拼合的格林威尔运动。

隶属于冈瓦纳大陆的帕米尔地块上出露有新太古代—古元古代蛇绿混杂岩，表明帕米尔地块曾参与新太古代超大陆聚会事件。

若如此，则在新太古代末，华北克拉通和西伯利亚克拉通的古老结晶基底都参与全球范围内新太古代超大陆(基诺兰超大陆)的构成。此后，在古元古代末二者又成为 Columbia 超大陆的组成部分。

两次造山不整合造就了西伯利亚克拉通和华北克拉通二者具有双层结构(结晶基底和沉积变质基底)的基底，从中元古代起开始了稳定的盖层沉积。

据沈阳地质调查中心亚洲编图项目汇报资料，俄罗斯地质学家 Gladkochub 等(2007)认为在西伯利亚克拉通上存在着里菲期(1650～650Ma)大陆裂解的地质记录，而这个起始年龄 1650Ma 正好对应着华北克拉通之上的大红峪火山岩事件，标志着在中元古代初期就在稳定的克拉通之上开始了大陆裂离的地质记录。此外，塔里木陆块、敦煌陆块、中祁连地块上的长城系都是一套火山-沉积组合，此类火山-沉积组合可能与全球 Columbia 超大陆初始裂解相对应。在西伯利亚克拉通上起始于 1650Ma 的裂解事件一直持续到 950～900Ma，形成新元古代早中期的古亚洲洋(Dobre，2003)，此后在萨彦-额尔古纳造山系出露有 1020～800Ma 的蛇绿岩数处，如 Shaman、Shishkhid、Dunzhuguer 等蛇绿岩，为这一时期的古亚洲洋提供了确凿的依据。

值得关注的是，在地质记录保留完好的克拉通及陆块之上，中元古代和新元古代早中期(青白口纪)都显示连续沉积，表明开始于 1650Ma 的初始裂解并未影响到克拉通和大型陆块内部。克拉通和陆块的中心部位仍然继续着稳定的克拉通盆地沉积。

2. 新元古代早中期(青白口纪)构造演化

新元古代早中期(相当于我国的青白口纪)被孙枢等(2016)看作是在全球 Rodinia 超大陆汇聚事件中一个非常重要的地质历史时期，这一时期的中国洋陆格局极大地影响了当时的古地理、古气候、沉积作用、岩浆作用、成矿作用和构造演化。近年来，张克信等(2018)专门对中国青白口纪洋陆分布作了较为详尽的论述，认为在这一时期，中国三大陆块(华北、塔里木和扬子)的外围被边缘海盆和洋盆所环绕，在扬子陆块北缘、西缘发育有弧盆系，在塔里木西北缘发育有因这一时期洋壳俯冲作用形成的阿克苏蓝闪石片岩，时代约为 820Ma(图 7-1)。

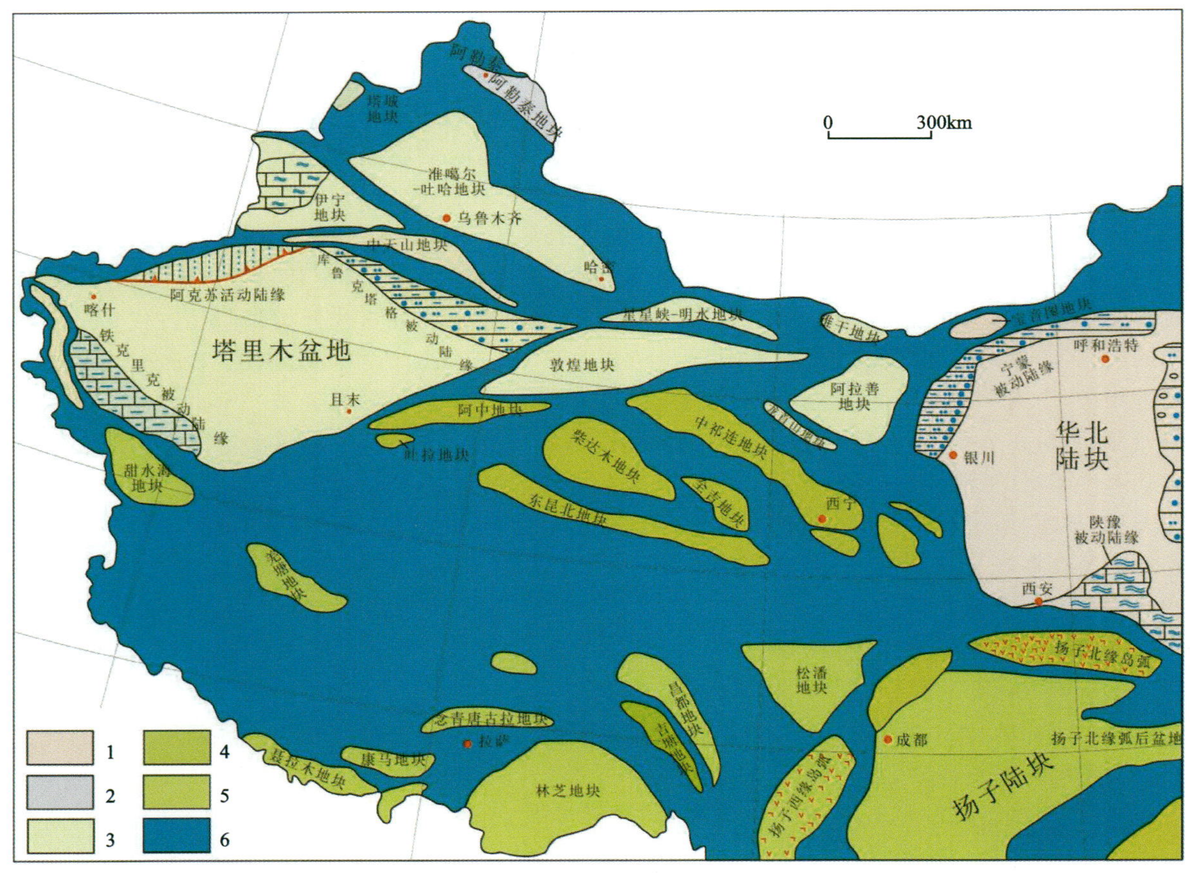

1. 华北克拉通及华北型地块；2. 西伯利亚型地块；3. 塔里木型地块；4. 扬子克拉通及扬子型地块；5. 冈瓦纳型地块；6. 洋盆。

图 7-1　研究区内青白口纪洋陆格局(据张克信等，2018 简化)

在此基础上，本书试图结合境外一些资料，包括沉积建造（火山-沉积建造）、蛇绿岩（蛇绿混杂岩或俯冲增生杂岩）、岩浆建造及构造事件等，进一步论述这一时期的构造演化。

前文已经述及，沿贝加尔构造带自古元古代开始到新元古代曾经有3次洋盆活动的地质记录。此外，沿贝加尔造山带以南，在图瓦地块北带出露有新元古代早期（Pt_3^1）的变质岩系，沿该变质岩系的南侧出露有新元古代早中期的花岗闪长岩类和花岗岩类（$Pt_3\gamma\delta$，$Pt_3^{1-3}\gamma\delta$，$Pt_3^2\gamma$）以及新元古代基性杂岩（$Pt_3\nu$）和蛇绿岩（$Pt_3o\varphi$）。笼统标注Pt_3的组分，可能含有新元古代晚期（Pt_3^{3-4}）的成分。但是，大量的新元古代早中期花岗闪长岩类和花岗岩类可能是TTG岩套的组成部分，标志着这一时期曾经有洋壳的俯冲作用，而新元古代早期的变质岩系不排除其可能是这一时期的俯冲增生杂岩带。况且，新元古代中期（Pt_3^{2-3}）沉积和新元古代早期（Pt_3^1）变质岩系之间应属于不整合接触，而与其上的新元古代晚期—早寒武世（Pt_3^4—$\in$）沉积之间为整合接触，也从另一个方面说明在新元古代早期与新元古代中晚期之间存在着一次构造事件，其性质为由板块俯冲作用导致的造山事件，对应着全球Rodinia超大陆汇聚。

在科克切塔夫地块、巴尔喀什-伊犁地块、伊塞克地块和克孜勒库姆地块上保留有新元古代早中期（Pt_3^{1-2}）的变质岩系。在科克切塔夫地块和巴尔喀什地块上尚出露有新元古代早期花岗岩（$Pt_3^1\gamma$），在伊塞克地块上出露有新元古代花岗闪长岩（$Pt_3\gamma\delta$），这些地质记录可能与这一时期的弧盆系活动相关。在科克切塔夫地块上新元古代早中期（Pt_3^{1-2}）和晚期（Pt_3^4）之间缺失相当于南华纪沉积，由此判断二者之间亦应为不整合。在克孜勒库姆地块出露有新元古代早期（Pt_3^1）和早中期（Pt_3^{1-2}）沉积变质岩系，而新元古代晚期则和早寒武世呈连续沉积（Pt_3^3—$\in_1$），表明这两套地层之间可能存在着不整合。在巴尔喀什-伊犁地块上同样存在着新元古代晚期（Pt_3^3）与下伏地质体之间的不整合。

在隶属于冈瓦纳型的阿富汗地块和帕米尔地块上虽然出露有新元古代地层，但是没有划分出早中期与晚期，并且没有相应的岩浆岩记录，因此，尚无法判别这一时期是否有板块活动。然而，从各家绘制的Rodinia超大陆复原图上，组成冈瓦纳大陆的各个陆块和地块，都参与全球性超大陆汇聚事件。

在境内，中天山、中祁连、塔里木陆块、敦陆块、柴达木地块及华北克拉通尽管青白口纪沉积与下伏蓟县纪沉积为整合过渡关系，然而在其周缘却出露有青白口纪（或新元古代）的花岗岩、花岗闪长岩、英云闪长岩和正长花岗岩等，此类岩石组合中，不乏TTG岩套，其时代为青白口纪，显然与板块俯冲作用相关，表明在这些地块、陆块或克拉通周缘曾经存在过大洋盆地的俯冲作用。况且，华北克拉通南缘的中新元古代宽坪岩群也被一些地质学家认为是Rodinia超大陆裂解后保留下来的早期弧盆系沉积记录（潘桂堂等，2015）。沿塔里木陆块西北缘的柯坪塔格一带出露有新元古代的蓝闪石片岩，同位素测年数据为719Ma和720Ma（Liou et al.，1991）和962±12Ma（肖序常等，2010），其上被苏盖特布拉克组不整合覆盖。在敦煌陆块的红柳园一带出露有榴辉岩，其中的SHRIMP锆石U-Pb同位素测年数据为819±21Ma，原岩年龄为1007±20Ma，表明北山地区红柳园一带存在着新元古代一次重要的俯冲碰撞事件（杨靖绥等，2006）。而在上扬子陆块北缘自东向西，从大洪山到木兰山，再从西乡到碧口依次出露有新元古代弧盆系活动的地质记录，表现为这一时期的蛇绿混杂岩或俯冲增生杂岩（OPS）、含红帘石的蓝闪石片岩带、弧岩浆岩、完整的弧盆系等。在上扬子陆块的贵州梵净山出露的梵净山岩群实际上是一套时代为872±3Ma的俯冲增生杂岩（邢光福等，2015）。在大洪山俯冲增生杂岩被南华纪碎屑岩不整合覆盖；在西乡弧盆系沉积组合被南华纪碎屑岩不整合覆盖，而碧口弧盆系岩石组合也被南华纪关家沟组不整合覆盖；在梵净山时代为青白口纪的俯冲增生杂岩被芙蓉坝组不整合覆盖，根据下伏俯冲增生杂岩中碎屑岩碎屑锆石的测年数据，芙蓉坝组不应划归板溪群而应属于南华纪。此外，沿上扬子陆块西缘还出现这一时期的岩浆弧（耿元生，2008），这一岩浆弧之上被震旦纪碎屑岩不整合覆盖。上述境内资料充分表明，Rodinia超大陆汇聚前，研究区内的中国境内存在着新元古代早中期多陆块小洋盆的构造古地理格局，洋盆闭合于南华纪之前。

第二节　新元古代晚期—早寒武世(兴凯旋回)构造演化

在论述本节之前,有必要讨论一下新元古代的时限和划分。2008 年国际地质年表将新元古代上限定为 542Ma,下限定为 1000Ma;新元古代早期称作 Tonian 纪,上限为 850Ma;中期称作 Cryogenian 纪,上限为 635Ma;晚期称作 Edicaran 纪。到 2018 年这个年表有所变化,新元古代下限未变,但对冰成纪(Cryogenian)的上下限作了重大的调整,将其限制在 720～635Ma(表 7-10)。前后两个地质年表中都将新元古代三分,大体上对应于我国划分的青白口纪、南华纪和震旦纪。

表 7-10　两次国际地质年表中对新元古代的不同划分

	2008 年国际地质年表		2018 年国际地质年表	
	纪	时限	纪	时限
新元古代	Edicaran 纪	635～542Ma	Edicaran 纪	635～542Ma
	Cryogenian 纪	850～635Ma	Cryogenian 纪	720～635Ma
	Tonian 纪	1000～850Ma	Tonian 纪	1000～720Ma

任纪舜等(2013)在编制国际亚洲地质图时,将新元古代划分为 Pt_3^1、Pt_3^2、Pt_3^3 和 Pt_3^4 4 个时期。Pt_3^1 和 Pt_3^2 相当于我国的青白口纪,Pt_3^3 和 Pt_3^4 则对应着我国的南华纪和震旦纪或俄罗斯的里菲纪晚期和文德纪。

然而,值得讨论的问题是 2008 年的国际地质年表大体上和我国的地质事件相对应,因为以双峰式火山岩(或大陆溢流玄武岩)为标志的大陆裂解事件的测年数据集中出现在 820～635Ma,国内一些学者(张克信等,2018;潘桂棠等,2016,2017;陆松年等,2006,2017)也将青白口纪的上限划为 820Ma。因此,本书采用 820Ma 或 800Ma 作为南华纪下限。

一、继承性洋盆

新元古代晚期,沿西伯利亚克拉通南缘贝加尔一带和华北克拉通南缘北秦岭一带仍然保留有 Rodinia 超大陆裂解前的继承性洋盆。

就中国境外而言,沿蒙古湖区一带出露有新元古代蛇绿岩($Pt_3 o\varphi$),沿湖区蛇绿岩带的东北侧出露有新元古代中晚期($Pt_3^{2\text{-}3}$)到新元古代晚期—早寒武世($Pt_3^4 \in_1$)的弧火山岩,以及同时代的弧后盆地沉积。由此来看,蒙古湖区洋盆可能也属于 Rodinia 超大陆裂解前的继承性洋盆。

二、超大陆裂解事件

新元古代晚期,全球最突出的地质事件是 Rodinia 超大陆裂解,在研究区内出露有这次事件大量的地质记录。图瓦地块上可能有相当部分的新元古代基性杂岩和这一时期的花岗质岩石构成了双峰式岩浆岩建造,科克切塔夫地块上新元古代的基性杂岩可能与超大陆裂解事件相关,其时代可能属于新元古代晚期。

国内外众多地质学家所绘制的 Rodinia 超大陆复原图(陆松年等,2003)中都包含冈瓦纳大陆的组成陆块,而冈瓦纳大陆曾经在 550～500Ma 期间发生过泛非构造运动,这次构造运动是一次诸多陆块的汇聚事件,伴随着强烈的弧岩浆作用。由此可以推知,冈瓦纳大陆在新元古代晚期经历过 Rodinia 超大陆裂解事件,曾经有过多陆块小洋盆的构造古地理格局,泛非事件使得裂离的小陆块再次汇聚,形成冈瓦纳次超大陆。

境内伊犁地块上南华纪—震旦纪凯拉克提群含基性火山岩。塔里木陆块北缘的柯坪一带出露的南华纪—震旦纪温宿群、库鲁克塔格一带出露的南华纪—震旦纪库鲁克塔格群以及塔西南一带原划归长城纪的塞拉加兹塔格群是一套含双峰式火山岩的地层,王超等(2009)在和田以南的玉龙喀什河谷对该群中的变凝灰岩采样,进行锆石 LA-ICP-MS 测年,获得其加权平均值年龄数据为 787±1Ma,故将这部分划归南华纪(冯益民等,2022)。全吉微陆块出露的南华纪—震旦纪全吉群含有中基性火山岩,该火山岩单颗粒锆石 U-Pb 测年数据为 738±28Ma(陆松年等,2009)。南秦岭地区的耀岭河组和武当岩群都是典型的双峰式火山岩,高精度测年数据都集中在 771～632Ma(邢光福等,2017),而徐学义等(2014)对武当岩群的测年数据则集中在 830～726Ma。上扬子陆块西缘出露的南华纪苏雄组、开剑桥组和盐井群都是含双峰式火山岩的火山-沉积建造组合(邢光福等,2017)。全国重要矿产资源潜力评价项目执行期间(2006—2013),河南省所提供的火山岩专题图件曾经在华北克拉通南缘的豫西一带标明出南华纪大红口组粗面岩,认为属于裂谷环境,与 Rodinia 超大陆裂解的岩浆事件相对应(邢光福等,2017)。

上述研究区内地质记录表明在新元古代晚期(820～635Ma)出现了以双峰式岩浆岩(火山岩及侵入岩)为标志的陆块裂解事件,这次事件与全球 Rodinia 超大陆裂解事件相对应,其结果是在研究区内形成多陆块小洋盆的构造古地理格局(图 7-2)。

三、裂解后形成的洋盆

在研究区内,新元古代晚期—早寒武世,除了贝加尔洋、蒙古湖区洋和北秦岭宽坪洋盆(仅保留有弧后盆地沉积记录)为继承性洋盆外,其余的都是 Rodinia 超大陆裂离后形成的洋盆。

所谓继承性洋盆就是其形成与 Rodinia 超大陆裂解事件无关,在此之前形成的洋盆,或者是新元古代早期,甚至是从中元古代开始形成的洋盆,在 Rodinia 超大陆汇聚时期,处于超大陆外围的洋盆,在此后裂解时保留下来的洋盆。

在研究区内大致可以划分成 3 个多陆块洋盆体系:古亚洲多陆块洋、昆祁秦多陆块洋和特提斯多陆块洋。现依次陈述于后。

(一)古亚洲多陆块洋体系

在古亚洲多岛洋体系中,除了上述的继承性洋盆以外,大部分都是 Rodinia 超大陆裂解之后形成的新生洋盆。

1. 中亚西部多陆块洋

在科克切塔夫地块、斋桑地块、塔城地块、准噶尔地块、巴尔喀什-伊犁地块、伊塞克地块及克孜勒库姆地块之间出露的蛇绿岩最老的可以追溯到文德纪,一般都是从早寒武世—中奥陶世,如吉尔吉斯境内北天山蛇绿岩的存在时限为文德系—早奥陶世,奈曼-阿尔巴什-伊尼尔契克洋(Nayman-Albashi-Inylchek Ocean),也称作南天山洋(与我国新疆境内南天山洋相连),存在时限新元古代晚期开始一直持续到中泥盆世,各地块之间广泛出露的蛇绿岩及蛇绿混杂岩带为洋盆的存在提供了充分的依据(图 7-3)。

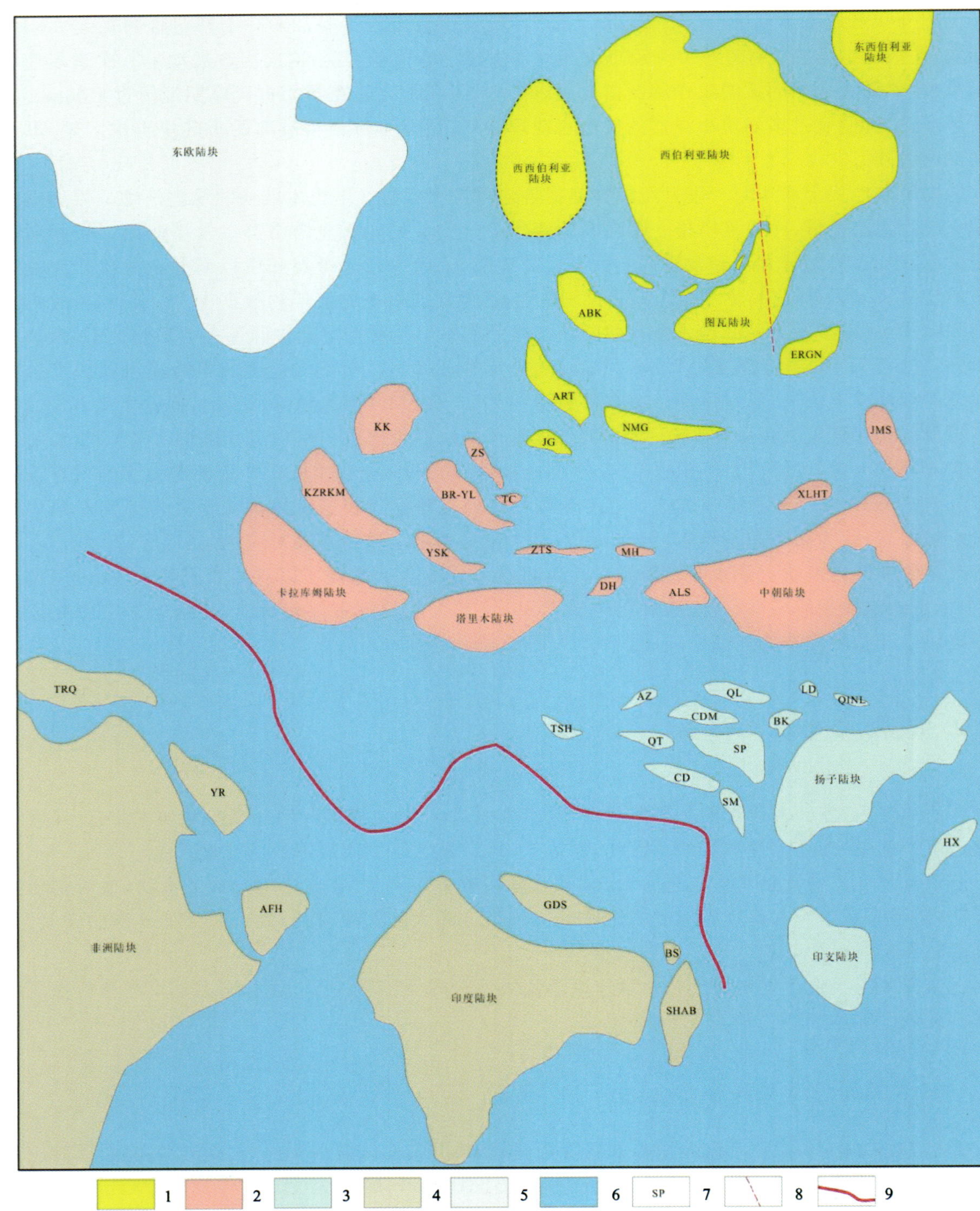

1. 西伯利亚型陆(地)块；2. 中轴大陆块区陆块群；3. 扬子型陆块；4. 冈瓦纳型陆块；5. 东欧陆块；6. 初始洋；7. 陆块名称代码；8. 推测大型断裂；9. 特提斯洋洋盆中轴线。

西伯利亚型陆(地)块：ABK. 阿巴坎地块；ERGN. 额尔古纳地块；ART. 阿尔泰地块；NMG. 南蒙古地块。

中轴大陆块区陆块群：KK. 科克切塔夫地块；ZS. 斋桑地块；JG. 准噶尔-塔城地块；KZRKM. 克孜勒库姆地块；BR-YL. 巴尔喀什—伊犁地块；YSK. 伊塞克地块；ZTS-MH. 中天山-明水-旱山地块；SLHT. 锡林浩特地块；JMS. 佳木斯地块。

扬子型陆(地)块：TSH. 甜水海地块；AZ. 阿中地块；QL. 祁连地块；LD. 陇东地块；QINL. 秦岭地块；CHDM. 柴达木地块；BK. 碧口地块；QT. 羌塘地块；SP. 松潘地块；CD. 昌都地块；SM. 思茅地块(香格里拉地块)；HX. 华夏地块。

冈瓦纳型陆(地)块：TRQ. 土耳其陆块；YR. 伊朗陆块；AFH. 阿富汗陆块；GDS. 冈底斯地块；BS. 保山地块；SHAB. 掸邦陆块。

图 7-2　Rodinia 超大陆裂离后亚洲及邻区的初始洋

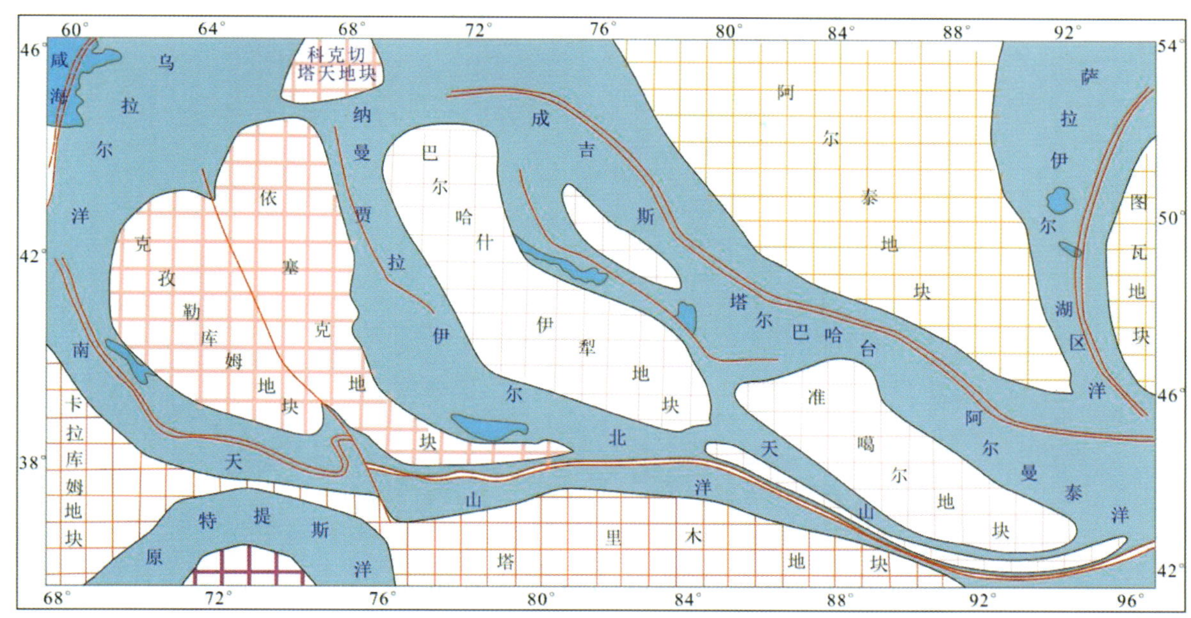

图 7-3　新元古代晚期(文德纪)—奥陶纪古亚洲构造域西段洋陆格局略图

2. 斋桑-额尔齐斯洋

依什克奥里孜斯克早中奥陶世蛇绿岩带、哥尔内斯塔叶夫志留纪—早泥盆世蛇绿岩带、查尔斯克始寒武世—泥盆纪蛇绿岩带以及沿额尔齐斯带出露的乔夏哈拉蛇绿混杂岩、玛因鄂博蛇绿混杂岩和布尔根蛇绿混杂岩见证了这一洋盆的开启和存在时限。

查尔斯克蛇绿岩带中含有高压变质岩、变辉长岩、高钛玄武岩以及志留纪—早泥盆世深海浊积岩构造岩块和岩片。该带中退变质的榴辉岩岩块同位素年龄为 545～477Ma(K-Ar)。乔夏哈拉蛇绿混杂岩的存在,已经钻探证实,在早泥盆世基性火山岩下部存在蛇纹岩及变质橄榄岩,何国琦等(1990)通过对该带放射虫的研究,认为其时代不晚于奥陶纪—志留纪。玛因鄂博蛇绿混杂岩中斜长角闪岩具典型的 N-MORB 型拉斑玄武岩的地球化学特征,LA-ICP-MS 锆石 U-Pb 年龄为 437±12Ma,为早志留世(张越等,2012)。依据吴波等(2006)报道,布尔根蛇绿混杂岩主要表现为糜棱岩化的基质中混杂有大小不一、性质各异的蛇绿岩各组分的岩块。蛇绿岩块具有碳酸盐化超镁铁岩(?)、玄武岩、辉长岩以及硅质岩岩块等,玄武岩具有 OIB 和 IAB 特征,拉斑玄武岩 SHRIMP 锆石年龄为 352Ma,表明蛇绿岩代表的洋盆形成可持续到晚泥盆世—早石炭世。

3. 成吉斯—塔尔巴哈台-阿尔曼泰洋

成吉斯—塔尔巴哈台洋从国境线一直延伸到我国新疆北部的阿尔曼泰山一带,形成跨国的成吉斯—塔尔巴哈台-阿尔曼泰洋(图 7-4),沿这一带出露有大量的时代从新元古代晚期(震旦纪或文德纪)到奥陶纪的蛇绿岩及蛇绿混杂岩,如洪古勒楞蛇绿岩的 Sm-Nd 同位素年龄为 626±25Ma(张旗等,2001),扎河坝蛇绿岩中镁铁质组分岩石全岩 Sm-Nd 等时线年龄为 561±41Ma(黄萱等,1997),阿尔曼泰蛇绿岩 SHRIMP 锆石 U-Pb 测年数据为 503±7Ma(肖文交等,2006)。特别值得关注的是,在洪古勒楞出露有由长橄岩和橄长岩构成的火成堆晶岩,邓晋福等(2007)认为此类堆晶岩属于 MORS 型蛇绿岩的重要组分。

4. 南天山-红柳河-洗肠井-恩格尔乌苏-索伦山洋

吉尔吉斯境内的奈曼-阿尔巴什-伊尼尔契克洋也和我国新疆的南天山洋盆相贯通,并一致向东延

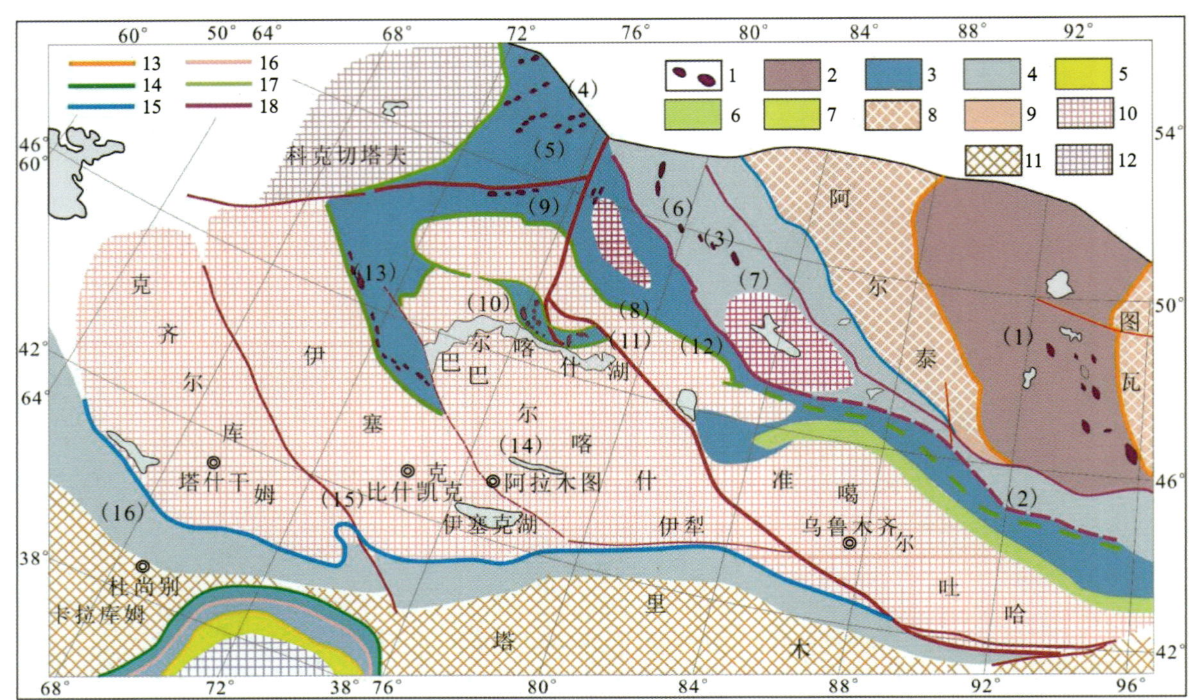

1. 蛇绿岩；2. 文德纪汗泰锡尔弧盆系残迹；3. 震旦纪(文德纪)—奥陶纪弧盆系残迹；4. 震旦纪(文德纪)—中泥盆世弧盆系残迹；5. 三叠纪—古新世特提斯弧盆系残迹；6. 早中泥盆世达拉布特-克拉麦里弧盆系残迹；7. 石炭纪红海式裂谷残迹；8. 图瓦陆块；9. 阿尔泰陆块；10. 哈萨克-准噶尔陆块；11. 卡拉库姆-塔里木陆块；12. 印度陆块；13. 早寒武世拼合断裂；14. 早古生代末拼合断裂；15. 中泥盆世末拼合断裂；16. 三叠纪末拼合断裂；17. 古近世拼合断裂；18. 区域性断裂带。

(1)蒙古湖区-俄罗斯的阿尔泰-萨彦岭地区的文德纪—寒武纪蛇绿岩带；(2)南蒙古晚志留世—早泥盆世的蛇绿岩带；(3)依什克奥里玫斯克早中奥陶世蛇绿岩带；(4)包沙科里晚寒武世—中奥陶世蛇绿岩带；(5)玛因卡依早中奥陶世蛇绿岩带；(6)哥尔内斯塔叶夫志留纪—早泥盆世蛇绿岩带；(7)查尔斯克始寒武世—泥盆纪蛇绿岩带；(8)扎乌尔-塔金晚寒武世—早奥陶世蛇绿岩带；(9)捷克-吐尔玛斯早奥陶世—中奥陶世早期蛇绿岩带；(10)阿卡德尔早奥陶世—早志留世蛇绿岩带；(11)依特木伦金早奥陶世—早志留世蛇绿岩带；(12)西塔尔巴哈台奥陶纪(?)蛇绿岩带；(13)贾拉依尔-纳曼文德纪—寒武纪蛇绿岩带；(14)萨雷吐姆-杰尔吐尔玛斯中奥陶世蛇绿岩带；(15)伊什姆-卡拉套晚里菲期(Pt_3^3)蛇绿岩带；(16)伊什姆-纳伦(吉尔吉斯-怯尔斯克依)晚里菲期—奥陶世蛇绿岩带。

图 7-4　古亚洲构造域西段古生代洋陆格局及蛇绿岩分布略图(据何国琦等，1994 修改)

伸到红柳河-牛圈子-洗肠井，构成一个长达数千千米的大洋盆地，沿这一地带出露有长阿乌子-乌瓦门-拱拜子蛇绿岩及蛇绿混杂岩，而且沿哈尔克山北坡出露有榴辉岩及蓝闪石片岩，汤耀庆等(1995)对该带的石榴白云母蓝闪石片岩中的多硅白云母进行$^{40}Ar/^{39}Ar$法测年，其坪年龄为 415.37±2.27Ma，等时线年龄为 419.02±3.92Ma，蓝片岩中蓝闪石单矿物$^{40}Ar/^{39}Ar$法坪年龄为 350.89±1.96Ma。该带西延部分的哈萨克斯坦境内蓝片岩同位素年龄主要集中在 460～400Ma(Dobretsov et al.，1984)。境内的南天山洋继续东延被且末-罗布泊左行断裂带所截切，红柳河-洗肠井洋盆视为南天山洋的东延部分，继续向东，被中新生代额济纳盆地所掩覆，恩格尔乌苏-索伦山-西拉木伦洋被视为红柳河-洗肠井洋盆的继续东延部分(潘桂棠等，2016，2017)。沿红柳河-洗肠井出露有蛇绿岩及蛇绿混杂岩、俯冲增生杂岩和洋岛海山组合，在俯冲增生杂岩带之北出露有奥陶纪—志留纪岛弧及弧后扩张小洋盆(冯益民等，2022)。在恩格尔乌苏-索伦山出露有新元古代晚期—奥陶纪和石炭纪—早二叠世蛇绿混杂岩及相应的弧火山岩(冯益民等，2022)。

5. 唐巴勒-冰大坂-米什沟洋

在准噶尔地块和中天山地块之间发育有唐巴勒-冰大坂-米什沟洋，唐巴勒蛇绿岩、冰大坂-米什沟蛇绿岩是该洋盆消亡的遗迹。唐巴勒蛇绿岩中斜长花岗岩岩墙中榍石的测年数据为 508±20Ma，而斜长石单矿物 U-Pb 同位素年龄为 520～480Ma(肖序常等,1992)。

(二)昆祁秦多陆块洋盆体系

该洋盆也是在这一时期形成的一个具有多陆块小洋盆构造格局的大洋盆体系。这个大洋盆体系位于中轴大陆块之南,甜水海地块—巴颜喀拉地块—上扬子陆块之北,其中散布的具有相当规模的地块有阿中地块、中祁连地块、南祁连地块、柴达木地块、西秦岭联合地块及秦岭地块。在昆祁秦多陆块洋盆体系中可以划分出一些洋盆,现依次陈述于后。

1. 昆仑洋

昆仑洋被阿尔金左行走滑断裂带切割成西东两部分,西段称西昆仑洋。西昆仑洋位于甜水海地块和塔里木陆块之间,库地-其曼于特蛇绿混杂岩是该洋盆的遗迹,其中的堆晶岩 SHRIMP 锆石 U-Pb 测年数据为 502±13Ma(1∶25 万麻札幅地质图,2005)和 512±4Ma(肖序常等,2005)。东昆仑洋介于柴达木地块与巴颜喀拉地块之间,沿东昆仑自西而东出露有阿其克库勒湖东西两侧的蛇绿岩、诺木洪蛇绿岩、乌妥蛇绿岩等。李荣社等(2008)曾对其中的大洋拉斑玄武岩进行单颗粒锆石 U-Pb 年龄为 466Ma,$^{40}Ar/^{39}Ar$ 年龄为 444.5Ma。此外,沿东昆仑的小灶火—苏海图—夏日哈木—拉宁灶火一带出露有榴辉岩,断续延伸长达 20km,榴辉岩主要赋存在新太古代—古元古代白沙河岩群之中,榴辉岩中 LA-ICP-MS 锆石 U-Pb 年龄为 411.1±1.9Ma(祁生胜等,2014)。

2. 红柳沟-拉配泉洋

该洋盆位于阿中地块和敦煌陆块之间,寒武纪—奥陶纪的蛇绿岩残片的俯冲增生杂岩是该洋盆消亡的地质记录,该洋盆向东与北祁连洋盆相连。刘良等(1998)对该蛇绿岩中的玄武岩进行全岩 Sm-Nd 等时线测年,获得(524.1±4.4)～(508.13±41)Ma 的数据。修群业(2007)对其中的枕状熔岩进行 U-Pb法测年获得 448.6±33.3Ma 的数据,吴峻(2001)测得 512.9～508.3Ma 的数据。此外,杨经绥等(2001)报道在红柳沟一带发现席状岩墙群。

3. 北祁连洋

该洋盆介于阿拉善陆块和中祁连地块之间,是中国境内弧盆系保留最完好的地区之一,曾有众多地质学家对北祁连洋的地质记录进行了大量的研究(王荃等,1976;肖序常等,1978;吴汉泉等,1990,1992;Wu et al.,1993;左国朝等,1986,1987;冯益民等,1992,1994,1995,1996a,1996b;许志琴等,1994;夏林圻等,1996,1998a,1998b,2001,2016;宋述光等,1992,2004a,2004b,2009)。熬油沟蛇绿岩、玉石沟蛇绿岩和东草河蛇绿岩是该洋盆存在的地质记录。熬油沟蛇绿岩中辉长岩的 SHRIMP 锆石 U-Pb 年龄为 503.7±6.4Ma(相振群等,2007);Song 等(2013)对北祁连蛇绿岩的研究表明,玉石沟存在着 560Ma 的蛇绿岩,而对榴辉岩中的锆石测年显示可能存在着约 710Ma 的信息,表明祁连洋盆的开启可能早于 710Ma。Tseng 等(2007)对东草河蛇绿岩中苏长质辉长岩进行了 SHRIMP 锆石 U-Pb 测年,其年龄为 497±7Ma。除此之外,在北祁连发育有寒武纪—奥陶纪岛弧,奥陶纪洋内弧及弧后盆地、洋内弧和弧后小洋盆,志留纪弧后前陆盆地等完整的弧盆系地质记录(冯益民等,2022)。该洋盆继续东延则与北秦岭洋相连。

4. 党河南山-拉脊山洋

该洋盆位于中祁连地块与南祁连地块之间。大道尔吉蛇绿岩、拉脊山蛇绿混杂岩及雾宿山蛇绿岩沿该单元从西到东断续出露,构成了一条时代为寒武纪—奥陶纪的大道尔吉-拉脊山-雾宿山蛇绿混杂岩带。甘肃省地质志项目组 2013 年对该蛇绿混杂岩中的辉长岩团块进行了 LA-ICP-MS 锆石 U-Pb 定年，年龄为 441±13Ma，而黄增保等(2016)对蛇绿岩中辉石橄榄岩进行全岩 Sm-Nd 同位素测年的数据为 441±58Ma。此外，沿党河南山一带发育有奥陶纪的弧火山岩。付长垒等(2014)对拉脊山蛇绿岩中的辉绿岩进行 SHRIMP 锆石 U-Pb 测年，结果为 491±5.1Ma；Zhang 等(2017)获得拉脊山细粒辉长岩 LA-ICP-MS 锆石 U-Pb 年龄为 525±3Ma。雾宿山蛇绿混杂岩以肢解的蛇绿岩产出，呈构造岩块产于奥陶纪雾宿山群中，蛇绿岩组分以块状熔岩、枕状熔岩和红色硅质岩为主，另有少量的蛇纹岩。

5. 阿帕-茫崖-柴北缘洋

阿帕-茫崖洋位于阿中地块和柴达木地块之间，向东北延伸与介于南祁连地块和柴达木地块之间的柴北缘洋相贯通，共同构成阿帕-茫崖-柴北缘洋。

沿阿帕-茫崖-柴北缘发育含有蛇绿岩残块、洋岛海山残块及榴辉岩岩块的俯冲增生杂岩带。此外，沿俯冲增生杂岩带北侧的江嘎孜萨依出露一条超高压变质岩带(冯益民等，2022)。自刘良等(1996)报道在该地区发现榴辉岩以来，先后有不少地质学家(张建新等，1999，2002；刘良等，2002；曹玉亭等，2008，2009)对其进行过研究。同位素测年资料显示其形成时代在 500Ma 左右。张建新等(1999)对江尕勒萨依一带的榴辉岩分别进行了 Sm-Nd 和 U-Pb 测年，获得全岩-石榴子石-绿辉石的 Sm-Nd 等时线年龄为 500±10Ma，呈浑圆状的 4 粒锆石表面年龄加权平均值为 503.9±5.3Ma。

沿柴北缘同样发育一条含有蛇绿岩残块、超高压变质岩岩块、古老变质岩块和弧火山岩岩块的俯冲增生杂岩带(冯益民，2022)。蛇绿岩残块在赛什腾山、绿梁山、鱼卡、沙柳河及托莫尔日特一带都有所出露。王惠初等(2003)对鱼卡一带蛇绿岩中的辉长岩进行单颗粒锆石 U-Pb 测年，获得 496.3±6.2Ma 的数据。杨经绥等(2004)对绿梁山—鱼卡一带的蛇绿岩中的玄武岩进行 Rb-Sr 同位素等时线测年，获得 768±39Ma 的数据，而 Sm-Nd 同位素等时线年龄值则为 780±22Ma，表明该带存在新元古代晚期洋盆。不少研究者(杨经绥等，1998，2000，2003；张建新等，1999，2003；宋述光等，2001；Song et al.，2003；Song et al.，2006，2013，2014)对柴北缘榴辉岩带进行过研究，榴辉岩中 SHRIMP 锆石 U-Pb 测年值为 443～495Ma，榴辉岩的原岩既有洋中脊玄武岩，也有岛弧玄武岩和洋岛玄武岩，其原岩形成时代为 800～750Ma(杨经绥等，2000，2003)。

6. 北秦岭洋

该洋盆位于华北陆块与秦岭地块之间，沿北秦岭出露有斜峪关-二郎坪蛇绿混杂岩带(孙勇等，1996；张宗清等，1996)。二郎坪群的火山岩在岩石系列上拉斑系列和钙碱系列共存，在形成环境方面，洋中脊和岛弧并存，其时代跨度较大，对前人测年数据统计表明其形成于 1005～357Ma，阎全人等(2007)曾获得基性火山岩的 SHRIMP 锆石年龄数据为 472±11Ma。前人对二郎坪群形成的环境也是有争议的，大多数地质学家认为是一种弧后盆地火山-沉积组合(张国伟等，1995，2001)。然而，王润三等(1990)认为二郎坪群的产出环境是介于华北和扬子间的一个具有完整沟弧盆体系的大洋盆地，本书作者认同此观点。

7. 商丹洋

商丹洋位于秦岭地块与上扬子陆块之间，该洋盆向西延伸到甘肃武山县鸳鸯镇一带，向东经天水境内进入陕西，继续东延到河南境内。自西而东出露有武山蛇绿岩、关子镇蛇绿岩、鹦鸽嘴-岩湾蛇绿岩及松树沟蛇绿岩，构成了商丹蛇绿混杂岩带。李王晔等(2005)曾对武山鸳鸯镇蛇绿岩组分中的辉长岩采用 LA-ICP-MS 锆石 U-Pb 测年，获得 457±2.9Ma 的数据；杨钊等(2006)对关子镇蛇绿岩中的基性火山岩进行 SHRIMP 测年，获得 471±1.4Ma 的数据；陈隽璐等(2008)对鹦鸽嘴-岩湾蛇绿岩中的玄武岩进行 SHRIMP 测年，获得 483±13Ma 数据。松树沟蛇绿岩尚存争议，刘军峰等(2005)认为属于热侵位的超基性岩体，并对其中的榴闪岩进行测年，获得518±19Ma的数据。

（三）Rodinia超大陆裂离在冈瓦纳型地块之间形成的洋盆

首先属于冈瓦纳型的阿富汗地块和帕米尔地块曾经参与Rodinia超大陆汇聚事件，其次裂离的地块上存在泛非事件的地质记录，表明由Rodinia超大陆裂解形成的洋盆在这两个地块上是存在的。

班公湖-双湖-龙木错-怒江俯冲增生杂岩带之北，羌塘地块的南缘西段出露有寒武纪和奥陶纪的弧岩浆岩（火山岩和侵入岩），表明这一时期已经存在，并有洋壳俯冲的地质记录。

四、增生造山

在研究区内，这一时期先后有两次增生造山运动：第一次出现在新元古代晚期，相当于南华纪末（Pt_3^3），称作贝加尔运动；第二次出现在早寒武世末（$\in_1$），称作兴凯运动（或萨拉伊尔运动）。

（一）贝加尔造山运动

沿西伯利亚克拉通南缘，新元古代晚期（Pt_3^4）相当于文德纪或震旦纪沉积地层超覆不整合在中元古代中期—新元古代晚期（Pt_2^2—Pt_3^3）及中太古代结晶变质岩系之上，表明新元古代贝加尔洋在新元古代晚期（Pt_3^4）之前已经结束。贝加尔洋盆的关闭使图瓦地块和阿巴坎地块拼接到西伯利亚克拉通南缘。我们将贝加尔洋盆的关闭暂称作贝加尔运动。其余地区尚未发现有这一时期的洋盆存在的地质记录，也未有相当于这次构造运动的地质记录。

（二）萨拉伊尔/兴凯造山运动

湖区蛇绿混杂岩之上被含古杯化石的中寒武世早期沉积地层所不整合覆盖，表明在早寒武世末湖区洋盆已经关闭，使研究区内的阿尔泰地块和南蒙古地块拼贴在增生扩大了的西伯利亚陆块南缘。编图范围之外，我国东北地区的额尔古纳地块也于这一时期拼贴在西伯利亚克拉通的阿尔丹地段南缘。任纪舜等（1999）将这次构造运动称为萨拉伊尔运动（或兴凯运动）。

这两次造山运动都属于增生造山运动，其结果是使研究区内的图瓦地块、阿巴坎地块、阿尔泰地块和南蒙古地块先后拼贴在西伯利亚克拉通南缘，造成西伯利亚克拉通南缘的增生，形成萨彦-额尔古纳增生造山系。然而，并未造成古亚洲大洋体系的终结，在增生造山系以南仍然存在着多陆块小洋盆的构造古地理格局（图7-5）。

（三）泛非造山运动

泛非运动发生在600～550Ma期间，在时间上与兴凯运动几乎同时，这次运动在冈瓦纳型陆块的地块上普遍出露由于洋盆俯冲作用形成的泛非岩浆岩，俯冲的结果是造成割裂的冈瓦纳型陆块和地块之间洋盆的消亡，并最终形成冈瓦纳次超大陆。

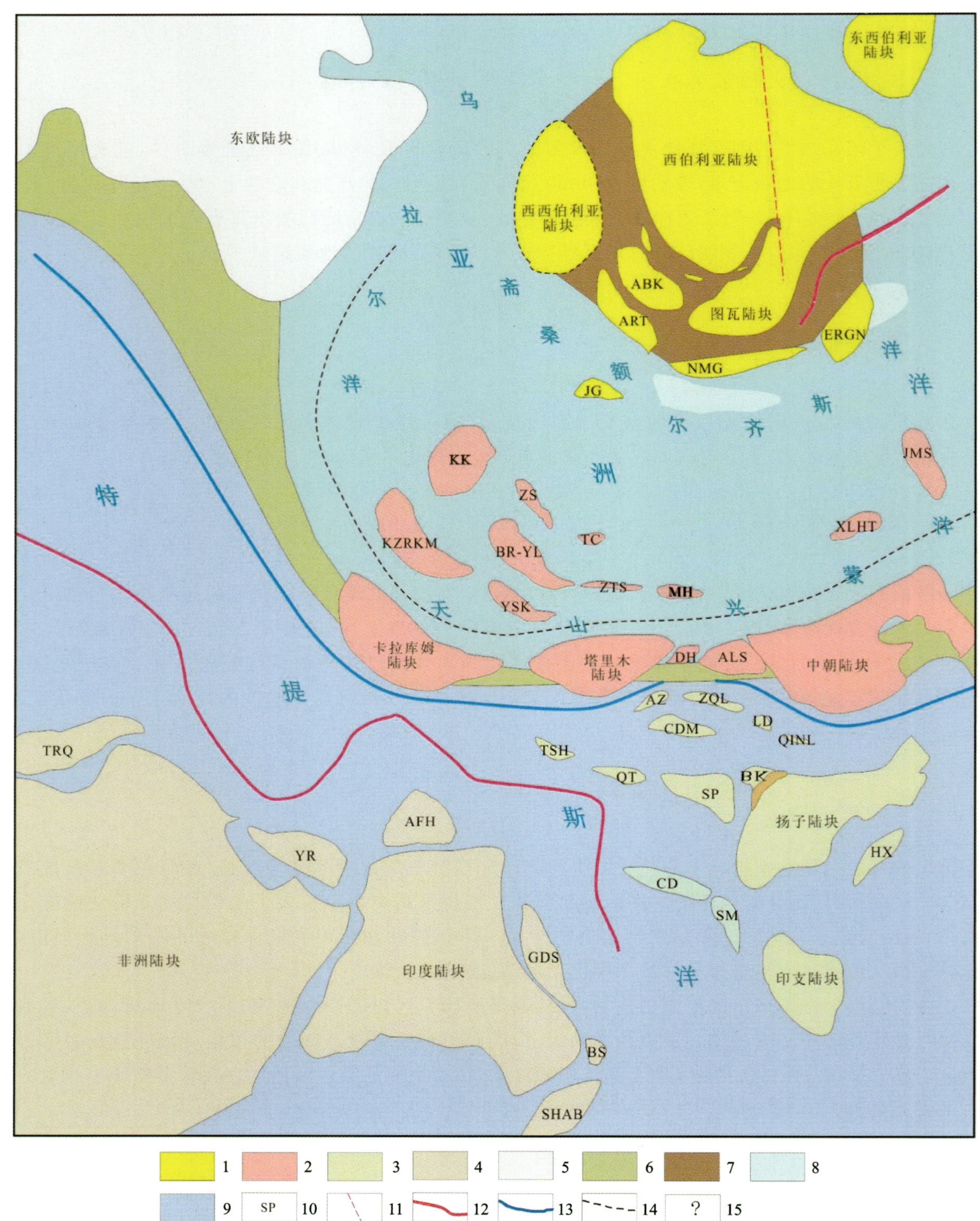

1. 西伯利亚型陆(地)块；2. 中轴大陆块区陆块群；3. 扬子型陆块；4. 冈瓦纳型陆块；5. 东欧陆块；6. 中轴大陆块间的浅海；7. 兴凯(萨拉伊尔)造山带；8. 亚洲洋；9. 特提斯洋；10. 地块代号；11. 推测断裂；12. 图面北部为沿鄂霍茨克裂开的轴线，图面南部为特提斯洋轴线；13. 早古生代昆祁秦洋盆轴线；14. 古生代乌拉尔-天山-兴蒙洋轴线；15. 未知部分或构造属性不明区。

图 7-5　兴凯增生造山运动后的构造古地理格局略图

注：图面所标注的地块名称详见图 7-2。

第三节 中寒武世—中泥盆世构造演化

这一时期处于兴凯造山运动之后，研究区内构造古地理格局发生了重大变化。贝加尔洋盆和蒙古湖区洋盆先后消亡，转化成增生在西伯利亚克拉通南缘的萨彦-额尔古纳造山系。古亚洲大洋体系处于萨彦-额尔古纳造山系之南，中轴大陆块区之北，一般称作乌拉尔-天山-兴蒙大洋体系，该大洋体系在构造格局上仍然是一个多陆块小洋盆的洋陆构造格局。中轴大陆块区以南的昆祁秦地域仍然是一个多陆块洋盆，该洋盆与中轴大陆块区以北的乌拉尔-天山-兴蒙多陆块洋盆以及更北边的萨彦-额尔古纳多陆块洋在新元古代晚期以来到泥盆纪基本上都处于同一个地球动力学体系。

这一时期先后出现 3 次规模较大的造山运动，即哈萨克斯坦造山运动、加里东造山运动和天山造山运动。

一、哈萨克斯坦造山运动

运动波及的范围主要是这一地区的哈萨克斯坦型地块，包括科克切塔夫地块、斋桑地块、塔城地块、准噶尔地块、巴尔喀什-伊犁地块、伊塞克地块和克孜勒库姆地块，包括成吉斯-塔尔巴哈台-阿尔曼泰洋在内的一系列地块间的小洋盆于寒武纪开始俯冲，到中奥陶世末在各地块之间形成俯冲增生杂岩带和与其相伴的弧盆系(岛弧、岩浆弧、弧后盆地)。俯冲增生杂岩带既是洋盆消亡的地质记录，同时又是剖析洋盆构造演化细节的地质实体。造山运动从中奥陶世末开始持续到晚奥陶世末，其结果是使上述各地块之间的洋盆消亡并拼贴在一起，形成哈萨克斯坦联合陆块。就其造山运动的性质，有别于增生造山，因为这次造山运动并没有使这些地块增生到大型陆块或克拉通边缘，而是一次小地块的拼贴汇聚成一个联合陆块。在造山运动出现的时间上，也有别于典型的加里东造山运动的时间(典型的加里东运动出现在志留纪末，造成英格兰泥盆纪红砂岩与下伏早古生代造山物质之间的角度不整合)，这次造山运动出现在中奥陶世—晚奥陶世。另外，这次造山运动一个突出的结果是形成哈萨克斯坦联合陆块(图 7-6)，李春昱(1982)称之为“哈萨克斯坦板块”。基于上述理由，本书暂将这次造山运动称作“哈萨克斯坦造山运动”。

在巴尔喀什地块、伊塞克地块、克孜勒库姆地块及纳曼-贾拉伊尔构造带上普遍存在着上奥陶统不整合覆盖在中奥陶统之上。在巴尔喀什地块上晚奥陶世粗碎屑岩不整合覆盖在弧火山岩或浊积岩之上；在伊塞克地块上同样是晚奥陶世粗碎屑岩不整合覆盖在中奥陶世浊积岩或火山岩之上；在克孜勒库姆地块上晚奥陶世砂岩不整合覆盖在浊积岩之上；在纳曼-贾拉伊尔构造带上晚奥陶世粗碎屑岩不整合覆盖在弧火山岩之上。

上述中亚诸地块不整合面之上的粗碎屑岩沉积表明，在中奥陶世末曾发生过一次以地块拼合形式的造山运动。多陆块洋盆中这种形式的造山运动不同于一般意义上的增生造山运动，因为这些拼合起来的地块构成了一个存在于乌拉尔-天山多陆块洋盆中的大型新生陆块，这个陆块并未拼接或增生到扩大了的西伯利亚陆块边缘。

二、加里东造山运动

这次造山运动主要影响范围是昆祁秦多陆块洋盆及编图范围以外的华夏多陆块洋盆。下面仅就研究区内此次造山运动的地质记录做一个简要的论述。

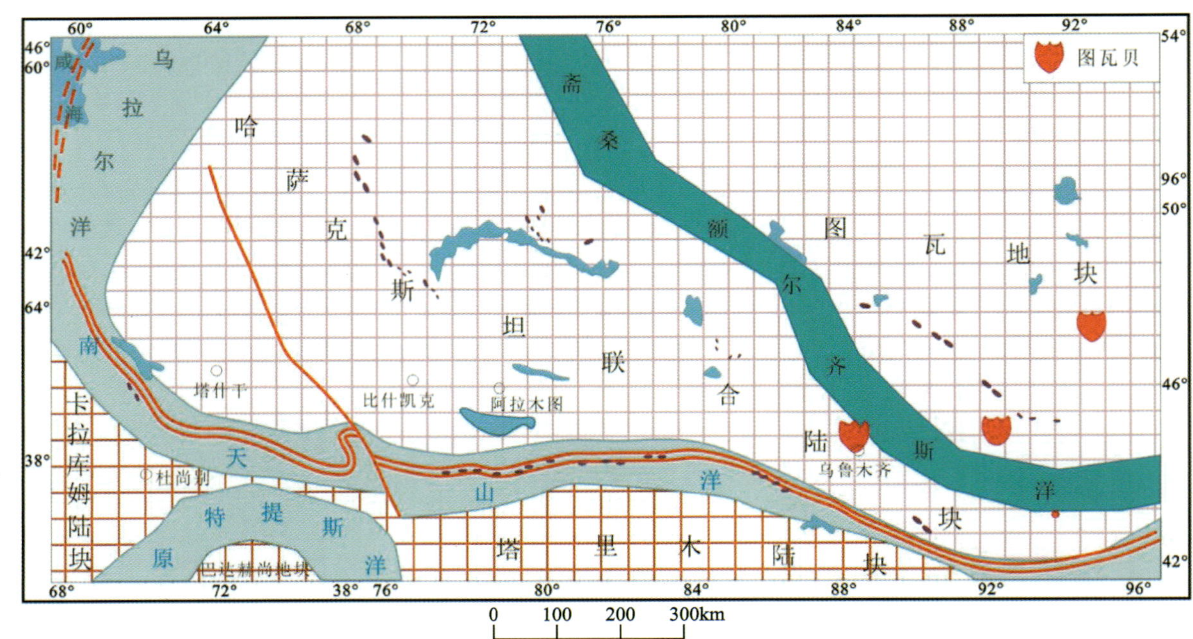

图 7-6　哈萨克斯坦造山运动后中亚洋陆格局略图

1. 昆仑洋构造演化

西昆仑洋盆从寒武纪开始沿西昆仑的库地—其曼于特一带开始向北俯冲，到奥陶纪末形成了时代为寒武纪—奥陶纪的库地-其曼于特俯冲增生杂岩带，杂岩带中含蛇绿岩残块和远洋深海浊积岩等，并在俯冲增生杂岩带北侧形成相应的弧盆系。该带出露的早古生代上其汗岩组是一套火山-沉积建造组合，变质程度达绿片岩相，其中可能含有早泥盆世的火山-沉积组合，因为该带出露的中泥盆世布拉克巴什组仍然是一套火山-沉积建造，属于弧盆系的沉积记录。西昆仑一带晚泥盆世齐自拉夫组是一套海陆交互相细砂岩沉积组合，与下伏中泥盆世布拉克巴什组岛弧相火山-沉积建造组合之间可能为不整合接触。

东昆仑洋盆沿昆中一带，西段从南华纪开始出现洋盆俯冲记录，形成了时代为南华纪—奥陶纪的阿牙克库木湖俯冲增生杂岩带，其中含蛇绿混杂岩及时代为寒武纪的洋岛海山火山-沉积组合。东段洋盆俯冲稍晚于西段的阿牙克库木湖一带，形成的俯冲增生杂岩带时代为早古生代，该俯冲增生杂岩带中除了蛇绿混杂岩以外，还含有早古生代的火山岩、碳酸盐岩、砂岩及大理岩构造岩块（陈隽璐等，2022），其中的火山岩和碳酸盐岩可能是洋岛海山解体的产物。值得关注的是，在东昆仑西段的鸭子泉一带出现弧后扩张小洋盆，该小洋盆俯冲形成嘎勒赛蛇绿混杂岩（陈隽璐等，2022）。东昆仑一带晚泥盆世牦牛山组是一套含陆相火山岩的伸展磨拉石建造，不整合在古老的新太古代—古元古代白沙河岩群之上，根据其沉积相和建造组合特征，推测牦牛山组也不整合在晚泥盆世以前的地质体之上。

上述地质记录表明，昆仑洋总体上从新元古代晚期或寒武纪早期开始俯冲，并形成含有蛇绿岩构造岩块、远洋浊积岩及洋岛海山解体岩块的俯冲增生杂岩带以及与其伴生的弧盆系火山-沉积建造组合。洋盆的俯冲作用所形成的俯冲增生杂岩带虽终止于早古生代末或奥陶纪，但与其伴生的弧盆系则一直持续到中泥盆世末。晚泥盆世出现的造山期后伸展磨拉石建造则不整合在弧盆系火山-沉积建造组合之上或古老的变质基底岩石之上。

2. 兴都库什洋构造演化

昆仑洋向西延伸出境至兴都库什一带，仅保留有岛弧及弧后沉积建造组合，尚未发现这一时期的俯冲增生杂岩(带)或蛇绿混杂岩(带)。现有的地质记录仅有新元古代到寒武纪为连续沉积,称作维斯哈尔夫组,是一套变质程度为低绿片岩相的火山-沉积组合,由石英片岩、钠长石英片岩和钠长绢云石英片岩等构成,可能属于岛弧或弧后沉积建造组合;缺失奥陶纪沉积;志留纪到中泥盆世为连续沉积,称作季克赞克乌组,是一套细碎屑岩+碳酸盐岩沉积建造组合,有可能属于前陆盆地沉积;晚泥盆世沉积在该带尚未出露;早石炭世双峰式火山岩不整合在下伏地层之上。

上述地质记录表明,兴都库什一带存在着新元古代晚期到寒武纪(或奥陶纪)的洋盆,志留纪—中泥盆世前陆盆地的存在以及早石炭世双峰式火山岩与下伏地层之间的不整合,似可说明弧陆碰撞造山运动在早石炭世(或晚泥盆世)之前已经结束,到了早石炭世在伸展大陆动力学背景下,已经出现裂谷岩浆活动的地质记录。

3. 红柳沟-拉配泉洋构造演化

该洋盆从寒武纪开始向北俯冲,由于后期敦煌陆块向南逆掩,造成时代为寒武纪—奥陶纪的红柳沟-拉配泉俯冲增生杂岩带北侧的弧盆系被全部掩覆,而其南侧的阿中地块上则成为红柳沟-拉配泉洋盆的被动陆缘。该俯冲增生杂岩带中除了解体的蛇绿岩残块之外,还含有洋岛海山解体的碳酸盐岩岩块、火山岩岩块、远洋深海浊积岩构造岩块以及蓝闪石片岩构造岩块和古老基底变质岩构造岩块(冯益民等,2022;陈隽璐等,2022)。值得关注的是,在俯冲增生杂岩带中见有早中奥陶世额兰塔格组不整合上覆于蛇绿岩之上,该组为生物灰岩夹砂岩,属稳定的碳酸盐岩台地相沉积。由此联想,该带是否存在奥陶纪的蛇绿岩(?)值得进一步研究(冯益民等,2022)。由于这一带志留纪—泥盆纪沉积记录缺失,晚石炭世—早二叠世因格布拉克组和羊虎沟组直接不整合在时代为寒武纪—奥陶纪的俯冲增生杂岩之上(冯益民等,2022)。不少研究者认为,红柳沟-拉配泉洋盆与北祁连洋盆相连接,那么,为什么在红柳沟-拉配泉洋盆构造演化的地质记录中缺失志留纪—泥盆纪沉积记录?是阿中地块在奥陶纪末洋盆关闭后隆起上升剥蚀造成的,还是另有其他原因?

4. 阿帕-茫崖洋构造演化

该洋盆的向北俯冲作用贯穿整个早古生代,形成早古生代阿帕-茫崖俯冲增生杂岩带,其中含解体的蛇绿岩残块、洋岛海山建造组合解体后形成的碳酸盐岩构造岩块和火山岩构造岩块(李荣社等,2009)、超高压变质岩带、硅质岩构造岩块、远洋深海浊积岩构造岩块以及古老的结晶基底变质岩构造岩块等(陈隽璐等,2022;冯益民等,2022)。值得关注的是,自阿尔金地区江嘎孜萨依一带发现超高压榴辉岩以来,诸多地质学家(张建新等,1999,2002;刘良等,2002;曹玉亭等,2008,2009)对其进行研究,同位素测年资料显示其形成时代在500Ma左右(刘良等,1999),并且赋存于新太古代—古元古代阿尔金岩群中。不难看出,超高压变质岩形成的时代较俯冲混杂岩带形成的初始年龄要老,在空间上与俯冲增生杂岩带分离,因此,任纪舜(2019)怀疑此类超高压变质岩的形成可能与洋壳深俯冲作用并无关系,而是地壳深部一种瞬时高压作用所为。阿帕—茫崖一带同样缺失志留纪到泥盆纪沉积记录,直到早中侏罗世才有含煤碎屑沉积不整合在俯冲增生杂岩之上。阿帕—茫崖洋盆及其关闭后所形成的俯冲增生杂岩带可能与其东北侧的柴北缘俯冲增生杂岩带相连,若如此,则时代为寒武纪—志留纪的柴北缘俯冲增生杂岩带其上应被晚泥盆世牦牛山组所不整合覆盖,牦牛山组是一套含火山岩的伸展磨拉石建造组合,此现象标志着俯冲增生造山作用在此之前已经结束,而且造山后大陆地壳伸展作用已经开始。

5. 祁连洋构造演化

北祁连洋盆从寒武纪开始向北俯冲,到奥陶纪末形成北祁连俯冲增生杂岩带(图7-7),该俯冲增生杂岩带中含蛇绿岩套及解体的蛇绿岩残块、蓝闪石片岩带、榴辉岩构造岩块、含铁锰的远洋硅质岩及浊积岩和海沟相滑塌堆积(冯益民等,2018,2022),较完整地记录了大洋板块从洋中脊向海沟运移,大洋板块深俯冲及高压变质岩在俯冲晚期折返,最终形成俯冲增生杂岩的全部过程。在俯冲增生杂岩带的形成过程中，除了在其北侧形成与其相伴出现的弧盆系外，到奥陶纪还出现弧后扩张，弧后扩张的结果是沿肃南县九个泉—寺大隆一带以及沿乌鞘岭—老虎山一带形成两个弧后小洋盆，前者是近弧的弧后小洋盆，后者则是近陆的弧后小洋盆(冯益民等，1995，1996a，1996b)。到了志留纪弧后盆地转化成弧后前陆盆地。

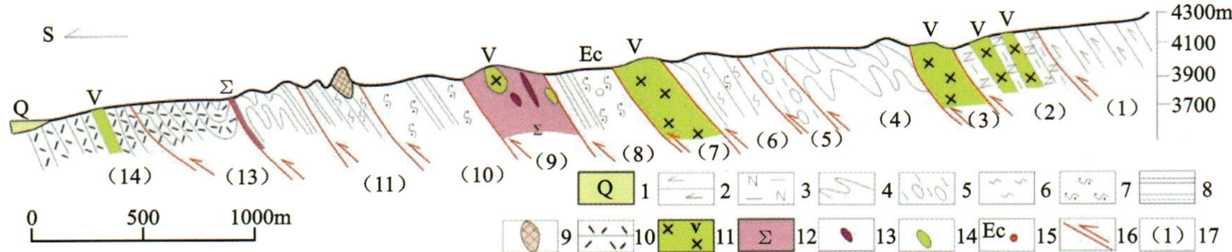

1. 第四系；2. 斜长角闪片岩；3. 石英钠长片岩(原岩为富钠质酸性火山岩)；4. 绿泥片岩；5. 海沟相滑塌堆积；6. 含蓝闪石的绿泥片岩；7. 蓝闪石片岩；8. 层面上有蓝闪石、红帘石的变硅质岩；9. 变质岩滑块；10. 富钠质火山岩及火山凝灰岩；11. 辉长辉绿岩；12. 蛇纹石化超镁铁质岩；13. 纯橄岩；14. 辉长岩；15. 榴辉岩；16. 逆冲断层；17. 俯冲增生杂岩构造岩片。

图 7-7　青海省祁连县清水沟寒武纪—奥陶纪俯冲增生杂岩剖面(据冯益民等，2018)

寒武纪—奥陶纪，北祁连洋盆曾出现双向俯冲，这一时期沿冰沟—达坂山北坡一带形成寒武纪—奥陶纪陆缘弧，到了奥陶纪同样出现弧后扩张，沿红沟一带形成陆缘小洋盆。

志留纪末，北祁连洋盆全部关闭并遭受强烈挤压褶皱成山。中泥盆世开始出现不整合在先期地质体之上的含大陆溢流玄武岩的伸展磨拉石建造，在北祁连统称为老君山组，标志着北祁连的造山运动已经在志留纪末完成，到了中泥盆世则进入了以大陆地壳伸展为特征的造山后阶段。

6. 党河南山-拉脊山-雾宿山洋构造演化

该洋盆可能是由南侧柴北缘洋盆的俯冲作用所引起的弧后扩张所形成的小洋盆，是否有洋壳的俯冲作用尚值得商榷，因为沿这一带仅有由岛弧火山岩和蛇绿岩残块构成的蛇绿混杂岩。此外，尚未发现该洋盆俯冲造成的弧后盆地。

7. 柴北缘洋构造演化

该洋盆从寒武纪开始向北俯冲，俯冲作用一直持续到志留纪，形成寒武纪—志留纪柴北缘俯冲增生杂岩带，该俯冲增生杂岩带中除了解体的蛇绿岩残块以外，尚含有超高压变质的榴辉岩岩块、岛弧火山岩构造岩块、远洋深海浊积岩构造岩块、古老基底变质岩构造岩块以及古老的花岗岩类构造岩块等(冯益民等，2022)。

该洋盆的俯冲作用可能引起弧后扩张，在弧后地带形成一个弧后小洋盆：党河南山-拉脊山-雾宿山洋弧后小洋盆(上已述及)。到了志留纪在中南祁连地块上普遍存在前陆盆地碎屑岩沉积建造，表明柴北缘洋盆的构造演化大致和北祁连洋盆同步，而晚泥盆世牦牛山组不整合在俯冲增生杂岩之上也从另一方面证明了二者在构造演化上大致同步。

8. 斜峪关-二郎坪洋构造演化

前人对二郎坪群形成的环境也是有争议的，大多数地质学家认为是一种弧后盆地火山-沉积组合(张国伟等，1995，2001)，然而，王润三等(1990)则提出二郎坪群的产出环境是介于华北和扬子间的一个具有完整沟弧盆体系的大洋盆地。徐学义等(2008)则提出了北秦岭北缘属于早古生代弧间洋的新认识。本书根据二郎坪群总体上以构造岩片(块)出露，其火山岩在岩石地球化学成分上既有洋中脊玄武岩，又有岛弧火山岩，并与蛇绿岩残片伴生，而且在空间上处于秦岭早古生代岩浆弧之北，认为，二郎坪群实际上是一种非史密斯地层系统，属于俯冲增生杂岩之列，是北秦岭早古生代洋盆的遗迹。由于受后期强烈的构造改造，原属于弧盆系的地质记录，可能构造卷入到俯冲增生杂岩带中。晚古生代粉笔沟组不整合在二郎坪群之上，表明在晚古生代之前洋盆已经关闭并形成增生造山带。

9. 商丹洋构造演化

商丹洋向北的俯冲作用较早，从新元古代晚期就已经开始，一直持续到奥陶纪，形成时代为新元古代—奥陶纪的俯冲增生杂岩带，带内除了含蛇绿岩解体的残块以外，还含有岛弧火山岩构造岩块、浊积岩构造岩块以及古老的基底变质岩构造岩块、生物碳酸盐岩构造岩块，其中含奥陶纪腕足类、三叶虫和珊瑚等化石。与俯冲增生杂岩带伴生的岛弧岩浆岩出现在其北侧，在南侧则有由志留纪—泥盆纪武关岩群、志留纪王家河组、泥盆纪罗汉寺岩组和晚泥盆世桐峪寺组构成的前陆盆地沉积建造。在俯冲增生杂岩带西段，晚泥盆世—早石炭世大草滩组不整合在俯冲增生杂岩之上，而在中南秦岭的陕豫交界一带，晚泥盆世王冠沟组则超覆不整合在早古生代地层之上。上述两项地质记录表明，晚泥盆世之前，商丹洋包括其南侧中南秦岭北带的前陆盆地已经伴随着弧陆碰撞造山作用而关闭，造山作用不仅使洋盆的前陆盆地消亡，而且造成中南秦岭地区的不均衡隆升，使被动陆缘上的震旦纪—早奥陶世沉积地层及寒武纪—早奥陶世沉积地层暴露在地表，从而造成刘岭群不整合于其上，且缺失早泥盆世沉积。

商丹洋向西延伸，可能与北祁连洋盆相贯通。

10. 加里东造山运动小结

研究区内，加里东造山运动所波及的地域内诸多洋盆构造演化的地质记录表明：

(1)洋盆的俯冲作用基本上从寒武纪开始，个别开始较早一些，大致从新元古代晚期开始俯冲，俯冲作用一致性持续到志留纪末结束，个别持续到中泥盆世。

(2)洋盆的俯冲作用除了形成俯冲增生杂岩带以外，还伴随着弧盆系的形成，个别洋盆还出现弧后扩张，形成弧后扩张小洋盆。

(3)昆祁秦大洋体系(含境外兴都库什洋)的加里东弧陆碰撞造山作用使多陆块洋盆中诸多洋盆消亡，并使诸多地块拼接在中轴大陆块区南缘，造成中轴大陆块区南缘出现昆祁秦增生造山系(图7-8)。

(4)弧陆碰撞造山作用实质上是一种增生造山作用，在昆祁秦大洋体系内诸多地块之间的小洋盆几乎同时消亡，也就是说诸多小地块之间，以及这些小地块同中轴大陆块之间的拼接几乎在同一地质时期完成。

(5)弧陆碰撞造山作用的资源效应。弧陆碰撞造山所形成的俯冲增生杂岩带几乎聚集了大洋板块活动的全部地质记录，其中的蛇绿岩类富集铬、镍、钴、铂，远洋深海浊积岩类含铁锰硅质岩，并且富集金元素，所有这些为富集成矿提供了物质基础。由于俯冲增生杂岩带普遍遭受强烈的透入性构造页理化，是流体易于活动的理想通道，因此，俯冲增生杂岩带成为铬、镍、钴、铂、金、锰成矿的有利地带。岛弧火山岩则是铜、铅、锌多金属矿藏富集的有利场所。岩浆弧除了铜、铅、锌多金属外，还是钨、钼、锡矿产的有利富集地域。弧后盆地有时由沉积型铅、锌富集成矿，而在弧后扩张小洋盆中则同样可以形成铜多金属的富集成矿。

由于造山运动的不等时性，中亚哈萨克斯坦地区晚奥陶世沉积不整合在造山带物质之上；在伊塞克地块南部，晚泥盆世法门期沉积不整合在造山带物质之上；在准噶尔地块一带，早志留世浅海相碎屑沉积不整合在造山物质之上；在昆祁秦造山系，中晚泥盆世沉积不整合在造山带物质之上。

三、天山造山运动

天山造山运动波及的范围包括整个乌拉尔-天山-兴蒙多陆块洋盆体系。

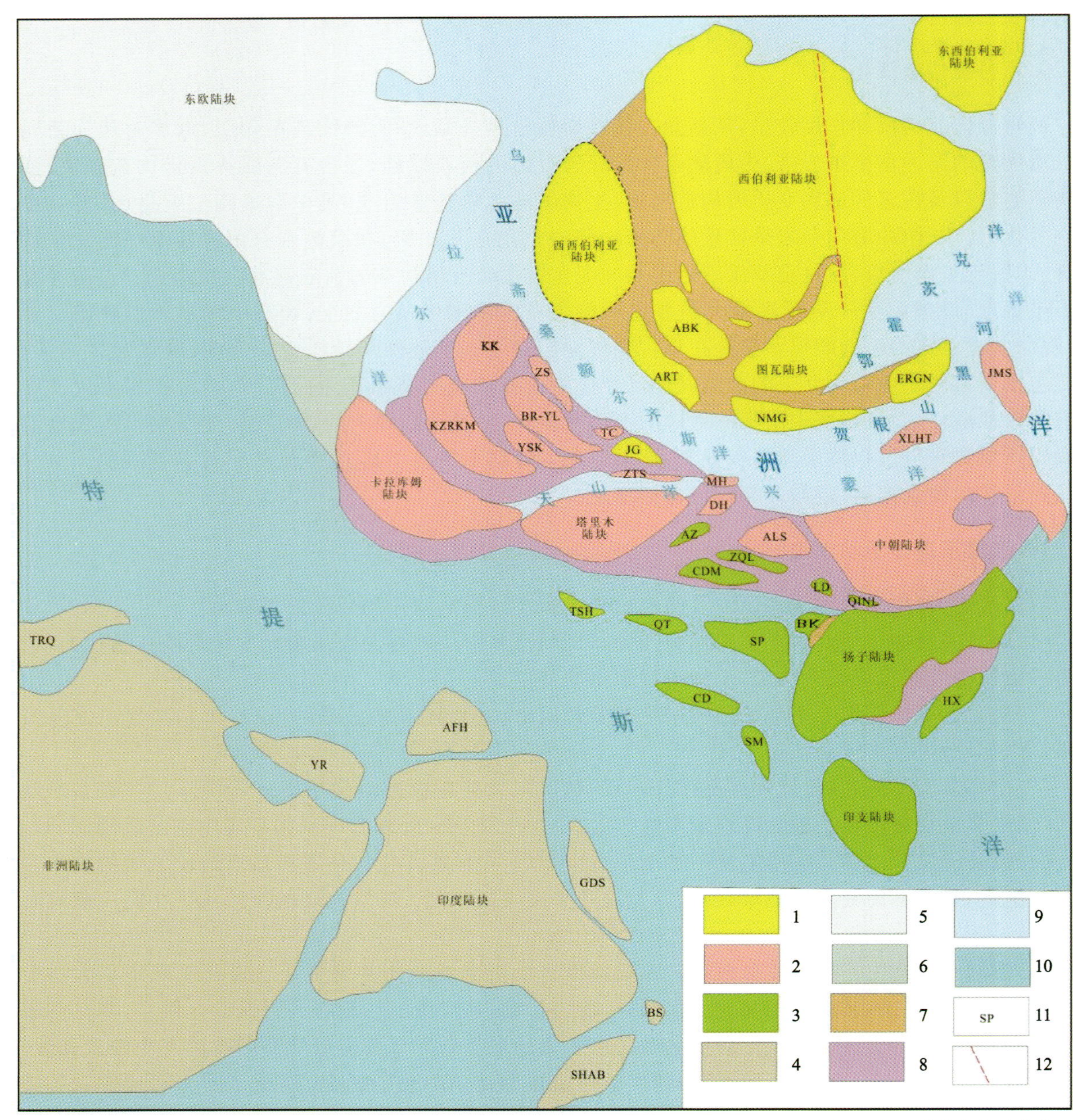

1.西伯利亚型陆块；2.中轴大陆块区陆块群；3.扬子型陆块；4.冈瓦纳型陆块；5.东欧陆块；6.陆块间浅海；7.萨拉伊尔及前萨拉伊尔造山系(带)；8.加里东造山系；9.亚洲洋；10.特提斯洋；11.陆块(地块)名称；12.推测的大型断裂。

西伯利亚型陆块(地块)：ABK.阿巴坎；ART.阿尔泰；ERGN.额尔古纳；JG.准噶尔；NMG.南蒙古。

中轴大陆块区陆块群：KK.科克切塔夫；ZS.斋桑；BR-YL.巴尔喀什-伊犁；TC.塔城；KZRKM.克齐尔库姆；YSK.伊塞克；ZTS.中天山；MH.明水-旱山；XLHT.锡林浩特；JMS.佳木斯；DH.敦煌；ALS.阿拉善。

扬子型陆块(地块)：AZ.阿中；ZQL.中祁连；LD.陇东；CDM.柴达木；QINL.秦岭；TSH.甜水海；QT.北羌塘。SP.松潘；BK.碧口；HX.华夏。

冈瓦纳型陆块：TRQ.土耳其；YR.伊朗；AFH.阿富汗；GDS.冈底斯；BS.保山；SHAB.掸邦。

图 7-8　加里东运动后亚洲及邻区洋陆格局

1.乌拉尔洋构造演化

乌拉尔洋介于东欧陆块和西伯利亚陆块之间，新元古代蛇绿岩的存在，表明此时已经出现洋盆，而寒武纪沉积与新元古代地层之间的整合关系，表明新元古代的洋盆一直持续到寒武纪，也就是说，萨拉伊尔运动并没有波及到乌拉尔洋。洋盆的向东俯冲作用从新元古代(晚期)开始一直持续到志留纪末,个别地段持续到中泥盆世末。俯冲作用形成时代为新元古代晚期—中泥盆世的俯冲增生杂岩带。该杂岩带含新元古代蛇绿岩($Pt_3o\varphi$)(可能属于新元古代晚期)、寒武纪—奥陶纪蛇绿岩($\in Oo\varphi$)和奥陶纪蛇绿岩($Oo\varphi$),此外,还含有新元古代到早古生代不同时期的基性杂岩,时代为太古宙、中新太古代及古元古代的结晶基底构造岩块,晚泥盆世以前不同时期的花岗岩类构造岩块、蓝闪石片岩,以基质产出的远洋深海浊积岩及硅质岩构造岩块等。俯冲增生杂岩带内还可以见到晚志留世与早中泥盆世呈连续沉积,而在俯冲增生杂岩带靠近东欧陆块的边缘部分,还可以见到晚泥盆世—石炭纪沉积超覆不整合在新元古代早中期(Pt_3^{1-3})地层之上,晚泥盆世—早石炭世沉积不整合在晚寒武世—志留纪地层之上,二叠纪沉积则与石炭纪沉积呈整合关系。由于后期构造的改造作用,与俯冲增生杂岩带伴生的弧盆系已经被西西伯利亚盆地所掩覆,仅在俯冲增生杂岩带以西的东欧陆块东缘保留有这一时期的被动陆缘沉积。

晚泥盆世的不整合及被动陆缘出现的同一时代的超覆不整合,表明结束洋盆并发生陆-陆碰撞造山运动出现在晚泥盆世初期。

2. 阿赖洋构造演化

位于克孜勒库姆陆块和卡拉库姆陆块之间的洋盆称作阿赖洋,向东延伸和吉尔吉斯斯坦境内的南天山洋盆相连。阿赖洋保存的可以见证洋盆存在的地质记录是志留纪—泥盆纪超镁铁质岩、泥盆纪超镁铁质岩和石炭纪蛇绿岩或超镁铁质岩,这些超镁铁质岩可能是蛇绿岩套的残片。若如此,则阿赖洋盆俯冲作用可能开始于志留纪,终止于石炭纪末。形成的俯冲增生杂岩带中,除了超镁铁质岩残块以外,还包含有早古生代及泥盆纪—石炭纪大量的细碎屑岩沉积(可能大部分属于远洋深海相浊流沉积)。此外,构造卷入有中新元古代变质岩构造岩块及古元古代结晶基底岩系的构造岩块。新元古代晚期(Pt_3^3)同寒武纪呈连续沉积,所有卷入俯冲增生杂岩带的新元古代晚期到石炭纪沉积都属于被动陆缘-深水斜坡-深海沉积。与俯冲增生杂岩带伴生的处于活动陆缘的弧盆系未曾出露,可能被克孜勒库姆中新生代沉积盆地所掩覆。该俯冲增生杂岩带是一个巨大的金矿成矿带(李宝强等,2014),其成矿作用除了活跃于俯冲增生杂岩带的流体以外,深海(远洋)浊流沉积所形成的细碎屑岩也为金矿的成矿提供了物质来源。早二叠世沉积下部为砾岩,向上变为粗砂岩,与下伏石炭纪沉积之间呈不整合,表明造山运动出现在早二叠世之前。

3. 南天山洋构造演化

本书所指的南天山洋包括中国新疆境内和吉尔吉斯境内的南天山洋及其费尔干纳右行走滑断裂带以西的西延部分(图 7-9),继续西延则与上述阿赖洋相贯通。

在吉尔吉斯境内,南天山俯冲增生杂岩带中含志留纪—泥盆纪蛇绿岩残块,时代为 460～400Ma 的蓝闪石片岩(Dobretsov et al.,1984),晚寒武世-泥盆纪的远洋深海浊流沉积,以及古老的变质基底岩系的构造岩块。据此,可以认为吉尔吉斯境内的南天山洋的向北俯冲作用开始于 460Ma,而终止于中泥盆世末,晚泥盆世法门期磨拉石已经不整合覆盖在下伏古老的地质体之上。由此可见,吉尔吉斯境内的南天山洋已经在中泥盆世末关闭。晚泥盆世法门期磨拉石建造代表造山期后大陆地壳伸展动力学背景之下的沉积建造组合。

中国新疆境内的南天山洋与吉尔吉斯境内的南天山洋相贯通,在构造演化上具有大致相同的经历。南天山俯冲增生杂岩带中所含的蛇绿岩有那拉提-长阿乌子蛇绿混杂岩、古洛沟蛇绿混杂岩、乌瓦门蛇绿混杂岩、拱拜子蛇绿混杂岩和库米什蛇绿混杂岩。郝杰等(1993)曾对那拉提-长阿乌子蛇绿混杂岩中的辉长岩进行同位素测年,获得 439.4±26.9Ma 数据。其中所含的蓝闪石片岩的时代,据汤耀庆、高俊等(1995)对哈尔克山北坡穹库什台一带的石榴白云母蓝闪石片岩中分离出多硅白云母,测得其$^{40}Ar/^{39}Ar$法坪年龄为 415.37±2.27Ma,等时线年龄为 419.02±3.92Ma。俯冲增生杂岩带中除了蛇绿混杂岩和蓝

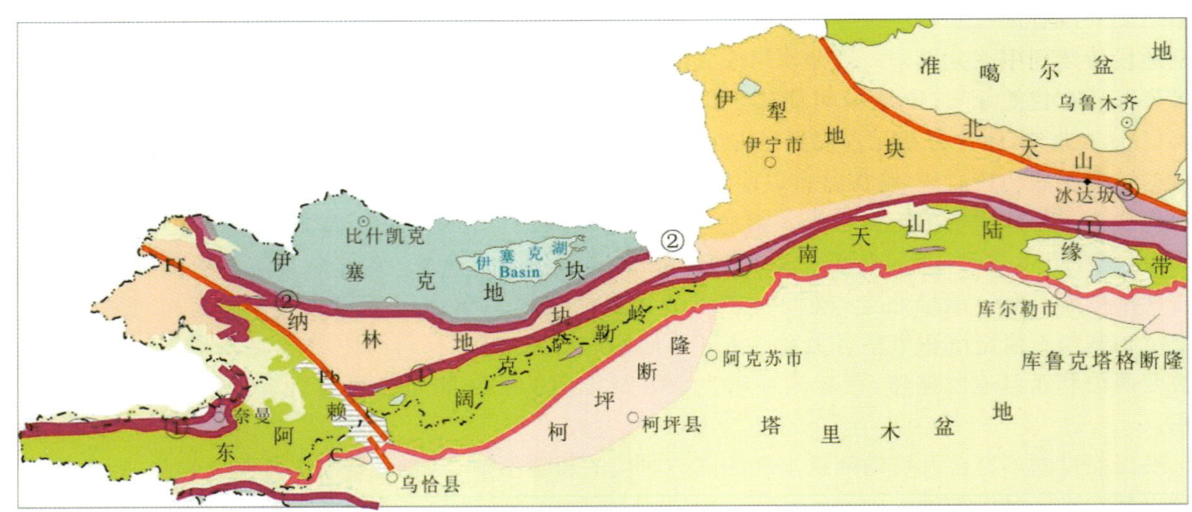

①奈曼-阿尔巴什-伊尼尔契克-南天山缝合带；②贾拉伊尔蛇绿混杂岩带；③冰大坂-米什沟蛇绿混杂岩带。
A. 铁力买提陆缘小洋盆；B. 阔克萨勒岭陆缘小洋盆；C. 吉根陆缘小洋盆；Ff. 费尔干纳走滑断裂带；FB. 卡拉塔什乌恰走滑盆地。

图 7-9　中国新疆和吉尔吉斯境内南天山俯冲增生杂岩带的空间展布略图

闪石片岩以外，还有榴辉岩构造岩块、远洋深海浊积岩构造岩块、岛弧火山岩岩块、碳酸盐岩构造岩块及古老的变质基底岩系的构造岩块等。据此可以认为，新疆境内的南天山洋于 439Ma 开始俯冲，直到泥盆纪末结束。早石炭世甘草湖组不整合在下伏较老的地质体之上，表明南天山洋的终结和新的造山期后大陆地壳伸展阶段的开始。与俯冲增生杂岩带相伴出现的弧盆系出现在中天山南缘，表现为岩浆弧和陆缘弧，陆缘弧由晚—顶志留世巴音布鲁克组火山岩构成。俯冲增生杂岩带南侧则为被动陆缘的外陆棚沉积建造组合，时代从晚奥陶世一直到晚泥盆世。

值得关注的是，南天山洋俯冲作用及滞后俯冲作用造成的弧后地域构造格局的演变。奥陶纪的俯冲作用在弧后地带形成 3 个洋盆：①唐巴勒洋，存在时限为寒武纪到奥陶纪，志留纪已经出现相当于前陆盆地沉积的碎屑岩组合，表明志留纪末洋盆已经关闭；②冰大坂-米什沟弧后洋盆，该洋盆仅存于晚奥陶世，志留纪在其南侧出现前陆盆地沉积建造组合（朱宝清等，2002），志留纪末该洋盆关闭；③沿谢米斯台一带形成弧后洋盆及岛弧，弧盆系存在的时限仅限于早中志留世。此后，泥盆纪—石炭纪的滞后俯冲则在广阔的弧后地域形成一系列弧后洋盆，如西准噶尔的达拉布特弧后洋、卡拉麦里弧后洋、依连哈比尔尕山弧后洋及康古尔塔格弧后洋，这些弧后洋盆存在时限都较短暂，如前两者仅限于泥盆纪，而后两者则仅限于石炭纪。滞后俯冲在额尔齐斯一带则表现为弧后洋盆叠加在早期洋盆之上（额尔齐斯洋构造演化将在下面论述）。除此之外，新疆境内南天山洋的俯冲在被动陆缘上还造成陆缘地带局部拉张伸展，并形成陆缘小洋盆，从西到东有存在时限为晚志留世到中泥盆世的吉根陆缘小洋盆、早中泥盆世的阔克萨勒岭陆缘小洋盆和晚志留世—早泥盆世的铁力买提陆缘小洋盆。形成于石炭纪的弧后洋盆的构造演化将在本章第四节论述。

4. 红柳河-洗肠井洋构造演化

该洋盆被视为南天山洋盆的东延部分（徐学义等，2008；潘桂棠等，2016），隔且末-罗布泊走滑断裂带与南天山洋相连。该洋盆向北的俯冲作用开始于南华纪，形成南华纪—志留纪的俯冲增生杂岩带，该杂岩带中含南华纪—寒武纪的马鬃山混杂岩、奥陶纪—志留纪牛圈子混杂岩、洋岛海山沉积建造组合（图 7-10(a)）、海山斜坡相角砾岩（图 7-10(b)）、远洋深海相浊积岩及古老的变质基底岩系构造岩块。在空间配置上，该俯冲增生杂岩带之北是奥陶纪—志留纪岛弧及弧间小洋盆，如晚奥陶世的小黄山弧间小洋盆，更北到雀儿山一带则出现志留纪的弧后盆地沉积建造组合，南侧是由志留纪碎石山组和早中泥盆世三个井组构成的前陆盆地。除此之外，俯冲作用还在被动陆缘一侧的花牛山一带造成晚奥陶世陆缘裂谷,该裂谷由奥陶纪花牛山群构成。晚泥盆世敦敦山组不整合在下伏地质体之上,表明该洋盆终结于中泥盆世末;晚泥盆世火山-沉积组合,表明大陆动力学已经从挤压转变为伸展。

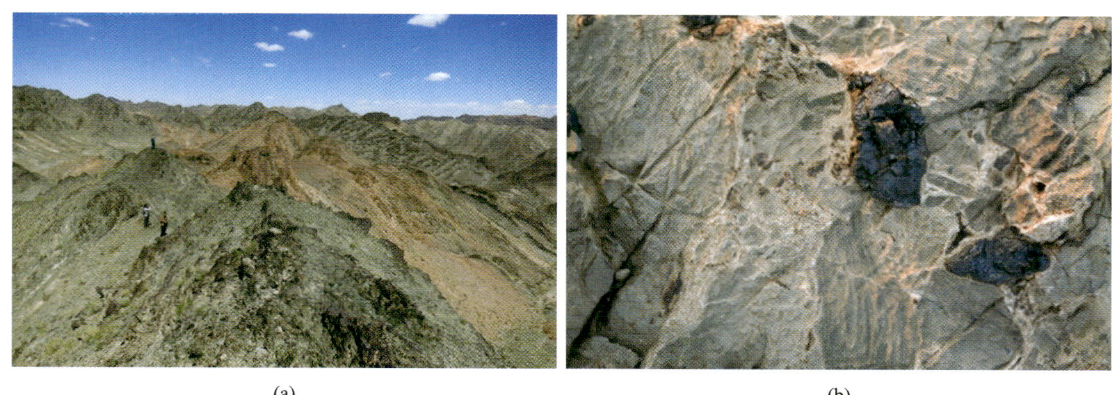

(a) (b)

图 7-10 红柳河-洗肠井俯冲增生杂岩带中的洋岛海山沉积建造组合(图片由张克信,2013 提供)

(a)洋岛海山碳酸盐岩(褐红色)+基性火山岩(灰绿色)火山-沉积建造组合;

(b)海山斜坡相角砾岩,砾石由基性火山岩和碳酸盐岩构成,碳酸盐岩胶结

5. 额尔齐斯洋构造演化

额尔齐斯洋向西延伸到斋桑泊一带,向东延伸到南蒙古,构成了一条跨国的大洋盆地。在斋桑泊一带,俯冲增生杂岩带西延部分的查尔斯克蛇绿岩带中含有退变质的榴辉岩岩块,其 K-Ar 同位素年龄为 545～477Ma(何国琦等,1990),表明斋桑-额尔齐斯俯冲增生杂岩带从新元古代晚期(文德纪或震旦纪)已经开始俯冲。向东延伸部分的南蒙古蛇绿混杂岩时代为晚志留世—早泥盆世。在中国新疆维吾尔自治区内俯冲作用导致阿尔泰地块之上形成奥陶纪—志留纪弧后盆地沉积建造组合,而阿尔泰地块南缘的早中泥盆世陆缘弧表明,俯冲作用一直持续到此时,晚泥盆世齐也组不整合在下伏地质体之上,表明额尔齐斯洋盆已经终结,哈萨克斯坦联合陆块已经拼接在增生扩大了的西伯利亚陆块南缘。

四、陆块区构造演化

各大陆块不同程度地记录了兴凯运动,表现为早寒武世沉积的缺失或早寒武世晚期沉积同新元古代晚期沉积之间的平行不整合,仅塔里木陆块北缘和上扬子陆块西缘表现为连续沉积。从中寒武世开始各大陆块的边缘地带呈现被动陆缘沉积、陆棚浅海相盆地沉积。哈萨克斯坦造山运动形成了一个联合陆块(李春昱称“哈萨克斯坦板块”),天山运动和加里东运动在各大陆块上都有明显的地质记录,表现为地层之间的不整合或沉积地层的缺失。现对各大陆块在这一阶段的构造演化分别陈述于后。

1. 西伯利亚陆块构造演化

贝加尔运动似乎对西伯利亚克拉通南缘地带没有太大影响,新元古代和寒武纪呈现连续的陆棚海相沉积,这个沉积过程在阿纳巴尔地盾周缘一直持续到志留纪末,而在克拉通南缘则终止于中志留世。缺失泥盆纪沉积,可能是泛加里东造山运动所致。

2. 华北克拉通构造演化

华北克拉通普遍缺失早寒武世沉积(任纪舜等,2013;陈隽璐等,2022),表明华北克拉通受兴凯造山运动的影响较为强烈。从中寒武世开始到中奥陶世表现为陆棚浅海相以生物碳酸盐岩为主的沉积。晚奥陶世沉积除在克拉通西缘的陇县—平凉一带出现生物碳酸盐岩和碎屑岩沉积以外，其余地区均缺失。志留纪—早石炭世沉积在整个克拉通上全部缺失，地质界普遍认为，这次长期的沉积中断，是加里东造山运动所致。研究区内的华北克拉通北缘在早中奥陶世—中晚志留世曾经是索伦山-西拉木伦洋盆的弧后盆地，到中晚志留世转化成弧后前陆盆地。

3. 塔里木陆块构造演化

寒武纪同新元古代晚期地层呈现连续沉积，表明该陆块受兴凯运动影响甚微。从寒武纪开始到奥陶纪表现为以生物碳酸盐岩为主的陆棚浅海相沉积，志留纪—中泥盆世沉积表现为具有进积型沉积充填序列的浅海相碎屑岩沉积，显然是天山运动在陆块边缘的沉积学响应。塔里木陆块北缘则从晚奥陶世开始接受以外陆棚相为主的碳酸盐岩及泥质碳酸盐岩沉积，一直持续到中泥盆世末，晚泥盆世出现残留海盆沉积，其间夹杂着陆缘小洋盆沉积，如吉根、科克莎勒岭和铁列买提陆缘小洋盆。塔里木陆块南缘在寒武纪—奥陶纪仅出露有限的露头，岩性组合为变质的碎屑岩类，可能属于库地-其曼于特洋盆的弧后盆地沉积。

4. 敦煌陆块构造演化

该陆块寒武纪与新元古代晚期呈现连续沉积。寒武纪—奥陶纪表现为以生物碳酸盐岩为主的沉积建造组合，寒武纪沉积中夹有硅质岩，奥陶纪沉积组合中夹有火山岩，志留纪—早中泥盆世表现为具有进积型沉积充填序列的以浅海相碎屑岩为主的沉积建造组合，显然是天山运动在陆块边缘地域的沉积学响应。

5. 阿拉善陆块构造演化

该陆块南缘震旦纪—奥陶纪为一套碎屑岩＋碳酸盐岩沉积(陈隽璐等，2022)，可能属于外陆棚相沉积，陆块北缘则缺失这一时期的沉积记录。志留纪—泥盆纪沉积缺失，表明阿拉善陆块和华北克拉通一样同样受到加里东造山运动的强烈影响。

6. 上扬子陆块构造演化

上扬子陆块与塔里木陆块一样，寒武纪同震旦纪呈现连续沉积，显然几乎没有受到兴凯运动的影响。震旦纪—早志留世为一套陆棚浅海相生物碳酸盐岩＋碎屑岩沉积建造组合，缺失中志留世—早二叠世沉积，表明加里东造山运动同样在上扬子陆块造成强烈的影响。

7. 卡拉库姆陆块构造演化

卡拉库姆陆块北缘寒武纪同新元古代晚期呈现连续沉积，似乎没有受到兴凯运动的影响。寒武纪到中泥盆世基本上是一套浅海相碎屑岩＋生物碳酸盐岩沉积建造组合，仅在奥陶纪沉积组合出现少量火山岩，可能受北侧洋板块俯冲导致被动陆缘滞后拉张。由于天山运动的影响，缺失晚泥盆世沉积。早石炭世沉积不整合覆盖在中泥盆世沉积之上。该陆块南缘早古生代沉积保留不够完整，仅出露有奥陶系、志留系—泥盆系，可能属于西昆仑早古生代洋盆西延部分的弧后盆地沉积。

8. 哈萨克斯坦联合陆块构造演化

哈萨克斯坦联合陆块上，晚奥陶世普遍出现造山磨拉石建造，不整合在造山带物质之上。志留纪沉积以陆表海相碎屑沉积为主，个别地区仍保留有残留的弧盆系火山-沉积组合，如西准噶尔北部的谢米斯台一带。早中泥盆世仍然为陆表海沉积环境，经常出现海陆交互相沉积。

五、小结

哈萨克斯坦造山运动、加里东造山运动和天山造山运动终止时间不同。哈萨克斯坦造山运动终止于中晚奥陶世，形成哈萨克斯坦联合地块，其上除了个别地域外（如中国新疆境内的谢米斯台一带），志留纪普遍出现陆表海碎屑岩的广泛沉积。出现在昆祁秦多陆块洋体系的加里东造山运动（前人曾称作"祁连运动"）则基本上终止于中泥盆世或晚泥盆世之前，昆祁秦多陆块洋盆中的诸多地块，如西昆中地块、阿中地块、中祁连地块、南祁连地块、东昆中地块、西秦岭联合地块、秦岭地块以及上扬子陆块几乎在同一时间（中泥盆世或晚泥盆世之前）拼贴在中轴大陆块区南缘，形成中轴大陆块区南缘的增生造山带。天山造山运动虽然终止于晚泥盆世，但是，南天山洋盆的俯冲作用造成了广阔的弧后地带的弧后伸展扩张，形成一系列弧后小洋盆，如奥陶纪唐巴勒洋、晚奥陶世冰大坂-米什沟洋、早中志留世谢米斯台洋、泥盆纪达拉布特洋和卡拉麦里洋，而洋盆的滞后俯冲作用则形成了石炭纪依连哈比尔尕山洋、康古尔塔格洋和红石山洋，从而改变了广阔的弧后地域的构造格局。

由此可见，到了晚泥盆世，古亚洲构造域在同一个大陆动力学支配下，基本上结束了从新元古代晚期以来的多陆块洋盆的构造格局，除了一些裂谷和小洋盆以外，基本上进入到大陆板内构造演化阶段，其特征是造山带剥蚀夷平之后，普遍出现陆表海沉积，此后才开始真正的陆内构造演化阶段。此后的多陆块洋盆体系主要出现在特提斯构造域。

值得提及的是，出现在图瓦地块和西伯利亚克拉通之间的贝加尔造山运动和蒙古湖区的萨拉伊尔造山运动表现为增生造山，而此后的哈萨克斯坦造山运动则表现为诸多地块几乎在同一时间拼合在一起，形成联合地块，并没有直接拼贴在增生了的西伯利亚大陆块南缘，因此，有别于一般意义上的增生造山。天山造山运动实际上是一次不完整的增生造山运动，因为滞后俯冲作用造成的石炭纪小洋盆还在活动。

第四节 晚泥盆世—中三叠世构造演化

这一地质历史时期的构造演化主要出现在特提斯构造域，表现为典型的增生造山。在古亚洲构造域则出现弧后洋盆的闭合和陆内裂谷的封闭。现按照两个构造域在这一地质历史时期的构造演化依次论述于后。

一、古亚洲构造域构造演化

在古亚洲构造域主要表现为弧后洋盆的关闭以及陆内裂谷的闭合，以及由此所造成的局部造山作用。正当此时，蒙古-鄂霍茨克洋正在俯冲形成俯冲增生杂岩带和弧盆系。

（一）鄂霍茨克洋构造演化

多数地质学家认为鄂霍茨克洋是蒙古湖区洋俯冲作用所导致的弧后扩张而形成的弧后洋盆，自新元古代晚期开始出现，泥盆纪—二叠纪是洋盆双向俯冲的活跃期，造成南北两侧出现广泛的岩浆弧。此后的演化在以下章节进行论述。

（二）乌拉尔-天山-兴蒙造山系中西段构造演化

该造山系可以分成两部分，一部分是境外的乌拉尔-费尔干纳段，另一部分是南天山-兴蒙段的西段。前者的滞后俯冲效应不明显，后者则造成明显的滞后俯冲效应。前已述及，南天山洋滞后俯冲在中国新疆北部地域形成一些弧后扩张洋盆，包括叠加在额尔齐斯俯冲增生杂岩带之上的石炭纪小洋盆、卡拉麦里洋、依连哈比尔尕山洋、康古尔塔格-红石山洋及恩格尔乌苏洋等。

1. 乌拉尔-费尔干纳段

乌拉尔晚泥盆世同早石炭世出现连续沉积，而与寒武纪—志留纪沉积呈现明显的角度不整合接触，表明在晚泥盆世前曾出现过洋陆转化。志留纪以后再无蛇绿岩出现，晚泥盆世到石炭纪均为海相细砂岩＋生物碳酸盐岩沉积建造组合，该组合可能属于波罗的陆块东缘的继承性陆缘沉积。早二叠世粗碎屑岩同下伏地层之间的不整合表明，乌拉尔及其相邻地域已经进入陆内构造演化阶段。乌拉尔俯冲增生杂岩带东缘则被西西伯利亚中新生代盆地沉积所掩覆。

在费尔干纳段，俯冲增生杂岩带被克孜勒库姆中新生代内陆盆地沉积所掩覆，至于是否有滞后俯冲效应不得而知。

2. 南天山-兴蒙段的西段

该段在这一时期的前半期以滞后俯冲效应造成的弧后小洋盆为主，后半期则处于后造山伸展阶段，形成一系列陆内裂谷。

1）额尔齐斯带石炭纪小洋盆

布尔根蛇绿混杂岩主要表现为糜棱岩化的基质中混杂有大小不一、性质各异的蛇绿岩各组分的岩块，基质主要为糜棱岩化火山岩、凝灰岩，蛇绿岩岩块有碳酸盐化超镁铁岩(?)、玄武岩、辉长岩以及硅质岩岩块等。依据吴波等(2006)报道该蛇绿岩中的玄武岩具有 OIB 和 IAB 特征，拉斑玄武岩 SHRIMP 锆石年龄为 352Ma。潘桂棠等(2016)认为斋桑-额尔齐斯洋盆于泥盆纪末—早石炭世封闭。本书认为，石炭纪蛇绿岩时空分布极其有限，并且无论是在额尔齐斯带还是在阿尔泰地块上，晚泥盆世沉积都与下伏地质体呈现角度不整合。再者该洋盆可能并未出现向北的俯冲作用，因为其北侧并未出露有石炭纪岩浆弧或岛弧火山岩。洋盆的关闭方式很可能是受到挤压而封闭。

2）达拉布特弧后洋构造演化

达拉布特蛇绿岩是西准噶尔地区研究较为深入的一个蛇绿岩(冯益民，1986a；Feng Y，et al.，1989；朱宝清等，1987；肖序常等，1992；张驰等，1992)。蛇绿岩组分以岩块及岩片形式混杂在由石炭纪及早中泥盆世火山-沉积建造构成的基质中。辜平阳等(2009)获得该蛇绿岩组分的辉长岩 LA-ICP-MS 锆石 U-Pb 年龄为 391.1±6.8Ma，夏林圻等(2007)获得该蛇绿岩中辉绿岩 LA-ICP-MS 锆石 U-Pb 年龄为 398±10Ma，陈博等(2011)获得该蛇绿岩辉长岩 SHRIMP 锆石年龄为 426±6Ma。因此，就蛇绿岩的时代而言，洋盆存在时限为早中泥盆世。然而，在俯冲增生杂岩带中卷入有大量石炭纪陆缘弧火山岩(冯益民等，2022)，此类火山岩可能属于达拉布特洋滞后俯冲作用在准噶尔地块边缘形成的陆缘弧。在俯冲增生杂岩带之上不整合覆盖有早二叠世哈尔加乌组。因此推测，达拉布特洋的封闭和弧陆碰撞造山作用出现在石炭纪末。

3）卡拉麦里洋构造演化

卡拉麦里蛇绿混杂岩带是该洋盆存在的主要地质依据，经多位地质学家研究，其同位素测年数据为(416.7±3.2)～(329.9±1.6)Ma(1∶25 万滴水泉幅；陈隽璐，2021；汪帮耀等，2009)。由此可见，卡拉麦里洋的存在时限从顶志留世末一直延续到早石炭世。由洋壳俯冲作用形成的俯冲增生杂岩带中除蛇绿岩残块以外，还包含有远洋深海浊积岩构造岩块、岛弧火山岩构造岩块及滞后弧火山岩构造岩块。俯冲增生杂岩带北侧为这一时期的弧盆系，南侧为被动陆缘。晚石炭世巴塔玛依内山组不整合在俯冲增生杂岩带之上，表明晚石炭世之前完成弧陆碰撞。

4)依连哈比尔尕山洋构造演化

依连哈比尔尕山蛇绿岩是该洋盆存在的地质依据。在巴音沟一带蛇绿岩具有较为完整的蛇绿岩套序列，自下而下有变质橄榄岩（方辉橄榄岩）、超镁铁质堆晶岩、镁铁质堆晶岩、枕状熔岩与穿插于其中的辉绿岩岩墙及红色放射虫硅质岩。而在依连哈比尔尕山一带则以蛇绿混杂岩形式出露。Xia 等（2004）获得该蛇绿岩的斜长花岗岩 SHRIMP 锆石 U-Pb 年龄为 324.8±7.1Ma，经放射虫鉴定时代为早石炭世，而沙大王组上部硅质岩中所含的牙形刺鉴定时代属于晚泥盆世（汤耀庆等，1991）。依连哈比尔尕山俯冲增生杂岩带中除了含巴音沟蛇绿岩套和蛇绿混杂岩以外，还含有作为基质出露的深海远洋浊积岩。此外，含有大量蛇绿岩残块的中泥盆世头苏泉组参与了俯冲增生杂岩的组成，是在洋盆俯冲时卷入的岛弧火山岩组合。早二叠世阿尔巴萨依组不整合在俯冲增生杂岩之上，标志着在此之前洋盆关闭并形成造山带。据此，依连哈比尔尕山洋可能开始于中泥盆世，持续到晚石炭世结束。

5)康古尔塔格-红石山洋构造演化

沿康古尔塔格—红石山一带发育有蛇绿混杂岩，蛇绿岩虽经强烈构造作用肢解，但仍显示出较为完整的蛇绿岩基本单元，包括蛇纹石化变质橄榄岩（主要由尖晶石方辉橄榄岩）、含铬铁矿蛇纹岩及尖晶石辉石岩、阳起石-绿帘石化辉长岩、斜长岩、辉绿岩、斜长花岗岩及英云闪长岩、玄武岩、角斑岩和放射虫硅质岩（李文铅等，2005）。蛇绿混杂岩中构造卷入有早期蛇绿岩残块，其中的辉长岩 SHRIMP 锆石 U-Pb年龄为 494Ma（李文铅等，2008）。康古尔塔格蛇绿混杂岩带向东延伸与红石山蛇绿混杂岩带相连，向东延至内蒙古自治区内的百合山—蓬勃山一带。据左国朝等（1990，1996）和黄增保等（2006）研究，蛇绿岩单元包括蛇纹石化变质橄榄岩（岩石类型主要为纯橄岩、斜辉橄榄岩和少量二辉橄榄岩，含豆荚状的铬铁矿层）、堆晶岩系（堆晶辉橄岩、堆晶辉石岩、堆晶辉长岩和堆晶斜长岩）、辉长岩、玄武岩、硅质岩和粉砂岩岩块。值得关注的是，康古尔塔格弧后洋盆具有双向俯冲，其结果在南侧形成雅满苏陆缘弧，在北侧形成小热泉子-梧桐窝子岛弧，与此同时，还沿博格达山一带形成弧后裂谷。

早二叠世阿尔巴萨依组不整合在康古尔塔格俯冲增生杂岩之上，而早—中二叠世大河沿组不整合在弧后裂谷建造之上，表明在石炭纪末全面完成了洋陆转化。

6)恩格尔乌苏-索伦山洋构造演化

恩格尔乌苏—索伦山一带出露有蛇绿混杂岩。根据王廷印等（1994）、高军平等（1996）的研究，蛇绿混杂岩由一系列叠瓦状逆冲岩片构成，混杂岩的基质成分主要为晚石炭世阿木山组的砂岩和杂砂岩，岩块（岩片）有超镁铁质岩、辉长岩和玄武岩（块状和枕状），玄武岩的岩石地球化学特征显示 MORB 特征。混杂岩带中的辉长岩锆石 U-Pb 年龄为 380Ma。向东延伸到索伦山一带则出露有大量的石炭纪蛇绿岩及蛇绿混杂岩，且其中卷入有奥陶纪岛弧的构造岩块（冯益民等，2022）。该蛇绿混杂岩带继续东延则与西拉木伦蛇绿混杂岩带相连，构成索伦山-西拉木伦缝合带的组成部分，东延部分的相关蛇绿岩同位素测年数据为 497～(429±7)Ma（刘敦一等，2003；Jian et al.，2008）。整个缝合带所代表的洋盆时限应该是从新元古代晚期开始一直延续到早二叠世（潘桂棠等，2016）。据上所述，本书认为石炭纪蛇绿岩所代表的洋盆很可能是滞后俯冲所造成的弧后伸展。在索伦山一带中二叠世包特格组及中晚二叠世哲斯组不整合在索伦山俯冲增生杂岩之上，表明此前已经完成洋陆转换。

7)七角井裂谷的构造演化

七角井裂谷是在造山期后大陆动力学伸展条件下形成的陆内裂谷，裂谷建造由早二叠世阿尔巴萨依组双峰式火山岩构成，裂谷建造扩展到博格达山东段一带，不整合在弧后裂谷建造之上。此外，还发育有火山机构。中—晚二叠世库莱组不整合在陆内裂谷建造之上，标志着陆内裂谷活动的终结。

露。上述表明，北秦岭地区在加里东造山运动后，经历了早中泥盆世的剥蚀之后，从晚泥盆世开始接受陆相粗碎屑沉积，缺失早石炭世沉积，从晚石炭世开始鄂尔多斯盆地沉积已经波及到北秦岭地区。

4. 西秦岭及中南秦岭加里东造山带

西秦岭晚古生代沉积盆地的基底可能是加里东造山带，因为在糜署岭花岗岩体中曾发现含杏仁构造的安山岩包体（冯益民等，2002），可能属于北祁连洋在早古生代向南俯冲的岛弧火山岩。而在中南秦岭的柞水县城西南，中泥盆世大风沟组则不整合覆盖在震旦纪—奥陶纪地层之上。同样，在陕豫交界一带，晚泥盆世王冠沟组则不整合覆盖在晚寒武世—早奥陶世石瓮沟组之上（陈隽璐等，2022）。由此可见，在早古生代作为商丹洋被动陆缘的中南秦岭在加里东造山运动中已经受到波及，成为加里东造山带的一部分。在晚古生代到中三叠世西秦岭同中南秦岭基本上连在一起，形成一个广阔的后造山伸展裂陷盆地群。从初期晚泥盆世—早石炭世大草滩组陆相粗碎屑沉积到具有裂陷热水沉积特征的海相碳酸盐岩+碎屑岩沉积，体现出在伸展大陆动力学背景下退积型沉积充填序列特征。根据沉积建造组合特征，可以划分出西城-凤太伸展裂陷盆地、柞水-山阳伸展裂陷盆地和镇安-旬阳伸展裂陷盆地。西城-凤太盆地以热水沉积型铅锌矿为主，而柞水-山阳盆地则以热水沉积型菱铁矿为主，镇安-旬阳盆地则以富集汞元素为特征。

值得特别指出的是，西秦岭南带甘川交界处的迭部县热尔沟一带在加里东造山运动期间曾出现过前陆盆地效应，曹宣铎等（2000）称作冲断型前陆盆地（T 型前陆盆地），晚顶志留世—早泥盆世属于冲断型前陆盆地沉积，中-晚泥盆世下吾拉组的局部地段不整合在中顶志留系之上。

前文已述，宗务隆山弧后小洋盆向东延伸到西秦岭，由此可见，西秦岭在石炭纪—二叠纪曾经受到东昆仑晚古生代洋盆俯冲的影响，发生弧后扩张。到早中三叠世，整个西秦岭则成为南侧东昆仑晚古生代洋盆的弧后前陆盆地。

二、特提斯构造域构造演化

古亚洲构造域的哈萨克斯坦运动、加里东运动和天山运动基本上结束了该构造域的洋陆格局，使古亚洲构造域在晚泥盆世到早三叠世以前，呈现出弧后小洋盆和裂谷并存的构造格局，而这一时期则开启了特提斯构造域的洋陆演化阶段。

据潘桂棠等（2017）对特提斯构造域内的班公湖-双湖-怒江洋盆的研究，洋盆的遗迹是沿班公湖-双湖-怒江一带广泛出露的蛇绿岩及蛇绿混杂岩、洋岛海山、变质基底构造岩块、蓝闪石片岩及榴辉岩构造岩块等，构成了时代为古生代—中生代的俯冲增生杂岩带（潘桂棠称之为“对接带”），近几年来在该对接带以北的北羌塘地块南缘发现出露有寒武纪—奥陶纪弧岩浆岩（火山岩和侵入岩）。由此看来，该洋盆起码在寒武纪之前已经打开，而且寒武纪已经开始俯冲。然而，该洋盆以北及以东的康西瓦-苏巴什洋、木孜塔格-布青山洋-阿尼玛卿洋、勉略洋、西金乌兰-玉树洋、甘孜-理塘洋以及金沙江洋盆中却缺少晚古生代以前的蛇绿岩或俯冲增生杂岩，这表明在 Rodinia 超大陆裂解后形成的大洋盆地中，上述洋盆尚不存在。据此可以推测，这些洋盆的开启与班公湖-双湖-怒江洋盆的俯冲作用所引起的弧后扩张有关，是弧后扩张型洋盆；近年来潘桂堂等（2022）在对川藏铁路线路工程地质勘察过程中也有同样的见解。而正在这一时期（大约石炭纪），土耳其、伊朗、阿富汗、冈底斯、保山、掸邦陆块从冈瓦纳次超大陆裂解出来，萌生出新特提斯。现依次将这些洋盆的构造演化论述于后（图 7-11）。

1. 康西瓦-苏巴什洋构造演化

康西瓦-苏巴什洋沿西昆仑南带展布，沿这一带出露的蛇绿混杂岩是该洋盆存在的地质记录。蛇绿

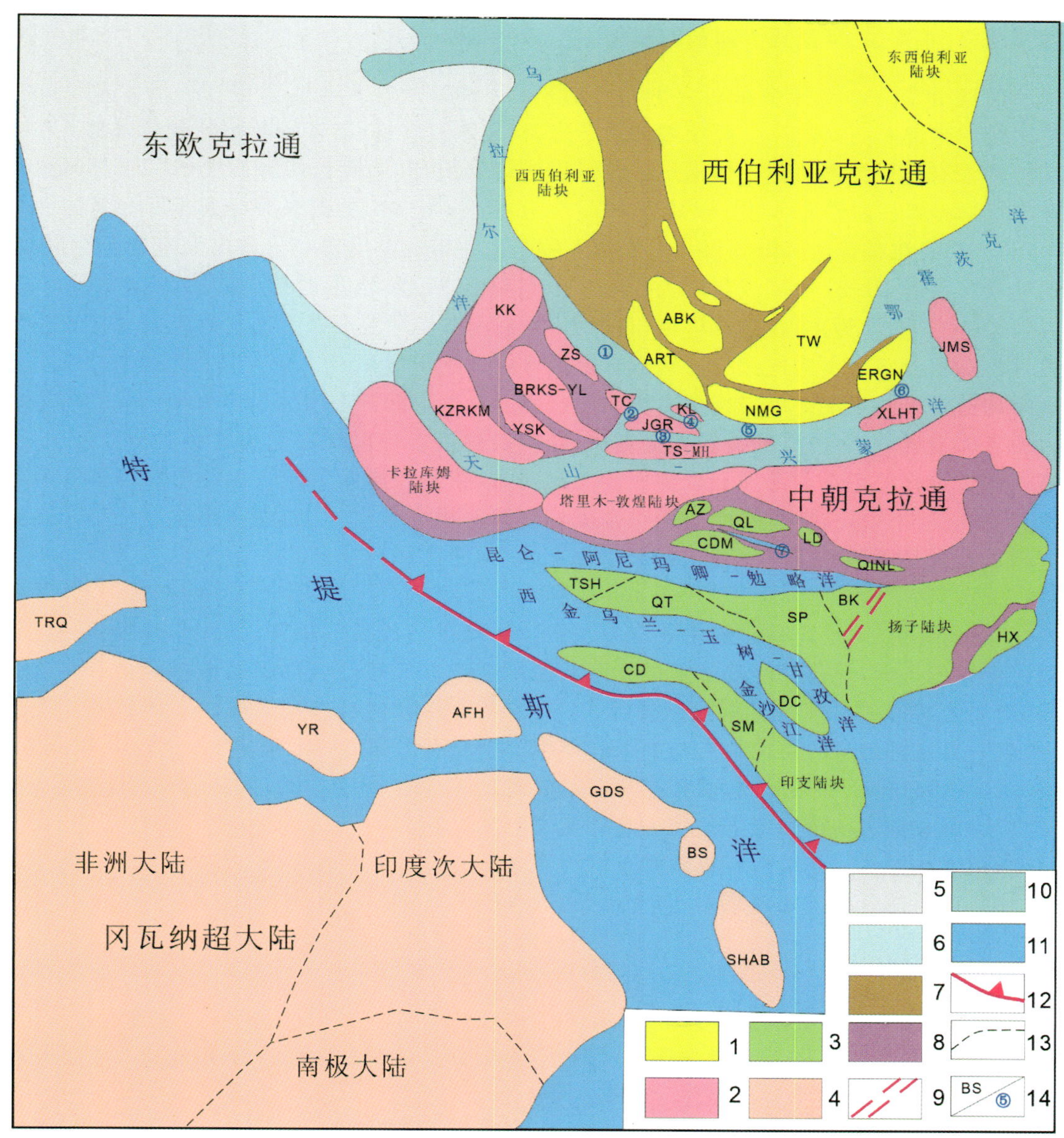

1. 西伯利亚型陆块；2. 中轴大陆块区陆块群；3. 扬子型陆块；4. 冈瓦纳型陆块；5. 东欧陆块；6. 陆块间浅海；7. 萨拉伊尔造山系(带)；8. 加里东造山系；9. 晋宁期拼接带；10. 古亚洲洋；11. 特提斯洋；12. 特提斯洋俯冲带；13. 待裂解的陆(地块)边界线；14. 地块名称标注/小洋盆名称标注；KL. 库兰喀孜干地块；DC. 稻城地块；①斋桑-额尔齐斯洋；②西准噶尔洋；③依连哈比尔尕山洋；④卡拉麦里洋；⑤康古尔塔格-红石山洋；⑥贺根山-黑河洋；⑦宗务隆山-隆务峡-下拉地洋。

图 7-11　晚泥盆世—石炭纪洋陆格局略图

注：其余地块名称详见图 7-2 和图 7-8 的图例说明。

混杂岩带含变二辉橄榄岩、变含辉石橄榄岩、变易剥橄榄岩、透闪石化辉石岩、变辉长岩和变辉绿岩的构造岩块。苏巴什蛇绿岩的岩石地球化学特征类似 MORB 玄武岩，显示 T-MORB 的特点。此外，还有岛弧火山岩构造岩块、硅质岩构造岩块以及远洋深海浊积岩构成的基质，据潘桂棠等(2013，2017)对西昆仑构造的论述，蛇绿混杂岩所含的硅质岩中放射虫时代为早石炭世—中二叠世(王乃文鉴定)，此外，可能还卷入有洋岛或海山的岩石组合块体。因此，该洋盆的时代从石炭纪到中二叠世，这样的蛇绿混杂岩带实际上是洋盆俯冲作用所形成的俯冲增生杂岩带。作为西金乌兰-玉树洋盆西延部分的弧后前陆盆地沉积的早三叠世赛力亚克达坂群不整合覆盖在俯冲增生杂岩带之上，标志着该洋盆生命的终结。

2. 木孜塔格-布青山-阿尼玛卿洋构造演化

该洋盆西段沿东昆仑南带呈东西向展布，东段阿尼玛卿则呈北西西向展布。沿木孜塔格—布青山—阿尼玛卿一带遍布石炭纪—二叠纪蛇绿混杂岩，构成木孜塔格-布青山洋蛇绿混杂岩带。在布青山的得力斯坦沟含有时代为寒武纪—奥陶纪的蛇绿岩构造岩块，其中辉长辉绿岩的 Rb-Sr 等时线年龄为 495.32±80.6Ma，辉长岩锆石 U-Pb 年龄为 467.2±0.9Ma，牧羊山的辉长辉绿岩 Rb-Sr 等时线年龄为 517.89±101.6Ma；在布青山一带的得力斯坦沟和牧羊山一带的硅质岩中分离出大量早石炭世放射虫；该两地的枕状玄武岩 Rb-Sr 等时线年龄为 304.3±11.6Ma，普通 Pb 等时线年龄为 310±15Ma（边千韬等，1999a，1999b）。迄今为止，在木孜塔格-布青山-阿尼玛卿蛇绿混杂岩带之北尚未发现早古生代岛弧和岩浆弧，因此，寒武纪—奥陶纪蛇绿岩构造岩块很可能属于洋盆在俯冲过程中或此后俯冲增生杂岩在折返过程中构造卷入的早期蛇绿岩构造岩块。洋盆俯冲所形成的俯冲增生杂岩带中尚含洋岛海山解体的基性火山岩构造岩块、生物碳酸盐岩构造岩块、硅质岩构造岩块以及古老的变质岩构造岩块，基质则由强烈透入性页理化的远洋深海浊积岩构成。与此同时，在俯冲增生杂岩带以北形成岛弧和岩浆弧及弧后盆地。晚二叠世—早三叠世格曲组不整合覆盖在俯冲增生杂岩之上，表明洋盆的终结和洋陆转化的完成。格曲组原划为晚二叠世，最近在 1：100 万中国西部区地质图上更改为晚二叠世—早三叠世（陈隽璐等，2022）。

木孜塔格-布青山-阿尼玛卿洋的俯冲作用还在弧后地带造成弧后扩张，导致宗务隆山-青海南山-甘加弧后小洋盆的形成，该洋盆在局部地段发育有蛇绿岩。在天峻县城以南的该单元内有多处蛇绿岩残块，以构造岩块的形式呈现在土尔根达坂组中；在甘肃省临潭县城之北下拉地一带出露有超镁铁质岩；在隆务峡—夏河甘加乡一带出露有与蛇绿岩伴生的中二叠世洋岛海山相生物碳酸盐岩-玄武岩组合（寇晓虎等，2007；Kou et al.，2009），潘桂棠等（2016）将这一带称作宗务隆-甘家陆缘裂谷，而郭安林等（2007a，2007b）则根据这一带蛇绿岩残块的地球化学特征，认为具有富集 MORB 型，也有 OIB 型岩浆源区，是源自与地幔热柱（点）相关的亏损地幔上的洋脊岩石组合。本书综合上述地质资料，认为是弧后扩张小洋盆，该弧后小洋盆随着木孜塔格-布青山-阿尼玛卿弧盆系洋盆的关闭而终结。

3. 勉略洋构造演化

勉略洋的存在一直存疑，张国伟等（2001）最初提出勉略洋，潘桂棠等（2016）则认为勉略洋盆是古特提斯洋的一部分。对此持不同意见者则认为，沿勉略带出露的蛇绿岩中变质超镁铁质和铁镁质岩块的同位素测年数据不支持勉略洋是一个泥盆纪—三叠纪的洋盆，因为其中这些岩块的系列 Sm-Nd 等时年龄为 873±71Ma、877±78Ma、841±16Ma、812±11Ma、827±14Ma、808±10Ma 和 913±20Ma 等（张宗清等，1996，2005；闫全人等，2007）。潘桂棠等（2016）还认为该洋盆是一个继承性的洋盆，若如此，那么为何不存在古生代的蛇绿岩？作为晚古生代—三叠纪勉略洋俯冲的依据仅仅是其北的三叠纪中酸性侵入岩，而最有力的俯冲依据是这一时期的火山弧何在？如果说沿着勉略带发生过由洋壳深俯冲而导致的大陆岩石圈深俯冲的话，为何在勉略带及其可能的延伸区带看不到超高压变质岩？这些都是勉略带作为晚古生代—三叠纪洋盆以及洋盆关闭之后作为俯冲增生杂岩带的疑惑之处。唯一的依据是安子山镁铁质麻粒岩的全岩 Sm-Nd 等时线年龄为 206±55Ma（张宗清等，2002），但是，这种麻粒岩相的铁镁质岩，能否作为印支期洋盆存在的依据？作者曾经对勉略带的构造属性提出过质疑（冯益民等，2002），而今这些疑惑仍然存在。

沿勉略带出露的泥盆纪—石炭纪地层大都呈构造岩块（片），其中以早—中泥盆世三河口群和中泥盆世—早石炭世略阳组分布最广。除三河口群是一套海相（半深海相）碳酸盐岩质+陆源碎屑浊流沉积外，都是浅海相生物碳酸盐岩+碎屑岩，或者碎屑岩+生物碳酸盐岩沉积组合。构造岩块除上述晚古生代以外，还有古元古代火山岩、中元古代火山岩以及南华纪—寒武纪陆棚海相沉积岩的构造岩块，作为一个含有古老蛇绿岩构造岩块的构造混杂岩带可以说是确切无疑的，尽管其中有石炭纪放射虫（冯庆来等，1996），但是缺少这一时期的蛇绿岩，所以，作为一个俯冲增生杂岩带确实费解。因此，本书不是将勉略带作为洋盆，而充其量是一个泥盆纪—石炭纪的裂陷盆地或裂谷。

在勉略构造混杂岩带西段，扎尕山组不整合在三河口群之上，标志着这个构造混杂岩带是在中三叠世之前形成的。

4. 西金乌兰-玉树洋构造演化

沿西金乌兰—玉树一带，出露有蛇形沟、治多、隆宝和玉树等蛇绿岩，构成西金乌兰-玉树蛇绿混杂岩带，继续转向东南与潘桂棠等（2013）所称的“金沙江蛇绿混杂岩带”相连接。该带中辉长岩的 $^{40}Ar/^{39}Ar$法年龄分别为 228.9±4.9Ma、249.5±4.7Ma 和 212.9±5.5Ma，蚀变辉长岩的全岩 K-Ar 法年龄为 199Ma（王立全等，2013）；在倒流沟附近的辉绿岩和辉长辉绿岩中角闪石$^{40}Ar/^{39}Ar$法年龄为 345.69±0.91Ma（1∶25 万可可西里湖幅地质图）；蛇绿混杂岩带的硅质岩岩块中含二叠纪放射虫 *Hegleria* sp.，生物碳酸盐岩岩块中产晚石炭世珊瑚和早二叠世牙形石，以及含有泥盆纪珊瑚、层孔虫、介形虫和海百合茎的生物碳酸盐岩岩块。上述资料表明，该洋盆的存在时限为泥盆纪—三叠纪，洋盆的俯冲作用从泥盆纪开始一直持续到三叠纪，伴随着俯冲作用在俯冲增生杂岩带之北形成二叠纪到三叠纪弧后盆地和三叠纪中晚期弧后前陆盆地。对于该洋盆的洋陆转化时间，有截然不同的两种认识：其一是认为时代为晚二叠世—早三叠世的汉台山群不整合在俯冲增生杂岩之上，标志着晚二叠世之前洋盆已经完成洋陆转换；其二是认为汉台山群为楔顶沉积，区域上是晚三叠世巴贡组不整合在中二叠世诺日巴尕日保组之上，认为洋陆转换完成于中三叠世末。

5. 科佩特洋构造演化

科佩特洋可能是西金乌兰洋的西延部分，在科佩特一带出露有石炭纪—早二叠世蛇绿岩（图 7-12）。俯冲作用形成含蛇绿岩和前寒武纪及元古宙变质岩块的俯冲增生杂岩带，其基质是同时代的远洋深海相浊积岩。西段露头尚可，东段大部分被中新生代沉积所覆盖，仅有少量俯冲增生杂岩露头，俯冲增生杂岩带以北弧盆系中晚三叠世同中侏罗世呈连续沉积，早中侏罗世沉积不整合覆盖在二叠纪—三叠纪地层之上，由此判定，科佩特洋的洋陆转化完成于中三叠世末。

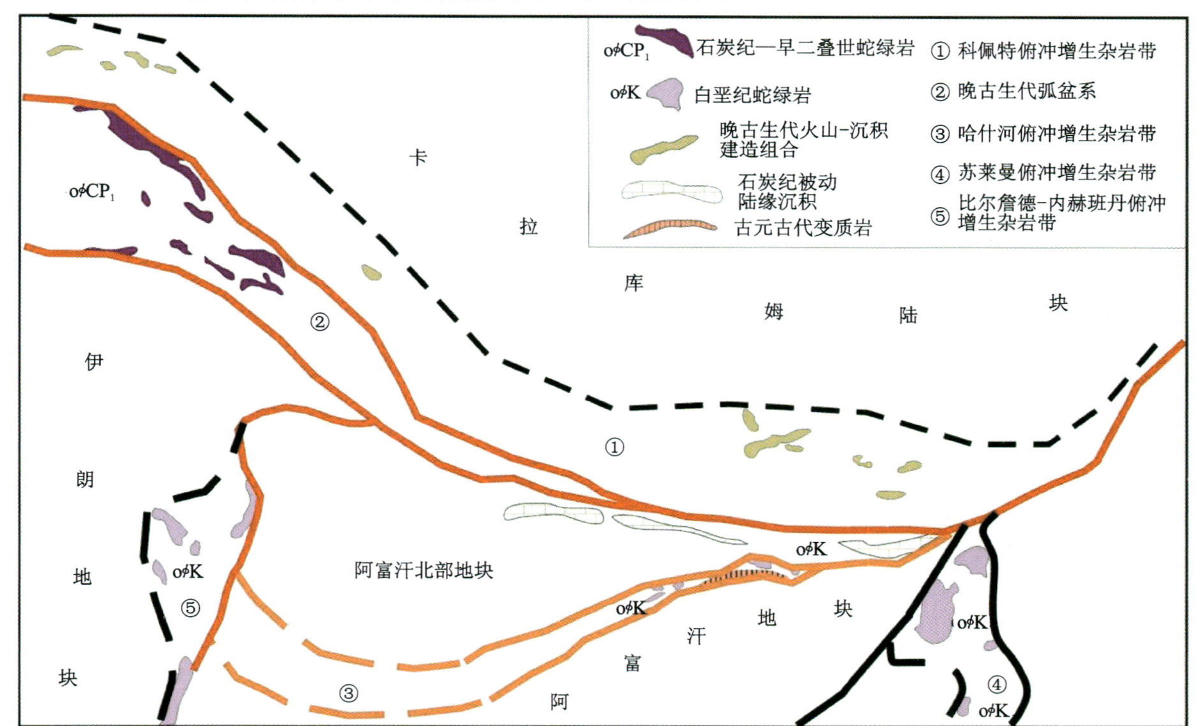

图 7-12　科佩特及相邻地区构造略图

（1∶500 万国际亚洲地质图为底图编制，任纪舜等，2013）

6. 甘孜-理塘洋构造演化

西金乌兰-玉树洋在川西北莫拉山南侧的洛须附近分成两支，靠近东侧的一支沿甘孜-理塘延伸，称作甘孜-理塘洋，靠近西侧的一支沿金沙江延伸，称作金沙江洋盆。

沿甘孜—理塘一带出露有时代为二叠纪—三叠纪的蛇绿混杂岩带，其中除含蛇绿岩残块以外，局部地段还含有蓝闪石片岩构造岩块，基质是强烈透入性页理化的远洋深海相浊积岩(尹福光等，2019)。结合蛇绿混杂岩带西侧的义敦-沙鲁岛弧的时代为晚三叠世，而俯冲增生杂岩之上被侏罗系不整合覆盖，因此，甘孜-理塘洋盆的洋陆转化出现在侏罗纪之前的晚三叠世末。

7. 金沙江洋构造演化

沿金沙江一带出露有蛇绿混杂岩带，其中含晚泥盆世—早二叠世放射虫硅质岩、大理岩及碳酸盐岩构造岩块(王培生，1986；冯庆来等，1997；王立全等，1999；潘桂棠等，2003)，基质为强烈透入性页理化的远洋深海相浊积岩。蛇绿混杂岩中洋脊型玄武岩锆石 U-Pb 年龄为 361.6±8.5Ma，辉长岩锆石 U-Pb 年龄为 354±3Ma(转引自潘桂棠等，2017)。晚三叠世波里拉组和巴贡组不整合覆盖在俯冲增生杂岩之上，表明金沙江洋在晚三叠世之前完成洋陆转化。

三、华里西造山运动对这一时期洋陆构造格局的影响

除了鄂霍次克洋以外，古亚洲构造域在华力西造山运动结束后完成了洋陆转化，形成华力西造山带(图 7-13)。

四、晚泥盆世—中三叠世构造演化小结

如果说从 820Ma 左右 Rodinia 超大陆裂解，全球范围内呈现出多陆块小洋盆的洋陆构造格局。那么到了新元古代晚期—早寒武世从现今的地理位置来说，北半球总体处于扩张伸展的大陆动力学环境，而泛非事件则造成南半球裂离小陆块的汇聚，形成冈瓦纳次大陆。然而加里东造山运动则使北半球的古亚洲构造域基本上完成洋陆转化。而这一时期，在特提斯洋构造域则萌生着冈瓦纳次超大陆的裂解，与北半球的古亚洲构造域基本上处于挤压大陆动力学环境正好截然相反。现今则西半球处于扩张伸展的大陆动力学背景，而东半球则处于挤压收缩的大陆动力学环境。

这一时期，在特提斯构造域伴随着班公-双湖-怒江洋盆的向北俯冲，在弧后地域的羌塘-三江地区导致弧后扩张，形成一系列弧后洋盆。而在古亚洲构造域先后完成弧后小洋盆的关闭，基本上在石炭纪末完成弧后小洋盆的洋陆转化。裂谷的开启基本上有 3 个不同的时代：①石炭纪，北山裂谷开启于这一时期；②晚石炭世，东准噶尔裂谷和西准噶尔裂谷开启于这一时期；③早二叠世，伊犁裂谷和七角井裂谷开启于这一时期。裂谷先后于中二叠世末封闭，个别裂谷延伸到二叠纪末关闭，如北山裂谷。因此，在古亚洲构造域，除鄂霍茨克洋继续着洋盆演化以外，基本上从晚二叠世到早三叠世先后开始了陆内盆山构造演化阶段(图 7-14)。

在昆祁秦造山系，西昆仑加里东造山带成为西昆仑晚古生代洋盆的弧后陆缘裂谷，而东昆仑加里东造山带则部分成为柴达木地块的陆棚浅海相沉积盆地。祁连加里东造山带及相邻地域，如阿尔金造山带，基本上经短暂的剥蚀夷平之后开始了陆表海相沉积。北秦岭经剥蚀后，晚泥盆世—早石炭世出现粗碎屑沉积，此后成为鄂尔多斯内陆盆地的边缘部分。西秦岭及中南秦岭基本上开启了后造山伸展裂陷盆地沉积，在此类盆地中聚集了铅锌、菱铁矿等金属矿产。

1. 西伯利亚型陆块；2. 中轴大陆块区陆块群；3. 扬子型陆块；4. 冈瓦纳型陆块；5. 东欧陆块；6. 鄂霍茨克洋；7. 萨拉伊尔造山系（带）；8. 加里东造山系；9. 华里西造山带；10 晋宁期拼接带；11. 特提斯洋；12. 特提斯洋俯冲带；13. 陆（地块）边界线；14. 地块名称标注；15. 宗务隆山华里西造山带；KL. 库兰喀孜干地块；DC. 稻城地块。

图 7-13 华力西运动后洋陆构造格局略图

注：其余地块名称详见图 7-2 和图 7-9 的图例说明。

这一阶段是特提斯构造域北部地域洋盆开启的主要地质历史时期。由于班公湖-双湖-怒江洋盆的俯冲导致弧后地域的强烈扩张，在其北的昆仑及羌塘—三江一带形成一系列洋盆，构成了多陆块-小洋盆的构造格局。洋盆的开启在三江一带可以追溯到晚泥盆世，而在研究区内则基本上开启于早石炭世。从中二叠世开始到三叠纪末这些洋盆先后完成洋陆转化。木孜塔格-布青山-阿尼玛卿洋在中二叠世末先行关闭，其次是西金乌兰-玉树洋和金沙江洋在中三叠世末完成洋陆转化，境外的科佩特洋也于这一时期完成洋陆转化，而甘孜-理塘洋则于三叠纪末完成洋陆转化。

另一个重要的地质事件是发生在石炭纪—二叠纪的冈瓦纳大陆裂离，裂离出土耳其地块、伊朗地块、阿富汗地块、冈底斯地块、保山地块和掸邦地块，在这个地块群之南与冈瓦纳大陆之间围限成扎格罗斯—印度河—雅鲁藏布江洋盆（新特提斯洋）（图 7-14）。

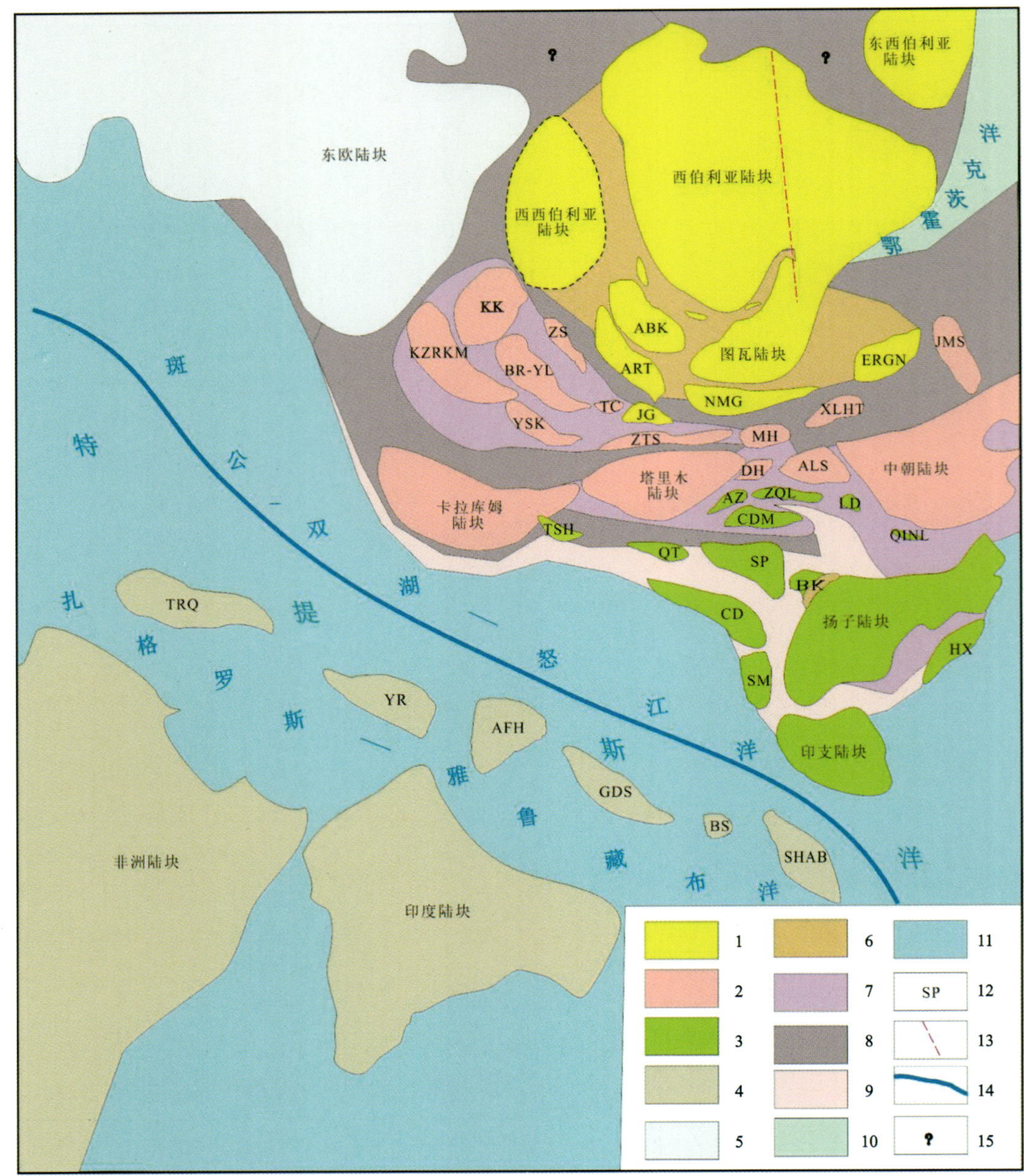

1. 西伯利亚型陆块；2. 中轴大陆块区陆块群；3. 扬子型陆块；4. 冈瓦纳型陆块；5. 东欧陆块；6. 萨拉伊尔及前萨拉伊尔造山系(带)；7. 加里东造山系；8. 海西造山系；9. 印支造山系；10. 鄂霍茨克洋；11. 特提斯洋；12. 地块(陆块)汉语拼音标注；13. 推测断裂；14. 侏罗纪—早白垩世特提斯洋的主洋盆轴线；15. 构造属性存疑地域地块(陆块)。

图 7-14　印支运动后亚洲及邻区构造格局

注：汉语拼音标注所表示的地块(陆块)名称详见图 7-2 和图 7-8 的图例说明。

特提斯域北部地区的洋陆转化大致符合增生造山规律，木孜塔格-布青山-阿尼玛卿洋的关闭使巴颜喀拉地块及甜水海地块拼贴到加里东末期增生扩大了的中轴大陆块南缘，西金乌兰-玉树洋、金沙江洋和甘孜-理塘洋的关闭则使北羌塘-昌都-思茅地块拼贴到扩大了的中轴大陆块南缘及上扬子陆块西缘。

中三叠世末的印支运动不仅完成了中国大陆主体拼合(任纪舜等，1999；张国伟，2001)，而且还使加里东造山运动形成的山体复合，在北祁连山，时代为早古生代的俯冲增生杂岩逆冲到石炭纪—二叠纪地层之上，而二叠纪又和三叠纪呈连续沉积。在南天山同样是时代为志留纪—中泥盆世的俯冲增生杂岩逆冲到石炭纪—二叠纪—三叠纪地层之上。在东昆仑，加里东运动形成的造山带物质逆冲在三叠纪地层之上。在秦岭，加里东造山物质逆冲在泥盆纪沉积之上。

第五节 晚三叠世—早白垩世构造演化

这一阶段构造演化的主要特征是亚洲东部受西太平洋俯冲作用的影响，鄂霍茨克洋转化成西太平洋的一个弧后盆地，本书称之为“洋洋转换”(冯益民等，2020)。弧岩浆作用遍及亚洲东部沿海一带，甚至波及到贺兰山西侧。班公湖-双湖-怒江洋盆及境外西延部分的俯冲和洋陆转换，使基梅里陆块群增生拼贴到欧亚大陆边缘，并使扎格罗斯-印度河-雅鲁藏布江洋盆成为欧亚大陆与冈瓦纳陆块群之间的唯一大洋盆地，从根本上改变了欧亚的构造古地理格局。在欧亚大陆上，除了鄂霍茨克洋以外，全部进入陆内盆山构造演化阶段，如研究区内的西西伯利亚盆地、准噶尔盆地、吐哈盆地、巴尔喀什-伊犁盆地、塔里木盆地、额济纳盆地和柴达木盆地都是在这一时期形成并发育成型的，鄂尔多斯盆地则是在早二叠世晚期山西组冲积时由陆表海沉积转化成内陆盆地沉积，一直持续到现今。上述内陆盆地是油气、煤炭、页岩气和蒸发岩类矿产资源的聚集场所。

一、鄂霍茨克洋构造演化

对于该洋盆的形成和演化，分歧意见颇多，归结起来至少有以下3种：①鄂霍茨克洋是蒙古湖区洋俯冲作用所导致的弧后扩张形成的弧后洋盆，从新元古代末期开始出现弧后洋盆，在泥盆纪—二叠纪出现双向俯冲作用，导致南北两侧岩浆弧的生成。洋盆在三叠纪可能是一个俯冲作用的间歇期，尚未出现这一时期的弧岩浆作用记录。早中侏罗世又开始俯冲，在洋盆北侧出现岩浆弧，在南侧出现岛弧。中侏罗世末，由于西太平洋向东亚大陆的俯冲作用，洋盆转化成弧后盆地，成为鄂霍茨克海。②鄂霍茨克洋类似于特提斯洋，是一个广阔的喇叭口状的洋盆，此后出现剪刀式闭合，一直持续到中侏罗世末洋盆两侧陆块碰撞(李江海等，2013；李锦轶，2019)。这种观点解释了所谓的双向俯冲，实际上是单向俯冲。中侏罗世末碰撞造成的地质构造效应，特别是大规模的地壳表层拆离推覆不仅在东段，西伯利亚陆块南缘的岩石逆掩到中蒙古基底之上，在杭盖地区推覆距离达150km(黄始其等，2016)。而且，在远离鄂霍茨克构造带的伊尔库茨克地区，前寒武系向北逆冲到侏罗纪地层之上(Zorin et al.，1993，1999)。在西段已经波及到甘蒙北山和我国东北北部一带，而沿这一带出露的侏罗纪中酸性侵入岩和火山岩则与该洋盆的向南俯冲作用相关。③鄂霍茨克洋到二叠纪末结束其生命，侏罗纪的弧岩浆作用与西太平洋向东亚大陆的俯冲作用相关。持此种观点的地质依据是三叠纪没有洋盆的俯冲作用地质记录，而侏罗纪的弧岩浆作用则与西太平洋向东亚大陆的俯冲作用相关。

二、班公湖-双湖-怒江洋及其境外西延部分的构造演化

1. 班公湖-双湖-怒江洋

该洋盆作为Rodinia超大陆裂离之时就已经形成的大洋盆地，在寒武纪就已经开始俯冲，在羌塘地块南缘形成这一时期的岩浆弧(火山岩和侵入岩)。强烈的俯冲作用出现在晚三叠世—侏罗纪，这一时期在北羌塘地块南缘形成那底岗日-格拉丹东陆缘岩浆弧(火山弧＋侵入岩浆弧)及雁石坪弧后前陆盆地沉积(潘桂棠等，2016)。晚白垩世阿布山组是一套巨厚的红色粗碎屑沉积建造，其与岩浆弧之间的不整合(尹福光等，2019)标志着班公湖-双湖-怒江洋盆的洋陆转化已经完成。从此，冈底斯地块拼贴到欧亚大陆南缘，成为欧亚大陆的一部分，并开启了陆内盆山构造演化阶段。

2. 班公湖-双湖-怒江洋境外延伸部分

班公湖-双湖-怒江洋经过帕米尔构造结之后，分散成多个分支将阿富汗地块、阿富汗北部地块及伊朗地块分隔开来（图 7-15）。这些分支洋盆中的洋壳残片，在伊朗地块周缘除了时代为白垩纪（可能是早白垩世）以外，还可见到石炭纪—二叠纪蛇绿岩，似乎表明这些分支洋盆在石炭纪—二叠纪时已经存在。然而，与蛇绿岩时代相左的是伊朗及阿富汗地块上的早晚白垩世都是红色的含石膏层的粗碎屑沉积，且与下伏地质体之间为不整合接触。显然，此不整合记录了地块之间分支洋盆的洋陆转换，那么，蛇绿岩的时代为何与洋陆转换时间上有矛盾？

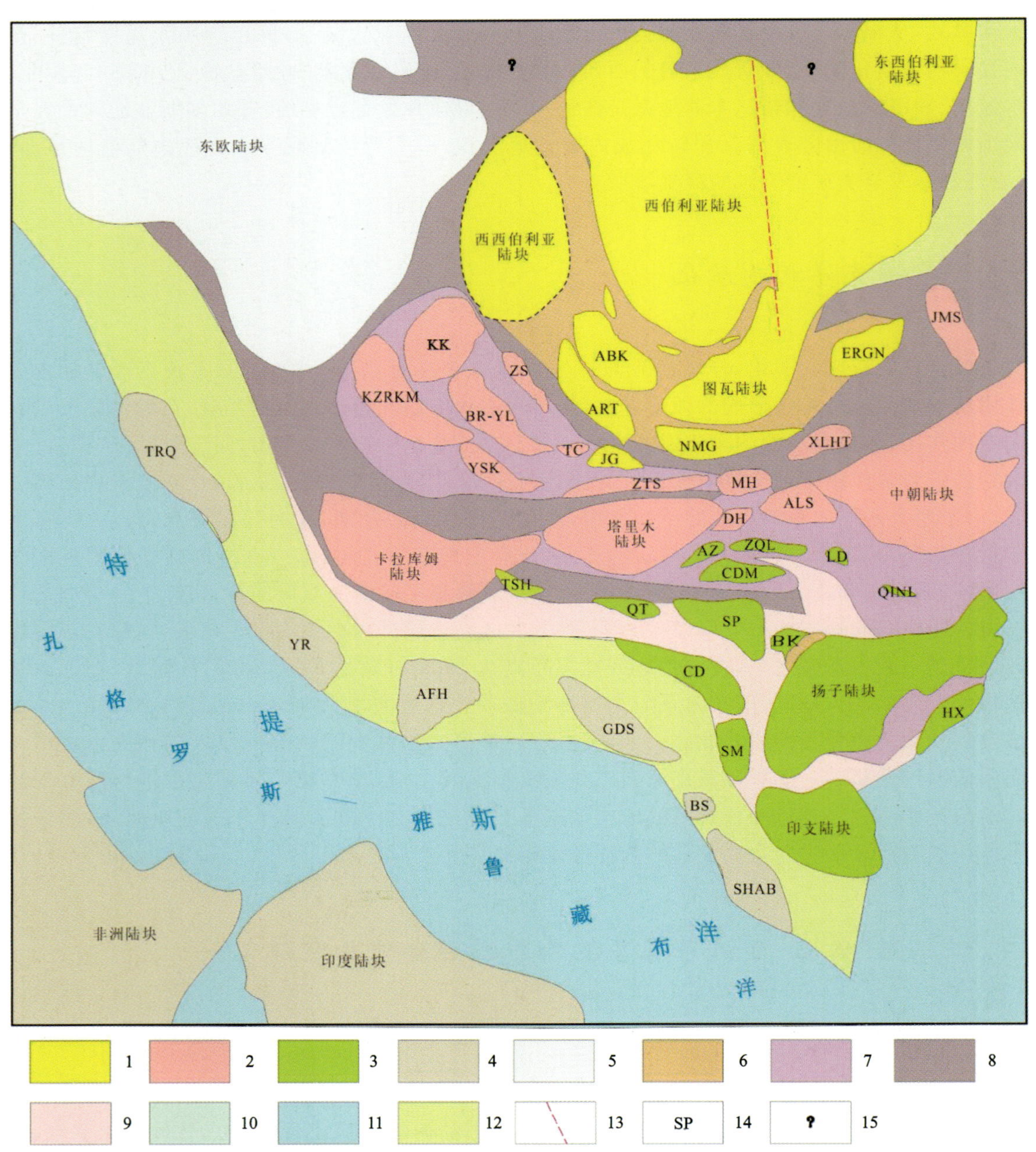

1. 西伯利亚型陆块；2. 中轴大陆块区陆块群；3. 扬子型陆块；4. 冈瓦纳型陆块；5. 东欧陆块；6. 萨拉伊尔及前萨拉伊尔造山系（带）；7. 加里东造山系；8. 华力西造山系；9. 印支造山系；10. 鄂霍茨克洋；11. 特提斯洋；；12. 燕山造山带，13 推测断裂；14. 地块（陆块）名称汉语拼音标注（具体名称详见图 7-2 的图例说明；15. 构造属性存疑区域。

图 7-15　晚白垩世—古新世亚洲及邻区洋陆格局略图

注：汉语拼音标注所表示的地块（陆块）名称详见详见图 7-2 和图 7-8 的图例说明。

班公湖-双湖-怒江洋及其境外西延部分分支洋盆的关闭，使研究区内基梅里陆块群中的伊朗地块、阿富汗北部地块、阿富汗地块和冈底斯地块拼贴在欧亚大陆南缘(图 7-15)，此后成为扎格罗斯-印度河-雅鲁藏布江洋盆的活动陆缘地带。

第六节 晚白垩世以来的构造演化

班公湖-双湖-怒江洋及其以南地区不在研究区范围内，境外基梅里陆块群及其以南的新特提斯洋盆西延部分不属于研究范围，因此，晚白垩世以来的构造演化仅限于阐明境外相关地域的洋陆格局和构造演化，以及早期造山系在这一阶段受印度次大陆同欧亚大陆之间的陆陆碰撞所造成的地质构造效应。

一、扎格罗斯-印度河洋盆的构造演化

扎格罗斯-印度河-雅鲁藏布江洋盆的开启时间前文已经进行了阐述。研究区内仅涉及扎格罗斯-印度河洋盆的东段，时代为白垩纪的阿曼蛇绿岩是扎格罗斯-印度河大洋岩石圈逆冲推覆到阿拉伯陆块上的外来移植体，蛇绿岩直接逆冲掩覆到阿拉伯陆块的古生代—中生代岩石地层单元之上，其逆冲的时代当在始新世之后(图 7-16)。阿曼蛇绿岩中的岩墙见证了洋盆扩张的历史记录，中西部位的岩墙时代最新，而处于两侧外缘的岩墙时代最老。

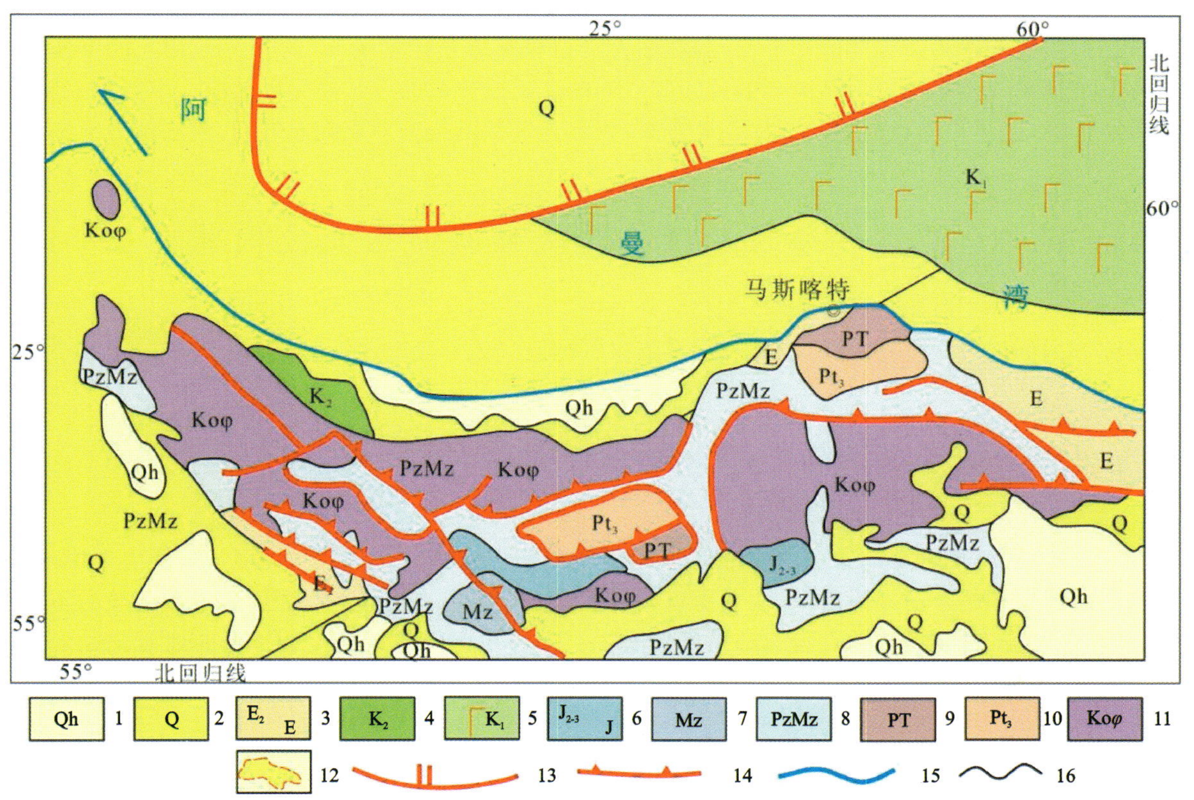

1. 全新统；2. 第四系；3. 始新统及古近系；4. 上白垩统；5. 早白垩世海底喷发基性火山岩；6. 中上侏罗统及侏罗系；7. 中生界；8. 古生界—中生界；9. 二叠系—三叠系；10. 新元古界；11. 白垩纪蛇绿岩；12. 海底珊瑚礁；13. 阿曼湾逆冲断裂(断齿示断裂倾向)；14. 阿曼蛇绿岩逆冲推覆系断裂(断齿示断裂倾向)；15. 海岸线；16. 地质界线。

图 7-16 阿曼塞梅尔蛇绿岩地质构造略图(据任纪舜等，2013)

沿苏莱曼山脉西侧出露有白垩纪蛇绿岩，渐新世—中新世沉积不整合覆盖在蛇绿岩之上，表明此前已经完成洋陆转换。

结合雅鲁藏布江洋盆向北俯冲的地质记录，古新世—始新世在冈底斯地块南缘仍然继续着火山弧沉积建造组合，而渐新世沉积不整合于其上，表明雅鲁藏布江洋盆的洋陆转换发生在始新世末，渐新世以前。

二、陆陆碰撞的构造地质效应

印度次大陆同欧亚大陆之间的陆陆碰撞在造山系中所造成的地质构造效应是十分明显的：①陆陆碰撞完成了印度次大陆与欧亚大陆的拼合，使印度成为欧亚大陆的一部分(图 7-17)。②从晚白垩世到始新世，由于新特提斯洋盆的收缩，在其北部相邻地域造成陆相沉积之上的海泛，在塔里木及卡拉库姆南缘一带形成这一时期的海泛沉积。③大陆岩石圈增厚，厚达 80km，几乎是通常大陆岩石圈的两倍厚。增厚造成岩石圈底部局部拆沉，以及由于拆沉所引起的岩浆底侵。邓晋福等(2007)将此类底侵作用所形成的火山岩类，归结为后碰撞火山岩建造，火山岩特征以富钠为主，称为碱玄岩(SH)。此类火山岩遍布冈底斯地块，并向北扩展到西秦岭的西河—礼县—成县一带(冯益民等，2002)。④差异升降运动增强。渐新世以来，差异升降运动逐步增强一直持续至今。这一时期，鄂尔多斯内陆盆地和四川内陆盆地再度沉降，而夹于两个盆地之间的秦岭山系则快速上升，将古近纪—新近纪红层沉积抬升到海拔 3000m 的高度；柴达木内陆盆地和河西走廊内陆盆地则相对于祁连山的上升而沉降；此外，准噶尔内陆盆地和塔里木内陆盆地相对于天山山脉的上升而沉降等。此类差异升降强化了原有的盆山构造格局。⑤上地壳大规模的拆离推覆构造因陆陆碰撞而出现，如喜马拉雅复合逆冲推覆系、阿富汗地块上的推覆系、阿曼赛梅尔推覆系以及早期造山系向南的冲断等。⑥陆陆碰撞造成的古气候变更效应。中新世三趾马曾遍及青藏地区，经早更新世时期的强烈差异升降，青藏地区急剧抬升形成高原气候，使三趾马绝迹。

第七节　古亚洲构造域西段及特提斯构造域北段构造演化小结

研究区内的构造演化划分成 6 个阶段，现依次将构造演化阶段论述于后。

一、大陆地壳早期演化阶段(太古宙—新元古代早中期)

在这一阶段的早期(太古宙—中元古代)，西伯利亚克拉通、华北克拉通和塔里木陆块上都出现新太古代基诺兰超大陆聚合的地质记录，表现为新太古代结晶变质岩系同其上沉积变质岩系之间的不整合。此后，在西伯利亚克拉通、华北克拉通和塔里木陆块上都存在哥伦比亚超大陆拼合的地质记录，这就是古元古代沉积变质岩系同中元古代盖层沉积之间的不整合。在帕米尔构造结还出露有古元古代蛇绿岩，标志着冈瓦纳大陆上也存在哥伦比亚超大陆拼合的地质记录。近年来，对扬子陆块上深变质岩系的研究也已表明存在着早期超大陆聚合的信息，因未获得确凿的资料，尚不能详尽论述。卷入造山系的地块中，大多中新太古代变质岩系和古元古代变质岩系之间划为一个岩石地层单元，没有显示之间是否存在超大陆拼合的信息。

晚期(新元古代早中期——相当于我国划分的青白口纪)相当于现代板块构造体制的地质记录已经出现在上扬子陆块西缘和北缘，西缘有岩浆弧为特征，伴有弧后盆地火山-沉积变质岩系出露，上扬子陆

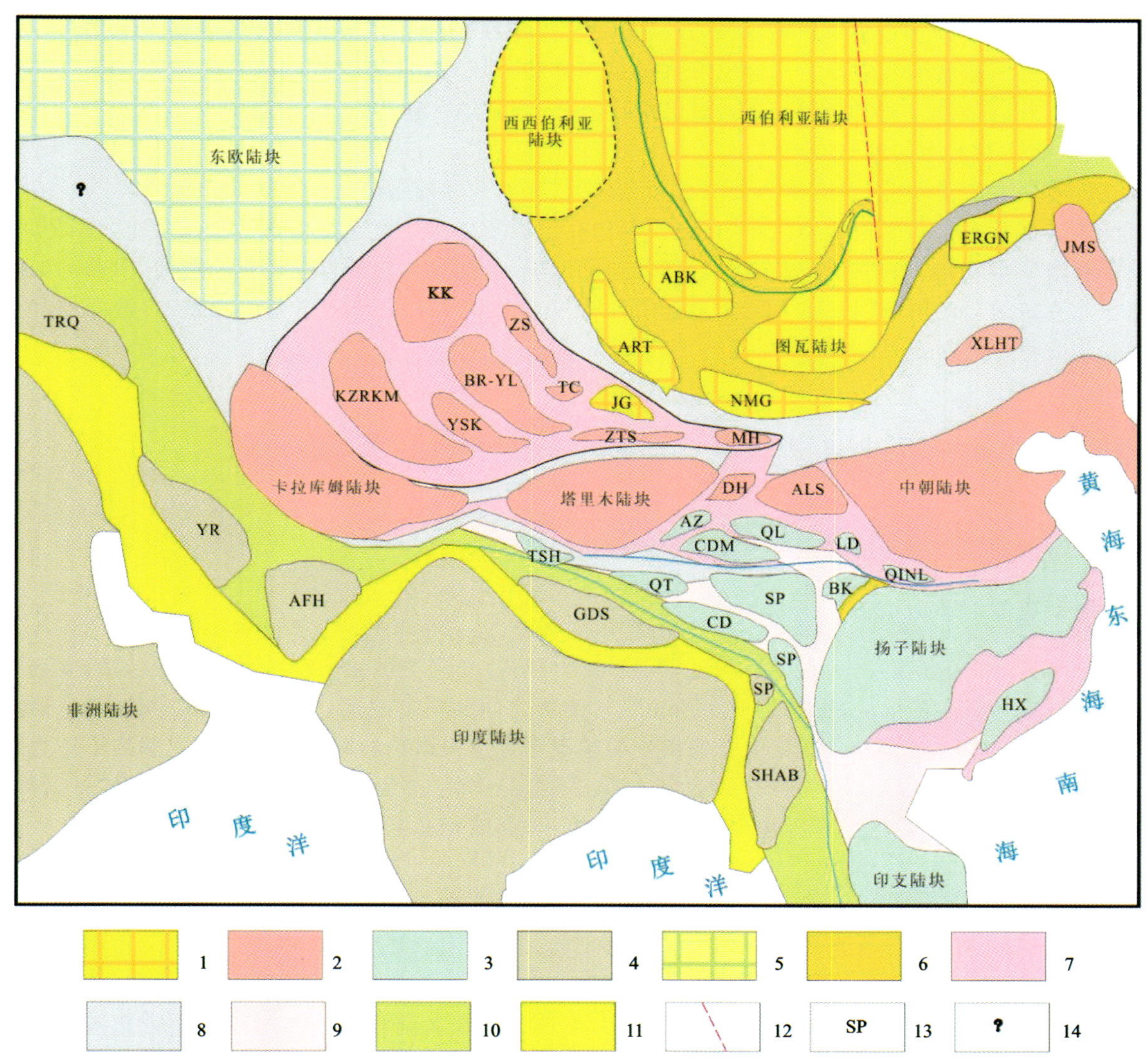

1. 西伯利亚陆块及西伯利亚型地块(陆块);2. 中轴大陆块区地块及陆块;3. 扬子型地块及陆块;4. 冈瓦纳型陆块及地块;5. 东欧陆块;6. 兴凯造山带;7. 加里东造山带;8. 海西造山带;9. 印支造山带;10. 燕山造山带;11. 喜马拉雅造山带;12. 推测断裂;13. 地块及陆块汉语拼音标注(具体名称详见图7-2图例说明);14. 构造属性存疑区域

图7-17　现今亚洲及邻区洋陆构造格局略图

块北缘则出露有大量的这一时期弧盆系地质记录。塔里木陆块的西北缘柯坪一带则出露有新元古代的高压变质岩——蓝闪石片岩,其上被震旦系所不整合覆盖。在中亚其他地块上也不同程度地存在着新元古代早中期弧盆系活动的地质记录。

这一阶段末期裂离陆块之间的拼合方式几乎等同于现今的板块构造体制,通过洋板块的俯冲机制完成洋陆转换,在全球范围内形成 Rodinia 超大陆,研究区内的陆块及卷入造山系中的地块都成为Rodinia超大陆的组成部分。

二、新元古代晚期—早寒武世(兴凯旋回)

这一阶段的早期(820～635Ma),是 Rodinia 超大陆裂解的时期,在研究区内造成一系列洋盆,形成多陆块小洋盆的复杂构造古地理格局,较大规模的多陆块洋盆是古亚洲洋和昆祁秦洋及境外西延部分。

新元古代末的贝加尔造山运动使图瓦地块拼贴在西伯利亚克拉通南缘,随后,在早寒武世末的萨拉伊尔造山运动(兴凯远动)使阿尔泰、额尔古纳等地块拼贴在已经扩大了的西伯利亚克拉通南缘。蒙古湖区洋盆的向北西俯冲导致弧后洋盆巴彦洪格尔洋盆的形成,被一些地质学家认为是鄂霍茨克洋的发端。除此而外,在斋桑-额尔齐斯以北地域已经成为萨彦-额尔古纳造山系,以南则为乌拉尔-天山-兴蒙多陆块洋,继续着大洋盆地的构造演化。

这一时期的泛非事件,则造成冈瓦纳次超大陆的拼合,并伴随着广泛的泛非岩浆事件。

泛非事件基本上和兴凯运动同步,在西伯利亚克拉通和华北克拉通都缺失早寒武世的沉积记录,而上扬子及塔里木陆块上则寒武纪和震旦纪呈现连续沉积。因此,在构造古地理复原图上,西伯利亚克拉通和华北克拉通当时紧靠冈瓦纳大陆。上扬子和塔里木陆块却未受到泛非运动的影响,较西伯利亚克拉通和华北克拉通而言,此时远离冈瓦纳大陆。

三、中寒武世—中泥盆世

这一阶段在古亚洲构造域先后出现 3 次造山运动。

1. 哈萨克斯坦造山运动

哈萨克斯坦造山运动出现在中奥陶世末,其结果使科克切塔夫地块、斋桑地块、塔城地块、克孜勒库姆地块、巴尔喀什-伊犁地块、伊塞克地块及准噶尔地块之间的洋盆封闭,各个地块拼接在一起,形成哈萨克斯坦联合陆块。在该联合陆块上普遍出现的晚奥陶世造山磨拉石同下伏地质体之间的不整合见证了这次以洋陆转换和地块拼合为特征的造山运动。志留纪,除了个别地域还存在残留洋盆以外,普遍出现浅海相碎屑沉积,早中泥盆世则呈现出陆表海相沉积,海陆相交互出现。

2. 加里东造山运动

加里东造山运动发生在志留纪末(东西昆仑则持续到中泥盆世末),其影响范围波及到整个昆祁秦多陆块洋领域,其结果使阿中地块、中祁连地块、南祁连地块、柴达木地块、西秦岭联合地块、秦岭地块和上扬子陆块拼贴在中轴大陆块区南缘,造成中轴大陆块区南缘大陆增生。在祁连造山带志留纪前陆盆地沉积的进积型沉积充填序列和中晚泥盆世陆相粗碎屑沉积同下伏地质体之间的不整合见证了这次造山运动。而在东西昆仑则稍微滞后,洋陆转换出现在中泥盆世末,晚泥盆世陆相粗碎屑岩不整合在造山带物质之上。

3. 天山造山运动

天山造山运动发生在中泥盆世—晚泥盆世。除了已经形成的哈萨克斯坦联合陆块以外,整个乌拉尔-天山-兴蒙多陆块洋盆的中西段都受到这次造山运动的影响,在中晚泥盆世期间先后完成洋陆转换。在吉尔吉斯晚泥盆世法门期粗碎屑沉积同下伏地质体之间的不整合,在中国境内的南天山早石炭世甘草湖组沉积同其下伏地质体之间的不整合都见证了这次造山运动的存在。

天山造山运动使中轴大陆块区中西段与扩大了的西伯利亚陆块拼接在一起,东段兴蒙一带仍然继续着多陆块洋环境。

四、晚泥盆世—中三叠世

早古生代末到泥盆纪先后发生的 3 次造山运动,在中轴大陆块区以北,除了鄂霍茨克洋和兴蒙一带仍然继续着洋盆的演化以外,基本上处于大陆板内构造演化阶段,不同地域则有着不同的构造演化进程。

(1)萨彦-额尔古纳造山系内这一时期鄂霍茨克洋的俯冲作用造成石炭纪—二叠纪弧岩浆岩的广泛分布。

(2)乌拉尔-天山-兴蒙造山系中西段在这一时期主要是南天山洋盆的滞后俯冲作用造成的弧后小洋盆发生—发展—消亡的过程,大致从泥盆纪持续到石炭纪。其次是造山期后裂谷从形成到消亡的演化过程,大致从晚石炭世到二叠纪末(部分裂谷终止于中二叠世)。

(3)昆祁秦造山系在这一时期的初期——中晚泥盆世,主要是隆升和剥蚀夷平期,此后转化成广泛的陆表海相碎屑沉积(部分地段含煤碎屑沉积)。

(4)从中、晚二叠世开始到早三叠世,整个中轴大陆块区及其以北地域,除了鄂霍茨克洋以外全部进入陆内盆山构造演化阶段。

(5)班公湖-双湖-怒江洋盆的向北俯冲,导致弧后扩张,形成了包括东西昆仑晚古生代洋盆在内的羌塘-三江多陆块洋盆体系;近年来潘桂棠等(2020)在对川藏铁路路线工程地质勘查过程中也得出同样的认识。这个大洋体系基本上持续到中三叠世末全部完成洋陆转换,使阿富汗北部地块、甜水海地块、北羌塘地块、昌都地块及中甸地块拼贴在增生扩大了的中轴大陆块区南缘及上扬子陆块西缘,并使羌塘-三江造山系南缘成为班公湖-双湖-怒江洋盆北岸的活动陆缘。

(6)中三叠世末的印支造山运动完成了中国大陆主体拼合。

五、晚三叠世—早白垩世

这一阶段,最主要的地质事件是班公湖-双湖-怒江洋盆及其境外西延部分分支洋盆在早白垩世末或晚白垩世末完成洋陆转换,使土耳其地块、伊朗地块、阿富汗地块、冈底斯地块、保山地块及掸邦地块拼贴到欧亚大陆南缘,并使增生的欧亚大陆南缘成为新特提斯洋北侧的活动陆缘。

在新特提斯洋以北的亚洲地域,鄂霍茨克洋盆在侏罗纪末完成洋陆转化,成为西太平洋的弧后盆地。对于鄂霍茨克洋演化的认识地质学界存在分歧意见,前文已经述及。

除此而外,亚洲大陆基本上开始了陆内盆山构造演化阶段。

六、晚白垩世—现今

作为新特提斯洋的扎格罗斯-印度河-雅鲁藏布江洋在渐新世前通过陆陆碰撞完成洋陆转换,使阿拉伯陆块和印度陆块拼贴到欧亚大陆南缘,原先属于冈瓦纳次超大陆的成员成为欧亚大陆的组成部分。

伴随陆-陆碰撞,引起一系列地质构造、古地理和古气候变迁效应,这些效应是一般的弧-陆碰撞或小陆(地)块聚合绝对不可能产生的特有的效应。

主要参考文献

白建科，李智佩，徐学义，等，2015. 新疆西天山伊利地区石炭纪火山—沉积序列及盆地性质[J]. 地质论评，61(1)：195-206.

柏道远，陈必河，孟德保，等，2006. 中昆仑耸石山地区晚古生代花岗岩地球化学特征、成岩作用与构造环境研究[J]. 中国地质，33(6)：1236-1245.

包亚范，刘延军，王鑫春，2008. 东昆仑西段巴什尔希花岗岩与白干湖钨锡矿床的关系[J]. 吉林地质，27(3)：56-59.

边千韬，罗小全，陈海泓，等，1999a. 阿尼玛卿蛇绿岩带花岗-英云闪长岩锆石 U-Pb 同位素定年及大地构造意义[J]. 地质科学，34(4)：420-426.

边千韬，罗小全，李红生，等，1999b. 阿尼玛卿山早古生代和早石炭世—早二叠世蛇绿岩的发现[J]. 地质科学，34(4)：523-524.

曹福根，董富荣，2014. 阿尔金北缘沟口泉古元古代蛇绿混杂岩(绿岩)地质特征及意义[J]. 西北地质，47(4)：47-60.

曹福根，涂其军，张晓梅，等，2006. 哈尔里克山早古生代岩浆弧的初步确定：来自塔水河一带花岗质岩体锆石 SHRIMPU-Pb 测年的证据[J]. 地质通报，25(8)：923-927.

曹晓峰，王祥东，吕新彪，等，2015. 新疆库鲁克塔格成矿带主要矿床类型及成矿系列划分[J]. 地球科学(中国地质大学学报)，6：1017-1033.

曹宣铎，胡云绪，2000. 秦岭加里东晚期—海西早期复式前陆盆地[J]. 西北地质科学，21(2)：1-14.

曹宣铎，胡云绪，2001. 秦岭商-丹断裂带南缘构造岩片地层初析[J]. 中国区域地质，20(2)：187-193.

曹玉亭，刘良，陈丹玲，等，2008. 阿尔金清水泉地区泥质高压麻粒岩的确定及其变质时代[J]. 矿物岩石地球化学通报，27(增刊)：354-355.

曹玉亭，刘良，王超，等，2009. 阿尔金淡水泉早古生代泥质高压麻粒岩及其 *P-T* 演化轨迹[J]. 岩石学报，25(9)：2260-2270.

曹玉亭，刘良，王超，等，2010. 阿尔金南缘塔特勒克布拉克花岗岩的地球化学特征、锆石 U-Pb 定年及 Hf 同位素组成[J]. 岩石学报，26(11)：3259-3271.

曹玉亭，刘良，王超，等，2015. 南阿尔金木纳布拉克地区长城系巴什库尔干岩群 LA-ICP-MS 锆石 U-Pb 定年及其地质意义[J]. 地质通报，34(8)：1447-1459.

柴凤梅，董连慧，杨富全，等，2010，阿尔泰南缘克朗盆地铁木尔特花岗岩体年龄、地球化学特征及成因[J]. 岩石学报，26(2)：377-386.

车自成，刘良，刘洪福，等，1996. 论伊犁古裂谷[J]. 岩石学报，12(3)：478-489.

车自成，刘良，罗金海，2002. 中国及其邻区区域大地构造学[M]. 北京：科学出版社.

陈必河，罗照华，贾宝华，等，2007. 阿拉套山南缘岩浆岩锆石 SHRIMP 年代学研究[J]. 岩石学报，23(7)：1756-1764.

陈博，朱永，2011. 新疆达拉布特蛇绿混杂岩中辉长岩岩石学、微量元素地球化学和锆石 U-Pb 年代学研究[J]. 岩石学报，27(6)：1746-58.

陈富文，李华芹，陈毓川，等，2005. 东天山土屋-延东斑岩铜矿田成岩时代精确测定及其地质意义[J]. 地质学报，79(2)：256-261.

陈化奇，2007. 北祁连冷龙岭地区宁缠河花岗岩体的地球化学特征及大地构造意义[J]. 甘肃地质，16(4)：37-42.

陈隽璐，白健科，张越，等，2022. 中国阿尔泰-准噶尔地质图(1：500 000)[M]. 北京：地质出版社.

陈隽璐，徐学义，王洪亮，等，2008. 北秦岭西段唐藏石英闪长岩岩体的形成时代及其地质意义[J]. 现代地质，22(1)：45-52.

陈隽璐,徐学义,王宗起,等,2008.西秦岭太白地区岩湾-鹦鸽咀蛇绿混杂岩的地质特征及形成时代[J].地质通报,27(4):500-509.

陈石,郭召杰,2010.达拉布特蛇绿岩带的时限和属性以及对西准噶尔晚古生代构造演化的讨论[J].岩石学报,26(8):2336-2344.

陈新跃,王岳军,孙林华,等,2009.天山冰达坂和拉尔敦达坂花岗片麻岩 SHRIMP 锆石年代学特征及其地质意义[J].地球化学,38(5):424-431.

陈宣华,G GEHRELS,王小凤,等,2003.阿尔金山北缘花岗岩的形成时代及其构造环境探讨[J].矿物岩石地球化学通报,22(4):294-298.

陈义兵,胡霭琴,张国新,等,1999a.西天山前寒武纪天窗花岗片麻岩的锆石 U-Pb 年龄及 Nd-Sr 同位素特征[J].地球化学,28(6):515-520.

陈义兵,胡霭琴,张国新,等,1999b.西天山独库公路花岗片麻岩的锆石 U-Pb 年龄及其地质意义[J].科学通报,44(21):2328-2332.

陈有炘,裴先治,李瑞保,等,2013.东昆仑东段纳赤台群变火山岩锆石 U-Pb 年龄、地球化学特征及其构造意义[J].地学前缘,30(6):240-254.

谌宏伟,罗照华,莫宣学,等,2006.东昆仑喀雅克登塔格杂岩体的 SHRIMP 年龄及其地质意义[J].岩石矿物学杂志,25(1):25-32.

程裕祺,王泽九,黄枝高,2009.中国地层典·总论[M].北京:地质出版社.

崔建堂,王炬川,边小卫,等,2006.西昆仑康西瓦北侧早古生代角闪闪长岩、英云闪长岩的地质特征及其锆石 SHRIMP U-Pb 测年[J].地质通报,25(12):1441-1449.

崔建堂,王炬川,边小卫,等,2007.西昆仑康西瓦北部冬巴克片麻状英云闪长岩锆石 SHRIMP U-Pb 测年[J].地质通报,26(6):726-729.

邓晋福,罗照华,莫宣学,等,2004.火成岩岩石成因、构造环境与成矿作用[M].北京:地质出版社.

邓晋福,肖庆辉,苏尚国,等,2007.火成岩组合与构造环境:讨论[J].高校地质学报,13(3):392-402.

邓晋福,赵海玲,莫宣学,等,1996.中国大陆根-柱构造:大陆动力学的钥匙[M].北京:地质出版社.

第五春荣,孙勇,王倩,2012.华北克拉通地壳生长和演化:来自现代河流碎屑锆石 Hf 同位素组成的启示[J].岩石学报,28(11):3520-3530.

董富荣,李嵩龄,冯新昌,1998.新疆库鲁克塔格地区辛格尔变质核杂岩特征[J].新疆地质,16(3):203-211.

董富荣,李嵩龄,冯新昌,1999.库鲁克塔格地区新太古代深沟片麻杂岩特征[J].新疆地质,17(1):82-87.

董连慧,屈迅,朱志新,等,2010.新疆大地构造演化与成矿[J].新疆地质,28(4):351-357.

董云鹏,张国伟,周鼎武,等,2005.中天山北缘冰达坂蛇绿混杂岩的厘定及其构造意义[J].中国科学(D 辑),35(6):552-560.

董云鹏,张国伟,朱炳泉,2003.北秦岭构造属性与元古代构造演化[J].地球学报,24(1):3-10.

董云鹏,周鼎武,张国伟,等,1998.南秦岭造山带南缘早古生代基性火山岩地球化学特征及其大地构造意义[J].地球化学,27(5):432-441.

董云鹏,周鼎武,张国伟,等,2005.中天山南乌瓦门蛇绿岩形成构造环境[J].岩石学报,21(1):37-44.

董增产,王洪亮,郭彩莲,等,2009.北秦岭西段奥陶纪红花铺岩体岩石地球化学特征及地质意义[J].岩石矿物学杂志,28(2):109-117.

方同辉,王崇礼,王珍荣,1997.河西堡花岗岩体中闪长质包体与岩浆混合作用[J].西安地质学院学报,19(4):53-61.

冯庆来,杜远生,殷鸿福,等,1996.南秦岭勉略蛇绿混杂岩带中放射虫的发现及其意义[J].中国科学(D 辑),26(增刊):78-82.

冯庆来,叶玫,章正军,等,1997.滇西早石炭世化石[J].微体古生物学报,14(1):79-92.

冯新昌,董富荣,李嵩龄,1998.新疆南天山奥图拉托格拉克一带前震旦系基底地质特征[J].新疆地质,16(2):108-117.

冯益民,曹宣铎,张二朋,等,2002.西秦岭造山带结构造山过程及动力学:1∶100 万西秦岭造山带及其邻区大地构造图说明书[M].西安:西安地图出版社.

冯益民,曹宣铎,张二朋,等,2003.西秦岭造山带的演化、构造格局和性质[J].西北地质,36(1):1-10.

冯益民,何世平,闫军,1994.北祁连山中段早中奥陶世蛇绿岩中席状岩墙杂岩的发现及其地质意义[J].地质论评,40(3):252-264.

冯益民,何世平,1995.北祁连山蛇绿岩地质和地球化学研究[J].岩石学报,11:125-146.

冯益民,何世平,1996a.蛇绿岩与造山作用-北祁连造山带例析[M]//张旗.蛇绿岩与地球动力学研究.北京:地质出版社,135-138.

冯益民,何世平,1996b.祁连山大地构造与造山作用[M].北京:地质出版社.

冯益民,李智佩,陈隽璐,等,2022.中国西北部大地构造图(1:200万)[M].北京:地质出版社.

冯益民,吴汉泉,1992.北祁连山及其邻区古生代以来大地构造演化初探[J].西北地质科学,13(2):61-74.

冯益民,张越,2018.大洋板块地层(OPS)简介及评述[J].地质通报,37(4):0523-0531.

冯益民,朱宝清,肖序常,等,1991.中国新疆西准噶尔山系构造演化[M]//肖序常,汤耀庆.古中亚复合巨型缝合带南缘构造演化.北京:北京科学技术出版社,66-91.

冯益民,朱宝清,杨军录,等,2002.东天山大地构造及演化:1:50万东天山大地构造图简要说明[J].新疆地质,20(4):309-314.

冯益民,1986.西准噶尔蛇绿岩生成环境及其成因类型[J].西安地质矿产研究所所刊,13:37-46.

冯益民,1997.祁连山造山带研究概况-历史、现状及展望[J].地球科学进展,12(4):37-44.

冯益民,1998.北祁连造山带西段的外来移置体[J].地质论评,44(4):365-371.

付长垒,闫臻,郭现轻,等,2014.拉脊山口蛇绿混杂岩中辉绿岩的地球化学特征及SHRIMP锆石U-Pb年龄[J].岩石学报,30(6):1695-1706.

甘肃省地质矿产局,1989.甘肃省区域地质志[M].北京:地质出版社.

甘肃省地质矿产局,1997.甘肃省岩石地层[M].武汉:中国地质大学出版社.

甘肃省地质矿产局,1997.全国地层多重划分对比研究(62):甘肃省岩石地层[M].武汉:中国地质大学出版社.

高长林,崔可锐,钱一雄,等,1995.天山微板块构造与塔北盆地[M].北京:地质出版社.

高军平,王廷印,王金荣,1996.内蒙古恩格尔乌苏蛇绿混杂岩特征[M]//张旗.蛇绿岩与地球动力学研究.北京:地质出版社,121-124.

高俊,龙灵利,钱青,2006.南天山:晚古生代还是三叠纪碰撞造山带[J].岩石学报,22(5):104-1061.

高俊,钱青,龙灵利,等,2009.西天山的增生造山过程[J].地质通报,28(12):1804-1806.

高俊,汤耀庆,赵民,等,1995.新疆南天山蛇绿岩的地质地球化学特征及形成环境初探[J].岩石学报,11(增刊):85-97.

高俊,1997.西南天山榴辉岩的发现及其大地构造意义[J].科学通报,42(7):737-740.

高山林,何治亮,周祖翼,2006.西准噶尔克拉玛依花岗岩体地球化学特征及其意义[J].新疆地质,24(2):125-130.

高晓峰,校培喜,贾群子,2011.滩间山群的重新厘定:来自柴达木盆地周缘玄武岩年代学和地球化学证据[J].地质学报,85(9):1452-1463.

高振家,陈晋镳,等,1993.新疆北部前寒武系[M]//地质矿产部《前寒武纪地质》编辑委员会.前寒武纪地质.北京:地质出版社,1-83.

高振家,陈克强,魏家庸,2000.中国岩石地层辞典[M].武汉:中国地质大学出版社.

高振家,陈克强,2003.新疆的南华系及我国南华系的几个问题:纪念恩师王曰伦先生诞辰一百周年[J].地质调查与研究,26(1):8-14.

耿元生,杨崇辉,王新社,等,2008.扬子地台西缘变质基底演化[M].北京:地质出版社.

耿元生,周喜文,2010.阿拉善地区新元古代岩浆事件及其地质意义[J].岩石矿物学杂志,29(6):779-795.

耿元生,周喜文,2011.阿拉善地区新元古代早期花岗岩的地球化学和锆石Hf同位素特征[J].岩石学报,27(4):897-908.

辜平阳,李永军,张兵,等,2009.西准噶尔达拉布特蛇绿岩中辉长岩LA-ICP-MS锆石U-Pb测年[J].岩石学报,25(6):1364-1372.

顾连兴,苟晓琴,张遵忠,等,2003.东天山一个多相带高铷氟花岗岩的地球化学及成岩作用[J].岩石学报,19(4):585-600.

顾连兴,胡受奚,于春水,等,2000.东天山博格达造山带石炭纪火山岩及其形成地质环境[J].岩石学报,16(3):305-316.

顾连兴,胡受奚,于春水,等,2001.博格达陆内碰撞造山带挤压-拉张构造转折期的侵入活动[J].岩石学报,17(2):187-198.

顾连兴,胡受奚,于春水,等,2001.论博格达俯冲撕裂型裂谷的形成与演化[J].岩石学报,17(4):585-597.

顾连兴,吴昌志,等,2007.东天山黄山-镜儿泉地区二叠纪地质-成矿-热事件:幔源岩浆内侵及其地壳效应[J].岩石学报,23(11):2869-2880.

顾连兴,杨浩,陶仙聪,等,1990.中天山东段花岗岩类铷-锶年代学及构造演化[J].桂林冶金地质学院学报,10(1):49-55.

顾连兴,张遵忠,吴昌志,等,2006.关于东天山花岗岩与陆壳垂向增生的若干认识[J].岩石学报,22(5):1103-1120.

郭安林,张国伟,强娟,等,2009.青藏高原东北缘印支期宗务隆造山带[J].岩石学报,25(1):1-12.

郭芳放,姜常义,苏春乾,等,2008.准噶尔板块东南缘沙尔德兰地区A型花岗岩构造环境研究[J].岩石学报,24(12):2778-2788.

郭华春,钟莉,李丽群,2006.哈尔里克山口门子地区石英闪长岩锆石SHRIMP U-Pb测年及其地质意义[J].地质通报,25(8):928-931.

郭继春,胡受奚,顾连兴,1992.东天山加里东造山带中阿拉塔格花岗岩的特征和成因[J].岩石学报,8(2):201-204.

郭进京,张国伟,陆松年,等,1999.中国新元古代大陆拼合与Rodinia超大陆[J].高校地质学报,5(2):148-156.

郭召杰,史宏宇,张志诚,等,2006.新疆甘肃交界红柳河蛇绿岩中伸展构造与古洋盆演化过程[J].岩石学报,22(1):95-102.

郭召杰,张志诚,刘树文,等,2003.塔里木克拉通早前寒武纪基底层序与组合:颗粒锆石U-Pb年龄新证据[J].岩石学报,19(3):537-542.

郭召杰,张志诚,王建君,1998,索尔库里盆地的形成、演化及其与阿尔金断裂带的关系研究[J].高校地质学报,4(1):59-63.

郭召杰,张志诚,吴朝东,等,2006.中、新生代天山隆升过程及其与准噶尔、阿尔泰山比较研究[J].地质学报,80(1):1-15.

郭召杰,张志诚,1993.中天山早古生代岛弧构造带研究[J].河北地质学院学报,16(2):132-139.

国显正,王红军,许荣科,等,2017.柴北缘铁石观榴辉岩锆石U-Pb定年及其地质意义[J].矿物岩石地球化学通报,36(6):995-1006.

过磊,校培喜,高晓峰,等,2010.东昆仑楚鲁套海酸性侵入体年代学及地球化学特征[J].西北地质,43(4):159-167.

韩宝福,何国琦,王式洸,等,1998.新疆北部后碰撞幔源岩浆活动与陆壳纵向生长[J].地质论评,44(4):96-406.

韩宝福,何国琦,王式洸,1999.后碰撞幔源岩浆活动、底垫作用及准噶尔盆地基底的性质[J].中国科学(D辑),29(1):16-21.

韩宝福,何国琦,吴泰然,等,2004.天山早古生代花岗岩锆石U-Pb定年、岩石地球化学特征及其大地构造意义[J].新疆地质,22(1):4-8.

韩宝福,季建清,宋彪,等,2004.新疆喀拉通克和黄山东汉铜镍矿镁铁-超镁铁杂岩体的SHRIMP锆石U-Pb年龄及地质意义[J].科学通报,49(22):2324-2328.

韩宝福,2007.后碰撞花岗岩类的多样性及其构造环境判别的复杂性[J].地学前缘,14(3):64-72.

郝杰,刘小汉,1993.南天山蛇绿混杂岩形成时代及大地构造意义[J].地质科学,28(1):93-95.

郝杰,王二七,刘小汉,等,2006.阿尔金山脉中金雁山早古生代碰撞造山带:弧岩浆岩的确定与岩体锆石U-Pb和蛇绿混杂岩$^{40}Ar/^{39}Ar$年代学研究的证据[J].岩石学报,22(11):2743-2752.

何国琦,李茂松,韩宝福,2001.中国西南天山及邻区大地构造研究[J].新疆地质,19(1):7-11.

何国琦,李茂松,贾进斗,等,2001.论新疆东准噶尔蛇绿岩的时代及其意义[J].北京大学学报(自然科学版),37(6):852-858.

何国琦,李茂松,刘德权,等,1994.中国新疆古生代地壳演化及成矿[M].乌鲁木齐:新疆人民出版社.

何国琦,李茂松,2000.中亚蛇绿岩带研究进展及区域构造连接[J].新疆地质,18(3):193-202.

何鹏,芦西战,杨睿娜,等,2020.阿尔金北缘尧勒萨依河口Ⅰ型花岗岩岩石地球化学、锆石U-Pb年代学研究[J].矿产勘查,11(9):1822-1830.

何世平,李荣社,王超,等,2010.祁连山西段甘肃肃北地区北大河岩群片麻状斜长角闪岩的形成时代[J].地质通报,29(9):1275-1280.

何世平，李荣社，王超，等，2011. 南祁连东段化隆岩群形成时代的进一步限定[J]. 岩石矿物学杂志，30(1)：34-44.

何世平，王洪亮，徐学义，等，2007. 北祁连东段红土堡基性火山岩和陈家河中酸性火山岩地球化学特征及构造环境[J]. 岩石矿物学杂志，26(4)：295-309.

何艳红，孙勇，陈亮，等，2005. 陇山杂岩的 LA-ICP-MS 锆石 U-Pb 年龄及其地质意义[J]. 岩石学报，21(1)：125-134.

洪大卫，王式洸，谢锡林，等，2000. 兴蒙造山带正 ε_{Nd} 值花岗岩的成因和大陆地壳生长[J]. 地学前缘，7(2)：441-456.

胡霭琴，张国新，李启新，等，1995. 新疆北部主要地质事件同位素年表[J]. 地球化学，24(1)：20-30.

胡霭琴，张积斌，章振根，等，1986. 天山东段中天山隆起带前寒武纪变质岩系时代及演化：据 U-Pb 年代学研究[J]. 地球化学(1)：345-353.

胡霭琴，王中刚，涂光炽，等，1997. 新疆北部地质演化及成岩成矿规律[M]. 北京：科学出版社.

胡霭琴，韦刚健，邓文峰，等，2006. 天山东段 1.4Ga 花岗闪长质片麻岩 SHRIMP 锆石 U-Pb 年龄及其地质意义[J]. 地球化学，35(4)：333-345.

胡霭琴，韦刚健，江博明，等，2010. 天山 0.9Ga 新元古代花岗岩 SHRIMP 锆石 U-Pb 年龄及其构造意义[J]. 地球化学，39(3)：197-212.

胡霭琴，韦刚健，张积斌，等，2007. 天山东段天湖东片麻状花岗岩的锆石 SHRIMP U-Pb 年龄和构造演化意义[J]. 岩石学报，23(8)：1795-1802.

胡霭琴，韦刚健，张积斌，等，2008. 西天山温泉地区早古生代斜长角闪岩的锆石 SHRIMP U-Pb 年龄及其地质意义[J]. 岩石学报，24(12)：2731-2740.

胡霭琴，韦刚健，2003. 关于准噶尔盆地基地时代问题的探讨[J]. 新疆地质，21(4)：398-406.

胡霭琴，韦刚健，2006. 塔里木盆地北缘新太古代辛格尔灰色片麻岩形成时代问题[J]. 地质学报，80(1)：126-134.

胡霭琴，张国新，李义锋，等，1999. 天山造山带基底时代和地壳增生的 Nd 同位素制约[J]. 中国科学，29(2)：104-112.

胡霭琴，章振根，张积斌，等，1982. 据天山东段 K-Ar 年龄测定结果对天山地槽热历史的探讨[J]. 中国科学(B 辑)(4)：345-357.

胡霭琴，张国新，陈义兵，等，2001. 新疆大陆基底分区模式和主要地质事件的划分[J]. 新疆地质，19(1)：12-19.

胡能高，王晓霞，孙延贵，等，2008. 柴达木盆地北缘塔塔楞环斑花岗岩的岩相学和地球化学特征[J]. 地质通报，27(11)：1923-1932.

黄河，张东阳，张招崇，等，2010. 南天山川乌鲁碱性杂岩体的岩石学和地球化学特征及其岩石成因[J]. 岩石学报，26(3)：947-962.

黄河，张招崇，张舒，等，2010. 新疆西南天山霍什布拉克碱长花岗岩体岩石学及地球化学特征[J]. 岩石矿物学杂志，29(6)：707-718.

黄汲清，陈炳蔚，1987. 中国及邻区特提斯海演化[M]. 北京：地质出版社.

黄汲清，姜春发，王作勋，等，1990. 天山多旋回构造演化与成矿[M]. 北京：科学出版社.

黄始琪，董树文，胡健民，等，2016. 蒙古-鄂霍茨克构造带的形成于演化[J]. 地质学报，90(9)：2192-2205.

黄增宝，金霞，2006. 甘肃红石山地区白山组火山岩地质特征及构造背景[J]. 甘肃地质，15(1)：19-24.

黄增宝，郑建平，李葆华，等，2016. 南祁连大道尔吉早古生代弧后盆地型蛇绿岩的年代学、地球化学特征及意义[J]. 大地构造与成矿，40(4)：826-838.

黄宗理，张良弼，2006. 地球科学大辞典 · 基础学科卷[M]. 北京：地质出版社.

计波，余吉远，李向民，等，2018. 南祁连党河南山地区巴龙贡噶尔组的解体与岩石地层单位厘定：来自岩石学与年代学的证据[J]. 地质通报，37(4)：621-633.

简平，张旗，刘敦一，等，2005. 内蒙古固阳晚太古代赞岐岩(sanukite)-角闪花岗岩的 SHRIMP 定年及其意义[J]. 岩石学报，21(1)：151-157.

江思宏，聂凤军，2006. 北山地区花岗岩类成因的 Nd 同位素制约[J]. 地质学报，80(6)：826-842.

姜常义，穆艳梅，白开寅，等，1999. 南天山花岗岩类的年代学、岩石学、地球化学及其构造环境[J]. 岩石学报，15(2)：298-305.

姜耀辉，芮行健，郭坤一，等，2000. 西昆仑造山带花岗岩形成的构造环境[J]. 地球学报，21(1)：23-25.

姜耀辉，芮行键，贺菊瑞，等，1999. 西昆仑山加里东期花岗岩类构造类型及其大地构造意义[J]. 岩石学报，15(1)：105-115.

姜耀辉,杨万志,2000.西昆仑山A型花岗岩带的发现及其地球动力学意义[J].地质论评,46(3):235-244.

金成伟,徐永生,1997.新疆托里别鲁阿嘎希地区花岗岩类的岩石学和成因[J].岩石学报,13(4):529-537.

金成伟,张秀棋,1993.新疆西准噶尔花岗岩类的时代及其成因[J].地质科学,28(1):28-36.

金维浚,张旗,何登发,等,2005.西秦岭埃达克岩的SHRIMP定年及其构造意义[J].岩石学报,21(3):959-966.

柯珊,莫宣学,罗照华,等,2006.塔什库尔干新生代碱性杂岩的地球化学特征及岩石成因[J].岩石学报,22(4):905-915.

寇晓虎,朱云海,张克信,等,2007.青海同仁地区上二叠统石关组上部火山岩的新发现及其地球化学特征和构造环境意义[J].地球科学(中国地质大学学报),32(1):45-58.

赖绍聪,邓晋福,赵海玲,1996.柴达木北缘古生代蛇绿岩及其构造意义[J].现代地质,10(1):18-28.

赖绍聪,李三忠,张国伟,等,2003.陕西西乡群火山-沉积岩系形成构造环境火山岩地球化学约束[J].岩石学报,19(1):141-152.

赖绍聪,杨瑞英,张国伟,2001.南秦岭西乡群孙家河组火山岩形成构造背景及其大地构造意义的讨论[J].地质科学,36(3):296-303.

赖新荣,江思宏,邱小平,等,2007.阿拉善北大山岩带海西期中酸性岩^{40}Ar-^{39}Ar年龄及其地球化学特征[J].地质学报,18(3):370-380.

黎敦朋,赵越,胡健民,等,2007.西昆仑山奇台达坂花岗岩锆石TIMS U-Pb测年及热演化历史分析[J].中国地质,34(6):1013-1021.

李博秦,姚建新,计文化,等,2006.西昆仑叶城南部麻札地区弧火成岩的特征及其锆石SHRIMP U-Pb测年[J].地质通报,25(1-2):124-132.

李春昱,王全,刘雪亚,等,1982.1∶800万亚洲大地构造图说明书[M].北京:地图出版社.

李洪普,高阳,张寿庭,等,2009.青海唐古拉山北藏麻西孔岩浆活动与铜银多金属矿的关系[J].成都理工大学学报(自然科学版),36(2):182-187.

李华芹,陈富文,李锦轶,等,2006.再论东天山白山铼钼矿区成岩成矿时代[J].地质通报,25(8):916-922.

李华芹,陈富文,路远发,等,2004.东天山三岔口铜矿区矿化岩体SHRIMP U-Pb年代学及锶同位素地球化学特征研究[J].地球学报,25(2):191-195.

李华芹,王等红,万阈,等,2006.新疆莱斯高尔钼矿床的同位素年代学研究[J].岩石学报,22(10):2437-2443.

李华芹,吴华,陈富文,等,2005.东天山白山铼钼矿区燕山期成岩成矿作用同位素年代学证据[J].地质学报,79(2):249-254.

李华芹,谢才富,常海亮,等,1998.新疆北部有色贵金属矿床成矿作用年代学[M].北京:地质出版社.

李怀坤,陆松年,王惠初,等,2003.青海柴北缘新元古代超大陆裂解的地质记录:全吉群[J].地质调查与研究,26(1):27-37.

李惠民,陆松年,郑健康,等,2001.阿尔金山东端花岗片麻岩中3.6Ga锆石的地质意义[J].矿物岩石地球化学通报,20(4):259-262.

李继磊,钱青,高俊,等,2010.西天山昭苏东南部阿登套地区大哈拉军山组火山岩及花岗岩侵入体的地球化学特征、时代和构造环境[J].岩石学报,26(10):2913-2924.

李江海,钱祥麟,侯贵廷,等,2000."吕梁运动"新认识[J].地球科学(中国地质大学学报),25(1):15-20.

李江海,王洪浩,李维波,等,2014.显生宙全球古板块再造及构造演化[J].石油学报,35(2):207-218.

李江海,周肖贝,李维波,等,2015.塔里木盆地及邻区寒武纪:三叠纪构造古地理格局的初步重建[J].地质论评,61(6):1225-1234.

李锦轶,何国琦,徐新,等,2006.新疆北部及邻区地壳构造格架及其形成过程的初步探讨[J].地质学报,80(1):148-168.

李锦轶,王克倬,李亚萍,等,2006.天山山脉地貌特征、地壳组成与地质演化[J].地质通报,25(8):895-915.

李锦轶,杨天南,李亚萍,等,2009.东准噶尔卡拉麦里断裂带的地质特征及其对中亚地区晚古生代洋陆格局重建的约束[J].地质通报,28(12):1817-1826.

李锦轶,张进,杨天南,等,2009.北亚造山区南部及其毗邻地区地壳构造分区与构造演化[J].吉林大学学报(地球科学版),39(4):584-605.

李锦轶,2004.新疆东部新元古代晚期和古生代构造格局及其演变[J].地质论评,50(3):304-322.

李锦轶,2009.中国大陆地质历史的旋回与阶段[J].中国地质,36(3):504-527.

李莉,白云山,牛志军,等,2007.青海省治多县扎那日根岩体特征及构造意义[J].沉积与特提斯地质,27(2):20-25.

李荣社,计文化,潘晓平,等,2009.昆仑山及邻区地质图[M].北京:地质出版社.

李荣社,徐学义,计文化.2008.对中国西部造山带地质研究若干问题的思考[J].地质通报,27(12):2020-2025.

李少贞,任燕,冯新昌,等,2006.吐哈盆地南缘克孜尔塔格复式岩体中花岗闪长岩锆石 SHRIMP U-Pb 测年及岩体侵位时代讨论[J].地质通报,25(8):937-940.

李嵩龄,董富荣,冯新昌,1996.天山东段尾亚地区白尖山超单元特征[J].新疆地质,14(3):261-269.

李嵩龄.李文铅,冯新昌,等,2002.东天山尾亚复式岩株形成时代讨论[J].新疆地质,20(4):357-359.

李王晔,李曙光,郭安林,2007.青海东昆南构造带苦海辉长岩和德尔尼闪长岩的锆石 SHRIMP U-Pb 年龄及痕量元素地球化学:对"祁-柴-昆"晚新元古代—早奥陶世多岛洋南界的制约[J].中国科学(D 辑:地球科学),37(增刊):288-294.

李伟,2000.新疆库鲁克塔格赛马山一带花岗质正片麻岩的确认及其意义[J].新疆地质,18(2):136-140.

李玮,陈隽璐,等,2016.早古生代古亚洲洋俯冲记录:来自东天山卡拉塔格高镁安山岩的年代学、地球化学证据[J].岩石学报,32(2):505-521.

李卫东,彭湘萍,康正文,等,2003.东昆仑木孜塔格地区畅流沟蛇绿岩岩石地球化学特征及其构造意义[J].新疆地质,21(3):263-268.

李卫东,周继兵,李永军,等,2008.西天山特克斯达坂岩基解体的地球化学证据及钼找矿意义[J].岩石矿物学杂志,27(5):405-412.

李文明,任秉琛,杨兴科,等,2002.东天山中酸性侵入岩浆作用及其地球动力学意义[J].西北地质,35(4):41-64.

李文铅,马华东,王冉,等,2008.东天山康古尔塔格蛇绿岩 SHRIMP 年龄、Nd-Sr 同位素特征及构造意义[J].岩石学报,24(4):773-780.

李文铅,夏斌,吴国干,等,2005.新疆鄯善康古尔塔格蛇绿岩及其大地构造意义[J].岩石学报,21(6):1617-1632.

李伍平,王涛,李金宝,等,2001.东天山红柳河地区晚加里东期花岗岩类岩石锆石 U-Pb 年龄及其地质意义[J].地球学报,22(3):231-235.

李伍平,1999.新疆哈密地区天湖岩体岩石谱系单位划分及其岩浆演化[J].西安工程学院学报,21(1):5-8.

李向民,董云鹏,徐学义,等,2002.中天山南缘乌瓦门地区发现蛇绿混杂岩[J].地质通报,21(6):304-307.

李向民,夏林圻,夏祖春,等,2006.天山地区新元古代—早寒武纪火山岩地球化学和岩石成因[J].岩石矿物学杂志,25(5):413-422.

李向民,余吉远,王国强,等,2011.甘肃北山红柳园地区泥盆系三个井组和墩墩山群 LA-ICP-MS 锆石 U-Pb 测年及其意义[J].地质通报,30(10):1501-1507.

李晓彦,陈能松,夏小平,等,2007.莫河花岗岩的锆石 U-Pb 和 Lu-Hf 同位素研究:柴北欧龙布鲁克微陆块始古元古代岩浆作用年龄和地壳演化约束[J].岩石学报,23(2):513-522.

李亚萍,李锦轶,孙桂华,等,2009.新疆东准噶尔早泥盆世早期花岗岩的确定及其地质意义[J].地质通报,28(12):1885-1893.

李亚萍,孙桂华,李锦轶,等,2006.吐哈盆地东缘泥盆纪花岗岩的确定及其地质意义[J].地质通报,25(8):932-936.

李永安,李强,张慧,等,1995.塔里木及周边古地磁研究与盆地演化[J].新疆地质,13(4):293-370.

李永军,李注苍,丁仨平,等,2004.西秦岭温泉花岗岩体岩石学特征及岩浆混合标志[J].新疆地质,22(4):374-377.

李永军,庞振甲,栾新东,等,2007.西天山特克斯达坂花岗岩基的解体及钼找矿意义[J].大地构造与成矿学,31(4):435-440.

李永军,佟丽莉,杜志刚,等,2007.东天山库姆塔格垄东岩体岩石地球化学特征及构造意义[J].地质科技情报,26(6):25-35.

李永军,谢其山,栾新东,等,2004.西秦岭糜署岭岩浆带成因及构造意义[J].新疆地质,22(4):374-377.

李永军,杨高学,郭文杰,等,2007.西天山阿吾拉勒阔尔库岩基的解体及地质意义[J].新疆地质,25(3):233-236.

李永军,杨高学,吴宏恩,等,2009.东准噶尔贝勒库都克铝质 A 型花岗岩的厘定及意义[J].岩石矿物学杂志,28(1):17-25.

李智佩,白建科,茹艳娇,等,2013.西天山地区早石炭世火山岩形成时代、地层清理及其地质意义[J].地层学杂志,37(4):599-600.

李宗怀，韩宝福，李辛子，等，2004. 新疆准噶尔地区花岗岩中微粒闪长质包体特征及后碰撞花岗质岩浆起源和演化[J]. 岩石矿物学杂志，23(3)：214-226.

李宗怀，韩宝福，宋彪，2004. 新疆东准噶尔二台北花岗岩体和包体的 SHRIMP 锆石 U-Pb 年龄及其地质意义[J]. 岩石学报，20(5)：1263-1270.

李佐臣，裴先治，丁仨平，等，2007. 川西北平武地区南一里花岗闪长岩锆石 U-Pb 定年及其地质意义[J]. 中国地质，34(6)：1003-1012.

林清茶，夏斌，张玉泉，2006. 西昆仑—喀喇昆仑地区钾质碱性岩 Ar-Ar 年龄：以羊湖、昝坎和苦子干岩体为例[J]. 矿物岩石，26(2)：66-70.

凌文黎，任邦方，段瑞春，等，2007. 南秦岭武当山群、耀岭河群及基性侵入岩群锆石 U-Pb 同位素年代学及其地质意义[J]. 科学通报，52(12)：1445-1456.

刘敦一，简平，张旗，等，2003. 内蒙古图林凯蛇绿岩中埃达克岩 SHRIMP 测年：早古生代洋壳消减的证据[J]. 地质学报，77(3)：318-327.

刘建栋，王春涛，李五福，等，2015. 北祁连浪土当地区元古代基底地质特征及时代讨论[J]. 甘肃冶金，37(4)：96-102.

刘建平，王核，李社宏，等，2010. 西昆仑北带喀依孜斑岩型钼矿床地质地球化学特征及年代学研究[J]. 岩石学报，26(10)：3095-3099.

刘良，车自成，刘养杰，1994. 中天山冰达坂一带斜长花岗岩的地球化学特征[J]. 西北大学学报(自然科学版)，24(2)：157-161.

刘良，车自成，罗金海，等，1996. 阿尔金山西段榴辉岩的确定及其地质意义[J]. 科学通报，41(16)：1485-1488.

刘良，车自成，王焰，等，1998. 阿尔金茫崖地区早古生代蛇绿岩的 Sm-Nd 等时线年龄证据[J]. 科学通报，43(8)：800-803.

刘良，车自成，王焰，等，1999. 阿尔金高压变质岩带的特征及其构造意义[J]. 岩石学报，15(1)：57-63.

刘良，孙勇，罗金海，等，2003. 阿尔金英格利萨依花岗质片麻岩超高压变质[J]. 中国科学(地球科学)，33(12)：1184-1192.

刘良，孙勇，校培喜，等，2002. 阿尔金发现超高压(>3.8GPa)石榴二辉橄榄岩[J]. 科学通报，47(9)：657-662.

刘明强，王建军，代文军，等，2005. 甘肃北山造山带红石山地区正 $\varepsilon_{Nd}(t)$ 值花岗质岩石的成因及地质意义[J]. 地质通报 24(9)：831-836.

刘仁燕，牛宝贵，和政军，等，2011. 陕西柞水地区小茅岭复式岩体东段 LA-ICP-MS 锆石 U-Pb 定年[J]. 地质通报，30(2-3)：448-460.

刘伟，刘丽娟，刘秀金，等，2010. 阿尔泰南缘早泥盆世康布铁堡组的 SIMS 锆石 U-Pb 年龄及其向东向北延伸的范围[J]. 岩石学报，26(2)：387-400.

刘伟，1990. 中国新疆阿尔泰花岗岩的时代及成因类型特征[J]. 大地构造与成矿学，14(1)：43-56.

刘希军，许继峰，王树庆，等，2009. 新疆西准噶尔达拉布特绿岩 E-MORB 型镁铁质岩的地球化学、年代学及其地质意义[J]. 岩石学报，25(6)：1373-1389.

刘云华，莫宣学，喻学惠，等，2006. 东昆仑野马泉地区景忍花岗岩锆石 SHRIMP U-Pb 定年及其地质意义[J]. 岩石学报，22(1)：2457-2463.

刘志强，韩宝福，季建清，等，2005. 新疆阿拉套山东部后碰撞岩浆活动的时代、地球化学性质及其对陆壳垂向增长的意义[J]. 岩石学报，21(3)：623-639.

刘志武，王崇礼，石小虎，2006. 南祁连党河南山花岗岩类特征及其构造环境[J]. 现代地质，20(4)：54-63.

龙灵利，高俊，熊贤明，等，2006. 南天山库勒湖蛇绿岩地球化学特征及其年龄[J]. 岩石学报，22(1)：65-73.

龙灵利，高俊，熊贤明，等，2007. 新疆中天山南缘比开(地区)花岗岩地球化学特征及年代学研究[J]. 岩石学报，23(4)：719-732.

龙晓平，孙敏，袁超，等，2006. 东准噶尔石炭系火山岩的形成机制及其对准噶尔洋盆闭合时限的制约[J]. 岩石学报，(1)：31-40.

龙晓平，袁超，孙敏，等，2011. 库鲁克塔格地区最古老岩石的发现及其地质意义[J]. 中国科学：地球科学，41(3)：291-298.

卢华复，贾承造，贾东，等，2001. 库车再生前陆盆地冲断构造楔特征[J]. 高校地质学报，7(3)：257-271.

卢欣祥，董有，尉向东，等，1999. 东秦岭吐雾山 A 型花岗岩的时代及其构造意义[J]. 科学通报，44(9)：975-978.

卢欣祥,李明立,王卫,等,2008.秦岭造山带的印支运动及印支期成矿作用[J].矿床地质,27(6):762-773.

卢欣祥,孙延贵,张雪亭,等,2007.柴达木盆地北缘塔塔楞环斑花岗岩的SHRIMP年龄[J].地质学报,81(5):626-634.

陆济璞,李江,覃小锋,等,2005.东昆仑祁漫塔格伊涅克阿干花岗岩特征及构造意义[J].沉积与特提斯地质,25(4):46-54.

陆松年,郝国杰,王惠初,等,2017.中国变质岩大地构造[M].北京:地质出版社.

陆松年,李怀坤,陈志宏,等,2003.秦岭中-新元古代地质演化及对RODINIA超级大陆事件的响应[M].北京:地质出版社.

陆松年,李怀坤,陈志宏,等,2004.新元古时期中国古大陆与罗迪尼亚超大陆的关系[J].地学前缘,11(2):515-523.

陆松年,李怀坤,王惠初,等,2009.秦-祁-昆造山带元古宙副变质岩层碎屑锆石年龄谱研究[J].岩石学报,25(9):2195-2208.

陆松年,杨春亮,李怀坤,等,2002.华北古大陆与哥伦比亚超大陆[J].地学前缘,9(4):225-233.

陆松年,于海峰,等,2002.塔里木古大陆东缘的微大陆块体群[J].岩石矿物学杂志,21(4):317-326.

陆松年,于海峰,李怀坤,等,2009.中央造山带(中-西部)前寒武纪地质[M].北京:地质出版社.

陆松年,于海峰,李怀坤,2006."中央造山带"早古生代缝合带及构造分区概述[J].地质通报,25(12):1368-1380.

陆松年,于海峰,赵凤清,等,2002.青藏高原北部前寒武纪地质初探[M].北京:地质出版社.

陆松年,袁桂邦,2003.阿尔金山阿克塔什塔格早前寒武纪岩浆活动的年代学证据[J].地质学报,77(1):61-68.

罗新荣,2007.新疆库鲁克塔格新元古代花岗岩年龄和地球化学[J].资源调查与环境,28(4):235-241.

罗照华,白志华,赵志丹,等,2003.塔里木盆地南北缘新生代火山岩成因及其地质意义[J].地学前缘,10(3):179-189.

马铁球,王先辉,孟德保,2002.阿尔金地块南西缘钙碱性侵入岩带特征及其地质意义[J].湖南地质,21(1):12-16.

马中平,李向民,孙吉明,等,2009.阿尔金山南缘长沙沟镁铁-超镁铁质层状杂岩体的发现与地质意义:岩石学和地球化学初步研究[J].岩石学报,25(4):793-804.

马中平,夏林圻,徐学义,等,2006.南天山北部志留系巴音布鲁克组火山-侵入杂岩的形成环境及构造意义[J].吉林大学学报(地球科学版),36(5):736-743.

马中平,夏林圻,徐学义,等,2007.南天山库勒湖蛇绿岩锆石年龄及其地质意义[J].西北大学学报(自然科学版).37(1):107-110.

毛景文,杨建民,张招崇,等,1997.北祁连山西段前寒武纪地层单颗粒锆石测年及其地质意义[J].科学通报,42(13):1414-1417.

毛景文,杨建民,张作衡,等,2000.甘肃肃北野牛滩含钨花岗质岩岩石学、矿物学和地球化学研究[J].地质学报,74(2):142-155.

毛景文,张作衡,简平,等,2000.北祁连西段花岗质岩体的锆石U-Pb年龄报道[J].地质论评,46(6):616-620.

毛启贵,方同辉,王京彬,等,2010.东天山卡拉塔格早古生代红海块状硫化物矿床精确定年及其地质意义[J].岩石学报,26(10):3017-3026.

毛启贵,肖文交,韩春明,等,2010.北山柳园地区中志留世埃达克质花岗岩类及其地质意义[J].岩石学报,26(2):584-596.

毛启贵,肖文交,韩春明,等,2010.东天山星星峡缝合带早古生代强过铝质花岗岩的研究及其地质意义[J].地质科学,45(1):41-56.

孟繁聪,张建新,郭春满,等,2010.大岔大坂MOR型和SSZ型蛇绿岩对北祁连洋演化的制约[J].岩石矿物学杂志,29(5):453-466.

孟繁聪,张建新,相振群,等,2011.塔里木盆地东北缘敦煌群的形成和演化:锆石U-Pb年代学和Lu-Hf同位素证据[J].岩石学报,27(1):59-76.

孟繁聪,张建新,杨经绥,2005.柴北缘锡铁山早古生代HP/UHP变质作用后的构造热事件-花岗岩和片麻岩的同位素与岩石地球化学证据[J].岩石学报,21(1):45-56.

孟勇,裴先治,李建星,等,2014.东天山喀拉塔格地区贝义西组火山岩地球化学特征及构造环境[J].新疆地质,32(4):434-440.

孟勇,唐淑兰,王凯,等,2018.东天山大白石头南新元古代片麻状花岗岩锆石U-Pb年代学、岩石地球化学及地质意义[J]. 地球科学,43(12):4427-4442.

孟勇,张欣,王凯,等,2013. 新疆哈密东部早泥盆世生物地层研究[J]. 地层学杂志,37(4):505-512.

莫宣学,罗照华,邓晋福,等,2007. 东昆仑造山带花岗岩及地壳生长[J]. 高校地质学报,13(3):403-414.

内蒙古自治区地质矿产局,1996. 全国地层多重划分对比研究(15):内蒙古自治区岩石地层[M]. 武汉:中国地质大学出版社.

聂凤军,江思宏,白大明,等,2003. 北山中南带海西—印支期岩浆活动与金的成矿作用[J]. 地质学报,24(5):415-422.

聂凤军,江思宏,胡朋,等,2004. 甘肃北山红尖兵山钨矿床地质特征及成矿物质来源[J]. 矿床地质,23(1):11-19.

聂凤军,江思宏,刘妍,等,2005. 内蒙古黑鹰山富铁矿床磷灰石钐-钕同位素年龄及其地质意义[J]. 矿床地质,24(2):134-140.

宁夏回族自治区地质矿产局,1996. 宁夏回族自治区岩石地层[M]. 武汉:中国地质大学出版社.

牛宝贵,和政军,任纪舜,等,2006. 秦岭地区陡岭-小茅岭隆起带西段几个岩体的 SHRIMP 锆石 U-Pb 测年及其地质意义[J]. 地质论评,52(6):826-835.

欧春生,杨永春,王虎,等,2010. 礼县碌础坝花岗岩体特征及其成矿作用[J]. 甘肃科技,26(17):37-41.

潘桂棠,丁俊,2004. 青藏高原及邻区地质图(1:1 500 000)说明书[M]. 成都:成都地图出版社.

潘桂棠,陆松年,肖庆辉,等,2016. 中国大地构造阶段划分和演化[J]. 地学前缘,23(6):1-23.

潘桂棠,王立全,尹福光,等,2004. 从多岛弧盆系研究实践看板块构造登陆的魅力[J]. 地质通报,23(9-10):933-939.

潘桂棠,王立全,张万萍,等,2013. 1:150 万青藏高原及邻区大地构造图说明书[M]. 北京:地质出版社.

潘桂棠,肖庆辉,陆松年,等,2009. 中国大地构造单元划分[J]. 中国地质,36(1):1-28.

潘桂棠,肖庆辉,尹福光,等,2017. 中国大地构造[M]. 北京:地质出版社.

潘桂棠,肖庆辉,2016. 中国大地构造图(1:250 万)[M]. 北京:地质出版社.

潘桂棠,徐强,侯增谦,等,2003. 西南"三江"多岛弧造山过程成矿系统与资源评价[M]. 北京:地质出版社.

裴先治,李厚民,李国光,等,1997. 东秦岭"武关岩群"斜长角闪岩 Sm-Nd 同位素年龄及其地质意义[J]. 中国区域地质,16(1):38-42.

裴先治,李厚民,李国光,2001. 东秦岭丹凤岩群的形成时代和构造属性[J]. 岩石矿物学杂志,20(2):180-188.

祁生胜,宋述光,史连昌,等,2014. 东昆仑西段夏日哈木-苏海图早古生代榴辉岩的发现及意义[J]. 岩石学报,30(11):3345-56.

祁生胜,王毅智,何世豪,等,2009. 唐古拉地区尕羊晚二叠世碰撞型花岗岩的确定和构造意义[J]. 西北地质,42(3):26-35.

祁晓鹏,杨杰,范显刚,等,2018. 东昆仑造山带东段牦牛山组英安岩年代学和地球化学研究[J]. 矿物岩石地球化学通报,37(3):482-494.

青海省地质矿产局,1997. 青海省岩石地层[M]. 武汉:中国地质大学出版社.

全国地层委员会,2002. 中国区域年代地层(地质年代)表说明书[M]. 北京:地质出版社.

任秉琛,杨兴科,李文明,等,2002. 东天山土屋特大型斑岩铜矿成矿地质特征与矿床对比[J]. 西北地质,35(3):67-75.

任纪舜,牛宝贵,王军,等,2013. 1:5 000 000 国际亚洲地质图[M]. 北京:地质出版社.

任纪舜,肖藜薇,2001. 中国大地构造与地层区划[J]. 地层学杂志,25(增刊):361-369.

任纪舜,王作勋,陈炳蔚,等,1997. 新一代中国大地构造图[J]. 中国区域地质,16(3):225-248.

任纪舜,王作勋,陈炳蔚,等,1999. 从全球看中国大地构造:中国及邻区大地构造图简要说明书[M]. 北京:地质出版社.

任纪舜,2004. 读《中国主要地质构造单位》:中国大地构造的经典著作[J]. 地质论评,50(3):235-239.

任燕,郭宏,涂其军,等,2006. 吐哈盆地南缘彩霞山东石英闪长岩岩株锆石 SHRIMP U-Pb 测年[J]. 地质通报,25(8):941-944.

茹艳娇,李智佩,白建科,等,2018. 西天山乌孙山地区大哈拉军山组火山岩岩石组合与喷发序列研究[J]. 西北地质,51(4):33-42.

茹艳娇,徐学义,李智佩,等,2012. 西天山乌孙山地区大哈拉军山组火山岩 LA-ICP-MS 锆石 U-Pb 年龄及其构造环境[J]. 地质通报,31(1):50-62.

陕西省地质矿产局,1989.陕西省区域地质志[M].北京:地质出版社.

陕西省地质矿产局,1998.陕西省岩石地层[M].武汉:中国地质大学出版社.

史仁灯,杨经绥,吴才来,等,2004.北祁连玉石沟蛇绿岩形成于晚震旦世的SHRIMP年龄证据[J].地质学报,78(5):649-657.

宋彪,李锦轶,李文铅,等,2002.吐哈盆地南缘克孜尔卡拉萨依和大南湖花岗质岩基SHRIMP锆石定年及其地质意义[J].新疆地质,20(4):342-345.

宋秉田,2007.甘肃北山小草湖超单元地质特征[J].甘肃地质,16(1-2):11-16.

宋述光,牛耀龄,张立飞,等,2009.大陆造山运动:从大洋俯冲到大陆俯冲、碰撞、折返的时限:以北祁连山、柴北缘为例[J].岩石学报,25(9):2067-2077.

宋述光,王梦钰,王潮,等,2015.大陆造山带碰撞-俯冲-折返-垮塌过程的岩浆作用及大陆地壳净生长[J].中国科学:地球科学,45(7):916-940.

宋述光,杨经绥,2001.柴达木盆地北缘都兰地区榴辉岩中透长石+石英包裹体:超高压变质作用的证据[J].地质学报,75(2):180-185.

宋述光,张立飞,Y NIU,等,2004a.北祁连榴辉岩锆石SHRIMP定年及其意义[J].科学通报,23(9-10):918-925.

宋述光,张立飞,Y NIU,等,2002.阿尔金榴辉岩中超高压变质作用证据[J].科学通报,47(3):231-234.

宋述光,1997.北祁连山俯冲杂岩带的构造演化[J].地球科学进展,12(4):351-365.

宋述光,2009.北祁连山古大洋俯冲带高压变质岩研究评述[J].地质通报,28(12):1769-1778.

宋忠宝,冯益民,何世平,1997.中川花岗岩构造岩浆活动特征与成矿作用[J].西安地质学院学报,19(4):48-52.

宋忠宝,任有祥,李智佩,等,2004.北祁连山西段巴个峡—黑大坂一带几个花岗闪长岩体的侵入时代讨论:兼论古阿尔金断裂活动时间[J].地球学报,25(2):205-208.

苏建平,张新虎,胡能高,等,2004.中祁连西段野马南山埃达克质花岗岩的地球化学特征及成因[J].中国地质,31(4):365-371.

苏玉平,唐红峰,丛峰,等,2008.新疆东准噶尔黄羊山碱性花岗岩体的锆石U-Pb年龄和岩石成因[J].矿物学报,28(2):117-126.

苏玉平,唐红峰,侯广顺,等,2006.新疆西准噶尔达拉布特构造带铝质A型花岗岩的地球化学研究[J].地球化学,25(3):55-67.

苏玉平,唐红峰,刘丛强,等,2006.新疆东准噶尔苏吉泉铝质A型花岗岩的确立及其初步研究[J].岩石矿物学杂志,25(3):175-184.

孙丹玲,孙勇,张良,等,2007.柴北缘鱼卡河榴辉岩的超高压变质年龄:锆石LA-ICP-MS微区定年[J].中国科学(D辑:地球科学),(S1):279-287.

孙桂英,张德全,徐洪林,1995.格尔木-额济纳旗地学断面走廊域花岗岩类的岩石化学特征与构造环境的判别[J].地球物理学报,38(增刊Ⅱ):145-148.

孙吉明,马中平,唐卓,等,2012.阿尔金南缘鱼目泉岩浆混合花岗岩LA-ICP-MS测年与构造意义[J].地质学报,86(2):247-257.

孙敏,龙晓平,蔡克大,等,2009.阿尔泰早古生代末期洋中脊俯冲:锆石同位素组成突变的启示[J].中国科学,39(7):935-948.

孙卫东,李曙光,CHEN Y D,等,2000.南秦岭花岗岩锆石U-Pb定年及其地质意义[J].地球化学,29(3):209-216.

孙勇,张国伟,杨司祥,等,1996.北秦岭早古生代二郎坪蛇绿岩片的组成和地球化学[J].中国科学(D辑:地球科学),26(S1):49-55.

孙雨,裴先治,丁仨平,等,2009.东昆仑哈拉尕吐岩浆混合花岗岩:来自锆石U-Pb年代学的证据[J].地质学报,83(7):1000-1010.

覃小锋,夏斌,黎春泉,等,2008.阿尔金构造带西段前寒武纪花岗质片麻岩的地球化学特征及其构造背景[J].现代地质,22(1):34-44.

谭佳奕,吴润江,张元元,等,2009.东准噶尔卡拉麦里地区巴塔玛依内山组火山岩特征和年代确定[J].岩石学报,25(3):539-546.

汤耀庆,高俊,赵民,等,1995.西南天山蛇绿岩和蓝片岩[M].北京:地质出版社.

汤中立,白云来,2001.北祁连造山带两种构造基底岩块及成矿系统[J].甘肃地质学报,12(10):1-10.

唐功建,陈海红,王强,等,2008.西天山达巴特A型花岗岩的形成时代与构造背景[J].岩石学报,24(5):947-958.

唐俊华,顾连兴,张遵忠,等,2008.东天山黄山-镜儿泉过铝花岗岩矿物学-地球化学及年代学研究[J].岩石学报,24(5):921-946.

童晓光,徐树宝,2004.世界石油勘探开发图集[M].北京:石油工业出版社.

童英,洪大卫,王涛,等,2006.阿尔泰造山带南缘富蕴后造山线形花岗岩体锆石U-Pb年龄及其地质意义[J].岩石矿物学杂志,25(2):85-89.

童英,王涛,洪大卫,等,2006.阿尔泰中蒙边界塔克什肯口岸后造山富碱侵入岩体的形成时代、成因及其地壳生长意义[J].岩石学报,22(5):1267-1278.

童英,王涛,洪大卫,等,2007.中国阿尔泰北部山区早泥盆世花岗岩的年龄、成因及构造意义[J].岩石学报,23(8):1933-1944.

汪传胜,顾连兴,张遵忠,等,2009.东天山哈尔里克山区二叠纪高钾钙碱性花岗岩成因及地质意义[J].岩石学报,25(6):1499-1511.

汪传胜,张遵忠,吴昌志,等,2009.东天山八大石早二叠世二长花岗岩中闪长质包体的特征、锆石定年及其地质意义[J].岩石矿物学杂志,28(4):299-315.

汪啸风,陈孝红,等,2005.中国各地质时代地层划分与对比[M].北京:地质出版社.

汪玉珍,方锡廉,1987.西昆仑喀喇昆仑花岗岩类时空分布规律的初步探讨[J].新疆地质,5(1):9-23.

王宝瑜,郎智君,李向东,等,1994.中国天山西段地质剖面综合研究[M].北京:科学出版社.

王秉璋,罗照华,李怀毅,等,2009.东昆仑祁漫塔格走廊域晚古生代—早中生代侵入岩岩石组合及时空格架[J].中国地质,36(4):769-782.

王秉璋,罗照华,曾小平,等,2008.青海三江北段治多地区印支期花岗岩的成因及锆石U-Pb定年[J].中国地质,35(2):196-206.

王博,舒良树,DOMINIQUE C,等,2007.科克苏-穹库什太古生代构造-岩浆作用及其对西南天山造山时代的约束[J].岩石学报,23(6):1354-1368.

王博,舒良树,DOMINIQUE C,等,2007.伊犁北部博罗霍努岩体年代学和地球化学研究及其大地构造意义[J].岩石学报,23(8):1885-1900.

王博,舒良树,FAURE M,等,2007.科克苏-穹库什太古生代构造-岩浆作用及其对西南天山造山时代的约束[J].岩石学报,23(6):1354-1368.

王超,刘良,车自成,等,2007a.西南天山阔克萨彦岭巴雷公镁铁质岩石的地球化学特征、LA-ICP-MS U-Pb年龄及其大地构造意义[J].地质论评,53(6):743-754.

王超,刘良,罗金海,等,2007b.西南天山晚古生代后碰撞岩浆作用:以阔克萨彦岭地区巴雷公花岗岩为例[J].岩石学报,23(8):1830-1840.

王超,罗金海,车自成,等,2009.新疆欧西达坂花岗质岩体地球化学特征和锆石LA-ICPMS定年:西南天山古生代洋盆俯冲作用过程的启示[J].地质学报,83(2):272-283.

王存智,杨坤光,徐扬,等,2009.北大巴基性岩墙群地球化学特征、LA-ICP-MS锆石U-Pb定年及其大地构造意义[J].地质科技情报,28(3):19-26.

王国灿,王青海,简平,等,2004.东昆仑前寒武纪基底变质岩系的锆石SHRIMP年龄及其构造意义[J].地学前缘,11(4):481-490.

王国华,齐瑞荣,贾祥祥,等,2016.青海南祁连哈尔达乌片岩的构造特征及时代讨论[J].甘肃地质,25(3):48-52.

王国强,李向民,徐学义,等,2016.甘蒙北山志留纪公婆泉群火山岩的地球化学及其对岩石成因和构造环境的制约[J].地质学报,90(10):2603-2619.

王洪亮,何世平,陈隽璐,等,2006.太白岩基巩坚沟变形侵入体LA-ICPMS锆石U-P测年及大地构造意义:吕梁运动在北秦岭造山带的表现初探[J].地质学报,80(11):1660-1667.

王洪亮,何世平,陈隽璐,等,2007.北秦岭西段胡店片麻状二长花岗岩LA-ICP-MS锆石U-Pb测年及其地质意义[J].中国地质,34(1):17-25.

王洪亮,何世平,陈隽璐,等,2007.甘肃马衔山花岗岩杂岩体LA-ICPMS锆石U-Pb测年及其构造意义[J].地质学报,81(1):72-78.

王洪亮,徐学义,陈隽璐,等,2009.北秦岭西段岩湾加里东期碰撞型侵入体形成时代及地球化学特征[J].地质学报,

83(3):353-364.

王洪亮,徐学义,何世平,等,2007.中国天山及邻区地质图(1∶1 000 000)[M].北京:地质出版社.

王鸿祯,1978.论中国地层分区[J].地层学杂志,2(2):81-104.

王惠初,陆松年,袁桂邦,等,2003.柴达木盆地北缘滩间山群的构造属性及形成时代[J].地质通报,2(7):487-493.

王剑,汪正江,陈文西,等,2007.藏北北羌塘盆地那底岗日组时代归属的新证据[J].地质通报,26(4):404-409.

王居里,王守敬,柳小明,2009.新疆天格尔地区碱长花岗岩的地球化学、年代学及其地质意义[J].岩石学报,25(4):925-933.

王居里,炎金才,王润三,等,1995.新疆胜利达坂地区花岗岩类的地球化学及成岩环境[J].西北地质科学,16(2):29-35.

王炬川,韩芳林,崔建堂,等,2003.新疆于田普鲁一带早古生代花岗岩岩石地球化学特征及构造意义[J].地质通报,22(3):170-181.

王凯,计文化,孟勇,等,2019.天山造山带东段构造变形对增生造山末期的响应[J].大地构造与成矿,43(5):894-910.

王立全,潘桂棠,丁俊,等,2013.青藏高原及邻区地质图及说明书(1∶1 500 000)[M].北京:地质出版社.

王立全,潘桂棠,李定谋,等,1999.金沙江弧-盆系时空结构及地史演化[J].地质学报,73(3):206-218.

王龙,宇峰,刘智贤,等,2016.中祁连西段托赖岩群变质岩的原岩恢复及其构造环境[J].地质通报,35(9):1448-1455.

王润三,王居里,周鼎武,等,1999.南天山榆树沟遭受麻粒岩相变质改造的蛇绿岩套研究[J].地质科学,34(2):166-176.

王守敬,王居里,2010.新疆巴伦台钾长花岗岩的地球化学及年代学[J].西北大学学报(自然科学版),40(1):105-110.

王涛,王晓霞,田伟,等,2009.北秦岭古生代花岗岩组合、岩浆时空演变及其对造山作用的启示[J].中国科学(D辑:地球科学),39(7):949-971.

王涛,张宗清,王晓霞,等,2005.秦岭造山带核部新元古代碰撞变形及其时代:强变形同碰撞花岗岩与弱变形脉体锆石 SHRIMP 年龄限定[J].地质学报,79(2):220-232.

王廷印,王士政,王金荣,等,1994.阿拉善地区古生代陆壳的形成和演化[M].兰州:兰州大学出版社.

王伟,孟勇,王凯,等,2019.新疆东天山旱草湖环状岩体锆石 U-Pb 年龄、地球化学特征及成因[J].地质通报,38(5):777-789.

王晓霞,卢欣祥,2003a.北秦岭沙河湾环斑结构花岗岩的矿物学特征及其岩石学意义[J].矿物学报,23(1):57-62.

王晓霞,王涛,卢欣祥,等,2003b.北秦岭老君山和秦岭梁环斑结构花岗岩及构造环境:一种可能的造山带型环斑花岗岩[J].岩石学报,19(4):650-660.

王晓霞,王涛,齐秋菊,等,2011.秦岭晚中生代花岗岩时空分布、成因演变及构造意义[J].岩石学报,27(6):1573-1593.

王新昆,彭慰兰,胡克亮,等,2009.新疆东天山中部隆起区早石炭世钙碱性花岗岩的确定[J].新疆地质,27(3):212-216.

王彦斌,王永,刘训,等,2000.南天山托云盆地晚白垩世—早古近纪玄武岩的地球化学特征及成因初探[J].岩石矿物学杂志,19(2):131-139.

王彦斌,1994.甘肃北山地区后造山花岗质岩石的大地构造背景[J].中国区域地质,3:234-239.

王银喜,李惠民,陶仙聪,等,1991.中天山东段花岗岩类钕锶氧同位素及地壳形成年龄[J].岩石学报,7(3):21-28.

王瑜,李锦轶,李文铅,2002.东天山造山带右行剪切变形及构造演化的^{40}Ar-^{39}Ar年代学证据[J].新疆地质,20(4):315-319.

王玉往,王京彬,王莉娟,等,2011.新疆吐尔库班套蛇绿混杂岩的发现及其地质意义[J].地学前缘,18(3):151-165.

王宗起,闫臻,王涛,等,2009.秦岭造山带主要疑难地层时代研究的新进展[J].地球学报,30(5):561-570.

王作勋,姜春发,等,1990.天山多旋回构造演化与成矿作用[M].北京:科学出版社.

王作勋,邬继易,吕喜朝,等,1990.天山多旋回构造与及成矿[M].北京:科学出版社.

温志亮,徐学义,赵仁夫,等,2008.西秦岭党川地区泥盆纪花岗岩类地质地球化学特征及构造意义[J].地质论评,54(6):827-836.

温志亮，2008. 西秦岭教场坝岩体岩浆混合成因的新认识[J]. 矿物岩石，28(3)：29-36.

吴波，贺国琦，吴泰然，等，2006. 新疆布尔根蛇绿混杂岩的发现及其大地构造意义[J]. 中国地质，33(3)：476.

吴才来，郜源红，吴锁平，等，2008. 柴北缘西段花岗岩锆石 SHRIMP U-Pb 定年及其岩石地球化学特征[J]. 中国科学(D辑：地球科学)，38(8)：930-949.

吴才来，郜源红，吴锁平，2007. 柴达木盆地北缘大柴旦地区古生代花岗岩锆石 SHRIMP 定年[J]. 岩石学报，23(8)：1861-1875.

吴才来，徐学义，高前明，等，2010. 北祁连早古生代花岗质岩浆作用及构造演化[J]. 岩石学报，26(4)：1027-1044.

吴才来，杨经绥，TREVOR IRELAND，等，2001. 祁连南缘嗷唠山花岗岩 SHRIMP 锆石年龄及其地质意义[J]. 岩石学报，17(2)：0215-235.

吴才来，杨经绥，WOODEN J L，等，2001. 柴达木山花岗岩锆石 SHRIMP 定年[J]. 科学通报，46(20)：1743-1747.

吴才来，杨经绥，WOODEN J L，2004. 柴达木北缘都兰野马滩花岗岩锆石 SHRIMP 定年[J]. 中国科学，49(16)：1667-1672.

吴才来，杨经绥，李海兵，等，2001. 祁连南缘嗷唠山花岗岩 SHRIMP 锆石年龄及其地质意义[J]. 岩石学报，17(2)：215-221.

吴才来，杨经绥，王志红，等，2001. 柴达木盆地北缘西端冷湖花岗岩[J]. 中国区域地质，20(1)：73-81.

吴才来，杨经绥，杨宏仪，等，2004. 北祁连东部两类Ⅰ型花岗岩定年及其地质意义[J]. 岩石学报，20(3)：425-432.

吴才来，杨经绥，姚尚志，等，2005. 北阿尔金巴什考供盆地南缘花岗杂岩体特征及锆石 SHRIMP 定年[J]. 岩石学报，21(3)：846-858.

吴才来，姚尚志，杨经绥，等，2006. 北祁连洋早古生代双向俯冲的花岗岩证据[J]. 中国地质，33(6)：1197-1208.

吴昌志，张遵忠，KHIN Z，等，2006. 东天山觉罗塔格红云滩花岗岩年代学、地球化学及其构造意义[J]. 岩石学报，22(5)：1121-1134.

吴峰辉，刘树文，李秋根，等，2009. 西秦岭光头山花岗岩锆石 U-Pb 年代学及其地质意义[J]. 北京大学学报(自然科学版)，45(5)：811-818.

吴汉泉，冯益民，等，1990. 北祁连山中段甘肃肃南变质硬柱石蓝闪片岩的发现及其意义[J]. 地质论评，36(3)：277-280.

吴华，李华芹，陈富文，等，2006. 东天山哈密地区赤湖钼铜矿区斜长花岗斑岩锆石 SHRIMP U-Pb 年龄[J]. 地质通报，25(5)：549-552.

吴峻，兰朝利，李继亮，等，2002. 阿尔金红柳沟蛇绿混杂岩中 MORB 与 OIB 组合的地球化学证据[J]. 岩石矿物学杂志，21(1)：24-30.

吴锁平，吴才来，陈其龙，2007. 阿尔金断裂南侧吐拉铝质 A 型花岗岩的特征及构造环境[J]. 地质通报，26(10)：1385-1392.

武鹏，王国强，李向民，等，2012. 甘肃北山地区牛圈子蛇绿岩的形成时代及地质意义[J]. 地质通报，31(12)：2032-2037.

西安地质矿产研究所，2006. 西北地区矿产资源找矿潜力[M]. 北京：地质出版社.

奚仁刚，校培喜，伍跃中，等，2010. 东昆仑肯德可克铁矿区二长花岗岩组成、年龄及地质意义[J]. 西北地质，43(4)：195-202.

夏林圻，夏祖春，马中平，等，2009. 南秦岭中段西乡群火山岩岩石成因[J]. 西北地质，42(2)：1-37.

夏林圻，夏祖春，彭礼贵，等，1991. 北祁连山石灰沟奥陶纪岛弧火山岩系岩浆性质的确定[J]. 岩石矿物学杂志，10(1)：1-10.

夏林圻，夏祖春，任有祥，等，1996. 北祁连海相火山岩岩石成因[M]. 北京：地质出版社.

夏林圻，夏祖春，任有祥，等，1998. 祁连山及邻区火山作用与成矿[M]. 北京：地质出版社.

夏林圻，夏祖春，任有祥，等，2001. 北祁连山构造-火山岩浆-成矿动力学[M]. 武汉：中国地质大学出版社.

夏林圻，夏祖春，徐学义，等，1995. 北祁连构造-火山岩浆演化动力学[J]. 西北地质科学，16(1)：1-28.

夏林圻，夏祖春，徐学义，等，2004. 天山石炭纪大火成岩省与地幔柱[J]. 地质通报，23(9-10)：903-910.

夏林圻，夏祖春，徐学义，等，2007. 利用地球化学方法判别大陆玄武岩和岛弧玄武岩[J]. 岩石矿物学杂志，26(1)：77-89.

夏林圻，夏祖春，徐学义，等，2007. 天山岩浆作用[M]. 北京：地质出版社.

夏林圻,夏祖春,徐学义,等,2008.天山及邻区石炭纪—早二叠世裂谷火山岩岩石成因[J].西北地质,41(4):1-68.

夏林圻,夏祖春,徐学义,等,2009.天山石炭纪火山岩中含有富 Nb 岛弧玄武岩吗?[J].地学前缘,16(6):303-317.

夏林圻,夏祖春,徐学义,1996.北祁连海相火山岩岩石成因[M].北京:地质出版社.

夏林圻,夏祖春,徐学义,1996.南秦岭元古宙西乡群大陆溢流玄武岩的确定及其地质意义[J].中国科学(D 辑:地球科学),26(6):513-522.

夏林圻,夏祖春,徐学义,1998.北祁连洋壳-洋脊和弧后盆地火山作于[J].地质学报,72(4):301-312.

夏林圻,夏祖春,徐学义,2001.北祁连山构造-火山岩浆-成矿动力学[M].武汉:中国地质大学出版社.

夏林圻,夏祖春,徐学义,2002.天山古生代洋陆转化特点的几点思考[J].西北地质,35(4):9-20.

夏林圻,夏祖春,徐学义,2003.北祁连山奥陶纪弧后盆地火山岩浆成因[J].中国地质,30(1):48-60.

夏林圻,夏祖春,张诚,等,1994.北大巴山碱质基性—超基性潜火山杂岩岩石地球化学[M].北京:地质出版社.

夏林圻,张国伟,夏祖春,等,2002.天山古生代洋盆开启、闭合时限的岩石学约束:来自震旦纪、石炭纪火山岩的证据[J].地质通报,21(2):55-62.

夏林圻,2001.造山带火山岩研究[J].岩石矿物学杂志,20(3):225-232.

夏小洪,宋述光,2010.北祁连山肃南九个泉蛇绿岩形成年龄和构造环境[J].科学通报,55(15):1465-1473.

夏祖春,徐学义,夏林圻,等,2005.天山石炭纪—二叠纪后碰撞花岗质岩石地球化学研究[J].西北地质,38(1):1-14.

相振群,陆松年,李怀坤,等,2007.北祁连西段熬油沟辉长岩的锆石 SHRIMP U-Pb 年龄及地质意义[J].地质通报,26(12):1686-1691.

肖庆辉,卢欣祥,王菲,等,2003.柴达木北缘鹰峰环斑花岗岩的时代及地质意义[J].中国科学(D 辑:地球科学),33(12):1193-1200.

肖文交,WINDLEY B F,阎全人,等,2006.北疆地区阿尔曼太蛇绿岩锆石 SHRIMP 年龄及其大地构造意义[J].地质学报,80(1):32-37.

肖文交,韩春明,袁超,等,2006.新疆北部石炭纪—二叠纪独特的构造-成矿作用对古亚洲洋构造域南部大地构造演化的制约[J].岩石学报,22(5):1062-1076.

肖序常,陈国铭,朱志,1978.祁连山古蛇绿岩带的地质构造意义[J].地质学报,52:287-295.

肖序常,格雷厄姆 S A,卡罗尔 A R,等,1990.中国西部元古代蓝片岩带-世界上保存最好的前寒武纪蓝片岩[J].新疆地质,8(1):12-21.

肖序常,何国琦,李继亮,等,2001.中国新疆地壳结构与地质演化[M].北京:地质出版社.

肖序常,何国琦,徐新,等,2010.中国新疆地壳结构与地质演化[M].北京:地质出版社.

肖序常,汤耀庆,等,1991.古中亚复合巨型缝合带南缘构造演化[M].北京:科学技术出版社.

肖序常,汤耀庆,冯益民,等,1992.新疆北部及其邻区大地构造[M].北京:地质出版社.

肖序常,王军,苏梨,等,2005.青藏高原西北西昆仑山早期蛇绿岩及其构造演化[J].地质学报,79(6):601.

校培喜,高晓峰,胡云绪,等,2014.阿尔金-东昆仑西段成矿带地质背景研究[M].北京:地质出版社.

校培喜,黄玉华,王育习,等,2006.新疆库鲁克塔格地块东南缘钾长花岗岩的地球化学特征及同位素测年[J].地质通报,25(6):725-729.

新疆维吾尔自治区地质矿产局,1993.新疆维吾尔自治区区域地质志[M].北京:地质出版社.

新疆维吾尔自治区地质矿产局,1999.全国地层多重划分对比研究(65):新疆维吾尔自治区岩石地层[M].武汉:中国地质大学出版社.

新疆维吾尔自治区地质矿产局,1999.新疆维吾尔自治区岩石地层[M].武汉:中国地质大学出版社.

新疆维吾尔自治区地质矿产局区域地质调查大队,1985.天山花岗岩地质[M].北京:地质出版社.

邢光福,冯益民,余明刚,等,2017.中国火山岩大地构造[M].北京:地质出版社.

邢光福,冯益民,2015.1:250 万中国火山岩大地构造图[M].北京:地质出版社.

修群业,于海峰,刘永顺,等,2007.阿尔金北缘枕状玄武岩的地质特征及其锆石 U-Pb 年龄[J].地质学报,81(6):787-794.

徐卫东,岳世东,张国成,2007.北祁连西段黑下佬同碰撞花岗岩地质特征[J].地质调查与研究,30(2):110-114.

徐学义,陈隽璐,李向民,等,2009.扬子陆块北缘白勉峡组和三湾组火山岩形成构造环境及岩石成因的地球化学约束[J].地质学报,83(11):1703-1718.

徐学义,陈隽璐,李向民,等,2010.西乡群三郎铺组合大石沟组火山岩 U-Pb 定年和岩石成因研究[J].岩石学报,26

(2):617-632.

徐学义,陈隽璐,张二朋,等,2014. 1:500 000 秦岭及邻区地质图说明书[M]. 西安:西安地图出版社.

徐学义,何世平,王洪亮,等,2008. 中国西北部地质概论[M]. 北京:科学出版社.

徐学义,何世平,王洪亮,等,2008. 中国西北部地质概论-秦岭、祁连、天山地区[M]. 北京:科学出版社.

徐学义,李婷,陈隽璐,等,2011. 扬子地台北缘檬子地区侵入岩年代格架和岩石成因研究[J]. 岩石学报,27(3):699-720.

徐学义,马中平,李向民,等,2003. 西南天山吉根地区 P-MORB 残片的发现及其构造意义[J]. 岩石矿物学杂志,22(3):245-253.

徐学义,马中平,夏林圻,等,2005. 北天山巴音沟蛇绿岩斜长花岗岩锆石 SHRIMP 测年及其意义[J]. 地质论评,51(5):523-527.

徐学义,马中平,夏林圻,等,2005. 北天山巴音沟蛇绿岩形成时代的精确厘定及意义[J]. 地球科学与环境学报,27(2):17-20.

徐学义,马中平,夏祖春,等,2005. 天山石炭纪—二叠纪后碰撞花岗岩的 Nd、Sr、Pb 同位素源区示踪[J]. 西北地质,38(2):1-18.

徐学义,马中平,夏祖春,等,2006. 天山中西段古生代花岗岩 TIMS 法锆石 U-Pb 同位素定年及岩石地球化学特征研究[J]. 西北地质,39(1):50-75.

徐学义,王洪亮,马国林,等,2010. 西天山那拉提地区古生代花岗岩的年代学和锆石 Hf 同位素研究[J]. 岩石矿物学杂志,29(6):691-706.

徐学义,夏林圻,陈隽璐,等,2009. 扬子地块北缘西乡群孙家河组火山岩形成时代及元素地球化学研究[J]. 岩石学报,25(12):3309-3326.

徐学义,夏林圻,马中平,等,2006a. 北天山巴音沟蛇绿岩斜长花岗岩 SHRIMP 锆石 U-Pb 年龄及蛇绿岩成因研究[J]. 岩石学报,22(1):83-94.

徐学义,夏林圻,马中平,等,2006b. 北天山巴音沟蛇绿岩形成于早石炭世:来自辉长岩 LA-ICPMS 锆石 U-Pb 年龄的证据[J]. 地质学报,50(8):1168-1176.

徐学义,夏林圻,夏祖春,等,2001. 岚皋早古生代碱质煌斑杂岩地球化学特征及成因探讨[J]. 地球学报,22(1):55-60.

徐学义,夏林圻,夏祖春,等,2002b. 西南天山托云地区白垩纪—早古近纪玄武岩地球化学及其成因机制[J]. 地球化学,32(6):551-560.

徐学义,夏林圻,张国伟,等,2002. 下石炭统马鞍桥组在天山构造演化中的地位[J]. 新疆地质,20(4):338-341.

徐学义,夏林析,夏祖春,等,1999. 北大巴山早古生代地幔交代作用与煌斑岩浆的起源和演化[J]. 地质论评,45(增刊):689-697.

徐志刚,陈毓川,王登红,等,2008. 中国成矿区带划分方案[M]. 北京:地质出版社.

许亚玲,毛永忠,王刚刚,2006. 甘肃省岷县—礼县一带柏家庄岩体群成岩成矿特点及成矿机制探讨[J]. 甘肃地质,15(2):36-41.

许志琴,刘福来,戚学祥,等,2006. 南苏鲁超高压变质地体中罗迪尼亚超大陆裂解事件的记录[J]. 岩石学报,22(7):1745-1760.

许志琴,徐惠芬,张建新,等,1994. 北祁连走廊南山加里东俯冲杂岩增生地体及其动力学[J]. 地质学报,68(1):1-5.

许志琴,张建新,徐惠芬,等,1997. 中国主要大陆山链韧性剪切带及动力学[M]. 北京:地质出版社.

薛春纪,赵战锋,吴淦国,等,2010. 中亚构造域多期迭加斑岩铜矿化:以阿尔泰东南缘哈腊苏铜矿床地质、地球化学和成岩成矿时代研究为例[J]. 地学前缘,17(2):53-82.

薛宁,王瑾,谈生祥,等,2009. 中祁连北缘野牛沟-托勒地区晋宁期花岗岩的地质意义[J]. 青海大学学报(自然科学版),27(4):23-28.

闫全人,陈隽璐,王宗起,等,2007. 北秦岭小王涧枕状熔岩中淡色侵入岩的地球化学特征、SHRIMP 年龄及地质意义[J]. 中国科学,37(10):1301-1313.

闫全人,王宗起,HANSON A D,等,2003. 扬子板块西北缘碧口群火山岩系的 SHRIMP 年代、Sr-Nd-Pb 同位素特征及意义[J]. 地质学报,77(4):590.

闫全人,王宗起,闫臻,等,2007. 秦岭勉略构造混杂岩带康县-勉县段蛇绿岩块-铁镁质岩块的 SHRIMP 年代及其意义[J]. 地质论评,53(6):755-764.

杨富全,刘锋,柴凤梅,等,2011. 新疆阿尔泰铁矿:地质特征、时空分布及成矿作用[J]. 矿床地质,30(4):575-598.

杨高学,李永军,郭文杰,等,2008. 西天山阿吾拉勒阔尔库岩基解体的岩石化学证据[J]. 地球科学与环境学报,30(2):125-155.

杨高学,李永军,司国辉,等,2008. 东准库布苏南岩体 LA-ICP-MS 锆石 U-Pb 测年[J]. 中国地质,35(5):849-858.

杨高学,周继兵,栾新东,等,2008. 西天山阿吾拉勒阔尔库岩基解体的地球化学证据及意义[J]. 新疆地质,26(2):128-132.

杨合群,李英,赵国斌,等,2010. 北山蛇绿岩特征及构造属性[J]. 西北地质,43(1):26-36.

杨经绥,SHIGENORI MARUYAMA,2001. 柴达木盆地北缘早古生代高压—超高压变质带中发现典型超高压矿物-柯石英[J]. 地质学报,75(2):175-179.

杨经绥,史仁灯,吴才来,等,2008. 北阿尔金地区米兰红柳沟蛇绿岩的岩石学特征和 SHRIMP 定年[J]. 岩石学报,24(7):1567-1584.

杨经绥,吴才来,陈松永,等,2006. 甘肃北山地区榴辉岩的变质年龄:来自锆石的 U-Pb 同位素定年证据[J]. 中国地质,33(2):317-325.

杨经绥,吴才来,史仁灯,2001. 阿尔金山米兰红柳沟的席状岩墙群:海底扩张的重要证据[J]. 地质通报,21(2):69-74.

杨经绥,徐向珍,李天福,等,2011. 新疆中天山南缘库米什地区蛇绿岩的锆石 U-Pb 同位素定年早古生代洋盆的证据[J]. 岩石学报,27(1):77-95.

杨经绥,许志琴,李海兵,等,1998. 我国西部柴北缘地区发现榴辉岩[J]. 科学通报,43(14):1544-1549.

杨经绥,许志琴,裴先治,等,2002. 秦岭发现金刚石:横贯中国中部巨型超高压变质带新证据及古生代和中生代两期深俯冲作用的识别[J]. 地质学报,76(4):484-495.

杨经绥,许志琴,宋述光,等,2000. 青海都兰榴辉岩的发现及其对中国中央造山带内高压—超高压变质带研究的意义[J]. 地质学报,74(2):156-168.

杨经绥,张建新,孟繁聪,等,2003. 中国西北柴达木-阿尔金的超高压变质榴辉岩及其原岩性质探讨[J]. 地学前缘,10(3):291-314.

杨经绥,张建新,2002. 中国西北地区早古生代柴达木北缘超高压变质带的大陆俯冲:证据来自此带中发现柯石英[J]. 地质学报,76(1):94.

杨恺,刘树文,李秋根,等,2009. 秦岭柞水岩体和东江口岩体的锆石 U-Pb 年代学及其意义[J]. 北京大学学报(自然科学版),45(5):841-847.

杨明慧,宋建军,2002. 柴达木盆地冷湖花岗岩体岩石学初步研究[J]. 西北地质,35(3):94-98.

杨天南,李锦轶,孙桂华,等,2006. 中天山早泥盆世陆弧:来自花岗质糜棱岩地球化学及 SHRIMP-U/Pb 定年的证据[J]. 岩石学报,22(1):41-48.

杨天南,王小平,2006. 新疆库米什早泥盆世侵入岩时代、地球化学及大地构造意义[J]. 岩石矿物学杂志,25(5):401-410.

杨钊,董云鹏,柳小明,等,2006. 西秦岭天水地区关子镇蛇绿岩锆石 LA-ICP-MSU-Pb 定年[J]. 地质通报,25(11):1321-1325.

姚文光,洪俊,吕鹏瑞,等,2019. 苏莱曼山-喀喇昆仑山区域地质背景和成矿特征[M]. 北京:科学出版社.

雍拥,肖文交,袁超,等,2008. 中祁连东段古生代花岗岩的年代学、地球化学特征及其大地构造意义[J]. 岩石学报,24(4):855-866.

雍拥,肖文交,袁超,等,2008. 中祁连东段花岗岩 LA-ICP-MS 锆石 U-Pb 年龄及地质意义[J]. 新疆地质,26(1):62-70.

袁超,孙敏,肖文交,等,2003a. 原特提斯的消减极性:西昆仑 128 公里岩体的启示[J]. 岩石学报,19(3):399-408.

袁超,孙敏,周辉,等,2003b. 西昆仑阿卡阿孜山岩体的年代、源区和构造意义[J]. 新疆地质,21(1):37-45.

袁峰,周涛发,范裕,等,2007. 新疆东天山十里坡自然铜矿化区马头滩组玄武岩锆石 LA-ICPMS U-Pb 年龄及其意义[J]. 岩石学报,23(8):1973-1980.

袁桂邦,王惠初,李惠民,等,2002. 柴北缘绿梁山地区辉长岩的锆石 U-Pb 年龄及意义[J]. 前寒武纪研究进展,25(1):36-40.

袁学诚,1996.中国地球物理图集[M].北京:地质出版社.

曾建元,杨宏仪,万渝生,等,2006.北祁连山变质杂岩中新元古代(~775Ma)岩浆活动纪录的发现:来自SHRIMP锆石U-Pb定年的证据[J].科学通报,51(5):575-581.

张本仁,高山,张宏飞,等,2002,秦岭造山带地球化学[M].北京:科学出版社.

张成立,高山,袁洪林,等,2007.南秦岭早古生代地幔性质:来自超镁铁质、镁铁质岩脉及火山岩的Sr-Nd-Pb同位素证据[J].中国科学(D辑:地球科学),37(7):857-865.

张成立,刘良,张国伟,等,2004.北秦岭新元古代后碰撞花岗岩的确定及其构造意义[J].地学前缘,11(3):33-42.

张成立,王晓霞,王涛,等,2009.东秦岭沙河湾岩体成因——来自锆石U-Pb定年及其Hf同位素的证据[J].西北大学学报(自然科学版),39(3):453-465.

张成立,张国伟,晏云翔,等,2005.南秦岭勉略带北光头山花岗岩体群的成因及其构造意义[J].岩石学报,21(3):711-720.

张成立,周鼎武,王居里,等,2007.南天山库米什南黄尖石山岩体的年代学、地球化学和Sr-Nd同位素组成及其成因意义[J].岩石学报,23(8):1821-1829.

张驰,黄萱,1992.新疆西准噶尔蛇绿岩形成环境和时代讨论[J].地质论评,38:509-524.

张传林,杨淳,沈加林,等,2003.西昆仑北缘新元古代片麻状花岗岩锆石SHRIMP年龄及其意义[J].地质论评,19(3):239-244.

张传林,于海锋,王爱国,等,2005.西昆仑西段三叠纪两类花岗岩年龄测定及其构造意义[J].地质学报,79(5):645-652.

张德全,孙桂英,徐洪林,1995.祁连山金佛寺岩体的岩石学和同位素年代学研究[J].地球学报,37(4):375-385.

张二朋,牛道韫,霍有光,等,1993.秦巴及邻区地质-构造特征概论[M].北京:地质出版社.

张二朋,1998.西北区域地层[M].武汉:中国地质大学出版社.

张帆,刘树文,李秋根,等,2009.秦岭西坝花岗岩LA-ICP-MS锆石U-Pb年代学及其地质意义[J].北京大学学报(自然科学版),45(5):833-840.

张国伟,张本仁,袁学成,等,2001.秦岭造山带与大陆动力学[M].北京:科学出版社.

张国伟,张宗清,董云鹏,等,1995.秦岭造山带主要构造岩石地层单元的构造性质及其大地构造意义[J].岩石学报,11(2):101-114.

张宏飞,陈岳龙,徐旺春,等,2006.青海共和盆地周缘印支期花岗岩类的成因及其构造意义[J].岩石学报,22(12):2910-2922.

张宏飞,靳兰兰,张利,等,2006.基底岩系和花岗岩类Pb-Nd同位素组成限制祁连山带的构造属性[J].地球科学,31(1):57-65.

张宏飞,骆庭川,张本仁,1994.陕南铁船山岩体的地球化学特征-成因及其形成的构造环境[J].现代地质,8(4):453-458.

张宏飞,骆庭川,张本仁,1996.北秦岭漂池岩体的源区特征及其形成的构造环境[J].地质论评,42(3):209-214.

张宏飞,欧阳建平,凌文黎,等,1997.南秦岭宁陕地区花岗岩类Pb、Sr、Nd同位素组成及其深部地质信息[J].岩石矿物学杂志,16(1):22-32.

张宏飞,肖龙,张利,等,2007.扬子陆块西北缘碧口块体印支期花岗岩类地球化学和Pb-Sr-Nd同位素组成:限制岩石成因及其动力学背景[J].中国科学(D辑:地球科学),37(4):460-470.

张宏飞,张本仁,凌文黎,等,1997.南秦岭新元古代地壳增生事件:花岗质岩石钕同位素示踪[J].地球化学,26(5):16-24.

张宏飞,张本仁,骆庭川,1993.北秦岭新元古代花岗岩类成因与构造环境的地球化学研究[J].地球科学(中国地质大学学报),18(2):194-202.

张建新,孟繁聪,杨经绥,等,2003.柴达木盆地北缘西段榴辉岩相的变质泥质岩的确定及意义[J].地质通报,22(9):655-657.

张建新,万渝生,孟繁聪,等,2003.柴北缘夹榴辉岩的片麻岩(片岩)地球化学、Sm-Nd和U-Pb同位素研究:深俯冲的前寒武纪变质基底?[J].岩石学报,19(3):443-451.

张建新,杨经绥,许志琴,等,2002.阿尔金榴辉岩中超高压变质作用证据[J].科学通报,47(3):231-234.

张建新,张泽明,许志琴,等,1999.阿尔金构造带西段榴辉岩的Sm-Nd及U-Pb年龄-阿尔金构造带中加里东期山根存在的证据[J]. 科学通报，44(10)：1109-1112.

张克信，潘桂棠，何卫东，等，2015. 中国构造-地层大区划分新方案[J]. 地球科学(中国地质大学学报)，40(2)：206-233.

张克信，徐亚东，何卫红，等，2018. 中国新元古代青白口纪早期(1000～820Ma)洋陆分布[J]. 地球科学，43(11)：3837-3852.

张克信，朱云海，林启祥，等，2007. 青海同仁县隆务峡地区首次发现镁铁质-超镁铁质岩带[J]. 地质通报，26(6)：61-667.

张立飞，冼伟胜，孙敏，2004. 西准噶尔紫苏花岗岩成因岩石学研究[J]. 新疆地质，22(1)：36-42.

张旗，孙晓猛，周德进，1997. 祁连山蛇绿岩的特征、形成环境构造意义[J]. 地球科学进展，12(4)：366-393.

张旗，周国庆，王焰，2003. 中国蛇绿岩的分布、时代及其形成环境[J]. 岩石学报，19(1)：1-8.

张旗，周国庆，2001. 中国蛇绿岩[M]. 北京：科学出版社.

张寿广，张宗清，宋彪，等，2004. 东秦岭陡龄杂岩中存在新太古代物质组成 SHRIMP 锆石 U-Pb 和 Sm-Nd 年代学证据[J]. 地质学报，78(6)：800-806.

张亚峰，裴先治，丁仁平，等，2010a. 东昆仑都兰县可可沙地区加里东期石英闪长岩锆石 LA-ICP-MS U-Pb 年龄及其意义[J]. 地质通报，29(1)：79-85.

张亚峰，裴先治，2010b. 东昆仑都兰可可沙地区早古生代侵入岩体地质特征、形成时代及构造环境[D]. 西安：长安大学.

张耀玲，胡道功，吴珍汉，等，2015. 青藏高原北部巴颜喀拉山群英安质沉凝灰岩 LA-ICP-MS 锆石 U-Pb 年龄[J]. 地质通报，34(5)：809-814.

张耀玲，张绪教，胡道功，等，2010. 东昆仑纳赤台群流纹岩 SHRIMP 锆石 U-Pb 年龄[J]. 地质力学学报，16(1)：21-27.

张占武，崔建堂，王炬川，等，2007. 西昆仑康西瓦西北部库尔良早古生代角闪闪长岩花岗闪长岩锆石 SHRIMP U-Pb 测年[J]. 地质通报，26(6)：720-725.

张招崇，毛景文，左国朝，等，1998. 北祁连西段中元古代早期蛇绿岩的发现及其地质意义[J]. 矿物岩石地球化学通报，17(2)：114-118.

张招崇，闫升好，陈柏林，等，2006. 新疆东准噶尔北部俯冲花岗岩的 SHRIMP U-Pb 锆石定年[J]. 科学通报，51(13)：1565-1574.

张志诚，郭召杰，刘树文，等，1998. 新疆库鲁克塔格阔克苏地区斜长角闪岩 Nd 同位素特征及其地质意义[J]. 科学通报，43(19)：2092-2095.

张志诚，郭召杰，邹冠群，等，2009. 甘肃敦煌党河水库 TTG 地球化学特征、SHRIMP 锆石 U-Pb 定年及其构造意义[J]. 岩石学报，25(3)：495-505.

张宗清，杜安道，唐索寒，等，2004. 金川铜镍矿床年龄和源区同位素地球化学特征[J]. 地质学报，78(3)：359-365.

张宗清，刘敦一，宋彪，等，2005. 秦岭造山带中部存在太古宙岩块-陕西商南县湘河地区楼房沟斜长角闪岩-浅粒岩锆石 SHRIMP U-Pb 年龄及其意义[J]. 中国地质，32(4)：579-597.

张宗清，宋彪，唐索寒，等，2004. 秦岭佛平变质结晶岩系年龄和物质组成特征：SHRIMP 锆石 U-Pb 年代学和全岩 Sm-Nd 年代学数据[J]. 中国地质，31(2)：161-168.

张宗清，唐索寒，王进辉，等，1996. 秦岭蛇绿岩的年龄：同位素年代学和古生物证据、矛盾及其见解[M]//张旗. 蛇绿岩与地球动力学研究. 北京：地质出版社，146-149.

张宗清，唐索寒，张国伟，等，2005. 勉县-略阳蛇绿混杂岩带镁铁质-安山质火山岩块年龄和该构造带演化的复杂性[J]. 地质学报，79(4)：532-539.

张宗清，张国伟，付国民，等，1996. 秦岭变质地层年龄及其构造意义[J]. 中国科学(D 辑：地球科学)，26(3)：216-222.

张宗清，张国伟，唐索寒，2002. 南秦岭变质地层同位素年代学[M]. 北京：地质出版社.

张遵忠，顾连兴，吴昌志，等，2006. 东天山印支早期尾亚石英正长岩：成岩作用及成岩意义[J]. 岩石学报，22(5)：1135-1149.

张遵忠，顾连兴，杨浩，等，2004. 中天山东段澄江期片麻状花岗岩成因：以天湖东岩体为例[J]. 岩石学报，20(3)：595-608.

张作衡，王志良，王彦斌，等，2007. 新疆西天山菁布拉克基性杂岩体闪长岩锆石 SHRIMP 定年及其地质意义[J]. 矿床地质,26(4):353-360.

赵明,舒良树,朱文斌,等,2002.疆哈尔里克变质带的 U-Pb 年龄及其地质意义[J].地质学报,76(3):379-383.

赵文军,雒晓刚,2008.祁连山西段金佛寺花岗岩基的地球化学特征及成因探讨[J].甘肃地质,17(2):30-34.

赵振华,王中刚,邹天人,等,1993.阿尔泰花岗岩类 REE 及 O、Pb、Sr、Nd 同位素组成及成岩类型[M]//涂光炽.新疆北部固体地球科学新进展.北京:科学出版社,239-266.

赵振华,王中刚,邹天人,等,1996.新疆乌伦古富碱侵入岩成因探讨[J].地球化学,25(3):205-220.

赵振明,马华东,王秉璋,等,2008.东昆仑早泥盆世碰撞造山的侵入岩证据[J].地质论评,54(1):47-56.

中国地质调查局,2004.阿尔金-昆仑山地区区域地质调查成果与进展[J].地质通报,23(1):68-96.

中国科学院登山科学考察队,1985.天山托木尔峰地区的地质和古生物[M].乌鲁木齐:新疆人民出版社.

周鼎武,苏犁,简平,等,2004.南天山榆树沟蛇绿岩地体中高压麻粒岩 SHRIMP 锆石 U-Pb 年龄及构造意义[J].科学通报,49(14):1411-141.

周刚,张招崇,谷高中,等,2006.新疆东准噶尔北部青格里河下游花岗岩类的时代及地质意义[J].现代地质,20(1):141-150.

周刚,张招崇,罗世宾,等,2007.新疆阿尔泰山南缘玛因鄂博高温型强过铝花岗岩年龄、地球化学特征及其地质意义[J].岩石学报,23(8):1909-1920.

周刚,张招崇,王新昆,等,2007.新疆玛因鄂博断裂带中花岗质糜棱岩锆石 U-Pb SHRIMP 和黑云母 ^{40}Ar-^{39}Ar 年龄及意义[J].地质学报,81(3):359-369.

周国庆,赵建新,李献华,2000.内蒙古月牙山蛇绿岩特征及形成的构造背景:地球化学和 Sr-Nd 同位素制约[J].地球化学,29(2):108-119.

周汝洪,1987.新疆同位素地质年代学研究的进展[J].新疆地质,5(4):5-15.

周汝洪,1987.新疆同位素年龄汇编[J].新疆地质,4(2):16-106.

周泰禧,陈江峰,陈道公,等,1995.新疆阿拉套山花岗岩类的特征及成因研究[J].地球化学,24(1):32-41.

周泰禧,陈江峰,李学明,1995.新疆阿拉套山花岗岩带的主要特征及形成构造环境[J].岩石学报,11(4):386-396.

周泰禧,陈江峰,李学明,1996.新疆阿拉套山花岗岩类高 ε_{Nd} 值的成因探讨[J].地质科学,31(1):72-78.

周泰禧,陈江峰,谢智,等,2000.天山托木尔峰花岗质岩石的同位素地球化学特征[J].岩石学报,16(2):153-160.

周涛发,袁峰,张达玉,等,2010.新疆东天山觉罗塔格地区花岗岩类年代学、构造背景及其成矿作用研究[J].岩石学报,26(2):478-502.

朱宝清,冯益民,杨军录,等,2002.新疆中天山干沟一带蛇绿混杂岩和志留纪前陆盆地的发现及其意义[J].新疆地质,20(4):326-330.

朱赖民,张国伟,郭波,等,2008.东秦岭金堆城大型斑岩钼矿床 LA-ICP-MS 锆石 U-Pb 定年及成矿动力学背景[J].地质学报,82(2):204-220.

朱永峰,宋彪,2006.新疆天格尔糜棱岩化花岗岩的岩石学及其 SHRIMP 年代学研究:兼论花岗岩中热液[J].岩石学报,22(1):135-144.

朱增伍,毛归来,吴丽云,等,2006.东天山阿齐山地区石炭纪汇宇岛弧花岗岩的厘定及意义[J].陕西地质,24(1):27-35.

朱志新,李锦轶,董连慧,等,2008.新疆南天山盲起苏晚石炭世侵入岩的确定及对南天山洋盆闭合时限的限定[J].地质通报,24(12):2761-2766.

朱志新,李锦轶,董连慧,等,2011.新疆西天山古生代侵入岩的地质特征及构造意义[J].地学前缘,18(2):170-179.

朱志新,李锦轶,董莲慧,等,2009.新疆南天山构造格架及构造演化[J].地质通报,28(12):1863-1870.

朱志新,王克卓,徐达,等,2006.依连哈比尔尕山石炭纪侵入岩锆石 SHRIMP U-Pb 测年及其地质意义[J].地质通报,25(8):986-991.

朱志新,王克卓,郑玉洁,等,2006b.新疆伊犁地块南缘志留纪和泥盆纪花岗质侵入体锆石 SHRIMP 定年及其形成时构造背景的初步探讨[J].岩石学报,22(5):1193-1200.

邹先武,段其发,汤朝阳,等,2011.北大巴山镇坪地区辉绿岩锆石 SHRIMP U-Pb 定年和岩石地球化学特征[J].中国地质,38(2):282-289.

左国朝,何国琦,等,1990.北山板块构造及成矿规律[M].北京:北京大学出版社.

左国朝,金松桥,朱伟元,1984.甘肃夏河县下卡加—完尕滩一带二叠系浊积岩及有关粗碎屑沉积物[J].沉积学报,2

(3):75-81.

左国朝,李茂松,等,1996. 甘肃北山地区早古生代岩石圈形成与演化[M]. 兰州:甘肃科学技术出版社.

BARBARIN B,1999. A review of the relationships between granitoid types,their origins and their geodynamic environments[J]. Lithos,46(19):605-626.

BIBIKOVA E V,KHILTOVA V J,GRACHEVA T V,et al. ,1982. Age of greenstone belts of the Prisayanie[J]. Dokl. Akad. Nauk. SSSR,267(5):1171-1174.

BIBIKOVA E V,TURKINA O M,KIRNOZOVA T I,et al. ,2006. Ancient plagiogneisses of the Onot block of the Sharyzhalgai metamorphic massif:isotopic geochronology[J]. Geochem. Int. ,44(3):310-315.

CHEN J F,HAN B F,et al. ,2010. Zircon U-Pb ages and tectonic implications of Paleozoic Plutons in northern West Junggar[J]. Lithos,115:137-152.

CHEN Z H,LU S N,LI H K,et al. ,2006. Constraining the role of the Qinling orogen in the assembly and break-up of Rodinia:Tectonic implications for Neoproterozoic granite occurrences[J]. Journal of Asian Earth Sciences,28:99-115.

COLEMAN R G, PETERMAN Z E,1975. Oceanic plagiogranite[J]. Journal of Geophysical Research,80:1099-1108.

CONDIE K C,KRONER A,2008. When did plate tectonics begin? Evidence from the geologic record[J]. Geol. Soc. Am. Spec. Pap. ,440:281-294.

DE JONG K,WANG B,FAURE M,et al. ,2008. New $^{40}Ar/^{39}Ar$ age constraints on the Late Palaeozoic tectonic evolution of the western Tianshan(Xinjiang,northwestern China),with emphasis on Permian fluid ingress[J]. International Journal of Earth Sciences,98(6):1239-1258.

DE PAOLO D J, WASSERBURG G J,1979. Petrogenetic mixing models and Nd-Srisotopic patterns[J]. Geochim. Cosmochim. Acta,43:615-627.

DE PAOLO D J,1979. Implications of correlated Nd and Sr isotopic variations for the chemical evolution of the crust and mantle[J]. Earth and Planetary Science Letters,43:201-211.

DOBRETSOV N L, SOBOLEV N V,1984. Gaucophane schists and eclogites in the folded systems of northern Asia [J]. Ofioliti,9:401-424.

GAO J,KLEMD R,ZHANG L F,et al. ,1999. *P-T* path of high-pressure/low temperature rocks and tectonic implications in the western Tianshan Mountains,NW China[J]. Metamorphic Geol. ,17:621-636.

GAO J,LONG L L,KLEMD R,et al. ,2009. Tectonic evolution of the South Tianshan orogen and adjacent regions, NW China:geochemical and age constraints of granitoid rocks[J]. Int. J. Earth Sci. ,98:1221-123.

GEHRELS G E, YIN A, WANG X, 2003. Magmatic history of the northeastern Tibetan Plateau[J]. Journal of Geoohvsical Research,108(B9):2423.

GLADKOCHUB D P,DONSKAYA T V,MAZUKABZOV A M,et al. ,2005. The age and geodynamic interpretation of the Kitoi granitoid complex(southern Siberian craton)[J]. Russ. Geol. Geophys. ,46(11):1121-1133.

GLEBOVITSKI V A,LEVCHENKOV O A,LEVITSKII V I,et al. ,2011. Age stages of metamorphism at the Kitoi Sillimanite schist deposit,southeastern Prisayan′e[J]. Doklady Earth Sci. ,436(1):13-17.

GLEBOVITSKY V A,KHIL′TOVA V Y,KOZAKOV,et al. ,2008. Tectonics of the Siberian Craton:Interpretation of geological,geophysical,geochronological,and isotopic geochemical data[J]. Geotectonics,42:8-20.

GLEBOVITSKY V A,KOTOV A B,SAL′NIKOVA E B,et al. ,2009. Granulite complexes of the Dzhugdzhur-Stanovoi Fold Region and the Peristanovoi Belt:age,formation conditions,and geodynamic settings of metamorphism[J]. Geotectonics,43(4):253-263.

HOPSON C,WEN J,TILTON G,et al. ,1989. Paleozoic plutonism in East Junggar,Bogdashan,and eastern Tianshan,NW China[J]. EOS Trans. Am. Geophys Union,70:1403-1404.

HU A Q,ROGERS G,1992. Discovery of 3. 3Ga Archaen rocks in north Tarim Block of Xinjiang,western China[J]. Chinese Science Bulletin,37(18):1546-1549.

JIAN P,LIU D Y,KRINER A,et al. ,2008. Time scale of an Early to Mid-Paleozoic orogenic cycle of the longlived Central Asian Orogenic Bel,Inner Mongolia of China:Implications for continental growth[J]. Lithos. ,101(3-4):233-259.

JIANG Y H,LIAO S Y,YANG W Z,et al. ,2008. An island arc origin of plagiogranites at Oytag,western Kunlun orogen,northwest China[J]. Lithos. ,106:323-335.

JULIAN A P,NIGEL B W H,ANDREW G,1984. Tindle Traceelement discrimination diagrams for the tectonic interpretation of granitic rocks[J]. Journal of Petrology,25(4):956-983.

JULIAN A P,2005. Mantle preconditioning by melt extraction during flow;the ory and petrogenetic implications[J]. Journal of Petrology,46(5):973-997.

KHAIN E V,BIBIKOVA E V,KRÖNER A,et al. ,2002. The most ancient ophiolite of the Central Asian fold belt: U-Pb and Pb-Pb zircon ages for the Dunzhugur Complex,Eastern Sayan,Siberia,and geodynamic implications[J]. ESPL, 199:311-325.

KHOMENTOVSKY V V,2007. The Upper Riphean of the Yenisei Range[J]. Russian Geology and Geophysics,48 (9):711-720.

KOU X H,ZHANG K X,ZHU Y H,et al. ,2009. Middle Permian Seamount from Xiahe Area,Gansu Province, Northwest China:Zircon U-Pb Age,Biostratigraphy and Tectonic Implications[J]. Journal of Earth Science,20(2): 364-380.

KWON S T,TILTON G R,COLEMAN R G,et al. ,1989. Isotopic studies bearing on the tectonics of the west Junggar region,Xinjiang,China[J]. Tectonics,8:719-727.

LEI R X,WU C Z,GU L X,et al. ,2011. Zircon U-Pb chronology and Hf isotope of the Xingxingxia granodiorite from the Central Tianshan zone(NW China):Implications for the tectonic evolution of the southern Altaids[J]. Gondwana Research,11:86-4.

LEVCHENKOV O A,LEVITSKII V I,RIZVANOVA N G,et al. ,2012. Age of the Irkut block of the Prisayan uplift of the Siberian platform basement:dating minerals from metamorphic rocks[J]. Petrology,20(1):86-92.

LEVITSKII V I,REZNITSKII L Z,SAL'NIKOVA E B,et al. ,2010. Age and origin of the Kitoi sillimanite schist deposit,eastern Siberia[J]. Doklady Earth Sci. ,431(1),394-398.

LEVITSKII V I,SAL'NIKOVA E B,KOTOV A B,et al. ,2004. Age of formation of apocarbonate metasomatites of the Sharyzhalgai uplift of the Siberian craton basement,southwestern Baikal region:U-Pb baddeleyite and zircon datings [J]. Doklady Earth Sci. ,399A(9):1204-1208.

LI P F,YUAN C,SUN M,et al. ,2015. Thermochronological constraints on the late Paleozoic tectonic evolution of the southern Chinese Altai[J]. Journal of Asian Earth Sciences,113:51-60.

LI P F,SUN M,ROSENBAUM G,et al. ,2017. Late Paleozoic closure of the Ob-Zaisan Ocean along the Irtysh shear zone(NW China):Implications for arc amalgamation and oroclinal bending in the Central Asian orogenic belt[J]. Geological Society of America Bulletin,129(5-6):547-569.

LI X G,LIU S W,WANG Z Q,et al. ,2008. Electron microprobe monazite geochronological constraints on the Late Palaeozoic tectonothermal evolution in the Chinese Tianshan[J]. J. Geol. Soc. London,165:511-522.

LI X H,LI Z X,GE W C,et al. ,2003. Neoproterozoic granitoids in South China:Crustal melting above a mantle plume at ca. 825Ma? [J]. Precambrian Research,122:45-83.

LI X H,LI Z X,GE W C,et al. ,2004. Reply to the comment:Mantle plume,but not arc-related Neoproterozoic magmatism in South China[J]. Precambrian Research,132:405-407.

LI X H. 1999,U-Pb zircon ages of granites from the southern margin of the Yangtze margin:Timing of Neoproterozoic Jinning Orogen in SE China and implication for Rodinia assembly[J]. Precambrian Research,97:43-57.

LI Z X, POWELL C A,2001. An outline of the palaeogeographic evolution of the Australasian region since the beginning of the Neoproterozoic[J]. Earth-Science Reviews,53:237-277.

LI Z X,EVANS D A D, ZHANG S,2004. A 90 spin on Rodinia:Possible causal links between the Neoproterozoic supercontinent,superplume true polar wander and low-latitude glaciations[J]. Earth Planet. Sci. Lett. ,220:409-421.

LI Z X,LI X H,KINNY P D,et al. ,1999. The breakup of Rodinia:did it start with a mantle plume beneath South China? [J]. Earth Planet. Sci. Lett. ,173:171-181.

LI Z X,ZHANG L H, POWELL C M A,1996. Positions of the East Asian cratons in the Neoproterozoic super-continent Rodinia[J]. Australia J. Earth Siience,43(6):593-604.

LIU L,YANG J X,CHEN D L,et al. ,2010. Progress and controversy in the study of HP-UHP metamorphic terranes in the west and middle Central China Orogen[J]. Journal of Earth Science,21(5):581-597.

LIU Y M, LI C, XIE C M, et al. , 2016. Cambrian granitic gneiss within the Central Qiangtang terrane, Tibetan Plateau: implications for the early Paleozoic tectonic evolution of the Gondwanan margin[J]. International Geology Review, 28 (9): 1043-1063.

LONG X P, YUAN C, SUN M, et al. , 2014. New geochemical and combined zircon U-Pb and Lu-Hf isotopic data of orthogneisses in the northern Altyn Tagh, northern margin of the Tibetan Plateau: Implicantion for Archean evolution of the Dunhuang Block and formation in NW China[J]. Tithos. , 200-201: 418-431.

LU S N, LI H K, ZHANG C L, et al. , 2008. Geological and geochronological evidence for the Precambrian evolution of the Tarim Craton and surrounding continental fragments[J]. Precambrian Research, 160(1-2): 94-107.

PEARCE J A, HARRIS N B W , TINDLE A G, 1984. Trace element discrimination diagrams for the tectonic interpretation of graniticrocks[J]. Petrol. , 25: 956-983.

PECCERILLO A, TAYLOR S R, 1976. Geochemistry of eocene calc-alkaline volcanic rocks from the Kastamonu area, Northern Turkey[J]. Contributions to Mineralogy and Petrology, 58: 63-81.

POLLER U, GLADKOCHUB D, DONSKAYA T, et al. , 2005. Multistage magmatic and metamorphic evolution in the Southern Siberian Craton: Archean and Palaeoproterozoic zircon ages revealed by SHRIMP and TIMS[J]. Precambr. Res. , 136: 353-368.

POLLER U, GLADKOCHUB D P, DONSKAYA T V, et al. , 2004. Timing of Early Proterozoic magmatism along the Southern margin of the Siberian Craton(Kitoy area)[J]. Trans. R. Soc. Edinburgh: Earth Sci. , 95: 215-225.

PRIYATKINA N, RICHARD E E, ANDREI K K, 2020. A Preliminary Reassessment of the Siberian Cratonic Basement with New U-Pb-Hf Detrital Zircon Data[J]. Precambrian Research, 340: 105645.

QIAN Q, GAO J, KLEMD R, et al. , 2009. Early Paleozoic tectonic evolution of the Chinese South Tianshan Orogen: constraints from SHRIMP zircon U-Pb geochronology and geochemistry of basaltic and dioritic rocks from Xiate, NW China[J]. Int J Earth Sci, 98: 551-569.

ROSEN O M, 2003. The Siberian craton: Tectonic zonation and stages of evolution[J]. Geotectonics, 37(3): 175-192.

SAL'NIKOVA E B, KOTOV A B, LEVITSKII V I, et al. , 2007. Age constraints of high-temperature metamorphic events in crystalline complexes of the Irkut block, the Sharyzhalgai ledge of the Siberian platform basement: Results of the U-Pb single zircon dating[J]. Stratigr. Geol. Correl, 15(4): 343-358.

SHU L S, CHARVET J, LU H F, et al. , 2002. Paleozoic Accretion-Collision Events and Kinematics of Ductile Deformation in the Eastern Part of the Southern-Central Tianshan Belt, China[J]. Acta Geologica Sinica, 76(3): 308-323.

SHU L S, CHARVET J, ZHI G L, et al. , 1999. A Large-scale Palaeozoic Dextral Ductile Strike-Slip Zone: the Aqikkudug-Weiya Zone along the Northern dargin of the Central Tianshan Belt, Xmjiang, NW China[J]. Acta Geologica Sinica, 73(2): 148-163.

SOBEL E K, ARNAUD S, 1999. A possible middle Paleozoic suture in the Altun Shan, NW China[J]. Tectonic, 18: 64-74.

SONG S G, NIU Y L, SU L, et al. , 2013. Tectonics of the Qilian Orgen, NW China[J]. Gondwana Research, 23: 1378-1401.

SONG S G, NIU Y L, SU L, et al. , 2014. Continental oroenesis from ocean subduction, continent collision/subduction, to orogen collapse, and progen recycling: the example of the North Qaidam UHPM belt, NW China[J]. Earth-Science Reriews, 129(2014): 59-84.

SONG S G, YANG J S, LIOU J G, et al. , 2003. Petrology, geochemistry and isotopic ages of eclogite from Dulan UHPM Terran, the North Qaidam, NW China[J]. Lithos. , 70: 195-211.

SONG S G, ZHANG L F, NIU Y L, et al. , 2004. Zircon U-Pb SHRIMP ages of eclogites from the North Qilian Mountains, NW China and their tectonic implication[J]. Chinese Science Bulletin, 49(7): 848-852.

SONG S G, ZHANG L F, NIU Y L, et al. , 2006. Evolution from oceanic subduction to continental collision: A case study of the Northern Tibetan Plateau basced on geochecmical and geochronological data[J]. Journal of Petrology, 47: 435-455.

SONG S G, ZHANG L F, NIU Y L, et al. , 2007. Eclogites and carpholite-bearing meta-pelite in the North Qilian Suture zone, NM China: Implications for Paleozoic cold oceanic subduction and water transport into mantle[J]. Journal of

Metamorphic Geology,25:547-563.

TSENG C Y,YANG H J,LIU D Y,et al. ,2007. The Dongcaohe ophiolite from the North Qilian Mountains:a fossil oceanic crust of the Paleo-Qilian ocean[J]. Chinese Science Bulletin,52:2390-2401.

TURKINA O M,BEREZHNAYA N G,LARIONOV A N,et al. ,2009b. Paleoarchean tonalite-trondhjemite complex in the north-western part of the haryzhalgai uplift(southwestern Siberian craton):results of U-Pb and Sm-Nd study[J]. Russ. Geol. Geophys,50(1):15-28.

TURKINA O M,BEREZHNAYA N G,LEPEKHINA E N,et al. ,2012. U-Pb(SHRIMP II),Lu-Hf isotope and trace element geochemistry of zircons from high-grade meta-morphic rocks of the Irkut terrane,Sharyzhalgay Uplift:Implications for the Neoarchaean evolution of the Siberian Craton[J]. Gondwana Res. ,21(4):801-817.

TURKINA O M,BEREZHNAYA N G,URMANTSEVA L N,et al. ,2009a. U-Pb isotope and REE composition of zircon from the pyroxene crystalline schists of the Irkut terrane,Sharyzhalgai Uplift:evidence for the Neoarchean magmatic and metamorphic events[J]. Doklady Earth Sci. ,429(2):1505-1510.

TURKINA O M,LEPEKHINA E N,BEREZHNAYA N G,et al. ,2014a. U-Pb age and Lu-Hf isotope systematics of detrital zircons from paragneiss of the Bulun block(Sharyzhalgai Uplift of the Siberian craton basement)[J]. Doklady Earth Sci. ,458(2):1265-1272.

TURKINA O M,NOZHKIN A D,2008. Oceanic and riftogenic metavolcanic associations of greenstone belts in the northwestern part of the Sharyzhalgai Uplift,Baikal region[J]. Petrology,16(5):468-491.

TURKINA O M,SERGEEV S A,KAPITONOV I N,2014b. The U-Pb age and Lu-Hf isotope composition of detrital zircon from metasedimentary rocks of the Onot greenstone belt(Sharyzhalgay uplift,southern Siberian craton)[J]. Russ. Geol. Geophys,55(11):1249-1263.

TURKINA O M,URMANTSEVA L N,BEREZHNAYA N G,et al. ,2010a. Paleoproterozoic age of the protoliths of metaterrigenous rocks in the east of the Irkut granulite-gneiss block(Sharyzhalgai salient,Siberian Craton)[J]. Stratigr. Geol. Correl,18(1):16-30.

TURKINA O M,2010b. Formation stages of the Early Precambrian crust in the Sharyzhalgai basement uplift,southwestern Siberian craton:synthesis of Sm-Nd and U-Pb data[J]. Petrology,18(2):158-176.

WAGGONER B,2003. The Ediacaran biotas in space and time[J]. Integrative and Comparative Biology,43:104-113.

WANG B,CHEN Y,ZHAN S,et al. ,2007. Primary Carboniferous and Permian paleomagnetic results from the Yili Block(NW China)and their implications on the geodynamic evolution of Chinese Tianshan Belt[J]. Earth and Planetary Science Letters,263:288-308.

WANG B,FAURE M,SHU L S,et al. ,2010. Structural and Geochronological Study of High-Pressure Metamorphic Rocks in the Kekesu Section(Northwestern China):Implications for the Late Paleozoic Tectonics of the Southern Tianshan [J]. The Journal of Geology,118:59-77.

WANG F,LU X X,LO C H,et al. ,2007. Post-collisional,potassic monzonite-minette complex(Shahewan)in the Qinling Mountains(centralChina):$^{40}Ar/^{39}Ar$ Arthermochronology,petrogenesis,and implications for the dynamic setting of the Qinling orogen[J]. Journal of Asian Earth Sciences,31:153-166.

WANG T,JAHN B M,VICTOR P KOVACH,et al. ,2009. Nd-Sr isotopic mapping of Chinese Altai and implications for continental growth in the Central Asian Orogenic Belt[J]. Lithos. ,110:359-372.

WANG T,TONG Y,JAHN B,et al. ,2007. SHRIMP U-Pb Zircon geochronology of the Altai No. 3 Pegmatite,NW China,and its implications for the origin and tectone setting of the pegmatite[J]. Geology Reviews,32:325-336.

WANG X L,ZHOU J G,QIU J S,et al. ,2006. LA-ICP-MS U-Pb zircon geocheonology of Neoproterozoic igneous rocks from northern Guangxi,South China:Implications for petrogenesis and tectonic evolution[J]. Precambrian Research,145(1-2):111-130.

WANG Y,LI J Y, SUN G H,2008. Postcollisional Eastward Extrusion and Tectonic Exhumation along the Eastern Tianshan Orogen,Central Asia:Constraints from Dextral Strike-Slip Motion and $^{40}Ar/^{39}Ar$ Geochronological Evidence[J]. The Journal of Geology,116(6):599-618.

WINDLEY B F,ALEXEIEV D,XIAO W J,et al. ,2007. Tectonic models for accretion of the Central Asian Orogenic Belt[J]. Journal of the Geological Society,164(1):31-47.

WU C L,GAO Y H,FROST B R,et al. ,2011. An Early Paleozoic double-subducion modle for the North Qilian oceanic plate:Evidence from zircon SHRIMP dating of granites[J]. International Geology Review,53(2):157-181.

WU C L,YAO S Z,ZENG L S,et al. ,2006. Doubel subduction of the Early Paleozoic North Qilian oceanic plate:Evidence from granites in the central segment of North Qilian,NW China[J]. Geology in China,33(6):1197-1208.

XIA L Q,XIA Z C, XU X Y,2003. Magmagenesis in the Ordovician backarc basins of the North Qilian Mountain, China[J]. Geological Society of America Bulletin,115:1510-1522.

XIA L Q,XIA Z C, XU X Y,et al. ,2004. Carboniferous Tianshan large igneous province and mantle plume[J]. Geol. Bull. China,23(9-10):903-910.

XIA L Q,XIA Z C, XU X Y,et al. ,2005. Relationships between Basic and Silicic Magmatism in Continental Rift Settings:A Petrogeochemical Study of the Carboniferous Post-collisional Rift Silicic Volcanics in Tianshan,NW China[J]. Acta Geologica Sinica,79(5):633-653.

XIA L Q,XU X Y,XIA Z C,et al. ,2003. Carboniferous post-collisional rift volcanism of the Tianshan Mountains, northwestern China[J]. Acta Geologica Sinica,77(3):338-360.

XIA L Q,XU X Y,XIA Z C,et al. ,2004. Petrogenesis of Carboniferous rift-related volcanic rocks in the Tianshan, northwestern China[J]. Geol. Soc. Amer. Bull. ,116(3):419-433.

XIAO W J,WINDLEY B F,BADARCH G,et al. ,2004. Paleozoic accretionary and convergent tectonics of the sourthern Altaids:Implications for the growth of Central Asian[J]. Journal of the Geological Society,161:339-342.

XIAO W J,ZHANG L C,QIN K Z,et al. ,2004. Paleozoic accretionary and collisional tectonics of the eastern Tianshan(China):implications for the continental growth of central Asia[J]. Am. J. Sci,304:370-395.

XU B,JIAN P,ZHENG H F,et al. ,2005. U-Pb zircon geochronology and geochemistry of Neoproterozoic volcanic rocks in the Tarim Block of Northwest China:Implications for the breakup of Rodinia supercontinent and Neoproterozoic glaciations[J]. Precambrian Research,136:107-123.

YANG J S,ROBINSON P T,JIANG C F,1996. Ophiolites of the Kunlun Mountains,China and their tectonic implications[J]. Tectonophysics,258:215-231.

YUAN C,MIN S,SIMON W,et al. ,2010. Post-collisional plutons in the Balikun area,East Chinese Tianshan[J]. lithos,119:269-288.

YUAN C,SUN M,XIAO W,et al. ,2007. Accretionary orogenesis of the Chinese Altai:insights from Paleozoic granitoids[J]. Chemical Geology,242:22-39.

ZHANG H F,ZHANG B R,NIGEL H,et al. ,2006. U-Pb zircon SHRIMP ages,geochemical and Sr-Nd-Pb isotopic compositions of intrusive rocks from the Longshan-Tianshui area in the southeast corner of the Qilian orogenic belt,China: Constraints on petrogenesis and tectonic affinity[J]. Journal of Asian Earth Sciences,27:751-764.

ZHANG J X,GONG J H,YU S Y,2012. 1. 85Ga HP granulite-facies metamorphism in the Dunhuang block of the Tarim Craton,NW China:evidence from U-Pb zircon dating of mafic granulites[J]. Journal of the Geological Society,169(5):511-514.

ZHANG J X,LI H K,MENG F C,et al. ,2011. Polyhase tectonothermal events recorded in “metamorphic basement” from the Altyn Tagh,the southeastern margin of the Tarim basin,vestern China:Constraint from U-Pb zircon geochronology[J]. Acta Petrologica Sinica,27(1):23-46.

ZHANG J X, MENG F C, WAN Y S, 2007. A cold Early Palaeozoic subduction zone in the Northern Qilian Mountains, NW China: Petrological and U-Pb geochronological constrains[J]. Journal of Metamorphic Geology, 25: 285-304.

ZHANG J X,YUA S Y,GONG J H,et al. ,2013. The latest Neoarchean-Paleoproterozoic evolution of the Dunhuang block,eastern Tarim craton,northwestern China:Evidence from zircon U-Pb dating and Hf isotopic analyses[J]. Precambrian Research,226:21-42.

ZHANG L, AI Y, LI X, et al. , 2007. Triassic collision of western Tianshan orogenic belt, China: Evidence from SHRIMP U-Pb dating of zircon from HP/UHP eclogitic rocks[J]. Lithos. ,96(1):266-280.

ZHANG Q R, PIPER J D A,1997. Palaeomagnetic study of Neoproterozoic glacial rocks of the Yangtze Block:Palaeomagnetic and configuration of South China in the Late Proterozoic Supercontinent[J]. Precambrian Research,85:173-199.

ZHANG Y Q,SONG S G,YANG L M,et al. ,2017. Basalts and picrites from a plume-type ophiolite in the South Qilian Accretionary Belt,Qilian Orogen:Accretion of a Cambrian Oceanic Plateau? [J]. Lithos. ,278-281:97-110.

ZHANG Z,GU L,WU C,et al. ,2005. Zircon SHRIMP Dating for the Weiya Pluton,Eastern Tianshan:Its Geological Implications[J]. Acta Geologica Sinica,79(4):481-490.

ZHANG Z Z,GU L X,WU C Z,et al. ,2005. Zircon geochemistry of different intrusive phases of Weiya pluton:implications for magmagenes[J]. Journal of Central South University of Technology,12(4):472-477.

ZHANG Z Z,GU L X,WU C Z,et al. ,2005. Zircon SHRIMP dating for the Weiya pluton,eastern Tianshan:Its geological implication[J]. Acta Geologica Sinica,79(4):481-490.

ZHAO Z H,XIONG X L,WANG Q,et al. ,2008. Underplating-related adakites in Xinjiang Tianshan[J]. Lithos,102:374-391.

ZHOU M F,YAN D P,KENNEDY A K,et al. ,2006. SHRIMP U-Pb zircon geochronological and geochemical evidence for Neoproterozoic arc-magmatism along the western margin of the Yangtze Block,South China[J]. Earth Planet. Sci. lett. ,196:51-67.

ZHOU T F,YUAN F,FAN Y,et al. ,2008. Granites in the Sawuer region of the west Jungger,Xinjiang province,China:Geochronological and geochenmical characteristics and their geodynamic significance[J]. Lithos,106:191-206.

ZORIN Y A,BELIEHENKO V G,TURUTANOV E K,et al. 1993. The Siberia-Central Mongolia transect[J]. Tectonophysics,225:361-378.

ZORIN Y A,1999. Geodynamics of the western part of the Baikal rift Zone and Adjacent territories(in Russian)and Mongolia[J]. Tectonophysics,306:33-56.